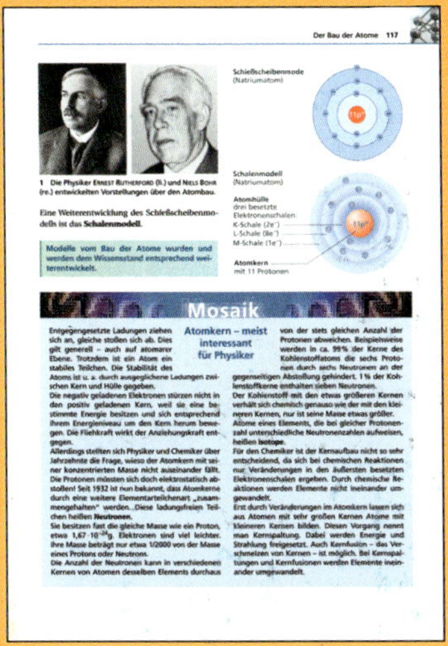

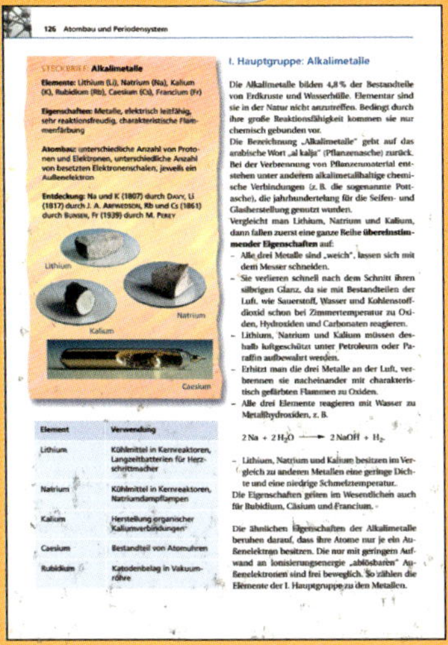

**Inhaltsseiten**
vermitteln dir – unterstützt durch **Merksätze,** Tabellen und Übersichten – chemisches Grundlagenwissen über wichtige Begriffe, Gesetze, Erscheinungen und Zusammenhänge.

**Das Mosaik**
enthält zusätzliche Informationen.

**Steckbriefe**
geben zusammengefasste Daten zu wichtigen Stoffen.

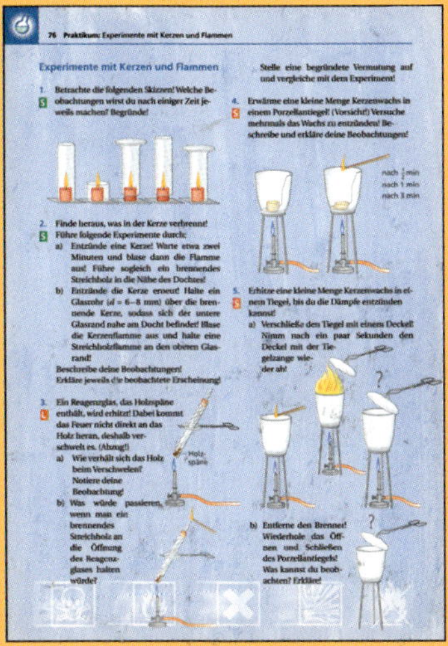

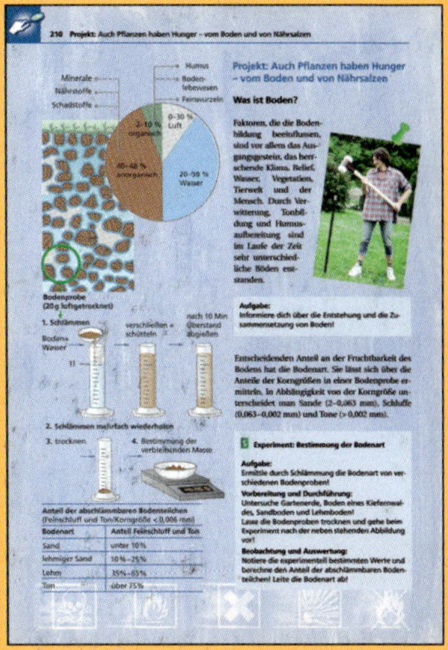

**Internetseiten**
regen zur weiterführenden Beschäftigung mit wichtigen und interessanten Themen unter Nutzung neuer Medien an.

**Praktikum**

- **S** Schülerexperimente, bei denen keine Gefahrstoffe genutzt werden.
- **S** Schülerexperimente, bei denen Gefahrstoffe verwendet werden oder entstehen. Du erkennst sie an den Piktogrammen.
- **L** Lehrerexperimente

**Projekte**
enthalten neben Sachinformationen interessante Fragen und Experimente, die du in der Gruppe bearbeiten kannst. Sie regen dich außerdem an, eigene Projektideen zu entwickeln.

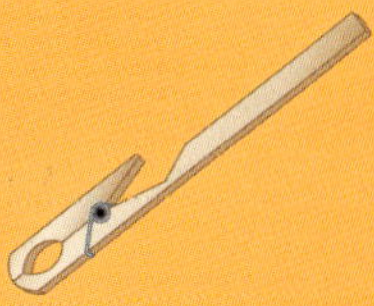

# Inhaltsverzeichnis

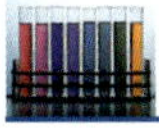

## Säuren und Basen 161

## Salze 193

## Kohlenstoff und anorganische Kohlenstoffverbindungen 215

## Elektrochemische Reaktionen 409

## Wiederholung und Systematisierung 429

# Chemie ist überall

## Chemie – eine wichtige Naturwissenschaft

Alle Dinge, die uns umgeben, bestehen aus Stoffen: Gegenstände, die wir benutzen, der Boden, auf dem wir gehen, die Luft, die wir atmen, unsere Kleidung und unsere Nahrungsmittel. Auch unser Körper ist aus Stoffen aufgebaut.
*Was sind das für Stoffe und welche Eigenschaften weisen sie auf?*

Viele Stoffe, die wir im Alltag verwenden, werden von uns hergestellt, ihre Eigenschaften gezielt verändert. Ohne „Chemie“ kann z. B. kein Reifenmaterial den Anforderungen standhalten. Kraftstoffe, Schmierstoffe, verschiedenste Kunststoffe, Klebstoffe und Farbstoffe, die im Fahrzeugbau benötigt werden, sind Produkte der chemischen Industrie. Metalle, Glas und andere Baustoffe – die Grundlage für die Errichtung von Gebäuden – können nicht ohne chemische Kenntnisse produziert werden.
*Woraus und wie werden alle diese Stoffe hergestellt?*

**Die Naturwissenschaft Chemie gibt Antwort auf die Fragen, denn sie ist die Wissenschaft von den Stoffen und deren Eigenschaften sowie von den Stoffumwandlungen.**

## Chemische Produkte ermöglichen und erleichtern den Alltag …

Unser heutiges Leben ist ohne die Produkte der chemischen Industrie undenkbar. Nicht nur, dass selbstverständliche Dinge des täglichen Lebens wie Kleidung, Kosmetika, Papier, Glas, sauberes Wasser, Wärme u.v.m. nicht zur Verfügung stän-den, die Weltbevölkerung müsste noch mehr hun-gern. Ohne Düngemittel wären die Böden schnell erschöpft, die Erträge wür-den sinken. Medikamente und Stoffe für Diagnosen sind ebenfalls chemische Produkte. Ohne sie würde sich unsere Le-benserwartung drastisch verringern. Ein Leben ohne Chemie ist heute nicht mehr möglich.

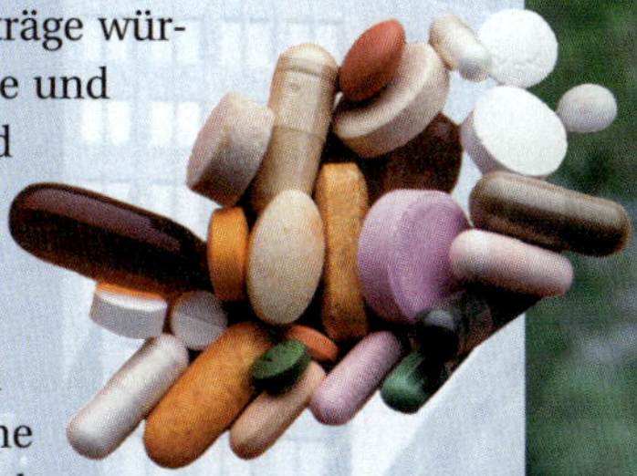

## … und gefährden die Umwelt

Die Herstellung und der Verbrauch von Stoffen bedingt auch die Schattenseiten der Chemie. Durch ungereinigte Abwässer werden die Gewäs-ser verschmutzt. Tankerunfälle führen immer wieder zu Umweltkatastrophen.

Auch die Nutzung fossiler Brennstoffe schädigt unsere Umwelt. Abgase belasten die Luft und be-einflussen unser Klima.

Kenntnisse über Stoffe und Stoffum-wandlungen helfen, sol-che Schäden zu verringern oder zu ver-meiden. Da-bei trägt nicht nur die chemi-sche Indus-trie Verantwor-tung, sondern auch jeder selbst.

## Arbeitsweisen in der Chemie

Im Mittelalter versuchten die Alchemisten Gold aus anderen Metallen herzustellen. Heute weiß jeder Chemiker, dass dies mithilfe chemischer Prozesse nicht möglich ist.
Viele Phänomene und Prozesse unserer Welt können wir heute besser verstehen als noch vor einigen hundert Jahren. Ohne die Arbeit vieler Wissenschaftler wäre das nicht möglich gewesen. Besonders wichtig ist das genaue **Beobachten** von Phänomenen und Vorgängen in der Natur.

**Beim Beobachten werden mit Sinnesorganen oder mit Hilfsmitteln Eigenschaften, Abläufe und Beziehungen festgestellt. Die beobachteten Objekte oder Prozesse werden dabei nicht verändert.**

Aus den Beobachtungen kann man Vermutungen über Ursachen und Zusammenhänge ableiten. Diese Vermutungen werden in der Chemie meist durch **Experimente** überprüft. Das Experiment bestätigt die Vermutung oder zeigt, dass die Vermutung falsch gewesen ist.
Experimente dienen schon sehr lange als Quelle der Erkenntnis. Als der Mensch prüfte, welcher Naturstoff sich am besten eignet, um ein Feuer zu unterhalten, experimentierte er. Als er den Ablauf und das Ergebnis des Experiments anderen mitteilte, wurde der Prozess wiederholbar.

**Ein Experiment ist eine Frage an die Natur. Dabei wird eine Erscheinung der Natur unter ausgewählten, kontrollierten und veränderbaren Bedingungen beobachtet und ausgewertet. Die Bedingungen des Experiments müssen wiederholbar sein.**

Auch heute ist das Experimentieren eine wichtige Arbeitsweise im Chemieunterricht. Um die Ergebnisse festzuhalten, wird ein **Protokoll** angefertigt. Darin werden die Aufgabenstellung, die benötigten Geräte und Chemikalien, die Durchführung, Beobachtungen und Schlussfolgerungen aus dem Experiment schriftlich festgehalten. Mit dem Protokoll muss jemand, der das Experiment nicht kennt, dieses gefahrlos und fachgerecht wiederholen können. Deshalb muss man die Durchführung und die Beobachtungen genau **beschreiben.**

**Beim Beschreiben wird sprachlich zusammenhängend und geordnet dargestellt, wie ein Gegenstand oder eine Erscheinung beschaffen ist. Dabei werden äußerlich wahrnehmbare Eigenschaften wiedergegeben.**

1 Das Experimentieren ist eine wichtige Arbeitsmethode im Chemieunterricht.

2 Beim Experimentieren werden verschiedene Glasgefäße und andere Arbeitsgeräte verwendet.

Wurden beim Experimentieren **Gefahrstoffe** verwendet, muss dies ebenfalls aus dem Protokoll hervorgehen. Üblicherweise werden die Gefahrstoffe durch Gefahrstoffsymbole bzw. entsprechende Buchstaben charakterisiert.

T
giftig
giftige Stoffe
(T bzw. T+)

Xn
mindergiftig
gesundheitsschädliche Stoffe (Xn bzw. Xi)

Xi
reizend
reizende Stoffe
(Xn bzw. Xi)

E
explosionsgefährlich
explosionsgefährliche Stoffe

C
ätzend
ätzende Stoffe

F
entzündlich
leicht- und hochentzündliche Stoffe (F bzw F+)

O
brandfördernd
brandfördernde Stoffe

N
umweltgefährlich
umweltgefährliche Stoffe

Ein unverzichtbares Arbeitsgerät beim Experimentieren im Chemieunterricht ist der **Gasbrenner.** Der Vorläufer der heute eingesetzten Brenner wurde 1855 von ROBERT WILHELM BUNSEN (Professor für Chemie) entwickelt. Auf der folgenden Seite ist ein Experiment mit dem Brenner zu finden.

**Der Brenner**

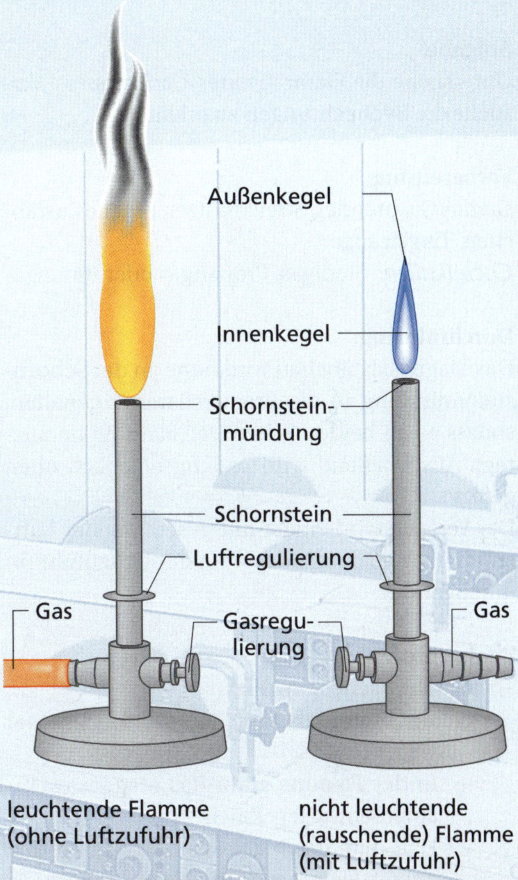

**1** Modelle dienen zur Verdeutlichung chemischer Sachverhalte (hier Struktur organischer Stoffe).

**Arbeitshinweise zum Brenner**

1. Überprüfe den sicheren Anschluss an der Gasversorgung!
2. Schließe die Gasregulierung und die Luftzufuhr!
3. Setze die Schutzbrille auf!
4. Öffne den Gasanschluss am Experimentiertisch!
5. Öffne die Gasregulierung am Brenner und entzünde das Gas!
6. Öffne anschließend die Luftzufuhr!
7. Benötigst du den Brenner nicht mehr, schließe zuerst die Luft- und dann die Gasregulierschraube!
8. Nach Beendigung der Experimente schließe die Gaszufuhr am Experimentiertisch!

## Die Brennerflamme im Experiment

**Aufgabe:**
Untersuche die Flamme eines Gasbrenners! Versuche die Beobachtungen zu erklären!

**Vorbereitung:**
*Geräte:* Gasbrenner, Streichhölzer, Magnesiastäbchen, Tiegelzange
*Chemikalien:* Stadtgas, Propangas oder Butangas

**Durchführung:**
Das Magnesiastäbchen wird nahe an der Schornsteinmündung in die Brennerflamme gehalten, sodass es an beiden Seiten der Flamme herausragt. Anschließend wird es langsam nach oben geführt.
Der Versuch wird zuerst mit geschlossener Luftzufuhr (a) und dann mit geöffneter Luftzufuhr (b) durchgeführt.

**Beobachtung:**

a) Geschlossene Luftzufuhr
   - Die Brennerflamme flackert und leuchtet gelb.
   - In der Flamme glüht das Magnesiastäbchen schwach gelblich.
   - Hält man das Magnesiastäbchen an den oberen Flammenrand, wird es schwarz.

b) Geöffnete Luftzufuhr
   - Die Brennerflamme ist eine entleuchtete blaue Flamme, die bei starker Luftzufuhr rauscht. Ein innerer und ein äußerer Flammenkegel sind sichtbar.
   - Im Innenkegel erfolgt keine Farbänderung. Das Magnesiastäbchen bleibt weiß.
   - Direkt über dem Innenkegel glüht das Magnesiastäbchen rot.

**Auswertung:**

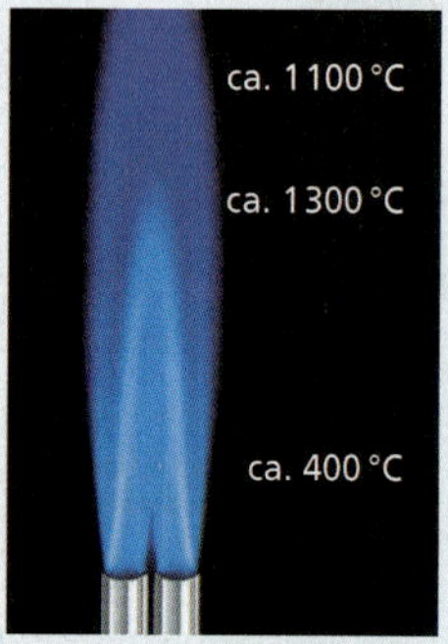


Durch die unterschiedliche Luftzufuhr entstehen zwei unterschiedliche Brennerflammen. Da die leuchtende Flamme eine niedrigere Temperatur besitzt als die nicht leuchtende (rauschende) Flamme, glüht das Magnesiastäbchen dort schwächer auf. Die Leuchtflamme weist eine Temperatur von ca. 1000 °C auf.
Die Heizflamme entsteht bei Luftzufuhr. In dieser Flamme sind unterschiedliche Temperaturzonen vorhanden (Abb.). Das erkennt man an der Farbänderung des Magnesiastäbchens in b).

### Verhaltensregeln beim Experimentieren

Beim Experimentieren müssen **Sicherheitsbestimmungen** eingehalten werden, da die eingesetzten Stoffe gesundheitsschädigend oder an der Bildung gefährlicher Stoffe beteiligt sein können. Beachte folgende Regeln:

- Essen und Trinken sind im Chemieraum verboten!
- Beachte unbedingt den Arbeitsschutz!
- Folge den Anweisungen des Lehrers!
- Lies die Versuchsvorschrift sorgfältig vor jedem Experiment und befolge sie präzise!
- Führe nur bei Aufforderung Geruchsproben durch (zufächeln)!
- Koste Chemikalien niemals!
- Vermeide Hautkontakte mit Chemikalien!
- Verwende nur kleine Mengen an Chemikalien!
- Entnimm Chemikalien nur mit sauberem Spatel und verschließe das Gefäß wieder!
- Gib unverbrauchte Reste nicht ins Vorratsgefäß zurück!
- Fülle Reagenzgläser nur bis zu einem Drittel!
- Schüttle das Reagenzglas beim Erwärmen!
- Richte nie die Öffnung eines Reagenzglases auf Personen!
- Schaue nie in die Reagenzglasöffnung!
- Baue die Apparatur standfest auf!
- Entsorge Chemikalien umweltgerecht! (Beachte Hinweise und Vorschriften!)

Bei Gefahrstoffen gelten außerdem gesonderte **Gefahrenhinweise (R-Sätze), Sicherheitshinweise (S-Sätze), Entsorgungsregeln (E-Sätze).**

# 1 Stoffe und ihre Eigenschaften

# 1.1 Von den Eigenschaften zu Steckbriefen für Stoffe

### Stoffe im Visier

Salz und Zucker können leicht verwechselt werden. Eine salzige Obstsuppe bzw. eine süße Salamipizza schmecken aber nicht. Auch im Chemieunterricht ist es wichtig, Stoffe zu erkennen.
*Welche Experimente können dazu dienen, einen genauen Steckbrief für Stoffe anzufertigen?*

### Gold – ein begehrter Stoff

Seit Jahrtausenden wird das Edelmetall Gold als besonders wertvoll von den Menschen geschätzt. Man nutzte es für die Herstellung von Schmuck und von Münzen. Es wurde zum Sinnbild von Macht und Reichtum. Heute wird Gold außer für Schmuck für viele andere Anwendungen eingesetzt, z. B. als Kontaktmittel in der Elektronik oder als Zahnersatz.
*Welche Eigenschaften machen Gold so wertvoll und vielseitig anwendbar?*

### Gefährliche Stoffe im Haushalt

Es kommt immer wieder vor, dass Kinder in Lebensgefahr geraten, weil sie im Haushalt z. B. giftige Stoffe zu sich nehmen.
*Welche Eigenschaften von Stoffen im Haushalt können für Kinder besonders gefährlich werden?*

## Stoffe im Alltag und im Chemieunterricht

Ein modernes Fahrrad besteht aus vielen Stoffen. Der Fahrradrahmen ist z. B. aus leichtem, stabilem Duraluminium gefertigt, Fahrradreifen hingegen aus synthetischem Kautschuk. Der Rahmen und die Reifen sind Körper.
Alle Körper bestehen aus Stoffen, auch Organismen. Die Anzahl der Stoffe, aus denen Lebewesen bestehen, ist sehr groß, die Stoffe sind sehr unterschiedlich.

> **Stoffe sind die Materialien, aus denen die Körper bestehen.**

Im Chemieunterricht arbeitet man mit einer Auswahl von Stoffen. Da einige giftig oder gesundheitsschädlich sind, darf es nicht zu Verwechslungen kommen. Daher werden alle Stoffe in besonders gekennzeichneten Flaschen und Vorratsbehälten aufbewahrt. Die Gefäße müssen gut lesbar beschriftet sein. Lebensmittelflaschen dürfen nicht verwendet werden.
Handelt es sich um **Gefahrstoffe,** müssen in der Beschriftung die **Gefahrstoffkennzeichnung** und **R- und S-Sätze** zu erkennen sein (s. Umschlagseite), wie auch bei der Ethansäure:

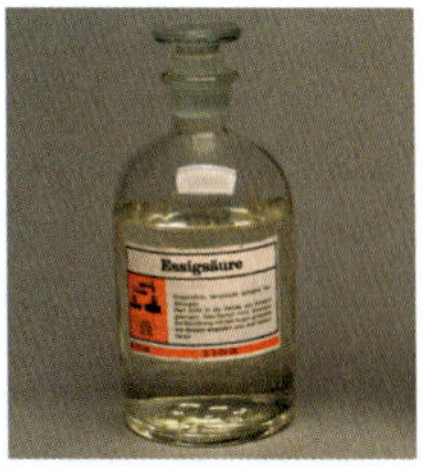

Die **R-Sätze** (Gefahrenhinweise) benennen besondere Gefahren. Die **S-Sätze** (Sicherheitsratschläge) weisen darauf hin, welche Besonderheiten beim Umgang mit den Stoffen zu beachten sind. Auch bei der **Entsorgung von Gefahrstoffen** sind bestimmte Regeln (**E-Sätze)** einzuhalten. Das ist notwendig, weil die Stoffe unsere Umwelt in unterschiedlichem Maße schädigen können und daher nicht unbehandelt in das Abwasser und die Luft gelangen dürfen.

> **Chemikalien dürfen niemals in Lebensmittelflaschen, sondern müssen in speziellen, entsprechend beschrifteten Gefäßen aufbewahrt werden. Gefahrstoffe sind speziell zu kennzeichnen.**

## Besondere Kennzeichen gesucht

Will man Pudding kochen, sollte man nicht Zucker und Salz verwechseln. Das Ergebnis wäre sonst kaum genießbar. Bei chemischen Experimenten können Verwechslungen nicht nur unangenehm, sondern sogar gefährlich werden. Man muss die Stoffe daher identifizieren können.

**Stoffe erkennt man an ihren Eigenschaften.**

Manchmal ist eine Eigenschaft besonders charakteristisch. Kochsalz hat z.B. einen typischen Geschmack. Meist kann man die Stoffe jedoch an einer kennzeichnenden **Kombination von Eigenschaften** erkennen.

**Geruch:** Neben Essig haben auch andere Stoffe einen markanten Geruch. Der Geruch von frisch gemahlenem Kaffee wird von den meisten Leuten als angenehm empfunden, anders der Geruch von Schwefelwasserstoff. Das Gas riecht nach faulen Eiern.
Um den Geruch von Chemikalien zu bestimmen, wird eine **Geruchsprobe** durchgeführt. Da bei einigen Stoffen Verletzungsgefahr besteht, wedelt man sich Gase nur vorsichtig zu (Abb. 1).

**Farbe:** Einige Stoffe haben eine ganz charakteristische Farbe, z. B. Kupfer. Jedoch ist die Farbe, mit der uns der Stoff erscheint, auch von der Farbe des auf den Stoff einfallenden Lichts abhängig oder von der Wirkung von Farbfiltern, durch die wir sie betrachten (Abb. 2).

**Geschmack:** Mithilfe der Geschmacksknospen der Zunge können wir den Geschmack von Stoffen erkennen. Allerdings sind im Chemieunterricht **Geschmacksproben grundsätzlich verboten,** weil manche Chemikalien schon in sehr geringen Mengen giftig sind.

**Oberflächenbeschaffenheit:** Oberflächen von Stoffen können glatt oder rau sein, sie erscheinen matt oder glänzend. Bei manchen Stoffen bleiben Glanz und Oberflächenbeschaffenheit lange erhalten, andere verlieren diese an der Luft schnell. Durch Polieren können bei einigen Stoffen der ursprüngliche Glanz und die Oberflächenbeschaffenheit wieder hergestellt werden.

**Magnetische Eigenschaften:** Mit einem Dauermagneten kann man prüfen, ob Stoffe magnetisch sind oder nicht (Abb. 1, S. 19). Gegenstände aus Eisen, Nickel oder Cobalt werden von Magneten angezogen.

1 Bei einer unbekannten Flüssigkeit wird die Geruchsprobe durchgeführt.

2 Der gleiche Strauß wurde mit unterschiedlichen Farbfiltern fotografiert.

**Verformbarkeit:** Stoffe sind unter Krafteinwirkung unterschiedlich verformbar. Roheisen und Glas sind nur wenig verformbar, sie zerspringen. Man sagt auch, sie sind spröde. Kupfer, Aluminium, Stahl, Knete oder Gummi sind gut verformbar. Man unterscheidet zwei Arten von Verformungen. Bei der **plastischen Verformung** geht der Stoff nach der Krafteinwirkung nicht wieder von allein in seine ursprüngliche Form zurück. Dies ist z.B. bei Knete, Ton oder auch bei Metallen der Fall. Das nutzt man beim Schmieden aus. Bei einer **elastischen Verformung** nimmt der Stoff nach der Krafteinwirkung wieder seine ursprüngliche Form an. Dies ist z.B. bei einem Expander aus Stahl zu beobachten (Abb. unten re).

**Härte:** Stoffe sind unterschiedlich hart. Einige Feststoffe kann man durch Krafteinwirkung mithilfe anderer Stoffe ritzen, z.B. eine Glasscheibe durch einen Glasschneider mit einer Stahl- oder Diamantspitze. Welche Stoffe man mit einem anderen Stoff ritzen kann, hängt von ihrer Härte ab. Es gilt, ein härterer Stoff ritzt einen weicheren Stoff. Diamant ist der härteste natürliche Stoff. CARL FRIEDRICH CHRISTIAN MOHS (1773–1839) hat die Methode des Ritzens um 1820 benutzt, um für Stoffe eine noch heute verwendete Härteskala (vgl. Tabelle) aufzustellen.

**Härteskala nach MOHS**

| man ritzt mit | einen Stoff bis Härte | z.B. |
|---|---|---|
| dem Fingernagel | 2 | Gips |
| einem Aluminiumstück | 3 | Marmor |
| der Nähnadel | 5 | Apatit |
| der Glasscherbe | 7 | Quarz |
| dem Diamant-Glasschneider | 10 | Diamant |

**Härte**

| Härte | | |
|---|---|---|
| 1 | weich wie | Talk |
| 2 | weich wie | Gips |
| 3 | mittelhart wie | Calcit |
| 4 | mittelhart wie | Fluorit |
| 5 | mittelhart wie | Apatit |
| 6 | mittelhart wie | Orthoklas |
| 7 | hart wie | Quarz |
| 8 | hart wie | Topas |
| 9 | hart wie | Korund |
| 10 | hart wie | Diamant |

1 Der Schlüssel und die Büroklammern sind wahrscheinlich aus Eisen (Stahl).

**Aggregatzustand, Schmelz- und Siedetemperatur:** Stoffe können **fest, flüssig oder gasförmig** sein. Der Aggregatzustand kennzeichnet das äußere Form- und Volumenverhalten eines Stoffes und ist abhängig von der Temperatur und vom Druck. Bei Normaldruck und 20 °C ist Wasser flüssig, Blei fest und Sauerstoff gasförmig. Bei anderen Temperaturen können diese Stoffe einen anderen Aggregatzustand aufweisen.

Wasser ist unter 0 °C fest und über 100 °C gasförmig (s. S. 29). Durch Erwärmen kann Blei flüssig werden. Kühlt man Sauerstoff sehr stark ab, geht er ebenfalls in den flüssigen Aggregatzustand über.

Wird Wärme zugeführt oder abgeführt, können Stoffe schmelzen oder erstarren, sieden oder kondensieren.

Wird einem festen Stoff Wärme zugeführt, wird er bei einer stoffspezifischen Temperatur flüssig. Diese Temperatur bezeichnet man als **Schmelztemperatur.** Die Temperatur, bei der der Stoff in den gasförmigen Zustand übergeht, heißt **Siedetemperatur**. Auch sie ist charakteristisch. Die Werte können experimentell bestimmt (Abb. 1, 2) oder Tabellen entnommen werden.

**Dichte:** Gegenstände mit gleicher Masse (z. B. 25 g) können ein unterschiedliches Volumen aufweisen (Abb.). Bei unterschiedlicher Masse kann aber das Volumen gleich sein. Welche Masse ein Körper mit einem konkreten Volumen hat, ist vom Stoff abhängig und wird durch die **Dichte** beschrieben. Sie ist für einen Stoff charakteristisch. Die Dichte ist abhängig von der Temperatur und bei Gasen auch vom Druck. Die Dichte eines Stoffes beschreibt der **Quotient aus Masse und Volumen.**

**Formelzeichen:** $\rho$ (griechischer Buchstabe, sprich: rho)

**Einheiten:** 1 Gramm je Kubikzentimeter $\left[1\,\frac{g}{cm^3}\right]$

1 Kilogramm je Kubikmeter $\left[1\,\frac{kg}{m^3}\right]$

1 Gramm je Liter $\left[1\,\frac{g}{l}\right]$

**Gleichung:** $\rho = \frac{m}{V}$

$m$ Masse des Körpers
$V$ Volumen des Körpers

**S Experiment**

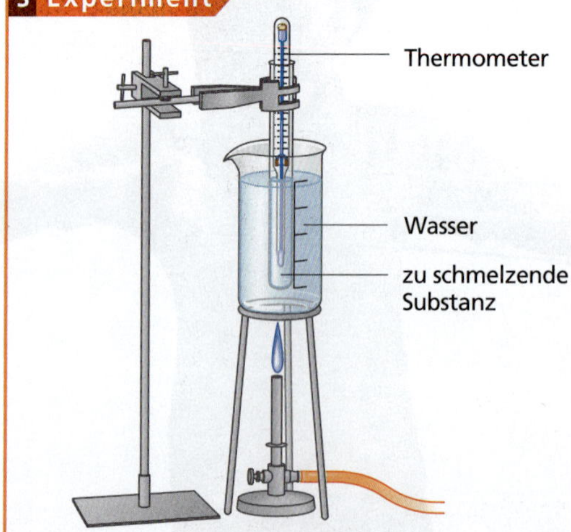


1 Bestimmung der Schmelztemperatur

**S Experiment**

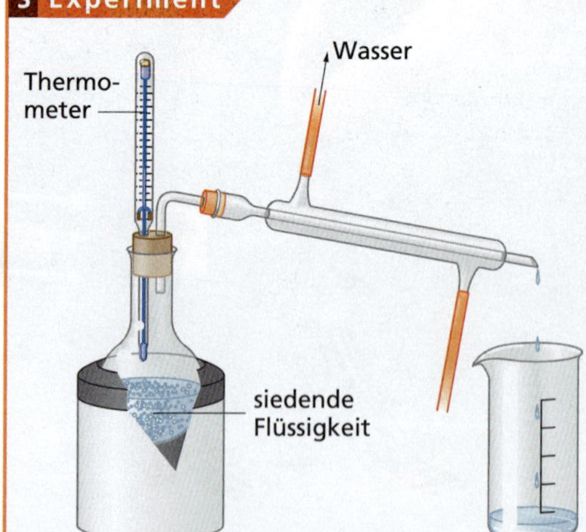


2 Bestimmung der Siedetemperatur

**Wärmeleitfähigkeit:** Die Wärmeleitung ist eine Form der Wärmeübertragung. Dabei wird in Stoffen Wärme von einer Stelle höherer Temperatur zu einer Stelle niedrigerer Temperatur übertragen. Die Wärmeleitfähigkeit von Stoffen ist sehr unterschiedlich.
Körper aus Metallen, vor allem aus Kupfer, Aluminium, Gold oder Silber, leiten die Wärme gut. Schlechte Wärmeleiter sind Wasser, Luft, Holz, Glas und die meisten Kunststoffe. Daher kann man die Pfanne am Holzgriff gefahrlos anfassen, obwohl das Metall der Pfanne sehr heiß ist.

**Elektrische Leitfähigkeit:** Metalle leiten nicht nur die Wärme gut, sondern auch den elektrischen Strom. Metalle sind gute **elektrische Leiter,** besonders Kupfer und Silber.
Deshalb bestehen die Drähte von Elektrokabeln aus Kupfer. Für elektronische Bauteile wird häufig Silber verwendet.
Die Ummantelung der Drähte wird aus Kunststoff gefertigt. Dieser Kunststoff ist ebenso wie Porzellan und Glas nicht elektrisch leitfähig. Man bezeichnet solche Stoffe als **Isolatoren.**
Die elektrische Leitfähigkeit von Stoffen kann man prüfen (Abb. 1).

**S Experiment**

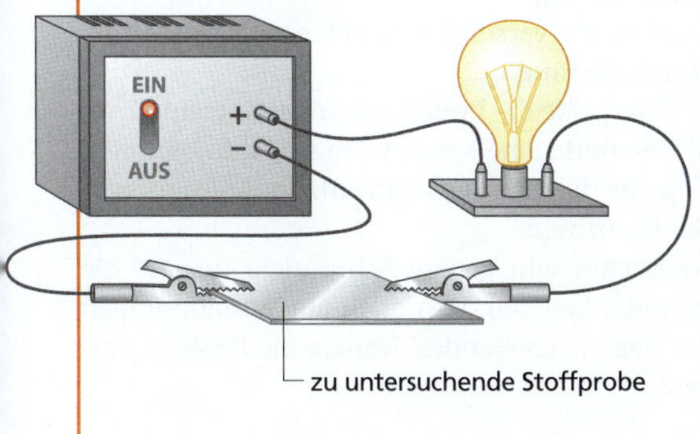


**1** Der Stoff ist elektrisch leitfähig.

**Löslichkeit:** Gibt man Zucker in heißen Tee oder Wasser, so sind die Zuckerkristalle bald nicht mehr einzeln zu erkennen. Probiert man den Tee, so schmeckt man, dass der Zucker im Tee noch vorhanden ist. Eine **Lösung** ist entstanden. Wasser ist ein gutes **Lösungsmittel** für Zucker.
Auch Flüssigkeiten und Gase können in einem Lösungsmittel gelöst werden. So enthält Wasser beispielsweise meist gelösten Sauerstoff, warmes Wasser weniger als kaltes Wasser. Die Löslichkeit eines Stoffes ist vom Stoff, von der Art des Lösungsmittels und von der Temperatur abhängig.

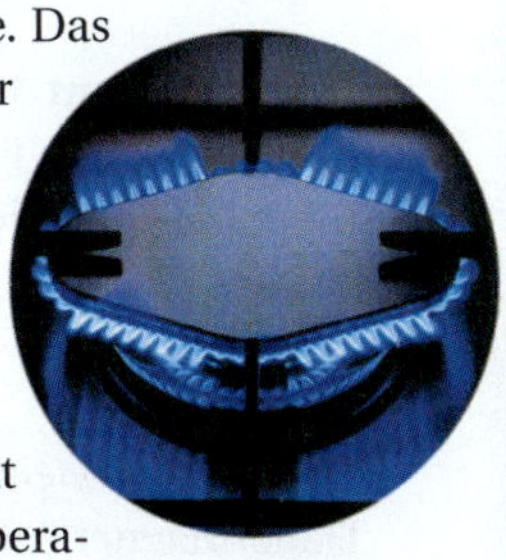

**Brennbarkeit:** Ein Stoff brennt, wenn sich aus ihm Gase entwickeln, die als Flammen verbrennen, oder wenn er selbst ein brennbares Gas ist. **Flammen** sind brennende Gase. Das Aussehen und Rußen einer Flamme sowie der beim Verbrennen auftretende Geruch sind für manche Stoffe charakteristisch. Damit ein Stoff brennen kann, muss seine **Entzündungstemperatur** erreicht werden. Die Entzündungstemperaturen der Stoffe sind unterschiedlich (s. Tab.). Manche Stoffe sind schwer brennbar. Die Schutzanzüge der Feuerwehrleute bestehen beispielsweise aus solchen Materialien.

**Entzündungstemperaturen ausgewählter Stoffe**

| Stoff | Entzündungstemperatur |
|---|---|
| Ether | 160 °C |
| Benzin | 180 °C – 220 °C |
| Holz (trocken) | 250 °C – 350 °C |
| Paraffin | ca. 250 °C |
| Alkohol (Ethanol) | 425 °C |
| Polyethylen (Plast) | 350 °C |
| Papier | 250 °C |
| Streichholzkopf | ca. 60 °C |
| Steinkohle | 350 °C – 600 °C |

## Ein Steckbrief für Kerzenwachs

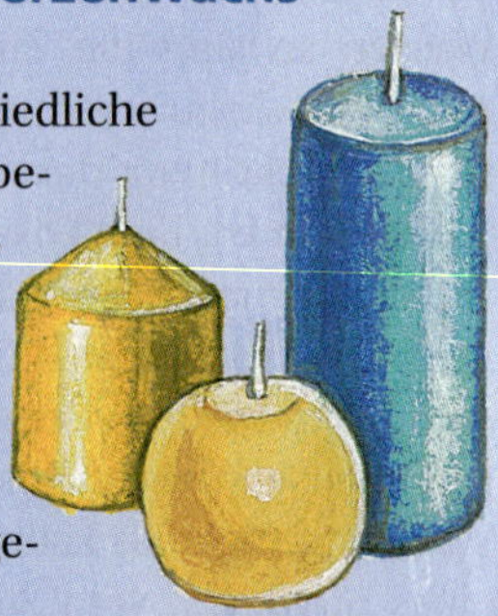

Kerzen können unterschiedliche Formen aufweisen. Alle bestehen aus Kerzenwachs. Dabei handelt es sich oft um Paraffin, Stearin oder auch Bienenwachs, die durch bestimmte Eigenschaften gekennzeichnet sind.

**Aufgabe:**
Fertige einen Steckbrief für Kerzenwachs an! Ermittle die Eigenschaften durch geeignete Experimente!

### S Experiment 1
### Ermittlung von Farbe, Geruch, Verformbarkeit, magnetischen Eigenschaften, Löslichkeit in Wasser

**Vorbereitung:**
*Geräte und Chemikalien:* Reagenzgläser, Pipette, Dauermagnet, kleiner Hammer, Stoffproben von verschiedenen Kerzen, Wasser
**Durchführung:**
Beschreibe die Durchführung der jeweiligen Experimente!
**Beobachtung:**
Notiere deine Beobachtungen! Lege dazu eine Tabelle an!

### S Experiment 2
### Test der elektrischen Leitfähigkeit

**Vorbereitung:**
*Geräte und Chemikalien:* Apparatur zum Leitfähigkeitstest, Stoffproben von verschiedenen Kerzen
**Durchführung:**
Teste die Proben mithilfe einer geeigneten Apparatur! Fertige dazu eine beschriftete Skizze an! Lege sie dem Lehrer vor und lasse sie bestätigen! Führe den Test entsprechend deines Plans durch!
**Beobachtung:**
Notiere die Ergebnisse!

### S Experiment 3
### Dichtebestimmung

**Vorbereitung:**
*Geräte und Chemikalien:* Waage, Messzylinder, dünner Draht, Stoffproben von verschiedenen Kerzen, Wasser
**Durchführung:**
Ermittle die Masse einer Stoffprobe mithilfe einer Waage! Stelle dann das Volumen dieser Stoffprobe fest! Nutze dazu die Abb. 1, S. 24! Berechne mithilfe der gewonnenen Werte die Dichte!

### S Experiment 4
### Bestimmung der Schmelztemperatur

**Vorbereitung:**
*Geräte und Chemikalien:* Heizhaube, Stativmaterial, Thermometer, Reagenzglas, Stoffprobe, Wasser
**Durchführung:**
Baue die Apparatur auf! Erhitze das Gefäß, bis das Wachs geschmolzen ist! Lies die Temperatur alle 20 s ab!
**Beobachtung und Auswertung:**
Notiere die ermittelte Schmelztemperatur und erkläre eventuelle Abweichungen!

### S Experiment 5
### Verhalten beim Erhitzen und Brennbarkeit

**Vorbereitung:**
*Materialien:* verschiedene Kerzen, Streichhölzer
**Durchführung:**
a) Überprüfe die Brennbarkeit der Kerzen!
b) Entzünde eine Kerze, lasse sie 2 min brennen, puste die Kerze aus und entzünde sie erneut!

**Beobachtung:**
Beobachte sehr genau! Achte nicht nur auf die Brennbarkeit, sondern auch auf Veränderungen des Aggregatzustandes! Notiere die Beobachtungen!

**Auswertung:**
Fasse alle ermittelten Eigenschaften von Kerzenwachs in einem Steckbrief zusammen!

## Steckbriefe für Stoffe

**Glas**

**Eigenschaften:** durchsichtig, spröde, sehr hart (kann mit Stahl geritzt werden), Dichte ca. $2{,}6\,g \cdot cm^{-3}$ (Normalglas), schmilzt bei 1000 bis 1200 °C, schlechter Wärmeleiter, Isolator, nicht brennbar, nicht löslich in Wasser, widerstandsfähig gegen Chemikalien

**Besonderheit:** Glas befindet sich in einem besonderen Zustand. Durch schnelles Abkühlen erreicht man eine „unterkühlte Flüssigkeit im festen Aggregatzustand“. Dadurch wird Glas erst durchsichtig.

**Nutzung:** Haushaltsgläser, Baustoff, Laborgefäße, Spezialglas wie Jenaer Glas (sehr hitzebeständig), Bleiglas für besondere Gefäße, Glas für Linsen, Glasfasern, Ceranfelder

**Diamant**

**Eigenschaften:** durchsichtig, stark Licht brechend, Härte 10 nach der mohsschen Härteskala, Dichte $3{,}51\,g \cdot cm^{-3}$, schmilzt bei Temperaturen $> 3550$ °C, schlechter elektrischer Leiter, guter Wärmeleiter, nicht löslich in Wasser, verbrennt bei sehr hohen Temperaturen zu Kohlenstoffdioxid

**Besonderheit:** Diamant ist chemisch gesehen reiner Kohlenstoff.

**Nutzung:** Edelstein (Der größte Diamant, der Cullinan, wog 621,2 g = 3106 Karat. Das schwerste Bruchstück mit 530 Karat, der sogenannte Stern von Afrika, ist in das englische Königszepter eingefasst.), kleine Diamanten in Bohrköpfen und Glasschneidern, im Motoren- und Getriebebau als Schutzschicht

**Kautschuk**

**Eigenschaften:** meist farblos, leichter als Wasser, fast geruchlos, elastisch und sehr dehnbar, schlechte elektrische und Wärmeleitfähigkeit, wird bei 4 °C spröde, bei 145 °C klebrig und zerfließt bei 170 – 180 °C, brennt mit stark rußender Flamme, beständig gegen verdünnte Säuren und Laugen, löslich in Benzen, Leinöl, Ether, Leichtbenzin

**Besonderheit:** Bestandteil des weißen Milchsafts von Wolfsmilchgewächsen, Maulbeerbaumgewächsen (z. B. Gummibaum), bestimmten Korbblütlern (Löwenzahn), Lianen, bestimmten Pilzen

**Nutzung:** Schon die Maya (11. Jh.) spielten mit Bällen aus Naturkautschuk, heute Herstellung von Klebebändern und Knetgummi, chemisch veränderter Kautschuk (z. B. vulkanisiert) für Luftballons, chirurgische Handschuhe, Gummistiefel, Kondome usw.

... und mehr

**Informiere dich auch unter:** *Dichte von Stoffen, Schmelzen und Erstarren, Sieden und Kondensieren, Verdunsten und Verdampfen, Wärmeleitung*

## Chemie in Natur und Technik

### Welcher Stoff ist das?

Chemiker werden häufig beauftragt herauszufinden, aus welchem Stoff ein Körper besteht. Auch im täglichen Leben kommt es vor, dass man Gegenstände findet und nicht weiß, um welches Material es sich handelt. Beim Aufräumen im Keller wurde z.B. der abgebildete Körper gefunden.

*Bestimme, aus welchem Stoff der Draht hergestellt wurde!*

Es werden zunächst die Eigenschaften erfasst, die man mit den Sinnesorganen (Auge, Nase) wahrnehmen kann: Der Stoff ist fest, hat eine glatte Oberfläche, sieht silbrig aus und ist geruchlos.
Bringt man ihn in Wasser, so geschieht nichts. Der Stoff ist also nicht wasserlöslich.
Seine Oberfläche kann mit dem Fingernagel geritzt werden. Der Stoff hat eine geringe Härte.
Zur Untersuchung der elektrischen Leitfähigkeit wird der Stoff in einen Stromkreis gebracht. Der Stoff leitet den elektrischen Strom. Das ist eine typische Eigenschaft von Metallen.
Zur Untersuchung der Wärmeleitfähigkeit hält man eine Seite des Körpers in heißes Wasser und prüft mit den Fingern, wie schnell die andere Seite heiß wird. Es zeigt sich: Der Stoff leitet die Wärme gut. Auch das ist eine typische Eigenschaft von Metallen.
Zur Berechnung der Dichte des Stoffes wird mit einer Waage die Masse des betreffenden Körpers gemessen und mithilfe der Differenzmethode

**S Experiment**

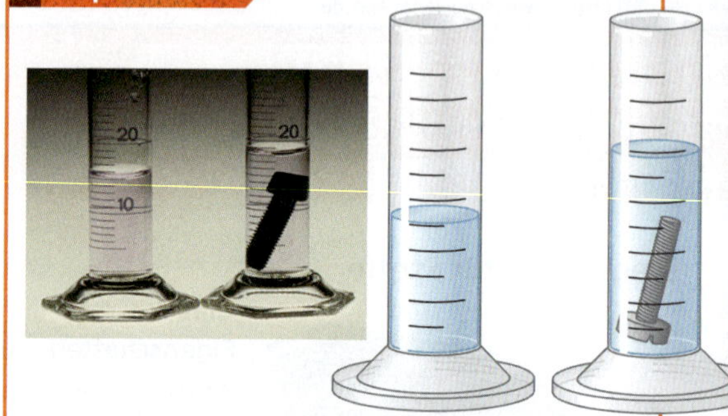


**1** Differenzmethode zur Volumenbestimmung

(Abb. 1) das Volumen ermittelt. 85,8 g des gefundenen Körpers nahmen ein Volumen von 11,9 cm³ ein.

geg.: $m = 85{,}8\,\text{g}$  $V = 11{,}9\,\text{cm}^3$

Lösung: $\rho = \dfrac{m}{V}$  $\rho = \dfrac{85{,}8\,\text{g}}{11{,}9\,\text{cm}^3}$

$$\underline{\underline{\rho = 7{,}21\,\frac{\text{g}}{\text{cm}^3}}}$$

In Tabellen kann man nun nachschlagen, welcher metallische Stoff diese Dichte hat.

| Dichte bei 25 °C in $\text{g}\cdot\text{cm}^{-3}$ | |
|---|---|
| **Metall** | **Dichte** |
| Aluminium | 2,7 |
| Eisen | 7,86 |
| Magnesium | 1,74 |
| Zink | 7,14 |
| Zinn | 7,3 |

Zinn und Zink haben eine ähnliche Dichte, unterscheiden sich aber deutlich in ihren Schmelztemperaturen: Zinn schmilzt bei 232 °C, Zink dagegen erst bei 420 °C. Bringt man die Spitze eines Lötkolbens (Temperatur ca. 260 °C) auf den zu untersuchenden Stoff, schmilzt der Stoff an der Stelle. **Es könnte sich also um Zinn handeln.**

## gewusst · gekonnt

**1.** Wiederhole wichtige Begriffe aus dem Kapitel: Stoff, Körper, Geruch, Farbe, Härte, elektrische und Wärmeleitfähigkeit, Aggregatzustand, Schmelztemperatur, Siedetemperatur, Dichte, Verformbarkeit, Brennbarkeit, Löslichkeit! Lege ein Glossar an (s. S. 450)! Nutze entweder Karteikarten oder den Computer!

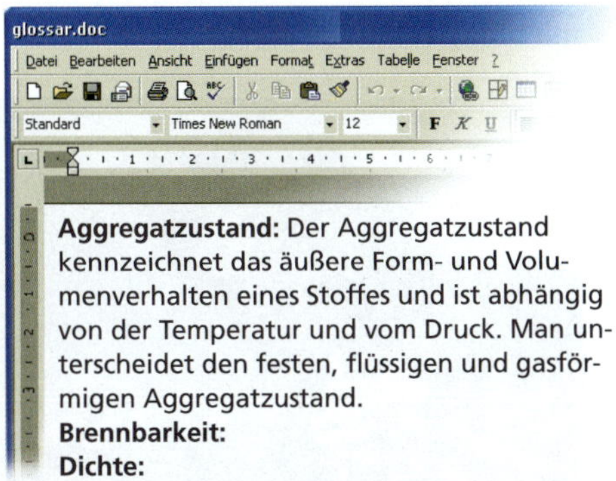

glossar.doc

Datei Bearbeiten Ansicht Einfügen Format Extras Tabelle Fenster ?

Standard Times New Roman 12

**Aggregatzustand:** Der Aggregatzustand kennzeichnet das äußere Form- und Volumenverhalten eines Stoffes und ist abhängig von der Temperatur und vom Druck. Man unterscheidet den festen, flüssigen und gasförmigen Aggregatzustand.
**Brennbarkeit:**
**Dichte:**

**2.** In der Abbildung sind verschiedene Gegenstände zu sehen.
Aus welchen Stoffen bestehen diese Gegenstände? Gib die Vor- und Nachteile des jeweiligen Stoffes für den Verwendungszweck an!

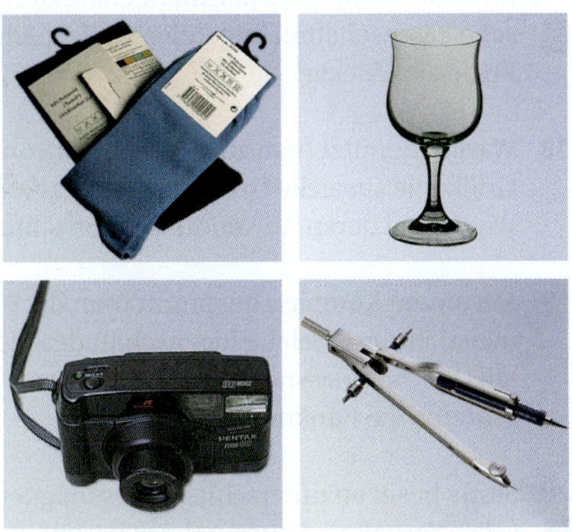


**3.** Es gibt Einkaufsbeutel aus Plast, Papier oder Baumwolle. Diskutiere Vor- und Nachteile dieser verschiedenen Materialien!

**4.** Nenne typische Eigenschaften für folgende Stoffe und gib für jeden Stoff an, wo man ihn aufgrund der jeweiligen Eigenschaften besonders häufig einsetzt!
Recherchiere im Internet, z. B. unter www.schuelerlexikon.de!
a) Glas, b) Aluminium, c) Stahl!

**5.** Die unterschiedliche Löslichkeit von Farben muss man berücksichtigen, wenn man beim Streichen z. B. Flecken beseitigen, Pinsel und Hände bzw. Kleidungsstücke reinigen will. Stelle in einer Tabelle zusammen, welche Farben ihr zu Haus habt und worin sie löslich sind!

**6.** Gießt man Öl und Wasser zusammen, so sammelt sich das Öl nach einer gewissen Zeit auf dem Wasser.

a) Was bedeutet diese Beobachtung für die Löslichkeit von Öl in Wasser?
b) Kann man Ölflecken mit Wasser beseitigen? Gib eine Erklärung!
c) Welche Schlussfolgerung kannst du noch aus der Beobachtung ableiten?

**7.** Finde heraus, welche Stoffe in folgenden Lebensmitteln zu Hause enthalten bzw. gelöst sind: Cola, Ketchup, Müsli, Margarine, Mineralwasser!

**8.** In Getränken wie Sprudel, Cola, Bier und Sekt ist ein Gas gelöst.
Gib an, um welches Gas es sich handelt! Erläutere, warum man derartige Getränke besser erst öffnet, wenn sie gekühlt sind!

*** 9.** Groppen leben im Oberlauf eines Flusses und meiden den Unterlauf.
Stelle eine Vermutung darüber auf, warum die Tiere im Unterlauf nicht lange existieren können. Beschäftige dich dazu mit den Lebensbedingungen, die für die einzelnen Flussabschnitte kennzeichnend sind!

**10.** Tapeten haben eine wesentlich höhere Entzündungstemperatur als normales Papier. Warum ist das sinnvoll?

**11.** a) Erkläre, warum man mit einem Streichholz zwar Papier, aber nicht Kohle anzünden kann!
b) Beschreibe, wie man mit einem Streichholz und anderen Stoffen Kohle entzünden kann!

**12.**

Bei dem Thermometer nach GALILEO GALILEI wird der Zusammenhang von Temperatur und Dichte ausgenutzt. Die in der Flüssigkeit schwimmenden Kugeln zeigen die Temperatur an. Erläutere, wie dieses Thermometer funktioniert!

**13.** S Untersuche **unter Anleitung** experimentell die elektrische Leitfähigkeit verschiedener Stoffe (z.B. Kochsalzlösung, Leitungswasser, Zuckerlösung, Haushaltsessig, trockenes und feuchtes Holz, Bleistiftmine, Plastlineal, Büroklammern aus Stahl)!
Welche Schlussfolgerungen kann man aus diesen Untersuchungen bezüglich des Umgangs mit Wasser und elektrischen Quellen (z. B. Steckdosen) ableiten?

*** 14.**

Deute die Messwerte! Achte auf das Volumen der Flüssigkeit und die ermittelte Masse der Flüssigkeit!

**15.** Henkel und Griffe von Töpfen und Pfannen bestehen häufig aus anderen Stoffen als der übrige Topf bzw. die Pfanne.
Nenne Stoffe, aus denen Töpfe, Pfannen und deren Henkel und Griffe bestehen können! Begründe, warum diese aus so unterschiedlichen Stoffen hergestellt werden!

**16.** Glasrohre können unter Nutzung des Brenners leicht verformt werden.
Erläutere, warum die Schülerin die Enden mit bloßen Händen anfassen kann!

**17.** S Ermittle in einem Experiment charakteristische Eigenschaften folgender Stoffe: Mehl, Kochsalz, Zucker!

**18.** Warum benutzt man zum Anzünden von Grillkohle spezielle Grillanzünder? Erläutere! Was ist bei deren Anwendung zu beachten?

**19.** Mit einem Kompass bestimmt man die Himmelsrichtung. Welche Eigenschaft des Metalls der Kompassnadel nutzt man aus? Beschreibe die Funktion!

**20.** S Stoffe besitzen unterschiedliches magnetisches Verhalten. Untersuche experimentell die magnetischen Eigenschaften verschiedener Stoffe! Überprüfe Kupferdraht, Büroklammern aus Plast und Stahl, Holz, Schrauben, Besteck aus Aluminium und Stahl!

# 1.2 Stoffgemische und reine Stoffe

**„Vor Gebrauch …“**
Auf vielen Verpackungen, die wir verwenden, steht „Vor Gebrauch schütteln“, so z. B. auf Arzneimittelfläschchen oder Farbbüchsen. Auch einige Getränke, z. B. Schokotrunk oder Fruchtsäfte, sollten vor dem Trinken durchmischt werden.
*Warum ist dieses Schütteln vor der Nutzung sinnvoll? Wodurch sind solche Mischungen gekennzeichnet?*

**Wie viel Zucker passt in den Tee?**
Zucker löst sich im Tee. Dabei gibt es eine kuriose Erscheinung. In ein nicht ganz volles Glas Tee (ca. 120 ml in einem Glas von 150 ml) kann man unter Umrühren eine ganze Tasse Zucker schütten, ohne dass der Tee überläuft.
*Können Stoffe einfach „verschwinden“?*

**Von den Oliven zum Olivenöl**
Olivenöl ist ein wichtiger Bestandteil der mediterranen Ernährung und gilt als gesund. Es schmeckt zu Salaten und ist auch zum Kochen und Braten geeignet. Das Olivenöl wird aus reifen Oliven gewonnen. Auf den Flaschen mit Olivenöl findet man häufig die Aufschrift „kaltgepresst“.
*Wie wird Olivenöl hergestellt? Welche Verfahren werden genutzt?*

## Bausteine der Stoffe – das Teilchenmodell

Gibt man Zucker in den Tee, sind die Zuckerkristalle bald nicht mehr sichtbar, jedoch der Tee schmeckt süß. Der Zucker ist also noch vorhanden und hat sich nur im Tee gelöst. Das Phänomen lässt sich durch die Annahme erklären, dass Stoffe aus **kleinen, nicht sichtbaren Teilchen** bestehen. Sie bleiben im Gemisch erhalten.
Die Art der verschiedenen Teilchen, aus denen die Stoffe bestehen, bildet **eine Ursache** für die unterschiedlichen Eigenschaften der Stoffe.
Die Vorstellung, dass Stoffe aus Teilchen aufgebaut sind, wurde schon von DEMOKRIT (460–380 v. Chr.) entwickelt. Er überlegte, dass man kleine, nicht weiter teilbare Teilchen erhalten würde, wenn man einen Körper immer weiter zerteilt. Er nannte sie Atome (atomos = das Unteilbare).
Zerlegt man Kreide, erhält man Kreidepulver (Abb. 1). Versucht man, das Kreidestück wieder zu formen, funktioniert dies nicht! Beim Zerteilen hat man den Verband der Teilchen zerstört und damit die Kräfte überwunden, die zwischen den Teilchen wirken. Diese Kräfte bilden eine **weitere Ursache** für Eigenschaften von Stoffen. So hängt es u. a. von ihnen ab, wie schnell sich Stoffe miteinander vermischen. Dabei spielt aber auch die Bewegung der Teilchen eine Rolle. Dass sich Teilchen bewegen, erkennt man z. B., wenn der Geruch einer leckeren Speise nicht nur über dem Topf wahrnehmbar ist, sondern durch den Raum zieht oder sich ein Tropfen Tinte von selbst im gesamten Wasser verteilt (Diffusion).
In Gasen und Flüssigkeiten ist die Bewegung der Teilchen unregelmäßig (brownsche Bewegung). In festen Stoffen schwingen die Teilchen durch die wirkenden Kräfte nur um einen bestimmten Punkt.

**Das Teilchenmodell beinhaltet wesentliche Aussagen:**
1. **Alle Stoffe bestehen aus Teilchen, zwischen denen leerer Raum ist.**
2. **Die Teilchen befinden sich in ständiger Bewegung.**
3. **Zwischen den Teilchen wirken Kräfte.**

1 Zerlegt man Kreide immer weiter, erhält man Kreidestaub. Die Teilchen darin sind sehr klein.

### Die brownsche Bewegung

Der englische Biologe ROBERT BROWN (1773–1858) untersuchte im Jahre 1827 Blütenpollen unter einem Mikroskop. Er stellte fest, dass sie in einem Tropfen Wasser immer wieder ihren Standort in nicht vorhersehbarer Art und Weise veränderten.
Nach ihrem Entdecker wird diese unregelmäßige Bewegung als brownsche Bewegung bezeichnet.
Erst 1905 konnte der deutsche Physiker ALBERT EINSTEIN (1879–1955) eine Begründung für die Beobachtung geben: Die winzig kleinen Teilchen der Flüssigkeit befinden sich in ständiger Bewegung. Sie stoßen dabei an die viel größeren Pollenkörnchen und schieben diese unregelmäßig hin und her. Die brownsche Bewegung ist ein Beleg für die Existenz kleinster, nicht sichtbarer Teilchen.

**Modelle in der Chemie**

Wie alle Naturwissenschaftler benutzen Chemiker Modelle, um Phänomene in der Natur zu erklären oder vorherzusagen.
Das Teilchenmodell ist ein Beispiel dafür.
Ein Modell ist eine Vereinfachung der Wirklichkeit. Das bedeutet, in wichtigen Eigenschaften stimmt ein Modell mit der Wirklichkeit überein, in anderen dagegen nicht.
Deshalb kann man mit einem Modell auch nur bestimmte Erscheinungen erklären, andere wiederum nicht. Ein Modell ist weder richtig noch falsch, sondern nur für die Erklärung und Voraussage von bestimmten Phänomenen geeignet oder nicht geeignet.

## Teilchenmodell und Aggregatzustand

Wird einem festen Stoff, z.B. Eis, Wärme zugeführt, so steigt zunächst die Temperatur des Stoffes an. Bei 0°C (Schmelztemperatur) geht Eis in den flüssigen Aggregatzustand über. Wird das Wasser weiter erwärmt, lässt sich wiederum eine Temperaturerhöhung feststellen, bis es zu sieden beginnt. Das erfolgt bei einer Temperatur von 100°C (Siedetemperatur). Bei dieser Temperatur geht das Wasser vollständig in den gasförmigen Aggregatzustand über (Abb. 1, 2).

Mit dem Teilchenmodell können Aggregatzustände und ihre Änderungen erklärt werden (Abb. 3). Im festen Zustand (z.B. beim Eis) sind die Teilchen regelmäßig wie in einem Gitter angeordnet und können aufgrund der herrschenden Kräfte nur geringe Schwingungen ausführen. Sie schwingen um ihren Platz im Gitter.

Beim Erwärmen nehmen die Schwingungen infolge der Energiezufuhr zu. Ab einer charakteristischen Temperatur werden die Schwingungen so stark, dass die Teilchen die Kräfte überwinden und ihre Gitterplätze verlassen. Der Stoff schmilzt und wird flüssig.

Bei weiterer Wärmezufuhr bewegen sich die Teilchen schneller. Die Anziehungskräfte zwischen ihnen werden immer geringer.

Die Abstände zwischen ihnen vergrößern sich, und der Stoff wird bei der für ihn charakteristischen Temperatur gasförmig.

Wird die Wärmezufuhr unterbrochen, kühlt der Stoff wieder ab. Die Teilchen bewegen sich langsamer. Unterhalb der Siedetemperatur wird der Stoff wieder flüssig. Unterhalb der Schmelztemperatur werden die Kräfte zwischen den Teilchen so stark, dass sie sich zu Gittern ordnen. Der Stoff wird fest.

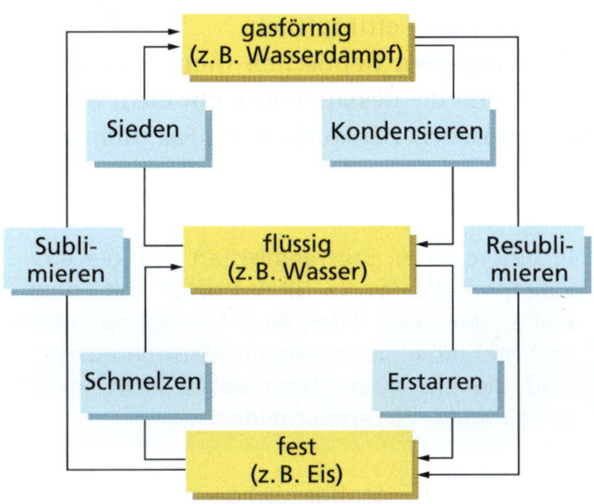


1 Aggregatzustände und ihre Änderungen, schematisch dargestellt

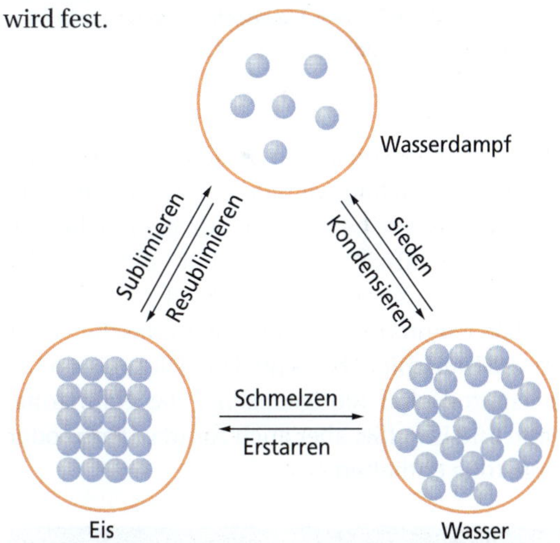


3 Änderung des Aggregatzustandes nach dem Teilchenmodell

2 Wasser kann in Abhängigkeit von den herrschenden Bedingungen fest (Eis), flüssig oder gasförmig (Wasserdampf) sein.

## Stoffe vermischt oder rein

Stoffe sind durch ihre Eigenschaften gekennzeichnet. **Reines Kupfer** beispielsweise ist besonders gut elektrisch leitfähig. Es besteht dann nur aus einer Teilchensorte. Ist das Kupfer durch andere Teilchen stark verunreinigt, dann sinkt die elektrische Leitfähigkeit.

**Reine Stoffe bestehen nur aus einer Art von Teilchen.**

Reine Stoffe sind in der Praxis nur mit sehr hohem Aufwand herzustellen. Meist sind sie durch andere „verunreinigt". Auch in der Natur liegen **Stoffe miteinander vermischt** vor.

**Stoffgemische bestehen aus Teilchen mehrerer reiner Stoffe. Die Eigenschaften der reinen Stoffe bleiben im Gemisch erhalten.**

Stoffgemische spielen in unserem Leben eine große Rolle. Geben wir Salz ins Wasser, um z. B. Spaghetti zu kochen, haben wir ganz nebenbei ein Stoffgemisch erzeugt. Für die tägliche Körperpflege verwenden wir Stoffgemische, sei es, dass wir uns mit Waschlotionen waschen oder unsere Haut mit Cremes pflegen. Die meisten Lebensmittel sind Stoffgemische, die Nährstoffe, Fette und Eiweiße, aber auch Aroma-, Farb- oder Duftstoffe enthalten.

1 Etikett eines Konfitürenglases

Auch in der Natur existieren eine Unmenge von Stoffgemischen. Natürlich vorkommendes Wasser ist nie ein reiner Stoff. Immer sind Gase und Salze gelöst. Wir laufen sogar auf Stoffgemischen, denn Steine (z.B. Granit) sind nichts anderes als Gemische aus unterschiedlichen Mineralien.
In der Technik werden nicht nur reine Stoffe benötigt. Einige Stoffgemische werden sogar gezielt hergestellt. Stahl ist ein Stoffgemisch aus Eisen mit einem gewissen Gehalt an Chrom, Mangan u. a. Durch die „Verunreinigungen" wird das Gemisch elastisch und zugfest.
Betrachtet man verschiedene Stoffgemische mit der Lupe oder mit dem Mikroskop, kann man zwei Gruppen von Gemischen feststellen.
Bei den **heterogenen Gemischen** (heterogen: griech. verschieden) lassen sich die einzelnen Bestandteile unterscheiden. Beispielsweise ist Frischmilch ein Gemisch aus nicht ineinander löslichen Flüssigkeiten. Unter dem Mikroskop erkennt man die Fetttröpfchen.
Bei **homogenen Gemischen** (homogen: griech. gleich) sind die Bestandteile nicht mehr erkennbar. Das ist z. B. bei Apfelsaft der Fall (Abb. unten re.).

**In heterogenen Stoffgemischen sind die einzelnen Bestandteile (Reinstoffe) mit dem Auge, der Lupe oder dem Mikroskop noch wahrnehmbar. In homogenen Stoffgemischen sind die einzelnen Bestandteile nicht mehr voneinander zu unterscheiden.**

## Arten von Stoffgemischen

### heterogen

Feststoff + Feststoff = **Gemenge**

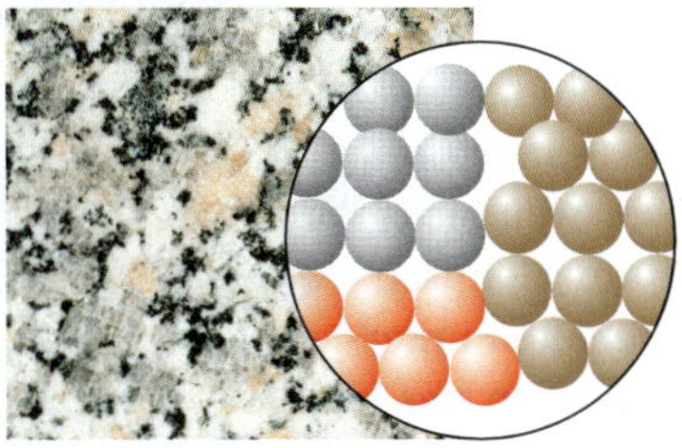

Beispiel: Granitgestein

Feststoff + Flüssigkeit = **Suspension**

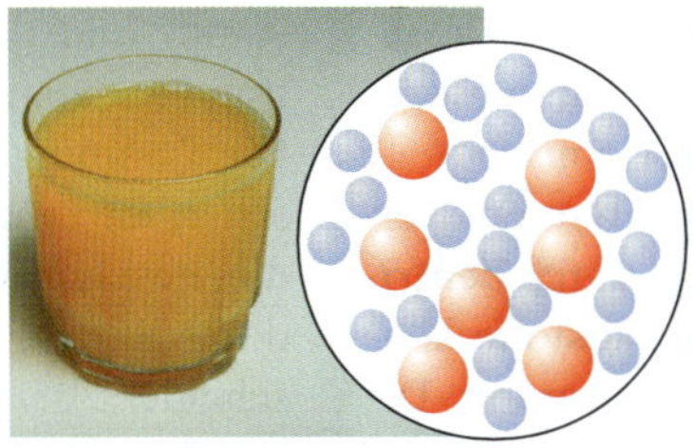

Beispiel: naturtrüber Orangensaft

Feststoff + Gas = **Rauch**

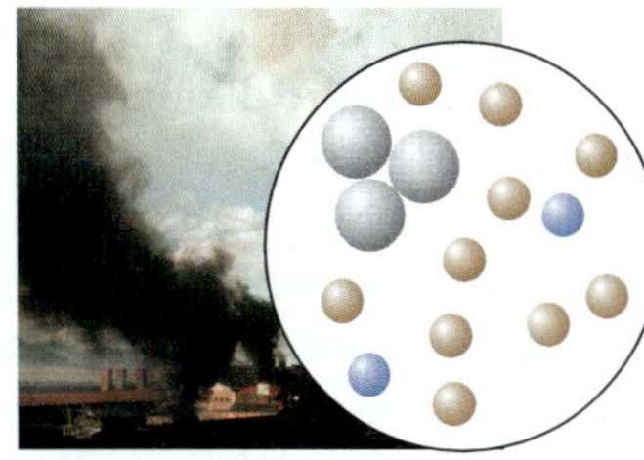

Beispiel: Ruß in Luft

Flüssigkeit + Flüssigkeit = **Emulsion**

Beispiel: Milch

Flüssigkeit + Gas = **Nebel**

Beispiel: Wassertröpfchen in Luft

Gas + Flüssigkeit = **Schaum**

Beispiel: Bierschaum

### homogen

Feststoff + Feststoff = **Legierung**

Beispiel: Bronze (s. S. 48)

Feststoff + Flüssigkeit = **Lösung**

Beispiel: Zucker in Wasser

Gas + Gas = **Gasgemisch**

Beispiel: Luft

Flüssigkeit + Flüssigkeit = **Lösung**

Beispiel: Essig

Flüssigkeit + Gas = **Lösung**

Beispiel: Mineralwasser

## Stoffgemische kann man trennen

Wein ist ein Stoffgemisch mit einem relativ niedrigen Alkoholgehalt. Damit daraus Branntwein entsteht, muss ein Teil des Wassers aus dem Gemisch entfernt werden. Das gelingt durch **Destillation.** Man nutzt die unterschiedlichen Siedetemperaturen der Bestandteile im Gemisch.
Um Schadstoffe aus Abgasen abzutrennen, werden die Rußteilchen aus der Abluft durch **Zentrifugieren** entfernt. Gasförmige Schadstoffe können durch **Adsorption** abgetrennt werden. Die Teilchen werden dabei an die Oberfläche eines Feststoffes (z.B. Aktivkohle) gebunden.
Setzt man für die Kaffeebereitung eine Kaffeemaschine ein, erfolgt eine **Extraktion** und eine **Filtration**. Durch das Wasser werden u.a. Aromastoffe aus dem Kaffeepulver herausgelöst, extrahiert. Das ist möglich, weil die Bestandteile in Wasser unterschiedlich löslich sind. Durch den Kaffeefilter werden das Kaffeepulver (Filterrückstand) und das Getränk (Filtrat) voneinander getrennt.

Die Trennung von Stoffgemischen ist möglich, weil sich die Bestandteile im Gemisch durch ihre Eigenschaften unterscheiden. Beim Mischen der reinen Stoffe bleiben ihre Eigenschaften erhalten. Einen Überblick über die Trennverfahren gibt die Seite 33.

**Zum Trennen von Stoffgemischen nutzt man die unterschiedlichen Eigenschaften der reinen Stoffe im Gemisch aus.**

## Mosaik

### Vorsicht Prozente!

Lebensmittel, viele Genussmittel und auch medizinische Lösungen sind im Allgemeinen Stoffgemische. Neben Angaben zu stofflichen Bestandteilen müssen oft die Anteile der Inhaltsstoffe mit angegeben werden.

Für Feststoffe, die in Flüssigkeiten gelöst sind, wird der **Massenanteil $\omega$** an der Gesamtmasse angegeben. Der Massenanteil $\omega_i$ eines gelösten Feststoffes kann berechnet werden mit der Gleichung:

$$\omega_i = \frac{m_i}{m}$$

$m_i$ Masse der Komponente i (gelöster Feststoff)
$m$ Gesamtmasse des Stoffgemisches

bzw. in Prozenten: $\omega_i(\text{in }\%) = \frac{m_i}{m} \cdot 100\ \%$

So weist physiologische Kochsalzlösung beispielsweise einen Massenanteil von 0,9% auf. Die benötigte Masse Kochsalz zur Herstellung von 100 g dieser Lösung kann mithilfe folgender Formel berechnet werden:

$$m_{Kochsalz} = \frac{\omega_{Kochsalz}(\text{in }\%) \cdot m_{ges}}{100\ \%}$$

Es ergibt sich eine Masse von 0,9g Kochsalz. Diese Masse muss in 99,1 g reinem Wasser gelöst werden.

Für Flüssigkeiten, die in einer anderen Flüssigkeit gelöst vorliegen, ist die Angabe des **Volumenanteils $\varphi$** üblich.
Der Volumenanteil $\varphi_i$ einer gelösten Flüssigkeit kann berechnet werden mit der Gleichung:

$$\varphi_i = \frac{V_i}{V_0}$$

$V$ Volumen der Komponente i
$V_0$ Gesamtvolumen des Stoffgemisches

bzw. in Prozenten: $\varphi_i(\text{in }\%) = \frac{V_i}{V_0} \cdot 100\ \%$

Besonders bei alkoholischen Getränken ist die Angabe des Volumenanteils des enthaltenen Alkohols üblich. Beispielsweise kann man von einem Etikett einer Branntweinflasche den Volumenanteil des Akohols (Ethanol) ermitteln (38 %).
Die obige Formel kann durch Umstellung auch zur Berechnung des enthaltenen reinen Alkohols genutzt werden.

$$V_{Alkohol} = \frac{\varphi_{Alkohol}(\text{in }\%) \cdot V_{ges}}{100\ \%}$$

Bei einem Gesamtvolumen von 0,7 l ergibt sich, dass in der Flasche 0,266 l reiner Alkohol gelöst enthalten sind.

## Trennen von Stoffgemischen

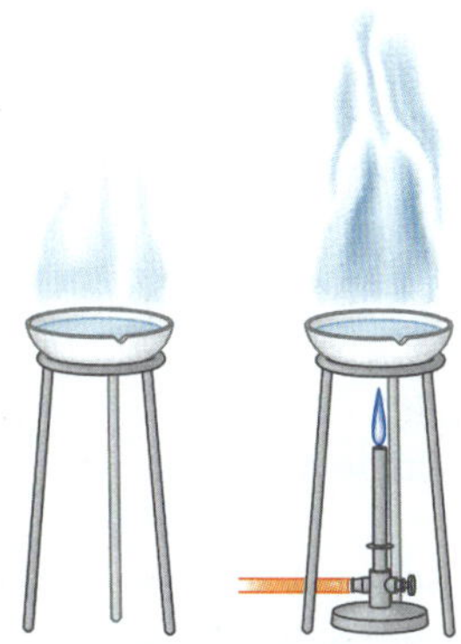

**Eindunsten** und **Eindampfen**: Trennen von Lösungen aufgrund unterschiedlicher Siedetemperaturen, wobei allgemein nur der gelöste Feststoff gewonnen wird.

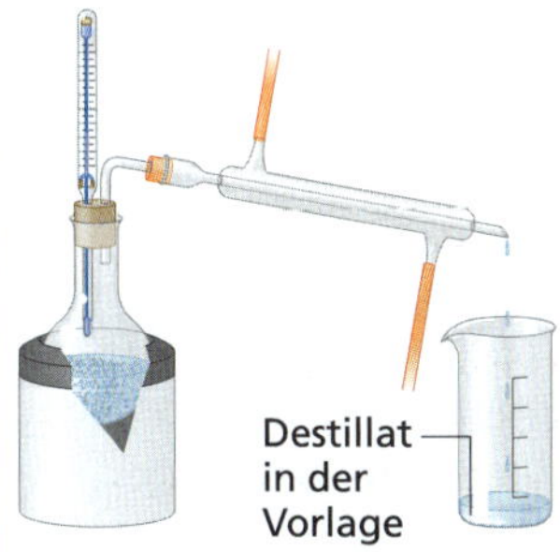


**Destillieren:** Trennen von Stoffgemischen aus mehreren flüssigen Stoffen oder aus Lösungsmittel und gelöstem Feststoff aufgrund unterschiedlicher Siedetemperaturen, wobei alle enthaltenen Stoffe gewonnen werden.

**Sieben:** Trennen von Gemischen aus festen Stoffen aufgrund unterschiedlicher Korngröße der enthaltenen Stoffe.

**Filtrieren:** Trennung einer Suspension aufgrund unterschiedlicher Teilchengröße der enthaltenen Stoffe.

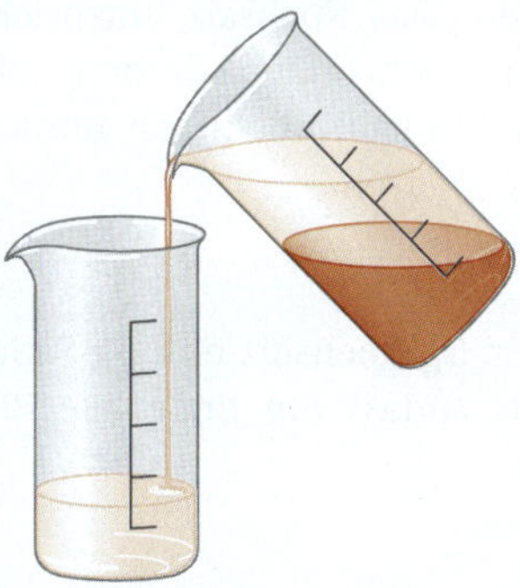

**Dekantieren:** Trennen eines Stoffgemisches durch Abgießen des Überstandes aufgrund unterschiedlicher Dichten bzw. unterschiedlicher Aggregatzustände der enthaltenen Stoffe, die nicht ineinander löslich sind.

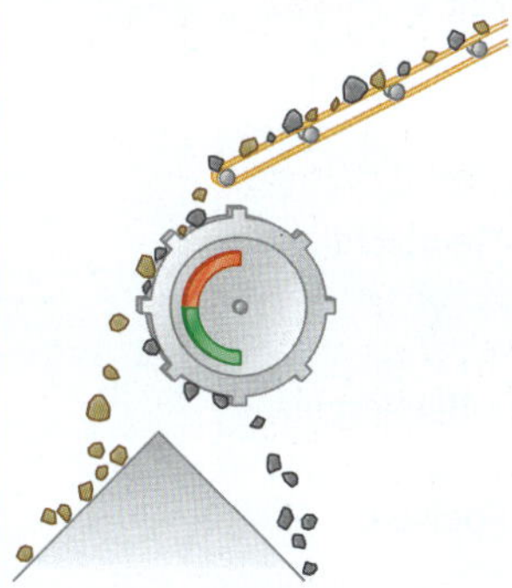

**Magnetscheiden:** Trennen von Stoffgemischen aus festen Stoffen aufgrund der magnetischen Eigenschaften eines der enthaltenen Stoffe.

**Extrahieren:** Trennen von Stoffgemischen unter Ausnutzung unterschiedlicher Löslichkeiten in einem bestimmten Lösungsmittel.

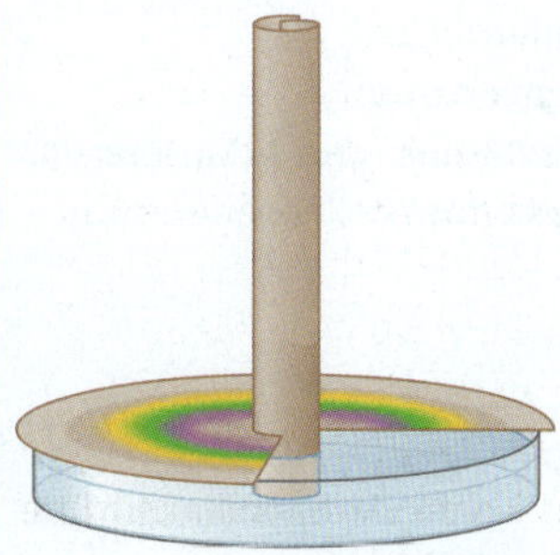

**Chromatografieren:** Trennen von Stoffgemischen unter Nutzung der unterschiedlichen Haftfähigkeit verschiedener Teilchen (z. B. in Farbstoffen) auf Papier oder Kreide.

## Trennen von Stoffgemischen

### S Experiment 1

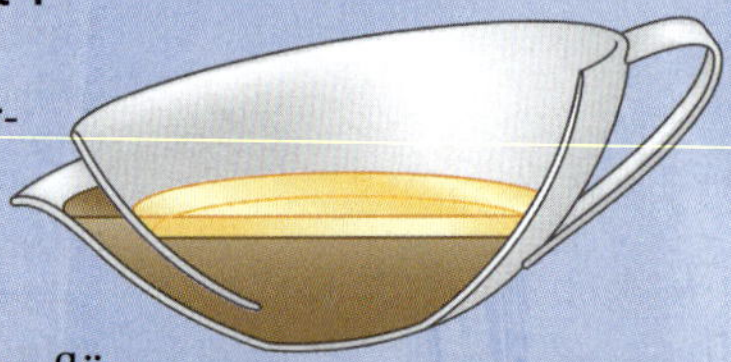

Im Handel werden Saucieren angeboten, mit denen bei fetten Soßen das flüssige Fett von der eigentlichen Soße abgetrennt wird. Dabei wird das gleiche Prinzip wie beim Scheidetrichter genutzt.

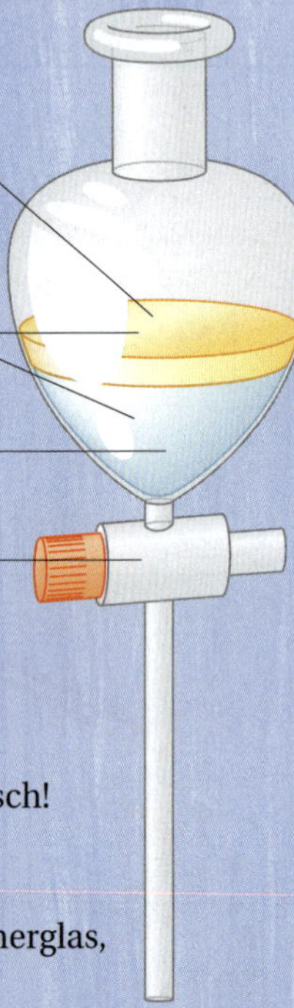


**Aufgabe:**
Trenne ein Öl-Wasser-Gemisch!

**Vorbereitung:**
*Geräte:* Scheidetrichter, Becherglas, Quirl
*Chemikalien:* Wasser, Speiseöl
**Durchführung:**
Verquirle Öl und Wasser miteinander! Gib das Gemisch in den Scheidetrichter!
**Beobachtung und Auswertung:**
Beobachte genau! Beschreibe und erläutere das Prinzip, auf dem dieses Trennverfahren beruht!

### S Experiment 2

**Aufgabe:**
Schätze den Anteil an Kochsalz in Instantbrühe ab! Trenne dazu das Gemisch!

**Vorbereitung:**
*Geräte:* 2 Bechergläser, Trichter, Rührstab, Filterpapier, Abdampfschale, Pipette, Brenner, Messzylinder, Waage
*Chemikalien:* Instantbrühe, Wasser
**Durchführung:**
1. Wäge die Abdampfschale!
2. Mische 5 g Brühpulver mit 10 ml Wasser!
3. Filtriere das Gemisch!
4. Dampfe die Lösung ein!
5. Wäge die Abdampfschale mit dem Salz!

**Auswertung:**
a) Erkläre, warum es sich bei dem Rückstand nicht um einen Reinstoff handelt!
b) Schätze den Anteil des Kochsalzes in Instantbrühe ab!

### S Experiment 3

In der Technik ist man bestrebt, wertvolle Stoffe aus Gemischen zurückzugewinnen. Dazu werden Lösungsmittel eingesetzt. Der wertvolle Stoff ist dann darin gelöst, aber auch Verunreinigungen können noch enthalten sein. Mit einem Modellversuch kann ein möglicher Trennungsgang demonstriert werden. Das Kochsalz entspricht dem Stoff, der zurückgewonnen werden soll. Auch das Lösungsmittel kann mehrfach genutzt werden.

**Aufgabe:**
Mische 50 ml Wasser, 5 g Kochsalz und 5 g Sand. Trenne diese Stoffe, sodass am Ende alle Bestandteile vorliegen!

**Vorbereitung:**
*Geräte:* 2 Bechergläser, Trichter, Rührstab, Filterpapier, Destillationskolben, durchbohrter Stopfen, Kühler, Vorlage, Brenner bzw. Heizhaube
*Chemikalien:* Wasser, Kochsalz, Sand
**Durchführung:**
1. Arbeitsschritt: Filtration
2. Arbeitsschritt: Destillation

**Beobachtung und Auswertung:**
Notiere die Beobachtungen! Erläutere, warum die angegebene Reihenfolge der Verfahren sinnvoll ist!

## Stoffgemische und ihre Trennung im Alltag und in der Technik

**Müll – ein wertvolles Stoffgemisch?**

In der Natur gibt es keine Verschwendung. Der „Abfall" wird vollständig recycelt, wie schon am Beispiel des herbstlichen Laubfalls zu sehen ist. Das Laub wird im Laufe der Zeit abgebaut und die Stoffe dem Stoffkreislauf zugeführt. Andere tote organische Substanz wird ebenfalls zersetzt und letztendlich über viele Stufen wieder in anorganische Stoffe umgewandelt.

Auch in unserem Müll sind viele Stoffe enthalten, die recycelt werden können. Zu den Wertstoffen gehören Metalle, Papier, Textilien, Glas, Kunststoffe und Verbundstoffe. Glas kann beispielsweise geschmolzen und wieder in eine neue Form gebracht werden. Auch die anderen Materialien können aufbereitet und einer erneuten Verwendung zugeführt werden.

Dazu muss das Gemisch getrennt werden. In Abfalltrennungsanlagen werden viele verschiedene Verfahren der Stofftrennung genutzt, die auf den unterschiedlichen Eigenschaften der Stoffe basieren. Einige wichtige Verfahren sollen hier vorgestellt werden.

Zunächst wird an einem **Förderband** der Müll von Menschen per Hand grob vorsortiert. Vor allem sperrige Gegenstände und Folien werden entfernt.

In einer **Siebanlage** werden Stoffe nach der Teilchengröße in Fein- und Grobmüll sortiert.

Mit einem **Magnetscheider (Elektromagnet)** werden Eisenteile getrennt und als Schrott an Stahlwerke geliefert.

In einem **Windkanal** werden Teile aus Papier, Pappe, Textilien und Kunststoff aufgrund ihrer geringen Dichte und damit geringen Masse herausgeblasen.

In verschiedenen **Nass-Stufen** werden infolge der unterschiedlichen Dichte Stoffe wie Holz, Hartplaste, Metalle, Keramik und Steine getrennt.

Abfallsortierung in Abfalltrennungsanlagen ist eine aufwendige und teure Angelegenheit und benötigt viel Energie für die verschiedenen Trennverfahren. Deshalb sollten durch Abfallsortierung bereits im Haushalt einige Trennverfahren eingespart werden. Dazu sollten die Sammelbehälter Verwendung finden. Lebensmittelabfälle kann man zum Teil selbst kompostieren.

... und mehr

**Informiere dich auch unter:** *Verfahren der Erdölaufbereitung, thermische Verfahrenstechnik, mechanische Verfahrenstechnik*

# Chemie in Natur und Technik

## Eins plus eins ist nicht immer zwei

Ein Experiment zeigt, dass das Gesamtvolumen beim Mischen zweier Stoffe nicht immer mit der rechnerischen Summe dieser Volumina übereinstimmt. Gibt man z. B. 50 ml Ethanol (Alkohol) in 50 ml Wasser, erhält man nach dem Mischen nicht 100 ml Lösung, sondern nur ca. 96 ml (Abb. 1).
*Erkläre diese verblüffende Erscheinung!*

Mischt man Ethanol (Alkohol) mit Wasser, so wird der Alkohol im Wasser gelöst. Die beim Mischen beobachtete Verringerung des Gesamtvolumens kann dabei mit dem Teilchenaufbau der Stoffe bzw. dem Teilchenmodell erklärt werden. Sowohl die Art der Teilchen als auch die Kräfte zwischen ihnen spielen eine Rolle.
Stoffe lösen sich in einem Lösungsmittel auf, wenn die Anziehungskräfte zwischen den Teilchen des zu lösenden Stoffes durch das Lösungsmittel aufgehoben werden können. Die Wasserteilchen schieben sich zwischen die Alkoholteilchen. Dadurch entsteht verdünnter Alkohol als einheitliches Gemisch. Da die Alkohol- und Wasserteilchen unterschiedlich groß sind, kann der Raum zwischen den größeren Alkoholteilchen durch die kleineren Wasserteilchen ausgefüllt werden. In einem Modellexperiment mit größeren Erbsen und kleineren Reiskörnern kann dies veranschaulicht werden (Abb. 2). Die kleineren Reiskörner schieben sich zwischen die Erbsen.
Außerdem bilden sich zwischen den Teilchen in der Lösung, also zwischen den Alkohol- und Wasserteilchen, schwache anziehende Kräfte aus. Durch sie rücken die Teilchen noch enger aneinander. Das Gesamtvolumen des Gemisches ist deshalb kleiner als die Summe der Einzelvolumina vom Alkohol und vom Wasser.

### Erklären

Beim Erklären wird zusammenhängend und geordnet dargestellt, warum eine Erscheinung in der Natur so und nicht anders auftritt. Dabei wird das einzelne Phänomen auf das Wirken allgemeiner Gesetze zurückgeführt, indem dargestellt wird, dass die Wirkungsbedingungen bestimmter Gesetze vorliegen.
Auch Modelle können zum Erklären herangezogen werden. Beim Erklären sollte man deshalb Folgendes darstellen:

1. Beschreibe die für das Wirken von Gesetzen und das Anwenden von Modellen wesentlichen Seiten des Phänomens! Lasse unwesentliche Seiten unberücksichtigt!
2. Nenne Gesetze und Modelle, mit denen die Erscheinung erklärt werden kann, weil deren Wirkungsbedingungen vorliegen!
3. Führe die Erscheinung auf das Wirken von Naturgesetzen bzw. auf das Anwenden von Modellen zurück!

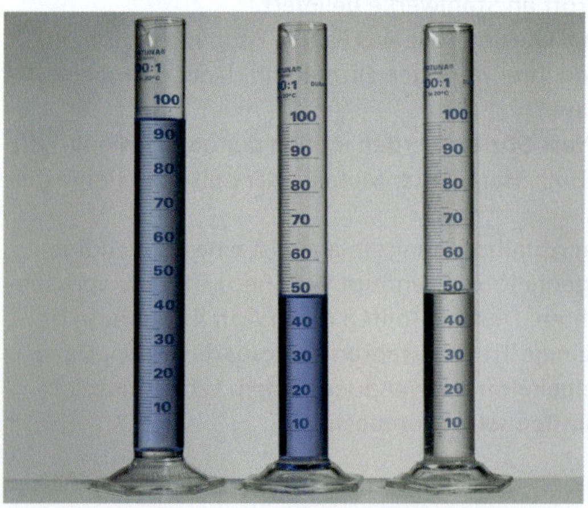

1 Mischen von Alkohol (Mitte) und Wasser (rechts)

2 Modellexperiment mit Erbsen und Reis

## Der Magnetscheider

Eisenerze liegen im Gemisch mit Gestein vor. Um aus dem Eisenerz (Abb. 1) in einem Hochofen später Roheisen herzustellen, muss zunächst die eisenhaltige Substanz vom Gestein getrennt werden. Dazu wird bei einigen Eisenerzen ein Magnetscheider genutzt.
*Beschreibe den Aufbau und erkläre die Wirkungsweise eines Magnetscheiders!*

Ein Magnetscheider ist ein Gerät zur Trennung eines Stoffgemisches aus Feststoffen aufgrund ihrer unterschiedlichen magnetischen Eigenschaften.
Er besteht aus einer rotierenden Trommel und einem im Inneren des Gerätes befindlichen halbkreisförmigen Magneten (Dauer- oder Elektromagnet). Der Magnet macht die Bewegung der Trommel nicht mit. Über ein Förderband wird von oben zerkleinertes Eisenerz auf die rotierende Trommel gebracht (Abb. 2).
Manche Eisenerze besitzen magnetische Eigenschaften (Ferromagnetismus). Sie werden von Magneten angezogen. Gestein besitzt diese Eigenschaft nicht. Das führt dazu, dass die eisenhaltigen Bestandteile im zerkleinerten Erz durch den starken Magneten an die rotierende Trommel gezogen und weiter mit der Trommel herumgeführt werden als das Gestein. Das Gestein fällt sofort von der Trommel herunter und wird dort gesammelt. Da die eisenhaltige Substanz mithilfe der Magneten weiter in der Trommel herumgeführt wird, kann sie erst herabfallen, wenn kein Magnet mehr hinter der Trommel ist. Die eisenhaltige Substanz wird dort gesammelt. Die Verarbeitung im Hochofen schließt sich an.

**Beschreiben des Aufbaus und Erklären der Wirkungsweise technischer Geräte und Anlagen**

Die Wirkungsweise technischer Geräte und Anlagen lässt sich auf naturwissenschaftliche Erkenntnisse zurückführen. Oft werden Erkenntnisse über Stoffe, ihren Aufbau sowie ihre Eigenschaften und über die Umwandlung von Stoffen durch chemische Reaktionen angewendet.
Beim Beschreiben des Aufbaus und Erklären der Wirkungsweise technischer Geräte und Anlagen kann man folgendermaßen vorgehen:

1. Gehe vom Verwendungszweck des technischen Gerätes bzw. der Anlage aus!
2. Beschreibe wesentliche Teile des Gerätes bzw. der Anlage, die für die Anwendung naturwissenschaftlicher Erkenntnisse von besonderer Bedeutung sind!
   Technische Details bleiben unberücksichtigt!
3. Führe die Wirkungsweise des Gerätes bzw. der Anlage auf naturwissenschaftliche Erkenntnisse, z. B. über den Aufbau und die Eigenschaften von Stoffen sowie die Umwandlung von Stoffen, zurück.

1 Transport von Eisenerzen

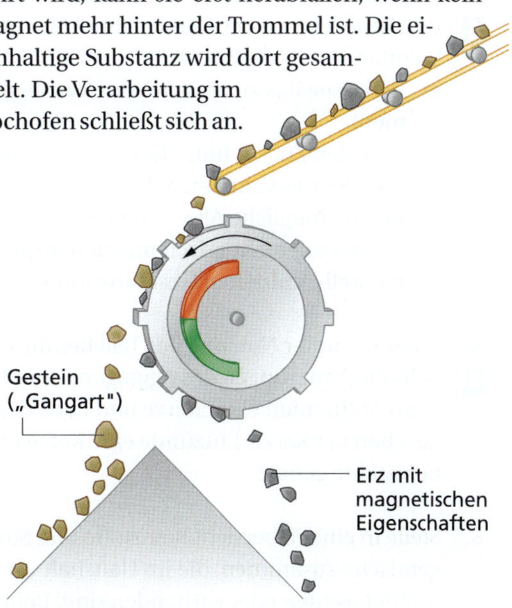


2 Aufbau eines Magnetscheiders (Schema)

## gewusst · gekonnt

1. Ergänze dein Glossar um folgende Begriffe!

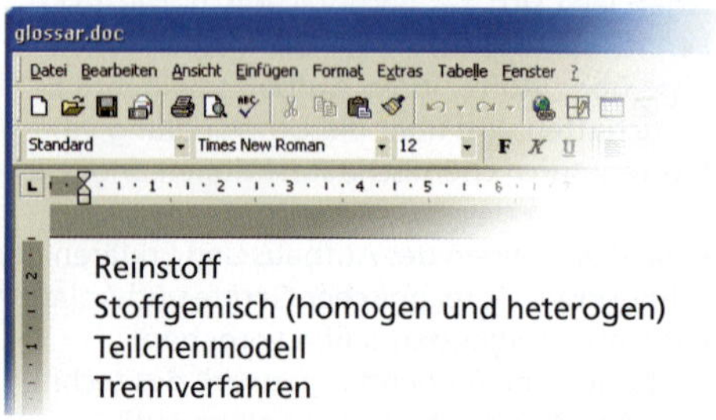


2. Untersuche die Durchmischung von zwei Flüssigkeiten (z. B. Wasser und Tinte) bei 10 °C und 35 °C! Tropfe dazu vorsichtig 10 Tropfen Tinte in das temperierte Wasser! Notiere deine Beobachtungen nach jeweils 5 Minuten! Erkläre die Beobachtungsergebnisse mithilfe des Teilchenmodells!

3. Erläutere die Aggregatzustandsänderung von Wasser in Abhängigkeit von der Temperatur mithilfe des Teilchenmodells!

4. Fülle in einen Messzylinder 150 ml Wasser und kennzeichne den Wasserstand! Miss das Volumen von 100 g Zucker!
   a) Berechne das zu erwartende Geamtvolumen!
   b) Löse den Zucker unter Rühren im Wasser und lies das Volumen ab!
   c) Erkläre mögliche Abweichungen zwischen dem rechnerisch und dem experimentell ermittelten Gesamtvolumen!

* 5. Erläutere unter Nutzung des Teilchenmodells die Änderungen des Aggregatzustandes beim Abbrennen einer Kerze und nach dem Löschen der Kerze! Entzünde eine Kerze und beobachte genau!

6. Stelle in einer Übersicht Reinstoffe und Stoffgemische zusammen, die im Haushalt verwendet werden oder vorhanden sind! Benenne die Art der Stoffgemische!

7. Mayonnaise ist ein Stoffgemisch aus Essig, Öl, Eigelb, Salz und Zucker.
   a) Stelle Mayonnaise selbst her, indem du wie folgt vorgehst:
   In ein vom Eiklar getrenntes Eidotter wird unter ständigem Rühren in kleinen Portionen Speiseöl hinzugegeben. Wenn eine dicke Masse entstanden ist, kann mit Salz, Zucker, Senf, Haushaltsessig oder Zitronensaft abgeschmeckt werden.
   b) Gib an, was für ein Stoffgemisch Mayonnaise ist!

8. Die Abbildungen zeigen Stoffgemische.
   a) Benenne die abgebildeten Stoffgemische!

   b) Ordne die Beispiele nach homogenen und heterogenen Stoffgemischen!

9. Stelle in einem Hausexperiment Brausepulver her! Verwende dazu feste Zitronensäure aus der Apotheke, Zucker und Natron! Beschreibe, wie du vorgehst! Was für ein Stoffgemisch liegt vor? Begründe deine Antwort!

10. Milch ist ein heterogenes Stoffgemisch.
   a) Nenne Stoffe, aus denen Milch besteht! Nutze für die Recherche geeignete Nachschlagewerke und das Internet!
   b) Betrachte einen Tropfen Milch unter dem Mikroskop! Beschreibe die Beobachtung!
   c) Auf Verpackungen der sogenannten „H-Milch“ steht, dass diese Milch homogenisiert ist. Was bedeutet das?

**11.** Goldwäscher versuchen, im Sand und Schlamm bestimmter Flüsse Gold zu finden. Beschreibe, wie sie vorgehen! Welches Trennverfahren wird genutzt?

**12.** Beschreibe die verschiedenen Trennverfahren bei der Herstellung von
a) Filterkaffee in einer Kaffeemaschine,
b) gebrühtem Kaffee in einer Tasse,
c) gebrühtem Tee mit einem Tee-Ei!

**13.** S Steinchen, Sand, Zucker, Kohlepulver und Eisenspäne liegen in einem Gemisch vor.
a) Beschreibe und begründe, wie man diese Stoffe trennen kann!
b) Führe diese Stofftrennung in einem Experiment selbst durch!

**14.** Lässt man Speck aus, erhält man Schmalz. Welche Stoffeigenschaften und welches Trennverfahren werden dabei genutzt?

**15.** Zur Herstellung von hochprozentigem Alkohol wird das Destillationsverfahren genutzt. Erläutere dieses Verfahren zur Herstellung alkoholischer Getränke!
Beschreibe dazu den Aufbau und die Wirkungsweise einer Destillationsapparatur!

**16.** In Flüssen und Bächen sowie an Zuflüssen für Teiche und Seen werden Rechen eingesetzt.
Beschreibe das Stofftrennungsverfahren!

**17.** Blut besteht aus dem flüssigen Blutplasma und den festen Bestandteilen (Blutzellen). Das Plasma enthält 120 verschiedene Eiweißstoffe und bildet die Grundlage für viele Arzneimittel (z. B. Präparate für die Blutgerinnung). Blutplasma und die Blutzellen werden durch Zentrifugieren getrennt. Erläutere das Prinzip! Informiere dich im Internet!

**18.** S Entscheide, ob Gartenerde ein reiner Stoff oder ein Stoffgemisch ist!
a) Reibe Gartenerde zwischen den Fingern! Beobachte und beschreibe deine Beobachtung!
b) Mische Gartenerde mit Wasser! Lasse das Gemisch anschließend ruhig stehen und beschreibe deine Beobachtung!

**19.** S Mithilfe von Papierchromatogrammen kann man Farbgemische trennen.

Überprüfe experimentell, ob die Farben eines schwarzen und eines grünen Filzstiftes Reinstoffe oder Farbgemische sind!

**S Experiment**

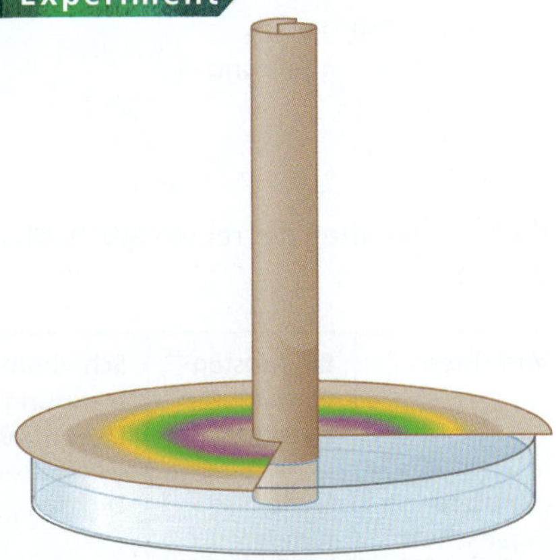

## Stoffgemische und reine Stoffe

**Alle Körper bestehen aus Stoffen.** Eine Vorstellung vom Aufbau der Stoffe beschreibt das **Teilchenmodell:**

1. Alle Stoffe bestehen aus Teilchen, zwischen denen Leere ist.
2. Die Teilchen befinden sich in ständiger Bewegung.
3. Zwischen den Teilchen wirken Kräfte.

**Stoffe**

**Reinstoffe**
bestehen nur aus
einer Art von Teilchen

**Stoffgemische**
enthalten Teilchen
verschiedener Reinstoffe

heterogene Stoffgemische
z. B. Emulsion
(Bestandteile sind noch mit dem Mikroskop wahrnehmbar)

homogene Stoffgemische
z. B. Lösung
(Bestandteile sind mit dem Mikroskop nicht wahrnehmbar)

**Eigenschaftskombinationen** kennzeichnen einen Stoff eindeutig.

**charakteristische Eigenschaften** kennzeichnen einen Stoff besonders gut.

**Eigenschaften kann man bestimmen oder ermitteln**
- mit Sinnesorganen,
- durch Messungen und Experimente,
- aus Tabellen.

**Reinstoffe**

erkennt man an ihren Eigenschaften

verwendet man entsprechend ihrer Eigenschaften

Farbe, Geruch, Geschmack
Härte
Aggregatzustand
Löslichkeit
Brennbarkeit
Wärmeleitfähigkeit
elektrische Leitfähigkeit
Dichte
Schmelztemperatur
Siedetemperatur

Die Eigenschaften der reinen Stoffe bleiben im Gemisch erhalten. Dies kann zur **Trennung** genutzt werden.

| **Verfahren** | Eindunsten Eindampfen Destillieren | Schwimmtrennung, Dekantieren | Auslesen, Filtrieren | Extrahieren | Magnetscheiden | Chromatografieren |
|---|---|---|---|---|---|---|
| **genutzte Eigenschaft** | Siedetemperatur | Dichte | Teilchengröße | Löslichkeit | magnetische Eigenschaft | Haftfähigkeit |

# 2

# Metalle und ihre Legierungen

## Metalle – wichtige Werkstoffe

Viele Teile an Fahrzeugen, Brücken, Maschinen, aber auch Essbestecke, wichtige Teile an Fernsehgeräten und Kühlschränken bestehen aus Metallen. Viele Dinge, die wir im Alltag benötigen, sind zumindest teilweise aus Metallen gefertigt.
*Was sind Metalle?*
*Welche Eigenschaften von Metallen machen diese so vielseitig einsetzbar?*

## Euromünzen

Die 10-, 20- und 50-Cent-Münzen haben eine auffallende Farbe. Daher wird das Material, aus denen sie bestehen, auch als „Nordisches Gold“ bezeichnet. Dabei handelt es sich um eine Kupfer-Aluminium-Zink-Zinn-Legierung.
*Was ist eine Legierung?*

## Metalle am Fahrrad

Das Fahrrad besteht aus vielen metallischen Teilen. Mit Sicherheit erkennst du die Metallteile an deinem Fahrrad auf Anhieb.
*Wie kannst du Metalle von anderen Stoffen so sicher unterscheiden?*
*Ist dein Fahrrad nur deshalb lackiert, damit es schöner aussieht?*
*Wie pflegst du dein Fahrrad?*

## Bedeutung und Eigenschaften der Metalle

Einige Metalle sind seit etwa 7000 Jahren bekannt, z.B. Gold und Kupfer. Um 3000 v. Chr. wurden erste Legierungen (spezielle Gemische von Metallen) verwendet. Ohne Metalle und ihre Legierungen ist unser Leben nicht mehr denkbar. Die Möglichkeiten ihrer Verwendung nehmen ständig zu (s. Tab. rechts). Obwohl Metalle durch gemeinsame Eigenschaften als solche erkennbar sind, hängen Einsatz und Nutzung der Metalle mit ihren verschiedenen Eigenschaften zusammen.
Gold wurde von den Menschen zuerst verwendet, später Silber und Kupfer. Diese Metalle kamen in der Natur gediegen (als reines Metall) vor oder waren leicht zu gewinnen. Über Jahrtausende entwickelte man Arbeitstechniken zur Gewinnung der Metalle aus ihren Erzen. Die Herstellung und Bearbeitung bestimmter Metalle prägte ganze Entwicklungsepochen, z.B. die Bronzezeit (ca. 2000 v. Chr.) oder die Eisenzeit (ca. 1000 v. Chr.).

| Metall | Eigenschaften | Verwendung |
|---|---|---|
| Eisen | legierbar, Legierungen zugfest und korrosionsbeständig | Stahl für Brücken, Maschinenteile |
| Kupfer | geringer spezifischer Widerstand, gute elektrische Leitfähigkeit | Elektrotechnik Kabel, Leiterelemente |
| Aluminium, Magnesium | legierbar, geringe Dichte | für den Bau von Flugzeugen, Fahrzeugteilen |
| Zink | bildet an der Luft eine Schutzschicht | Überzüge als Schutz vor Korrosion, Legierungen |
| Gold | beständig, glänzend, gut elektrisch leitfähig | Schmuckgegenstände, Gerätebau, Zahnfüllungen |

**Schmelz- und Siedetemperaturen**
- relativ hoch (Eisen: $\vartheta_S$ = 1540 °C, $\vartheta_V$ = 3000 °C) außer Quecksilber ($\vartheta_S$ = –39 °C, $\vartheta_V$ = 257 °C)
- feste Stoffe (Ausnahme: Quecksilber)

**Verformbarkeit**
- alle Metalle plastisch verformbar
- einige Metalle bzw. ihre Legierungen (Stahl) elastisch verformbar

**metallischer Glanz**
- glatte metallische Oberflächen reflektieren das Licht
- silbrig oder farbig glänzend

**Dichte**
- Dichte kleiner als 5 g · cm$^{-3}$: Leichtmetall (z. B. Aluminium)
- Dichte größer als 5 g · cm$^{-3}$: Schwermetall (z. B. Eisen)

**Leitfähigkeit**
- alle Metalle elektrisch leitfähig und wärmeleitfähig, jedoch unterschiedlich gut

**Härte**
- sehr unterschiedliche Härte (Ritzhärte nach MOHS: Blei 1,5; Eisen 4,5; Wolfram 7)

## Steckbriefe für ausgewählte Metalle

### STECKBRIEF: Aluminium

**Eigenschaften:** silberglänzendes, weiches Metall, sehr guter elektrischer und Wärmeleiter, sehr gut legierbar (Duraluminium)
Dichte: 2,7 g · $cm^{-3}$ (Leichtmetall)
Schmelztemperatur: 660 °C
Siedetemperatur: 2447 °C

**Vorkommen:** in der Natur nie gediegen, meist chemisch gebunden als Bauxit, Bestandteil einiger Edelsteine (Rubine, Saphire)

**Verwendung:** Fenster- und Türrahmen, Verpackungsmaterial, Fahrzeugbau, Flugzeugbau

**Besonderheit:** sehr spät entdeckt, noch im 19. Jahrhundert wegen seiner Seltenheit teurer als Silber

### STECKBRIEF: Gold

**Eigenschaften:** gelb glänzendes, weiches Metall, polierfähig, sehr dehnbar, sehr guter elektrischer und Wärmeleiter, wenig reaktionsfähig
Dichte: 19,32 g · $cm^{-3}$ (Schwermetall)
Schmelztemperatur: 1063 °C
Siedetemperatur: 2972 °C

**Vorkommen:** gediegen (Goldader, Goldnuggets)

**Verwendung:** Goldschmuck (standardisierte Legierungen: 333er, 585er, 750er und 900er Gold), Zahnmedizin, Elektronik

**Besonderheit:** Gold lässt sich zu Blattgold von $\frac{1}{6}$ mm Dicke ausschlagen. Aus 1 g Gold kann ein Draht von 3 km Länge gezogen werden.

### STECKBRIEF: Blei

**Eigenschaften:** mattgraues, sehr weiches, giftiges Metall, geringe elektrische und geringe Wärmeleitfähigkeit
Dichte: 11,35 g · $cm^{-3}$ (Schwermetall)
Schmelztemperatur: 327 °C
Siedetemperatur: 1740 °C

**Vorkommen:** selten gediegen, meist als Bleiglanz (sulfidisches Erz)

**Verwendung:** wichtiger Bestandteil in einigen Akkumulatoren (u. a. Autobatterie), Bleiplatten als Schutz vor radioaktiver Strahlung, als Senkblei oder Lot, früher Bestandteil der Lettern beim Buchdruck

**Besonderheit:** Das Metall ist so weich, dass es auf Papier einen grauen Abrieb hinterlässt.

### STECKBRIEF: Quecksilber

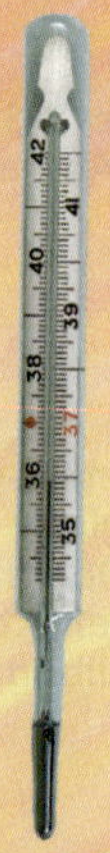

**Eigenschaften:** silberglänzendes, flüssiges, sehr giftiges Metall, geringe elektrische Leitfähigkeit, schlechter Wärmeleiter, dehnt sich bei Temperaturerhöhung merklich aus, sehr gut legierbar (Amalgam)
Dichte: 13,53 g · $cm^{-3}$ (Schwermetall)
Schmelztemperatur: –38,9 °C
Siedetemperatur: 356,6 °C

**Vorkommen:** selten gediegen, häufig als Zinnober (Quecksilbersulfid)

**Verwendung:** Füllung von Thermometern, Barometern, Manometern, Quecksilberdampf in Höhensonnen, Bestandteil von einigen Knopfzellen

**Besonderheit:** Quecksilber wurde im Mittelalter „argentum vivium" – „lebendes Silber" – genannt. Der Name des Metalls lässt sich von „quick" (schnell) ableiten.

## Der Bau der Metalle – Ursache für ihre Eigenschaften

Alle Metalle besitzen gemeinsame Eigenschaften (s.S.43). Die Ursache dafür besteht im Bau der Metalle – in der Art ihrer Teilchen und den Kräften, die zwischen den Teilchen wirken.

### Die Teilchen der Metalle: Atome

Bei den Teilchen der Metalle handelt es sich um Atome. Atome sind winzig klein und nur mit dem Elektronenmikroskop zu sehen. Nach dem **Kern-Hülle-Modell** bestehen sie aus dem Atomkern, der nahezu die gesamte Masse des Atoms enthält, und der viel größeren relativ massefreien Atomhülle.

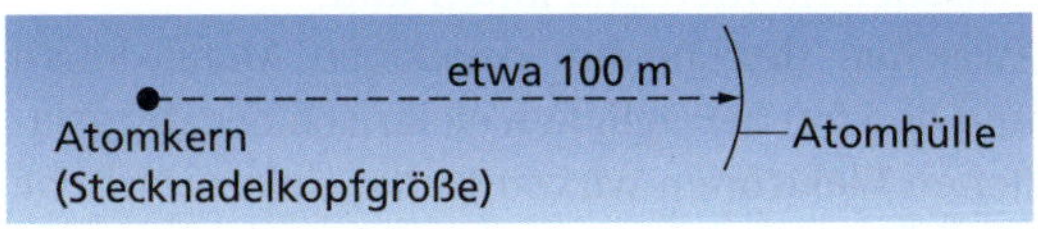


Im Atomkern befinden sich die **elektrisch einfach positiv geladenen Protonen ($p^+$)**. Innerhalb der Atomhülle bewegen sich die **elektrisch einfach negativ geladenen Elektronen ($e^-$)**. Auf Abbildungen erscheinen sie als „Elektronengas" (Abb.1). Den Chemiker interessieren besonders die kernfernen Elektronen, die **Außenelektronen (Valenzelektronen)**. Bei jedem Atom ist die Anzahl der Protonen und Elektronen gleich. Sie ist für die Atomsorte charakteristisch.

**Atome bestehen aus dem positiv geladenen Atomkern mit den Protonen und der negativ geladenen Elektronenhülle mit den Elektronen. Atome sind elektrisch neutral.**

Einige Stoffe bestehen nur aus einer Atomsorte. Das trifft auf die Metalle zu. So ist Kupfer nur aus Kupferatomen (Abb.2) und Aluminium nur aus Aluminiumatomen aufgebaut (Abb.3). Solche Stoffe bezeichnet man als **Elemente**.

**Chemische Elemente sind reine Stoffe, die nur aus einer Atomsorte aufgebaut sind.**

1 Goldatome mit dem Elektronenmikroskop aufgenommen

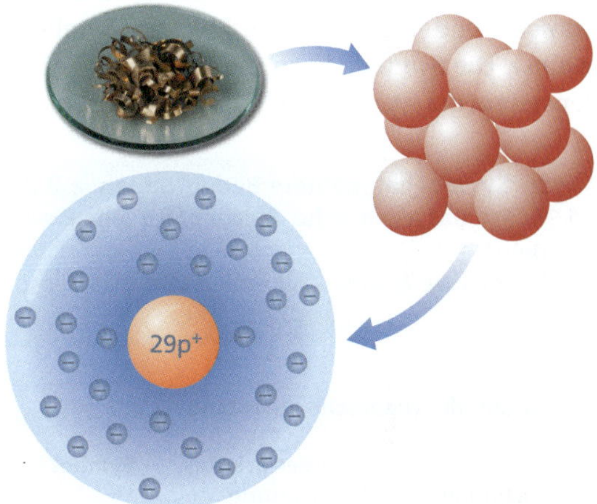


2 Kupfer besteht aus Kupferatomen. Diese haben 29 Protonen und 29 Elektronen (Kern-Hülle-Modell).

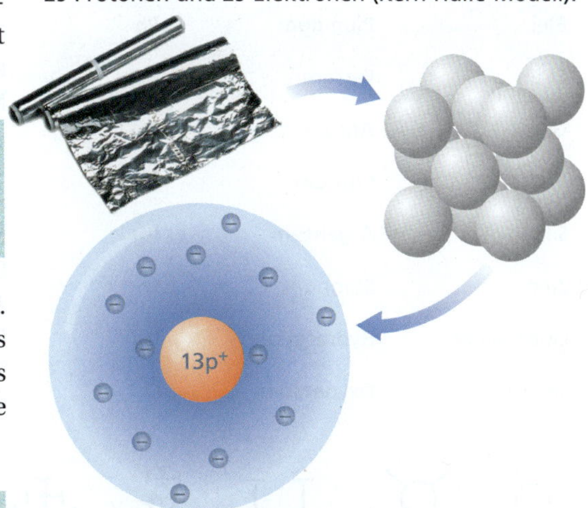


3 Aluminium besteht aus Aluminiumatomen mit je 13 Protonen und 13 Elektronen (Kern-Hülle-Modell).

## Atom – Element – Symbol

Schon im Mittelalter benutzten Alchemisten bestimmte Zeichen für Stoffe, die jedoch oft ganz unterschiedlich waren (Abb. 1). Mit der Entwicklung der Wissenschaften bestand jedoch das Bedürfnis nach einer **chemischen Zeichensprache**, die in allen Ländern, unabhängig von der jeweiligen Landessprache, verstanden wurde.
Der Chemiker Jöns Jacob Berzelius (1797–1848) schlug ein System von chemischen Zeichen vor, das noch heute verwendet wird. Er bildete die Zeichen für ein Element aus einem oder zwei Buchstaben des griechischen oder lateinischen Namens und nannte diese Zeichen **Symbole** (s. Tab.). Die Symbole kann man aus dem Periodensystem der Elemente (s. Kap. 5.2) ablesen.

**Jedes Symbol hat mehrere Bedeutungen, z. B.:**
1. **Es ist das chemische Zeichen für ein Element.**
2. **Es ist das Zeichen für ein Atom des Elements.**

**Ableitung der chemischen Symbole**

| deutsche Bezeichnung | lat. oder griech. Bezeichnung | Symbol |
|---|---|---|
| Aluminium | **Al**uminium | Al |
| Blei | **P**lum**b**um | Pb |
| Eisen | **Fe**rrum | Fe |
| Gold | **Au**rum | Au |
| Kupfer | **Cu**prum | Cu |
| Silber | **A**r**g**entum | Ag |
| Zinn | **S**ta**n**num | Sn |
| Quecksilber | **H**ydrar**g**yrum | Hg |
| Sauerstoff | **O**xygenium | O |

## Die Metallbindung

Feste Metalle besitzen eine kristalline Struktur, d. h. die kleinsten Teilchen der Metalle, die **Metallatome**, sind geometrisch regelmäßig in einem Gitter angeordnet, sie bilden ein Metallgitter (s. Mosaik, S. 47).
Metallatome haben meist nur ein bis drei Außenelektronen. Diese Elektronen befinden sich weit vom Kern entfernt und können daher aus dem Atom austreten. Sie sind **frei beweglich** und bilden das sogenannte **Elektronengas**. Sobald das erfolgt, stimmt die Zahl der Protonen und der Elektronen nicht überein. Aus den Atomen werden positiv geladene Teilchen – die **Metall-Ionen** (bzw. Atomrümpfe). Durch Aufnahme und Abgabe von Elektronen findet ein ständiger Wechsel zwischen Atomen und Ionen statt.
Zwischen den positiv geladenen Metall-Ionen und den frei beweglichen elektrisch negativ geladenen Elektronen wirken starke elektrostatische Anziehungskräfte. Diese bewirken den Zusammenhalt im Kristall. Die Art der Bindung bezeichnet man als Metallbindung.

**Die Metallbindung wird durch die Anziehung zwischen den positiv geladenen Metall-Ionen (Atomrümpfen) und den negativ geladenen, frei beweglichen Elektronen bewirkt.**

Dieses Modell vom Aufbau der Metalle bezeichnet man als **Elektronengasmodell**. Mit diesem Modell lassen sich viele Eigenschaften der Metalle gut erklären. Die starken Kräfte im Metallkristall bilden die Ursache für die hohen **Schmelz- und Siedetemperaturen**. Da sich die Metallatome bzw. die Metall-Ionen auf festen Gitterplätzen befinden, weisen die Metalle im Allgemeinen den festen Aggregatzustand auf.
Bei ausreichender Wärmezufuhr beginnen die Teilchen jedoch stark zu schwingen. Wird die Schmelztemperatur des jeweiligen Metalls er-

1 Alchemisten nutzten verschiedene Symbole für Quecksilber, um ihre Erkenntnisse geheim zu halten.

reicht, werden die Schwingungen der Teilchen so stark, dass sie die Anziehungskräfte im Metallkristall überwinden und ihre festen Gitterplätze verlassen. Das Metall schmilzt und geht in den flüssigen Aggregatzustand über. Die dafür notwendige Energie ist i.A. sehr hoch. Bei weiterer Energiezufuhr wird der gasförmige Zustand erreicht.

Der regelmäßige Gitterbau erlaubt es, dass die einzelnen Gitterschichten durch mechanische Krafteinwirkung gegeneinander verschoben werden können – **plastische Verformung.** Mithilfe des Baus lässt sich auch die **elektrische Leitfähigkeit** erklären. Sie beruht auf den frei beweglichen Elektronen, die im Metallkristall vorhanden sind. Unter dem Einfluss einer Gleichspannung bewegen sie sich gerichtet, sodass es zu einem Ladungstransport kommt (Abb. 2).

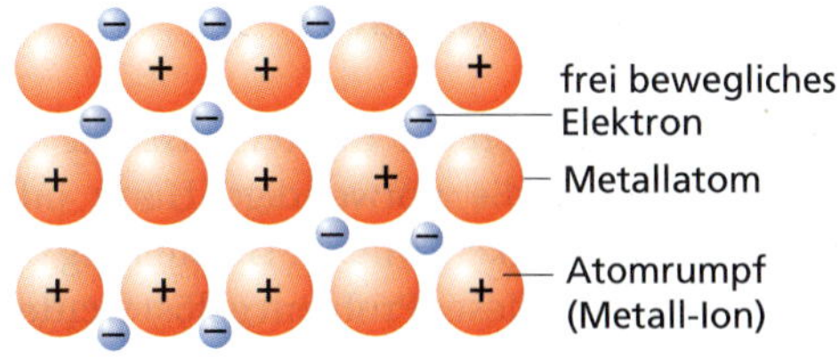


1 Anordnung der Teilchen im Metallkristall (zur Vereinfachung zweidimensionales Modell)

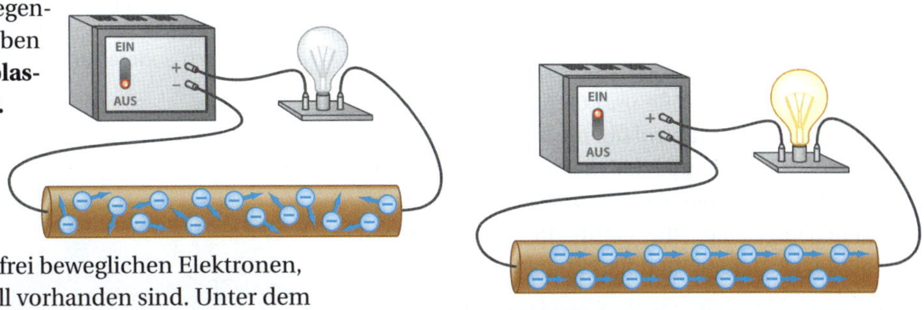


2 Bewegung der Elektronen in einem Kupferdraht, wenn keine Gleichspannung anliegt (links) bzw. nach Anlegen einer Gleichspannung (rechts)

## Mosaik

### In das Kristallgitter geschaut

Es sind drei grundlegende **Gitterformen** bekannt, nach denen die Metallatome im **Metallkristall** angeordnet sind.
Im Metallgitter besitzen alle Teilchen den gleichen Radius. Sie sind möglichst eng gepackt.
Die Gittertypen unterscheiden sich durch die Koordinationszahl (KOZ). Die Koordinationszahl 8 bedeutet, dass ein Gitterpunkt von weiteren acht Gitterpunkten umgeben ist. Damit liegen im zweiten und dritten Gittertyp die dichtesten Anordnungen der annähernd kugelförmigen Metallatome, die überhaupt möglich sind, vor. Hier werden ca. 74 % des Raumes von den Metallatomen ausgefüllt, während es im 1. Gittertyp nur ca. 68 % sind.

kubischraumzentrierte Anordnungen
Wolframgitter

KOZ 8
*weitere Beispiele:*
Chrom, Molybdän, Vanadium

kubisch flächenzentrierte Anordnungen
Goldgitter

KOZ 12
*weitere Beispiele:*
Aluminium, Kupfer, Blei, Silber, Nickel

hexagonale Anordnungen
Magnesiumgitter

KOZ 12
*weitere Beispiele:*
Cobalt, Titan, Zink

## Legierungen der Metalle

Viele Metalle besitzen für die technischen Anwendungen nicht die notwendige Härte oder Korrosionsbeständigkeit. Mit der Herstellung von **Legierungen** kann dieses Problem gelöst werden. Durch das Zusammenschmelzen verschiedener Metalle, mitunter auch durch den Zusatz geringer Mengen an Nichtmetallen (z. B. Kohlenstoff), werden beim Erstarren Fremdatome in das regelmäßige Metallgitter eingebaut (Abb. 1).

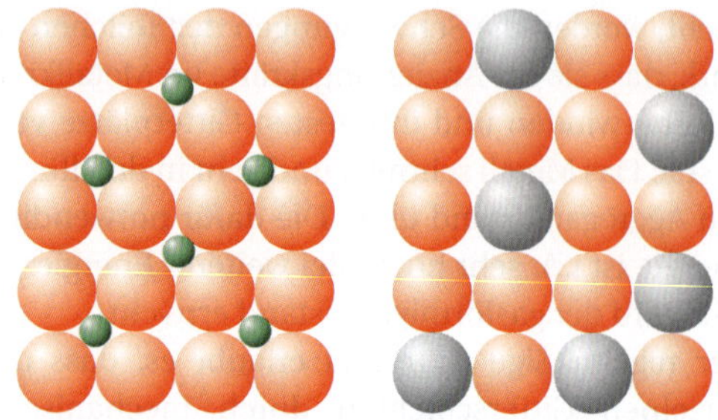

1 Bei Legierungen befinden sich zwischen den Metallatomen kleinere Atome (links), bzw. Metallatome werden durch andere Atome ersetzt (rechts).

Wenn die Atomgröße und Gitterform der legierten Metalle annähernd übereinstimmt, kommt es zur Bildung von speziellen Mischkristallen. Ansonsten bildet jeder Legierungspartner seine eigenen Kristalle, die dann in der erstarrten Schmelze nebeneinander vorliegen.

**Legierungen bestehen aus zwei oder mehreren Atomsorten. Es handelt sich um Stoffgemische besonderer Art.**

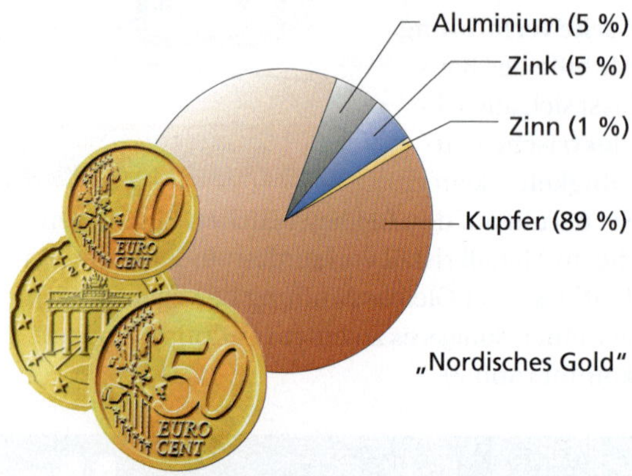


Legierungen sind besondereStoffgemische, die andere Eigenschaften als ihre Komponenten besitzen. Beispielsweise ist Eisen relativ weich und rostet an der Luft sehr schnell. In der Industrie und im Bauwesen wird fast nur Stahl verwendet. Stahl ist eine Legierung aus Eisen mit verschiedenen Zusätzen.
**Stahl** ist härter, schlagfester und oft beständiger als Eisen. Einfacher Stahl enthält maximal 1,6% Kohlenstoff. Durch Zusätze von Nickel, Chrom, Wolfram und anderen Elementen erhält man neue Spezialstähle.

Die Legierung **Bronze** enthält mindestens 60% Kupfer und als zweiten Hauptbestandteil Zinn. Während die Reinstoffe Kupfer und Zinn relativ weich sind, erreicht die Legierung Bronze eine wesentlich größere Härte. Das wurde bereits in der vorgeschichtlichen Bronzezeit erkannt, obwohl es vielleicht dem zufälligen gemeinsamen Schmelzen von Kupfer- und Zinnerzen zu verdanken ist, dass die Bronze so frühzeitig in der geschichtlichen Entwicklung der Menschheit gefunden wurde (4000 v. Chr.).

**Verschiedene Legierungen von Metallen**

| Legierung | Bestandteile | Verwendung |
|---|---|---|
| Bronze | Zinn (25 %)<br>Kupfer (75 %) | Plastiken, Kunstgegenstände, Glocken, Maschinenteile |
| Messing | Zink (30 %)<br>Kupfer (70 %) | Armaturen, Beschläge, Musikinstrumente |
| Neusilber | Zink (25 %)<br>Kupfer (50 %)<br>Nickel (25 %) | Besteck, Modeschmuck |
| V2A-Stahl | Chrom (18 %)<br>Nickel (8 %)<br>Eisen (ca. 73 %) | Haushaltsgegenstände, Reaktoren in der chemischen Industrie |
| Duraluminium | Aluminium (95 %)<br>Kupfer (3 %)<br>Magnesium (1 %)<br>Mangan (1 %) | Fahrzeug- und Flugzeugbau, Profile |

## Metalle und Metall-Legierungen

**1** Die Legierung Bronze ist seit 4000 v. Chr. bekannt.

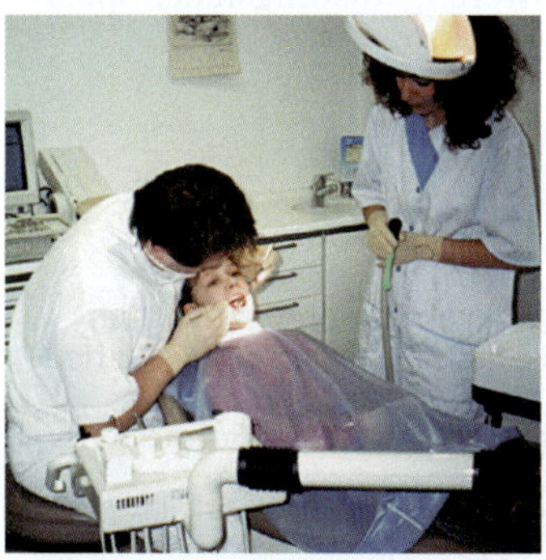

**2** Heute verwenden Zahnärzte kaum Plomben aus Amalgam.

**3** Früher wurden Kuppeln feuervergoldet.

### Legierungen – Stoffgemische der besonderen Art

Viele Metalle sind aufgrund ihres Baus in der Lage, **Legierungen** zu bilden. Es handelt sich dabei um Gemische aus mindestens zwei Komponenten, von denen wenigstens eine ein Metall ist.
Durch das Legieren werden die Eigenschaften der Komponenten, insbesondere die des Grundmetalls, verändert und so den verschiedensten Beanspruchungen angepasst.

### Memory-Legierungen

Unter einer Memory-Legierung bzw. einem **Memory-Metall** versteht man Metall-Legierungen (z. B. Nickel-Titan-Basis), die ihre ursprüngliche Form „speichern" können. Werden Bauteile aus solchen Legierungen nun bei niedrigen Temperaturen verformt, erfolgt nur scheinbar eine plastische Verformung. Wiederum über eine kritische Temperatur erwärmt, nehmen sie ihre frühere Form wieder an. Anwendungsbeispiele sind Ver- und Entriegelungen, Schalter etc.

### Amalgame

Große Bedeutung haben Amalgame in der Zahnmedizin. Jeder kennt das Problem der Zahnfüllung durch Amalgam. Seit 150 Jahren werden kariöse Zähne mit Plomben aus Amalgam versorgt. Diese Legierung gilt als preisgünstiger, verhältnismäßig einfach zu verarbeitender und dauerhafter Füllwerkstoff. Durch mechanische Beanspruchung und elektrochemische Vorgänge kann Quecksilber austreten. Daher ist dieses Material in der Diskussion, die Legierung in der Zahnmedizin sehr umstritten.
Die Legierungsbildung von Quecksilber mit Gold (Goldamalgam) erfolgt ebenfalls sehr leicht. Goldamalgam kann auf Gegenstände gut aufgetragen werden. Durch Erhitzen verdampft das Quecksilber und eine dünne Goldschicht verbleibt auf dem Gegenstand. Früher wurden durch dieses **Feuervergolden** Kuppeln und Dächer mit einer Goldschicht bedeckt. Da Quecksilberdämpfe aber giftig sind, ist dieses Verfahren außerordentlich gesundheitsschädlich und findet heute keinen Einsatz mehr. In der Schmuckindustrie wird es jedoch auch heute noch angewendet. Das Feuervergolden hat eine lange Tradition. Diese Art des Vergoldens von Schmuckgegenständen war schon den Etruskern bekannt.

... und mehr

**Informiere dich auch unter:** *Edelmetall: Gold*

## Chemie in Natur und Technik

### Kupfer oder Bronze

Kupfer war das Metall für Werkzeuge, die die Steinwerkzeuge ablösten. Trotzdem fanden Kupferwerkzeuge keine weite Verbreitung.

Neben Kupfer waren auch Zinn und Eisen bekannt. Auf der Suche nach neuen Materialien wurden Zinn und Kupfer zusammengeschmolzen. Es entstand eine der ältesten Metall-Legierungen – die Bronze. Bronze hat einer ganzen Epoche der menschlichen Geschichte den Namen gegeben (ca. 3000 bis 1000 v. Chr.).

*Warum gewann Bronze als Material für die Werkzeugherstellung eine viel größere Bedeutung und Verbreitung als Kupfer?*

*Warum wurden zur damaligen Zeit gerade Kupfer und Zinn miteinander verarbeitet und nicht Eisen, obwohl dieses Metall auch bekannt war?*

Die Menschen konnten schon sehr frühzeitig Kupfer aus Erzen gewinnen und es zu Werkzeugen und Waffen verarbeiten. Besonders geeignet war Kupfer dafür jedoch nicht. Weil das Material relativ weich ist, nutzten sich die Werkzeuge schnell ab.

Es ist gut möglich, dass gerade Kupfer und Zinn zu Legierungen verarbeitet wurden, weil ihre Schmelztemperaturen (Kupfer: 1083 °C, Zinn: 232 °C) unter damaligen Bedingungen (Holzfeuer) leicht zu erreichen waren und sie sich aus den Erzen gewinnen ließen. Die Schmelztemperatur von Eisen dagegen beträgt 1540 °C. Eine Verarbeitung hätte eine wesentlich größere Wärmezufuhr erfordert.

So wurden zunächst Kupfer und Zinn miteinander verschmolzen. Es entstand die Legierung Bronze.

Bronze schmilzt bei niedrigerer Temperatur als Kupfer, ist härter als Kupfer, aber ebenfalls gut bearbeitbar und beständig gegenüber Witterungseinflüssen. Aus diesem Material wurden Sicheln, Messer, Schwerter, Rüstungsteile, Speerspitzen usw. gefertigt.

**Geschichtlicher Überblick über die Entdeckung und Nutzung der Metalle**

| Zeitraum | Entdeckung der Metalle | Verarbeitung der Metalle |
|---|---|---|
| um 5000 v. Chr. | Gold, Kupfer | aus gediegenen Vorkommen, kalt verarbeitet zu Schmuck bzw. Waffen |
| um 4000 v. Chr. | Gold, Kupfer, Blei, Zinn, Eisen, Antimon | Warmbearbeitung und Schmelzen |
| um 3000 v. Chr. | Bronze aus Kupfer und Zinn | erste Legierungen |
| um 2000 v. Chr. | Silber | Schmuck |
| um 400 v. Chr. | Quecksilber | aus Zinnober gewonnen |
| um 1400 | | in Deutschland Eisengewinnung in Hochöfen |
| 1700–1800 | Cobalt, Nickel, Mangan, Tellur, Wolfram, Chromium, Vanadium u. v. a. | Legierungsmetalle zur Stahlherstellung |
| 1800–1850 | Aluminium, Alkali- und Erdalkalimetalle (z. B. Natrium, Magnesium) | Metalle werden auf elektrochemischem Wege gewonnen. |
| ab 1860 | Entdeckung der seltenen und radioaktiven Metalle, z. B. Radium | Strahlenquellen |
| ab 1940 | künstliche Herstellung neuer Metalle, die in der Natur bisher nicht gefunden wurden, z. B. Plutonium | Kernreaktoren, Atombomben |

## Kupfer im modernen Haushalt

Kupfer hat für Leitungen, Kabel und Wicklungen in der Elektrotechnik eine große Bedeutung. Auch die Rohrleitungen von Heizungsanlagen bestehen oft aus Kupfer.
*Welche Eigenschaften machen es für diesen Verwendungszweck geeignet?*

Durch Rohre aus Kupfer fließt warmes und kaltes Wasser. Kupfer ist beständig gegen Brauchwasser und bewahrt auch bei tieferen Temperaturen seine Festigkeit. Durch die gute Verformbarkeit lassen sich Kupferrohre leicht verlegen.
Mit dem Löten, einem Verfahren zum Verbinden von metallischen Werkstoffen, können die Rohre relativ einfach und dicht verbunden werden. Zum Löten wird Weichlot (96% Sn, 4% Ag – Schmelzpunkt ca. 220°C) oder Hartlot (5% Sn, 56% Ag, 22 % Cu, 17% Zn – Schmelzpunkt ca. 500 °C) verwendet, die hohe Festigkeit und gute Verarbeitbarkeit bieten.

## Stahl – ein weit verbreiteter Werkstoff

In Wirtschaft und Industrie wird Stahl in großen Mengen verwendet, u.a. zum Brückenbau und für die Konstruktion großer Hallen.
*Warum verwendet man für solche Konstruktionen Stahl und nicht reines Eisen?*

Reines Eisen stellt man nur in geringen Mengen aus Eisenverbindungen durch chemische oder elektrochemische Reaktionen relativ aufwendig her. Wesentlich ist zudem, dass reines Eisen nicht die für Konstruktionen erforderlichen Werkstoffeigenschaften besitzt, denn es ist relativ weich (4,5 nach der Härteskala von Mohs) und rostet an feuchter Luft rasch. Es würde der Belastung einer Brücke nicht standhalten. Verschiedene Stahlsorten, die Legierungen des Eisens, die großtechnisch hergestellt werden, sind dagegen hart und zugfest und, wenn sie außer Kohlenstoff andere Elemente wie Mangan, Chrom, Nickel enthalten, auch relativ korrosionsbeständig. Stahlkonstruktionen von Brücken werden darüber hinaus durch spezielle Anstriche, durch Verzinken oder Einbetten in Beton vor Korrosion geschützt.

## gewusst · gekonnt

1. Ergänze dein Glossar um folgende Begriffe!

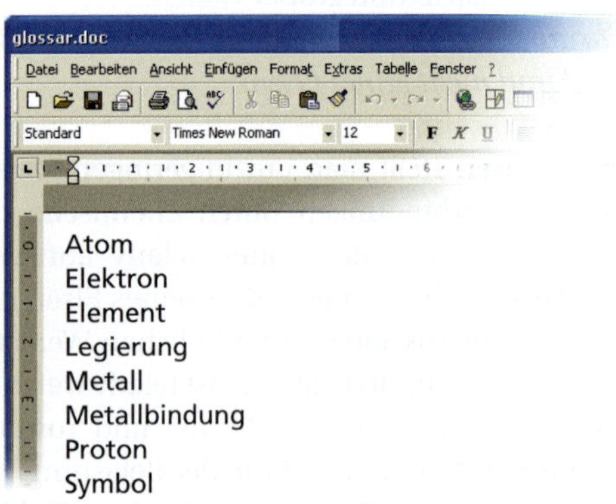


2. Die folgende Abbildung zeigt Gegenstände aus dem Haushalt, die aus Metallen gefertigt werden.
Begründe, warum gerade diese Gegenstände aus Metallen sind! Gehe dabei auf wichtige Eigenschaften der Metalle ein!

3. Vergleiche die Härte verschiedener Metalle (z. B.: Magnesium, Blei, Eisen, Kupfer)! Bestimme dazu die Ritzhärte nach MOHS (s. S. 19)! Beschreibe deine Vorgehensweise bei diesem Experiment! Notiere Beobachtungen und ziehe Schlussfolgerungen!

4. Die elektrische Leitfähigkeit von Stoffen kann experimentell geprüft werden.
Plane ein einfaches Experiment zum Vergleichen der elektrischen Leitfähigkeit von Glas, Eisen, Kupfer, Holz, Plast! Führe das Experiment durch und werte es aus!

5. Untersuche die Wärmeleitfähigkeit verschiedener Metalle (Eisen, Kupfer, Magnesium, Blei) und anderer Materialien (Duroplast, Glas) mit der dargestellten Apparatur! Ordne die Stoffe hinsichtlich ihrer Wärmeleitfähigkeit!

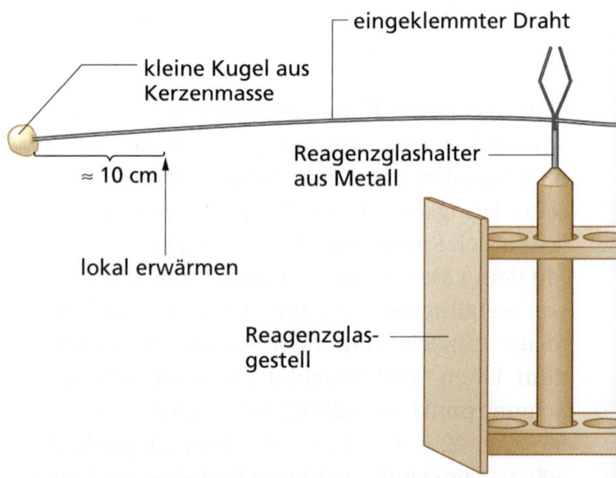


6. Ermittle die Dichte eines Metalls (s. auch S. 24)! Bestimme experimentell das Volumen und ermittle die Masse der Stoffprobe mithilfe einer Waage! Nutze die gewonnenen Messwerte für die Berechnung! Vergleiche den experimentell ermittelten Wert mit dem Tabellenwert!
Erkläre mögliche Abweichungen! Informiere dich dazu auch unter www.schuelerlexikon.de zum Suchwort „Fehlerbetrachtung"!

7. Stelle mithilfe geeigneter Nachschlagewerke für verschiedene Metalle die Schmelz- und Siedetemperaturen zusammen!

8. Fertige unter Nutzung der Ergebnisse aus Aufgabe drei bis sieben für drei Metalle einen Steckbrief an!

9. Erläutere den Zusammenhang zwischen dem Bau der Stoffe und ihren Eigenschaften am Beispiel der Metalle!

10. Plane ein Experiment, mit dem man die Dichte eines unbekannten Metallstücks bestimmen kann, und führe es durch!

**11.** Nenne technische Verfahren, bei denen die Verformbarkeit von Metallen ausgenutzt wird! Gib Produktbeispiele an, die mit diesen Verfahren hergestellt wurden!

**12.** Unterhalb der Angelpose wird meist ein Metallkörper befestigt.
Warum verwendet man dazu das Metall Blei und nicht Aluminium? Begründe!

* **13.** Warum sind Isolationsmaterialien für Bauzwecke häufig zusätzlich mit einer Aluminiumfolie versehen? Begründe!

**14.** Radiatoren, Heizwendeln, Bügeleisen und andere Gegenstände im Haushalt bestehen aus Metallen. Begründe, warum Metalle für deren Herstellung verwendet werden!

**15.** Autofedern fertigt man aus Stahl. Welche Eigenschaft des Stahls wird genutzt? Warum ist die Herstellung aus Eisen nicht zweckmäßig?

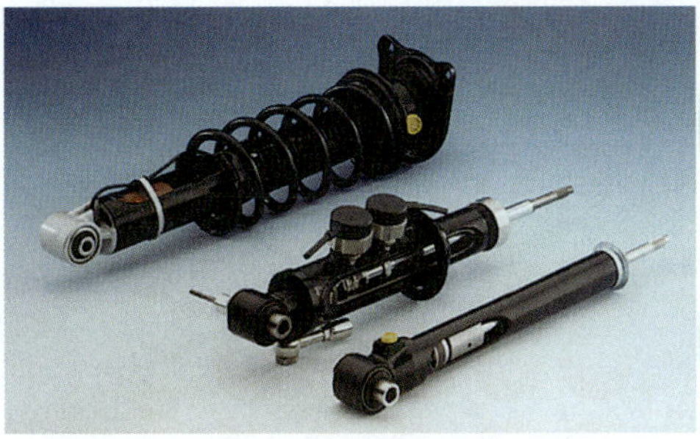

**16.** Die Wikinger benutzten auf ihren Seefahrten frei beweglich gelagerte Pfeile aus Metall zur Orientierung. Um welches Metall könnte es sich gehandelt haben?
Beschreibe die Funktion dieses Hilfsmittels!

* **17.** Vergleiche die Eigenschaften von Eisen und Stahl in einer Tabelle! Stelle einen Zusammenhang zum Bau her! Welche Verwendungsmöglichkeiten beider Stoffe ergeben sich aus den Eigenschaften?

**18.** Gib die Namen der Elemente an: Ar, H, Fe, Ge!

**19.** In einem Goldring ist die Zahl 333 eingraviert. Wie viel Gramm reines Gold enthält der Ring, wenn er eine Masse von 10 g hat?

**20.** Gib die Symbole für folgende Metalle an!

| | |
|---|---|
| a) Gold | d) Aluminium |
| b) Kupfer | e) Cadmium |
| c) Gallium | f) Eisen |

**21.** Ermittle die Eigenschaften und die Verwendung von drei metallischen Elementen! Nutze dazu verschiedene Medien!

**22.** Zeichne das Kern-Hülle-Modell für ein Magnesiumatom (12 Protonen) und ein Lithiumatom (3 Protonen)!

**23.** Bereite einen Vortrag über das Leben und die Leistungen von JÖNS JAKOB BERZELIUS vor!

**24.** S Überprüfe die Eurocent-Münzen mit einem Magneten! Leite aus deiner Beobachtung eine Aussage über die Zusammensetzung der Münzen ab! Überprüfe diese Vermutung mithilfe des Internets!

**25.** Gold ist ein begehrtes Edelmetall. Informiere dich über die Verfahren zur Goldgewinnung!

**26.** Große Kirchenglocken werden häufig aus Bronze gegossen.
Erläutere, warum du das chemische Zeichen für Bronze nicht im Periodensystem der Elemente finden kannst!

## Metalle und ihre Legierungen

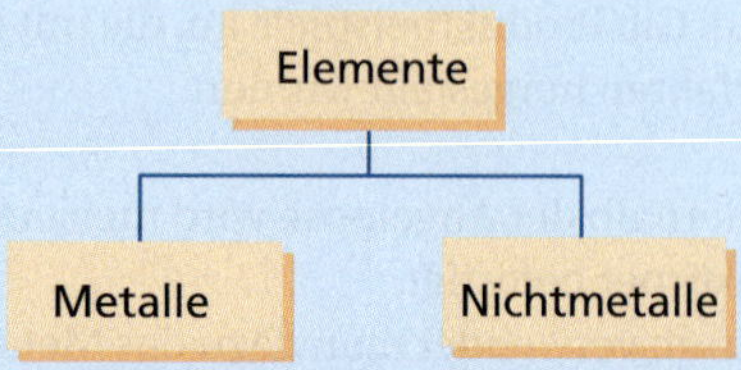


- relativ hohe Schmelz- und Siedetemperaturen (alle außer Quecksilber feste Stoffe)
- metallischer Glanz
- elektrisch und wärmeleitfähig

**Metalle sind chemische Elemente. Ein chemisches Element ist ein Stoff, der nur aus einer Atomsorte aufgebaut ist.**

Reine Metalle sind nur aus einer Atomsorte aufgebaut, z. B. besteht reines Aluminium nur aus Aluminiumatomen.

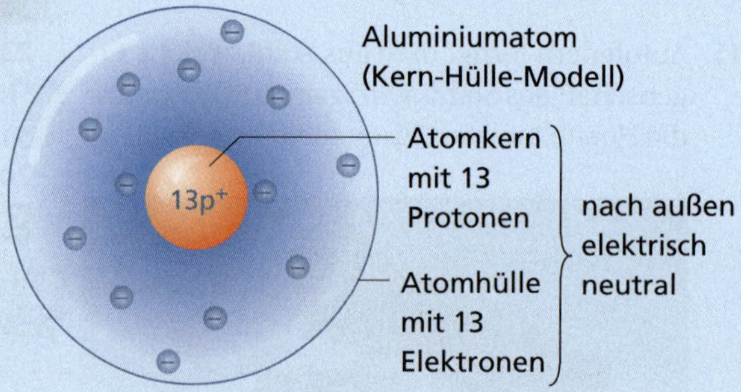


**Ein Symbol ist**
- ein Zeichen für ein chemisches Element,
- ein Zeichen für ein Atom des Elements.

**Bau der Metalle**
Nach dem Elektronengasmodell gehen Atome und Ionen durch Abgabe bzw. Aufnahme von Elektronen ineinander über. Der Zusammenhalt im Metallkristall wird durch die Metallbindung bewirkt. Die Metallbindung beruht auf der elektrostatischen Anziehung zwischen den positiv geladenen Metall-Ionen ( Atomrümpfen) und den frei beweglichen Elektronen.

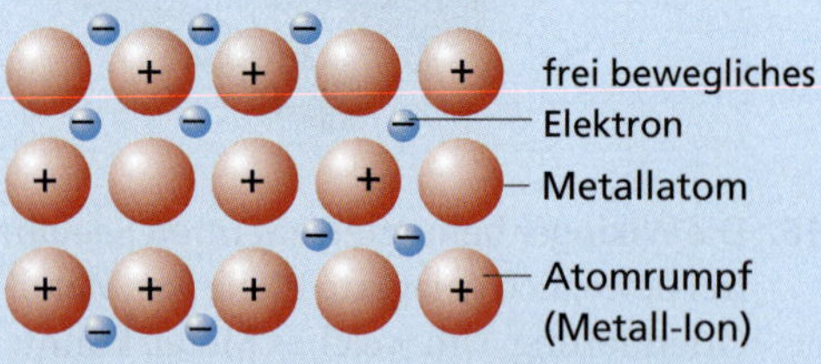


**Legierungen**
Legierungen bestehen aus zwei oder mehreren Atomsorten. Sie entstehen durch Zusammenschmelzen von Metallen mit anderen Elementen. Durch Legierungsbildung werden die Eigenschaften beeinflusst.

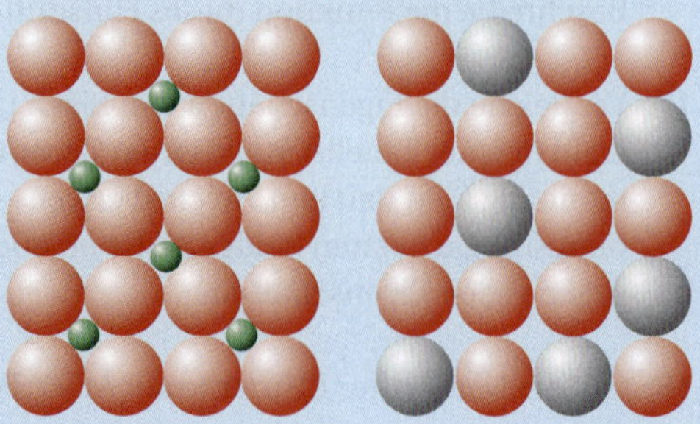

# Luft und Sauerstoff 3

# 3.1 Luft – ein lebensnotwendiges Stoffgemisch

### Glutroter Horizont

An manchen Abenden kann man wunderschöne Sonnenuntergänge beobachten. Der Horizont ist in rotes Licht getaucht. Dieses Phänomen wird immer wieder gern fotografiert.
*Wodurch wird die Erscheinung hervorgerufen?*
*Was hat der rote Abendhimmel mit der Luft zu tun?*

### Grüne Lungen

Parks, Wiesen und Grünanlagen bezeichnet man als die „grünen Lungen" der Stadt. Bei der Stadtplanung und -entwicklung wird heute darauf geachtet, dass im Ort möglichst viele Grünflächen vorhanden sind. Sie sind für das Klima wichtig und produzieren u. a. Sauerstoff. Mensch und Tier müssen Sauerstoff aufnehmen und atmen Kohlenstoffdioxid aus.
*Was sind das für Stoffe? Welche Eigenschaften kennzeichnen sie?*

### Luft – kaum spürbar?

An windstillen Tagen spürt man die Luft, die uns umgibt, kaum. Bei einem Orkan werden jedoch große Gegenstände mit Leichtigkeit durch die Luft gewirbelt. Wind und Sturm sind schnell bewegte Luft.
*Woraus besteht die Luft?*

## Luft als Stoffgemisch

Die Gashülle der Erde – die Atmosphäre – besteht aus Luft. Luft ist bei Normbedingungen gasförmig, farblos und geruchlos. Die Dichte beträgt unter Normbedingungen 1,29 g · $l^{-1}$.
Mit zunehmender Höhe nimmt die Dichte der Luft ab.
Ohne Luft können die meisten Lebewesen nicht existieren. Sie bildet eine der Grundlagen für das Leben auf der Erde.
Luft ist zudem die Voraussetzung für den statischen Auftrieb, damit z.B. Ballons schweben. Fahrradreifen und Autoreifen sind mit zusammengepresster Luft gefüllt und sind so in der Lage, tonnenschwere Lasten zu tragen.
Luft stellt außerdem einen wichtigen Rohstoff für die chemische Industrie und die Metallurgie dar. Sie ist ein **Gasgemisch,** das im trockenen Zustand zu 78 % aus Stickstoff, zu 21 % aus Sauerstoff und zu 1 % aus anderen Bestandteilen besteht.

Die Luft unserer Umgebung enthält wechselnde Mengen **Wasserdampf** (Luftfeuchtigkeit). Die Angabe „70 % Luftfeuchtigkeit" bedeutet aber nicht, dass die Luft zu diesem Zeitpunkt aus 70 % Wasserdampf besteht, sondern dass 70 % des Sättigungsgrades mit Wasserdampf bei der vorliegenden Lufttemperatur erreicht sind.

**Trockene Luft ist ein Stoffgemisch aus mehreren gasförmigen Reinstoffen.**
**Die Hauptanteile bilden die Stoffe Sauerstoff und Stickstoff.**

Durch natürliche Prozesse und durch menschliche Tätigkeit gelangen weitere Stoffe (feste, flüssige und gasförmige) in die Luft. Bei einigen dieser Stoffe handelt es sich um **Luftschadstoffe.** Dazu gehören Stoffe wie Ruß, Kohlenstoffmonooxid, Schwefeldioxid, Stickstoffoxide, Ozon, FCKW und viele andere.

**Zusammensetzung der Luft**

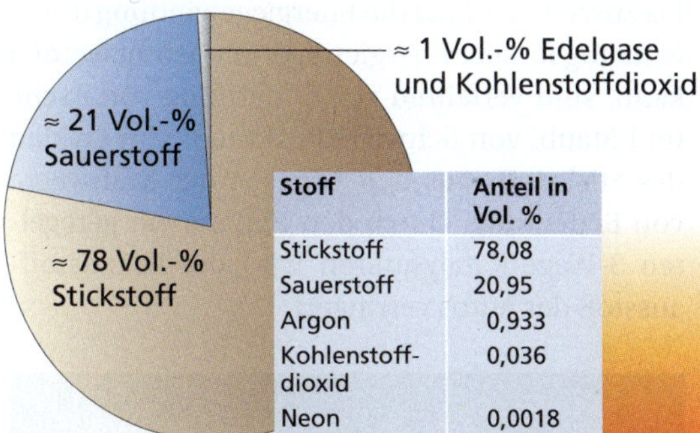


| Stoff | Anteil in Vol. % |
|---|---|
| Stickstoff | 78,08 |
| Sauerstoff | 20,95 |
| Argon | 0,933 |
| Kohlenstoffdioxid | 0,036 |
| Neon | 0,0018 |
| Helium | 0,0005 |
| Wasserstoff | 0,00005 |

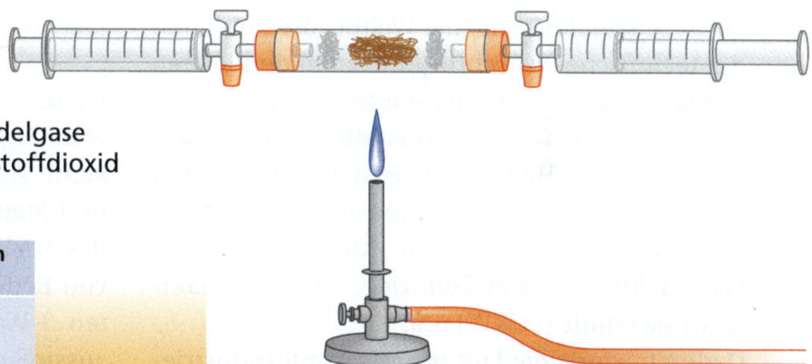

Zur experimentellen Bestimmung des Sauerstoffanteils der Luft wird ein bestimmtes Volumen mehrfach über erhitzte Kupferwolle gedrückt. Das Volumen vermindert sich um ca. 20 %.

**STECKBRIEF: Sauerstoff**

**Eigenschaften:** farbloses, geruchloses Gas, nicht brennbar, fördert die Verbrennung, schlecht in Wasser löslich
Dichte: 1,429 g · $l^{-1}$ (größer als die Dichte der Luft)
Schmelztemperatur: –219 °C
Siedetemperatur: –183 °C

**Entdeckung:** 1794 von SCHEELE und PRIESTLEY (unabhängig voneinander)

**STECKBRIEF: Stickstoff**

**Eigenschaften:** farbloses, geruchloses Gas, nicht brennbar, wirkt erstickend, schlecht in Wasser löslich
Dichte: 1,251 g · $l^{-1}$ (kleiner als die Dichte der Luft)
Schmelztemperatur: –210 °C
Siedetemperatur: –196 °C

**Entdeckung:** 1772 von RUTHERFORD und CAVENDISH (unabhängig voneinander)

## Saubere Luft – keine Selbstverständlichkeit

Die Zusammensetzung unserer Lufthülle wird durch die Tätigkeit des Menschen beeinflusst. Besonders in Ballungszentren, aber nicht nur dort, verändert sich ihre Zusammensetzung, sodass Folgen spürbar werden.
Die ständige Zunahme der Weltbevölkerung und der technische Fortschritt führten in den letzten 100 Jahren zu einem wachsenden Verbrauch von Energie aus fossilen Brennstoffen. Durch Verbrennungen in Haushalten, in der Industrie und in Kraftwerken werden Fremdstoffe in die Luft abgegeben. Dazu gehören Kohlenstoffdioxid, Schwefeldioxid, Stickstoffoxide, Fluorchlorkohlenwasserstoffe (FCKW) u. a.
Dadurch wurde die Luft u. a. stark mit Industrie- und Heizungsabgasen belastet. Zudem stiegen in den letzten 50 Jahren die Motorisierung und der Verkehr und somit die Anzahl von Verbrennungsmotoren sehr stark an, sodass trotz verbesserter Autokatalysatoren der Schadstoffausstoß insgesamt nicht geringer geworden ist.
Diese Schadstoffe sind u. a. die Ursache für den **sauren Regen**, **Smog**, für die **Entstehung des Ozonlochs** und für die **Verstärkung des Treibhauseffektes** verantwortlich.
Die Belastung der Luft mit Schadstoffen kann vermindert werden. Für die Energiewirtschaft bedeutet dies, insbesondere die Kohlenstoffdioxidabgabe der Kraftwerke zu reduzieren. Als Mittel zur Kohlenstoffdioxidreduzierung ergeben sich drei Wege:

- sparsamer Umgang mit Energie in allen Bereichen,
- Erhöhung des Wirkungsgrades der Energiewandler,
- Einsatz alternativer Energien.

Mit dem geringeren Energieverbrauch würde die Menge der für Verbrennungsvorgänge eingesetzten Brennstoffe, wie Kohle, Erdöl, Erdgas, und damit die Menge der Schadstoffe, die in die Atmosphäre abgegeben werden, sinken. Der Umstieg auf alternative Energiequellen, wie Wind, Wasser, Sonne und Gezeiten, ist ein weiterer Beitrag dazu. Die Nutzung von Atomenergie erhöht zwar nicht den Kohlenstoffdioxidanteil, stellt die Menschheit aber vor ganz andere Aufgaben und Gefahren (Schutz vor Radioaktivität, Verhinderung von Störfällen, Umgang mit radioaktiven Abfällen und deren Lagerung).

Da zurzeit nicht auf die Energiegewinnung durch Nutzung fossiler Energieträger verzichtet werden kann, sind Verfahren zur Entfernung von Asche und Staub, von Schwefeldioxid und von Oxiden des Stickstoffs aus den Abgasen der Kraftwerke von Bedeutung. Durch den Einbau von geregelten 3-Wege-Katalysatoren wird der Schadstoffausstoß der Autos verringert.

1 Wasserkraftwerk: Umwandlung der Energie des fließenden Wassers in elektrische Energie

## Smog

1 Dunstglocke über einer Stadt

2 Rauchender Schornstein

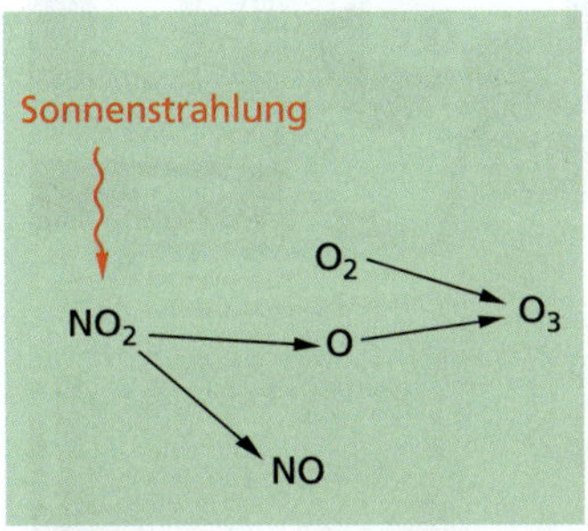


3 Bildung von bodennahem Ozon

Der Begriff Smog steht für Luftverschmutzung. Während man früher damit nur die Mischung von Rauch (engl.: smoke) und Nebel (engl.: fog) meinte, wird der Begriff heute auch für andere Arten von „Luftverschmutzung“ genutzt. Zum einen gibt es den „klassischen“ Smog, zum anderen verwendet man den Begriff auch für andere Arten der „Luftverschmutzung“. Beim Sommersmog geht es um eine erhöhte Ozonkonzentration, bei Elektrosmog um elektrische und magnetische Felder.

### Der „klassische“ Smog

Der klassische Smog ist schon recht lange bekannt. 1952 starben in London über 4000 Menschen an Folgen dieser Umweltbelastung. Auch wenn diese Art von Smog bei uns nicht mehr solche Ausmaße annimmt, ist auch heute nicht selten über großen Städten und Industrieanlagen eine Dunstglocke zu beobachten – ein sichtbares Zeichen für Luftverschmutzung.

In dieser Dunstglocke hat sich eine ungewöhnlich hohe Konzentration von Luftschadstoffen wie Ruß, Schwefeldioxid, Kohlenstoffmonooxid und Stickstoffoxiden gesammelt. Die Ursache für diese Schadstoffe bilden ungefilterte Industrieabgase und ungereinigte Abgase aus Verbrennungsanlagen.

Der Smog entsteht, wenn eine bestimmte windarme Wetterlage eintritt, die sogenannte Inversionswetterlage. Dabei schiebt sich eine kältere über eine wärmere Luftschicht. Dadurch kann die bodennahe warme Luft nicht aufsteigen und reichert sich mit Schadstoffen an. Diese können zu gesundheitlichen Beeinträchtigungen, besonders zu Atembeschwerden führen.

### Sommersmog

Beim Sommersmog geht es um einen völlig anderen Sachverhalt. Mit Sommersmog ist eine verstärkte Bildung von bodennahem Ozon gemeint, einem stechend riechenden, reaktionsfreudigen Gas, dessen Moleküle jeweils aus drei Sauerstoffatomen bestehen. Dieses Ozon entsteht, wenn Sonnenlicht auf Luftschadstoffe (Stickoxide, Kohlenwasserstoffe) trifft, die vor allem von Kraftfahrzeugen an die Umwelt abgegeben werden.

… und mehr

**Informiere dich auch unter:** *Ozonalarm, saurer Regen, Ozonloch, Treibhauseffekt, Schwefeldioxid-Emissionen und Abgasreinigung*

## Stickstoff und Sauerstoff – Bestandteile der Luft

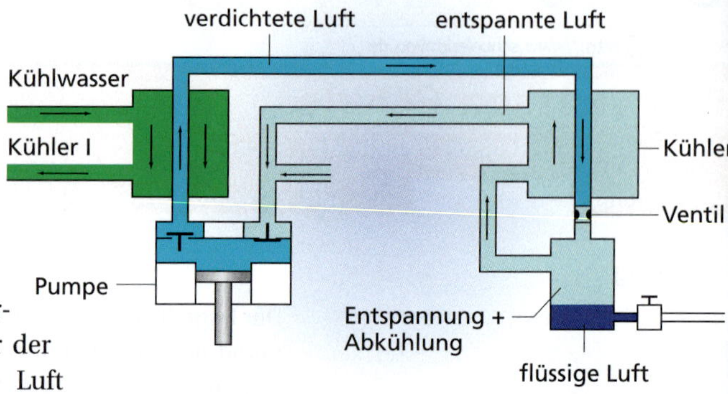


In der Technik werden aus der Luft Stickstoff, Sauerstoff und auch die Edelgase gewonnen. Dazu nutzt man das **Linde-Verfahren**.
Die durch ein Ventil in den Kreislauf einströmende Luft wird im Kompressor verdichtet. Dabei erhöht sich die Temperatur der Luft. Die nun verdichtete, aber warme Luft durchströmt den Kühler. Die Temperatur sinkt.
Im anschließenden Gegenstromkühler sinkt die Temperatur weiter. Von diesem Kühler strömt die Luft in den Auffangbehälter. Da dieser Behälter ein größeres Volumen als das davor liegende Rohrsystem besitzt, expandiert die Luft (dekomprimiert). Die Temperatur sinkt dadurch noch einmal.
Der ganze Vorgang wiederholt sich so lange, bis die Temperatur den Punkt erreicht hat, an dem die Luft sich verflüssigt.
In einer Destillationsanlage werden die einzelnen Bestandteile dann unter Ausnutzung der verschiedenen Siedetemperaturen getrennt.

### *Stickstoff*

Der Name dieses Gases leitet sich von einer seiner Eigenschaften ab. Er unterhält die Verbrennung und die Atmung nicht, sondern wirkt erstickend (Abb. 1). Trotzdem ist das Leben auf der Erde ohne das **Element** Stickstoff nicht möglich. Stickstoff stellt einen wesentlichen Bestandteil tierischen und pflanzlichen Eiweißes dar.
Den Luftstickstoff können die meisten Pflanzen nicht direkt verwerten, sie nehmen über die Wurzeln stickstoffhaltige Verbindungen aus dem Boden auf.
In der chemischen Industrie ist Stickstoff ein notwendiger Ausgangsstoff für die Herstellung von Stickstoffverbindungen, die weiter zu Düngemitteln und Sprengstoffen (Nitroglycerin, Dynamit, TNT) verarbeitet werden.
Flüssiger Stickstoff (Abb. 2) wird unter anderem in der Medizin und in der Forschung als Kühlmittel eingesetzt. Stickstoff geht bei –196 °C (Normaldruck) in den flüssigen Aggregatzustand über. Lebende Zellen können damit sehr schnell eingefroren und lange aufbewahrt werden.

S Experiment

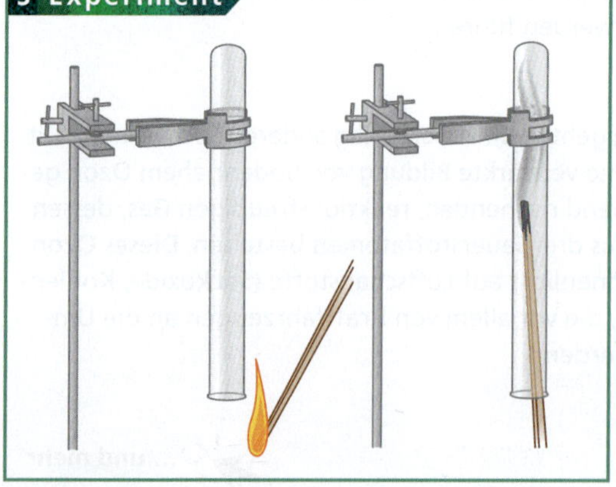

1 Verlöschen des Spans in Stickstoff

2 Flüssiger Stickstoff wird in der Medizin benötigt.

### *Sauerstoff*

Die größten Produzenten von Sauerstoff sind die grünen Pflanzen. Das Gas wird bei der Fotosynthese freigesetzt.
Für die Verbrennung und für die Atmung ist **Sauerstoff** der entscheidende Bestandteil der Luft. Dieses Gas ist zwar nicht brennbar, **fördert aber die Verbrennung.** In reinem Sauerstoff verlaufen daher Verbrennungen weitaus heftiger als in Luft.
Kleine Mengen Sauerstoff werden im Labor z. B. aus Wasserstoffperoxid und aus dem Stoff Kaliumpermanganat (Abb. 1) hergestellt. Das entstehende Gas fängt man pneumatisch (durch Wasserverdrängung) auf. Ein geringer Teil des Gases löst sich dabei jedoch. Bei 0 °C nimmt 1 Liter Wasser etwa 70 mg Sauerstoff auf, bei 20 °C noch etwa 44 mg (Normaldruck).
Um zu erkennen, ob ein Gefäß wirklich Sauerstoff enthält, nutzt man seine verbrennungsfördernde Eigenschaft. Den **Nachweis von Sauerstoff** bezeichnet man als „Spanprobe". Sie verläuft positiv, wenn ein glimmender Span im zu untersuchenden Gas aufflammt (Abb. 2).
Großtechnisch hergestellter Sauerstoff wird vielseitig eingesetzt, z. B. in Beatmungsgeräten zur Lebenserhaltung und Lebensrettung. Bergsteiger, Feuerwehrleute, Taucher und Piloten nutzen Atemgeräte mit sauerstoffreicher Luft. Im Gemisch mit brennbaren Gasen verwendet man Sauerstoff zum Schweißen und Brennschneiden.

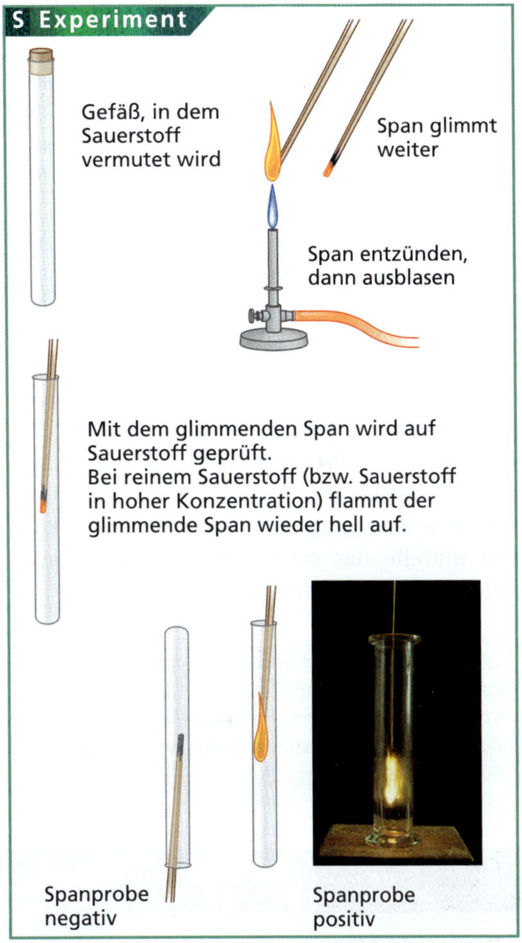


2 Nachweis von Sauerstoff mithilfe der Spanprobe

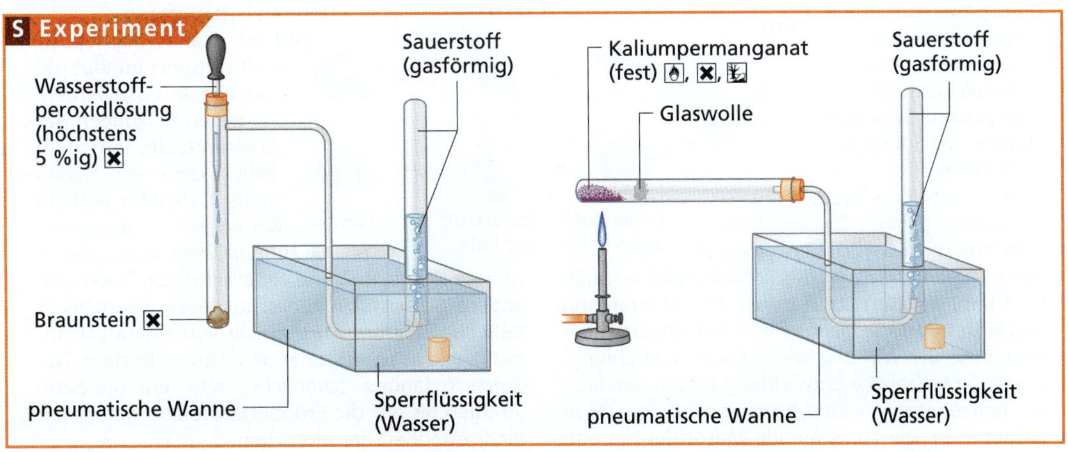


1 Herstellung von Sauerstoff aus Wasserstoffperoxid bzw. aus Kaliumpermanganat

## Vom Molekül zur Formel

Durch Untersuchungen weiß man, das Stickstoff und Sauerstoff nicht aus einzelnen Atomen bestehen, sondern dass bei ihnen immer zwei Atome miteinander verbunden sind (Abb. 1). Solche Teilchen bezeichnet man als **Moleküle.** Innerhalb der Moleküle wirken zwischen den Atomen starke Anziehungskräfte.

Stoffe, die aus solchen Molekülen aufgebaut sind, heißen **Molekülsubstanzen.** Sauerstoff und Stickstoff gehören dazu. Beide Stoffe sind unter Normbedingungen gasförmig, weil die Anziehungskräfte zwischen den jeweiligen Molekülen schwach sind. Daher sind die Abstände zwischen den Teilchen relativ groß, und eine ungleichmäßige freie Bewegung ist möglich. Moleküle können mithilfe der chemischen Zeichensprache durch **Formeln** beschrieben werden.

**Teilchen, die aus mindestens zwei Atomen bestehen, bezeichnet man als Moleküle. Stoffe, die aus Molekülen aufgebaut sind, heißen Molekülsubstanzen. Sie werden durch Formeln beschrieben.**

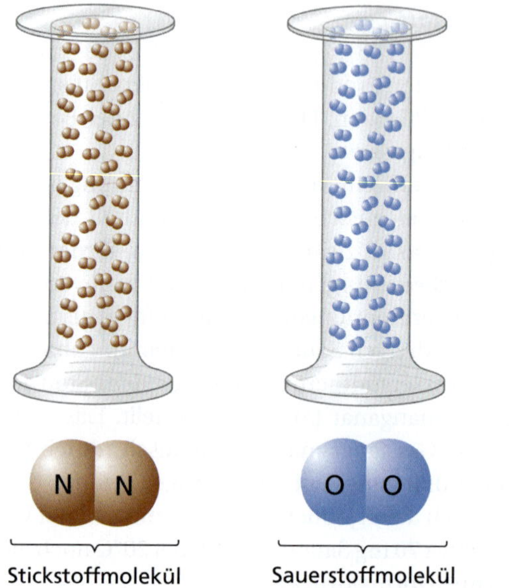


$N_2$ — Symbol: Element Stickstoff; tiefgestellte Zahl: 2 Atome sind im Molekül enthalten.

$O_2$ — Symbol: Element Sauerstoff; tiefgestellte Zahl: 2 Atome sind im Molekül enthalten.

**1** Formeln kennzeichnen die Molekülsubstanz und jeweils ein Molekül des Stoffes.

## Mosaik

### Eine Molekülsubstanz aus drei Sauerstoffatomen: Ozon

Durch elektrische Entladungen oder energiereiche Strahlungen können in der Luft einzelne Sauerstoffatome freigesetzt werden. Diese bilden mit Sauerstoffmolekülen Teilchen aus drei Sauerstoffatomen. Die Substanz heißt **Ozon.**

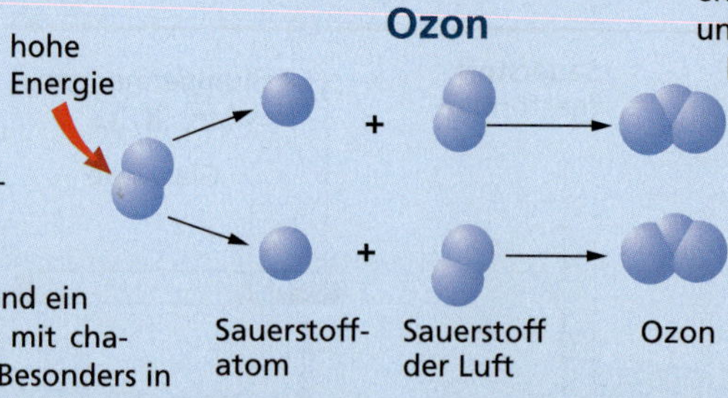


Ozon ist in reinem Zustand ein blassblaues giftiges Gas mit charakteristischem Geruch. Besonders in den höheren Schichten der Erdatmosphäre (ca. 20 bis 35 km) entsteht Ozon durch die UV-Strahlung und bildet dort die Ozonschicht. Sie schützt Lebewesen vor der Wirkung energiereicher Strahlung. Durch die technische Entwicklung sind in den letzten Jahrzehnten verstärkt Probleme mit dem Ozon aufgetreten: Die zunehmende Motorisierung und der größere Ausstoß von Industrieabgasen führten zu einem erhöhten Ozonanteil in den unteren Luftschichten.

Dadurch kann der Sauerstofftransport im Blut negativ beeinflusst werden, es treten Reizungen der Schleimhäute auf. Ab 240 µg Ozon pro Kubikmeter Luft wird deshalb Ozonalarm ausgelöst. Zum anderen wurde durch Abgase, Staub, Ruß und vor allem durch FCKW und andere Schadstoffe die schützende Ozonschicht teilweise zerstört. Man spricht von einem „Ozonloch", wie es bereits über dem Südpol besteht. Dadurch gelangen schädliche, sehr energiereiche Strahlen bis auf die Erdoberfläche und gefährden die Gesundheit der Menschen.

## Chemie in Natur und Technik

### Von Luft und ihrer Kraft – Informationssuche im Internet

Heute wissen wir, dass die Luft einen Druck auf uns ausübt. Durch Kenntnisse über den Luftdruck und seine Veränderungen sind heute u.a. Wettervoraussagen möglich.
*Informiere dich im Internet über die Geschichte der Entdeckung des Luftdrucks!*

Informationen findet man u. a. unter www.schuelerlexikon.de. Hinweise für die Nutzung der Suchmaschine sind gegeben:
- Dein Suchwort muss mindestens 2Zeichen lang sein.
- Sonderzeichen im Suchwort, wie +, -, *, $, %, &, etc. sind nicht erlaubt.
- Ein Leerzeichen zwischen den Suchworten stellt eine Verknüpfung dar.

Als Schüsselwörter bieten sich zuerst einmal „entdeckung" und „Luftdruck" an. Durch die Verknüpfung der beiden Suchwörter lässt sich eine sinnvolle Auswahl realisieren. In das entsprechende **Suchfenster** wird daher eingegeben: **+entdeckung+Luftdruck.**
Als Resultate erhält man den Artikel:
- „Entdeckung des Luftdrucks" (Basiswissen Physik)

In diesem Artikel wird auf die Experimente von Blaise Pascal, Otto von Guericke und Robert Boyle eingegangen.

**Suche im Internet**

1. Gib zuerst über einen Web-Browser die Internet-Adresse der Suchmaschine ein!
2. Informiere dich darüber, wie deine Suchabfrage konkret gestellt werden muss! (Tipp: Die für die meisten Suchmaschinen gültigen booleschen Operatoren sind das Leerzeichen, das Plus-Zeichen und das Minus-Zeichen. Eine weitere Möglichkeit, Suchabfragen einzuschränken, ist das Verknüpfen von Suchbegriffen über Operatoren wie u.a. OR, AND, NOT, NEAR, Klammern und Anführungszeichen. Die Operatoren müssen groß geschrieben und von Leerzeichen umgeben sein.)
3. Überlege dir treffende Schlüsselwörter (Suchbegriffe)!
4. Frage die Informationen dann durch die Eingabe von Suchbegriffen in speziell dafür vorgesehene Suchfenster ab!
(Tipp: Werden die Suchbegriffe klein geschrieben, wird Groß- und Kleinschreibung in der Regel ignoriert, d. h., es werden sowohl die groß- als auch die kleingeschriebenen Wörter gefunden.)

Weitere Einzelheiten können nachgelesen werden unter www.schuelerlexikon.de / Suchwort: „Suchmaschine".

Zur weiteren Materialsammlung ist es nun möglich, unter der Kombination aus dem Namen des Wissenschaftlers unter dem Schlüsselwort Luftdruck weiterzusuchen, z. B. und **+guericke+Luftdruck.**
Als Ergebnis bekommt man neben dem schon bekannten drei weitere Artikel angeboten: „Otto von Guericke"; „Vakuum"; „Saugpumpe".

## Rettung einer Maus

Der Engländer Joseph Priestley (1733–1804) hat mit der Luft experimentiert, um ihre Zusammensetzung zu erkunden. Er stellte dazu eine brennende Kerze in eine geschlossene Glasglocke. Ebenso setzte er eine Maus in solch ein Behältnis ein. Auch eine Pflanze stellte er in ein geschlossenes Gefäß.

*Erläutere, welche Beobachtungen Priestley machte und welche Schlussfolgerungen er zog!*

Priestley bemerkte, dass eine lebende Maus in einem abgeschlossenen Behälter nach einiger Zeit verstarb. Ebenso stellte er fest, wie eine brennende Kerze in diesem Behälter nach einiger Zeit erlosch.

Brachte er eine brennende Kerze in das Gefäß der toten Maus, erlosch die Kerze sofort. Die Pflanze jedoch entwickelte sich gut.

Priestley hat daraus richtig gefolgert, dass Maus und Kerze den gleichen Bestandteil der Luft, den Sauerstoff, verbrauchen. Bei der Pflanze schien das anders zu sein. Daher stellte er in die Behältnisse zur Kerze und zur Maus Pflanzen mit ein. Er konnte feststellen, dass nun eine entzündete Kerze wesentlich länger brannte als im vorigen Experiment. Im Falle der Maus konnte das Tier dank der Pflanze am Leben bleiben. Priestley notierte 1771, dass Pflanzen „verbrauchte Luft“ wieder in „gute Luft“ verwandeln. Heute wissen wir, dass von den Pflanzen Sauerstoff abgegeben wird, sodass der Anteil des Sauerstoffs in der Luft erhalten bleibt, obwohl Sauerstoff ständig von höheren Lebewesen aufgenommen wird.

### Erläutern chemischer Sachverhalte

Beim Erläutern wird versucht, einem anderen Menschen einen naturwissenschaftlichen Sachverhalt (z. B. Vorgänge, Gesetze, Begriffe, Arbeitsweisen) verständlicher, anschaulicher, begreifbarer zu machen. Dazu werden häufig Beispiele für den Sachverhalt herangezogen.

## S Untersuchung zur Dichte von Gasen

Gerade bei farblosen Gasen ist es unerlässlich, die Dichte des Gases im Vergleich zur Luft zu kennen. Man muss nämlich wissen, ob das hergestellte Gas auch im Gefäß verbleibt oder aufgrund seiner Dichte sofort entweicht.

*Beschreibe ein einfaches Experiment, mit dem sich schnell ermitteln lässt, ob Sauerstoff eine geringere oder größere Dichte als Luft hat!*

**Vorbereitung:**

*Geräte:* Stativ, Reagenzgläser, Brenner, Holzspan

*Chemikalien:* Sauerstoff

**Durchführung:**

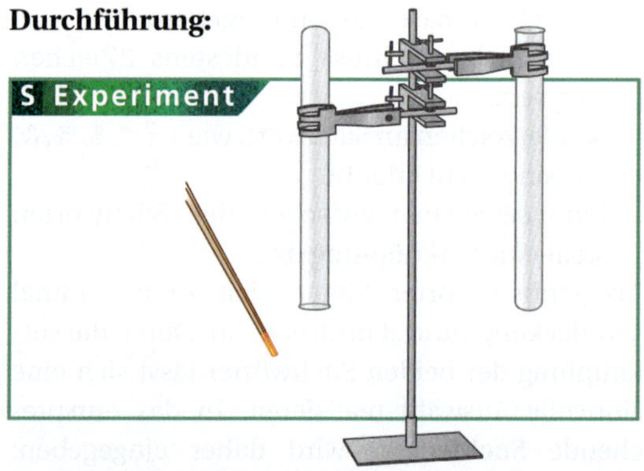


Beide Reagenzgläser werden mit Sauerstoff gefüllt. Die verschlossenen Reagenzgläser werden in dargestellter Weise an einem Stativ befestigt. Zu Beginn des Experiments öffnet man die Gefäße. Nach 2 min wird in beiden Reagenzgläsern die Spanprobe durchgeführt.

**Beobachtung:**

Die Spanprobe verläuft positiv im Reagenzglas, dessen Öffnung nach oben gerichtet ist. Der glimmende Holzspan flammt auf. Im Reagenzglas mit der Öffnung nach unten verläuft die Spanprobe negativ.

**Auswertung:**

Im Reagenzglas, das mit der Öffnung nach oben befestigt wurde, ist Sauerstoff enthalten. Aus dem anderen Reagenzglas ist das Gas Sauerstoff „herausgefallen“. Demzufolge hat Sauerstoff eine größere Dichte als Luft.

## gewusst · gekonnt

1. Ergänze dein Glossar um folgende Begriffe!

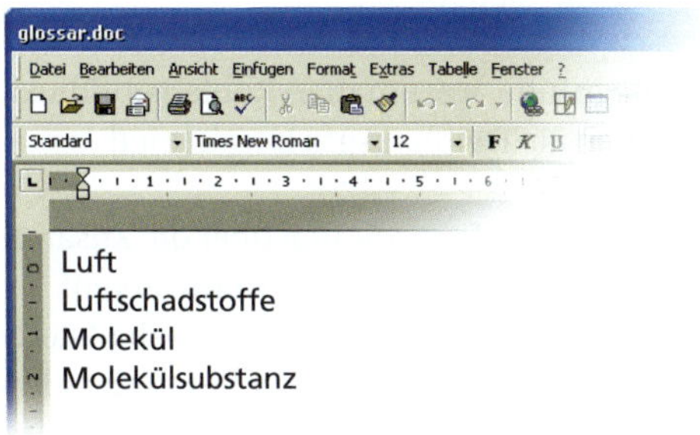


*2. Bei einem Experiment zum Thema Luft konnten folgende Beobachtungen registriert werden (Abb.).
Welche Schlussfolgerungen können aus diesen Beobachtungen gezogen werden?

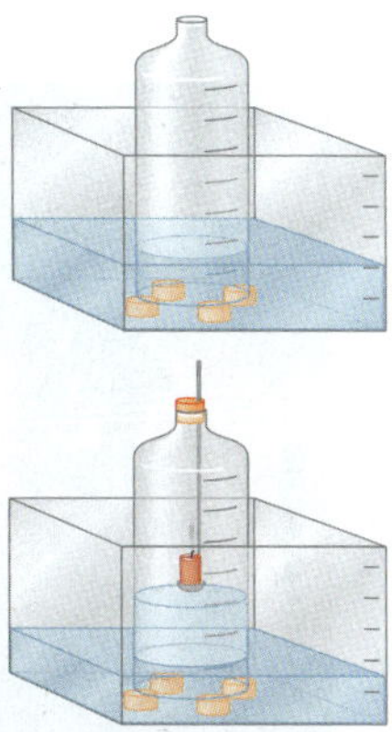

3. Ein Mitschüler behauptet, dass Luft gar kein Stoff ist, weil man ihn ja nicht sehen und anfassen kann. Widerlege diese Behauptung!

4. Beobachtet man Mauersegler, Störche oder Möwen in der Luft, so stellt man häufig fest, dass sie gar nicht mit den Flügeln schlagen. Warum fallen sie nicht vom Himmel?

5. Im Haushalt und im Labor findet man häufig Spritzflaschen aus Plast, z.B. für Wasser. Beschreibe, wie solche Spritzflaschen funktionieren! Nutze dazu Kenntnisse zum Luftdruck!

6. Ein genauer Wetterbericht ist für viele Berufsgruppen wichtig. Für jeden Einzelnen ist eine Wettervoraussage nützlich, weil man sich dann entsprechend kleiden kann. Mit einem Barometer kann jeder feststellen, ob das Wetter gleich bleibt oder sich ändern wird.
Recherchiere im Internet, beispielsweise unter www.schuelerlexikon.de, was mit einem Barometer gemessen wird und auf welchem Prinzip die Wettervoraussage beruht!

7. Ermittle aus Natur, Alltag und Technik Beispiele für die Bedeutung bzw. die Nutzung von Luft!

8. Luft ist ein Stoffgemisch.
   a) Erläutere den Begriff „Stoffgemisch"!
   b) Führe Beispiele für weitere Stoffgemische an!
   c) Nenne zwei Reinstoffe aus dem Stoffgemisch Luft und kennzeichne sie mithilfe ihrer Eigenschaften!

9. Warum müssen Räume, in denen sich viele Menschen aufhalten, häufig gelüftet werden?

10. Im Unterricht wird Sauerstoff in kleinen Mengen benötigt.
Beschreibe eine Herstellungsmöglichkeit von Sauerstoff im Labor!

11. Nenne Beispiele für die Verwendung von Sauerstoff!

12. Stickstoff und Sauerstoff werden als reine Gase vielfältig eingesetzt.
Beschreibe eine Möglichkeit, mit der man beide Gase aus der Luft gewinnen kann!

**13.** Könnte man mit einem Ballon, der mit Sauerstoff (gleiche Temperatur wie die Luft der Umgebung) gefüllt ist, in die Atmosphäre aufsteigen? Begründe deine Antwort!

**14.** Es stehen drei Reagenzgläser mit farblosen, gasförmigen Stoffen bereit. In einem der Gläser soll Stickstoff, im zweiten Sauerstoff und im dritten Luft sein.
Wie kann man die Stoffe experimentell unterscheiden?
Plane einen sinnvollen Versuchsaufbau und führe die notwendigen Experimente durch!

**15.** Übertrage diese Tabelle in dein Heft, ergänze und vergleiche die Reinstoffe Stickstoff und Sauerstoff miteinander!

| | Stickstoff | Sauerstoff |
|---|---|---|
| Brennbarkeit | | |
| Unterhalten der Verbrennung | | |
| Nachweismöglichkeit | | |
| Vorkommen | | |

**16.** Beim Schweißen wird oft Stickstoff als Schutzgas verwendet.
Einige Glühlampen sind ebenfalls mit dem Gas (im Gemisch mit Edelgasen) gefüllt.
Was wird damit bewirkt?

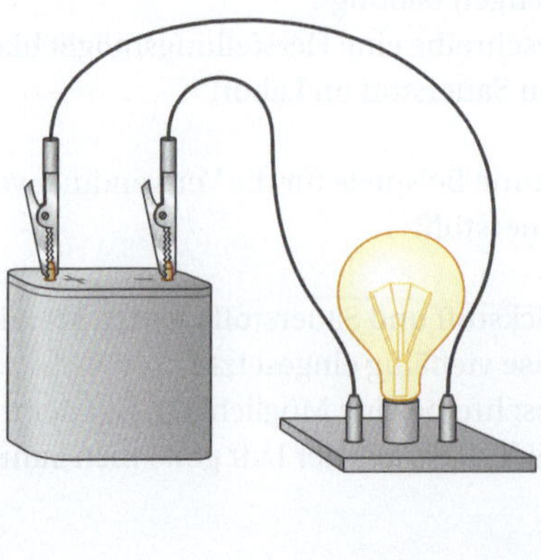

**17.** Zu einem bestimmten Anteil befindet sich Wasser in Form von Wasserdampf in der Luft. Dies wird als Luftfeuchtigkeit bezeichnet. Ermittle, was ein Wert von „80 % Luftfeuchtigkeit" bedeutet!

**18.** Begründe, warum man Kohlenstoffdioxid auch als Treibhausgas bezeichnet!

**19.** Sammle Informationen über die Zusammensetzung der Abgase von Kraftwerken!
Nenne Maßnahmen, die den Schadstoffgehalt verringern! Nutze für die Recherche das Internet, z. B. www.schuelerlexikon.de!

**20.** Luftverunreinigungen haben verschiedene Quellen.
Nenne Bereiche, die die Luft hauptsächlich mit Schadstoffen belasten!
Welche Schadstoffe sind das?

**21.** Stimmt folgende Aussage: „Ohne grüne Pflanzen hätte die Luft eine andere Zusammensetzung"? Begründe!

**22.** Stelle unterschiedliche Möglichkeiten, die zur Verbesserung der Luftqualität führen, in einer Tabelle zusammen!

***23.** In den letzten Jahren ist immer wieder vom „Ozonloch" die Rede.
Gib entsprechende Daten an! Nutze dazu z. B. das Internet!
Stelle in einer Übersicht Ursachen und Auswirkungen dieser Erscheinung zusammen!

## Arbeit in Projekten – wie geht das?

Beim projektorientierten Arbeiten geht es darum, eigene Ideen zum Thema zu entwickeln und sich eigene Aufgaben zu stellen, die die Beteiligten möglichst selbstständig bearbeiten. Dabei sollte das Thema komplex betrachtet werden.

**1. Arbeitsschritt:** Am besten veranstaltet man zuerst einen Markt der Ideen, wählt daraus die Themenbereiche aus und bildet Arbeitsgruppen.

**2. Arbeitsschritt:** Jede Gruppe erstellt einen **Arbeitsplan** für die Bearbeitung ihres ausgewählten Themenbereichs. Die Punkte, die unbedingt geklärt werden sollten, sind unten zu finden.

**3. Arbeitsschritt:** Die Umsetzung des Arbeitsplanes erfolgt. Treten Fragen auf, kann man sich an den Lehrer wenden.

**4. Arbeitsschritt:** Nach Beendigung der Gruppenarbeit werden die Ergebnisse präsentiert. Dabei muss man beachten, dass sich die Mitschüler meistens mit unterschiedlichen Fragestellungen beschäftigt haben. Die Art der Präsentation muss also in kurzer, knapper und logischer Form erfolgen und anschaulich sein, sodass alle die Versuche und Ergebnisse verstehen und die gewonnenen Erkenntnisse nachvollziehen können.

**5. Arbeitsschritt:** Abschließend kann eine Wandzeitung oder Dokumentation angefertigt werden, die einen Überblick über die Arbeit der Klasse gibt. Diese kann auch für andere Schüler der Schule zugänglich gemacht werden.

**Arbeitsplan der Gruppe**

a) Welche Fragen sollen in der Gruppe zum ausgewählten Themenbereich beantwortet werden?
b) Welche Maßnahmen sollen bei der Informationsbeschaffung angewendet werden (evtl. Expertenbefragung, Nutzung der Medien)?
c) Welche Experimente möchte die Gruppe durchführen?
d) Wer ist für welchen Bereich/welche Frage zuständig?
e) Welcher zeitliche Rahmen steht zur Verfügung?
f) Wie sollen die Ergebnisse dargestellt werden?

## Computereinsatz bei Projekten

Ein wichtiger Schritt bei der Projektarbeit ist die Themenfindung. Dazu kann man eine Mind-Map anfertigen oder einzelne Begriffe auf Papierpads schreiben und an einer Tafel zu Themenbereichen ordnen. Hat man das Thema gefunden, beginnt das **Sammeln von Informationen**, sowohl zum Aufstellen des Arbeitsplans als auch zur Bewältigung der geplanten Arbeitsaufträge. Auf folgende Informationsquellen kann u. a. zurückgegriffen werden:

- Lehrbücher,
- Fachbücher,
- Interwiev / Expertenbefragung,
- Lexika, auch elektronische,
- das Internet.

## Informationssuche mithilfe des Computers

Bei der **Informationssuche im Internet** (s. S. 63) kann man mit unterschiedlichen Suchmaschinen (www.crawler.de, www.fireball.de, www.yahoo.de, www.google.de u. a.) zu verschiedenen Suchbegriffen Informationen erhalten.

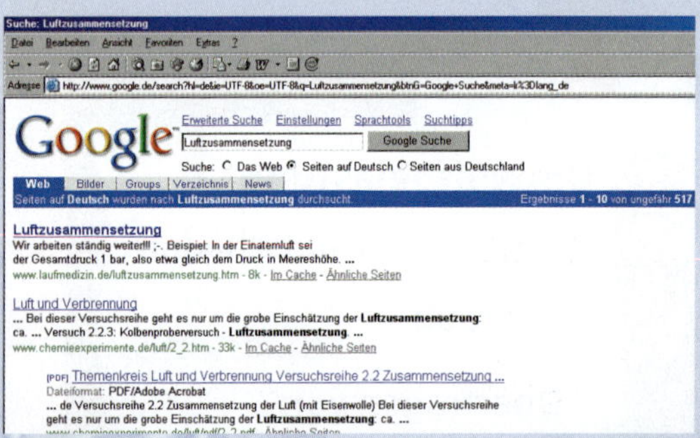


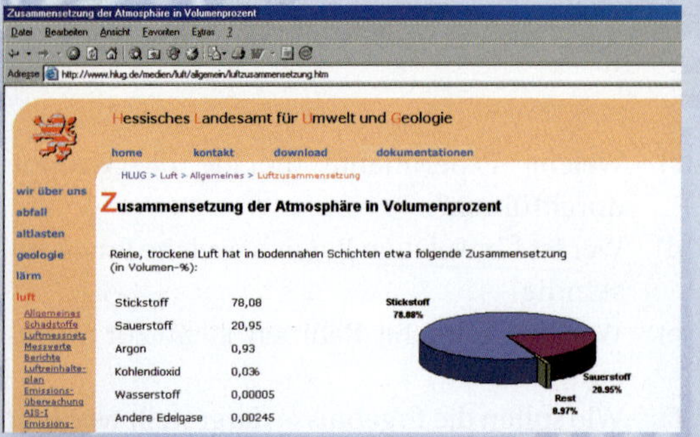


Wenn du bereits Erfahrungen mit **Lexika im Internet** hast, kannst du sofort die entsprechende Homepage ansteuern, z. B. www.schuelerlexikon.de.

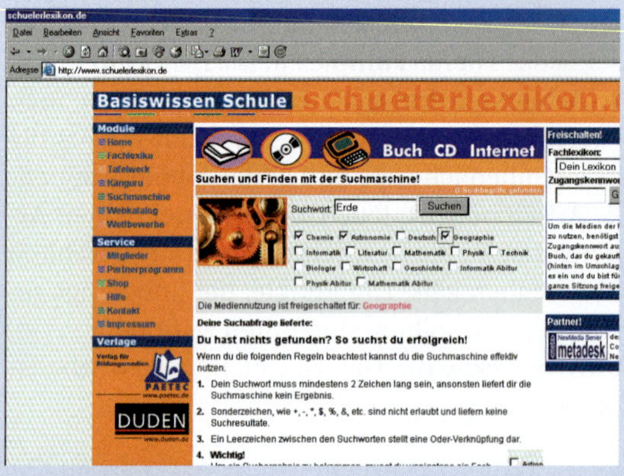


Du kannst auch das Nachschlagewerk „Basiswissen Schule“ nutzen. Überlege, in welchen Themenbänden du nachschlagen solltest. Jeder Themenband ist mit einer CD verbunden, auf der du weitere Informationen findest, die dir ebenso wie das Internet Daten für eine elektronisch selbst zusammengestellte Präsentation liefern können. Auch **Nachschlagewerke auf CD** besitzen in der Regel eine Suchmaschine. Die CD zum Themenband Geographie liefert unter dem Stichwort „Luft“ 9 Artikel.

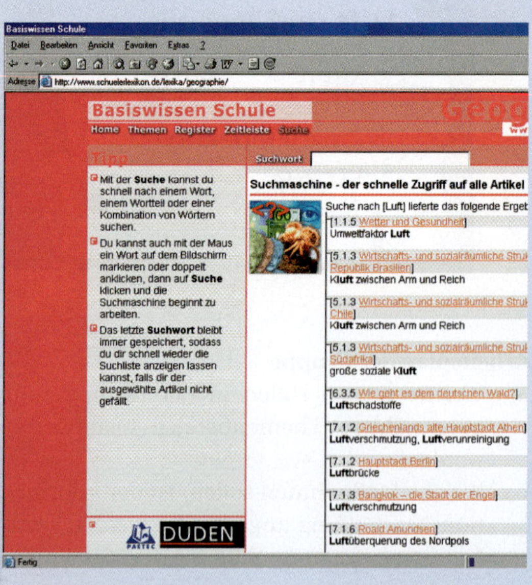

## Präsentation von Ergebnissen mithilfe des Computers

Haben die Gruppenmitglieder erst einmal viele Informationen zusammengetragen, so gilt es, eine **Belegarbeit** über die Arbeitsergebnisse anzufertigen und / oder in einer **Präsentation** allen Schülern die Ergebnisse vorzustellen.

Eine Belegarbeit ist immer schon eine Vorarbeit für eine Präsentation. Wenn du mit dem Computer arbeiten willst, so solltest du gefundenes **Zahlenmaterial** über ein Tabellenkalkulationsprogramm zusammenstellen und **in Form von Diagrammen** veranschaulichen (Bild).

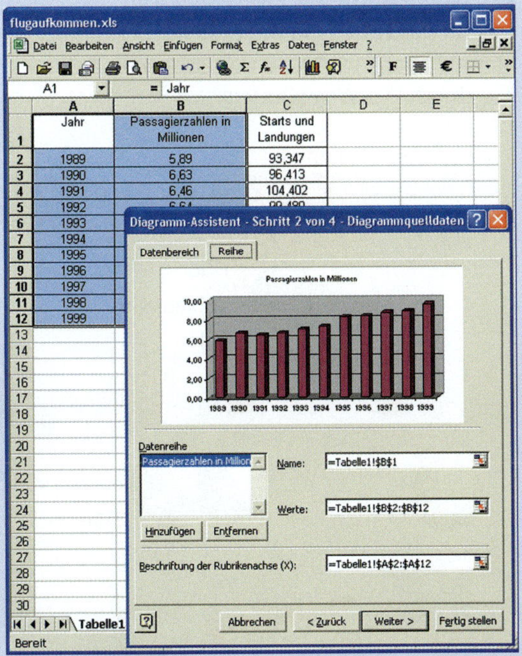


Mit **Präsentationsprogrammen** kann man einen Vortrag mit Folien, die mit einem Rechner und Beamer projiziert sogar schrittweise entstehen können, optisch begleiten. Ein weit verbreitetes Präsentationsprogramm ist Power Point. Mit diesem Programm wurde folgende Folie erstellt (Abb. re.).

### Erstellen von Diagrammen in Kalkulationsprogrammen

1. Markiere deine Tabelle (Tipp: Am besten ist es, wenn Zahlen und Beschriftungen ohne Leerzeichen und Leerspalten zusammenstehen.)
2. Starte den Diagrammassistenten!
3. Wähle den dir geeignet erscheinenden Diagrammtyp aus!
4. Lege den Datenbereich fest!
5. Lege die Beschriftung (Diagrammtitel, Achsenbeschriftung, Legende, Datenbeschriftung) fest!
6. Bestimme, ob das Diagramm ein extra Fenster bekommen soll oder auf dem Tabellenblatt erscheinen soll!
7. Drucke deine Ergebnisse aus!

(Tipp: Das Diagramm kann nach der Erstellung noch bearbeitet werden.)

Du kannst sowohl den Diagrammtyp als auch die Beschriftung bzw. die Farbe ändern.

Einzelheiten zur Vorgehensweise findest du unter www.schuelerlexikon.de. /Suchbegriffe: +Diagramm+Tabelle; Informationen zu Diagrammtypen erhältst du unter dem Suchbegriff: Diagrammtypen.)

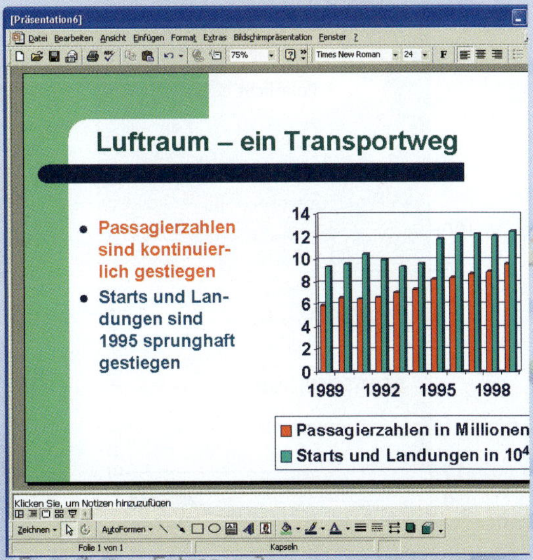

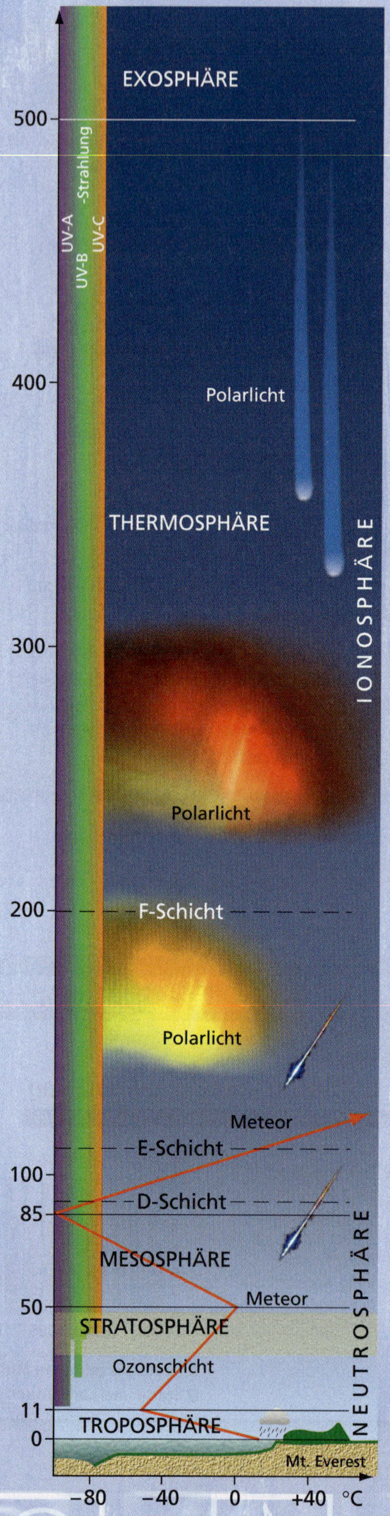


## Projekt: Luft

Obwohl man Luft weder sehen, riechen, fühlen, noch schmecken kann, weiß jeder, dass ein Leben ohne dieses Stoffgemisch unserer Erde nicht denkbar ist. Das äußert sich auch in der Sprache. Redewendungen wie „Heute ist dicke Luft" und „Du bist für mich Luft" hat jeder schon gehört.

**Auftrag:**
Höre dich um! Finde weitere Aussagen dieser Art! Interpretiere die Redewendungen!

Die Lufthülle unserer Erde ist, gemessen an ihrem Durchmesser, hauchdünn. Etwa 75 % der Luftmassen sind in einer nur etwa 11 km dicken Schicht über dem Boden enthalten. Hier spielt sich das gesamte Wettergeschehen ab.
Das für das Leben auf der Erde notwendige Ozon befindet sich zu 90 % in der Ozonschicht. Sie ist u.a. durch FCKW gefährdet.

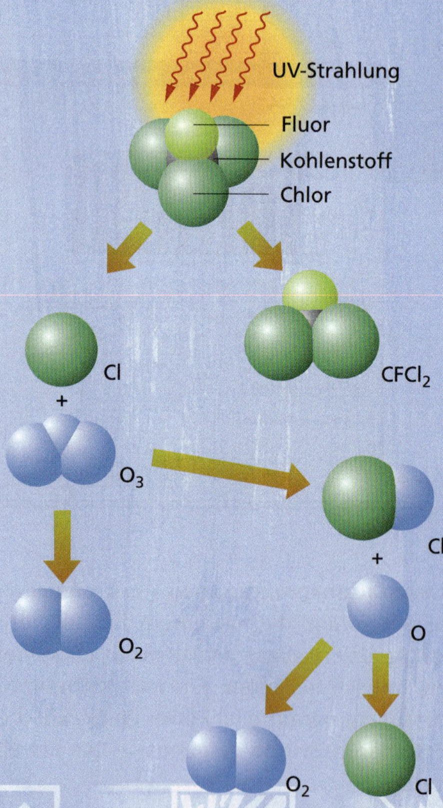

**Auftrag:**
Informiere dich in den Medien und bei Umweltschutzverbänden zum Thema Ozon! Beachte dabei besonders folgende Schwerpunkte:
- Wirkung des Ozons,
- die Bedeutung der Fluor-Chlor-Kohlenwasserstoffe (FCKW) im Zusammenhang mit der Ozonschicht,
- Wirkung der UV-Strahlen und Tipps für sinnvolle Verhaltensweisen.

Angaben über die Zusammensetzung der Luft beziehen sich im Allgemeinen auf die Troposphäre (s. Abb. li., S. 70).

| **Mittlere Zusammensetzung von trockener Luft in der Troposphäre (Volumenanteile in Prozent)** | |
|---|---|
| Stickstoff | 78,08 |
| Sauerstoff | 20,95 |
| **Argon** | 0,933 |
| **Neon** | 0,001 8 |
| **Helium** | 0,000 5 |
| **Krypton** | 0,000 1 |
| **Xenon** | 0,000 009 |
| Kohlenstoffdioxid | 0,036 |
| Methan | 0,000 17 |
| Distickstoffmonooxid | 0,000 03 |
| Kohlenstoffmonooxid | 0,000 02 |
| Wasserstoff | 0,000 05 |
| Ozon | 0,000 001 |

**Aufgaben:**
1. Erstelle ein Säulendiagramm, das den Anteil der vier wichtigsten Bestandteile der Luft widerspiegelt!
2. Informiere dich über die fett gedruckten Stoffe in der Tabelle!

## Die Luftfeuchtigkeit

Neben den genannten Gasen sind in der Atmosphäre wechselnde Mengen Wasserdampf enthalten. Er wird als Luftfeuchtigkeit bezeichnet.

Die maximale Menge an Wasserdampf, die in Abhängigkeit von der jeweiligen Temperatur aufgenommen werden kann, bezeichnet man als maximale Luftfeuchtigkeit.

Die relative Luftfeuchtigkeit ist der Quotient aus der vorhandenen Menge an Wasserdampf und dem Maximum an aufnehmbarem Wasserdampf bei einer bestimmten Temperatur. Die (relative) Luftfeuchtigkeit misst man mit einem Hygrometer. In ihm verändert ein Haar durch den Einfluss von Feuchtigkeit seine Länge. Dieser Vorgang wird über Feder und Zeiger auf die Skala übertragen.

**Frage:**
Warum empfindet unser Körper kalte feuchte Luft unangenehmer als kalte trockene Luft (bei gleicher Temperatur)?

**Auftrag:**
Informiere dich in der Tageszeitung, in Reisekatalogen oder im Internet über die Werte relativer Luftfeuchtigkeit in deiner Region und in tropischen Gebieten in den unterschiedlichen Jahreszeiten!

## Der Luftdruck

Der Luftdruck ist der Druck, den die Atmosphäre auf unsere Erde ausübt.
Die Eigenschaft der Luft, Druck auszuüben, führt zu vielen interessanten Erscheinungen.

**S Experiment:**

**Aufgabe:**
Teste, ob es möglich ist, eine Plastflasche zu zerdrücken, ohne direkt mechanisch auf sie einzuwirken!
**Vorbereitung:**
*Geräte:* Plastflasche mit Schraubdeckel
*Chemikalien:* warmes Wasser
**Durchführung:**
Fülle warmes Wasser in die Flasche! Fühle, ob die Flasche warm geworden ist! Gieße das Wasser aus und schraube den Deckel schnell zu!
**Beobachtung und Auswertung:**
Beobachte, während die Flasche abkühlt! Notiere und erkläre die Beobachtungen!

**Frage:**
Was hat das Einkochen von Obst und Gemüse mit dem Luftdruck zu tun?

Der Luftdruck ist messbar und wird mit einem Barometer bestimmt. Er spielt für Wettervoraussagen eine wesentliche Rolle.

**Auftrag:**
Informiere dich über den Zusammenhang von Luftdruck und Wetter und stelle ihn mithilfe geeigneter Abbildungen und Skizzen dar!

## Luft in der Technik

Carl von Linde entwickelte 1895 ein Verfahren, mit dessen Hilfe er Luft verflüssigen und gleichzeitig durch Destillation den Stickstoff vom Sauerstoff trennen konnte (s. S. 60).

**Aufträge:**
1. Der durch das Linde-Verfahren gewonnene Sauerstoff wird bei vielen technischen Prozessen benötigt. Dokumentiere Anwendungsgebiete!
2. Finde heraus, ob es in deiner Region Betriebe gibt, die durch Luftverflüssigung technisch wichtige Gase gewinnen! Organisiere eine Exkursion in einen entsprechenden Betrieb!

**Frage:**
Lässt man einen Behälter mit flüssiger Luft einige Zeit offen stehen und gießt anschließend die sehr kalte Flüssigkeit auf glühendes Holz, brennt dieses lichterloh! Erkläre!

Kenntnisse über die physikalischen Eigenschaften der Luft werden häufig in der Technik genutzt. Beispielsweise transportieren Luftkissenboote Menschen, aber auch Lasten unterschiedlicher Art.

**Frage:**
Warum können Roboterarme mit Saugnäpfen schwere Lasten heben?

Von Bedeutung ist auch die Stromerzeugung mithilfe bewegter Luft (Abb. 1).

**1** Rotoren wandeln Windenergie in elektrische Energie um.

**Auftrag:**
Informiere dich über die Nutzung der Windenergie! Verdeutliche das Prinzip der Stromerzeugung, indem du ein Modell baust!

## Luftschadstoffe

Die Luft, durch die wir existieren, unterliegt in ihrer Zusammensetzung Schwankungen.
Durch die Verbrennung von Erdöl, Erdgas und Kohle, durch intensive Tierhaltung, durch die Verwendung von Chemikalien, durch Auto- und Flugzeugabgase und die zunehmende Industrialisierung werden Schadstoffe abgegeben.
Aber auch natürliche Quellen tragen zur Belastung bei. Bei jedem Gewitter oder Waldbrand entstehen ebenfalls Schadstoffe. Der Anteil an solchen Schadstoffen wird regelmäßig gemessen und bewertet.

**Auftrag:**
Befrage örtliche Behörden über die Luftqualität in deinem Bundesland und in deinem Heimatort! Informiere dich über die Ursachen der Verschmutzungen und über die Wirkung von Luftschadstoffen auf Organismen und auf Gebäude! Nutze dazu das Internet, z.B. www.schuelerlexikon.de!

**1** Welche Staubbelastung gibt es auf dem Schulhof und im Schulumfeld?

Staub stellt eine Belastung der Luft dar. Als Staub bezeichnet man in der Luft schwebende feste Bestandteile. Sie müssen nicht immer sichtbar sein.

### S Experiment:

**Aufgabe:**
Stelle eine Staubkarte (Grundriss-Skizze des Untersuchungsgebietes mit Legende) her!
**Vorbereitung:**
*Materialien:* Glasband, Glasgefäß (Durchmesser kleiner 10 cm), Lupe, Millimeterpapier
**Durchführung:**
Bespanne das Glasgefäß mit Glasband so, dass der Klebeteil nach oben zeigt.
Stelle mehrere so präparierte Gläser an verschiedenen Stellen der Stadt auf (Verweildauer der Proben am Messort = 24h)! Klebe dann den Glasbandstreifen mit Staub auf Millimeterpapier und zähle die Staubpartikel pro Quadratzentimeter mithilfe der Lupe aus!
**Beobachtung und Auswertung:**
a) Fasse ähnliche Werte zu Gruppen zusammen (z. B. geringe Staubbelastung, mittlere Staubbelastung, hohe Staubbelastung).
Ordne den Werten Farben zu und zeichne die Ergebnisse in eine Karte ein!
b) Überlege, ob solche Staubmessungen in der Schule oder im schulischen Umfeld praktische Bedeutung haben könnten!

Besonders die Belastung der Luft mit Schwefeldioxid spielt eine Rolle. Der Schadstoff wirkt als Atemgift direkt auf Lebewesen, ist aber auch an der Ausbildung von saurem Regen und Wintersmog beteiligt.

### L Experiment

**Aufgabe:**
Beobachte die Wirkung von Schwefeldioxid auf Pflanzen!
**Vorbereitung**
*Geräte und Chemikalien:* 2 Zimmergewächshäuser, Verbrennungslöffel, Schwefel, Pflanzenmaterial
**Durchführung:**
Bringe verschiedene Pflanzen (Salat, Rettich, Kresse usw.) zur Keimung und setze sie auf die beiden Zimmergewächshäuser verteilt ein!
Ein Verbrennungslöffel mit brennendem Schwefel wird 5 s lang in einen der Behälter gehalten! (Vorsicht! Unter dem Abzug arbeiten!) Das Einbringen des Schwefeldioxides wird nach 5 Tagen wiederholt.
**Beobachtung und Auswertung:**
Führe Protokoll! Notiere in einer Tabelle, welche Pflanzen verwendet worden sind!
Beobachte die Entwicklung der Pflanzen in beiden Gewächshäusern täglich und beschreibe die Veränderungen!

Neben dem Schwefeldioxid sind die Stickstoffoxide wesentliche Luftschadstoffe. Eine Quelle bildet der Autoverkehr.

### S Experiment

Ermittle mithilfe eines Gasspürgerätes die Belastung der Luft durch Schwefeldioxid, Stickstoffoxide und Ozon!
Wähle dazu geeignete Standorte aus!

**Aufträge:**
1. Erarbeitet in der Arbeitsgruppe einen Fragebogen, mit dem ihr ermitteln könnt, welche Verkehrsmittel von den Schülern eurer Schule in der Freizeit am häufigsten genutzt werden, und wertet ihn aus!
2. Überprüft das Radwegenetz in eurer Umgebung! Bewertet die Möglichkeiten, mit dem Fahrrad zu fahren!

# 3.2 Brände und Brandbekämpfung

### Überraschende Experimente

Kleine Experimente mit Kerzenflammen hat sicher jeder schon durchgeführt, z. B. eine Apfelsinenschale kurz vor der Flamme zusammengedrückt und die kleinen Funken betrachtet. Hält man ein Metallröhrchen in die brennende Flamme einer Kerze, kann man auch am Ende des Röhrchens eine Flamme entzünden.
*Was verbrennt bei diesen Experimenten jeweils?*

### Brände verhindern, aber wie?

Im täglichen Leben spielt das Verbrennen von Stoffen zur Energiefreisetzung eine große Rolle. Strom wird oft durch die Verbrennung von fossilen Rohstoffen erzeugt.
Geht man jedoch mit Feuer unsachgemäß um, kann es zu Bränden kommen, die zur Vernichtung großer Werte führen.
*Wie kann das Entstehen von Bränden verhindert werden?*

### Töpfe aus Tierhaut

Schon vor der Nutzung des Metalls verstanden es die Menschen, Wasser zu erwärmen. Dazu benötigt man aber ein Gefäß. Die allerersten Kochgefäße bestanden vermutlich aus Tierhaut, die über dem offenen Feuer aufgehängt wurde. Jeder weiß, dass es sich bei diesem Material eigentlich um brennbare Stoffe handelt.
*Wie ist es zu erklären, das dieser „Topf" nicht in Flammen aufging?*

## Die Entstehung von Bränden

Menschliches Leben und technischer Fortschritt sind ohne Verbrennungsvorgänge nicht denkbar. Jedoch ist bekannt, welche Folgen Brände haben. Um das Ausbrechen von Bränden zu verhindern, muss man die Bedingungen kennen, die zu ihrem Entstehen führen. Zuerst einmal muss ein **brennbarer Stoff** vorhanden sein (Abb. 1). Brennbare Stoffe können verschiedene Feststoffe, Flüssigkeiten oder Gase sein. Beim Erhitzen werden feste und flüssige brennbare Stoffe gasförmig oder zersetzen sich. Die entstehenden Gase verbrennen dann. **Flammen sind brennende Gase**. Werden keine Gase gebildet, verglühen die Stoffe (z. B. Holzkohle).

Die Stoffe können nur verbrennen, wenn die **Luftzufuhr** gesichert ist. In einem geschlossenen Gefäß kann eine Kerze nicht lange brennen. Auch im Kamin muss für ausreichende Luftzufuhr gesorgt sein. Entscheidend ist der Sauerstoffanteil der Luft. Die Stoffe verbinden sich bei der Verbrennung mit dem Sauerstoff.

Damit ein Feuer entsteht, muss der brennbare Stoff auf eine bestimmte Temperatur erhitzt werden.

Erst wenn die **Entzündungstemperatur** erreicht ist, beginnt er zu verbrennen. Sie ist für jeden Stoff charakteristisch (s. Tab.)

**Drei Voraussetzungen müssen für die Entstehung von Bränden erfüllt werden:**
- **Vohandensein eines brennbaren Stoffes,**
- **Zufuhr von Sauerstoff oder Luft,**
- **Erreichen der Entzündungstemperatur des brennbaren Stoffes.**

**1** Holz ist brennbar. Es darf nicht in der Nähe des Kamins gelagert werden.

| brennbarer Stoff | Entzündungstemperatur |
|---|---|
| Streichholzkopf | etwa 60 °C |
| Papier | etwa 250 °C |
| Holzkohle | 150–200 °C |
| Benzin | 220–300 °C |
| Heizöl | 250 °C |
| Paraffin (Kerzenwachs) | 250 °C |
| trockenes Holz | etwa 300 °C |
| Butangas (Flüssiggas für Feuerzeuge) | 400 °C |
| Spiritus | 425 °C |
| Propangas | 460 °C |
| Erdgas | etwa 600 °C |
| Steinkohle | 350–600 °C |
| Koks | 700 °C |

## Experimente mit Kerzen und Flammen

**1.** S Betrachte die folgenden Skizzen! Welche Beobachtungen wirst du nach einiger Zeit jeweils machen? Begründe!

**2.** S Finde heraus, was in der Kerze verbrennt!
Führe folgende Experimente durch:

a) Entzünde eine Kerze! Warte etwa zwei Minuten und blase dann die Flamme aus! Führe sogleich ein brennendes Streichholz in die Nähe des Dochtes!

b) Entzünde die Kerze erneut! Halte ein Glasrohr ($d$ = 6–8 mm) über die brennende Kerze, sodass sich der untere Glasrand nahe am Docht befindet! Blase die Kerzenflamme aus und halte eine Streichholzflamme an den oberen Glasrand!

Beschreibe deine Beobachtungen!
Erkläre jeweils die beobachtete Erscheinung!

**3.** L Ein Reagenzglas, das Holzspäne enthält, wird erhitzt! Dabei kommt das Feuer nicht direkt an das Holz heran, deshalb verschwelt es. (Abzug!)

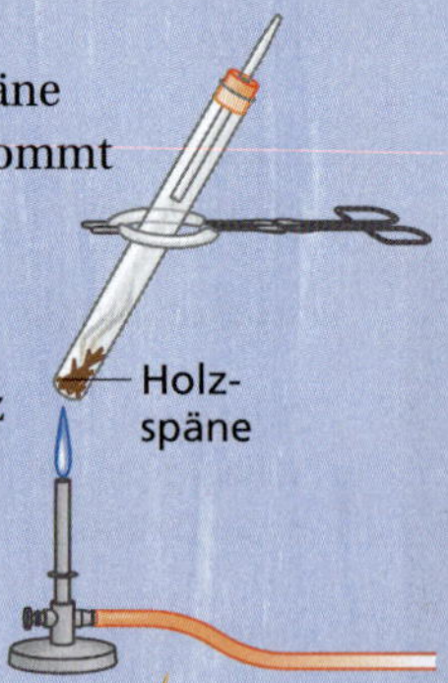


a) Wie verhält sich das Holz beim Verschwelen? Notiere deine Beobachtung!

b) Was würde passieren, wenn man ein brennendes Streichholz an die Öffnung des Reagenzglases halten würde?

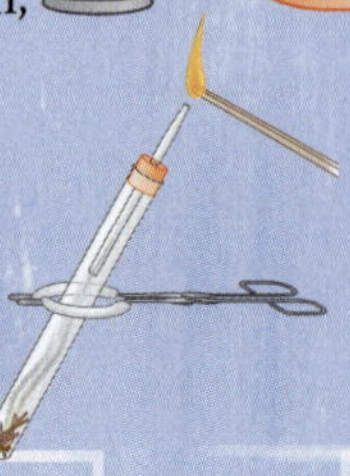

Stelle eine begründete Vermutung auf und vergleiche mit dem Experiment!

**4.** S Erwärme eine kleine Menge Kerzenwachs in einem Porzellantiegel! (Vorsicht!) Versuche mehrmals das Wachs zu entzünden! Beschreibe und erkläre deine Beobachtungen!

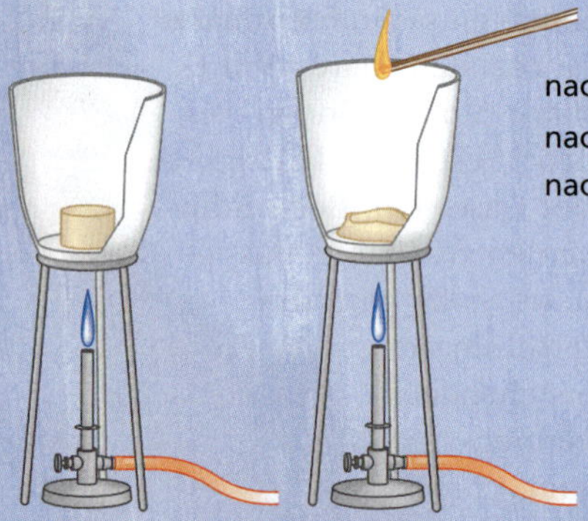


**5.** S Erhitze eine kleine Menge Kerzenwachs in einem Tiegel, bis du die Dämpfe entzünden kannst!

a) Verschließe den Tiegel mit einem Deckel! Nimm nach ein paar Sekunden den Deckel mit der Tiegelzange wieder ab!

b) Entferne den Brenner! Wiederhole das Öffnen und Schließen des Porzellantiegels! Was kannst du beobachten? Erkläre!

**6.** S Ermittle, ob Materialien gleich gut entflammbar sind! Entzünde dazu eine Kerze! Halte mit der Tiegelzange nacheinander für kurze Zeit einen Holzspan, Papier und ein Kohlestückchen in die Kerzenflamme! Notiere deine Beobachtungen!
Leite entsprechend der Aufgabenstellung eine Schlussfolgerung aus den Beobachtungen ab! Finde eine Erklärung!

**7.** S Entzünde zwei schmale, dicht nebeneinander stehende Kerzen und lasse beide eine kurze Weile brennen! Blase eine der Kerzen mit einem Glasrohr aus! Wiederhole das Experiment mehrmals! Notiere deine Beobachtungen!

Gib eine Erklärung für das Beobachtungsergebnis! Leite eine Schlussfolgerung über den Umgang mit brennbaren Stoffen ab!

**8.** S Baue die Versuchsapparatur nach der Abbildung zusammen! Zünde eine Kerze an! Halte die Öffnung des Glasrohres genau über die Kerzenflamme und gib mit der Tropfpipette die Säurelösung in den Kolben! Notiere deine Beobachtungen und erkläre sie!

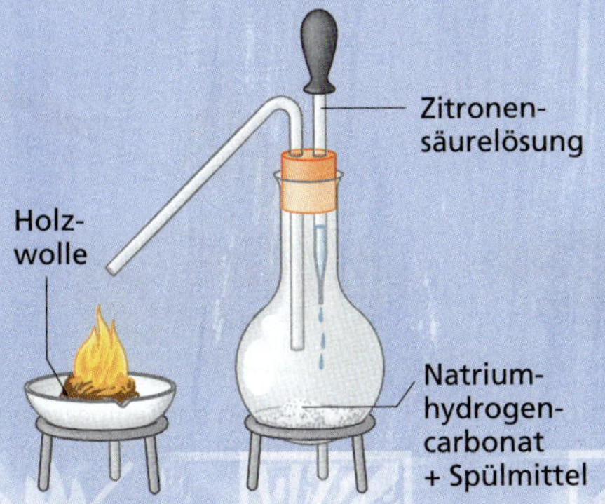


**9.** S Entzünde eine Kerze und lass sie einige Zeit brennen!
Stelle eine zweite Kerze, die nicht angezündet wurde, daneben!
Blase die erste Kerze aus und versuche jetzt, **bei beiden** Kerzen den Docht in einem Abstand von 2 cm wieder zu entzünden!
Beschreibe und erkläre deine Beobachtung!

**10.** S Führe in ein Becherglas vorsichtig ein brennendes Streichholz mit einer Tiegelzange ein! Gib deine Beobachtung an!
Rühre jetzt ein Gemisch aus einem Päckchen Backpulver, Weinessig oder Zitronensaft und Wasser im Becherglas an, führe wieder ein brennendes Streichholz ein!
Notiere auch diese Beobachtung!
Vergleiche beide Beobachtungen und leite eine mögliche Schlussfolgerung ab!

***11.** S Demonstriere deinen Mitschülern Möglichkeiten zum Löschen von Bränden!
Leite die Experimente aus den drei Bedingungen ab, die zur Entstehung von Bränden erforderlich sind!
Entwickle dazu einen Plan für die notwendigen Demonstrationsexperimente und führe sie entsprechend deines Planes vor!
Dir stehen folgende Geräte und Chemikalien zur Verfügung:

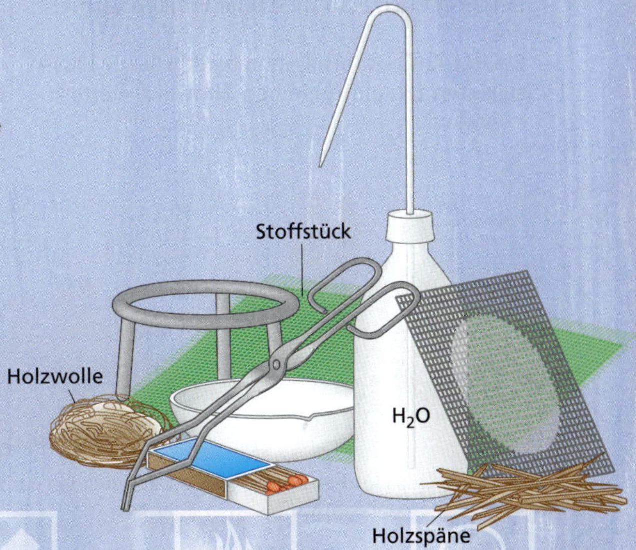

## Bekämpfung von Bränden

Die Voraussetzungen für das Entstehen eines Brandes muss man kennen, damit man ihn wirksam bekämpfen kann. Um Brände zu verhindern oder sie zu löschen, muss immer **mindestens eine** dieser Voraussetzungen fehlen (Abb. 1).

**Maßnahmen zum Löschen eines Feuers sind:**
- **Entfernen des brennbaren Stoffes oder**
- **Unterbinden der Sauerstoffzufuhr oder**
- **Herabsetzen der Temperatur unter die Entzündungstemperatur des Stoffes.**

Besonders gefährlich sind schnell verlaufende Verbrennungen von Gemischen aus brennbaren Gasen und Luft bzw. aus fein verteilten brennbaren Feststoffen. Im Bereich solcher **Explosionen** treten kurzzeitig sehr hohe Temperaturen und starke, zerstörende Druckwellen auf.

Regeln zur Vermeidung von Bränden:
- Brennbare Stoffe nicht in die Nähe heißer Gegenstände bringen!
- Heiße Asche nie in brennbare Behälter einfüllen!
- Nur funktionstüchtige elektrische Heizgeräte verwenden und stets beaufsichtigen!
- Offene Flammen nie unbeaufsichtigt im Raum brennen lassen!
- Beim Braten Fette und Öle nie überhitzen!
- Bei Gasgeruch Flammen oder Funken vermeiden!
- Bei der Aufbewahrung feuergefährlicher Flüssigkeiten die angegebenen Hinweise berücksichtigen!

Ist das Feuer ausgebrochen, wird häufig mit Wasser gelöscht. Diese Methode ist jedoch nicht immer geeignet und kann sogar gefährlich werden. Folgende Brände dürfen **nicht mit Wasser gelöscht** werden:

1. **Brände von Flüssigkeiten, die nicht mit Wasser mischbar sind und eine geringere Dichte als Wasser aufweisen (Benzin, Petroleum, Dieselöl).**

Diese Flüssigkeiten schwimmen auf dem Wasser und würden nur weiter verteilt werden. Dadurch kämen sie noch besser mit dem Sauerstoff der Luft in Kontakt, die Flammen würden sich verstärken.
**Brandbekämpfung:** Schaumfeuerlöscher, Trockenfeuerlöscher zur Unterbindung der Luftzufuhr

2. **Brände an elektrischen Leitungen**

**Wasser** darf **nicht** genutzt werden. Hier muss zuerst die elektrische Anlage abgeschaltet werden.
**Brandbekämpfung:** Trockenlöscher

3. **Brände von Leichmetallen wie Aluminium und Magnesium**

Bei diesen Metallen handelt es sich um besonders unedle Metalle, die nicht nur mit dem freien Sauerstoff der Luft, sondern auch mit chemisch gebundenem Sauerstoff reagieren. Bei der Reaktion unedler Metalle mit Wasser bilden sich explosive Gasgemische.
**Brandbekämpfung:** Abdecken mit trockenem(!) Sand

1 Feuer kann man löschen durch Entfernen des brennbaren Stoffes, …

2 Unterbinden der Sauerstoffzufuhr oder …

3 Herabsetzen der Temperatur unter die Entzündungstemperatur.

## Chemie in Natur und Technik

### Brennbare Kochgefäße

Nicht immer müssen Gefäße, in denen Wasser erhitzt wird, aus Metall gefertigt sein. Zur Not kann man auch einen Behälter aus Leder oder Papier nutzen. Der „Topf" brennt nicht, solange sich in ihm Wasser befindet.
*Erkläre, warum Gefäße aus brennbaren Materialien nicht in Flammen aufgehen, solange ausreichend Wasser in ihnen enthalten ist!*

Nimmt man an, dass das Gefäß aus Papier besteht, ist es wichtig, die Entzündungstemperatur dieses Stoffes zu kennen. Sie liegt bei 250 °C. Auch über Eigenschaften des Wassers muss man sich informieren, denn mit Wasser brennt das Gefäß nicht, ohne jedoch sehr schnell. Durch Wärmezufuhr beginnt Wasser bei 100 °C zu sieden und geht in den gasförmigen Zustand über.
Damit ein Brand enstehen kann, muss ein brennbarer Stoff vorhanden sein, eine ausreichende Luftzufuhr bestehen und die Entzündungstemperatur des brennbaren Stoffs überschritten werden. Solange Wasser im Papiergefäß enthalten ist, wird also mindestens eine Bedingung nicht erfüllt.
Ein brennbarer Stoff und Luft sind offensichtlich vorhanden. Demzufolge ist die dritte Bedingung, eine höhere Temperatur als die Entzündungstemperatur des Stoffes, nicht erfüllt. Die Wärme des Feuers wird vom Wasser aufgenommen und vom Kochgefäß weggeleitet. Diese Wärme bringt das Wasser zuerst zum Sieden und dann dazu, dass es in den gasförmigen Zustand übergeht.
Die Siedetemperatur des Wassers beträgt 100 °C. Solange das Wasser siedet, ändert sich die Temperatur von 100 °C nicht. Die Temperatur reicht für das Entzünden des Gefäßes nicht aus. Erst wenn sich in dem Gefäß kein Wasser mehr befindet, steigt die Temperatur auf über 100 °C an. Nach kurzer Zeit wird die Entzündungstemperatur des außergewöhnlichen Kochgeschirrs überschritten, und es beginnt zu verbrennen.

### S Springendes Feuer

Eine Kerze wird entzündet. Nach einer Weile bläst man die Flamme aus und versucht sofort, die Kerze wieder zu entzünden. Dazu nähert man sich dem Docht mit dem brennenden Streichholz langsam von oben. Man wird beobachten, dass die Flamme nach unten an den Docht „springt".
*Wie ist es möglich, dass das Feuer den Zwischenraum überwindet? Erkläre!*

Die drei Bedingungen für die Entstehung eines Feuers müssen erfüllt sein. Die Entzündungstemperatur wird durch die Wärme des brennenden Streichholzes überschritten. Der Sauerstoff ist in der Luft enthalten, aber welcher Stoff brennt zwischen Kerzendocht und Streichholzflamme?
Offensichtlich befindet sich in dem Zwischenraum ein brennbares Gas. Wenn die Kerze entzündet ist, schmilzt sie nicht nur. In der Nähe des Dochtes geht Kerzenwachs in den gasförmigen Zustand über. Die Flamme selbst ist also nichts anderes als brennendes Gas.
Die brennbaren Gase sind noch vorhanden, wenn die Kerze sofort nach dem Ausblasen wieder entzündet wird. Über diese „Brücke" gelangt die Flamme zum Docht.

## gewusst · gekonnt

1. Ergänze dein Glossar!

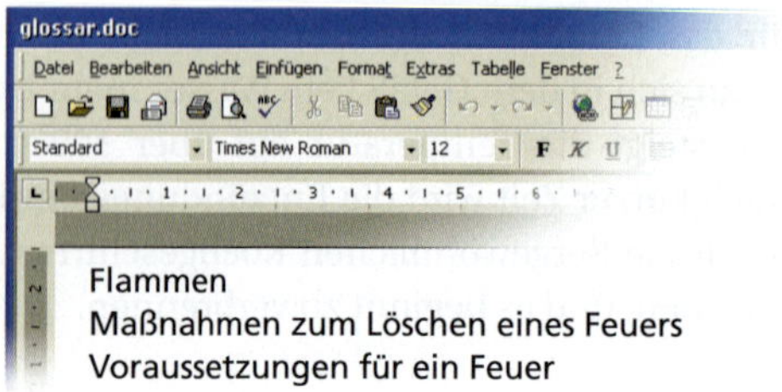


*2. Sage voraus, was in folgenden Situationen passieren wird! Begründe deine Voraussage!
   a) Mineralwolle wird in die Brennerflamme gehalten.
   b) Ein großes Becherglas wird über brennende Holzwolle gestülpt.
   c) Erwärmtes Heizöl wird mit einem brennenden Streichholz berührt.
   d) Auf eine kleine Schale mit brennendem Papier wird ein Strahl aus einer Spritzflasche gerichtet.

3. Weshalb werden bei Waldbränden häufig Schneisen in den Wald geschlagen und ein Streifen Waldboden umgepflügt? Erkläre!

4. Jährlich kommt es beim Grillen zu Unfällen, weil versucht wird, die Grillkohle mit Benzin anzuzünden. Erkläre, was passiert!

5. S Hält man ein Glasröhrchen in eine Kerzenflamme, kann man an seinem Ende ebenfalls eine Flamme entzünden.
   Erkläre diese Erscheinung!

6. Benzinbrände dürfen nicht mit Wasser gelöscht werden. Beschreibe eine Möglichkeit, wie man Benzinbrände löschen kann! Welche Sicherheitsvorkehrungen sind zu treffen?

7. Wird ein Gebäude bei Brandalarm verlassen, sind Fenster und Türen zu schließen (nicht abzuschließen).
   a) Erkläre diese Anweisung!
   b) Informiere dich über die Fluchtwege in der Schule!

8. Nenne jeweils drei brennbare und drei nicht brennbare Stoffe. Gib die Ursache für die Brennbarkeit eines Stoffes an!

9. Eine Feuerversicherung für ein Steinhaus kostet weniger als die Versicherung eines Holzhauses gleicher Größe. Kannst du diese unterschiedliche Einstufung erklären!

10. Finde Beispiele, wie man Kenntnisse über die Entstehung von Bränden beim vorbeugenden Brandschutz berücksichtigt!

11. Übertrage die Tabelle in dein Heft und fülle sie aus!

| **Brandherd/Brandursache** | **Maßnahmen zur Brandbekämpfung** | **Begründung der Maßnahmen** |
|---|---|---|
| schwelender Brand der Tischdecke im Wohnzimmer durch Zigarettenasche | | |
| Brand einer Benzinpfütze in der Nähe von Garagen | | |
| Brennen von Kleidung an einer Person | | |
| Brand an der Elektroanlage eines Hauses | | |
| Metallbrand im Chemieraum der Schule | | |

# 3.3 Chemische Reaktionen

**Verbrennung – alltäglich und trotzdem sehr interessant**

Lässt man eine Kerze brennen, wird sie immer kürzer. Sie verschwindet scheinbar. Heizt man seinen Kamin, kann man eine ähnliche Beobachtung registrieren. Übrig bleibt nur ein Häufchen Asche.

*Können Stoffe einfach verschwinden? Was passiert während der Verbrennung?*

**Sauerstoff schneidet Stahl**

Mit einer Eisensäge kann Metall durchtrennt werden. Die elegantere Lösung ist der Einsatz eines Schneidbrenners. Beim autogenen Schneiden wird eine Stelle des Werkstücks stark erhitzt und ein Sauerstoffstrahl auf diese Stelle geleitet. Entlang der Linie, die mit dem Sauerstoff behandelt wurde, entsteht ein Spalt. Die Eisenplatte wurde getrennt.

*Warum kann ein Sauerstoffstrahl stark erwärmte Metalle schneiden? Worauf beruht dieser Trennvorgang?*

**Schwerer Rost**

Lässt man Gegenstände aus Eisen an feuchter Luft liegen, verrosten sie. Die Eigenschaften des Rostes sind ganz anders als die von Eisen. Es entsteht der Eindruck, die Gegenstände wären leichter geworden. Überprüft man diese Vermutung mit einer Waage, ist man über das Ergebnis sehr verblüfft. Wenn ein Stab vor dem Verrosten eine Masse von 20 kg besaß, zeigt die Waage nach einer vollständigen Korrosion mindestens 25,7 kg.

*Warum wiegt der Eisenstab nach dem Verrosten mehr? Woher kommt diese zusätzliche Masse?*

## Physikalischer Vorgang oder chemische Reaktion?

Wasser und Kochsalz ändern beim Erhitzen den Aggregatzustand. Beim Abkühlen wird der alte Zustand wieder hergestellt. Diese Zustandsänderung ist ein **physikalischer Vorgang**.
Zucker verfärbt sich beim Erhitzen braun. Ein Geruch nach Karamel ist wahrnehmbar. Es ist ein neuer Stoff mit neuen Eigenschaften entstanden, die auch nach dem Abkühlen erhalten bleiben. Eine **Stoffumwandlung** hat stattgefunden. Solche Prozesse bezeichnet man als **chemische Reaktionen**. Dabei nennt man die Stoffe, die vor der Reaktion vorlagen, **Ausgangsstoffe (Edukte)** und diejenigen, die gebildet werden, **Reaktionsprodukte (Produkte)**.

Die chemische Reaktion kann man durch eine **Wortgleichung** beschreiben, bei der der Reaktionspfeil die Verlaufsrichtung angibt (Abb. 1, 2).
Damit es zur Stoffumwandlung kommt, wird Zucker vorsichtig erwärmt. Reaktionen, bei denen **Energie zugeführt** wird, heißen **endotherm**. Der Energieinhalt der Reaktionsprodukte ist größer als der Energieinhalt der Ausgangsstoffe.
Bei anderen chemischen Reaktionen muss nur kurz erhitzt werden, dann reagieren die Stoffe ohne Energiezufuhr von außen weiter, z.B. beim Verbrennen einer Kerze. Paraffin reagiert zu Ruß, Wasser und Kohlenstoffdioxid. Dabei wird **Energie in Form von Licht und Wärme abgegeben**. Die Reaktion ist **exotherm**. Der Energiegehalt der Reaktionsprodukte ist kleiner als der der Ausgangsstoffe.

**Chemische Reaktionen sind durch Stoffumwandlungen gekennzeichnet. Es entstehen neue Stoffe mit (bleibenden) neuen Eigenschaften.**

**Stoffumwandlungen sind immer mit Energieumwandlungen verbunden. Nach der Art der energetischen Erscheinungen unterscheidet man exotherme und endotherme Reaktionen.**

Energie $E = E_{\text{Reaktionsprodukte}} - E_{\text{Ausgangsstoffe}} = +n\ \text{kJ}$

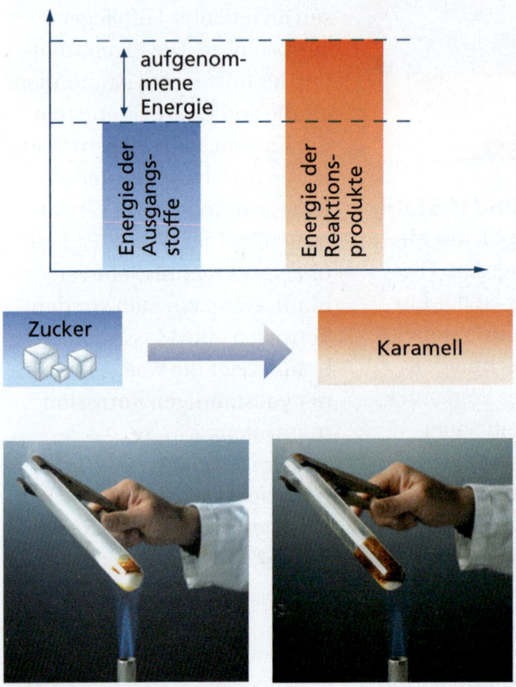


1 Endotherme Reaktion

Energie $E = E_{\text{Reaktionsprodukte}} - E_{\text{Ausgangsstoffe}} = -n\ \text{kJ}$

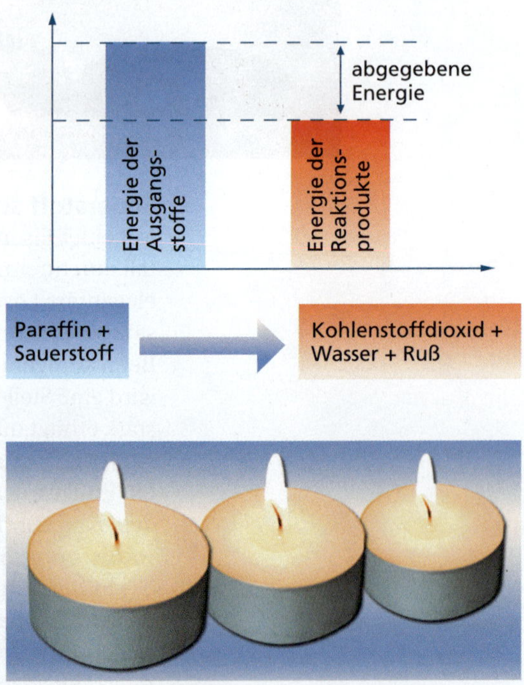


2 Exotherme Reaktion

## Voraussetzungen und Bedingungen chemischer Reaktionen

Damit chemische Reaktionen stattfinden, müssen bestimmte Voraussetzungen gegeben sein. Zuerst einmal ist es selbstverständlich, dass alle Ausgangsstoffe vorhanden sein müssen. Außerdem muss sowohl bei endothermen als auch bei exothermen Reaktionen zum Auslösen einer chemischen Reaktion Energie zugeführt werden.
Manchmal reicht schon die Temperatur der Umgebung aus. Trotzdem kann man einen Holzklotz sehr viel schwerer zum Brennen bringen als einen Holzspan. Warum erst immer Energie zugeführt werden muss und warum sich der Holzklotz trotz Energiezufuhr schlechter entzünden lässt als der Span, kann mithilfe der Stoßtheorie erklärt werden. Dieses Modell hilft, sich Prozesse im submikroskopischen Bereich vorzustellen.

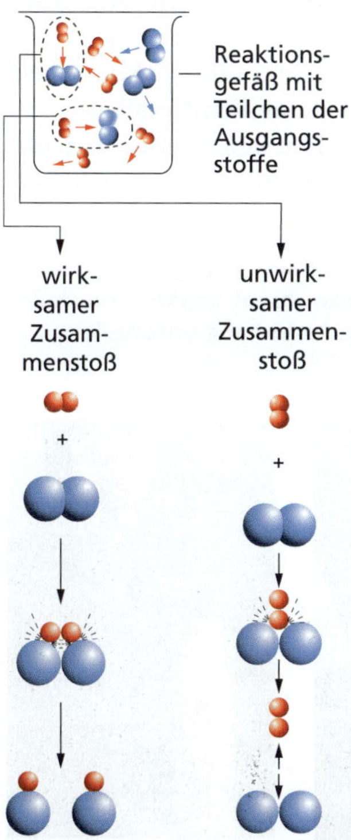


**Stoßtheorie**

1. Teilchen werden als starre Körper angenommen, die sich ungeordnet bewegen. Bei steigender Temperatur nimmt die Bewegung zu.
2. Teilchen stoßen durch die Bewegung zusammen.
3. Damit eine Reaktion erfolgt, müssen die Teilchen wirksam zusammenstoßen. Dazu benötigen sie eine Mindestenergie und müssen in bestimmter Weise zueinander ausgerichtet sein.
4. Je häufiger wirksame Zusammenstöße in einer bestimmten Zeiteinheit erfolgen, desto schneller reagieren Ausgangsstoffe miteinander.

Bei explosiven Gemischen, wie z. B. beim Knallgas, genügt ein Funke, um das Gemisch zu zünden. Dieser Zündfunke muss jedoch vorhanden sein. Bei tiefen **Temperaturen** kann ein Knallgasgemisch gefahrlos aufbewahrt werden. Wird es aber über einen bestimmten Punkt hinaus erwärmt, erfolgt die Reaktion sehr heftig.
Die Teilchen der Ausgangsstoffe müssen erst in einen aktivierten Zustand versetzt werden, damit sie reagieren können. Diese Energie bezeichnet man als **Aktivierungsenergie**. Im Falle explosiver Gemische kann die Aktivierungsenergie durch einen Funken, aber auch durch einen Lichtblitz oder einen Schlag zugeführt werden. Beim Rosten von Eisen reicht die thermische Energie der Umgebung aus, um die Teilchen zu aktivieren. Für endotherme Reaktionen ist eine ständige Energiezufuhr nötig.

... und mehr

**Informiere dich auch unter:** *Abgaskatalysator, Energie bei chemischen Reaktionen, Energieumwandlung, Grundlagen chemischer Reaktionen*

# Chemische Reaktionen von Metallen

## Chemische Reaktion mit Sauerstoff

Beim Erwärmen verschiedener Stoffe an der Luft laufen oft chemische Reaktionen ab. Dies ist auch bei Metallen der Fall.

Rotbraunes Kupfer färbt sich beim Erhitzen schwarz. Die Eigenschaften verändern sich unter energetischen Erscheinungen dauerhaft. Die Stoffumwandlung erfolgt aber nur dort, wo auch Luft bzw. Sauerstoff vorhanden ist (Abb. 1).

Erhitzt man Eisenwolle, bildet sich ein schwarzgraues Pulver.
Die Reaktion verläuft allerdings langsam. In reinem Sauerstoff reagieren die Stoffe deutlich heftiger (Abb. 2).

Wird silberglänzendes Magnesium kurz erhitzt, verbrennt es mit starker Wärmeentwicklung und greller Flamme. Dabei bildet sich ein weißer Stoff (Abb. 1, S. 85).

**Die Metalle reagieren mit Sauerstoff zu Metalloxiden.**

**Verbindet sich ein Reaktionspartner mit Sauerstoff, bezeichnet man dies als Oxidation. Als Reaktionsprodukte entstehen Oxide.**

Die chemischen Reaktionen kann man mithilfe von Wortgleichungen beschreiben.

Kupfer + Sauerstoff ⟶ Kupferoxid

Eisen + Sauerstoff ⟶ Eisenoxid

Magnesium + Sauerstoff ⟶ Magnesiumoxid

Die Oxidationen von Metallen sind exotherme Reaktionen. Die Teilchen der Ausgangsstoffe reagieren unter Energieabgabe zu Teilchen der Reaktionsprodukte (Abb. 1, S. 85).

Die Heftigkeit der Reaktion ist u.a. jeweils vom Zerteilungsgrad des Metalls und davon abhängig, ob die Reaktion in der Luft oder in reinem Sauerstoff erfolgt.
Unabhängig davon lässt sich bei Metallen ein abgestuftes Reaktionsverhalten gegenüber Sauerstoff feststellen.
Eisen und Magnesium sind sehr **reaktionsfreudig**. Sie gehören zu den **unedlen Metallen**.
Kupfer, Silber und Gold **reagieren nur in geringem Maße** bzw. gar nicht. Sie gehören zu den **edlen Metallen**.

**Metalle werden nach ihrem Reaktionsverhalten in edle und unedle Metalle unterteilt.**

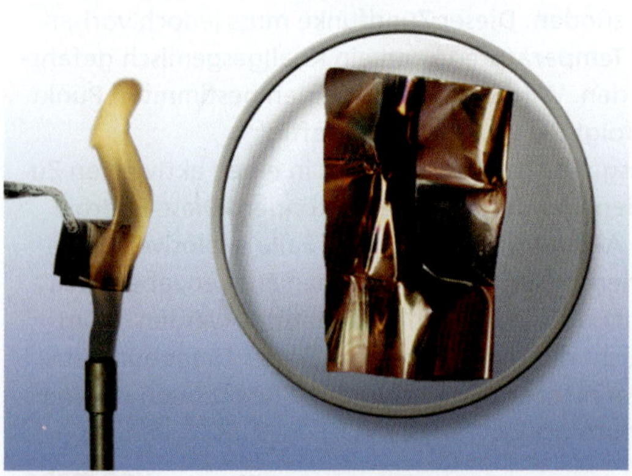

1 Im Inneren des Kupferbriefes erfolgt durch den Mangel von Sauerstoff keine Reaktion.

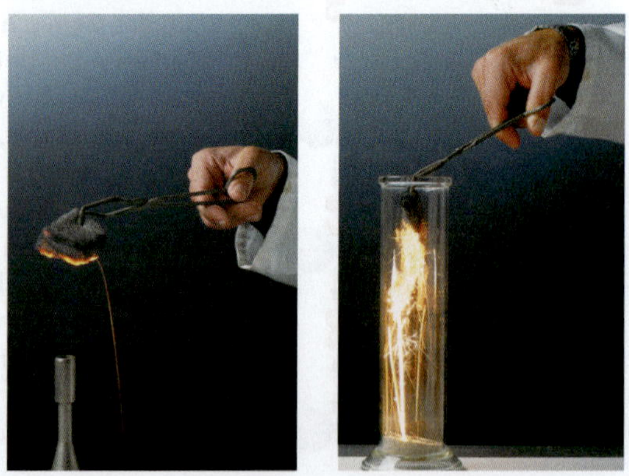

2 Im reinem Sauerstoff (rechts) verläuft die Reaktion heftiger als an der Luft (links).

## Chemische Reaktion mit Schwefel

Insbesondere unedle Metalle reagieren nicht nur mit Sauerstoff, sondern auch sehr gut mit anderen Nichtmetallen. Erhitzt man ein Gemisch aus Eisen- und Schwefelpulver, ist ein Aufglühen zu beobachten. Im Ergebnis der chemischen Reaktion entsteht Eisensulfid (Abb. 2).
Dass eine chemische Reaktion stattgefunden hat, kann man mit einem Magneten nachweisen. Es lassen sich keine magnetischen Eigenschaften mehr feststellen. Die chemische Reaktion verläuft unter Wärmeabgabe. Sie ist exotherm.

Eisen + Schwefel ⟶ Eisensulfid

Zündet man ein Gemisch aus Zink und Schwefel, erfolgt die Reaktion fast explosionsartig.

Zink + Schwefel ⟶ Zinksulfid

Schwefelverbindungen der Metalle, die Sulfide, haben für uns große Bedeutung, da sie wertvolle Bestandteile von Erzen sind.

Beispielsweise ist Pyrit eine Verbindung aus Eisen und Schwefel. Sowohl das enthaltene Eisen als auch der Schwefel sind für die Industrie wichtig.

Bei Bleiglanz handelt es sich um Bleisulfid, bei Kupferglanz um Kupfersulfid und bei Zinkblende um Zinksulfid.

Andere Sulfide finden Verwendung als Künstlerfarben. Das bekannte Zinnoberrot ist der chemischen Zusammensetzung nach Quecksilbersulfid und das Cadmiumgelb besteht aus Cadmiumsulfid.

**Metalle reagieren mit Schwefel. Dabei bilden sich die entsprechenden Sulfide.**

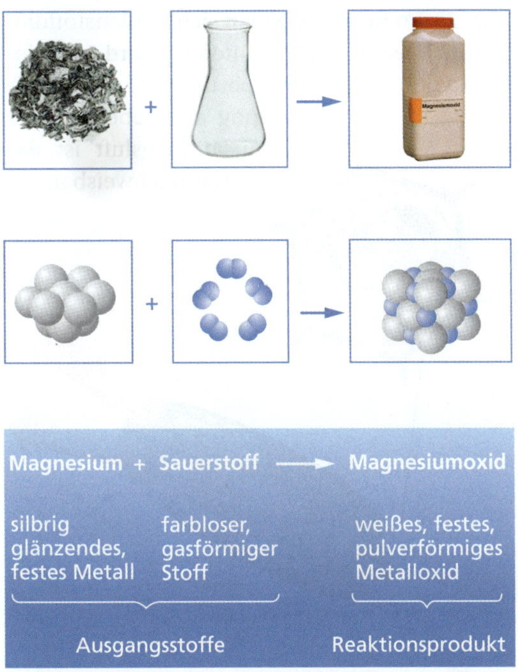


**1** Magnesium reagiert mit Sauerstoff zu Magnesiumoxid.

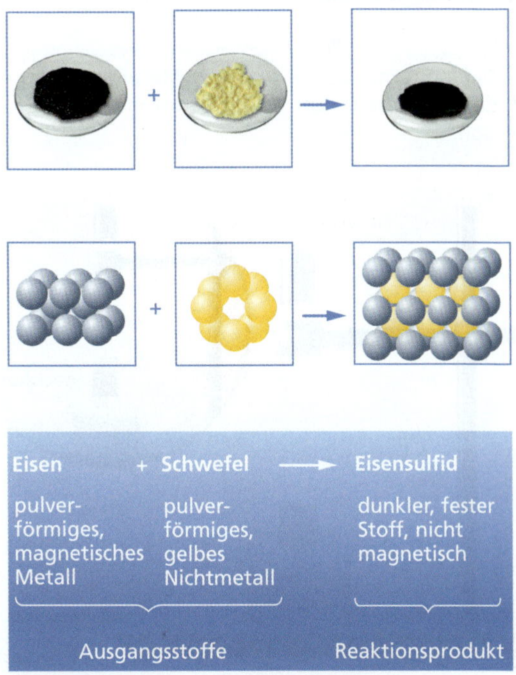


**2** Eisen reagiert mit Schwefel. Dabei bildet sich Eisensulfid.

# Wichtige Oxidationen in Natur und Technik

## Korrosion und Korrosionsschutz

Beim Erhitzen reagieren viele Metalle heftig mit Sauerstoff. Jedoch auch ohne zusätzliche Energiezufuhr verändern sich einige Metalle an der Luft. Beispielsweise rosten Gegenstände aus Eisen.
Die Umwandlung von Eisen in Rost erfolgt bei Anwesenheit von Sauerstoff und Wasser (Abb. 1). Weil diese Schicht sehr porös ist, können Wasser und Luft an das darunter befindliche Eisen gelangen. Dadurch können Gegenstände aus Eisen völlig durchrosten und zerstört werden.

Andere Metalle, wie z. B. Aluminium, bilden eine feste Oxidschicht (Passivschicht), die die darunter liegenden Metallschichten von der Luft abschirmt. Dadurch schützt diese Oxidschicht vor einer völligen Zerstörung der Metalle durch Korrosion. Beim **Eloxieren** wird diese Schicht sogar künstlich verstärkt.

**Die langsame Zerstörung von Metallen unter dem Einfluss feuchter Luft nennt man Korrosion.**

Um wirtschaftliche Schäden gering zu halten, müssen deshalb besonders Eisen- und Stahlteile vor feuchter Luft geschützt werden. Am einfachsten ist dies durch Einölen und Einfetten der Gegenstände zu erreichen. Haltbarer sind Anstriche mit Rostschutzfarben oder das Auftragen von Lacken. Vielfach werden auch Beschichtungen mit anderen Metallen (z. B. mit Zink, Nickel und Chrom) angewendet. Man nutzt aus, dass nicht alle Metalle gleich gut mit Sauerstoff reagieren.
Eine weitere Möglichkeit des Rostschutzes besteht in der Herstellung von besonders legierten Stahlsorten. Der Einsatz von korrosionsfesten Stählen kommt besonders bei Brücken und Metallkonstruktionen zur Anwendung.

## Die Atmung – eine biologische Oxidation

Unser Körper benötigt für alle Lebensprozesse Energie. Diese Energie wird durch die Reaktion von Sauerstoff mit Traubenzucker (Glucose) freigesetzt. Diese Reaktion bezeichnet man als innere Atmung bzw. biologische Oxidation. Sie findet in allen lebenden Zellen unseres Körpers statt (Abb. 2). Im Ergebnis bilden sich Kohlenstoffdioxid und Wasser. Kohlenstoffdioxid wird über das Blut zu den Lungen transportiert und dort an die Umgebung abgegeben. In der Ausatmungsluft ist das Gas nachweisbar.

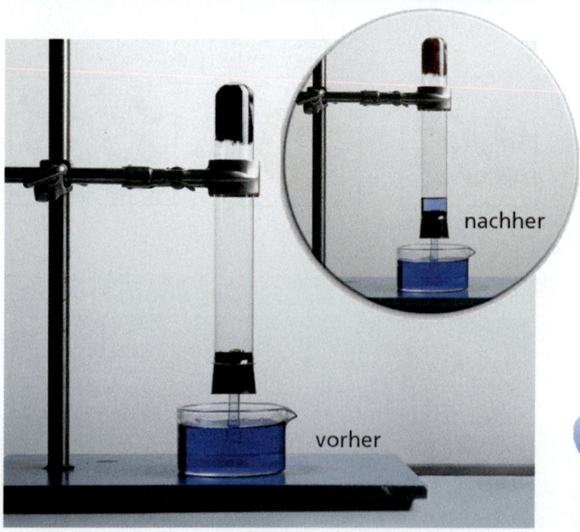


1 Das Gasvolumen im Reagenzglas verringert sich. Beim Rosten wird ein Teil der Luft verbraucht.

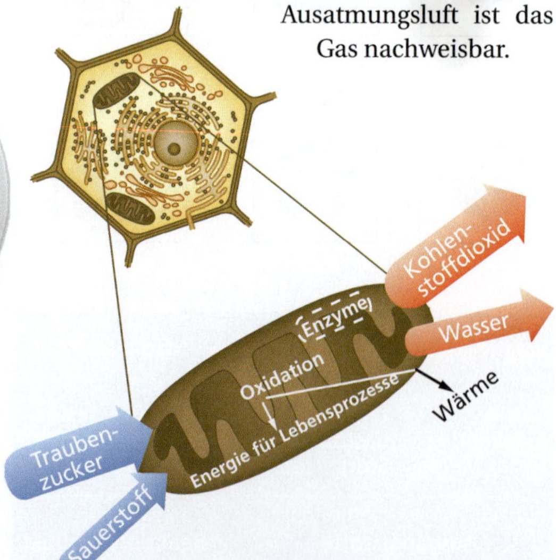


2 Die biologische Oxidation ist ein Prozess, der in den Mitochondrien der lebenden Zelle stattfindet.

## Das Gesetz von der Erhaltung der Masse

Verbrennt man Holz im Kamin, verbleibt nur eine geringe Masse an Asche. Es scheint, als ob bei dem Prozess Masse vernichtet wird. Andererseits stellt man eine Massenzunahme fest, wenn man einen Gegenstand vor und nach dem Verrosten abwägt.
Die Frage, wie sich die Massen bei chemischen Reaktionen verhalten, untersuchte u.a. der französische Chemiker ANTOINE LAVOISIER (1743–1794). Im Jahr 1785 formulierte er im Ergebnis seiner Experimente **das Gesetz von der Erhaltung der Masse**.

**Das Gesetz von der Erhaltung der Masse besagt, dass bei allen chemischen Reaktionen die Gesamtmasse der an der Reaktion beteiligten Stoffe gleich bleibt.**

Im Labor kann diese Aussage leicht experimentell überprüft werden (Abb.). Da sich die Teilchen der Reaktionsprodukte durch Umordnung aus den Teilchen der Ausgangsstoffe bilden und während der chemischen Reaktion keine Atome entstehen oder verschwinden, bleibt die Gesamtmasse konstant.

**S Experiment**

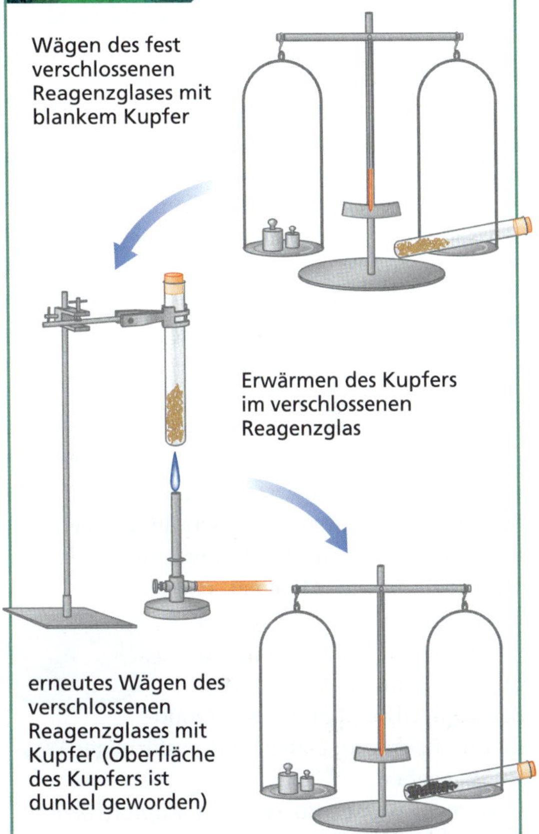


## Mosaik

### Die Entdeckung des Gesetzes von der Erhaltung der Masse

Die Entdeckung des Gesetzes von der Erhaltung der Masse stand im Zusammenhang mit der Untersuchung von Verbrennungen.
So hatte ROBERT BOYLE (1627–1691) Experimente mit Blei vorgenommen. Dazu erhitzte er dieses Metall, nachdem er es gewogen hatte, in einem geschlossenen Gefäß. Beim Öffnen des Behältnisses hörte er ein Zischen und notierte diese Beobachtung gewissenhaft. Er maß ihr aber weiter keine Bedeutung bei.

Daher entging ihm, dass nach dem Öffnen ein Stoffgemisch mit einer Masse den Raum des „verbrauchten" Sauerstoffes einnahm. (Allerdings hatte man zu dieser Zeit den Sauerstoff noch nicht entdeckt und kannte das Wesen der Oxidation nicht.) Beim Wägen des Reaktionsproduktes (Bleioxid) stellte BOYLE eine Massenzunahme fest. Weil er eine wichtige Beobachtung nicht beachtet hatte, kam er zu falschen Schlussfolgerungen.
MICHAIL WASSILJEWITSCH LOMONOSSOW (1711–1765) und ANTOINE LAURENT LAVOISIER (1743–1794) wiederholten die Experimente. Sie verglichen die Masse vor und nach dem Experiment, ehe das Behältnis geöffnet wurde.
So konnte kein zusätzliches Gas die Messwerte verfälschen. Aus dem Ergebnis dieser und weiterer Versuche leitete LAVOISIER das Gesetz von der Erhaltung der Masse ab.

## Chemie in Natur und Technik

### Aus Blau wird Weiß und umgekehrt

Blaues Kupfer(II)-sulfat hat eine sehr schöne Farbe. Erhitzt man den Stoff, färbt er sich weiß. Durch Zugabe von Wasser nimmt er seine ursprüngliche Farbe wieder an.

*Handelt es sich beim blauen und weißen Kupfer(II)-sulfat um denselben oder verschiedene Stoffe? Begründe deine Aussage!*

Es handelt sich um verschiedene Stoffe, denn die Farbänderungen sind Folge chemischer Reaktionen. Die blaue Farbe ist ein charakteristisches Merkmal. Bei beiden Prozessen ändert sich die Farbe, also findet eine Stoffumwandlung statt.

Auch das zweite Merkmal chemischer Reaktionen – Energieumwandlung – trifft zu: Nur durch Erhitzen kann aus blauem weißes Kupfer(II)-sulfat werden (endotherme Reaktion). Dabei wird gasförmiges Wasser abgegeben.

Fügt man Wasser zu weißem Kupfer(II)sulfat, lässt sich eine Temperaturerhöhung messen (exotherme Reaktion). Das sich bildende blaue Kupfersulfat heißt exakt eigentlich Kupfer(II)-sulfatpentahydrat.

Kupfer(II)-sulfat-pentahydrat ⇄ Kupfer(II)-sulfat + Wasser

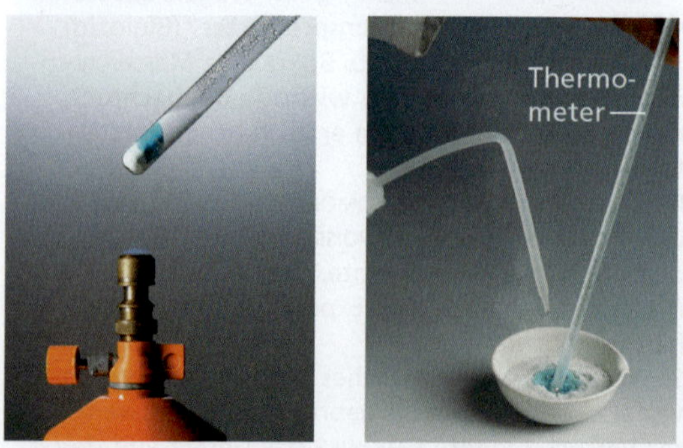


**1** Blaues Kupfer(II)-sulfatpentahydrat wird erhitzt (li.). Weißes Kupfersulfat reagiert mit Wasser (re.).

**Begründen von Aussagen**

Beim Begründen wird ein Nachweis geführt, dass eine Aussage richtig ist. Dazu müssen Argumente, z. B. Beobachtungen, Gesetze, Eigenschaften von Körpern und Stoffen, angeführt werden.

### Die Geschichte vom süßen Brei

Sicher kennt jeder die Geschichte, in der ein Töpfchen so lange Brei lieferte, bis seine Besitzerin angesichts des übergroßen Arbeitseifers dieses Kochgerätes den Zauberspruch zum Abschalten ausgesprochen hatte. Nach dem Gesetz von der Erhaltung der Masse ist so etwas nicht möglich. Jedoch weist gekochter Milchreis eine sehr viel größere Masse auf als der ungekochte.

*Gibt es doch Vorgänge, bei denen eine Massenzunahme erfolgt? Finde eine Erklärung für diese scheinbar widersprüchliche Beobachtung!*

Vergleicht man nur die Masse vom ungekochten und gekochten Reis, stellt man eine Massenzunahme fest. Diese widerspricht jedoch nicht dem Gesetz von der Erhaltung der Masse, denn das besagt, dass die **Gesamtmasse** während eines Vorganges unverändert bleibt. So muss man in die Überlegung die Masse des Wassers bzw. der Milch mit einbeziehen. Während des Kochvorganges nimmt der Reis Flüssigkeit auf, er quillt. Gleichzeitig nimmt die Masse der Flüssigkeit im Topf ab. Rechnet man die Masse der Flüssigkeit und des ungekochten Reises zusammen und vergleicht diese mit dem gekochten, dann wird man feststellen, dass die Masse sogar geringer geworden ist. Während des Kochens verdampft nämlich Wasser. Genau um diese Masse hat sich die Gesamtmasse im Topf verringert.

# gewusst · gekonnt

1. Vervollständige dein Glossar!

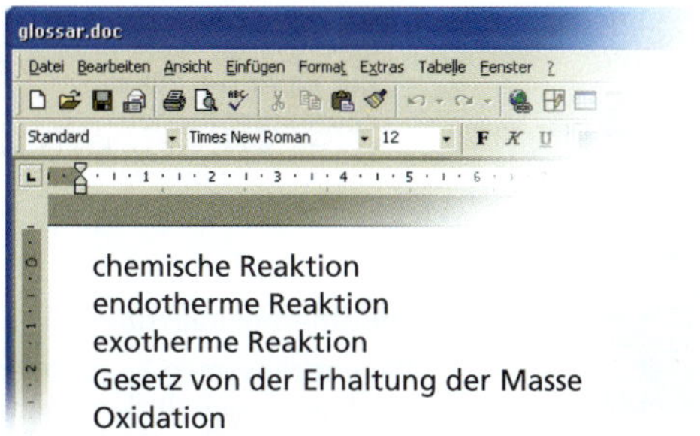


2. Entscheide, ob es sich bei den folgenden Prozessen jeweils um eine chemische Reaktion handelt!
Begründe deine Antwort!
   a) Schmelzen von Blei
   b) Abbrennen einer Wunderkerze
   c) Lösen von Zucker in Wasser
   d) Feilen von Eisenblech
   e) Schmelzen von Butter
   f) Sauerwerden von Milch

3. Ermittle in Haushalt und Natur Prozesse, bei denen chemische Reaktionen stattfinden! Kennzeichne jeweils stoffliche Veränderungen und energetische Erscheinungen!

4. Notiere Beispiele für die Reaktion von Metallen mit Sauerstoff!
   a) Formuliere jeweils die Wortgleichung!
   b) Leite eine allgemeine Wortgleichung für die Reaktion der Metalle mit Sauerstoff ab!
   c) Entscheide, ob es sinnvoll ist, eine solche Wortgleichung für Gold aufzustellen!

5. Begründe, dass beim Erhitzen eines Eisen-Schwefel-Gemisches eine chemische Reaktion erfolgt! Gib dazu Ausgangsstoffe und Reaktionsprodukte an und beschreibe ihre Eigenschaften!

6. Entwickle die Wortgleichungen für die chemischen Reaktionen, die zur Bildung von folgenden Sulfiden führen: Kupfersulfid, Cadmiumsulfid, Silbersulfid, Bleisulfid!

7. Informiere dich im Internet über ausgewählte Sulfide! Ermittle jeweils ihre Eigenschaften, Vorkommen und Bedeutung!

*8. Fertige eine Mind-Map zum Thema „Chemische Reaktion" an!

9. Übertrage die Skizzen in dein Heft und vervollständige sie (Aufgabe c)!
Erläutere die Zeichnungen!

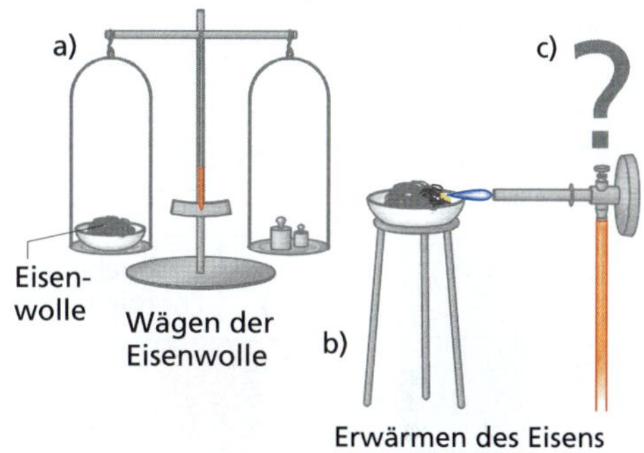


10. Kann man Abfälle durch Verbrennen vollständig vernichten? Begründe deine Antwort!

11. Beim Kompostieren biologischer Abfälle verringert sich die Masse der Feststoffe. Leite eine Schlussfolgerung ab!

*12. Gib an, ob die folgenden Aussagen wahr sind oder nicht! Begründe deine Antwort jeweils!
   a) Beim Verbrennen einer Kerze verringert sich zwar die Masse der Kerze, aber nicht die Gesamtmasse der reagierenden Stoffe.
   b) Gase besitzen eine so geringe Masse, dass man sie bei chemischen Reaktionen vernachlässigen kann.
   c) Ein gebackenes Brot ist leichter als der Teig, aus dem es geformt wurde. Dies ist ein Beispiel dafür, dass das Gesetz von der Erhaltung der Masse nicht auf alle chemischen Prozesse zutrifft.

## Chemische Reaktion

Stoffe können miteinander reagieren. Bei einer chemischen Reaktion erfolgen eine Stoffumwandlung und eine Energieumwandlung. Aus Teilchen der Ausgangsstoffe bilden sich Teilchen der Reaktionsprodukte.

**Ausgangsstoff(e)**
mit einer nur für sie charakteristischen Eigenschaftenkombination.

**Richtung der Reaktion**

**Reaktionsprodukte**
mit einer nur für sie charakteristischen Eigenschaftenkombination.

**exotherme Reaktion**
Bei exothermen Reaktionen ist der Energiegehalt der Reaktionsprodukte kleiner als der der Ausgangsstoffe.

**endotherme Reaktion**
Bei endothermen Reaktionen ist der Energiegehalt der Reaktionsprodukte größer als der der Ausgangsstoffe.

$E = E_{\text{Reaktionsprodukte}} - E_{\text{Ausgangsstoffe}} = -\text{n kJ}$

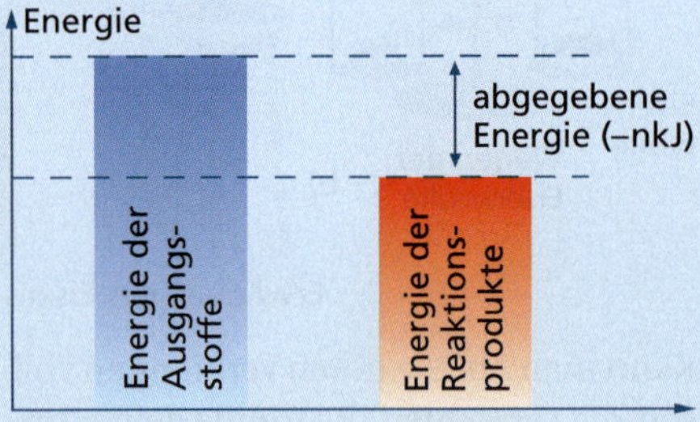


$E = E_{\text{Reaktionsprodukte}} - E_{\text{Ausgangsstoffe}} = +\text{n kJ}$

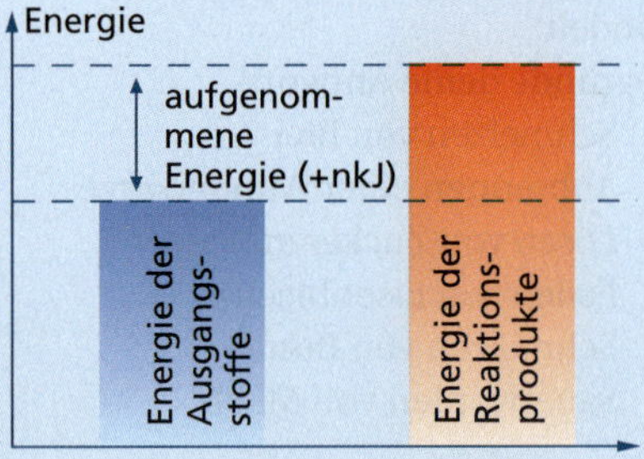


Bei allen chemischen Reaktionen gilt das **Gesetz von der Erhaltung der Masse**. Es besagt, dass die Gesamtmasse der an der chemischen Reaktion beteiligten Stoffe konstant bleibt.

## Chemische Reaktionen bei Metallen

Besonders die unedlen Metalle können leicht mit Sauerstoff reagieren.
Es entstehen Metalloxide.

Beispiele:

Eisen + Sauerstoff ⟶ Eisenoxid

Magnesium + Sauerstoff ⟶ Magnesiumoxid

Verbindet sich ein Reaktionspartner mit Sauerstoff, bezeichnet man dies als **Oxidation**.

Erhitzt man ein Gemisch aus einem Metall und Schwefel, bilden sich Sulfide.

Beispiele:

Eisen + Schwefel ⟶ Eisensulfid

Zink + Schwefel ⟶ Zinksulfid

# 4 Wasser und Wasserstoff

# 4.1 Wasser – Quelle des Lebens

## Unser blauer Planet

Der Blick aus dem Weltraum auf unsere Erde zeigt deutlich, dass drei Viertel unseres Planeten von Wasser bedeckt sind. Trotzdem gibt es Gebiete, in denen Wassermangel herrscht. Wasser ist jedoch für alle Organismen der Erde lebenswichtig. Der Mensch muss täglich zwei bis drei Liter Trinkwasser zu sich nehmen.

*Warum ist das so wichtig? Welche Funktionen hat Wasser?*

## Lebensraum Wasser

Ein sauberes Gewässer bietet immer unterschiedlichen Pflanzen und Tieren einen Lebensraum. Beobachtet man einen See oder Teich im Sommer, kann man z.B. Frösche entdecken. Im Winter, wenn das Gewässer zugefroren ist, sind diese Tiere nicht zu sehen. Einige Arten überwintern am Gewässergrund.

*Warum können Frösche im Wasser den Winter überleben?*

## Ein kristallklares Lebensmittel

Das Wasser, das für die Trinkwasserversorgung aus Brunnen gefördert wird, erscheint nach dem ersten Prüfen kristallklar, geruchs- und geschmacksfrei. Dennoch wird die Qualität in den Wasserwerken regelmäßig ermittelt.

*Warum darf scheinbar sauberes Wasser nicht ohne Kontrolle getrunken werden?*

## Der Kreislauf des Wassers

Ein Blick auf den Globus zeigt, dass auf unserer Erde riesige Wassermengen existieren. Aber nicht nur die Weltmeere und die Eisflächen der Pole enthalten Wasser.
Die meisten Wasserteilchen befinden sich in ständiger Bewegung. Flüssiges Wasser verdunstet, kondensiert in kälteren Luftschichten zu winzigen Wassertröpfchen oder erstarrt zu Eis. Wasser fließt in Flüssen, aber auch im Erdboden. In diesen **Kreislauf des Wassers** (Abb. 1) ist auch das Wasser in den Lebewesen, in Menschen, Tieren und Pflanzen, einbezogen.
Wasser ist nicht nur für den Menschen ein lebensnotwendiger Stoff. Ohne Wasser wäre unsere Erde völlig unbesiedelt. Wasser ist die Grundvoraussetzung für das Leben auf der Erde (Abb. 2).
Wir entnehmen dem Wasserkreislauf täglich große Mengen Wasser. Im Durchschnitt verbraucht bei uns jeder Mensch 128 l Wasser täglich im privaten Bereich. Zusätzlich werden u. a. in den Bereichen Landwirtschaft und Industrie große Mengen Wasser benötigt. Im Produktionsprozess dient Wasser als Ausgangsstoff, Hilfsstoff oder Kühlmittel. So sind für die Erzeugung von einer Tonne Stahl etwa 200 $m^3$ Wasser erforderlich, für ein Kilogramm weißes Papier 800 bis 1000 Liter. Im industriellen Bereich wird meist kein Trinkwasser, sondern Brauchwasser benötigt, sodass Kreisläufe möglich sind.

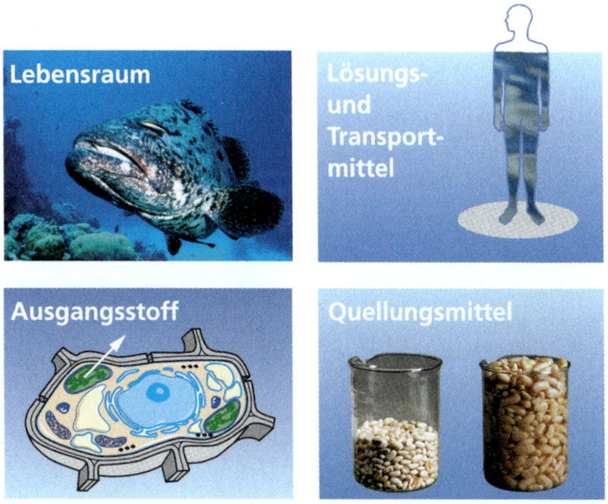


2 Bedeutung des Wassers für Lebewesen

| Durchschnittlicher Wasserverbrauch im Haushalt | |
|---|---|
| **Verwendung** | **täglicher Wasserverbrauch pro Person** |
| persönliche Hygiene | 61 l |
| WC-Spülung | 34 l |
| Geschirrspülen | 8 l |
| Reinigung der Wohnung, Auto, Garten | 8 l |
| Speisen- und Getränkezubereitung | 8 l |
| Sonstiges | 9 l |

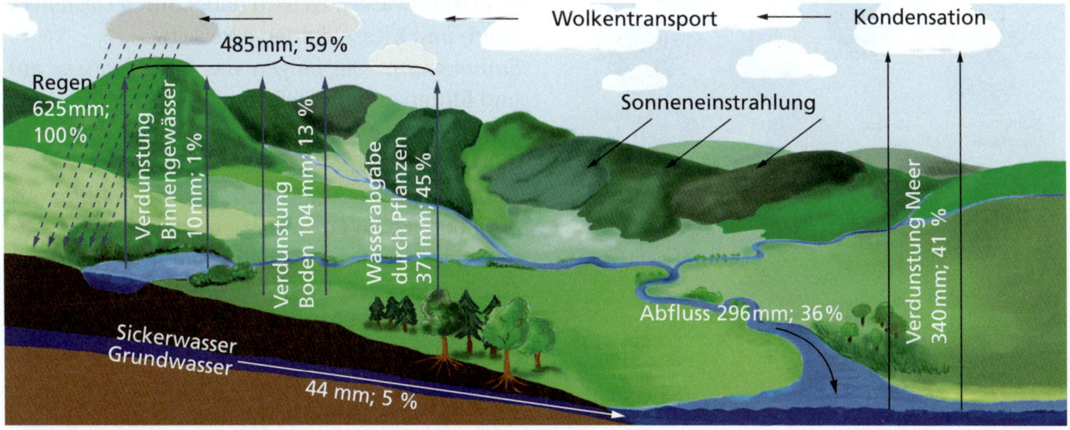


1 Natürlicher Kreislauf des Wassers in der Bundesrepublik

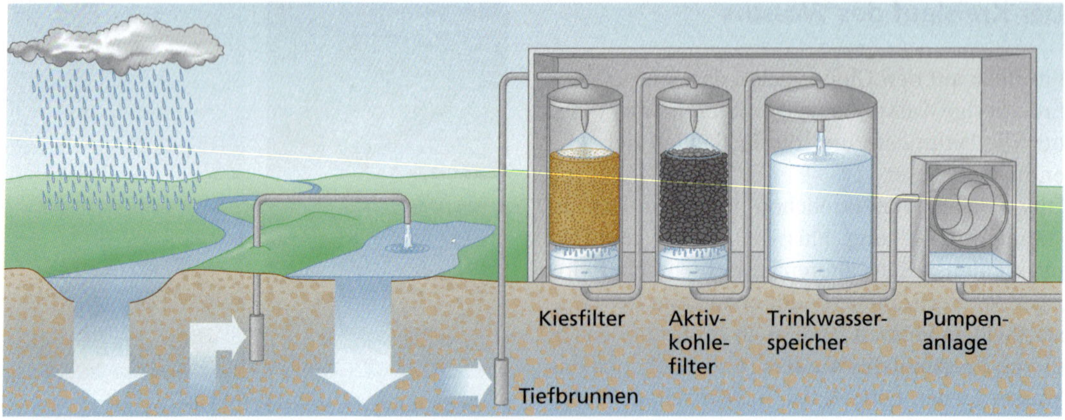


Diese Art der mehrfachen Verwendung von Wasser ist im Bereich der Haushalte noch sehr selten, z. B. für die Toilettenspülung. Meist nutzt man vor allem Trinkwasser, also besonders behandeltes Wasser. Das Trinkwasser muss farblos, geruchlos, klar, geschmacklich einwandfrei und frei von Krankheitserregern sein.

Für die Trinkwasserbereitung dient in Deutschland Grundwasser, Quellwasser und Oberflächenwasser (s. Grafik unten).

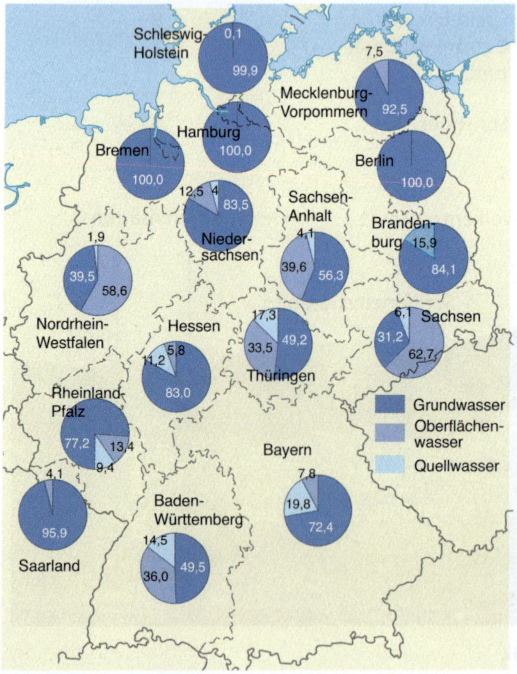


**Trinkwassergewinnung**

**1. Aus dem Grundwasser**

*Tiefbrunnen:* Bohrungen dringen bis zu den Grundwasserschichten vor (Abb.).

*Kiesfilter:* Wasser aus den Tiefbrunnen wird durch Kies filtriert, um Verunreinigungen zu entfernen.

*Aktivkohlefilter:* Wasser aus dem Kiesfilter wird von den eventuell vorhandenen feinsten Verunreinigungen befreit.

**2. Aus Flüssen und Seen**

*Niederschlagswasser* füllt als Oberflächenwasser Seen und Flüsse.

*Absetzbecken:* Unlösliche Verunreinigungen setzen sich als Schlamm ab.

*Sickerbecken:* Wasser aus dem Absetzbecken sickert durch den Grund des Sickerbeckens bis in das Grundwasser. Es wird dabei durch Gesteins-, Sand- und Kiesschichten gereinigt.

*Sammelrohre:* Sie fangen das Grundwasser auf und führen es dem Tiefbrunnen zu.

*Tiefbrunnen:* Pumpen befördern das Wasser in das Wasserwerk.

*Desinfektionsbecken:* Durch Zusatz von Chlorverbindungen bzw. Ozon werden die im Wasser enthaltenen Mikroorganismen abgetötet.

*Flockungsbecken:* Dem Wasser werden Chemikalien zugesetzt, die mit den Schadstoffen unlösliche Reaktionsprodukte bilden. Diese setzen sich auf dem Grund des Beckens ab.

*Kiesfilter:* Wasser aus dem Flockungsbecken wird durch Kies filtriert.

*Aktivkohlefilter:* Wasser aus dem Kiesfilter wird von weiteren Verunreinigungen befreit.
*Trinkwasserabgabe an den Verbraucher:* Wasser, das im Haushalt, in der Industrie und in der Landwirtschaft genutzt wurde, wird durch Verunreinigungen zu **Abwasser.**
Zum **Schutz unserer Gewässer** muss Abwasser in Kläranlagen so behandelt werden, dass es in das Oberflächenwasser zurückgelangen kann, ohne dort das biologische Gleichgewicht zu stören. Durch Verbesserung der Aufbereitungsverfahren und den Anschluss fast aller Haushalte an Kläranlagen gelingt es mehr und mehr, die Qualität des Oberflächen- und Grundwassers zu erhöhen.

**Abwasseraufbereitung**

**1. Mechanische Abwasseraufbereitung**
*Abwasserzufluss mit Rechen:* Grobe Verunreinigungen werden zurückgehalten.
*Sandfang:* Abwasser fließt langsam durch das Becken, erdige Bestandteile setzen sich ab.
*Absetzbecken:* Auch die feinsten unlöslichen Verunreinigungen setzen sich als Schlamm ab.
Der Schlamm wird in den Faulbehälter gepumpt. Das sich dort bildende Biogas wird in Gasometern gesammelt.

**2. Biologische Abwasseraufbereitung**
*Belebtbecken:* Darin leben angereichert Mikroorganismen, die die gelösten Verunreinigungen als Nahrung verbrauchen. Mit entsprechenden Einrichtungen wird das Wasser gut durchlüftet.
*Tropfkörper:* Betonkessel sind mit feinkörnigem Gestein gefüllt, auf dem sich Mikroorganismen ansiedeln. Von oben wird Abwasser auf die Steine versprüht und von unten Luft eingeleitet.
*Nachklärbecken:* Zusammen mit dem gebildeten Schlamm setzen sich die Mikroorganismen ab. Aus dem Schlamm wird im Faulbehälter Biogas gewonnen.

**3. Chemische Abwasseraufbereitung**
*Rührkessel:* Dem Abwasser mit gelösten Schadstoffen werden Chemikalien zugesetzt, die in einer chemischen Reaktion mit den Schadstoffen unlösliche Reaktionsprodukte bilden.
*Nachklärbecken:* Die unlöslichen Reaktionsprodukte setzen sich als Schlamm ab und werden gegebenenfalls auf einer Sonderdeponie gelagert.

**1** Vorklärbecken **2** Nachklärbecken **3** Belebtbecken **4** Schlammspeicher

Basiswissen Schule

Datei Bearbeiten Ansicht Favoriten Extras ?

Zurück Suchen Favoriten Medien

Adresse http://www.schuelerlexikon.de Wechseln zu Links

Basiswissen Schule Chemie

Home Themen Register Zeitleiste Suche www.schuelerlexikon.de

Wortanfang Verwandte Themen Druckversion Internetverweise Vorleser

## Wasser – ein ganz besonderer Stoff

Die Bedeutung des Wassers für das Leben auf der Erde hat ihre Ursache in den Eigenschaften von Wasser. Einige dieser Eigenschaften sind außergewöhnlich und werden unter dem Stichwort **Anomalie des Wassers** zusammengefasst.
So schwimmt Eis auf flüssigem Wasser, obwohl sonst alle festen Stoffe in ihren Schmelzen untergehen. Die Bilder schwimmender Eisberge im Polarmeer sind jedem bekannt und nicht erst seit dem Untergang der Titanic auch als Gefahr erkannt. Trotzdem hat diese sonderbare Eigenschaft Bedeutung für das Überleben von Wasserorganismen im Winter. Die Gewässer frieren niemals von unten nach oben zu, sondern immer von oben nach unten. Hat das Gewässer eine bestimmte Tiefe, so bildet sich am Gewässergrund eine Wasserschicht, die eine konstante Temperatur von 4 °C hat. Wasser weist eine **Dichteanomalie** auf. Es hat bei 4 °C sein kleinstes Volumen und damit seine größte Dichte. Wird es im Herbst kalt, sinkt z. B. das an der Oberfläche abgekühlte Wasser nach unten, und das auf 0 °C abgekühlte Wasser erstarrt an der Oberfläche. Eisberge schwimmen daher auf dem Wasser. Aufgrund der Dichtedifferenz zwischen Eis und Meerwasser sind allerdings nur etwa 12 % eines Eisberges sichtbar. Das macht ihn so gefährlich.

Ein Stahldraht, welcher über einen Eisblock gelegt und mit einem Gewicht beschwert wird, zerteilt den Eisblock mit der Zeit. Denselben Effekt nutzen wir auf Kufen, die über das Eis gleiten. Vielleicht hat sich jeder schon einmal gefragt, warum man auf einer glatten Betonfläche nicht Schlittschuh laufen kann, sondern immer eine Eisbahn benötigt. Die Ursache ist die **Erniedrigung des Schmelzpunktes** bei erhöhtem Druck. Durch das Körpergewicht wird über schmale Kufen Druck auf das Eis ausgeübt und es schmilzt. (Zum Teil spielt auch die beim Gleiten auf dem Eis erzeugte Reibungswärme eine Rolle.)

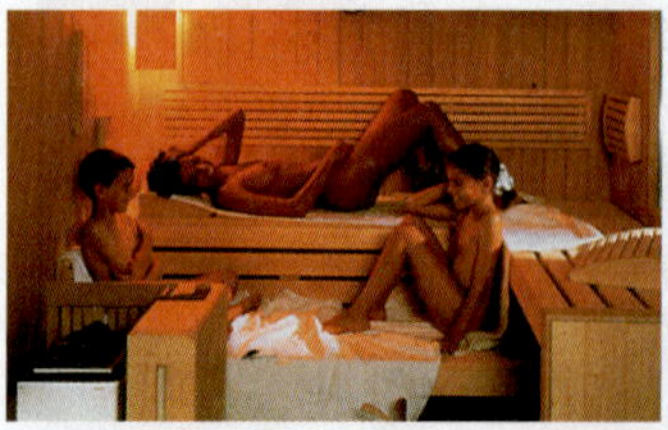

Nicht zuletzt sind die **Verdampfungswärme** von Wasser und seine **spezifische Wärmekapazität** viel größer als bei anderen Stoffen. Ersteres spielt bei der Temperaturregulation unseres Körpers eine Rolle, bei dem sich der Körper durch Schwitzen vor Überhitzung schützt. Letzteres ist sogar für die „Temperaturregelung" unseres Planeten wesentlich: Große Meeresströmungen, z. B. der Golfstrom, beeinflussen das Klima in vielen Ländern.

... und mehr

**Informiere dich auch unter:** *Wasserkreislauf, Warmwasserheizung, Wasser – Wärme – Klima, Anomalie des Wassers*

Internet

## Wasser – ein ungewöhnlicher Reinstoff

Wasser ist für uns alltäglich. Der Stoff ist aber durch einige außergewöhnliche Eigenschaften charakterisiert.

Beim Erstarren kommt es zu einer Volumenzunahme von etwa 9 %, d. h., 100 $cm^3$ flüssiges Wasser ergeben etwa 109 $cm^3$ Eis (Abb. 1).
So kann gefrierendes Wasser stabile Wasserrohre zerstören und Gestein sprengen. Auch oberhalb von 4 °C dehnt sich Wasser bei steigender Temperatur aus. Wasser besitzt bei 4 °C die größte Dichte (Anomalie des Wassers).
Diese besondere Eigenschaft hat Bedeutung für Organismen, die im Wasser leben oder dort überwintern (s. S. 99).
Besonders wichtig für viele Prozesse in Natur und Technik ist die Eigenschaft des Wassers, viele Stoffe zu lösen.

### Lösungsmittel Wasser

Feststoffe wie Zucker (Abb. 2) und Salz sind sehr gut in Wasser löslich. Viele Menschen süßen beispielsweise ihren Tee mit Zucker. Auch andere Getränke enthalten gelösten Zucker (Cola, Limonade, Fruchtsäfte).

Salzlösungen sind eine alltägliche Sache. Sollen beispielsweise Kartoffeln oder Gemüse gekocht werden, stellt man solch eine Lösung her. Jedoch gibt man niemals die Menge an Kochsalz ins Wasser, die sich maximal in ihm lösen würde. Man stellt **ungesättigte Lösungen** her.

Doch die Löslichkeit von Kochsalz in Wasser ist begrenzt. Ist im Wasser die höchstmögliche Masse an Kochsalz gelöst, spricht man von einer **gesättigten Lösung**. Der Massenanteil (s. S. 32) von Kochsalz beträgt dann ungefähr 26,4 %.
Wird eine größere Masse Salz in das Lösungsmittel gegeben, so bildet sich ein **Bodensatz** (Abb. 1, S. 98).

**STECKBRIEF: Wasser**

**Eigenschaften:**

farblose, geruchlose und geschmacksfreie Flüssigkeit, nicht brennbar, gutes Lösungsmittel

Schmelztemperatur: 0 °C
Siedetemperatur: 100 °C

**Dichte des Wassers**

| Temperatur | 0 °C | 4 °C | 5 °C | 10 °C |
|---|---|---|---|---|
| Dichte in $g \cdot cm^{-3}$ | 0,99987 | 1,00000 | 0,99999 | 0,99973 |

**1** Wasser dehnt sich beim Gefrieren aus.

**2** Wasser ist für viele Stoffe ein ausgezeichnetes Lösungsmittel.

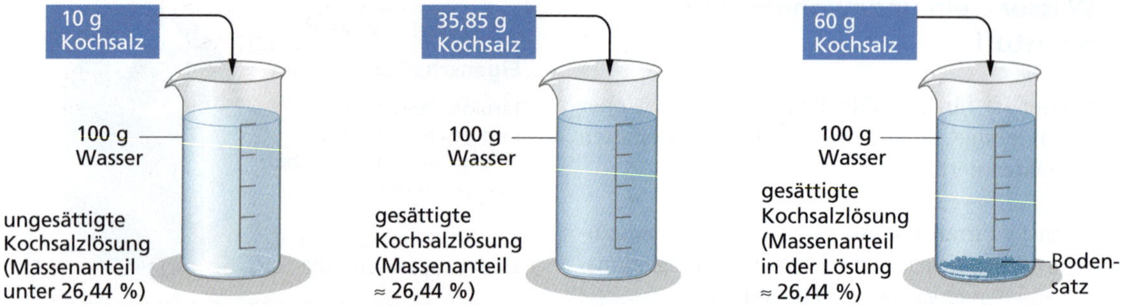


1 Unterschiedlich gesättigte Kochsalzlösungen (Normbedingungen)

Neben Feststoffen werden auch Gase und Flüssigkeiten in Wasser gelöst. Weil das Gas Sauerstoff ebenfalls gelöst wird, können Fische mithilfe ihrer Kiemen im Wasser atmen. Natürlich ist auch Sauerstoff nicht unbegrenzt löslich. Bei 10 °C und Normaldruck können maximal 53,7 mg des Gases in 1 l Wasser enthalten sein. Wird die Lösung erwärmt, nimmt die Löslichkeit des Gases ab. Bei Kohlenstoffdioxid und anderen Gasen nimmt die Löslichkeit ebenfalls mit steigender Temperatur ab.

Die Löslichkeit fast aller Feststoffe (z. B. Kochsalz) steigt jedoch mit zunehmender Temperatur.

Die Vorgänge beim Lösen können mit dem Teilchenaufbau der Stoffe erklärt werden (Abb. 2). Stoffe lösen sich in einem Lösungsmittel auf, wenn die Kräfte zwischen den Teilchen des zu lösenden Stoffes durch das Lösungsmittel aufgehoben werden können.

**Löslichkeit ausgewählter Stoffe in Wasser (bei 20 °C und Normaldruck)**

| Stoff | Löslichkeit in g/100 g Wasser |
|---|---|
| Zucker | 203,9 |
| Kochsalz | 35,85 |
| Kaliumnitrat | 31,5 |
| Gips | 0,2 |
| Löschkalk | 0,163 |
| Kohlenstoffdioxid | 0,17 |
| Sauerstoff | 0,0044 |
| Stickstoff | 0,0019 |

Weil viele Stoffe im Wasser gelöst werden, existiert in der Natur kein reines Wasser.

Der Reinstoff wird erst durch Destillation gewonnen. Sowohl das Oberflächenwasser als auch Grund- und Quellwasser enthalten immer gelöste Stoffe. Allerdings kann Wasser durch sein gutes Lösungsvermögen auch leicht verunreinigt werden. z. B. durch Rückstände von Pflanzen und Tieren, Sickerwasser von Deponien, Abwässer aus Industrie, Landwirtschaft und Haushalten, Mineralöle u. a. Durch einige gelöste Stoffe bilden sich saure bzw. alkalische Lösungen (s. Kap. 8).

**Die Löslichkeit der Stoffe in Wasser ist unterschiedlich. Sie hängt von der Temperatur, vom Druck und vom Stoff selbst ab.**
**In Abhängigkeit von der Menge des gelösten Stoffes unterscheidet man gesättigte und ungesättigte Lösungen.**

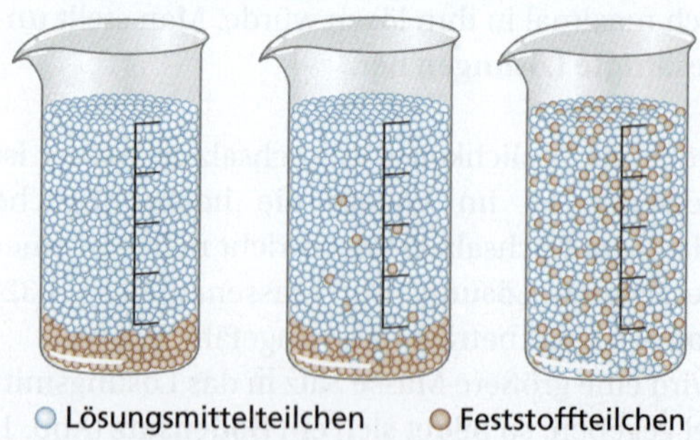


2 Lösung eines festen Stoffes (Teilchenmodell)

## Chemie in Natur und Technik

### Sauberes Wasser durch Pflanzenkläranlagen

Es ist sehr aufwendig und kostenintensiv, abgelegene Gehöfte an die öffentliche Kanalisation anzuschließen. Trotzdem dürfen auch die Abwässer solcher Haushalte nicht ungeklärt in die Gewässer eingeleitet werden.
*Beschreibe, wie man natürliche Stoffkreisläufe nutzen kann, um Haushaltsabwasser zu reinigen!*

Durch Stoffe aus organisch belasteten Abwässern wird der Boden mit Stickstoffverbindungen angereichert und „überdüngt". Schilf ist eine Pflanze, die überschüssige Stickstoff- und Phosphorverbindungen für ihr Wachstum nutzt. Auch Mikroorganismen bauen organische Stoffe ab, mineralisieren diese. Dabei werden auch Waschmittelinhaltsstoffe abgebaut. Der tonige Boden nimmt ebenfalls durch Austauschprozesse Stoffe auf.
Man leitet also Haushaltsabwasser in angelegte Schilfteiche und lässt die genannten Organismen für sich arbeiten. Das überschüssige Schilf kann außerdem noch abgeerntet und für andere Zwecke genutzt werden. Im Boden erfolgt der mikrobielle Abbau.
Das Wasser wird danach über normale Kiesfilter geleitet und weiter gereinigt. So behandeltes Wasser kann dem Wasserkreislauf wieder schadlos zugeführt werden.
Das setzt natürlich einen bewussten Umgang mit dem kostbaren Wasser voraus. Einerseits darf die Abwassermenge nicht zu hoch werden, und andererseits muss besonders darauf geachtet werden, dass keine nicht abbaubaren oder giftigen Stoffe in diese biologische Kläranlage gelangen.

### Wie können die Fische im Winter überleben?

Wenn im Winter die Temperaturen unter 0 °C fallen, frieren die Seen zu. Sie sind von einer Eisschicht bedeckt.
*Welche Auswirkungen hat das Gefrieren des Wassers auf das Überleben der Fische? Erläutere!*

An der Oberfläche eines Sees kühlt das Wasser ab. Bei 4 °C hat Wasser im Vergleich zu wärmerem oder kälterem Wasser die größte Dichte und sinkt nach unten.
Bei Abkühlung auf 0 °C erstarrt das Wasser an der Oberfläche zu Eis. Das zu Eis erstarrte Wasser hat eine geringere Dichte als flüssiges Wasser. Deshalb bildet sich das Eis stets an der Oberfläche. Die Eisschollen schwimmen auf dem Wasser. Die Flüsse und Seen gefrieren niemals vom Grund her zu.

Diese Tatsache ist in unseren Regionen die Voraussetzung für das Überleben der Fische in den Gewässern während des Winters. Die Fische halten sich im Winter am Gewässergrund auf. Tiefere Gewässer frieren selten bis auf den Grund zu. Bei längeren Frostperioden ist es jedoch notwendig, Löcher in die Eisdecke zu schlagen, damit sich wieder Sauerstoff aus der Luft im Wasser lösen kann.

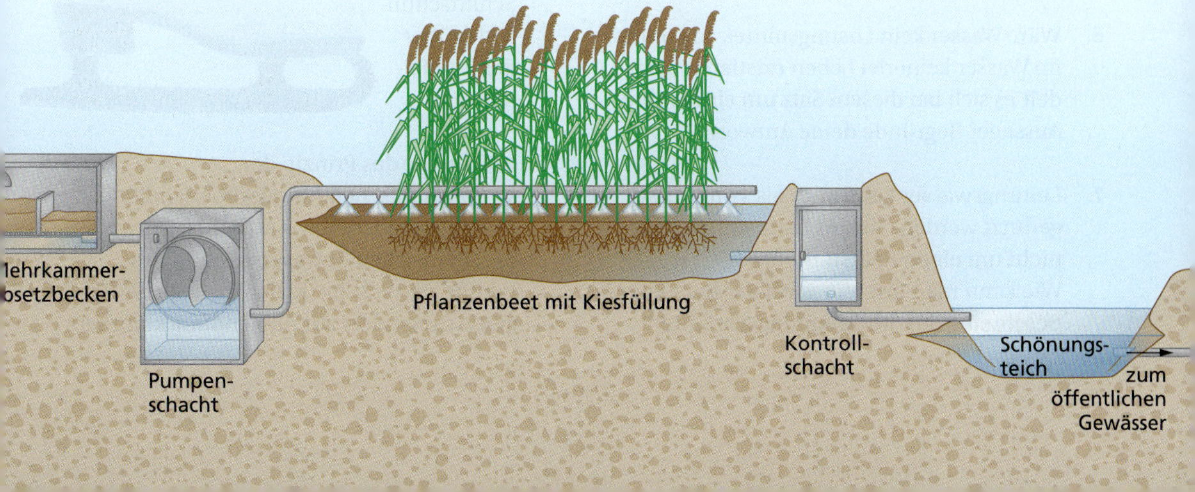

## gewusst · gekonnt

**1.** Ergänze dein Glossar!

**2.** Erläutere den Kreislauf des Wassers
a) in der Natur,
b) unter Einbeziehung der Wassernutzung durch den Menschen!

**3.** Erläutere an drei Beispielen die Bedeutung des Wassers für das Leben auf der Erde!

**4.** Führe Gründe an, die zur Erhöhung des Wasserbedarfs der Haushalte in den letzten 100 Jahren führten!

**5.** Wasser ist eine notwendige Voraussetzung für die meisten Bereiche der Industrie. Belege diese Aussage mit Beispielen!

**6.** Wäre Wasser kein Lösungsmittel, so könnte im Wasser keinerlei Leben existieren. Handelt es sich bei diesem Satz um eine wahre Aussage? Begründe deine Antwort!

**7.** Leitungswasser kann zwar als Trinkwasser genutzt werden, aber es handelt sich dabei nicht um einen Reinstoff.
Wie kann man fast reines Wasser herstellen? Beschreibe das Stofftrennungsverfahren!

**8.** Erläutere die Begriffe „ungesättigte“ und „gesättigte“ Lösung an einem selbst gewählten Beispiel!

**9.** Berechne den Massenanteil an Kochsalz, wenn zur Herstellung der Lösung 55 g Salz in 1 l Wasser gelöst wurden!

**10.** Wasser ist ein gutes Lösungsmittel für viele Stoffe. Nenne Beispiele aus der Natur und dem Haushalt! Erläutere an je einem Beispiel, welche Bedeutung diese Eigenschaft des Wassers hat!

***11.** Die Wasserqualität der Seen und Flüsse wird ständig überprüft. Bei der Probenentnahme in einem See stellte man im November einen höheren Sauerstoffgehalt als im Juli fest. Nenne eine der möglichen Ursachen und erläutere sie!

**12.** S Stelle 50 ml einer gesättigten Kochsalzlösung her! Füge jetzt noch 5 g Kochsalz hinzu und erwärme die Lösung! Notiere und erkläre deine Beobachtungen!

**13.** Vor Beginn der Frostperiode werden in Gartenanlagen Wasserbehälter geleert und das Wasser aus den Leitungen abgelassen. Begründe die Notwendigkeit der Maßnahmen!

**14.** Informiere dich mithilfe verschiedener Medien darüber, warum ein Schlittschuhläufer über das Eis gleiten kann!

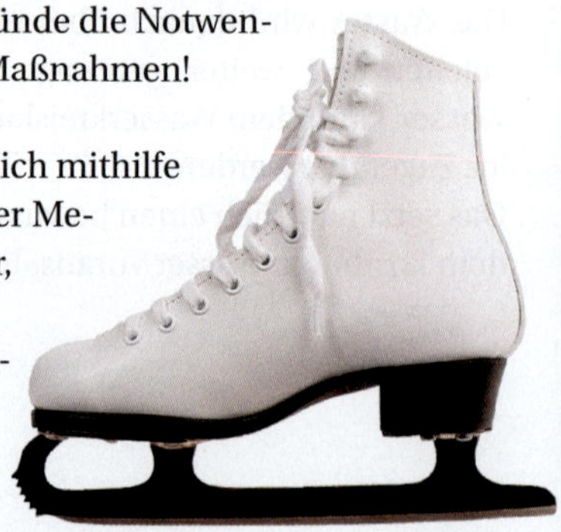

**15.** Beschreibe das Prinzip der
a) mechanischen Abwasserbehandlung,
b) biologischen Abwasserbehandlung,
c) chemischen Abwasserbehandlung!
Erkundige dich im Klärwerk, welche Reinigungsstufen dort zur Anwendung kommen!

# 4.2 Die Chemie des Wassers

### Element oder Verbindung?

Im Altertum wurde Wasser neben Luft, Feuer und Erde als eines der vier Elemente angesehen, aus denen die Welt besteht. Auch heute verwendet man diesen Begriff für Wasser manchmal noch im Alltag, z. B. wenn man von einem sehr guten Schwimmer behauptet, das Wasser wäre „sein Element".
*Handelt es sich bei Wasser um ein Element?*
*Wie sind die Teilchen des Wassers aufgebaut?*

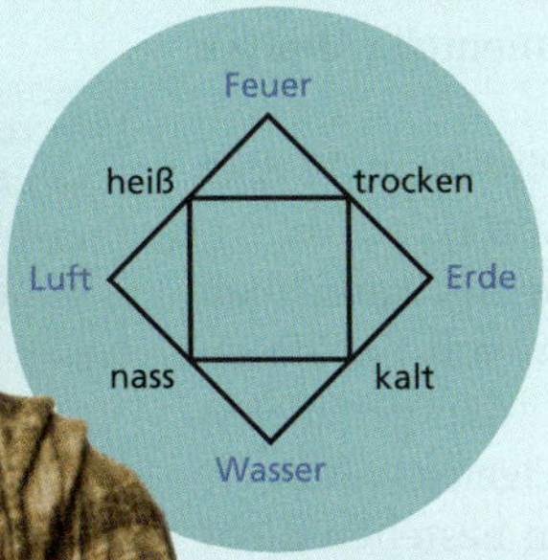

### Wasserstoff als Transportmittel?

Luftschiffe sind schon recht alte „Transportmittel". Sie wurden früher, ebenso wie Ballons, mit Wasserstoff gefüllt. Es gab jedoch verheerende Unfälle. Auch heute sieht man manchmal Ballons in der Luft schweben, als wären sie schwerelos.
*Sind diese Ballons immer noch mit Wasserstoff gefüllt?*
*Warum kam es eigentlich in der Vergangenheit zu den Unfällen?*
*Was für ein Stoff ist Wasserstoff und welche Eigenschaften hat er?*

### Treibstoff Wasserstoff

Wasserstoff wird häufig zusammen mit Sauerstoff als Treibstoff für Raketen eingesetzt. Auch für Autos ist er als ein möglicher Treibstoff der Zukunft im Gespräch. Er hätte den Vorteil, dass bei seiner Nutzung keine giftigen Abfallstoffe entstehen, wie sie bei der Verbrennung von Benzin gebildet werden. Außerdem kann man Wasserstoff aus Wasser gewinnen.
*Welche chemische Reaktion führt zur Bildung von Wasserstoff aus Wasser?*

## Zerlegung und Bildung von Wasser

Im Altertum galt Wasser als eines der vier Elemente. Ob es sich wirklich um ein Element handelt, lässt sich durch eine experimentelle **Analyse** feststellen.

In der Elektrolyseapparatur wird dem Wasser elektrische Energie zugeführt (Abb.1).

Legt man eine **Gleichspannung** an, kann man nach kurzer Zeit das Aufsteigen von Gasblasen beobachten. Untersucht man die gebildeten Gase, stellt man ganz andere Eigenschaften als bei Wasser fest. Diese Gasblasen bestehen nicht aus gasförmigem Wasser. Wasser wird zerlegt, es ist kein Element.

Das Gas, das am Minuspol entsteht, ist brennbar und verbrennt mit einem pfeifenden Geräusch. Es handelt sich um **Wasserstoff.**

Das Gas, das am Pluspol entsteht, fördert die Verbrennung. Es handelt sich um **Sauerstoff.**

Wasser ⟶ Wasserstoff + Sauerstoff

Bei der Zerlegung von Wasser entsteht als ein Reaktionsprodukt das brennbare Gas Wasserstoff. Soll es verbrannt werden, muss Sauerstoff vorhanden sein. Im Ergebnis der Verbrennung entsteht ein Stoff, den man auffangen kann. Untersucht man die Eigenschaften des gebildeten Stoffes, stellt man fest, dass es sich um den Stoff Wasser handelt. Die Bildung von Wasser ist eine Synthese. Wasser ist ein Oxid des Wasserstoffs.

Wasserstoff + Sauerstoff ⟶ Wasser

**Durch das Anlegen einer Gleichspannung wird Wasser in Wasserstoff und Sauerstoff zerlegt. Wasserstoff reagiert mit Sauerstoff. Dabei bildet sich Wasser.**

Der Stoff Wasser besteht aus Molekülen. Die genaue Untersuchung zeigt, dass die Moleküle aus je zwei Wasserstoffatomen und einem Sauerstoffatom zusammengesetzt sind. Wasser ist eine **Verbindung**.

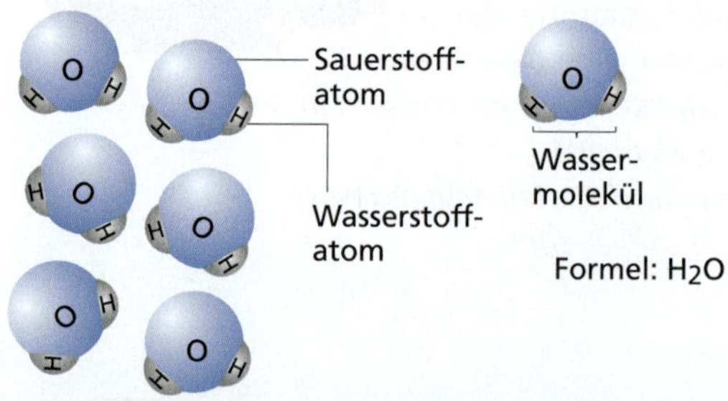


**Verbindungen sind Reinstoffe, deren Teilchen aus mehreren Atomsorten bestehen.**

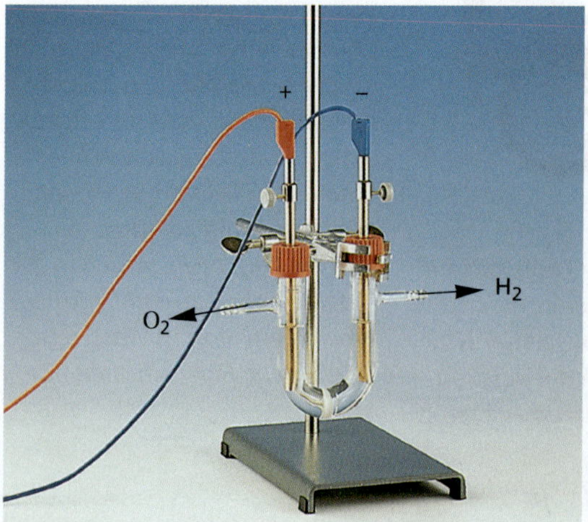


1 Analyse des Wassers

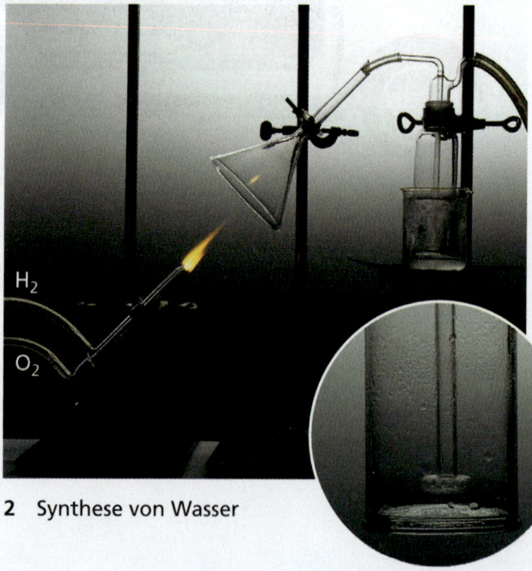


2 Synthese von Wasser

Das Reaktionsprodukt Wasser kann nachgewiesen werden. Als **Nachweismittel** dient entwässertes Kupfer(II)-sulfat. Bei Anwesenheit von Wasser färbt es sich blau.

Wasserfreies hellblaues Cobaltchlorid zeigt durch eine Rosafärbung Wasser an.
Die Synthese von Wasser kann man mit einer Wortgleichung, noch besser jedoch mit einer **chemischen Reaktionsgleichung** beschreiben.
Oft werden die Aggregatzustände der Stoffe als Buchstaben in Klammern mit angegeben.

$$2H_{2(g)} + O_{2(g)} \longrightarrow 2H_2O_{(l)}$$

g ≙ gasförmig
l ≙ flüssig

**In der chemischen Reaktionsgleichung werden die reagierenden Stoffe durch Symbole und Formeln angegeben. Mithilfe der Faktoren wird deutlich, in welchem Verhältnis die Stoffe miteinander reagieren.**

### Analyse und Synthese

Durch die Zufuhr von elektrischer Energie wird die Verbindung Wasser in die Elemente Sauerstoff und Wasserstoff zerlegt. Die Zerlegung eines Stoffes durch eine chemische Reaktion nennt man **Analyse** (analysis = Zerlegung). Allgemein wendet man den Begriff heute für „genaue Untersuchungen" an. Dabei muss es sich nicht um eine Zerlegung durch chemische Reaktionen handeln.
In der Chemie unterscheidet man zwischen der qualitativen und der quantitativen Analyse. Bei der **qualitativen Analyse** wird nur die Art der Bestandteile ermittelt. Bei der Analyse von Wasser stellt man also fest, dass es sich bei den Bestandteilen um Wasserstoff und Sauerstoff handelt. Bei der **quantitativen Analyse** ermittelt man das Verhältnis, in dem die Bestandteile miteinander stehen. Bei der Zerlegung von Wasser werden Wasserstoff und Sauerstoff im Atomverhältnis von 2 : 1 gebildet.
Wird durch eine chemische Reaktion ein neuer Stoff aus mehreren Stoffen aufgebaut, so nennt man diesen Vorgang **Synthese** (synthesis = Zusammenfügung). Die Bildung von Wasser aus den Elementen Wasserstoff und Sauerstoff ist ein Beispiel für eine Synthese.

**Algorithmus zum Aufstellen von Reaktionsgleichungen**

| Schrittfolge | Synthese von Wasser aus den Elementen |
|---|---|
| 1. Aufstellen der Wortgleichung | Wasserstoff + Sauerstoff ⟶ Wasser |
| 2. Einsetzen der Symbole und Formeln | $H_2 + O_2 \ (\longrightarrow) \ H_2O$ |
| 3. Ermitteln der Faktoren (Stöchiometriezahlen) mithilfe des kleinsten gemeinsamen Vielfachen (k.g.V.)<br><br>$\text{Faktor} = \frac{\text{k. g. V.}}{\text{Anzahl der vorhandenen Atome (auf ein Element bezogen)}}$ | $H_2 + O_2 \ (\longrightarrow) \ H_2O_{(l)}$<br>Element Sauerstoff: 1 · 2 = 2 — k.g.V. = 2 — 1 · 1 = 1<br>$H_2 + O_2 \ (\longrightarrow) \ 2H_2O$<br>Element Wasserstoff: 1 · 2 = 2 — k.g.V. = 4 — 2 · 2 = 4<br>$2H_2 + O_2 \longrightarrow 2H_2O$ |
| 4. Kontrolle: Vergleich der Atomzahlen bei Ausgangsstoffen und Reaktionsprodukten jeweils auf ein Element bezogen | 4 Atome Wasserstoff, 2 Atome Sauerstoff = 4 Atome Wasserstoff, 2 Atome Sauerstoff |

**STECKBRIEF: Wasserstoff**

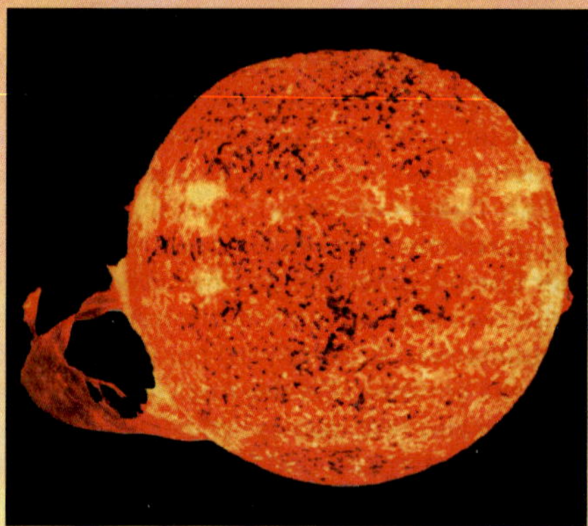

**Eigenschaften:**
farbloses, geruchloses Gas, brennt mit blauer Flamme, bildet mit Luft bzw. Sauerstoff explosive Gemische („Knallgas), schlecht in Wasser löslich

| | |
|---|---|
| Dichte: | $0{,}089\ g \cdot l^{-1}$ |
| Schmelztemperatur: | −259,1 °C |
| Siedetemperatur: | −252,5 °C |

**Entdeckung:**
1766 von HENRY CAVENDISH bei der chemischen Reaktion von unedlen Metallen mit Säuren entdeckt und als „brennbare Luft" bezeichnet.

## Wasserstoff – ein Stoff mit Zukunft

Unsere Sonne besteht zu einem großen Teil aus Wasserstoff. Die Kernfusionen in ihrem Inneren beruhen auf diesem Stoff. Auf der Erde kommt reiner Wasserstoff nur in geringen Mengen vor. Er ist jedoch in gebundener Form im Wasser enthalten, das große Teile der Erdoberfläche bedeckt und als Wasserdampf in der Luft vorhanden ist. Das **Element Wasserstoff** ist wesentlich am Aufbau aller organischen Stoffe beteiligt.

In der Technik wird Wasserstoff zum größten Teil aus Wasser und Erdöl oder Erdgas gewonnen. Wasser kann mithilfe des elektrischen Stromes in Wasserstoff und Sauerstoff zerlegt werden (s. S. 102). Im Labor stellt man Wasserstoff häufig durch chemische Reaktionen von Zink und verdünnter Salzsäure her (Abb. 1).

Bei Experimenten muss geprüft werden, ob kein gefährliches Wasserstoff-Luft-Gemisch vorliegt. Wasserstoff reagiert am heftigsten, wenn er mit Sauerstoff in einem Volumenverhältnis von 2 : 1 vorliegt. Bei einem Wasserstoffanteil unter 4 % tritt keine Explosion ein, ab einem Anteil von 75 % Wasserstoff brennt das Gemisch mit schwach blauer Flamme langsam ab. Das Gemisch „Knallgas" nutzt man zum **Wasserstoffnachweis (Knallgasprobe,** Abb. 2).

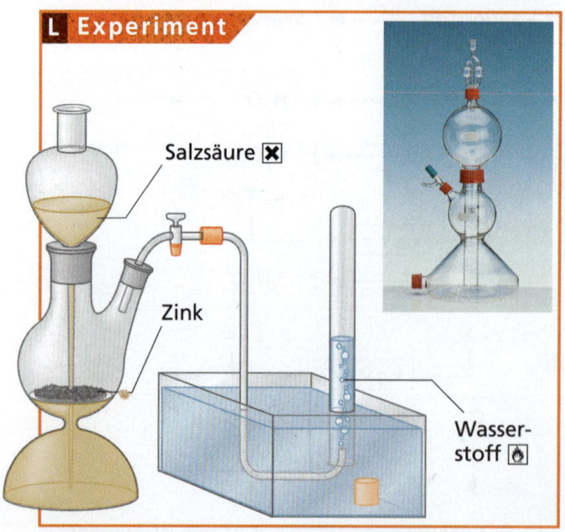


1 Im kippschen Gasentwickler entsteht durch die Reaktion von Zink mit verdünnter Salzsäure Wasserstoff.

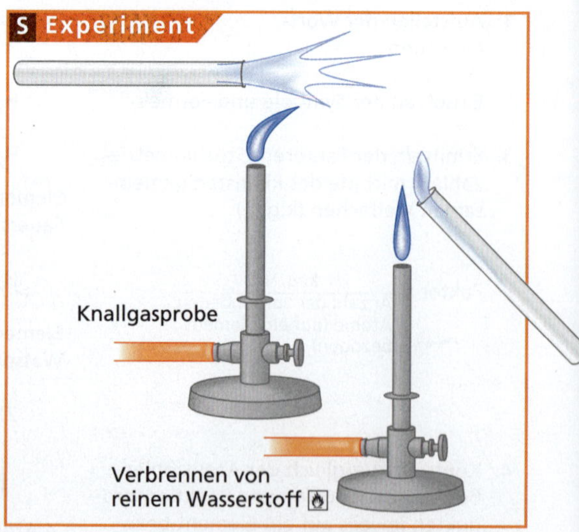


2 Fast reiner Wasserstoff verbrennt mit einem leichten Verpuffen, Knallgas mit einem pfeifenden Knall.

Wasserstoff ist **Ausgangsstoff in der chemischen Industrie** für die Herstellung von Ammoniak, Düngemitteln, Kunststoffen und Lösungsmitteln. Pflanzliche Öle werden teilweise mit Wasserstoff „gehärtet“, so kann man sie in der Margarineproduktion einsetzen.

Früher wurde der extrem leichte Wasserstoff auch zum Füllen von Luftschiffen verwendet. Die leichte Brennbarkeit des Wasserstoffs führte jedoch zu verheerenden Unfällen.
Deshalb wird heute Wasserstoff nur zur **Füllung von Wetterballons** eingesetzt.
Die hohen Temperaturen, die beim Verbrennen von Wasserstoff in reinem Sauerstoff auftreten, nutzt man beim **autogenen Schweißen und Schneiden** von Metallen, besonders von Stahl.

Da die Verbrennung von Kohle und Erdöl unsere Umwelt belastet, wird nach Alternativen gesucht. In der letzten Zeit kommt Wasserstoff immer häufiger als **Energieträger der Zukunft** ins Gespräch.

Die Energie kann durch die Verbrennung von Wasserstoff in entsprechenden Motoren bereitgestellt werden.
In der Raumfahrt wird Wasserstoff schon länger als Treibstoff genutzt.
Eine weitere Möglichkeit ist die Umsetzung von Wasserstoff in Brennstoffzellen. Dabei wird elektrische Energie freigesetzt. Einsatzmöglichkeiten werden u. a. in der Fahrzeugindustrie getestet.
Wasserstoff als Energieträger hat Vorteile. Bei der Verbrennung von Wasserstoff bildet sich Wasser, das unsere Umwelt nicht gefährdet. Außerdem lässt sich Wasserstoff leicht speichern.
Wasser als Ausgangsstoff steht in ausreichendem Maße zur Verfügung. Allerdings darf die Gewinnung des Wasserstoffs unsere Umwelt nicht zusätzlich belasten. Das wäre der Fall, wenn die Energie zur Zerlegung des Wassers aus fossilen Brennstoffen stammt.

**Wasserstoff ist farb- und geruchlos, brennbar und bildet mit Luft oder Sauerstoff explosive Gemische. Der Nachweis von Wasserstoff erfolgt durch die Knallgasprobe.**

## Mosaik

### Transport mit Wasserstoff

Das größte je benutzte Luftschiff „Hindenburg“ verunglückte am 6. Mai 1937 in New York. Das Luftschiff war mit 200000 $m^3$ Wasserstoff gefüllt. Kurz vor der Landung geriet der Zeppelin in Brand.
Auch das Unglück der Raumfähre „Challenger“ 1986 ist auf eine Explosion in den Treibstofftanks zurückzuführen. Eine Dichtung funktionierte nicht. In den Tanks befand sich noch der größte Teil der ca. 1,5 Mio. l flüssigen Wasserstoffs und ca. 0,5 Mio. l flüssigen Sauerstoffs. Trotzdem sind auch heute flüssiger Wasserstoff und Sauerstoff bei den Spaceshuttles die Treibstoffe der Wahl, da sie bei relativ geringem Gewicht eine hohe Schubkraft liefern.
Jedoch auch in der Luftfahrt soll Wasserstoff als Treibstoff zum Einsatz kommen. In Deutschland befasst sich die DASA seit Anfang der 90er Jahre des letzten Jahrhunderts mit der Umrüstung eines Kleinflugzeugs. Auch die Möglichkeit, einen Airbus mit Wasserstofftreibstoff zu fliegen, wird geprüft.

## Chemie in Natur und Technik

### Der gekrümmte Wasserstrahl

Reibt man einen Kunststoffstab an einem Woll-Lappen und hält ihn dann in die Nähe eines dünnen Wasserstrahls, wird dieser Wasserstrahl abgelenkt.
*Wie ist das verblüffende Phänomen zu erklären?*

Beim Reiben des Stabes am Lappen erfolgt eine Ladungstrennung. Der Kunststoffstab wird negativ aufgeladen.
Die Ablenkung des Wasserstrahls durch den Stab ist durch den Bau der Wassermoleküle zu erklären. Zwischen dem Sauerstoffatom und den Wasserstoffatomen im Molekül existieren starke Anziehungskräfte (Atombindung, s. S. 217, 436).
Sie beruhen auf bindenden Elektronenpaaren, die jeweils aus einem Außenelektron des Sauerstoffatoms und dem Außenelektron des Wasserstoffatoms gebildet werden.

Diese Elektronenpaare werden aber vom Kern des Sauerstoffatoms stärker angezogen als vom Kern des jeweiligen Wasserstoffatoms.

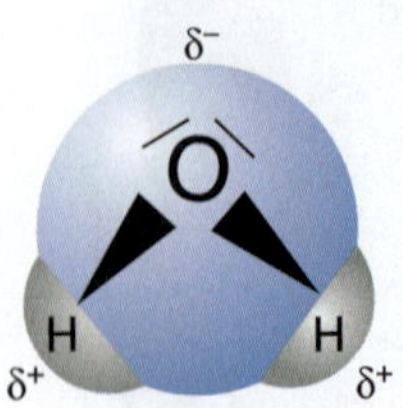


Dadurch erfolgt innerhalb des Wassermoleküls eine Ladungsverschiebung – am Sauerstoffatom entsteht ein negativer und an den Wasserstoffatomen ein positiver Ladungsschwerpunkt. Da sich die Ladungsschwerpunkte aufgrund der Raumgeometrie nicht aufheben, spricht man von einem Dipolmolekül.
Hält man den negativ aufgeladenen Kunststoffstab an den Wasserstrahl, werden die Wassermoleküle mit den positiven Ladungsschwerpunkten angezogen. Dadurch wird der Wasserstrahl abgelenkt.

### Treibstoff Wasserstoff

Wasserstoff ist immer wieder als Energieträger der Zukunft im Gespräch.
*Inwieweit ist ein Einsatz in der Fahrzeugindustrie sinnvoll und möglich?*

Grundsätzlich ist Wasserstoff als Energieträger geeignet, weil
- bei der Umsetzung von Wasserstoff mit Sauerstoff sehr viel Energie freigesetzt wird,
- bei seiner Verbrennung keine giftigen Stoffe entstehen,
- Wasserstoff sich gut speichern lässt (in Druckgasbehältern oder als Flüssiggas),
- Wasserstoff aus Wasser gewonnen werden kann und Wasser in großen Mengen zur Verfügung steht.

Daher wird im Fahrzeugbau nach Möglichkeiten gesucht, Wasserstoff als Treibstoff zu nutzen.
Eine Variante ist der direkte Wasserstoffantrieb im Verbrennungsmotor. Der BMW 750 hL war das erste in Serie gebaute Wasserstoffauto dieser Art der Welt. Die Fahrzeuge fuhren während der gesamten EXPO 2000 als Shuttle. Sie wurden mit flüssigem Wasserstoff betankt. Nachteile bestehen in der notwendigen Kühlleistung, den Energiekosten und in dem fehlenden Tankstellennetz.
Eine Alternative bilden Fahrzeuge mit Elektromotoren, denen die elektrische Energie aus einer Brennstoffzelle zugeführt wird. Schon 1994 stellte Daimler-Benz mit NECAR I ein entsprechendes Fahrzeug vor. Seither hat sich diese Technologie weiter entwickelt, jedoch sind die Kosten noch hoch.

## gewusst · gekonnt

1. Vervollständige dein Glossar!

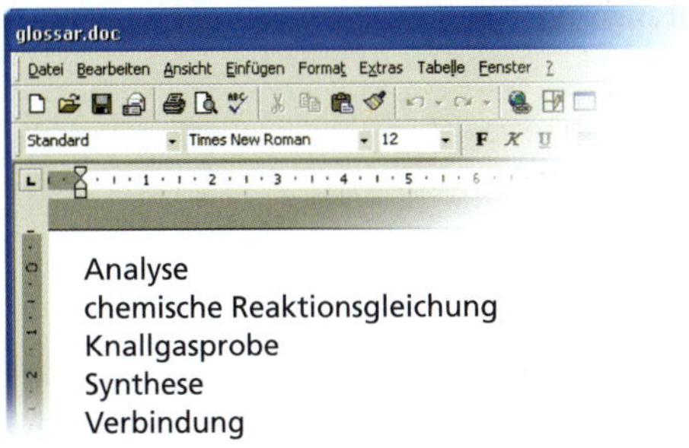


2. Haucht man auf eine kalte Glasscheibe, so beschlägt sie. Es ist zu vermuten, dass Wasser entstanden ist. Überprüfe die Vermutung experimentell!

3. Eine brennende Kerze wird erst an die Öffnung des Zylinders mit Wasserstoff gehalten, dann zügig hineingeführt. Was wird passieren? Begründe deine Vermutung!

4. Interpretiere das folgende Versuchsergebnis!

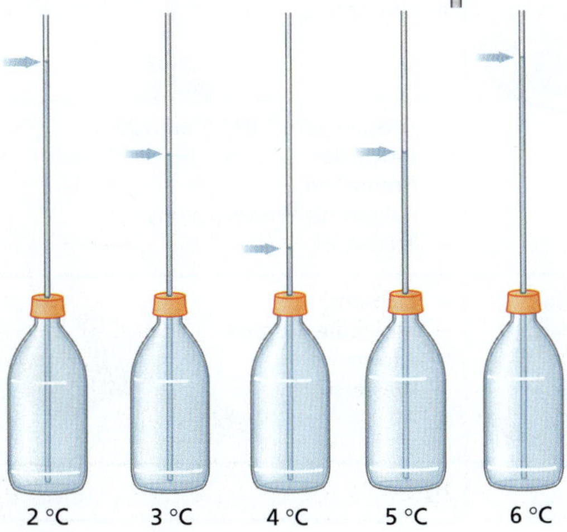


5. Wasserstoff wird heute nur noch zum Füllen von Wetterballons verwendet. Begründe diese Tatsache mithilfe der Eigenschaften des Gases!

6. Wasserstoff und Luft sind in je einem verschlossenen Reagenzglas enthalten. Wie würdest du feststellen, in welchem Reagenzglas Luft und in welchem Wasserstoff enthalten ist? Erläutere dein Vorgehen!

7*. Erkläre, warum sich Wasser beim Gefrieren ausdehnt! Stelle dazu den Zusammenhang zum Bau der Wassermoleküle her!

8. Wasserstoff ist ein wichtiger Ausgangsstoff für die chemische Industrie. Informiere dich, für welche Produkte Wasserstoff benötigt wird!

9. Informiere dich über fossile Energieträger! Stelle Vor- und Nachteile ihrer Nutzung zusammen!

10. Gib an, welche Aussagen du aus folgenden Formeln ableiten kannst: $H_2O_2$, $CO_2$, CO, $N_2O$!

11. Erläutere den Begriff „Verbindung“ am Beispiel des Wassers!

12. Für die Nutzung von Brennstoffzellen zur Gewinnung von elektrischem Strom wird mit dem Argument geworben, ihr Einsatz wäre umweltschonender als die Stromerzeugung durch die Verbrennung fossiler Brennstoffe.
    a) Werte diese Aussage!
    b) Gib an, welche Stoffe im Abgas eines Brennstoffzellenautos enthalten sind, wenn es Wasserstoff nutzt! Notiere die Wortgleichung für die chemische Reaktion in der Brennstoffzelle!

13. Beweise experimentell, dass Wasser kein Element ist!

## Wasser und Wasserstoff

Wasser befindet sich in der Natur in einem ständigen Kreislauf. Dem Wasserkreislauf entnehmen wir unser Trink- und Brauchwasser. Genutztes Wasser wird zu Abwasser. Bevor es wieder in den Wasserkreislauf zurückgelangt, muss es gereinigt werden. So werden Gewässer nicht belastet.

### Zerlegung von Wasser (Analyse)

Wasser ⟶ Wasserstoff + Sauerstoff

$$2H_2O \longrightarrow 2H_2 + O_2$$

Durch elektrischen Strom kann Wasser in seine elementaren Bestandteile zerlegt werden.

### Bildung von Wasser (Synthese)

Wasserstoff + Sauerstoff ⟶ Wasser

$$2H_2 + O_2 \longrightarrow 2H_2O$$

Wasser ist ein Oxid des Wasserstoffs.

| Stoff | Wasser | Wasserstoff |
|---|---|---|
| Eigenschaften | – geruchlos, farblos, flüssig<br>– Schmelztemperatur: 0 °C<br>– Siedetemperatur: 100 °C<br>– sehr gutes Lösungsmittel für viele Stoffe<br>– größte Dichte bei4 °C (Dichteanomalie) | – geruchlos, farblos, gasförmig, brennbar, Wasserstoff-Luft-Gemische sind explosiv<br>– Schmelztemperatur:–259,1 °C<br>– Siedetemperatur:–252,5 °C<br>– schlecht in Wasser löslich |
| Nachweis | wasserfreies weißes Kupfer(II)-sulfat färbt sich blau  | Knallgasprobe 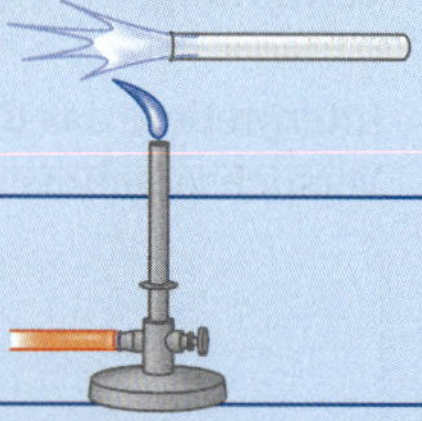 |
| Verwendung/ Bedeutung | – Lösungsmittel<br>– Transportmittel<br>– Ausgangsstoff<br>– Nährstoff<br>– Lebensraum | – Ausgangsstoff der chemischen Industrie<br>– Brennstoff<br>– Füllgas für Wetterballons<br>– Treibstoff |
| Bau | – Verbindung<br>– Moleküle aus zwei Atomen Wasserstoff und einem Atom Sauerstoff  | – Element<br>– Moleküle aus zwei Atomen Wasserstoff  |
| Formel | $H_2O$ | $H_2$ |

## Projekt: Ohne Wasser kein Leben

### Wasser in Natur und Haushalt

Unsere Erde wird nicht nur wegen ihrer blau schimmernden Lufthülle als Blauer Planet bezeichnet, sondern auch wegen der Weltmeere, die weite Teile der Erdoberfläche bedecken.

Doch nicht nur dort sind riesige Wassermengen gespeichert. Die gesamte Wassermenge auf der Erde wird mit einem Wert von 1454193 103 $km^3$ angegeben. Trotzdem ist Wasser kostbar. In einigen Ländern stellt Wassermangel ein schwer wiegendes Problem dar.

**Aufgabe:**
Interpretiere dazu folgende Grafik!

**Süßwassermenge in $km^3$**

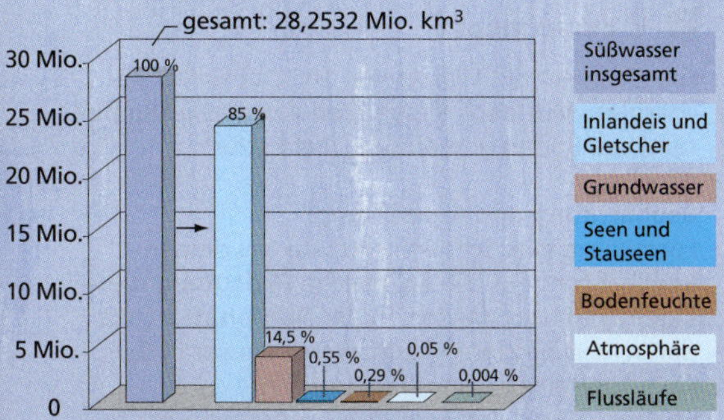


**Auftrag:**
Informiere dich über die Versorgung mit Trinkwasser in verschiedenen Regionen unserer Erde!

Erstaunlich ist die Tatsache, dass auch in der Bundesrepublik Deutschland Wasser nicht in unbegrenzter Menge zur Verfügung steht und die Bereitstellung von Trinkwasser, besonders im Sommer, Probleme bereitet.
Trotzdem ist der Wasserverbrauch in Deutschland vergleichsweise hoch.

**Aufgabe:**
1. Informiere dich im Internet über den durchschnittlichen Wasserverbrauch in Deutschland und in anderen Ländern! Notiere einen Tag lang, wie viel Wasser du verbraucht hast, und ziehe persönliche Schlussfolgerungen!
2. Informiere dich über Möglichkeiten, Regenwasser zu nutzen!

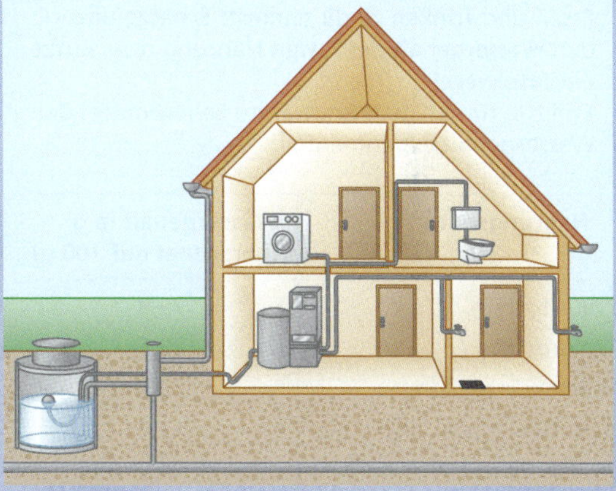

**S Experiment:**

**Aufgabe:**
Verunreinige eine Wasserprobe (z.B. durch Bodenproben, Farbstoffe, Papier) und versuche, sie wieder zu reinigen!

**Durchführung:**

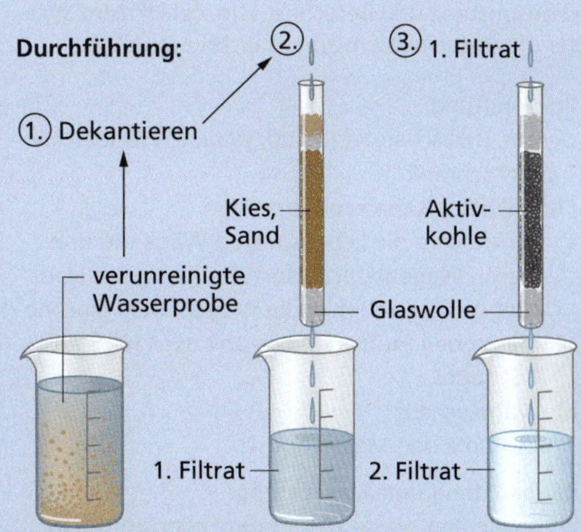


Vergleiche die Trübung und die Färbung nach dem Dekantieren und ersten und zweiten Filtrieren! Ziehe Schlussfolgerungen für die Aufbereitung von Abwässern!

## Wasser und Leben

Bei einem gesunden Menschen gleichen sich Wasseraufnahme und Wasserabgabe aus. Einen Teil der Flüssigkeit nimmt man mit der festen Nahrung auf.

**Aufgabe:**
Notiere einen Tag lang, wie viel Wasser du durch Essen und Trinken zu dir nimmst! Schätze dazu den Wassergehalt der festen Nahrung bzw. nutze ein Tafelwerk!
Ermittle für einige ausgewählte Lebensmittel den Wassergehalt experimentell!

| Nahrungsmittel | Wassergehalt in g (berechnet auf 100 g) |
|---|---|
| Kartoffeln | 79,8 |
| Karotten | 88,6 |
| Schweinekotelett | 53,9 |
| Butter | 17,4 |
| Hühnerei | 74,0 |
| Roggenbrot | 38,5 |

### S Experiment:

**Aufgabe:**
Bestimme von Brot, Fleisch und Kartoffeln die Trockensubstanz und berechne, wie viel Prozent Wasser die untersuchten Lebensmittel enthalten!

**Vorbereitung:**
*Geräte:* Reibschale mit Pistill, Waage, Wägegläser, Trockenschrank
*Chemikalien:* Lebensmittelproben

a) Zerkleinere die Lebensmittel! Wäge die drei leeren Wägegläser! Überführe je 3 g der Nahrungsmittelproben in die Wägegläser! Trockne die Proben im Trockenschrank bei 110 °C etwa 1 Stunde!
b) Wäge erneut!
Bestimme den Masseverlust!

**Beobachtung und Auswertung:**
Berechne den Wassergehalt der Lebensmittel in Prozent! Wie viele Liter Wasser sind z. B. in 10 kg Kartoffeln enthalten? (1 l Wasser = 1 kg)
Vergleiche mit dem Wert aus der Tabelle! Nenne Ursachen für eventuelle Unterschiede!

## Erstaunliche Eigenschaften

Wasser zeigt in der Nähe des Gefrierpunktes ein eigenartiges (unnormales = anormales) Verhalten. Das hat Folgen!

**Aufgabe:**
Ermittle mithilfe von drei Experimenten, welche Eigenschaft Wasser im Bereich des Gefrierpunktes zeigt!

### S 1. Experiment:

Fülle Wasser und kleine Eisstücke in ein Reagenzglas! In ein zweites Reagenzglas wird flüssiges Paraffin gefüllt. Markiere die Füllstände! Kühle nun beide Reagenzgläser mit einer Eis-Kochsalz-Mischung (Kältemischung – s. Exp. 2, S. 111) unter 0 °C ab!

### S 2. Experiment:

Fülle ein gläsernes Medizinfläschchen mit Wasser, verschließe es, umwickele es mit einem Lappen und lege es 4 Stunden in den Gefrierschrank! (Vorsicht bei der Kontrolle!)

### S 3. Experiment:

Gib Eis in ein mit Wasser von 10 °C gefülltes Becherglas! Miss nach einiger Zeit die Wassertemperatur am Boden und an der Oberfläche!

**Beobachtung und Auswertung:**
Formuliere eine Schlussfolgerung aus deinen Beobachtungen! Gib an, welche Bedeutung diese Eigenschaft des Wassers in der Natur hat! Denke daran, was passieren kann, wenn Wasser in Gesteinsspalten eindringt und gefriert!
Pfützen, Flüsse und Seen frieren stets von oben nach unten zu. Warum ist das so? Welche Folgen hätte es in der Natur, wenn diese Gewässer von unten nach oben zufrieren würden?

1 Durch die Oberflächenspannung hat ein Tropfen die bekannte Gestalt.

## Wasser hat eine Haut

Als eure Urgroßeltern schwimmen lernten, gab es ein erstaunliches Hilfsmittel. Man stellte aus dünnem Leinen ein Schwimmkissen her und feuchtete es an. Nun konnte es je nach Bedarf aufgeblasen werden. Wie war das möglich?

**Auftrag:**
Nimm ein feines Kaffeesieb und tauche es in Wasser! Was beobachtest du?
Beschreibe die Beobachtung!

Anziehungskräfte zwischen den Teilchen des Wassers bedingen den Zusammenhalt der Flüssigkeit. Infolgedessen ist Wasser bestrebt, eine möglichst kleine Oberfläche einzunehmen. Dadurch kommt es zur Oberflächenspannung des Wassers (Abb. 1). Diese „gespannte" Grenzfläche zwischen Wasser und Luft wird von vielen Organismen als Lebensraum genutzt (Abb. 2).

2 Der Wasserläufer bewegt sich auf der Wasseroberfläche, als wäre es fester Boden.

3 Beim Füllen eines Aquariums steigt das Wasser im Schlauch zuerst nach oben.

**Frage:**
Weshalb kann ein Aquarianer sein Becken über einen Schlauch füllen (Abb. 3), obwohl das Wasser doch erst ein Stück nach oben steigen muss?

**Auftrag:**
Informiere dich darüber, welche Organismen die „Wasserhaut" als Lebensraum nutzen!

## Wasser als Lösungsmittel

Jeden Tag nutzt du die Eigenschaft des Wassers, dass sich bestimmte Stoffe gut in ihm lösen. Zu nennen sind da Seifen, Zucker, Waschpulver, Essigsäure, Salze u. v. m. Diese Eigenschaft wird von erstaunlichen Effekten begleitet.

S **1. Experiment:**
Löse in je 10 ml Wasser jeweils 5 g Kaliumchlorid bzw. Ammoniumchlorid ☒ (Bestandteile von Düngemitteln) und miss die Temperatur vor und nach dem Lösen des Stoffes!

S **2. Experiment:**
Stelle eine Kältemischung her! Vermische dazu etwa 500 g Eis mit 150 g Kochsalz oder 150 g Ammoniumchlorid ☒!
Ermittle wiederum die Temperatur!

**Beobachtung und Auswertung:**
Leite eine Schlussfolgerung aus den Temperaturveränderungen ab!

Das Trinkwasser aus der Wasserleitung oder aus einem Brunnen, das Regenwasser oder das Wasser unserer Flüsse und Seen ist kein reines Wasser. In diesem Wasser sind verschiedene Stoffe gelöst, z. B. Salze, Gase und Flüssigkeiten.

**S 1. Experiment:**

**Aufgabe:**
Ermittle den Rückstand verschiedener Wasserproben (Regenwasser, Brunnenwasser, Leitungswasser) durch Eindampfen!

**Vorbereitung und Durchführung:**
*Chemikalien:* Wasserproben laut Aufgabenstellung, Haushaltsessig
*Geräte:* Brenner, Schale, Dreifuß

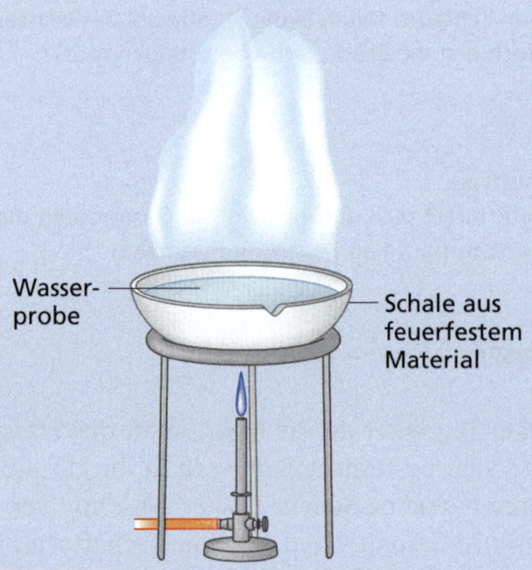


**Beobachtung und Auswertung:**
Betrachte die Schale nach dem Eindampfen und beschreibe das Ergebnis! Überprüfe den Rückstand auf seine Löslichkeit in Wasser und Haushaltsessig! Leite eine Schlussfolgerung ab!

## Wasseruntersuchung

Immer wieder ist von saurem Regen und seinen Folgen die Rede.

**Auftrag:**
Recherchiere, was die Bezeichnung „sauer" in diesem Zusammenhang bedeutet!

**S Experiment:**
Überprüfe, ob der Regen wirklich „sauer" ist! Teste dazu Regenwasserproben mit einer Testlösung oder einem pH-Meter!

Durch Auswaschung aus dem Boden oder durch direkte Verunreinigungen kann es zur Schadstoffbelastung der Gewässer kommen. Eine bedeutende Rolle für die Wasserqualität spielt der Nährstoffgehalt.

**S Experiment:**
Entnimm Gewässerproben an unterschiedlichen Untersuchungsstandorten!
Überprüfe mit geeigneten Testsets, ob in diesen Wasserproben Phosphate und Nitrate in erhöhten Mengen enthalten sind!

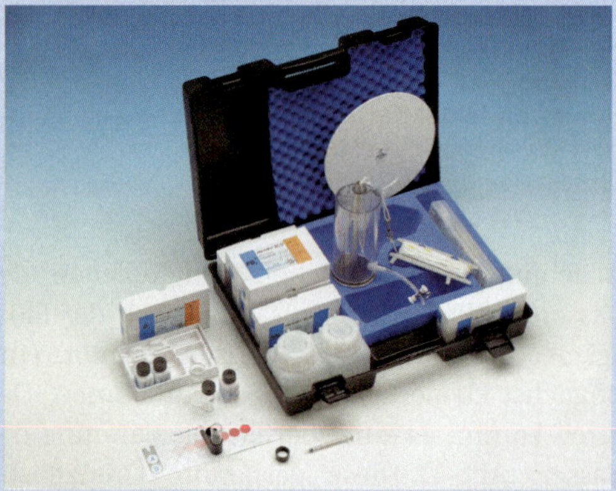

**Aufträge:**
1. Stelle in einer Wandzeitung Informationen zur Wasserqualität zusammen! Gehe dazu auf die Güteklassen der Gewässer sowie Ursachen und Quellen möglicher Belastungen ein!
2. Beschäftigt euch in einer Arbeitsgruppe mit der Bestimmung der Gewässergüte eines stehenden Gewässers! Stellt in einer Präsentation Kriterien zusammen, die untersucht werden müssen! Diskutiert darüber, ob die Durchführung und Auswertung der Gewässeruntersuchung Thema einer Belegarbeit sein könnten!

# 5 Atombau und Periodensystem

# 5.1 Der Bau der Atome

## Der Traum des Alchemisten

Das entscheidende Ziel vieler Alchemisten war, aus unedlen Metallen, wie Blei, Gold herzustellen. Trotz komplizierter chemischer Experimente gelang es niemandem, dieses Ziel zu verwirklichen.

*Warum kann man mit chemischen Reaktionen Atome nicht ineinander umwandeln? Ist es grundsätzlich nicht möglich, Elemente aus anderen herzustellen?*

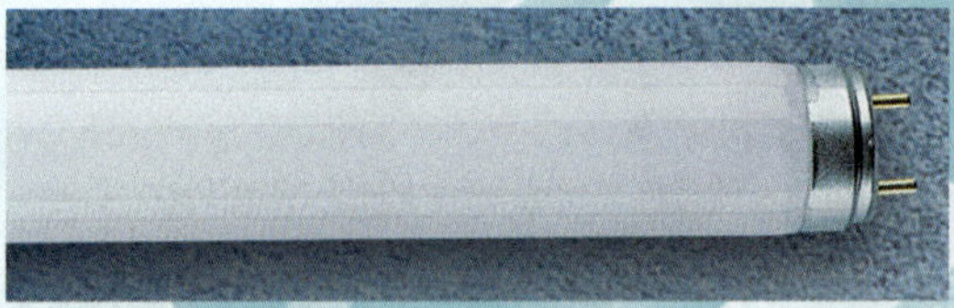

## Leuchtende Gase

Leuchtstoffröhren sind einfach gebaut. Sie bestehen aus einer Glasröhre, die oft mit einem Edelgas gefüllt ist und die an den Enden Elektroden besitzt. Wird diese Röhre unter Hochspannung gesetzt, beginnt sie zu leuchten.

*Wie funktioniert diese Lichtquelle? Warum leuchtet das Gas in der Röhre? Woher kommt das Licht?*

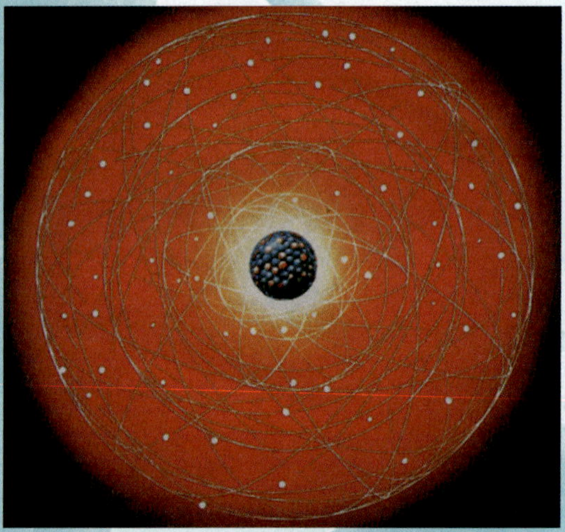

## Das Atom – ein Modell

Atomkraftwerk, Atomeisbrecher, Atomunterseeboot und nicht zuletzt die Atombombe sind heute geläufige Begriffe. Der Atombegriff ist bereits 2500 Jahre alt. Die Modellvorstellungen über den Bau der Atome haben sich im Laufe der Zeit jedoch stark gewandelt.

*Wie sind Atome wirklich aufgebaut? Wie veränderten sich die Vorstellungen über den Aufbau der Atome im Laufe der Wissenschaftsgeschichte?*

## „Was die Welt im Innersten zusammenhält …"

Atome sind winzig klein. Ungefähr 100 Millionen Atome aneinander gereiht würden erst eine Strecke von 1 cm ergeben! Daher kann man ihren Bau nicht einfach ermitteln, indem man sie mit bloßem Auge oder einer Lupe betrachtet. Trotzdem stammt der Atombegriff schon aus der Antike.

### Das Atom eine Kugel?

Demokrit (460–380 v. Chr.) soll geäußert haben: „Scheinbar ist Farbe, scheinbar Süßigkeit, scheinbar Bitterkeit; wirklich nur Atome und Leeres." Demokrit und andere Philosophen stellten sich unter Atomen (griech. atomos: unteilbar) unsichtbare kleine Teilchen vor, verschieden in Form und Größe, aber alle aus dem gleichen Stoff. Sie nahmen an, diese nicht weiter teilbaren Teilchen würden unterschiedlich aneinander stoßen, mehr oder weniger aneinander haften, sich wieder voneinander lösen, wieder andersartig aufeinander prallen usw. Lange gerieten diese Vorstellungen in Vergessenheit.

Erst in der zweiten Hälfte des 18. Jh. erlangte die Atomidee wieder an Bedeutung. Durch quantitative Experimente hatten Wissenschaftler grundlegende Gesetze aufgestellt:

- **Gesetz von der Erhaltung der Masse** (Antoine Lavoisier): Bei chemischen Reaktionen bleibt die Gesamtmasse der reagierenden Stoffe konstant (s. S. 87).
- **Gesetz der konstanten Proportionen** (Joseph Louis Proust): Elemente verbinden sich immer in konstanten Massenverhältnissen.
- **Gesetz der multiplen Proportionen** (John Dalton): Zwei Elemente, aus denen verschiedene Verbindungen bestehen, stehen stets im Verhältnis einfacher ganzer Zahlen zueinander.

Dalton (1766–1844) suchte nach einer Erklärung im Teilchenbereich für diese Gesetzmäßigkeiten.

Er griff in seinem Werk „A new system of chemical philosophy" (1808) die Atomidee der griechischen Philosophen auf und entwickelte sie weiter.
Sein Atommodell lässt sich in wesentlichen Aussagen zusammenfassen:

- Atome sind sehr klein und unteilbar.
- Atome eines Elements sind untereinander gleich, haben insbesondere die gleiche Masse und die gleiche Größe.
- Es gibt so viele Atomsorten, wie es Elemente gibt.
- Bei chemischen Reaktionen verändern sich die Atome nicht; sie werden nur getrennt, um- oder zusammengelagert.
- Bei chemischen Reaktionen verschwinden die Atome nicht, und es werden keine Atome neu gebildet. Es gilt das Gesetz von der Erhaltung der Masse.

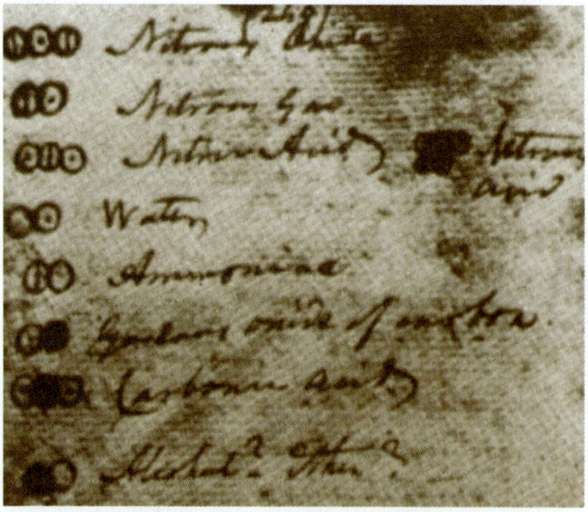

**1** Dalton griff die Atomidee auf und entwickelte sie weiter. Er deutete u.a. die Zusammensetzung von Verbindungen.

## Eine Goldfolie gibt Auskunft

Mit den Modellvorstellungen nach Dalton lassen sich einige Beobachtungen bei chemischen Reaktionen erklären, aber genauere Aussagen zum Aufbau der Atome sind nicht möglich. Da das daltonsche Atommodell keine Auskunft über den inneren Bau der Atome gibt, wurden die Modellvorstellungen weiterentwickelt. Unter anderem brachte die Entdeckung der Radioaktivität die Forscher dazu, sich mit dem Bau der Atome zu beschäftigen. Ernest Rutherford (1871–1937) setzte für seine Untersuchungen radioaktives Material ein. Er beschoss eine sehr dünne Goldfolie (ca. 2000 Atomschichten) mit $\alpha$-Teilchen, also positiv geladenen Helium-Ionen – diese entstammten einer Radiumprobe – und registrierte ihre Bahnen (Abb. unten). Er stellte fest, dass nahezu alle $\alpha$-Teilchen die Folie passierten, aber einige abgelenkt und manche sogar reflektiert wurden. Rutherford schloss daraus, dass im Inneren eines Atoms eine Konzentration von positiven Ladungen existieren musste. Er entwickelte aus seinem Streuversuch das Kern-Hülle-Modell:

- Atome bestehen aus einem Kern und einer Hülle.
- Im Atomkern ist fast die gesamte Masse des Atoms konzentriert. In ihm befinden sich die positiv geladenen Teilchen (Protonen).
- Die negativ geladenen Elektronen befinden sich in der Atomhülle, die im Vergleich zum Kern relativ groß ist. Die Elektronen bewegen sich mit großer Geschwindigkeit um den Atomkern herum.

## Auch in der Atomhülle herrscht Ordnung

Die negativ geladenen Elektronen müssten eigentlich in den positiv geladenen Atomkern stürzen. Atome sind jedoch stabil. Dieser Widerspruch brachte Niels Bohr (1885–1962) dazu, die Aussagen zum Bau der Atomhülle zu erweitern. Sein Atommodell beruht im Wesentlichen auf folgenden Annahmen:

- Die Elektronen bewegen sich um den Kern herum auf definierten stabilen Kreisbahnen. Die Anzahl der möglichen Bahnen ist begrenzt.
- Die Bahnen entsprechen einem bestimmten Energieniveau des Elektrons. Die Elektronen auf der kernfernsten Bahn haben die höchste Energie.
- Es werden maximal sieben Hauptenergiestufen besetzt. Die maximale Aufnahmefähigkeit der jeweiligen Energiestufe beträgt $2n^2$ ($n=1-7$).
- Durch Energiezufuhr kann ein Elektron auf eine kernfernere Bahn springen (angeregter Zustand). Fällt es auf seine eigentliche Bahn (Grundzustand) zurück, gibt es die Energie in Form von Licht ab.

Vereinfacht werden diese Modellvorstellungen im so genannten **Schießscheiben-Modell** dargestellt (Abb. re., S. 117).

Bei nachfolgenden Untersuchungen wurde festgestellt, dass die Bahnen nicht immer kreisförmig sein müssen. Außerdem lassen sich die Bahnkurven der Elektronen niemals genau beschreiben, daher gibt man heute Aufenthaltsräume an, in denen sich die Elektronen mit einer bestimmten Wahrscheinlichkeit befinden.

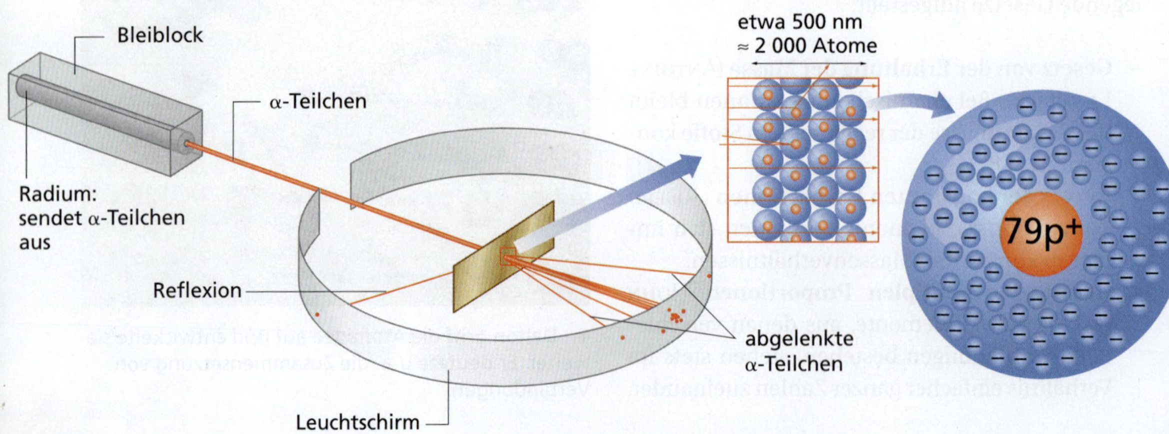

**1** Die Physiker ERNEST RUTHERFORD (li.) und NIELS BOHR (re.) entwickelten Vorstellungen über den Atombau.

**Schießscheibenmodell**
(Natriumatom)

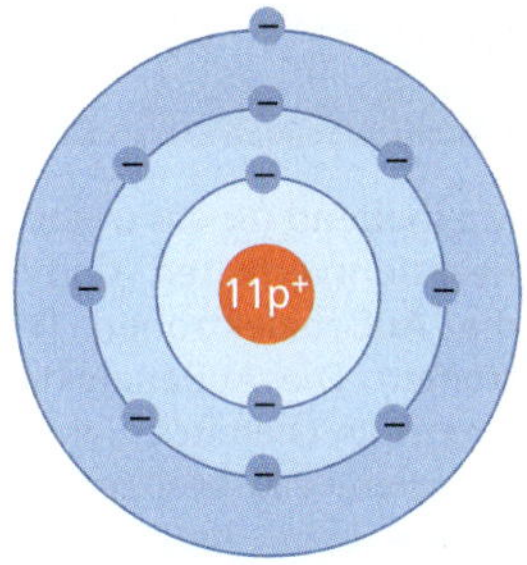


Eine Weiterentwicklung des Schießscheibenmodells ist das **Schalenmodell**.

**Schalenmodell**
(Natriumatom)

**Atomhülle**
drei besetzte Elektronenschalen:
K-Schale ($2e^-$)
L-Schale ($8e^-$)
M-Schale ($1e^-$)

**Atomkern**
mit 11 Protonen

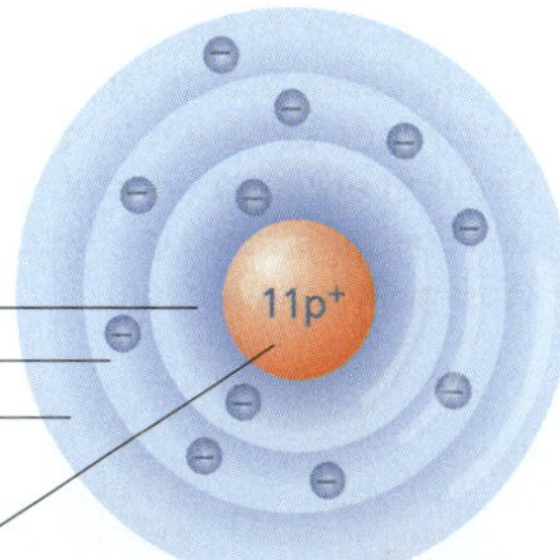


**Modelle vom Bau der Atome wurden und werden dem Wissensstand entsprechend weiterentwickelt.**

# Mosaik

## Atomkern – meist interessant für Physiker

Entgegengesetzte Ladungen ziehen sich an, gleiche stoßen sich ab. Dies gilt generell – auch auf atomarer Ebene. Trotzdem ist ein Atom ein stabiles Teilchen. Die Stabilität des Atoms ist u. a. durch ausgeglichene Ladungen zwischen Kern und Hülle gegeben.

Die negativ geladenen Elektronen stürzen nicht in den positiv geladenen Kern, weil sie eine bestimmte Energie besitzen und sich entsprechend ihrem Energieniveau um den Kern herum bewegen. Die Fliehkraft wirkt der Anziehungskraft entgegen.

Allerdings stellten sich Physiker und Chemiker über Jahrzehnte die Frage, wieso der Atomkern mit seiner konzentrierten Masse nicht auseinander fällt. Die Protonen müssten sich doch elektrostatisch abstoßen! Seit 1932 ist nun bekannt, dass Atomkerne durch eine weitere Elementarteilchenart „zusammengehalten" werden. Diese ladungsfreien Teilchen heißen **Neutronen**.

Sie besitzen fast die gleiche Masse wie ein Proton, etwa $1{,}67 \cdot 10^{-24}$g. Elektronen sind viel leichter. Ihre Masse beträgt nur etwa 1/2000 von der Masse eines Protons oder Neutrons.

Die Anzahl der Neutronen kann in verschiedenen Kernen von Atomen desselben Elements durchaus von der stets gleichen Anzahl der Protonen abweichen. Beispielsweise werden in ca. 99 % der Kerne des Kohlenstoffatoms die sechs Protonen durch sechs Neutronen an der gegenseitigen Abstoßung gehindert. 1 % der Kohlenstoffkerne enthalten sieben Neutronen.

Der Kohlenstoff mit den etwas größeren Kernen verhält sich chemisch genauso wie der mit den kleineren Kernen, nur ist seine Masse etwas größer.

Atome eines Elements, die bei gleicher Protonenzahl unterschiedliche Neutronenzahlen aufweisen, heißen **Isotope**.

Für den Chemiker ist der Kernaufbau nicht so sehr entscheidend, da sich bei chemischen Reaktionen nur Veränderungen in den äußersten besetzten Elektronenschalen ergeben. Durch chemische Reaktionen werden Elemente nicht ineinander umgewandelt.

Erst durch Veränderungen im Atomkern lassen sich aus Atomen mit sehr großen Kernen Atome mit kleineren Kernen bilden. Diesen Vorgang nennt man Kernspaltung. Dabei werden Energie und Strahlung freigesetzt. Auch Kernfusion – das Verschmelzen von Kernen – ist möglich. Bei Kernspaltungen und Kernfusionen werden Elemente ineinander umgewandelt.

Mosaik

## Vom Atom zum Molekül bzw. Ion

Maßgebend für das unterschiedliche Reaktionsverhalten sind vor allem die **Außenelektronen** (Valenzelektronen). Die Außenelektronen sind einerseits chemisch „aktiv", weil sie das höchste Energieniveau besitzen. Andererseits nehmen die Atome beim Ablauf chemischer Reaktionen so viele Elektronen in die Außenschale auf oder geben von der Außenschale so viele ab, bis sich auf der äußeren Schale acht (in einigen Fällen zwei) Elektronen befinden. Auf diese Weise erreichen sie einen energiearmen, stabilen Zustand. Die Atome der Edelgase besitzen diese Elektronenanordnung (Edelgaskonfiguration).

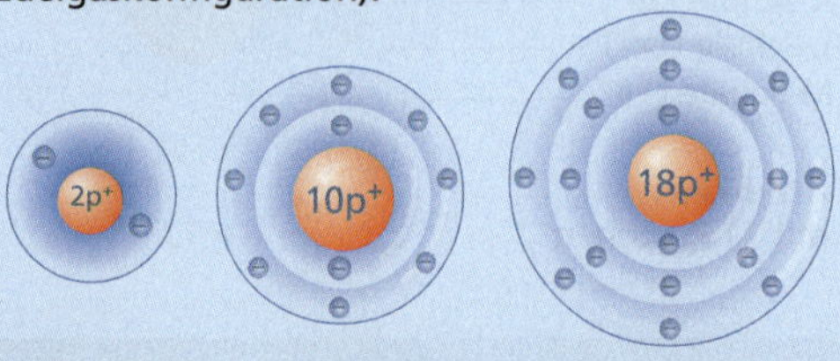


Heliumatom Neonatom Argonatom

**Atome haben das Bestreben, eine voll besetzte Außenschale zu erhalten (Oktettregel).**

Die Atome der Elemente erreichen im Ergebnis chemischer Reaktionen eine Elektronenanordnung, die der eines Edelgasatoms entspricht.
Atomen mit wenigen Elektronen auf der Außenschale gelingt das, indem sie diese Elektronen abgeben und so die darunter liegende „Achterschale" freilegen. Für andere Atome ist es günstiger, durch Aufnahme weniger Elektronen die Außenschale auf acht aufzufüllen. Im ersten Fall entstehen positiv, im zweiten negativ geladene Ionen (Abb. 1). Die Energie, die für ihre Ausbildung nötig ist, nennt man Ionisierungsenergie (Abgabe von Elektronen) bzw. Elektronenaffinität (Aufnahme von Elektronen).
Atome mit vier Elektronen auf der Außenschale, aber auch viele andere Atome, gewährleisten die Stabilität ihrer Reaktionsprodukte, indem sie mit anderen Atomen gemeinsame Elektronenpaare ausbilden (Atombindung) (Abb.1). Mit dieser Art der chemischen Bindung hat sich besonders GILBERT N. LEWIS (1875–1946) beschäftigt.
Wie intensiv die chemischen Reaktionen der einzelnen Elemente mit anderen verlaufen, hängt u. a. von der Anzahl der Außenelektronen ihrer Atome ab. Je weniger Außenelektronen beteiligt sind, desto heftiger reagieren die Stoffe. So setzt sich Natrium, dessen Atome nur ein Elektron abzugeben brauchen, sehr intensiv mit Chlor um, dessen Atome bis zum Erreichen einer Achterschale nur ein Elektron aufnehmen müssen. Aluminium- und Phosphoratome mit drei abzugebenden bzw. aufzunehmenden Elektronen reagieren wesentlich langsamer miteinander.
Die Heftigkeit einer chemischen Reaktion zwischen zwei Elementen ist auch davon abhängig, in welcher Entfernung sich die Außenschalen ihrer Atome von den jeweiligen Kernen befinden. Je größer der Atomradius ist, desto energiereicher sind die Außenelektronen und desto weniger werden die Außenelektronen vom Kern angezogen. Sie können also leichter abgegeben oder schwerer aufgenommen werden. So verläuft die Reaktion von Kalium mit Wasser viel stürmischer als die von Lithium.

**Ein Element ist umso reaktionsfähiger, je energiereicher seine Außenelektronen sind und je weniger Elektronen abgegeben oder aufgenommen werden müssen, um einen stabilen Zustand zu erreichen.**

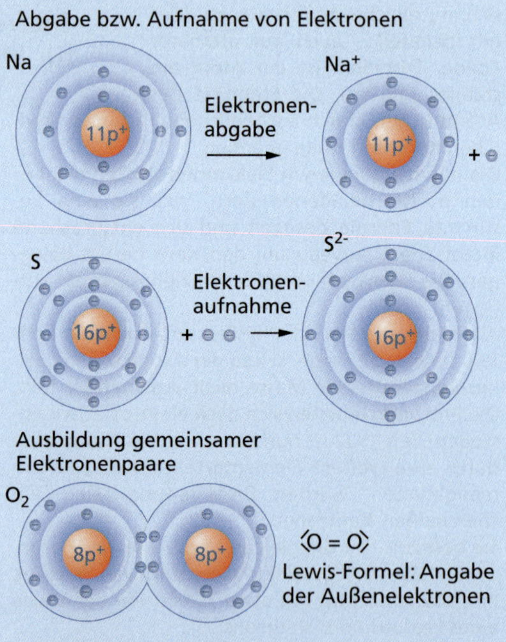


**1** Möglichkeiten, die Edelgaskonfiguration (Achterschale) zu erreichen

## Chemie in Natur und Technik

### Umwandlung von Blei in Gold?!

Im Mittelalter und auch noch in der frühen Neuzeit versuchten Menschen aus unedlen Metallen wie Blei das begehrte Gold herzustellen. Trotz komplizierter chemischer Reaktionen gelang dies jedoch niemals.
*Waren die Methoden noch nicht ausgereift, oder ist es prinzipiell nicht möglich, „Gold“ aus Blei zu gewinnen?*

Mit **chemischen Methoden** ist es **nicht möglich,** Gold zu erzeugen. Chemische Methoden verändern nur die Elektronenhülle eines Atoms, nicht aber den Kern und die in ihm enthaltenen Protonen. Die Protonenzahl ist aber entscheidend dafür, um welche Atomsorte es sich handelt. Goldatome besitzen immer 79 Protonen in jedem Atomkern. Theoretisch wäre es möglich, Bleiatomkerne ($82 p^+$) durch Beschuss mit Neutronen zu spalten in Goldatomkerne ($79 p^+$) und Lithiumatomkerne ($3 p^+$). Dieses **kernphysikalische Verfahren** wäre aber technisch und damit finanziell sehr aufwendig.

### Ein Edelstein verstärkt Licht

Laser dienen dazu, Licht zu verstärken und zu bündeln. Man nutzt sie zum Schweißen von Kunststoffen und Metallen, aber auch zum Schneiden und Bohren vielfältiger Werkstoffe. Mithilfe von Laserstrahlen arbeiten moderne Drucker, lassen sich Informationen übermitteln. Die lichtstarken Laserstrahlen (Abb. 1) werden aber nach dem gleichen Prinzip hervorgerufen.
Es wurde erstmalig 1960 bei einem Rubinlaser angewandt. Das „Herz“ dieses Lasers bestand aus einem Rubinkristall.
*Beschreibe, auf welche Weise es gelingt, Licht mit so hoher Intensität zu erzeugen!*

Der Begriff Laser stammt eigentlich aus der englischen Sprache und stellt eine Abkürzung dar. Übersetzt bedeutet der Begriff Lichtverstärkung durch induzierte Strahlungsemission. Der Rubinkristall besteht aus Aluminiumoxid, das mit Chrom „verunreinigt“ ist. Wird dieser Kristall mit einer starken Lichtquelle (z.B. Blitzgerät) angestrahlt, werden durch die dabei zugeführte Energie angeregte Elektronen von einem kernnäheren Energieniveau (Elektronenschale) auf ein kernferneres Energieniveau „gehoben“. Sie springen zurück, wenn erneut Licht auf sie trifft. Dabei wird Energie in Form von Licht abgegeben. Die dabei emittierten (ausgesandten) Lichtstrahlen werden zwischen parallelen Spiegeln zu energiereichem Laserlicht gebündelt (Abb. 1).
Im Schema werden die Energieniveaus als waagerechte Striche dargestellt.

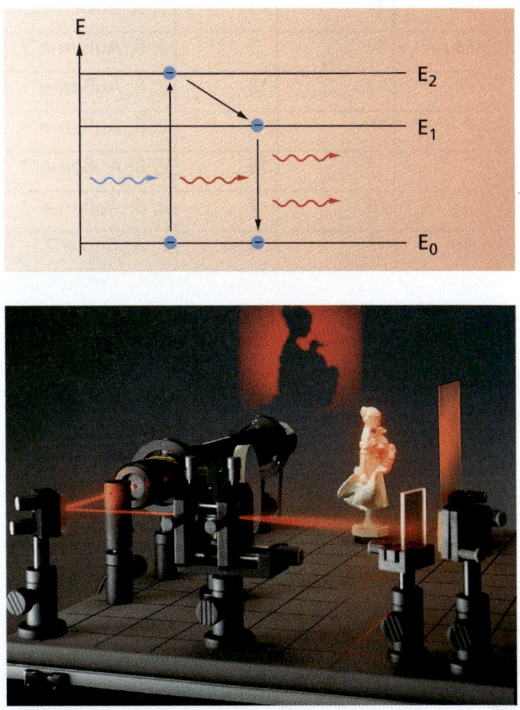


1 Schematische Darstellung von Laserstrahlung (oben) und Laserstrahlen (unten)

## gewusst · gekonnt

**1.** Vervollständige dein Glossar!

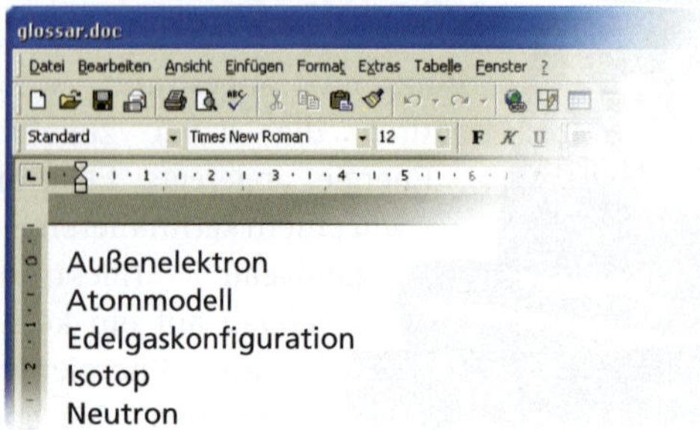


**2.** Zeichne auf der Basis der folgenden Angaben Atommodelle nach Bohr!

| Element | Protonenzahl | Elektronenzahl | Elektronenverteilung |
|---|---|---|---|
| C | 6 | 6 | 2; 4 Außen-e⁻ |
| N | ? | 7 | 2; Außen-e⁻? |
| Na | 11 | ? | 2; 8; Außen-e⁻? |
| Mg | 12 | ? | 2; 8; Außen-e⁻? |
| Al | ? | 13 | 2; 8; Außen-e⁻? |
| P | 15 | ? | 2; 8; Außen-e⁻? |
| S | ? | 16 | 2; 8; Außen-e⁻? |
| Ar | 18 | ? | 2; 8; Außen-e⁻? |
| Be | ? | 4 | 2; Außen-e⁻? |

**3.** Das Element Kohlenstoff besitzt unterschiedliche Atome. Wie nennt man solche Atome und welche Massenzahlen haben sie?

| | | | | |
|---|---|---|---|---|
| 6 | 7 | 5 | 8 | (Neutronenzahl) |
| C | C | C | C | |
| 6 | 6 | 6 | 6 | (Protonenzahl) |

***4.** Ohne die Sonnenenergie wäre auf der Erde kein Leben denkbar. Die Energie der Sonne wird bei einer Umwandlung von Wasserstoff in Helium frei. Ermittle, welche Prozesse dabei ablaufen!

**5.** Zeichne die Schalen-Atommodelle der Elemente Wasserstoff (1 Elektron), Kohlenstoff (Elektronenverteilung: 2; 4), Magnesium (Elektronenverteilung: 2; 8; Außen-e⁻?) und Chlor (Elektronenverteilung: 2; 8; Außen-e⁻?)! Stelle das Atommodell für mindestens ein Element auch in Form eines Energieniveauschemas dar! Informiere dich dazu über diese Art der Darstellung des Atombaus!

***6.** Wasserstoff besitzt drei Isotope. Es existieren Wasserstoffatome, die kein Neutron besitzen, aber auch einige mit einem Neutron (Deuterium) und mit zwei Neutronen (Tritium) im Kern. Im Zusammenhang mit diesen Isotopen wird häufig der Begriff „schweres Wasser" verwendet. Was könnte damit gemeint sein?

**7.** Erstelle eine Präsentation über die Entwicklung der Modellvorstellungen vom Bau der Atome!

**8.** S Glühe ein Magnesiastäbchen in der nicht leuchtenden Brennerflamme aus!

a) Feuchte die Spitze des Stäbchens mit konzentrierter Salzsäure an und nimm damit ein Körnchen Natriumchlorid auf! Halte die Stoffprobe in den unteren Bereich der Brennerflamme!

b) Wiederhole das Experiment mit Kaliumchlorid! Verwende ein neues Stäbchen! Notiere deine Beobachtungen! Welche Ursache haben die beobachteten Phänomene? Formuliere eine Vermutung!

# 5.2 Das Periodensystem der Elemente

### Wahrsagerei oder Wissenschaft?

Als das Periodensystem der Elemente entwickelt wurde, waren noch viele Elemente unbekannt. Trotzdem sagte MENDELEJEW für einige dieser Elemente Eigenschaften voraus, die sich als zutreffend erwiesen, u.a. für Gallium (Abb.).
*Wie ist es möglich, die Eigenschaften eines Elements zu ermitteln, das man noch nie gesehen hat?*

### Der passende Schlüssel

Das Periodensystem der Elemente hat erstmals Ordnung in die Fülle der über Jahrhunderte experimentell zusammengetragenen chemischen Kenntnisse gebracht. Es stellt den „Schlüssel zur Chemie" dar.
*Wie erklärt sich solch eine Schlüsselfunktion?*

### Interessante violette Gase

Der französische Chemiker COURTOIS (1777–1838) bemerkte 1811 beim Verbrennen von Meeresalgen violette Gase, die sich als Kristalle niederschlugen. Er hatte das dem Chlor ähnliche Element Iod entdeckt. Als man auch Brom gefunden hatte, fasste man diese Stoffe zur Gruppe der Halogene zusammen.
*Welche Eigenschaften kennzeichnen Halogene?*

## Periodensystem der Elemente

**Aus der Geschichte des Periodensystems**

Der deutsche Chemiker LOTHAR MEYER (Abb. oben) verwendete 1869 bei Vorlesungen bereits eine noch lückenhafte, aber unserem heutigen Periodensystem stellenweise schon sehr ähnliche Anordnung der Elemente. In Bezug auf Lücken warnte er jedoch vor „höchst anziehenden Spekulationen über Existenz und Eigenschaften von Elementen, welche bis jetzt noch nicht entdeckt sind".

Anders reagierte der russische Chemiker DIMITRI IWANOWITSCH MENDELEJEW (1834–1907; Abb. unten), der unabhängig von MEYER ein Periodensystem aufgestellt hatte. Er setzte konsequent Fragezeichen, wenn ihm der Unterschied zwischen den Atommassen zweier benachbarter Elemente mit ähnlichen Eigenschaften zu groß erschien. An solchen Stellen vermutete er noch nicht entdeckte Elemente und sagte deren Eigenschaften voraus.

MENDELEJEW schrieb beispielsweise in Bezug auf das hinter Silicium noch fehlende Element, das er zunächst Eka-Silicium nannte, Folgendes: „Das Atomgewicht muß sich 72 nähern; das höchste Oxyd muß $EsO_2$ ... sein ...; sodann muß es eine flüchtige und flüssige Cl-Verbindung $EsCl_4$ vom Siedepunkt 90 °C und dem spezifischen Gewichte 1,9 bilden ... das metallische Eka-Silicium muß sich ziemlich leicht aus dem Oxyde ... durch Reduktion herstellen lassen." Das Element wurde 1886 von CLEMENS WINKLER entdeckt und Germanium genannt.

**PSE von LOTHAR MEYER (1869)**

| X | XI | XII | XIII |
|---|---|---|---|
| – | – | **Li** 7,03 | **Be** 9,3 |
| – | – | 16,02 | 14,7 |
| **O** 16,0 | **F** 19,0 | **Na** 23,5 | **Mg** 24,0 |
| 16,07 | 16,46 | 16,08 | 16 |
| **S** 32,07 | **Cl** 35,46 | **K** 39,13 | **Ca** 40,0 |
| 46,7 | 44,51 | 46,3 | 47,6 |
| **Se** 78,8 | **Br** 79,97 | **Rb** 85,4 | **Sr** 87,6 |
| 49,5 | 46,8 | 47,6 | 49,5 |

**PSE von D. I. MENDELEJEW (1869)**

| | | |
|---|---|---|
| Be = 9,4 | Mg = 24 | Zn = 65,2 |
| B = 11 | Al = 27 | ? = 68 |
| C = 12 | Si = 28 | ? = 70 |
| N = 14 | P = 31 | As = 75 |
| O = 16 | S = 32 | Se = 79,4 |
| F = 19 | Cl = 35,5 | Br = 80 |
| Na = 23 | K = 39 | Rb = 85,4 |
| | Ca = 40 | Sr = 87,6 |

... und mehr

**Informiere dich auch unter:** *DIMITRI IWANOWITSCH MENDELEJEW, Periodizität der Eigenschaften von Elementen, Alkali- und Erdkalimetalle, Chalkogene, Elemente der III. HG, Elemente der IV. HG*

## Das Periodensystem der Elemente schafft Ordnung

Heute sind über 100 Elemente und entsprechend viele Atomsorten bekannt. Ein Hilfsmittel, um Ordnung in die Vielfalt zu bringen, ist das von LOTHAR MEYER und DIMITRI MENDELEJEW unabhängig voneinander entwickelte Periodensystem der Elemente (PSE). Beide hatten ursprünglich die bekannten Elemente nach ihren zunehmenden relativen Atommassen (s. S. 152) geordnet. Mit zunehmenden Kenntnissen über den Atombau wurde jedoch deutlich, dass ein enger Zusammenhang zwischen dem Atombau und der Stellung des Elements im PSE besteht.

Demzufolge sind die Elemente heute nach steigender Protonenzahl angeordnet. Der Protonenzahl entsprechend ist jedem Element eine **Ordnungszahl** zugeordnet worden. Die Anzahl der Protonen eines Atoms ist gleich der Anzahl der Elektronen. Daher kann aus der Ordnungszahl die Anzahl der Protonen im Atomkern und die Zahl der Elektronen in der Atomhülle abgeleitet werden.

Alle Elemente sind im PSE in Abhängigkeit von der Anordnung der Elektronen in der Atomhülle in sieben waagerechten Reihen – den **Perioden** – platziert. Außerdem sind die Elemente in Gruppen zusammengefasst, die senkrecht angeordnet sind. Es existieren **acht Hauptgruppen und acht Nebengruppen**. Sie sind durch römische Zahlen gekennzeichnet. Bei Hauptgruppenelementen entspricht die Nummer der Gruppe der Anzahl der Außenelektronen der Atome.

**Der Bau der Atome bestimmt die Stellung des Elements im Periodensystem der Elemente. Die Anzahl der Protonen und Elektronen spiegelt sich in der Ordnungszahl wider. Bei Hauptgruppenelementen ist die Anzahl der Außenelektronen aus der Hauptgruppennummer abzuleiten. Entsprechend der Anordnung der Elektronen in der Atomhülle sind die Elemente in Perioden angeordnet.**

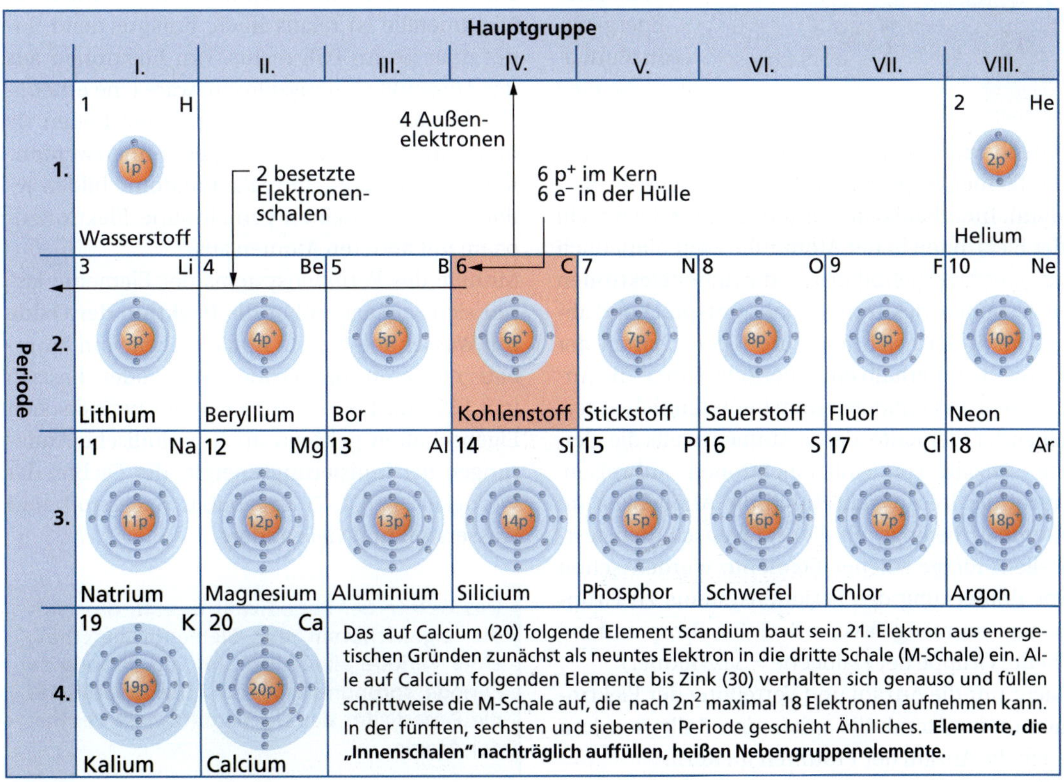

## Das Gesetz der Periodizität

MENDELEJEW und MEYER hatten die bekannten Elemente nach steigender relativer Atommasse geordnet. Es offenbarte sich ein Zusammenhang zwischen der Atommasse (heute Protonenzahl) und dem Charakter der Elemente. Die Elemente zeigten deutlich eine **Periodizität der Eigenschaften.** Diese Zusammenhänge legte MENDELEJEW seinen Voraussagen über die Eigenschaften von Elementen, die noch nicht entdeckt waren, zugrunde (s. S. 122).

Mithilfe moderner Kenntnisse über den Atombau lassen sich die periodischen Gesetzmäßigkeiten erklären. Eine Periode beginnt nach heutigem Erkenntnisstand immer dort, wo hinzukommende Elektronen ein höheres Energieniveau einnehmen, also eine weitere Elektronenschale besetzt wird. Dann ändern sich die Eigenschaften der Elemente sprunghaft (z. B. von Neon zu Natrium). Innerhalb einer Periode nimmt die Anzahl der Elektronen in der Atomhülle zwar allmählich zu, allerdings befinden sich die Außenelektronen in derselben Elektronenschale. Entsprechend abgestuft ändern sich auch die Eigenschaften der Elemente innerhalb einer Periode. Durch die Anordnung im Periodensystem befinden sich untereinander Elemente, deren Atome jeweils die gleiche Anzahl von Außenelektronen aufweisen. Auch hier lassen sich, durch die Ähnlichkeit im Atombau bedingt, ähnliche Eigenschaften feststellen. Einige solcher Elemente wurden schon vor Entdeckung des Periodensystems zu Gruppen zusammengefasst, z.B. Chlor, Brom und Iod (heute Gruppe der Halogene = Salzbildner).

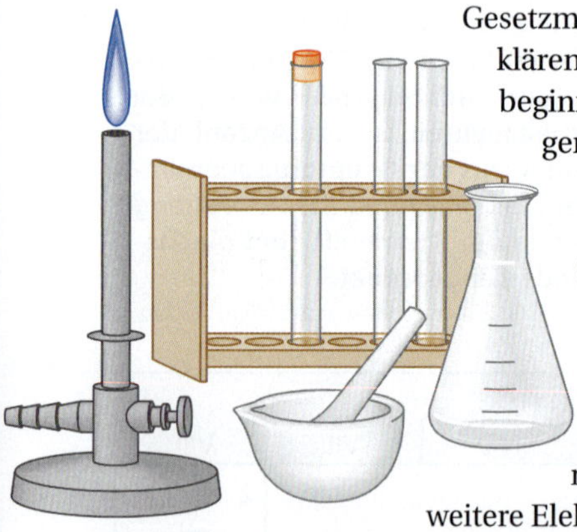

Nicht nur die Anzahl und Verteilung der Elektronen in der Atomhülle spielt eine Rolle, sondern auch die Anzahl der Protonen im Kern. Nimmt die Zahl der Protonen zu, steigt die Anziehung, die auf die Elektronen wirkt, sodass die **Atomradien** innerhalb der Periode abnehmen. Gleichzeitig wird die Anziehungskraft der Atomkerne gegenüber eigenen und Elektronen anderer Atome größer **(Elektronegativität)** (s.S. 125). Elemente mit sehr kleinen Atomradien ziehen also Elektronen stark an und sind deshalb sehr reaktionsfähig, wie beispielsweise Fluor.

Betrachtet man den **metallischen oder nichtmetallischen Charakter** der Elemente, lässt sich ebenfalls Periodizität feststellen (s.S. 125). Metalle sind dadurch gekennzeichnet, dass die Atome relativ wenige Außenelektronen aufweisen und die Ionisierungsenergie relativ gering ist. Metalle sind im Periodensystem in Abhängigkeit von der Anzahl ihrer Außenelektronen links zu finden. Da die Elektronen leicht abgegeben werden können, bilden sie positiv geladene Ionen. Die Anzahl der Ladung entspricht bei Hauptgruppenelementen der Hauptgruppennummer.

Die Anzahl der Außenelektronen von Atomen der Nichtmetalle ist relativ hoch. Entsprechend findet man sie im PSE rechts. Um Elektronen aus der Atomhülle herauszulösen, wäre eine erhebliche Ionisierungsenergie nötig. Daher bilden sie Ionen, indem Elektronen aufgenommen werden. Kohlenstoff-, Bor- und Siliciumatome bilden jedoch im Allgemeinen gemeinsame Elektronenpaare mit anderen Atomen aus.

Mithilfe des Periodensystems der Elemente lassen sich Aussagen über die **Reaktion der Oxide mit Wasser** ableiten. In Abhängigkeit vom Atombau reagieren die Oxide sauer oder basisch (s.S. 125 und Kap. 8). Zur Fülle der periodischen Eigenschaften gehören auch periodische Änderungen der Ionisierungsenergie, der Dichte, der Wertigkeit (s.S. 137) gegenüber Sauerstoff und Wasserstoff und viele andere.

**Das Gesetz der Periodizität besagt, dass sich die Eigenschaften der Elemente innerhalb einer Periode allmählich und von Periode zu Periode sprunghaft ändern. Die Ursache für die Periodizität der Eigenschaften ist der Bau der Atome.**

Innerhalb einer Periode nimmt mit zunehmender Kernladung der Radius der Atome ab. Die Elektronegativität nimmt zu. Innerhalb einer Gruppe nimmt (mit Ausnahmen) die Elektronegativität trotz steigender Kernladung ab. Der Atomradius nimmt zu.

**Elektronegativität und Atomradius bei Elementen der 2. und 3. Periode**

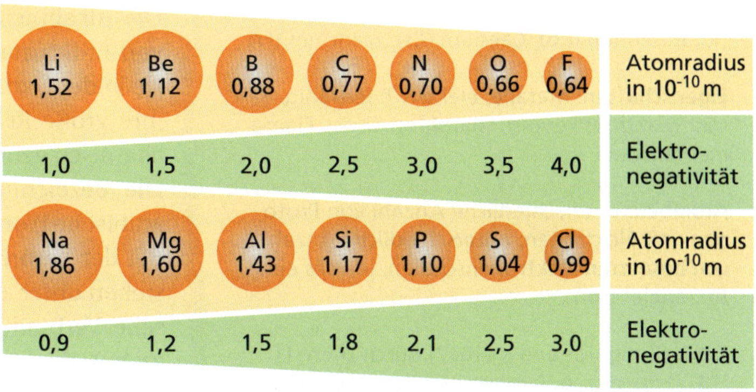


Innerhalb der Periode nimmt der Metallcharakter mit steigender Kernladungszahl ab, der Nichtmetallcharakter zu. Innerhalb der Gruppe nimmt der Metallcharakter mit steigender Kernladungszahl zu, der Nichtmetallcharakter ab.

**Metall- und Nichtmetallcharakter im PSE**

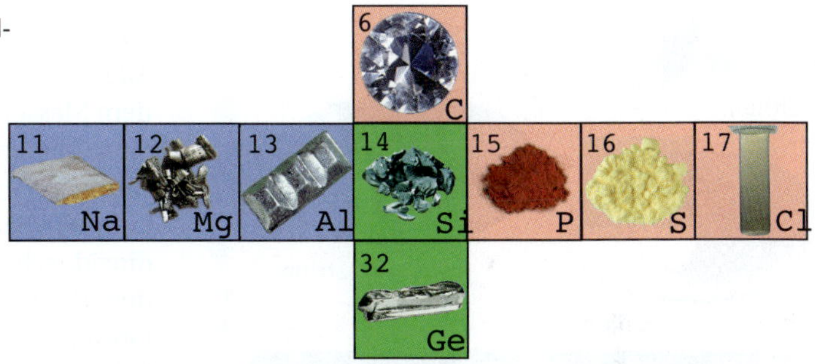


Elemente der I. Hauptgruppe bilden einfach positiv geladene Ionen, Elemente der II. Hauptgruppe zweifach positiv geladene Ionen. Aluminium, Gallium und Indium bilden dreifach positiv geladene Ionen. Kohlenstoff und Silicium (IV. Hauptgruppe) bilden in der Regel Atombindungen aus. Stickstoff und Phosphor bilden dreifach negativ geladene Ionen (V. Hauptgruppe), Sauerstoff, Schwefel zweifach negativ geladene Ionen (VI. Hauptgruppe) und die Halogene einfach negativ geladene Ionen.

**Ladung der Ionen**

| | | | | | | |
|---|---|---|---|---|---|---|
| $Li^+$ | $Be^{2+}$ * | ($B^{3+}$) | ($C^{4+}$) ($C^{4-}$) | $N^{3-}$ | $O^{2-}$ * | $F^-$ |
| $Na^+$ | $Mg^{2+}$ * | $Al^{3+}$ | ($Si^{4+}$) ($Si^{4-}$) | $P^{3-}$ * | $S^{2-}$ * | $Cl^-$ |

* Die aufgeführten Ionen werden in den meisten Fällen ausgebildet.

Die basischen Eigenschaften der Oxide nehmen von der I. bis zur III. Hauptgruppe ab, die sauren Eigenschaften nehmen von der IV. bis zur VII. Hauptgruppe zu. Im mittleren Bereich reagieren die Oxide in Abhängigkeit von den Reaktionspartnern sauer oder basisch (amphoter).

**Stärke von Säuren und Basen**

| I. | II. | III. | IV. | V. | VI. | VII. |
|---|---|---|---|---|---|---|
| NaOH | $Mg(OH)_2$ | $Al(OH)_3$ | $H_4SiO_4$ | $H_3PO_4$ | $H_2SO_4$ | $HClO_4$ |

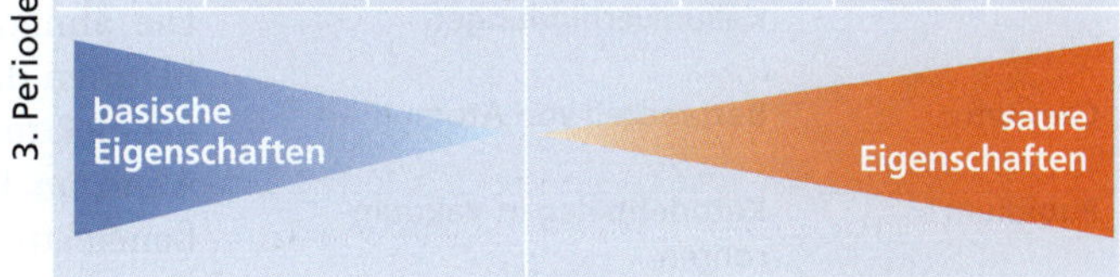

# I. Hauptgruppe: Alkalimetalle

**STECKBRIEF: Alkalimetalle**

**Elemente:** Lithium (Li), Natrium (Na), Kalium (K), Rubidium (Rb), Caesium (Cs), Francium (Fr)

**Eigenschaften:** Metalle, elektrisch leitfähig, sehr reaktionsfreudig, charakteristische Flammenfärbung

**Atombau:** unterschiedliche Anzahl von Protonen und Elektronen, unterschiedliche Anzahl von besetzten Elektronenschalen, jeweils ein Außenelektron

**Entdeckung:** Na und K (1807) durch DAVY, Li (1817) durch J. A. ARFWEDSON, Rb und Cs (1861) durch BUNSEN, Fr (1939) durch M. PEREY

Lithium

Natrium

Kalium

Caesium

| Element | Verwendung |
|---|---|
| Lithium | Kühlmittel in Kernreaktoren, Langzeitbatterien für Herzschrittmacher |
| Natrium | Kühlmittel in Kernreaktoren, Natriumdampflampen |
| Kalium | Herstellung organischer Kaliumverbindungen |
| Caesium | Bestandteil von Atomuhren |
| Rubidium | Katodenbelag in Vakuumröhren |

Die Alkalimetalle bilden 4,8 % der Bestandteile von Erdkruste und Wasserhülle. Elementar sind sie in der Natur nicht anzutreffen. Bedingt durch ihre große Reaktionsfähigkeit, kommen sie nur chemisch gebunden vor.

Die Bezeichnung „Alkalimetalle" geht auf das arabische Wort „al kalja" (Pflanzenasche) zurück. Bei der Verbrennung von Pflanzenmaterial entstehen unter anderem alkalimetallhaltige chemische Verbindungen (z. B. die sogenannte Pottasche), die jahrhundertelang für die Seifen- und Glasherstellung genutzt wurden.

Vergleicht man Lithium, Natrium und Kalium, dann fallen zuerst eine ganze Reihe **übereinstimmender Eigenschaften** auf:

- Alle drei Metalle sind „weich", lassen sich mit dem Messer schneiden.
- Sie verlieren schnell nach dem Schnitt ihren silbrigen Glanz, da sie mit Bestandteilen der Luft, wie Sauerstoff, Wasser und Kohlenstoffdioxid, schon bei Zimmertemperatur zu Oxiden, Hydroxiden und Carbonaten reagieren.
- Lithium, Natrium und Kalium müssen deshalb luftgeschützt unter Petroleum oder Paraffin aufbewahrt werden.
- Erhitzt man die drei Metalle an der Luft, verbrennen sie mit charakteristisch gefärbten Flammen zu Oxiden.
- Alle drei Elemente reagieren mit Wasser zu Metallhydroxiden, z. B.

$$2\,Na + 2\,H_2O \longrightarrow 2\,NaOH + H_2.$$

- Lithium, Natrium und Kalium besitzen im Vergleich zu anderen Metallen eine geringe Dichte und eine niedrige Schmelztemperatur.

Die Eigenschaften gelten im Wesentlichen auch für Rubidium, Caesium und Francium.

Die ähnlichen Eigenschaften der Alkalimetalle beruhen darauf, dass ihre Atome nur je ein Außenelektron besitzen. Die nur mit geringem Aufwand an Ionisierungsenergie „ablösbaren" Außenelektronen sind frei beweglich. So zählen die Elemente der I. Hauptgruppe zu den Metallen.

Bei chemischen Reaktionen von Lithium bis Francium gehen die Außenelektronen der Atome zunehmend leicht an den Reaktionspartner über. Aus den Alkaliatomen entstehen dabei einfach positiv geladene Ionen.
Die Alkalimetalle zählen aufgrund ihrer Reaktionsfähigkeit bei der Umsetzung mit anderen Stoffen zu den unedlen Metallen.

Gleichzeitig treten wegen des von oben nach unten zunehmenden Abstandes der Außenelektronen zum Kern – bedingt durch immer neue Elektronenschalen – **abgestufte Eigenschaften** auf.

- So ist Lithium härter als Natrium.
- Nach dem Schneiden bleibt bei Lithium der metallische Glanz länger bestehen als bei Natrium und Kalium.
- Die Reaktionsfähigkeit der Alkalimetalle nimmt von Lithium in Richtung Francium zu, was im Verhalten gegenüber Wasser deutlich wird: Während sich Lithium mit ganz „normaler“ Geschwindigkeit unter Wasserstoffentwicklung umsetzt, reagiert Natrium heftig, wobei durch die entstehende Reaktionswärme das Metall schmilzt. Kalium reagiert bereits stürmisch mit Wasser, Rubidium setzt sich explosionsartig mit Wasser um, und Caesium entzündet sich teils explosionsartig schon an der Luft, bevor man es ins Wasser gebracht hat.
- Die basischen Lösungen, die bei diesen Reaktionen oder auch bei Umsetzung der Alkalimetalloxide mit Wasser entstehen, besitzen eine von Lithium bis Francium zunehmende Stärke.

$$Me_2O + H_2O \longrightarrow 2\,MeOH$$ (Me = Alkalimetall)

- Außer mit Sauerstoff und Wasser reagieren die Alkalimetalle von Lithium nach Francium zunehmend heftig auch mit anderen Stoffen, die ihre Elektronen aufnehmen können, vor allem mit Nichtmetallen rechts im Periodensystem. So sind Phosphide, Sulfide und Halogenide bekannt, z. B. $Na_3P$; $LiS_2$; KCl.

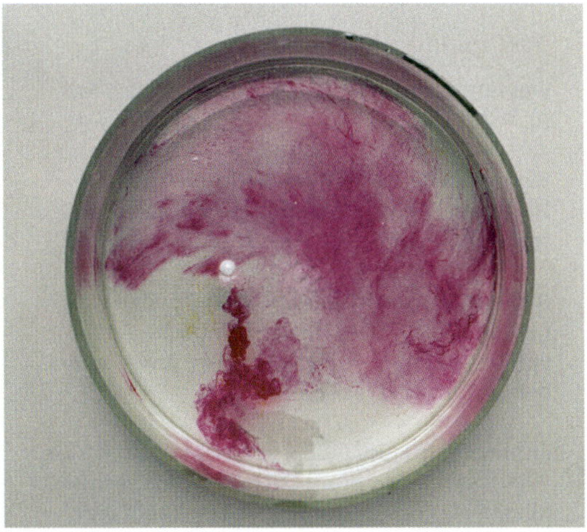

**1** Natrium reagiert sehr heftig mit Wasser. Daher gelten besondere Sicherheitsbestimmungen.

**Charakteristische Daten und Eigenschaften der Alkalimetalle**

| Periode | Element | Flammenfärbung | Schmelztemperatur (in °C) | Siedetemperatur (in °C) | Dichte (in g/cm³ bei 25 °C) | Atomradius (in pm) | Elektronegativität | metallische Eigenschaften | Reaktionsfähigkeit | Basencharakter | Löslichkeit der Salze | Wertigkeit gegenüber $H_2/O_2$ |
|---|---|---|---|---|---|---|---|---|---|---|---|---|
| 2 | Li | karminrot | 179 | 1336 | 0,53 | 133 | 1,0 | | | | | |
| 3 | Na | gelb | 97,5 | 880 | 0,97 | 157 | 0,9 | | | | | |
| 4 | K | hellviolett | 63,7 | 760 | 0,86 | 203 | 0,8 | | | | | |
| 5 | Rb | rotviolett | 39,0 | 700 | 1,53 | 216 | 0,8 | | | | | |
| 6 | Cs | blauviolett | 28,5 | 670 | 1,90 | 235 | 0,7 | | | | | |
| 7 | Fr | | 27,0 | 680 | 2,20 | 282 | 0,7 | | | | | |

**STECKBRIEF: Halogene**

**Elemente:** Fluor (F), Chlor (Cl), Brom (Br), Iod (I), Astat (At)

**Eigenschaften:** Nichtmetalle (außer Astat – Halbmetall) leicht flüchtig, giftig, reaktionsfreudig

**Atombau:** unterschiedliche Anzahl von Protonen und Elektronen, unterschiedliche Anzahl von besetzten Elektronenschalen, jeweils sieben Außenelektronen

**Entdeckung:** Fluor (1886) von H. MIOSSAN, Chlor (1810) von DAVY, Brom (1826) von A.J. BALARD, Iod (1811) von B. COURTOIS, Astat (1940) von D.R. CORSON, K.R. MACKENZIE und E.G. SEGRE

| Element | Verwendung |
|---|---|
| Chlor | Desinfektionsmittel, wichtiger Ausgangsstoff für die chemische Industrie (Chlorchemie) |
| Fluor | Verbindungen sind Bestandteil zahnmedizinischer Präparate |
| Brom | Bleichmittel, Ausgangsstoff für Bromverbindungen |
| Iod | Indikator in der Radioiodtherapie |

## VII. Hauptgruppe: Halogene

Zur VII. Hauptgruppe gehören die Elemente **Fluor, Chlor, Brom, Iod** (Abb. li. Spalte) und das unbeständige radioaktive **Astat.** Bei vielen ihrer Verbindungen handelt es sich um salzartige Stoffe. Deshalb wurden sie als **Halogene** benannt (griech.: Halogene = Salzbildner).
Die Halogene sind mit nur 0,26 % am Aufbau der Erdrinde beteiligt, wobei Chlor überwiegt. Mineralien bestehen meist aus Alkali- und Erdalkalihalogeniden. Große Mengen sind im Meerwasser enthalten.

Alle Atome der Halogene verfügen über sieben Elektronen auf der Außenschale.
Um im Verlauf chemischer Reaktionen eine stabile Elektronenkonfiguration zu erreichen, nehmen die Halogenatome ein Elektron auf, bzw. ihre Atomkerne ziehen ein gemeinsam genutztes Elektronenpaar in Atombindungen stark an.
Aufgrund der Elektronenanordnung ihrer Atome sind alle Halogene sehr reaktionsfähige Elemente. Sie weisen **gemeinsame Gruppeneigenschaften** auf:

- Alle Halogene sind Molekülsubstanzen. Je zwei Atome werden durch gemeinsame Nutzung eines Elektronenpaares über eine Atombindung zusammengehalten (Abb. 1, S. 129).
- Die Halogene stellen leicht flüchtige Nichtmetalle dar. Selbst das feste Iod ist relativ flüchtig.
- Fluor, Chlor, Brom, Iod und auch das dem Iod ähnelnde Astat sind giftig und wirken ätzend.
- Alle Halogene reagieren heftig, besonders mit Wasserstoff und Metallen.
- Die Halogenwasserstoffe reagieren leicht mit Wasser zu relativ starken Säuren.

Die ähnlichen Eigenschaften beruhen darauf, dass die Atome der Halogene alle sieben Außenelektronen besitzen.
Bei chemischen Reaktionen können sie daher je ein Elektron aufnehmen. Dabei entstehen einfach negativ geladene Ionen.
Der Bau der Atome der Halogene ist kennzeichnend für Nichtmetalle.

Infolge der zunehmenden Anzahl der besetzten Elektronenschalen ihrer Atome weisen die Halogene auch deutlich **abgestufte Eigenschaften** auf.
- So nimmt die Flüchtigkeit der Elemente zum Iod hin ab.
- Es tritt eine Farbvertiefung von blass-grünlich-gelb (Fluor) über gelbgrün (Chlor) und rotbraun (Brom) zu violett (Iod) ein (s. S. 128).
- Im Gegensatz zu den Alkalimetallen nimmt die Reaktionsfähigkeit der Halogene innerhalb der Hauptgruppe von Fluor bis Astat ab.
  So reagiert Brom mit Eisenpulver oder Natrium langsamer als Chlor mit den genannten Stoffen.
- Ein Chlor-Wasserstoff-Gemisch im Verhältnis 1 : 1 setzt sich explosionsartig um **(Chlorknallgas)**. Bei Brom verläuft die Reaktion mit Wasserstoff bereits etwas gedämpfter. In jedem Falle entstehen gasförmige Halogenwasserstoffe, z. B. aus Brom und Wasserstoff Bromwasserstoff.

$$H_2 + Br_2 \longrightarrow 2\,HBr$$

Erklären lässt sich diese Abstufung wiederum aus der Elektronenanordnung. Die Atome der Halogene mit ihren sieben Elektronen auf der Außenschale erreichen die stabile Achterschale durch Elektronenaufnahme. Dazu ist es notwendig, dass Elektronen des Reaktionspartners angezogen werden. Das geschieht in immer geringerem Maße, je weiter die Außenschale vom positiven anziehenden Kern entfernt ist. Die Atomkerne der Iodatome ziehen Elektronen nicht so stark an wie die Kerne der Fluoratome. Iod reagiert deshalb auch weniger intensiv.

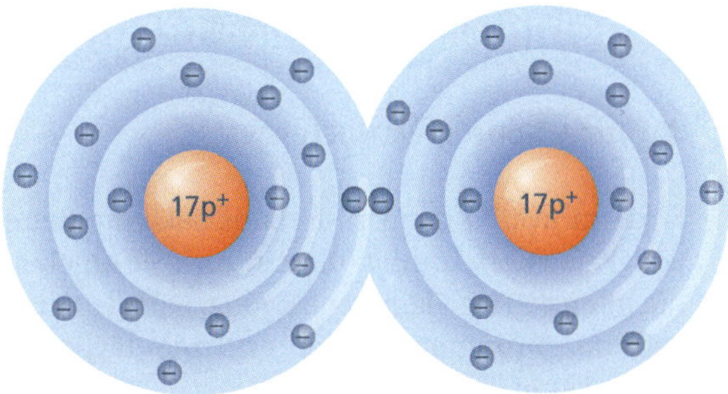


Formel: $Cl_2$ Lewis-Formel: $|\overline{\underline{Cl}} - \overline{\underline{Cl}}|$

**1** Zwei Chloratome bilden ein gemeinsames Elektronenpaar aus.

**Ähnliche Eigenschaften werden innerhalb einer Hauptgruppe durch die gleiche Anzahl an Außenelektronen bedingt.**
**Abgestufte Eigenschaften innerhalb einer Hauptgruppe ergeben sich durch die zunehmende Anzahl der besetzten Elektronenschalen und den daraus resultierenden unterschiedlichen Atomradien.**

**Charakteristische Daten und Gruppeneigenschaften der Halogene**

| Periode | Element | Schmelztemperatur (in °C) | Siedetemperatur (in °C) | Dichte (in g/cm³ bei 25 °C) | Atomradius (in pm) | Elektronegativität | Nichtmetallcharakter | Farbtiefe | Festigkeit der Elementmoleküle | Reaktionsfähigkeit | Säurestärken der H-Verbindung |
|---|---|---|---|---|---|---|---|---|---|---|---|
| 2 | F | –223 | –188 | 0,0015 | 72 | 4,0 | | | $F_2$ | | |
| 3 | Cl | –101 | –34 | 0,0032 | 99 | 3,0 | | | $Cl_2$ | | |
| 4 | Br | –7 | 59 | 3,14 | 114 | 2,8 | | | $Br_2$ | | |
| 5 | I | 114 | 185 | 4,94 | 133 | 2,5 | | | $I_2$ | | |
| 6 | At | 302 | 335 | n.be. | 227 | 2,2 | | | $At_2$ | | |

## Chemie in Natur und Technik

### Auf den Spuren MENDELEJEWS

Strontiumverbindungen sind uns bekannt, denn kein Feuerwerk kommt ohne sie aus. Sie ergeben die intensiv rote Flammenfärbung. Die Elementsubstanz Strontium bekommt man im täglichen Leben kaum einmal zu sehen.
*Sage mithilfe des PSE voraus, welche Eigenschaften das Element Strontium kennzeichnen!*

Zu den Eigenschaften eines Elements gehören metallische/nichtmetallische Eigenschaften und sein Bestreben, mit anderen Stoffen zu reagieren.
Zwischen der Stellung des Elements im Periodensystem und seinen Eigenschaften besteht ein enger Zusammenhang. Die Ursache liegt im Bau ihrer Atome, den man aus dem Periodensystem ableiten kann.
Strontium ist mit der Ordnungszahl 38 im Periodensystem platziert. Es steht in seiner Periode ziemlich weit links. Zudem gehört es zur II. Hauptgruppe, in der sich auch Magnesium befindet. Das lässt vermuten, dass es sich bei Strontium um ein Metall handelt. Das Element steht in der Hauptgruppe weiter unten als Magnesium, Strontium müsste sogar einen noch stärkeren metallischen Charakter haben.
Auch der Atombau von Strontium weist darauf hin. Die 38 Elektronen (Ordnungszahl!) sind in fünf Elektronenschalen (Periode!) verteilt. In der Außenschale befinden sich zwei Elektronen (Hauptgruppennummer!). Man kann aus dieser Verteilung schließen, dass die weitab vom Kern befindlichen Außenelektronen relativ energiereich und damit „aktiv" und „locker" sein dürften.
Die leichte Abgabe der Außenelektronen deutet auf ein unedles Metall hin. Dies bedeutet gleichzeitig eine hohe Affinität zum Element Sauerstoff. Strontium wird ähnlich wie Magnesium ein entsprechendes Oxid bilden.

$$2\,Sr + O_2 \longrightarrow 2\,SrO$$

Wenn es stärker mit Sauerstoff reagiert als Magnesium (in der Hauptgruppe noch unter Calcium zu finden), dann muss dieser Stoff sicher unter Luftabschluss – ähnlich wie Natrium – aufbewahrt werden.
In der Realität überzieht sich das Metall an der Luft tatsächlich mit dem gelblich braunen Strontiumoxid. In Pulverform ist Strontium nicht ungefährlich, da es sich spontan entzündet, also extrem reaktionsfreudig ist. Um die Reaktion mit Sauerstoff zu verhindern, ist eine Aufbewahrung unter Toluen angeraten.

#### Voraussagen

Voraussagen ist eine Tätigkeit, bei der auf der Grundlage von Gesetzen oder Modellen unter Berücksichtigung der gegebenen Bedingungen eine Prognose in Bezug auf ein Phänomen abgeleitet wird. Kennt man nicht alle zugrunde liegenden Gesetze und Bedingungen, kann der Wahrheitsgehalt der Prognose unterschiedlich sein.
Voraussagen sind bei chemischen Experimenten von besonderer Bedeutung. Mithilfe der Kenntnisse vom Aufbau der Stoffe und dem Verlauf einer chemischen Reaktion ist man in der Lage, eintretende Erscheinungen im Voraus zu formulieren. Oft wird anschließend die Voraussage im Experiment überprüft und eventuell korrigiert.
Beim Voraussagen sollte man folgendermaßen vorgehen:
- Beschreibe zuerst die wesentlichen Merkmale der vorherzusagenden Erscheinung!
- Beschreibe dazugehörige Gesetzmäßigkeiten oder Modelle!
- Leite Schlussfolgerungen aus den Gesetzmäßigkeiten ab. Formuliere die Voraussage mit „Wenn, … dann."!

## Hände weg vom Natrium

Für den Umgang mit Natrium gelten besondere Sicherheitsvorschriften. Dazu gehört, dass Natrium stets mit einer Pinzette aus dem Vorratsgefäß entnommen werden muss!

*Warum darf man Natrium nicht mit bloßen Händen anfassen? Stelle eine Beziehung her!*

Natrium steht in der I. Hauptgruppe. Die Atome besitzen ein Außenelektron. Das Außenelektron ist relativ energiereich und vom Atomkern relativ weit entfernt. Deshalb kann es leicht abgegeben werden. Aufgrund dieser Tatsache handelt es sich bei dem Metall um einen sehr reaktionsfreudigen Stoff. Natrium reagiert nicht nur mit Sauerstoff und Halogenen sehr gut, sondern auch mit Wasser. Bei der Reaktion mit Wasser entsteht das brennbare Gas Wasserstoff und die ätzende Natronlauge.

$$2Na + 2H_2O \longrightarrow 2NaOH + H_2\uparrow$$

Der Prozess verläuft unter starker Wärmeentwicklung. Dadurch kann es dazu kommen, dass Wasserstoff sich entzündet.

Unsere Hautoberfläche ist nie ganz trocken. Durch die Schweißdrüsen wird ein gewisser Flüssigkeitsfilm auf der Haut gebildet. Natrium reagiert mit dieser Flüssigkeit. Durch die entstehende Hitze und durch die sich bildende ätzende Lauge kommt es zu Hautschäden. Deshalb darf dieses Metall niemals mit den Händen berührt werden.

C
ätzend

F
entzündlich

## Das unfreiwillige Experiment

In vielen Haushalten werden Gasherde genutzt. Meist wird Erdgas verbrannt, um thermische Energien freizusetzen. Ist die Flamme richtig eingestellt, verbrennt Erdgas mit blauer Flamme. Manchmal ändert sich jedoch die Farbe der Flamme. Besonders dann, wenn man beim Kochen von Salzkartoffeln nicht rechtzeitig heruntergeschaltet hat und das Wasser überkocht. In dem Moment verfärbt sich die Erdgasflamme intensiv gelb.

*Wie ist diese Farbveränderung der Erdgasflamme von Blau nach Gelb zu erklären?*

Sie rührt von den Natriumverbindungen im übergekochten Kartoffelwasser her. Durch die heiße Flamme werden Elektronen in der Atomhülle der Natriumteilchen (Ionen, s. S. 118) auf ein höheres Energieniveau gehoben. Beim „Rückfall" auf das Grundniveau geben sie Energie in Form des gelben Lichts ab.

Diese Gelbfärbung dient auch bei Untersuchungen von Stoffen als Vorprobe. Sind natriumhaltige Verbindungen vorhanden, färbt sich eine entleuchtete Brennerflamme gelb.

Auch im Trinkwasser und im Boden sind geringe Mengen Kochsalz enthalten. Demzufolge ist diese Substanz fast allgegenwärtig. Sie „verunreinigt" deshalb oft Verbindungen anderer Alkalimetalle, sodass deren andersartige, fahlere Flammenfärbung durch Gelb überdeckt wird. Man behilft sich, indem man die Flamme durch spezielles Glas (Cobaltglas) betrachtet. Dieses Glas absorbiert das gelbe Licht, sodass andere Lichtanteile deutlich hervortreten.

## gewusst · gekonnt

**1.** Erweitere dein Glossar!

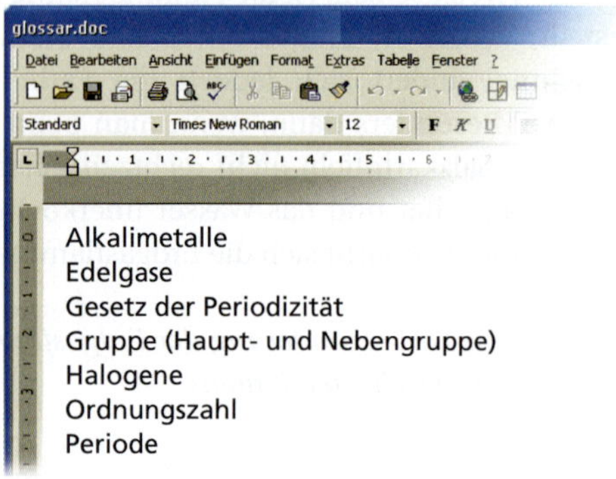


**2.** Informiere dich in einem Nachschlagewerk über die Atommasse, die Dichte und die Schmelztemperatur von Gallium!

a) Vergleiche die Daten, die MENDELEJEW vorausgesagt hat, mit diesen Werten!

b) Was kannst du über die Genauigkeit der Daten MENDELEJEWS aussagen?

c) Welche Bedeutung hatte die Entdeckung des Galliums?

**Eigenschaften von Gallium**

| Größe | Voraussagen von MENDELEJEW | heutige Werte |
|---|---|---|
| Atommasse | 68 | |
| Dichte | $6\ g \cdot cm^{-3}$ | |
| Schmelztemperatur | in der Hand schmelzend | |

**3.** MENDELEJEW ordnete die damals bekannten Elemente nach ihren relativen Atommassen. Erkläre, warum diese heute nicht mehr als Grundlage für die Anordnung der Elemente im Periodensystem dienen können!

**4.** Stelle den Zusammenhang zwischen dem Bau der Atome und der Stellung des Elements im Periodensystem an folgenden Beispielen dar: Sauerstoff, Argon, Magnesium, Kohlenstoff, Wasserstoff, Strontium, Fluor und Blei. Nutze dazu eine Tabelle!

**5.** Gib die Formeln von Ammoniak ($NH_3$) und Chlor ($Cl_2$) in Lewis-Schreibweise an, sodass der stabile Edelgaszustand für die jeweiligen Elemente deutlich wird!

**6.** Neon gehört zu den Edelgasen.

a) Erkläre, warum es in der VIII. Hauptgruppe eingeordnet ist!

b) Informiere dich über die Verwendung von Neon und anderen Edelgasen!

**7.** Wasserstoff wurde im Periodensystem in die I. Hauptgruppe eingeordnet. Ist diese Einordnung richtig?
Finde Argumente, die für und die gegen diese Positionierung von Wasserstoff im PSE sprechen!

**8.** Suche aus dem Periodensystem Paare von Elementen heraus, die aufgrund der Besetzung ihrer Außenschalen mit Elektronen höchstwahrscheinlich gut miteinander reagieren!
Kennzeichne die vermutlich am heftigsten reagierenden Elementpaare und begründe deine Vermutung!

**9.** Entwickle die Schalenmodelle vom Magnesiumatom und vom Schwefelatom!
Begründe, warum Magnesium metallische Eigenschaften aufweist und den Strom leiten kann, Schwefel jedoch nicht!

Magnesiumspäne

Schwefelschnur

**10.** Alkalimetalle und Halogene bilden Gruppen. Informiere dich über weitere Gruppen! Fertige jeweils eine Übersicht an! (Nutze dazu beispielsweise www.schuelerlexikon.de!)

**11.** Innerhalb der I. Hauptgruppe nimmt die Reaktionsfähigkeit mit steigender Ordnungszahl zu, innerhalb der VII. Hauptgruppe nimmt die Reaktionsfähigkeit ab. Erkläre!

**12.** S Suche aus verschiedenen Gruppen und Perioden des PSE insgesamt 10 Elemente heraus und triff eine begründete Aussage, mit welcher Wahrscheinlichkeit sie den elektrischen Strom leiten!
Kontrolliere deine Aussage, wenn möglich, experimentell!

**13.** Soll in der Schule das chemische Verhalten der Alkalimetalle demonstriert werden, verwendet man nur Lithium und Natrium, selten Kalium. Rubidium und Caesium werden nie genutzt.
a) Erkläre, warum Rubidium und Caesium in der Schule zum Experimentieren nicht eingesetzt werden!
b) Stelle die Reaktionsgleichungen für die Reaktionen der fünf Alkalimetalle mit Chlor und mit Brom auf!

**14.** Erkläre, warum man in der Natur keine elementaren Alkalimetalle und auch kaum elementare Halogene finden kann!

* **15.** Halogenlampen oder -strahler sind in fast jedem Haushalt zu finden. Ermittle, nach welchem Prinzip diese Leuchten arbeiten!

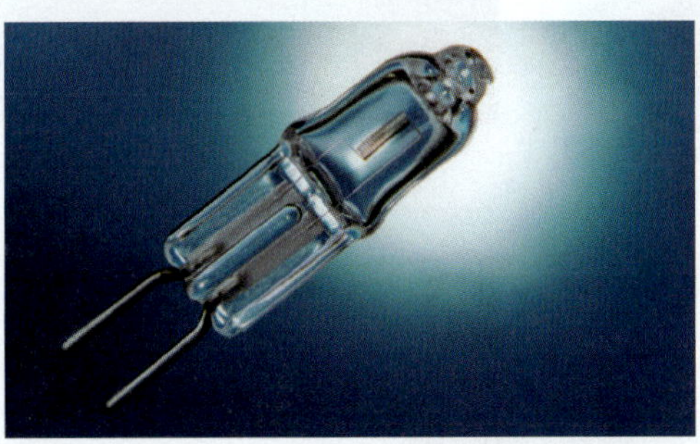

**16.** Ein Stück Natrium soll zunächst mit Chlor, dann mit Brom und zuletzt mit Iod zur Reaktion gebracht werden.

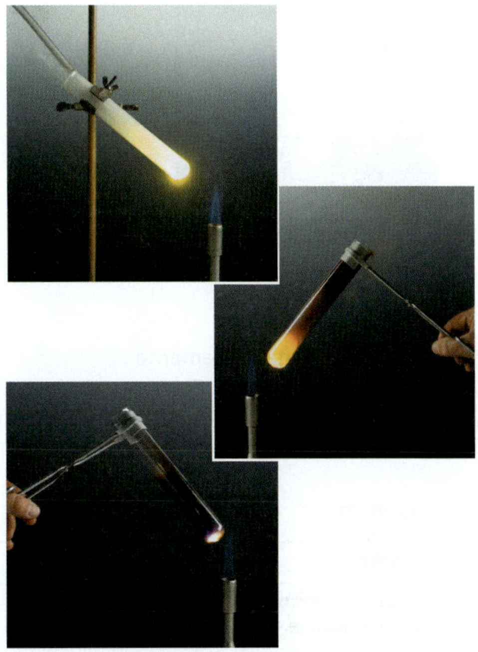

Notiere die Beobachtungen und werte aus!

* **17.** Sowohl Natrium als auch Chlor sind, bedingt durch ihren Atombau, sehr reaktionsfähige Elemente. Deshalb muss Natrium auch unter Sauerstoffabschluss aufbewahrt werden. Eine entsprechende Aufbewahrung ist bei Chlor nicht notwendig. Erkläre!

**18.** Das Periodensystem der Elemente kann man auch als „Schlüssel der Chemie" bezeichnen. Stimmt diese Aussage? Begründe deine Antwort!

**19.** Innerhalb der Periode ändern sich die Eigenschaften der Elemente allmählich, beim Übergang von einer Periode zur anderen jedoch sprunghaft. Finde eine Erklärung für diese Erscheinung! Zeichne dazu die Schalenmodelle für die Elemente Fluor, Natrium, Magnesium, Chlor, Kalium und Calcium!

## Atombau und Periodensystem

### Bau der Atome

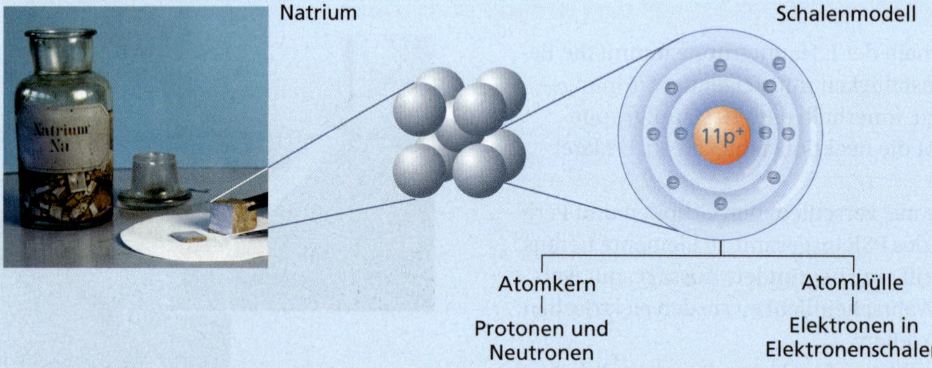


### Periodensystem der Elemente

Im Periodensystem der Elemente sind die Elemente nach steigender Protonenzahl in Perioden angeordnet. Zwischen der Anordnung im Periodensystem, dem Atombau und den Eigenschaften des Elements besteht ein enger Zusammenhang.

allgemein:

| Atombau | Stellung im PSE |
|---|---|
| Anzahl der Protonen und Elektronen | Ordnungszahl |
| Anzahl der besetzten Elektronenschalen | Periodennummer |
| Anzahl der Außenelektronen (Hauptgruppenelemente) | Hauptgruppennummer |

Beispiel Natrium:

| Atombau | Stellung im PSE |
|---|---|
| 11 Protonen und Elektronen | Ordnungszahl 11 |
| 3 besetzte Elektronenschalen | 3. Periode |
| 1 Außenelektron | I. Hauptgruppe |

**Gesetz der Periodizität:** Innerhalb einer Periode ändern sich die Eigenschaften der Elemente allmählich, von Periode zu Periode sprunghaft. Die Ursache liegt im Bau der Atome.
Elemente mit ähnlichem Atombau und übereinstimmenden Eigenschaften werden zu Gruppen zusammengefasst.

**Alkalimetalle: Elemente der I. Hauptgruppe**

z.B.

Lithium Natrium Kalium Caesium

**Halogene: Elemente der VII. Hauptgruppe**

z. B.

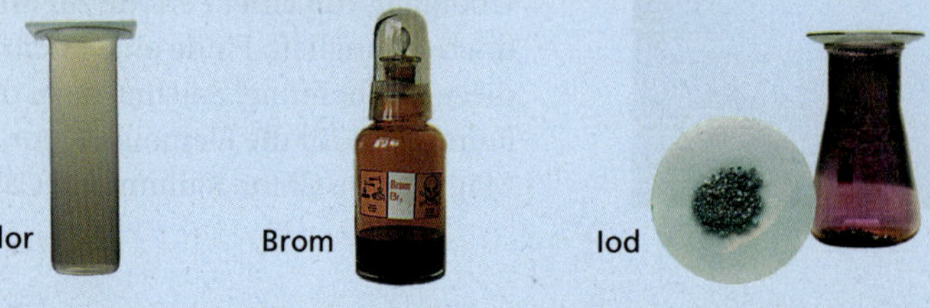

Chlor Brom Iod

# 6 Redoxreaktionen

### Eisen und Eisenerz

Eisen bzw. Stahl spielten in der Geschichte der Menschheit schon lange eine große Rolle. Waffen aus Stahl ermöglichten es dem spanischen Eroberer CORTEZ das Reich der Azteken zu unterwerfen, um an die sagenhaften Goldschätze zu gelangen. Eine ganze Kultur wurde vernichtet, weil Waffen aus Stahl denen der Azteken überlegen waren.

*Welche chemischen Reaktionen sind zur Gewinnung von Stahl notwendig?*

### Kunst in der Urzeit

In der Höhle Lascaux in Frankreich wurden wunderschöne Wandmalereien entdeckt. Diese gezeichneten Tiere und Jagdszenen dienten kultischen Zwecken und entstanden vor 14 500 – 13 000 v. Chr. Auch heute noch, nach Jahrtausenden, sind die Farben erhalten und wunderschön anzusehen.

*Wo hatten die Menschen die Farben her, die Jahrtausende überdauerten?*

### Eisengewinnung im Wandel der Zeiten

Schon in keltischer, römischer und germanischer Zeit wurde Eisen in geringen Mengen mithilfe einfacher Schmelzöfen gewonnen. Bis zur ersten Hälfte des 16. Jahrhunderts dominierte das Schmelzen in Rennöfen. Das erzeugte Roheisen war noch mit Schlacke versetzt und musste durch mehrfaches Schmieden langwierig bearbeitet werden. Seit dem 18. Jh. erfolgt die Roheisengewinnung Hochofen.

*Was ist ein Hochofen?*
*Wie wird im Hochofen aus Eisenerz Roheisen gewonnen?*

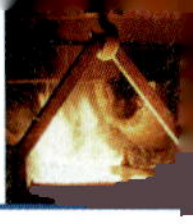

# Oxidation – Reduktion – Redoxreaktion

## Metalloxide – wichtige Rohstoffe

Metalloxide sind u.a. Produkte der Reaktion von Metallen mit Sauerstoff.

$$2Fe + O_2 \longrightarrow 2\,FeO$$
$$2Mg + O_2 \longrightarrow 2\,MgO$$
$$4Al + 3O_2 \longrightarrow 2\,Al_2O_3$$

Große Bedeutung haben Metalloxide als Bestandteile von Erzen. Sie stellen wichtige Ausgangsstoffe für die Gewinnung der Metalle dar. Aber auch die Metalloxide selbst finden Verwendung, z.B. als Farbpigmente (s. Tab., Abb. 1, S. 136).
Der Ausgangsstoff für die Herstellung von Kalkmörtel besteht überwiegend aus Calciumoxid. Kalkmörtel ist ein wichtiger Baustoff.
Die Formeln für die Metalloxide kann man Tabellen oder Tafelwerken entnehmen. Dabei fällt auf, dass es unterschiedliche Eisenoxide gibt.
$FeO$: Eisen(II)-oxid
$Fe_2O_3$: Eisen(III)-oxid
$Fe_3O_4$: Eisen(II, III)-oxid.
Im Namen ist jeweils die Wertigkeit des Metalls durch römische Ziffern angegeben.

**Farben ausgewählter Metalloxide**

| Metalloxide | Farbe |
|---|---|
| Eisenoxide | braun, rotbraun oder gelbbraun |
| Chrom(III)-oxid | grün |
| Titan(IV)-oxid | weiß |
| Blei(II, IV)-oxid | orange |

| Metall | Metalloxide |
|---|---|
| Aluminium (Al) | $Al_2O_3$ |
| Eisen (Fe) | $FeO$, $Fe_2O_3$, $Fe_3O_4$ |
| Kupfer (Cu) | $Cu_2O$, $CuO$ |
| Magnesium (Mg) | $MgO$ |
| Quecksilber (Hg) | $HgO$ |
| Zink (Zn) | $ZnO$ |

**Die Wertigkeit eines Elements in einer Verbindung gibt an, wie viel Wasserstoffatome es binden oder in einer Verbindung ersetzen kann.**

## Mosaik

### Wertigkeit und Formel

Wasser besteht aus den zwei Elementen Wasserstoff und Sauerstoff im Verhältnis 2 : 1. Ein Atom Sauerstoff bindet 2 Wasserstoffatome. Folglich ist Sauerstoff zweiwertig. $H_2O$

Beim Magnesiumoxid ist das Verhältnis Magnesium zu Sauerstoff 1 : 1. Da Sauerstoff zwei Wasserstoffatome ersetzen kann, muss also auch Magnesium zwei Wasserstoffatome ersetzen können. Magnesium ist zweiwertig. $MgO$

**Ist eine Verbindung aus den Elementen A und B aufgebaut, ist die Summe der Wertigkeiten von Element A gleich der Summe der Wertigkeiten von Element B.**

Die erkannte Gesetzmäßigkeit kann zum **Aufstellen von Formeln** genutzt werden (Beispiel: Aluminiumoxid).

Al: 3-wertig | O: 2-wertig

k.g.V. aus 2 und 3 ist 6

2 Aluminiumatome ergeben in der Summe der Wertigkeiten "6", denn $2 \cdot 3 = 6$

3 Sauerstoffatome ergeben in der Summe der Wertigkeiten "6", denn $2 \cdot 3 = 6$

$Al_2O_3$
Stoff: Aluminiumoxid
Atomverhältnis Al : O = 2 : 3

## Vom Oxid zum Metall

Viele Metalle kommen auf der Erde nur chemisch gebunden vor. Die Erze enthalten oft Oxide.
Bei der Metallherstellung aus den Metalloxiden geht es darum, mit einer chemischen Reaktion dem Metalloxid den Sauerstoff zu entziehen.
Einige Metalloxide können durch Wärmezufuhr zersetzt werden. Im Labor wird auf diese Art und Weise Quecksilber hergestellt. Bei der Reaktion wird rotes Quecksilberoxid thermisch gespalten. Dabei bilden sich das silberglänzende Quecksilber und das farblose Gas Sauerstoff.

$$2\,HgO \longrightarrow 2\,Hg + O_2 \quad Q = +\,nkJ$$

Den Prozess, bei dem ein Stoff Sauerstoff abgibt, bezeichnet man als **Reduktion.**
Aus Eisenoxiden lässt sich jedoch der Sauerstoff nicht durch Erhitzen abspalten. Man benötigt ein **Reduktionsmittel RM.**

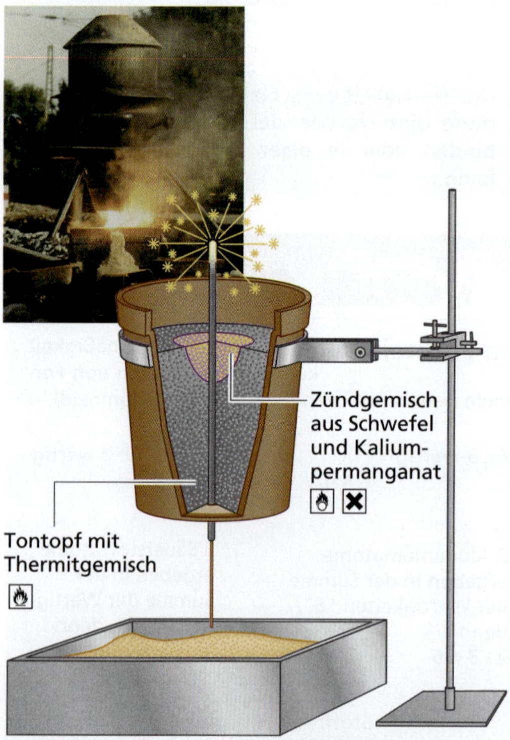


**1** Modellexperiment zum aluminothermischen Schweißen

Als Reduktionsmittel kann Aluminium eingesetzt werden, denn es hat eine große Affinität gegenüber Sauerstoff (Bestreben, Sauerstoff aufzunehmen). Dies wird genutzt, um kleinere Mengen Eisen herzustellen, z.B. beim Gleisbau für Eisen- und Straßenbahn (aluminothermisches Schweißen oder Thermitverfahren – Abb. 1).
Das **Reduktionsmittel** Aluminium verbindet sich bei der Reaktion mit dem Sauerstoff, es **wird oxidiert**. Dem Eisenoxid wird der Sauerstoff entzogen. Es handelt sich um ein **Oxidationsmittel (OM).** Es wird **reduziert.**

Reduktion

$$\underset{OM}{Fe_2O_3} + \underset{RM}{2\,Al} \longrightarrow 2\,Fe + Al_2O_3$$

Oxidation

Ein Stoff gibt Sauerstoff ab – Reduktion. Gleichzeitig nimmt der andere Stoff Sauerstoff auf – Oxidation. Dabei verläuft die **Teilreaktion** Oxidation exotherm und die **Teilreaktion** Reduktion endotherm. Die chemischen Teilreaktionen **Oxidation** und **Reduktion** sind nicht voneinander zu trennen, beide laufen gleichzeitig ab. Die Gesamtreaktion heißt **Redoxreaktion.** Sie kann in Abhängigkeit von den Teilreaktionen sowohl exotherm als auch endotherm ablaufen.

> **Eine chemische Reaktion, bei der Oxidation und Reduktion gleichzeitig ablaufen, nennt man Redoxreaktion.**

Die Reduktion von Eisenoxiden mit Kupfer ist nicht möglich. Kupferoxid kann jedoch durch Eisen und durch Aluminium reduziert werden. Metalle ordnet man nach ihrer unterschiedlichen Reduktionswirkung in der **Redoxreihe der Metalle.**

K Ca Na Mg Al Zn Fe Pb (unedle Metalle) — Cu Ag Pt Au (Edelmetalle)

Reduktionswirkung nimmt ab.

**2** Metalle kann man entsprechend ihres Reaktionsverhaltens ordnen.

# Mosaik

## Redoxreaktionen im Chemielabor

In welcher Reihenfolge Metalle nach ihrer Reduktionswirkung zu ordnen sind, kann man experimentell bestimmen (s. S. 146 Aufgabe 2).
Leichtmetalle wie Aluminium und Magnesium stehen in der Redoxreihe sehr weit links. Sie haben ein starkes Bestreben, Verbindungen mit Sauerstoff zu bilden. Dies hat auch Konsequenzen für den Brandschutz. Metallbrände dürfen nicht mit Trockenlöschern (Kohlenstoffdioxid) gelöscht werden.
Die Zufuhr von Sauerstoff wird durch Kohlenstoffdioxid nicht unterbunden, sondern es läuft eine Redoxreaktion ab. Im Experiment werden ein weißes Pulver und Rußflocken sichtbar.

Oxidation

$$2Mg + CO_2 \longrightarrow 2MgO + C$$

RM OM

Reduktion

Würde man versuchen, den Brand mit Wasser zu löschen, wäre dies noch gefährlicher, denn der entstehende Wasserstoff bildet mit Sauerstoff explosive Gemische.

Oxidation

$$Mg + H_2O \longrightarrow MgO + H_2$$

RM OM

Reduktion

Magnesium ist sehr unedel. Das Metall wäre wie Aluminium als Reduktionsmittel nutzbar. Seine Herstellung ist jedoch relativ teuer. Großtechnisch werden Metalle daher nicht als Reduktionsmittel eingesetzt.
Die Suche nach preiswerteren Stoffen lenkt die Aufmerksamkeit auf Nichtmetalle. Besonders Kohlenstoff und Wasserstoff scheinen geeignet.

Im Experiment reagiert Kupfer(II)-oxid tatsächlich mit Wasserstoff zu Kupfer und Wasser (Abb.).

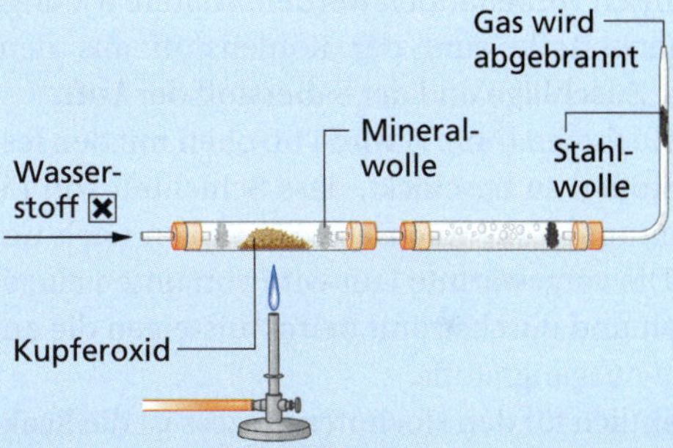


Oxidation

$$CuO + H_2 \longrightarrow Cu + H_2O$$

OM RM

Reduktion

Bei der Reaktion mit Kohlenstoff erhält man ebenfalls Kupfer als Reaktionsprodukt.

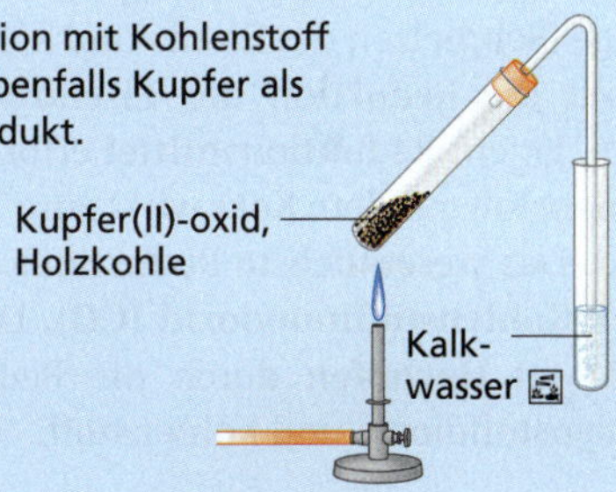


Oxidation

$$2CuO + C \longrightarrow 2Cu + CO_2$$

OM RM

Reduktion

Führt man das Experiment mit Eisen(II)-oxid durch, stellt man fest, dass Kohlenstoff auch bei dieser Reaktion als Reduktionsmittel wirkt und als ein Reaktionsprodukt elementares Eisen gebildet wird.

**Tipp: Redoxreaktionen haben große Bedeutung in der Natur und in der Technik. Ob man die Prozesse als Redoxreaktionen erkennt, ist auch eine Frage der Definition. Du kannst dich dazu auf der Seite 202 oder unter www.schuelerlexikon.de im Artikel „Redoxreaktionen" informieren.**

## Technische Gewinnung von Roheisen im Hochofen

Die wesentlichsten Ausgangsstoffe für die **technische Roheisengewinnung im Hochofen** sind die Eisenoxide in Eisenerzen. Nichtoxidische Eisenerze (s. Tab.) müssen vor der Verhüttung noch chemisch vorbehandelt werden. Weitere wichtige Ausgangsstoffe sind der Kohlenstoff aus dem **Koks, Zuschläge** und der Sauerstoff der **Luft.**

Der Hochofen (Abb. 1) wird von oben mit den festen Stoffen so beschickt, dass Schichten von Eisenerz und Koks wechseln. Sie sinken nach unten. Die vorgewärmte Luft wird von unten eingeblasen und durchströmt beim Aufsteigen die anderen Ausgangsstoffe.

Wesentlich für den Hochofenprozess ist die Reaktion des Kohlenstoffs mit dem Sauerstoff der Luft, die im unteren Teil des Hochofens erfolgt. Diese Reaktion ist exotherm und **liefert die notwendige Energie** für den Hochofenprozess. Dabei handelt es sich um endotherme Reaktionen, aber auch um Wärme verbrauchende physikalische Vorgänge (Schmelzen des Eisens und der Schlacke).

Damit die Reduktion der Eisenoxide erfolgen kann, ist ein **Reduktionsmittel** erforderlich. Der Kohlenstoff aus dem Koks wirkt zum Teil reduzierend. Das wesentlichste Reduktionsmittel ist jedoch **Kohlenstoffmonooxid (CO).** Das Gas **entsteht im Hochofen** durch die Reduktion von Kohlenstoffdioxid und Kohlenstoff.

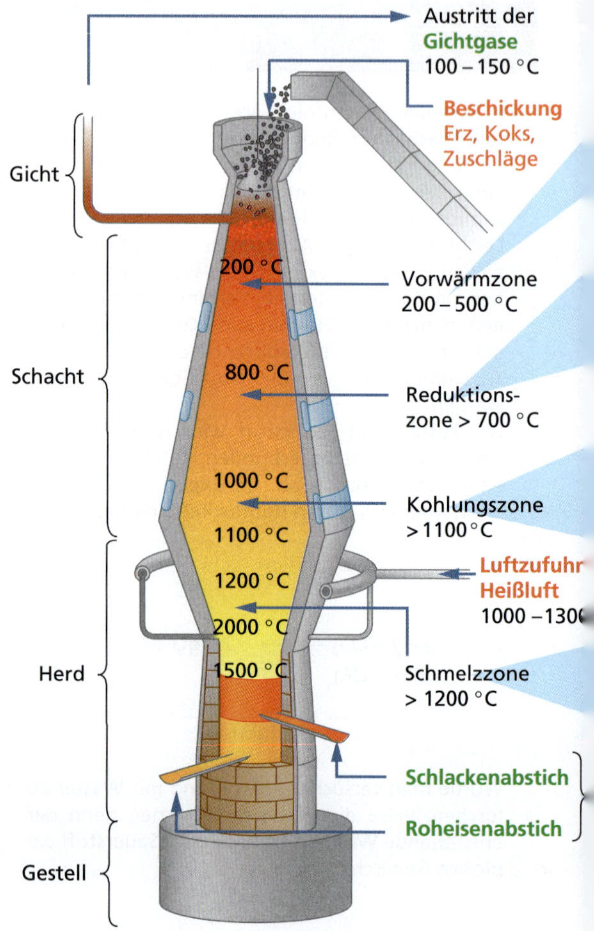


1 Eisengewinnung im Hochofen

| Name des Erzes | Formel des Erzes | Eisengehalt | Vorkommen |
|---|---|---|---|
| Magneteisenstein (Magnetit) | $Fe_3O_4$ ($FeO \cdot Fe_2O_3$) | ca. 60–70 % | Russland, Schweden, Norwegen |
| Roteisenstein (Hämatit) | $Fe_2O_3$ | ca. 45–70 % | Russland, Thüringen, Harz, USA, Brasilien |
| Brauneisenstein (Limonit) | $Fe_2O_3 \cdot n\,H_2O$ | ca. 25–60 % | Russland, Frankreich, Thüringen, Lothringen, Salzgitter, Peine |
| Spateisenstein (Siderit) | $FeCO_3$ | ca. 30–45 % | Russland, Österreich |
| Schwefelkies (Eisenkies/Pyrit) | $FeS_2$ | ca. 45 % | Polen, Spanien, Schweden, USA, Deutschland |

**Abgabe der Wärme von aufsteigenden Gasen an Feststoffe**

**Reduktion der Eisenoxide**

$Fe_2O_3 + CO \longrightarrow 2\,FeO + CO_2 \quad Q = -2{,}5\ kJ \cdot mol^{-1}$

$FeO + CO \longrightarrow Fe + CO_2 \quad Q = -10{,}5\ kJ \cdot mol^{-1}$

$FeO + C \longrightarrow Fe + CO \quad Q = +161{,}5\ kJ \cdot mol^{-1}$

**Bildung des Reduktionsmittels**

$C + CO_2 \longrightarrow 2\,CO \quad Q = +172\ kJ \cdot mol^{-1}$

Aufnahme von Kohlenstoff durch das metallische Eisen

**Reaktion von Koks mit dem Sauerstoff der Luft**

$C + O_2 \longrightarrow CO_2 \quad Q = -395\ kJ \cdot mol^{-1}$

Schmelzen des Roheisens

**periodischer Abstich** des Roheisens bzw. der Schlacke

| **Chemisch technische Arbeitsprinzipien** | | |
|---|---|---|
| **stofflicher Gegenstrom** | | |
| gründliche Durchmischung führt zum günstigen Reaktionsverlauf | ↑ gasförmige Ausgangsstoffe | feste Ausgangsstoffe ↓ |
| **thermischer Gegenstrom** | | |
| Wärmeaustausch ermöglicht das Vorwärmen der Ausgangsstoffe und Abkühlen der Reaktionsprodukte | kalt (Erz, Koks, Zuschläge) ↓ heiß (Roheisen, Schlacke) | heiß (Gichtgas) ↑ vorgewärmte (Luft) |
| **Kopplung exo- und endothermer Reaktionen** | | |
| exotherm: $C + O_2 \longrightarrow CO_2$ | | |
| endotherm: $FeO + C \longrightarrow Fe + CO$ | | |
| – **kontinuierliche Arbeitsweise des Hochofens**<br>– **diskontinuierlicher Abstich von Roheisen und Schlacke** | | |

Die **Hauptreaktion** im Hochofen ist die Reaktion der Eisenoxide mit dem Reduktionsmittel Kohlenstoffmonooxid. Dabei entsteht **Roheisen.** Das entstandene Roheisen ist flüssig und wird im unteren Teil des Hochofens abgestochen.

Etwas oberhalb des Roheisenabstichs erfolgt der Abstich der Schlacke. Diese hat sich aus den restlichen Bestandteilen des Erzes (Gangart) und den Zuschlägen (vor allem Kalk) gebildet. Da Schlacke eine geringere Dichte als Roheisen hat, schwimmt sie auf dem flüssigen Eisen.

Gasförmige Stoffe entweichen über die Gicht am oberen Ende des Hochofens. Bei dem Gichtgas handelt es sich um ein Stoffgemisch aus Stickstoff, Kohlenstoffdioxid, Kohlenstoffmonooxid und Wasserstoff.

1 Völklinger Hütte

**Roheisen:**

enthält ca. 4 % C,
Begleitelemente wie
1 % Si,
2–3% Mn,
bis zu 0,2 % P, z.T. S

**rostfreier Stahl:**

< 0,1 % C,
18 % Cr,
10 % Ni,
2 % Mo,
< 2 % Mn,
0,1–0,2 % Ti

**hochfester (zugfester Stahl):**

0,2–0,4 % C,
0,2–1,5 % Si,
0,5–1,0 % Mn,
0,8–1,0 % Cr,
0,3–0,4 % Mo,
1,0–2,0 % Ni,
0,1–0,5 % V

## Vom Roheisen zum Stahl

Die Begleitelemente im Roheisen beeinflussen seine Eigenschaften. Der Schmelzpunkt ist zwar relativ niedrig (1200 °C), aber das Eisen ist hart, spröde und lässt sich weder schmieden noch walzen. In dieser Form kann es als Gusseisen genutzt werden. Es wird für Zahnräder, Kurbelwellen oder auch Gullideckel verwendet, die große Festigkeit aufweisen müssen.

Erst wenn ein Teil der Beimengungen aus dem Eisen entfernt ist, wird es elastisch und schmiedbar. Insbesondere muss der Kohlenstoffgehalt unter 1,6 % liegen. Bei der Stahlherstellung werden die unerwünschten Beimengungen oxidiert. Die Summe dieser chemischen Reaktionen bezeichnet man als **Frischen.**

| Begleitelemente | | | | Produkte | |
|---|---|---|---|---|---|
| $C$ | + | $O_2$ | → | $CO_2$ | gasförmige Oxide (Abgase) |
| $C$ | + | $O_2$ | → | $2\,CO$ | |
| $S$ | + | $O_2$ | → | $SO_2$ | |
| $Si$ | + | $O_2$ | → | $SiO_2$ | feste Oxide / z. T. Reaktionen mit Zuschlägen (Schlacke) |
| $4\,P$ | + | $5\,O_2$ | → | $P_4O_{10}$ | |
| $Mn$ | + | $O_2$ | → | $MnO_2$ | |

# Mosaik

## Eisen- und Stahlgewinnung in der Geschichte

Es ist nicht genau bekannt, seit wann Menschen Eisenerz verarbeiten und Gegenstände aus Eisen herstellen konnten. Es lassen sich jedoch einige Daten angeben, zu denen die Menschen erwiesenermaßen Eisen nutzten.

3000 v. Chr.: Aus Eisenmeteoriten wurde in Ägypten Schmuck gehämmert.

2200 v. Chr.: Beigaben von Eisengegenständen in einem Fürstengrab in der Türkei

1500 v. Chr.: Die Hethiter entwickelten in Kleinasien die Eisentechnologie.

ab 1200 v. Chr.: Kenntnisse aus der Eisenverarbeitung verbreiten sich.

Lange wurde das Eisen als ein sehr kostbares Metall eingeschätzt. Das kam daher, weil Eisen in elementarer Form nur als Meteoriteneisen zu finden war. Seine Gewinnung war schwieriger als die von Kupfer und Zinn zur Bronzeherstellung.

Menschen, die die Kunst der Metallerzeugung und Metallverarbeitung beherrschten, genossen bereits im Altertum bei ihren Mitbürgern hohes Ansehen. Als Meister in der Gewinnung und Verarbeitung von Eisen galten auch die Kelten. Es ist sicher belegt, dass sie einen hervorragenden Stahl herzustellen und diesen auch entsprechend zu härten vermochten. Wieland der Schmied, er beherrschte die Eisenbearbeitung wie kaum ein Zweiter, soll dem Volk der Kelten angehört haben. Er ist Hauptgestalt der vermutlich ältesten germanischen Heldensage, dem „Völundlied“.

### *Sauerstoff-Blasverfahren*

Im **Sauerstoff-Blas-Konverter** werden dem flüssigen Roheisen u.a. Kalkzuschläge zum Binden des Siliciums und des Phosphors hinzugefügt. Zusätzlich wird Eisenschrott hinzugegeben, der u.a. der Kühlung dient. Der Sauerstoff wird durch ein Rohr (Blaslanze) in die Schmelze eingeblasen. Gasförmige Reaktionsprodukte (Kohlenstoffmonooxid, Kohlenstoffdioxid, Schwefeldioxid) entweichen aus der oberen Öffnung. Die Schlacke schwimmt über der Schmelze. Sie enthält u.a. Calciumphosphat – $Ca_3(PO_4)_2$ – was als Düngemittel in der Landwirtschaft Verwendung findet. Der fertige Stahl wird zur Weiterverarbeitung in ein Walzwerk transportiert.

### *Elektrostahlverfahren*

Mit dem **Elektroofen** können gezielt verschiedene Stahlsorten hergestellt werden. Daher wird das Verfahren besonders für die Produktion von Spezialstählen eingesetzt, die eine bestimmte Zusammensetzung aufweisen müssen.
Als Ausgangsmaterial wird neben dem Roheisen Schrott verwendet. Er enthält (chemisch gebunden) den Sauerstoff, der für die Oxidation der Begleitelemente nötig ist. Bei dem Prozess wird das im Schrott enthaltene Eisenoxid reduziert. Die erforderliche Temperatur von 3000 °C wird mithilfe von Strom im Lichtbogen erzeugt.
Nachdem die Schlacke abgegossen wurde, wird die Zusammensetzung durch die Zugabe von Legierungsmetallen gezielt beeinflusst (s. S. 48). Während des Produktionsprozesses werden immer wieder Proben genommen und die Zusammensetzung des Stahls getestet. Die Stähle, die im Elektroofen erzeugt werden, heißen Elektrostähle und sind sehr hochwertig.

**Bei der Stahlherstellung wird Roheisen von unerwünschten Begleitelementen befreit, indem man diese oxidiert.**
**Die Zusammensetzung des Stahls kann durch den Zusatz von Legierungsmetallen beeinflusst werden. Dadurch ist die Produktion verschiedener Stahlsorten möglich.**

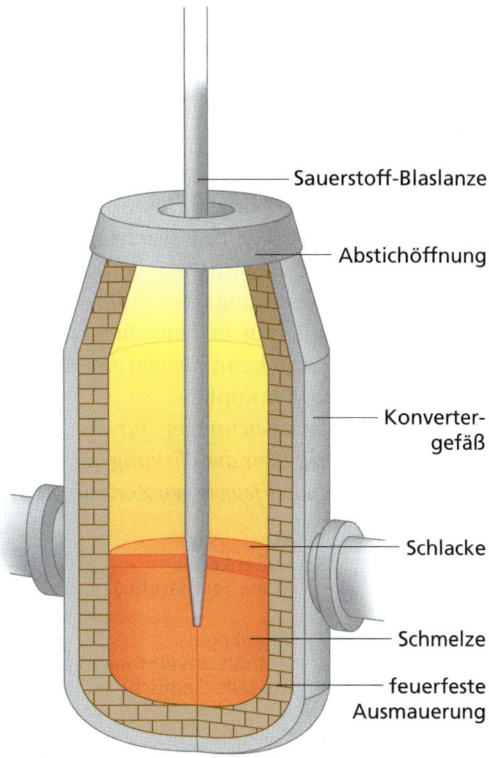


**1** Die Stahlherstellung im Konverter erfolgt mit dem Sauerstoffblasverfahren.

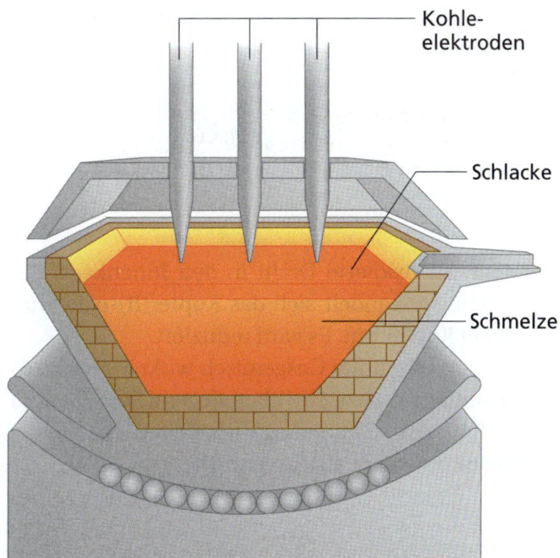


**2** Die Stahlherstellung im Elektroofen dient der Herstellung von Qualitätsstählen.

## Chemie in Natur und Technik

### Die erstaunliche Flamme

Eine Bunsenbrennerflamme weist unterschiedliche Zonen auf. Ihre Wirkung kann man mit einem Kupferdraht leicht untersuchen. Wird der Draht in den Flammenmantel gehalten, stellt man eine Schwarzfärbung des Kupfers fest. Hält man diesen Draht nun in den oberen Teil des Flammenkegels, erscheint wiederum die typische rote Färbung des Kupfers.
*Stelle die Reaktionsgleichungen für die Prozesse auf! Was kannst du über die Wirkung der Bunsenbrennerflamme in der jeweiligen Zone ableiten?*

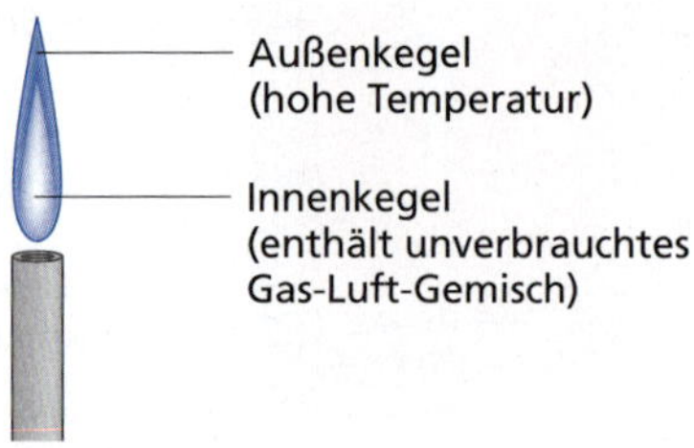


Im Außenkegel ist eine Oxidation abgelaufen. Der schwarze Überzug besteht aus Kupfer(II)-oxid. Der Außenkegel stellt demzufolge eine **Oxidationszone** dar.

Oxidation

$$2\,Cu + O_2 \longrightarrow 2\,CuO$$

Reduktion

RM: Cu
OM: $O_2$

Wird der oxidierte Draht in den Innenkegel gehalten, so wandelt sich das Kupfer(II)-oxid wieder in Kupfer um. Es wird reduziert.
Das unverbrannte Gasgemisch wirkt als Reduktionsmittel. Es besteht überwiegend aus Methan ($CH_4$). Bei dem Innenkegel handelt es sich um die **Reduktionszone** der Brennerflamme.

Oxidation

$$4\,CuO + CH_4 \longrightarrow 4\,Cu + 2H_2O + CO_2$$

Reduktion

OM: CuO
RM: $CH_4$

### Brennende Fackeln unter Wasser

Starklichtfackeln kommen zum Einsatz, wenn bei Unfällen schnell helles, durchdringendes Licht gebraucht wird. Sie erweisen sich besonders bei Nebel als sehr günstig. Solche Magnesiumfackeln können sogar bei Einsätzen unter Wasser, insbesondere in Höhlen, genutzt werden. Die Fackeln müssen zwar oberhalb des Wassers gezündet werden, brennen dann aber unter Wasser noch mindestens 12 Minuten.
*Erläutere, warum diese Magnesiumfackeln auch unter Wasser nicht erlöschen. Leite eine Konsequenz für die Brandbekämpfung ab!*

Das brennende Magnesium wird durch das Wasser nicht gelöscht, sondern reagiert mit ihm. Das Magnesium wird dabei durch den im Wasser chemisch gebundenen Sauerstoff oxidiert. Bei dieser Redoxreaktion entstehen Magnesiumoxid und Wasserstoff.

Oxidation

$$Mg + H_2O \longrightarrow MgO + H_2$$

Reduktion

Oxidationsmittel: $H_2O$

Reduktionsmittel: Mg

Zum Löschen von Magnesiumbränden dürfen daher niemals Wasser oder ein Nassfeuerlöscher verwendet werden. Der Brand würde nicht gelöscht. Außerdem würde der entstehende Wasserstoff mit Sauerstoff bei den herrschenden Temperaturen explosionsartig reagieren.

**1** Magnesium reagiert auch mit dem chemisch gebundenen Sauerstoff des Wassers.

## Roheisenherstellung – ein ideales Vortragsthema

Eisen bzw. die veredelte Form Stahl sind aus unserem heutigen Leben nicht wegzudenken. Im Jahr 2003 wurden in Deutschland 29,49 Mio. t Roheisen und 44,84 Mio. t Rohstahl produziert.
*Erarbeite einen Vortrag zur Eisenherstellung!*

Als wesentliche Grundlage für die Fakten zum Thema kann das Lehrbuch genutzt werden. Außerdem bieten Bibliotheken Fachliteratur. Umfangreiches Material lässt sich ebenfalls im Internet recherchieren.
Nach Sichtung der Materialien könnte eine Gliederung des Vortrages folgendermaßen aussehen:

1. Einleitung
2. Kurzer geschichtlicher Exkurs zur Eisenherstellung
3. Roheisengewinnung im Hochofen
3.1 Ausgangsstoffe – Vorkommen und Aufbereitung
3.2 Aufbau des Hochofens
3.3 Chemisch – technische Prozesse
3.4 Reaktionsprodukte und ihre Verwendung
4. Zusammenfassung

### Der Schülervortrag

Der Vortrag informiert ausführlich über ein Sachthema vor einem größerem Hörerkreis. Er dient der Wissensvermittlung.

**Vorbereitung**

1. Erarbeite sichere Kenntnisse zum Thema (Material sammeln, auswerten, auswählen)!
2. Ordne zusammengestelltes Material, benenne Schwerpunkte und formuliere eine Gliederung!
3. Bedenke, was deine Zuhörer schon über das Thema wissen, bzw. was sie besonders interessieren wird!
4. Arbeite den Vortrag zunächst schriftlich aus und kennzeichne Zitate, statistische Angaben, Formeln und wichtige Kernsätze!
5. Überlege, wie Einleitung und Schluss des Vortrags gestaltet werden können!
6. Übe, den Vortrag frei zu halten!

Beachte beim Halten des Vortrages, dass
- du Blickkontakt zu den Zuhörern hältst,
- verständlich und nicht zu schnell sprichst,
- wichtige Aussagen wiederholst,
- Teilzusammenfassungen gibst,
- Wesentliches durch geeignete Anschauungsmaterialien hervorhebst!

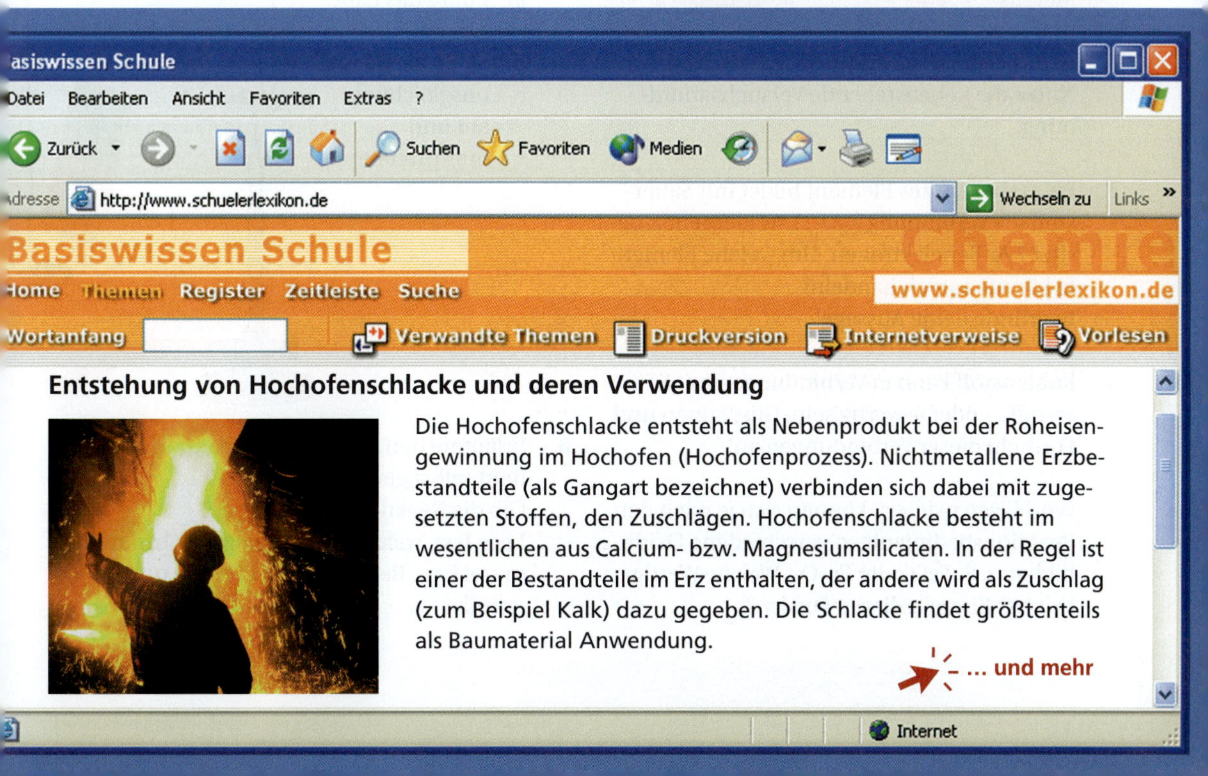

## gewusst · gekonnt

1. Ergänze bzw. aktualisiere dein Glossar!

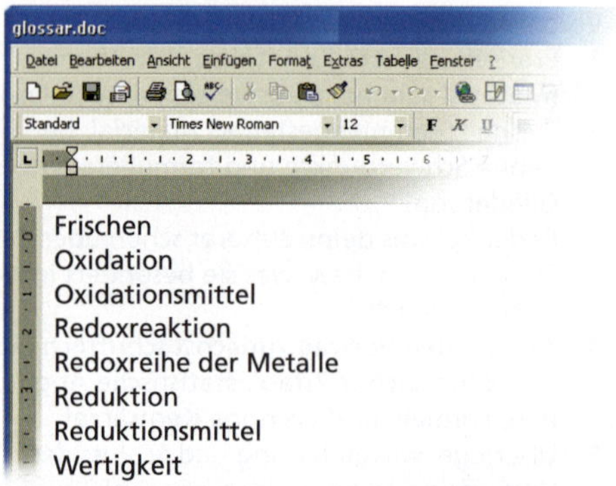
glossar.doc

Frischen
Oxidation
Oxidationsmittel
Redoxreaktion
Redoxreihe der Metalle
Reduktion
Reduktionsmittel
Wertigkeit

2. Ermittle experimentell die Redoxreihe für folgende Metalle: Eisen, Kupfer, Magnesium, Zink! Mische dazu jeweils ein Metall (Pulver) und ein Oxid eines anderen Metalls und erhitze das Gemisch (Achtung Schutzbrille)! Nutze die nebenstehende Versuchsanordnung!

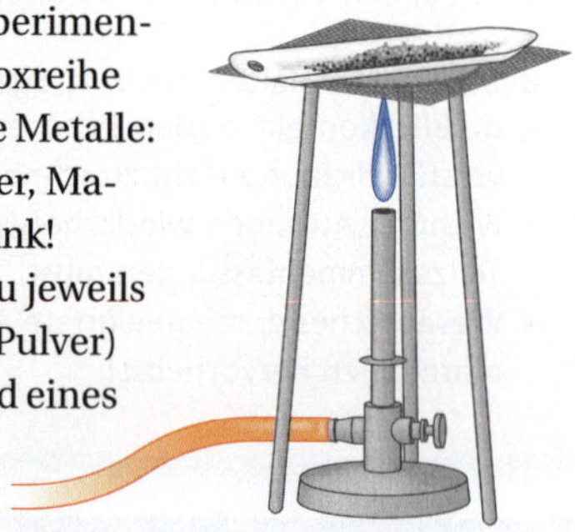

3. Ein unbekanntes Element bildet mit Sauerstoff die Verbindung $X_2O_7$. Das Element X besitzt 7 Außenelektronen. Um welche Elemente könnte es sich handeln? Begründe deine Aussage!

4. Kohlenstoff kann in Verbindungen mit Sauerstoff 2- oder 4-wertig sein. Gib Namen und Formeln dieser Verbindungen an!

5. Wird Eisen oxidiert, können sich je nach den Reaktionsbedingungen verschiedene Oxide bilden: z. B. FeO oder $Fe_2O_3$. Welche Wertigkeit hat Eisen in diesen Oxiden?

*6. In der Natur kommen die meisten Metalle nur in Form ihrer Verbindungen vor, meist als Oxide. Für die Herstellung von Geräten sind aber die Metalle selbst nötig. Man gewinnt sie aus den Erzen (Abb. Hämatit). Muss bei der Herstellung von Metallen aus den in den Erzen enthaltenen Oxiden Energie zugeführt werden oder wird Energie abgegeben? Begründe deine Aussage!

7. Vermischt man in einem Experiment Rostpulver und Aktivkohle miteinander und erhitzt es, so kann man Eisen gewinnen.
   a) Führe das Experiment durch!
   b) Stelle die Reaktionsgleichung auf und interpretiere sie!

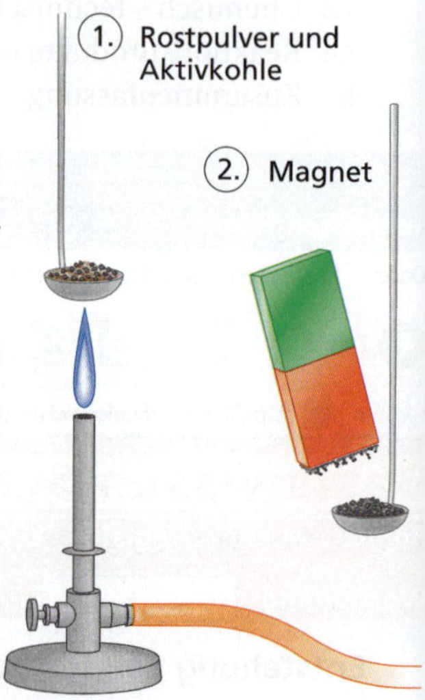


8. Erläutere den Begriff Redoxreaktion an einem selbst gewählten Beispiel! Gib die Reaktionsgleichung an! Lege fest, welche Ausgangsstoffe Oxidationsmittel bzw. Reduktionsmittel sind und begründe!

*** 9.** In der Elektronik wird reines Silicium für die Herstellung von Wafern benötigt. Man gewinnt Silicium aus Quarzsand ($SiO_2$) durch die Reaktion mit Kohlenstoff. Im Labor kann man auch Magnesium einsetzen.

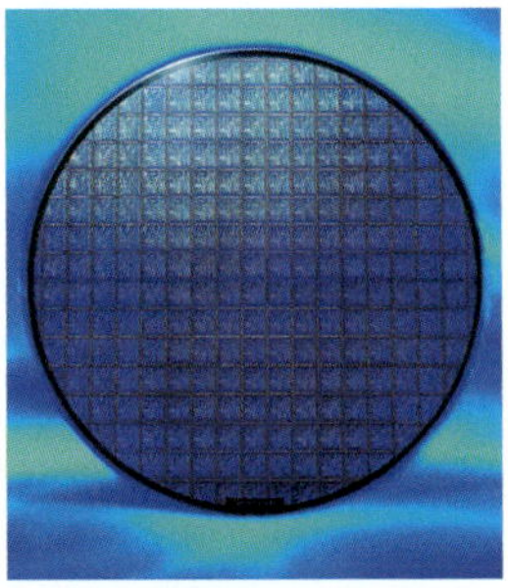

a) Welche Schlussfolgerungen kannst Du aus diesen Informationen ableiten?
b) Notiere die Reaktionsgleichungen und kennzeichne jeweils die Teilreaktionen!

**10.** Bei Roteisenstein, Magneteisenstein und Brauneisenstein handelt es sich um Eisenerze, die Eisenoxide enthalten (s. Tab. S. 140). Wie kann aus ihnen Roheisen hergestellt werden?
a) Schildere den Aufbau des Hochofens, gib die Ausgangsstoffe und Reaktionsprodukte des Hochofenprozesses an! Notiere die Wortgleichung für die Umwandlung der Eisenoxide in Eisen!
b) Notiere die Reaktionsgleichungen für die Hauptreaktionen im Hochofen! Interpretiere sie!
c) Gib chemisch-technische Prinzipien des Hochofenverfahrens an und erläutere sie!

**11.** Ein brennender Magnesiumspan wird in Kohlenstoffdioxid gehalten. Es ist weiterhin eine grelle Lichterscheinung zu beobachten. Außerdem bilden sich ein weißes Pulver und Rußflocken.

a) Erläutere, was im Reaktionsraum passiert und stelle die Reaktionsgleichung auf!
b) Leite eine Schlussfolgerung für die Bekämpfung von Magnesiumbränden ab!

**12.** Vergleiche Roheisen und Stahl! Fertige dazu eine Tabelle an!
Gib an, wie diese Materialien hergestellt werden, welche Eigenschaften sie aufweisen und worin die Ursachen für diese Eigenschaften liegen!
Leite aus diesem Vergleich eine Schlussfolgerung für die Verwendung dieser beiden Werkstoffe ab!

**13.** Techniker gliedern den Hochofen in Zonen. Sie unterscheiden dabei die Vorwärmzone, die Schmelzzone, die Kohlungszone und die Reduktionszone.
Gib an, in welchen Hochofenabschnitten diese Zonen liegen und welche Vorgänge in ihnen stattfinden! Notiere wesentliche Reaktionsgleichungen! Nutze dazu auch das Internet (z. B. www.schuelerlexikon.de) oder geeignete Nachschlagewerke!

**14.** Wissenschaftler sind sich heute ziemlich einig, dass die Menschen als erstes Metall nicht Eisen, sondern eher Gold verwendet haben. Worauf gründet sich diese Ansicht?

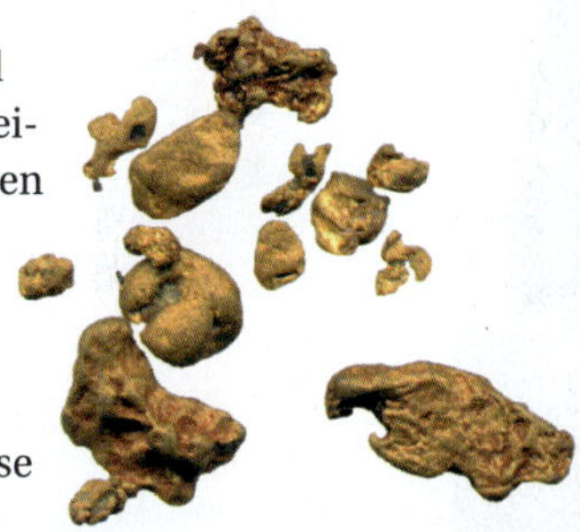

**15.** Entscheide, welche der folgenden Stoffe Oxidationsmittel oder Reduktionsmittel einer Redoxreaktion sein können! Begründe deine Entscheidung jeweils!
Kohlenstoffdioxid, Zink, Kohlenstoff, Wasser, Wasserstoff, Kohlenstoffmonooxid, Eisen, Aluminium, Silber(I)-oxid, Kupfer(II)-oxid

**16.** Ermittle verschiedene Stahlsorten, ihre Zusammensetzung und Einsatzmöglichkeiten! Stelle die Informationen in einer Tabelle zusammen!

**17.** Informiere dich im Internet über die Geschichte der Eisen- und Stahlherstellung! Fertige ein Poster an!

summa summarum

## Redoxreaktionen

### Vom Erz zum Stahl

Hämatit

Koks
Zuschläge
Heißluft

**Im Eisenerz enthaltene Oxide**

| | |
|---|---|
| $FeO$ | Eisen(II)-oxid |
| $Fe_2O_3$ | Eisen(III)-oxid |
| $Fe_3O_4$ | Eisen(III,IV)-oxid |

Eisen hat in den Verbindungen unterschiedliche **Wertigkeiten.** Die Wertigkeit gegenüber Wasserstoff gibt an, wie viele Wasserstoffatome es binden oder in einer Verbindung ersetzen kann.

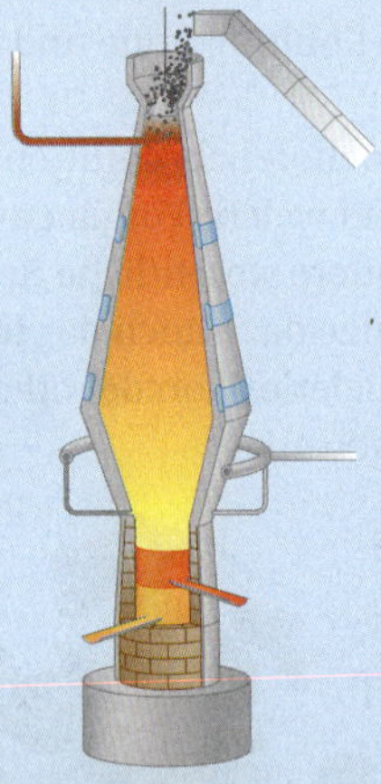

**Gewinnung von Roheisen im Hochofen**

Reduktion

$$FeO + CO \longrightarrow Fe + CO_2$$

OM RM

Oxidation

Die **Redoxreaktion** ist eine Reaktionsart, bei der Oxidation und Reduktion gleichzeitig ablaufen. Erfolgt ein Sauerstoffübergang, gilt:

**Reduktion:** Teilreaktion mit Sauerstoffabgabe,
**Oxidation:** Teilreaktion mit Sauerstoffaufnahme,
**Reduktionsmittel:** nimmt Sauerstoff auf,
**Oxidationsmittel:** gibt Sauerstoff ab.

Roheisen

Legierungsmetalle
Zuschläge

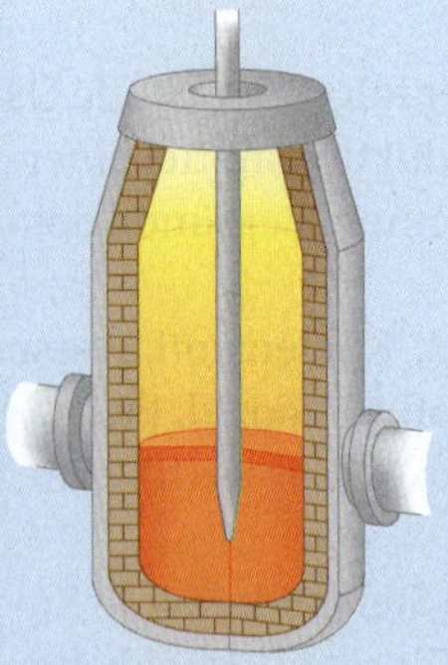

**Beseitigung von Begleitelementen bei der Stahlherstellung z. B.**

Reduktion

$$C + O_2 \longrightarrow CO_2$$

RM OM

Oxidation

**Redoxreihe der Metalle**

K Ca Na Mg Al Zn Fe Pb — unedle Metalle

Cu Ag Pt Au — Edelmetalle

Reduktionswirkung und Affinität gegenüber Sauerstoff nehmen ab.

Aus Metalloxiden werden mithilfe von Reduktionsmitteln Metalle gewonnen. Ob Metalle selbst als Reduktionsmittel einsetzbar sind, hängt von ihrer Stellung in der Redoxreihe ab.

# 7 Quantitative Betrachtungen

### Ein gescheiterter Bankraub

Ende des 19. Jahrhunderts sollen Einbrecher versucht haben, mit einem selbst gebauten Schneidbrenner den Safe einer Bank zu knacken. Dieser Schneidbrenner funktionierte nach dem Prinzip der Wasserstoffverbrennung. Kurz vor dem Ziel versagte das Gerät jedoch den Dienst. Eines der erforderlichen Gase war aufgebraucht.

*Welche quantitativen Beziehungen spielen bei chemischen Reaktionen eine Rolle?*

### Sparen durch quantitative Berechnungen

Chemisches Rechnen ist heute in der Industrie kennzeichnend. Dosierungen werden mit moderner Messtechnik überwacht.

*Was hat chemisches Rechnen mit Einsparung von Rohstoffen, mit Vermeidung von Produktionsausfall oder mit Umweltschutz zu tun?*

### Experimente ohne Messgeräte

1773 machte CARL FRIEDRICH WENZEL darauf aufmerksam, dass man „nebst den Bedingungen, unter welchen sich die Körper verbinden, auch das wahre Verhältnis ihres Gewichts gegeneinander“ angeben müsse.

*Waren die Experimentatoren damals ohne Waage und Messzylinder an Grenzen der Erkenntnis angelangt?*

## Wie groß ist eine Stoffportion?

In der Chemie arbeitet man mit Stoffportionen. So bringt man z.B. eine Stoffportion Kupfer mit einer Stoffportion Schwefel zur Reaktion und erhält eine Stoffportion Kupfersulfid.
Dabei spielt nicht nur die Art der Stoffe, sondern auch ihre Menge eine Rolle.
Jedoch erst in der zweiten Hälfte des 18. Jahrhunderts benutzten die Chemiker Waagen, um die Masse von Stoffportionen zu bestimmen. Sie stellten bei ihren Experimenten fest, dass sich stets 4g Kupfer mit 1g Schwefel zu Kupfersulfid verbinden bzw. 8g Kupfer mit 2g Schwefel usw. (Abb.1). Wurde das Massenverhältnis von 4 : 1 nicht genau eingehalten, blieb entweder Kupfer oder Schwefel übrig.
Aus diesen und vielen anderen ähnlichen Beobachtungen wurden drei wichtige Gesetze der Chemie abgeleitet:

**Gesetz der Erhaltung der Masse** (ANTOINE LAURENT DE LAVOISIER, 1785): Bei allen chemischen Vorgängen bleibt die Gesamtmasse der an der Reaktion beteiligten Stoffe konstant.
**Gesetz der konstanten Proportionen** (JOSEPH LOUIS PROUST, 1799): Eine chemische Verbindung bildet sich immer aus konstanten Massenverhältnissen der Elemente.
**Gesetz der multiplen Proportionen** (JOHN DALTON, 1803): Bilden zwei Elemente mehrere Verbindungen miteinander, dann stehen die Massen desselben Elements im Verhältnis kleiner ganzer Zahlen zueinander.

Diese Entdeckungen ließen sich nur erklären, wenn man winzige Teilchen annahm, aus denen Stoffe bestehen. Auf der Grundlage dieser Auffassung entwickelte DALTON die Vorstellungen über Atome weiter (s. S. 115).
Heute wissen wir, dass Stoffe aus Teilchen bestehen, z. B. aus Atomen oder Molekülen. Eine Stoffportion beinhaltet eine bestimmte **Teilchenzahl**. Zwischen der Teilchenzahl und der **Masse** der Stoffportion besteht ein Zusammenhang. Besonders bei Gasen wird zur Kennzeichnung der Stoffportion häufig auch das **Volumen** genutzt.

**L Experiment**

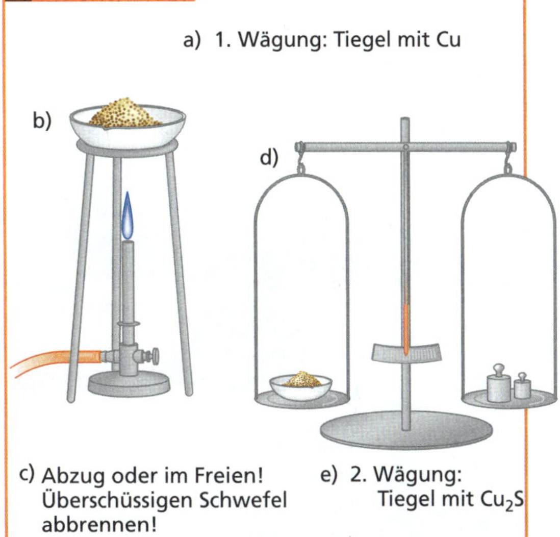


**1** Im Massenverhältnis von 4 : 1 erfolgt ein vollständiger Umsatz.

**2** LAVOISIER (li.), DALTON (re.)

**Die Masse gibt an, wie schwer oder wie leicht und wie träge eine Stoffportion ist.**
**Formelzeichen:** ***m***
**Einheiten:** **1 Kilogramm (1 kg)**
**1 Gramm (1 g)**
**Das Volumen gibt an, wie viel Raum eine Stoffportion einnimmt.**
**Formelzeichen:** ***V***
**Einheiten:** **1 Kubikmeter (1 m³)**
**1 Liter (1 l)**
**Die Teilchenanzahl gibt an, wie viele Teilchen in einer Stoffportion vorhanden sind.**
**Formelzeichen:** ***N***

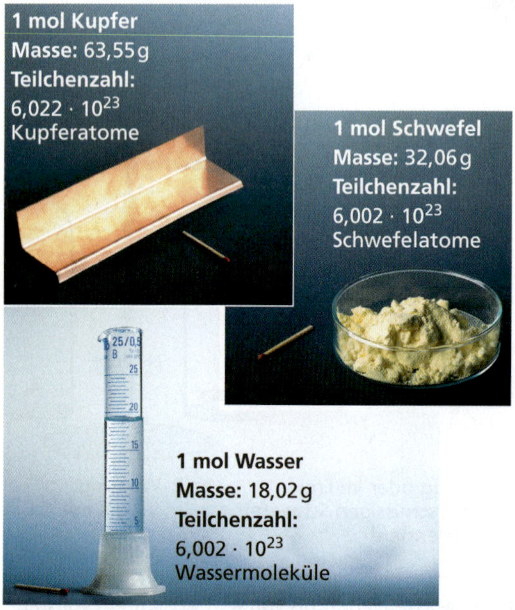


## Die Stoffmenge

Jede Stoffportion, mit der im Labor gearbeitet wird, enthält eine sehr große Anzahl von Teilchen. Um das chemische Rechnen zu erleichtern, wurde 1971 eine neue Größe, die **Stoffmenge *n*,** eingeführt. Nicht ein Stück oder ein Teilchen sollte die Stoffmengeneinheit sein, sondern die Menge 602,2 Trilliarden = $6{,}022 \cdot 10^{23}$ Teilchen. Diese Stoffmengeneinheit wird **Mol** genannt (Abb. 1)

Die Teilchenzahl *N* verhält sich zur Stoffmenge *n* direkt proportional. Den Proportionalitätsfaktor ($6{,}022 \cdot 10^{23}$) bezeichnet man als Avogadro-Konstante $N_A$.

$$N = N_A \cdot n$$

**Die Einheit der Stoffmenge *n* ist das Mol. Ein Mol umfasst annähernd $6 \cdot 10^{23}$ Teilchen.**

# Mosaik

## Wie viel wiegt ein Atom oder ein Molekül?

Die Masse der Teilchen, aus denen Stoffe bestehen, ist sehr klein. Die absoluten Atommassen der unterschiedlichen Atome betragen zwischen $10^{-24}$ bis $10^{-22}$ g. Das chemische Rechnen mit so kleinen Zahlen ist sehr kompliziert. Um dies zu vermeiden, hat man als Vergleichsgröße die atomare Masseneinheit eingeführt. Sie entspricht $^1/_{12}$ der Masse eines Kohlenstoffatoms (Isotop $^{12}C$). Dieser Wert erhält die Bezeichnung „u" (engl.: unit = Einheit). Sie beträgt $1{,}661 \cdot 10^{-24}$ g.

**Die atomare Masseneinheit 1 u entspricht einem Zwölftel der Masse des Kohlenstoffatoms $^{12}C$.**

Die atomare Masseneinheit wird als Größe benötigt, um die Masse aller Atome zu ihr in Beziehung zu setzen. Sie dient zur Bestimmung der **relativen Atommasse,** welche einheitenlos ist.

**Die relative Atommasse $A_r$ gibt an, wievielmal größer die Masse eines Atoms als die atomare Masseneinheit ist.**

$$A_r = \frac{m_A}{u}$$

$m_A$ absolute Masse eines Atoms
$u$ atomare Masseneinheit

Schwefel hat die relative Atommasse von ungefähr 32. Die Masse eines Schwefelatoms entspricht demnach ca. dem Zweiunddreißigfachen der atomaren Masseneinheit. Die relative Atommasse der Elemente kann dem Periodensystem der Elemente entnommen werden (s. Umschlagseite).

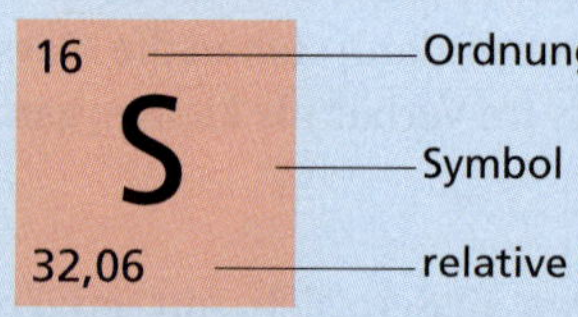


Die Bezugsgröße der atomaren Masseneinheit kann auch auf Moleküle angewendet werden. Da diese aus Atomen aufgebaut sind, ergibt sich ihre **relative Molekülmasse** aus der **Summe der relativen Atommassen.** Das **Wassermolekül** baut sich aus **zwei Wasserstoffatomen** und **einem Sauerstoffatom** auf. Daher wird die relative Molekülmasse wie folgt berechnet:

$(2 \cdot 1{,}01) + 16{,}00 = 18{,}02$

Die relativen Molekülmassen können oft aus Tabellen- und Tafelwerken entnommen werden.

## Molare Größen von Stoffportionen

### *Die molare Masse*

Zwischen der Teilchenzahl und der Masse einer Stoffportion besteht ein Zusammenhang, entsprechend sind auch die Stoffmenge $n$ und die Masse $m$ zueinander proportional (s. Grafik).

$m \sim n \quad \frac{m}{n} = \text{konstant}$

**Beispiel Kupfer** $\frac{m}{n} = 63{,}55\ \text{g} \cdot \text{mol}^{-1}$

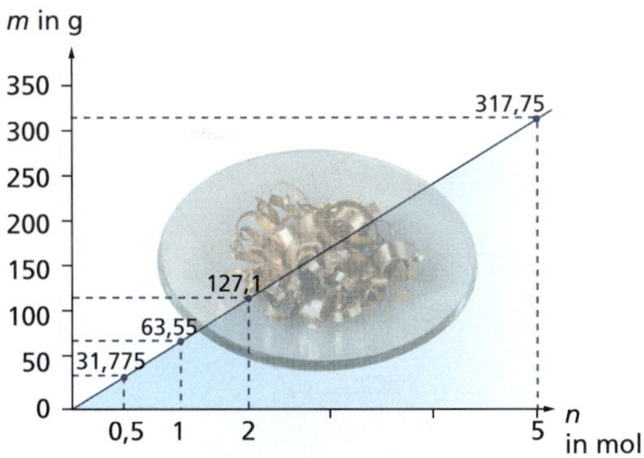


Die Konstante wird als **molare Masse** $\boldsymbol{M}$ bezeichnet und gibt an, welche Masse ein Mol des jeweiligen Stoffes ($6{,}022 \cdot 10^{23}$ Teilchen) besitzt. Die molare Masse von Kupfer beträgt demnach $63{,}55\ \text{g} \cdot \text{mol}^{-1}$.

**Die molare Masse eines Stoffes ist der Quotient aus der Masse und der Stoffmenge einer Stoffportion.**

$M = \frac{m}{n}$ **$m$ Masse der Stoffportion**
**$n$ Stoffmenge der Stoffportion**

**Einheit: Gramm je Mol [$\text{g} \cdot \text{mol}^{-1}$]**

Die molare Masse ist für die verschiedenen Stoffe unterschiedlich. Der Zahlenwert der molaren Masse von Elementen entspricht der relativen Atommasse.

### *Das molare Volumen*

Das Volumen spielt besonders bei Gasen eine Rolle. JOSEPH GAY LUSSAC hatte 1808 festgestellt, dass bei Reaktionen von Gasen, die bei gleichem Druck und gleicher Temperatur durchgeführt werden, die Volumina der beteiligten Gase in einem ganzzahligen Verhältnis zueinander stehen. AMADEO AVOGADRO zog daraus 1811 folgende Schlussfolgerung:

**Gleiche Volumina beliebiger Gase enthalten bei gleicher Temperatur und gleichem Druck die gleiche Anzahl von Teilchen (Gesetz von AVOGADRO).**

Ein Mol eines Gases besteht aus $6{,}022 \cdot 10^{23}$ Teilchen (Avogadro-Konstante). Unter Normbedingungen nimmt ein Mol jedes beliebigen Gases ein Volumen von 22,4 l ein. Man bezeichnet es als **molares Volumen** ($V_m = 22{,}4\ \text{l} \cdot \text{mol}^{-1}$ Abb. 1).
Im Gegensatz zum molaren Volumen von Gasen ist das molare Volumen von Flüssigkeiten und Feststoffen trotz gleicher Bedingungen von Stoff zu Stoff verschieden.

**Das molare Volumen $V_m$ eines Stoffes ist der Quotient aus dem Volumen der Stoffportion und der Stoffmenge der Stoffportion.**

$$V_m = \frac{V}{n}$$

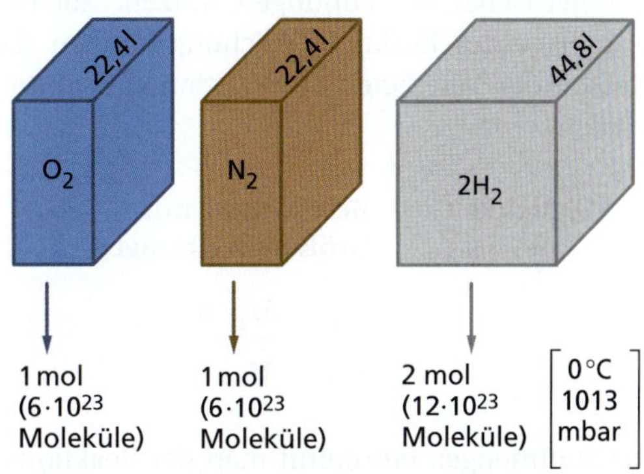


**1** Mithilfe des molaren Volumens lässt sich das Volumen gasförmiger Stoffe berechnen.

## Massenberechnung und ...

**Bei chemischen Reaktionen** interessieren weniger die einzelnen Stoffportionen, sondern eher, in welchem **Verhältnis diese Stoffportionen** miteinander reagieren.
Man möchte z. B. wissen, wie viel man von jedem Ausgangsstoff einsetzen muss, damit eine vollständige Umsetzung erfolgt.
Die Ausgangsstoffe reagieren miteinander in konstanten Massenverhältnissen (s. S. 151). Wird dieses Massenverhältnis nicht eingehalten, verbleibt von einem Ausgangsstoff ein Rest.
Ist Sauerstoff nicht in ausreichendem Maße vorhanden, setzt sich beispielsweise Magnesium nicht vollständig um. Somit ergibt sich für die Reaktion von Magnesium mit Sauerstoff:

$$m_{Mg} \sim m_{O_2}$$

Die Ausgangsstoffe und das Reaktionsprodukt weisen ebenfalls konstante Massenverhältnisse auf (s. Tab. und Grafik).

$$m_{Mg} \sim m_{MgO} \quad \text{und} \quad m_{O_2} \sim m_{MgO}$$

**Bei chemischen Reaktionen reagieren die Stoffe in festen Massenverhältnissen miteinander.**
**$m_1 \sim m_2$ bzw. $\frac{m_1}{m_2}$ = konstant**

$$2\,Mg + O_2 \longrightarrow 2\,MgO$$

**Wertetabelle**

| $m_{Mg}$ ($m_1$) | $m_{MgO}$ ($m_2$) | $\frac{m_{Mg}}{m_{MgO}} = \left(\frac{m_1}{m_2}\right)$ |
|---|---|---|
| 1 g | 1,657 g | 0,603 |
| 1,5 g | 2,486 g | 0,603 |
| 10,0 g | 16,57 g | 0,603 |
| 15,0 g | 24,86 g | 0,603 |
| 20,0 g | 33,15 g | 0,603 |
| 24,31 g | 40,3 g | 0,603 |

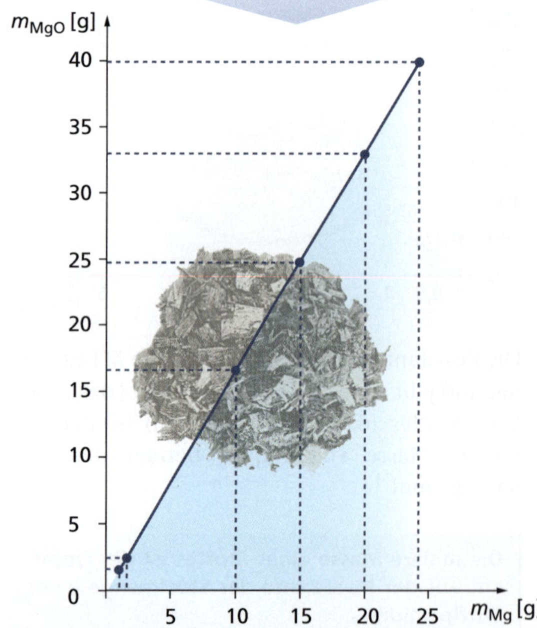


Diese Erkenntnis kann man für quantitative (stöchiometrische) Berechnungen nutzen. Auf der Grundlage der Reaktionsgleichung können die Massen der beteiligten Stoffportionen ermittelt werden.

**1. Möglichkeit** **Berechnung mit Größengleichungen**

$$\frac{m_1}{m_2} = \frac{M_1 \cdot n_1}{M_2 \cdot n_2}$$

Die Stoffmengen entnimmt man der Reaktionsgleichung und die molare Masse liest man aus einem Tabellen- oder Tafelwerk ab (s. S. 157).

**2. Möglichkeit: Berechnung mit Verhältnisgleichungen**

$$\begin{array}{ccccccc} m_1 & & & & m_2 & & \\ A & + & B & \longrightarrow & C & + & D \end{array}$$

$\text{Wert}_1 = n_1 \cdot M_1$

$\text{Wert}_2 = n_2 \cdot M_2$

$$\frac{m_1}{\text{Wert}_1} = \frac{m_2}{\text{Wert}_2}$$

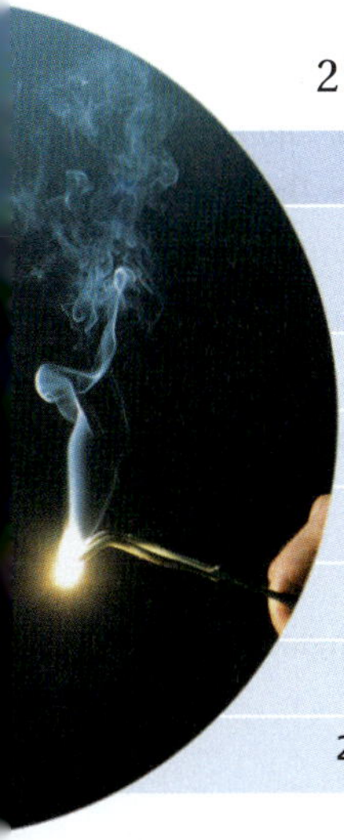

$$2\,Mg + O_2 \longrightarrow 2\,MgO$$

| Wertetabelle | | |
|---|---|---|
| $m_{Mg}$ ($m_1$) | $V_{O_2}$ ($V_2$) | $\frac{m_{Mg}}{V_{O_2}} = \left(\frac{m_1}{V_2}\right)$ |
| 1,0 g | 0,451 l | 2,17 g · l$^{-1}$ |
| 1,5 g | 0,691 l | 2,17 g · l$^{-1}$ |
| 10 g | 4,61 l | 2,17 g · l$^{-1}$ |
| 15 g | 6,91 l | 2,17 g · l$^{-1}$ |
| 20 g | 9,22 l | 2,17 g · l$^{-1}$ |
| 24,31 g | 11,2 l | 2,17 g · l$^{-1}$ |

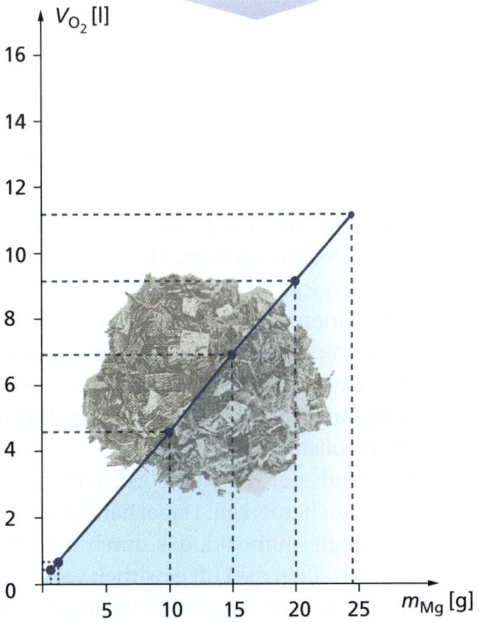


Bei der Reaktion von Magnesium mit Sauerstoff reagiert ein Feststoff mit einem Gas. Die Masse von Gasen lässt sich oft nur mit großem Aufwand bestimmen. Einfacher ist es, das Volumen zu ermitteln. Untersucht man, ob sich zwischen den Massen und den Volumina der Stoffportionen Zusammenhänge feststellen lassen, kommt man zu folgendem Ergebnis (s. Tab. und Grafik): auch hier liegt Proportionalität vor.

## … Volumenberechnung bei chemischen Reaktionen

**Die Massen und das Volumen** bei einer chemischen Reaktion stehen ebenfalls **im festen Verhältnis** zueinander.

$$m_{Mg} \sim V_{O_2}$$

Auch das Volumen von Sauerstoff und die Masse von Magnesium sind proportional zueinander. Der Quotient aus beiden Werten ist konstant.

$$m_{Mg} \sim V_{O_2} \qquad \frac{m_{Mg}}{V_{O_2}} = \textbf{konstant}$$

**Bei chemischen Reaktionen reagieren die Stoffe in festen Massen- und Volumenverhältnissen miteinander.**

$$m_1 \sim V_2 \quad \text{bzw.} \quad \frac{m_1}{V_2} = \text{konstant}$$

Ebenso wie für die Berechnung von Massen kann man diese Tatsache für Volumenberechnungen nutzen.

$$\frac{m_1}{V_2} = \frac{M_1 \cdot n_1}{V_m \cdot n_2} \qquad \text{oder} \qquad \frac{V_1}{m_2} = \frac{V_m \cdot n_1}{M_2 \cdot n_2}$$

Die erforderlichen Größen werden auch für diese Berechnung der Reaktionsgleichung bzw. aus Tabellen entnommen.

Aus der Größengleichung ergibt sich, dass die Volumenverhältnisse bei Reaktionen von Gasen den Stoffmengenverhältnissen entsprechen.

$$\frac{V_1}{V_2} = \frac{(V_m) \cdot n_1}{(V_m) \cdot n_2} = \frac{n_1}{n_2}$$

**Bei Reaktionen zwischen Gasen sind die Volumenverhältnisse gleich den Stoffmengenverhältnissen.**

## Chemie in Natur und Technik

### S Schülerexperiment kontra Laboruntersuchung?

Im Unterricht soll das Gesetz von den konstanten Proportionen anhand der Verbrennung von Magnesium an der Luft experimentell überprüft werden. Die Masse des Magnesiumspans beträgt 0,5 g. Er wird über einem Tiegel verbrannt und die entstandene Masse Magnesiumoxid bestimmt.

*Berechne die Masse an Magnesiumoxid, die theoretisch bei dieser Reaktion entstehen muss! Führe das Experiment durch! Vergleiche die errechnete und die experimentell ermittelte Masse! Gib mögliche Ursachen für Abweichungen an!*

*Ist die gewählte Versuchsanordnung geeignet, um konstante Massenverhältnisse bei chemischen Reaktionen zu ermitteln?*

**Vorüberlegungen:**

Für die Berechnung muss zuerst die Reaktionsgleichung aufgestellt werden.

**1.** $2\,Mg + O_2 \longrightarrow 2\,MgO$

> **Lösen stöchiometrischer Aufgaben**
>
> Beim Lösen stöchiometrischer Aufgaben solltest du Folgendes beachten:
>
> 1. Lies die Aufgabe durch! Notiere die Reaktionsgleichung!
> 2. a) Stelle die gesuchten und die gegebenen Größen zusammen!
>    b) Ermittle fehlende Größen aus Tafelwerken und Tabellen bzw. lies die Stoffmengen aus der Reaktionsgleichung ab!
> 3. Suche einen Ansatz für die Berechnungen über
>    a) eine Verhältnisgleichung oder
>    b) eine **Größengleichung**!
> 4. Stelle die Gleichung nach der gesuchten Größe um! Setze die gegebenen Größen ein und berechne die gesuchte Größe!
> 5. Formuliere das Ergebnis der Aufgabe! Beantworte dabei die Fragen im Aufgabentext!

**2.** geg: $m_{Mg}$ ges: $m_{MgO}$

$$2\,Mg + O_2 \longrightarrow 2\,MgO$$

$n_{Mg}$ $n_{MgO}$

gesucht: $m_{MgO}$

gegeben:
$m_{Mg} = 0{,}5\,g$
$M_{Mg} = 24{,}3\,g \cdot mol^{-1}$
$M_{MgO} = 40{,}3\,g \cdot mol^{-1}$
$n_{Mg} = 2\,mol$
$n_{MgO} = 2\,mol$

**3.** Berechnung über eine Größengleichung

$$\frac{m_{MgO}}{m_{Mg}} = \frac{M_{MgO} \cdot n_{MgO}}{M_{Mg} \cdot n_{Mg}}$$

**4.** Umstellung nach der gesuchten Größe, Einsetzen der Werte und Berechnung

$$m_{MgO} = \frac{40{,}3\,g \cdot mol^{-1} \cdot 2\,mol \cdot 0{,}5\,g}{24{,}3\,g \cdot mol^{-1} \cdot 2\,mol} = \underline{\underline{0{,}83\,g}}$$

**5.** Bei der Reaktion von 0,5 g Magnesium mit ausreichend Sauerstoff bilden sich 0,83 g Magnesiumoxid.

Die experimentell ermittelte Masse liegt unter dem errechneten Wert. Um die Ursachen für die Abweichung zu erkennen, muss beim Experimentieren genau beobachtet werden.

- Meist verbleibt ein Rest Magnesium. Wo der Span mit der Tiegelzange in Berührung kam, hat sich der Ausgangsstoff oft nicht vollständig umgesetzt.
- Während der Reaktion ist ein weißer Rauch zu bemerken. Dabei handelt es sich um Magnesiumoxid, das durch die Hitze fein verteilt in die Luft gewirbelt wird. Diese Masse kann anschließend nicht mehr gewogen werden.

Eine offene Versuchsanordnung ist nicht geeignet, feste Massenverhältnisse bei der Verbrennung von Magnesium zu ermitteln.

Der Versuch muss in einem geschlossenen Gefäß und in reinem Sauerstoff durchgeführt werden. Außerdem ist es nötig, Magnesium feiner zu verteilen, damit alle Teilchen mit dem Sauerstoff reagieren können.

## Lebensretter in Notfällen

Jedes Auto, das heute vom Band läuft, ist mit mindestens zwei Airbags ausgerüstet.
Diese sollen Fahrer und Beifahrer vor Verletzungen in Situationen schützen, die durch äußere Krafteinwirkung, wie durch einen Aufprall, hervor gerufen werden.

Der Airbag ist mit einem Pulver gefüllt und zusammen mit dem umhüllenden Stoff auf sehr kleinem Raum zusammengepackt. Durch plötzliche Krafteinwirkung wird das Pulver (Natriumazid) elektrisch gezündet. Es entsteht in einem Bruchteil von Sekunden ein großes Gasvolumen (ca. 60 l für den Fahrerairbag; 140 l für den Beifahrerairbag), welches das Kissen aufbläst. Durch dieses Kissen werden die Köpfe von Fahrer und Beifahrer vor dem Aufprall geschützt.

$$2\,NaN_3 \longrightarrow 2\,Na + 3\,N_2$$

(Im Airbag befinden sich weitere Stoffe, die mit Natrium zu ungefährlichen Stoffen reagieren.)
*Berechne, welche Masse Natriumazid nötig ist, damit ein Volumen von 60 l Stickstoff freigesetzt wird!*

Die Reaktionsgleichung ist in der Aufgabenstellung gegeben. Aus der Gleichung können die Stoffmengen abgelesen werden. Die molare Masse von Natriumazid entnimmt man entsprechenden Stofftabellen. Stehen solche Tabellen nicht zu Verfügung, ist es möglich, diese Größe zu berechnen (s. Kasten).

ges.: $m_{NaN_3}$

geg.: $n_{NaN_3} = 2\text{ mol}$
$M_{NaN_3} = 65{,}01\text{ g}\cdot\text{mol}^{-1}$
$V_m = 22{,}4\text{ l}\cdot\text{mol}^{-1}$
$n_{N_2} = 3\text{ mol}$
$V_{N_2} = 60\text{ l}$

**Lösung:**
Die Masse von Natriumazid kann über eine Größengleichung berechnet werden.

$$m_{NaN_3} = \frac{M_{NaN_3}\cdot n_{NaN_3}}{V_m\cdot n_{N_2}}\cdot V_{N_2}$$

$$m_{NaN_3} = \frac{65{,}01\text{ g}\cdot\text{mol}^{-1}\cdot 2\text{mol}}{22{,}4\text{l}\cdot\text{mol}^{-1}\cdot 3\text{mol}}\cdot 60\text{l} = 116{,}2\text{ g}$$

Für die Bildung eines Volumens von 60 l Stickstoff werden 116,2 g Natriumazid benötigt.
(Hinweis: Da in der Realität keine Normbedingungen herrschen, weichen die Werte ab.)

**Berechnung der molaren Masse einer Verbindung**

1. Ermittle die relative Atommasse der enthaltenen Elemente! (Es gilt: Der Betrag der molaren Masse der Elemente stimmt mit der relativen Atommasse ihrer Atome überein.)

   11 22,99 0,9 **Na** Natrium — $A_{r(Na)} = 22{,}99$

   7 14,007 3,0 **N** Stickstoff — $A_{r(N)} = 14{,}007$

2. Ermittle die Summe der relativen Atommassen der enthaltenen Atome unter Nutzung des Atomzahlenverhältnisses in der Formel!

   Verbindung: $NaN_3$
   $\sum A_r = 22{,}99 + 3\cdot 14{,}007$
   $\sum A_r = 65{,}01$

3. Notiere den Betrag und die Einheit der molaren Masse!
   $\sum A_r = [M_{NaN_3}]$ $M_{NaN_3} = 65{,}01\text{ g}\cdot\text{mol}^{-1}$

## gewusst · gekonnt

1. Ergänze dein Glossar!

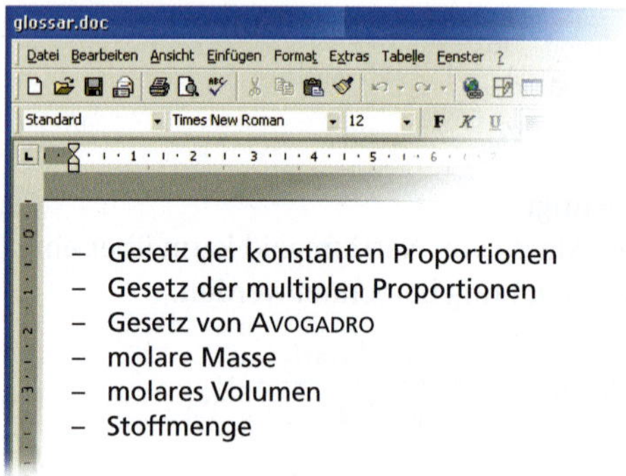


2. Ermittle die relativen Atommassen von Schwefel, Phosphor, Stickstoff, Sauerstoff und Chlor!

3. Welche Teilchenanzahlen sind in 0,25 mol Eisen, 1,5 mol Kupfer, 110 mol Sauerstoff, 2 mol Stickstoff, 0,1 mol Wasserstoff, 10 mol Chlor, 1 mol Phosphor, 0,75 mol Schwefel, 2,1 mol Kohlenstoff, 1,25 mol Schwefeldioxid, 12 mol Kohlenstoffdioxid, 12 mol Wasser enthalten?

4. Ermittle die molaren Massen von Kohlenstoffdioxid, Wasser und Schwefeldioxid!

5. In einem Experiment werden 1,5 g Zink oxidiert. Welche Masse Zinkoxid wird entstehen? Berechne diesen Wert!
Plane danach gemeinsam mit dem Lehrer ein Experiment, mit dem diese Berechnung überprüft werden kann!

6. In einer Hausaufgabe sollen zwei Schüler die Masse Wasser berechnen, die sich bei der Verbrennung von 120 g Wasserstoff bildet. Der eine Schüler errechnet 1 080 g, der andere aber 1 800 g. Welche Rechnung stimmt?

7. Errechne die Teilchenanzahl und die Stoffmenge für eine Stoffportion Gold mit einer Masse von 1 000 g!

*8. Erläutere, warum die molare Masse eine stoffspezifische Größe ist!

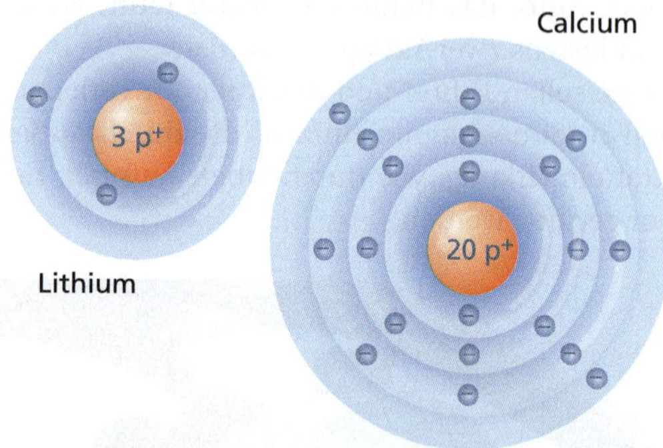


9. Für eine 60 $m^2$-Wohnung werden zur Heizung 2 t Braunkohlenbriketts mit einem durchschnittlichen Kohlenstoffanteil von 70 % benötigt. Berechne, mit welcher Masse und welchem Volumen Kohlenstoffdioxid diese Familie die Luft im Laufe einer Heizperiode belastet (Normbedingungen)!

10. Aus sächsischen Revieren wurden 1991 rund 50 Mio. t Braunkohle gefördert. Der mittlere Schwefelgehalt beträgt 0,5 %. Berechne die Masse und das Volumen Schwefeldioxid, die bei der Verbrennung freigesetzt werden (Normbedingungen)!

11. Silberoxid kann durch Wärmezufuhr zerlegt werden.

$$2\,Ag_2O \longrightarrow 4\,Ag + O_2$$

a) Berechne, welche Masse an Silberoxid eingesetzt werden muss, wenn man 2 g Silber erhalten möchte.
b) Gib die Massenverhältnisse von Silberoxid und Silber bzw. von Silber und Sauerstoff an!

12. Zur Versorgung einer Raumstation mit Sauerstoff wird u. a. Wasser durch elektrischen Strom in Wasserstoff und Sauerstoff zerlegt. Berechne, welches Volumen an Sauerstoff aus einem Liter Wasser gewonnen werden kann (Normbedingungen)!

**13.** Stoffproben von drei Metallen (Natrium, Blei und Zink) sollen miteinander verglichen werden. Die drei Stoffproben weisen dieselbe Masse auf. Es wurden genau 35 g ausgewogen. Von welchem Stoff ist die größte Stoffmenge vorhanden?

**14.** In Tabellen sind nicht alle Stoffe und Größen zu finden.
Berechne die molaren Massen mithilfe des Periodensystems für Eisen(II)-oxid (FeO), für Natron ($NaHCO_3$) und Pottasche ($K_2CO_3$)!

**15.** Bei einem Schülerexperiment soll ein Gefäß mit einem Volumen von einem Liter mit Wasserstoff gefüllt werden.
Welche Masse an Zink ist nötig, um dieses Volumen Wasserstoff herzustellen? Welche Schlussfolgerung für den Einsatz von Chemikalien kannst du aus deinen Berechnungen ziehen?

$$Zn + 2\,HCl \longrightarrow ZnCl_2 + H_2$$

**16.** Die Fotosynthese schafft die Grundlage für die Ernährung der Tiere und der Menschen, denn dabei werden Kohlenstoffdioxid und Wasser in Traubenzucker umgewandelt. Welche Masse an Kohlenstoffdioxid und Wasser muss die Pflanze aufnehmen, damit sie daraus 20 g Zucker bilden kann? Welchem Volumen entspricht die aufgenommene Masse an Kohlenstoffdioxid?

$$6\,CO_2 + 6\,H_2O \longrightarrow C_6H_{12}O_6 + 6\,O_2$$

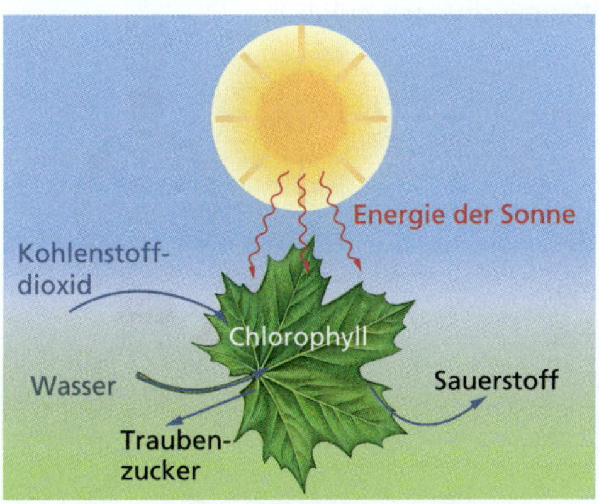


***17.** In den Kohle- und Erdöllagerstätten sollen 0,6 Bill. t Kohlenstoff enthalten sein.

a) Errechne, welche Masse an Sauerstoff der Atmosphäre entzogen werden würde, wenn alle diese fossilen Brennstoffe verbrannt werden! (Es wird nur der enthaltene Kohlenstoff berücksichtigt.)

b) Wie würde sich die Zusammensetzung der Atmosphäre ändern, wenn alle fossilen Brennstoffe verbraucht werden? (Masse $O_2$ in der Atmosphäre $23 \cdot 10^{15}$ t)

***18.** In einem geschlossenen Behältnis wird 1 g Aktivkohle verbrannt.
(Es wird ein Kohlenstoffanteil von 100 % und eine vollständige Umsetzung angenommen.)

a) Wird in dem Behältnis nach Abschluss der Reaktion und nachdem der Behälter wieder auf normale Temperatur gekühlt ist, ein Überdruck bzw. ein Unterdruck herrschen oder gar keine Druckänderung eintreten? Begründe deine Antwort!

b) Interpretiere mithilfe deiner Ergebnisse aus a) folgendes Experiment:

**S Experiment**

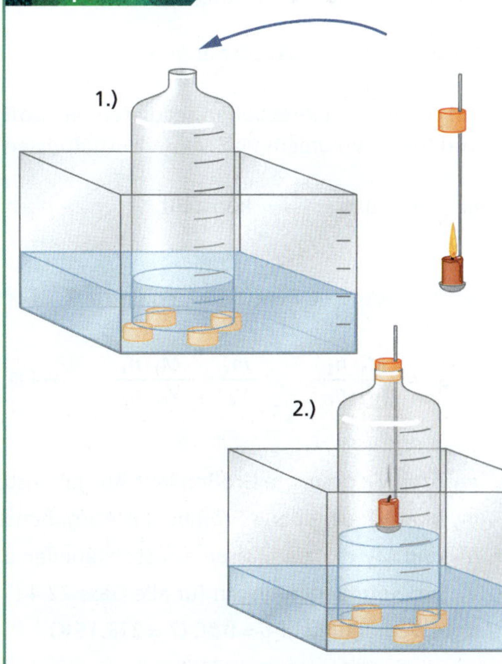

## Quantitative Betrachtungen

### Größen und Stoffproportionen

**Volumen $V$**

gibt an, wie viel Raum eine Stoffportion einnimt.

**Einheit: $1\,m^3$, 1 l**

**Masse $m$**

gibt an, wie schwer oder wie leicht bzw. wie träge die Stoffportion ist.

**Einheit: 1 g, 1 kg**

**Stoffmenge $n$**

gibt an, wie viele Teilchen einer Stoffportion vorliegen.

**Einheit: $1\,mol \approx 6 \cdot 10^{23}$ Teilchen**

**Teilchenanzahl $N$**

gibt an, wie viele Teilchen in der Stoffportion vorliegen.

**molares Volumen $V_m$**

gibt an, welches Volumen jedes Mol einer Stoffportion hat.

**Einheit: $1\,l \cdot mol^{-1}$, $1\,cm^3 \cdot mol^{-1}$**

$$V_m = \frac{V}{n}$$

**molare Masse $M$**

gibt an, welche Masse jedes Mol dieser Stoffportion besitzt.

**Einheit: $1\,g \cdot mol^{-1}$**

$$M = \frac{m}{n}$$

**Avogadro-Konstante $N_A$**

ist die Anzahl der Teilchen, die in einem Mol eines Stoffes enthalten sind.

**$N_A = 6{,}022 \cdot 10^{23} \cdot mol^{-1}$**

$$N_A = \frac{N}{n}$$

### Stöchiometrische Berechnungen

Bei chemischen Reaktionen reagieren die Stoffe in festen Massen- und Stoffmengenverhältnissen und festen Volumen- und Massenverhältnissen miteinander.

$m_1 \sim m_2$ bzw. $\frac{m_1}{m_2}$ = konstant, $n_1 \sim n_2$ bzw. $\frac{n_1}{n_2}$ = konstant, $m_1 \sim V_2$ bzw. $\frac{m_1}{V_2}$ = konstant

Stöchiometrische Berechnungen sind z. B. über **Größengleichungen** möglich.

$$\frac{m_1}{m_2} = \frac{M_1 \cdot n_1}{M_2 \cdot n_2} \qquad \frac{m_1}{V_2} = \frac{M_1 \cdot n_1}{V_m \cdot n_2}$$

Bei Gasen gilt: $$\frac{V_1}{V_2} = \frac{n_1}{n_2}$$

$m_1$ bzw. $V_1$: gesuchte Größen laut Aufgabenstellung
$m_2$ bzw. $V_2$: gegebene Größen laut Aufgabenstellung
$M_1$ und $M_2$: molare Massen aus Stofftabellen ablesbar
$V_m$ bei Normbedingungen für alle Gase $22{,}4\,l \cdot mol^{-1}$
Normbedingungen: $\upsilon = 0\,°C$ ($T = 273{,}15\,K$)
$p = 101{,}3\,Pa$

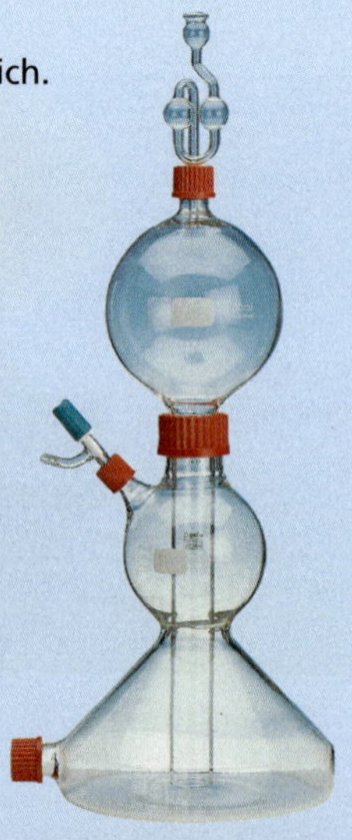

# 8 Säuren und Basen

# 8.1 Säuren und saure Lösungen

### Blaukohl oder Rotkohl?

Rotkohl stellt eine beliebte Gemüsesorte dar. Wer den frischen Kohl zubereitet, wird feststellen, dass seine ursprüngliche Farbe gar nicht rot, sondern eher blauviolett ist. Erst beim Kochen, nach Zugabe von etwas Essig oder Zitronensaft, ändert sich diese Tönung plötzlich – die blaue Farbe verschwindet und der Kohl wird rot.
*Wie kommt diese Farbänderung zustande?*

### Lebensnotwendig und lebensgefährlich zugleich

Zitrusfrüchte enthalten Citronensäure – eine Säure, die als Säuerungsmittel vielen Lebensmitteln zugesetzt wird. Die Salzsäure in unserem Magen wirkt bei der Eiweißverdauung mit und tötet mit der Nahrung aufgenommene Mikroorganismen ab. Ein Schluck von der konzentrierten Salzsäure könnte jedoch zu schlimmen Verletzungen führen.
*Warum können Säuren so unterschiedliche Wirkungen auf den menschlichen Organismus haben?*

### Der saure Regen und seine Folgen

Wegen seiner Bedeutung als Lebensraum wird jährlich die Beschaffenheit des Waldes untersucht. Viele Bäume des Waldes sind mehr oder weniger geschädigt. Neben Schädlingen und Trockenperioden scheint dabei insbesondere der saure Regen eine entscheidende Ursache für die Schädigungen zu sein.
*Was ist saurer Regen? Wie entsteht er?*

## Vorsicht: Säuren?!

Säuren und saure Lösungen sind jedem aus dem Alltag bekannt. Viele Früchte schmecken säuerlich – sie enthalten **Fruchtsäuren** (Weinsäure, Äpfelsäure, Citronensäure). **Kohlensäure** wird Erfrischungsgetränken zugesetzt, spielt aber auch im Kohlenstoffkreislauf eine bedeutende Rolle. Für ein Dressing benötigt man neben Öl auch Essig. Essig schmeckt aufgrund der **Essigsäure** sauer.

Die **Salzsäure** im Magen (Magensäure) ist Voraussetzung für die Wirksamkeit des Enzyms Pepsin. Zu den technisch wichtigen Säuren gehört die **Schwefelsäure**, die z. B. an Ladungs- und Entladungsvorgängen in Autobatterien beteiligt ist. **Phosphor- und Salpetersäure** werden zur Produktion von Düngemitteln genutzt. Außerdem verwendet man Salpetersäure in der Elektrotechnik zum Ätzen von Leiterplatten. Salzsäure (Chlorwasserstoffsäure) findet gleichfalls in der Technik vielseitigen Einsatz, z. B. bei der Beseitigung von Oxidschichten auf Metalloberflächen und von Mörtelresten auf Fliesen.

Die Säuren in Lebensmitteln sind für uns eigentlich nicht gefährlich, jedoch beim Essig kommt es schon auf die Art des Essigs an. Essigessenz gehört zu den Gefahrstoffen.

Viele Haushaltschemikalien müssen ebenfalls vorsichtig und unter Beachtung der Hinweise auf dem Etikett verwendet werden, weil sie oft saure Lösungen enthalten. Säuren und ihre Lösungen sind ätzend und greifen Eiweiße an. Außerdem sind einige Säuren giftig. Daher dürfen sie im Haushalt, in der Technik und im Chemielabor nur unter Beachtung von **Sicherheitsregeln** verwendet werden (s. rechts).

**Säuren und ihre Lösungen sind ätzende und häufig auch giftige Substanzen.**
**Beim Umgang mit ihnen sind die Sicherheitsregeln einzuhalten.**

**Sicherheitsregeln für das Arbeiten mit Säuren und ihren Lösungen**

1. Arbeitsschutzkleidung tragen! (Schutzbrille, Kittel)
2. Mit kleinsten Mengen arbeiten!
3. Nicht kosten!
4. Dämpfe nicht einatmen!
5. Vorsicht beim Um- und Abfüllen!
6. Verdünnungsregel: „Erst das Wasser, dann die Säure, sonst geschieht das Ungeheure."
7. Kurze, sichere Transportwege wählen!
8. Glasgefäße vorsichtig absetzen!
9. Erste Hilfe: Ausreichend Wasser zum Abspülen und Verdünnen!
10. Bei Verätzungen der Haut zum Arzt!

# Mosaik

## Ansetzen und Mischen von Lösungen

Lösungen sind homogene Gemische aus gelöstem Stoff und Lösungsmittel. Um eine quantitative Aussage über die Lösungen zu ermöglichen, wird als Größe die **Stoffmengenkonzentration *c*** genutzt.

**Die Stoffmengenkonzentration *c* gibt an, welche Stoffmenge *n* (in mol) in einem bestimmten Volumen *V* (in l) enthalten ist.**

$$c = \frac{n}{V} \qquad \left[\frac{\text{mol}}{\text{l}}\right]$$

Beträgt die Stoffmengenkonzentration (auch Konzentration genannt) einer Salzsäurelösung 0,5 mol je Liter, sind in einem Liter Säurelösung 0,5 mol (ca. 300 Trilliarden Teilchen) HCl-Moleküle enthalten. Wird vereinfachend davon ausgegangen, dass alle HCl-Moleküle gelöst sind, enthält die Salzsäurelösung somit 0,5 mol Wasserstoff-Ionen $H^+$ (*Hydronium-Ionen* $H_3O^+$) und 0,5 mol Chlorid-Ionen $Cl^-$ (s. S. 166).
Die Stoffmengenkonzentration von Lösungen in mol je Liter wird oft noch als **Molarität** bezeichnet. Bei einer 0,1 molaren Schwefelsäure (0,1 M $H_2SO_4$) beträgt die **Stoffmengenkonzentration** 0,1 mol je Liter.
Außer der Stoffmengenkonzentration gibt es noch prozentuale Konzentrationsmaße. Es wird in **Volumenprozent** (Vol.-%) und **Masseprozent** (%) unterschieden.
Handelsübliche Lösungen haben oft nicht die erforderliche Konzentration. Sie müssen verdünnt oder gemischt werden. Das **Mischungsverhältnis** (bezogen auf Masseteile) berechnet man über Proportionen.
Aus ihnen ergibt sich das im Labor als Hilfsmittel schnell zu handhabende **Mischungskreuz** (Abb. 1). Der Betrag der Differenz auf den Diagonalen liefert das Mischungsverhältnis, das mathematisch gekürzt werden kann.
Ein Masseteil der 96%igen Schwefelsäure ist also mit 15 Masseteilen Wasser zu mischen, um eine 6%ige Schwefelsäure herzustellen.

Über den Zusammenhang zwischen Dichte, Masse und Volumen $\rho = m : V$ sind bei gegebener Dichte die Volumenanteile berechenbar. Ist die Dichte nicht bekannt, kann sie mit geeigneten Aräometern (Senkspindeln) bestimmt werden (Abb. 2).

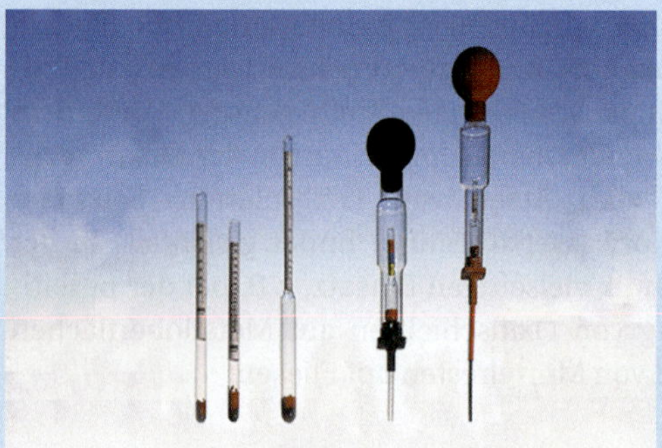

2 Mit einem Aräometer wird die Dichte bestimmt.

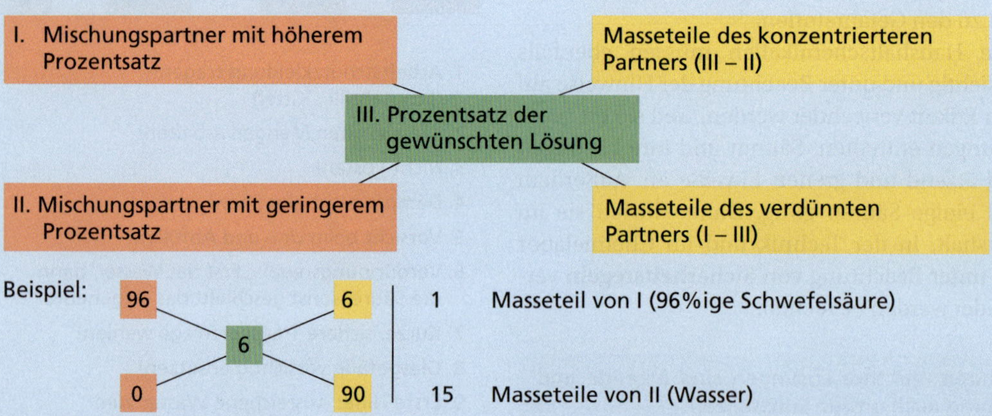


1 Mischungskreuz: Interaktive Rechenbeispiele findest du unter www.tafelwerk.de.

# Säuren als Stoffgruppe

## Nachweis von sauren Lösungen

Oft ist es wichtig zu prüfen, ob eine Lösung eine Säure enthält oder nicht. Dazu verwendet man Stoffe, die unter dem Einfluss von Säuren die Farbe wechseln. Blauer Rotkohlsaft färbt sich bei Zugabe von Zitronensaft rot. Schwarzer Tee wird heller. Ursache ist jeweils der Anteil an Citronensäure im Saft. Bei Zugabe anderer Säurelösungen würde man ähnliche Beobachtungen registrieren. Rotkohlsaft und Tee enthalten **Indikatoren**. Diese Stoffe zeigen bei Zugabe saurer Lösungen charakteristische Farbreaktionen.

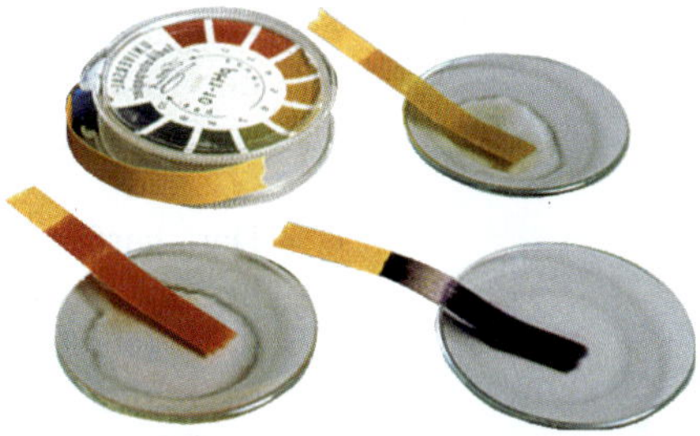

In der Schule werden häufig Universalindikatoren eingesetzt. Unter dem Einfluss von sauren Lösungen weisen diese Indikatoren eine rote Färbung auf, in Wasser sind sie grün. Oft verwendet man auch den Indikator Lackmus u. a. (s. Tab).

**Indikatoren können durch ihre charakteristische Farbreaktion als Nachweis von sauren Lösungen dienen.**

**Indikatoren für Säuren**

| handelsüblicher Indikator | Farbe bei saurer Lösung |
|---|---|
| Unitest (Universalindikator) | rot |
| Lackmus (blau) | rot |
| Phenolphthalein | farblos |
| Bromthymolblau | gelb |

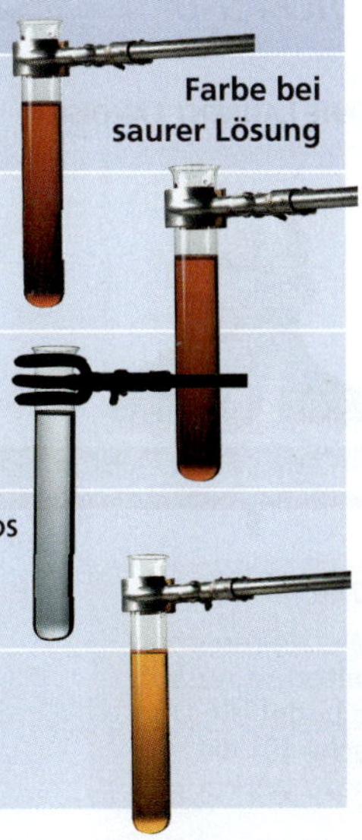

## Von der Säure zur sauren Lösung

Saure Lösungen können einen sehr hohen Säureanteil enthalten. Man bezeichnet sie dann als **konzentrierte Säuren**. Ist der Säureanteil geringer, handelt es sich um **verdünnte Säuren**. Durch Verdünnen mit Wasser kann man aus der konzentrierten Säure die verdünnte Säure herstellen. Dabei muss immer die Säurelösung zum Wasser gegeben werden! Konzentrierte Säuren sind wasseranziehend (hygroskopisch).

Beim Verdünnen ist ein starker Temperaturanstieg messbar. Außerdem ändert sich die elektrische Leitfähigkeit. Beispielsweise ist hoch konzentrierte Schwefelsäure schlecht elektrisch leitfähig. Mit zunehmender Verdünnung steigt die Leitfähigkeit zunächst an. Erst wenn der Säureanteil zu gering wird, nimmt die Leitfähigkeit wieder ab.

Eine wesentliche Voraussetzung für die elektrische Leitfähigkeit sind **frei bewegliche Ladungsträger.** Die Messergebnisse weisen darauf hin, dass in der hoch konzentrierten Lösung kaum frei bewegliche Ladungsträger enthalten sind.

Schwefelsäure ist aus Molekülen aufgebaut (s. S. 274). Die Ladungsträger bilden sich beim Verdünnen mit Wasser. Man bezeichnet sie als **Ionen**. Es entstehen einfach positiv geladene Wasserstoff-Ionen $H^+$ (*Hydronium-Ionen* $H_3O^+$ – s. S.167) und negativ geladene Säurerest-Ionen der Schwefelsäure. Auch andere Säurelösungen sind elektrisch leitfähig. Alle enthalten Wasserstoff-Ionen $H^+$ (*Hydronium-Ionen* $H_3O^+$). Diese Ionen bewirken den sauren Geschmack und rufen die Farbänderung bei Indikatoren hervor.

**Saure Lösungen enthalten frei bewegliche Ionen. Mit Indikatoren wird in sauren Lösungen ein Überschuss an Wasserstoff-Ionen $H^+$ (*Hydronium-Ionen* $H_3O^+$) nachgewiesen.**

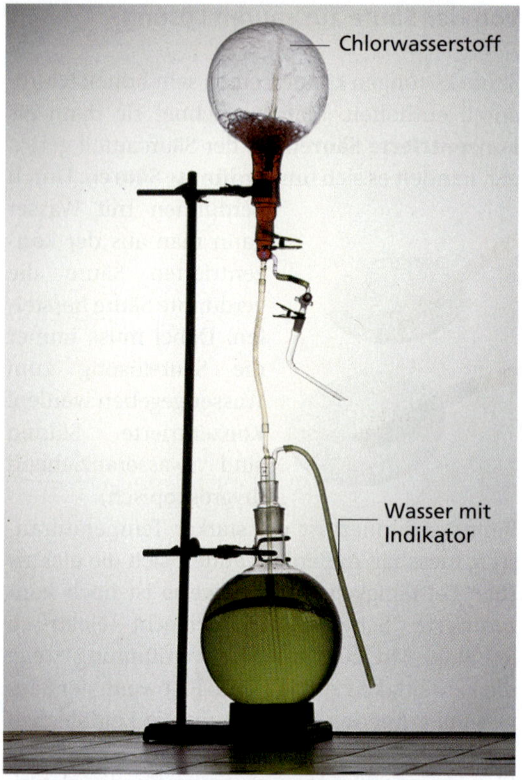


**1** Chlorwasserstoff ist hygroskopisch und bildet mit Wasser Chlorwasserstoffsäure. Durch den Unterdruck, der bei der Reaktion entsteht, wird das Wasser aus dem unteren Gefäß in den oberen Kolben gesaugt. Das Experiment bezeichnet man als Chlorwasserstoffspringbrunnen.

## Sauer = Säure?

Neben der Schwefelsäure ist Salzsäure eine häufig genutzte technische Säure. Sie wird hergestellt, indem man Schwefelsäure auf Kochsalz tropft und das sich bildende Chlorwasserstoffgas in Wasser einleitet. Die Lösung ist elektrisch leitfähig und färbt Unitestlösung rot. Die Rotfärbung der Unitestlösung ist auch beim Chlorwasserstoffspringbrunnen zu registrieren (Abb. 1).

Der gasförmige Stoff besteht aus Molekülen. Beim Einleiten in Wasser bilden sich Wasserstoff-Ionen *(Hydronium-Ionen)* und Chlorid-Ionen durch die Reaktion mit Wasser. In der Lösung sind die Ionen jeweils von Wassermolekülen umgeben (aq).

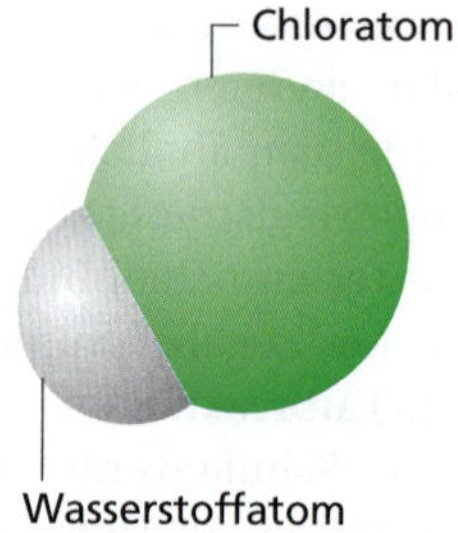


Bei der Reaktion erwärmt sich das Gefäß. Der Prozess verläuft exotherm. Man kann ihn durch eine Reaktionsgleichung beschreiben.

$$HCl \xrightarrow{H_2O} H^+_{(aq)} + Cl^-_{(aq)} \quad \text{bzw.}$$

$$HCl + H_2O \longrightarrow H_3O^+_{(aq)} + Cl^-_{(aq)}$$

**ROBERT BOYLE**

**ANTOINE LAURENT LAVOISIER**

**HUMPHRY DAVY**

**Altertum**
Sauer schmeckende Stoffe sind Säuren.

**1660**
Säuren färben bestimmte Pflanzenfarbstoffe (Lackmus) rot.

**1780**
Alle Säuren enthalten Sauerstoff. Er bildet die Ursache für die saure Wirkung.

**1810**
Säuren enthalten Wasserstoff. Er bildet die Ursachen für die saure Wirkung.

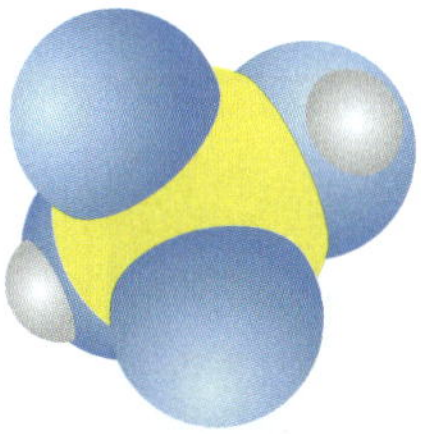

Durch die Reaktion mit Wasser ist auch die Zunahme der elektrischen Leitfähigkeit beim Verdünnen konzentrierter Schwefelsäure zu erklären.

Die enthalten Moleküle der Schwefelsäure zwei Wasserstoffatome ($H_2SO_4$). Daher verläuft die Reaktion mit Wasser stufenweise.

$$H_2SO_4 \xrightarrow{H_2O} H^+{}_{(aq)} + HSO_4^-{}_{(aq)} \quad \text{(Hydrogensulfat-Ion)}$$

$$HSO_4^-{}_{(aq)} \xrightarrow{H_2O} H^+{}_{(aq)} + SO_4^{2-}{}_{(aq)} \quad \text{(Sulfat-Ion)}$$

---

$$H_2SO_4 \xrightarrow{H_2O} 2H^+{}_{(aq)} + SO_4^{2-}{}_{(aq)}$$

**bzw.**

$$H_2SO_4 + H_2O \longrightarrow H_3O^+{}_{(aq)} + HSO_4^-{}_{(aq)}$$

$$HSO_4^-{}_{(aq)} + H_2O \longrightarrow H_3O^+{}_{(aq)} + SO_4^{2-}{}_{(aq)}$$

---

$$H_2SO_4 + 2H_2O \longrightarrow 2H_3O^+{}_{(aq)} + SO_4^{2-}{}_{(aq)}$$

Alle Säuren reagieren in ähnlicher Form mit Wasser. Neben den Wasserstoff-Ionen *(Hydronium-Ionen)* bilden sich Säurerest-Ionen. Die **Säurerest-Ionen** sind für die jeweiligen Säuren charakteristisch (s. Tab. S. 168).

**Säuren sind Stoffe, deren wässrige Lösungen Wasserstoff-Ionen *(Hydronium-Ionen)* und Säurerest-Ionen enthalten.**

## Mosaik

### Freie Wasserstoff-Ionen?

Beim Lösen einer Säure in Wasser handelt es sich um eine chemische Reaktion, denn die Eigenschaften der Ausgangsstoffe und die der Reaktionsprodukte unterscheiden sich.
Mit geeigneten Messgeräten ließe sich auch eine Temperaturveränderung feststellen. Die Vorstellung, dass Säuren in wässriger Lösung in Wasserstoff-Ionen und Säurerest-Ionen dissoziieren (sich aufspalten), geht auf SVANTE ARRHENIUS (1859–1927) zurück.

z. B. $HCl \longrightarrow H^+ + Cl^-$

Allerdings handelt es sich bei dem Wasserstoff-Ion eigentlich nur um ein Proton, das allein nur für Bruchteile von Sekunden existieren kann. Daher hat JOHANNES NICOLAUS BRÖNSTED (1879–1947) die Vorstellungen weiterentwickelt. Danach reagiert das Proton mit einem Wassermolekül. Dabei bildet sich ein **Hydronium-Ion ($H_3O^+$).**
Entsprechend liegen nach BRÖNSTED in der wässrigen Lösung von Säuren Hydronium-Ionen und Säurerest-Ionen vor.

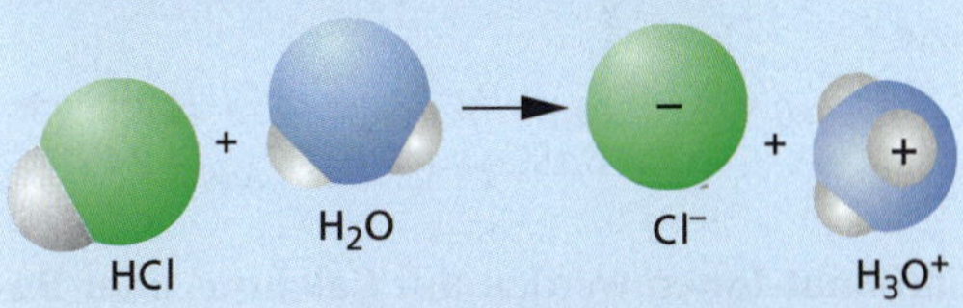


**JUSTUS von LIEBIG**

**1838**
Säuren enthalten Wasserstoff, der bei der Reaktion freigesetzt wird.

**SVANTE ARRHENIUS**

**1884**
Säuren dissoziieren in wässriger Lösung und geben dabei Wasserstoff-Ionen ab.

**JOHANNES NICOLAUS BRÖNSTED**

**1923**
Säuren sind Stoffe, die Protonen abgeben können.

## Nachweis einiger Säurerest-Ionen

Einige Säurerest-Ionen können durch **Fällungsreaktionen** nachgewiesen werden. Dabei treten die Säurerest-Ionen aus der zu untersuchenden Lösung mit Ionen aus dem Nachweismittel zu schwer löslichen Verbindungen zusammen und bilden Niederschläge. Die **Chlorid-Ionen** der Salzsäure werden mit den Silber-Ionen aus der **Silbernitratlösung ($AgNO_3$)** nachgewiesen. Es fällt ein schwer löslicher weißer Niederschlag von Silberchlorid aus (Abb. 1).

$$H^+_{(aq)} + Cl^-_{(aq)} + Ag^+_{(aq)} + NO_3^-{}_{(aq)} \longrightarrow AgCl\downarrow + H^+_{(aq)} + NO_3^-{}_{(aq)}$$

bzw.

$$H_3O^+_{(aq)} + Cl^-_{(aq)} + Ag^+_{(aq)} + NO_3^-{}_{(aq)} \longrightarrow AgCl\downarrow + H_3O^+_{(aq)} + NO_3^-{}_{(aq)}$$

**Sulfat-Ionen**, Säurerest-Ionen der Schwefelsäure, weist man mit Barium-Ionen einer **Bariumchloridlösung ($BaCl_2$)** nach (Abb. 1). Es fällt ein weißer Niederschlag von Bariumsulfat aus.

$$2\,H^+_{(aq)} + SO_4^{2-}{}_{(aq)} + Ba^{2+}_{(aq)} + 2\,Cl^-_{(aq)} \longrightarrow BaSO_4\downarrow + 2\,H^+_{(aq)} + 2\,Cl^-_{(aq)}$$

bzw.

$$2\,H_3O^+_{(aq)} + SO_4^{2-}{}_{(aq)} + Ba^{2+}_{(aq)} + 2\,Cl^-_{(aq)} \longrightarrow BaSO_4\downarrow + 2\,H_3O^+_{(aq)} + 2\,Cl^-_{(aq)}$$

**Carbonat-Ionen** werden mit **Calcium- oder Bariumhydroxidlösung** nachgewiesen (s. S. 230).

S Experiment

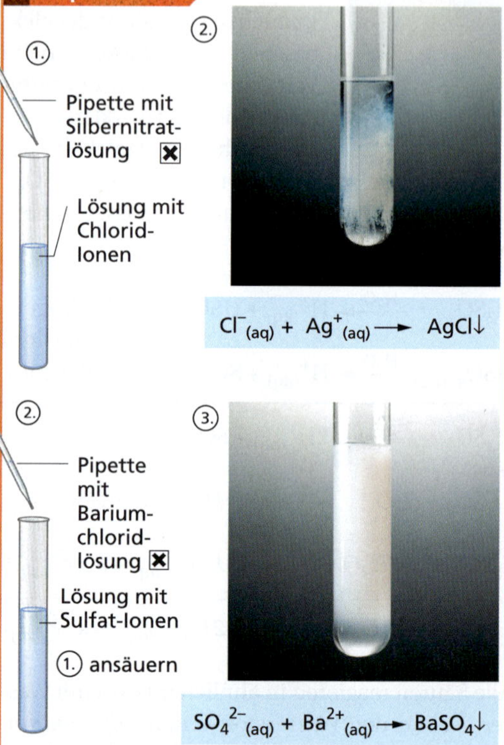


**1** Nachweis der Chlorid-Ionen (oben) und der Sulfat-Ionen (unten)

**Fällungsreaktionen sind chemische Reaktionen, bei denen Ionen aus der Lösung zu schwer löslichen Verbindungen zusammentreten und als Niederschläge ausfallen.**

**Namen und Formeln ausgewählter anorganischer Säuren und ihre Säurerest-Ionen**

| | Säure | | Säurerest-Ionen | |
|---|---|---|---|---|
| | **Name** | **Formel** | **Name** | **Formel** |
| **sauerstofffreie Säuren** | Chlorwasserstoffsäure | $HCl$ | Chlorid-Ionen | $Cl^-$ |
| | Schwefelwasserstoffsäure | $H_2S$ | Sulfid-Ionen | $S^{2-}$ |
| **sauerstoffhaltige Säuren** | Salpetersäure | $HNO_3$ | Nitrat-Ionen | $NO_3^-$ |
| | Kohlensäure | $H_2CO_3$ | Carbonat-Ionen | $CO_3^{2-}$ |
| | Schwefelsäure | $H_2SO_4$ | Sulfat-Ionen | $SO_4^{2-}$ |
| | schweflige Säure | $H_2SO_3$ | Sulfit-Ionen | $SO_3^{2-}$ |
| | Phosphorsäure | $H_3PO_4$ | Phosphat-Ionen | $PO_4^{3-}$ |

## Bildung von sauerstoffhaltigen Säuren

In den letzten Jahren hat der saure Regen immer wieder für Schlagzeilen gesorgt. Er bildet sich durch die Reaktion von Nichtmetalloxiden aus den Abgasen mit der Luftfeuchtigkeit.
Schwefeldioxid entsteht beispielsweise bei der Verbrennung von Schwefel und schwefelhaltigen Brennstoffen.

$$S + O_2 \longrightarrow SO_2$$

Bei der Reaktion von Schwefeldioxid mit Wasser bildet sich die schweflige Säure ($H_2SO_3$).

$$SO_2 + H_2O \longrightarrow H_2SO_3$$

In der Lösung liegen Ionen vor.

$$H_2SO_3 \xrightarrow{H_2O} 2H^+_{(aq)} + SO_3^{2-}{}_{(aq)} \quad \text{bzw.}$$
$$H_2SO_3 + 2H_2O \longrightarrow 2H_3O^+_{(aq)} + SO_3^{2-}{}_{(aq)}$$

Bei der Verbrennung von Kohlenstoff (z.B. aus fossilen Brennstoffen) entsteht Kohlenstoffdioxid.

$$C + O_2 \longrightarrow CO_2$$

Kohlenstoffdioxid reagiert insbesondere unter höherem Druck ebenfalls mit Wasser. Es entsteht Kohlensäure.

$$CO_2 + H_2O \longrightarrow H_2CO_3$$

In der Lösung liegen Wasserstoff-Ionen *(Hydronium-Ionen)* und Carbonat-Ionen vor.

$$H_2CO_3 \xrightarrow{H_2O} 2\,H^+_{(aq)} + CO_3^{2-}{}_{(aq)} \quad \text{bzw.}$$
$$H_2CO_3 + 2\,H_2O \longrightarrow 2\,H_3O^+ + CO_3^{2-}$$

Stickstoff ist sehr reaktionsträge. Bei starker Energiezufuhr verbindet er sich jedoch mit Sauerstoff.

$$N_2 + O_2 \longrightarrow 2\,NO$$

$$2\,NO + O_2 \longrightarrow 2\,NO_2$$

Bei der Reaktion der Stickstoffoxide mit Wasser bildet sich u. a. salpetrige Säure.

$$NO + NO_2 + H_2O \longrightarrow 2\,HNO_2$$

Diese Säure ist nicht beständig und zerfällt in Salpetersäure und Stickstoffmonooxid.
In allen Fällen reagieren Nichtmetalloxide mit Wasser zu Säurelösungen. Sowohl bei Laborexperimenten als auch in der Umwelt entstehen durch diese Prozesse die wässrigen Lösungen sauerstoffhaltiger Säuren. Die Reaktionen lassen sich verallgemeinern.

**Nichtmetalloxid + Wasser ⟶ Säurelösung**

L Experiment

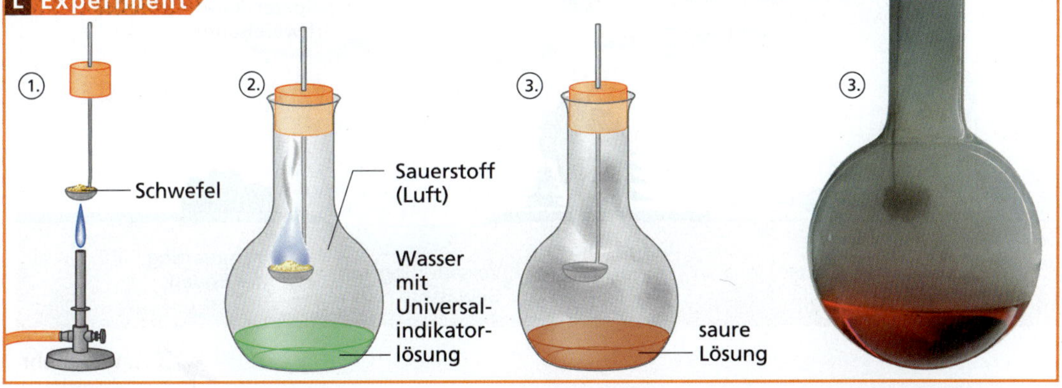


1 Darstellung einer sauren Lösung (wässrige Lösung der schwefligen Säure) im Laborexperiment

## Saurer Regen

### Auswirkungen des sauren Regens

Durch die Oxide in Abgasen und ihre Reaktionen mit der Luftfeuchtigkeit erreicht der Regen einen solch niedrigen pH-Wert, dass er auf die belebte und unbelebte Natur deutliche Auswirkungen hat. Er führt zur Versauerung des Bodens. Im Boden existieren aus dem Verwitterungsprozess stammende Metallverbindungen, die wegen ihrer Unlöslichkeit für das Bodenleben ohne Bedeutung waren. Durch Säuren werden diese nun in wasserlösliche Stoffe überführt und von den Pflanzen aufgenommen. Sie stören deren Stoffwechselprozesse.

Von besonderer Bedeutung sind die Schäden im Assimilationsgewebe, die die Fotosynthese beeinträchtigen. Es können aber auch Schäden an den Wurzeln auftreten, die dann zu Störungen in der Wasser- und Nährstoffaufnahme führen. Erkennbar sind die Wirkungen des sauren Regens an Wuchsstörungen der Pflanzen, am Abwerfen von Nadeln bzw. Blättern, der Wipfeldürre und Kronenverlichtung und schließlich dem Tod der Pflanzen.

An den Bauwerken der Städte und Dörfer verursacht der saure Regen durch chemische Reaktionen Schäden. Carbonate in Baumaterialien werden durch die Säuren des sauren Regens in lösliche Verbindungen überführt und vom Regenwasser weggespült. Die Bauwerke bzw. Kunstwerke verlieren zunächst ihre Konturen und später ihre Stabilität. Metallkonstruktionen korrodieren stärker durch den sauren Regen. Stabilität und Festigkeit werden beeinträchtigt.

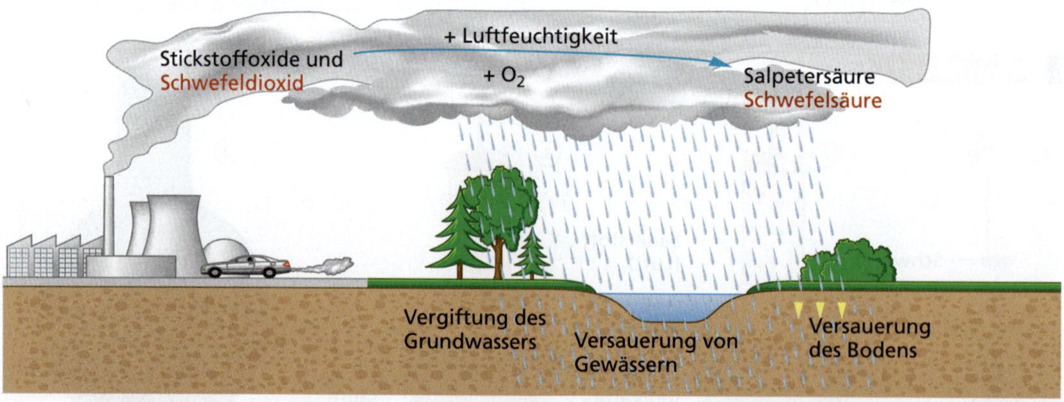


... und mehr

**Informiere dich auch unter:** *Schwefeldioxid-Emissionen und Abgasreinigung; Wie geht es dem deutschem Wald?; pH-Wert als abiotischer Umweltfaktor*

## Chemie in Natur und Technik

### S Saurer Regen im „Gewächshaus"

*Entwickle ein Experiment, mit dem in der Schule die Wirkung von Stoffen auf Pflanzen untersucht werden kann!*

Damit nur die ausgewählten Stoffe auf die Pflanzen einwirken, muss ein abgeschlossener Raum geschaffen werden, in dem Pflanzen Platz finden und in den Licht gelangen kann.
Diese Bedingungen erfüllt ein größeres leeres Aquarium, das abgedeckt werden kann, oder ein kleines „Zimmergewächshaus". Zum Einbringen von Stoffen in das Behältnis befindet sich in einer Wand ein nicht zu großes Loch, das mit einem Gummistopfen verschließbar ist. Ein Gas kann aus der Apparatur, in der es erzeugt wird, unmittelbar eingeleitet, eine Flüssigkeit (der saure Regen) mit einem Pflanzensprüher versprüht werden.
Verschiedene konkrete Untersuchungsmöglichkeiten bieten sich an:

1. Man wählt eine bestimmte Pflanzenart aus und untersucht, wie sie auf verschiedene Stoffe reagiert.

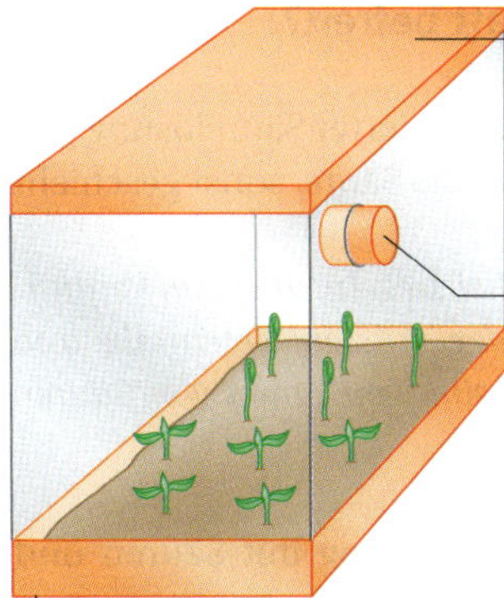


2. Man sucht einen bestimmten Stoff aus und ermittelt seine Einflüsse auf das Wachstum verschiedener Pflanzen.

Die erste Variante setzt mehrere Versuchsgefäße voraus. Die zweite Variante lässt sich auch in einem einzigen – allerdings größeren Behältnis verwirklichen. Die Pflanzen sollten jeweils einen etwa gleich guten Entwicklungsstand haben.

| Beobachtungen bei | | | | |
|---|---|---|---|---|
| **Datum** | **Salatkeimpflanzen** | **Rettichkeimpflanzen** | **Fuchsien** | **Geranien** |
| 25. 9. | einen Verbrennungslöffel mit brennendem Schwefel 5 Sekunden in das Zimmergewächshaus gehalten (Vorsicht! $SO_2$ nicht einatmen! Abzug!) | | | |
| 27. 9. | bei einzelnen Keimlingen bräunliche Flecken | die Mehrzahl der Keimlinge vergilbt | keine sichtbaren Veränderungen | keine sichtbaren Veränderungen |
| 30. 9. | einen Verbrennungslöffel mit brennendem Schwefel 5 Sekunden in das Zimmergewächshaus gehalten | | | |
| | | | | |
| | | | | |

## Von der Schwerkraft befreit?

Beim Verdünnen konzentrierter Säurelösung gilt: „Erst das Wasser, dann die Säure, sonst geschieht das Ungeheure!“.
*Nenne weitere Sicherheitsregeln, die beim Verdünnen eingehalten werden müssen! Beschreibe und begründe, wie man beim Verdünnen von Säuren vorgehen muss!*

Beim Umgang mit Säuren und ihren Lösungen muss man geeignete Schutzkleidung tragen. Insbesondere beim Verdünnen von Säuren sind eine Schutzbrille, die auch seitlich geschlossen ist, und bei hoch konzentrierten Säuren Schutzhandschuhe erforderlich. Säuregefäße müssen immer sicher transportiert und vorsichtig abgestellt werden. Dämpfe darf man nicht einatmen. Die Mengen, mit denen man arbeitet, müssen so gering wie möglich sein, damit das Unfallrisiko vermindert wird.
Konzentrierte Säuren sind hygroskopisch (wasseranziehend). Will man sie verdünnen, füllt man zuerst in ein Gefäß Wasser. Erst dann gibt man langsam und unter ständigem Rühren die Säure in sehr geringen Portionen hinzu. Das ist notwendig, weil beim Verdünnen ein deutlicher Temperaturanstieg erfolgt.
Gibt man eine zu große Menge der konzentrierten Säure in das Wasser, steigt die Temperatur zu schnell. Durch die Überhitzung könnte Flüssigkeit aus dem Gefäß spritzen. Beachtet man die Verdünnungsregel nicht, besteht ebenfalls Spritzgefahr.

Gelangen Säurespritzer auf die Haut, müssen sie sofort mit viel Wasser abgespült werden. Sind diese in das Auge gelangt, muss sofort mit Wasser von innen nach außen gespült werden.
Auf alle Fälle ist der Lehrer zu informieren. Bei Verätzungen muss so schnell wie möglich ein Arzt aufgesucht werden.

## Erdbeeren mit Milch – nicht jedermanns Sache

Im Juni reifen bei uns die Erdbeeren. Diese Früchte kann man in vielen Varianten zubereiten. Man kann das Obst beispielsweise zuckern und anschließend mit Milch übergossen genießen. Dies ist jedoch nicht jedermanns Sache, da sich die Milch (besonders Frischmilch) häufig verändert, wenn sie mit den Erdbeeren vermischt wird.
*Wie ist diese Veränderung zu erklären?*

Milch ist ein Stoffgemisch. Unter anderem enthält dieses Stoffgemisch Eiweiße. 100 ml Kuhmilch beinhalten beispielsweise ungefähr 3,0 g Eiweiße (u. a. das sogenannte Kasein). Diese Eiweiße werden durch Säuren zur Gerinnung gebracht. Man bezeichnet das als Denaturierung.
In den Erdbeeren sind in unterschiedlichen Mengen Fruchtsäuren gespeichert. Auch diese organischen Säuren reagieren mit dem Milcheiweiß, sodass die Milch in Abhängigkeit vom Säuregehalt gerinnen kann.

Ein ähnlicher Prozess läuft ab, wenn Frischmilch erst sauer und dann dick wird. Die Säure, die dabei die Gerinnung bewirkt, entsteht durch die Tätigkeit von Milchsäurebakterien aus Milchzucker. Bei warmen Temperaturen haben die Mikroorganismen gute Lebensbedingungen und die Milch wird schneller dick.

## gewusst · gekonnt

1. Vervollständige dein Glossar!

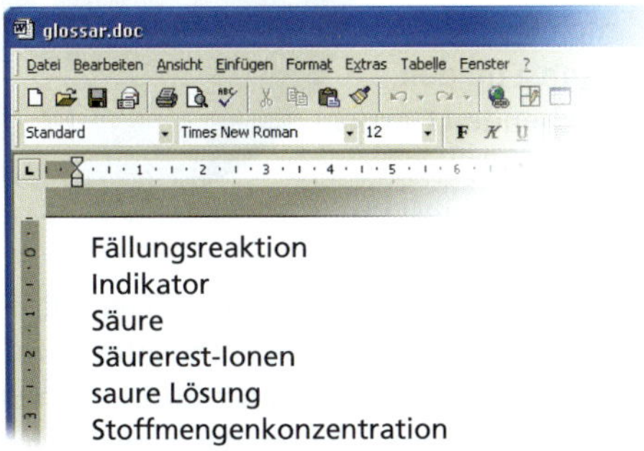


2. Gib Regeln beim Umgang mit Säuren bzw. sauren Lösungen an!

3. Notiere in einer Tabelle Namen und Formeln von Säuren und Namen und Formeln ihrer Säurerest-Ionen!

4. Fertige Steckbriefe für drei Säuren an!

5. S Verquirle ein rohes Eiklar mit 150 ml physiologischer Kochsalzlösung ($\omega_{NaCl} = 0{,}9\ \%$)!
   a) Gib zu dieser Eiweißlösung verdünnte Salzsäure ☒!
   Notiere deine Beobachtung!
   b) Stelle einen Zusammenhang zu den Funktionen der Salzsäure im Magensaft her!

6. Nahrungsmittel verderben nicht so leicht, wenn man sie sauer einlegt oder einsäuert. Erkläre, warum sich derartig behandelte Lebensmittel länger halten!

7. Recherchiere, welche Bedeutung Schwefelsäure für die chemische Industrie hat und wie Schwefelsäure in der Technik verwendet wird. Stelle die Informationen zusammen und präsentiere sie!

8. Mäßig verdünnte Schwefelsäure ist ein guter elektrischer Leiter.
   Hoch konzentrierte Schwefelsäure und sehr stark verdünnte Säure sind schlecht leitfähig. Erkläre!

9. Gib für mindestens drei Indikatoren die Färbung an, die bei Zugabe zu einer sauren Lösung eintritt! Nenne die Ursache für die Indikatorfärbung!

10. S Ein Salatdressing enthält Tafelessig. Überprüfe Tafelessig mit Unitestlösung!
    Welche Schlussfolgerung lässt sich aus der Beobachtung ableiten? Begründe deine Antwort!

*11. Überprüfe die Eigenschaften der Lösungen (jeweils 5%ig) folgender Säuren: Chlorwasserstoffsäure ☒, Salpetersäure ☒ und Schwefelsäure ☒! Notiere die Beobachtungen!
   a) Teste die elektrische Leitfähigkeit!
   b) Gib jeweils einige Tropfen Unitestlösung zu Proben der Säurelösungen!
   c) Versetze Zink-, Eisen bzw. Kupferproben mit den Säurelösungen!
   d) Versetzte Kalkproben (Kalkstein oder Marmorstückchen) mit den Säurelösungen!
   e) Leite aus den Beobachtungen gemeinsame Eigenschaften der Säurelösungen ab!

**12.** S

Viele Menschen genießen schwarzen Tee mit Zitrone. Bei Zugabe des Zitronensafts ändert der Tee seine Farbe.

a) Überprüfe diese Aussage experimentell! Teste anschließend Zitronensaft mit Unitestlösung und werte aus!

b) Tropfe zu Teeproben jeweils verdünnte Salzsäure bzw. verdünnte Schwefelsäure und werte aus!

c) Formuliere eine Vermutung über die Ursache der Farbänderung des schwarzen Tees bei Zugabe von Zitrone!

**13.** S Der Lehrer übergibt dir drei Reagenzgläser. In einem befindet sich destilliertes Wasser, in einem verdünnte Salzsäure ☒ und in einem verdünnte Schwefelsäure ☒.
Ermittle experimentell, in welchen Reagenzgläsern sich Säuren befinden!
Beschreibe, wie die beiden Säuren unterschieden werden können!
Führe den Versuch durch!

***14.** Beschreibe die Darstellung von Chlorwasserstoff und daraus Salzsäure! Stelle einen Zusammenhang zum Namen der Säure her!

***15.** Informiere dich über die Wirkungsweise von Säure-Base-Indikatoren!
Ermittle Beispiele!
Nutze dazu das Internet, z. B. www.schuelerlexikon.de!

**16.** Wird eine Flasche mit konzentrierter Salzsäure geöffnet, stellt man einen stechenden Geruch fest.
Kannst du den stechenden Geruch erklären?
Was vermutest du?

**17.** In welchem Verhältnis sind 65 %ige Salpetersäure und 10 %ige Salpetersäure zu mischen, um 15 %ige Salpetersäure zu erhalten? Du kannst zur Lösung das interaktive Rechenbeispiel unter www.tafelwerk.de nutzen.

**18.** In den Medien wird immer wieder auf die Schädigungen an Bäumen und Gebäuden in Abhängigkeit von der Belastung der Umwelt mit Luftschadstoffen hingewiesen.
Erkläre den Zusammenhang!

**19.** Beschreibe die Arbeitsschritte zur Herstellung von schwefliger Säure im Experiment!
Übertrage diese Darstellungsmöglichkeit auf mindestens zwei weitere Beispiele!
Formuliere eine Verallgemeinerung!

**20.** S Mit speziellen Indikatoren kann man testen, ob Regenwasser sauer ist oder nicht.

a) Erkläre, warum natürliches Regenwasser nicht neutral ist!

b) Ermittle experimentell, ob der Regen in deiner Region leicht oder stark sauer ist!

# 8.2 Basische Lösungen – Basen

### Ätzende Reinigungsmittel

In Haushalten werden verschiedene Reinigungsmittel eingesetzt. Rohrreiniger tragen häufig Gefahrenstoffkennzeichnungen. Daraus geht hervor, dass die Stoffe ätzend sind.
*Was für Stoffe sind in diesen Reinigungsmittel enthalten? Worauf beruht die ätzende Wirkung? Welche Reaktionen laufen im Wasserrohr ab?*

### Basen liebende Pflanzen

Einige Pflanzen benötigen für das optimale Wachstum eine ganz bestimmte Bodenreaktion. Orchideen wie der Frauenschuh sind niemals auf saurem Boden zu finden.
*Welche Bodenreaktion zeichnet den Standort solch seltener Pflanzen wie Ragwurz aus? Wie kann man diese Bodenreaktion ermitteln?*

### Laugengebäck

In vielen Kinos werden neben Popkorn, Tacos und anderen Snacks auch Laugenbrezeln angeboten. Sie weisen eine sehr schöne braune Färbung auf.
*Wodurch kommt diese Färbung zustande?*

## Vom Natriumhydroxid und anderen Basen

Säuren kennt jeder aus dem Alltag, aber auch Basen spielen im täglichen Leben eine große Rolle. **Calciumhydroxid ($Ca(OH)_2$)** wird u.a. als Löschkalk bezeichnet und ist ein wichtiger Bestandteil von Kalkmörtel. Kalkwasser (Calciumhydroxidlösung) wird zur Gewinnung von Zucker verwendet. Die Lösung dient zum Ausfällen von Phosphaten aus der Rübenzuckerlösung. Im Labor nutzt man Kalkwasser als Nachweismittel für Kohlenstoffdioxid (s. S. 226). Manchmal werden Baumstämme mit Kalkmilch (eine Aufschlämmung des Calciumhydroxids) eingestrichen, um sie vor Insektenbefall zu schützen.

**Natriumhydroxid (NaOH)** ist in Erzeugnissen zum Reinigen von verstopften Abflussrohren enthalten. Die konzentrierte Lösung zersetzt organische Substanzen. Große Mengen Natronlauge werden zur Seifenherstellung benötigt. Auch zur Produktion von Zellstoff wird die Lösung gebraucht, um das Holz chemisch aufzuschließen. Laugengebäck wird vor dem Backen in eine 3%ige Natronlauge getaucht. Durch diese Behandlung kommen die braune Färbung und der typische Geschmack zustande.
Die wässrige Lösung von **Kaliumhydroxid (KOH)** bildet mit Fett wasserlösliche Verbindungen. Man setzt sie Industriereinigern zu, die z.B. zur Reinigung von Flaschen zum Einsatz kommen.
Der Überblick zeigt, systematischer und Trivialname können voneinander abweichen (s. Tab.). Dabei werden die wässrigen Lösungen dieser Stoffe oft als **Laugen** bezeichnet.

Natrium-, Kalium-, Calciumhydroxid und ähnlich gebaute Stoffe sind kristalline Substanzen mit ätzender Wirkung. Ihre Lösungen (Laugen) fühlen sich seifig an, da sie die oberen Hautschichten angreifen. Beim Umgang mit ihnen müssen dieselben Sicherheitsregeln wie beim Umgang mit Säuren beachtet werden.

**Basen und ihre Lösungen sind Gefahrstoffe.**

**systematische und Trivialnamen**

| | systematischer Name | Trivialname |
|---|---|---|
| NaOH/fest | Natriumhydroxid | Ätznatron |
| Lösung | Natriumhydroxid-lösung | Natron-lauge |
| KOH/fest | Kaliumhydroxid | Ätzkali |
| Lösung | Kaliumhydroxid-lösung | Kalilauge |
| $Ca(OH)_2$/fest | Calciumhydroxid | Kalkhydrat Löschkalk |
| Lösung | Calciumhydroxid-lösung | Kalkwasser |
| $Ba(OH)_2$/fest | Bariumhydroxid | |
| Lösung | Bariumhydroxid-lösung | Barytwasser |

Natrium-, Kalium-, Calcium-, Bariumhydroxid und andere gehören zu den **Metallhydroxiden**. Bei Zugabe von Unitest färbt sich die Lösung blau. Eine **basische (alkalische) Reaktion** wird angezeigt. Die Ursache bilden die Hydroxid-Ionen ($OH^-$) in den Lösungen der Metallhydroxide. Hydroxid-Ionen sind einfach negativ geladene Ionen. Außerdem befinden sich in der Lösung positiv geladene **Metall-Ionen** (s. Tab.). Die Lösungen leiten den elektrischen Strom (s. Abb. 1).

**Metallhydroxide sind Stoffe, deren wässrige Lösungen positiv geladene Metall-Ionen und negativ geladene Hydroxid-Ionen enthalten.**

Anders als bei Säurelösungen entstehen die Ionen in den Metallhydroxidlösungen nicht erst bei der Reaktion mit Wasser.
Metallhydroxide sind aus Ionen aufgebaut (Ionensubstanzen). Diese werden beim Lösen in Wasser freigesetzt.
In der Lösung sind die Ionen von Wassermolekülen (aq) umgeben.

$$NaOH \xrightarrow{H_2O} Na^+_{(aq)} + OH^-_{(aq)}$$

Es gibt jedoch auch Stoffe, die erst bei der Reaktion mit Wasser Hydroxid-Ionen bilden (s. S. 178). Beide Gruppen von Stoffen sind **Basen**.

**Basen sind Stoffe, deren wässrige Lösung Hydroxid-Ionen enthalten (nach ARRHENIUS).**

| Charakteristische Indikatorfärbung bei basischen Reaktionen (Überschuss von $OH^-$-Ionen) | |
|---|---|
| **Indikatoren** | **Farbe bei basischer Lösung** |
| Universalindikator | blau |
| Lackmus | blau |
| Phenolphthalein | rot |
| Bromthymolblau | blau |

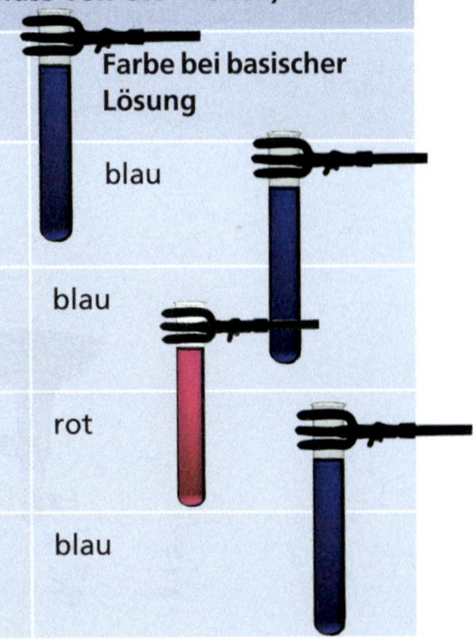

**S Experiment**

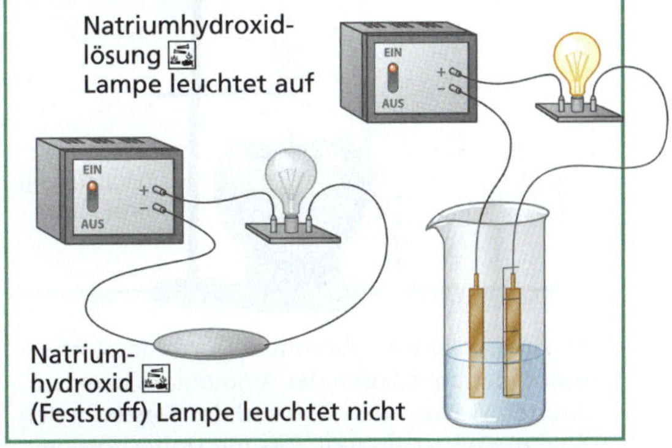


**1** Die frei beweglichen Hydroxid-Ionen und Metall-Ionen in der Lösung bedingen die elektrische Leitfähigkeit.

| Namen und Formeln ausgewählter Metallhydroxide und ihrer Ionen | | | | | |
|---|---|---|---|---|---|
| **Metallhydroxid** | | **enthaltene Ionen** | | | |
| **Name** | **Formel** | **Name** | **Formel** | **Name** | **Formel** |
| Natriumhydroxid | $NaOH$ | Natrium-Ionen | $Na^+$ | Hydroxid-Ionen | $OH^-$ |
| Kaliumhydroxid | $KOH$ | Kalium-Ionen | $K^+$ | Hydroxid-Ionen | $OH^-$ |
| Calciumhydroxid | $Ca(OH)_2$ | Calcium-Ionen | $Ca^{2+}$ | Hydroxid-Ionen | $OH^-$ |
| Magnesiumhydroxid | $Mg(OH)_2$ | Magnesium-Ionen | $Mg^{2+}$ | Hydroxid-Ionen | $OH^-$ |
| Bariumhydroxid | $Ba(OH)_2$ | Barium-Ionen | $Ba^{2+}$ | Hydroxid-Ionen | $OH^-$ |

## Mosaik

### Die Reaktion von Amoniak mit Wasser

**Ammoniak ($NH_3$)** ist eine wichtige Stickstoffverbindung. Der Stoff ist gasförmig und reagiert sehr gut mit Wasser. Daher ist mit Ammoniak ein ähnliches Experiment wie mit Chlorwasserstoff möglich (Abb. 1).

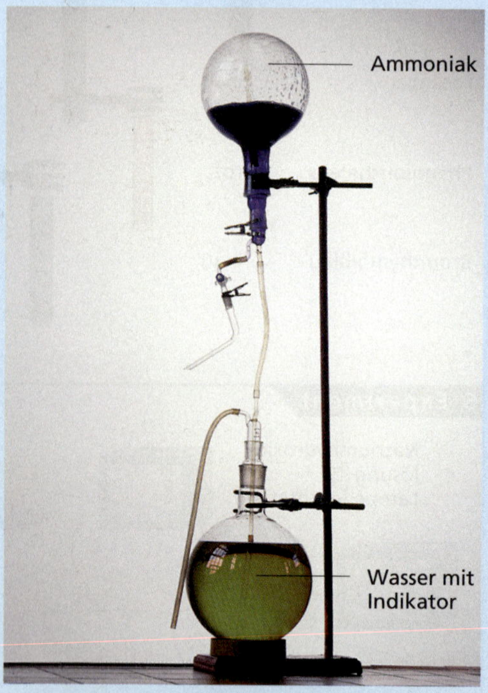


1 Ammoniakspringbrunnen: Durch den Unterdruck, der beim Lösen des Ammoniaks in einem Tropfen Wasser entsteht, wird das Wasser in den oberen Kolben gesaugt. Das mit Unitestlösung versetzte Wasser färbt sich blau.

Die blaue Farbe des Unitestindikators nach der Reaktion weist darauf hin, dass eine basische Lösung entstanden ist. In der Lösung sind Hydroxid-Ionen enthalten. Diese Hydroxid-Ionen haben sich bei der Reaktion des Ammoniaks mit Wasser gebildet. Außerdem liegen in der Lösung nach der Reaktion Ammonium-Ionen vor.

$$NH_3 + H_2O \longrightarrow NH_4^+{}_{(aq)} + OH^-{}_{(aq)}$$

Von den Wassermolekülen werden während der Reaktion Protonen abgegeben. Dadurch bilden sich die Hydroxid-Ionen.

Protonenabgabe: $H_2O \longrightarrow H^+{}_{(aq)} + OH^-{}_{(aq)}$

Die Protonen werden sofort an die Ammoniakmoleküle angelagert (Abb. 2).

Protonenaufnahme: $NH_3 + H^+{}_{(aq)} \longrightarrow NH_4^+{}_{(aq)}$

Nach ARRHENIUS bildet Ammoniak mit Wasser Ammoniumhydroxid, welches in Ammonium-Ionen und Hydroxid-Ionen dissoziiert. Der Begriff der Base wurde von BRÖNSTED weiterentwickelt. Danach ist eine Base ein Stoff, der Protonen aufnehmen kann (Protonenakzeptor). Nach BRÖNSTED gehört Ammoniak zu den Basen.

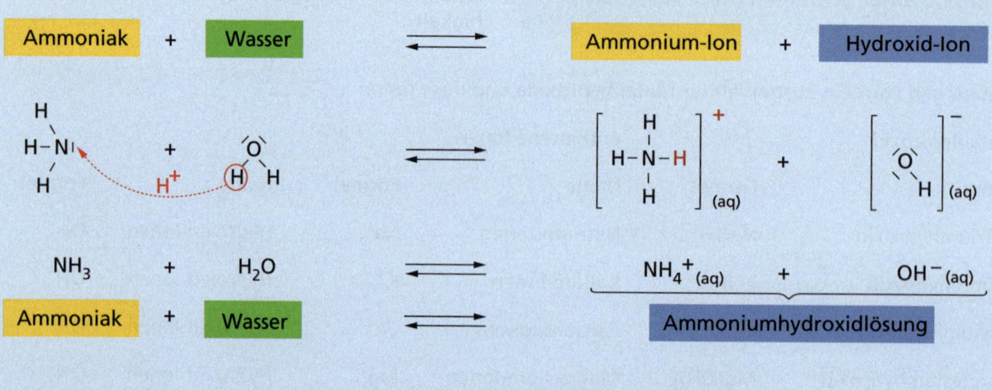


2 Bei der Reaktion von Ammoniak mit Wasser erfolgt ein Protonenübergang.

## Bildung basischer Lösungen

Ohne Calciumoxid (Branntkalk) kommt die Bauindustrie nicht aus. Es müssen jedoch besondere Sicherheitsvorschriften beachtet werden. Übergießt man Calciumoxid mit Wasser, erfolgt eine starke Wärmeentwicklung. Die entstandene trübe, weiße Flüssigkeit ist ätzend. Universalindikatorlösung färbt sich blau. Das Metalloxid hat mit Wasser zum Metallhydroxid reagiert, welches im Wasser z. T. gelöst vorliegt (Abb. 1).

$$CaO + H_2O \longrightarrow Ca^{2+}{}_{(aq)} + 2\,OH^-{}_{(aq)}$$

Ähnlich reagieren auch andere Metalloxide. Verbrennt man einen Magnesiumspan, bildet sich Magnesiumoxid. Versetzt man das entstandene Magnesiumoxid mit Wasser, färbt das Reaktionsprodukt den Unitestindikator ebenfalls blau.

$$MgO + H_2O \longrightarrow Mg^{2+}{}_{(aq)} + 2\,OH^-{}_{(aq)}$$

Ein entsprechendes Reaktionsprodukt bildet sich auch, wenn Natriumoxid mit Wasser in Berührung kommt:

$$Na_2O + H_2O \longrightarrow 2\,Na^+{}_{(aq)} + 2\,OH^-{}_{(aq)}$$

**Metalloxid + Wasser ⟶ Metallhydroxid (Lösung)**

**S Experiment**

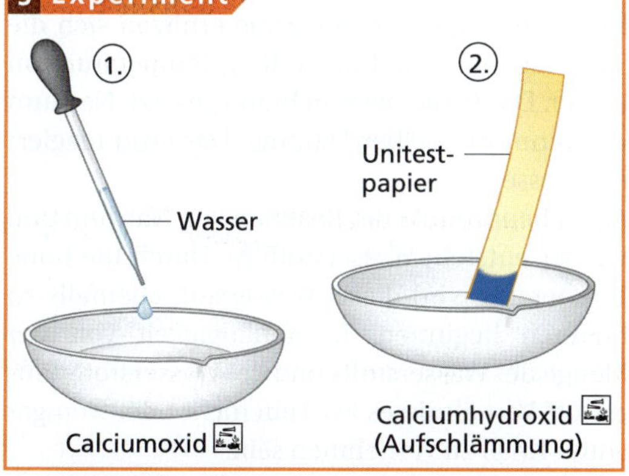


**1** Das Reaktionsprodukt von Calciumoxid und Wasser zeigt keine saure, sondern eine basische Reaktion.

Jedoch nicht nur die Metalloxide reagieren mit Wasser unter Bildung von Laugen, auch die unedlen Metalle. Gibt man Natrium in ein Schälchen mit Wasser, verkleinert sich das Natriumstückchen sichtbar und scheint auf dem Wasser zu tanzen.

Ein zischendes Geräusch ist wahrzunehmen. Manchmal entzündet sich das Gas um das Stückchen Natrium mit einem mehr oder weniger starken Knall und verbrennt.
Phenolphthalein färbt sich rot. Nach kurzer Zeit hat sich das Natriumstückchen vollständig umgesetzt (Abb. 2). Eine basische Lösung (Natronlauge) und Wasserstoff sind entstanden.

$$2\,Na + 2\,H_2O \longrightarrow 2\,Na^+{}_{(aq)} + 2\,OH^-{}_{(aq)} + H_2\uparrow$$

Zu den unedlen Metallen gehört auch Calcium. Bringt man ein Stückchen metallisches Calcium in Wasser, entsteht unter Wärmeabgabe eine trübe weißliche Lösung. Das Aufsteigen von Gasblasen kann beobachtet werden. Die Knallgasprobe verläuft positiv. Calciumhydroxid und Wasserstoff sind entstanden.

$$Ca + 2\,H_2O \longrightarrow Ca^{2+}{}_{(aq)} + 2\,OH^-{}_{(aq)} + H_2\uparrow$$

**unedles Metall + Wasser ⟶ Metallhydroxid (Lösung) + Wasserstoff**

**L Experiment**

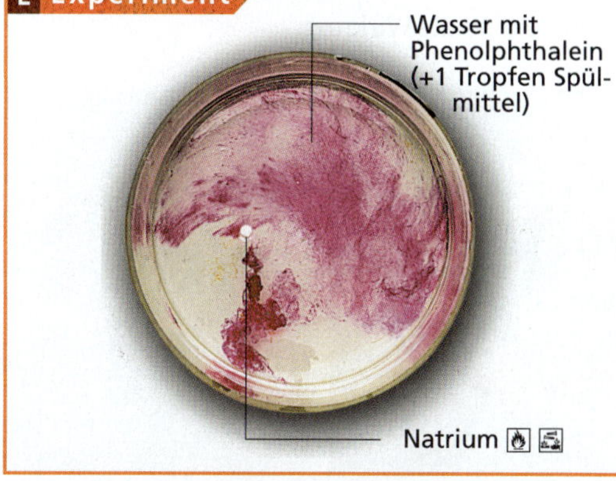


**2** Als Reaktionsprodukt von Natrium und Wasser entsteht eine Natriumhydroxidlösung und Wasserstoff.

## Chemie in Natur und Technik

### Rohrreiniger – wirksam, aber nicht ungefährlich

Lassen sich Verstopfungen in sanitären Anlagen nicht mit einfachen Mitteln (Saugglocke) beseitigen, hilft die Chemie weiter. Vor Gebrauch solcher chemischer Reinigungsmittel muss man sich jedoch genau über die Anwendungshinweise informieren, denn in den Reinigern sind zumeist Natriumhydroxidplättchen enthalten.
*Erkläre, wie der Rohrreiniger wirkt!*

Natriumhydroxid liegt in fester Form vor. In Wasser wird der Stoff gelöst. Dabei werden die Ionen frei beweglich.

$$NaOH \xrightarrow{H_2O} Na^+_{(aq)} + OH^-_{(aq)}$$

Das Lösen stellt eine exotherme Reaktion dar. Die entstehende heiße, konzentrierte Natronlauge ist stark ätzend und greift organisches Material wie Haare und Fett an (Abb. 1).
Durch die Natronlauge wird die Verstopfung „aufgelöst", denn die sich bildenden Verbindungen sind wasserlöslich bzw. verteilen sich leicht darin und können nach einer Weile fortgespült werden. Eventuell enthaltener Aluminiumgrieß reagiert mit dem Natriumhydroxid und anderen Stoffen. Dabei gebildete gasförmige Reaktionsprodukte lockern die Verunreinigungen auf und verstärken so die Wirkung.

**1** Konzentrierte Natronlauge zersetzt organische Verunreinigungen, z.B. Haare.

### L Schiffe versenken

Aus Papier wird ein Schiffchen gefaltet. In dieses Schiffchen legt man ein Stückchen Natrium und setzt das Papierboot in eine Schale mit Wasser. (Vorsicht, Schutzbrille!)
*Sage die zu erwartenden Beobachtungen voraus!*

Durch das Wasser wird das Papier feucht. Das Natrium kommt dadurch mit Wasser in Berührung. Natrium ist ein sehr unedles Metall und reagiert heftig mit Wasser. Es ist zu erwarten, dass u.a. folgende chemische Reaktion abläuft:

$$2\,Na + 2\,H_2O \longrightarrow 2\,Na^+_{(aq)} + 2\,OH^-_{(aq)} + H_2$$

Durch die abgegebene Wärme erhitzen sich die Stoffe bis über die Entzündungstemperatur von Papier. Das Papier wird in Brand gesetzt. Natrium verbrennt mit gelber Flamme. Das Oxid reagiert mit Wasser.
Als Nebenprodukt der Reaktion von Natrium und Wasser entsteht Wasserstoff. Durch die hohe Temperatur wird dieser Wasserstoff ebenfalls zu brennen beginnen. In Abhängigkeit von der Menge des Wasserstoffs und des Wasserstoff-Sauerstoff-Verhältnisses wird ein mehr oder weniger lauter Knall zu vernehmen sein.
Durch ein Experiment können diese Voraussagen bestätigt werden.

## gewusst · gekonnt

1. Ergänze dein Glossar!

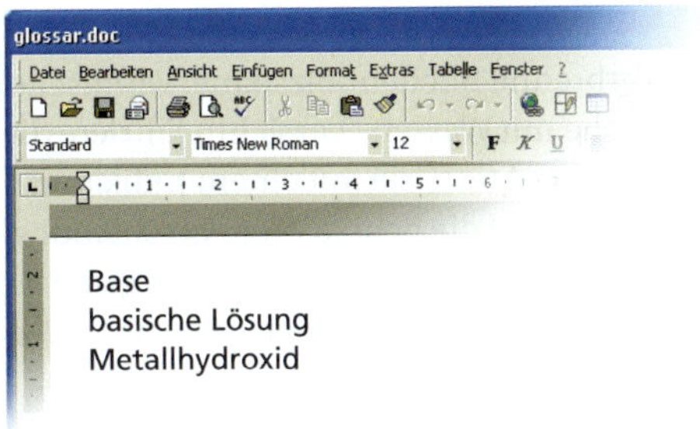


2. Nenne mindestens drei Hydroxide mit Namen und Formeln! Gib jeweils ihre Verwendung an!

3. Stelle die Gleichungen für die Reaktion von Kaliumhydroxid, Natriumhydroxid, Bariumhydroxid und von Calciumhydroxid mit Wasser auf!

4. Natrium darf nicht mit bloßen Händen angefasst werden. Dazu benutzt man immer eine Pinzette. Begründe!

5. Vergleiche die elektrische Leitfähigkeit von trockenem Natriumhydroxid, Natronlauge und der Schmelze von Natriumhydroxid! Benenne die Ursache für die unterschiedlichen Phänomene!

6. Festes Natriumhydroxid muss in geschlossenen Behältnissen aufbewahrt werden. Begründe!

NaOH Plätzchen — NaOH Plätzchen eine Stunde später

7. Du erhältst vom Lehrer drei Reagenzgläser mit farbloser Flüssigkeit. Wie müsstest du vorgehen, um zu unterscheiden, in welchem von drei Gefäßen sich
   a) verdünnte Salzsäure,
   b) Natriumhydroxidlösung,
   c) destilliertes Wasser

   befinden! Entwickle einen Plan!

8. Berechne die Stoffmengenkonzentration der Lösung, wenn 112 g Kaliumhydroxid in 200 ml Lösung enthalten sind! (Interaktives Beispiel unter www.tafelwerk.de)

9. S Versuche, gleiche Mengen folgender Hydroxide in Wasser zu lösen: $NaOH$, $Ca(OH)_2$ und $KOH$! Was stellst du fest? Vergleiche die Stellung der entsprechenden Metalle im PSE und formuliere einen Zusammenhang!

10. S Untersuche verschiedene Lösungen aus dem Haushalt mithilfe von Indikatoren! Führe ein Protokoll!

11. Calciumhydroxidlösung wird im Labor für Nachweisreaktionen benötigt. Gib Möglichkeiten an, wie dieses Nachweismittel hergestellt werden kann. Stelle für jede Möglichkeit die Reaktionsgleichung auf!

12. Interpretiere die Formeln: $Al(OH)_3$, $Sr(OH)_2$!

13. Basische Lösungen färben Universalindikator blau. Worauf beruht diese charakteristische Färbung?

**14.** Stelle dir selbst einen Indikator her, indem du ein Rotkohlblatt fein zerschneidest, in Wasser ohne andere Zusätze kurz aufkochst und anschließend die Flüssigkeit – deinen Indikator – und das Rotkohlblatt voneinander trennst!

a) Überprüfe die Farbänderung bei Zugabe verdünnter Natriumhydroxidlösung!

b) Schabe von einer einfachen Handwaschseife einige Späne ab, löse sie in wenig Wasser auf und prüfe die Lösung mit wenigen Tropfen deines Indikators! Beschreibe die Beobachtungen! Welche Schlussfolgerung kannst du ableiten?

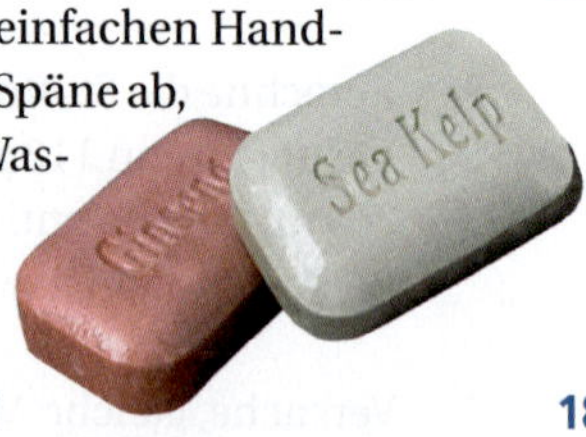


c) Informiere dich über die wirksamen Inhaltsstoffe des Rotkohlindikators!

**15.** Beim Löschen von Branntkalk (CaO) ist das Tragen von Schutzbrille und Handschuhen vorgeschrieben. Begründe!

**16.** S Vor dir liegt ein pulverförmiger weißer Stoff. Ermittle, ob dieser in Wasser eine basische Lösung bildet! Stelle einen Plan auf! Welche Maßnahmen hinsichtlich des Arbeitsschutzes sind zu treffen?

**17.** S Verbrenne Buchenholzspäne! Vermische die Asche mit Wasser! (Vorsicht!) Filtriere die Lösung und teste sie mit einem Indikator!

a) Erkläre die beobachtete Erscheinung!

b) Ist diese Lösung als Reinigungsmittel für Objektträger (Biologieunterricht) geeignet? Begründe!

**18.** Im Handel erhältliche Rohrreiniger tragen Sicherheitshinweise. Notiere an einem Beispiel die Sicherheitshinweise, die beim Umgang mit dieser Haushaltschemikalie zu beachten sind, und begründe ihre Notwendigkeit!

**19.** Erläutere die Abbildung (unten)! Welche Reaktionen laufen ab? Stelle jeweils die Reaktionsgleichungen auf!

**S Experiment**

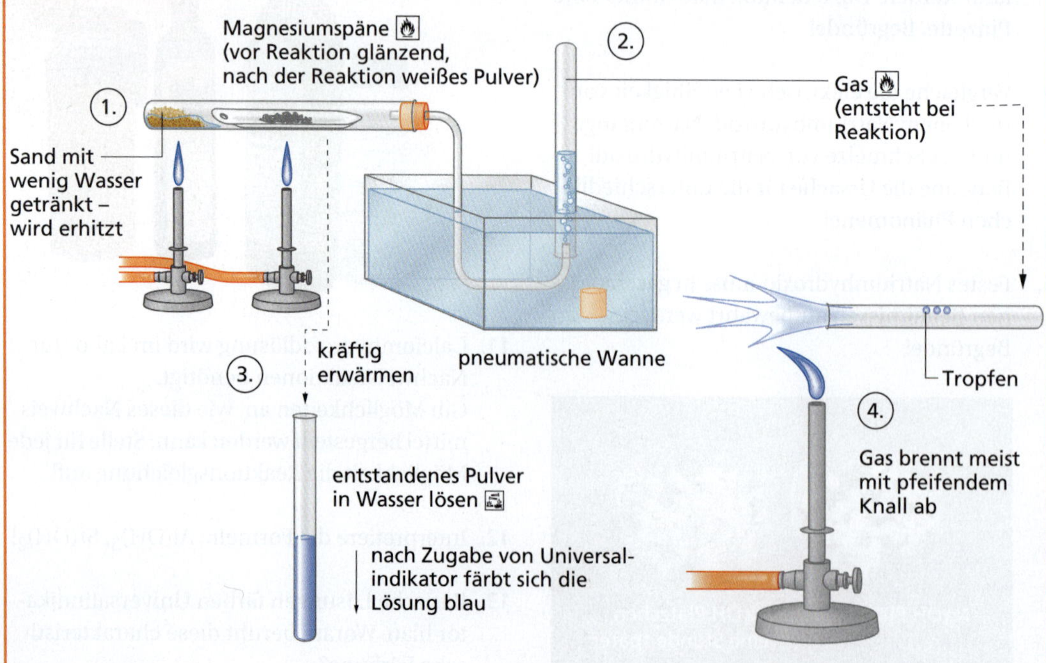

# 8.3 Säure – Base – Reaktionen

### Test von Lösungen

Lösungen, die in der Lebensmittelindustrie, in der Pharmazie, im Acker- oder Gartenboden, in der Technik oder im Haushalt vorliegen, sind selten völlig neutral. Oft müssen sie sogar saure oder basische Lösungen sein, um wirksam zu werden. Allerdings benötigt man genaue Werte.
*Wie kann man diese basische oder saure Reaktion mit einfachen Mitteln feststellen?*

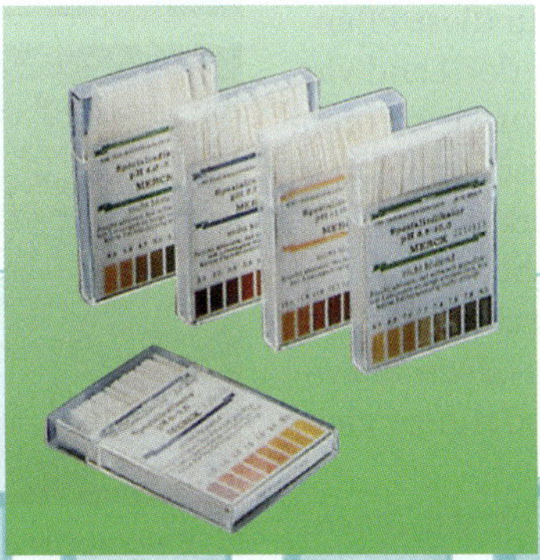

### Hilfe für die Landwirtschaft

Manchmal wird sogenannter Mischkalk auf abgeernteten Felder gestreut.
*Warum wird das Düngemittel nach der Vegetationsperiode aufgebracht? Was soll es bewirken?*

### Chemie im Klärwerk

Bei der Abwasserreinigung geht es nicht nur um die Beseitigung von Schmutzteilchen. Das Wasser muss auch wieder neutral werden, um die Umwelt nicht zu belasten und die Organismen nicht zu schädigen.
*Wie ist es möglich, eine neutrale Lösung zu erreichen, obwohl Abwasser viele saure und basische Stoffe enthält?*

## Der pH-Wert – ein wichtiger Messwert

Für den Hobbyaquarianer ist es wichtig zu wissen, ob das Wasser im Becken sauer, neutral oder basisch reagiert.
Von großem volkswirtschaftlichen Interesse ist auch die Reaktion des Ackerbodens. Soll Gerste angebaut werden, darf der Boden für diese Pflanzen nicht zu sauer sein. Beachtet der Landwirt die Bodenreaktion nicht, kann es zu Missernten kommen. Ob eine Lösung neutral, schwach oder stark sauer bzw. schwach oder stark basisch ist, gibt man durch den **pH-Wert** an (Abb. 1).
Chemisch reines Wasser ist **neutral**. Es besitzt den **pH-Wert 7**. Wasserstoff-Ionen *(Hydronium-Ionen)* und Hydroxid-Ionen liegen darin zu gleichen Anteilen vor.
Je mehr Wasserstoff-Ionen *(Hydronium-Ionen)* sich in einem konstanten Volumen einer sauren Lösung befinden, desto niedriger ist ihr pH-Wert, das bedeutet, umso stärker sauer ist die Lösung. **Saure Lösungen** weisen einen **pH-Wert unter 7** auf. Je weniger Wasserstoff-Ionen *(Hydronium-Ionen)* sich in einer Lösung befinden, desto größer wird der pH-Wert. Ist der **pH-Wert größer als 7**, lässt sich mit Indikatoren ein Überschuss an Hydroxid-Ionen nachweisen. Die Lösung ist **basisch**. Je mehr Hydroxid-Ionen in einem bestimmten Volumen einer Lösung enthalten sind, desto stärker basisch ist diese Lösung.
Mit Säure-Base-Indikatoren kann man den pH-Wert aufgrund von Farbänderungen annähernd bestimmen. Diese Indikatoren sind organische Substanzen, die beim Überschuss von Wasserstoff- *(Hydronium-Ionen)* oder Hydroxid-Ionen chemische Verbindungen bilden, die farbig sind.

2 Zeigerpflanzen für verschiedene Böden

Bestimmte Pflanzen können uns die Bodenreaktion anzeigen (Zeigerpflanzen Abb. 2). Genauer wird der pH-Wert mit einem pH-Meter ermittelt.

Kulturpflanzen wie Kartoffeln gedeihen gut bei einem pH-Wert von 5,9 bis 6,5. Bei Weizen und anderem Getreide sollte der Boden einen pH-Wert von 6,0 bis 7,5 aufweisen. Auch im Wald oder in anderen Ökosystemen ist der pH-Wert ein wichtiger Umweltfaktor.

**Der pH-Wert ist eine Maßzahl zur Charakterisierung einer sauren, basischen oder neutralen Reaktion von Lösungen.**
**pH-Wert < 7: saure Lösung**
**pH-Wert = 7: neutrale Lösung**
**pH-Wert > 7: basische Lösung**

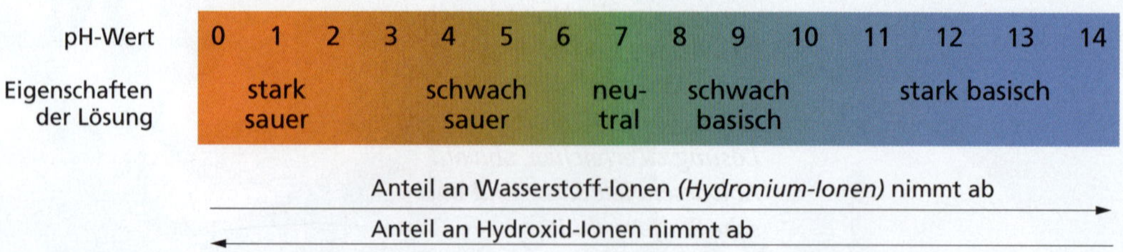

1 Die pH-Wert-Skala zeigt die Färbung der Universalindikatorlösung bei Zugabe zu basischen, sauren und neutralen Lösungen.

## Aus Rot und Blau wird Grün?!

Abwässer aus Haushalten enthalten basische Lösungen (Seifenlösungen, Abflussreiniger) oder saure Lösungen (einige Sanitärreiniger). Im Klärwerk werden zu sauren Abwässern basische Lösungen und zu basischen Abwässern saure Lösungen zugefügt. Was dabei passiert, verdeutlicht ein Experiment (Abb. 1).

Gibt man tropfenweise verdünnte Natriumhydroxidlösung zu verdünnter Salzsäure, die mit Universalindikatorlösung versetzt ist, erwärmt sich die Lösung. Nach einer Zeit zeigt der Indikator eine neutrale Lösung an.
Die abgelaufene Reaktion bezeichnet man als **Neutralisationsreaktion**. Es entsteht eine Natriumchloridlösung. Beim Eindampfen bilden sich die Salzkristalle (Abb. 2).

Bei dieser Reaktion reagieren die Wasserstoff-Ionen (*Hydronium-Ionen*) der Säurelösung mit den Hydroxid-Ionen der Base zu Wassermolekülen. Es erfolgt ein **Protonenübergang** (Abb. 3).

**Die Neutralisationsreaktion ist eine Reaktion, bei der Wasserstoff-Ionen *(Hydronium-Ionen)* und Hydroxid-Ionen zu Wassermolekülen zusammentreten. Die Reaktion ist exotherm.**

1 Im richtigen Verhältnis wird eine saure Lösung (Erlenmyerkolben) durch eine basische Lösung neutralisiert.

**S Experiment**

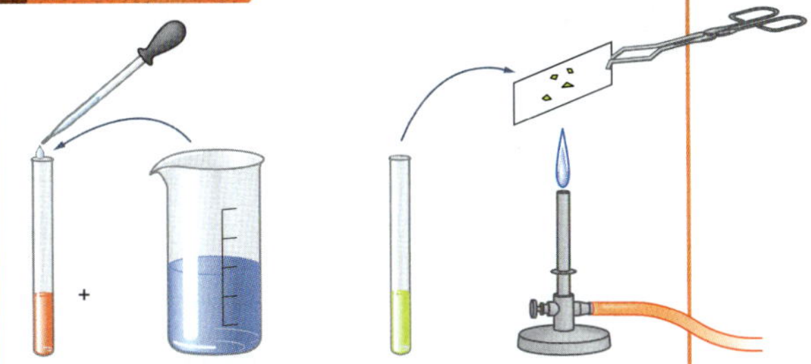

Säurelösung mit Indikator + Metallhydroxidlösung (Lauge) mit Indikator → neutrale Lösung, beim Eindampfen bilden sich Kristalle

Beispiel:

$$H^+_{(aq)} + Cl^-_{(aq)} + Na^+_{(aq)} + OH^-_{(aq)} \longrightarrow H_2O + Na^+_{(aq)} + Cl^-_{(aq)}$$

bzw.

$$H_3O^+_{(aq)} + Cl^-_{(aq)} + Na^+_{(aq)} + OH^-_{(aq)} \longrightarrow 2H_2O + Na^+_{(aq)} + Cl^-_{(aq)}$$

2 Als ein Reaktionsprodukt einer Neutralisationsreaktion bilden sich Wassermoleküle.

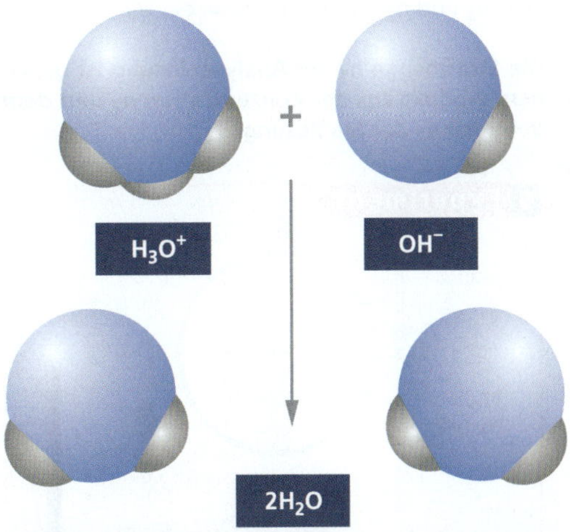


$$H_3O^+_{(aq)} + OH^-_{(aq)} \longrightarrow 2H_2O$$

Protonenübergang

3 Bei der Neutralisationsreaktion wird jeweils ein Proton von den *Hydronium-Ionen* abgegeben und von den Hydroxid-Ionen aufgenommen.

Mosaik

## Die Neutralisationsanalyse (Titration) – ein Verfahren zur quantitativen Analyse

Die Neutralisationsreaktion findet zwischen sauren und basischen Lösungen statt. Welche Menge an Säure und Base benötigt wird, hängt vom Gehalt der Wasserstoff-Ionen *(Hydronium-Ionen)* und der Hydroxid-Ionen in den Lösungen ab, also von ihren Konzentrationen. Mithilfe der Titration kann man die Konzentration einer Analysenlösung ermitteln. Dazu entnimmt man ein definiertes Volumen der Analysenlösung. Außerdem benötigt man noch das Volumen der Maßlösung (Lösungen bekannter Konzentration), die zur Neutralisation der Analysenlösung notwendig ist. Dieses Volumen ermittelt man, indem solange Maßlösung in die mit einem Indikator versetzte Analysenlösung in der Vorlage getropft wird, bis der Indikator den Neutralpunkt anzeigt. Das verbrauchte Volumen wird notiert. Dieser Punkt ist erreicht, wenn die Stoffmenge der Wasserstoff-Ionen *(Hydronium-Ionen)* gleich der Stoffmenge der Hydroxid-Ionen ist.

$n_{Säure} = n_{Base}$ bzw. $n_{H^+} = n_{OH^-}$ oder $n_1 = n_2$

Aus $c = \frac{n}{V}$ folgt $n_1 = c_1 \cdot V_1$ bzw. $n_2 = c_2 \cdot V_2$

Sind $n_1$ und $n_2$ gleich, gilt $n_1 = c_2 \cdot V_2$

**Die Stoffmenge $n_1$ der Analysenlösung ist gleich dem Produkt aus der Konzentration $n_2$ und dem Volumen $V_2$ der Maßlösung.**

**S Experiment**

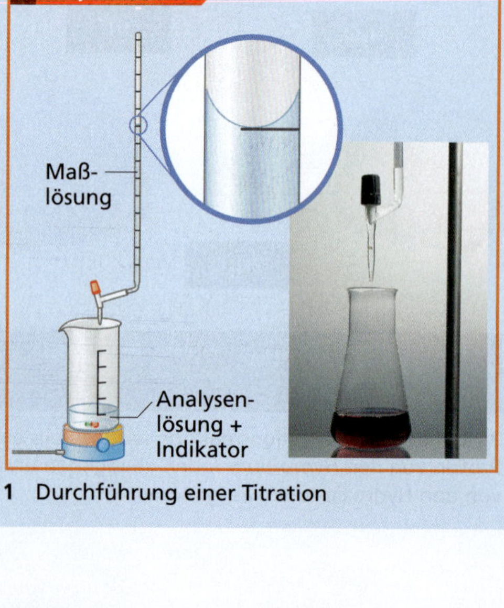


1 Durchführung einer Titration

Die Konzentration der Analysenlösung lässt sich über $c_1 \cdot V_1 = c_2 \cdot V_2$ berechnen und die enthaltene Masse des gelösten Stoffes bzw. die zur Neutralisation nötigen Masse über $m_1 = c_2 \cdot V_2 \cdot M_1$.

**Berechnungsbeispiel:**

Eine Abwasserprobe im Klärwerk reagiert sauer. Für die Neutralisation von 100 ml Abwasser wird als **Maßlösung** Natronlauge mit einer Konzentration von 0,1 mol · $l^{-1}$ verwendet. Das verbrauchte Volumen der Maßlösung beträgt 25,3 ml.

**Stoffmenge der Wasserstoff-Ionen**

$n_{H^+}$ (Abwasserprobe) = $c_{OH^-} \cdot V_1$ (Maßlösung)

$n_{H^+} = 0{,}1 \text{ mol} \cdot l^{-1} \cdot 0{,}0253 \text{ l}$

$n_{H^+} = 0{,}00253 \text{ mol}$

**Stoffmengenkonzentration der Säure in der Analyselösung**
(bei Annahme einer einwertigen Säure)

$$c_{H^+} = \frac{c_{OH^-} \cdot V_{(Base)}}{V_{(Base)}}$$

$$c_{H^+} = \frac{0{,}1 \text{ mol} \cdot l^{-1} \cdot 0{,}0253 \text{ l}}{0{,}1 \text{ l}}$$

$c_{H^+} = 0{,}0253 \text{ mol} \cdot l^{-1}$

**Berechnung der zur Neutralisation erforderlichen Masse NaOH**

$n_{H^+} = n_{OH^-} = 0{,}00253 \text{ mol}$

$m_{NaOH} = n_{NaOH} \cdot M_{NaOH}$

$m_{NaOH} = 0{,}00253 \text{ mol} \cdot 40 \text{ g} \cdot \text{mol}^{-1}$

$m_{NaOH} = 0{,}1012 \text{ g}$

Um die Abwasserprobe von 100 ml zu neutralisieren, sind 0,1012 g festes Natriumhydroxid erforderlich. Diesen Wert kann man nun auf die Menge des anfallenden Abwassers umrechnen.

## Die Neutralisationsreaktion als Salzbildungsreaktion

In den Abwässern sind natürlich nicht nur Chlorwasserstoffsäure und Natriumhydroxidlösung enthalten, sondern die unterschiedlichsten Säuren und Basen.
Neutralisationsreaktionen sind aber zwischen allen Säuren und Basen möglich, so dass neutrale Lösungen erreicht werden können (s. u.).

Am Neutralpunkt hat der größte Teil der Wasserstoff-Ionen *(Hydronium-Ionen)* und der Hydroxid-Ionen zu Wassermolekülen reagiert. Ein geringer Anteil dieser Ionen liegt nach der Neutralisation vor, jedoch jeweils in gleicher Konzentration.
Die positiv geladenen Ionen der Base und die negativ geladenen Säurerest-Ionen werden bei der Reaktion nicht verändert. Sie bilden mit Wasser die Salzlösung (Salze Kap. 9). Gehören die Ionen zu einem schwer löslichen Salz, treten sie größtenteils zu Kristallen zusammen und bilden eine Fällung. Handelt es sich wie bei Natriumchlorid um einen gut löslichen Stoff, bleiben die Ionen frei beweglich.

**Bei Neutralisationsreaktionen entstehen Salzlösungen, aus denen beim Eindampfen oder Eindunsten Salze auskristallisieren.**
**Diese sind regelmäßig aus positiv geladenen Ionen (häufig Metall-Ionen oder Ammonium-Ionen) und negativ geladenen Säurerest-Ionen aufgebaut.**

## Bedeutung der Neutralisationsreaktionen in der Natur und in der Technik

Die Kenntnisse über die Vorgänge bei Neutralisationsreaktionen können nicht nur in Kläranlagen Anwendung finden. Besonders wichtig sind sie in der Landwirtschaft, da das Milieu des Bodens für das Wachstum der Pflanzen eine entscheidene Rolle spielt. Durch geeignete Zusätze kann man regulierend eingreifen. So bringt man beispielsweise stark basisch wirkende Düngemittel nach der Vegetationsperiode auf die Felder auf. In der Forstwirtschaft und im Garten nutzt man langsam wirkende Dünger (Abb. 1).
In unserem Körper spielen Neutralisationsreaktionen ebenfalls eine wichtige Rolle, z. B. wird die Magensäure im nächsten Verdauungsabschnitt sofort neutralisiert, sodass keine Verätzungen auftreten können.
Durch neutralisierende Medikamente, die z. B. Aluminium- und Magnesiumhydroxid enthalten, kann bei Sodbrennen geholfen werden.

**1** Wälder werden mit Kalk behandelt.

| | | | | | | | | | | | | |
|---|---|---|---|---|---|---|---|---|---|---|---|---|
| $2H^+_{(aq)}$ | + | $SO_4^{2-}{}_{(aq)}$ | + | $Mg^{2+}{}_{(aq)}$ | + | $2OH^-{}_{(aq)}$ | ⟶ | $2H_2O$ | + | $Mg^{2+}{}_{(aq)}$ | + | $SO_4^{2-}{}_{(aq)}$ **bzw.** |
| *$2H_3O^+_{(aq)}$* | + | *$SO_4^{2-}{}_{(aq)}$* | + | *$Mg^{2+}{}_{(aq)}$* | + | *$2OH^-{}_{(aq)}$* | ⟶ | *$4H_2O$* | + | *$Mg^{2+}{}_{(aq)}$* | + | *$SO_4^{2-}{}_{(aq)}$* |
| $2H^+_{(aq)}$ | + | $SO_3^{2-}{}_{(aq)}$ | + | $2Na^+_{(aq)}$ | + | $2OH^-{}_{(aq)}$ | ⟶ | $2H_2O$ | + | $2Na^+_{(aq)}$ | + | $SO_3^{2-}{}_{(aq)}$ **bzw.** |
| *$2H_3O^+_{(aq)}$* | + | *$SO_3^{2-}{}_{(aq)}$* | + | *$2Na^+_{(aq)}$* | + | *$2OH^-{}_{(aq)}$* | ⟶ | *$4H_2O$* | + | *$2Na^+_{(aq)}$* | + | *$SO_3^{2-}{}_{(aq)}$* |
| Säurelösung | | | + | Metallhydroxidlösung (Base) | | | ⟶ | Wasser | + | Salz (gelöst) | | |

## Von sauren und basischen Lösungen

### Der pH-Wert von Lösungen

**S Experiment 1**

Du erhältst vier Reagenzgläser mit farblosen Lösungen. In einem Reagenzglas befindet sich verdünnte Salzsäure, in einem Natriumhydroxidlösung, in einem Natriumchloridlösung und in einem Reagenzglas destilliertes Wasser.

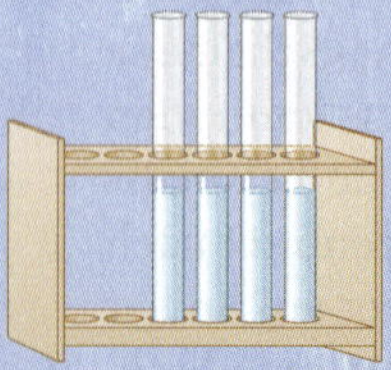

**Aufgabe:**
Ermittle, in welchem Reagenzglas sich welche Lösung befindet! Entwickle einen Plan!

**Vorbereitung und Durchführung**
Notiere Geräte und Chemikalien und fordere sie an! Führe das Experiment nach deinem Plan durch!

**Beobachtung und Auswertung:**
Notiere deine Beobachtungen und leite daraus ab, in welchem Reagenzglas welche Lösung enthalten war!

**S Experiment 2**

Im Haushalt finden unterschiedliche Stoffe Verwendung. Bei manchen muss man spezielle Sicherheitsregeln beachten, die auf der Verpackung angegeben sind. Das trifft besonders dann zu, wenn es sich nicht um neutrale Lösungen handelt.

**Aufgabe**:
Ermittle den pH-Wert verschiedener Stoffe, die im Haushalt Verwendung finden!

**Vorbereitung:**
*Geräte:* Reagenzglasständer, Reagenzgläser, Pipette, Spatel, Schutzbrille
*Chemikalien:* Zitronensaft, WC-Reiniger, Rohrreiniger, Haushaltsessig, Cola, Mineralwasser, Seifenlösung, Kochsalzlösung, Unitestindikator

1 Welchen pH-Wert weist Essig auf?

**Durchführung:**
Teste die jeweiligen Lösungen mit Universalindikator! Vergleiche mit der pH-Wert-Skala!

**Beobachtung und Auswertung:**
Notiere deine Beobachtungen und die ermittelten pH-Werte in einer Tabelle!
Leite Schlussfolgerungen für den Umgang mit den jeweiligen Stoffen ab!

**S Experiment 3**

Der saure Regen wird immer wieder als eine Ursache für die Schädigung von Bäumen genannt.

**Aufgabe**:
Überprüfe den pH-Wert des Regenwassers!

**Vorbereitung**:
*Geräte:* Bechergläser, Reagenzglasständer, Reagenzgläser, Pipette
*Chemikalien*: Regenwasserproben, CZENSNY-Indikator

**Durchführung:**
Teste den pH-Wert des Regenwassers über einen längeren Zeitraum (z.B. vier Wochen)! Lege dazu mindestens zwei Standorte fest!

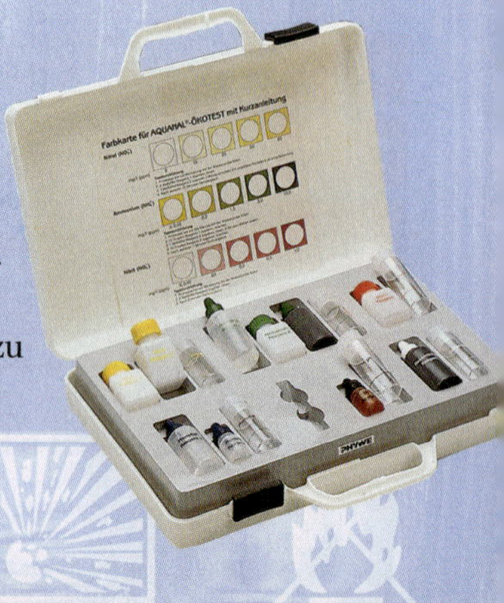

Fange das Regenwasser täglich auf! Versetze je 5 ml der Proben mit 4 Tropfen Indikatorlösung! Lies den pH-Wert der Vergleichsskala ab!

**Beobachtung und Auswertung:**

a) Nimm die jeweiligen Messreihen auf und stelle sie mithilfe eines geeigneten Kalkulationsprogramms grafisch dar. Überlege dazu, welche Art der Darstellung geeignet ist! Interpretiere deine Grafik! Versuche voneinander abweichende Messwerte zu erklären!
b) Berechne für jede Messreihe den Mittelwert für den pH-Wert und vergleiche diese Werte mit den offiziellen Daten des Umweltbundesamtes (z. B. unter http://www.umweltbundesamt.de).
c) Verschaffe dir mithilfe unterschiedlicher Medien (Internet, populärwissenschaftliche Zeitschriften) Hintergrundinformationen zum Thema „saurer Regen“, besonders zu seinen Ursachen und Folgen!

## Bildung von sauren und basischen Lösungen

### S Experiment 1

**Aufgabe:**
Stelle eine Vermutung darüber auf, ob Calciumoxid, Schwefeldioxid, Kohlenstoffdioxid und Magnesiumoxid sauer oder basisch mit Wasser reagieren! Überprüfe die Vermutungen experimentell! Stelle einen Plan zur Durchführung der Experimente auf und lasse ihn vom Lehrer bestätigen!

**Vorbereitung:**
Notiere notwendige Geräte und Chemikalien und fordere sie vom Lehrer an!

**Durchführung:**
Arbeite nach dem bestätigten Plan!

**Beobachtung und Auswertung:**
Stimmen deine Vermutungen und die Beobachtungsergebnisse überein?
Formuliere die Wortgleichungen und die Reaktionsgleichungen! Leite eine allgemeine Aussage aus den Ergebnissen ab!

## Neutralisationsreaktion

### S Experiment 1

**Aufgabe:**
Ermittle die Konzentration einer Natriumhydroxidlösung
a) durch Neutralisationstitration
b) durch Leitfähigkeitstitration!

**Vorbereitung**
*Vorüberlegung:*
Informiere dich über die Grundlagen der Leitfähigkeitstitration!
*Geräte:* 4 Bechergläser, Pipette mit Pipettierhilfe, Bürette, Stativmaterial, Magnetrührer, Messfühler, Leitfähigkeitsmessgerät,
*Chemikalien:* Phenolphthalein, Salzsäure (0,1 mol · $l^{-1}$), Natriumhydroxidlösung

**Durchführung:**

a) Miss mit der Pipette 10 ml Analysenlösung ab, gib sie in ein Becherglas und versetzte sie mit drei Tropfen Indikatorlösung!
Stelle das Glas auf den Magnetrührer!
Fülle die Bürette mit der Maßlösung und lies das Volumen ab! Titriere bis zum Farbumschlag des Indikators und bestimme das Volumen der verbrauchten Maßlösung!
(Hinweis: Um die Bürette richtig zu befüllen, lässt man einige Tropfen Flüssigkeiten in ein extra Gefäß ablaufen. Erst dann wird der Flüssigkeitsstand abgelesen und zwar am unterem Rand der Flüssigkeitsoberfläche.)
b) Befülle wie bei a) die Bürette und das Becherglas! Schließe den Messfühler an! Titriere, bis die Leitfähigkeit wieder ansteigt und lies das verbrauchte Volumen der Maßlösung ab!

**Beobachtung und Auswertung:**
Notiere jeweils das verbrauchte Volumen an Salzsäure und berechne die Stoffmengenkonzentration der Natriumhydroxidlösung. Vergleiche beide Werte!
(Hinweis: für die Berechnung kannst du das interaktive Beispiel unter www.tafelwerk.de nutzen.)

## Chemie in Natur und Technik

### Schutz für Mikroorganismen

Abwässer aus Haushalten, Industrie und Laboren reagieren häufig nicht neutral. Damit die biologische Abwasseraufbereitung funktioniert, ist aber neutrales Abwasser erforderlich. Auch in unsere Gewässer darf nur neutrales, aufbereitetes Abwasser eingeleitet werden.
*Erkläre, wie das Abwasser vor der biologischen Reinigungsstufe behandelt werden muss!*
*Welche Konsequenzen ergeben sich für die Arbeit mit Säuren und Basen im Labor?*

Abwässer aus Haushalten können durch die Überdosierung von Vollwaschmitteln und Sanitärreinigern basisch reagieren. Die Mikroorganismen, die in der biologischen Reinigungsstufe organische Verunreinigungen abbauen, benötigen ein neutrales Milieu.

Deshalb werden Abwässer vor dem Einleiten in die Aufbereitungsanlage auf ihren pH-Wert geprüft. Ist er weitaus größer als 7, muss mit einer Säure neutralisiert werden. Die erforderliche Menge kann aus einer Probe berechnet werden. Die Wasserstoff-Ionen *(Hydronium-Ionen)* des Zusatzes verbinden sich mit den Hydroxid-Ionen aus der Lösung zu Wassermolekülen.

Umgekehrt müsste man ein saures Abwasser mit einer basischen Lösung behandeln.
Bei Experimenten im Labor fallen häufig Reste von sauren und basischen Lösungen an. Um die Abwässer nicht unnötig zu belasten, ist es günstig, diese Abfälle zu neutralisieren. Das erfolgt bei sauren Lösungen meistens mit Natronlauge und bei basischen Lösungen mit verdünnter Salzsäure. Während der Neutralisation wird der erreichte pH-Wert durch Tüpfeln auf Indikatorpapier überprüft.

### S Analyse eines Waschmittels

Für den richtigen Einsatz von Waschmitteln sind die Inhaltsstoffe entscheidend. Viele Gewebe vertragen beispielsweise keine hohen pH-Werte (Soda im Waschmittel). Einige Waschmittel enthalten Natriumsulfat (verbessert die Streufähigkeit).
*Beschreibe das Vorgehen, wenn bei einer Waschmittelprobe der pH-Wert und das Vorhandensein von Sulfat-Ionen überprüft werden sollen!*

Eine Probe des Waschmittels stellt die Analysensubstanz dar. Eine Spatelspitze dieser Substanz wird in Wasser gelöst. Dabei darf man nicht zu stark schütteln, um Schaumbildung weitgehend zu vermeiden. Ein Tropfen der Lösung wird auf einen Streifen Unitestpapier gebracht. Wird ein hoher pH-Wert angezeigt, kann das Waschmittel nicht für das Waschen von Wolle oder Seide (Eiweißfasern) eingesetzt werden.
Der Rest der Lösung wird, falls erforderlich, vom ungelösten Waschmittel dekantiert und mit verdünnter Chlorwasserstoffsäure ✖ angesäuert.
Für den Test auf Sulfat-Ionen wird Bariumchloridlösung ✖ zugesetzt. Eine weiße, feinkristalline Fällung bedeutet, dass der Nachweis auf Sulfat-Ionen positiv verlief.
Haben die Untersuchungen einen pH-Wert von ungefähr 11 ergeben und war der Nachweis der Sulfat-Ionen positiv, liegt wahrscheinlich ein Vollwaschmittel mit Sodaanteil vor.

Vollwaschmittel enthalten häufig einen Zusatz von Soda (Natriumcarbonat), welches stark basisch reagiert. Als sogenanntes „Stellmittel" (es erhöht die Rieselfähigkeit) wird vielen Waschmitteln Natriumsulfat zugesetzt. Dieser Stoff bildet die Ursache für den positiven Sulfatnachweis. Feinwaschmittel, die speziell zum Waschen von Wolle und Seide entwickelt wurden, besitzen einen pH-Wert von ungefähr 7 und enthalten kein Soda.

## gewusst · gekonnt

1. Erweitere dein Glossar!

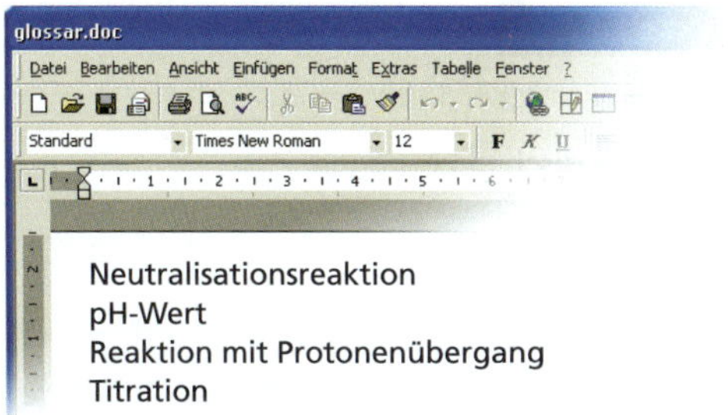


2. Gib Bereiche an, in denen die genaue Kenntnis des pH-Wertes wichtig ist, und begründe jeweils die Bedeutung! Recherchiere dazu z. B. im Internet!

3. Auf der Abbildung kannst du die pH-Werte einiger Stoffe ablesen. Gib die Ursache der sauren bzw. basischen Reaktionen der Lösungen an!

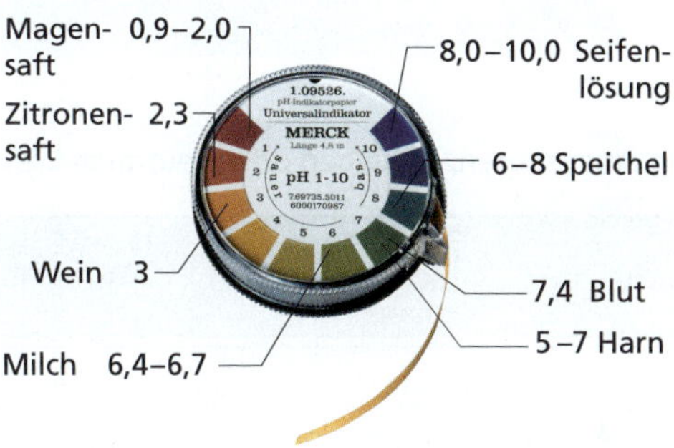


*4. Informiere dich über Wirkung und enthaltende Wirkstoffe so genannter Antazida! Stelle eine mögliche Reaktionsgleichung auf!

5. Salpetersäure kann Natriumhydroxidlösung, Kaliumhydroxidlösung oder Calciumhydroxidlösung neutralisieren. Welche Ionen liegen bei diesen Reaktionen jeweils vor und nach der Neutralisationsreaktion in der betreffenden Lösung vor?

6. Bei einer Wasseranalyse hat sich ergeben, dass das Wasser in einem Gartenteich einen zu niedrigen pH-Wert aufweist.
Welche Maßnahmen würdest du vorschlagen, um den Zustand zu verbessern? Begründe deine Vorschläge!

7. Erläutere, warum das zu reinigende Abwasser nach entsprechender Analyse mit sauren oder basischen Lösungen behandelt wird!

8. Informiere dich was mit dem „Kalken der Wälder" bewirkt werden soll und welches Düngemittel Verwendung findet!

9. Bei der Neutralisation von 100 ml einer sauren Abwasserprobe wurden 19,2 ml Natriumhydroxidlösung mit einer Stoffmengenkonzentration von $0{,}2\ \text{mol} \cdot \text{l}^{-1}$ verbraucht.
   a) Berechne, welche Stoffmenge an Hydroxid-Ionen zur Neutralisation eingesetzt wurde!
   b) Welche Stoffmenge an Wasserstoff-Ionen *(Hydronium-Ionen)* enthielt die Probe?
   c) Ermittle, welche Masse an festem Natriumhydroxid man einem Kubikmeter Abwasser zusetzen müsste, um eine neutrale Lösung zu erhalten!

10. Berechne, wie groß die Stoffmengenkonzentration einer Probe Natriumhydroxid ist, wenn zu ihrer Neutralisation 36 ml Chlorwasserstoffsäure mit einer Konzentration von $0{,}5\ \text{mol} \cdot \text{l}^{-1}$ verbraucht wurden! (Zur Berechnung kann das interaktive Beispiel unter www.tafelwerk.de genutzt werden.)

## Säuren und Basen

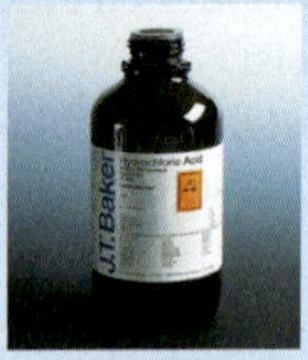

**Säuren**
- sind Stoffe, deren wässrige Lösungen Wasserstoff-Ionen ($H^+$) enthalten (nach ARRHENIUS)
- sind Stoffe, die Protonen abgeben (nach BRÖNSTED)

**Basen**
- sind Stoffe, deren wässrige Lösungen Hydroxid-Ionen ($OH^-$) enthalten (nach ARRHENIUS)
- sind Stoffe, die Protonen aufnehmen können (nach BRÖNSTED)

**Bildung**
**von sauren Lösungen**

**Halogenwasserstoff + Wasser ⟶ saure Lösung**

$$HCl \xrightarrow{H_2O} H^+_{(aq)} + Cl^-_{(aq)}$$

bzw.

$$HCl + H_2O \longrightarrow H_3O^+_{(aq)} + Cl^-_{(aq)}$$

**Nichtmetalloxid + Wasser ⟶ saure Lösung**

$$SO_2 + H_2O \xrightarrow{H_2O} 2H^+_{(aq)} + SO_3^{2-}{}_{(aq)}$$

bzw.

$$SO_2 + 3H_2O \longrightarrow 2H_3O^+_{(aq)} + SO_3^{2-}{}_{(aq)}$$

**von basischen Lösungen**

**Metallhydroxid $\xrightarrow{\text{Wasser}}$ Metall-Ionen + Hydroxid-Ionen**

$$NaOH \xrightarrow{H_2O} Na^+_{(aq)} + OH^-_{(aq)}$$

**unedles Metall + Wasser ⟶ Metall-Ionen + Hydroxid-Ionen + Wasserstoff**

$$2Na + 2H_2O \longrightarrow 2Na^+_{(aq)} + 2OH^-_{(aq)} + H_2$$

Metalloxid + Wasser ⟶ **Metall-Ionen + Hydroxid-Ionen**

$$CaO + H_2O \longrightarrow Ca^{2+}_{(aq)} + 2OH^-_{(aq)}$$

Ammoniak + Wasser ⟶ **Ammonium-Ionen + Hydroxid-Ionen**

$$NH_3 + H_2O \longrightarrow NH_4^+{}_{(aq)} + OH^-_{(aq)}$$

**Der pH-Wert**

Der pH-Wert ist eine Maßzahl zur Charakterisierung einer sauren, basischen oder neutralen Lösung.

| | | | | | | | | | | | | | | | |
|---|---|---|---|---|---|---|---|---|---|---|---|---|---|---|---|
| Farbskala des Universalindikators | 0 | 1 | 2 | 3 | 4 | 5 | 6 | 7 | 8 | 9 | 10 | 11 | 12 | 13 | 14 |
| | | stark sauer | | | | schwach sauer | | neutral | | | schwach basisch | | stark basisch | | |
| pH-Skala | 0 ........................................ 7 ........................................ 14 | | | | | | | | | | | | | | |

saurer Bereich — Neutralpunkt — basischer Bereich

**Die Neutralisationsreaktion**

Die Neutralisationsreaktion ist eine Reaktion, bei der Wasserstoff-Ionen *(Hydronium-Ionen)* und Hydroxid-Ionen zu Wassermolekülen zusammentreten. Dabei handelte es sich um eine Reaktion mit Protonenübergang.

**Beispiel:**

$$H^+_{(aq)} + Cl^-_{(aq)} + Na^+_{(aq)} + OH^-_{(aq)} \longrightarrow H_2O + Na^+_{(aq)} + Cl^-_{(aq)} \quad \text{bzw.}$$

$$H_3O^+_{(aq)} + Cl^-_{(aq)} + Na^+_{(aq)} + OH^-_{(aq)} \longrightarrow 2H_2O + Na^+_{(aq)} + Cl^-_{(aq)}$$

# 9 Salze

## Organismen brauchen Salze

Pflanzen können die meisten von ihnen benötigten Elemente nur in Form gelöster Salze aus dem Boden aufnehmen. Führt man sie ihnen z. B. durch angemessene Düngung zu, wachsen Pflanzen besser, die Erträge sind höher.
*Warum haben Salze eine so große Bedeutung für Lebewesen?*

## Wertvolles Salz

Kochsalz gewinnt man aus Meerwasser, mineralhaltigen Quellen (Sole) oder bergmännisch aus unterirdischen Lagerstätten (Abb.).Im Mittelalter war Salz so wertvoll, dass es mit Gold aufgewogen wurde. Heute ist es preiswert.
*Wozu wird Salz heute in großtechnischem Maße gewonnen?*

## Salziges Meerwasser

Meerwasser schmeckt salzig, aber auch etwas bitter, weil in ihm unterschiedliche Salze gelöst sind, der Hauptanteil ist Kochsalz.
Zusammen ergeben Kochsalz und andere gelöste Salze eine Masse von rund 35 Gramm pro Liter Meerwasser.
*Wodurch sind Salze gekennzeichnet? Wie sind sie aufgebaut und welche Eigenschaften weisen sie auf?*

## Salze – mehr als nur Kochsalz

### Vom Nutzen der Salze

**Kochsalz (Natriumchlorid, NaCl)** ist das bekannteste Salz. In jedem Haushalt ist es vorhanden und wird zum Würzen der Speisen oder auch zum Konservieren der Lebensmittel genutzt (Salzgurken). Früher war die Bedeutung als Konservierungsmittel auch bei der Fleischverarbeitung sehr groß.

Kochsalz war im Mittelalter teuer und galt als „weißes Gold". Die Gewinnung gestaltete sich schwierig und das Salz war entsprechend selten.

Kochsalz ist lebensnotwendig. Unser Blut enthält ca. 9 g Kochsalz pro Liter. Bei Schockzuständen und starkem Blutverlust kann die Zufuhr von physiologischer Kochsalzlösung den Zustand stabilisieren. Um die Konzentration von Natriumchlorid im Blut aufrechtzuerhalten, müssen wir drei bis fünf Gramm täglich aufnehmen, um so über Schweiß und Harn ausgeschiedenes Salz zu ersetzen. Allerdings führen wir heute unserem Körper eher zuviel Kochsalz mit der Nahrung zu. Langfristig wird dadurch der Kreislauf belastet.

Kochsalz ist auch sonst bedeutsam. Das im Winterdienst eingesetzte Tausalz besteht zum großen Teil aus Natriumchlorid. Im Badesalz ist es ebenfalls enthalten. In der Lederindustrie spielt es als Konservierungsmittel und in der chemischen Industrie als Ausgangsstoff für die Herstellung von Soda, Natronlauge, Chlor, Chlorwasserstoff und Natron eine Rolle.

In der Natur findet man nicht nur Natriumchlorid. Zusammen mit dem Kochsalz wird oft **Kaliumchlorid (KCl)** abgebaut. Das Salz stellt einen wesentlichen Bestandteil des handelsüblichen Kalidüngers dar.

**Calciumsulfat ($CaSO_4$)** wird als Gips und Anhydrit gefördert. Aus ihnen werden Baustoffe für die Bauindustrie hergestellt. Außerdem ist Calciumsulfat ein Ausgangsstoff der Schwefelsäureproduktion. Auch die Wandtafelkreide besteht aus Calciumsulfat.

**Calciumcarbonat ($CaCO_3$)** kommt in der Natur in Form von Kreide, Marmor und Kalkstein vor und findet ebenfalls als Baustoff Verwendung.

**Bedeutung ausgewählter Salze**

| Gruppe von Salzen | Beispiel | Bedeutung |
|---|---|---|
| Phosphate (Salze der Phosphorsäure) | Calciumphosphat $Ca_3(PO_4)_2$ | Bestandteil der Grundsubstanz unserer Zähne |
| Sulfate (Salze der Schwefelsäure) | Magnesiumsulfat (Bittersalz) $MgSO_4$ | Abführmittel, Düngemittel |
| Carbonate (Salze der Kohlensäure) | Natriumcarbonat (Soda) $Na_2CO_3$ | Fließmittel bei der Glasherstellung, Bestandteil von Backpulver |
| Nitrate (Salze der Salpetersäure) | Kaliumnitrat $KNO_3$ | Düngemittel, Bestandteil von Schwarzpulver |

## Entstehung und Vorkommen von Salzlagerstätten

1 Salzgewinnung aus dem Meerwasser

Für uns unvorstellbar große Mengen an Salzen befinden sich gelöst im Wasser der Ozeane und Meere. Die Ostsee besitzt mit 1,5 % einen geringen Salzgehalt, das Tote Meer mit 22 % einen sehr hohen. Der Durchschnittswert des Salzgehalts aller Meere und Ozeane liegt bei 3,5 %.
Weitere Riesenmengen befinden sich in unterirdischen Lagerstätten.

**Salzlagerstätten** entstehen allerdings nur dann, wenn sich der Salzgehalt der in Wasser gelösten Salze drastisch erhöht. Dieser Fall tritt nur durch das Verdunsten des Wassers ein. Die verschiedenen Salze fallen, je nach Löslichkeit und Menge, in einer bestimmten Reihenfolge (**salinarer Zyklus**) aus.
So lagerten sich erst Carbonate wie Kalk ab, als nächste Schicht die Sulfate und letztendlich **Steinsalz** (Natriumchlorid) und Kaliumchlorid. Die Salzlager auf unserem Gebiet sind durch diese Salzablagerungen vor rund 200 Millionen Jahren aus dem Zechsteinmeer hervorgegangen.
Zu jener Zeit herrschten auf unserem Planeten ganz andere klimatische Verhältnisse als heute. Es war warm und trocken. Die Verschiebungen des Meeresbodens führten zu Wölbungen, sodass kleinere Becken entstanden, in denen das Wasser durch die hohen Außentemperaturen rasch verdunsten konnte. Die entstandene Salzschicht im ausgetrockneten Becken wurde mit Staub- und Sandschichten (Salztone) bedeckt und somit vor Witterungseinflüssen geschützt. Es bildeten sich Gesteinsschichten, und die darunter liegenden Salzschichten senkten sich über viele Millionen Jahre hinweg ab.

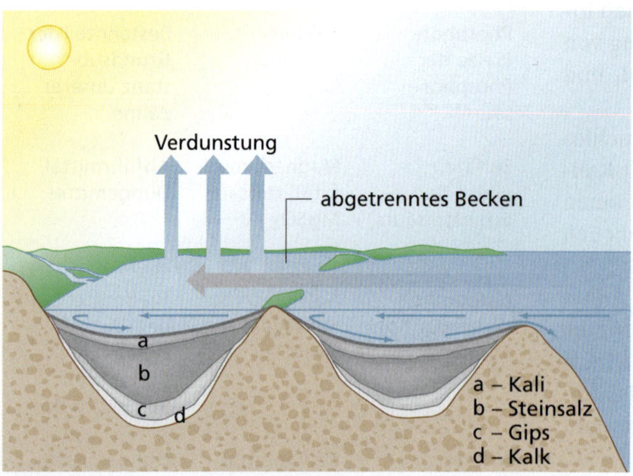


2 Entstehung von Salzlagerstätten

In der Bundesrepublik Deutschland findet man solche Lagerstätten vor allem im Unstrut-Saale-Gebiet und im Werra-Fulda-Gebiet.

... und mehr

**Informiere dich auch unter:** *Kalibergwerk, Stoffgemische und ihre Trennung im Alltag und in der Technik*

## Eigenschaften der Salze

Schon die wenigen Beispiele auf Seite 195 zeigen, dass Kochsalz nicht das einzige Salz ist. Alle die genannten Stoffe und viele andere mehr werden zur **Stoffgruppe der Salze** zusammengefasst. Obwohl die Salze sehr verschieden und vielfältig sind und unterschiedliche Farben und Formen aufweisen, werden sie durch **gemeinsame Eigenschaften** und einen prinzipiell **gleichen Aufbau** gekennzeichnet.

Immer handelt es sich um **kristalline Substanzen.** Diese Kristalle weisen jeweils eine charakteristische Struktur auf. Sie sind sehr hart. Wegen seiner Härte wird z.B. Kochsalz aus Lagerstätten auch als Steinsalz bezeichnet.
Gegen Druck sind Salze beständig, bei einer plötzlichen Krafteinwirkung werden die Kristalle jedoch zerstört. Sie sind spröde.

Ebenso wie Kochsalz besitzen auch die anderen Salze relativ hohe Schmelz- und Siedetemperaturen (s. Tab.). Dies ist kennzeichnend für die gesamte Gruppe der Salze.

**Eigenschaften ausgewählter Salze**

| Salz | Schmelztemperatur (in °C) | Siedetemperatur (in °C) |
|---|---|---|
| Natriumchlorid $NaCl$ | 801 | 1465 |
| Kaliumchlorid $KCl$ | 770 | 1407 |
| Kaliumsulfat $K_2SO_4$ | 1074 | 1689 |
| Magnesiumchlorid $MgCl_2$ | 712 | 1418 |
| Bleisulfid $PbS$ | 1077 | 1281 |

Überprüft man die Leitfähigkeit unterschiedlicher Salze, wird man feststellen, dass trockene Salze den elektrischen Strom nicht leiten, im Gegensatz zu ihren Lösungen und Schmelzen (Abb.).

Die Löslichkeit der Salze in Wasser ist sehr unterschiedlich. Natriumchlorid ist sehr gut löslich (35,9 g je 100 ml Wasser bei 20 °C) Calciumcarbonat löst sich jedoch schlecht (0,0015 g je 100 ml Wasser). Häufig wird der Salzgehalt einer Lösung in Massenprozent angegeben (s. S. 32). Die unterschiedliche Löslichkeit der Salze bildet die Ursache für die Schichtung in den Salzlagerstätten.

Durch die gute Löslichkeit vieler Salze enthält Wasser in der Natur immer gelöste Salze. Weil diese Lösungen elektrisch leitfähig sind, darf man Geräte, die unter Spannung stehen, nicht mit nassen Händen berühren.

**Salze sind kristalline Stoffe mit relativ hohen Schmelz- und Siedetemperaturen. Die Kristalle sind hart, aber spröde. Trockene Salze leiten den elektrischen Strom nicht, jedoch ihre Schmelzen und Lösungen.**

**L Experiment**

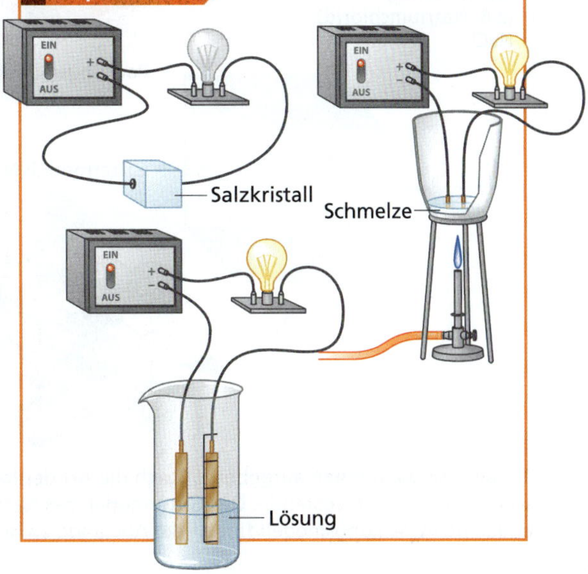

## Bau der Salze

Die gemeinsamen Eigenschaften der Salze haben ihre Ursache in ihrem ähnlichen Aufbau.
Die elektrische Leitfähigkeit der Lösungen und besonders der Schmelzen zeigt, dass Salze aus geladenen Teilchen bestehen. Diese Teilchen werden als Ionen bezeichnet. Aufgrund dieser Zusammensetzung handelt es sich um **Ionensubstanzen**.

Beispielsweise sind Natriumchloridkristalle aus einfach positiv geladenen Natrium-Ionen und einfach negativ geladenen Chlorid-Ionen zusammengesetzt. Im Kristall sind die Ionen regelmäßig angeordnet (Ionengitter). Jeweils ein Chlorid-Ion ist von sechs Natrium-Ionen und umgekehrt ein Natrium-Ion von sechs Chlorid-Ionen umgeben (Abb. 1). Zwischen den entgegengesetzt geladenen Ionen wirken starke elektrostatische Anziehungskräfte in alle Richtungen des Raumes, die den Zusammenhalt im Ionengitter bewirken und die hohen Schmelz- und Siedetemperaturen bedingen.

**Die chemische Bindung, die auf der elektrostatischen Anziehung zwischen entgegengesetzt geladenen Ionen beruht, nennt man Ionenbindung.**

Bei allen Salzen ist der Aufbau des Ionengitters prinzipiell ähnlich. Die Anordnung der Ionen im Kristall kann jedoch von der im Natriumchlorkristall abweichen. Daraus ergeben sich dann andere charakteristische Kristallformen (Abb. 1).
Bei den positiv geladenen Ionen in den Salzkristallen handelt es sich meist um Metall-Ionen, bei den negativ geladenen Ionen um Säurerest-Ionen.

**Salze sind Ionensubstanzen, die aus positiv geladenen Ionen (oft Metall-Ionen) und negativ geladene Säurerest-Ionen zusammengesetzt sind.**

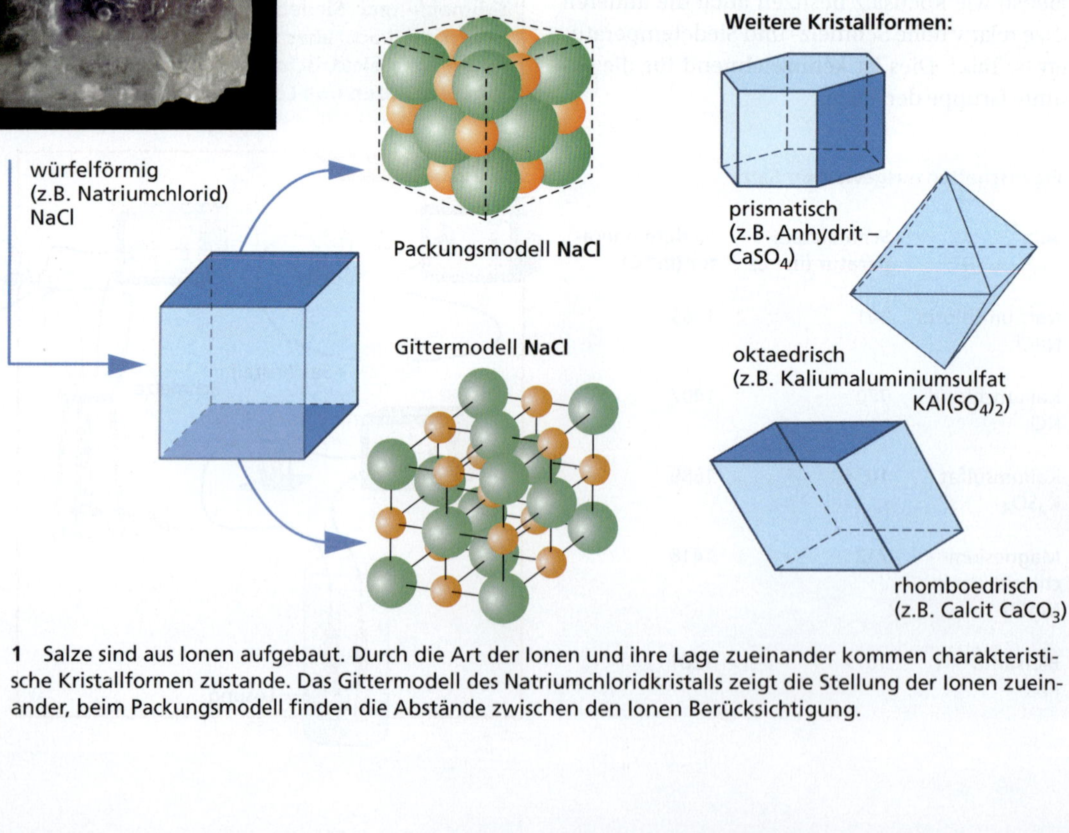


1 Salze sind aus Ionen aufgebaut. Durch die Art der Ionen und ihre Lage zueinander kommen charakteristische Kristallformen zustande. Das Gittermodell des Natriumchloridkristalls zeigt die Stellung der Ionen zueinander, beim Packungsmodell finden die Abstände zwischen den Ionen Berücksichtigung.

Ionenkristalle bestehen aus geladenen Teilchen. Trotzdem sind diese Kristalle nach außen hin neutrale Körper. Die Summe der Ladungen der enthaltenen Teilchen eines Stoffes ist gleich Null. Das bedeutet, dass die Teilchen immer in einem bestimmten Verhältnis vorliegen.

Das Zahlenverhältnis der Ionen beträgt nur dann 1:1, wenn die Ionen dieselbe Anzahl gegensätzlicher Ladungen aufweisen. Die Ladung eines zweifach positiv geladenen Magnesium-Ions kann jedoch durch die Ladung von zwei einfach negativ geladenen Chlorid-Ionen ausgeglichen werden. Das Verhältnis der Ionen kann man der Formel entnehmen z.B. 1:1 im NaCl bzw. 1:2 im $MgCl_2$. Die Formel kennzeichnet die kleinste Baueinheit eines Salzes.

**Bei der Formel der Salze handelt es sich um eine Verhältnisformel.**

**NaCl** — **Stoff: Natriumchlorid**
**Verhältnis $Na^+ : Cl^- = 1 : 1$**
**1 Baueinheit Natriumchlorid**

**Halit NaCl**
$Na^+ : Cl^- = 1 : 1$

**Aragonit $CaCO_3$**
$Ca^{2+} : CO_3^{2-} = 1 : 1$

**Ammoniummagnesiumsulfat $(NH_4)_2Mg(SO_4)_2$**
$NH_4^+ : Mg^{2+} : SO_4^{2-} = 2 : 1 : 2$

**Kaliumdichromat $K_2Cr_2O_7$**
$K^+ : Cr_2O_7^{2-} = 2 : 1$

## Mosaik

### Lösen und Kristallisieren als umkehrbare Prozesse

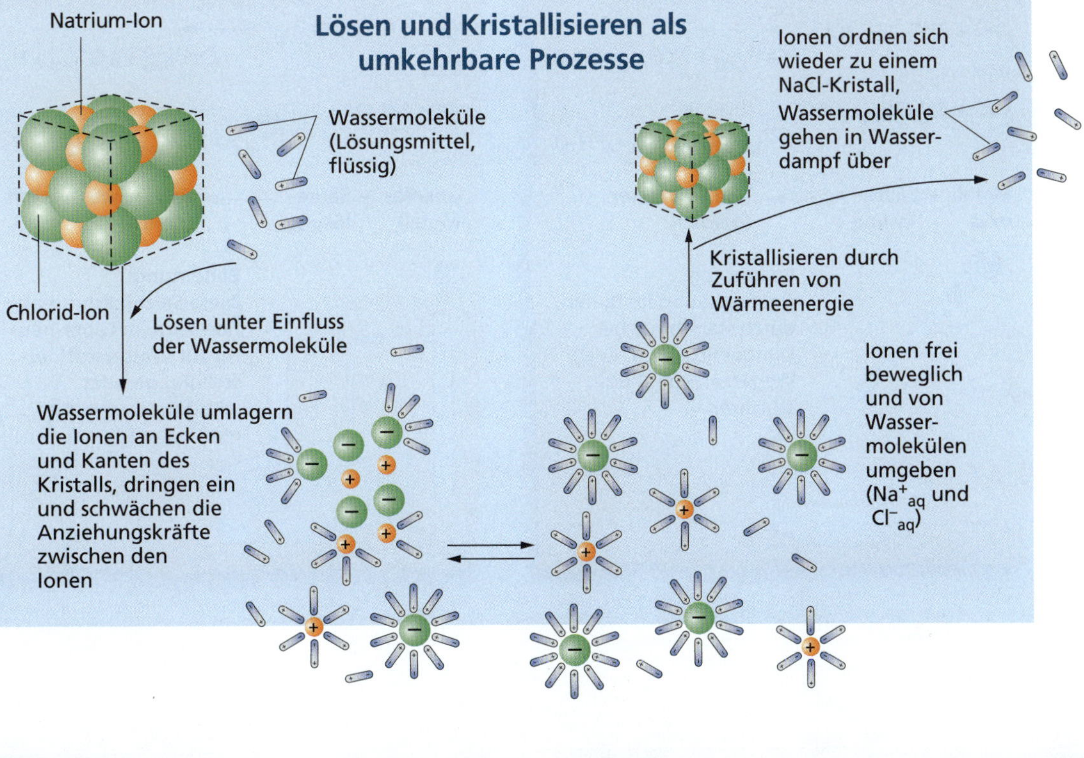

## Salzbildungsreaktionen

### Reaktion von Säuren mit Basen

**Beispiel**

$Ca^{2+}_{(aq)} + 2OH^-_{(aq)} + 2H^+_{(aq)} + 2Cl^-_{(aq)} \longrightarrow Ca^{2+}_{(aq)} + 2Cl^-_{(aq)} + 2H_2O$

bzw.

$Ca^{2+}_{(aq)} + 2OH^-_{(aq)} + 2\,H_3O^+ + 2\,Cl^-_{(aq)} \longrightarrow Ca^{2+}_{(aq)} + 2\,Cl^-_{(aq)} + 4\,H_2O$

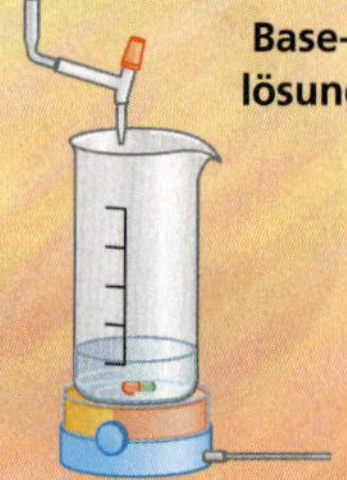

**Base- + Säure- → Salz + Wasser**
**lösung lösung (gelöst)**

**Bedeutung:**
Neutralisation von Laborabfällen,
Neutralisation von Abwässern in Klärwerken,
Neutralisationsanalyse

### Reaktion der Elementsubstanzen

**Beispiel**

$Ca + Cl_2 \longrightarrow CaCl_2$

**unedles Metall + Nichtmetall → Salz**

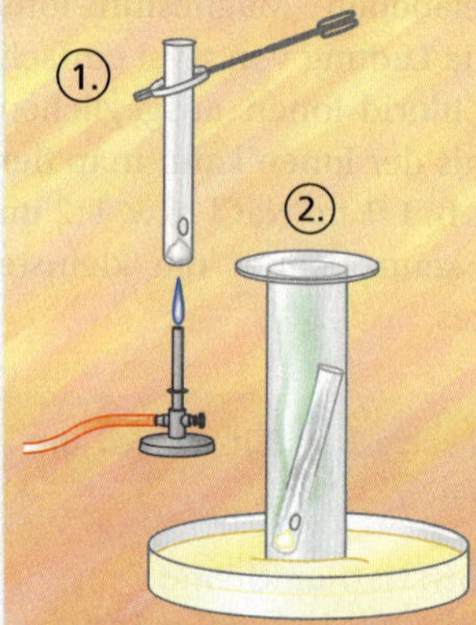


**Bedeutung:**
Herstellung von seltenen und besonders reinen Salzen

### Reaktion von Säurelösungen mit Metalloxiden

**Beispiel**

$CaO + 2H^+_{(aq)} + 2Cl^-_{(aq)} \longrightarrow Ca^{2+}_{(aq)} + 2\,Cl^-_{(aq)} + H_2O$

bzw.

$CaO + 2H_3O^+_{(aq)} + 2\,Cl^-_{(aq)} \longrightarrow Ca^{2+}_{(aq)} + 2\,Cl^-_{(aq)} + 3\,H_2O$

**Metall + Säure- → Salz + Wasser**
**oxid lösung (gelöst)**

**Bedeutung:**
Neutralisation im Boden durch stark basische Düngemittel (z. B. CaO);
Wegätzen von Oxidschichten

### Reaktion von Säurelösungen mit unedlen Metallen

**Beispiel**

$Ca + 2\,H^+ + 2\,Cl^-_{(aq)} \longrightarrow Ca^{2+}_{(aq)} + 2\,Cl^-_{(aq)} + H_2$

bzw.

$Ca + 2\,H_3O^+ + 2Cl^-_{(aq)} \longrightarrow Ca^{2+}_{(aq)} + 2\,Cl^-_{(aq)} + 2\,H_2O + H_2$

**unedles + Säure- → Salz + Wasserstoff**
**Metall lösung (gelöst)**

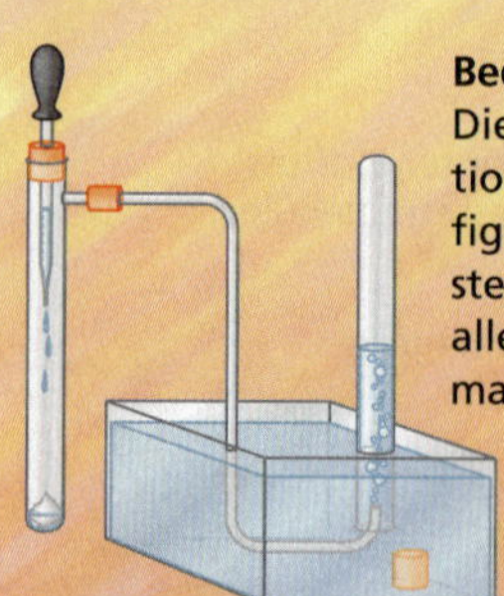

**Bedeutung:**
Diese Salzbildungsreaktion wird im Labor häufig zur Wasserstoffherstellung genutzt, allerdings verwendet man meist Mg oder Zn.

## Ionenbildung bei der Reaktion der Elementsubstanzen

Calcium reagiert mit Chlor unter Energieabgabe. Die Änderungen, die man beobachten kann, haben ihre Ursache im submikroskopischen Bereich. Es ändern sich die Teilchen und die Bindungsverhältnisse.

Calcium ist aus Atomen aufgebaut. Im Metallgitter herrscht Metallbindung. Chlor besteht aus Chlormolekülen. Bei der Reaktion bilden sich Ionen, die im Kristall durch Ionenbindung zusammengehalten werden.

Calciumatome geben während der Reaktion je zwei Elektronen ab und erreichen dadurch die Elektronenanordnung von Argonatomen (Edelgaskonfiguration). Calcium-Ionen weisen eine zweifach positive Ladung auf, denn 18 Elektronen in der Hülle stehen 20 Protonen im Kern gegenüber.

**Elektronenabgabe:** $Ca \longrightarrow Ca^{2+} + 2e^-$

Die abgegebenen Elektronen werden von Chloratomen aufgenommen. Diese erreichen durch die Aufnahme je eines Elektrons ebenfalls die Edelgaskonfiguration von Argonatomen. Sie sind somit einfach negativ geladen, denn in der Hülle befinden sich 18 Elektronen, im Kern nur 17 Protonen.

**Elektronenaufnahme:** $Cl_2 + 2e^- \longrightarrow 2Cl^-$

Es erfolgt eine **Reaktion mit Elektronenübergang**.

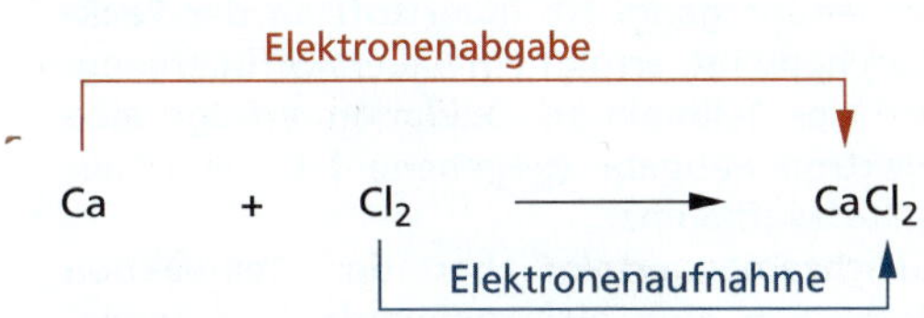


Bei Reaktionen von Elementsubstanzen zu Salzen laufen Reaktionen mit Elektronenübergang ab. Dabei bilden sich aus Atomen durch Elektronenabgabe oder -aufnahme Ionen.

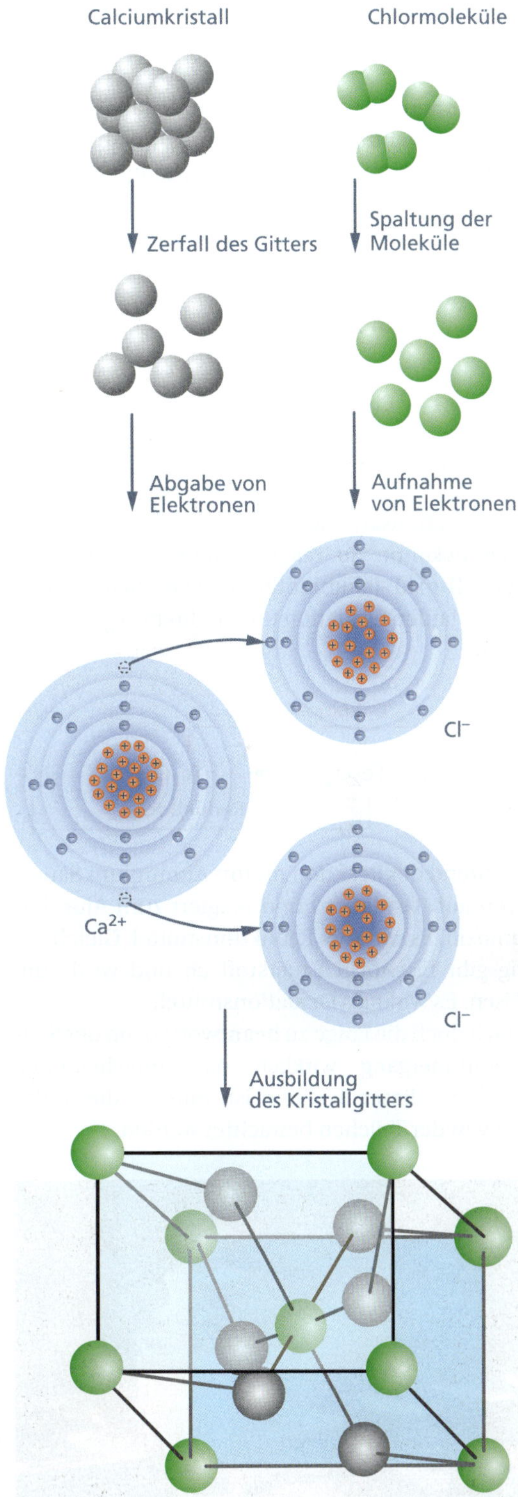

## Reaktion mit Elektronenübergang – eine neue Reaktionsart?

Reaktionen, bei denen Elektronenabgabe und Elektronenaufnahme gleichzeitig ablaufen, sind **Reaktionen mit Elektronenübergang.** Beispiele für solche Reaktionen sind Salzbildungsreaktionen, bei denen Elementsubstanzen miteinander reagieren.

Elektronenabgabe

$$Ca + Cl_2 \longrightarrow Ca^{2+} + 2\,Cl^-$$

Elektronenaufnahme

Als Reaktionsart war bisher nur die Redoxreaktion bekannt. So reagiert Aluminium mit Eisen(III)-oxid (aluminothermisches Schweißen). Dabei laufen Oxidation und Reduktion gleichzeitig ab.

Oxidation

$$2\,Al + Fe_2O_3 \longrightarrow Al_2O_3 + 2\,Fe$$

Reduktion

Während der Reaktion nimmt Aluminium Sauerstoff auf (Oxidation) und reagiert zum Aluminiumoxid. Es wirkt als Reduktionsmittel. Gleichzeitig gibt Eisenoxid Sauerstoff ab und wird zum Eisen. Es wirkt als Oxidationsmittel.
Um jedoch die Frage zu beantworten, ob der Sauerstoffübergang wirklich das entscheidende Merkmal dieser Reaktion ist, müssen die Änderungen der Teilchen betrachtet werden.

Aluminium ist aus Aluminiumatomen aufgebaut. In der Verbindung (Aluminiumoxid) sind Aluminium-Ionen enthalten. Da Aluminiumatome drei Außenelektronen besitzen, müssen jeweils diese drei Elektronen abgegeben werden, damit aus den Atomen die Ionen entstehen.

**Elektronenabgabe:** $2\,Al \longrightarrow 2\,Al^{3+} + 6e^-$

Die abgegebenen Elektronen werden von den dreifach positiv geladenen Eisen-Ionen (im Eisenoxid) aufgenommen. Diese werden dadurch zu Eisenatomen.

**Elektronenaufnahme:** $2\,Fe^{3+} + 6e^- \longrightarrow 2\,Fe$

Auch bei dieser **Redoxreaktion** erfolgen **Elektronenübergänge.** Demnach handelt es sich bei Reaktionen mit Elektronenübergang nicht um eine neue Reaktionsart, sondern der Begriff der Redoxreaktion muss erweitert werden. Bei Redoxreaktionen muss nicht unbedingt ein Übergang von Sauerstoff erfolgen. Das entscheidende Kriterium ist der Elektronenübergang. Entsprechend handelt es sich bei der Reaktion von Calcium mit Chlor ebenfalls um eine Redoxreaktion.

Oxidation (Elektronenabgabe)

$$\underset{\text{Reduktionsmittel}}{Ca} + \underset{\text{Oxidationsmittel}}{Cl_2} \longrightarrow Ca^{2+} + 2\,Cl^-$$

Reduktion (Elektronenaufnahme)

**Die Redoxreaktion ist eine Reaktion mit Elektronenübergang. Ist Sauerstoff an der Reaktion beteiligt, erfolgt ein Sauerstoffübergang. Bei der Teilreaktion Oxidation erfolgt eine Elektronenabgabe (gegebenenfalls eine Sauerstoffaufnahme).**
**Gleichzeitig erfolgt bei der Teilreaktion Reduktion eine Elektronenaufnahme (gegebenenfalls eine Sauerstoffabgabe).**
**Dementsprechend ist das Oxidationsmittel der Reaktionspartner, der Elektronen aufnimmt und das Reduktionsmittel der Reaktionspartner, der Elektronen abgibt.**

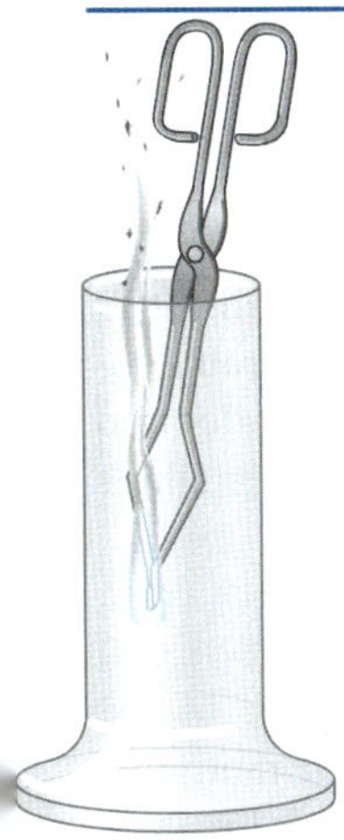

Auch die Reaktion von Magnesium mit Kohlenstoffdioxid ist eine Redoxreaktion. Die Elektronenübergänge sind jedoch nicht so leicht nachzuweisen, da es sich beim Kohlenstoffdioxid um eine Verbindung handelt, die aus Molekülen aufgebaut ist. Deshalb wurden **Oxidationszahlen** eingeführt. Den Atomen werden angenommene Ladungen zugeordnet. Dabei ordnet man dem Bindungspartner mit der größeren Elektronegativität (s. S. 436) das gemeinsame Elektronenpaar vollständig zu.
Die Ladungszahl bezeichnet man als Oxidationsstufe. Die Oxidationsstufe wird durch die Oxidationszahl mit einem Vorzeichen (+) oder (–) über dem Symbol angegeben.

$$\overset{+4}{C}\overset{-2}{O_2}$$

**Oxidationszahlen geben angenommene oder wirkliche Ladungen von Elementen in chemischen Verbindungen an.**

Welche Oxidationszahl ein Element in der Verbindung aufweist, hängt vom jeweiligen Bindungspartner ab und kann bei einigen Elementen sehr verschieden sein (Abb. 1).
Zur Bestimmung der Oxidationszahlen gibt es festgelegte Regeln (s. Tab.). Mit ihrer Hilfe, kann man allen Teilchen der Elemente in Verbindungen Oxidationszahlen zuordnen.

Oxidation

$$\overset{\pm 0}{Mg} + \overset{+4}{C}\overset{-2}{O_2} \longrightarrow \overset{+2}{Mg}\overset{-2}{O} + \overset{\pm 0}{C}$$

Reduktion

**Bei Redoxreaktionen ändern sich die Oxidationszahlen. Die Teilreaktion Oxidation ist an einer Erhöhung der Oxidationszahlen und die Teilreaktion Reduktion an einer Verringerung der Oxidationszahlen zu erkennen.**

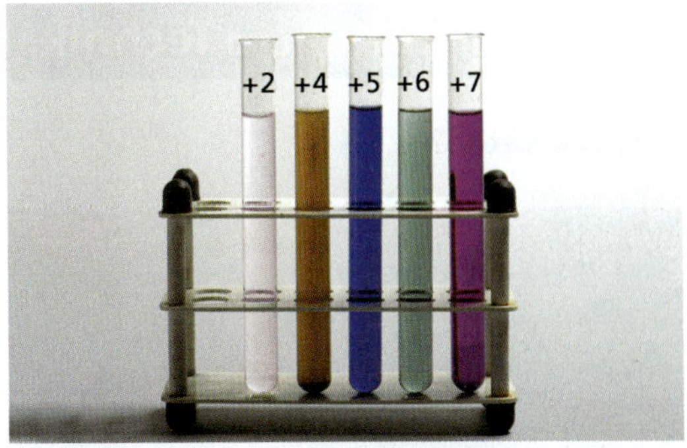

1 Unterschiedliche Oxidationsstufen von Mangan

**Regeln zur Bestimmung von Oxidationszahlen**

| Stoff/Teilchen | Festlegung | Beispiel |
|---|---|---|
| 1. Elementsubstanz | Oxidationszahl = 0 | $\overset{\pm 0}{Zn}$, $\overset{\pm 0}{H_2}$ |
| 2. Metalle in Verbindung | Oxidationszahl ist positiv, entspricht der Ionenladung | $\overset{+2}{Zn^{2+}}$ z. B. in $ZnCl_2$ |
| 3. Wasserstoff in Verbindungen (Ausnahme: Hydride, z. B. LiH) | Oxidationszahl: +1 | $\overset{+1}{H}Cl$ $C\overset{+1}{H_4}$ |
| 4. Sauerstoff in Verbindungen (Ausnahme: Peroxide, z. B. $H_2O_2$) | Oxidationszahl: –2 | $Zn\overset{-2}{O}$, $H_2\overset{-2}{O}$ |
| 5. Formeleinheiten der Verbindungen | Summe aller Oxidationszahlen ist = 0 | $\overset{+2}{Zn}\overset{-1}{Cl_2}$ (+2) +2(–1) = 0 |
| 6. einfache Ionen | Die Oxidationszahl entspricht der Art und Anzahl der Ladung | $\overset{+2}{Zn^{2+}}$, $\overset{-1}{Cl^-}$ z. B. in $ZnCl_2$ |
| 7. zusammengesetzte Ionen | Summe der Oxidationszahlen entspricht der elektrischen Ladung des Ions | $\overset{+5}{P}\overset{-2}{O_4^{3-}}$ (+5)+4(–2) = –3 |

## Chemie in Natur und Technik

### Hart wie Beton?

Kompaktes Salz (z. B. in unterirdischen Salzlagern vorkommend) kann man hinsichtlich seiner Druckfestigkeit mit Beton vergleichen. Andererseits ist das Salz aber sehr spröde. Mit einem gezielten Hammerschlag kann man Stücke von einem Brocken abtrennen.
*Erkläre, warum Salze hinsichtlich der Druckfestigkeit dem Beton gleichen, jedoch spröde sind!*

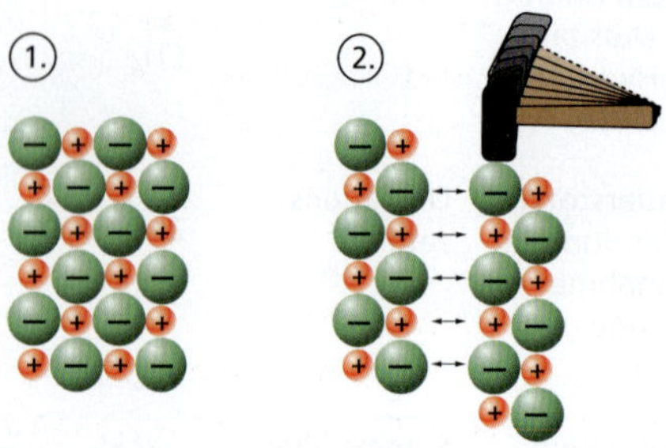


Salze sind aus entgegengesetzt geladenen Ionen aufgebaut. Kochsalz z. B. besteht aus positiv geladenen Natrium-Ionen und negativ geladenen Chlorid-Ionen. Entgegengesetzte Ladungen ziehen sich an. Daher ordnen sich die entgegengesetzt geladenen Ionen der Salze regelmäßig an. Es wechseln sich stets positive und negative Ladungen ab. So ist jedes Chlorid-Ion von sechs Natrium-Ionen und jedes Natrium-Ion von sechs Chlorid-Ionen umgeben. Da die Anziehungskräfte in alle Richtungen des Raumes wirken, sind sie in dieser Struktur sehr stark. Die starken Anziehungskräfte zwischen den Ionen bewirken die große Druckfestigkeit. Weil sich die Schichten nicht gegeneinander verschieben lassen, können Salzkristalle nicht plastisch verformt werden.
Kommt es durch plötzliche Krafteinwirkung doch zu einer Verschiebung der Schichten, geraten Ionen mit gleichen Ladungen nebeneinander und stoßen sich ab. Dann zerbricht der Salzkristall, als würde er aus Glas bestehen (Abb. 1).

### S Gezüchtete Kristalle

Um Salzkristalle zu züchten, benötigt man eine gesättigte Salzlösung. Daraus bilden sich Kristalle.
*Beschreibe das Verfahren! Erkläre, warum die Salzlösung unbedingt gesättigt sein muss!*

Zuerst muss eine gesättigte Salzlösung, z. B. eine Kochsalzlösung, hergestellt werden.

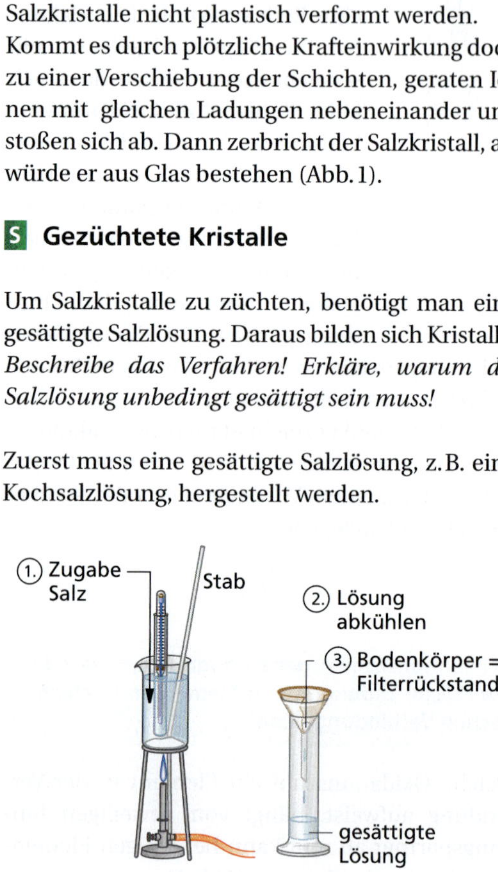


In die Lösung hängt man einen Faden, an dem sich dann kleine Salzkristalle bilden.
Nach ein paar Tagen entfernt man alle Kristalle bis auf einen. Der Faden mit dem Kristall wird in eine frische gesättigte Lösung gehängt. Diese lässt man mit einem Filterpapier abgedeckt an einem Ort stehen, an dem eine gleichmäßige Temperatur gewährleistet ist. Der Kristall wächst. Dabei läuft eine chemische Reaktion ab.
Den Prozess bezeichnet man als Kristallisation.

$$Na^{+}_{(aq)} + Cl^{-}_{(aq)} \xrightarrow[-H_2O]{} NaCl$$

Bei der Erneuerung der Lösung muss man unbedingt eine gesättigte Lösung verwenden. Ansonsten würde sich der Salzkristall wieder lösen und die Ionen frei beweglich werden.

## Salziges – für manche Organismen ungenießbar

Salzgurken gelten als Delikatesse, Salzheringe bilden die Grundlage für verschiedene Fischgerichte. Kochsalz wird jedoch nicht nur als Würz-, sondern auch als Konservierungsmittel eingesetzt.

*Warum verhindert bzw. vermindert eine Salzkonzentration den Verderb von Nahrungsmitteln?*

Nahrungsmittel verderben, weil sie von Bakterien und Pilzen angegriffen werden. Deren Entwicklung wird durch hohe Salzkonzentrationen eingeschränkt. Die Wirkung von hoch konzentrierten Kochsalzlösungen auf Zellen lässt sich durch ein einfaches Experiment überprüfen. Dazu fertigt man eine konzentrierte Kochsalzlösung an und stellt ein Salatblatt in die Lösung. Zum Vergleich wird ein anderes Blatt in Leitungswasser eingestellt (Abb. 1).

Durch das Salz wird den Zellen Wasser entzogen, das Blatt welkt. Dabei gehen die Zellen zugrunde. Der gleiche Vorgang läuft bei Mikroorganismen ab. Durch das Natriumchlorid wird die Entwicklung unerwünschter Bakterien und Pilze daher wirksam beeinträchtigt. Aufgrund dieser Wirkung kann man mit Speisesalz Lebensmittel konservieren.

**1** Das Blatt, das in der Kochsalzlösung steht, welkt relativ schnell.

## Der „wiederbelebte" Karpfen

Karpfen sind beliebte Speisefische. Da das Gericht von frischem Fisch am besten schmeckt, kaufen manche Leute den lebendigen Karpfen und schlachten ihn selbst. Soll er gebraten werden, salzt man ihn ein. Kurze Zeit nach dem Einreiben mit Kochsalz beginnt sich der Fisch zu bewegen und mit der Schwanzflosse zu schlagen.

*Welche Wirkung hat das Kochsalz im Körper des Fisches? Warum wird der Karpfen scheinbar wieder lebendig?*

Auf der feuchten Oberfläche des Karpfens löst sich das Kochsalz. In der Lösung befinden sich Chlorid-Ionen und Natrium-Ionen.

$$NaCl \xrightarrow{+H_2O} Na^+_{(aq)} + Cl^-_{(aq)}$$

Chlorid-Ionen und besonders Natrium-Ionen spielen bei der Nerventätigkeit und somit bei bioelektrischen Phänomenen eine große Rolle.

Eine gewisse Spannung besteht an den Membranen der Nervenzellen immer, da im Inneren der Nervenzelle Kalium-Ionen besonders hoch konzentriert sind, außen Natrium- und Chlorid-Ionen. Trifft ein Reiz auf eine Nervenzelle, wird die Membran plötzlich durchlässig für Natrium-Ionen. Dadurch kommt es zu einer Spannungsschwankung, ein elektrischer Impuls entsteht. Dieser Impuls wird weitergeleitet und verarbeitet. Es erfolgt letztendlich eine Reaktion auf diesen Reiz – eine Bewegung.

Durch die hohe Salzkonzentration beim Einreiben mit Kochsalz wird eine ähnliche Situation hergestellt, denn Natrium-Ionen dringen in die Nervenzellen des Fisches ein.

Die dadurch ausgelösten elektrischen Impulse werden weitergeleitet und bewirken ein Zusammenziehen der Muskulatur. Der tote Fisch bewegt sich. Das funktioniert natürlich nur noch eine begrenzte Zeit nach seinem Tod.

## gewusst · gekonnt

1. Ergänze dein Glossar!

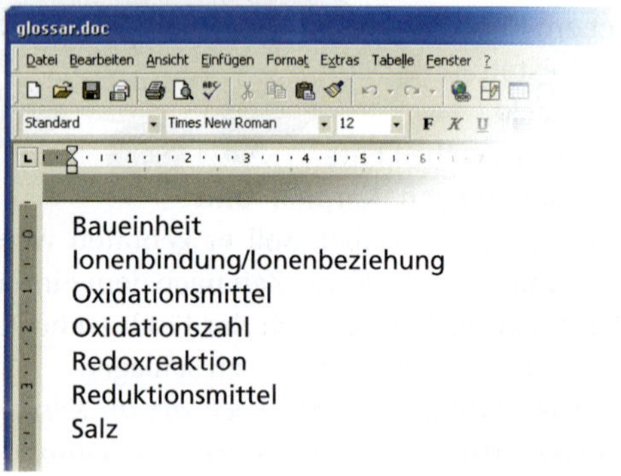


2. Überprüfe Städtenamen in Deutschland mithilfe einer Übersichtskarte! Suche Orte heraus, in denen die Salzgewinnung oder der Salztransport höchstwahrscheinlich eine wichtige Rolle gespielt haben!

3. Kochsalz stellt ein sehr wichtiges Salz dar. Entwickle ein Schema, das einen Überblick über seine Bedeutung und Nutzungsmöglichkeiten gibt!

4. Der Einsatz von Streusalz schädigt die Pflanzen im Bereich der Straßenränder. Erkläre, wie es zu diesen Schädigungen kommen kann!

5. Reines Wasser ist kaum elektrisch leitfähig. Eine Kochsalzlösung leitet den elektrischen Strom gut. Zeige die Ursachen für diese unterschiedlichen Eigenschaften auf!

6. Schnecken reagieren auf Kochsalz sehr empfindlich. Streut man Kochsalz auf dem Boden aus, bildet die Salzgrenze eine unüberwindliche Barriere für diese Weichtiere. Erkläre!

7. a) Ermittle den Natriumchloridanteil verschiedener Lebensmittel!
   b) Berechne, wie viel Kochsalz du bei folgender Mahlzeit zu dir nimmst:
   - 1 Glas Milch (150 g/Salzgehalt 47 mg pro 100 g)
   - 1 Scheibe a 100 g Roggenmischbrot (400 mg Salz pro 100 g)
   - 5 g Butter (5 mg Salz pro 100 g)
   - 20 g Cervelatwurst (260 mg pro 100 g)
   - 1 Apfel a 150 g (1 mg pro 100 g)!

*8. In der Werbung werden bei starker sportlicher Aktivität oft Isodrinks empfohlen. Erläutere, was mit „isotonischen Getränken" bewirkt werden soll!

*9. Werte folgende Aufschrift!

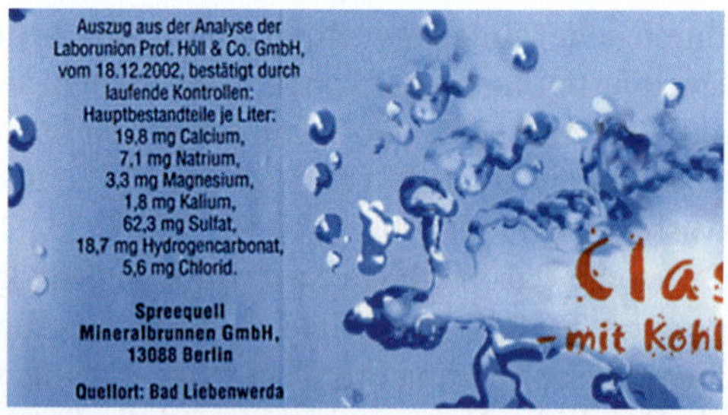


10. Beschreibe den Bau des Natriumchloridkristalls!

11. Es soll untersucht werden, ob das Schütteln des Reaktionsgefäßes oder eine Temperaturerhöhung einen Einfluss auf das Lösen von Kochsalz in Wasser hat. Entwickle einen Plan, um den Einfluss dieser Bedingungen experimentell zu untersuchen! Führe die notwendigen Experimente entsprechend deines Planes durch! Fertige ein Protokoll an! Erkläre deine Beobachtungen!

12. Metalle sind plastisch verformbar, Salze nicht. Bei einer plötzlichen Krafteinwirkung zerspringen die Salzkristalle. Erkläre diese unterschiedlichen Eigenschaften mithilfe des jeweiligen Gitteraufbaus!

**13.** Folgende Salze werden in Wasser gelöst: Kaliumchlorid, Calciumchlorid, Eisen(II)-chlorid und Natriumiodid.
Stelle Reaktionsgleichungen für das Lösen in Wasser auf! Interprcticrc sic!

**14.** In sogenannten Gradierwerken lässt man eine Salzlösung über Reisig laufen, um das Salz zu gewinnen. Beschreibe die Prozesse, die am Reisig ablaufen!

**15.** Beschreibe welche Prozesse ablaufen, wenn man dem Kartoffelwasser Kochsalz hinzufügt!

**16.** Erkläre, warum man mit feuchten Händen keine elektrischen Geräte berühren sollte!

**17.** a) Stelle dar, wie Salzlagerstätten entstanden sind! Nutze dazu auch das Internet, z. B. www.schuelerlexikon.de!
b) Informiere dich über verschiedene Verfahren zur Gewinnung von Kochsalz!

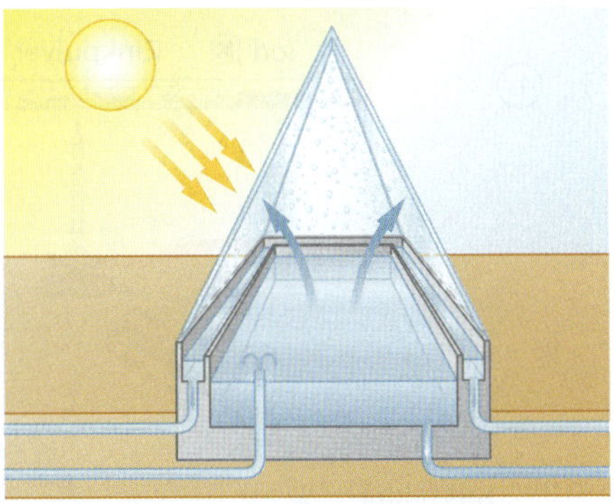

**18.** 1000 Tonnen Meerwasser wurden in einem flachen Becken abgetrennt! Der Massenanteil der enthaltenen Salze wurden mit 3,63 % ermittelt.
Welche Masse Salz könnte man nach dem Verdunsten des Wassers maximal erwarten?

**19.** Eine Kaliumsulfatlösung wird eingedampft. Welche Beobachtungen sind zu erwarten? Stelle den Prozess in chemischer Zeichensprache dar!

**20.** Übertrage die folgende Tabelle in dein Heft und fülle sie aus! Kennzeichne gleiche Ionenarten mit gleicher Farbe!

| | positive Ionen | negative Ionen |
|---|---|---|
| **Säuren** | | |
| **Hydroxide** | | |
| **Salze** | | |

**21.** Kaliumnitrat ist ein wichtiges Düngemittel wird aber auch zur Produktion von Sprengstoff benötigt.
Stelle Möglichkeiten zusammen, wie man dieses Salz herstellen kann. Notiere jeweils die Reaktionsgleichung!

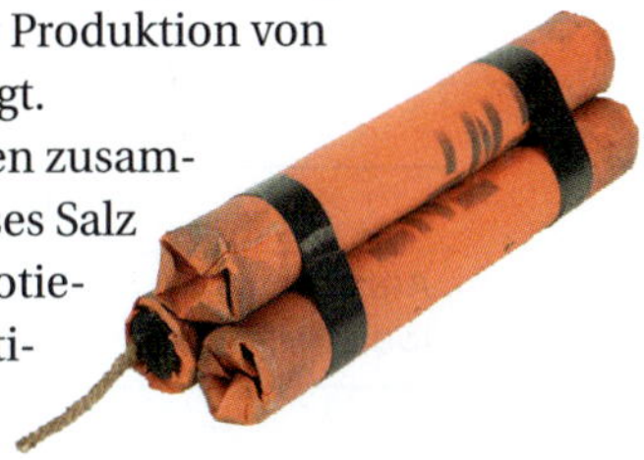

**22.** Bei sich entwickelnden Pflanzen ist eine deutliche Massenzunahme zu erkennen. Welche Stoffe muss die Pflanze aufnehmen um diesen Massenzuwachs zu erreichen? Woher stammen die Stoffe jeweils?

**23.** Salze besitzen sowohl in der Natur als auch in der Technik große Bedeutung.
Informiere dich in geeigneten Nachschlagwerken oder im Internet! Ermittle mindestens 5 Prozesse, bei denen ein oder mehrere Salze eine entscheidende Rolle spielen! Erläutere jeweils die Bedeutung des Salzes! Fertige eine Übersicht an!

**24.** Übernimm die Tabelle und vervollständige sie!

| Name des Salzes | Formel des Salzes | Formeln der enthaltenen Ionen |
|---|---|---|
| Magnesium-chlorid | | |
| | $CaCl_2$ | |
| | | $Mg^{2+}$; $SO_4^{2-}$ |
| | $CaCO_3$ | |
| Natrium-fluorid | | |
| | | $Li^+$; $NO_3^-$ |
| | $FeSO_4$ | |
| Aluminium-iodid | | |

**25.** Salze besitzen unterschiedliche Kristallformen. Stelle gesättigte Lösungen von Natriumchlorid und Kaliumaluminiumsulfat ($KAl(SO_4)_2$ = Kalialaun) in destilliertem Wasser her und dunste jeweils einen Tropfen dieser Lösungen auf einem Objektträger ein! Betrachte die Kristallformen mit einer 100–200fachen Vergrößerung!
S

**26.** Weise nach, dass Wasserproben (Seewasser, Meerwasser, Leitungswasser u. a.) immer gelöste Salze enthalten.
S
Wie kannst du vorgehen? Fertige ein Protokoll an!

**27.** Nenne mindestens drei Salze mit Namen und Formel und stelle Gemeinsamkeiten und Unterschiede dieser Stoffe heraus!

**28.** Natrium reagiert mit Chlor. Natriumhydroxid reagiert mit Salzsäure. In beiden Fällen bildet sich Natriumchlorid.
Stelle jeweils die Reaktionsgleichung auf, ermittle die Oxidationszahlen und kennzeichne die Teilgleichungen! Vergleiche beide Reaktionen miteinander!

*** 29.** Zeichne jeweils ein Modell eines Atoms und Ions desselben Elements!
Wie kann man sich die Ionenbildung dabei vorstellen? Gib für die Ionenbildung eine Wort- und eine Reaktionsgleichung an!

**30.** Bestimme die Oxidationszahlen!
$H_2O$, $H_2SO_3$, NaBr, $S^{2-}$, $CO_2$, $P_4O_{10}$, $KMnO_4$

**31.** Entscheide, ob es sich bei folgenden Reaktionen um Redoxreaktionen handelt!
Begründe die Entscheidung jeweils!
a) $Ca + Cl_2 \longrightarrow CaCl_2$
b) $NH_3 + H_2O \longrightarrow NH_4^+ + OH^-$
c) $CaO + 2HCl \longrightarrow CaCl_2 + H_2O$
d) $Zn + H_2SO_4 \longrightarrow ZnSO_4 + H_2$
e) $S + O_2 \longrightarrow SO_2$

**32.** Die Bezeichnung Halogene für die Elemente der VII. Hauptgruppe bedeutet „Salzbildner“. Werte diese Benennung der Gruppe!

**33.** Halogene und unedle Metalle reagieren sehr heftig miteinander.

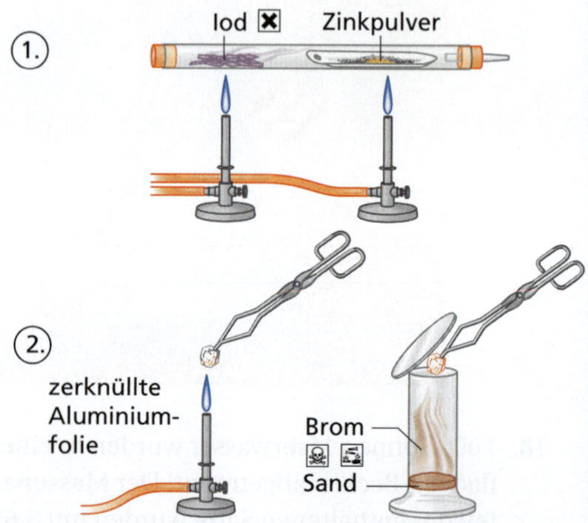


a) Erläutere anhand dieser Beispiele, warum es sich um ideale Reaktionspartner handelt!
b) Stelle die Reaktionsgleichung auf und kennzeichne die Teilreaktionen!
c) Recherchiere, welche Bedeutung Halogenide als Bestandteil unserer Nahrung haben!

## Kochsalz und andere Salze

### Salze

Salze sind Stoffe, die aus positiv geladenen Ionen (oft Metall-Ionen) und negativ geladenen Säurerest-Ionen zusammengesetzt sind.
Die chemische Bindung im Kristall, die auf der elektrostatischen Anziehung zwischen entgegengesetzt geladenen Ionen beruht, nennt man Ionenbindung.

**Struktur**

Kristallgitter aus positiv geladenen Ionen und negativ geladenen Säurerest-Ionen in regelmäßiger, abwechselnder Anordnung

z.B.

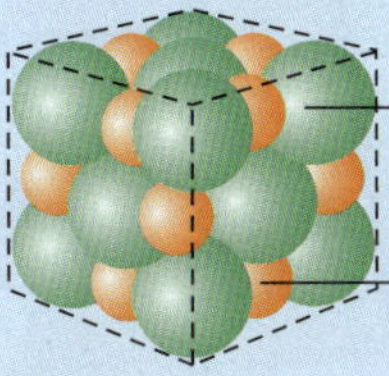

**Eigenschaften**

- feste, kristalline Stoffe
- hohe Schmelz- und Siedetemperaturen
- mehr oder weniger gut löslich in Wasser, in der Lösung liegen frei bewegliche Ionen vor
- nicht plastisch verformbar, nicht biegbar, spröde
- Schmelzen und Lösungen leiten den elektrischen Strom, feste Ionenverbindungen nicht

Lösen und Kristallisieren von Salzen sind umkehrbare Vorgänge.

Salz (fest, kristallin) $\rightleftharpoons$ Salzlösung (enthält frei bewegliche Ionen)

→ + Lösungsmittel, z.B. $H_2O$ (Lösen)
← – Lösungsmittel (Kristallisieren)

### Bildung von Salzen bzw. Salzlösungen

Baselösung + Säurelösung ⟶ Salz (gelöst) + Wasser
Metalloxid + Säurelösung ⟶ Salz (gelöst) + Wasser
unedles Metall + Säurelösung ⟶ Salz (gelöst) + Wasserstoff
unedles Metall + Nichtmetall ⟶ Salz

### Redoxreaktion

Oxidation (Abgabe von Elektronen)

$$\overset{\pm 0}{Ca} + \overset{+0}{Cl_2} \longrightarrow \overset{+2\ -1}{CaCl_2}$$

RM OM

Reduktion (Aufnahme von Elektronen)

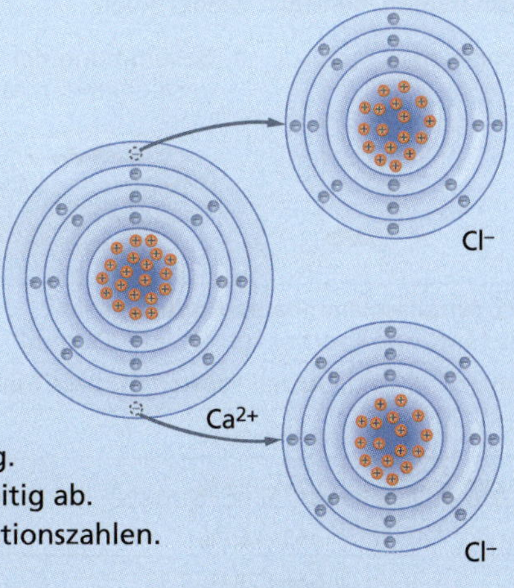


Die Redoxreaktion ist eine Reaktion mit Elektronenübergang.
Elektronenabgabe und Elektronenaufnahme laufen gleichzeitig ab.
Die Redoxreaktion ist erkennbar an der Änderung der Oxidationszahlen.
(Gegebenenfalls erfolgt ein Sauerstoffübergang.)

## Projekt: Auch Pflanzen haben Hunger – vom Boden und von Nährsalzen

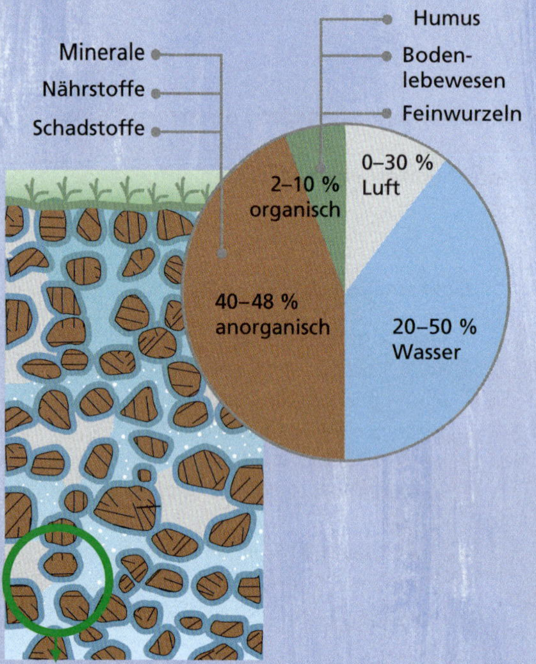


### Was ist Boden?

Faktoren, die die Bodenbildung beeinflussen, sind vor allem das Ausgangsgestein, das herrschende Klima, Relief, Wasser, Vegetation, Tierwelt und der Mensch. Durch Verwitterung, Tonbildung und Humusaufbereitung sind im Laufe der Zeit sehr unterschiedliche Böden entstanden.

**Aufgabe:**
Informiere dich über die Entstehung und die Zusammensetzung von Boden!

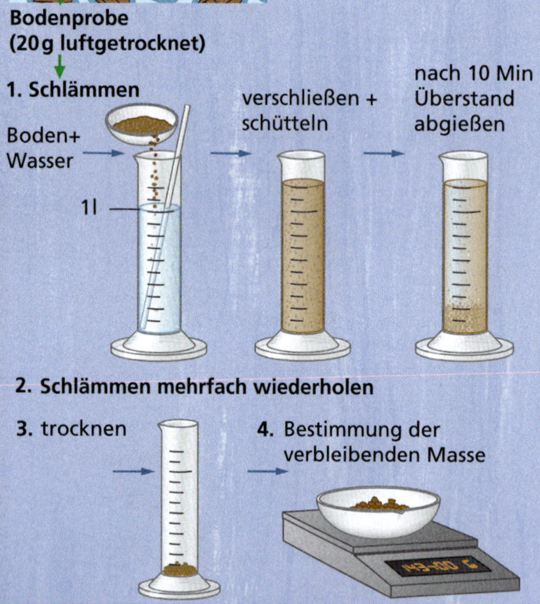


**Anteil der abschlämmbaren Bodenteilchen**
(Feinschluff und Ton/Korngröße < 0,006 mm)

| Bodenart | Anteil Feinschluff und Ton |
|---|---|
| Sand | unter 10 % |
| lehmiger Sand | 10 %–25 % |
| Lehm | 35%–65% |
| Ton | über 75% |

Entscheidenden Anteil an der Fruchtbarkeit des Bodens hat die Bodenart. Sie lässt sich über die Anteile der Korngrößen in einer Bodenprobe ermitteln. In Abhängigkeit von der Korngröße unterscheidet man Sande (2–0,063 mm), Schluffe (0,063–0,002 mm) und Tone (> 0,002 mm).

**S Experiment: Bestimmung der Bodenart**

**Aufgabe:**
Ermittle durch Schlämmung die Bodenart von verschiedenen Bodenproben!

**Vorbereitung und Durchführung:**
Untersuche Gartenerde, Boden eines Kiefernwaldes, Sandboden und Lehmboden!
Lasse die Bodenproben trocknen und gehe beim Experiment nach der neben stehenden Abbildung vor!

**Beobachtung und Auswertung:**
Notiere die experimentell bestimmten Werte und berechne den Anteil der abschlämmbaren Bodenteilchen! Leite die Bodenart ab!

Neben der Korngröße ist auch der Humusgehalt des Bodens für seine Fruchtbarkeit entscheidend. Der Humusanteil kann in Böden durch Glühen ermittelt werden, da Humus bei starkem Erhitzen verbrennt. (Eine Ungenauigkeit der Messwerte ergibt sich allerdings aus dem Kalkanteil im Boden, der bei dieser Methode mit gemessen wird. Will man genaue Werte erhalten, muss auch der Kalkgehalt ermittelt werden, indem man eine Probe mit Salzsäure versetzt und das freigesetzte Kohlenstoffdioxid misst. Aus den Werten kann der genaue Anteil berechnet werden.)

### S Experiment: Bestimmung des Humusgehaltes

**Aufgabe:**
Bestimme den Humusgehalt von verschiedenen Bodenproben!
**Vorbereitung:**
*Geräte und Materialien:* Brenner, Dreifuß, Drahtnetz, Tiegelzange, Porzellanschale, Waage, Bodenproben (Gartenerde, Boden eines Kiefernwaldes, Ackerboden usw.)
**Durchführung:**
Erhitze eine luftgetrocknete Probe (10 g) unter dem Abzug solange, bis es nicht mehr raucht!
Bestimme nach dem Abkühlen die Masse erneut!

**Beobachtung und Auswertung:**
Notiere die Ergebnisse! Berechne die Masse an Humus in der jeweiligen Bodenprobe und den prozentualen Humusanteil!

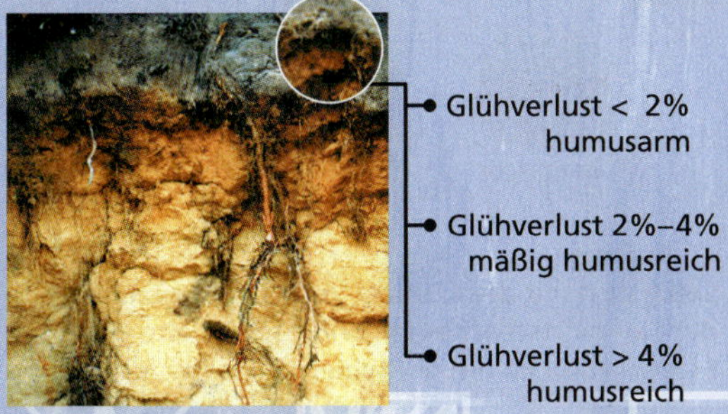


## Wasserhaushalt im Boden

Der Wassergehalt des Bodens ist für das Bodenleben, den Nährstofftransport und die Belüftung wichtig.
Oberhalb des Grundwassers schwankt er je nach Bodenart und Witterung ganz erheblich. Ein wichtiges Kriterium für die Beurteilung eines Bodens ist die Wasserhaltefähigkeit.

### S Experiment: Wasserhaltefähigkeit des Bodens

**Aufgabe:**
Ermittle experimentell die Wasserhaltefähigkeit verschiedener Böden!
**Vorbereitung:**
*Geräte und Materialien:* je 200 $cm^3$ der trockenen Bodenproben (Gartenerde, Boden eines Kiefernwaldes, Sandboden, Lehmboden), Wasser, drei Kunststoffblumentöpfe, Filterpapier oder kleine Steine, Messzylinder
**Durchführung:**

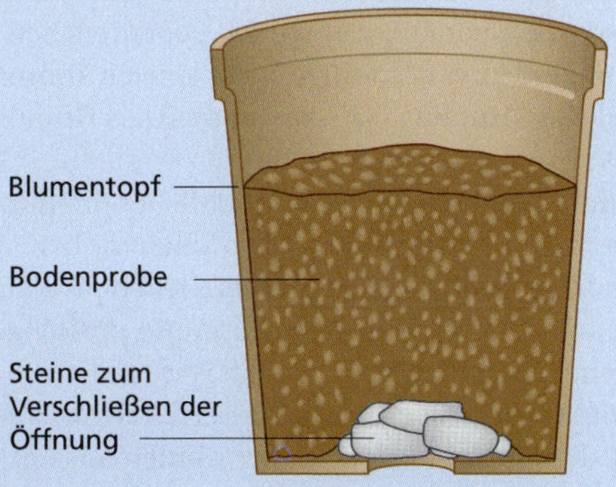


Befülle die Blumentöpfe jeweils mit den vorbereiteten trockenen Bodenproben und gieße je Topf 200 ml Wasser langsam dazu!
Fange das durchgesickerte Wasser auf und gieße es nochmals auf die Bodenprobe!
Miss das Volumen des endgültig durchgesickerten Wassers!

**Beobachtung und Auswertung:**
Notiere die jeweils gemessenen Werte!
Berechne die Wasserhaltefähigkeit der drei Bodenproben! Sie ergibt sich als Prozentanteil des festgehaltenen Wasservolumens am Volumen des Bodens.
Setze deine Ergebnisse mit der jeweiligen Bodenart (s. Exp. S. 210) in Beziehung!

## Der Boden als Speicher

Pflanzen benötigen für Wachstum und Entwicklung Kohlenstoffdioxid, Wasser und Nährsalz-Ionen. Die Nährsalz-Ionen werden über die Wurzeln aus dem Boden aufgenommen. Sie enthalten viele Elemente, die Pflanzen für ein optimales Wachstum brauchen.

**Aufgabe:**
Stelle in einer Tabelle Makro- und Spurenelemente zusammen! Ermittle jeweils ihre Bedeutung für Pflanzen!

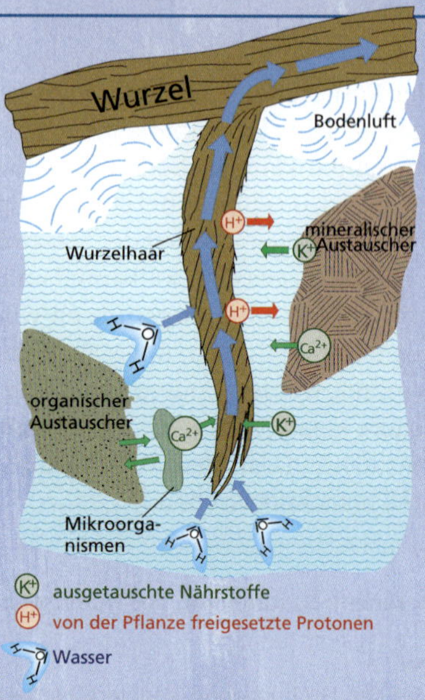


**Aufgabe:**
Die Aufnahme von Kationen aus dem Boden in die Wurzel der Pflanzen erfolgt durch Ionenaustausch. Erläutere den Sachverhalt mithilfe der Abbildung!

Nährsalz-Ionen werden von einem Boden mit hoher Bodenfurchtbarkeit gespeichert, besonders die Kationen werden an Bodenteilchen gebunden. Eine besondere Rolle spielen Tonminerale und Huminstoffe (Bestandteil des Humus).

Tonminerale weisen ein einheitliches dreidimensionales Kristallgitter auf. Die Silicium- bzw. Aluminium-Ionen der Tonmineralteilchen können durch andere, etwa genauso große positiv geladene Ionen (Kationen) ersetzt werden.
Dies verursacht eine negative elektrische Ladung in den Tonmineralen. Daher werden aus der näheren Umgebung solange Kationen angelagert, bis die Ladungsdifferenz ausgeglichen ist (Abb. 1).

Diese Anlagerung kommt durch die Anziehung zwischen negativer Ladung des Tonminerals und positiver Ladung des Kations zustande. Auch Humusstoffe weisen eine negative Ladung auf. Durch die Anziehung und Bindung der Kationen wirkt der Boden als Speicher.

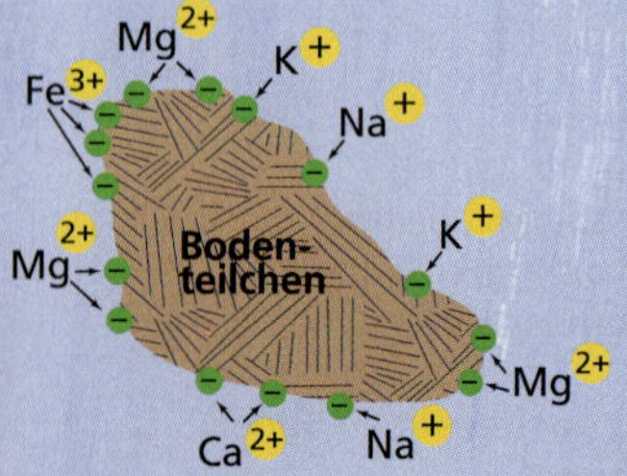


Pflanzen entziehen dem Boden Nährsalze. Im naturnahen Ökosystem verarmt der Boden aber nicht, da über Stoffkreisläufe die entzogenen Stoffe letztendlich wieder in den Boden zurück gelangen. Durch landwirtschaftliche Nutzung greifen wir in diese Kreisläufe ein.

**Auftrag:**
Setze dich mit dem Einsatz von Düngemitteln in der Landwirtschaft auseinander! Erarbeite eine Präsentation zu dieser Problematik!

## Düngemittel im Test

**S Experiment 1**

**Aufgabe:**
Überprüfe, was passiert, wenn man Ammoniumsulfat und Calciumoxid (Inhaltsstoffe von Düngemitteln) mischt!

**Vorbereitung:**
*Geräte*: Mörser mit Pistill, 2 Reagenzgläser, Glasrohr im durchbohrten Stopfen, Spatel
*Chemikalien*: Wasser, 1 g Ammoniumsulfat, 1 g Calciumoxid, Indikatorlösung

**Durchführung:**
Mische die beiden Feststoffe im Mörser! Gib das Gemisch sofort in ein Reagenzglas! Verschließe das Rohr mit einem Stopfen mit Gasableitungsrohr! Halte das Ende des Rohres kurz über das Wasser mit der Indikatorlösung!

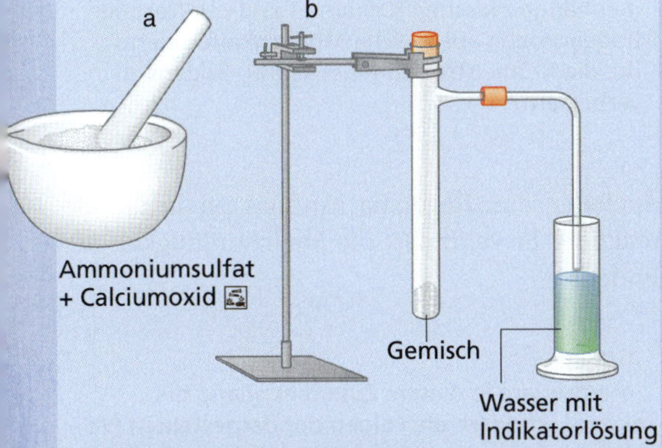


**Beobachtung und Auswertung:**
Notiere deine Beobachtungen und leite eine Vermutung über mögliche Reaktionen ab!

**S Experiment 2**

**Aufgabe:**
Überprüfe die Löslichkeit unterschiedlicher Düngemittel und ermittle den pH-Wert der Lösungen!

**Vorbereitung:**
*Geräte*: Reagenzgläser, Spatel
*Chemikalien und Düngemittel*: (a) Ammoniumsulfat; (b) Kaliumsulfat, (c) Superphosphat, (d) Thomasphosphat, (e) Kalkammonsalpeter, Wasser, Universalindikatorlösung

**Durchführung:**
Gib jeweils 3 g der Düngemittelproben in 10 ml Wasser! Schüttle, warte, bis sich unlösliche Bestandteile gesetzt haben und prüfe den pH-Wert der Lösung mit jeweils drei Tropfen Indikatorlösung!

**1** In der Landwirtschaft werden häufig Düngemittel eingesetzt. Die Abbildung zeigt ein Versuchsfeld: links ungedüngt, rechts gedüngt.

**Beobachtung und Auswertung:**
Notiere deine Beobachtungen!
Welche Einsatzmöglichkeiten für die Düngemittel könntest du jeweils empfehlen?

**S Experiment 3**

**Aufgabe:**
Stelle selbst Nährsalzlösungen her!

**Vorbereitung:**
*Geräte*: Stativmaterial, Bechergläser, Bürette, Lupe
*Chemikalien*: verdünnte Salpetersäure, Kaliumhydroxidlösung, Ammoniaklösung, verdünnte Phosphorsäure, verdünnte Schwefelsäure, Indikatorlösung

**Durchführung:**
Neutralisiere Salpetersäure mit Kaliumhydroxidlösung, Salpetersäure mit Ammoniaklösung, Schwefelsäure mit Kaliumhydroxidlösung, Phosphorsäure mit Kaliumhydroxidlösung!

**Beobachtung und Auswertung:**
a) Dunste jeweils einen Tropfen der entstandenen Lösungen ein!
Betrachte das Ergebnis mit der Lupe!
b) Notiere die Reaktionsgleichungen!
c) Prüfe die erhaltenen Lösungen auf ihre Verwendbarkeit!

## Bodenstruktur und Bodenreaktion

Eine krümelige Struktur des Bodens ist die Voraussetzung für eine gute Speicherfähigkeit in Bezug auf Nährsalz-Ionen, für ein optimales Wasserhaltevermögen und ermöglicht eine gute Durchlüftung des Bodens. Eine große Rolle für die Bodenstruktur spielt der pH - Wert des Bodens, denn in saurem Boden ist die Krümelstruktur meist wenig ausgebildet.

**S Experiment**

**Aufgabe:**
Untersuche den Kalkanteil und den pH-Wert unterschiedlicher Bodenproben!

*a) Untersuchung des Kalkanteils*

**Vorbereitung:**
*Geräte:* Uhrglasschälchen, Pipette, Spatel
*Chemikalien:* luftgetrocknete Bodenproben, verdünnte Salzsäure ☒

**Durchführung:**
Versetze die Bodenproben jeweils mit einer Säurelösung!

**Beobachtung und Auswertung:**
Ist im Boden Kalk enthalten, kann man eine Gasbildung beobachten. Notiere deine Beobachtungen! Schätze den Kalkanteil der jeweiligen Bodenprobe ein!

| Kalkanteil des Bodens | Aufbrausen |
|---|---|
| unter 1 % | fehlt |
| unter 2 % | schwach |
| unter 4 % | stark, aber kurz |
| unter 5 % | stark |

*b) Bestimmung des pH-Wertes*

**Vorbereitung:**
*Geräte:* Spatel, Trichter, Filterpapier, Bechergläser, Pipette, Glasstab
*Chemikalien:* luftgetrocknete Bodenproben, Kaliumchloridlösung, CZENSNY-Indikator

**Durchführung:**
Verrühre 20 g der jeweiligen Bodenprobe in 50 ml Kaliumchloridlösung!
Filtriere die Aufschlämmung! Versetze dann je 5 ml des Filtrates mit 4 Tropfen CZENSNY-Indikatorlösung!

**Beobachtung und Auswertung:**
Vergleiche mit der Farbskala! Notiere den pH-Wert der jeweiligen Bodenprobe!

Leite aus den Beobachtungsergebnissen Zusammenhänge zwischen Kalkanteil und pH-Wert der Bodenproben ab! Welche Möglichkeiten siehst du, die Krümelstruktur eines sauren Bodens zu verbessern?

Auch der saure Regen hat Einfluss auf die Bodenreaktion. Er verändert die Speicherfähigkeit des Bodens.

**Aufgabe:**
Interpretiere in diesem Zusammenhang die Skizze! Schildere die Folgen der dargestellten Prozesse!

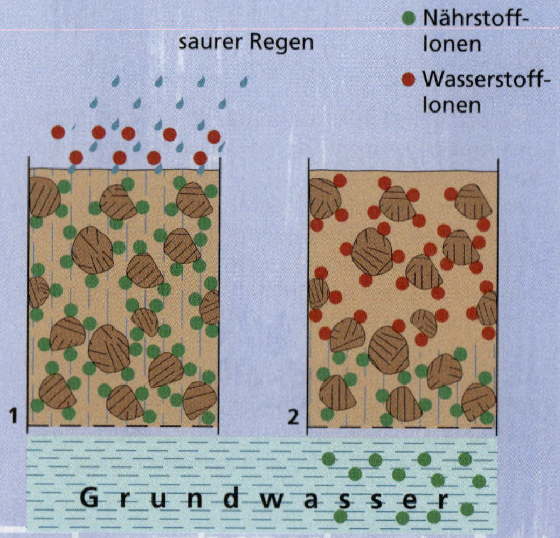

# 10 Kohlenstoff und anorganische Kohlenstoffverbindungen

# 10.1 Kohlenstoff und seine Modifikationen

### Funkelnde Steine

Diamanten sind begehrte und sehr teure Schmucksteine. Als Schmuck werden aber nur die wasserklaren, bläulich, manchmal auch gelblich oder rosa gefärbten Diamanten verwendet. Werden sie vom Licht angestrahlt, zeigen sie ein prächtiges Farbenspiel.

*Wie ist das „Feuer der Diamanten" zu erklären, das die Menschen schon sehr lange fasziniert?*

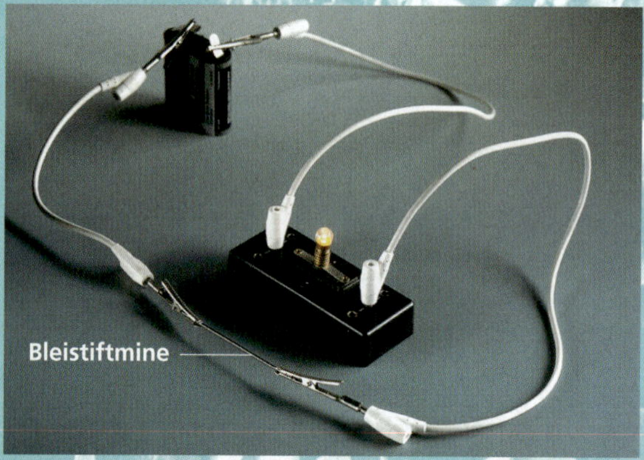

### Ein Nichtmetall leitet den elektrischen Strom

Bleistiftminen bestehen zum großen Teil aus Grafit. Grafit stellt wie Diamant chemisch reinen Kohlenstoff dar.

Grafit ist elektrisch leitfähig (Abb.). Im Gegensatz dazu leitet Diamant den elektrischen Strom nicht.

*Welche Ursachen liegen den verschiedenen Eigenschaften von Grafit und Diamant zugrunde?*

### Kohlenstoff hat viele „Gesichter"

Steinkohle (Abb.: carbonisierter Bärlapp) enthält einen hohen Kohlenstoffanteil. In vielen natürlich vorkommenden Stoffen ist Kohlenstoff chemisch gebunden. Diese Tatsache wird immer dann sichtbar, wenn solche Stoffe einer großen Hitze ausgesetzt waren, z. B. Holzkohlereste nach dem Verlöschen von Holzfeuer.

*Warum gibt es so viele Kohlenstoffverbindungen?*

# Kohlenstoff ist nicht gleich Kohle

## Das besondere Element Kohlenstoff

Kohlenstoff ist in vielen chemischen Verbindungen enthalten, bildet einen wesentlichen Bestandteil von Kohle und kommt in der Natur auch in reiner Form vor (Abb.: Grafitdruse). Daher war er den Menschen schon sehr lange bekannt.
Dass es sich beim Kohlenstoff um ein Element handelt, wurde jedoch erst am Ende des 18. Jahrhunderts nachgewiesen.
Heute helfen uns die Kenntnisse über dieses Element und den Bau seiner Atome, seine Erscheinungsformen und die Vielfalt der Kohlenstoffverbindungen zu verstehen.
Kohlenstoff steht im Periodensystem der Elemente in der 2. Periode und in der IV. Hauptgruppe. Aus dieser Anordnung im Periodensystem kann man u. a. ableiten, dass sich in der äußersten besetzten Elektronenschale 4 Elektronen aufhalten (Abb. 1).

## Zusammenhalt zwischen Atomen: Die Atombindung

Um den Aufbau von den unterschiedlichen Erscheinungsformen des Kohlenstoffs und die Vielzahl seiner Verbindungen zu verstehen, reichen die Kenntnisse über den Bau der Atome allein nicht aus. Man muss auch wissen, welche Kräfte die Atome zusammenhalten. Entscheidend dafür, dass überhaupt eine chemische Reaktion abläuft, bei der Verbindungen gebildet werden, ist das Bestreben der Atome, einen möglichst energiearmen Zustand zu erreichen (s. S. 118). Dieser tritt u.a. ein, wenn ein Atom acht Außenelektronen aufweist (Oktettregel). Atome der Elemente der ersten Periode sind stabil, wenn sie zwei Außenelektronen besitzen. Diese Anordnung entspricht der Edelgaskonfiguration.

**Atome sind dann stabil, wenn die Anordnung ihrer Elektronen der Edelgaskonfiguration entspricht.**

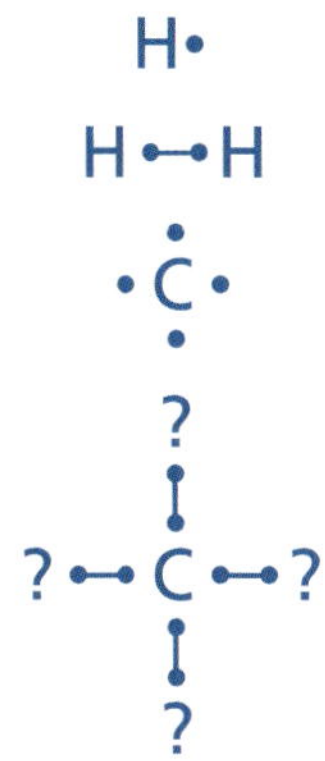


Um diesen stabilen Zustand zu erreichen, fehlen dem Kohlenstoffatom vier Außenelektronen. Daher verbinden sich die Atome und bilden gemeinsame Elektronenpaare.
Wasserstoffatome benötigen nur ein gemeinsames Elektronenpaar, um den stabilen Zustand von zwei Außenelektronen zu erreichen.
Kohlenstoffatome müssen vier gemeinsame Elektronenpaare mit anderen Atomen (andere Kohlenstoffatome oder Atome anderer Elemente) ausbilden, um die Stabilität zu realisieren. Stellt man in einem Modell nur die Außenelektronen dar und gibt Elektronenpaare als Striche an, kann man die Vielfältigkeit der möglichen Verbindungen leicht verdeutlichen (**Lewis-Schreibweise**).
Die Bindung, die den Zusammenhalt zwischen den Atomen bewirkt, nennt man **Atombindung**.

**Die Atombindung ist eine Art der chemischen Bindung, die auf der Anziehung zwischen gemeinsamen Elektronenpaaren (negative Ladungen) und den Atomkernen (positive Ladungen) beruht.**

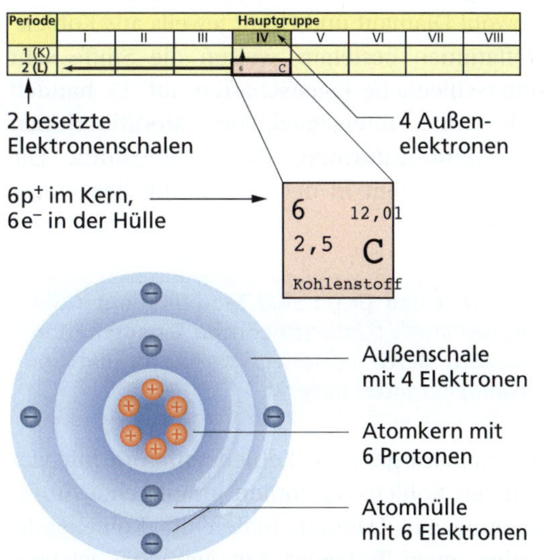


1 Stellung des Elements im PSE und Modell des Kohlenstoffatoms

## Diamant oder Grafit – auf die Anordnung der Atome kommt es an!

In der Natur kommt reiner Kohlenstoff vor allem als Grafit und Diamant vor.
Rohdiamanten werden in alten Vulkanschloten gefunden. Diamanten haben den Menschen schon immer fasziniert, denn reine Diamanten sind stark Licht brechend. Geschliffene Diamanten entfalten eine besondere Brillanz (Brillanten) und gelten als begehrte und teure Schmucksteine. Weil Diamant das härteste natürliche Mineral ist, kann man ihn nur mit Diamantpulver schleifen. Dieser Härte wegen werden Diamanten als Achslager für Geräte, die sehr genau arbeiten, als Bohrköpfe und zum Glasschneiden eingesetzt.
Grafit wird in Bergwerken abgebaut. Der Name des Stoffes leitet sich von dem griechischen Wort „graphein" für „schreiben" ab, denn Grafit ist weich und bei Berührung können winzige Schichten abgerieben werden. Unsere Bleistiftminen bestehen aus einem Ton-Grafit-Gemisch.
Anders als Diamant leitet Grafit den elektrischen Strom und wird daher für die Herstellung von Elektroden und Schleifkontakten verwendet. Außerdem wird es Schmiermitteln zugesetzt und ist in einigen Rostschutzmitteln enthalten.
Obwohl Diamant und Grafit jeweils aus Kohlenstoffatomen bestehen, weisen die Stoffe sehr unterschiedliche Eigenschaften auf. Es handelt sich um unterschiedliche **Modifikationen (Erscheinungsformen)** des Kohlenstoffs. Die Ursache besteht in der Anordnung der Atome im Kristall.

**Diamant und Grafit sind Modifikationen des Kohlenstoffs. Unterschiedliche Eigenschaften werden durch verschiedene Anordnung der Atome im Gitter bewirkt.**

Im Diamant geht ein Kohlenstoffatom mit vier anderen Kohlenstoffatomen jeweils eine Atombindung ein. Dadurch bilden die Kohlenstoffatome einen Tetraeder. Ein Tetraeder ist eine Pyramide, bei der alle Flächen gleichseitige Dreiecke sind. Alle Kohlenstoffatome sind im

| | **Diamant** | **Grafit** |
|---|---|---|
| **Eigenschaften** | durchsichtig, stark Licht brechend, nicht elektrisch leitfähig, Wärme leitend, mohssche Härte 10 | grauschwarz, glänzend, fühlt sich fettig an, elektrisch leitfähig, Wärme leitend, mohssche Härte 1 |
| Dichte | 3,51 g · $cm^{-3}$ | 2,26 g · $cm^{-3}$ |
| Schmelztemperatur | > 3 550 °C | 3 730 °C |
| **Vorkommen** | alte Vulkanschlote | Lagerstätten, in Ruß |

Tetraeder regelmäßig angeordnet und weisen untereinander gleiche Abstände auf (Abb. 1). Dies hat eine regelmäßige und stabile Gitterbildung zur Folge.

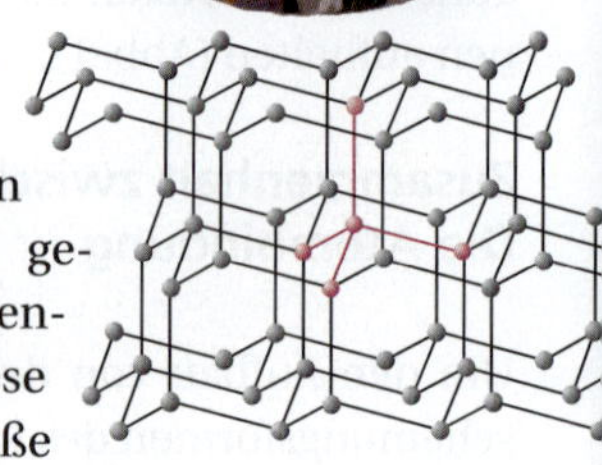

Im Grafit hat jedes Kohlenstoffatom mit jeweils nur drei anderen Kohlenstoffatomen ein gemeinsames Elektronenpaar ausgebildet. Diese Atome haben gleich große Abstände zueinander. Dadurch entstehen Schichten, in denen die Atome in Sechserringen angeordnet sind. Diese Anordnung entspricht einem bienenwabenartigen Muster (Abb. 2).
Über die verbleibenden, nicht bindenden Außenelektronen der Kohlenstoffatome sind die Schichten nur locker miteinander verknüpft.

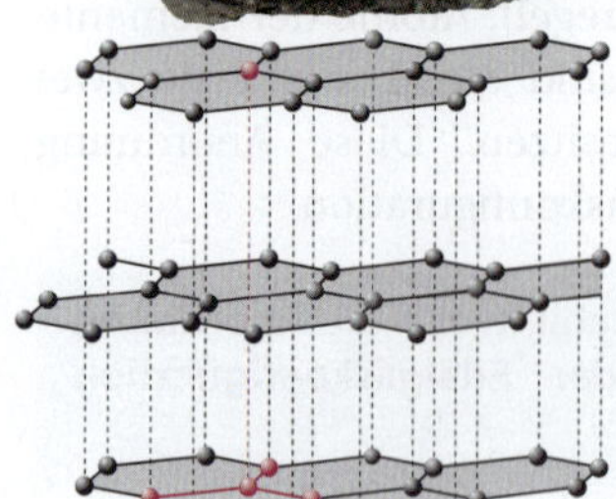

# Mosaik

## Nicht ganz so bekannt, doch auch Modifikationen des Kohlenstoffs

### Fullerene

Es existiert neben Grafit und Diamant noch eine dritte Modifikation des Kohlenstoffs. Die **Fullerene** wurden erst 1985 entdeckt.
Dabei handelt es sich nicht um unbegrenzt große Atomkristalle wie beim Grafit und Diamant, sondern um Moleküle aus einer begrenzten Anzahl von Kohlenstoffatomen (u. a. 60, 70 oder auch 240). Diese Atome sind in charakteristischer Anordnung miteinander verbunden. Es gibt unterschiedliche Strukturen der Fullerene.
Die bekannteste und auch eine der stabilsten stellt eine fußballartige Struktur mit dem Namen „Buckminsterfulleren" dar. Dieser „Fußball" wird aus 12 Fünfecken und zwanzig Sechsecken gebildet.
Die Moleküle lagern sich wiederum zu Kristallen zusammen.

Fullerene werden u.a. synthetisiert, indem man Grafit mithilfe von Laserstrahlen bei geringem Druck in einer Heliumatmosphäre verdampft. An kalten Flächen setzen sich Fullerene ab. Im Kerzenruß werden neben Grafitkristallen auch Fullerene gefunden.
Im Gegensatz zum Diamant und Grafit sind Fullerene in Benzen löslich. Die Lösung weist eine rote Färbung auf. Die Kristalle sind erstaunlicherweise elastisch, da sich die Hohlkugeln zusammendrücken lassen.
Die Nutzung von Fullerenen ist noch nicht absehbar, jedoch werden einige Möglichkeiten geprüft.

Das Besondere an den Fullerenen besteht darin, dass sie aufgrund ihrer käfigartigen Struktur Fremdatome befördern können. Dadurch könnten sie eventuell Verwendung in der Medizin finden, um gezielt Stoffe im Körper zu transportieren.
Schleust man eine definierte Anzahl an Kaliumatomen in die Struktur eines Fullerens, verändert dieser Eingriff die Eigenschaften des Materials. Es erweist sich schon bei −255 °C als supraleitfähig. Die elastischen Eigenschaften würden in diesem Zusammenhang von großem Vorteil sein. Allerdings sind die veränderten Fullerene extrem reaktionsfähig.
Fullerene können auch zur Herstellung von Diamanten dienen. Ihre Umwandlung ist erheblich energiesparender als die Umwandlung von Grafit in Diamant.

### Nanotubes (Nanoröhren)

1991 wurde erstmals eine weitere Modifikation des Kohlenstoffs nachgewiesen. Ihre Struktur sieht aus, als wenn eine Schicht des Grafitkristalls zu einer Röhre gerollt ist. Das Grundgerüst dieser winzigen Hohlzylinder besteht aus Sechsecken. Diese **Nanotubes** können bis zu 100 Mikrometer lang werden und haben einen Durchmesser von einem bis zu einhundert Nanometern.
Sie sind extrem elastisch und zugfest. Außerdem gibt es Nanoröhren, die halbleitend sind und solche, die sehr gut elektrisch leitfähig sind.
Besonders interessant sind diese Eigenschaften für die Mikroelektronik und in der Computerindustrie. Noch ist ein Einsatz aber sehr kostspielig. Diese Kohlenstoffmodifikation kostet noch 10 Mal soviel wie Gold.

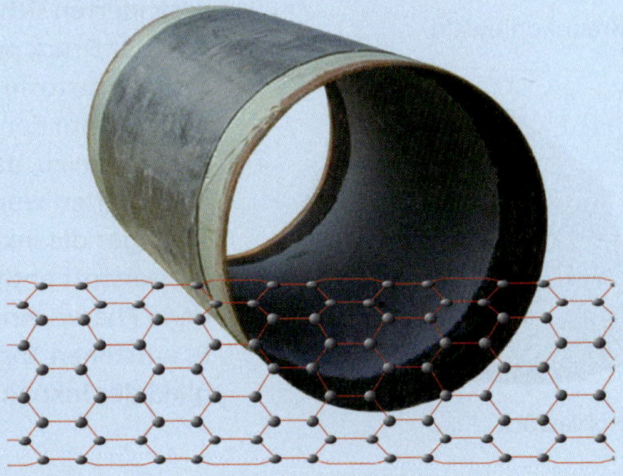

## Steinkohle und Braunkohle

1 Heizkraftwerk

2 Braunkohlewald

3 Kohlestück

Kohle ist neben den beiden anderen fossilen Brennstoffen Erdgas und Erdöl auch heutzutage ein wichtiger Energieträger (Abb. 1). Steinkohle wird zudem durch eine Reihe von Verfahren veredelt und als Rohstoff genutzt. Doch wie entstand die Kohle?

Besonders in der Zeit vor 345 bis 280 Millionen Jahren bedeckte eine reiche Sumpfvegetation einen Großteil der Erde. Die meisten dieser Pflanzen waren Farne. Einige Arten wurden so groß wie Bäume. Man geht davon aus, dass ganze Urwälder aus solchen Farnbäumen existierten, die große Flächen bedeckten.
Aus diesen Farnen, Bärlappen und Schachtelhalmen (Abb. 2) entstand dann über Millionen von Jahren die heutige Steinkohle. Da die entscheidenden Vorgänge für die Kohleentstehung in diesem Erdzeitalter erfolgten, wird es als Kohlezeit und mit dem Fachbegriff Karbon bezeichnet (vom Lateinischen für Kohle = carbo). Die Braunkohle bildete sich hauptsächlich aus Bäumen des Tertiär.
Aufgrund eines Klimaumschwungs starben die Pflanzen ab. Durch Wind und andere Einflüsse stürzten die Bäume und die anderen Pflanzen in die Sümpfe. Dort wurden sie vollständig von Wasser bedeckt.
Dadurch kam es zu einem Sauerstoffabschluss, d. h. es gelangte kein Sauerstoff mehr an das abgelagerte pflanzliche Material. Eine vollständige Zersetzung war so nicht möglich. Durch einmündende Flüsse lagerten sich im Lauf der Zeit Sand und Schlamm auf dem organischen Material ab. Diese Schichten erzeugten nun aufgrund ihrer Masse Druck auf die pflanzlichen Ablagerungen. Der Druck erzeugte eine ungeheuere Wärme. Durch den Druck und die Wärme veränderten sich die Eigenschaften der pflanzlichen Sedimentschichten. Der Druck presste sie zusammen und durch die Wärme erfuhren die Inhaltsstoffe der Pflanzen chemische Veränderungen.
Dabei nahm der Anteil des Kohlenstoffes im Verhältnis zu anderen Elementen zu, da Sauerstoff und Wasserstoff aus den Verbindungen abgespalten wurden. Dieser Prozess wird Inkohlung genannt.
Je länger die Inkohlung fortschreitet, desto weniger Sauerstoff und Wasserstoff enthält die Kohle. Man teilt die Inkohlung in verschiedene Phasen ein, die verschiedene Produkte hervorbringen.
Es entstehen Torf, Braunkohle, Steinkohle, Anthrazit und als Endglied der Inkohlung schließlich Grafit.

... und mehr

**Informiere dich auch unter:** *Energieträger, Karbon*

## Verwandtschaft des Kohlenstoffs: Silicium

Silicium ist wie Kohlenstoff ein Element der IV. Hauptgruppe. Siliciumatome besitzen ebenfalls vier Außenelektronen. Daher ähneln sich einige Eigenschaften der Stoffe.
Silicium ist ein begehrter Rohstoff. Es ist mit 28 % am Aufbau der Erdrinde beteiligt. Elementares Silicium kommt jedoch in der Natur nicht vor. Ohne Silicium sind die Computertechnik und Elektronik nicht denkbar. Ausgangsstoff für die Gewinnung ist gereinigter Quarzsand. Dieser besteht hauptsächlich aus Siliciumdioxid und wird mit Kohlenstoff zur Reaktion gebracht.

$$SiO_2 + C \longrightarrow Si + CO_2$$

Bei dieser Reaktion entsteht Rohsilicium, das für die Verwendung in der Mikroelektronik weiter gereinigt werden muss.
Die Reaktionen zur Bildung von Reinstsilicium können so gesteuert werden, dass sich vollkommen gestaltete Kristalle bilden (Abb.: Einkristall).

**STECKBRIEF: Silicium Si**

| | |
|---|---|
| Eigenschaften: | grauschwarz, metallisch glänzend, elektrische Leitfähigkeit steigt mit der Temperatur, mohssche Härte 7, spröde |
| Dichte: | $2{,}33\ g \cdot cm^{-3}$ |
| Schmelztemperatur: | 1 410 °C |
| Siedetemperatur: | 2 680 °C |
| **Vorkommen:** | in der Natur nicht elementar, als $SiO_2$ im Quarzsand |

Die Struktur von reinem Silicium ähnelt der Struktur von Diamant. Ein Siliciumatom geht mit vier anderen Siliciumatomen je eine Atombindung ein. Dadurch entstehen tetraederförmige Struktureinheiten. Im Kristall verbinden sich sehr viele Siliciumatome.
In diese Kristalle können bei ihrer Bildung genau abgemessene Mengen anderer Metalle eingebracht werden. Dann hat Silicium eine Reihe von Eigenschaften, die man unter dem Begriff „Halbleitereigenschaften" zusammenfasst.
Aus Halbleitern werden elektronische Bausteine und integrierte Schaltkreise gefertigt, die in Taschenrechnern, Computern, Anlagen der Solartechnik, fotografischen Belichtungsmessern u. a. entscheidende Bauelemente sind.

Zur Herstellung von Computerchips verwendet man Reinstsilicium. Die Kristalle werden in Scheiben geschnitten (Wafer). Auf diese Scheiben werden durch Dotieren, Ätzen und Aufdampfen viele Schaltelemente aufgebracht. Auf einem Mikrochip können mehrere Millionen Transistoren in sogenannten integrierten Schaltkreisen vereint sein und das auf einer Fläche von nur wenigen Quadratzentimetern!

# Chemie in Natur und Technik

## Der Bleistift, der kein Bleistift ist

Ein Bleistift ist in jeder Federtasche zu finden. Wenn man ihn benutzt, macht man sich kaum Gedanken darüber, warum man den Bleistift zum Schreiben oder Zeichnen verwenden kann.
*Warum heißt der Stift Bleistift?*
*Ist etwa das Metall Blei enthalten?*

Als Stift zum Schreiben wurde früher ein Griffel verwendet, der aus einer silberglänzenden Blei-Zinn-Legierung bestand. Mit Bezug auf diese Legierung wurde der Name Bleistift eingeführt. 1564 wurde in England ein Mineral entdeckt, das ebenfalls gut zum Schreiben geeignet war. Zu der Zeit war seine Zusammensetzung nicht bekannt. Man vermutete ein Bleimineral, weil es wie ein Metall glänzte. Es wurde fortan zur Herstellung von Bleistiften genutzt.
Etwa 200 Jahre später wurde durch den schwedischen Chemiker SCHEELE nachgewiesen, dass es sich bei dem 1564 gefundenen Mineral um Grafit handelte.

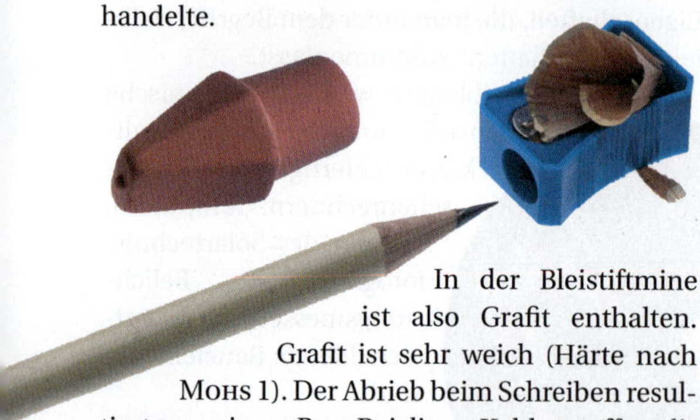

In der Bleistiftmine ist also Grafit enthalten. Grafit ist sehr weich (Härte nach MOHS 1). Der Abrieb beim Schreiben resultiert aus seinem Bau. Bei dieser Kohlenstoffmodifikation ist jeweils ein Kohlenstoffatom nur mit drei benachbarten Kohlenstoffatomen über Atombindungen verbunden. Diese liegen in einer Ebene. Die so entstehenden Schichten befinden sich übereinander und sind gegeneinander verschiebbar. Diese Eigenschaft wird bei der Verwendung als Bleistiftmine genutzt. Mehrere dieser Schichten werden beim Schreiben abgerieben und erscheinen aufgrund der grauschwarzen Farbe des Grafits als Schrift auf dem Papier.

## Besonderes Silicium

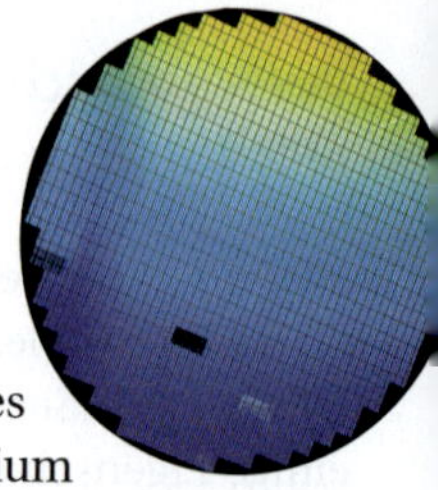

Silicium steht mit Kohlenstoff in der IV. Hauptgruppe des Periodensystems der Elemente. Während Kohlenstoff als typisches Nichtmetall gilt, kann man Silicium nicht eindeutig als Metall oder Nichtmetall einordnen. Man spricht von einem Halbmetall. Eine gravierende Eigenschaft für diese Zuordnung ist die elektrische Leitfähigkeit von Silicium.
Dazu kann folgendes Experiment durchgeführt werden: Ein Stück Silicium wird in einem Stromkreis angeschlossen. Der Siliciumkristall wird mit kleiner Flamme erhitzt. Beim Erhitzen ist ein deutlicher Ausschlag des Amperemeters zu verzeichnen.
*Erkläre die Leitfähigkeit des Siliciums!*

Jedes Siliciumatom ist im Kristall mit vier weiteren Siliciumatomen über Atombindungen verbunden. Schon bei Zimmertemperatur können Elektronen aus diesem Gitter „heraustreten". Silicium leitet den elektrischen Strom bei Zimmertemperatur jedoch nur sehr schwach.
Durch das Erhitzen wird dem Siliciumgitter thermische Energie zugeführt und es in Bewegung versetzt. Ein Teil der Bindungen wird aufgebrochen, sodass frei bewegliche Elektronen zur Verfügung stehen. Diese bewirken die Zunahme der elektrischen Leitfähigkeit des Siliciums. Da die Zahl der Ladungsträger mit zunehmender Temperatur steigt, erhöht sich die Stromstärke entsprechend.

**S Experiment**

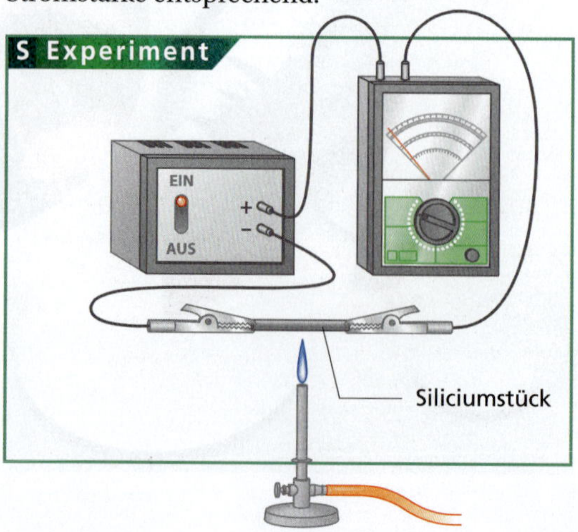

## gewusst · gekonnt

1. Ergänze dein Glossar!

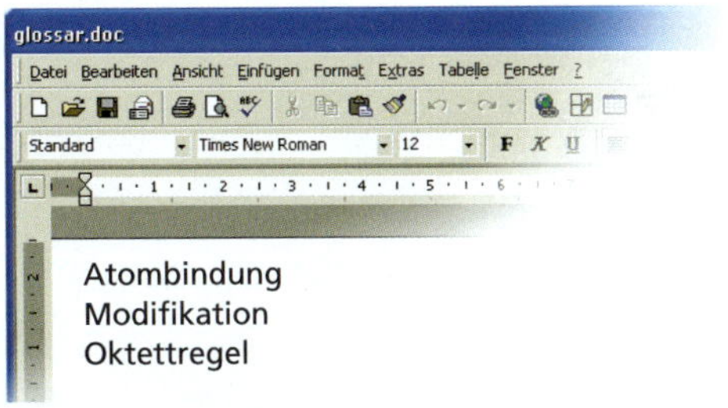


2. Kohlenstoff ist nicht gleich Kohle. Belege die Richtigkeit dieser Aussage!

3. Vergleiche den Bau der Atome der Elemente miteinander, die in der IV. Hauptgruppe des Periodensystems stehen!
Leite Schlussfolgerungen hinsichtlich der Eigenschaften der Stoffe ab!

4. Grafit und Diamant sind reiner Kohlenstoff. Grafit wird zur Herstellung von Bleistiftminen verwendet, Diamanten nutzt man zum Schleifen oder zum Schneiden von Glas. Begründe die unterschiedlichen Verwendungsmöglichkeiten mithilfe der Struktur und der Eigenschaften der Modifikationen!

*5. Aus Grafit kann Diamant hergestellt werden.
a) Erläutere, warum das möglich ist!
b) Informiere dich über die Reaktionsbedingungen.

6. Der Zirkon ist ein Schmuckstein mit diamantartigem Glanz. Entwickle ein Experiment, mit dessen Hilfe du entscheiden könntest, ob sich in einem Ring ein Diamant, ein Zirkon oder etwa ein Glasstein befindet!

7. Kohlenstoff wird zu den Nichtmetallen gezählt. Trotzdem bestehen z. B. Schleifkontakte aus Grafit. Erkläre den scheinbaren Widerspruch!

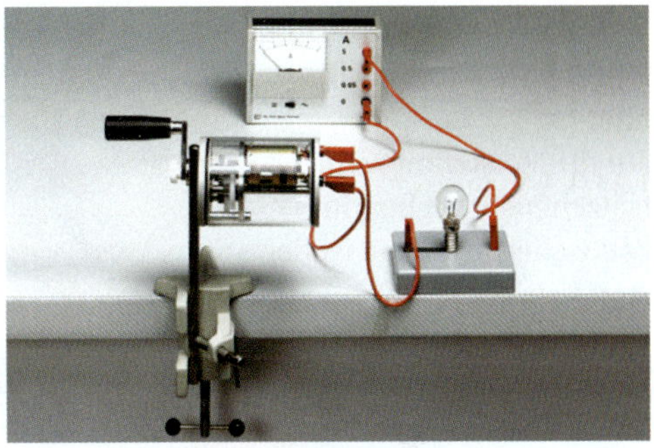

8. Entspricht der folgende Satz der Wahrheit? „Beim Schreiben und Zeichnen mit einem Bleistift werden Bindungen gelöst.“
Begründe deine Antwort!

9. Stelle in einer Wandzeitung Informationen zu Fullerenen zusammen!
Nutze geeignete Medien!

10. Grafit und Diamant verbrennen in reinem Sauerstoff vollständig. Dabei entsteht Kohlenstoffdioxid. Andere Reaktionsprodukte lassen sich nicht nachweisen.
a) Welche Schlussfolgerungen kannst du aus diesen Versuchsergebnissen über den Bau der beiden Stoffe ableiten?
b) Stelle die Reaktionsgleichung für die Verbrennung von Grafit und Diamant auf!

11. Vergleiche die Eigenschaften der beiden Modifikationen Grafit und Diamant!
Welche Modifikation würdest du als Lagermaterial für Präzisionsinstrumente vorschlagen? Begründe deine Entscheidung!

12. Bei der Herstellung von Reinstsilicium für die Produktion von mikroelektronischen Bauelementen muss nahezu staubfrei gearbeitet werden. Daher ist auch besondere Arbeitskleidung nötig. Erkläre!

# 10.2 Anorganische Kohlenstoffverbindungen

### Plätzchen – locker oder hart

Für die Herstellung einiger Plätzchensorten benötigt man Pottasche. Pottasche ist der Stoff Kaliumcarbonat. In der Plätzchenbäckerei dient er als Treibmittel und bewirkt, dass das Gebäck locker wird. *Welche chemische Reaktion ist die Ursache dafür, dass „der Teig geht"?*

### Tödliches Gas

Oft nutzen wir Verbrennungen, um Energie freizusetzen. Dabei muss für eine ausreichende Sauerstoffzufuhr gesorgt werden. Durch unsachgemäßen Umgang mit entsprechenden Feuerstellen kommt es immer wieder zu tödlichen Unfällen. *Welches Gas bildet die Ursache für die Unfälle? Wie kann man seine Entstehung verhindern?*

### Zeitzeugen der Vergangenheit

Die Kreidefelsen, z.B. auf der Insel Rügen, sind aus den Gehäusen und Schalen verschiedener Lebewesen entstanden. Als Fossilien kann man ihre Überreste noch heute in der Rügener Kreide finden (Abb.). *Welche chemische Verbindung bildet den Baustoff für die Gehäuse?*

## Oxide des Kohlenstoffs

### Kohlenstoffmonooxid

Ein großer Teil unseres Energiebedarfes wird durch die Verbrennung kohlenstoffhaltiger Energieträger wie Kohle, Erdöl und Erdgas gedeckt. Dabei entstehen als Reaktionsprodukte Oxide des Kohlenstoffs.
Überall dort, wo Kohlenstoff oder kohlenstoffhaltige Stoffe **bei ungenügender Sauerstoffzufuhr** verbrennen, wird das Gas **Kohlenstoffmonooxid (CO)** freigesetzt.

$$2\,C + O_2 \longrightarrow 2\,CO \qquad Q = -222\,kJ \cdot mol^{-1}$$

Es bildet sich beispielsweise bei der Verbrennung in Motoren, kann beim Anheizen von Kohleöfen entstehen, aber auch bei unvollständiger Verbrennung in Heizungsanlagen.
Deshalb müssen insbesondere Öfen und Heizungsanlagen regelmäßig gewartet werden, denn das farblose und geruchlose Gas Kohlenstoffmonooxid ist giftig.
Die Giftigkeit des Kohlenstoffmonooxids beruht auf seiner chemischen Reaktion mit dem roten Blutfarbstoff Hämoglobin. Kohlenstoffmonooxid wird schneller als Sauerstoff an Hämoglobin gebunden. Die roten Blutkörperchen können dann keinen Sauerstoff mehr transportieren. Infolge der mangelnden Sauerstoffversorgung erstickt der Mensch.
Da Kohlenstoffmonooxid bei der Verbrennung in Automotoren gebildet wird, gehören Kraftfahrzeuge zu den bedeutenden Schadstoffquellen.
Durch den Einbau eines Abgaskatalysators kann der Ausstoß von Kohlenstoffmonooxid gemindert werden. Ein Edelmetall (z.B. Platin), das in feiner Verteilung auf einem Keramikkörper aufgebracht ist, bewirkt die katalytische Oxidation des Kohlenstoffmonooxides zu Kohlenstoffdioxid.

**STECKBRIEF:**
**Kohlenstoffmonooxid CO**

| | |
|---|---|
| **Eigenschaften:** | farblos, giftig, geruchlos, brennt mit blauer Flamme, sehr gutes Reduktionsmittel, sehr wenig löslich in Wasser |
| Dichte: | 1,250 $g \cdot l^{-1}$ |
| Siedetemperatur: | −190,0 °C |
| Schmelztemperatur: | −205,0 °C |
| **Vorkommen:** | Reaktionsprodukt bei Verbrennungen kohlenstoffhaltiger Substanzen unter Sauerstoffmangel |

Kohlenstoffmonooxid ist brennbar. Es wird als Heizgas verwendet.

$$2\,CO + O_2 \longrightarrow 2\,CO_2 \qquad Q = -566\,kJ \cdot mol^{-1}$$

Der Stoff reagiert leicht mit Sauerstoff. Dadurch kann Kohlenstoffmonooxid andere Oxide reduzieren und wird deshalb z. B. im Hochofen als Reduktionsmittel eingesetzt. Große Bedeutung hat Kohlenstoffmonooxid als Bestandteil von Synthesegasen, welche als Ausgangsstoffe für die Herstellung vieler organischer Verbindungen dienen.

**Kohlenstoffmonooxid ist ein farb- und geruchloses Gas. Es ist brennbar und giftig.**

## Kohlenstoffdioxid

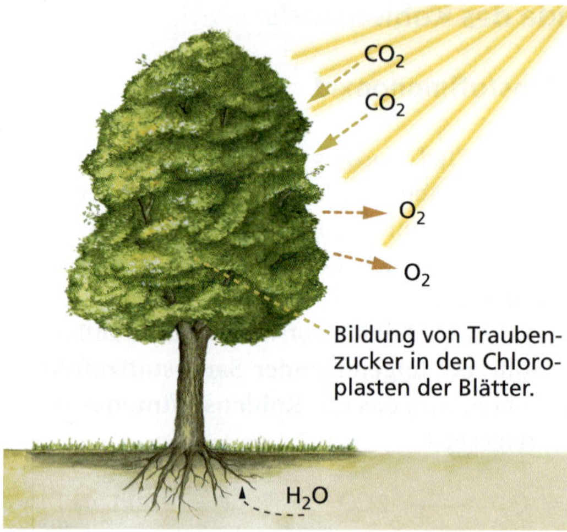


Kohlenstoffdioxid hat in der Natur große Bedeutung. Das Gas ist ein Bestandteil unserer Lufthülle und hat wesentlichen Einfluss auf das Klima (s. S. 227). Es ist Ausgangsstoff für die Fotosynthese und wird als Reaktionsprodukt der biologischen Oxidation („innere Atmung") von höheren Organismen an die Umwelt abgegeben.
Kohlenstoffdioxid entsteht auch bei der Verbrennung von Kohlenstoff oder kohlenstoffhaltigen Verbindungen und ist daher in Abgasen von Heizkraftwerken und in Autoabgasen enthalten bzw. wird bei Bränden freigesetzt.

$$C + O_2 \longrightarrow CO_2 \qquad Q = -394\ kJ \cdot mol^{-1}$$

Kohlenstoffdioxid ist nicht giftig, aber es hat erstickende Wirkung. Das Gas ist nicht brennbar und unterhält die Verbrennung nicht (Abb. 1), sondern erstickt die Flamme. Diese Eigenschaft wird ausgenutzt, wenn man Kohlenstoffdioxidlöscher zur Brandbekämpfung oder als Schutzgas beim Schweißen einsetzt.
Als **Nachweis** für das farblose und geruchlose **Kohlenstoffdioxid** dient eine chemische Reaktion des Stoffes mit Calciumhydroxidlösung (Kalkwasser) oder Bariumhydroxidlösung (Barytwasser). Leitet man das Gas in eine dieser Lösungen ein, trübt sie sich. Bald setzt sich ein weißer Niederschlag aus schwer löslichem Carbonat ab (Abb. 1).

$$Ca^{2+}{}_{(aq)} + 2\,OH^{-}{}_{(aq)} + CO_2 \longrightarrow CaCO_3\downarrow + H_2O$$

Im Labor wird Kohlenstoffdioxid durch die Reaktion von verdünnter Säure und Calciumcarbonat hergestellt.

**S Experiment**

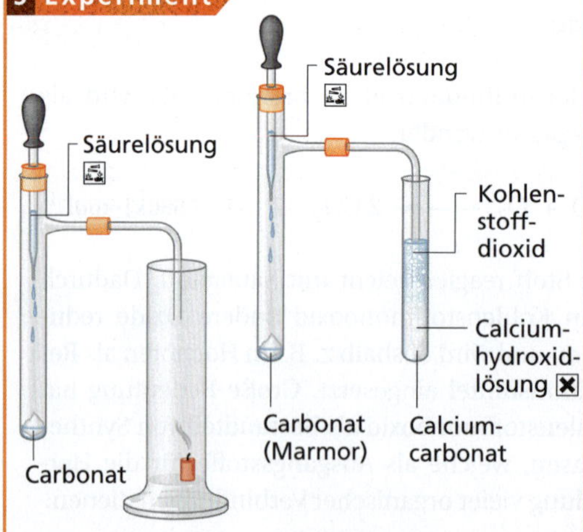


1 Herstellung von Kohlenstoffdioxid und Nachweis des Gases

**Kohlenstoffdioxid ist ein farb- und geruchloses Gas und nicht brennbar. Es wirkt erstickend. Das Gas wird mithilfe von Kalk- oder Barytwasser nachgewiesen.**

**STECKBRIEF:**

**Kohlenstoffdioxid $CO_2$**

**Eigenschaften:** farblos, geruchlos, nicht brennbar, bei 15 °C löst sich 1 l $CO_2$ in 1 l Wasser
Dichte: 1,977 g · $l^{-1}$
Schmelztemperatur: unter Druck bei −56,6 °C, bei −78,4 °C sublimiert es bei Normaldruck
**Vorkommen:** zu 0,036 % Bestandteil der Luft, Bestandteil der ausgeatmeten Luft von Menschen und Tieren, Reaktionsprodukt von Verbrennungen

# Mosaik

## Treibhausgas Kohlenstoffdioxid

Auf der Erde tritt ein natürlicher Treibhauseffekt auf. Kurzwellige Lichtstrahlung gelangt zum Erdboden und erwärmt diesen. Der Erdboden gibt langwellige Wärmestrahlung ab. Durch Wolken und verschiedene Gase wird die Wärmeabstrahlung jedoch vermindert. Die Treibhausgase wirken ähnlich wie die Glasflächen in einem Gewächshaus.

Durch diesen natürlichen Treibhauseffekt hat sich eine mittlere Temperatur auf der Erde von rund +15 °C ergeben, die für ein stabiles Leben von Pflanzen, Tieren und Menschen wichtig ist. Ohne Treibhauseffekt würde auf der Erde eine mittlere Temperatur von −18 °C herrschen.

Zu den Treibhausgasen gehören Wasserdampf, Kohlenstoffdioxid, Methan u.a. Durch die Verbrennung fossiler Energieträger (s. Grafik) gelangen zusätzliche Mengen an Kohlenstoffdioxid in die Atmosphäre. Der Treibhauseffekt wird dadurch künstlich verstärkt (anthropogener Treibhauseffekt – s. Tab.).

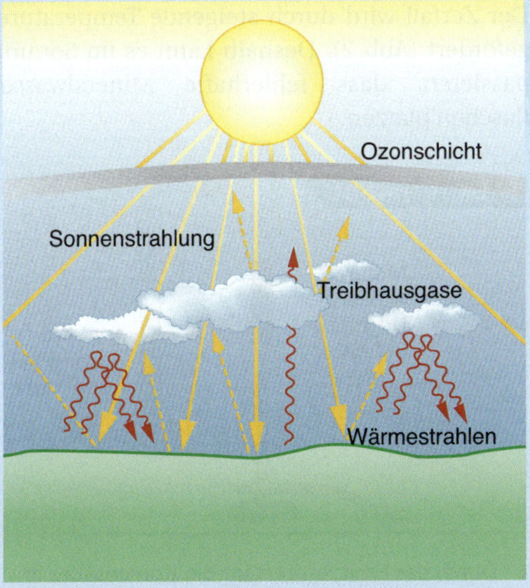


**1** Entstehung des Treibhauseffektes

Wahrscheinlich wird es dadurch zu einer globalen Erwärmung kommen. Bisher kann man die Folgen nur mithilfe von Computermodellen einschätzen. Danach kommt es zur Verschiebung der Klimazonen, Zunahme der Wüstengebiete, zum Ansteigen des Meeresspiegels u. v. a. m. Einige Messungen deuten darauf hin, dass schon heute Veränderungen erfolgen.

Daher sind weltweite Maßnahmen zur Minderung des Kohlenstoffdioxidausstoßes erforderlich. Eine gute Grundlage bietet die 1992 in New York beschlossene Klimakonvention. Ihr Ziel ist es, eine Stabilisierung der Treibhausgaskonzentration auf einem so niedrigen Niveau zu erreichen, dass Störungen des Klimas verhindert werden.

Das kann erreicht werden durch
- Energieeinsparung
- effektivere Nutzung der Energie
- verstärkte Nutzung alternativer Energien.

**Elektroenergieerzeugung 2000 in Deutschland**
(in TWh und in Prozent, gesamt 564,0 TWh)

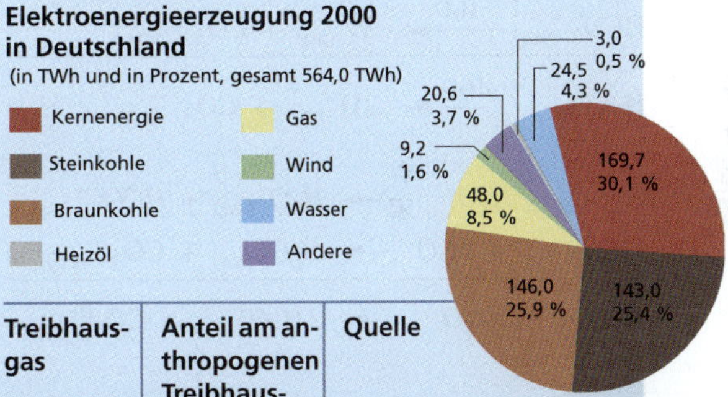


| Treibhausgas | Anteil am anthropogenen Treibhauseffekt in % | Quelle |
|---|---|---|
| Kohlenstoffdioxid | 61 | fossile Brennstoffe, Waldrodung, biologischer Abbau, Atmung |
| Methan | 15 | Großviehhaltung, Sümpfe, Reisanbau |
| FCKW | 11 | FCKW-Anwendung |
| Ozon | 8 | Eintrag aus Stratosphäre, Reaktionen von Gasen |
| Stickstoffoxide | 4 | Stickstoffdüngung, Brandrodung, Verbrennungsvorgänge |
| Übrige | 1 | |

## Die Kohlensäure

Kohlenstoffdioxid löst sich zwar in Wasser, der pH-Wert unter 7 zeigt jedoch, dass hier kein rein physikalischer Vorgang vorliegt. Ein Teil des Kohlenstoffdioxids reagiert mit dem Wasser zu **Kohlensäure ($H_2CO_3$).** Kohlensäure bildet sich, wenn Wasser und Kohlenstoffdioxid zusammentreffen, u.a. in den Gewässern, wenn es regnet und im Wasser der Mineralwasserquellen. Diese Reaktion wird durch niedrige Temperatur und hohen Druck begünstigt.

$$CO_2 + H_2O \longrightarrow H_2CO_3$$

In wässriger Lösung lassen sich Wasserstoff-Ionen *(Hydronium-Ionen)* nachweisen. Die Reaktion mit Wasser erfolgt schrittweise.

$$H_2CO_3 \xrightarrow{H_2O} H^+_{(aq)} + HCO_3^-{}_{(aq)}$$
$$HCO_3^-{}_{(aq)} \xrightarrow{H_2O} H^+_{(aq)} + CO_3^{2-}{}_{(aq)}$$

---

$$H_2CO_3 \xrightarrow{H_2O} 2H^+_{(aq)} + CO_3^{2-}{}_{(aq)}$$

bzw.

$$H_2CO_3 + H_2O \longrightarrow H_3O^+_{(aq)} + HCO_3^-{}_{(aq)}$$
$$HCO_3^-{}_{(aq)} + H_2O \longrightarrow H_3O^+_{(aq)} + CO_3^{2-}{}_{(aq)}$$

---

$$H_2CO_3 + 2H_2O \longrightarrow 2H_3O^+_{(aq)} + CO_3^{2-}{}_{(aq)}$$

1 Der leicht säuerliche Geschmack des Mineralwassers beruht auf den enthaltenen Wasserstoff-Ionen *(Hydronium-Ionen)*.

**STECKBRIEF: Kohlensäure $H_2CO_3$**

| | |
|---|---|
| **Eigenschaften:** | nur in wässriger Lösung existierende schwache Säure, leicht zersetzlich, farblos, elektrisch leitfähig, färbt Indikatoren, Salzbildungsreaktionen |
| **Vorkommen:** | bildet sich u. a. in der Atmosphäre |

Nur wenige Kohlensäuremoleküle reagieren mit Wasser. Die restlichen Moleküle bleiben unverändert. Daher handelt es sich um eine **schwache Säure.** Weil die Konzentration der Wasserstoff-Ionen *(Hydronium-Ionen)* gering ist, können kohlensäurehaltige Getränke gefahrlos konsumiert werden. Bei Zimmertemperatur ist die Säure jedoch nicht beständig. Das kann man besonders beim Öffnen von Mineralwasserflaschen und Flaschen mit anderen kohlensäurehaltigen Getränken bemerken.

Beim Öffnen der Flasche ist eine Gasentwicklung zu registrieren. Dabei entweicht nicht nur physikalisch gelöstes Kohlenstoffdioxid. Durch den abfallenden Druck zerfällt auch die Kohlensäure.

$$H_2CO_3 \longrightarrow CO_2 + H_2O$$

Der Zerfall wird durch steigende Temperaturen gefördert (Abb. 2). Deshalb kann es im Sommer passieren, dass fehlerhafte Mineralwasserflaschen platzen.

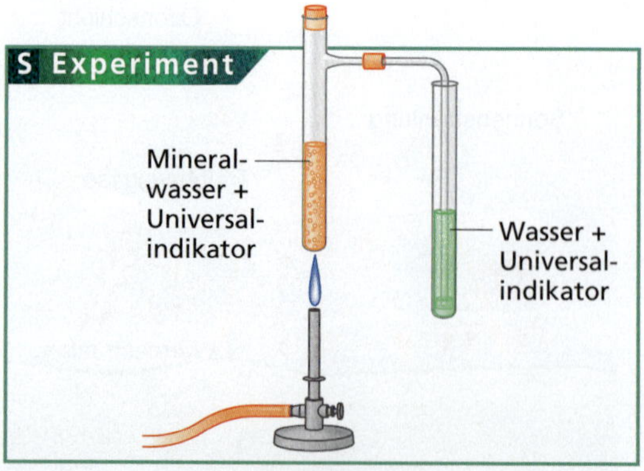


2 Durch das Erhitzen zerfällt die Kohlensäure im Mineralwasser. Beim Einleiten des Kohlenstoffdioxids in Wasser bildet sich wieder Kohlensäure.

## Salze der Kohlensäure

### Von Tropfsteinen und hartem Wasser

Kohlensäure bildet zwei Gruppen von Salzen, die **Carbonate** und die **Hydrogencarbonate.**
Betritt man eine Tropfsteinhöhle, ist man von der Formenvielfalt der Gebilde beeindruckt (Abb. 1). Sie bestehen zum großen Teil aus dem schwer löslichen **Calciumcarbonat ($CaCO_3$).** An ihrer Entstehung sind Kohlenstoffdioxid und die Kohlensäure beteiligt.
Regenwasser verbindet sich mit dem Kohlenstoffdioxid der Luft. Trifft die saure Lösung auf kalkreiche Schichten, wird unter dem Einfluss der Säure Kalk herausgelöst. Dabei entsteht gut lösliches **Calciumhydrogencarbonat** – **$Ca(HCO_3)_2$.** Tritt die Lösung in Höhlen aus dem Felsen aus, verdunstet das Wasser. Schwer lösliches Calciumcarbonat scheidet sich ab.

$$Ca(HCO_3)_2 \longrightarrow CaCO_3 + H_2O + CO_2$$

Ähnliche Vorgänge spielen sich auch im Badezimmer und in der Küche ab.
Aus dem Boden löst kohlensaures Sickerwasser Calcium- und Magnesiumsalze heraus. In unserem Trinkwasser sind diese Salze noch enthalten. Sie bedingen die so genannte **Wasserhärte** und führen bei hartem Wasser zu hartnäckigen Kalkablagerungen auf den Armaturen und zu verkalkten Rohren und Geräten.

**1** Tropfsteine können faszinierende Formen haben. Sie bestehen aus Calciumcarbonat und entstehen in langen Zeiträumen.

Die auf Carbonaten und Hydrogencarbonaten beruhende Wasserhärte wird als **Carbonathärte** oder **temporäre Härte** bezeichnet. Im Wasser befindet sich in gelöster Form u. a. Calciumhydrogencarbonat. Verdunstet das Wasser, bildet sich daraus Calciumcarbonat – ähnlich wie bei der Entstehung von Tropfsteinen. Dunsten Wassertropfen auf Armaturen ein, kann man Kalkflecken erkennen.
Die **permanente Härte** geht auf im Wasser enthaltene Sulfat-Ionen zurück.
Die **Gesamthärte** setzt sich aus permanenter und temporärer Härte zusammen. Sie wird in Grad deutscher Härte (°dH) angegeben. 1 °dH bedeutet, dass der Gehalt in einem Liter Wasser 10 mg Calciumoxid entspricht (s. Tab.).
Zu hartes Wasser stellt ein erhebliches wirtschaftliches Problem dar. Beim Erhitzen setzen sich insbesondere die schwer löslichen Carbonate in Heizkesseln oder auch in Küchengeräten als Kesselstein bzw. Wasserstein ab.

**Die Wasserhärte ist ein Maß für die im Wasser enthaltenen Calcium- und Magnesiumsalze. Sie wird in Grad deutscher Härte (°dH) angegeben.**

**Härtebereiche des Wassers**

| Härtebereich | | $\frac{mmol}{l}$ | °dH |
|---|---|---|---|
| weich | 1 | 0–1,3 | 0– 7 |
| mittelhart | 2 | 1,3–2,5 | 7–14 |
| hart | 3 | 2,5–3,8 | 14–21 |
| sehr hart | 4 | >3,8 | >21 |

## Carbonate

Das bekannteste Carbonat ist **Calciumcarbonat ($CaCO_3$).** Im Alltag bezeichnet man diesen Stoff meist als **Kalk.** In der Natur existieren große Lagerstätten.

**Kalkstein** ist durch Ton, Sand und Eisenoxide stärker verunreinigtes Calciumcarbonat. **Calcit oder Kalkspat** ist reines Calciumcarbonat, das durchsichtige, farblose Kristalle bildet (Abb.). **Marmor** stellt sehr reines, kristallisiertes Calciumcarbonat dar, das unter hohem Druck stand. **Kreide** hat sich in der Kreidezeit aus den Schalen von Kleinstlebewesen, die im Meer lebten, gebildet und schließt daher oft zahlreiche Reste von Lebewesen ein.

Die Kreidefelsen auf Rügen sind so entstanden. Calciumcarbonat hat als Baustoff in der Natur, aber auch in der Technik große Bedeutung (s. Tab.).

Carbonate sind durch einige gemeinsame Eigenschaften gekennzeichnet. Gegenüber sauren Lösungen sind sie unbeständig. Sie werden zersetzt. Dabei wird Kohlenstoffdioxid frei.

$$CaCO_3 + 2\,HCl \longrightarrow CaCl_2 + H_2O + CO_2$$

Auch gegenüber Hitze sind Carbonate unbeständig. Sie werden thermisch zersetzt. Wirtschaftlich bedeutsam ist die thermische Zersetzung von Calciumcarbonat (s. S. 231).

$$CaCO_3 \xrightarrow{\text{thermische Energie}} CaO + CO_2 \quad Q = +178{,}4\,kJ \cdot mol^{-1}$$

Die thermische Zersetzung kann zum indirekten Nachweis von Carbonaten eingesetzt werden. Das freigesetzte Kohlenstoffdioxid bildet mit Kalk- oder Barytwasser einen weißen Niederschlag (Abb. 1).

$$CO_2 + Ca^{2+}{}_{(aq)} + 2\,OH^-{}_{(aq)} \longrightarrow CaCO_3\downarrow + H_2O$$

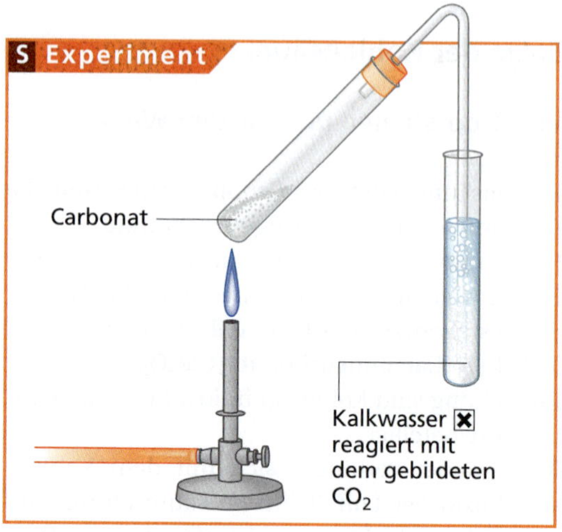


1 Thermische Zersetzung eines Carbonats

Zu den unterschiedlichen Eigenschaften der Carbonate gehört die Löslichkeit in Wasser. Bariumcarbonat und Calciumcarbonat sind schwer wasserlöslich. Daher fallen die Verbindungen bei der Nachweisreaktion auch als Niederschlag aus der Lösung aus.

Im Gegensatz dazu sind Natriumcarbonat und Kaliumcarbonat sehr gut wasserlöslich. In der Lösung liegen frei bewegliche Ionen vor.

$$Na_2CO_3 \xrightarrow{H_2O} 2\,Na^+{}_{(aq)} + CO_3^{2-}{}_{(aq)}$$

**Carbonate werden durch saure Lösungen und durch Hitze zersetzt.**
**Ihr Nachweis erfolgt indirekt über das gebildete Kohlenstoffdioxid.**

**ausgewählte Carbonate**

| Carbonat | Formel | Verwendung |
|---|---|---|
| Calciumcarbonat | $CaCO_3$ | Herstellung von Baustoffen wie Kalk- und Zementmörtel) |
| Natriumcarbonat (Soda) | $Na_2CO_3$ | Flussmittel und Ausgangsstoff bei der Glasherstellung |
| Kaliumcarbonat (Pottasche) | $K_2CO_3$ | Treibmittel beim Backen, Herstellung von Schmierseife |

Mosaik

## Calciumcarbonat als Baustoff

**Kalkmörtel**

Schaut man sich um, entdeckt man überall eine rege Bautätigkeit. Kaum ein Bauwerk wäre ohne Zement- oder Kalkmörtel denkbar. Ausgangsstoff für die Herstellung des Mörtels stellt der in der Natur abgebaute Kalkstein ($CaCO_3$) dar. Aus dem Kalkstein wird Branntkalk (CaO) hergestellt. Dabei nutzt man die Tatsache aus, dass Carbonate thermisch zersetzt werden können. Als ein Reaktionsprodukt entsteht das entsprechende Metalloxid.

$$CaCO_3 \longrightarrow CaO + CO_2 \qquad Q = +178{,}4\,kJ \cdot mol^{-1}$$

Das Brennen erfolgt u. a. in einem Drehrohrofen (Abb. 1). Wird beim Brennen Ton hinzugefügt und anschließend Gips zugemischt, entsteht Zement. Um Branntkalk auch zum Bauen einsetzen zu können, wird er „gelöscht". Dabei reagiert der Branntkalk mit Wasser zu Löschkalk – $Ca(OH)_2$. Die Reaktion ist so stark exotherm, dass es zum „Aufkochen" und damit zum Verspritzen des Gemisches kommen kann. Durch die enthaltene basische Lösung können Verätzungen bewirkt werden.

$$CaO + H_2O \longrightarrow Ca(OH)_2 \qquad Q = -62{,}8\,kJ \cdot mol^{-1}$$

Aus Löschkalk, Sand und Wasser wird der Mörtel gemischt. Der verarbeitete Kalkmörtel muss abbinden, damit das Gemisch fest und haltbar wird. Hauptsächlich reagiert der im Mörtel enthaltene Löschkalk mit dem Kohlenstoffdioxid der Luft zu Calciumcarbonat.

$$Ca(OH)_2 + CO_2 \longrightarrow CaCO_3 + H_2O \qquad Q = -113\,kJ \cdot mol^{-1}$$

**Bei der Nutzung von Kalkstein als Baustoff handelt es sich um einen technisch bedingten Stoffkreislauf (Abb. 2).**

Kalkmörtel wird auch als Luftmörtel bezeichnet, da er zum Abbinden das Kohlenstoffdioxid der Luft benötigt.

**Zementmörtel**

Im Gegensatz zum Kalkmörtel bindet Zementmörtel auch unter Wasser ab. Um Zement herzustellen, wird im Drehrohrofen ein Gemisch aus Kalk und Ton und anderen Stoffen erhitzt. Durch diesen Zusatz bilden sich beim Abbinden kleine Silikatkristalle. Dadurch wird das Produkt stark verfestigt. Wird dem Zement nicht Sand, sondern Kies zugesetzt, erhält man Beton. Der größeren Belastbarkeit wegen verbindet man oft Stahlstäbe und Stahlgeflecht mit dem Beton zu Stahlbeton.

1 Drehrohrofen

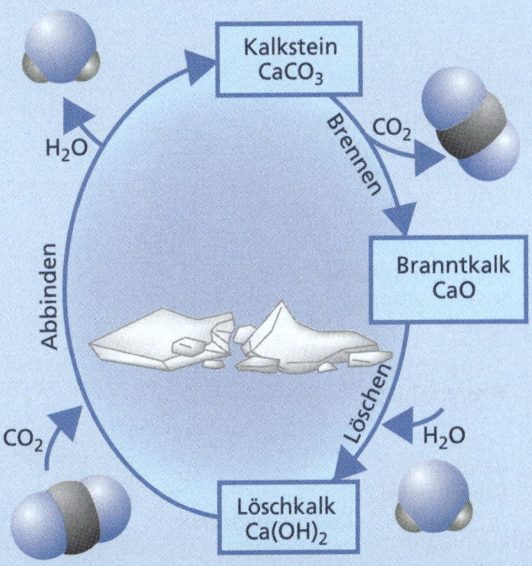


2 Der technische Kalkkreislauf

## Kalk in Natur und Technik

### Was macht Wasser hart?

**S Experiment 1: Wasserhärte unterschiedlicher Wasserproben**

**Aufgabe:**
Ermittle mithilfe von Teststreifen die Wasserhärte verschiedener Wasserproben und weise Carbonat- und Sulfat-Ionen in hartem Wasser nach!

**Vorbereitung:**
*Geräte:* Reagenzgläser, Pipetten, Teststreifen für Wasserhärte
*Chemikalien:* Wasserproben (z. B. Leitungswasser, Regenwasser, destilliertes Wasser), verdünnte Salzsäure ☒, Bariumchloridlösung ☒, verdünnte Calciumhydroxidlösung ☒

**Durchführung:**
a) Teile die Wasserproben jeweils und beschrifte die Gefäße!
b) Überprüfe die Wasserproben mit den Teststreifen!
c) Weise in einer Probe mit hartem Wasser Carbonat-Ionen und Sulfat-Ionen entsprechend der Skizze nach!

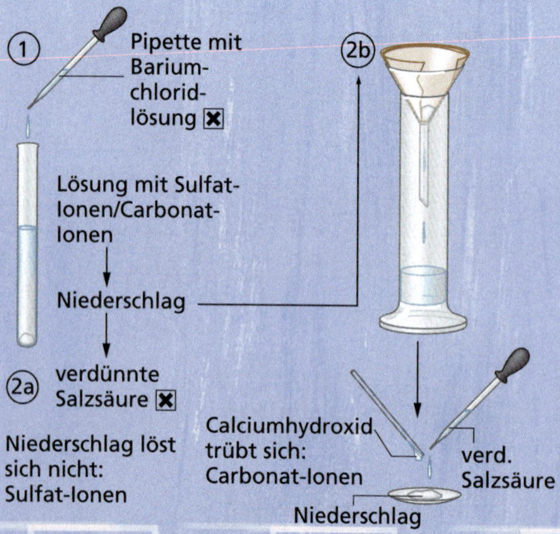


**Beobachtung und Auswertung:**
Notiere deine Beobachtungen und werte aus! Notiere, welche Ionen in hartem Wasser enthalten sind!
Verschaffe dir einen Überblick über Möglichkeiten der Enthärtung von Wasser!

**S Experiment 2: Badreiniger**

Mithilfe von Badreinigern lassen sich Kalkflecken an Armaturen leicht entfernen. Teste den pH-Wert der Reiniger und erläutere die Wirkungsweise! Führe dazu Protokoll!

**S Experiment 3: Wasser und Seife**

**Aufgabe:**
Überprüfe die Wirkung von hartem und weichem Wasser auf Seifenlösung!

**Vorbereitung:**
*Vorüberlegungen:* Entscheidend für die Wirkung von hartem Wasser auf Seife ist der Gehalt an Calcium-Ionen. Daher kann hartes Wasser mit einer Calciumchloridlösung simuliert werden.
*Geräte:* Becherglas, Reagenzgläser, Stopfen, Pipette, Glasstab
*Chemikalien:* Wasserproben (z. B. Leitungswasser, Regenwasser, destilliertes Wasser), verdünnte Calciumchloridlösung ☒, Kernseife

**Durchführung:**
Löse Kernseife in destilliertem Wasser! Gib zu jeder Wasserprobe und zur Calciumchloridlösung (je 5 ml) Seifenlösung (je 2 ml)! Verschließe die Reagenzgläser und schüttle kräftig!

**Beobachtung und Auswertung:**
Notiere deine Beobachtungen und die Schlussfolgerungen in einer Tabelle! Erkläre, warum für Waschmittel in Abhängigkeit von der Wasserhärte unterschiedliche Waschmittelmengen für die gleiche Wäschemenge angegeben sind!

## Ein Baustoff aus der Natur

### S Experiment 1: Carbonatnachweis in verschiedenen Materialien

**Aufgabe:**
Teste, ob folgende Materialien Carbonate enthalten: Marmorstückchen, leeres Schneckenhaus, Wandtafelkreide, Putzstück, Pottasche, Eierschale!

**Vorbereitung:**
Notiere benötigte Geräte und Chemikalien! Fordere sie beim Lehrer an!

**Durchführung:**
Versetze jede Stoffprobe mit einigen Tropfen verdünnter Säure und halte gleichzeitig einen Glasstab mit etwas Calciumhydroxidlösung über die Stoffprobe!

**Beobachtung und Auswertung:**
Notiere die Beobachtungen und werte jeweils aus! Lege dazu eine Tabelle an!
Stelle die Reaktionsgleichungen für den positiv verlaufenden Nachweis auf! Erkunde, um welches Carbonat es sich jeweils handelt!

### S Experiment 2: Mörtel als Baustoff

**Aufgabe:**
Führe ein Modellexperiment zum technisch bedingten Kalkkreislauf durch!

**Vorbereitung:**
*Geräte:* Tiegelzange, Porzellanschale, Brenner, Schutzbrille, Pipette, Becherglas
*Chemikalien und Materialien:* Sand, Marmorstückchen, Universalindikator, Calciumoxid, Wasser

**Durchführung:**
a) Glühe ein Marmorstückchen aus, indem du es in die heißeste Zone der Flamme hältst!
b) Lege das ausgeglühte, abgekühlte Marmorstück in ein Becherglas und gib etwas Wasser hinzu! Prüfe die Mischung mit dem Indikator!
c) Verrühre etwas Calciumoxid mit Wasser! Mische dann drei Teile Sand dazu und füge eventuell noch etwas Wasser hinzu, sodass ein dicker Brei entsteht!
d) Kontrolliere den Brei nach zwei Tagen!

**Beobachtung und Auswertung:**
Notiere die Beobachtungen und werte aus!
a) Überlege, welche Reaktion beim Ausglühen abläuft! Stelle eine entsprechende Reaktionsgleichung auf!
b) Gib eine Erklärung für die Farbänderung des Universalindikators! Stelle eine Reaktionsgleichung für den abgelaufenen Prozess auf!
c) Notiere, welches Reaktionsprodukt sich beim Verrühren des Calciumoxids mit Wasser bildet! Wie bezeichnet man das Stoffgemisch, welches bei Zugabe von Sand und Wasser entsteht?
d) Erläutere, warum man vom „Aushärten" der Masse spricht und was dabei chemisch passiert! Gib die chemische Gleichung an!

### S Experiment 3: Kalkmörtel und saurer Regen

**Aufgabe:**
Stelle Kalkmörtel her und untersuche den Einfluss saurer Lösungen auf den Mörtel!

**Vorbereitung:**
*Geräte und Chemikalien:* Spatel, Porzellantiegel, leere Streichholzschachtel, Schutzbrille, Säurelösung, Wasser, Sand, Löschkalk (Calciumhydroxid)

**Durchführung:**
Mische ein Teil Löschkalk und drei Teile Sand so mit Wasser, dass ein dicker Brei entsteht! Fülle die Masse in eine Streichholzschachtel und lasse sie zwei Tage lang aushärten! Tropfe auf die ausgehärtete Mörtelprobe einige Tropfen verdünnte Säurelösung!

**Beobachtung und Auswertung:**
Notiere die Beobachtungen und werte aus! Stelle die entsprechende Reaktionsgleichung auf! Erläutere warum saurer Regen Bauwerke schädigt.

## Der Kohlenstoffkreislauf der Erde

Betrachtet man **Stoffumwandlungen** in Natur und Technik **auf ein Element oder einen Stoff bezogen**, stellt man **Stoffkreisläufe** fest. Der Kohlenstoffkreislauf umfasst viele Teilkreisläufe (Abb. 1). Bei den Verbindungen, die den größten Anteil im Kohlenstoffkreislauf ausmachen, handelt es sich um Kohlenstoffdioxid und Carbonate, aber auch der in organischen Verbindungen gebundene Kohlenstoff darf nicht vernachlässigt werden.

Große Mengen des Elements Kohlenstoff sind in Calciumcarbonat chemisch gebunden. Es existieren riesige Lagerstätten, die u. a. aus den Kalkschalen und Kalkskeletten von Meerestieren entstanden sind. Durch Vulkanismus kann aus den Sedimenten wieder Kohlenstoffdioxid freigesetzt werden. Zum Carbonatkreislauf gehört auch die Bildung von Tropfsteinhöhlen (s. S. 229). Das Regenwasser nimmt Kohlenstoffdioxid aus der Luft und dem Boden auf. Durch die gebildete Kohlensäure wird Calciumcarbonat aus dem Boden und dem Gestein gelöst. Ist die Lösung kalkgesättigt, bilden sich wieder Calciumcarbonat, Kohlenstoffdioxid und Wasser.

Vom Menschen ausgelöst wird der technisch bedingte Carbonatkreislauf, der beim Kalkstein beginnt und beim Abbinden des Mörtels endet (s. S. 231).

Eine besondere Bedeutung kommt dem Kohlenstoffdioxid zu. Der größte Teil liegt gelöst im Wasser der Ozeane vor. Es erfolgt ein ständiger Austausch mit der Atmosphäre. Der Kohlenstoffdioxidanteil der Luft unterliegt leichten Schwankungen und ist u.a. von den Stoffwechselprozessen der Lebewesen abhängig. Während der Fotosynthese entnehmen die grünen Pflanzen der Luft Kohlenstoffdioxid. Bei der Atmung (biologische Oxidation) und Gärung sowie beim Abbau toter organischer Substanz (Fäulnis und Verwesung) wird Kohlenstoffdioxid wieder abgegeben.

Durch die Bildung von Kohle-, Erdöl- und Erdgaslagerstätten wurde diesem Kreislauf eine bedeutende Menge an Kohlenstoff entzogen und so der Kohlenstoffdioxidanteil in der Atmosphäre herabgesetzt. Durch die Verbrennung fossiler Energieträger greifen wir in den Kohlenstoffkreislauf ein. Dies hat mit großer Wahrscheinlichkeit Einfluss auf unser Klima (s. S. 227).

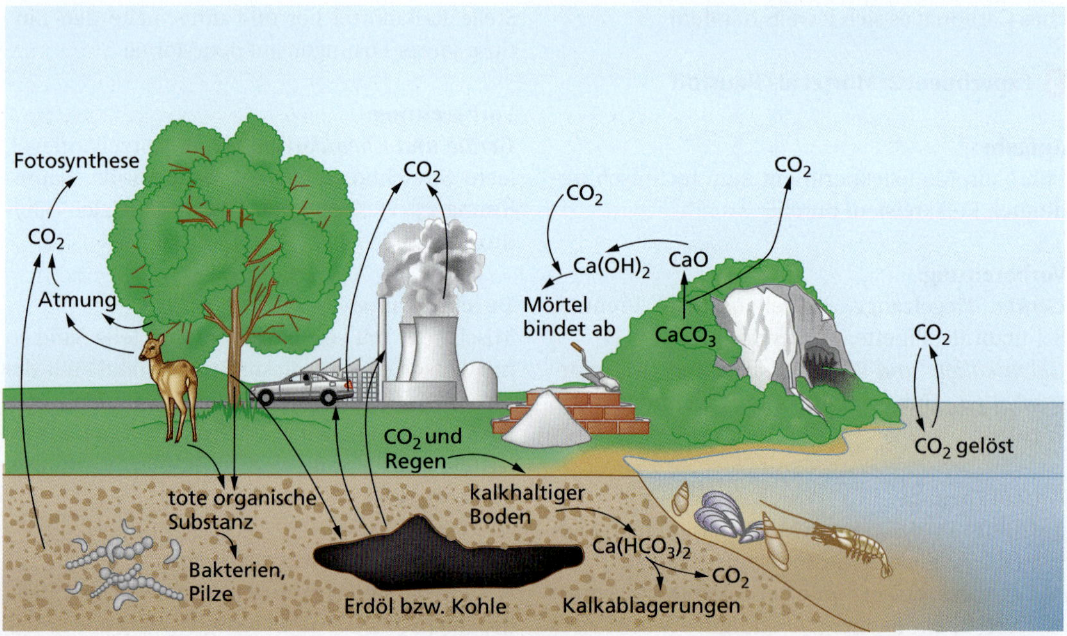


1 Kohlenstoff und seine Verbindungen sind in viele Teilkreisläufe eingebunden.

## Chemie in Natur und Technik

### Kalkmörtel, Zementmörtel oder Gips?

Alle drei Baustoffe kommen in der Bauindustrie zum Einsatz.
*Vergleiche die Baustoffe und leite Verwendungsmöglichkeiten ab!*

**Gemeinsamkeiten:** Alle drei Baustoffe werden mit Wasser angerührt und müssen Abbinden. Dabei entsteht eine feste Masse.

| | Kalkmörtel | Zementmörtel | Gips |
|---|---|---|---|
| Bestandteile | Löschkalk, Sand, Wasser | Zement, Sand, Wasser, | gebrannter Gips, Wasser |
| Abbinden | unter $CO_2$-Verbrauch, an der Luft | an der Luft und unter Wasser | unter Wasserverbrauch |
| Eigenschaften | weicher als Zementmörtel, dampfdurchlässig | sehr hart, relativ wasserundurchlässig | relativ weich, speichert Wärme und Feuchtigkeit |

Aufgrund der unterschiedlichen Eigenschaften kann Kalkmörtel besonders im Außenbereich, Zementmörtel in Feuchträumen und Gips in Wohnräumen Verwendung finden.

**Das Vergleichen von Phänomenen und Sachverhalten**

Beim Vergleichen geht es darum, Gemeinsamkeiten und Unterschiede zwischen Dingen, Phänomenen oder Prozessen herauszufinden und darzustellen.
Dazu wählt man sich zuerst geeignete Kriterien, mit deren Hilfe man wesentliche Seiten beurteilen kann. Da ein Vergleich einen Zweck verfolgt, muss im Ergebnis eines Vergleichs aus den zusammengestellten Fakten eine Schlussfolgerung abgeleitet werden.

### Der „Gummiknochen"

Im Biologieunterrricht wird die Zusammensetzung der Knochen besprochen.
Der Lehrer präsentiert einen Knochen, den er einer Salzsäurelösung entnimmt. Der Knochen lässt sich völlig verbiegen, ist aber sehr zugfest.

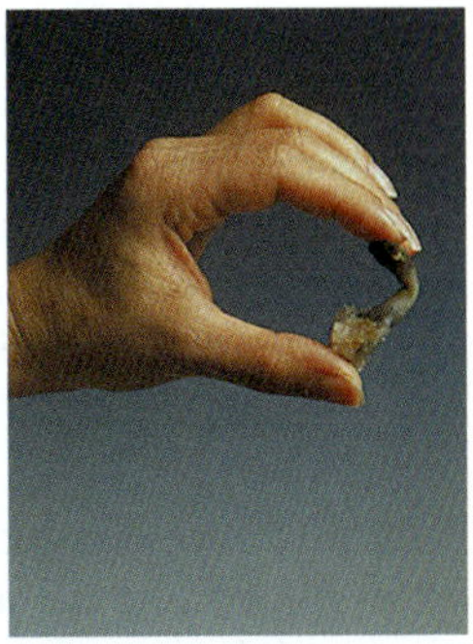

Der Lehrer teilt mit, dass der Knochen nicht mehr hart ist, weil die Säure der Knochensubstanz Salze entzogen hat. Er möchte wissen, welche Salze das sein könnten.
*Beantworte diese Frage unter Anwendung deiner Kenntnisse aus dem Chemieunterricht!*

Die gesuchten Stoffe müssen durch die Säure zersetzt worden sein. Die Salze der Kohlensäure sind durch Säure zersetzlich. Da die Salze im Knochen nicht im Wasser löslich sein dürfen, muss es sich um bestimmte Carbonate handeln.
Im Knochen sorgt u. a. das Calciumcarbonat (neben anderen Calciumsalzen) für dessen Härte. Gleichzeitig bewirkt es die Druckfestigkeit des Knochens. Da der Lehrer diese Substanz durch die Säure entzogen hatte, erhielt er einen elastisch verformbaren Knochen (organischer Bestandteile).
Die Kalkeinlagerung in die Knochenstruktur ist u.a. vom Alter abhängig. Ganz kleine Kinder weisen noch recht elastische Knochen auf, da hier noch nicht so viele Calciumsalze in die Knochenstruktur eingebaut sind.
Dieser Umstand spielt unter anderem in der Gerichtsmedizin eine Rolle, wenn das Alter von Opfern eines Gewaltverbrechens nicht bekannt ist und bestimmt werden soll.

## Dieselkraftstoff oder Biodiesel?

Trotz Katalysator sind die Abgase von Kraftfahrzeugen nicht schadstofffrei. Sie enthalten u. a. Kohlenstoffdioxid. Die Erhöhung des Anteils an Kohlenstoffdioxid in der Atmosphäre bewirkt eine Verstärkung des Treibhauseffektes. Deshalb sucht man nach anderen Kraftstoffen. Eine Möglichkeit ist die Nutzung von Biodiesel (Rapsölmethylester). Der Ausgangsstoff für diesen Brennstoff ist Rapsöl.

*Erläutere, warum die Verbrennung des Biodiesels im Gegensatz zur Nutzung von Dieselkraftstoff auf Erdölbasis nicht zur Verstärkung des Treibhauseffektes führt!*

1 Autobahnkreuz

Beide Stoffe werden verbrannt. Bei der Verbrennung entsteht neben anderen Reaktionsprodukten Kohlenstoffdioxid, denn die Freisetzung der Energie erfolgt u. a. durch die Reaktion des in den organischen Stoffen enthaltenen Kohlenstoffs mit Sauerstoff.

Der Unterschied der beiden Energieträger besteht in ihrer Entstehung. Dieselkraftstoff wird aus Erdöl gewonnen. Erdöl ist vor vielen Millionen Jahren aus organischem Material entstanden. Kleinste Mikroorganismen sanken auf den Meeresboden, wurden dort mit Sedimenten bedeckt und zersetzt. Unter dem Einfluss von Druck und hohen Temperaturen bildeten sich Erdöl und Erdgas. Der darin gebundene Kohlenstoff wurde ehemals durch pflanzliche Mikroorganismen der Atmosphäre in Form von Kohlenstoffdioxid entzogen. Dadurch wurde der Kohlenstoffdioxidanteil in der Luft für eine lange Zeit reduziert. Durch die Verbrennung des Dieselkraftstoffes in den Motoren kehren wir diesen Prozess um und erhöhen den Kohlenstoffdioxidanteil wieder.

Bei der Nutzung von Biodiesel handelt es sich um viel kürzere Zeiträume. Die Rapspflanzen entziehen der Atmosphäre bei der Fotosynthese ebenfalls Kohlenstoffdioxid und binden den darin enthaltenen Kohlenstoff in ihrer Substanz. Dadurch wird aber nur Kohlenstoffdioxid entzogen, das im heute herrschenden Gleichgewicht der Stoffe eine Rolle spielt. Bei der Verbrennung wird also nur das Kohlenstoffdioxid wieder an die Atmosphäre abgegeben, welches kurz zuvor entzogen worden ist. Würde man die Pflanzen in der Natur lassen, würden sie verrotten und durch Fäulnis und Verwesung ebenfalls in relativ kurzen Zeiträumen abgebaut werden, sodass auch bei diesen Prozessen Kohlenstoffdioxid in gleichem Maße wie bei der Verbrennung freigesetzt wird.

Deshalb beeinflusst die Nutzung von Biodiesel die Bilanz nicht und die Zusammensetzung der Luft wird nicht verändert. Der Treibhauseffekt wird nicht verstärkt.

2 Trotz Katalysator geben die Autos Schadstoffe ab. Alternativen müssen gefunden werden.

## gewusst · gekonnt

1. Ergänze dein Glossar!

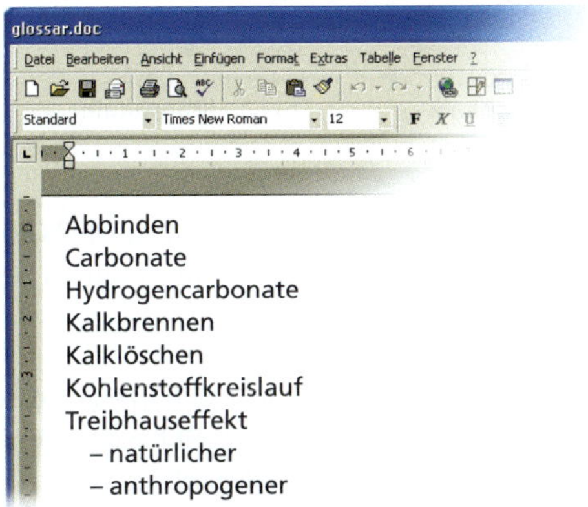


2. Führen Straßen durch lange Tunnel, sieht man in regelmäßigen Abständen Warnschilder mit dem Hinweis, bei Stau den Motor abzustellen. Auch in Garagen darf der Motor bei geschlossener Tür nicht laufen. Erkläre die Notwendigkeit der Einhaltung entsprechender Hinweise und Vorschriften!

3. Feuerlöscher, so genannte Trockenlöscher, enthalten oft Kohlenstoffdioxid. Nenne Gründe, warum die Nutzung von Kohlenstoffdioxid für das Löschen von Bränden sinnvoll ist!

4. Ermittle, bei welchen natürlichen Prozessen Kohlenstoffdioxid abgegeben bzw. benötigt wird!

5. Zum Nachweis von Kohlenstoffdioxid wird das Gas in eine Barium- oder Calciumhydroxidlösung eingeleitet. Stelle die Reaktionsgleichungen für diesen Nachweis auf!

6. Das Kohlenstoffmonooxid enthält ein Kohlenstoffatom und ein Sauerstoffatom im Molekül, das Kohlenstoffdioxidmolekül ein Kohlenstoffatom und zwei Sauerstoffatome. Können außer diesen beiden Oxiden weitere Oxide des Kohlenstoffs existieren? Begründe deine Antwort!

7. Kohlenstoffdioxid ist nicht brennbar, Kohlenstoffmonooxid brennt sehr gut. Finde eine Erklärung für diese Tatsachen!

8. Stelle in einer Tabelle die Eigenschaften und Verwendungsmöglichkeiten der beiden Oxide des Kohlenstoffs zusammen!

9. Notiere in einer Tabelle Namen und Formeln aller dir bekannten Kohlenstoffverbindungen! Ergänze die Tabelle mithilfe von Formelsammlungen!

10. Was ist Trockeneis und wozu wird es verwendet? Informiere dich!

11. Vor der Reinigung von Klärgruben (besonders in bäuerlichen Betrieben) muss geprüft werden, ob sich in der Klärgrube Kohlenstoffdioxid angesammelt hat. Ein Büschel Stroh wird angezündet und in die Klärgrube geworfen oder eine Laterne mit offener Flamme heruntergelassen. Warum darf in der Grube nur dann gearbeitet werden, wenn das Strohbündel weiter brennt? Warum muss die Grube vor der weiteren Arbeit gründlich gelüftet werden, wenn das brennende Strohbüschel erlischt?

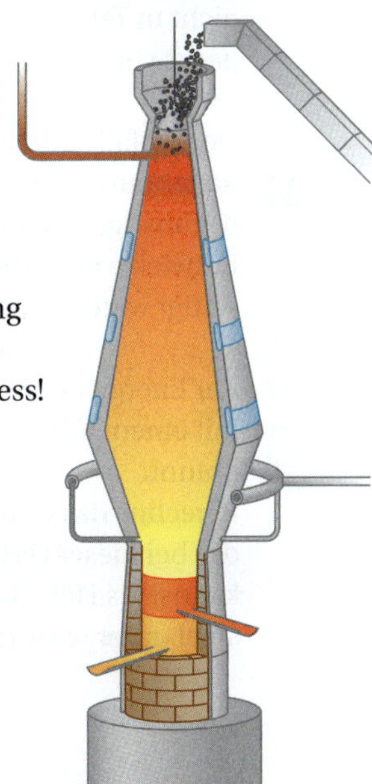

12. Erläutere die Bedeutung von Kohlenstoffmonooxid im Hochofenprozess!

*13. Welche Kerze wird zuerst erlöschen? Begründe deine Antwort!

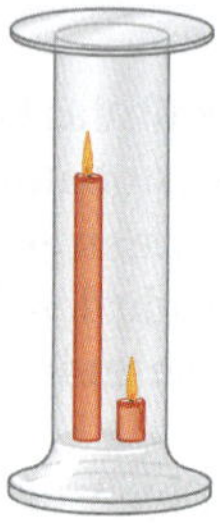

14. Kohlenstoffdioxid bildet beim Einleiten in Calciumhydroxidlösung Calciumcarbonat, das als milchige Trübung oder weißer Niederschlag erkennbar ist. Außer Calciumhydroxid gibt es noch andere Hydroxide.
   a) Stelle die Reaktionsgleichung für den Nachweis von Kohlenstoffdioxid mit Calciumhydroxidlösung auf!
   b) Kann Kohlenstoffdioxid auch mit anderen Hydroxidlösungen nachgewiesen werden?
   c) Funktioniert der Nachweis auch mit Natriumhydroxidlösung? Begründe deine Antwort!

15. Mineralwasser wird sowohl in Flaschen als auch in Tetrapacks angeboten. Schaut man genauer hin, stellt man fest, dass in den Tetrapacks stets stilles Wasser, also Wasser ohne Kohlensäure, enthalten ist. Erkläre, warum kohlensäurehaltige Getränke nicht in Tetrapacks verkauft werden können!

16. S Der Zerfall der Kohlensäure, z. B. in der Limonade, kann durch hohe Temperaturen begünstigt werden.
Entwickle ein Experiment, mit dem das bestätigt werden kann!

17. Zur Energiegewinnung werden 2 t Steinkohle mit einem Kohlenstoffanteil von 85 % verbrannt.
Berechne das Volumen an Kohlenstoffdioxid, das bei dieser Verbrennung entsteht! Du kannst als Hilfe das interaktive Rechenbeispiel unter www.tafelwerk.de verwenden.

18. Das folgende Schema kennzeichnet einen technisch bedingten Kreislauf. Erläutere das Schema!

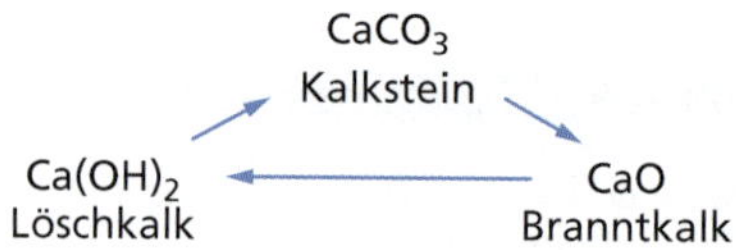


19. S Vergleiche Kalk- und Zementmörtel! Gib an, wie du deine Aussagen experimentell belegen könntest!

20. Bei hartem Wasser setzt sich in Heizkesseln und Wasserkochern schnell Kesselstein (Calciumcarbonat u. a. Salze) ab.
Dieser Kesselstein leitet die Wärme schlecht und verursacht deshalb einen höheren Energieverbrauch.
Wie lassen sich die Ablagerungen beseitigen? Entwickle eine mögliche Reaktionsgleichung!

21. S Untersuche experimentell das Verhalten von Kaliumcarbonat beim Erhitzen und bei Zugabe von verdünnter Säure! Stelle einen Plan auf und lasse ihn vom Lehrer bestätigen! Führe beim Experimentieren Protokoll!

22. Brausetabletten enthalten neben anderen Bestandteilen Natriumhydrogencarbonat und Citronensäure.
Erkläre, warum es bei Zugabe von Wasser zur Gasentwicklung kommt!

23. Als Hausmittel bei Sodbrennen wird manchmal empfohlen, einen Teelöffel Natron in Wasser gelöst zu sich zu nehmen! Bewerte diesen Rat!

**24.** Zum Kuchenbacken verwendet man als Treibmittel Backpulver (enthält Natriumhydrogencarbonat) oder Pottasche (Kaliumcarbonat). Beim Backprozess „geht“ der Teig. Worauf ist die Volumenvergrößerung zurückzuführen? Stelle eine Vermutung auf und überprüfe sie experimentell!

**25.** Benutzt man Regenwasser zum Waschen der Wäsche, benötigt man weniger Waschmittel. Entspricht diese Aussage der Wahrheit? Begründe deine Entscheidung!

**26.** Informiere dich beim zuständigen Wasserwerk des Heimatortes über die Härte des örtlichen Trinkwassers!
Leite Schlussfolgerungen für die Dosierung von Waschmitteln ab!

**27.** Ermittle mithilfe von Teststäbchen die Wasserhärte von Leitungswasser! Erhitze das Wasser bis zum Sieden. Bestimme nach dem Abkühlen erneut die Wasserhärte! Erkläre deine Beobachtungen!

**28.** Die Bodenfruchtbarkeit hängt u. a. vom Kalkgehalt des Bodens ab. Daher ist es wichtig, diesen Wert zu bestimmen.
a) Erläutere, wie man den Kalkgehalt einer Bodenprobe ermittelt!
b) Gib an, welche Eigenschaften der Carbonate bei diesem Test ausgenutzt werden und belege deine Aussage mit der entsprechenden Reaktionsgleichung!

***29.** Informiere dich über Pro und Kontra des Einsatzes von Kohle als Energieträger! Nutze für die Recherche auch das Internet!

**30.** Die fortschreitende Zerstörung des Regenwaldes hat einen großen Einfluss auf das Klima unseres Planeten.
Stelle den Zusammenhang dar!

**31.** In der letzten Zeit weisen Präsidenten von Inselstaaten auf die Folgen hin, die ihren Ländern durch einen Anstieg des Meeresspiegels drohen. So fürchten z. B. die Bewohner der Pazifikinsel Nauru, dass ihnen „das Wasser bald bis zum Hals stehen wird“.
Vor allem die Industrienationen werden für diese Situation verantwortlich gemacht.

a) Erläutere den Zusammenhang!
b) Welche Konsequenzen ergeben sich daraus für die Energiepolitik der Industrieländer?

*** 32.** Durch die Nutzung alternativer Energien kann der Ausstoß an Kohlenstoffdioxid verringert werden.
Nenne Beispiele für alternative Energien und führe Vor- und Nachteile an!
Erläutere Möglichkeiten zur Senkung der Kohlenstoffdioxidabgabe in die Atmosphäre!

**33.** Beschreibe zwei Teilkreisläufe des Kohlenstoffkreislaufs!

## Kohlenstoff und anorganische Kohlenstoffverbindungen

### Kohlenstoff

Kohlenstoff kommt in unterschiedlichen Modifikationen (Erscheinungsformen) vor. Die wichtigsten Modifikationen sind Grafit und Diamant.

| Modifikation | Grafit | Diamant |
|---|---|---|
| Anordnung der Atome im Kristallgitter | 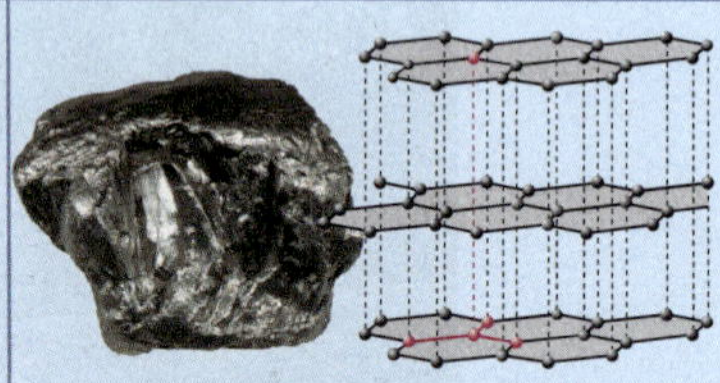 | 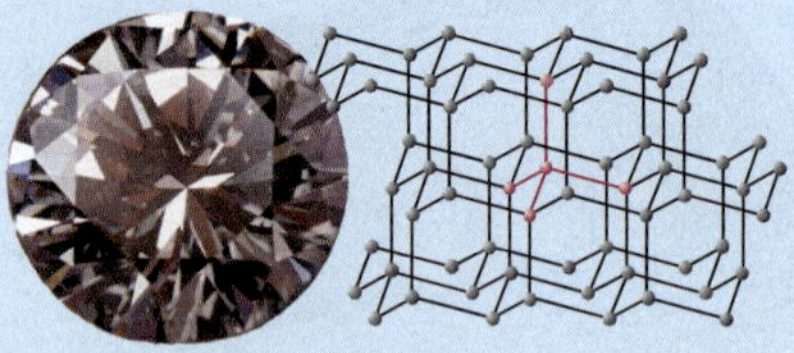 |
| Eigenschaften | – schwarz, undurchsichtig<br>– Oberfläche fettig glänzend<br>– sehr weich, leicht spaltbar<br>– elektrisch leitfähig | – durchsichtig, meist farblos<br>– stark Licht brechend<br>– sehr hart<br>– nicht elektrisch leitfähig |
| Verwendung | – Schmiermittel<br>– im Gemisch mit Ton Nutzung als Bleistiftminen<br>– Schleifkontakte und Elektroden | – Glasschneider, Bohrköpfe,<br>– Lager von Präzisionsgeräten<br>– Schmuckstein |

### Anorganische Verbindungen des Kohlenstoffs

| Oxid | Kohlenstoffmonooxid (CO) | Kohlenstoffdioxid ($CO_2$) |
|---|---|---|
| Bau | – Moleküle aus je einem Kohlenstoff- und einem Sauerstoffatom 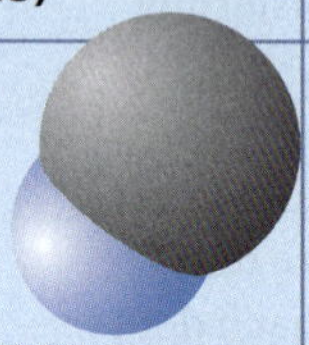 | – Moleküle aus je einem Kohlenstoff- und zwei Sauerstoffatomen 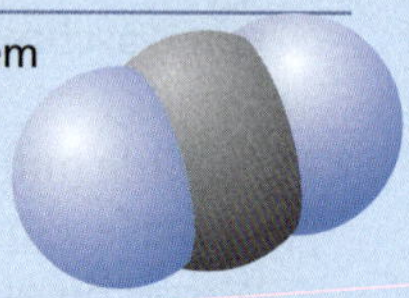 |
| Eigenschaften | – farbloses, geruchloses Gas<br>– brennbar, brennt mit blauer Flamme<br>– giftig<br>– leichter als Luft | – farbloses, geruchloses Gas<br>– nicht brennbar<br>– wirkt erstickend<br>– schwerer als Luft |
| Verwendung | – Reduktionsmittel im Hochofen<br>– Zwischenprodukt in der chemischen Industrie | – Löschmittel<br>– Schutzgas |

Weitere wichtige Verbindungen des Kohlenstoffs:
- Kohlensäure ($H_2CO_3$)
- Carbonate und Hydrogencarbonate (Salze der Kohlensäure) z. B. Calciumcarbonat $CaCO_3$, Calciumhydrogencarbonat $Ca(HCO_3)_2$

Kohlenstoff und seine Verbindungen sind in viele Kreisläufe eingebunden. Für die Bauindustrie ist der technische Carbonatkreislauf wichtig.
Kohlenstoffdioxid hat als Treibhausgas eine besondere Bedeutung für unser Klima.

## Projekt: Kohlenstoffdioxid und Treibhauseffekt

### Fossile Brennstoffe

Zu den fossilen Brennstoffen gehören die Kohlearten, Erdöl und Erdgas, aber auch Brennstoffe, die aus ihnen hergestellt worden sind, wie z. B. Benzin, Diesel, Heizöl und Heizgas.

**Auftrag:**
Informiere dich über die Veredlung von Kohle und Erdöl!
Stelle in einer Übersicht die fossilen Brennstoffe und ihre Herkunft zusammen!

Alle fossilen Brennstoffe enthalten einen hohen Kohlenstoffanteil. Bei der vollständigen Oxidation entsteht daher Kohlenstoffdioxid.

**S Experiment:**

**Aufgabe:**
Verbrenne ein Stück Kohle, eine Petroleumprobe und etwas Kerzenwachs! Weise jeweils Kohlenstoffdioxid nach!
**Vorbereitung und Durchführung:**
Entwickle eine Experimentieranordnung und fordere die nötigen Geräte und Chemikalien beim Lehrer an! Arbeite nach deinem Plan!
**Beobachtung und Auswertung:**
Führe Protokoll!

Experimente, bei denen Stoffe verbrannt wurden, haben viele Chemiker in der Vergangenheit vorgenommen. Beispielsweise ist im Protokoll van Helmonts (1579–1644) zu lesen:

*„Kohle und ganz allgemein Körper, welche sich nicht unmittelbar in Wasser verwandeln (schmelzen?), stoßen einen ‚wilden Geist' ... aus. Aus 62 Pfund Eichenholzkohlen wird ein Pfund Asche erhalten. Also sind die verbliebenen 61 Pfund jener ‚wilde Geist'."*

(Zitiert nach Engels, Novak: Auf der Spur der Elemente, S. 69.)

Bei dem erwähnten „wilden Geist" muss es sich um Kohlenstoffdioxid handeln.

**Aufträge:**
1. Berechne den Kohlenstoffanteil der Eichenholzkohle!
2. Bei der Verbrennung von Kohle entstand Asche. Ermittle, was Asche ist!

Die Bestimmung der Masse des entstandenen Kohlenstoffdioxids spielt auch heute noch eine große Rolle bei quantitativen Analysen.
Zur Bestimmung des Kohlenstoffanteils wird die Analysenprobe oxidiert und das Kohlenstoffdioxid von Natronkalk (Gemisch aus Natrium- und Calciumhydroxid) absorbiert.
Aus der Massendifferenz des Natronkalks vor und nach der Reaktion kann die Masse des Kohlenstoffdioxids und somit der Kohlenstoffanteil berechnet werden.

**S Experiment:**

**Aufgabe:**
Bestimme den Kohlenstoffanteil in Petroleum. Gehe dabei von einem Gramm Analysenprobe aus!
**Vorbereitung:**
Baue die Apparatur nach unten stehender Abbildung auf!
**Durchführung:**
Bestimme die Masse des Natronkalks und der Analysenprobe!
Führe die Oxidation durch und bestimme die Masse des Natronkalks erneut!

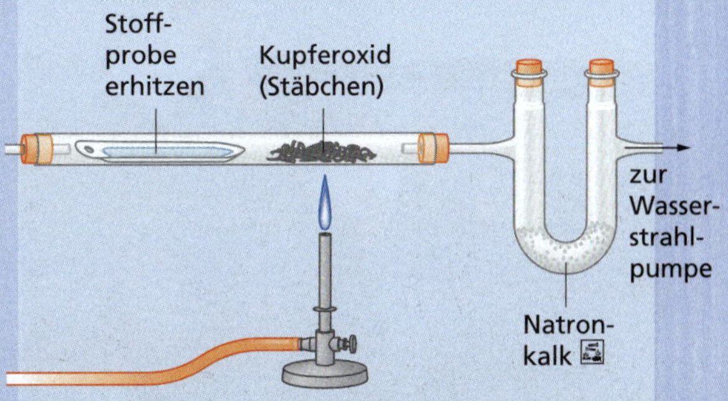


**Beobachtung und Auswertung:**
Notiere die Ergebnisse und führe die Berechnungen durch!

## Treibhausgas Kohlenstoffdioxid

Beim Treibhauseffekt in der Atmosphäre muss man zwischen dem natürlichen und dem anthropogenen Treibhauseffekt unterscheiden.

**Aufgaben:**
1. Erläutere den natürlichen Treibhauseffekt und seine Bedeutung für das Leben auf der Erde!
2. Welche Gase rufen den anthropogenen Treibhauseffekt hervor?
   Wodurch entstehen sie?
   Stelle die Informationen in einer Tabelle zusammen!
3. Die Bildung von Wasserdampf wird oft bei der Diskussion um den anthropogenen Treibhauseffekt nicht berücksichtigt. Stelle Argumente für und gegen die Klimawirksamkeit von Wasserdampf zusammen!

Zur Abschätzung der Folgen des anthropogenen Treibhauseffekts existieren verschiedene Modelle. Zudem gibt es kontroverse Diskussionen darüber, ob schon heute erste Folgen spürbar werden.

**Auftrag:**
Stelle eine Materialsammlung zu diesem Thema zusammen!
Sammle u. a. entsprechende Zeitungsausschnitte!

**1** Im Sommer 1997 kam es zu einer Flutkatastrophe im Oderbruch (Abb.). 2002 trat u.a. die Elbe über die Ufer und richtete großen Schaden an.

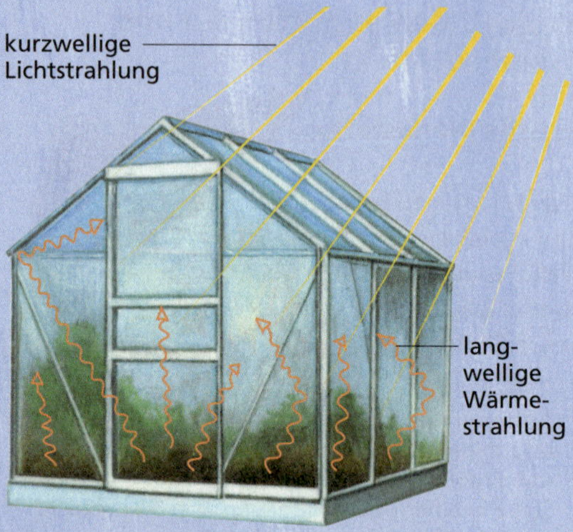


### S Experiment:

**Aufgabe:**
Weise in einem Modellexperiment die Wirkung von Kohlenstoffdioxid als Treibhausgas nach!

**Vorbereitung und Durchführung:**
Baue die Apparatur auf! Befülle einen der Behälter mit Kohlenstoffdioxid (z. B. aus einer Druckflasche)!

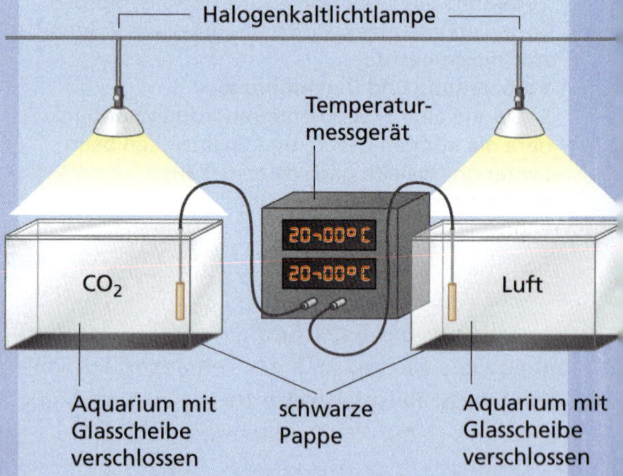


(Hinweis: Wird keine Halogenkaltlichtlampe verwendet, muss zum Absorbieren der Wärmestrahlung jeweils ein Glasgefäß mit etwas Wasser unter die Lampen gestellt werden.)

**Beobachtung und Auswertung:**
Lies die Temperaturen in beiden Behältern alle 5 min. ab! Stelle die Messwerte in einer Grafik dar!

## Nebenprodukte der Verbrennung

Bei der Verbrennung fossiler Brennstoffe entstehen neben Kohlenstoffdioxid auch Luftschadstoffe. Beispielsweise bildet sich Schwefeldioxid, das an der Entstehung von saurem Regen beteiligt ist.
Viele Baustoffe enthalten Calciumcarbonat. Wie alle anderen Carbonate auch wird Calciumcarbonat durch Säuren zersetzt.
Wirkt Schwefelsäure auf diesen Stoff ein, bildet sich Calciumsulfat (Gips). Dabei wird nicht einfach nur ein Salz durch ein anderes ersetzt. Gipskristalle sind etwas größer als die Kristalle des Marmors. Außerdem sind die Gipskristalle etwas besser in Wasser löslich als Marmor. Dadurch wird die Oberfläche von Skulpturen und Verzierungen an Bauwerken aufgebrochen, und die Verwitterung setzt ein.

**S Modellexperiment:**

**Aufgabe:**
Weise die Bildung von Sulfaten beim Einwirken von Schwefelsäure auf Marmor nach!

**Vorbereitung:**
Überlege, welche Geräte und Chemikalien für das Modellexperiment notwendig sind, und fordere sie bei dem Lehrer an!

**Durchführung:**
1. Versetze Marmorstückchen mit etwas verdünnter Schwefelsäure ☒!
2. Warte ab, bis sich die Säure vollständig umgesetzt hat (Test mit Indikatorpapier)!
3. Dampfe einen Teil der entstandenen Lösung ein! (Vorsicht! Sollte die Säure nicht vollständig reagiert haben, entstehen giftige Dämpfe.)
4. Wasche das Salz auf einem Filter mit etwas destilliertem Wasser und löse es dann vollständig in destilliertem Wasser!
5. Weise die Sulfat-Ionen nach!

**Auswertung:**
Stelle alle Reaktionsgleichungen für die jeweiligen Arbeitsschritte zusammen! Übertrage die gewonnenen Kenntnisse auf die Abläufe in der Umwelt! Gehe auch darauf ein, wie die Schwefelsäure aus dem Modellexperiment entstanden sein könnte! Fasse die Ergebnisse in einem Schema zusammen!

Auch Stickstoffoxide bilden eine Ursache für den sauren Regen.
Im Abgas von Kraftfahrzeugen sind diese Schadstoffe enthalten.

**Auftrag:**
Finde heraus, woher der Stickstoff für die Bildung von Stickstoffoxiden in den Motoren von Kraftfahrzeugen stammt!

Durch unterschiedliche Anlagen soll der Ausstoß an schädlichen Nebenprodukten bei der Verbrennung von Kohle, Erdgas, Erdöl und Erdölprodukten verhindert werden.

**Auftrag:**
Erläutere unterschiedliche Verfahren zur Reinigung der Abgase!

Nicht nur gasförmige Stoffe verunreinigen die Abluft von industriellen Anlagen. Oft sind Feststoffpartikel, z. B. Ruß, enthalten. Ruß ist das Ergebnis einer unvollständigen Verbrennung.

**Auftrag:**
Beschreibe die Staubabscheidung durch einen Zyklon! Auf welchem Prinzip beruht dieses Trennverfahren?

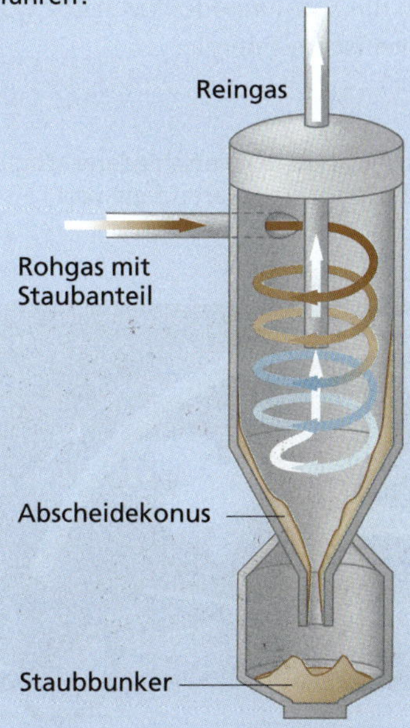

## Alternative Energien

Die Nutzung fossiler Brennstoffe zur Energiegewinnung erhöht den Kohlenstoffdioxidanteil in der Lufthülle. Dies kann langfristig das Klima auf der Erde beeinflussen. Daher muss die freigesetzte Energie effektiver genutzt werden. Zur Senkung des Kohlenstoffdioxidausstoßes wird sich in Zukunft jedoch auch der Einsatz alternativer Energien erhöhen müssen.

**Aufgabe:**
Stelle mögliche alternative Energien zusammen!

### *Solarenergie*

Die Sonnenenergie ist die natürliche Energiequelle der Erde. Während der Fotosynthese wandeln die Pflanzen diese Energie in chemische Energie um. Letztendlich nutzen wir demnach beim Verbrennen von Kohle, Erdöl und Erdgas umgewandelte Sonnenenergie. Sinnvoller erscheint es jedoch, diese Energie direkt zu verwenden. Dafür gibt es heute zwei Möglichkeiten. Im Rahmen der Fotovoltaik wandeln die Kollektoren die Sonnenenergie in elektrische Energie um. Diese elektrische Energie kann ins Stromnetz eingespeist werden. In einer anderen Variante dienen die Sonnenkollektoren zur Gewinnung von thermischer Energie.

**Auftrag:**
Stelle in einer Präsentation verschiedene Möglichkeiten der Nutzung von Solarenergie vor!

1 Solarmobil

**Experiment:**

Erläutere anhand eines Modellexperimentes die Funktionsweise von Solarkollektoren!
Fülle dazu zwei Bechergläser (250 ml) mit Wasser, umwickle eines mit schwarzem Papier und stelle die Gefäße in die Sonne bzw. vor eine Halogenkaltlichtlampe! Miss die Wassertemperaturen jeweils alle 15 Minuten!

### *Energieträger Wasserstoff*

Wasserstoff ist als Energieträger der Zukunft im Gespräch. Mithilfe von Brennstoffzellen kann man elektrische Energie gewinnen.

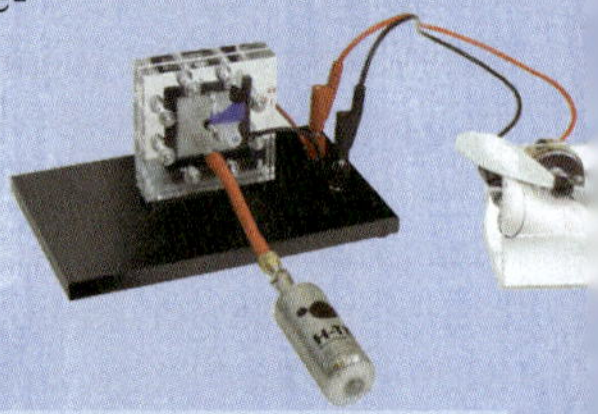

**Auftrag:**
Fertige eine Übersicht zu Vorteilen und Nachteilen des Energieträgers Wasserstoff an!
Baue eine Modellanlage, die der Herstellung von Wasserstoff und seiner anschließenden Verwertung in einer Brennstoffzelle dient! Der Wasserstoff soll unter Ausschluss fossiler Brennstoffe gewonnen werden.

### *Biogas*

Biogas entsteht, wenn organische Stoffe durch Fäulnisprozesse abgebaut werden. Man gewinnt es u. a. aus Klärschlamm und tierischen Exkrementen.

**S Experiment:**
Stelle Biogas her und überprüfe die Brennbarkeit!

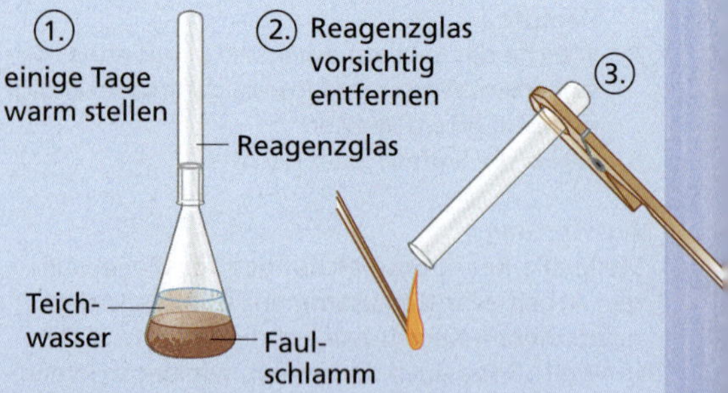


Vergleiche die Entstehung von fossilen Brennstoffen und von Biogas! Ordne die Energieträger in den Kohlenstoffkreislauf ein!

# 11 Stickstoff und Stickstoffverbindungen

## Ammoniak im Kühlschrank

Auf der Suche nach umweltverträglichen Ersatzstoffen anstelle der FCKW-Kältemittel für Kühlschränke fand man heraus, dass Ammoniak diesem Anspruch sehr gut gerecht wird. Nur wenige Kilogramm Ammoniak bewirken eine hohe Kälteleistung.
*Welche Eigenschaften des Ammoniaks werden bei der Verwendung als Kühlmittel genutzt?*

## Engpass Stickstoff

Die Pflanzen können den Luftstickstoff nicht direkt verwerten. Nur einige Knöllchenbakterien sind dazu fähig. Ihren Stickstoffbedarf decken die Pflanzen aus stickstoffhaltigen Ionen, welche sie dem Boden entnehmen.
Diese Ionen müssen dem Boden wieder zugeführt werden.
*Welche chemisch-technischen Verfahren sind erforderlich, um ausreichend stickstoffhaltige Düngemittel herstellen zu können?*

## Weihnachtsbäckerei

Hirschhornsalz wird als Treibmittel für Lebkuchen und Honigkuchen eingesetzt. Es besteht hauptsächlich aus Ammoniumhydrogencarbonat. Beim Erhitzen erfolgt eine thermische Zersetzung. Man kann einen stechenden Geruch feststellen.
*Was ist Ammoniumhydrogencarbonat für ein Stoff?*
*Welche Reaktionsprodukte entstehen beim Erhitzen?*

# Vom Stickstoff zu Ammoniumverbindungen

## Stickstoff – ein Element der V. Hauptgruppe

Stickstoff ist der Hauptbestandteil der Luft (s. S. 60) und für das Leben auf der Erde, aber auch in der Technik von großer Bedeutung (Abb. 1).
Stickstoff kommt in der Natur nicht atomar, sondern nur molekular vor. Die Ursache dafür liegt im Atombau, den man aus dem Periodensystem der Elemente ablesen kann (Abb. 2).
Stickstoffatome besitzen sieben Protonen im Kern und sieben Elektronen in der Hülle. Diese Elektronen sind in zwei Elektronenschalen verteilt. In der äußersten besetzten Elektronenschale befinden sich die fünf Außenelektronen (Valenzelektronen). Stickstoffatome sind somit nicht stabil. Um eine ähnliche Elektronenverteilung wie ein Edelgasatom zu erreichen, sind im Stickstoffmolekül die beiden Stickstoffatome durch drei gemeinsame (bindende) Elektronenpaare miteinander verbunden. Die Atombindungen sind unpolar. Jedes Stickstoffatom besitzt noch ein nicht bindendes Elekronenpaar.

**STECKBRIEF: Stickstoff $N_2$**

**Eigenschaften:** farbloses, geruchloses Gas, nicht brennbar, wirkt erstickend, schlecht in Wasser löslich

| | |
|---|---|
| Dichte: | $1{,}251\,g \cdot l^{-1}$ (kleiner als die Dichte der Luft) |
| Schmelztemperatur: | –210 °C |
| Siedetemperatur: | –196 °C |

**Molekülbau:**

|N≡N|

Lewis-Formel

Durch die drei unpolaren, energiearmen Atombindungen in den Molekülen sind die Teilchen energetisch sehr stabil. Es ist viel Energie nötig, um die Bindungen zu spalten. Deshalb ist Stickstoff reaktionsträge.

**Stickstoff kommt nur molekular vor. Durch die drei unpolaren, energiearmen Atombindungen in den Molekülen ist Stickstoff reaktionsträge.**

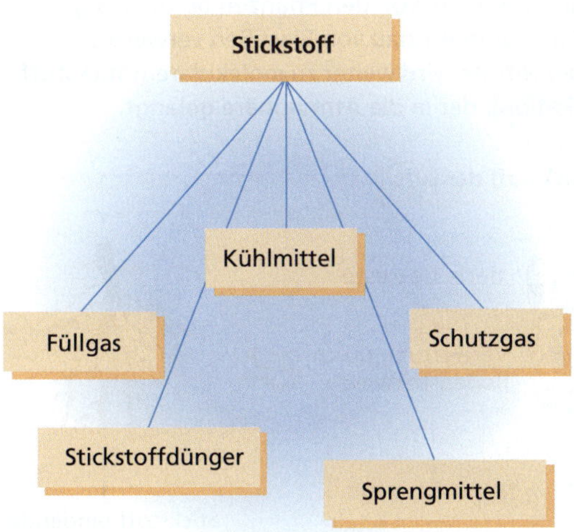


1 Verwendung von Stickstoff

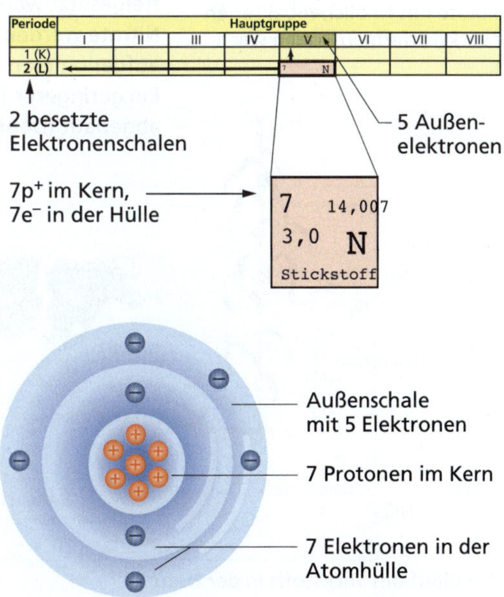


2 Atombau und Stellung im Periodensystem

## Kreislauf des Stickstoffs

1 Lupinen können aufgrund der Symbiose mit Knöllchenbakterien auf stickstoffarmen Böden wachsen.

Stickstoff ist zwar in der Atmosphäre in großen Mengen vorhanden. Die wenigsten Lebewesen können jedoch den Luftstickstoff direkt verwerten. Schmetterlingsblütengewächse (Leguminosen) leben in Symbiose mit Knöllchenbakterien, die in der Wurzel dieser Pflanzen knöllchenartige Verdickungen hervorrufen. Diese Bakterien wandeln den Luftstickstoff direkt in der Wurzel in stickstoffhaltige Salze um, sodass die Pflanzen diese Ionen nicht mehr aus dem Boden aufnehmen müssen.

Bei Gewittern kommt es durch die Energie der elektrischen Entladungen zur Bildung von Stickstoffoxiden. Da in der Luft stets Wasserdampf enthalten ist, können die Oxide mit diesem Wasser reagieren, sodass salpetrige Säure oder Salpetersäure entstehen. Gelangen Niederschläge mit Spuren von Salpetersäure in den Erdboden, bilden sich die Salze der Salpetersäure, die Nitrate.

Nitrate und Nitrite entstehen jedoch im Boden vor allem durch die Bodenbakterien, welche diese in ihrem Stoffwechsel herstellen, z. B. durch dem Abbau toter organischer (eiweißhaltiger) Substanz. Die Eiweiße werden dabei zunächst in Ammoniumverbindungen und danach in Nitrite und Nitrate umgewandelt. Dabei kann Ammoniak freigesetzt werden.

Nitrate werden in gelöster Form von den Pflanzen besonders gut aufgenommen und u. a. zum Aufbau von Eiweißen verwertet.

Ein geringerer Teil der Nitrate wird weiter zu molekularem Stickstoff abgebaut (Denitrifikation), der in die Atmosphäre gelangt.

2 Kreislauf des Stickstoffs in der Natur

... und mehr

**Informiere dich auch unter:** *Stickstoff bindende Bakterien, Justus Freiherr von Liebig, Mineralsalze als wichtige Nährstoffe der Pflanzen*

## Ammoniak – eine wichtige anorganische Stickstoffverbindung

**Ammoniak** ($NH_3$) bildet sich in der Natur überall dort, wo stickstoffhaltige organische Verbindungen (besonders Eiweiße) abgebaut werden. Für die Industrie hat Ammoniak als wichtiger Ausgangsstoff Bedeutung (s. S. 251).
Ammoniak gehört zu den Molekülsubstanzen. Zwischen den einzelnen Molekülen wirken nur sehr schwache Anziehungskräfte. Dies erklärt seinen gasförmigen Aggregatzustand.
Das Ammoniakmolekül ist charakterisiert durch drei bindende Elektronenpaare. Drei Wasserstoffatome sind jeweils durch eine polare Atombindung an das Stickstoffatom gebunden. Außerdem ist ein freies Elektronenpaar am Stickstoffatom vorhanden.
Die Ammoniakmoleküle sind räumlich wie unregelmäßige Tetraeder aufgebaut (s. Steckbrief). Der Bau der Moleküle einschließlich ihrer Polarität sind die Ursache für die Bildung von wässrigen Lösungen (Ammoniak-Lösung), die im Alltag als Salmiakgeist bekannt sind.
Die wässrigen Lösungen zeigen eine basische Reaktion. Beim Einleiten von Ammoniak in Wasser reagieren ein Teil der Moleküle der beiden Stoffe miteinander.

$$NH_3 + H_2O \rightleftharpoons NH_4^+{}_{(aq)} + OH^-{}_{(aq)}$$

Diese Lösung enthält **Ammonium-Ionen** (Abb. 1) und Hydroxid-Ionen.

**STECKBRIEF: Ammoniak ($NH_3$)**

**Eigenschaften:** farbloses, stechend riechendes Gas, giftig, reizt die Schleimhäute, in Wasser löslich (518 l je 1 l Wasser bei 20°C), kann schon bei 8–9 bar verflüssigt werden

| | |
|---|---|
| Dichte: | 0,77 g · $l^{-1}$ (bei 25°C) |
| Schmelztemperatur: | –78°C |
| Siedetemperatur: | –33,5°C |

**Bau:**

Bei der Reaktion handelt es sich um eine **Reaktion mit Protonenübergang,** denn je ein Proton (Wasserstoff-Ion) wird aus den Wassermolekülen abgespalten und jeweils von Ammoniakmolekülen aufgenommen (s.S. 178). Die chemische Reaktion zwischen Ammoniak und Wasser ist umkehrbar. Daher liegen in der Lösung sowohl Teilchen der Ausgangsstoffe (Ammoniak- und Wassermoleküle) als auch der Reaktionsprodukte (Ammonium- und Hydroxid-Ionen) vor. Versucht man die Lösung einzudampfen, zerfällt sie wieder in Ammoniak und Wasser.

**Beim Lösen von Ammoniak in Wasser läuft eine chemische Reaktion ab. Es werden Ammonium-Ionen und Hydroxid-Ionen gebildet.**

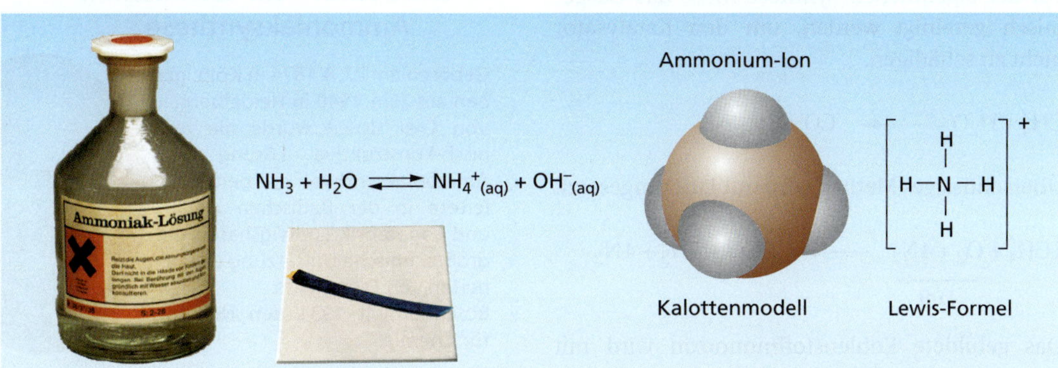


1 Ammoniaklösung enthält Hydroxid-Ionen (Blaufärbung des Uniteststreifens) und Ammonium-Ionen.

## *Die technische Ammoniaksynthese*

Stickstoffhaltige Düngemittel sind nötig, um eine ertragreiche Ernte zu realisieren. Zu Beginn des 20. Jahrhunderts wurde die Versorgung mit natürlichen mineralischen Düngemitteln (z. B. Chilesalpeter) zu einem Problem. Lange Zeit war die Herstellung von künstlichen Stickstoffdüngemitteln mit großen Schwierigkeiten verbunden.
Heute ist Ammoniak ein wichtiges Synthesegas für die technische Herstellung von Düngemitteln. Allerdings war eine großtechnische Produktion von Ammoniak aus den Elementen lange nicht möglich.
Die Vorarbeit für ein technisch realisierbares Verfahren wurde von FRITZ HABER (1868–1934) geleistet. CARL BOSCH (1874–1940) entwickelte das Verfahren bis zur großtechnischen Umsetzung weiter. Nach diesen beiden Wissenschaftlern bezeichnet man die Art der technischen Ammoniaksynthese als Haber-Bosch-Verfahren.
Unter Leitung von ALWIN MITTASCH (s. Mosaik) wurde ein geeigneter Katalysator für die Synthese gefunden. 1913 nahm die erste Syntheseanlage die Produktion von Ammoniak mit einer Tagesleistung von 30 t Ammoniak auf. Die heutigen Hochdruckreaktoren können 50 t Ammoniak pro Stunde produzieren.

**1. Gewinnung der Ausgangsstoffe**
Der Wasserstoff wird durch Dampfspaltung aus Wasser und Erdgas gewonnen. Gleichzeitig ist Erdgas der Energielieferant für diesen Prozess. Vor der eigentlichen Synthese muss das Gasgemisch gereinigt werden, um den Katalysator nicht zu schädigen.

$$CH_4 + H_2O \longrightarrow CO + 3H_2$$

Überschüssiges Methan wird mit Luft umgesetzt.

$$2CH_4 + \underbrace{O_2 + 4N_2}_{\text{Luft}} \longrightarrow 2CO + 4H_2 + 4N_2$$

Das gebildete Kohlenstoffmonooxid wird mit Wasser zu Wasserstoff und Kohlenstoffdioxid umgesetzt.

**2. Synthese im Kontaktofen**
Das Gemisch aus Wasserstoff und Stickstoff wird über einen erhitzten Katalysator im Kontaktofen geleitet. Es erfolgt die eigentliche Ammoniaksynthese.

$$N_2 + 3H_2 \overset{\text{Kat.}}{\rightleftharpoons} 2NH_3 \qquad Q = -nkJ$$

Reaktionsbedingungen:
Temperatur: 450 °C–500 °C
Druck: 20 MPa–30 MPa
Katalysator: eisenoxidhaltiger Mischkatalysator
Arbeitsprinzipien:
- Wärmeaustausch durch Gegenstrom
- Kreislaufprinzip

Bei diesen Reaktionsbedingungen erreicht man ca. eine Ausbeute von nur 17 bis 19 % Ammoniak, denn dieser chemische Prozess ist eine umkehrbare chemische Reaktion. Der Stoffumsatz der Ausgangsstoffe erfolgt unvollständig. Das gebildete Ammoniak zerfällt sofort wieder in die Ausgangsstoffe (s. S. 252).

Die Prozessführung erfolgt bei relativ hohen Temperaturen von 450 °C bis 500 °C, um die volle Wirksamkeit des Katalysators zu ermöglichen. Durch den hohen Druck wird der Zerfall vermindert.

### Die „Väter" der technischen Ammoniaksynthese

Geboren am 27. 8. 1874 in Köln, gestorben am 26. 4. 1940 in Heidelberg.
Von CARL BOSCH wurde die technisch-konstruktive Lösung der Ammoniaksynthese erarbeitet. Er leitete in der Badischen Anilin- und Sodafabrik Ludwigshafen die großtechnische Umsetzung der Arbeiten von FRITZ HABER.
BOSCH erhielt 1931 den Nobelpreis für Chemie.

CARL BOSCH

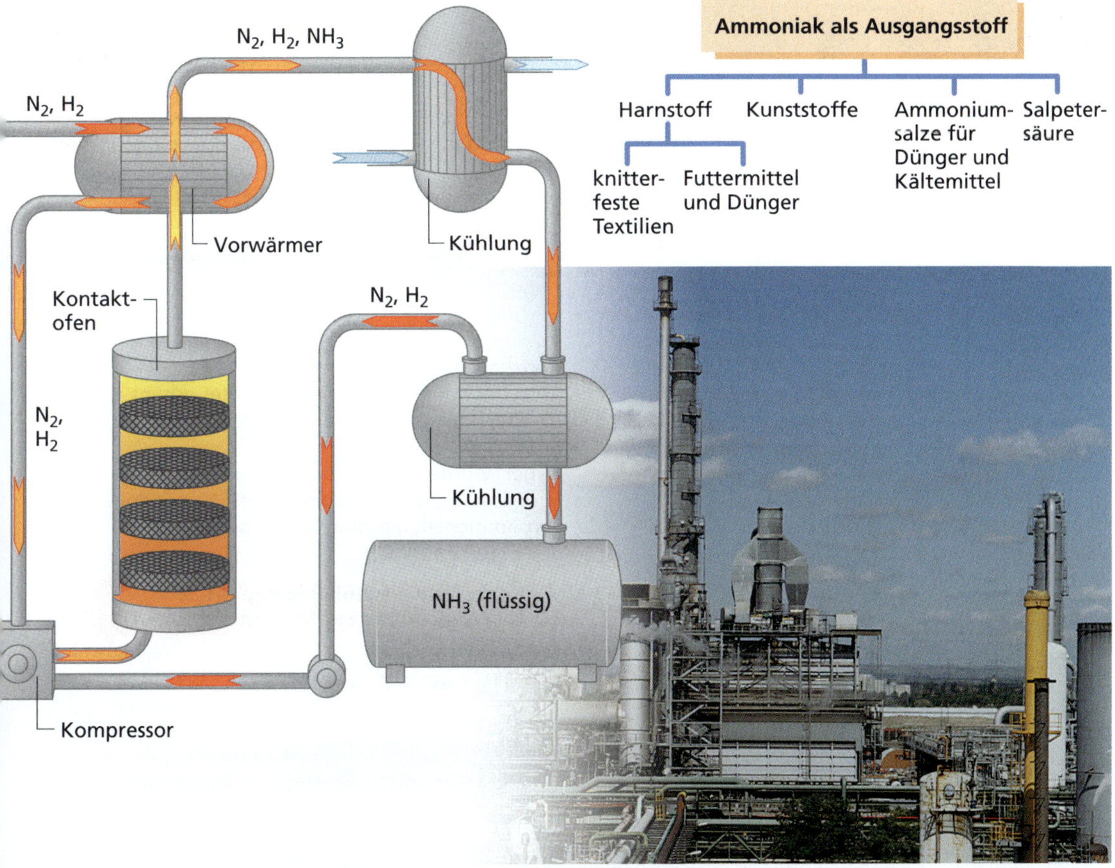


1 Schema der Ammoniaksynthese (Haber-Bosch-Verfahren)

## Mosaik

Geboren am 9.12.1868 in Breslau, gestorben am 29.1.1934 in Basel.
FRITZ HABER hat 1908 nach vielen Experimenten die chemischen und physikalischen Grundlagen zur Erzeugung von Ammoniak aus Wasserstoff und Stickstoff gefunden. Obwohl er das Verfahren für die Produktion von Schieß- und Sprengstoffen entwickelte, schuf er damit die Voraussetzung für die großtechnische Düngemittelproduktion. 1919 bekam er für diese Leistung den Nobelpreis für Chemie.

FRITZ HABER

Geboren am 27.12.1869 in Großdehsa (bei Löbau), gestorben am 4.6.1953 in Heidelberg.
Ab 1907 arbeitete ALWIN MITTASCH unter BOSCH an der Konstruktion und Erprobung der großtechnischen Anlagen zur Ammoniaksynthese. MITTASCH fand nach intensiven Forschungen einen geeigneten Katalysator für die Synthese, den billigeren Eisenoxid-Mischkatalysator.

ALWIN MITTASCH

# Mosaik

## Eine Reaktion im Gleichgewicht

Die **Temperatur**, die **Konzentration** der Stoffe und bei gasförmigen Stoffen der **Druck**, sind wichtige Reaktionsbedingungen. Sie haben entscheidenden Einfluss auf die Geschwindigkeit, mit der die Stoffe reagieren (s. S. 442/443).

Besonders umkehrbare Reaktionen können durch die Wahl der Reaktionsbedingungen beeinflusst werden.
Ein Beispiel ist die Ammoniaksynthese. Eigentlich handelt es sich bei diesem Prozess um zwei Reaktionen, die gleichzeitig ablaufen und nicht voneinander zu trennen sind. Die Bildung von Ammoniak bezeichnet man dabei als **Hinreaktion.**

$$N_2 + 3\,H_2 \longrightarrow 2\,NH_3 \qquad Q = -nkJ$$

Sowie das Reaktionsprodukt gebildet wurde, beginnt es, wieder in die Ausgangsstoffe zu zerfallen. Dies bezeichnet man als **Rückreaktion.**

$$2\,NH_3 \longrightarrow N_2 + 3\,H_2 \qquad Q = +nkJ$$

Da Hinreaktion und Rückreaktion gleichzeitig ablaufen, ist der Stoffumsatz nie vollständig. Nach einer gewissen Zeit stellt sich ein chemisches Gleichgewicht ein, bei dem die Hin- und Rückreaktion mit gleicher Geschwindigkeit ablaufen und sich die Konzentrationen der Stoffe nicht mehr ändern.

Ausgangsstoffe —Hinreaktion→ Reaktionsprodukte
Ausgangsstoffe ←Rückreaktion— Reaktionsprodukte

In der Technik ist es erwünscht, dass sich die Ausgangsstoffe möglichst vollständig umsetzen. Bei der Ammoniaksynthese ist dies nicht möglich. Durch die Wahl der Reaktionsbedingungen kann man jedoch beeinflussen, in welchem Maße das gewünschte Reaktionsprodukt wieder zerfällt. Dazu muss man Reaktionsbedingungen wählen, bei denen die **Hinreaktion begünstigt** und die Rückreaktion negativ beeinflusst wird.

**Temperatur:**
Eine Temperaturerhöhung begünstigt die endotherme Reaktion, in diesem Fall die Rückreaktion. Daher sollte die Ammoniaksynthese bei relativ niedrigen Temperaturen erfolgen.

→ Temperatur**erniedrigung:** exotherme Reaktion wird begünstigt

$$N_2 + 3\,H_2 \rightleftharpoons 2\,NH_3$$

← Temperatur**erhöhung:** endotherme Reaktion wird begünstigt

**Konzentration:**
Wird die Konzentration eines Stoffes erhöht, wird die Reaktion begünstigt, bei der der Stoff verbraucht wird.
Daher würde eine Konzentrationserhöhung des Stickstoffs bzw. eine Konzentrationserniedrigung von Ammoniak die Hinreaktion begünstigen.

→ Konzentrations**erniedrigung:** $NH_3$ = Nachbildung des Stoffes wird begünstigt

$$N_2 + 3\,H_2 \rightleftharpoons 2\,NH_3$$

← Konzentrations**erhöhung:** $NH_3$ = Zerfall des Stoffes wird begünstigt

**Druck:**
An der Reaktion sind Gase beteiligt, daher spielt der Druck eine Rolle. Eine Druckminderung führt zur Begünstigung der Reaktion, bei der die Teilchenzahl bzw. das Volumen zunehmen. Daher muss bei der Ammoniaksynthese ein relativ hoher Druck herrschen.

→ Druck**erhöhung:** Abnahme der Teilchenzahl bzw. des Volumens wird begünstigt

$$\underset{\substack{1\,mol\\ \widehat{=}\,22{,}4\,l}}{N_{2(g)}} + \underset{\substack{3\,mol\\ \widehat{=}\,67{,}2\,l}}{3\,H_{2(g)}} \rightleftharpoons \underset{\substack{2\,mol\\ \widehat{=}\,44{,}8\,l}}{2\,NH_{3(g)}}$$

← Druck**erniedrigung:** Zunahme der Teilchenzahl bzw. des Volumens wird begünstigt

**Ändert man die Reaktionsbedingungen unter denen umkehrbare Reaktionen ablaufen, so wird die Reaktion begünstigt, die der Störung entgegenwirkt. (Prinzip von LE CHATELIER bzw. Prinzip vom kleinsten Zwang).**

## Ammoniumsalze

Ammoniak oder Ammoniaklösung können mit verdünnten Säuren oder auch mit Chlorwasserstoff reagieren. Dabei entstehen Ammoniumsalze (s. Tab.).
Bei der Reaktion von Ammoniak und Chlorwasserstoff bildet sich ein weißer Rauch aus Ammoniumchlorid (Abb. 1). Diese Reaktion gilt als Nachweis von Ammoniak und Chlorwasserstoff.

$$NH_{3(g)} + HCl_{(g)} \longrightarrow NH_4Cl_{(s)}$$

### *Chemische Reaktionen der Ammoniumsalze*

1. Ammoniumsalze dissoziieren in Wasser in Ammonium-Ionen und Säurerest-Ionen.

$$NH_4Cl \underset{-H_2O}{\overset{+H_2O}{\rightleftharpoons}} NH_4^+{}_{(aq)} + Cl^-{}_{(aq)}$$

   Dies spielt eine Rolle beim Einsatz von Ammoniumsalzen als Düngemittel, da die Pflanzen Nährsalze gelöst in Wasser aufnehmen.

2. Ammoniumsalze werden beim Erhitzen zersetzt. Dabei entsteht neben anderen Stoffen Ammoniak.

$$NH_4Cl_{(s)} \xrightarrow{\text{Wärme}} NH_{3(g)} + HCl_{(g)}$$

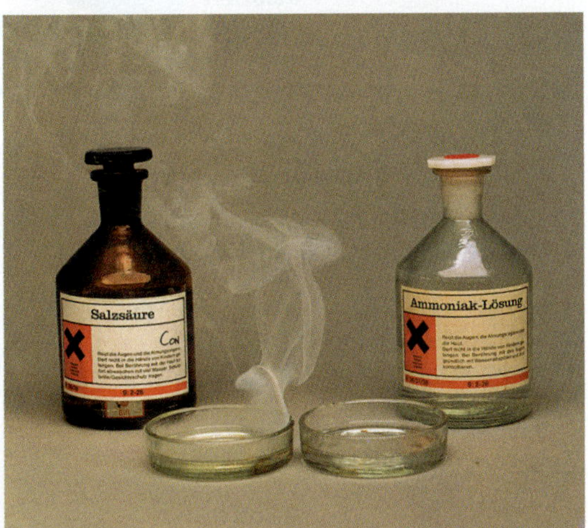


**1** Ammoniak und Chlorwasserstoff (aufsteigende Gase) reagieren zu Ammoniumchlorid.

3. Bei Zugabe von 10 %er Natriumhydroxidlösung zu einer festen Stoffprobe eines Ammoniumsalzes wird das Salz zersetzt. Es entsteht Ammoniak. Dieses ist am stechenden Geruch erkennbar.

$$NH_4Cl + Na^+{}_{(aq)} + OH^-{}_{(aq)} \longrightarrow NH_3\uparrow + H_2O + Na^+{}_{(aq)} + Cl^-{}_{(aq)}$$

**Angefeuchtetes Indikatorpapier** färbt sich durch die aus der Reaktion von Ammoniak mit Wasser entstehenden Hydroxid-Ionen blau (Abb. oben).

$$NH_3 + H_2O \rightleftharpoons NH_4^+{}_{(aq)} + OH^-{}_{(aq)}$$

Sowohl der charakteristische Geruch als auch die Blaufärbung von Unitest gelten als **Nachweis der Ammonium-Ionen.**

| Verwendung von Ammoniumsalzen | |
|---|---|
| Ammoniumnitrat $NH_4NO_3$ | Stickstoffdüngemittel, Sicherheitssprengstoff, Herstellung von Kältemischungen und Lachgas ($N_2O$) |
| Ammoniumchlorid $NH_4Cl$ | Stickstoffdüngemittel, Herstellung von Kältemischungen, Lötstein |
| Ammoniumcarbonat $(NH_4)_2CO_3$ | Beize beim Textilfärben, Herstellung von Feuerlöschern |
| Ammoniumhydrogencarbonat $NH_4HCO_3$ | Zwischenprodukt bei der Sodaherstellung<br>Bestandteil von Hirschhornsalz (Backtriebmittel) |
| Ammoniumsulfat $(NH_4)_2SO_4$ | Stickstoffdüngemittel, Flammschutzmittel, Bestandteil in Kältemischungen |
| Ammoniumphosphat $(NH_4)_3PO_4$ | Stickstoffdüngemittel, Flammschutzmittel |

# Vom Stickstoff zu Nitraten

## Oxide des Stickstoffs

Stickstoff bildet mehrere Oxide. In ihren Molekülen sind Stickstoff- und Sauerstoffatome miteinander verbunden. Bekannt ist u. a. **Distickstoffmonooxid ($N_2O$)** als Lachgas. Das Gas wurde früher als Narkosemittel verwendet.
Technisch bedeutsam sind **Stickstoffmonooxid (NO)** und **Stickstoffdioxid ($NO_2$).** Da verschiedene Stickstoffoxide z. B. bei der Verbrennung in Motoren gleichzeitig entstehen, bezeichnet man sie mit $NO_x$ (s. Mosaik S. 255).
Luftstickstoff bildet unter normalen Bedingungen mit dem Sauerstoff der Luft keine Oxide. Erst bei der elektrischen Entladung in der Atmosphäre (Blitz) werden die stabilen Bindungen in den Stickstoffmolekülen überwunden und Sauerstoff und Stickstoff bilden Stickstoffmonooxid (NO).

$$N_2 + O_2 \rightleftharpoons 2\,NO$$

Stickstoffmonooxid ist ein Zwischenprodukt bei der Salpetersäureherstellung und wird technisch durch katalytische Oxidation von Ammoniak hergestellt.

$$4\,NH_3 + 5\,O_2 \xrightleftharpoons{\text{Katalysator}} 4\,NO + 6\,H_2O \qquad Q = -nkJ$$

Das farblose, giftige Stickstoffmonooxid ist an der Luft nicht beständig und reagiert sofort mit weiterem Sauerstoff zu Stickstoffdioxid $NO_2$.

$$2\,NO + O_2 \rightleftharpoons 2\,NO_2$$

1 In der Natur reagieren Sauerstoff und Stickstoff bei Gewitter miteinander. Im Labor wird die notwendige Energie von Lichtbogen geliefert.

**STECKBRIEF: Stickstoffmonooxid (NO)**

**Eigenschaften:** farbloses Gas, starkes Atemgift, sehr reaktionsfähig, nur wenig in Wasser löslich
Dichte: $1{,}34\ g \cdot l^{-1}$ (25°C)
Schmelztemperatur: –164°C
Siedetemperatur: –152°C

**Bau:** Molekülsubstanz (polare Atombindung)

Kalottenmodell

**STECKBRIEF: Stickstoffdioxid ($NO_2$)**

**Eigenschaften:** braunes, charakteristisch riechendes Gas, starkes Atemgift, gut in Wasser löslich
Dichte: $1{,}49\ g \cdot cm^{-3}$ (bei 25°C)
Schmelztemperatur: –11°C
Siedetemperatur: 21°C

**Bau:** Molekülsubstanz (polare Atombindungen)

Kalottenmodell

Mosaik

## Problemfall Stickstoffoxide

Stickstoffoxide entstehen durch Verbrennungen in Benzinmotoren und sind in Rauchgasen von Heizkraftwerken und Industrieanlagen enthalten.
Gemische aus Stickstoffoxiden (hauptsächlich Stickstoffmonooxid und Stickstoffdioxid) nennt man auch nitrose Gase. Sie werden häufig mit $NO_x$ bezeichnet.
Nitrose Gase wirken als starke Atemgifte. Nach dem Einatmen dieser Gase treten Reizerscheinungen der Nasen-, Rachen- und Augenschleimhäute auf. Bei höherer Konzentration können Lungenödeme hervorgerufen werden.
Die in der Luft enthaltenen Stickstoffoxide reagieren mit Luftfeuchtigkeit zu sauren Lösungen. Salpetersäure ist u.a. Bestandteil des sauren Regens.
Die Stickstoffoxide sind außerdem nicht nur selbst Atemgifte. Sie tragen auch zur **Ausbildung von Ozon** bei. Insbesondere an Sonnentagen steigt deshalb in der Nähe von viel befahrenen Straßen die Ozonbelastung. Das kann dazu führen, dass Atembeschwerden auftreten.

Um ein verkehrsbedingtes Ansteigen des Anteils von Stickstoffoxiden $NO_x$ in der Luft zu vermeiden, werden u.a. Dreiwegekatalysatoren eingesetzt. Unter dem Einfluss des Katalysators werden giftige Stoffe in ungiftige umgewandelt. Allerdings bildet sich dabei u.a. Kohlenstoffdioxid, das ein wichtiges Treibhausgas ist. Schadstofffrei sind also die Abgase trotz Katalysator nicht.

$$2\,NO + 2\,CO \longrightarrow N_2 + 2\,CO_2$$

$$2\,CO + O_2 \longrightarrow 2\,CO_2$$

$$2\,C_8H_{18} + 25\,O_2 \longrightarrow 16\,CO_2 + 18\,H_2O$$

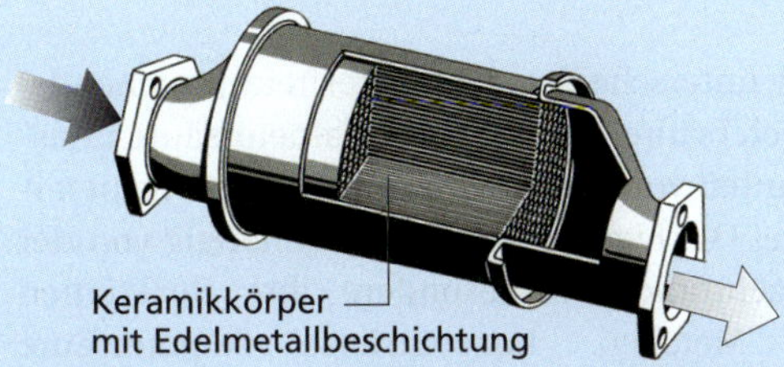


| **Abgase des Benzinmotors** | **geregelter Katalysator eines Kfz** | **Abgase aus dem Katalysator** |
|---|---|---|
| Kohlenwasserstoffe, Kohlenstoffmonooxid, Stickstoffoxide, Sauerstoff der Luft | → | Wasser, Kohlenstoffdioxid, Stickstoff |

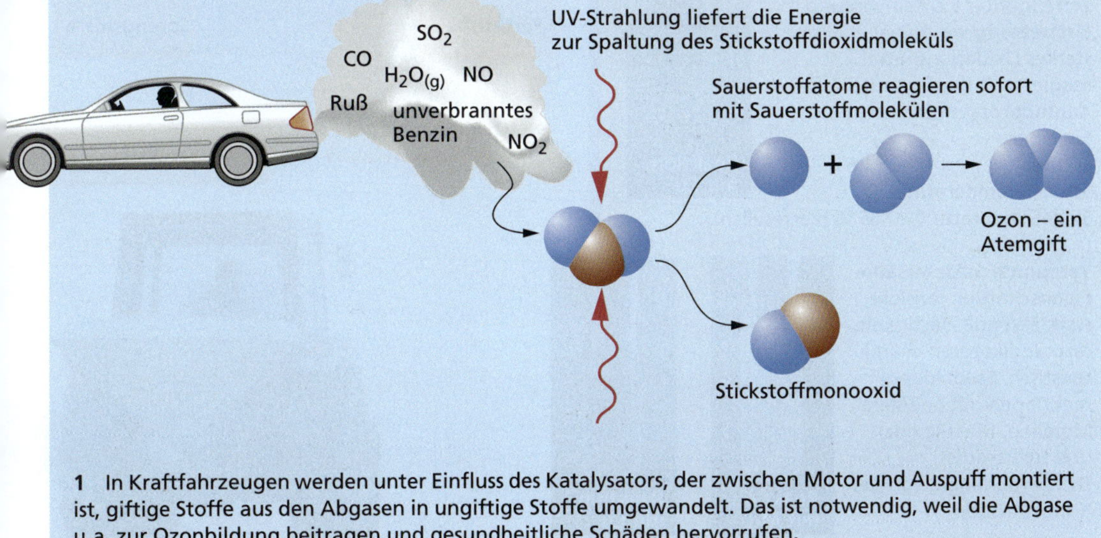


**1** In Kraftfahrzeugen werden unter Einfluss des Katalysators, der zwischen Motor und Auspuff montiert ist, giftige Stoffe aus den Abgasen in ungiftige Stoffe umgewandelt. Das ist notwendig, weil die Abgase u.a. zur Ozonbildung beitragen und gesundheitliche Schäden hervorrufen.

## Salpetersäure

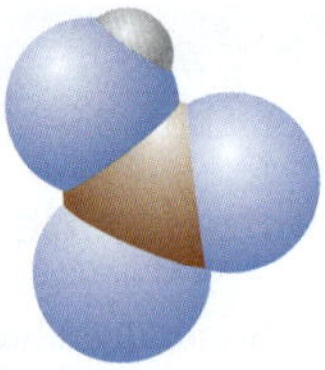

**Salpetersäure** ($HNO_3$) gehört zu den wichtigsten Säuren der chemischen Industrie. Der Name der Salpetersäure leitet sich von den natürlich vorkommenden Salzen wie Kalisalpeter oder Chilesalpeter ab. Aus ihnen wurde früher Salpetersäure hergestellt. Der größte Anteil (ca. 80%) der hergestellten Salpetersäure wird heute als Ausgangsstoff für die Düngemittelproduktion genutzt.

Man unterscheidet die wasserfreie (rauchende) Salpetersäure, konzentrierte Salpetersäure (Massenanteil von 20–70%) und verdünnte Salpetersäure. Die Eigenschaften sind abhängig von der Konzentration, insbesondere ihre Reaktionen mit Metallen. Konzentrierte Salpetersäure („Scheidewasser") reagiert im Gegensatz zur verdünnten Säure mit Silber und Kupfer, Gold und Platin werden jedoch erst durch „Königswasser" (Gemisch aus konzentrierter Salpeter- und Salzsäure) angegriffen.

1 Ammoniak-Verbrennungsanlage

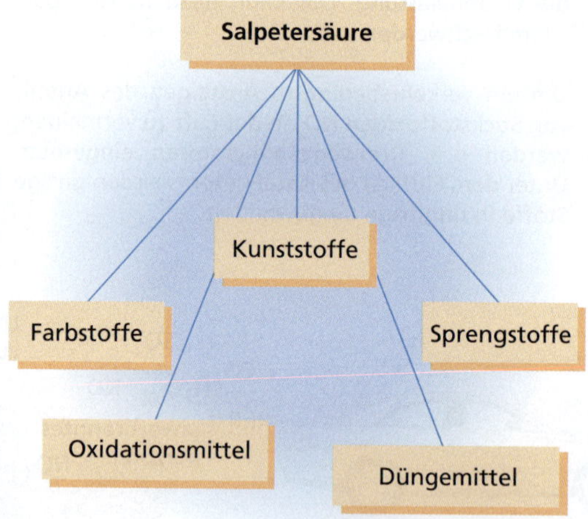

### STECKBRIEF: Salpetersäure $HNO_3$

**Rauchende Salpetersäure (98 %)**
**Eigenschaften:** farblose, an feuchter Luft rauchende Flüssigkeit, zerfällt unter Lichteinwirkung (Freisetzung von $NO_2$) starkes Oxidationsmittel, reagiert mit Kupfer und Silber, Xanthoproteinreaktion mit Eiweißen
Dichte: 1,5 g · cm$^{-3}$
Schmelztemperatur: −47 °C
Siedetemperatur: 86 °C (zersetzlich)

Reaktion mit Cu

**Verdünnte Salpetersäure**
**Eigenschaften:** farblose, stark ätzende Flüssigkeit, färbt Indikatoren charakteristisch, Salzbildungsreaktionen mit unedlen Metallen, Metalloxiden und Hydroxiden
Dichte: abhängig von der Konzentration

Reaktion mit Mg

Reaktion mit Cu

## Herstellung von Salpetersäure

Das wichtigste großtechnische Verfahren zur Herstellung von Salpetersäure beruht auf der katalytischen Oxidation von Ammoniak an erhitztem Platin. Dabei wird bevorzugt Stickstoffmonooxid gebildet, das dann weiter zu Stickstoffdioxid und Salpetersäure reagiert. Die Reaktion wurde im Jahre 1901 von WILHELM OSTWALD (1853–1932) untersucht, und schon 1908 produzierte die erste Anlage bei Bochum nach dem Ostwald-Verfahren drei Tonnen Salpetersäure pro Tag (Abb. 1). Nach diesem Verfahren erfolgt die Gewinnung von Salpetersäure in drei Teilschritten.

### *Katalytische Oxidation von Ammoniak*

Ammoniak reagiert mit Luftsauerstoff bei ca. 700 °C im Ammoniak-Verbrennungsofen (Abb. 1, S. 256) an einem feinmaschigen Platinnetz, das im Reaktionsraum eingespannt ist. Das Gas durchströmt es mit hoher Geschwindigkeit.

$$4\,NH_3 + 5\,O_2 \xrightleftharpoons{\text{Platin}} 4\,NO + 6\,H_2O$$

### *Weiteroxidation zu Stickstoffdioxid*

Durch Luftüberschuss wird das entstandene Stickstoffmonooxid im Oxidationsturm sofort zu Stickstoffdioxid oxidiert.

$$2\,NO + O_2 \rightleftharpoons 2\,NO_2$$

### *Absorption von Stickstoffdioxid*

Die Umsetzung von Stickstoffdioxid mit Wasser erfolgt in der Absorptionskolonne.

$$3\,NO_2 + H_2O \longrightarrow 2\,HNO_3 + NO$$

Gleichzeitig vollzieht sich die Oxidation des sich bildenden Stickstoffmonooxids zu Stickstoffdioxid. Das Reaktionsprodukt reagiert nachfolgend wiederum mit Wasser.

**Salpetersäure ist eine technisch wichtige oxidierende Säure. Ihre Herstellung erfolgt im Ostwald-Verfahren.**

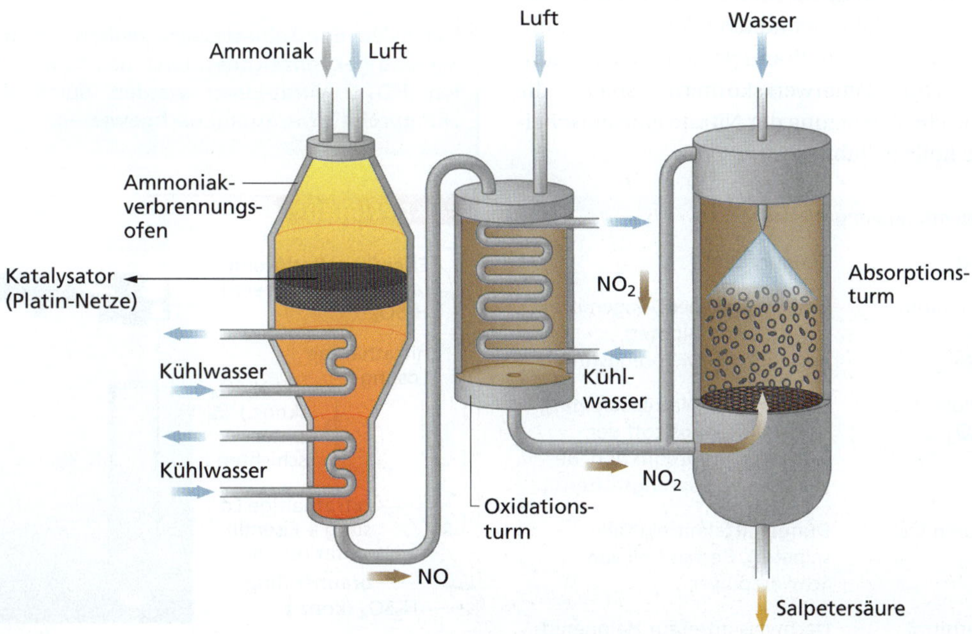


1 Herstellung von Salpetersäure nach dem Ostwald-Verfahren

## Nitrate

Nitrate sind **Salze der Salpetersäure.** Neben positiv geladenen Ionen ($Me^{n+}$, $NH_4^+$) enthalten sie daher **Nitrat-Ionen ($NO_3^-$).** Diese Salze bilden sich bei der Reaktion von verdünnter Salpetersäure mit unedlen Metallen, Metalloxiden oder basischen Lösungen, u. a. auch bei der Reaktion mit Ammoniaklösung.
(Gleichungen vereinfacht nach ARRHENIUS)

$$2\,Mg + 2\,H^+_{(aq)} + 2\,NO_3^-{}_{(aq)} \longrightarrow Mg^{2+}_{(aq)} + 2\,NO_3^-{}_{(aq)} + H_2$$

$$ZnO + 2\,H^+_{(aq)} + 2\,NO_3^-{}_{(aq)} \longrightarrow Zn^{2+}_{(aq)} + 2\,NO_3^-{}_{(aq)} + H_2O$$

$$NH_4^+{}_{(aq)} + OH^-_{(aq)} + H^+_{(aq)} + NO_3^-{}_{(aq)} \longrightarrow NH_4^+{}_{(aq)} + NO_3^-{}_{(aq)} + H_2O$$

Nitrate werden thermisch zersetzt. Dabei wird Sauerstoff frei.

$$2\,KNO_3 \xrightarrow{\text{Wärme}} 2\,KNO_2 + O_2$$

Deshalb wirken die meisten Nitrate stark oxidierend. In der Nähe befindliche, leicht entzündliche Stoffe können in Brand geraten. Bei der Zündung von Feuerwerkskörpern spielt die thermische Zersetzung der Nitrate eine entscheidende Rolle (s. Tab.).

**Verwendung einiger Nitrate**

| Nitrat | Verwendung |
|---|---|
| Ammoniumnitrat $NH_4NO_3$ | Bestandteil eines Düngemittels (Kalkammonsalpeter), Bestandteil von Sprengstoffen |
| Natriumnitrat $NaNO_3$ | Düngemittel (Natronsalpeter), früher Ausgangsstoff der Salpetersäureproduktion, Bestandteil von Sprengstoffen |
| Kaliumnitrat $KNO_3$ | Düngemittelmittel (Kalisalpeter), Bestandteil von Schwarzpulver |
| Silbernitrat $AgNO_3$ | Nachweismittel für Halogenid-Ionen |

Nitrate sind sehr gut in Wasser löslich.

$$KNO_3 \underset{-H_2O}{\overset{+H_2O}{\rightleftarrows}} K^+_{(aq)} + NO_3^-{}_{(aq)}$$

$$NH_4NO_3 \underset{-H_2O}{\overset{+H_2O}{\rightleftarrows}} NH_4^+{}_{(aq)} + NO_3^-{}_{(aq)}$$

Daher besitzen sie gute Voraussetzungen, um von den Pflanzen über die Wurzeln aufgenommen zu werden. Nitrathaltige Düngemittel werden regelmäßig eingesetzt, um den Stickstoffbedarf der Pflanzen zu decken.

Aufgrund der guten Löslichkeit von Nitraten kann man Nitrat-Ionen nicht durch Fällungsreaktionen nachweisen. Für den **qualitativen Nachweis** versetzt man eine Testlösung mit angesäuerter Eisen(II)-sulfatlösung und unterschichtet das Gemisch mit konzentrierter Schwefelsäure. Bei Anwesenheit von Nitrat-Ionen bildet sich an der Grenzfläche ein charakteristischer brauner Ring („Ringprobe“ – s. Abb. 1).

**Die Salze der Salpetersäure heißen Nitrate. Sie sind gekennzeichnet durch das Säurerest-Ion $NO_3^-$. Nitrat-Ionen werden durch die „Ringprobe“ (Nitratring) nachgewiesen.**

**S Experiment**

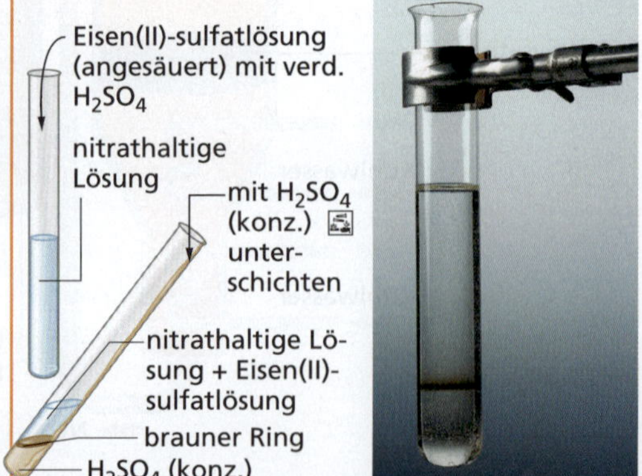


1 Nachweis für Nitrat-Ionen

## Chemie in Natur und Technik

### Begrenzender Faktor Stickstoff

Im Mittelalter betrieb man die Dreifelderwirtschaft. Diese wurde durch gut geplante Fruchtfolgen, die den Anbau von Klee und Luzerne einschlossen, noch verbessert.

Mit der Zunahme der Bevölkerungsdichte wurde die landwirtschaftliche Nutzung notwendigerweise intensiviert. Zu Beginn des 19. Jahrhunderts sanken die Ernteerträge rapide. Viele Wissenschaftler versuchten, das Problem zu lösen. Der Chemiker Justus Freiherr von Liebig (1803–1873) entdeckte durch Experimente die Ursache.

*Stelle die Ergebnisse aus Liebigs Forschung und die Konsequenzen für die Landwirtschaft dar!*

In seinem 1840 veröffentlichten Werk „Die organische Chemie und ihre Anwendung auf Agricultur und Physiologie“ wies er als erster nach, dass sich grüne Pflanzen ausschließlich von anorganischen Stoffen ernähren.
Er machte deutlich, dass die Nährstoffe, die dem Boden durch Ernten entzogen werden, wieder zugeführt werden müssen, sollte er nicht an Nährstoffen total verarmen.
Er empfahl, das Defizit nicht nur durch organische (Stallmist, Gründüngung), sondern auch durch mineralische Dünger zu decken.

Aus seinen Düngeversuchen mit Mineralstoffen erkannte er, dass Düngesalze relativ gut in Wasser löslich sein müssen, um einen Einfluss auf das Pflanzenwachstum zu haben. Er stellte fest, dass die Salze trotzdem nicht sofort in tiefere Bodenschichten ausgewaschen werden, weil sie von den Bodenteilchen gebunden werden.

Besonders wesentlich war die Erkenntnis, dass die erhöhte Zugabe eines bestimmten Nährstoffes keine Auswirkungen auf den Ertrag hat, wenn nicht alle Nährstoffe in ausreichendem Maße zur Verfügung stehen.
Aus diesen Ergebnissen formulierte er das **Gesetz des Minimums.** Es besagt, dass stets der im Boden am geringsten vorhandene Nährstoff die Höhe des Ernteertrages bestimmt. Das Gesetz wird oft durch die „Minimumtonne“ verdeutlicht, bei der die kürzeste Daube den Nährstoff mit der geringsten Konzentration symbolisiert.

Die Erkenntnisse Liebigs haben auch heute noch Gültigkeit. Wir wissen, dass Pflanzen größere Mengen der Elemente Kalium, Phosphor und Stickstoff zum Aufbau körpereigener Substanz benötigen.
Besonders das Element Stickstoff ist häufig nicht in ausreichendem Maße im Boden vorhanden. Daher beeinflussen stickstoffhaltige Mineraldünger den Wuchs der Pflanzen positiv.
Allerdings muss der wirkliche Bedarf durch eine genaue Bodenanalyse ermittelt werden, um Überdüngung zu vermeiden.

2 Düngung mit Mineraldünger

## Düngemittel und Wasserqualität

Überdüngung kann zur Verschlechterung der Wasserqualität führen, besonders dann, wenn es sich um stickstoff- und phosphorhaltige Düngemittel handelt. Oft wird in dem Zusammenhang von der Verminderung des Sauerstoffgehalts gesprochen.
Andererseits steigt durch den Düngereintrag das Wachstum der pflanzlichen Organismen. Diese wiederum geben Sauerstoff, der bei der Fotosynthese entsteht, an die Umgebung ab.
*Erkläre, warum besonders phosphor- und stickstoffhaltige Einträge zu erhöhtem Pflanzenwachstum führen!*
*Stelle dar, warum ein erhöhtes Wachstum zu Sauerstoffmangel in dem Gewässer führen kann!*

Stickstoff und Phosphor sind oft die Elemente, die in natürlichen Systemen nicht in ausreichendem Maße vorhanden sind und damit das Wachstum der Pflanzen begrenzen (Abb. 1).
Nach dem Gesetz vom Minimum bestimmt der am wenigsten vorhandene Nährstoff das Wachstum der Pflanzen. Daher führt ein Eintrag an stickstoff- und phosphorhaltigen Mineralsalzen zu einem erhöhten Pflanzenwachstum. Dabei vermehren sich die Algen besonders schnell. Schon diese Algenblüte führt zur Verschlechterung der Wasserqualität, denn die Sichttiefe in diesem Gewässer nimmt ab.

Algen bilden die Nahrungsgrundlage für die Tiere des Gewässers. Ihre Anzahl steigt durch das hohe Nahrungsangebot. Der Eintrag der Düngemittel führt zur Erhöhung der Biomasse (Algen, Tiere). Diese Biomasse sinkt, wenn sie abgestorben ist, zu Boden und wird von Mikroorganismen (Destruenten) abgebaut.
Normalerweise bilden diese unter Sauerstoffverbrauch aus dem organischen Material wieder anorganische Stoffe. Je mehr Biomasse anfällt, desto mehr Sauerstoff wird verbraucht. Solange ein ständiger Austausch mit der Oberfläche erfolgt und der Sauerstoffvorrat ständig ergänzt werden kann, ist der Abbau auf diese Art und Weise möglich.

1 Natürliches Gewässer mit einem geringen Nährstoffgehalt – die Biomasse ist gering

In tiefen Seen bilden sich jedoch Schichten heraus. Ursache dafür ist die Dichteanomalie des Wassers. Das Wasser am Gewässergrund kann sich nicht mehr mit dem Oberflächenwasser vermischen. Dadurch gelangt kein Sauerstoff mehr in diese Wasserschicht (Abb. 2). Fällt nun eine große Menge an abgestorbener organischer Substanz an, ist der Vorrat an Sauerstoff in der Tiefe bald aufgebraucht. Da dort infolge des Lichtmangels auch keine grünen Pflanzen existieren und kein Sauerstoff abgegeben werden kann, herrscht in dieser Schicht wirklich Sauerstoffmangel.
Unter Sauerstoffmangel wirken andere, so genannte anaerobe Bakterien, am Abbau mit. Faulschlamm entsteht. Am Gewässergrund bilden sich giftige Stoffe wie Ammoniak, Schwefelwasserstoff und Methan. Durch Diffusion gelangen sie auch in obere Wasserschichten. Nimmt ihre Menge zu, kann sich die Wasserqualität so stark verschlechtern, dass die Organismen im Gewässer geschädigt werden oder das Gewässer „umkippt" (keine Selbstreinigung mehr möglich.

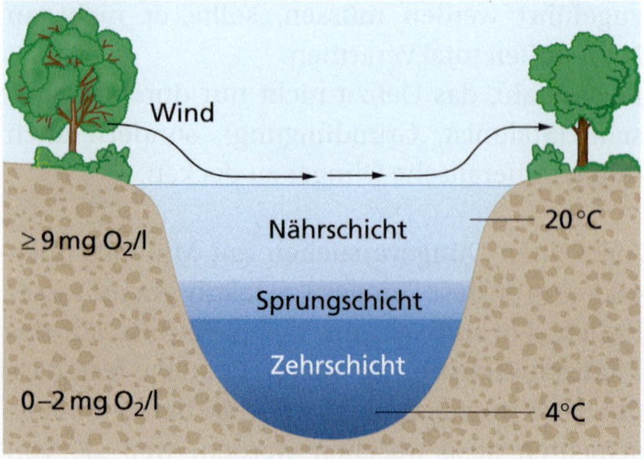


2 Sommerschichtung in einem tiefen Gewässer

## S Nitrat im Salat

Gemüsesalate decken den Vitamin- und Mineralstoffbedarf unseres Körpers und enthalten außerdem notwendige Ballaststoffe.
Trotzdem wird z. B. davor gewarnt, Salat von überdüngten Böden in größeren Mengen zu verzehren, da sie zu viele Nitrate enthalten könnten.
*Welche Wirkung haben Nitrate auf den Organismus und wie können sie in den Lebensmitteln nachgewiesen werden?*

Ist das Angebot an Nitraten durch hohe Düngergaben sehr groß, kann es in den Blättern nicht sofort vollständig in stickstoffhaltige pflanzliche Stoffe, wie Aminosäuren, umgewandelt werden.
Die direkte negative Wirkung von Nitraten auf den menschlichen Körper ist nicht so groß. Erst ab einer Aufnahme von mehr als 2 g pro Tag treten Übelkeit, Erbrechen und Durchfall auf.
Gefährlicher ist die Umwandlung zu Nitriten, die durch Mikroorganismen erfolgen kann. Diese Bakterien siedeln sich an und vermehren sich, wenn Gemüse zu warm gelagert wird. Außerdem wandeln auch Bakterien im Mund und im Darm Nitrat-Ionen in Nitrit-Ionen um. Nitrite beeinträchtigen die Sauerstoffbindung in den roten Blutkörperchen. Besonders gefährdet sind Säuglinge und Kleinkinder.
Zudem können sich Nitrosamine bilden. Sie entstehen durch die Reaktion von Nitriten und Aminen im sauren Milieu. Nitrosamine gelten als stark Krebs erregend. Deshalb gibt es Grenzwerte für den Nitratgehalt in Lebensmitteln. Dieser Grenzwert liegt für Kopfsalat bei 3000 mg/kg.

Um Kopfsalat auf Nitrat zu testen, werden die Blätter gründlich gewaschen und eine Probe von 10 g Pflanzenmaterial entnommen. Dieses Pflanzenmaterial wird zerkleinert und püriert und mit 100 ml destilliertem Wasser verrührt. Nach 20 min kann man das Ganze über einen Kohlefilter abfiltrieren. Das Filtrat wird mit Teststreifen auf Nitrat-Ionen geprüft.

## Lötstein = Ammoniumchlorid

Wer schon einmal mit einem Lötkolben gearbeitet hat, hat sicher bemerkt, dass sich dieser bei mehrmaligem Gebrauch mit einer schwarzen Oxidschicht an der Spitze überzieht. Dadurch wird die Funktionsfähigkeit des Lötkolbens eingeschränkt. Er muss gesäubert werden.
Zum Säubern benutzt man einen Lötstein. Legt man den heißen Lötkolben auf diesen Lötstein, kann man den typischen Ammoniakgeruch wahrnehmen.
*Wie kommt es zur Reinigung des Lötkolbens und welche Funktion hat Ammoniak dabei?*

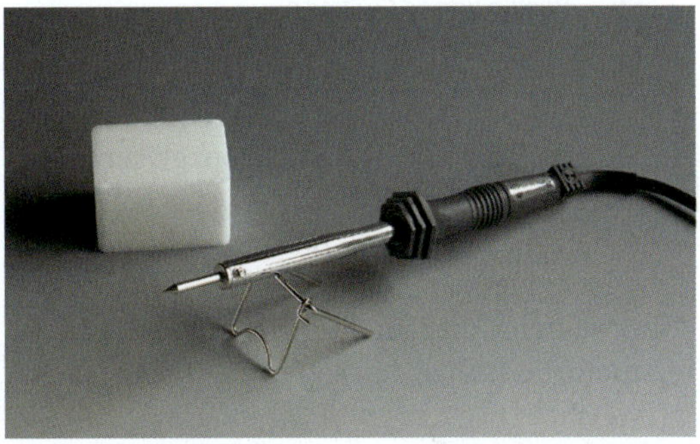

Der Lötkolben besteht aus Kupfer. Bei dem schwarzen Belag handelt es sich um Kupfer(II)-oxid.
Um diese Oxidschicht zu entfernen, setzt man den Lötkolben auf den Lötstein auf. Der Lötstein besteht aus Ammoniumchlorid. Durch die Hitze des Lötkolbens wird das Salz thermisch zersetzt.

$$NH_4Cl \longrightarrow NH_3\uparrow + HCl\uparrow$$

Ammoniak ist gasförmig und verfliegt Der charakteristische Geruch kann wahrgenommen werden. Für die Funktion des Lötsteins hat Ammoniak jedoch keine unmittelbare Bedeutung.
Entscheidend ist Chlorwasserstoff. Dieser Stoff reagiert mit dem Kupfer(II)-oxid.

$$CuO + 2\,HCl_{(g)} \longrightarrow CuCl_2 + H_2O_{(g)}$$

Das gebildete Salz (Kupfer(II)-chlorid) bleibt auf dem Lötstein zurück.

## gewusst · gekonnt

**1.** Vervollständige dein Glossar!

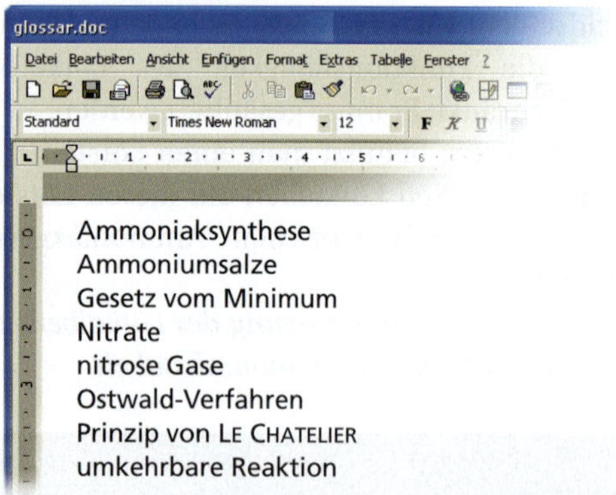


**2.** S Du erhältst vom Lehrer Reagenzgläser mit farblosen Gasen (je 3 pro Gas). Du sollst zwischen Stickstoff und Kohlenstoffdioxid unterscheiden.
Beschreibe die Durchführung des Experiments! Erbringe den experimentellen Nachweis!

**3.** Stickstoff findet in der Lebensmittelindustrie Verwendung.
Erläutere Einsatzmöglichkeiten!

**4.** Beim Einatmen gelangt auch Stickstoff in die menschliche Lunge. Beschreibe, was mit dem Stickstoff in der menschlichen Lunge passiert! Informiere dich!

**5.** Begründe, warum Stickstoff und Sauerstoff unter normalen Bedingungen nicht miteinander reagieren!

**6.** Entwickle die chemischen Gleichungen für die Reaktionen folgender Stoffe:
- Ammoniak mit Wasser,
- Chlorwasserstoff mit Wasser,
- Ammoniak mit Chlorwasserstoff,
- Ammoniumchlorid mit Natriumhydroxidlösung!

Bestimme jeweils die Reaktionsart!

**7.** Übertrage die Tabelle in dein Heft! Vergleiche Stickstoff, Sauerstoff und Wasserstoff miteinander! Ergänze die Tabelle! Welche Verwendungsmöglichkeiten der Gase kannst du aus diesem Vergleich ableiten?

| Eigenschaft | $N_2$ | $O_2$ | $H_2$ |
|---|---|---|---|
| Dichte im Vergleich zur Luft | | | |
| Löslichkeit in Wasser | | | |
| Brennbarkeit | | | |
| Unterhalten der Verbrennung | | | |
| Nachweismöglichkeit | | | |
| Vorkommen | | | |

**8.** Vergleiche den Bau des Ammoniakmoleküls mit dem des Ammonium-Ions!

Ammoniak 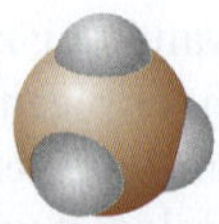 Ammonium-Ion 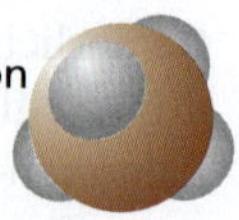

**9.** Beschreibe die Wirkung von Ammoniaklösung und Chlorwasserstofflösung auf Universalindikatorlösung!
Worauf ist die Wirkung jeweils zurückzuführen? Nutze zur Beantwortung die chemische Zeichensprache!

**10.** Normalerweise fließt Wasser von oben nach unten. Demonstriert der Lehrer den Ammoniakspringbrunnen, muss das Wasser von unten nach oben steigen.
Erkläre, weshalb das Wasser im Rohr aufsteigt!
Erläutere die ablaufenden Prozesse! Notiere die chemische Reaktionsgleichung!

**11.** Für das Springbrunnenexperiment muss Ammoniak aufgefangen werden.
Welche Auffangmethode würdest du vorschlagen? Begründe deine Antwort!

**12.** Ammonium-Ionen verhalten sich chemisch ähnlich wie Metall-Ionen.
Stimmt diese Aussage? Begründe deine Antwort!

***13.** Erläutere die technische Ammoniaksynthese! Warum liegt die Ausbeute nur bei 17 bis 19 %? Gib Gründe für die Wahl der Reaktionsbedingungen an!

**14.** Berechne das Volumen Ammoniak, das entsteht, wenn 2 $m^3$ Stickstoff mit dem entsprechenden Volumen Wasserstoff reagieren (die Ausbeute liegt bei 19 %)!

**15.** Gib die Namen und Formeln für vier Ammoniumsalze an!
Durch welche gemeinsamen Eigenschaften sind diese Stoffe gekennzeichnet?

**16.** Konzentrierte Salzsäure wird in die Nähe von konzentrierter Ammoniaklösung gebracht. Ein weißer Rauch entsteht.
Erläutere, wie dieser Rauch zustande kommt, und gib die Wort- und Reaktionsgleichung für die ablaufende chemische Reaktion an!

**17.** S Erhitze Hirschhornsalz und überprüfe das aufsteigende Gas mit angefeuchtetem Unitestpapier. Werte das Experiment aus!

**18.** Gib an, unter welchen Bedingungen die Ausbeute an Ammoniak am größten ist (Angaben in Vol%)! Nutze die Tabelle!

**19.** Ammoniumsalzlösungen entstehen, wenn Säurelösungen mit Ammoniak oder Ammoniaklösung reagieren. Nenne mögliche Ausgangsstoffe für die Bildung folgender Salze und notiere jeweils eine entsprechende Reaktionsgleichung!
a) Ammoniumsulfat,
b) Ammoniumphosphat,
c) Ammoniumnitrat

***20.** Durch den Lehrer wird ein Experiment demonstriert (Abb.).
Erkläre die Beobachtungen!

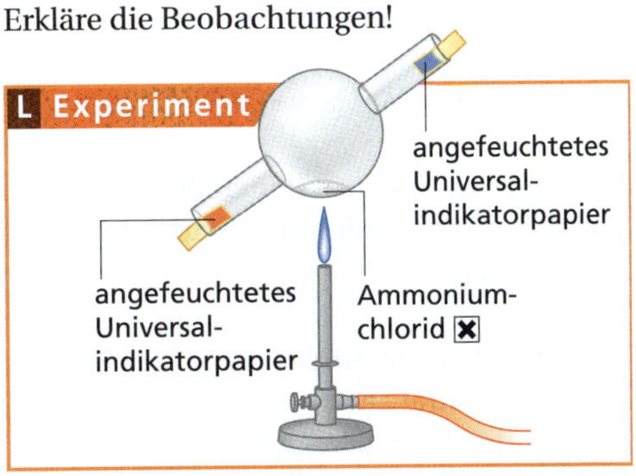


**21.** S Vom Lehrer werden drei kristalline Stoffe bereitgestellt. Es soll geprüft werden, welche dieser drei Stoffproben Ammonium-Ionen enthält.
Beschreibe das Vorgehen und erläutere die Ergebnisse!

**22.** Stickstoffdioxid und Stickstoffmonooxid sind Oxide des Stickstoffs. Informiere dich über weitere Oxide im Internet!

| Druck / Temperatur | 100 bar | | 300 bar | | 600 bar | |
|---|---|---|---|---|---|---|
| | $N_2/H_2$ | $NH_3$ | $N_2/H_2$ | $NH_3$ | $N_2/H_2$ | $NH_3$ |
| 200 °C | 18,5 | 81,5 | 10 | 90 | 5 | 95 |
| 300 °C | 48 | 52 | 29 | 71 | 16 | 84 |
| 400 °C | 75 | 25 | 52 | 47 | 35 | 65 |
| 500 °C | 89 | 11 | 73 | 27 | 58 | 42 |
| 600 °C | 95 | 5 | 86 | 14 | 77 | 23 |

**23.** Der $NO_x$-Anteil im Verbrennungsmotor sinkt bei niedrigen Temperaturen.
Diskutiere unter diesem Aspekt die Forderung nach einem Tempolimit!

**24.** Informiere dich über Möglichkeiten einer Entstickung von Rauchgasen in Kraftwerken.

**25.** Ein Juwelier prüft Schmuckgegenstände, indem er diese mit Scheidewasser (konzentrierte Salpetersäure) benetzt.
Worauf kann der Juwelier durch seine Beobachtungen schließen?

**26.** Beschreibe das OSTWALD-Verfahren!

**27.** Vergleiche die Reaktionen der konzentrierten und der verdünnten Salpetersäure mit Metallen!

**28.** S In einem Reagenzglas wird eine kleine Probe Kaliumnitrat erhitzt und mit einem glimmenden Holzspan geprüft.
Beschreibe deine Beobachtungen! Erkläre das Phänomen und stelle eine Reaktionsgleichung auf!

**29.** Erkläre, wie es bei Gewittern zur Bildung von Salpetersäure kommen kann!

**30.** Ammoniumnitrat wird am einfachsten durch Einleiten von Ammoniak in ca. 40%ige Salpetersäure hergestellt.
Stelle für diese Reaktion die chemische Gleichung auf! Erläutere diese Reaktion anhand von Teilgleichungen!

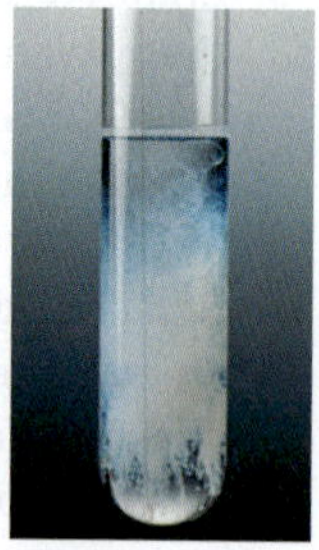

**31.** Silbernitratlösung ist als Nachweisreagenz für Halogenid-Ionen bekannt. Beschreibe diesen Nachweis! Entwickle und interpretiere die chemische Gleichung in Ionenschreibweise!

**32.** Chilesalpeter enthält Natriumnitrat.
Gib verschiedene Möglichkeiten der Bildung von Natriumnitrat in Form von chemischen Gleichungen an!
Bestimme die Reaktionsarten!

**33.** Vergleiche den prozentualen Stickstoffgehalt in einem Kilogramm Kaliumnitrat und in einem Kilogramm Ammoniumnitrat! Welche Masse Stickstoff ist jeweils in einem Kilogramm enthalten?

**34.** Es sollen 200 ml Silbernitratlösung der Stoffmengenkonzentration $c = 0{,}5\ mol \cdot l^{-1}$ hergestellt werden. Welche Masse festes Silbernitrat ist zu verwenden?

**35.** Der Sicherheitssprengstoff Donarit enthält einen Massenanteil von 55 % Ammoniumnitrat. Bei explosionsartigem Zerfall entstehen Stickstoff, Sauerstoff und Wasserdampf.
a) Entwickle die Reaktionsgleichung für den Zerfall des Ammoniumnitrats!
b) Welche Masse Ammoniumnitrat ist in 2,5 kg des genannten Sprengstoffes enthalten?
c) Berechne das Volumen aller gasförmigen Stoffe, die bei der Explosion von 0,5 t Sprengstoff entstehen!

**36.** Nenne Hauptquellen der Stickstoffoxidbelastung der Luft!

**37.** Erläutere, wie molekularer Stickstoff in der Natur in stickstoffhaltige Nährsalz-Ionen umgewandelt werden kann!

**38.** Informiere dich darüber, welche organischen Stoffe das Element Stickstoff enthalten! Ermittle einige Formelbeispiele!

***39.** Man kann manchmal die Meinung hören, dass Pflanzen nach einem Gewitter besonders gut wachsen. Besteht da wirklich ein Zusammenhang? Bewerte die Aussage!

**40.** Spinat gilt als gesundes Lebensmittel. Trotzdem gibt es auch warnende Stimmen. Nach ihren Aussagen kann zu viel Spinat gesundheitsschädlich sein, wenn er von überdüngten Feldern stammt.
Erläutere den Zusammenhang!

**41.** Informiere dich im Internet über die Zusammensetzung und den Einsatz von Sprengstoffen!
Nutze z. B. www.schuelerlexikon.de!

***42.** Bereite einen Vortrag zum Stickstoffkreislauf in der Natur und unter Einfluss des Menschen vor! Diskutiere in diesem Zusammenhang den Einsatz mineralischer Düngemittel in der Landwirtschaft!

**43.** a) Stelle einige Stickstoffdünger zusammen! Welche stickstoffhaltigen Ionen sind in ihnen vorhanden?
b) Untersuche Kalkammonsalpeter! Weise Ammonium-Ionen und Nitrat-Ionen nach! Erarbeite einen Plan für das Vorgehen! Erläutere die Nachweisreaktionen!

**44.** Erläutere, wie Nitrate in Gewässer gelangen und welche Folgen sich ergeben können!

**45.** Erläutere das folgende Schema und entwickle die Reaktionsgleichungen!

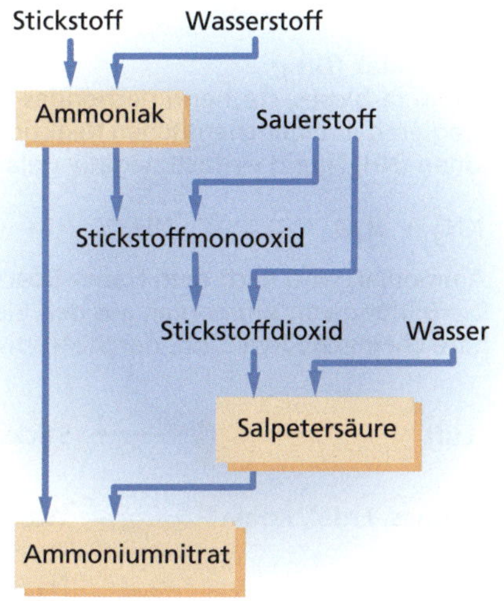


**46.** Häufig wird die Gründüngung zur Erhöhung der Bodenfruchtbarkeit angewendet. Dafür sät man z. B. Wicken (Abb.) aus. Die Pflanzen werden zu diesem Zweck nicht geerntet, sondern untergepflügt.
Erläutere, welchen Nutzen diese Verfahrensweise hat!

## Stickstoff und Stickstoffverbindungen

Stickstoff ($N_2$) ist ein farbloses, geruchloses Gas, dessen Moleküle aus zwei Stickstoffatomen bestehen. Das Gas ist nicht brennbar und unterhält die Verbrennung nicht, sondern wirkt erstickend auf die Flamme.

### Verbindungen des Stickstoffs

**Ammoniak ($NH_3$)**
ist ein farbloses, stechend riechendes und giftiges Gas. Ammoniak und Wasser reagieren in einer chemischen Reaktion zu einfach positiv geladenen Ammonium-Ionen ($NH_4^+$) und einfach negativ geladenen Hydroxid-Ionen ($OH^-$).

$$NH_3 + H_2O \rightleftharpoons NH_4^+{}_{(aq)} + OH^-{}_{(aq)}$$

Ammoniak wird nach dem **Haber-Bosch-Verfahren** gewonnen. Die Bildung von Ammoniak aus den Elementen ist eine umkehrbare chemische Reaktion, der Stoffumsatz erfolgt unvollständig.

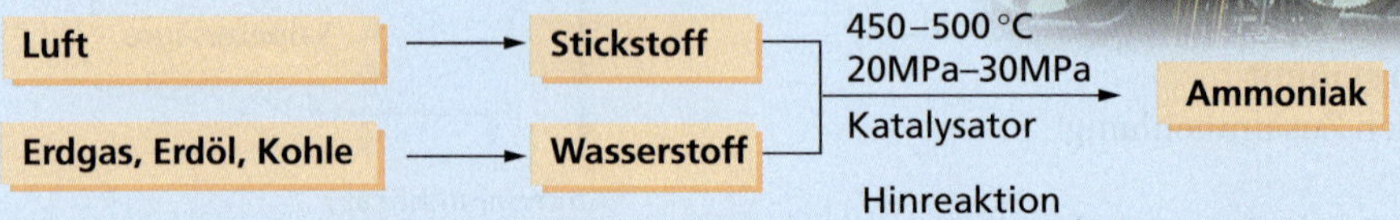


$$N_2 + 3H_2 \underset{\text{Rückreaktion}}{\overset{\text{Hinreaktion}}{\rightleftharpoons}} 2NH_3; \quad Q = -nkJ$$

**Oxide des Stickstoffs:** z. B. Stickstoffmonooxid (NO), Stickstoffdioxid ($NO_2$)

**Salpetersäure ($HNO_3$):**
Verdünnte Salpetersäure reagiert mit unedlen Metallen, mit Metalloxiden und Hydroxiden zu **Nitraten.**
**Beispiel:** Reaktion mit Zink (vereinfacht nach ARRHENIUS)

$$Zn + 2H^+{}_{(aq)} + 2NO_3^-{}_{(aq)} \longrightarrow Zn^{2+}{}_{(aq)} + 2NO_3^-{}_{(aq)} + H_2\uparrow$$

Konzentrierte Salpetersäure reagiert auch mit Kupfer und Silber zu Nitraten und nitrosen Gasen. Sie ist ein starkes Oxidationsmittel (Reaktion vereinfacht nach ARRHENIUS).

$$Cu + 4H^+{}_{(aq)} + 4NO_3^-{}_{(aq)} \longrightarrow Cu^{2+}{}_{(aq)} + 2NO_3^-{}_{(aq)} + 2H_2O + 2NO_2$$

Herstellung von Sapetersäure im **Ostwald-Verfahren:**

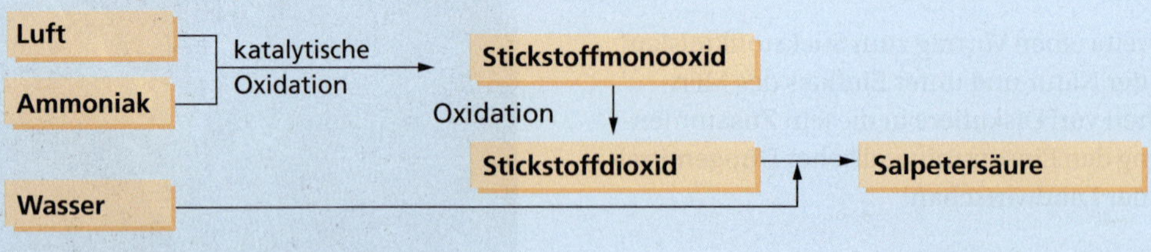


**Nachweis von Ionen**

| Substanz mit | Nachweismittel | Beobachtung |
|---|---|---|
| $NH_4^+$-Ionen | NaOH-Lösung, Indikator | Entwicklung von Ammoniak, angefeuchtetes Universalindikatorpapier färbt sich blau |
| $NO_3^-$-Ionen | Eisen(II)-sulfatlösung, konz. und verd. $H_2SO_4$ | brauner Ring |

# 12 Schwefel- und Schwefelverbindungen

**Giftig und doch wichtig**
Getrocknetes Obst wird oft zusätzlich „geschwefelt“, um es haltbarer zu machen, ebenso Weinfässer vor ihrer Benutzung.
*Was bedeutet „schwefeln“?*

**Luftqualität im Visier**
Jährlich werden Berichte über die Luftqualität in den Bundesländern herausgegeben.
Über das Telefon oder den Computer kann man aktuelle Werte erfragen. Neben Daten über die Verschmutzung durch Ruß erfährt man u.a. den derzeitigen Anteil an Schwefeldioxid in der Luft.
*Welche Wirkung hat Schwefeldioxid in der Atmosphäre? Warum wird das Abgas „entschwefelt“?*

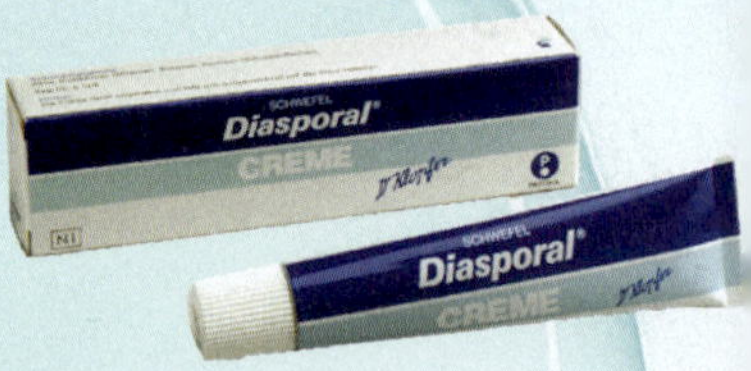


**Heilmittel Schwefel**
Schwefel wird seit langem zur Therapie verschiedener Krankheiten herangezogen wird.
Es ist bekannt, dass Schwefel in Gesichtswässern und in Heilsalben (Abb.) enthalten ist. Sie dienen zur Desinfektion und leisten bei unreiner Haut gute Dienste.
*Welche Eigenschaften weist Schwefel auf?*
*Welche Bedeutung hat dieser Stoff?*

# Vom Schwefel zur Schwefelsäure

## Schwefel

### *Eigenschaften und Bau*

Schwefel ist den Menschen seit langer Zeit bekannt, weil er auch elementar vorkommt und durch seine Färbung auffällt. Er wurde bereits von HOMER erwähnt. Besonders in Gegenden vulkanischen Ursprungs ist Schwefel zu finden.
Schwefel ist ein Nichtmetall. Es existieren zwei Kristallformen (monokliner und rhombischer Schwefel).

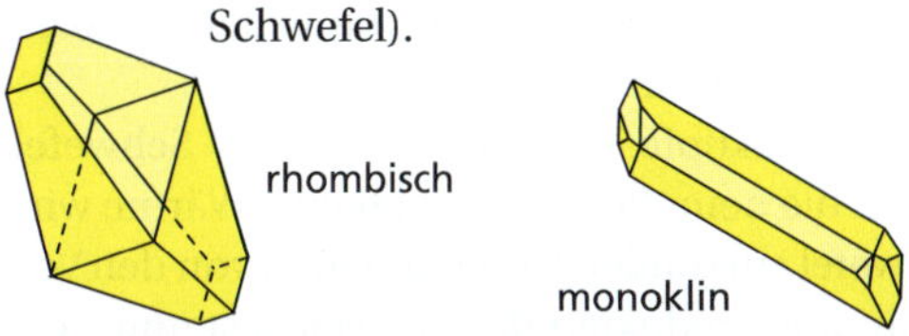


Sowohl der monokline als auch der rhombische Schwefel sind unter Normbedingungen aus Molekülen aufgebaut. Diese **Moleküle** bestehen aus **acht ringförmig verbundenen Schwefelatomen.** Die Atome im Molekül sind so angeordnet, dass sie die Form einer Krone bilden.

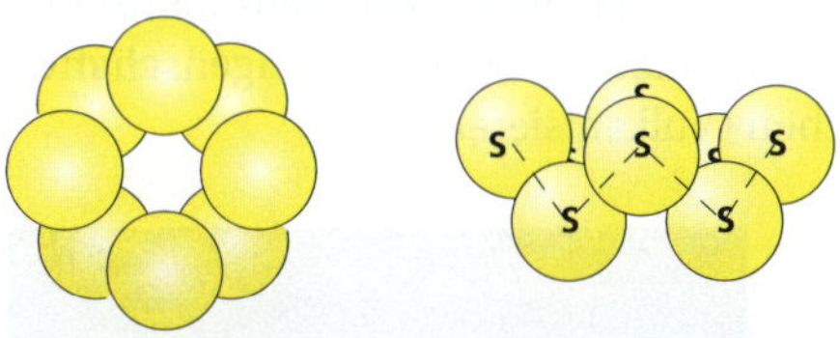

Da die Moleküle nur aus Atomen einer Atomsorte bestehen, ist Schwefel eine Elementsubstanz.
Die **Formel** für diese Moleküle lautet $\mathbf{S_8}$. Der Einfachheit halber verwendet man aber in chemischen Reaktionsgleichungen häufig nur das **Symbol** von Schwefel **(S)**.
Bei 113 °C schmilzt der rhombische Schwefel. Er verwandelt sich in eine dünnflüssige, honiggelbe Schmelze. Bei weiterer Erwärmung färbt sich die Schmelze zunehmend braun und wird zähflüssig. Ab etwa 400 °C ist sie wieder relativ dünnflüssig und bildet bei einer Temperatur von 444 °C rotbraune Schwefeldämpfe, die beim Abkühlen (z. B. an einer kalten Reagenzglaswand) fein verteilten festen, gelben Schwefel bilden (Abb. 1).

**STECKBRIEF: Schwefel ($S_8$)**

**Eigenschaften:** gelber, geruchloser Feststoff, brennt mit blauer Flamme, nicht elektrisch leitfähig, nicht wasserlöslich

| | |
|---|---|
| Dichte: | 2,07 g · cm$^{-3}$ (rhombisch), 1,96 g · cm$^{-3}$ (monoklin) (jeweils bei 25 °C) |
| Schmelztemperatur: | 113 °C (rhombisch), 119 °C (monoklin) |
| Siedetemperatur: | 444 °C |
| **Entdeckung:** | ca. 5000 v. Chr. |

**Schwefel ist ein Nichtmetall. Es existieren zwei Kristallformen (monoklin und rhombisch). Sie sind aus achtatomigen Molekülen aufgebaut.**

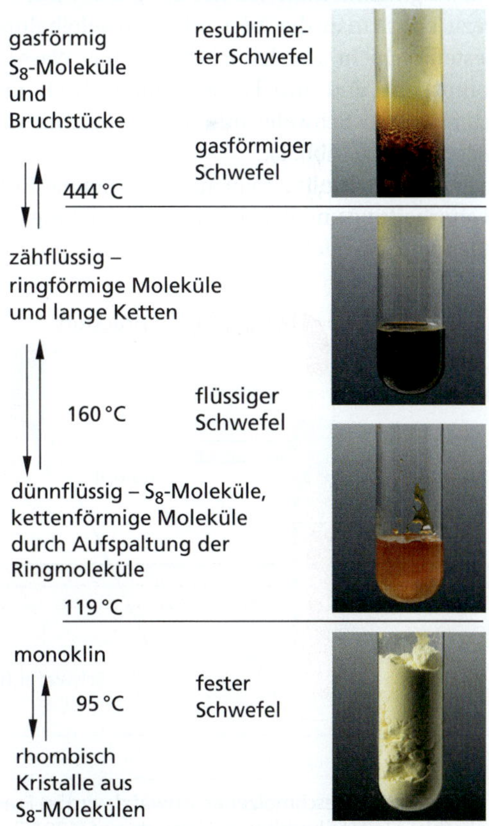


**1** Verhalten des Schwefels beim Erhitzen

### *Vorkommen und Abbau des Schwefels*

Schwefel ist zu 0,048% am Aufbau der Erdkruste beteiligt. Er kommt elementar und in chemischen Verbindungen vor. Besonders in Italien (Sizilien), Nordamerika (Lousiana und Texas), Polen und Japan werden größere Mengen Schwefel abgebaut.

Auf Java wird auch heute noch elementarer Schwefel in vulkanischen Gebieten gewonnen. Dazu klettern Schwefelträger in Vulkankrater, in denen der Schwefeldampf kondensiert und zu reinem Schwefel erstarrt.

Der elementar vorkommende Schwefel wird ansonsten im Tagebau gewonnen oder aus schwefelhaltigem Gestein herausgeschmolzen. Dabei hat das Frasch-Verfahren herausragende Bedeutung, weil die Gewinnung von elementarem Schwefel aus Schwefelerzen ohne vorausgehenden bergmännischen Abbau ermöglicht wird.

Dazu bohrt man die Ader oder schwefelhaltige Gesteinsschicht an, leitet überhitzten Wasserdampf ein und drückt den unterirdisch geschmolzenen Schwefel mittels Pressluft an die Erdoberfläche (Abb. 1).

In der Industrie nutzt man auch den bei der Erdölverarbeitung und Rauchgasentschwefelung anfallenden Schwefel.

### *Bedeutung des Schwefels*

Schwefel ist am Aufbau vieler Eiweiße beteiligt. Der menschliche Körper enthält etwa 175 g chemisch gebundenen Schwefel. Haare und Nägel beinhalten besonders viel von diesem Element.

In der chemischen Industrie wird Schwefel in großen Mengen zur Herstellung der technisch wichtigen Schwefelsäure benötigt.

Als fester, leicht entzündlicher Stoff ist Schwefel ein wesentlicher Bestandteil des von Berthold Schwarz um 1380 erfundenen Schwarzpulvers. Es wird noch heute in Zündschnüren genutzt und ist u. a. den Treibsätzen von Feuerwerkskörpern beigemischt.

Streichholzköpfe enthalten ebenfalls Schwefel. Durch die beim Reiben entstehende Wärme wird Schwefel entzündet. Unter anderem von den Verbrennungsprodukten des Schwefels stammt der typische Geruch, der beim Zünden eines Streichholzes entsteht. Schwefel wirkt schwach desinfizierend. Die Wirkung des Schwefels nutzt man, wenn Heilsalben fein verteilter Schwefel zugesetzt wird. Heute bekämpft man auch bestimmte Pflanzenschädlinge mit Schwefel.

Bei der Gummiherstellung wird dem Kautschuk Schwefel zugesetzt, um so bessere Eigenschaften zu erreichen (Vulkanisieren).

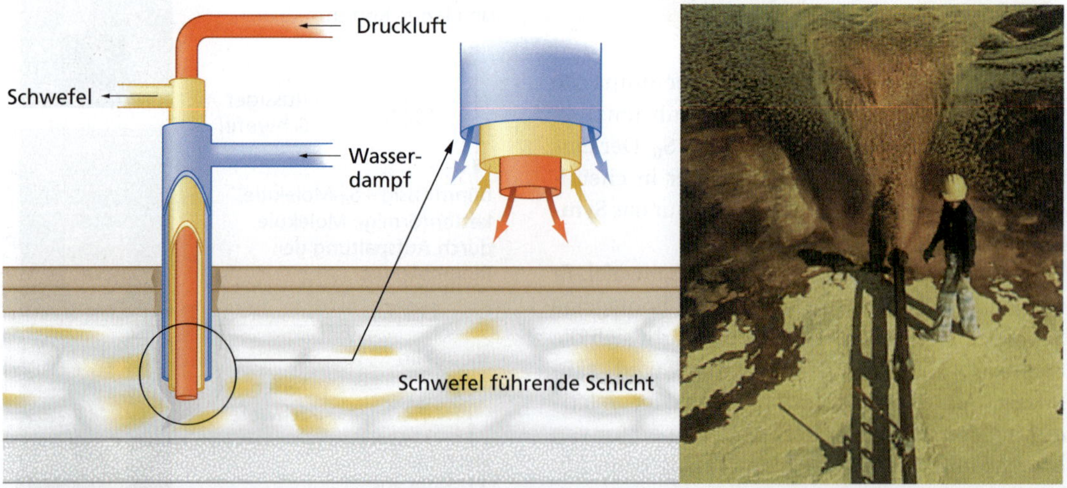


**1** Unterirdisch geschmolzener Schwefel wird im Frasch-Verfahren an die Oberfläche gefördert. Das äußere Rohr (blau) leitet überhitzten Wasserdampf (170 °C) in die Gesteinsschicht. Durch das innere Rohr (rot) strömt heiße Druckluft und befördert den flüssigen Schwefel durch das mittlere Rohr (gelb) nach oben.

## Schwefeldioxid – eine wichtige Schwefelverbindung

### *Bau und Eigenschaften*

Schwefeldioxid ist eine chemische Verbindung. Sie besteht aus **Molekülen**. Die Moleküle sind jeweils aus einem Schwefelatom und zwei Sauerstoffatomen zusammengesetzt, zwischen denen polare Atombindungen bestehen (s. S. 436).
Da die Anziehungskräfte zwischen den Molekülen sehr schwach sind, ist der Stoff bei Normbedingungen gasförmig. Der „stechende“ Geruch kommt durch die Reaktion von Schwefeldioxid mit der Feuchtigkeit der Schleimhäute zustande. Dabei entsteht die ätzende schweflige Säure (s. S. 169).

### *Vorkommen und Bildung*

In der Natur wird Schwefeldioxid u.a. bei Vulkanausbrüchen freigesetzt. Zudem entsteht es bei der Oxidation schwefelhaltiger fossiler Brennstoffe.
Zur technischen Gewinnung von Schwefeldioxid sind zwei Verfahren von Bedeutung. Bei der Oxidation von elementarem Schwefel erfolgt die Reaktion in speziellen Öfen mit Luft oder Sauerstoff.

$$S + O_2 \longrightarrow SO_2 \qquad Q = -nkJ$$

Bei dem zweiten Verfahren werden sulfidische Erze (Abb. 1) in Drehrohröfen geröstet. Dabei oxidiert sowohl das Metall des Erzes als auch der Schwefel.

$$4\,FeS_2 + 11\,O_2 \longrightarrow 2\,Fe_2O_3 + 8\,SO_2 \qquad Q = -nkJ$$

$$2\,Cu_2S + 4\,O_2 \longrightarrow 4\,CuO + 2\,SO_2 \qquad Q = -nkJ$$

### *Bedeutung*

Schwefeldioxid wirkt in der Umwelt als Luftschadstoff. Das Gas ist an der Ausbildung von Smog beteiligt. Durch die Verbindung mit Wasser bildet sich in der Atmosphäre zudem u.a. schweflige Säure, die den sauren Charakter des Regens verstärkt.

Schwefeldioxid wird in der chemischen Industrie allerdings gezielt hergestellt, um die technisch wichtige Schwefelsäure zu produzieren.
Das Gas selbst wird u.a. zur Desinfektion von Weinfässern („Schwefeln“) eingesetzt. Durch die Giftwirkung werden Mikroben abgetötet, die die Gärprozesse negativ beeinflussen. Trockenobst (Aprikosen, Pflaumen) wird ebenfalls durch „Schwefeln“ haltbar gemacht.

**STECKBRIEF: Schwefeldioxid $SO_2$**

**Eigenschaften:** farbloses, stechend riechendes Gas, sehr gut in Wasser löslich, giftig, wirkt bleichend

Dichte: 2,93 $g \cdot l^{-1}$
Schmelztemperatur: –76 °C
Siedetemperatur: –10 C.

**Das Nichtmetalloxid Schwefeldioxid ist aus Molekülen aufgebaut. Das Gas hat große technische Bedeutung, wirkt in der Umwelt jedoch als Luftschadstoff.**

**1** Pyrit ist ein schwefelhaltiges Mineral ($FeS_2$).

## Vom Schwefeloxid zur Schwefelsäure

### *Bildung von Schwefeltrioxid*

Der zweite Schritt zur technischen Gewinnung der Schwefelsäure ist die Oxidation von Schwefeldioxid zu Schwefeltrioxid im **Kontaktofen**. Sie wird bei einer Temperatur von 420 °C an einem festen Katalysator (Vanadium(V)-oxid) durchgeführt.
Diese Reaktion ist umkehrbar, besonders bei höheren Temperaturen.

$$2\,SO_2 + O_2 \xrightleftharpoons{V_2O_5} 2\,SO_3$$

Der Katalysator ermöglicht die Reaktion bei relativ niedriger Temperatur mit angemessener Geschwindigkeit. Trotzdem darf eine Temperatur von 420°C nicht unterschritten werden, da der Katalysator unterhalb dieser Temperatur unwirksam wird.
Die Kontaktöfen enthalten das Vanadium(V)-oxid fein verteilt auf mehreren Böden. Dadurch vergrößert sich die Oberfläche des Katalysators, das Gasgemisch aus Schwefeldioxid und Luft ($O_2$) kann so schneller zu Schwefeltrioxid reagieren. Die Verteilung des Katalysators auf mehreren Böden verhindert auch ein Aufheizen des Reaktionsapparates infolge der exotherm verlaufenden Oxidation des Schwefeldioxids. Das den Reaktionsapparat verlassende Gasgemisch muss gekühlt werden, damit das Reaktionsprodukt nicht in starkem Maße zerfällt. Dies erfolgt in **Wärmeaustauschern** (Gegenstromprinzip).

**STECKBRIEF: Schwefeltrioxid ($SO_3$)**

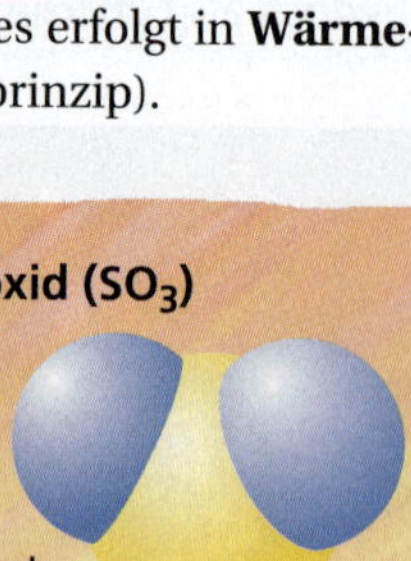

**Eigenschaften:** farblose, stark ätzende Flüssigkeit, unter 17 °C asbestartige Kristallnadeln, giftig, in Wasser löslich, hygroskopisch, bildet an der Luft weiße Nebel

| | |
|---|---|
| Dichte: | $2{,}75\,g \cdot l^{-1}$ |
| Schmelztemperatur: | 17 °C |
| Siedetemperatur: | 45°C |

### *Bildung der Schwefelsäure*

Schwefeltrioxid reagiert mit Wasser in einer sehr stark exothermen Reaktion.

$$SO_3 + H_2O \longrightarrow H_2SO_4 \qquad Q = -nkJ$$

Durch die hohe Wärmeentwicklung entweicht viel Schwefeltrioxid gasförmig. Um Verluste zu vermeiden, wird konzentrierte Schwefelsäure als Lösungsmittel verwendet. Bei diesem Prozess steigt die Temperatur nicht so stark an. Die Schwefelsäure wird noch höher konzentriert und es entsteht **Dischwefelsäure ($H_2S_2O_7$).** Sie muss anschließend mit Wasser vorsichtig verdünnt werden.

$$SO_3 + H_2SO_4 \longrightarrow H_2S_2O_7$$

$$H_2S_2O_7 + H_2O \longrightarrow 2\,H_2SO_4$$

Technisch wird das entstandene Schwefeltrioxid nach dem Verlassen des ersten und zweiten Kontaktofens in **Absorbern,** in denen warme Schwefelsäure (70 °C) von oben nach unten rieselt, gelöst.
Die ständige Konzentrationserhöhung der Schwefelsäure wird durch die Zufuhr von Frischwasser ausgeglichen, sodass eine konstante Säurekonzentration von 98% realisiert werden kann.
Nach dem Doppelkontakt-Verfahren wird das nicht umgesetzte Schwefeldioxid nochmals erhitzt und dem zweiten Kontaktofen zugeführt. Durch diese Prozessführung ist ein Umsatz des Schwefeltrioxids bis zu 99,5% möglich. Gleichzeitig verringert sich die entweichende Menge an Schwefeltrioxid auf 0,02% (Minderung um 80%). Das Kontaktofenverfahren verläuft in **kontinuierlicher Arbeitsweise.**

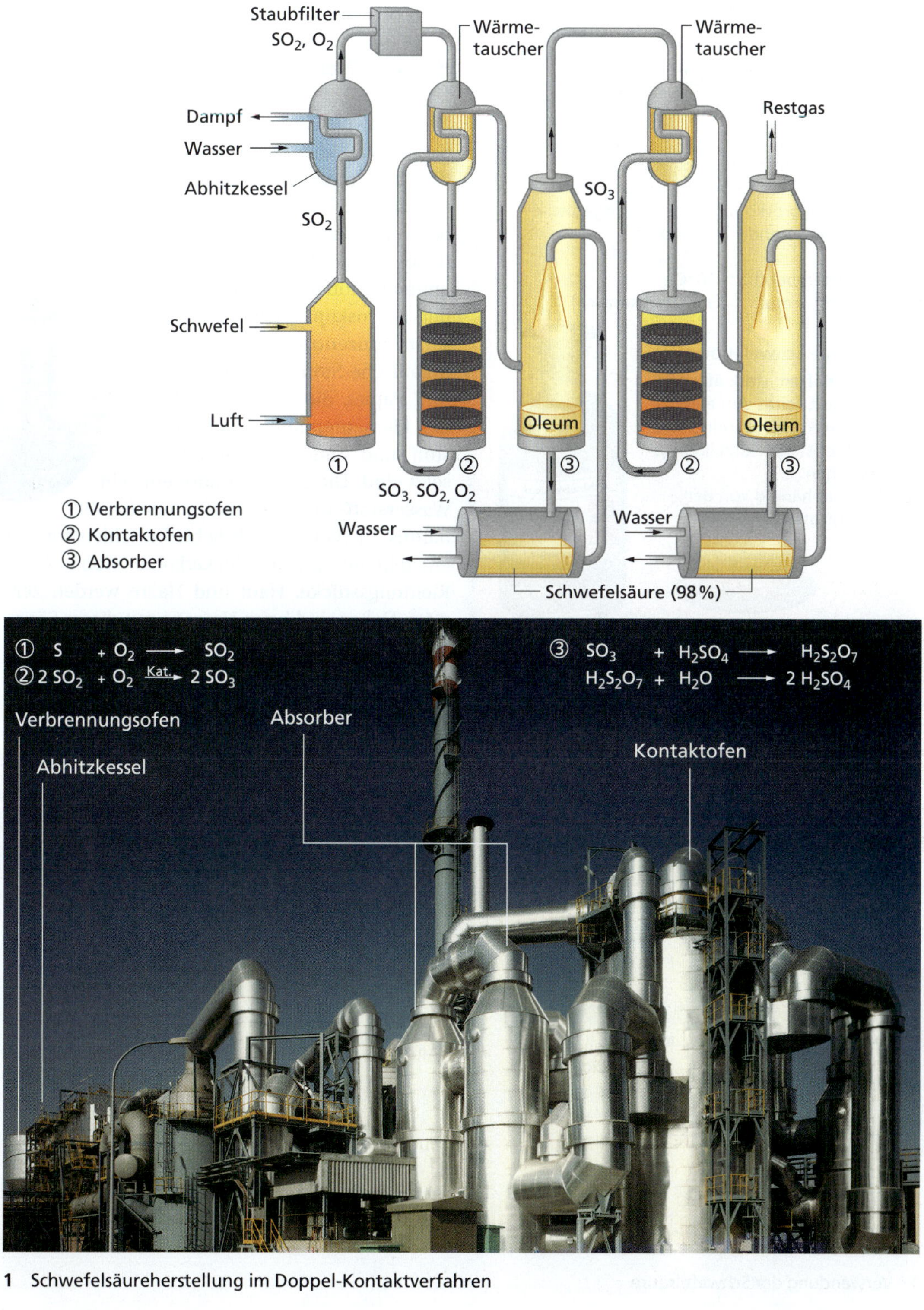


**1** Schwefelsäureherstellung im Doppel-Kontaktverfahren

STECKBRIEF:

**Schwefelsäure ($H_2SO_4$)**

**Konzentrierte Schwefelsäure (96 – 98 %):**

**Eigenschaften:** ölige, stark ätzende Flüssigkeit, leitet den elektrischen Strom sehr schlecht, hygroskopisch, zersetzt organische Stoffe, oxidierende Wirkung

Dichte: 1,84 g · $cm^{-3}$

Schmelztemperatur: 10 °C

Siedetemperatur: 338 °C (zersetzlich)

**Verdünnte Schwefelsäure:**

**Eigenschaften:** stark ätzende Flüssigkeit, leitet den elektrischen Strom, färbt Indikatoren charakteristisch, Salzbildungsreaktionen

Dichte: abhängig von der Konzentration

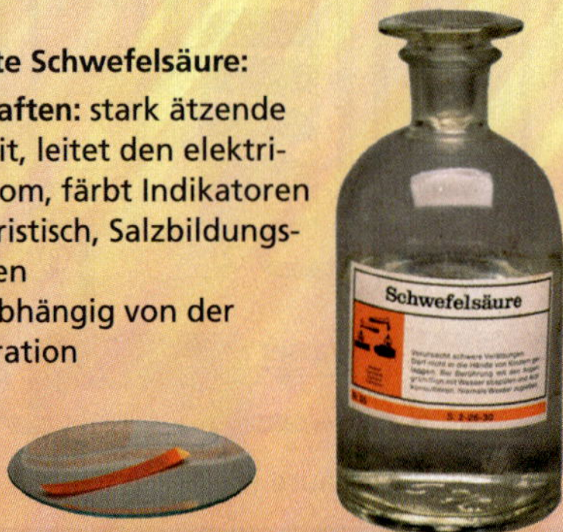


## Schwefelsäure – das „Blut" der Chemie

### *Bau und Eigenschaften*

Das Schwefelsäuremolekül ist aus Schwefel-, Sauerstoff- und Wasserstoffatomen aufgebaut, die durch polare Atombindungen (s. S. 436) miteinander verbunden sind.

Schwefelsäure ist stark hygroskopisch. Sie wird daher oft zum Trocknen von Gasen oder anderen Stoffen eingesetzt. Aufgrund der hygroskopischen Wirkung zersetzt konzentrierte Schwefelsäure organische Stoffe wie Zucker, Holz und Papier, die hauptsächlich aus den Elementen Kohlenstoff, Wasserstoff und Sauerstoff zusammengesetzt sind. Die Schwefelsäure entzieht Wasserstoff- und Sauerstoffatome im Verhältnis 2:1 (Wasser). Übrig bleibt Kohlenstoff. So entsteht aus Zucker Zuckerkohle (Abb.). Auch Kleidungsstücke, Haut und Haare werden zerstört. Daher sind beim Umgang mit dieser Säure strenge Sicherheitsbestimmungen einzuhalten.

| | | |
|---|---|---|
| + Wasser $H_2O$ | → verdünnte Schwefelsäure | → Batteriesäure |
| + Calciumphosphat $Ca_3(PO_4)_2$ | → Superphosphat | → Düngemittel |
| + Ammoniak $NH_3$ | → Ammoniumsulfat | → Düngemittel |
| + $FeTiO_3$ | → Titandioxid | → Farbstoff (Weißpigment) |
| + Aluminiumhydroxid, $Al(OH)_3$ | → Aluminiumsulfat | → Gerbemittel (Lederindustrie) |
| + R – ⌬ – H | → Sulfonate | → Bestandteil von Waschmitteln |
| + Alkohol R – OH | → Alkylsulfat | → Waschmittel- und Textilherstellung |

1 Verwendung der Schwefelsäure

## Sulfate

Sulfate und Hydrogensulfate sind die Salze der Schwefelsäure. Das bekannteste Sulfat ist wohl **Calciumsulfat (Gips – $CaSO_4$).** Dabei handelt es sich um ein wasserhaltiges Mineral, das in der Natur vorkommt und Lagerstätten bildet. Das Mineral wird abgebaut und u. a. zu Baugips verarbeitet. Auch unsere Tafelkreide besteht häufig aus Calciumsulfat (Abb. 2).

Eine besonders reine Form von Calciumsulfat stellt Alabaster dar, ein wertvoller Stoff, der im Kunsthandwerk Verwendung findet.

Entwässertes **Kupfersulfat ($CuSO_4$)** ist ein wichtiges Nachweismittel für Wasser. Kommen die weißen Kristalle mit Wasser in Berührung, färben sie sich charakteristisch blau. Die Änderung der Farbe erfolgt, weil Wasser in die Kristallstruktur aufgenommen wird. Auch als Ausgangsstoff in galvanischen Bädern wird Kupfersulfat eingesetzt, wenn Gegenstände mit einer Kupferschicht überzogen werden sollen.

Eine große Rolle spielen sulfathaltige Düngemittel. Das sogenannte Bittersalz besteht beispielsweise aus **Magnesiumsulfat** ($MgSO_4$). So können den Pflanzen gleichzeitig das Spurenelement Magnesium, das sie z. B. zum Aufbau des Blattgrüns benötigen, und das Makroelement Schwefel zugeführt werden. Schwefelatome sind am Aufbau der Moleküle einiger Aminosäuren beteiligt und werden von den Pflanzen demzufolge für die Herstellung von Eiweißen benötigt.

Nicht alle Sulfate kommen in ausreichender Menge und Qualität in der Natur vor. Sie werden durch die Reaktion der Schwefelsäure mit geeigneten Reaktionspartnern hergestellt.

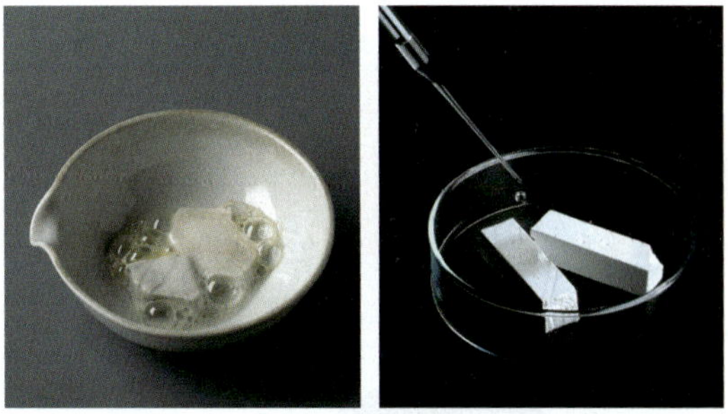

**2** Kreide (Kalk – links) wird durch Säure zersetzt, die Wandtafelkreide (rechts) nicht.

| | |
|---|---|
| Calciumsulfat (Gips) $CaSO_4 \cdot 2\,H_2O$ | → Baugewerbe, keramische Industrie (Gipsformen), Bildhauerei, Medizin, Tafelkreide |
| Bariumsulfat (Schwerspat) $BaSO_4$ | → Magenröntgen, Zusatzstoff im Beton für den Bau von Atomreaktoren, Herstellung weißer Malerfarbe, Kunstdruckpapiere |
| Natriumsulfat (Glaubersalz) $Na_2SO_4 \cdot 10\,H_2O$ | → Glasherstellung, Bestandteil einiger Waschmittel, Herstellung von Packpapier |
| Kaliumsulfat $K_2SO_4$ | → Düngemittel, Kochsalzersatz in diätreichen Lebensmitteln |
| Kupfersulfat (Kupfervitriol) $CuSO_4 \cdot 5\,H_2O$ | → Bekämpfung von Schädlingen und Pilzkrankheiten, Herstellung galvanischer Kupferüberzüge |
| Aluminiumsulfat $Al_2(SO_4)_3$ | → Papierherstellung, macht Textilien wasserabstoßend, Gerben von Häuten, Beize in der Tuchfärberei, Reinigung von Abwasser |
| Eisen(II)-sulfat (Eisenvitriol) $FeSO4 \cdot 7H_2O$ | → Unkrautbekämpfung, Färben |
| Magnesiumsulfat (Bittersalz) $MgSO_4 \cdot 7\,H_2O$ | → Abführmittel, Düngemittel |

**1** Verwendung von ausgewählten Sulfaten

## Sulfide

1 Bornit (Buntkupferkies)

2 Zinnoberrot wurde von den Malern ab dem 15. Jahrhundert eingesetzt.

3 An der Oberfläche des Silberlöffels entsteht Silbersulfid.

### Vorkommen und Verwendung von Sulfiden

Bei den Sulfiden handelt es sich um feste, kristalline Stoffe, die neben Schwefel Metalle enthalten.

Sie kommen in der Natur als sulfidische Erze vor. Ein wichtiger Bestandteil dieser Erze ist oft Eisendisulfid ($FeS_2$), auch Pyrit oder Eisenkies genannt. Die Verbindung ist ein wichtiger Ausgangsstoff für die Herstellung von Schwefeldioxid.
Auch Bornit ($Cu_5FeS_4$) ist ein sulfidisches Erz (Abb. 1).

Andere Sulfide, z. B. Quecksilbersulfid (Zinnoberrot), Bleisulfid (Bleiglanz), Cadmiumsulfid (Cadmiumgelb), Zinksulfid (Zinkblende), Antimonsulfid (Grauspießglanz) oder Arsensulfid (Auripigment), finden ihre Verwendung als Künstlerfarben (Abb. 2).

### Bildung von Sulfiden

Sulfide sind **Salze** der Schwefelwasserstoffsäure ($H_2S$) und bilden sich u. a. durch Reaktionen dieser Säure.
Sulfide entstehen jedoch auch durch Reaktionen von Schwefel oder schwefelhaltigen Verbindungen mit Metallen.
So erhält man in keinem noch so edlen Restaurant beim Frühstücksbüfett einen Silberlöffel. Beim Essen des Frühstückseies würde man sonst eine unangenehme Überraschung erleben. Der Schwefel im Eiweiß würde mit dem Silberlöffel zu Silbersulfid reagieren und der Löffel würde schwarz anlaufen (Abb. 3). Ein sehr unangenehmer Geschmack wäre wahrnehmbar.

Im Labor lassen sich Metallsulfide durch die Reaktionen der Elemente herstellen:

$$S + Fe \longrightarrow FeS \text{ (Eisen(II)-Sulfid)} \qquad Q = -nkJ$$
$$S + Zn \longrightarrow ZnS \text{ (Zinksulfid)} \qquad Q = -nkJ$$

### Nachweis des Sulfid-Ions

Der Nachweis der zweifach negativ geladenen Sulfid-Ionen kann mit Schwermetall-Ionen, z. B. Blei(II)-Ionen (in Blei(II)-acetat), erfolgen.

$$Pb^{2+} + S^{2-} \longrightarrow PbS\downarrow$$

... und mehr

**Informiere dich auch unter:** *Schwefel und Schwefelverbindungen, Sulfate, Carbonate, Chloride, Nitrate*

## Chemie in Natur und Technik

### Nützliche Chemie: das Streichholz

In jedem Haushalt sind sie zu finden. Sie sind so selbstverständlich, dass sie erst auffallen, wenn sie fehlen, z. B. wenn eine Kerze entzündet werden soll und wir bemerken, dass die Packung Streichhölzer leer ist. Ein Streichholz – kaum jemand denkt darüber nach, wie dieser Alltagsgegenstand funktioniert.

*Warum lässt sich das Streichholz so einfach entzünden?*

Bei uns sind im Allgemeinen Sicherheitszündhölzer in Gebrauch. Sie lassen sich nur an einer speziellen Reibefläche entzünden.

Die Reibefläche an der Streichholzschachtel enthält ein Gemisch aus rotem Phosphor und Glaspulver in einem Bindemittel. Der Zündkopf des Streichholzes besteht aus einem Gemisch aus Kaliumchlorat, Schwefel, Manganoxid, Farbstoff und Glaspulver. Diese „Zutaten" werden durch Leim gebunden.

Streicht man das Zündholz über die Reibefläche, wird durch die Reibungswärme eine Reaktion ausgelöst. Dabei liefert Kaliumchlorat den Sauerstoff und der Schwefel entzündet sich. Es entsteht u. a. Schwefeldioxid, was an dem leicht stechenden Geruch bemerkt werden kann. Die Verbrennungswärme reicht aus, um das Holz zu entzünden.

Bei so genannten „Überallzündhölzchen" ist der rote Phosphor nicht in einer extra Reibfläche, sondern im Gemisch des Zündholzkopfes enthalten. So konnten Westernfilmhelden die Zündhölzer problemlos an der rauen Schuhsohle oder einer anderen rauen Fläche entzünden. Diese Streichhölzer waren nicht ungefährlich, denn bei Temperaturen über 60 °C konnte es zur Selbstentzündung kommen.

### Recycling zum Schutz der Umwelt

Als Dünnsäure werden Reste verdünnter und durch Gebrauch verschmutzter Schwefelsäure bezeichnet. Viele Jahre lang wurde diese Dünnsäure in die Nordsee entsorgt („verklappt"), was eine Belastung des Gewässers darstellte und daher seit 1987 verboten ist.

*Wie kann Dünnsäure entsorgt werden?*

- Dünnsäure mit einer Schwefelsäurekonzentration über 15 – 20% wird gereinigt und aufkonzentriert.
- Dünnsäure mit einer Schwefelsäurekonzentration unter 15 – 20% wird mit Kalk neutralisiert. Der anfallende Gips wird deponiert.
- Stark verunreinigte Dünnsäure wird thermisch gespalten. Das entstehende Schwefeldioxid wird wieder der Schwefelsäureproduktion zugeführt.

## Luftschadstoff Schwefeldioxid

95% der Schwefeldioxidemissionen sind anthropogen bedingt. Das Gas fällt bei der Verbrennung fossiler Energieträger an. Daher ist der Anteil der Emissionen aus Kraft- und Fernheizwerken sehr hoch.

*Welche Verfahren sind geeignet, um die Belastung der Luft durch Schwefeldioxid zu vermindern?*

| Emmissionen in Deutschland (in $10^3$ t) | | | | |
|---|---|---|---|---|
| | 1990 | 1999 | 2000 | 2001 |
| $SO_2$ gesamt | 5321 | 738 | 638 | 650 |
| Industrie | 1518 | 271 | 234 | 226 |
| Verkehr | 114 | 31 | 22 | 22 |
| Haushalte/ Kleinverbraucher | 911 | 86 | 76 | 76 |
| Kraft- und Fernheizwerke | 2780 | 350 | 306 | 326 |

Beim **Additiv-Verfahren** wird das Schwefeldioxid am Entstehungsort, der Kohlebrennkammer, gebunden (Direktentschwefelung). Trockenes Kalksteinmehl oder Calciumhydroxidpulver wird entweder der Kohle beigemischt oder mit der Verbrennungsluft in die Brennkammer eingeblasen. Bei den hohen Temperaturen werden der Kalkstein bzw. das Kalkhydrat thermisch gespalten. Das entstehende Calciumoxid reagiert mit dem Schwefeldioxid, das bei der Verbrennung der Kohle entsteht, und bildet Calciumsulfit. Dieses wird zu Calciumsulfat (Gips) oxidiert.

Beim **Kalkwaschverfahren** wird Schwefeldioxid durch Calciumhydroxid gebunden, es entsteht Calciumsulfit, das zu Calciumsulfat oxidiert wird. Allerdings arbeitet man mit flüssigen Absorptionsmitteln – in der Regel mit einer Calciumhydroxidaufschlämmung.

Beim **Wellmann-Lord-Verfahren** wird eine Natriumsulfit-Lösung als Absorptionsmittel eingesetzt. Aus dem entstehenden Natriumhydrogensulfit kann hochreines Schwefeldioxid wiedergewonnen werden.

Beim **Ammoniak-Verfahren** wird Schwefeldioxid durch eine wässrige Ammoniak-Lösung aus dem Gasgemisch herausgewaschen. Es entsteht Ammoniumsulfit, das zu Ammoniumsulfat oxidiert wird.

Das **DESONOX-Verfahren** ist eine kombinierte Rauchgasreinigungstechnik, mit der neben dem Schwefeldioxid auch Oxide des Stickstoffs aus den Abgasen entfernt werden. Das geschieht in einer chemischen Reaktion mit Ammoniak und Sauerstoff, in der die Oxide des Stickstoffs in elementaren Stickstoff zurückgeführt werden.

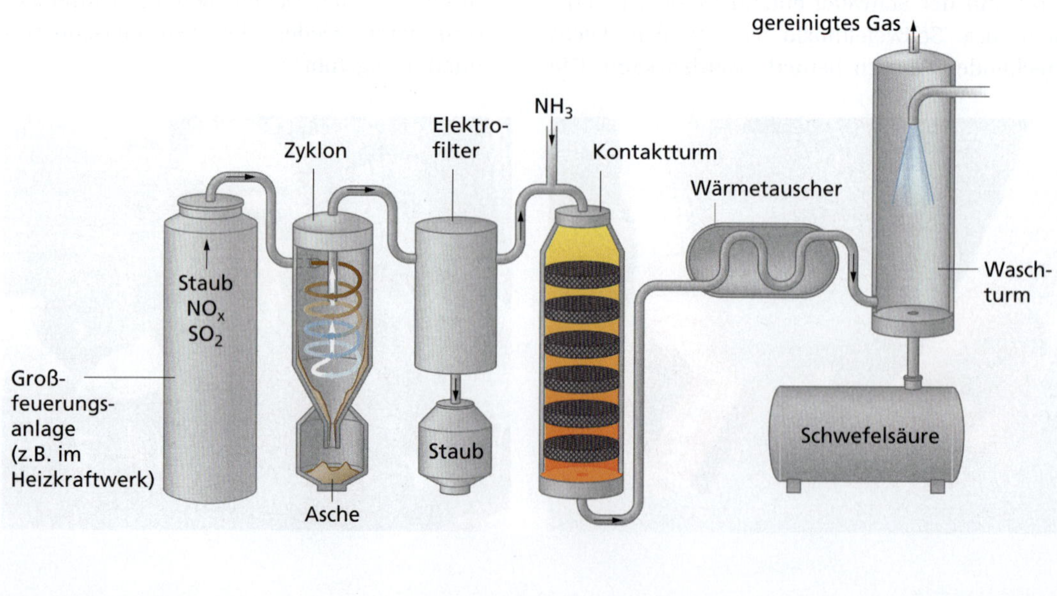

## gewusst · gekonnt

1. Vervollständige bzw. aktualisierc dein Glossar!

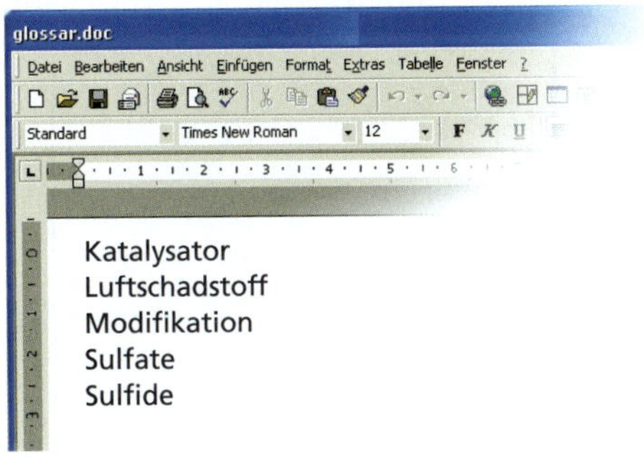


2. Bei Vulkanausbrüchen ist häufig ein stechender, beißender Geruch zu verspüren. Worauf könnte das zurückzuführen sein?

3. Ermittle, welche praktische Bedeutung Schwefel in der Technik und Medizin hat!

4. Vom Arzt werden für bestimmte Erkrankungen Schwefelsalben und Schwefelpuder verordnet. Notiere, auf welcher Eigenschaft des Schwefels diese Anwendung beruht!

*5. Wenn Schwefel über seine Schmelztemperatur erhitzt wird, kann man beobachten, dass er dünn, zäh- und wieder dünnflüssig wird und auch die Farbe verändert. Handelt es sich bei den Veränderungen um eine chemische Reaktion? Begründe deine Entscheidung!

6. Begründe die Zuordnung von Schwefel zu den Nichtmetallen!

7. Erkundige dich, was unter „plastischem Schwefel" zu verstehen ist und wie er entsteht!

8. Schwefel ist ein brennbares Nichtmetall. Führt man einen Verbrennungslöffel, auf dem sich brennender Schwefel befindet, in ein kleines, geschlossenes Gefäß ein, erlischt die Flamme, ehe der gesamte Schwefel verbrannt ist. Leite aus dieser Beobachtung eine Schlussfolgerung ab!

9. Schwefeldioxid soll in Wasser gelöst werden. Entwickle ein einfaches Experiment, welches die Wasserlöslichkeit des Gases und den sauren Charakter der entstandenen Lösung nachweist! Fertige eine Skizze mit Versuchsbeschreibung an!

10. Verbrennt man Schwefel in reinem Sauerstoff, kann man eine blau leuchtende Flamme erkennen. Die Reaktion läuft heftiger ab als an der Luft. Erkläre dieses Phänomen!

*11. Beschreibe den Bau eines Schwefeldioxidmoleküls!

12. Schwefeldioxid hat in der Natur und in der Technik große Bedeutung. Zähle einige Beispiele auf!

13. Erkläre, wie der saure Regen zustande kommt und beschreibe, welche Auswirkungen er hat!

14. Erläutere, warum in modernen Heizkraftwerken Anlagen eingebaut werden, die das entstandene Schwefeldioxid zu einem großen Teil aus den Abgasen entfernen!

**15.** Berechne das Volumen Schwefeldioxid, das bei der Verbrennung von 1 t Kohle entsteht! (Der Schwefelanteil beträgt 2 %.)

**16.** Berechne das Volumen des Schwefeldioxids, das bei der Reaktion von 100 t Pyrit mit Sauerstoff entsteht! Welche Masse Eisen(III)-oxid wird gebildet?

**17.** Erkläre das Prinzip des Wärmeaustausches durch Gegenstrom am Beispiel des Kontaktverfahrens zur Herstellung von Schwefeltrioxid!

**18.** Die Oxidation von Schwefeldioxid zu Schwefeltrioxid verläuft nur unter Einfluss eines Katalysators ab. Informiere dich über die Wirkungsweise eines Katalysators! Nutze die Seiten 442/443!

**19.** Gib weitere Verfahren bzw. chemische Reaktionen an, in denen Katalysatoren eingesetzt werden.

**20.** Vergleiche konzentrierte und verdünnte Schwefelsäure hinsichtlich ihrer Reaktionen! Beschreibe, wie beim Verdünnen konzentrierter Schwefelsäure vorgegangen werden muss! (Nutze Kapitel 8.1!)

**21.** Erdöl und Erdgas werden bei der Verarbeitung entschwefelt. Dabei wendet man das Claus-Verfahren an.

a) Informiere dich in geeigneter Literatur oder im Internet über das Claus-Verfahren!

b) Begründe, dass es sinnvoll ist, Erdöl und Erdgas zu entschwefeln!

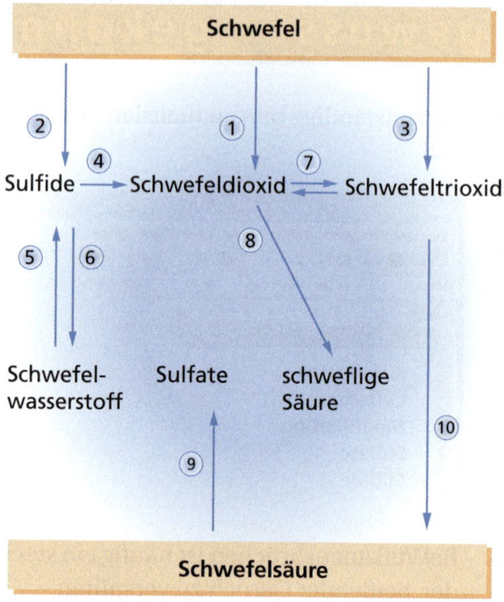


***22.** Die Übersicht ist zu bearbeiten!

a) Gib die Formel der jeweiligen Schwefelverbindung an!

b) Entwickle für alle Reaktionswege die Gleichungen!
Wähle die Beispiele selbst!

c) Notiere, welche zentrale Bedeutung der Reaktion 8 zukommt!

**23.** Konzentrierte Schwefelsäure ist stark hygroskopisch.
Erkläre den Begriff „hygroskopisch“! Leite aus dieser Eigenschaft einen Verwendungszweck der Schwefelsäure ab!

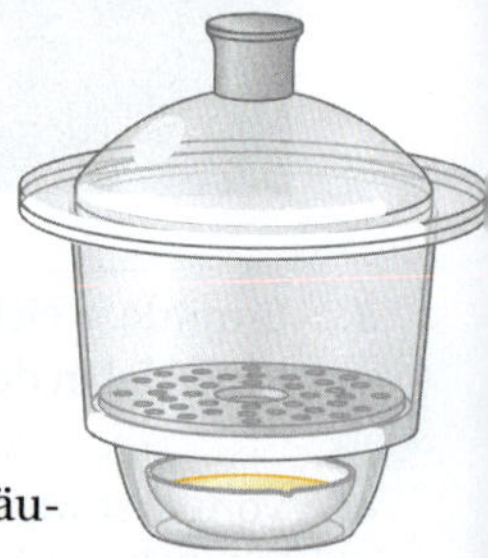

**24.** Bei der Neutralisation von 20 ml Schwefelsäure unbekannter Stoffmengenkonzentration wurden 15 ml Natronlauge mit einer Konzentration von 0,5 mol · $l^{-}$ verbraucht.

a) Entwickle die Reaktionsgleichung!

b) Welche Masse reine Schwefelsäure war in der Lösung enthalten?

c) Berechne, welche Masse Natriumhydroxid benötigt wird, um 200 ml der o. g. Natronlauge herzustellen!

**25.** Beweise experimentell, dass sich verdünnte Schwefelsäure wie andere saure Lösungen verhält!
a) Notiere, welche Experimente durchgeführt werden müssen!
b) Stelle einen Plan auf und lasse ihn vom Lehrer bestätigen!
c) Fordere Geräte und Chemikalien an und führe die Experimente durch!
d) Fertige ein Protokoll an!

**26.** Gibt man zu blauem Kupfersulfat einige Tropfen konzentrierte Schwefelsäure, entfärbt sich das Salz an dieser Stelle!
Begründe dieses Beobachtungsergebnis!

**27.** Gib in ein Reagenzglas mit einigen Magnesiumspänen etwas verdünnte Schwefelsäure und prüfe das entstandene Gas mit der Knallgasprobe! **(Vorsicht!)**
Wiederhole das Experiment mit Kupferspänen! Leite eine Schlussfolgerung aus den Beobachtungen ab!

**28.** Bei der technischen Herstellung der Schwefelsäure wird das Gasgemisch nach dem Durchströmen der Kontaktöfen über Wärmeaustauscher geleitet.
Nenne Gründe dafür!

**29.** Ermittle Düngemittel, in denen das Element Schwefel chemisch gebunden vorliegt!
Informiere dich über die Bedeutung von Schwefel für die Pflanzen!

**30.** Selbst bei einer Verdünnung von 1 : 100 000 können Sulfat-Ionen im Trinkwasser nachgewiesen werden.
a) Prüfe, ob in Leitungs- und Mineralwasser Sulfat-Ionen vorhanden sind!
Gib die Reaktionsgleichungen für die Nachweisreaktion an!
b) Ermittle mithilfe geeigneter Medien, welche Bedeutung Sulfat-Ionen im Trinkwasser haben!

**31.** Darzustellen sind: Kaliumsulfat, Calciumsulfat und Aluminiumsulfat!
Gib jeweils drei mögliche Darstellungsarten an! Die Gleichungen sind in ausführlicher Ionenschreibweise zu formulieren.

**32.** Notiere drei Haushaltschemikalien, die Sulfate enthalten! Gib den Namen des Produkts und die jeweilige Funktion des Sulfats an!

***33.** Stelle in einer Tabelle schwefelhaltige Säuren zusammen, notiere die chemischen Gleichungen für die Reaktionen mit Wasser und gib die Namen der Salze der Säuren an!

**34.** Im Baumarkt erhält man gebrannten Gips. Zur Benutzung verrührt man ihn mit Wasser.
a) Rühre Gips mit Wasser an und miss die Temperaturveränderung beim Abbinden! Interpretiere deine Beobachtungen!
b) Informiere dich über natürliche Vorkommen von Calciumsulfat (Gips)! Was sind Anhydrit, Marienglas (Abb.) und Alabaster?

**35.** Ermittle die Zusammensetzung von Temperafarben in einem Schulmalkasten!

## Schwefel und Schwefelverbindungen

### Schwefel

Schwefel ist ein Nichtmetall. Es existieren zwei Kristallformen (monoklin und rhombisch). Beide sind aus achtatomigen Molekülen aufgebaut. Die Formel lautet $S_8$. Häufig wird in Reaktionsgleichungen aber nur das Symbol (S) geschrieben.

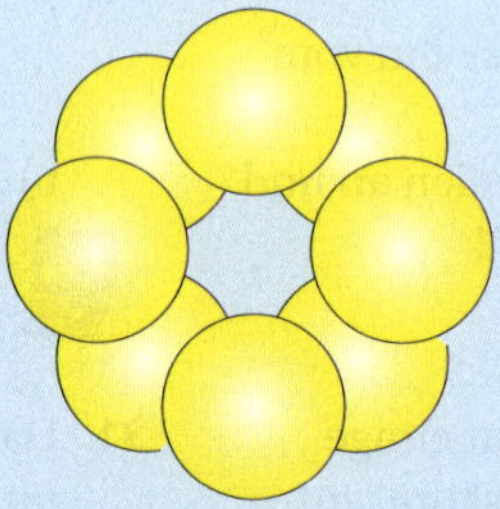

### Verbindungen des Schwefels

***Schwefeldioxid ($SO_2$)***

Schwefeldioxid entsteht bei der Verbrennung von Schwefel oder schwefelhaltigen Stoffen. Es ist ein farbloses, stechend riechendes, giftiges Gas. Es ist ein wichtiger Luftschadstoff.

$$S + O_2 \longrightarrow SO_2$$

***Schwefelsäure ($H_2SO_4$)***

Die technische Herstellung der Schwefelsäure erfolgt in drei Stufen:

1. Bildung von Schwefeldioxid aus Schwefel oder schwefelhaltigen Stoffen

   $$S + O_2 \longrightarrow SO_2$$

2. Reaktion zum Schwefeltrioxid

   $$2SO_2 + O_2 \longrightarrow 2SO_3$$

3. Bildung der Schwefelsäure

   $$SO_3 + H_2SO_4 \longrightarrow H_2S_2O_7$$
   $$H_2S_2O_7 + H_2O \longrightarrow 2\,H_2SO_4$$

**Nachweis der Sulfat-Ionen**

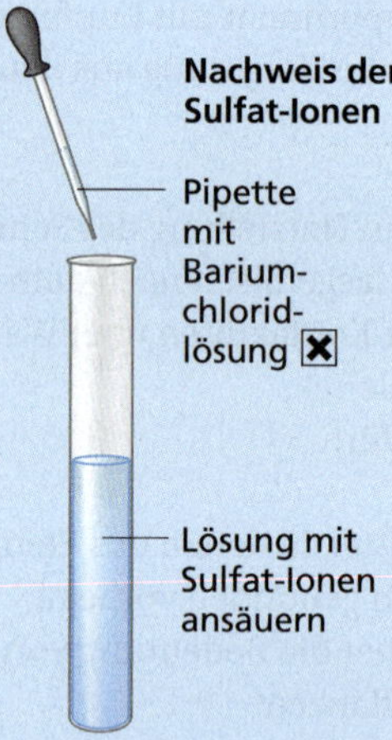


$$SO_4^{2-} + Ba^{2+} \longrightarrow BaSO_4$$

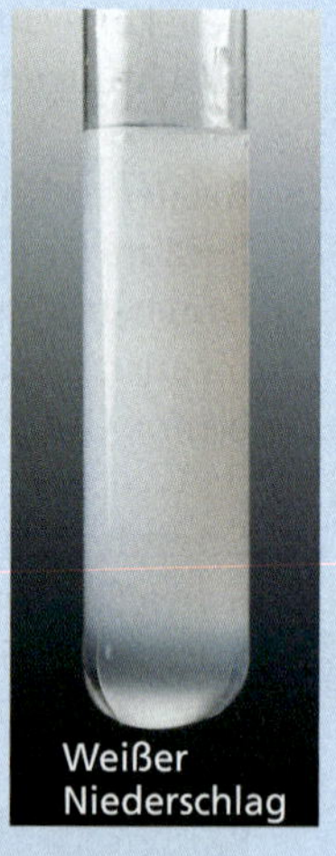


***Sulfate***

Sulfate sind die Salze der Schwefelsäure. Sie enthalten Sulfat-Ionen, z. B. Natriumsulfat ($NaSO_4$). Sulfat-Ionen werden mit farbloser Bariumchloridlösung nachgewiesen und bilden das schwer lösliche Bariumsulfat als weißen Niederschlag.

***Sulfide***

Sulfide sind ebenfalls schwefelhaltige Salze. Es handels sich um Salze der Schwefelwasserstoffsäure ($H_2S$). Sie enthalten Sulfid-Ionen, z. B. Magnesiumsulfid (MgS).
Sulfid-Ionen können mit Bleiacetatpapier nachgewiesen werden. Dieses färbt sich dann schwarz durch Bildung des schwer löslichen Bleisulfids.

# 13 Organische Kohlenstoffverbindungen – Kohlenwasserstoffe

# 13.1 Gesättigte Kohlenwasserstoffe und Halogenalkane

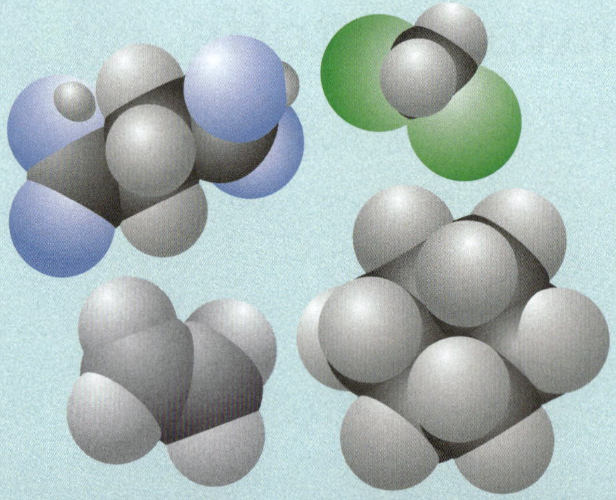

## Ungeheure Viefalt

Im Gegensatz zur verhältnismäßig geringen Anzahl der anorganischen Stoffe gibt es viele Millionen organische Stoffe. Sie bestehen meist nur aus wenigen Elementen (C, H, O, N, P, S, Halogene).

*Wie kann eine Stoffgruppe, die sich aus nur wenigen Elementen zusammensetzt, so viele Verbindungen enthalten? Wie sind diese Stoffe aufgebaut?*

## Energiequelle Gas

Haushalte, die mit „Gas" kochen und heizen, verbrauchen meistens Erdgas und damit eigentlich Methan. Bei seiner Verbrennung wird Wärme abgegeben. Natürlich entstehen dabei Reaktionsprodukte.

*Was ist Methan? Sind die Reaktionsprodukte der Verbrennung eigentlich schädlich? Wie lassen sie sich nachweisen?*

## Das liebe Rindvieh

Die Massentierhaltung ist wegen der Bedingungen, unter denen die Tiere häufig gehalten werden, in der Diskussion. Des Öfteren wird allerdings auch darauf verwiesen, dass diese Art der Tierhaltung unser Klima beeinflussen kann.

*Was hat die Rinderhaltung mit dem Klima zu tun?*

## Organische Stoffe

Heute sind Millionen organischer Verbindungen bekannt. Dazu gehören u.a. Fette, Kohlenhydrate, Eiweiße, Farbstoffe, Arzneimittel, Aromastoffe, fossile Brennstoffe und Kunststoffe.
Immer handelt es sich um Kohlenstoffverbindungen. Die Vielfalt entsteht dadurch, dass sich Kohlenstoffatome miteinander zu Ketten oder Ringen vereinigen (s. S. 217) und dass neben Kohlenstoff die Elemente Wasserstoff, Sauerstoff und Stickstoff, aber auch Schwefel, Phosphor und die Halogene an der Bildung beteiligt sind.
Prinzipiell unterscheiden sich die organischen nicht von den anorganischen Stoffen.
Auch in der organischen Chemie gilt das Gesetz von der Erhaltung der Masse. Es gelten die Gesetzmäßigkeiten der chemischen Bindungen und der chemischen Reaktionen.
Einige typische Merkmale und Reaktionen sind allerdings für organische Stoffe kennzeichnend. Sie bestehen meist aus Molekülen. Die Kohlenstoffatome sind durch Atombindungen verknüpft. Bei der Verbrennung verkohlen viele organische Stoffe. Bei der vollständigen Verbrennung oder bei der Reaktion mit einem Oxidationsmittel entsteht Kohlenstoffdioxid. Damit wird das Element Kohlenstoff nachgewiesen. Die meisten organischen Stoffe enthalten ebenfalls das Element Wasserstoff (Abb. 1).

**Alle Kohlenstoffverbindungen außer den Oxiden des Kohlenstoffs, den Carbiden, der Kohlensäure und ihren Salzen sind organische Stoffe.**
**Organische Stoffe, die nur aus Kohlenstoff und Wasserstoff bestehen, heißen Kohlenwasserstoffe.**

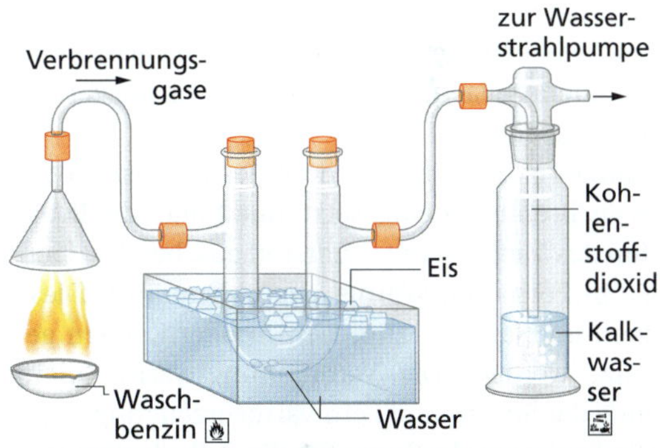


**1** Nachweis von Kohlenstoff und Wasserstoff

# Mosaik

## Wöhlers Harnstoffsynthese

Berzelius prägte den Begriff „organische Stoffe" für Stoffe, die in Lebewesen produziert werden. Man nahm an, dass eine künstliche Herstellung nicht möglich ist, da dafür eine geheimnisvolle Lebenskraft (vis vitalis) erforderlich wäre.
So war es ein bedeutendes Ereignis, als Friedrich Wöhler 1828 Harnstoff aus anorganischen Stoffen synthetisierte.
Normalerweise entsteht dieser Stoff als Abfallprodukt des Eiweißstoffwechsels in einigen tierischen Organismen und wird beim Menschen über die Nieren mit dem Urin und über die Haut mit dem Schweiß ausgeschieden. Wöhler stellte Harnstoff aus Cyansäure und Ammoniak her, ohne dass tierische Organe an der Synthese beteiligt waren. An seinen Erfolg konnte er zuerst selbst kaum glauben, weil das Ergebnis den geltenden Lehrsätzen völlig widersprach. Deshalb wiederholte er das Experiment mehrfach. Doch dann stand fest, dass organische Stoffe auch ohne die vis vitalis gebildet werden können.
Durch Wöhlers Experiment wurde deutlich, dass es eigentlich keine strenge Grenze zwischen organischen und anorganischen Stoffen gibt und sie ineinander umwandelbar sind.
Diese neue Erkenntnis führte zu einer stürmischen Entwicklung der organischen Chemie.

Friedrich Wöhler
1800 – 1882

# Alkane

## Methan

**Methan** ist die einfachste organische Verbindung, deren Moleküle ein Atom Kohlenstoff und vier Atome Wasserstoff enthalten. Es ist also ein **Kohlenwasserstoff.** Im Methanmolekül sind die Wasserstoffatome durch je ein gemeinsames Elektronenpaar mit dem Kohlenstoffatom verbunden (Atombindung). Die vier gemeinsamen Elektronenpaare, die die Bindungen zwischen dem Kohlenstoff- und den vier Wasserstoffatomen bewirken, stoßen sich ab. Kohlenstoffatom und Wasserstoffatome sind dadurch nicht in einer Ebene gelagert, sondern räumlich ausgerichtet (s. Mosaik).

Methan ist Hauptbestandteil des Erdgases. Wird es als Brennstoff eingesetzt, nutzt man die Reaktion des Methans mit Sauerstoff aus, bei der Energie in Form von Wärme abgegeben wird. Diese kann im Haushalt zum Heizen oder Kochen genutzt werden. Die Verbrennungswärme dient auch der Strom- und Fernwärmeerzeugung.

Die Reaktionsgleichung für die vollständige Verbrennung von Methan lautet:

$$CH_4 + 2\,O_2 \longrightarrow CO_2 + 2\,H_2O; \qquad Q = -n\,kJ$$

**STECKBRIEF: Methan $CH_4$**

**Eigenschaften:** farbloses, geruchloses Gas, schwer wasserlöslich, gut löslich in organischen Lösungsmitteln, brennbar (blaue Flamme), bildet mit Luft explosive Gemische,

| | |
|---|---|
| Dichte: | $0{,}72\ g \cdot l^{-1}$ (bei 25° C und 101,3 kPa) |
| Schmelztemperatur: | –182,5°C |
| Siedetemperatur: | –161,5°C |

**Vorkommen:** Hauptbestandteil des Erdgases, Grubengases, Sumpfgases; Bestandteil von Biogas, entsteht durch Mikroorganismen auf Reisfeldern und im Pansen von Wiederkäuern, am Meeresboden als Methanhydrat

Dabei dürfen keine explosiven Methan-Sauerstoff-Gemische entstehen. Solche Gemische haben als „schlagende Wetter" immer wieder zu Grubenunglücken geführt.

In der chemischen Industrie ist Methan ein wichtiger Ausgangsstoff für viele organische Stoffe.

**Methan ist der einfachste organische Stoff und gehört zu den Kohlenwasserstoffen. Das Gas wird als Energielieferant und Ausgangsstoff für chemische Produkte genutzt.**

## Mosaik

### Modelle und Formeln des Methanmoleküls

Die vier Punkte, die auf dem Mantel der Kugel am weitesten voneinander entfernt sind, liegen in den Ecken eines **Tetraeders** (a).

Verbindet man jetzt den Kugelmittelpunkt (Kohlenstoffatom) mit diesen vier Eckpunkten (vier Wasserstoffatomen), erhält man die Richtung der Bindungen zwischen Kohlenstoff- und Wasserstoffatomen. Das Methanmolekül hat die Form eines Tetraeders, das in Form eines **Kalottenmodells** (b) dargestellt werden kann. Hält man das dreidimensionale **Kugelstabmodell** (c) des Methanmoleküls in den Strahlengang einer Lichtquelle, erhält man auf der Projektionswand das zweidimensionale Bild (d), aus dem sich die Strukturformel (e) ableiten und die Summenformel (f) ableiten lassen.

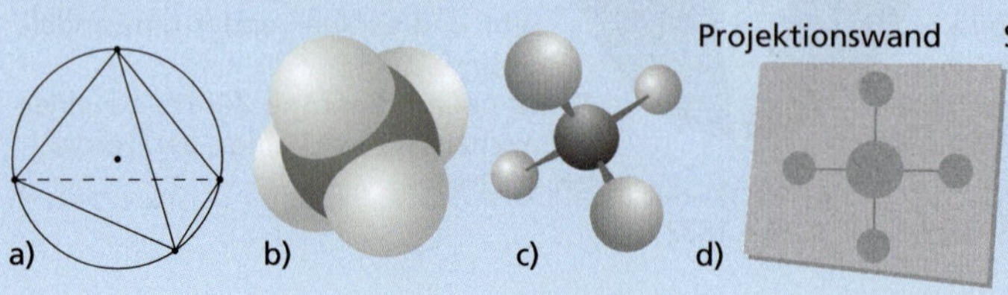


a) b) c) d)

Strukturformel

```
    H
    |
H — C — H
    |
    H
```

e)

Summenformel

$CH_4$

f)

## Die homologe Reihe der Alkane

Kohlenwasserstoffe mit einer dem Methan ähnlichen Struktur gibt es sehr viele. So ist neben Methan noch **Ethan ($C_2H_6$)** im Erdgas enthalten. **Propan ($C_3H_8$)** und **Butan ($C_4H_{10}$)** sind als Energieträger für Gaskocher bekannt. Langkettige Kohlenwasserstoffe wie **Heptadecan ($C_{17}H_{36}$)** haben eine feste wachsartige Konsistenz und dienen u.a. zur Herstellung von Kerzen.
Bei allen diesen Kohlenwasserstoffen sind mehrere Kohlenstoffatome jeweils durch ein gemeinsames Elektronenpaar kettenförmig miteinander verknüpft und alle restlichen Bindungsmöglichkeiten mit Wasserstoffatomen „abgesättigt". Man bezeichnet sie als **gesättigte Kohlenwasserstoffe.**

**Sind in einem Molekül zwei Kohlenstoffatome durch ein gemeinsames Elektronenpaar verbunden, nennt man dies Einfachbindung. Liegen im Molekül nur Einfachbindungen vor, bezeichnet man den Stoff als gesättigte Verbindung.**

Methan, Ethan, Propan, Butan und viele weitere gesättigte Kohlenwasserstoffe sind kettenförmig. Man nennt sie **Alkane.**

Die Anzahl der Kohlenstoffatome im Molekül wird durch einen Wortstamm angegeben (s. Tab. und S. 316). Die Namen der Alkane setzen sich aus diesen Wortstämmen und der Endung -an zusammen.

Pentan

fünf Kohlenstoffatome — nur Einfachbindungen zwischen den Kohlenstoffatomen

Die aufeinanderfolgenden Alkane (s. Tab.) unterscheiden sich stets durch ein Kohlenstoffatom und zwei Wasserstoffatome ($-CH_2-$Gruppe).
Es lässt sich die allgemeine Summenformel der Alkane ableiten: $C_nH_{2n+2}$

**Alkane sind kettenförmige Kohlenwasserstoffe, die in den Molekülen nur Einfachbindungen aufweisen.**

**homologe Reihe der Alkane**

| Name | Strukturformel des Alkans | verkürzte Strukturformel | Summenformel | Schmelztemperatur | Siedetemperatur |
|---|---|---|---|---|---|
| Methan | 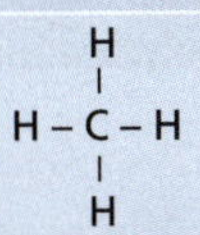 | $CH_4$ | $CH_4$ | −182,5 °C | −161,5 °C |
| Ethan | 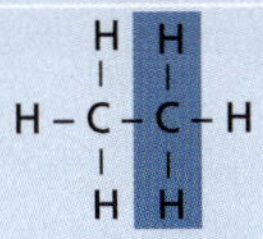 | $CH_3-CH_3$ | $C_2H_6$ | −183,3 °C | −88,6 °C |
| Propan | 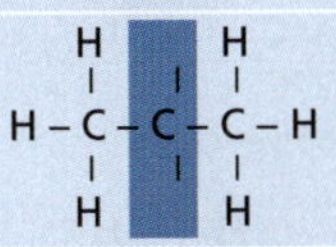 | $CH_3-CH_2-CH_3$ | $C_3H_8$ | −187,7 °C | −42,1 °C |
| Butan | 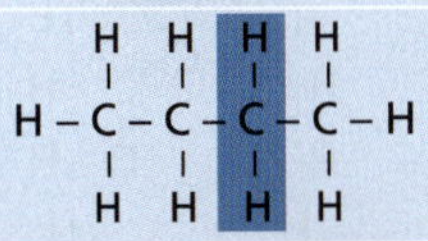 | $CH_3-CH_2-CH_2-CH_3$ | $C_4H_{10}$ | −138,4 °C | −0,5 °C |
| Pentan | 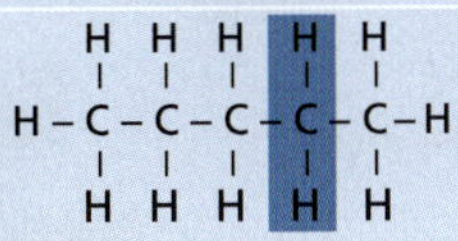 | $CH_3-CH_2-CH_2-CH_2-CH_3$ | $C_5H_{12}$ | −129,7 °C | +36,1 °C |

Die gemeinsamen Strukturmerkmale der Alkane bewirken **übereinstimmende Eigenschaften.** So sind Alkane brennbar. Propan verbrennt bei ausreichend Sauerstoffzufuhr vollständig.

$$C_3H_8 + 5\,O_2 \longrightarrow 3\,CO_2 + 4\,H_2O; \qquad Q = -n\,kJ$$

Bei Sauerstoffmangel verbrennen Alkane unvollständig. Es entstehen das giftige Kohlenstoffmonooxid, Wasser und/oder reiner Kohlenstoff (Ruß) (Abb. 1). Weitere chemische Eigenschaften sind u. a. die Reaktion mit Halogenen (s. S. 292).
Die $-CH_2$-Differenz von Glied zu Glied bewirkt auch **Unterschiede.** So sind die ersten vier Alkane bei Normbedingungen gasförmig. Pentan ist das erste flüssige Alkan. Mit zunehmender Kettenlänge wird die Beschaffenheit ölig, und ab $C_{17}H_{36}$ sind die Alkane fest.
Diese Alkane bilden eine **homologe Reihe.**

**Aufeinanderfolgende Glieder einer homologen Reihe unterscheiden sich durch eine $-CH_2$-Gruppe. Gleiche Strukturmerkmale bedingen prinzipiell gleiche Eigenschaften. Graduelle Unterschiede resultieren aus der Zunahme der Molekülmassen.**

**Eigenschaften der Alkane**

| Übereinstimmungen (durch ähnlichen Molekülbau) | Unterschiede (durch unterschiedliche Molekülmassen) |
|---|---|
| – in den chemischen Reaktionen<br>– brennbar<br>– wasserunlöslich<br>– gute Lösungsmittel für Öle<br>– leiten elektrischen Strom nicht | – molare Masse<br>– Dichte<br>– Schmelztemperatur<br>– Siedetemperatur<br>– Aggregatzustand |

**1** Je größer die Kettenlänge ist, desto stärker rußt die Flamme (Methan links, Hexan rechts).

## Mosaik

### Ringförmige gesättigte Kohlenwasserstoffe

Alkane sind kettenförmige Kohlenwasserstoffe, es existieren aber auch ringförmige Verbindungen.
Besteht der Ring nur aus Kohlenstoffatomen, die durch Einfachbindungen miteinander verknüpft sind und deren gebundene Wasserstoffatome der höchstmöglichen Anzahl entsprechen, so heißen die Stoffe **Cycloalkane.**
Der wichtigste Stoff aus dieser Gruppe ist **Cyclohexan.** Dabei handelt es sich um eine farblose, brennbare Flüssigkeit, die in Wasser unlöslich, jedoch mit Ethanol mischbar ist. Cyclohexan wird als Lösungsmittel verwendet, ist aber in erster Linie Ausgangsstoff für Polyamide. Polyamide werden zu Chemiefasern (z. B. Nylon) verarbeitet. Es lassen sich daraus auch Rohre, Zahnräder, Dichtungen und Teile für die optische, feinmechanische und elektrotechnische Industrie herstellen.

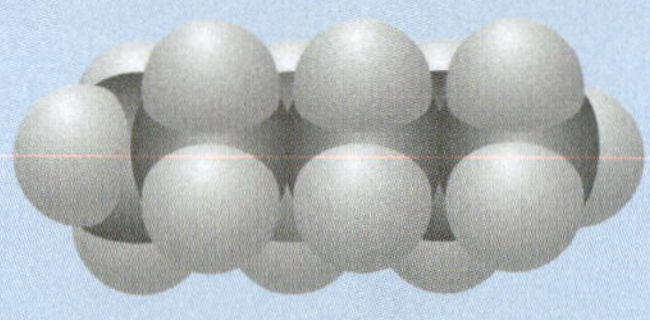

**n-Hexan**
$C_6H_{14}$
Schmelztemperatur: −95,3 °C
Siedetemperatur: 68,7 °C
Dichte: 0,655 g·cm$^{-3}$

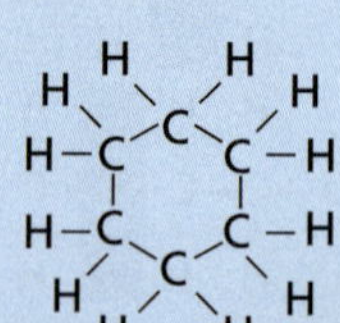

**Cyclohexan**
$C_6H_{12}$
Schmelztemperatur: 6,6 °C
Siedetemperatur: 80,7 °C
Dichte: 0,774 g·cm$^{-3}$

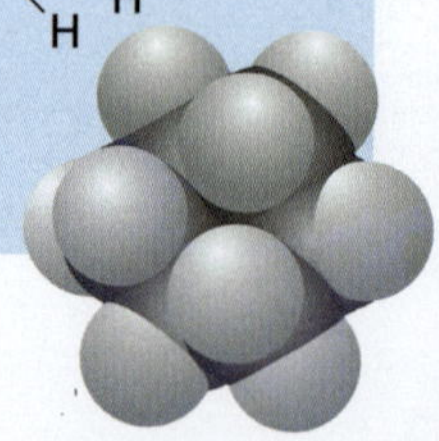

Mosaik

## Was hat der Bau der Alkane mit ihrer Löslichkeit in Wasser zu tun?

Um den Zusammenhang zwischen der Löslichkeit und dem Bau der Alkane zu verstehen, muss man ihre räumliche Struktur und die Kräfte zwischen den Molekülen, im Vergleich zum Bau der Wassermoleküle und den Kräften zwischen ihnen, betrachten.

Im **Methanmolekül** ist das Kohlenstoffatom von vier Wasserstoffatomen umgeben. Die vier bindenden Elektronenpaare nehmen den größtmöglichen Abstand zueinander ein. Dadurch weisen die Wasserstoffatome in die Ecken eines Tetraeders, in dessen Mitte sich das Kohlenstoffatom befindet (s. S. 286). Die gemeinsamen Elektronenpaare werden von den Atomkernen des Kohlenstoffatoms und der Wasserstoffatome fast gleich stark angezogen. Das Methanmolekül ist **unpolar.**

Im **Wassermolekül** ist das Sauerstoffatom ebenfalls von vier Elektronenpaaren umgeben, davon sind jedoch nur zwei bindend, die anderen beiden nicht bindend. Da nicht bindende Elektronenpaare nach dem Elektronenpaarabstoßungsmodell einen größeren Raum einnehmen als bindende, ergeben sich im Wassermolekül etwas andere Bindungswinkel (Abb. 1). Außerdem zieht der Atomkern des Sauerstoffatoms die gemeinsamen Elektronenpaare stärker an als die Kerne der Wasserstoffatome **(polare Atombindung).** Dadurch entsteht am Sauerstoffatom ein negativer Ladungsschwerpunkt, der durch die nicht bindenden Elektronenpaare noch verstärkt wird. An den Wasserstoffatomen entsteht dagegen eine positive Teilladung (s. Abb. 1).

In Abhängigkeit vom Bau der Methan- und Wassermoleküle ergeben sich auch unterschiedliche **zwischenmolekulare Kräfte.** Obwohl die Alkanmoleküle unpolar sind, kommt es durch die Bewegung der Elektronen zur gegenseitigen Beeinflussung der Moleküle und zu schwachen zwischenmolekularen Kräften **(VAN-DER-WAALS Kräfte).** Sie sind umso größer, je größer die Oberfläche und je größer die Masse der Moleküle sind. Durch Ladungsschwerpunkte der Wassermoleküle bedingt, bilden sich sogenannte **Wasserstoffbrückenbindungen** aus, indem sich ein Wassermolekül mit seinem positivierten Wasserstoffatom an das negativierte Sauerstoffatom eines anderen Moleküls anlagert.

Der Bau der Moleküle und die daraus resultierende Art der zwischenmolekularen Kräfte bestimmen, ob zwei Stoffe miteinander mischbar oder einer im anderen löslich ist. Unter Löslichkeit oder Mischbarkeit versteht man die Fähigkeit der Stoffe, miteinander homogene, d. h., einheitliche Mischungen zu bilden. Eine erhebliche Rolle spielen dabei Wasserstoffbrückenbindungen und Van-der-Waals Kräfte. So sind die unpolaren Alkanmoleküle in unpolaren Lösungsmitteln, wie anderen Alkanen, gut löslich.

Im Wasser jedoch sind die Alkane praktisch unlöslich (s. Abb. 2), weil der Energieaufwand, der erforderlich ist, um die Wasserstoffbrückenbindungen zu lösen, sehr viel größer ist, als der, der zum Lösen der VAN-DER-WAALS Kräfte zwischen den Alkanmolekülen nötig ist. Damit bilden die beiden Stoffe getrennte Schichten (Phasen).

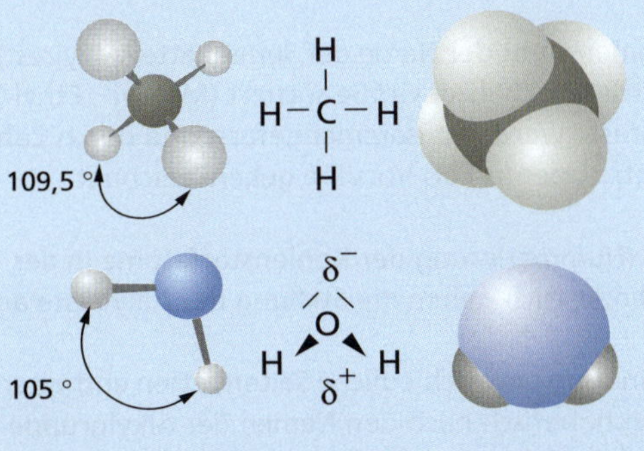


**1** Vergleich des Methanmoleküls und des Wassermoleküls

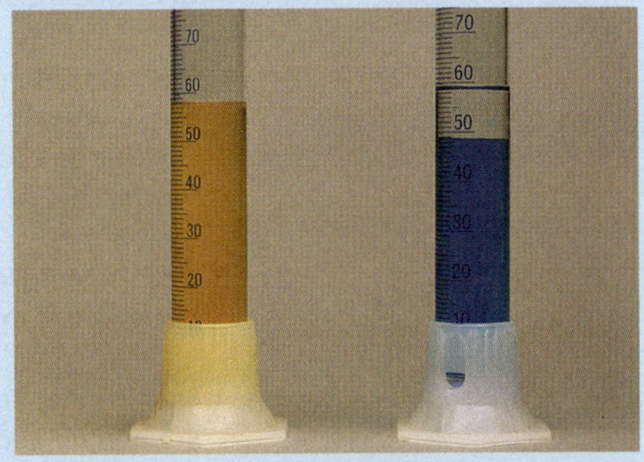

**2** Hexan löst sich nicht in Wasser (rechts – Wasser blau angefärbt), aber gut in Öl (links).

## Isomerie

$C_4H_{10}$ n-Butan

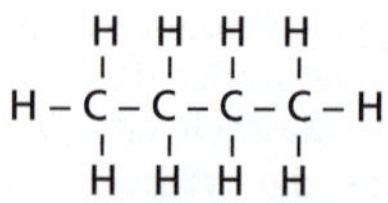

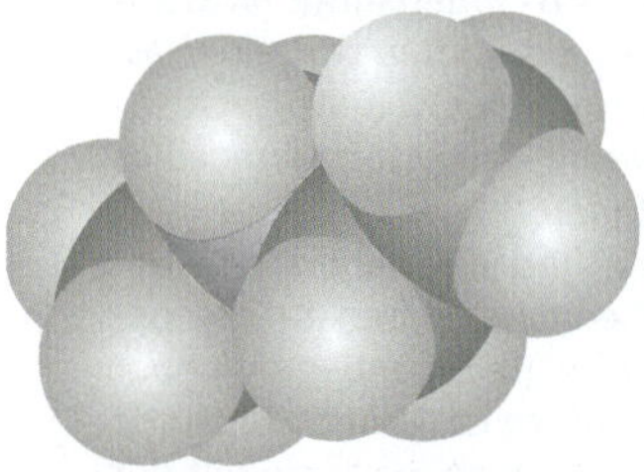

Siedetemperatur 0,5 °C

$C_4H_{10}$ i-Butan

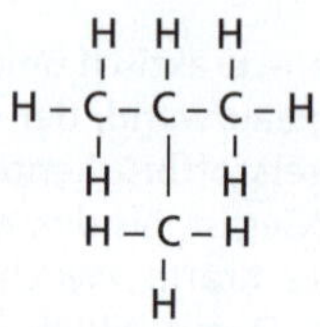

2-Monomethylpropan

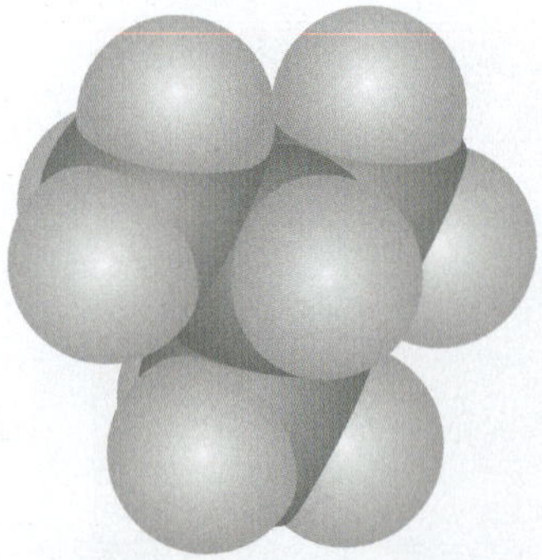

Siedetemperatur –12 °C

In der Chemie ist die Isomerie dann gegeben, wenn Verbindungen aus den gleichen Anzahlen der gleichen Atome bestehen. Die Anordnung dieser Atome ist jedoch unterschiedlich. Dadurch ergeben sich unterschiedliche Eigenschaften der Verbindungen (z B. Geruch, Siede- und Schmelztemperaturen, chemische Reaktionsfähigkeit). Diese Verbindungen bezeichnet man als Isomere oder Isomeren. Isomere haben die gleiche Summenformel (Bruttoformel), aber unterschiedliche Strukturformeln.
Die einfachste Form ist die Bildung von Isomeren durch Verzweigung der Kohlenstoffketten (Struktur- bzw. Konstitutionsisomerie). Die Zahl der möglichen Isomere mit der gleichen Summenformel wächst mit der Zahl der Atome rasch an. Am Beispiel der Alkane wird dies deutlich. Methan, Ethan und Propan besitzen keine Isomere. Der Stoff mit der Summenformel $C_4H_{10}$ hat zwei mögliche Isomere. Pentan ($C_5H_{12}$) besitzt drei Isomere, Hexan ($C_6H_{14}$) hat nicht vier, sondern fünf, Heptan ($C_7H_{16}$) besitzt schon neun verschiedene Konstitutionsisomere.
Grundsätzlich gilt, dass verzweigte Verbindungen niedrigere Schmelz- und Siedetemperaturen haben als unverzweigte. Das hängt vor allem mit ihrer kleineren Oberfläche und den daraus verminderten VAN-DER-WAALS Kräften zusammen.

**Benennung von verzweigten Verbindungen:**

1. Die längste durchlaufende Kette **(Hauptkette)** wird gesucht. Sie bildet den Grundnamen. Sie wird von dem Ende aus nummeriert, dem eine Verzweigung am nächsten ist.

2. Vor dem Grundnamen steht der Name der Seitenkette (Alkylrest). Die **Alkylreste** werden nach ihrer Größe sortiert (Methyl -, Ethyl-). Gleichartige Alkylreste werden zusammengefasst und durch **Zahlwörter** (di-, tri-, tetra-, penta-) als Vorsilbe gekennzeichnet.

3. **Arabische Ziffern** (Nummerierung der Kohlenstoffatome in der Hauptkette) mit Bindestrich geben die Stellung der Alkylreste an.

4. Sind in einer Verbindung unterschiedliche Seitenketten enthalten, können sie auch alphabetisch nach den Namen der Alkylgruppe geordnet werden.

**... und mehr**

**Informiere dich auch unter:** *Formeln und Benennung organischer Stoffe mit C- und H-Atomen*

## Praktikum: Alkane

### S Experiment 1

**Aufgabe:**
Untersuche die Brennerflamme!
**Vorbereitung:**
*Geräte und Materialien:* Brenner, Streichhölzer, Tiegelzange, Glasplatte, Schutzbrille
**Durchführung:**
Stelle einmal die leuchtende und einmal die nicht leuchtende Brennerflamme ein! Halte jeweils eine Glasplatte im größerem Abstand über die Flamme!
**Beobachtung und Auswertung:**
Notiere deine Beobachtungen! Erkundige dich, welches Gas hauptsächlich Verwendung findet und stelle jeweils eine Reaktionsgleichung für die Verbrennung auf!

### S Experiment 2

**Aufgabe:**
Weise im Gas des Brenners, in Heptan und in Kerzenwachs Kohlenstoff nach!
**Vorbereitung:**
*Geräte:* Brenner, Streichhölzer, Glasstab
*Chemikalien:* Gas des Brenners, Kerze, Heptan, Calciumhydroxidlösung
**Durchführung:**
Halte jeweils einen Glasstab mit einem Tropfen Calciumhydroxidlösung über den Brenner (nicht leuchtende Flamme) und das brennende Heptan und die brennende Kerze! (Nicht eindampfen!)

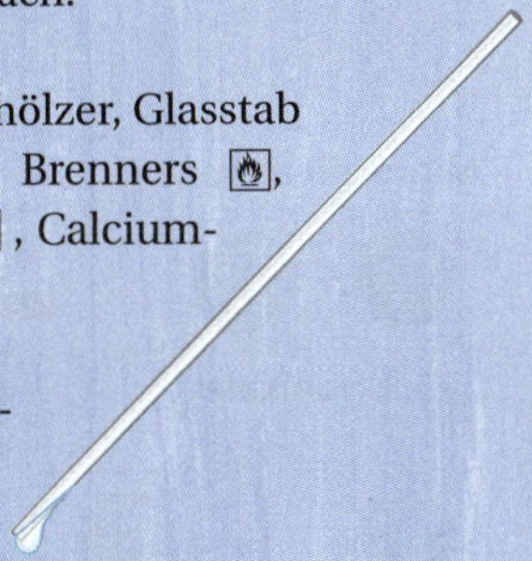

**Beobachtung und Auswertung:**
Notiere die Beobachtungen und erläutere den Nachweis!

### S Experiment 3

**Aufgabe:**
Weise im Gas des Brenners, in Heptan und in Kerzenwachs Wasserstoff nach!
**Vorbereitung:**
*Geräte:* Brenner, Streichhölzer, Tiegel, Tiegelzange, 3 gekühlte, trockene Bechergläser
*Chemikalien:* Kerze, Heptan, Gas des Brenners, Cobalt(II)-chlorid**papier**
**Durchführung:**
Halte jeweils ein Becherglas mit der Öffnung einige Sekunden über die brennende Flamme des jeweiligen Stoffes! Teste das Kondensat mit Cobalt(II)-chloridpapier!
**Beobachtung und Auswertung:**
Notiere die Beobachtungen und erläutere den Nachweis! Stelle die Reaktionsgleichungen auf! (Eine vollständige Verbrennung wird angenommen.)

### S Experiment 4

**Aufgabe:**
Überprüfe die Löslichkeit einiger Alkane in Wasser und organischen Lösungsmitteln!
**Vorbereitung:**
*Geräte:* Reagenzgläser, Reagenzglashalter, Pipette,
*Chemikalien:* Heptan, Kerzenwachsgranulat, Wasser, Aceton, Waschbenzin
**Durchführung:**
Versetze Proben von Heptan und Kerzenwachs jeweils mit den Lösungsmitteln! Schüttle die Mischungen und lasse sie dann eine Weile stehen!
**Beobachtung und Auswertung:**
Notiere die Beobachtungen und erkläre sie!

### S Experiment 5

Stelle in Auswertung des Experiments 4 eine Vermutung darüber auf, für welche Stoffe Heptan und Waschbenzin als Lösungsmittel geeignet sind! Überprüfe die Vermutung experimentell!

## Substitution – eine typische Reaktion der Alkane

Alkane reagieren mit vielen Stoffen nur unter Zufuhr von Energie (z. B. mit Halogenen).
Bei der Reaktion werden Wasserstoffatome der Kohlenwasserstoffmoleküle durch Halogenatome ersetzt. Aus zwei Ausgangsstoffen entstehen zwei Reaktionsprodukte. Der Bindungsgrad der an der Reaktion beteiligten Bindung bleibt erhalten.
Diese Reaktion ist eine typische chemische Eigenschaft der Alkane. Man spricht von einer **Substitutionsreaktion** oder **Substitution** (Abb. 1).

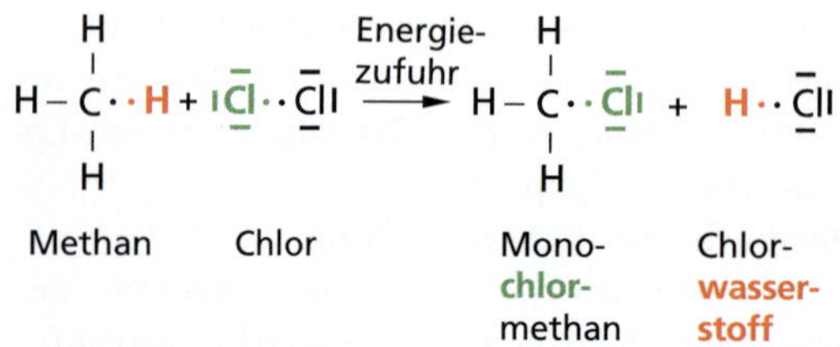


Bei der Substitution entstehen **Derivate** (Abkömmlinge). Bei ihnen handelt es sich nicht mehr um Kohlenwasserstoffe. Werden Halogenatome in die Moleküle der Alkane eingebaut, bilden sich **Halogenalkane.**

> **Die Substitution ist eine chemische Reaktion, bei der Atome oder Atomgruppen in Molekülen organischer Verbindungen wechselseitig ausgetauscht werden.**

### *Benennung der Halogenalkane*

$CH_2Cl - CHCl - CH_3$    $CH_2Cl - CH_2 - CH_2Cl$

1,2 -Dichlorpropan    1,3 -Dichlorpropan

**1,2** – bestimmt die **Stellung** der Halogenatome
1,2 – **Di** – bestimmt die **Anzahl** der Halogenatome
1,2 – Di**chlor** – bestimmt die **Art** der Halogenatome
1,2 – Dichlor**propan** – nennt den zugrunde liegenden **Kohlenwasserstoff**

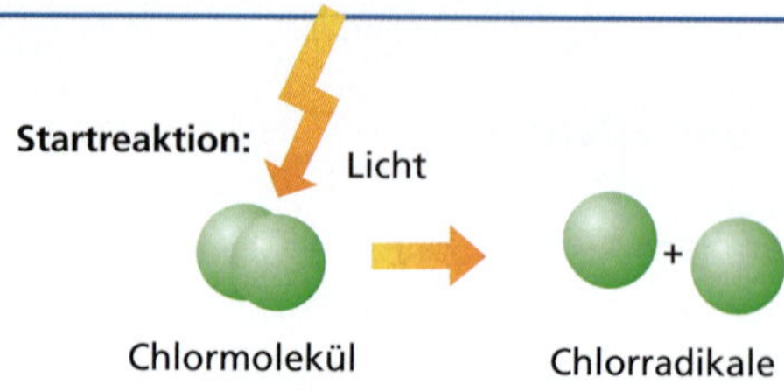


Bildung von Chlorradikalen durch die Einwirkung von Licht auf ein Chlormolekül

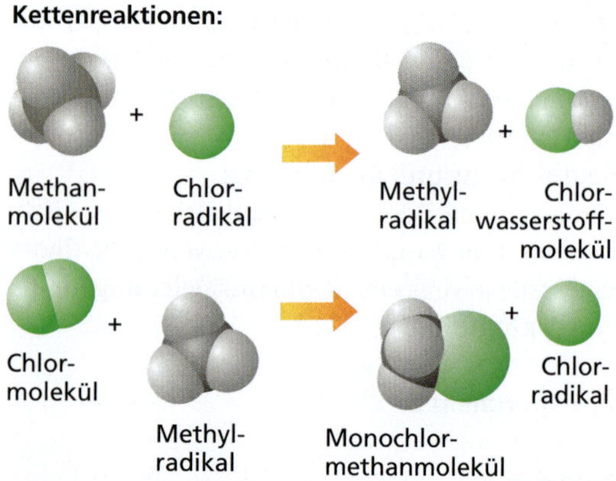


Reaktion von Radikalen mit Molekülen und Bildung neuer Radikale.

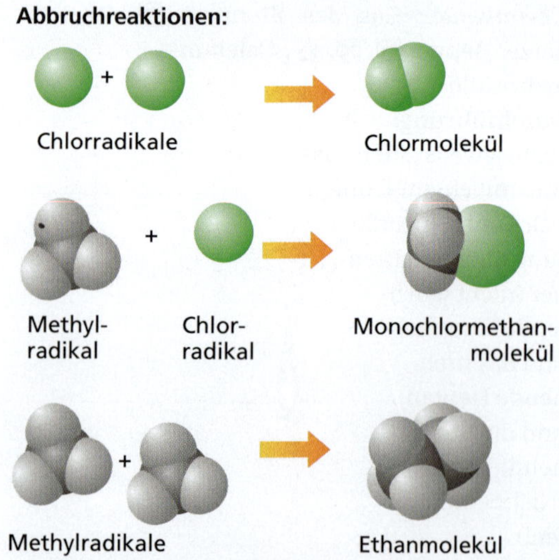


Reaktionen von Radikalen zu stabilen Molekülen

**1** Mechanismus der Reaktion von Alkanen mit Halogenen; radikalische Substitution

## Halogenkohlenwasserstoffe und ihre Verwendung

Chlorkohlenwasserstoffe (CKW) bzw. Fluorchlorkohlenwasserstoffe (FCKW) oder Halone (enthalten Bromatome im Molekül) wurden aufgrund ihrer Eigenschaften als Lösungsmittel, Kältemittel, Treibgase und als Insektizide eingesetzt.

DDT (**D**ichlor**d**iphenyl**t**richlorethan) ist z. B. ein Insektizid. Obwohl DDT sehr wirksam ist, ist sein Einsatz schon seit Jahren in vielen Ländern, auch in Deutschland, verboten. Durch Anreicherung in der Nahrungskette war beispielsweise der Fischadler (Abb.) durch das Gift stark gefährdet.

Seit langem dienen CKW zur Entfettung von Metalloberflächen in der Industrie (z. B. Trichlorethan, Tetrachlormethan). Die meisten dieser Lösungsmittel sind giftig.

Difluordichlormethan und andere FCKW hingegen sind ungiftig. Sie wurden daher in großen Mengen in Kühlschränken als Kältemittel, in Spraydosen als Treibgas und zum Aufschäumen verschiedener Kunststoffarten verwendet.
Lange Zeit hielt man die ungiftigen und reaktionsträgen FCKW und Halone für unschädlich. Seit einigen Jahren weiß man jedoch, dass sie an der Zerstörung der für das Leben auf der Erde unverzichtbaren Ozonschicht beteiligt sind (Abb. 1).
Seitdem bemüht man sich, den Einsatz einzuschränken und andere unschädliche Stoffe zu verwenden.
In Deutschland wurde mit der FCKW- und Halon-Verbotsordnung vom 1. 8. 1991 der schrittweise Ausstieg aus der Verwendung dieser Stoffe in Industrie und Haushalt geregelt.

**ausgewählte Halogenalkane**

| Bezeichnung/Formel | frühere Verwendung |
|---|---|
| Monochlormethan (Methylchlorid) $CH_3Cl$ | Kältetechnik |
| Trichlormethan (Chloroform) $CHCl_3$ | Lösungsmittel, früher Narkosemittel |
| Tetrachlormethan (Tetra) $CCl_4$ | Lösungsmittel |
| Monochlorethan (Chlorethyl) $C_2H_5Cl$ | Kältespray für örtliche Betäubung („Vereisung") |
| Difluordichlormethan (Freon-12) $CF_2Cl_2$ | Kältetechnik, Treibgas |
| Trifluortrichlorethan (Frigen) $C_2F_3Cl_3$ | Kältetechnik |
| Trifluorbrommethan (Halon) $CF_3Br$ | Feuerlöschmittel |

**Argumente für und gegen den Einsatz von Insektiziden**

| Pro | Kontra |
|---|---|
| Ernteverluste durch Insekten | Anreicherung der Insektizide in der Nahrungskette |
| Übertragung von Malaria u. a. durch Insekten | Insektizide schädigen auch nützliche Tiere |
| bei einigen Schädlingen keine Alternativen zum Einsatz bekannt | Schädlinge erwerben Resistenz gegen die Mittel |

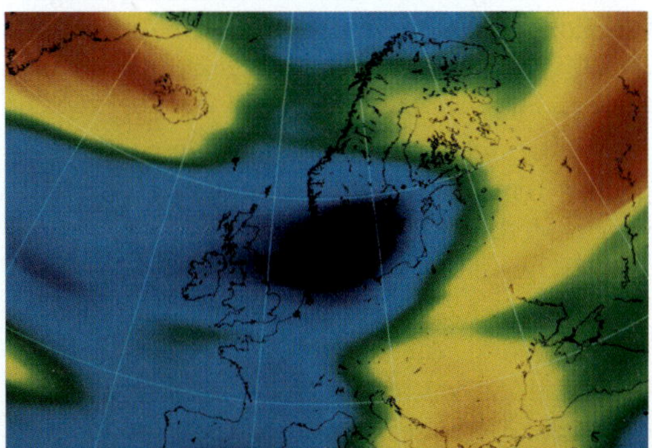

1 Ozonloch über Europa

## Chemie in Natur und Technik

### Methan – ein Gas voller Überraschungen

Methan ist als relativ umweltschonender Energieträger im Gespräch, weil bei seiner Verbrennung weniger Kohlenstoffdioxid freigesetzt wird als bei anderen fossilen Brennstoffen. In dem Zusammenhang ist neuerdings von großen Lagerstätten mit Methanhydrat die Rede.
*Recherchiere, was Methanhydrat ist und notiere Argumente, die für und gegen den Einsatz von Methanhydrat als Energiequelle sprechen!*

Bei der Informationssuche im Internet kann man unterschiedliche Suchmaschinen nutzen, beispielsweise www.google.de. Gibt man als Suchwort „Methanhydrat" ein, erhält man vielfältige Informationen zum Thema.

Methanhydrat wird auch als brennbares Eis bezeichnet. Es besteht aus Methan, welches in gefrorenem Wasser eingelagert ist. Die Wassermoleküle umschließen das Methan vollständig. Es bildet sich bei tiefen Temperaturen und hohem Druck – Bedingungen, die am Boden der Ozeane herrschen. Besonders an den Kontinentalrändern, wo der Meeresboden zur Tiefsee abfällt, lagern große Mengen dieses Stoffes (schätzungsweise zwölf Trillionen Tonnen). Das würde bedeuten, dass die gebundene Kohlenstoffmenge in ihm mindestens doppelt so hoch ist, wie die Menge an Kohlenstoff in Erdöl-, Erdgas- und Kohlevorkommen zusammen. In Anbetracht der sinkenden Vorräte könnte Methanhydrat eine Energiequelle der Zukunft sein.
Allerdings gibt es beim Abbau Probleme. Bei steigender Temperatur und sinkendem Druck entweicht Methan. Das entweichende Gas kann entzündet werden. Daher ist dieses Eis auch brennbar. Der Zerfall erfolgt schon, während das Methanhydrat zur Meeresoberfläche transportiert wird. So wird über Möglichkeiten nachgedacht, das Methaneis schon am Boden zu schmelzen und das freigesetzte Methan aufzufangen. Abgesehen von den technischen Problemen sind die Folgen des Abbaus und der Nutzung des Methanhydrats noch nicht abzuschätzen.
Methan ist ein Treibhausgas, das wesentlichen Einfluss auf das Klima hat. Der Effekt ist 20-mal so stark wie der von Kohlenstoffdioxid. Wird beim Abbau des Methanhydrats ungenutztes Methan freigesetzt und gelangt es in die Atmosphäre, kann dies weitreichende Folgen haben.
Auch wenn weniger $CO_2$ als bei der Verbrennung anderer fossiler Brennstoffe frei wird, entsteht das Gas ebenso bei der Verbrennung von Methan – ein weiteres Treibhausgas. Die riesige Menge an gebundenem Kohlenstoff würde bei der Verbrennung erheblichen Einfluss auf den Kohlenstoffdioxidgehalt der Atmosphäre haben. Einige Klimaforscher gehen davon aus, dass es durch die globale Erwärmung zu einer Fließänderung des Golfstromes kommt und sich so gerade die Gebiete am Meeresboden erwärmen könnten, in denen sich die Lagerstätten des Methanhydrats befinden. So könnte es zur Instabilität und Freisetzung von Methan mit weiteren Folgen für das Klima kommen.
Durch unterseeische Beben oder abrutschende Gesteinsmassen an den Kontinentalrändern kann ebenfalls eine spontane Gasfreisetzung erfolgen.
Neuerdings nimmt man übrigens an, dass solche Gasaustritte die Ursache für das Verschwinden von Schiffen und Flugzeugen im geheimnisvollen Bermudadreieck sein könnten. Die Dichteveränderung des Wassers oder der Luft könnte zum Sinken bzw. zum Absturz geführt haben.

1 Brennendes Methanhydrat

## L Der Trick mit der Lampe

In eine dreigeteilte verschließbare Glasschale werden folgende Chemikalien und Testlösungen gegeben.
**Erstes Drittel:** Heptan mit Brom
**Zweites Drittel:** mit Universalindikator versetztes Wasser
**Drittes Drittel:** Sibernitratlösung
Wird dieses Reaktionsgefäß stark beleuchtet (z.B. mit der Lampe des Overheadprojektors), läuft eine fotochemische Reaktion ab. Das Stoffgemisch aus dem ersten Drittel entfärbt sich und eine Gasentwicklung ist zu beobachten. Unitest verändert seine Farbe von Grün nach Rot und im Segment mit dem Silbernitrat fällt ein hellgelber Niederschlag aus.
*Erkläre die Beobachtungen!*

Im ersten Drittel weist die Entfärbung des Stoffgemischs darauf hin, dass Brom mit Heptan reagiert. Es muss also ein Reaktionsprodukt entstanden sein, bei dem im Molekül mindestens ein Bromatom enthalten ist. Bei der Reaktion kann es sich um eine Substitution handeln. Im Ergebnis dieser Substitution entstehen Monobromheptan und Bromwasserstoff. Monobromheptan ist eine farblose Flüssigkeit, Bromwasserstoff ein Gas.

$$C_7H_{16} + Br_2 \xrightarrow{\text{UV-Licht}} C_7H_{15}Br + HBr$$

Bromwasserstoff lässt sich nachweisen. Mit Wasser reagiert dieses Gas genauso wie Chlorwasserstoff und bildet durch Reaktion mit Wasser eine saure Lösung.

$$HBr \xrightarrow{H_2O} H^+ + Br^- \quad \text{bzw.}$$

$$HBr + H_2O \longrightarrow H_3O^+ + Br^-$$

Die bei der Reaktion entstandenen Wasserstoff-Ionen *(Hydronium-Ionen)* färben die Unitestlösung rot (Beobachtung im zweiten Segment).

Im dritten Segment reagiert Bromwasserstoff ebenfalls mit dem Wasser und es entstehen die frei beweglichen Ionen. In diesem Reaktionsgefäß verbinden sich die Säurerest-Ionen (Bromid-Ionen) mit den Silber-Ionen aus der Silbernitratlösung. Das Silberbromid fällt als schwer löslicher hellgelber Niederschlag aus.

$$Ag^+ + Br^- \longrightarrow AgBr\downarrow$$

**Zu viel, zu wenig oder richtig?**

In einer Arbeit fordert der Chemielehrer die vereinfachten Strukturformeln der Isomere des Dichlorpropans. Ein Schüler liefert fünf Formeln ab:

a) $CH_2Cl - CH_2$ | $CH_2Cl$
b) $CHCl_2$ | $CH_2 - CH_3$
c) $CH_2Cl$ | $H_3C - CHCl$
d) $CH_3 - CCl_2 - CH_3$
e) $CH_2Cl$ | $ClH_2C - CH_2$

*Wurde die Aufgabe richtig gelöst? Begründe die Entscheidung mithilfe der Definition von Isomeren!*

Isomere sind Stoffe, die die gleiche quantitative Zusammensetzung (Summenformel) aber unterschiedliche Strukturen und damit verschiedene Eigenschaften aufweisen.
Die Aufgabe wurde nicht richtig gelöst, denn der Schüler hat nicht erkannt, dass die Formeln a) und e) gleiche Strukturen kennzeichnen. Dichlorpropan hat nur vier Isomere.

## gewusst · gekonnt

1. Ergänze bzw. aktualisiere dein Glossar!

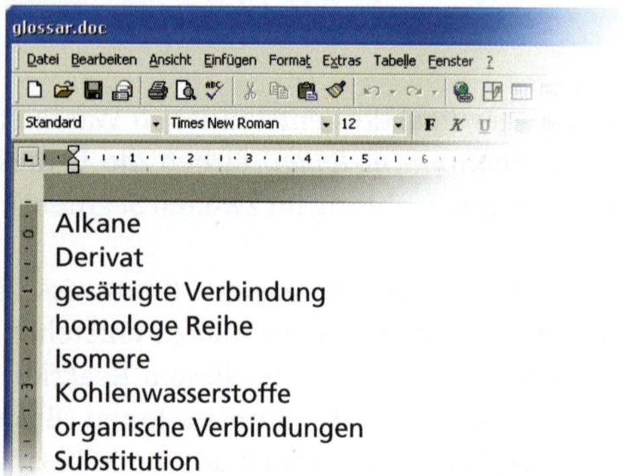


2. Es gibt eine große Zahl organischer Stoffe. Ihre Anzahl ist größer als die aller anderen Stoffe zusammengenommen. Wie ist diese ungeheure Vielfalt an Kohlenstoffverbindungen zu erklären?

3. Von den folgenden sechs Formeln sind drei richtig und drei falsch. Welche Formeln sind fehlerhaft? Ordne! Begründe die Zuordnung!
$CH_3Cl_2$, $CO_2$, $CCl_3$, $CH_2Cl_2$, $CH_4$, $CH_3O$

4. Immer wieder wird von Unfällen berichtet, die durch Grubengas ausgelöst wurden. Erkläre, wie es zu solchen Unfällen kommt!

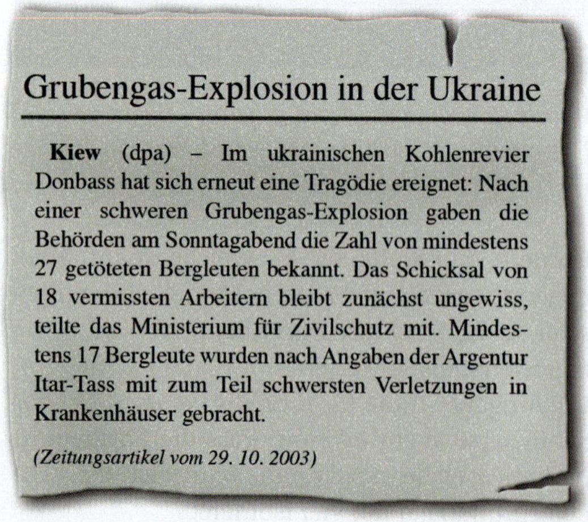

### Grubengas-Explosion in der Ukraine

**Kiew** (dpa) – Im ukrainischen Kohlenrevier Donbass hat sich erneut eine Tragödie ereignet: Nach einer schweren Grubengas-Explosion gaben die Behörden am Sonntagabend die Zahl von mindestens 27 getöteten Bergleuten bekannt. Das Schicksal von 18 vermissten Arbeitern bleibt zunächst ungewiss, teilte das Ministerium für Zivilschutz mit. Mindestens 17 Bergleute wurden nach Angaben der Argentur Itar-Tass mit zum Teil schwersten Verletzungen in Krankenhäuser gebracht.

*(Zeitungsartikel vom 29. 10. 2003)*

5. Informiere dich im Internet oder in geeigneten Nachschlagewerken über Ethan! Vergleiche die Strukturen von Methan und Ethan miteinander und erkläre gemeinsame und unterschiedliche Eigenschaften dieser beiden Stoffe!

6. a) Gib für unverzweigte Alkane mit bis zu 10 Kohlenstoffatomen die Summenformeln und die Strukturformeln an!
   b) Leite die gemeinsame Summenformel der Alkane ab!
   c) Erläutere unter Nutzung dieser Beispiele den Begriff „homologe Reihe"!

7. Finde heraus, wie viele Isomere es gibt, die durch die Summenformel $C_5H_{12}$ beschrieben werden können!
Notiere die Strukturformeln und benenne den jeweiligen Stoff!

8. Ordne zu!

| | |
|---|---|
| a) $C_{13}H_{28}$ | A) fest |
| b) Ethan | B) gasförmig |
| c) $C_{18}H_{38}$ | C) dünnflüssig |
| d) $C_{20}H_{42}$ | D) ölig |
| e) Hexan | E) salbenartig |

9. Stelle in einer Tabelle Alkane und ihre Verwendung zusammen! Finde zusätzlich zu den Beispielen im Lehrbuch weitere Einsatzmöglichkeiten!

10. S Teste die elektrische Leitfähigkeit von Heptan , , ! Erkläre das Beobachtungsergebnis unter Nutzung der Struktur des Kohlenwasserstoffmoleküls!

11. Gilt die allgemeine Formel der Alkane nur für die unverzweigten oder auch für die verzweigten Verbindungen? Gib eine Erklärung!

**12.** Untersuche, ob bei den folgenden Stoffpaaren Isomerie vorliegt!

| a | b |
|---|---|
| $CH_2=CH-CH_3$<br>$CH_2-CH_2$ (Ring mit $CH_2$) | $CH_2=CH-CH_2-CH_3$<br>$CH_3-C\equiv C-CH_3$ |
| **c** | **d** |
| $NH_4OCN$<br>$\langle O=C(\overline{N}H_2)_2$ | $CH_3-CH=CH-CH_2-CH_3$<br>$CH_3-CH_2-CH(CH_2-CH_3)-CH_2-CH_3$ |

**13.** Berechne, welches Volumen Propan im Normzustand einer 10 l-Flasche entnommen werden kann, die 5 kg verflüssigtes Propan enthält!
(Hinweis: Beachte das in der Flasche verbleibende Restgas!)

**14.** Ein Haushalt verbrennt monatlich 12,5 $m^3$ Erdgas.
Welche Masse Wasser entsteht in Küche und Heizungsraum, wenn man annimmt, dass Erdgas vollständig aus Methan besteht?

**15.** Autohersteller investieren seit Jahren hohe Beträge in die Entwicklung neuer Motoren und Treibstoffe. Erdgas, Flüssiggas, Wasserstoff und Biodiesel werden getestet.
Stelle jeweils mögliche Vorteile und Nachteile dieser Treibstoffe zusammen!

**16.** Welche der folgenden Aussagen sind wahre Aussagen? Begründe deine Antwort jeweils!

a) Bei der Substitutionsreaktion von Alkanen mit Halogenen entstehen als Nebenprodukte Stoffe, die mit Wasser saure Lösungen bilden.

b) Organische Stoffe enthalten andere Elemente als anorganische, deshalb gelten unterschiedliche Gesetzmäßigkeiten.

c) Die Schmelz- und Siedetemperaturen der Alkane hängen von der Kettenlänge ihrer Moleküle ab.

d) Die Reaktionsprodukte, die bei der vollständigen Verbrennung von Methan und Ethan gebildet werden, sind gleich.

**17.** An einer Chemikalienflasche, die im Chemikalienschrank im Fach der Kohlenwasserstoffe und ihrer Halogenderivate steht, ist das Etikett beschädigt. Man kann nur $C_7H$ entziffern. Notiere die Formeln und die Namen von mindestens sechs möglichen Verbindungen, die in der Flasche enthalten sein können!

**18.** S Teste verschiedene Sprays aus dem Haushalt mithilfe der Beilsteinprobe auf halogenierte Verbindungen! (Achtung: Entferne vor Entzünden des Brenners die Sprayflasche!)

**19.** Informiere dich über den Ozonabbau, der durch FCKW bedingt ist und seine Folgen! Stelle eine Übersicht zusammen!

# 13.2 Ungesättigte Kohlenwasserstoffe

### Ein widersprüchlicher Kohlenwasserstoff

Im Jahr 1825 wurde ein unbekannter Kohlenwasserstoff im Steinkohlenteer gefunden. Die Summenformel ($C_6H_6$) wurde schnell ermittelt, aber erst 1872 entwickelte KEKULÉ (Abb.) eine Strukturformel.

*Wie sieht die Struktur aus? Wie lässt sich das Reaktionsverhalten erklären?*

### Reifen Tomaten im Dunkeln?

Die Tomaten bleiben bei zu wenig Sonne grün. Bei schlechtem Wetter nimmt man die gelblich gefärbten Früchte ab, legt sie in einen Tontopf und bewahrt sie an einer dunklen Stelle zusammen mit einem reifen Apfel auf. Nach wenigen Tagen haben sich die Tomaten rot gefärbt.

*Wodurch wird der Reifungsprozess beschleunigt?*

### Geschweißt wird mit Ethin

Beim Schweißen wird neben dem Sauerstoff ein weiteres Gas verwendet: das Ethin. Das Ethin (auch Acetylen genannt) ist sehr reaktionsfreudig. Sicherlich hat jeder schon Schweißer bei der Arbeit beobachtet. Unsachgemäßer Umgang kann schwere Explosionen hervorrufen.

*Worauf ist die Reaktionsfreudigkeit des Ethins zurückzuführen?*

## Ethen – ein wichtiges Alken

**Ethen (Ethylen)** stellt in der Petrolchemie einen wesentlichen Ausgangsstoff dar, u. a. für die Produktion von Kunststoffen (Polyethylen – s. S. 302 – und Polyester).
Außerdem handelt es sich um ein pflanzliches Hormon, das in reifenden Früchten produziert wird und den Reifungsprozess beeinflusst. Diese Erkenntnis nutzt man beim Transport von Obst aus. Bananen werden z. B. in ihrem Herkunftsland noch in unreifem Zustand geerntet. Während des Transportes unterdrückt man die natürliche Produktion von Ethen. Erst bei uns werden die noch grünen Bananen mit Ethen begast und so zur Reifung angeregt.
Aus der Summenformel von Ethen ($C_2H_4$) ist erkennbar, dass in den Molekülen des Ethens nicht die maximal mögliche Anzahl von Wasserstoffatomen enthalten ist. Es handelt sich um eine **ungesättigte Verbindung.** Zwischen den Kohlenstoffatomen ist eine **Doppelbindung** (zwei gemeinsame Elektronenpaare) ausgebildet.

Ethen und ähnlich gebaute Verbindungen gehören zu den **Alkenen.** Sie bilden eine homologe Reihe.
Die Doppelbindung ist im Namen an der **Endung -en** erkennbar. Bei Alkenen mit mehr als drei Kohlenstoffatomen in den Molekülen kann sich die Mehrfachbindung an verschiedenen Stellen des Moleküls befinden. Das wird durch eine zusätzliche Angabe im Namen deutlich gemacht.

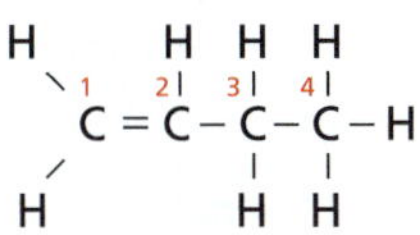
But-1-en

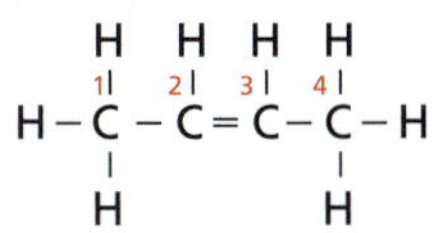
But-2-en

**Ethen gehört zu den Alkenen.**
**Alkene ($C_nH_{2n}$) sind kettenförmige unge-sättigte Kohlenwasserstoffe mit einer Doppelbindung zwischen zwei Kohlenstoffatomen und Einfachbindungen zwischen den übrigen Kohlenstoffatomen im Molekül.**

**STECKBRIEF: Ethen $C_2H_4$**

**Eigenschaften:** farbloses, süßlich riechendes Gas, brennt mit leuchtender Flamme, sehr reaktionsfähig, bildet mit Sauerstoff explosive Gemische
Schmelztemperatur: –160,2 °C
Siedetemperatur: –103,7 °C
Dichte: 1,260 g · l$^{-1}$

**Struktur:**

Kugelstabmodell

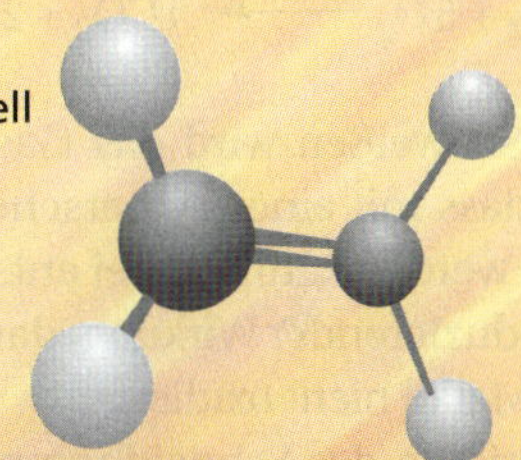

Kalottenmodell

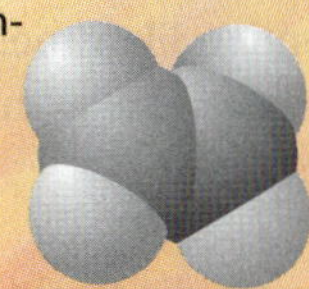

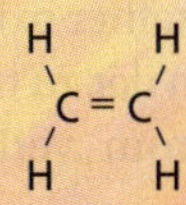
Strukturformel

$CH_2 = CH_2$ verkürzte Strukturformel

$C_2H_4$ Summenformel

**L Experiment**

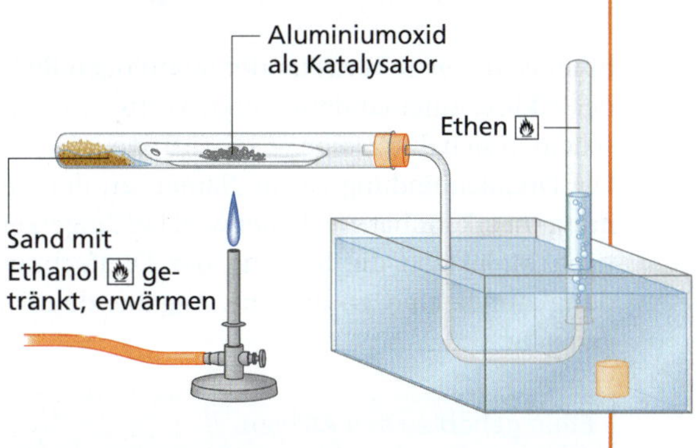


$$C_2H_5OH \xrightarrow{\text{Kat.}} C_2H_4 + H_2O$$

**1** Ethen kann im Labor aus Ethanol hergestellt werden.

## Ethin – ein bekanntes Alkin

**Ethin (Acetylen)** stellt, genauso wie Ethen, einen wesentlichen Ausgangsstoff für die Herstellung vielfältiger organischer Substanzen dar, z.B. für die Produktion von Polyvinylchlorid (PVC).
Ethin findet als Schweißgas Verwendung. Bei der Verbrennung in reinem Sauerstoff wird eine Temperatur von bis 3000 °C erreicht.

$$2C_2H_2 + 5O_2 \longrightarrow 4CO_2 + 2H_2O \qquad Q = -nkJ$$

Zum Schweißen wird das Gasgemisch so reguliert, dass mit einem Überschuss an Ethin gearbeitet werden kann. Dabei entsteht eine Flamme mit reduzierender Wirkung, damit das geschmolzene Metall nicht oxidiert.
Das Prinzip des Schneidbrenners basiert hingegen auf seiner oxidierenden Flamme, mit der das Metall an der zu trennenden Stelle im reinen Sauerstoffstrom „verbrannt" wird.

Im Labor kann Ethin durch die Reaktion von Calciumcarbid mit Wasser hergestellt werden (Abb. 1).

Ethinmoleküle bestehen aus je zwei Kohlenstoffatomen und zwei Wasserstoffatomen. Es handelt sich ebenfalls um eine ungesättigte Verbindung. Zwischen den Kohlenstoffatomen existieren drei Atombindungen – **Dreifachbindung.**

Ethin ist der erste Vertreter der homologen Reihe der **Alkine.** Aufeinanderfolgende Vertreter unterscheiden sich durch eine $-CH_2$-Gruppe.
Die Dreifachbindung ist im Namen an der **Endung -in** erkennbar. Auch hier wird bei längerkettigen Molekülen die Stellung der Dreifachbindung durch eine zusätzliche Angabe deutlich gemacht.

**Ethin gehört zu den Alkinen.**
**Alkine ($C_nH_{2n-2}$) sind kettenförmige ungesättigte Kohlenwasserstoffe mit einer Dreifachbindung zwischen zwei Kohlenstoffatomen und Einfachbindungen zwischen den übrigen Kohlenstoffatomen im Molekül.**

**STECKBRIEF: Ethin $C_2H_2$**

**Eigenschaften:** farbloses, fast geruchloses Gas, brennt mit leuchtender, stark rußender Flamme, sehr reaktionsfähig, bildet hochexplosive Gemische mit Luft oder Sauerstoff
Schmelztemperatur: –80,8 °C
Siedetemperatur: –84,0 °C
Dichte: –1,170 g · l$^{-1}$

**Struktur:**

Kugelstabmodell

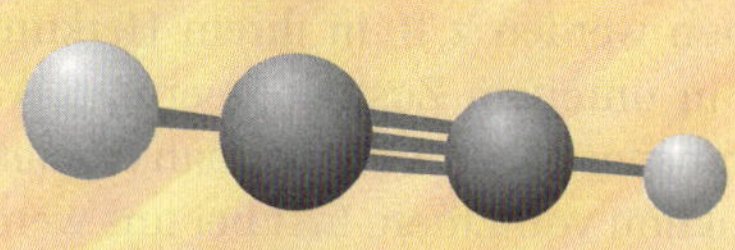

Kalottenmodell

H–C≡C–H
Strukturformel

CH ≡ CH
verkürzte Strukturformel

$C_2H_2$
Summenformel

**L Experiment**

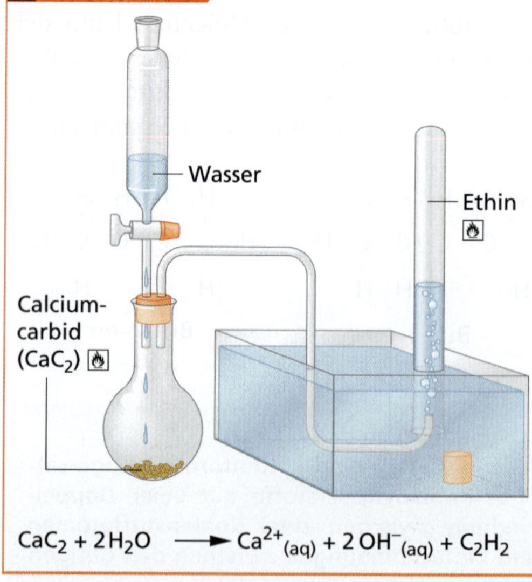


$$CaC_2 + 2H_2O \longrightarrow Ca^{2+}{}_{(aq)} + 2\,OH^-{}_{(aq)} + C_2H_2$$

1 Darstellung von Ethin im Laborexperiment

## Addition und Eliminierung

Doppel- und Dreifachbindungen zwischen Kohlenstoffatomen im Molekül des Ethens bzw. des Ethins – normalerweise könnte man annehmen, dass diese Verbindungen sehr stabil, also reaktionsträge sind. Im Experiment wird sichtbar, dass das nicht der Fall ist (Abb. 1).
Brom wird bei der Reaktion mit Ethen und Ethin entfärbt. Die Reaktion erfolgt sehr leicht und ohne zusätzliche Energiezufuhr, denn Einfachbindungen können leichter gelöst werden als Mehrfachbindungen.

Die **Entfärbung von Brom bzw. Bromwasser** (ohne zusätzliche Energiezufuhr) dient auch als **Nachweis der Mehrfachbindung** im Molekül eines Stoffes.
Reagieren Alkene mit Brom, wird die Doppelbindung gelöst und jeweils eine Bindung zu zwei Bromatomen ausgebildet. Zwischen den Kohlenstoffatomen verbleibt eine Einfachbindung. Aus zwei Ausgangsstoffen entsteht ein Reaktionsprodukt. Diese Reaktion bezeichnet man als **Additionsreaktion** bzw. **Addition.** Man sagt: Brom wird an die Doppelbindung im Alken addiert.
Neben Brom kann auch Wasserstoff addiert werden. Man bezeichnet diese spezielle Addition als Hydrierung (s. u.). Sie spielt beispielsweise bei der Fetthärtung eine Rolle.
Ebenso können Brom und Wasserstoff an die Dreifachbindungen der Alkine angelagert werden.

**L Experiment**

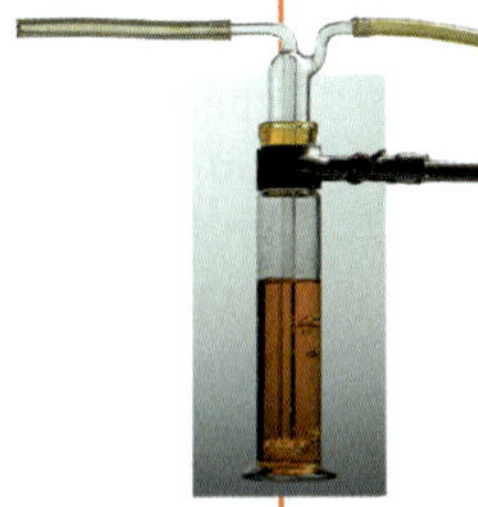

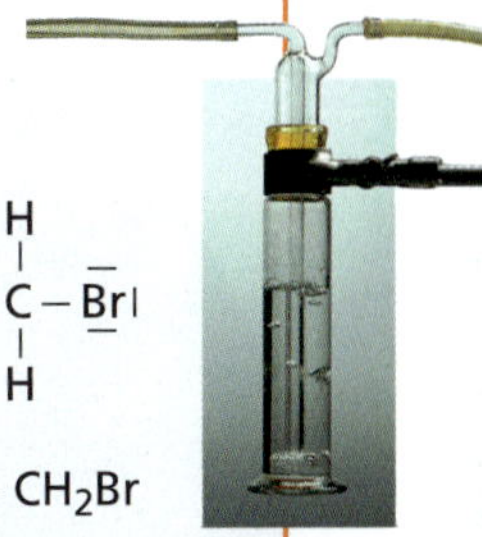

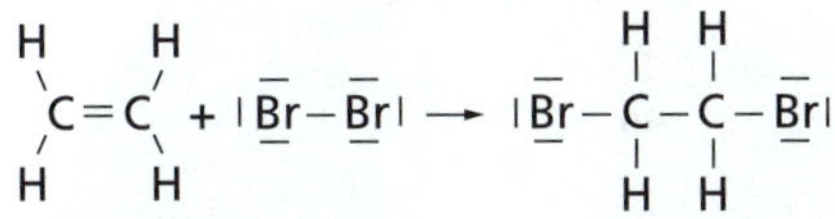

$CH_2=CH_2 + Br_2 \rightarrow CH_2Br-CH_2Br$

$C_2H_4 + Br_2 \rightarrow C_2H_4Br_2$

1,2-Dibromethan

1 Ethen reagiert mit Brom.

In der chemischen Industrie ist oft die umgekehrte Reaktion von Bedeutung. Unter der Wirkung von Katalysatoren und Energiezufuhr wird beispielsweise Wasserstoff aus Alkanen abgespalten (eliminiert). Es handelt sich um eine Dehydrierung. Im Labor wird Ethen durch die Abspaltung von Wasser aus Ethanol dargestellt (s. S. 299). Auch bei dieser Reaktion handelt es sich um einen Spezialfall der **Eliminierung.**

**Die Addition ist eine chemische Reaktion, bei der Atome oder Atomgruppen an Mehrfachbindungen in Molekülen ungesättigter Verbindungen angelagert werden.**

**Die Eliminierung ist eine chemische Reaktion, bei der aus Molekülen des Ausgangsstoffes Atome oder Atomgruppen unter Ausbildung von Mehrfachbindungen abgespalten werden.**

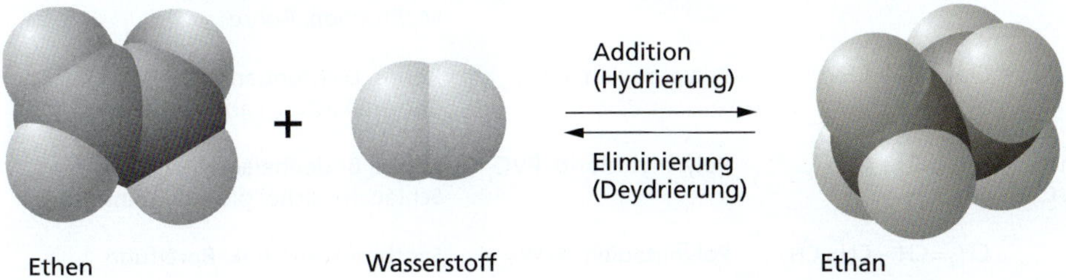

## Durch Polymerisation zum Kunststoff

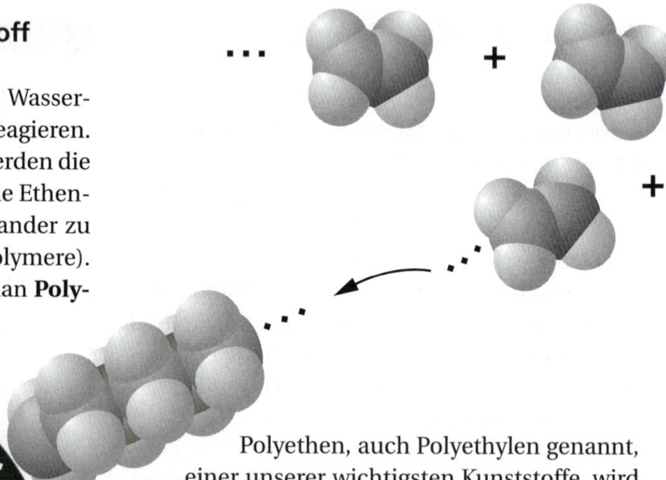

Ethenmoleküle können nicht nur mit Wasserstoff-, Brom- und anderen Molekülen reagieren. Unter dem Einfluss eines Katalysators werden die Doppelbindungen aufgespalten und viele Ethenmoleküle (Monomere) reagieren miteinander zu langen Ketten, den Makromolekülen (Polymere). Diesen Sonderfall der Addition nennt man **Polymerisation.**

Polyethen, auch Polyethylen genannt, einer unserer wichtigsten Kunststoffe, wird durch Polymerisation hergestellt. Viele Dinge des Haushalts und der Industrie werden aus ihm gefertigt.

Andere wichtige Plaste, die durch Polymerisation gebildet werden, sind Polyvinylchlorid (PVC), Polyacrylnitril (PAN) und Polystyrol (PS).

**Die Polymerisation ist eine Additionsreaktion, bei der viele gleichartige Moleküle mit Mehrfachbindungen unter deren Aufspaltung zu Makromolekülen reagieren.**

$$CH_2=CH_2 + CH_2=CH_2 + \ldots + CH_2=CH_2 \xrightarrow{\text{Katalysator}} \ldots -CH_2-CH_2-CH_2-CH_2-CH_2-CH_2- \ldots$$

$$n\,CH_2=CH_2 \xrightarrow{\text{Katalysator}} \left[ CH_2-CH_2 \right]_n$$

Faktor Ethen (Ethylen) — Monomer → Polyethen (Polyethylen) — Polymer

Ist z.B. n = 1000, sind 1000 Moleküle des Ausgangsstoffes zu einem Molekül des Reaktionsprodukts zusammengetreten. Dieses ist aus 1000 Resten von Molekülen des Ausgangsstoffes aufgebaut.

| Monomer | | Polymer | |
|---|---|---|---|
| **Name** | **Formel** | **Name** | **Verwendung** |
| Ethen | $CH_2=CH_2$ | Polyethylen, PE | Wannen, Eimer, Folien, Mülltonnen, Rohre |
| Propen | $CH_2=CH-CH_3$ | Polypropylen, PP | Rohre, Dichtungen, Batteriekästen, Fahrzeugteile |
| Monochlorethen, Vinylchlorid, VC | $CH_2=CH-Cl$ | Polyvinylchlorid, PVC | Rohre, Bodenbeläge, Schläuche, Schallplatten, Kunstleder |
| Buta-1,3-dien | $CH_2=CH-CH=CH_2$ | Polybutadien, BUNA | Synthesekautschuk, Bereifung |

## Benzen – eine aromatische Verbindung

1825 fand MICHAEL FARADAY (1791–1867) einen bis dahin unbekannten Kohlenwasserstoff im Steinkohlenteer. Er nannte ihn **Benzol.** Heute heißt dieser Stoff mit der Summenformel $C_6H_6$ **Benzen.** Mit dieser Summenformel müsste Benzen eine starke ungesättigte Verbindung sein. Brom wird jedoch nicht entfärbt, eine Addition findet nicht statt. Benzen ist sehr stabil. Unter dem Einfluss eines Katalysators findet eine Substitution statt. Dieses widersprüchliche Verhalten des Benzens hängt mit seiner Struktur zusammen. Diese Struktur bereitete den Chemikern lange Kopfzerbrechen. Erst 1865 schlug AUGUST KEKULÉ (1829–1896) eine ringförmige Struktur vor, durch die einige chemische Eigenschaften erklärt wurden. Heute ist bekannt, dass zwischen den Kohlenstoffatomen im Ring Einfachbindungen existieren. Die „übrigen" sechs Außenelektronen bilden ein ringförmiges Elektronensystem, das **Elektronensextett**. Es ist oberhalb und unterhalb der Kohlenstoffatome im Benzenmolekül verteilt und bedingt die besonderen Eigenschaften des Stoffes. Das Elektronensextett wird durch einen Kreis symbolisiert (s. Steckbrief).

Benzen wird Treibstoffen als sogenanntes Antiklopfmittel zugesetzt. Im EU-Raum enthalten Benzine durchschnittlich 1 % Benzen.

Da beim Betanken von Kraftfahrzeugen auch giftiges Benzen in die Luft gelangt, sind die Zapfpistolen mit einer Saugvorrichtung ausgerüstet. Dadurch werden die Dämpfe in die unterirdischen Tanks zurückgeleitet.

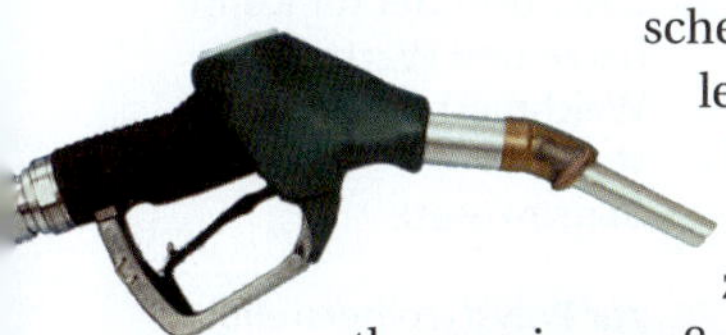

Der Stoff hat als Ausgangsstoff zahlreicher Synthesen eine große Bedeutung in der chemischen Industrie. Hunderttausende wichtige Verbindungen lassen sich auf das Benzen zurückführen. Da viele von ihnen wohlriechend sind (z. B. Anis, Vanille, Zimt) führte man den Begriff aromatische Verbindungen bzw. Aromaten ein. Eine große Anzahl solcher Verbindungen ist allerdings giftig (s. S. 304).

**STECKBRIEF: Benzen $C_6H_6$**

**Eigenschaften:** farblose, süßlich riechende Flüssigkeit, giftig, Krebs erregend, schädigt Blut bildende Organe, kann auch über die Haut aufgenommen werden, in Wasser nicht löslich, brennt mit stark rußender Flamme

Schmelztemperatur: 5,5 °C

Siedetemperatur: 80,1 °C

Dichte: 0,87 g · $cm^{-3}$

**Struktur:**

Kalottenmodell

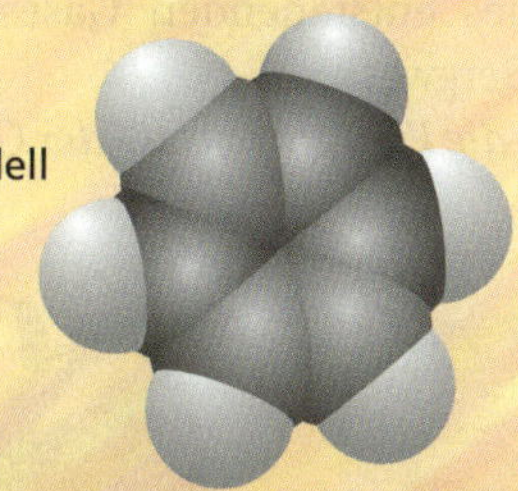

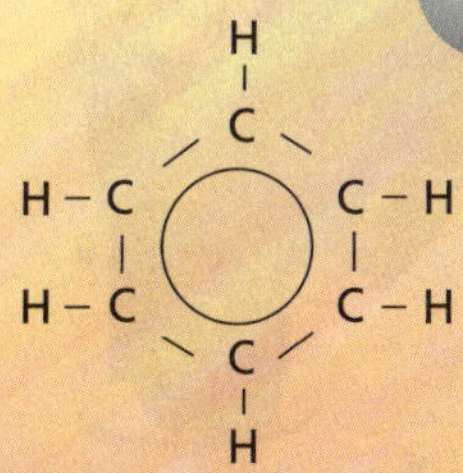

Strukturformel

Symbolisierung

1 Benzen (Benzol) verbrennt mit stark rußender Flamme.

## Chemie in Natur und Technik

### Die Erfindung des Sir HUMPHRY DAVY

Anfang des 19. Jahrhunderts erfand Sir HUMPHRY DAVY (1778–1829) die nach ihm benannte Sicherheitslampe für Bergleute. Sie enthielt Calciumcarbid und Wasser und verhinderte die Explosion sowohl des entstehenden Gases als auch der Gase im Bergwerk.
*Erläutere die Funktionsweise der Carbidlampe!*

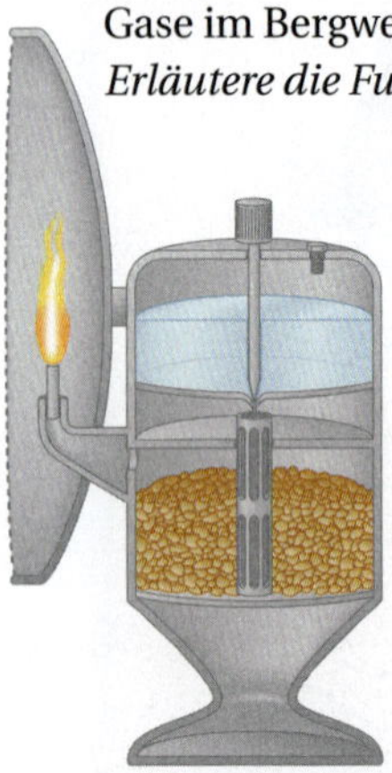

Die Carbidlampe enthält einen Behälter mit Calciumcarbid (unterer Teil) und einen Behälter mit Wasser. Lässt man Wasser auf das Calciumcarbid tropfen, erfolgt eine chemische Reaktion, bei der Ethin entsteht.

$$CaC_2 + 2H_2O \longrightarrow C_2H_2 + Ca(OH)_2$$

Die Reaktion von Ethin mit Sauerstoff verläuft exotherm. Sie setzt neben der Wärmeenergie auch die erforderliche Lichtenergie frei.
Vollständige Verbrennung:

$$2C_2H_2 + 5O_2 \longrightarrow 4CO_2 + 2H_2O$$

Bei der Lampe umhüllt ein Drahtgitter die offene Flamme. Das Metall besitzt eine sehr gute Wärmeleitfähigkeit. Ein Teil der abgegebenen thermischen Energie wird von den Gasen weggeleitet. Dadurch reicht die verbleibende Energie nicht aus, um eine Explosion auszulösen.

### Aromatische Verbindungen

Benzen gehört durch seine besondere Struktur zu den aromatischen Verbindungen.
*Stelle in einer Tabelle weitere Beispiele, ihre Eigenschaften und ihre Verwendung zusammen!*

| Name | Symbol | Eigenschaften | Verwendung |
|---|---|---|---|
| Toluen (Toluol; Methylbenzen) | 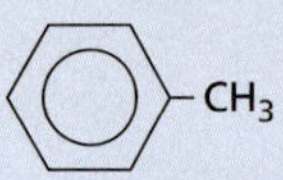 | farblos, flüssig, brennbar, giftig, aromatischer Geruch, wenig wasserlöslich, gut in organischen Lösungsmitteln löslich | – Lösungsmittel für Lacke, Fette, Öle<br>– Ausgangsstoff für Synthesen von weiteren Aromen |
| p-Xylen (Xylol, Dimethylbenzen) | 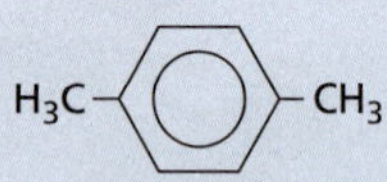 | farblos, flüssig, süßlicher Geruch, brennbar, giftig, unlöslich in Wasser | – Lösungsmittel für Kunstharze und Wachse<br>– Weichmacher für Kunststoffe<br>– Benzinzusatz |
| Styren (Styrol, Vinylbenzen) | 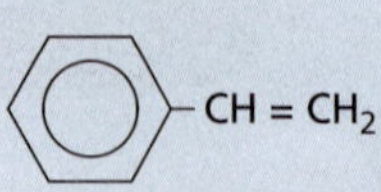 | farblos, flüssig, benzenartig riechend, erstarrt schon bei Zimmertemperatur (unter Lichteinfluss) zu einer glasartigen Masse (Polystyrol), giftig, wenig in Wasser löslich | – zur Polystyrolherstellung<br>– zur Synthesekautschukherstellung |
| Nitrobenzen (Nitrobenzol) | 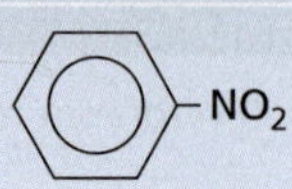 | gelblich, flüssig, riecht nach Bittermandeln, kaum wasserlöslich, sehr giftig | – als Lösungsmittel<br>– zur Herstellung von Anilin für Farbstoffe und Harze |

## Eine harte Nuss für Chemiker

MICHAEL FARADAY (Abb. unten) fand 1825 eine bis dahin unbekannte Verbindung im Steinkohlenteer. Er nannte sie Benzol.
In der folgenden Zeit wurde dieser Stoff gründlich untersucht, um die Eigenschaften und die Struktur herauszufinden.
*Welche Schritte mussten absolviert werden, um diesen Stoff zu charakterisieren?*

**Qualitative Analyse**
Durch vollständige Oxidation erhielt man ausschließlich Kohlenstoffdioxid und Wasser. Benzol (heute Benzen) war vielleicht ein Kohlenwasserstoff. Es hätte auch eine Verbindung aus Kohlenstoff, Wasserstoff und Sauerstoff sein können.

**Quantitative Analyse**
Man fand in der Verbindung einen Massenanteil von 92,3 % Kohlenstoff und 7,7 % Wasserstoff. Dividiert man diese Zahlen durch die relativen Atommassen, erhält man:

$$\frac{92,3}{12} = 7,7 \quad ; \qquad \frac{7,7}{1} = 7,7$$

Das heißt, die Verbindung hat die Verhältnisformel $(CH)_n$ bzw. $C_nH_n$.
Wie groß n ist, ergibt die Molekülmassebestimmung.

**Molekülmassebestimmung**
Als relative Molekülmasse wurde 78 ermittelt. Dividiert man 78 durch 13 ( relative Atommasse C plus relative Atommasse H), erhält man 6. Der Stoff hat die Summenformel $C_6H_6$.

**Strukturbestimmung**
Viele bedeutende Chemiker des 19. Jahrhunderts versuchten, Strukturen für die Verbindung zu ermitteln. Möglichkeiten waren z. B.

a) 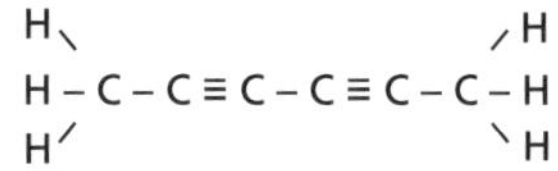

b) 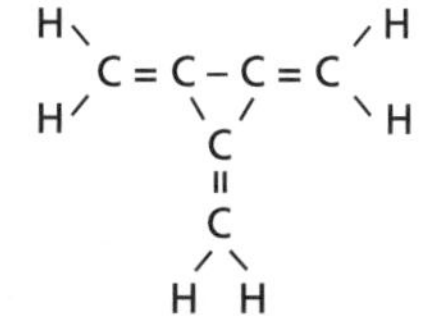

Die Addition von Brom findet allerdings nicht statt. Werden zwei Wasserstoffatome substituiert, z. B. durch Bromatome, erhält man zudem drei isomere Reaktionsprodukte. Die Formeln a) und b) erklärten dieses Versuchsergebnis nicht. Bei beiden Varianten können nur zwei Isomere gebildet werden.
Erst KEKULÉ löste diesen Widerspruch. Er nahm an, dass die sechs Kohlenstoffatome einen Ring bilden und zwischen ihnen jeweils drei Doppelbindungen existieren, die sehr schnell wandern, sodass kein Brom addiert werden kann. Diese Annahme erklärte das Auftreten von drei Isomeren bei der Substitution von zwei Bromatomen.

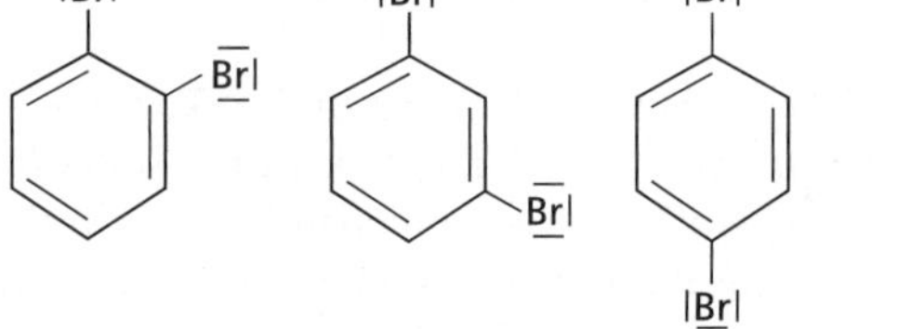

1,2-Ortho-dibrombenzen — 1,3-Meta-dibrombenzen — 1,4-Para-dibrombenzen

Vierzig Jahre dauerte es von der Entdeckung des Benzens bis zur Bestimmung seiner Struktur!

## gewusst · gekonnt

1. Erweitere dein Glossar!

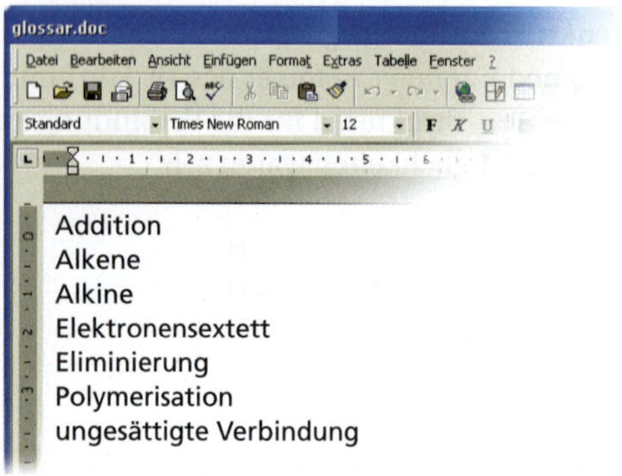
glossar.doc

Datei Bearbeiten Ansicht Einfügen Format Extras Tabelle Fenster ?

Standard Times New Roman 12

Addition
Alkene
Alkine
Elektronensextett
Eliminierung
Polymerisation
ungesättigte Verbindung

2. Notiere die ersten fünf Glieder der homologen Reihe der Alkene mit ihren Namen, Struktur- und Summenformeln! (Die Mehrfachbindung soll sich am ersten Kohlenstoffatom befinden.)
Triff eine Aussage über die Entwicklung der Schmelz- und Siedetemperaturen innerhalb dieser homologen Reihe und begründe deine Aussage!

3. Unreife Bananen werden mit Ethen begast, ehe sie in den Handel kommen.
Erkläre, welches Ziel damit erreicht werden soll!

4. Begründe, warum es kein Alken mit dem Namen Methen geben kann!

5. Stelle die Summenformeln und verkürzten Strukturformeln aller dir bekannten Kohlenwasserstoffe mit vier Kohlenstoffatomen auf! Benenne die Stoffe! Versuche, auf fünf Verbindungen zu kommen!

6. Vergleiche Ethan, Ethen und Ethin hinsichtlich struktureller Merkmale und ihrer Eigenschaften!

7. Erläutere, warum Ethan mit kaum rußender Flamme verbrennt, die Flamme von Ethen jedoch rußt und die von Ethin noch stärker!

| | Ethan | Ethen | Ethin |
|---|---|---|---|
| % C | 80 | 86 | 92 |
| % H | 20 | 14 | 8 |

8. Bei welcher der folgenden Reaktionen kann kein Monochlorethan entstehen? Begründe!
   a) Reaktion von Ethan mit Chlor,
   b) Reaktion von Ethen mit Chlor,
   c) Reaktion von Ethen mit Chlorwasserstoff

9. Wenn Propin mit Brom reagiert, kann die Reaktion in zwei Stufen verlaufen.
   a) Formuliere die beiden theoretisch möglichen Reaktionsgleichungen!
   b) Benenne die beiden Reaktionsprodukte!

10. Erläutere, durch welche Reaktion sich Octan und Octen voneinander unterscheiden lassen?

11. Stelle für die folgenden Reaktionen die Reaktionsgleichungen auf!
Entscheide, um welche Reaktionsart es sich handelt! Begründe deine Entscheidung jeweils!
   a) Propen entfärbt Bromwasser.
   b) Ethin reagiert mit Wasserstoff zu Ethan.
   c) Ethan wird in Ethen umgewandelt.
   d) Ein Reaktionsprodukt der Reaktion von Butan mit Chlor bildet mit Wasser eine saure Lösung.
   e) Benzen reagiert unter Einfluss eines Katalysators mit Brom.

12. Wende die folgenden allgemeinen Gleichungen auf Kohlenwasserstoffe mit fünf Kohlenstoffatomen an!
Benenne die Stoffe und die Reaktionsarten!

$$\text{Alkan} \underset{\text{Hydrierung}}{\overset{\text{Dehydrierung}}{\rightleftharpoons}} \text{Alken} \underset{\text{Hydrierung}}{\overset{\text{Dehydrierung}}{\rightleftharpoons}} \text{Alkin}$$

**13.** Der Umgang mit dem Schweißgerät ist nur geschulten Fachleuten gestattet. Begründe!

**14.** Begründe, dass die Reaktion von Monochlorethen zu PVC eine Polymerisation ist!

**15.** Aus wie viel Molekülen Vinylchlorid ist ein Makromolekül Polyvinylchlorid mit der relativen Molekülmasse 125 000 gebildet worden?

**16.** Ordne die Angaben a – d, A – D und 1 – 4 zu zusammengehörenden Dreiergruppen!

a) Anlagerung von Wasserstoff
b) Herstellung von PVC
c) Austausch von Wasserstoff gegen Chlor
d) Entzug von Wasserstoff

A) Dehydrierung
B) Polymerisation
C) Hydrierung
D) Chlorierung

1) Eliminierung
2) Addition
3) Substitution
4) Addition

**17.** Ergänze die Reaktionsgleichungen, benenne alle Stoffe und ermittle die Reaktionsart!

a) $C_3H_8 + \ldots \longrightarrow C_3H_7Cl + \ldots$
b) $\ldots + \ldots \longrightarrow C_3H_6Cl_2$
c) $\ldots \longrightarrow C_4H_8 + H_2$
d) $nCH_2 = CHCl \longrightarrow \ldots$

**18.** Erläutere den Begriff Elektronensextett! Nenne Beispiele für Stoffe, die eine solche Struktur im Molekül aufweisen!
Erläutere die besonderen Eigenschaften dieser Stoffe!

**19.** Einen Vorschlag für die Strukturformel des Benzens unterbreitete KEKULÉ. Informiere dich über die von ihm vorgeschlagene Struktur in einem Nachschlagewerk oder im Internet, z. B. unter www.schuelerlexikon.de!

**20.** Informiere dich über den Gefahrstoffstoff Benzen und begründe, warum Schülerexperimente mit Benzen nicht gestattet sind!

**21.** Hexen und Benzen sollen unterschieden werden. Beschreibe ein mögliches Experiment, mit dem man die Flüssigkeiten unterscheiden kann! Begründe!

***22.** In der Aufgabe 7 findest du die prozentualen Zusammensetzungen von Ethan, Ethen und Ethin. Ein Wertepaar trifft auch für Benzen zu. Ermittle, welches!

**23.** Beantworte mithilfe von „Formeln und Tabellen“, ob Benzen

a) siedet, wenn ein mit dieser Flüssigkeit gefülltes Reagenzglas in siedendes Wasser gestellt würde,
b) in Schnee zu einer festen Masse erstarrt oder flüssig bleibt.

**24.** Beantworte mithilfe geeigneter Medien, ob aus einem Schiff ausgelaufenes Benzen auf Wasser schwimmt oder ob es sinkt!
Nach Beantwortung dieser Frage kannst du auch entscheiden, ob sich Benzenbrände mit Wasser löschen lassen!

**25.** Ergänze die Tabelle auf S. 304 um weitere Beispiele!

**26.** Immer mehr Tankstellen haben Zapfsäulen mit Absaugvorrichtungen. Nenne Gründe für die Verteuerung des Tankvorgangs!

# 13.3 Kohle, Erdöl und Erdgas

### Energieträger und Rohstoffe

Durch Verbrennungsvorgänge von Kohle, Erdöl und Erdgas werden in Heizkraftwerken Wärme und elektrische Energie gewonnen.
Kohle, Erdöl und -gas dienen aber auch als Rohstoffe für die Herstellung vieler Produkte.
*Welche Forderungen müssen an den Verbrauch der natürlichen Rohstoffe gestellt und welche Maßnahmen zum Schutz der Umwelt ergriffen werden?*

### Vom Erdöl zum Kraftstoff

Erdöl wird verarbeitet und kann danach vielfältigen Verwendungsmöglichkeiten zugeführt werden, beispielsweise zur Herstellung von verschiedenen Vergaserkraftstoffen. Die Treibstoffe werden immer weiter optimiert. So wird heute beispielsweise eine hohe Octanzahl bei Kraftstoffen angestrebt.
*Mit welchen Verfahren können Kraftstoffe aus Erdöl hergestellt werden?*

### Fossile Energieträger

Neben Kohle sind Erdöl und Erdgas wichtige Energielieferanten. In Deutschland gewinnt man fast ein Fünftel der Energie aus Erdgas. Noch ist es nicht möglich, auf die fossilen Energieträger zu verzichten.
*Woher stammt die Energie, die wir bei der Verbrennung von Erdöl, Erdgas oder Kohle nutzen?*

## Erdöl, Erdgas, Kohle

### Entstehung fossiler Energieträger

Kohle, Erdöl und Erdgas besitzen für die Industrie und Wirtschaft als Energie- und Rohstoffquelle eine große Bedeutung.

Erdgase sind immer Gemische von Gasen. Die wichtigsten Bestandteile sind Kohlenwasserstoffe. Daneben sind Stickstoff und Schwefelwasserstoff enthalten. Meist hat sich Erdgas im Zusammenhang mit der Bildung von Erdöl gebildet. Auch Erdöl ist ein Gemisch, das viele verschiedener Kohlenwasserstoffe enthält.

**Erdöl und Erdgas** sind aus organischem Material entstanden. Kleinste Meeresbewohner (Mikroorganismen, Bakterien und Algen) sanken zu Boden und wurden dort mit Sedimenten bedeckt. Anaerobe Bakterien zersetzten dieses organische Material unter Luftabschluss. Im Laufe von mehr als 100 Millionen Jahren bildeten sich unter dem Einfluss von hohem Druck und hohen Temperaturen Erdöl und Erdgas (Abb. 1).

**Kohle** entstand ebenfalls aus organischem Material. Riesige Wälder des Karbons und des Tertiärs bildeten die Grundlage für die heutigen Kohlelagerstätten.

Die damaligen Pflanzen nahmen genau wie die heutigen Kohlenstoffdioxid und Wasser auf und bildeten daraus Glucose und Sauerstoff. Dabei wurde die Energie des Sonnenlichts in chemische Energie umgewandelt und gespeichert. Viele der Baumriesen versanken im Moor und wurden mit Sedimenten bedeckt.

Unter Luftabschluss und unter hohem Druck vollzogen sich komplizierte chemische Reaktionen, in deren Ergebnis Sauerstoff und Wasserstoff in Form von Wasser abgespalten wurden. Dadurch erhöhte sich der Kohlenstoffanteil. Man spricht von **Inkohlung.**

Diese Prozesse liefen in sehr langen Zeiträumen ab. Entsprechend dem Kohlenstoffanteil unterscheidet man Braunkohle, Steinkohle und Anthrazit.

**Erdöl, Erdgas und Kohle sind Stoffgemische aus überwiegend organischen Stoffen mit einem hohen Kohlenstoffanteil.**
**Sie entstanden in langen Zeiträumen und werden als fossile Brennstoffe bezeichnet.**

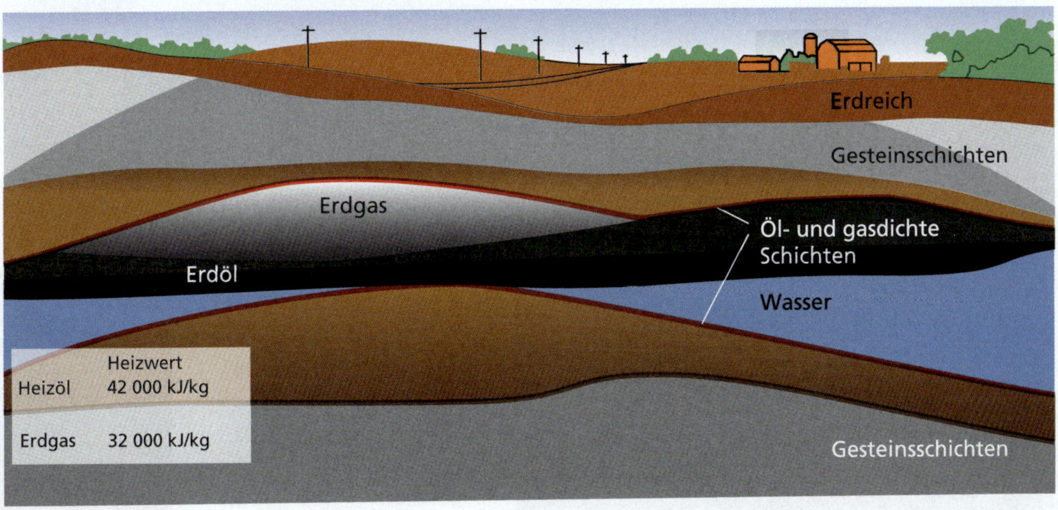


1 Erdöl- und Erdgaslagerstätten (schematischer Aufbau)

## Vorkommen und Förderung von Erdgas, Erdöl und Kohle

Die Vorkommen der natürlichen Ressourcen an Erdgas, Erdöl und Kohle sind begrenzt (s. Tab.).

| Weltreserven bei gegenwärtigem Verbrauch (Reichweite in Jahren) | |
|---|---|
| Braunkohle: | 63 |
| Steinkohle: | 150 |
| Erdöl: | 44 |
| Erdgas: | 68 |

### *Erdöl und Erdgas*

Deutschland bezieht sein Rohöl nur zu einem geringen Anteil aus eigenen Lagerstätten (s. Grafik). Der Erdgasbedarf wird zu ca. 20% aus eigener Förderung gedeckt. Ansonsten wird Erdgas hauptsächlich aus norwegischen und russischen Quellen bezogen.

Zur Förderung wird das **Rohöl** an die Oberfläche gepumpt. Vor dem Transport wird es von Wasser, Sand und Bohrschlamm befreit. Die wichtigsten Transportmittel für Erdöl sind Pipelines und außerdem Großtanker. Das Rohöl wird in Raffinerien in Deutschland aufbereitet. Häufig wird bei der Förderung von Rohöl auch **Erdgas** freigegeben. Andere Erdgase sind unter Druck in porösem Gestein enthalten. Oft reicht der Lagerstättendruck aus, um das Gas durch unterirdische Pipelines bis zum Verbraucher zu transportieren. Vor dem Transport wird das Erdgas getrocknet und vom Schwefelwasserstoff befreit. Erdgas kann in unterirdischen Hohlräumen (Kavernen) oder in Stahltanks gelagert werden. In der Bundesrepublik Deutschland existieren 31 riesige Untergrundspeicher mit ca. 11,5 Mrd. $m^3$ Gas.

### *Kohle*

Mehr als ein Drittel der sicheren **Kohlevorkommen** lagern in den USA, ein Fünftel in den GUS-Staaten. Die deutschen Kohlevorräte betragen 5,6% der gesicherten Weltvorräte.

**Steinkohle** wird überwiegend im Tiefbau, 1000 Meter Tiefe und mehr, abgebaut. Deutsche Lagerstätten befinden sich u.a. im Ruhrgebiet und im Saargebiet. **Braunkohle** lagert meist in geringer Tiefe und wird deshalb im Tagebau gewonnen.Im Norden Sachsens und im Südosten Brandenburgs befindet sich das Lausitzer Braunkohlerevier. Weitere Vorkommen sind das Rheinische, das Mitteldeutsche und das Helmstedter Revier.

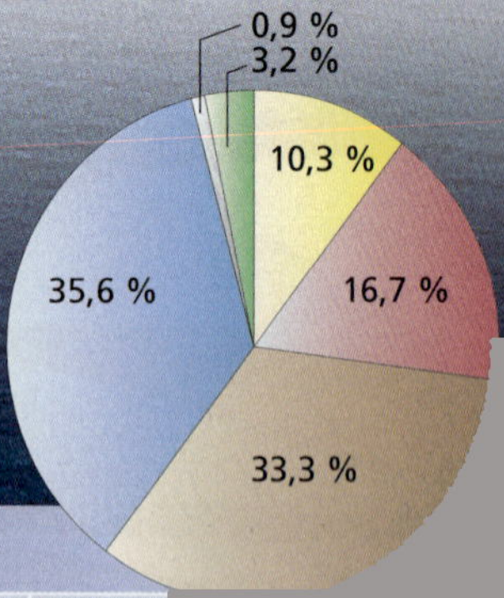


Rohölversorgung Deutschlands 2002

| | in 1000 t | in % |
|---|---|---|
| Naher Osten | 11 197 | 10,3 |
| Afrika | 18 044 | 16,7 |
| EU/Norwegen | 36 006 | 33,3 |
| GUS | 38 502 | 35,6 |
| sonstige Länder | 978 | 0,9 |
| Deutschland | 3 509 | 3,2 |

# Aufbereitung des Erdöls

## Erdöl – der raffinierte Bodenschatz

Jeder hat schon in irgendeiner Form Kohle in der Hand gehalten. Jedoch nur wenige können so etwas vom Erdöl behaupten. Farbe, die Zähigkeit und auch der Geruch können von Probe zu Probe ganz anders sein.
Offensichtlich handelt es sich beim Erdöl nicht um einen einzelnen Reinstoff, sondern um ein Stoffgemisch. Es setzt sich hauptsächlich aus verschiedenen Kohlenwasserstoffen und anderen organischen Verbindungen zusammen. Der Anteil der Bestandteile schwankt zwischen den unterschiedlichen Erdölsorten ganz erheblich.
Für die Aufbereitung wird das Stoffgemisch durch **fraktionierte Destillation** in entsprechenden Raffinerien in einzelne Fraktionen (Stoffe mit ähnlichen Siedetemperaturen) zerlegt (Abb. 1). Dazu wird das Rohöl durch Erhitzen auf ca. 300 °C verdampft. Die entstehenden Dämpfe werden in die Fraktionierkolonne (bzw. Destillationskolonne) geleitet. Dort kondensieren die Kohlenwasserstoffe in verschiedenen Höhen (Etagen), aus denen sie flüssig abgezogen werden.
Wollte man die Bestandteile mit den höchsten Siedetemperaturen trennen, käme es leicht zu ihrer thermischen Zersetzung.
Da bei niedrigerem Druck eine Erniedrigung der Siedetemperatur eintritt, führt man im Anschluss an die Destillation bei Normaldruck eine **Vakuumdestillation** durch. Hier lassen sich die hoch siedenden Anteile ohne chemische Zersetzung trennen.
Der größte Teil der Destillationsprodukte des Erdöls wird zu Kraftstoffen weiter verarbeitet. Leicht- und Schwerbenzin dienen als **Vergaserkraftstoff** (Benzin). Petroleum und Gasöl werden zu **Dieselkraftstoff** verarbeitet. Höher siedende Fraktionen werden in der Industrie als **Heizöle** eingesetzt. Außerdem fallen Ausgangsstoffe für die chemische Industrie an.

**Erdöl enthält im Gemisch verschiedene Kohlenwasserstoffe. Die Trennung erfolgt durch fraktionierte Destillation in Raffinerien.**

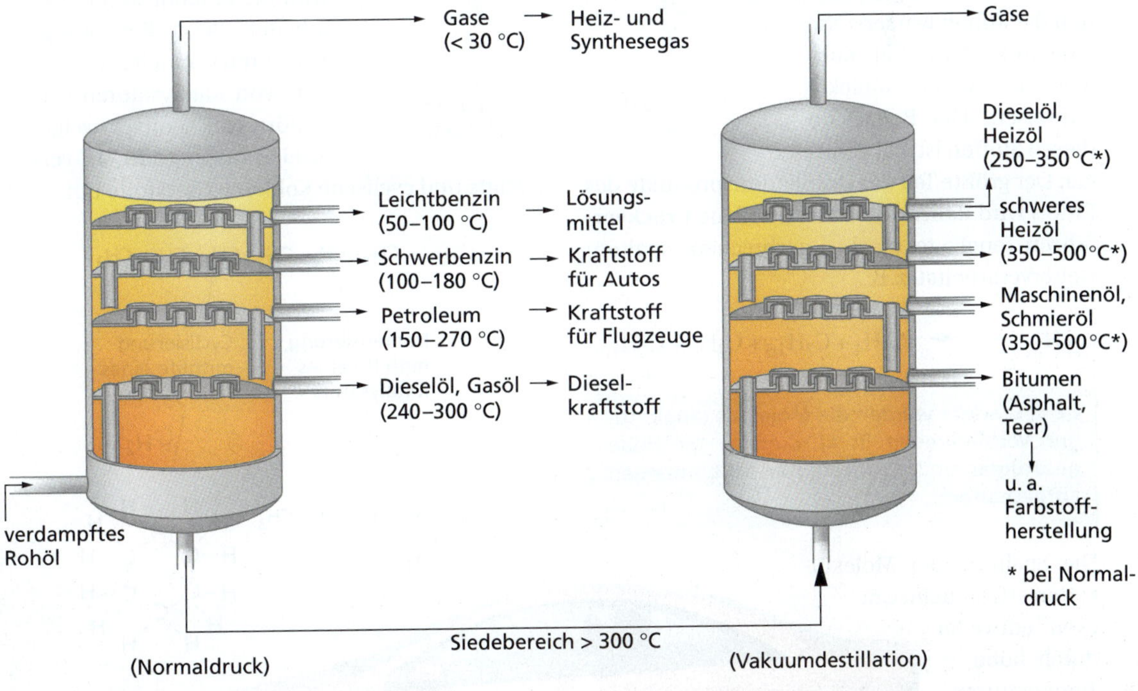


1 Erdölfraktionen und ihre Verwendung

## Von der Erdölfraktion zum Kraftstoff

Zur weiteren Verwendung müssen die einzelnen Fraktionen aufbereitet werden.
Durch die **Raffination** werden unerwünschte Bestandteile (vor allem Schwefelverbindungen) aus den Fraktionen entfernt.

### *Cracken*

Bei der fraktionierten Destillation des Erdöls gewonnene Kohlenwasserstoffe mit fünf bis neun Kohlenstoffatomen im Molekül werden zu Kraftstoff weiterverarbeitet. Diese auf destillativem Wege gewinnbare Menge Benzin ist jedoch nicht ausreichend, um den ständig steigenden Bedarf zu decken. Andererseits fallen bei der Destillation des Rohöls weit mehr höher siedende Fraktionen an, in denen die Kohlenwasserstoffe eine große Anzahl an Kohlenstoffatomen im Molekül aufweisen. Der Bedarf an diesen Stoffen ist viel geringer. Der größte Teil der Destillationsprodukte des Erdöls wird daher durch verschiedene **Crackverfahren** (engl.: to crack = zerbrechen, spalten) weiterverarbeitet, z.B.

$$C_{18}H_{38} \longrightarrow C_2H_4 + C_7H_{16} + C_4H_8 + C_5H_{10}.$$

**Beim Cracken werden die Moleküle langkettiger Verbindungen in kurzkettige Moleküle gesättigter und ungesättigter Verbindungen aufgespalten.**

Die Spaltung der Molekülketten erfolgt beim Cracken entweder durch hohe Temperaturen (thermisches Cracken) oder unter dem Einfluss von Katalysatoren (katalytisches Cracken). Insbesondere das katalytische Cracken wird genutzt, um Ausgangsstoffe für die chemische Industrie gezielt herzustellen.

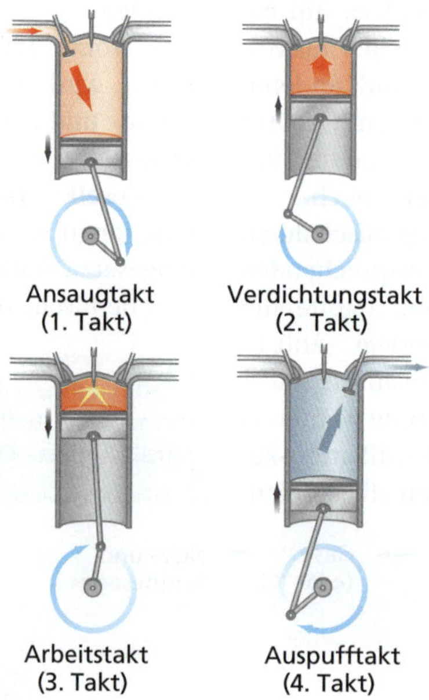


### *Reforming-Verfahren*

Ein Benzinmotor hat besonders dann einen hohen Wirkungsgrad, wenn das Verbrennungsgemisch im Motor erst entzündet wird, wenn die größtmögliche Kompression erreicht ist (Abb.). Es darf sich nicht schon vorher selbst entzünden. Sonst „klopft" der Motor.
Man hat festgestellt, dass verzweigte oder cyclische Kohlenwasserstoffe klopffester sind als unverzweigte. Der Anteil dieser Kohlenwasserstoffe ist im Rohbenzin aber sehr gering. Daher wird die Fraktion weiter bearbeitet. Beim **Reforming-Verfahren** wandelt man mithilfe von Katalysatoren kettenförmige, unverzweigte Kohlenwasserstoffe in verzweigte und cyclische Kohlenwasserstoffe um.

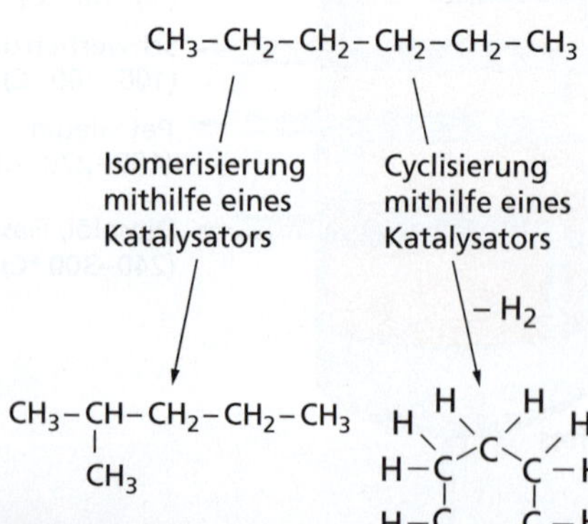

## Chemie in Natur und Technik

### Klopffestigkeit und Octanzahl

| | | Zündtemp. |
|---|---|---|
| ormalbenzin | (ROZ 91) | 300 °C |
| uperbenzin | (ROZ 95) | 400 °C |
| uper Plus Benzin | (ROZ 98) | 420 °C |

Ein Richtwert zur Einschätzung der Qualität von Benzin ist die so genannte Octanzahl. *Erläutere, was die Octanzahl aussagt!*

Der Wirkungsgrad des Motors wird u. a. von der Art des Benzins beeinflusst. Benzine sind Stoffgemische unterschiedlicher Anteile an Kohlenwasserstoffen. Da unverzweigte Kohlenwasserstoffe sich leichter entzünden als verzweigte, bewirken sie eher eine vorzeitige Selbstentzündung beim Verdichtungstakt (s. S. 312). Der Motor „klopft".
Eine wichtige Bezugsgröße zur Bestimmung der Klopffestigkeit ist die Octanzahl. Sie bezieht sich auf einen Kohlenwasserstoff mit acht Kohlenstoffatomen im Molekül, auf das sehr klopffeste Isomer des Octans 2,2,4-Trimethylpentan. Diesem Stoff entspricht die Octanzahl 100.

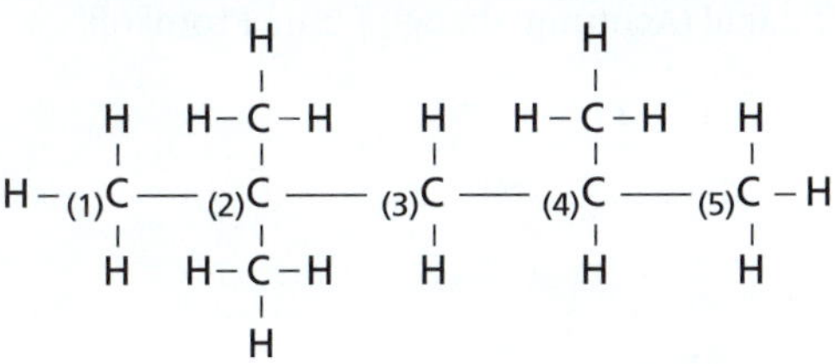

2, 2, 4-Trimethylpentan (Isooctan)

Im Gegensatz dazu entzündet sich n-Heptan sehr schnell, ihm entspricht die Octanzahl 0.
Weist Benzin die Octanzahl 91 auf (Normalbenzin), bedeutet es, dass es sich bei der Verbrennung im Motor wie ein Gemisch aus 91 % Iso-Octan und 9 %-n-Heptan verhält.

### Künstliche Erdbeben – Anzeiger für Erdöl

Früher wurde die Suche nach Erdöllagerstätten stark vom Zufall bestimmt. Wurde eine Ölquelle entdeckt, lockte die Nachricht viele Glücksritter in die betreffende Gegend und eine dem „Goldrausch" vergleichbare Situation trat ein. Viele tausende Bohrungen erwiesen sich jedoch als erfolglos. Heute werden Erdölquellen hauptsächlich von spezialisierten Geologen aufgespürt, die besonders detaillierte Luftaufnahmen des fraglichen Gebiets und die Ergebnisse seismischer Messungen nutzen.
*Erkläre, warum man mithilfe dieser Methoden Erdöllagerstätten entdecken kann?*

Erdöllagerstätten sind in langen Zeiträumen entstanden. Auch geologische Prozesse spielten dabei eine Rolle. Besonders dann, wenn spezielle geologische Formationen, die sogenannten Erdölfallen, entstanden sind, bildeten sich nutzbare Lagerstätten. Anhand von Luftaufnahmen kann man derartige Gesteinsformationen erkennen. Mithilfe künstlich ausgelöster Erdbeben können seismische Wellen erzeugt werden. Diese künstlichen Erdbeben ruft man durch Sprengungen in genau vorgegebener Tiefe hervor. Die seismischen Wellen und ihre Reflexionen werden gemessen. Unterschiedliche Schichten reflektieren entsprechende Wellen auf ganz bestimmte Art und Weise. Durch die Auswertung der Messprotokolle können erfahrene Geologen erkennen, ob überhaupt eine mögliche Erdölfalle vorliegt. Sie beginnen erst dann mit Probebohrungen, wenn die Aussichten auf Erfolg hoch sind. Ob wirklich Erdöl vorhanden ist und eine Förderung lohnt, muss aber immer noch durch Probebohrungen selbst ermittelt werden.

## Vom Erdöl zum Kunststoff

### L S Experiment 1

Eine Erdölprobe wird im Lehrerexperiment in drei Fraktionen zerlegt. Protokolliere das Vorgehen!
Untersuche Proben der drei Erdölfraktionen mithilfe von Bromwasser auf gesättigte und ungesättigte Verbindungen!
Notiere vor dem Experiment notwendige Geräte, Chemikalien und Sicherheitsvorschriften, die einzuhalten sind! Führe das Experiment erst durch, nachdem der Lehrer deine Aufzeichnungen kontrolliert hat!

### S L Experiment 2

**Aufgabe:**
Wandle experimentell eine langkettige Verbindung in kurzkettige Verbindungen um!
**Vorbereitung:**
*Geräte und Chemikalien*: Geräte laut Durchführungsskizze, Pipette, Reagenzglas, Paraffinöl, Eisenspäne (Katalysator), Bromwasser
**Durchführung**:

a)

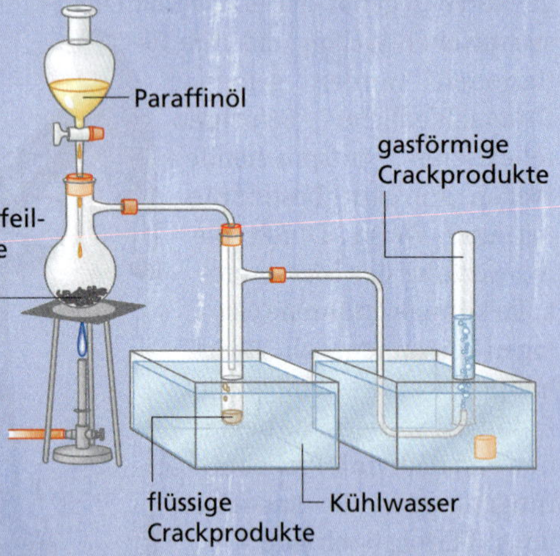


b) Die gasförmigen und flüssigen Reaktionsprodukte werden mithilfe von Bromwasser auf Mehrfachbindungen in den Molekülen getestet.

**Beobachtung und Auswertung:**
Notiere deine Beobachtungen!
Leite eine Schlussfolgerung ab! Ermittle eine mögliche Reaktionsgleichung für den abgelaufenen Prozess!

### S Experiment 3

**Aufgabe:**
Stelle einen Kunststoff durch Polymerisation her!
**Vorbereitung:**
*Geräte und Chemikalien*: Pipetten, Reagenzglashalter, Reagenzglas, Brenner, Butandiolmonoacrylat, Cumolhydroperoxid (α, α-Dimethylbenzylhydroperoxid , )
**Durchführung:**
Gib zu 2 ml Butandiolmonoacrylat 3 Tropfen Cumolhydroperoxid! Erhitze das Gemisch kurz!
**Beobachtung:**
Notiere die beobachteten Veränderungen!

**Auswertung:**
1. Stelle eine vereinfachte Reaktionsgleichung auf (Butandiolmonoacrylat: $R{-}CH{=}CH_2$)! Beschreibe, wie sich die Makromoleküle bilden!
2. Gib an, welche Funktion Cymolhydroperoxid bei dieser Reaktion hat!

### S Experiment 4

**Aufgabe:**
Weise im entstandenen Kunststoff (Experiment 3) die Elemente Kohlenstoff und Wasserstoff nach! (Achtung Abzug!) Führe Protokoll!

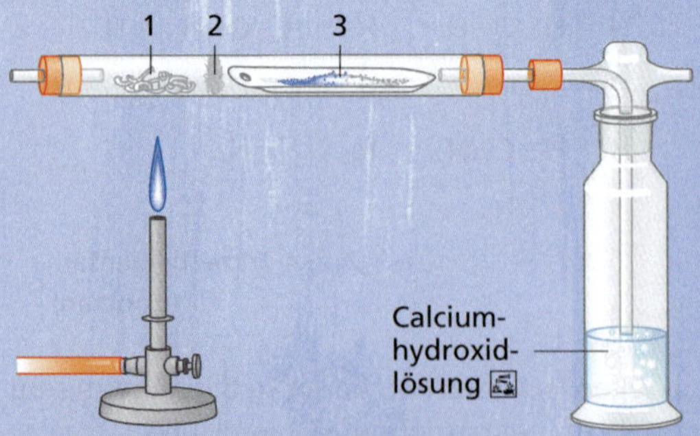


Hinweis:
Vorsichtig erwärmen!

1 Kunststoffprobe
2 Glaswolle
3 entwässertes Kupfer(II)-sulfat

## gewusst · gekonnt

1. Vervollständige dein Glossar!

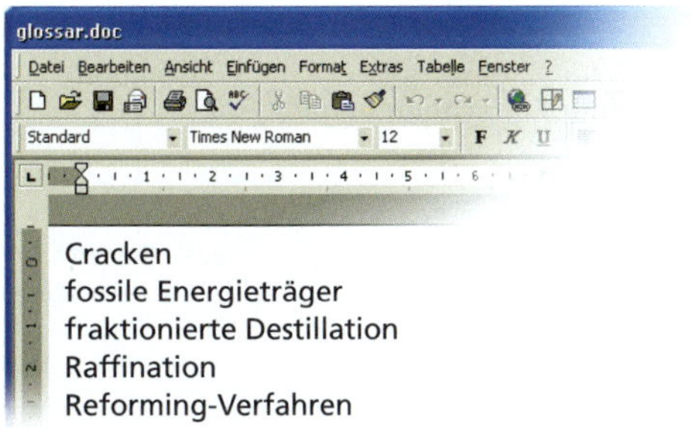


2. Beim Verbrennen fossiler Energieträger (Kohle, Erdöl, Erdgas) nutzt man die Reaktion von Kohlenstoff mit Sauerstoff.
   a) Erkläre, warum diese grundlegende Reaktion bei allen drei Brennstoffen auftritt, obwohl es sich um unterschiedliche Bodenschätze handelt! Stelle für die Reaktion die Reaktionsgleichung auf!
   b) Gib an, warum man beim Verbrennen fossiler Energieträger für ausreichende Luftzufuhr sorgen muss!

3. Informiere dich über Erdöllagerstätten auf dem Gebiet der Bundesrepublik Deutschland und die Eigenschaften dieses Erdöls! Bereite dich auf ein Rollenspiel zum Thema „Pro und Kontra zur Förderung von Erdöl aus eigenen Lagerstätten" vor!

4. Informiere dich über die Nutzung von Erdöl in der Antike! Überlege geeignete Präsentationsmöglichkeiten für die Ergebnisse!

5. Erläutere die Entstehung der Erdöl- und Erdgaslagerstätten und die Bildung der Kohlelagerstätten!

6. Erdgas gilt als relativ umweltschonender Energieträger. Setze dich mit dieser Ansicht auseinander!

7. Torf, Braunkohle, Steinkohle und Anthrazit stellen unterschiedliche Stufen der Inkohlung dar. Stelle in einer Tabelle das Alter und den Kohlenstoffanteil dieser Stoffgemische zusammen!

8. Erdöl wird auch heute noch in Tankern über die Weltmeere transportiert. Schildere die Gefahren, die sich aus dieser Transportmethode ergeben!

9. Stelle unterschiedliche alternative Energieträger zusammen! Führe jeweils Gründe auf, die für ihren Einsatz sprechen, und gib ihre Nachteile an!

*10. Erläutere, woher letztendlich die Energie stammt, die wir beim Heizen mit fossilen Brennstoffen freisetzen! Stelle den Weg der Energie am Beispiel der Kohle dar!

11. Weder Erdöl noch Erdgas haben eine einheitliche chemische Formel. Begründe diesen Sachverhalt!

12. Erläutere am Beispiel der Aufbereitung von Rohöl das Prinzip der fraktionierten Destillation!

13. Gib an, welche Fraktionen aus dem Erdöl abgetrennt werden und welche Verwendung sie jeweils finden!

## Organische Kohlenstoffverbindungen – Kohlenwasserstoffe

- **Kohlenwasserstoffe** (Elemente: C, H)
  - kettenförmig
    - gesättigt (nur Einfachbindung zwischen C-Atomen)
      - Alkane (Einfachbindungen)
    - ungesättigt (mindestens eine Mehrfachbindung)
      - Alkene (Doppelbindung)
      - Alkine (Dreifachbindung)
      - ...
  - ringförmig
    - gesättigt (nur Einfachbindungen)
      - Cyclo-alkane
    - Aromaten
      - z. B. Benzen (Elektronensextett)
    - ...

**Die homologen Reihen der kettenförmigen Kohlenwasserstoffe**

| Stoffgruppe | Alkane | Alkene | Alkine |
|---|---|---|---|
| Strukturmerkmal | nur Einfachbindungen | eine Doppelbindung | eine Dreifachbindung |
| typische Reaktion | Oxidation, Substitution, Eliminierung | Oxidation, Addition, Polymerisation, Eliminierung | Oxidation, Addition |
| Beispiel | Ethan $C_2H_6$  | Ethen $C_2H_4$ 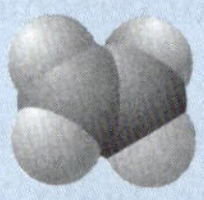 | Ethin $C_2H_2$  |

Alkane, Alkene und Alkine bilden **homologe Reihen.** Stoffe mit gleichen Strukturmerkmalen und graduellen Unterschieden in den Eigenschaften, deren aufeinanderfolgende Glieder sich um eine Differenz von $-CH_2-$ unterscheiden, werden in einer homologen Reihe zusammengefasst.

**Benennung von Alkanen, Alkenen und Alkinen**

| Wortstamm | Meth | Eth | Prop | But | Pent | Hex | Hept | Oct | Non | Dec |
|---|---|---|---|---|---|---|---|---|---|---|
| C-Atome im Molekül | 1 | 2 | 3 | 4 | 5 | 6 | 7 | 8 | 9 | 10 |

Endungen:
- -an: nur Einfachbindungen zwischen benachbarten C-Atomen
- -en: eine Doppelbindung zwischen benachbarten C-Atomen
- -in: eine Dreifachbindung zwischen benachbarten C-Atomen

**Reaktionsarten organischer Verbindungen**

Die **Substitution** ist eine chemische Reaktion, bei der Atome oder Atomgruppen in Molekülen organischer Verbindungen wechselseitig ausgetauscht werden.

Die **Addition** ist eine chemische Reaktion, bei der Atome oder Atomgruppen an Mehrfachbindungen in Molekülen ungesättigter Verbindungen angelagert werden. (Sonderform: Polymerisation)

Die **Eliminierung** ist eine chemische Reaktion, bei der aus Molekülen der Ausgangsstoffe Atome oder Atomgruppen unter Ausbildung von Mehrfachbindungen abgespalten werden.

# 14 Sauerstoffhaltige Derivate der Kohlenwasserstoffe

# 14.1 Ethanol und Verwandte

**Vorsicht mit Spirituosen!**
Wenn man den Begriff Alkohol hört, dann denkt man an alkoholische Getränke in den Regalen von Einkaufsläden und Supermärkten.
*Warum dürfen diese Produkte nicht oder nur sehr eingeschränkt an Jugendliche abgegeben werden? Welche Bedeutung haben die alkoholischen Getränke für den Menschen?*

**Ist Hopfen und Malz verloren?**
Das geflügelte Wort hängt eng mit der Braukunst zusammen. Als Malz bezeichnet man nämlich ein aus Getreide (meist Gerste) gewonnenes Produkt. Hopfen gibt dem Bier das typische Aroma und den herben Geschmack. Außer diesen Zutaten dürfen für die Bierherstellung nur noch Hefe und Wasser verwendet werden.
*Was passiert eigentlich beim Brauen mit diesen Zutaten? Wie entsteht Bier?*

**Ein Alkohol als Frostschutzmittel**
Im Winter setzt man Flüssigkeiten Stoffe zu, die ein Gefrieren verhindern. Diesen Effekt nutzt man z. B. in Scheibenwaschanlagen und Motorkühlkreisläufen von Autos.
Ein Frostschutz kommt auch in der Natur vor. Hummeln haben z. B. in der kalten Jahreszeit ebenfalls geringe Mengen Glycol im Blut und können so überwintern.
*Was ist Glycol für ein Stoff? Welcher Zusammenhang besteht zum „Trinkalkohol"?*

## Ethanol – ein Alkohol

### Ethanol als chemische Verbindung

Den Begriff „Alkohol" verwendet man im täglichen Leben häufig. Da wird z. B. von alkoholischen Getränken gesprochen. Eigentlich ist **Ethanol ($C_2H_5OH$)** gemeint, der Stoff, der die berauschende Wirkung von alkoholischen Getränken hervorruft.

Ethanol wird aufgrund seiner Eigenschaften u. a. als Lösungsmittel eingesetzt, z. B. zum Lösen von fetthaltigen Gemischen, Farben, Lacken und Aromen. Letzteres nutzt man bei der Herstellung von kosmetischen Präparaten (Parfüm) oder von Arzneimitteltinkturen. Die kühlende Wirkung von äußerlich anzuwendenden ethanolhaltigen Präparaten beruht auf der relativ niedrigen Siedetemperatur und der Tatsache, dass der Stoff auch schon bei wesentlich geringeren Temperaturen leicht verdunstet. Bei der Verdunstung wird der Umgebung Wärme entzogen. Ethanol wirkt in hoher Konzentration zerstörend auf Eiweiß und daher auch auf Mikroorganismen. Deshalb kann es als Desinfektionsmittel verwendet werden.

Die farblose Flüssigkeit ist stark wasseranziehend (hygroskopisch), sodass es schwierig ist, wasserfreies Ethanol zu erhalten. Der handelsübliche „reine Alkohol" ist daher 95,6 Vol-%ig.

Die Eigenschaften des Ethanols beruhen auf seinem chemischen Bau. Die Moleküle bestehen aus den Elementen Kohlenstoff, Wasserstoff und Sauerstoff (Abb. 1). Als strukturelle Besonderheit fällt die **Hydroxylgruppe (Hydroxygruppe)** auf. Da sie maßgeblich die Eigenschaften des Stoffes mitbestimmt (s. auch S. 322/323), bezeichnet man sie als **funktionelle Gruppe**. Im Namen erkennt man die Hydroxylgruppe an der **Endung ol**, die an den Wortstamm angefügt wird.

**Funktionelle Gruppen, wie die Hydroxylgruppe, sind strukturelle Besonderheiten, die maßgeblich die Eigenschaften der Stoffe mitbestimmen.**

**STECKBRIEF: Ethanol $C_2H_5OH$**

**Eigenschaften:** farblose, charakteristisch riechende Flüssigkeit, leicht entzündlich, hygroskopisch, in jedem Verhältnis mit Wasser mischbar, löslich in unpolaren Lösungsmitteln, verbrennt mit schwach blauer Flamme

| | |
|---|---|
| Schmelztemperatur: | −114,1 °C |
| Siedetemperatur: | 78,3 °C |
| Dichte: | $0{,}785\ g \cdot cm^{-3}$ (25 °C) |

**Struktur:**

Kugelstabmodell

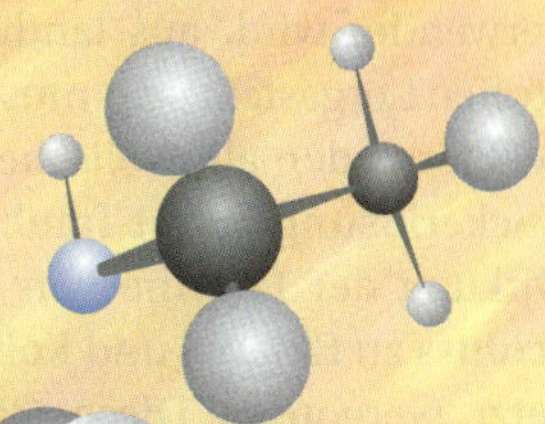

Kalottenmodell

Strukturformel mit Hydroxylgruppe

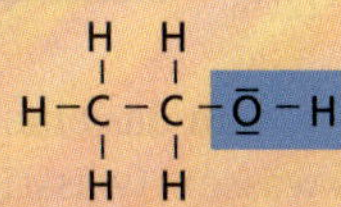

vereinfachte Strukturformel $CH_3 - CH_2OH$

Eine oder mehrere Hydroxylgruppen sind das kennzeichnende Merkmal von Stoffen, die der Chemiker unter der Bezeichnung **Alkohole** zusammenfasst.

**Alkohole sind Derivate der Kohlenwasserstoffe (außer Aromaten), die im Molekül eine oder mehrere Hydroxylgruppen aufweisen.**

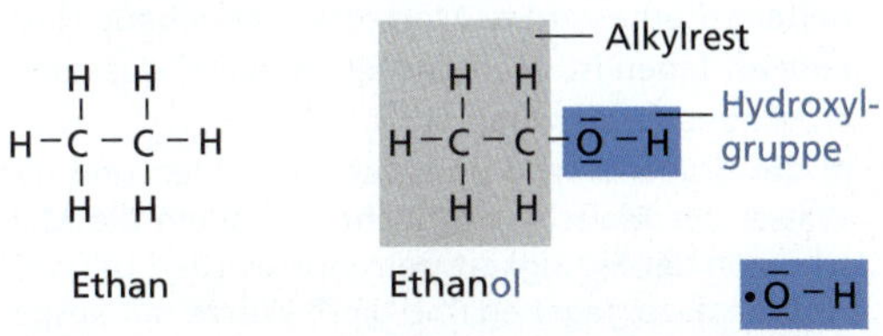


**1** Ethanol ist ein Derivat des Kohlenwasserstoffs Ethan.

## Ethanol – eine gehaltvolle Chemikalie

Ethanol ist ein Produkt der alkoholischen Gärung. Bei der Gärung handelt es sich um einen Stoffwechselprozess bei bestimmten Mikroorganismen (Hefen). Bei uns ist gesetzlich geregelt, dass Alkohol (Ethanol), der zu Genusszwecken, zur Herstellung von Arzneimitteln, im Bereich Kosmetik und zur Herstellung von Speiseessig verwendet wird, aus landwirtschaftlichen Rohstoffen hergestellt sein muss.

Während der alkoholischen Gärung wird eine **Zuckerlösung** (meist Traubenzucker) durch Einwirkung der Enzyme von **Hefen** unter **Luftabschluss** zu Ethanol und Kohlenstoffdioxid umgesetzt (vergoren). Diese Gärung erfolgt immer dann, wenn die entsprechenden Mikroorganismen geeignete Bedingungen vorfinden (z. B. eine Temperatur von 20 – 30 °C).

$$C_6H_{12}O_6 \xrightarrow{\text{Enzyme der Hefe}} 2\,C_2H_5OH + 2\,CO_2$$

Leitet man das entstehende Kohlenstoffdioxid in Kalkwasser (wässrige Calciumhydroxidlösung), so zeigt sich eine Trübung, die auf die Bildung von schwer löslichem Calciumcarbonat zurückzuführen ist (Nachweis von Kohlenstoffdioxid).

$$CO_2 + Ca^{2+}_{(aq)} + 2\,OH^-_{(aq)} \longrightarrow CaCO_3\downarrow + H_2O$$

### Tod im Mostfass

Oberteuringen (dpa). Ein 40 Jahre alter Landwirt ist beim Mostfass-Reinigen auf einem Hof in Oberteuringen (Bodenseekreis) ums Leben gekommen. Er war in das 4000 Liter fassende Holzfass gestiegen, in dem noch vergorener Most einige Zentimeter hoch stand. Plötzlich wurde der Bauer bewusstlos. Der 20-jährige Sohn bemerkte dies und stieg in das Fass, um seinen Vater zu retten. Doch auch ihm schwanden die Sinne. Ein Verwandter behielt einen kühlen Kopf, schnitt mit einer Motorsäge ein Loch in das Fass und zog beide heraus. Für den Vater kam jedoch jede Hilfe zu spät. In dem Fass war es offenbar zu einer Nachgärung gekommen. Dabei hatte Kohlenstoffdioxid den Sauerstoff verdrängt und ein Atmen unmöglich gemacht.

Durch die alkoholische Gärung ist es nicht möglich, hochkonzentrierten Alkohol (Ethanol) zu produzieren, da die notwendigen Mikroorganismen spätestens bei einem Ethanolanteil von 15 % absterben und damit die Gärung beendet ist. Höhere Konzentrationen können nur durch die Destillation erreicht werden.

**Ethanol bildet sich, wenn Traubenzucker unter Luftabschluss durch Hefen vergoren wird.**

## Mosaik

### Die Bierherstellung

Die Farbe und der Geschmack des Bieres werden zum großen Teil durch das Malz bestimmt. Dabei handelt es sich um speziell ausgewähltes **Getreide** (häufig Gerste), das in Wasser zum Quellen und Keimen gebracht wird. Das Produkt wird weiter verarbeitet. Die enthaltene Stärke wird zu Malzzucker abgebaut. Nach einigen Tagen ist **Grünmalz** entstanden, das durch Trocknung zu **Darrmalz** wird.

In der Brauerei wird das Malz gemahlen und mit Wasser zur **Maische** vermischt. Nachdem die Maische von der Flüssigkeit getrennt worden ist, wird Hopfen dazu gegeben und diese **Würze** mit ausgewählten Hefen (Abb. 1) zum **Gären** gebracht. Nach Beendigung des Gärprozesses und einer abschließenden Filtration füllt man das **Bier** in Flaschen, Dosen oder Fässer.

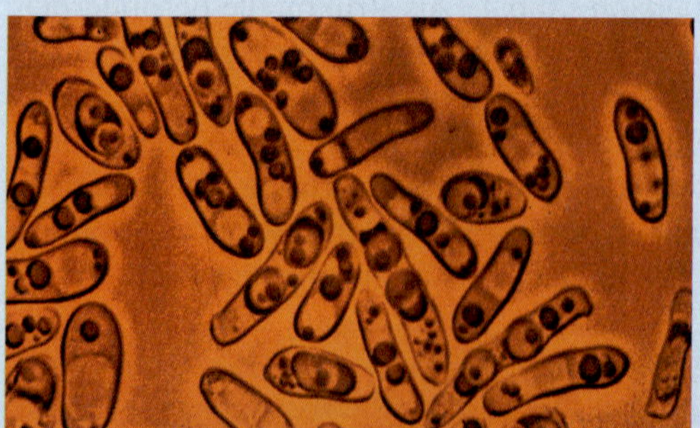

1 Bierhefen (mikroskopisches Foto)

Ethanol gehört ohne Zweifel zu den Stoffen mit einer langen Geschichte, und zwar haupsächlich als Genussmittel. Trotzdem sind entsprechende Getränke nicht unproblematisch. Das in den alkoholischen Getränken enthaltene Ethanol wird im Körper sehr schnell verteilt und wirkt u. a. auf das Zentralnervensystem (s.Tab.). Missbrauch kann zu Organschäden führen (s.Abb.). Der Abbau des Ethanols erfolgt in der Leber unter Einwirkung von Enzymen. Dabei entsteht ein giftiges Zwischenprodukt (Ethanal s. S. 333), das zusätzlich schädigend wirkt.
Wegen der Wirkung alkoholischer Getränke existieren Gesetze, die Herstellung und Verkauf dieser Getränke regeln.
Insbesondere ist der Ausschank an Jugendliche beschränkt. Entsprechende Paragraphen sind u. a. im Jugendschutzgesetz und im Gaststättengesetz enthalten.
Außerdem sollten die Auswirkungen von Alkoholgenuss es selbstverständlich erscheinen lassen, auf Alkohol zu verzichten, wenn man am Straßenverkehr teilnimmt. Allerdings zeigt die Statistik ein anderes Bild. 2002 wurden in Deutschland 23 565 Unfälle registriert, bei denen der Fahrzeugführer unter Alkoholeinfluss stand.

**Die Folgen von erhöhtem und regelmäßigem Alkoholgenuss**

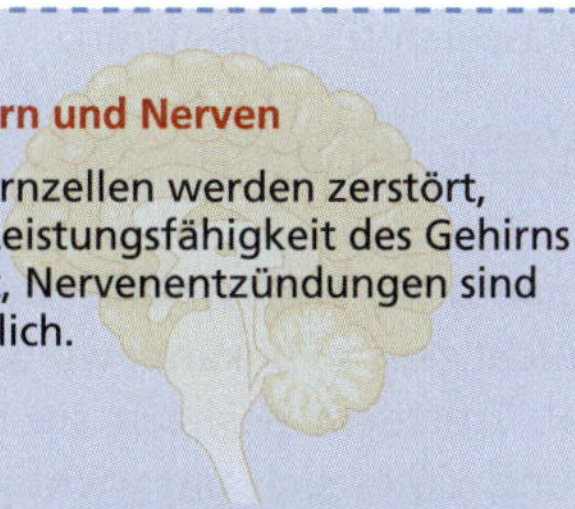

**Gehirn und Nerven**
Gehirnzellen werden zerstört, die Leistungsfähigkeit des Gehirns sinkt, Nervenentzündungen sind möglich.

| Blutalkoholgehalt | Wirkung |
|---|---|
| 0,1 bis 0,5 ‰ | Fröhlichkeit, Enthemmung, verminderte Kritikfähigkeit |
| 0,5 bis 2 ‰ | zunehmende Einschränkung des Wahrnehmungsvermögens und der Reaktionszeit, zunehmende Sprach- und Bewegungsstörungen |
| 2 bis 3 ‰ | Bewusstseinstrübungen, Erbrechen, narkotischer Schlaf |
| ab 3 ‰ | Koma und Tod durch Atemlähmung möglich |

**Mund-, Rachenraum und Speiseröhre**
Risiko für Krebs im Mund, Rachen und Kehlkopf

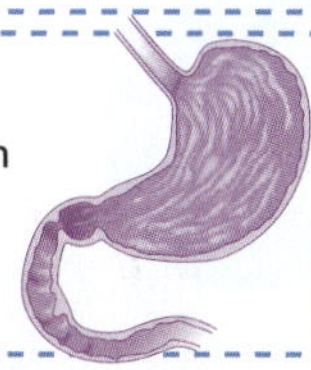

**Magen**
Gesteigerte Säureproduktion im Magen führt zu Entzündungen der Magenschleimhaut und erhöht das Krebsrisiko.

**Bauchspeicheldrüse**
Schädigung der Drüsenzellen mit den Folgen von Verdauungsstörungen

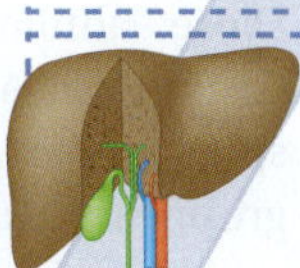

**Leber**
Bei Alkoholmissbrauch kann es zu Leberschäden (Verfettung, Verhärtung, Schrumpfung) kommen.

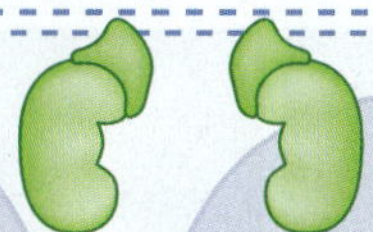

**Nieren**
werden geschädigt

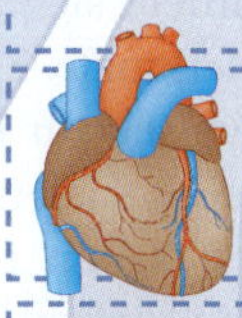

**Herz-Kreislauf-System**
Erhöhung des Blutdrucks, damit steigt die Gefahr eines Schlaganfalls oder Herzinfarkts, Arterienverkalkung

**Genitalien**
Impotenz des Mannes

**Zellstoffwechsel**
Es erfolgen eine allgemeine Störung des Zellstoffwechsels und des Natrium-Kalium-Haushaltes, aufgenommene Vitamine werden zerstört

**1 l Bier (5 Vol.-%)**
= 39,25 g Ethanol

**1 l Wein (10,5 Vol.-%)**
= 82,4 g Ethanol

**1 l Korn (38 Vol.-%)**
= 298,3 g Ethanol

**1 l Likör (20,6 Vol.-%)**
= 161,7 g Ethanol

**STECKBRIEF: Methanol $CH_3OH$**

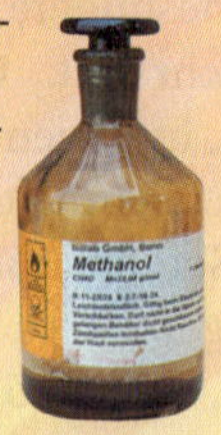


**Eigenschaften:** farblose, charakteristisch riechende Flüssigkeit, giftig, leicht entzündlich, in jedem Verhältnis mit Wasser mischbar, schlecht in unpolaren Lösungsmitteln löslich, verbrennt mit bläulicher Flamme

Schmelztemperatur: –97,7 °C

Siedetemperatur: 64,5 °C

Dichte: 0,79 $g \cdot cm^{-3}$

**Struktur:**

Kugelstabmodell

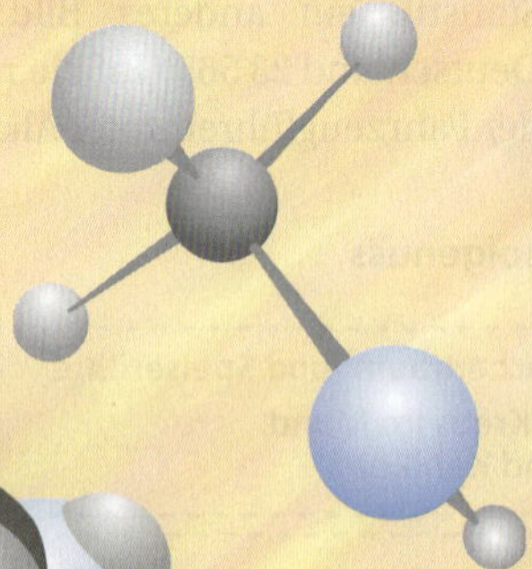

Kalottenmodell

Strukturformel

```
     H
     |
 H - C - O - H
     |
     H
```

vereinfachte Strukturformel $CH_3–OH$

**1** Methanol (links) kann mithilfe von Borax (Natriumtetraborat) von Ethanol (rechts) unterschieden werden. Dazu werden die Proben mit Borax und einigen Tropfen Schwefelsäure versetzt und entzündet.

## Methanol und andere Alkanole

Im Zusammenhang mit selbst gebrannten alkoholischen Getränken kommt es immer wieder zu tödlichen Unfällen. Als unerwünschtes Nebenprodukt ist das giftige **Methanol ($CH_3OH$)** entstanden. Nur 5 ml können zur Erblindung führen und 20 ml tödlich wirken.

Trotz seiner Giftigkeit hat Methanol große Bedeutung als Grundchemikalie, u. a. als Ausgangsstoff für die Herstellung von Kunststoffen. Methanol ist darüber hinaus ein gutes Lösungsmittel und wird als Kraftstoffbeimengung für Verbrennungsmotoren benutzt. Außerdem wird es als Brennstoff in Brennstoffzellen verwendet.

Großtechnisch wird Methanol aus Kohlenstoffmonooxid und Wasserstoff synthetisiert.

$$CO + 2\,H_2 \xrightarrow{ZnO,\ Cr_2O_3} CH_3OH$$

Die Stoffe **Propanol ($C_3H_7OH$)** und **Butanol ($C_4H_9OH$)** sind nicht ganz so bekannt wie Methanol und Ethanol. Trotzdem besitzen sie in der Technik Bedeutung, da es sich um wichtige Lösungsmittel handelt. Sie entstehen ebenfalls bei Gärungsprozessen. In alkoholischen Getränken sind sie jedoch nicht erwünscht, da es sich um Bestandteile des Fuselöls handelt.

Diese ähnlich gebauten Stoffe gehören zur Gruppe der **Alkanole**. Sie sind Derivate der entsprechenden Alkane und besitzen eine Hydroxylgruppe im Molekül. Nachfolgende Glieder unterscheiden sich um eine $–CH_2$-Gruppe und bilden eine homologe Reihe.

Die chemischen Eigenschaften der Alkanole ähneln sich aufgrund der gleichen strukturellen Merkmale. Entscheidend ist die Hydroxylgruppe. Typisch für diese Stoffgruppe sind Oxidationen zu Alkanalen (s. Kap. 14.2) oder organischen Säuren (s. Kap. 14.3)

Die Hydroxylgruppe in den Molekülen hat auch großen Einfluss auf die physikalischen Eigenschaften der Glieder der homologen Reihe, sie ist die Ursache für die bessere Wasserlöslichkeit der Alkanole im Vergleich zu den Alkanen. Allerdings sinkt die Löslichkeit innerhalb der homologen Reihe ab Butanol mit zunehmender Kettenlänge,

da der Einfluss des unpolaren Alkylrestes zunimmt.
Innerhalb der homologen Reihe steigen die Schmelz- und Siedetemperaturen an. Bei den Alkanolen liegen die Siedetemperaturen jedoch deutlich höher als bei Alkanen mit vergleichbarer Anzahl an Kohlenstoffatomen.
Diese Erscheinung ist auf die Ausbildung von Wasserstoffbrückenbindungen zwischen den Alkanolmolekülen infolge der Hydroxylgruppen zurückzuführen.

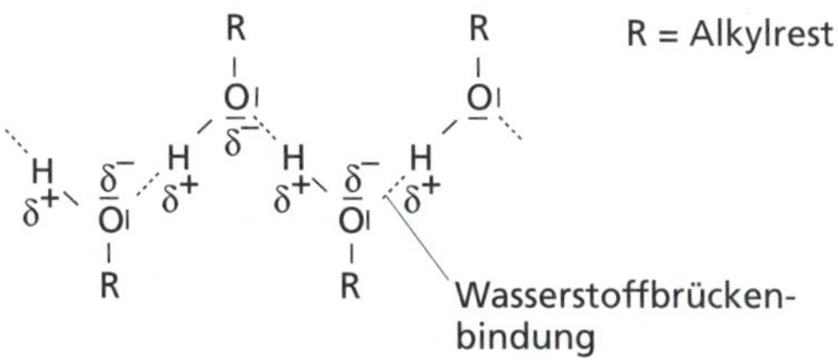


**Alkanole ($C_nH_{2n+1}OH$) sind Derivate der Alkane, die eine Hydroxylgruppe in den Molekülen aufweisen. Nachfolgende Glieder unterscheiden sich um eine $-CH_2$-Gruppe und bilden eine homologe Reihe.**

| Kalottenmodell | Formel | Siedetemperatur in °C |
|---|---|---|
| 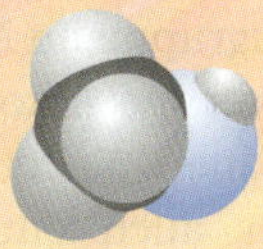 | $CH_3OH$ | Methanol 64,5 |
| 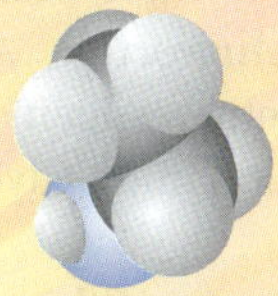 | $C_2H_5OH$ | Ethanol 78,3 |
| 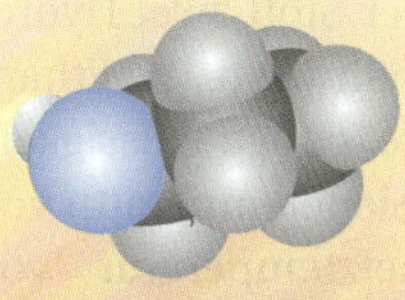 | $C_3H_7OH$ | Propan-1-ol 97,2 |
| 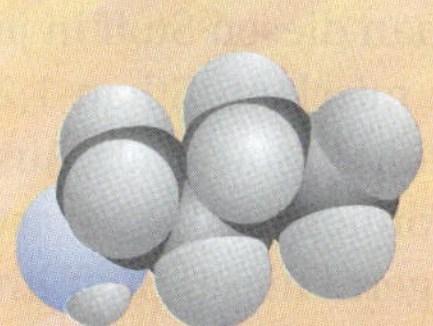 | $C_4H_9OH$ | Butan-1-ol 117,7 |

## Mosaik

### Isomere Alkohole

Auch bei den Alkoholen gibt es Isomere, nicht nur bedingt durch die Verzweigungen, sondern auch durch die Stellung der Hydroxylgruppe(n) im Molekül. Beispielsweise verbergen sich hinter der Summenformel $C_3H_7OH$ zwei mögliche Strukturen des Propanols, die sich lediglich in der Stellung der Hydroxylgruppe unterscheiden. Aus diesem unterschiedlichen Molekülbau (Abb.) resultieren unterschiedliche chemische und physikalische Eigenschaften, aber auch unterschiedliche Oxidationsprodukte (s. Kap. 14.2).
Der Vertreter, der uns im täglichen Leben häufiger begegnet, ist das Propan-2-ol, welches in der Umgangssprache oft als Isopropanol (bzw. Isopropylalkohol) bezeichnet wird. Der Stoff wird zur Desinfektion vor Blutabnahmen oder Injektionen, andererseits aber auch zur Reinigung von elektronischen Bauteilen eingesetzt. Propan-1-ol ist ein primärer Alkohol, da das C-Atom, an welchem sich die OH-Gruppe befindet, nur mit einem weiteren C-Atom verbunden ist. Propan-2-ol ist ein sekundärer Alkohol. Das C-Atom, welches die Hydroxylgruppe trägt, ist mit zwei weiteren C-Atomen verbunden.

**Man bezeichnet Alkohole als primäre, sekundäre und tertiäre Alkohole, je nachdem, ob sich die Hydroxylgruppe an einem Kohlenstoffatom befindet, das mit einem, zwei oder drei weiteren Kohlenstoffatomen verbunden ist.**

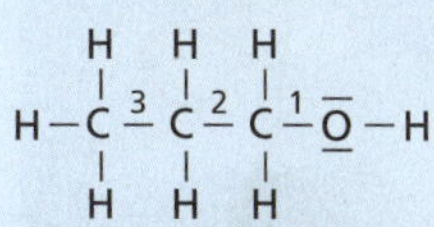

Propan-1-ol

Schmelztemperatur: −126,2 °C
Siedetemperatur: 97,2 °C

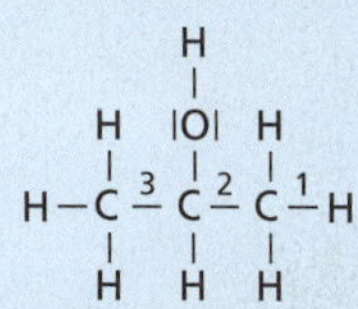

Propan-2-ol

Schmelztemperatur: −88,5 °C
Siedetemperatur: 82,3 °C

## Was Frostschutz und Süße mit Alkohol zu tun haben

Alkohole, die nur eine Hydroxylgruppe im Molekül besitzen, nennt man **einwertige Alkohole**. Hier sind die Alkanole einzuordnen. Neben den einwertigen Alkoholen gibt es auch entsprechende Verbindungen, die zwei oder mehrere Hydroxylgruppen tragen **(mehrwertige Alkohole).** Wichtige Vertreter der mehrwertigen Alkohole sind Glycol (Ethan-1,2-diol) und Glycerol (Propan-1,2,3-triol; Glycerin).

An der Zahlwortsilbe „di" im Namen **Ethan-1,2-diol** erkennt man, dass dieser Stoff zwei Hydroxylgruppen im Molekül enthält (Abb. 1). Ethan-1,2-diol (Glycol) ist eine ölige, giftige Flüssigkeit. Sie besitzt eine relativ hohe Siedetemperatur von 197,8 °C und eine Schmelztemperatur von –15,6 °C. Außerdem kann man diesen Stoff in jedem Verhältnis mit Wasser mischen. Ethan-1,2-diol dient als Frostschutzmittel sowie als Ausgangsstoff für die Kunststoffherstellung (Plastproduktion). Nicht zuletzt gerät dieser Stoff immer wieder durch unerlaubten Einsatz bei der Herstellung alkoholischer Getränke in die Schlagzeilen.

**Propan-1,2,3-triol** ist im Handel unter dem Namen Glycerol oder Glycerin bekannt und gehört ebenfalls zu den Alkoholen. Die Moleküle enthalten drei Kohlenstoffatome. Im Gegensatz zum Propanol sind aber jeweils drei Hydroxylgruppen im Molekül vorhanden. An jedem der Kohlenstoffatome befindet sich eine funktionelle Gruppe (Abb. 2).

Glycerol besitzt aufgrund der Hydroxylgruppen einen süßlichen Geschmack (griech.: glycos = süß). Der Stoff hat eine zähflüssige Konsistenz. Seine Siedetemperatur beträgt 290 °C, die Schmelztemperatur liegt bei ca. –17,9 °C.

Aufgrund seiner Zähflüssigkeit (Viskosität) wird Propan-1,2,3-triol in der Technik oft als Gleitmittel eingesetzt. Da dieser Stoff in jedem Verhältnis mit Wasser mischbar und hygroskopisch ist, eignet er sich als Zusatz zu Hautpflegemitteln, Zahnpasta und Seifen. In Cremes sorgt er für ausreichend Feuchtigkeit und erhält die Konsistenz. Glycerol hat in der Natur große Bedeutung, da der Stoff am Aufbau der Fette (s. Kap. 15) beteiligt ist. Nicht zuletzt stellt Glycerol einen wichtigen Grundstoff in der Sprengstoffindustrie (Ausgangsstoff für die Produktion von Nitroglycerin) dar.

Den süßen Geschmack der Polyalkohole nutzt man beim **Xylit** ($CH_2OH–(CHOH)_3–CH_2OH$, Xylitol) aus. Xylit (E 967) setzt man als Zuckerersatzstoff Lebensmitteln zu. Allerdings wird von einem Verzehr von über 50 g pro Tag abgeraten. **Sorbit** ($CH_2OH–(CHOH)_4–CH_2OH$, Sorbitol) wird besonders von Diabetikern als Zuckeraustauschstoff genutzt (E 420).

**1** Bei einigen Flugzeugen werden die Tragflächen mithilfe von Ethan-1,2-diol eisfrei gehalten.

**2** Durch seinen Bau bedingt ist Propan-1,2,3-triol ein wichtiger Ausgangsstoff der Fette.

## Alkohole im Experiment

### S Experiment 1

**Aufgabe:**
Stelle Ethanol durch alkoholische Gärung her! Erhöhe die Konzentration des Alkohols durch Destillation!

**Vorbereitung:**
*Geräte:* Erlenmeyerkolben, durchbohrter Stopfen, Gärröhrchen, Destillationskolben, Heizhaube, Thermometer, Liebigkühler bzw. langes Glasrohr mit feuchtem Tuch, Vorlage
*Chemikalien:* Glucoselösung, Gärhefe, verdünnte Calciumhydroxidlösung

**Durchführung:**
a) Mische den Göransatz! Fülle in das Gärröhrchen Kalkwasser und verschließe den Ansatz!
Stelle ihn ein paar Tage an einen warmen Ort!
b) Destilliere die Lösung! Notiere bei der Destillation die Siedetemperatur des Gemisches!

**Beobachtung und Auswertung:**
a) Überprüfe den Geruch des Gäransatzes zu Beginn des Experiments und nach Beendigung des Experiments!
b) Welche Veränderungen im Gärröhrchen konntest du registrieren? Leite eine Schlussfolgerung ab!
c) Vergleiche die experimentell ermittelte Siedetemperatur mit Werten aus geeigneten Tabellen! Was stellst du fest?

### L Experiment 2

**Aufgabe:**
Fertige ein Protokoll zum folgenden Lehrerexperiment mit Ethanol an!
Notiere erforderliche *Geräte* und *Chemikalien!*
Nimm auch notwendige Sicherheitshinweise in das Protokoll auf!

**Durchführung:**
Ein mit einer ca. 50%igen Ethanollösung getränkter Geldschein wird entzündet (Abb.).

**Beobachtung und Auswertung:**
Notiere deine Beobachtungen!
Versuche, das verblüffende Ergebnis zu erklären!
Ermittle dazu die physikalischen Eigenschaften von Wasser und Ethanol!

### S Experiment 3

**Aufgabe:**
Überprüfe die Löslichkeit von Ethanol, Propanol, Butanol und Pentanol in Wasser und Heptan , , !
Führe Protokoll! Stelle einen Zusammenhang zwischen den Ergebnissen des Experimentes und dem Bau der jeweiligen Moleküle her!

### S Experiment 4

**Aufgabe:**
Überprüfe die Reaktion von Propan-1-ol mit Lithium!

**Vorbereitung:**
*Geräte:* Gasentwickler, Pinzette, Pipette, pneumatische Wasser Reagenzglas mit Stopfen
*Chemikalien:* Lithium , , Propan-1-ol

**Durchführung:**
1. Versetze Lithium mit Propan-1-ol und fange das entstehende Gas auf!
2. Führe die Knallgasprobe durch!
3. Überprüfe die Lösung im Gasentwickler mit Universalindikator!

**Beobachtung und Auswertung**
1. Notiere die Beobachtungen und stelle die jeweilige Reaktionsgleichung auf!
2. Vermute, wie die Reaktion mit Methanol bzw. Heptanol verlaufen würde! Begründe deine Vermutung!

# Eigenschaften und Verwendung von Phenol und seinen Derivaten

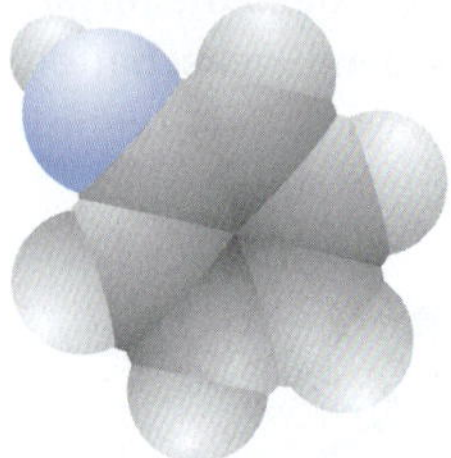

1 Kalottenmodell von Phenol

## Phenol – Hydroxylgruppe und doch kein Alkohol

Phenol findet man im Steinkohleteer, der durch Zersetzung von fossilen Pflanzenresten entsteht.

Phenol, ein giftiger Stoff, bildet farblose, kristalline Nadeln, die sich rötlich färben und allmählich zerfließen, wenn sie längere Zeit mit Luft in Kontakt stehen. Die molare Masse beträgt 94,1 g · mol$^{-1}$. Phenol schmilzt bei 41 °C, verdampft bei 181,8 °C und besitzt eine Dichte von 1,132 g · cm$^{-3}$ (bei 25 °C). Die Schmelztemperatur kann durch geringe Feuchtigkeitsmengen (Wasser) sehr stark herabgesetzt werden. So schmilzt Phenol bereits bei 20 °C, wenn es 6 % Wasser enthält.
Der Stoff riecht charakteristisch („medizinisch"). Er löst sich in Ether, Chloroform, etherischen Ölen und Alkohol sehr gut, in Benzen und Wasser mäßig und in kettenförmigen Kohlenwasserstoffen sehr schwer.

Die Giftigkeit des Phenols begründet sich mit der äußerst schädigenden Wirkung auf das Protoplasma der Zellen. Die Flüssigkeit und auch schon die Dämpfe reizen und verätzen Haut, Atemwege und Augen. Die Einnahme führt zuerst zu Atemlähmung und später zum Tod durch Herzstillstand.

Die Summenformel von Phenol ist $C_6H_5OH$. Sein korrekter chemischer Name lautet **Monohydroxybenzen**. Aus der Formel und dem Namen geht hervor, dass Phenol offensichtlich eine **Hydroxylgruppe** im Molekül besitzt. Trotzdem wird es im Allgemeinen nicht zu den **Alkoholen** gezählt, da sich die Struktur und demzufolge auch die Eigenschaften z. T. erheblich unterscheiden.

2 Phenol dient als Ausgangsstoff von Phenoplasten. Zu den ersten Phenoplasten gehörte Bakelit.

Phenol ist ein Derivat des Benzens und ähnelt diesem daher im Aufbau sehr. Genau wie die Benzenmoleküle weisen die Phenolmoleküle (Abb. 1) einen aromatischen Ring (ein Elektronensextett) auf. Durch dieses **Elektronensextett** wird die an sich schon polare Hydroxylgruppe noch stärker polarisiert.
Dadurch wird die Reaktion mit Wasser stark beeinflusst. Anders als bei den Alkoholen zeigt sich mit Wasser eine schwach saure Reaktion. Durch die Polarisierung der Hydroxylgruppe wird unter dem Einfluss der Wassermoleküle ein Proton aus dieser Gruppe abgespalten. Es ensteht das Phenolat-Ion.

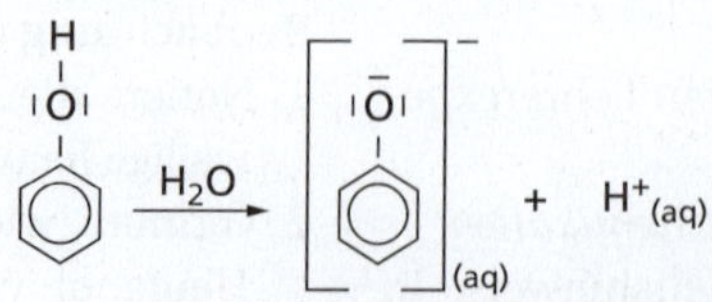


(vereinfacht nach ARRHENIUS)

... und mehr

**Informiere dich auch unter:** *Verwendung von Phenoplasten, organische Verbindungen mit funktionellen Gruppen*

## Ether – eine interessante Stoffgruppe

Wird Ethanol unter dem Zusatz von konzentrierter Schwefelsäure erhitzt, so wird Wasser abgespalten und zwischen den zwei Ethylresten wird eine **Ethergruppe** ausgebildet.

$$2C_2H_5OH \xrightarrow{H_2SO_4} C_2H_5-\overline{\underline{O}}-C_2H_5 + H_2O$$

Die entstandene Flüssigkeit ist wasserhell, leicht beweglich, riecht süßlich und bildet mit Luft explosive Gemische. Es handelt sich um **Diethylether**. Dieser Stoff ist besonders wegen seiner narkotisierenden Wirkung bekannt.

Zur Gruppe der Ether gehören alle organischen Stoffe der Struktur $R_1-\overline{\underline{O}}-R_2$. Ist $R_1 = R_2$, spricht man von symmetrischen Ethern. Sind beide Reste verschieden, bezeichnet man die Stoffe als unsymmetrische oder gemischte Ether.

Die Reste können sowohl kettenförmige als auch aromatische Reste sein:

**Diethylenglycol:**

$$HO-(CH_2)_2-\overline{\underline{O}}-(CH_2)_2-OH$$

Verwendung: Bestandteil von Gefrierschutzmitteln und Hydraulikölen

**Methylphenylether (Anisol):**

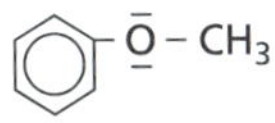

Verwendung: Zwischenprodukt bei der Synthese von Riechstoffen

Die Ethergruppe kommt u. a. auch bei Sacchariden vor, so sind die Glucosereste im Stärkemolekül über diese Gruppe miteinander verknüpft.



### Ether und Verwendung

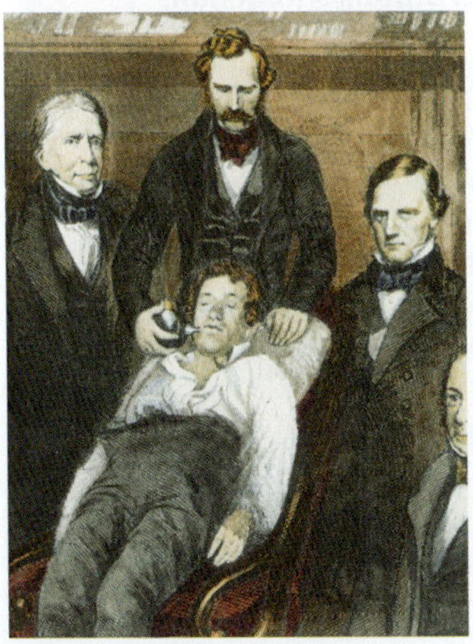

**Diethylether – der bekannteste Vertreter der Gruppe**

Atmet ein Mensch Luft mit einem Gehalt an Diethylether von 4–5% ein, tritt beim Erwachsenen bei Aufnahme von ca. 15 g reinem Ether eine tiefe Narkose ein. Diese entsteht durch Lähmung eines Teils des Zentralnervensystems (z. B. Schmerzempfindung, Bewusstsein), nicht aber der Atmung und des Blutkreislaufes. Diese **Wirkung** auf den menschlichen Organismus bedingte seinen Einsatz als **Narkosemittel**. Am 30. September 1846 eröffnete der bis dahin unbekannte Zahnarzt WILLIAM MORTON das Zeitalter der modernen Anästhesie. Er entfernte schmerzlos den Backenzahn eines unter Ethereinfluss stehenden Patienten. Zwei Wochen später, am 16. Oktober 1846, wurde einem Patienten unter Ethernarkose ein Tumor unterhalb des linken Unterkiefers entfernt. Morton überwachte die Narkose, der operierende Arzt war JOHN COLLINS WARREN. Wegen seinen unangenehmen Nachwirkungen (z. B. Übelkeit, Erbrechen) wird Diethylether heute jedoch nur noch in Kombination als Narkotikum verwendet.

... und mehr

## Chemie in Natur und Technik

### Freie Fahrt oder „Restalkohol"?

Die Teilnahme am Straßenverkehr unter Alkoholeinfluss führt immer wieder zu Unfällen mit tragischen Folgen. Daher ist es wichtig, vor Antritt der Fahrt keinen Alkohol zu sich zu nehmen bzw. solange zu warten, bis der Alkohol wieder abgebaut ist.
Allerdings wird der „Restalkohol" häufig unterschätzt. Bei einer Alkoholkontrolle kann das unangenehme Folgen für den Betroffenen haben.
*Eine Frau (65 kg) und ein Mann (78 kg) haben beide drei Schoppen (600 ml) Weißwein (10,5 Vol%) getrunken. Berechne, wie hoch ihr Blutalkoholgehalt jeweils ist und wann sie wieder fahrtüchtig sind!*

Der jeweilige Blutalkoholgehalt lässt sich mithilfe der unten stehenden Formel berechnen. Man kann allerdings zur Berechnung auch das interaktive Rechenbeispiel unter www.tafelwerk.de zum Suchwort Blutalkoholgehalt nutzen.

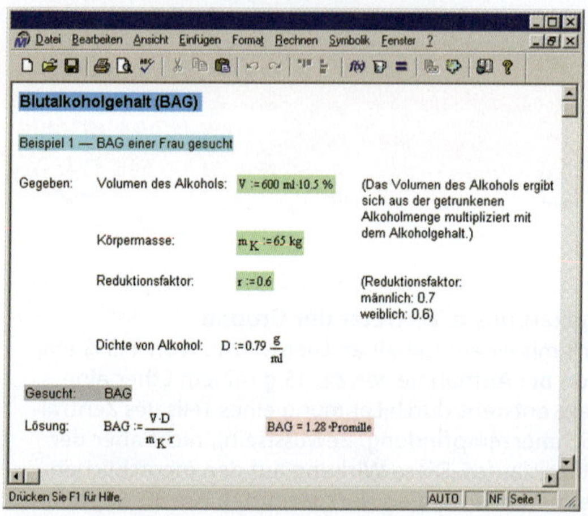


Man erhält für die Frau einen Blutalkoholgehalt von 1,28 Promille.

Für den Mann ergibt sich bei der Berechnung trotz gleicher Alkoholmenge ein niedrigerer Blutalkoholgehalt von 0,91 Promille.

Der Blutalkoholgehalt des Mannes ist aufgrund der höheren Körpermasse niedriger. Zudem wird in der Leber von Frauen weniger des Alkohol abbauenden Enzyms (ADH) produziert als in der Leber von Männern. Dies wird mit dem Reduktionsfaktor in der Berechnungsformel berücksichtigt. Trotzdem stellen die berechneten Werte nur Richtwerte dar, denn der Abbau erfolgt natürlich von Person zu Person unterschiedlich. Auch die körperliche Konstitution und ob der Magen leer oder gefüllt ist, spielen eine Rolle.

Als Richtwert wird oft angegeben, dass pro Stunde 0,1‰ abgebaut werden. Legt man diesen Wert zugrunde, hat der Mann nach etwas mehr als 4 Stunden die 0,5‰-Grenze unterschritten. Er kann davon ausgehen, dass sein Körper nach ca. 9 Stunden den Alkohol völlig abgebaut hat.
Der Blutalkoholgehalt der Frau wird schätzungsweise erst nach 7,8 Stunden die 0,5‰-Grenze unterschreiten und erst nach 12,8 Stunden wird der Alkohol vollständig abgebaut sein.

**Berechnung des Blutalkoholgehalts**

$$BAG = \frac{m_{Alkohol}}{m_K \cdot r} = \frac{V_{Alkohol} \cdot D}{m_K \cdot r}$$

| | |
|---|---|
| $BAG$ | Blutalkoholgehalt in ‰ (pro Mille) |
| $r$ | Reduktionsfaktor männl. 0,7, weibl. 0,6 |
| $D$ | Dichte von Alkohol ($0{,}79\,g \cdot ml^{-1}$) |
| $m_{Alkohol}$ | aufgenommene Alkoholmenge in g |
| $m_K$ | Körpermasse in g |
| $V_{Alkohol}$ | Volumen des Alkohols |

## S Zweimal „OH"?

Für ein Experiment standen zwei Bechergläser zur Verfügung, von denen das eine Ethanollösung ($C_2H_5OH$) und das zweite verdünnte Kaliumhydroxidlösung ($KOH$) enthielt. Beide Lösungen wurden mit Indikatorpapier (Universalindikator) geprüft.

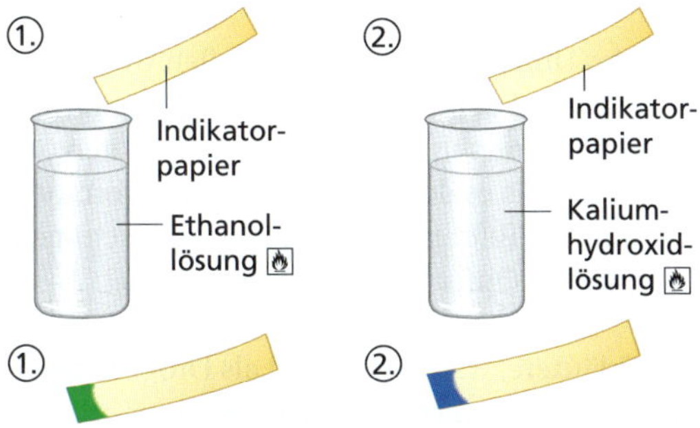


*Erkläre das unterschiedliche Ergebnis, obwohl beide Stoffe „OH" in der Summenformel enthalten!*

Bei der Ethanollösung zeigt Universalindikator eine Grünfärbung.
In die Kaliumhydroxidlösung getaucht, färbt sich das Papier blau. Das Indikatorpapier zeigt einen Überschuss an Hydroxid-Ionen in der Lösung an.
Sowohl Ethanol als auch Kaliumhydroxid enthalten ihrer Summenformel nach eine „OH"-Gruppierung. Trotz der scheinbaren Gemeinsamkeiten sind die Strukturen dieser Stoffe und auch die Bindungsverhältnisse in den Teilchen unterschiedlich.
Ethanol enthält die Hydroxylgruppe, die durch eine Atombindung an eines der Kohlenstoffatome gebunden ist. Diese wird durch das Lösen in Wasser nicht abgespalten. In der Ethanollösung liegt somit kein Überschuss an Hydroxid-Ionen vor – der Indikator schlägt nicht um.
Kaliumhydroxid ist ein salzartiger Stoff und dissoziiert in wässriger Lösung. Dabei werden Hydroxid-Ionen ($OH^-$) frei. Diese werden durch die Blaufärbung des Indikators angezeigt.

$$KOH \xrightarrow{+H_2O} K^+_{(aq)} + OH^-_{(aq)}$$

## Wasser in der Creme – ein Widerspruch?

Zur optimalen Pflege muss der Haut Feuchtigkeit und Fett zugeführt werden. Fett und Wasser, das sind eigentlich zwei Stoffe, die nicht ineinander löslich sind. In manchen Handcremes ist aber Glycerol enthalten. Dieser Stoff macht es möglich, dass Feuchtigkeit gebunden werden kann.
*Durch welche strukturellen Besonderheiten kann Glycerol den Feuchtigkeitsanteil in Cremes erhöhen?*

Im Gegensatz zu den Alkanen sind einige Alkohole sehr gut wasserlöslich. Da sich die beiden Stoffgruppen im Aufbau ihrer Moleküle nur in der funktionellen Gruppe unterscheiden, muss die Ursache für diese unterschiedlichen Eigenschaften in der Hydroxylgruppe liegen.
Die Moleküle der einfachsten Alkohole – der Alkanole – erinnern in ihrem Grundaufbau an das Wassermolekül. Auch in den Alkanolmolekülen gibt es durch die Hydroxylgruppe Ladungsschwerpunkte. Dadurch weisen sie ähnlich wie Wasser Dipolcharakter auf. Bei kurzkettigen oder mehrwertigen Alkoholen verstärkt sich der Einfluss der Hydroxylgruppe(n). Nach dem Motto **Ähnliches löst sich in Ähnlichem** sind die Alkanole und viele mehrwertige Alkohole gut in Wasser löslich bzw. gut mit Wasser mischbar.

Glycerol besitzt sogar drei Hydroxylgruppen in einer relativ kurzen Kette. Der Einfluss der funktionellen Gruppen ist besonders hoch, die Polarität im Molekül gut ausgebildet. Dadurch lässt sich erklären, warum dieser Stoff hygroskopisch, also Wasser anziehend, ist. Um dies experimentell zu überprüfen, lässt man Glycerol offen stehen. Die Masse der Stoffprobe erhöht sich durch Aufnahme von Luftfeuchtigkeit.
Das hat sogar Konsequenzen beim Eincremen. Benutzt man eine Handcreme, die Glycerol enthält, ist es deshalb möglich und sogar vorteilhaft, sich die Hände einzucremen, wenn sie noch feucht sind.

## gewusst · gekonnt

1. Erweitere dein Glossar!

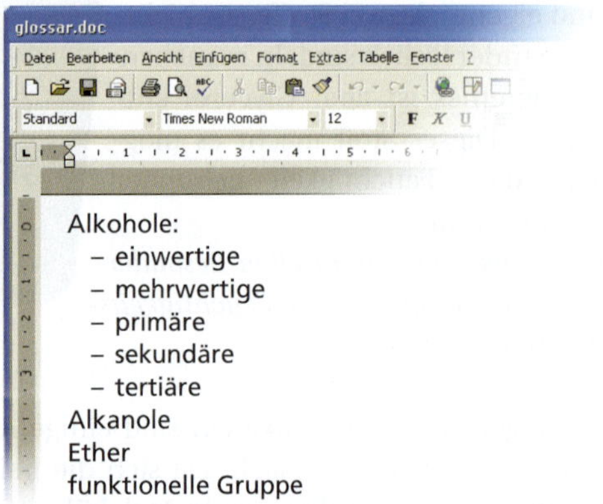


2. Sieh dich in eurem Haushalt um! Finde heraus, welche Präparate und Lebensmittel Ethanol enthalten! Notiere, welche Funktion der Stoff in diesen Gemischen erfüllt!

3. Informiere dich über die Wein- und Bierherstellung. Beschreibe die Verfahren! Nutze u. a. www.schuelerlexikon.de!

4. Stelle dar, welche Wirkung Ethanol auf unseren Körper hat! Gehe dabei unter Nutzung geeigneter Medien auch auf Faktoren ein, von denen der Blutalkoholgehalt abhängt!

5. Oft ist zu lesen, dass Frauen weniger Alkohol (Ethanol) vertragen als Männer. Diskutiere, ob diese Aussage korrekt ist! Informiere dich dazu auch über den Abbau von Ethanol im menschlichen Körper!

6. Wer mit einem Blutalkoholwert von über 0,5 Promille Auto fährt und ertappt wird, verliert seinen Führerschein. Werte!

7. Bei der alkoholischen Gärung entsteht Ethanol. Nutzt man diesen Stoffwechselprozess, um alkoholische Getränke herzustellen, erreicht man maximal einen Ethanolgehalt von 15%. Erkläre dieses Phänomen!

8. Das im Handel erhältliche Ethanol ist maximal 96%ig. Warum kann man kein 100%iges Ethanol erwerben? Erkläre!

9. Um Unfälle zu vermeiden, sollen Weinkeller während der Gärphase erst nach ausreichender Lüftung und niemals allein betreten werden. Falls es doch zu einem Unfall kommt, darf der Retter nur mit einem Atemschutzgerät zum Opfer vordringen. Begründe!

10. Erläutere, warum Ethanol als Droge bezeichnet wird! Informiere dich z. B. unter www.schuelerlexikon.de über Drogen!

11. Erkläre folgende Beobachtung!

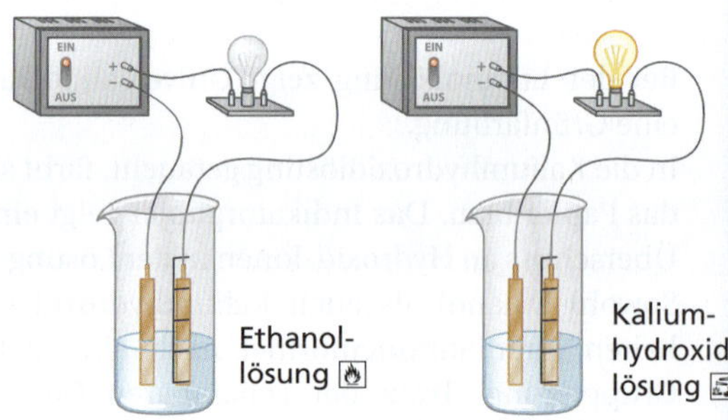


12. Trage Informationen über die Bedeutung des Ethanols in der Geschichte und in der Gegenwart zusammen!

*13. Beim Umgang mit Methanol müssen besondere Sicherheitsbestimmungen beachtet werden, denn der Stoff ist sehr giftig.

F
T

Er kann nicht nur über das Verdauungssystem aufgenommen werden. Dämpfe dieses Stoffes gelangen mit der Atmung in unseren Körper. Außerdem wird Methanol über die Haut aufgenommen.

Erkläre, warum diese Aufnahme möglich ist!

**14.** Benenne nachfolgenden Alkohol unter Benutzung der Nomenklaturregeln!

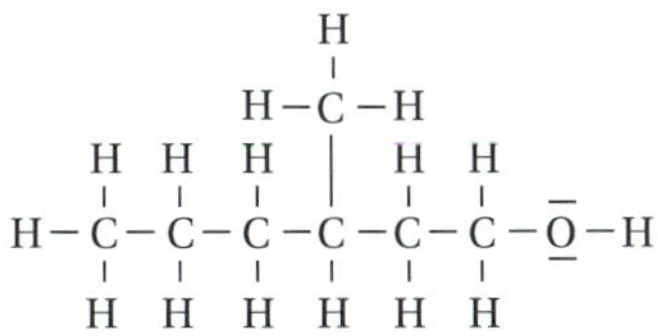

**15.** Zeichne die Strukturformeln der isomeren Pentanole auf ein Blatt!
Versuche, die Verbindungen zu benennen!
Wie viele sind es ?

**16.** Erläutere am Beispiel was man unter einem primären, sekundären und tertiären Alkohol versteht! Gib jeweils die Strukturformel an!

**17.** S Glycerol (Propan-1,2,3-triol) muss immer in einem geschlossenen Gefäß aufbewahrt werden. Überprüfe experimentell, warum diese Aufbewahrungsart sinnvoll ist! Wäge dazu 2 g Glycerol auf einem Uhrglasschälchen aus! Lasse dieses Schälchen 30 min offen stehen und wäge dann erneut!
Erkläre deine Beobachtung! Leite Nutzungsmöglichkeiten dieses Stoffes ab!

**18.** Erkläre die unterschiedlichen physikalischen Eigenschaften von Ethanol und Ethandiol! Gehe dabei besonders auf die Siedetemperaturen ein!

| Eigenschaften | Ethanol | Ethan-1,2-diol |
|---|---|---|
| Schmelztemperatur | −114,1 °C | −15,6 °C |
| Siedetemperatur | 78,3 °C | 197,8 °C |
| Dichte (bei 25 °C) | 0,785 $g \cdot cm^{-3}$ | 1,109 $g \cdot cm^{-3}$ |
| Struktur | 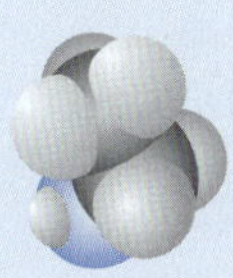 |  |

**19.** L Alkohole reagieren mit Natrium. Gleiche Mengen wasserfreies Methanol, Propanol und Butanol werden mit jeweils der gleichen Masse Natrium zur Reaktion gebracht und die Zeitdauer bis zur Beendigung der Reaktion gemessen (s. Skizze).
Interpretiere die Grafik! Leite eine Schlussfolgerung aus den Versuchsergebnissen ab!

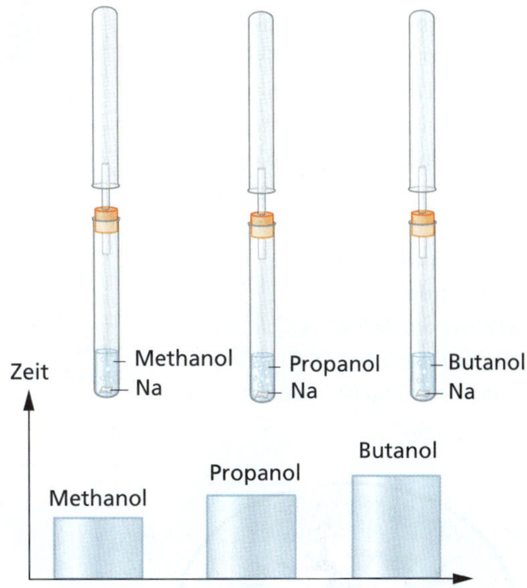


**20.** Fertige z. B. mithilfe eines geeigneten Kalkulationsprogramms eine grafische Darstellung an, aus welcher der Zusammenhang zwischen den Siedetemperaturen der Alkane bzw. der Alkanole und der Anzahl der Kohlenstoffatome in ihrem Molekül deutlich wird! Entnimm die notwendigen Werte entsprechenden Tabellen! Nutze die Verbindungen mit 1 bis 5 Kohlenstoffatomen!

**21.** S Mische in einer Vertiefung der Tüpfelplatte 10 Tropfen Ethanol mit 1 Tropfen Wasser, in der nächsten 10 Tropfen Ethanol mit 2 Tropfen Wasser, in der dritten 10 Tropfen Ethanol mit 3 Tropfen Wasser usw.!
Versuche, die Gemische zu entzünden! (Vorsicht, Schutzbrille!)
Ab welchem Mischungsverhältnis wird die Ethanol-Wasser-Mischung unbrennbar?

# 14.2 Aldehyde und Ketone

### Experimente mit Kupfer

Hält man ein Kupferblech in eine Brennerflamme, färbt sich die Oberfläche schwarz, weil sich Kupfer(II)-oxid bildet. Taucht man das noch heiße Blech nun in Ethanollösung, wird die rötliche Färbung des Kupfers im eingetauchten Bereich wieder sichtbar. Kupfer(II)-oxid hat mit dem Ethanol reagiert. Dabei entsteht eine Flüssigkeit mit stechendem Geruch.

*Welche Stoffe bilden sich bei dieser Reaktion? Welche Bedeutung hat diese Reaktion für den Menschen?*

### Konservierung in Flüssigkeiten

Biologische Präparate werden oft in fest verschlossenen Glasgefäßen aufbewahrt und sind dort vollständig in eine Flüssigkeit eingebettet. Obwohl es sich um tote tierische Substanz handelt, verschimmeln, verfaulen oder verwesen diese Anschauungsmaterialien nicht.

*In welche Flüssigkeit sind diese Präparate eingebettet? Warum sind sie so lange haltbar?*

| ppm HCHO | Höchstmengen |
|---|---|
| 0,1 | Innenräume |
| 1,0 | MAK-Wert |
| 0,1 | 10 Zigaretten in 10 $m^3$ Raumluft |
| 0,08 bis 1,6 | Reizschwelle |
| 4,0 bis 5,0 | Tränenfluss |

### Luftqualität und Gesundheit

Die Formaldehydfreisetzung aus Holzwerkstoffen darf einen Grenzwert nicht überschreiten, da dieser Stoff im Verdacht steht, Krebs erregend zu sein.

Der Grenzwert für Innenräume liegt bei 0,1 ppm. Dieser Grenzwert wird schon durch das Rauchen von 10 Zigaretten in 10 $m^3$ Raumluft erreicht.

*Was für eine Struktur weist Formaldehyd auf, und welche Eigenschaften resultieren daraus?*

## Alkanale und andere Aldehyde

Vanille kennt jeder. Anhand des Geruches kann jeder dieses Gewürz erkennen. Für das Aroma ist besonders das enthaltene Vanillin verantwortlich. Die Moleküle des Vanillins zeichnen sich in der Struktur durch eine ganz besondere funktionelle Gruppe aus. Dabei handelt es sich um die **Aldehydgruppe (–CHO).** Diese strukturelle Besonderheit ist im Namen durch die **Endung -al** gekennzeichnet.

Stoffe mit einer oder mehreren Aldehydgruppen im Molekül heißen **Aldehyde.** Abgesehen von der funktionellen Gruppe, ist die Struktur des Vanillins recht kompliziert.

Die einfachsten Vertreter der Aldehyde weisen nur eine Aldehydgruppe im Molekül auf und lassen sich von den Alkanen ableiten (Abb. 1). Diese Stoffgruppe bezeichnet man als **Alkanale.**

> **Aldehyde sind organische Verbindungen mit einer oder mehreren Aldehydgruppen in den Molekülen.**
> **Alkanale sind Derivate der Alkane, die eine Aldehydgruppe in den Molekülen aufweisen.**

Insbesondere längerkettige Alkanale zeichnen sich oft durch einen besonderen Geruch aus und gehören zu den Duft- und Aromastoffen. So sind beispielsweise im Erdbeeraroma **Hexanal** und **Heptanal** enthalten.

Besondere Bedeutung haben **Methanal** (Formaldehyd) und **Ethanal** (Acetaldehyd).

Methanal ist ein bedeutender Ausgangsstoff der chemischen Industrie.

Eine Methanallösung (Formalin) wird als Konservierungsmittel für spezielle biologische Präparate verwendet, da Methanal die Zellstruktur fixiert und vor Befall durch Bakterien und Pilze schützt. Früher wurde Formaldehyd häufig als Holzschutzmittel eingesetzt. Bei der Herstellung von Spanplatten werden u.a. Formaldehydharze verwendet. Aufgrund der Wirkung auf Menschen existiert jedoch ein Höchstwert für Innenräume, sodass Spanplatten für Möbel nur sehr geringe Mengen Methanal freisetzen dürfen.

Eine bestimmte Formaldehydbelastung liegt jedoch im normalen Bereich, denn dieser Stoff ist auch ein Stoffwechselprodukt einiger Organismen, z.B. gibt jeder Apfel eine geringe Menge Formaldehyd ab.

Ethanal ist ebenfalls ein Stoffwechselprodukt. Es entsteht besonders beim Abbau von Alkohol und kann den Organismus zusätzlich schädigen, denn Ethanal ist giftig.

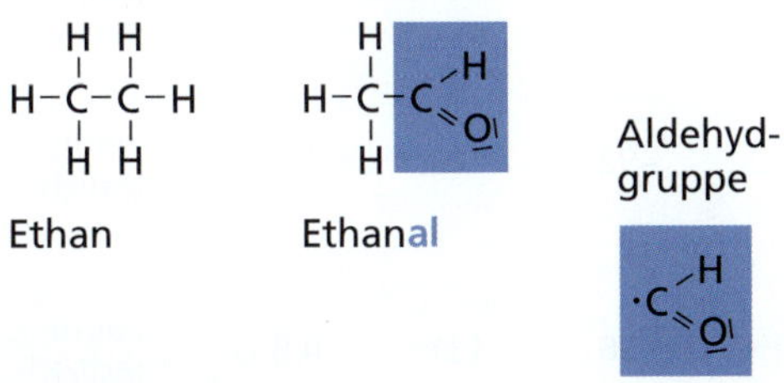


**1** Ethanal ist ein Derivat des Ethans.

**STECKBRIEF: Methanal HCHO**

**Eigenschaften:** farbloses, stechend riechendes Gas; giftig, steht im Verdacht Krebs auszulösen, sehr gut in Wasser und unpolaren Lösungsmitteln löslich, leicht entzündlich

| | |
|---|---|
| Schmelztemperatur: | −117,0 °C |
| Siedetemperatur: | −19,2 °C |
| Dichte: | $0{,}82\ g \cdot cm^{-3}$ (bei −20 °C) |

**Struktur:**

Kugelstabmodell

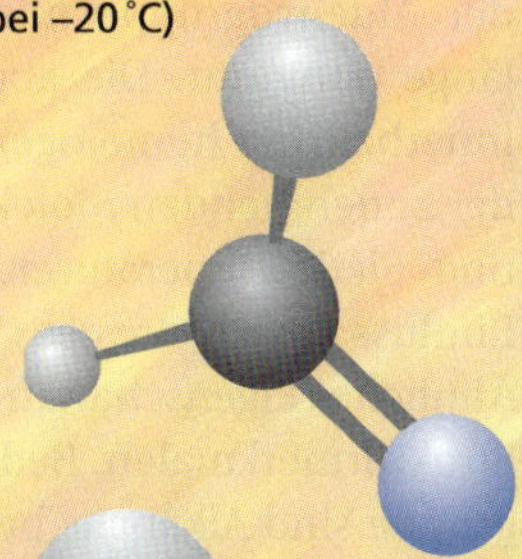

Kalottenmodell

Strukturformel mit Aldehydgruppe

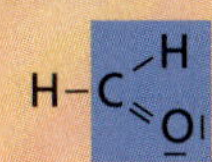

vereinfachte Strukturformel H−CHO

## Die homologe Reihe der Alkanale

Alkanale bilden eine homologe Reihe, in der sich die einzelnen Glieder um eine –$CH_2$-Gruppe unterscheiden (s. Tab).

Die Eigenschaften der einzelnen Alkanale werden sowohl von der funktionellen Gruppe als auch vom Alkylrest bestimmt, wobei der Einfluss der Aldehydgruppe mit zunehmender Kettenlänge abnimmt. Die abgestuften Eigenschaften innerhalb der homologen Reihe ergeben sich aus der zunehmenden Molekülmasse (z. B. Schmelz- und Siedetemperaturen) und dem steigenden Einfluss des Alkylrestes (Wasserlöslichkeit).

Ähnliche Eigenschaften basieren auf gleichen Strukturmerkmalen. Bedingt durch die Aldehydgruppe sind Alkanale, besonders kurzkettige, oft gesundheitsschädlich, da die funktionelle Gruppe sehr reaktionsfähig ist und auch Reaktionen mit körpereigenen Stoffen erfolgen.

Alkanale wirken aufgrund der Aldehydgruppe reduzierend. Die reduzierende Wirkung ist das Verhalten von Teilchen, Elektronen abzugeben, wodurch sich die Struktur des Moleküls verändert. Sie dient als **Nachweis der Aldehydgruppe.**

Durch den Besitz der Aldehydgruppe ist z. B. Ethanal in der Lage, eine ammoniakalische Silbernitratlösung zu elementarem Silber zu reduzieren. Das Silber liegt nach der Reaktion in feinster Verteilung vor und färbt die Lösung schwarz oder scheidet sich auf der Gefäßwand als Spiegel ab (Abb. 1a, S. 335).

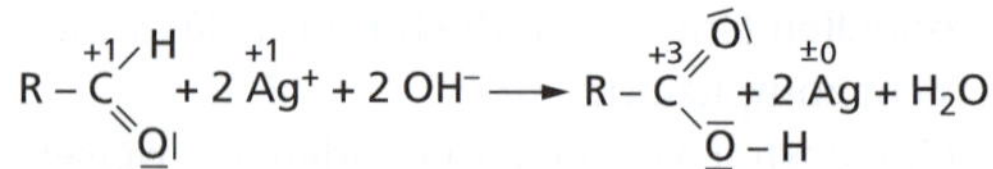

Die reduzierende Wirkung der Aldehydgruppe lässt sich auch mit der fehlingschen Lösung nachweisen.

**Homologe Reihe der Alkanale**

| Name des Alkanals | Strukturformel | Summenformel | Schmelztemperatur in °C | Siedetemperatur in °C | Dichte in $g \cdot cm^{-3}$ bei 25 °C | Löslichkeit g in 100 g Wasser |
|---|---|---|---|---|---|---|
| Methanal | $H-C(H){=}O$ | HCHO | –117 | –19,2 | 0,82 (bei –20°C) | leicht löslich |
| Ethanal | $H-CH_2-C(H){=}O$ | $CH_3CHO$ | –123 | 20,1 | 0,788 (bei 13 °C) | löslich |
| Propanal | $CH_3-CH_2-C(H){=}O$ | $C_2H_5CHO$ | –81 | 49,1 | 0,807 | löslich |
| Butanal | $CH_3-CH_2-CH_2-C(H){=}O$ | $C_3H_7CHO$ | –99,4 | 75 | 0,802 | wenig löslich |
| Pentanal | $CH_3-CH_2-CH_2-CH_2-C(H){=}O$ | $C_4H_9CHO$ | –92 | 103,7 | 0,8095 | wenig löslich |
| Hexanal | $CH_3-CH_2-CH_2-CH_2-CH_2-C(H){=}O$ | $C_5H_{11}CHO$ | –56 | 131 | 0,833 | kaum löslich |

Bei dieser Reaktion werden Kupfer(II)-Ionen zu Kupfer(I)-Ionen reduziert, die als ziegelrotes Kupfer(I)-oxid ausfallen (Abb. 1c und d).

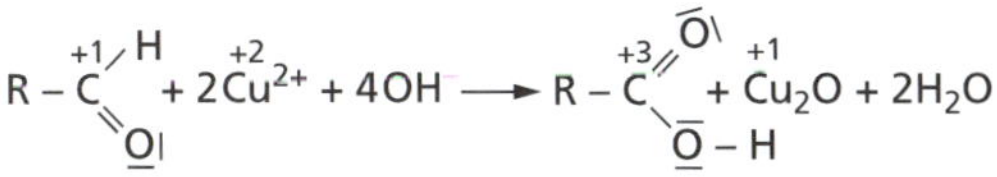

Auch durch die Reaktion von fuchsinschwefliger Säure (Schiff's Reagenz) mit Alkanalen, bei der es zu einer rotvioletten Färbung kommt, lässt sich die Aldehydgruppe nachweisen. Diese Reaktion ist sehr empfindlich (Abb. 1b). Bei den Nachweisreaktionen mit Tollens Reagenz und fehlingscher Lösung werden die Alkanale oxidiert.
Alkanale sind selbst ebenfalls Oxidationsprodukte und entstehen bei der Oxidation von Alkanolen mit endständigen Hydroxylgruppen.
Bringt man ein Kupferblech in eine Brennerflamme, oxidiert es oberflächlich. Das ist am schwarzen Überzug zu erkennen.

$$2Cu + O_2 \longrightarrow 2CuO$$

Taucht man das noch warme Kupferblech in ein Becherglas mit Ethanol, so wird es im eingetauchten Bereich wieder blank und ein stechender Geruch ist wahrzunehmen. (Achtung! Abzug!)
Das Kupfer(II)-oxid wurde wieder zu Kupfer reduziert. Es hat also eine Redoxreaktion stattgefunden, bei der neben der Reduktion des Kupferoxids eine Oxidation des Ethanols zum Ethanal erfolgt ist.

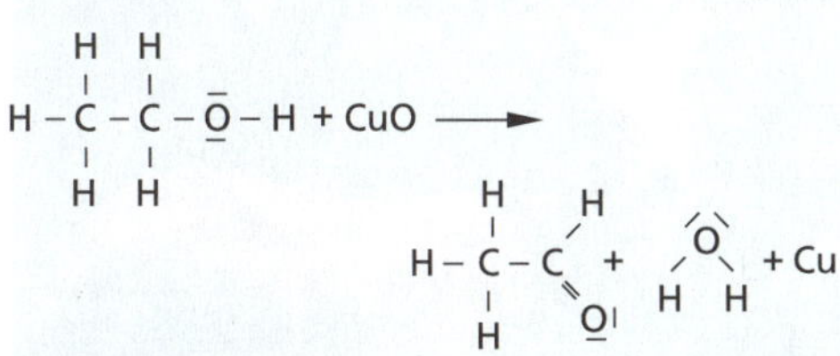

**Alkanale ($C_nH_{2n+1}CHO$) sind Oxidationsprodukte der primären Alkohole. Sie bilden eine homologe Reihe.**
**Aufgrund der Aldehydgruppe ist die reduzierende Wirkung für sie typisch.**

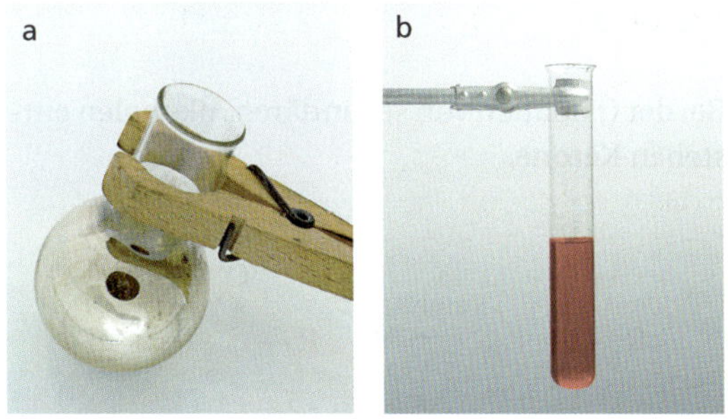

$$Ag^+ + e^- \longrightarrow Ag$$

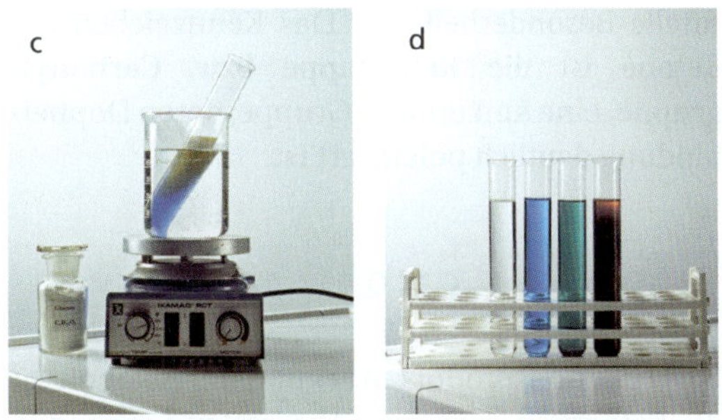

$$Cu^{2+} + e^- \longrightarrow Cu^+$$

**1** Nachweis der Aldehydgruppe
- a) Tollens-Probe: Silberspiegel entsteht
- b) Nachweis mit Schiff's Reagenz: Farbumschlag nach Rot
- c + d) Fehling-Probe: ziegelroter Niederschlag

**L Experiment**

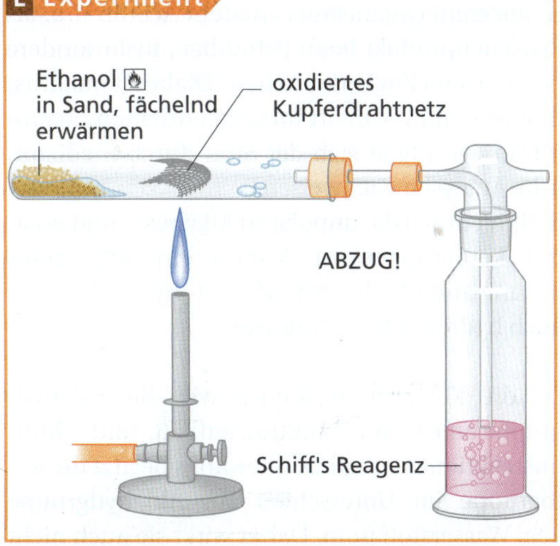


**2** Oxidation von Ethanol zu Ethanal

## Ketone

Bei der Oxidation von sekundären Alkoholen entstehen **Ketone.**

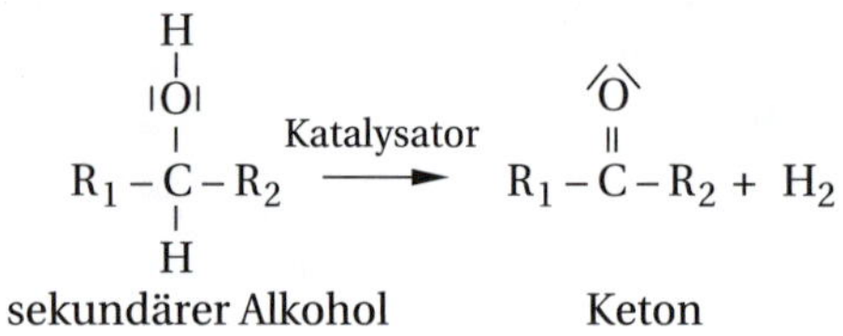


Auch diese Stoffe zeichnen sich durch eine strukturelle Besonderheit aus. Das Kennzeichen der Ketone ist die **Ketogruppe bzw. Carbonylgruppe,** eine funktionelle Gruppe, deren Doppelbindung deutlich polarisiert ist.

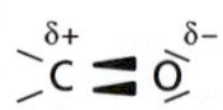

Bei Oxidationsprodukten sekundärer Alkohole ist die Ketogruppe mit zwei Alkylresten verbunden ($R_1$–CO–$R_2$). Diese Alkylreste können gleich sein oder unterschiedliche Strukturen aufweisen. Die Alkylreste stellen die unpolaren Molekülteile dar. Im Namen der Verbindung ist die Ketogruppe an der **Endung -on** zu erkennen.

Der einfachste Vertreter der Ketone ist das **Propanon (Aceton)** (siehe Steckbrief).
In unserem Organismus entsteht Aceton u. a. als Zwischenprodukt beim Fettabbau, insbesondere bei schwerer Zuckerkrankheit (Diabetes mellitus) und ist dann vermehrt im Urin enthalten (Acetonurie). Dort lässt sich der Stoff durch medizinische Analysen nachweisen.
Bedingt durch die unpolaren Alkylreste und polaren Ketogruppen ist Aceton ein sehr gutes Lösungsmittel. Es löst sowohl hydrophile als auch hydrophobe Substanzen.

Da die Ketogruppe ebenso wie die Aldehydgruppe eine Doppelbindung enthält, sind Additionsreaktionen möglich. Allerdings besitzt die Ketogruppe im Unterschied zur Aldehydgruppe kein Wasserstoffatom. Daher wirkt sie auch nicht reduzierend. Der Nachweis mit ammoniakalischer Silbernitratlösung fällt deshalb negativ aus.
So wie das Aceton durch einen fruchtähnlichen Geruch gekennzeichnet ist, weisen auch andere Ketone entsprechende intensive Gerüche auf. Daher nutzt man einige als Duftstoffe.
Das Muscon gehört dazu. Es bildet den Hauptbestandteil der stark riechenden Sekrete der männlichen Moschustiere bzw. des Moschusochsens.

**STECKBRIEF: Propanon $CH_3COCH_3$**

**Eigenschaften:** farblose, aromatisch riechende Flüssigkeit, sehr gut in Wasser und unpolaren Lösungsmitteln löslich, feuergefährlich
Schmelztemperatur: –94,7 °C
Siedetemperatur: 56,1 °C
Dichte: 0,79 g · $cm^{-3}$

**Struktur:**

Kugelstabmodell

Kalottenmodell

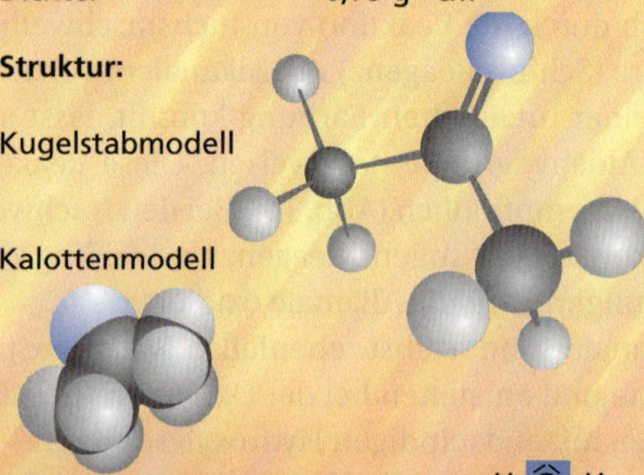

Strukturformel mit Carbonylgruppe

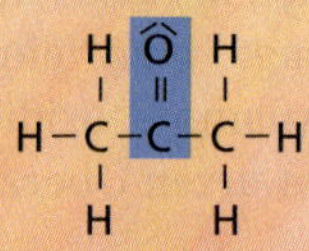

vereinfachte Strukturformel $CH_3$-CO-$CH_3$

**1** Das Drüsensekret des männlichen Moschustieres enthält Muscon. Heute wird es synthetisiert.

## Chemie in Natur und Technik

### Grün zeigt den Sünder

Mit einem Prüfröhrchen kann der Atemalkoholgehalt überprüft werden. Hat jemand „Trinkalkohol“ konsumiert, und pustet der Betreffende in das Röhrchen, färbt es sich grün. Bei einem Demonstrationsexperiment lässt sich mithilfe eines Pumpballes Luft durch Ethanol und dann durch das Röhrchen blasen. Leitet man die „Restluft“ anschließend in Schiffs Reagenz (fuchsinschweflige Säure), färbt sich diese violett.
*Welche Reaktion läuft im Teströhrchen ab?*

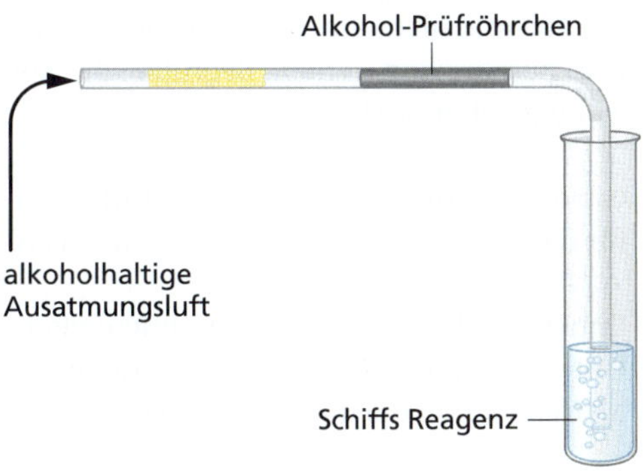


Die Grünfärbung im Röhrchen zeigt das Vorhandensein von Ethanol an. Die violette Färbung von Schiffs Reagenz dient jedoch als Nachweis für Aldehyde. Im Teströhrchen hat also eine chemische Reaktion stattgefunden, bei der Ethanol in Ethanal umgewandelt worden ist. Die gleiche Reaktion (eine Oxidation des Ethanol) läuft beim Abbau von Ethanol in der Leber ab. Auch dabei bildet sich als Zwischenprodukt Ethanal.

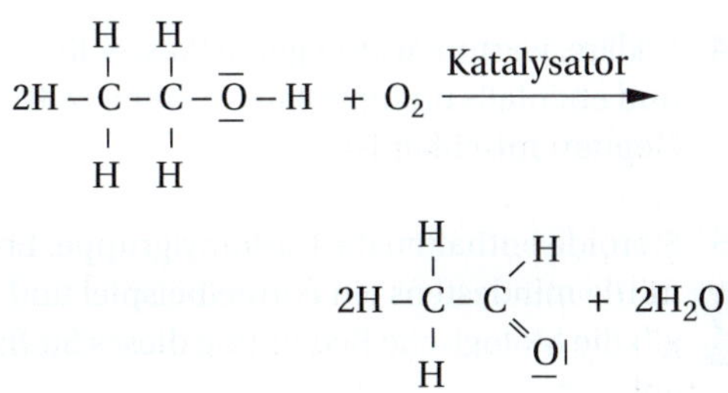


### Alkane, Alkanole, Alkanale

Alkanole und Alkanale lassen sich von den Alkanen ableiten und sind durch ihre funktionellen Gruppen gekennzeichnet. Die funktionelle Gruppe beeinflusst die Eigenschaften.
Vergleicht man ihre Siedetemperaturen, kann man Abstufungen feststellen, z. B.

| | |
|---|---|
| Ethan: | −88,6 °C |
| Ethanol: | 78,3 °C |
| Ethanal: | 20,1 °C. |

*Erkläre, warum die Siedetemperaturen der Alkanale höher als die der entsprechenden Alkane, aber niedriger als die der entsprechenden Alkanole liegen?*

Es muss zunächst geklärt werden, warum die Siedetemperaturen der Alkanale höher als die der entsprechenden Alkane sind.
In den Alkanen bestehen nur C–H-Bindungen, die alle die gleiche geringe Polarität haben, so dass die Alkanmoleküle insgesamt unpolar sind. Zwischen ihnen bestehen nur geringe oder gar keine Wechselwirkungen, die bei einer Änderung des Aggregatzustandes überwunden werden müssten.
Bei den Alkanalen bestehen neben den C–H-Bindungen eine deutlich polare >C=O-Bindung in der funktionellen Gruppe.
Die Alkanalmoleküle treten dadurch in stärkere Wechselwirkungen miteinander, die bei der Aggregatzustandsänderung mit einer erhöhten Energiezufuhr zu überwinden sind.
Die Polarität der funktionellen Gruppe allein erklärt jedoch nicht, warum die Siedetemperatur der Alkanole noch höher liegt.
In jedem Alkanolmolekül ist in der funktionellen Gruppe ein Wasserstoffatom an ein Sauerstoffatom gebunden. Aufgrund der Polarität der Gruppe können sich Wasserstoffbrücken ausbilden, die zwischen den Alkanolmolekülen zu einem stärkeren Zusammenhalt führen (s. S. 323).
Bei den Alkanalen sind dagegen alle Wasserstoffatome mit Kohlenstoffatomen verbunden, es können sich keine Wasserstoffbrücken ausbilden, die intermolekularen Kräfte zwischen den Teilchen müssen demzufolge geringer sein.

## gewusst · gekonnt

1. Ergänze dein Glossar!

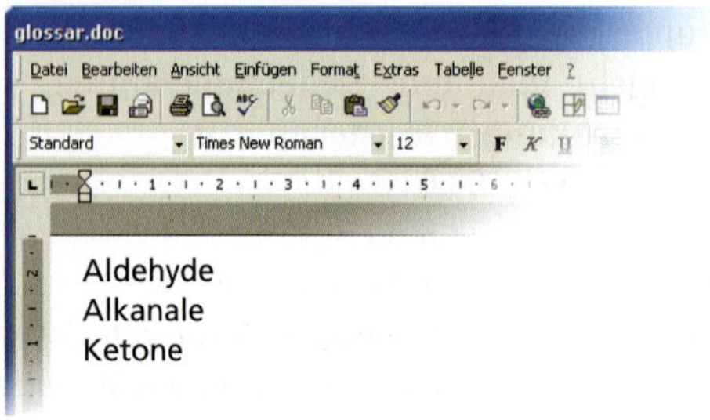


2. Mit einem einfachen Experiment kann man **L** Formaldehyd in Zigaretten nachweisen! Erläutere und werte das Ergebnis!

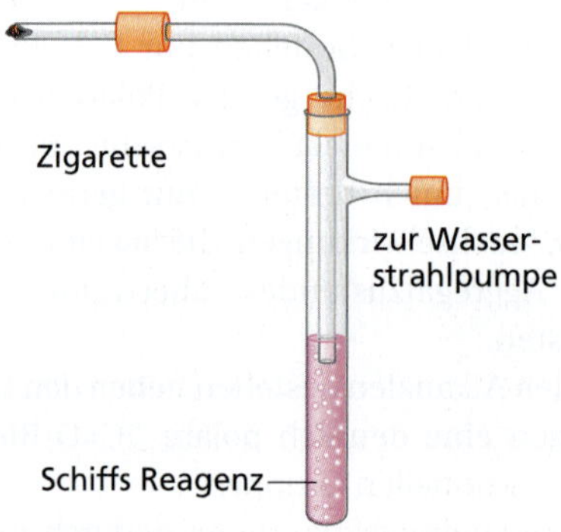


3. Warum ist die Herstellung von Möbelspanplatten unter Verwendung von Methanal gesetzlich streng geregelt?

4. Erkläre, warum in Methanal eingelegte Präparate über einen langen Zeitraum haltbar sind!

5. Die Durchführung von Schülerexperimenten mit Formaldehydlösung ist im Chemieunterricht nicht untersagt. Es wird jedoch empfohlen, besser ein Ersatzexperiment zu wählen. Begründe die gesetzliche Empfehlung!

6. Welche Eigenschaften würdest du für ein kurzkettiges Alkanal, für eines mittlerer Kettenlänge und für ein langkettiges Alkanal vermuten? Begründe deine Ansicht! Überprüfe die Aussagen mit geeigneten Tabellen!

7. Prüfe, ob folgende Aussage stimmt: „Die Oxidation primärer Alkohole ist eine Dehydrierung!"

8. Durch die Reaktion eines Alkanals mit ammoniakalischer Silbernitratlösung wird die reduzierende Wirkung der Aldehydgruppe nachgewiesen. Warum wird hier der Begriff „Reduktion" angewendet?

9. Bei der Schreibweise der Summenformeln hat man festgelegt, dass die Alkanale durch R–CHO und nicht durch R–COH (R = Alkylrest) beschrieben werden. Begründe die Notwendigkeit dieser Festlegung!

10. Gib die Summenformel und Strukturformel für das Alkanal mit 4 Kohlenstoffatomen an!

11. Entwickle ein Schema zur experimentellen Unterscheidung folgender Stoffe: Wasser, Methanol, Ethanol und Methanallösung!

12. Stelle die besonderen Strukturmerkmale von Alkanen, Alkenen, Alkinen, Alkanolen und Alkanalen zusammen!

13. Ethanal lässt sich durch katalytische Wasseranlagerung an Ethin gewinnen. Stelle die Reaktionsgleichung auf!
Liegt eine Substitution, Addition, oder Eliminierung vor? Begründe deine Antwort mithilfe der Definitionen der drei Reaktionsarten!

14. Erkläre, warum Aceton gut in Wasser löslich und ebenfalls mit unpolaren Stoffen (z. B. Heptan) mischbar ist!

15. Steroide enthalten die Carbonylgruppe. Ermittle mindestens ein Formelbeispiel und gib die biologische Bedeutung dieses Stoffs an!

# 14.3 Ethansäure und andere organische Säuren

### Säure zum Abwehren

Kommt man mit Ameisen in Berührung, geben sie ein Gift ab, das stechend riecht und ätzend wirkt.

Auch in den Brennhaaren der Brennnessel ist ein Bestandteil dieses Giftes enthalten.

Der Inhaltsstoff ist sehr wirksam und ruft auch auf unserer Haut Reaktionen hervor.

*Um welchen Stoff handelt es sich?*

### Aus Wein kann Essig werden

In Supermärkten und Verkaufsstellen findet man verschiedene Würzmittel mit der Aufschrift „Weinessig“. Wein bildet wirklich das Ausgangsmaterial für Essig. Technisch wird Essig in entsprechenden Anlagen hergestellt (Abb. Acetator).

*Wodurch werden die Veränderungen bewirkt?*

*Welche Beziehungen bestehen zwischen Wein und Essig?*

### Eine anrüchige Säure

Jeder kennt den Geruch von Schweiß unter Achseln.

Auch Turnschuhe, die häufig gebraucht und selten gelüftet werden, verströmen einen charakteristischen Geruch.

Er entsteht u. a. durch einen Stoff, der bei der Zersetzung von abgestorbenen Hautzellen und Talg durch Bakterien gebildet wird. Der Stoff heißt Butansäure bzw. Buttersäure.

*Wie ist Butansäure aufgebaut?*

# Ethansäure – eine Alkansäure

## Ethansäure als chemische Verbindung

Bei der Herstellung von Wein muss der Weinballon mit einem Gärröhrchen verschlossen werden, damit kein Luftzutritt möglich ist. Ansonsten passiert es leicht, dass der Wein sauer wird.
Bei der sauer schmeckenden Verbindung handelte es sich um **Ethansäure (Essigsäure – $CH_3COOH$)**.
Im Weinballon würde unter **Sauerstoffeinfluss** eine biochemische Reaktion ablaufen. Sie dient zur Freisetzung der Energie, die die **Essigsäurebakterien** zum Leben benötigen. Es handelt sich um einen zweischrittigen Vorgang. Zuerst wird Ethanol zu Ethanal oxidiert und dann in einer zweiten Reaktion zu Ethansäure umgewandelt. Der Prozess lässt sich durch eine zusammenfassende Reaktionsgleichung beschreiben:

$$CH_3CH_2OH + O_2 \longrightarrow CH_3COOH + H_2O$$

Die Ethansäure ist heute in jedem Haushalt zu finden. Sei es, dass sie als Würzmittel für Salate verwendet wird oder als Konservierungsmittel, z. B. für saure Heringe, eine Rolle spielt.

Ethansäure besteht aus Molekülen. Es handelt sich um einen Sauerstoffabkömmling (Derivat) des Ethans. Im Molekül fällt eine funktionelle Gruppe auf. Darauf weist auch die Bezeichnung **„-säure"** hin.
Das besondere strukturelle Merkmal der Ethansäuremoleküle wird als **Carboxylgruppe (Carboxygruppe, –COOH)** bezeichnet. Sie beeinflusst entscheidend die chemischen Eigenschaften des Stoffes und ist kennzeichnend für **Carbonsäuren.**
Wasserfreie Ethansäure (Eisessig) leitet den elektrischen Strom nicht und färbt Unitest nicht rot. Lässt man Eisessig mit Wasser reagieren, zeigen sich die typischen Reaktionen einer sauren Lösung. Die Ursache dafür ist natürlich die Carboxylgruppe.

$$CH_3\text{–}COOH \xrightarrow{H_2O} CH_3\text{–}COO^-_{(aq)} + H^+_{(aq)} \text{ bzw.}$$

Acetat-Ion (Ethanat-Ion)

**STECKBRIEF: Ethansäure $CH_3COOH$**

**Eigenschaften:** wasserfreie Ethansäure ist eine farblose, brennbare, stechend riechende Flüssigkeit, wirkt auf Augen, Haut und Schleimhäute stark ätzend, erstarrt bei 16,7 °C zu eisartigen Kristallen („Eisessig"), Lösungen färben Indikatoren charakteristisch und bilden Salze mit unedlen Metallen, Metalloxiden und Hydroxiden

| | |
|---|---|
| Schmelztemperatur: | 16,7 °C |
| Siedetemperatur: | 117,9 °C |
| Dichte: | 1,044 g · $cm^{-3}$ |

**Struktur:**

Kugelstabmodell

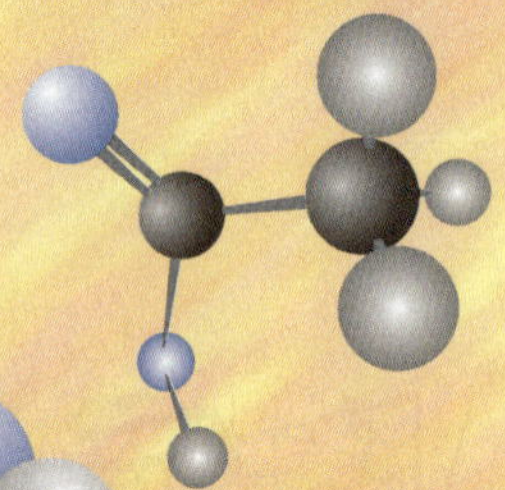

Kalottenmodell

Strukturformel mit Carboxylgruppe

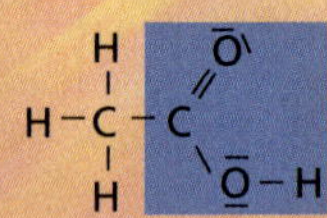

verkürzte Strukturformel $CH_3 - COOH$

$$CH_3\text{–}COOH + H_2O \longrightarrow CH_3COO^-_{(aq)} + H_3O^+_{(aq)}$$

Typisch für Säuren sind Salzbildungsreaktionen. Auch die Ethansäure bildet Salze. Ihre Salze heißen **Acetate**. Die Salze der Kohlensäure, die Carbonate, werden durch Säuren zersetzt. Auch die **Ethansäure zersetzt Carbonate**. Dies nutzt man aus, wenn man Essig einsetzt, um Kalk von Armaturen zu beseitigen.
Außerdem ist die Esterbildung (s. Kap. 14.4) aufgrund der Carboxylgruppe typisch.

**Die Ethansäure ist eine Carbonsäure. Carbonsäuren sind organische Stoffe, die im Molekül mindestens eine Carboxylgruppe enthalten. Diese funktionelle Gruppe bestimmt die Eigenschaften der Stoffe.**

# Mosaik

## Vom Wein zum Essig

Essig (Ethansäurelösung unterschiedlicher Konzentration) ist schon seit 5000 v. Chr. bekannt.
Essig war damals wie heute ein wichtiges **Konservierungsmittel** und **Gewürz**. In alten Schriften wird der Stoff als **Erfrischungsgetränk** auf Reisen, der Jagd, auf Eroberungszügen und bei der Arbeit erwähnt. HIPPOKRATES (um 460 v. Chr.) beschrieb die Anwendung des Essigs als innerliches und äußerliches **Heilmittel.** Über viele Jahrhunderte benutzte man die Säure als **Desinfektionsmittel**. So wurden zum Beispiel die Pestmasken während der todbringenden Epidemien in Essig getränkt.

Schon im Altertum ließ man Wein in nur teilweise gefüllten Ziegenschläuchen oder Tonkrügen so lange an warmer Luft stehen, bis der Inhalt sauer schmeckte. Spezielle Bakterien, die Essigsäurebakterien, vermehren sich in den offenen Gefäßen und wandeln das Ethanol im Wein in den begehrten sauren Stoff um.
Ende des 14. Jahrhunderts stand die Zunft des Essigsiedens in voller Blüte. In Essigstuben, welche sich an den Südseiten der Häuser befanden, wurde das kostbare Nass hergestellt. Die Wände dieser Stuben bestanden aus Gips, denn nur dieser Baustoff konnte den aggressiven Essigdämpfen längere Zeit standhalten.

Heute werden verschiedene biotechnologische Verfahren zur Essigherstellung eingesetzt. Bei dem modernsten Verfahren befindet sich die alkoholische Flüssigkeit in einem Tank. Der nötige Sauerstoff wird in die Flüssigkeit geblasen. Dadurch werden die Essigsäurebakterien in der Schwebe gehalten (Abb. 1). In neuen Anlagen ist so eine Tagesproduktion von bis zu 30 000 Litern möglich.

**Essigsäure entsteht im biotechnologischen Prozess aus Ethanol unter Einwirkung von Essigsäurebakterien und Sauerstoffzufuhr.**

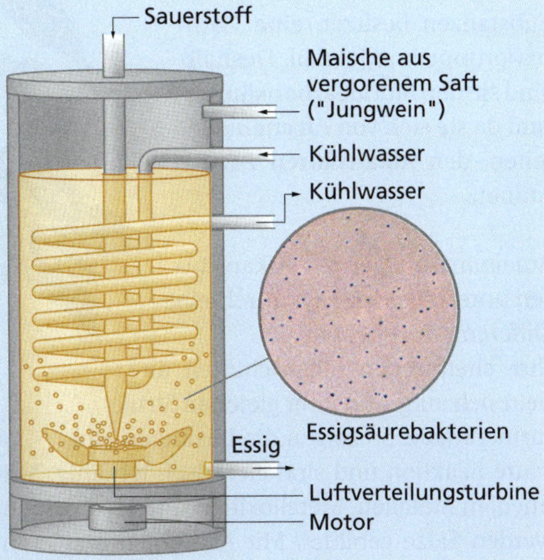


**1** Herstellung von Essig in modernsten Reaktionsgefäßen (Acetatoren)

**Ausgewählte Essigsorten**

| | |
|---|---|
| Weinessig | aus Rot- und Weißwein hergestellt, Massenanteil der Ethansäure 6%. |
| Branntweinessig (Tafelessig, Speiseessig) | aus Branntwein hergestellt, den man aus Zuckerrüben, Getreide und Kartoffeln durch alkoholische Gärung und anschließende Destillation gewinnt, Massenanteil der Ethansäure 6%. |
| Kräuteressig | Weinessig oder Branntweinessig mit dem Zusatz von Kräutern oder deren Auszügen |
| Obstessig | wird überwiegend aus Apfelmost gewonnen, Massenanteil der Ethansäure 5% |
| Aceto Balsamico di Modena | Essig aus Traubenmost, reift und lagert traditionell in alten Holzfässern in Modena (Italien) |

## Homologe der Ethansäure

Die in der Tabelle aufgeführten Stoffe sind durch gleiche Strukturmerkmale gekennzeichnet. Alle diese Substanzen besitzen **eine** Carboxylgruppe im Molekül. Deshalb sind sie den **Monocarbonsäuren** und da sie sich von Alkanen ableiten, den **Alkansäuren** zuzuordnen.

Aufeinanderfolgende Alkansäuren unterscheiden sich durch eine Differenz von $-CH_2-$.
Ihre chemischen Eigenschaften ähneln sich aufgrund ihrer gleichen Strukturmerkmale. So zeigen die Lösungen eine saure Reaktion und sind elektrisch leitfähig. Mit unedlen Metallen, Metalloxiden und Hydroxiden werden Salze gebildet. Mit Alkoholen reagieren die Alkansäuren unter Bildung von Estern (s. Kap. 14.4).

Die polare Carboxylgruppe bildet auch die Ursache für bestimmte physikalische Eigenschaften der Alkansäuren. Aufgrund der Polarität der Carboxylgruppe bilden zwei Alkansäuremoleküle über Wasserstoffbrückenbindungen häufig relativ stabile Doppelmoleküle (Dimere). Die wirkenden Kräfte beeinflussen die **Schmelz- und Siedetemperaturen**.
Im Vergleich zu den Alkanen liegen diese relativ hoch. Methan-, Ethansäure und einige weitere Alkansäuren sind zwar flüssig, ab der Decansäure liegen die Stoffe aber im festen Aggregatzustand vor.
Die Kettenlänge des Alkylrestes hat auch Einfluss auf die **Löslichkeit** der Monocarbonsäuren. Bis zur Butansäure überwiegt der Einfluss der polaren Carboxylgruppe. Diese Monocarbonsäuren sind somit sehr gut in Wasser löslich.
Mit zunehmender Kettenlänge steigt der Einfluss des unpolaren, Wasser abstoßenden Molekülteils. Die Wasserlöslichkeit nimmt stark ab.

**Alkansäuren ($C_nH_{2n+1}COOH$) sind Derivate der Alkane mit einer Carboxylgruppe im Molekül. Sie bilden eine homologe Reihe.**

**Alkansäuren – Verwandtschaft der Ethansäure**

| Bezeichnung | Formel | Vorkommen/ Verwendung |
|---|---|---|
| Methansäure (Ameisensäure) | $HCOOH$ | im Gift der Ameisen und in Brennnesselblättern enthalten, Konservierungsstoff (E 236) |
| Ethansäure (Essigsäure) | $CH_3COOH$ | Würzmittel, Konservierungsmittel (E 260), Grundchemikalie |
| Propansäure (Propionsäure) | $C_2H_5COOH$ | Grundchemikalie, (umstrittenes) Konservierungsmittel (E 280) |
| Butansäure (Buttersäure) | $C_3H_7COOH$ | entsteht bei Fettalterung und bei bakterieller Zersetzung von Talg und Schweiß |
| •<br>•<br>• | | |
| Octadecansäure (Stearinsäure) | $C_{17}H_{35}COOH$ | Fettsäure (s. S. 343), zur Herstellung kosmetischer Präparate und von Kerzenwachs |

## Carbonsäuren

**1** Olivenöl enthält chemisch gebundene ungesättigte Fettsäuren.

### Fettsäuren

Eine Reihe von Carbonsäuren sind am Aufbau der Fette und der fetten Öle beteiligt. Sie werden als Fettsäuren bezeichnet. Fettsäuren sind unverzweigte Monocarbonsäuren, die eine geradzahlige Anzahl an C-Atomen (oft 12 bis 20, Ausnahme Butansäure) aufweisen.

Im Alkylrest der **gesättigten Fettsäuren** existieren zwischen den Kohlenstoffatomen nur Einfachbindungen.

Die **ungesättigten Fettsäuren** enthalten in der Kohlenstoffkette eine (einfach ungesättigt) oder mehrere Doppelbindungen (mehrfach ungesättigt), z. B. Octadecatriensäure. Alle Fettäuren sind für die Ernährung von Bedeutung, besonders solche, die der menschliche Körper nicht selbst aufbauen kann. Man bezeichnet sie als essenzielle Fettsäuren (unentbehrliche Fettsäuren). Dabei handelt es sich besonders um die ungesättigten Fettsäuren. Fehlen die Fettsäuren, so treten Mangelerscheinungen beim Menschen auf. Es kann zu Hautproblemen, Wachstums- und Fortpflanzungsstörungen kommen.

| **Name der Fettsäure** | **Summenformel** | **Schmelztemperatur in °C** | **Siedetemperatur in °C** | **Dichte in $g \cdot cm^{-3}$ bei 25 °C** |
|---|---|---|---|---|
| **gesättigte Fettsäuren** | | | | |
| Buttersäure (Butansäure) | $C_3H_7-COOH$<br>$CH_3-(CH_2)_2-COOH$ | −5,2 | 163,3 | 0,952 |
| Laurinsäure (Dodecansäure) | $C_{11}H_{23}-COOH$<br>$CH_3-(CH_2)_{10}-COOH$ | 44 | 225 | 0,864 |
| Palmitinsäure (Hexadecansäure) | $C_{15}H_{31}-COOH$<br>$CH_3-(CH_2)_{14}-COOH$ | 62,2 | 271,5 | 0,85 (bei 62 °C) |
| Stearinsäure (Octadecansäure) | $C_{17}H_{35}-COOH$<br>$CH_3-(CH_2)_{16}-COOH$ | 71,5 | 240 | 0,940 |
| **ungesättigte Fettsäuren** | | | | |
| Linolsäure (Leinölsäure – Octadecadiensäure)<br>$CH_3-(CH_2)_4-CH=CH-CH_2-CH=CH-(CH_2)_7-COOH$ | | −8 | 230 | 0,902 |
| Linolensäure (Octadecatriensäure)<br>$CH_3-CH_2-(CH=CH-CH_2)_2-CH=CH-(CH_2)_7-COOH$ | | −12,8 | 157 | 0,904 |
| Arachidonsäure (Eicosantetraensäure)<br>$CH_3-(CH_2)_4-(CH=CH-CH_2)_4-(CH_2)_2-COOH$ | | −49,5 | 170 bis 200 mbar | |

... und mehr

**Informiere dich auch unter:** *Fette – Aufbau und Eigenschaften, Fette*

Citronensäure
(2-Hydroxypropan-1,2,3-tricarbonsäure)

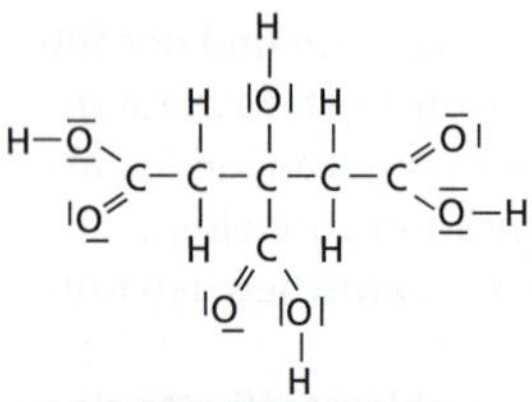

Weinsäure
(2,3-Dihydroxybutandisäure)

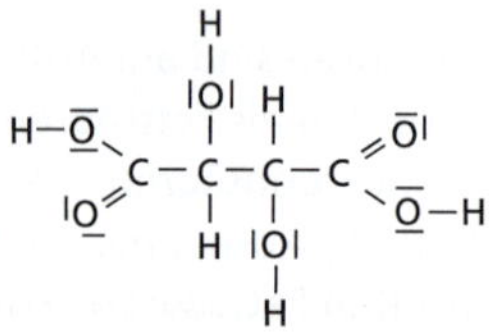

Oxalsäure
(Ethandisäure)

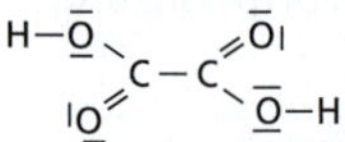

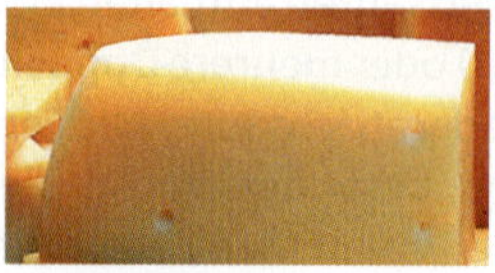

Milchsäure
(2-Hydroxypropansäure)

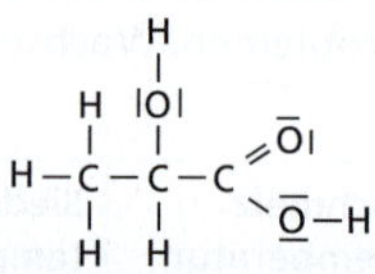

## Organische Säure mit mehreren funktionellen Gruppen

Organische Säuren sind natürliche Bestandteile von Lebensmitteln. Viele sind komplizierter gebaut als die Alkansäuren. Sie können mehr als eine Carboxylgruppe in den Molekülen aufweisen bzw. neben der Carboxylgruppe andere funktionelle Gruppen, z. B. Hydroxylgruppen. Ihr chemisches Verhalten wird von den funktionellen Gruppen bestimmt.

Die **Oxalsäure** ist im Spinat und im Rhabarber, aber auch im Sauerampfer enthalten. In größeren Mengen genossen ist sie schädlich, da sie den Kalkstoffwechsel beeinträchtigt und die Steinbildung begünstigt.

**Weinsäure** kommt in vielen Früchten, besonders in Weintrauben vor. In Weinflaschen setzt sich manchmal ein Salz dieser Säure (Weinstein) ab.

**Citronensäure** ist in größeren Anteilen in Beeren- und Zitrusfrüchten nachweisbar. Diese Säure wird in der Lebensmittelindustrie als Säuerungsmittel und Antioxidantium eingesetzt.

**Milchsäure** bildet sich unter Einwirkung von Milchsäurebakterien aus Milchzucker. Sie ist z. B. im Jogurt und Sauerkraut enthalten.

## Mosaik

### Sauer, doch keine Carbonsäure

Eine ganz besondere Bedeutung kommt der Ascorbinsäure, besser bekannt als Vitamin C, zu. Vitamin C ist eine sauer schmeckende, farblose Substanz, die in den meisten organischen Lösungsmitteln und in Ölen unlöslich ist, sich aber gut in Wasser löst.

Ascorbinsäure ist in allen lebenden Geweben vorhanden. Durch pflanzliche Lebensmittel decken wir den Hauptteil des Bedarfs an Vitamin C ab, z. B. mit Kartoffeln etwa zu 39 %, mit Gemüse zu 28 % und mit Obst zu 27 %.

Ungenügende Versorgung mit Vitamin C hat häufig Auswirkungen auf das allgemeine Wohlbefinden (s. Tabelle).

Fälschlicher Weise glauben viele Menschen, dass die Ascorbinsäure zu den Carbonsäuren gehört. Sie reagiert zwar in wässriger Lösung sauer, besitzt jedoch keine Carboxylgruppe und ist daher einer anderen Stoffgruppe zuzuordnen.

| Funktion Vitamin C | Mangelerscheinung | Tagesbedarf gedeckt durch |
|---|---|---|
| Stoffwechselsteuerung | Skorbut | Beispiel: 60 g Spinat, 350 g grüner Salat, 160 g neue Kartoffeln, 160g Stachelbeeren, 120 g Orangen, 120 g Erdbeeren, 60 g Paprika, 5 g Hagebutten, 40g Petersilie |
| Bildung von Hormonen | Müdigkeit, Kraftlosigkeit | |
| Bestandteil von Hormonen | Appetitlosigkeit | |
| Beeinflussung des Wohlbefindens | Abwehrschwäche bei Infekten | |

Mosaik

## Säuren als Lebensmittelzusatzstoffe

Getränken und einigen Nahrungsmitteln werden oft Säuerungsmittel wie Essigsäure, Äpfelsäure, Citronensäure u. a. zugesetzt. Dies hat oft nicht nur eine Geschmacksverbesserung zur Folge.

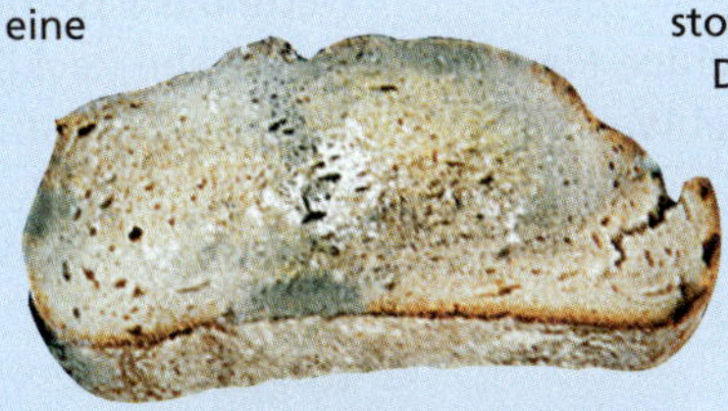

Hefen, Bakterien und Schimmelpilze wandeln durch ihre Stoffwechselprozesse die in den Nahrungsmitteln enthaltenen Nährstoffe um und scheiden giftige Produkte aus. So werden Speisen und Getränke ungenießbar. Soll das Wachstum der Mikroorganismen verlangsamt oder verhindert werden, kommen unterschiedliche **Konservierungsmethoden** in Frage (s. Tab.).
Eine Möglichkeit ist das Säuern von Lebensmitteln. Die zugesetzten organischen Säuren haben konservierende Eigenschaften. Ihre saure Wirkung, das heißt der geringe pH-Wert, macht verschiedensten Mikroorganismen das Überleben unmöglich.

Der Einsatz solcher und anderer Lebensmittelzusatzstoffe ist durch strenge gesetzliche Richtlinien geregelt. Die Art des verwendeten Zusatzstoffes muss stets auf Etiketten ausgewiesen werden. Bei manchen Stoffen genügt der Klassenname (z.B. Emulgatoren). Andere werden durch festgelegte Nummern (sogenannte (E-Nummern) oder ihre chemischen Bezeichnungen gekennzeichnet. Auch Konservierungsstoffe sind davon betroffen.
Durch Laborversuche wird der ADI-Wert (Acceptable Daily Intake) ermittelt. Er legt die Höchstmenge eines Lebensmittelzusatzstoffes in einem Lebensmittel fest.

**Lebensmittelzusatzstoffe müssen durch den Klassennamen (Konservierungsstoffe o. ä.), durch die chemische Bezeichnung oder eine E-Nummer kenntlich gemacht werden.**

Nur wenige Substanzen sind so unschädlich, dass sie Lebensmitteln zugesetzt werden können. Dazu gehören u. a. **Essigsäure und Milchsäure**.

**Benzoesäure** ist nicht ganz so unbedenklich, denn sie steht in Verdacht, Allergien auszulösen. Die überwiegende Anzahl der Konservierungsstoffe wie **Sorbinsäure**, Benzoesäure und **Ameisensäure** wirken in den zugelassenen Konzentrationen vorwiegend gegen Schimmelpilze und Hefen. Bakterien werden nur teilweise gehemmt. Das ist manchmal auch von Vorteil, denn so kann Sorbinsäure zur Konservierung von Sauergemüse eingesetzt werden, ohne die Milchsäurebakterien abzutöten.

| **physikalische Methoden** | **chemische Methoden** |
|---|---|
| Kühlen | Räuchern |
| Gefriertrocknen | Pökeln |
| Tiefgefrieren | Zuckern |
| Pasteurisieren | Konservierungsmittel |
| Sterilisieren | Antioxidationsmittel |
| Einkochen | Salzen |
| Trocknen | Säuern |

**Konservierungsstoffe**

| **Name** | **E-Nummer** |
|---|---|
| Sorbinsäure und ihre Salze | E 200<br>E 201 – E 203 |
| Benzoesäure | E 210 |
| Ameisensäure und ihre Salze | E 236<br>E 237 / E 238 |
| Ethansäure | E 260 |
| Milchsäure | E 270 |
| Ascorbinsäure | E 300 |

## Lebensmittel im Test

### S Experiment 1:

**Aufgabe:**

Stelle Essig (verdünnte Essigsäure) aus Wein her!

**Vorbereitung:**

*Geräte und Chemikalien:* dickbauchige Flasche, sterilisierter Stofflappen, verdünnter Wein (60 ml Wein mit 60 ml Wasser gemischt)

**Durchführung:**

a) Fülle die Flasche zur Hälfte mit verdünntem Wein! Überprüfe den pH-Wert!
b) Stelle die offene Flasche fünf Tage auf die Fensterbank!
c) Schließe die Flasche dann mit dem Stofflappen und schüttele sie regelmäßig drei Wochen lang 1–2 mal täglich!

Teste den pH-Wert nach Abschluss des Experimentes!

**Beobachtung und Auswertung:**

Vergleiche die pH-Werte der Lösungen! Beschreibe, was passiert ist!

### S Experiment 2:

**Aufgabe:**

Prüfe eine Honiglösung, Orangensaft, Sauerkrautsaft, Limonade, Jogurt oder Buttermilch und die Lösung einer Vitamin-Brause-Tablette mit verschiedenen Indikatoren!

**Vorbereitung:**

*Geräte, Chemikalien und Lebensmittel:* Reagenzgläser, Trichter, verschiedene Lebensmittel und Getränke, Indikatoren (z. B. Universalindikator, Phenolphthalein, Methylorange, Lackmuslösung, Rotkohlsaft)

**Durchführung:**

Gib von den Substanzen jeweils 3 ml in die Reagenzgläser! Versetze die Proben mit den unterschiedlichen Indikatoren!

**Beobachtungen und Auswertung:**

Stelle die Beobachtungen in einer Tabelle zusammen und werte aus! Formuliere eine Aussage zur Indikatorenauswahl!

### S Experiment 3:

**Aufgabe:**

Löse eine Brausetablette in Wasser auf und weise das entstehende Gas nach!
Führe Protokoll!
Werte das Experiment aus, indem du jeweils die chemische Reaktionsgleichung für die ablaufenden Prozesse notierst!

### * S Experiment 4:

**Aufgabe:**

Halbiere einen Apfel und bestreiche eine Hälfte sofort mit Zitronensaft! Beobachte nach 15 und nach 30 min! Führe Protokoll und werte aus!
Wie lassen sich die Beobachtungen erklären?

### S Experiment 5:

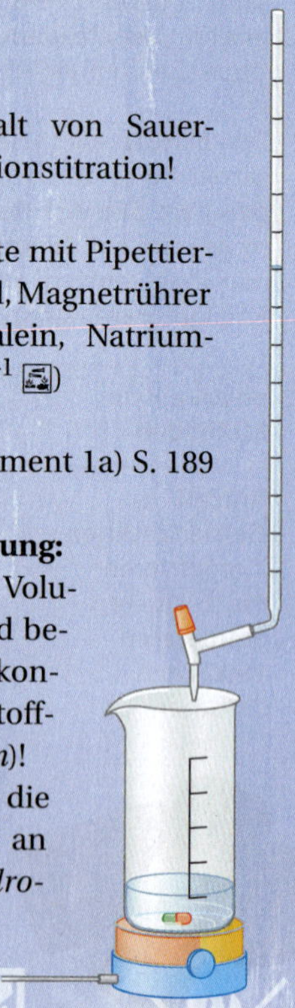

**Aufgabe:**

Bestimme den Säuregehalt von Sauerkrautsaft durch Neutralisationstitration!

**Vorbereitung:**

*Geräte:* Bechergläser, Pipette mit Pipettierhilfe, Bürette, Stativmaterial, Magnetrührer
*Chemikalien:* Phenolphthalein, Natriumhydroxidlösung ($0{,}1\ mol \cdot l^{-1}$)

**Durchführung:**

Gehe wie beim dem Experiment 1a) S. 189 vor!

**Beobachtung und Auswertung:**

1. Notiere das verbrauchte Volumen an Natronlauge und berechne die Stoffmengenkonzentration an Wasserstoff-Ionen (*Hydronium-Ionen*)!
2. Ermittle, welche Säuren die Ursache für den Gehalt an Wasserstoff-Ionen (*Hydronium-Ionen*) sein können!

## Experiment 6:

**Aufgabe:**
Isoliere Citronensäure aus Zitronensaft!

**Vorbereitung:**
*Geräte:* Zitronenpresse, Bechergläser, Messzylinder, Waage, Schutzbrille, Trichter und Filterpapier, Dreifuß mit Drahtnetz, Brenner, Abdampfschale, Spatel
*Chemikalien:* Zitronensaft, Calciumhydroxid, Schwefelsäure (20%ige –), Wasser

**Durchführung:**
Fertige für folgenden experimentellen Ablauf Durchführungsskizzen an!

a) Neutralisiere 100 ml Zitronensaft mit einer Suspension aus 40 ml Wasser und 15 g Calciumhydroxid!
Filtriere das Reaktionsgemisch!
b) Erhitze die klare Lösung bis zum Sieden und filtriere diese dann heiß!
c) Gib den Rückstand (Calciumsalz der Citronensäure) in ein Becherglas und löse ihn in etwa 30 ml kaltem Wasser!
d) Versetze die Lösung mit etwa 40 ml Schwefelsäure und rühre gut um!
e) Filtriere das entstandene Calciumsulfat ab!
f) Dampfe das Filtrat etwas ein, gieße es in eine Abdampfschale!
Lasse es einige Tage stehen!

**Beobachtung und Auswertung:**
Ermittle die Masse an Citronensäure!

## Experiment 7:

**Aufgabe:**
Untersuche den Sud aus Rhabarber auf das Vorhandensein von Oxalsäure! Nutze dazu die Bildung von Oxalaten aus!

**Vorbereitung:**
*Geräte:* Messer, Bechergläser, Trichter und Filterpapier, Dreifuß mit Drahtnetz, Brenner
*Lebensmittel und Chemikalien:* Rhabarber, Calciumchloridlösung, Wasser

**Durchführung:**
Koche geschnittenen Rharbarber einige Minuten mit wenig Wasser! Filtriere das Gemisch ab und versetze das Filtrat mit Calciumchloridlösung!

**1** Welche Masse an Citronensäure ist ungefähr in einer Zitrone enthalten?

**Beobachtung und Auswertung:**

a) Notiere deine Beobachtungen und erkläre sie mithilfe einer Wortgleichung! (Hinweis: Die chemische Bezeichnung der Oxalsäure lautet Ethandisäure.)
b) Informiere dich darüber, welche Pflanzen Oxalsäure enthalten!
c) Warum gilt die Aufnahme von stark oxalsäurehaltigen Pflanzenteilen als gesundheitsschädlich?

## Experiment 8:

**Aufgabe:**
Weise Wein- und Citronensäure durch Salzbildungsreaktionen nach!

**Vorbereitung:**
*Geräte:* Reagenzgläser, Reagenzglashalter, Brenner, Pipette
*Materialien:* Universalindikatorpapier, Weinsäurelösung, Citronensäurelösung, Stachelbeersaft, Johannisbeersaft, Erdbeersaft, Calciumchloridlösung

**Durchführung:**
Gib in ein Reagenzglas jeweils 1 ml Lösung bzw. Saft! Versetze die Flüssigkeiten bis zur basischen Reaktion mit Calciumchlorid!
Erhitze die mit Calciumchlorid versetzten Lösungen je eine Minute!

**Beobachtungen und Auswertung:**
Notiere deine Beobachtungen vor dem Erhitzen und nach dem Abkühlen der erhitzten Lösungen! Leite Schlussfolgerungen ab!

## Chemie in Natur und Technik

### Essig – das natürliche Reinigungsmittel

Sieht man sich die Inhaltsstoffe verschiedener Badreiniger an, bemerkt man, dass viele von ihnen Säuren enthalten. Deshalb wird auch auf der Packungsaufschrift besondere Vorsicht im Umgang mit diesen Reinigungsmitteln angeraten.
*Ist es auch möglich, Speiseessig zur Reinigung der Badarmaturen von Kalkbelägen zu verwenden?*

Speiseessig enthält Ethansäure, die in Wasser gelöst ist.
Die Ethansäurelösung reagiert mit den Kalkrückständen.
Bei diesen Kalkrückständen handelt es sich hauptsächlich um Carbonate (z. B. Calciumcarbonat). Durch die Reaktion der Ethansäure mit dem Kalk werden die Carbonate zersetzt. Es bilden sich Salze der Ethansäure. Daneben werden kleine Bläschen von Kohlenstoffdioxid sichtbar.

$$2\,CH_3COO^-_{(aq)} + 2H^+_{(aq)} + CaCO_3 \longrightarrow 2\,CH_3COO^-_{(aq)} + Ca^{2+}_{(aq)} + H_2O + CO_2$$

bzw.

$$2\,CH_3COO^-_{(aq)} + 2H_3O^+_{(aq)} + CaCO_3 \longrightarrow 2\,CH_3COO^-_{(aq)} + Ca^{2+}_{(aq)} + 3H_2O + CO_2$$

Die entstehenden Salze sind wasserlöslich und können leicht entfernt werden. Bedingt durch diese Reaktion kann man Essig als Reinigungsmittel einsetzen. Hinzu kommt, dass durch die ätzende Wirkung des Essigs der Gegenstand auch gleichzeitig desinfiziert wird.

### Sauerkraut – Essigsäure oder was?

Sauerkraut gibt es in jedem Gemüseladen oder Lebensmittelmarkt zu kaufen.
Man kann es aber auch selbst herstellen. Dazu wird ein Weißkohlkopf gut gewaschen und geputzt, in feine Streifen geschnitten und diese in einem Steinguttopf geschichtet. Jede Schicht muss dabei so fest gestampft werden, bis der Zellsaft austritt. Das Kraut wird mit Salz, Haushaltszucker und einigen Wacholderbeeren gewürzt (pro 1 kg Kohl 13 g Salz, 4 g Zucker). Zum Schluss deckt man den Topf mit einem ausgekochten Geschirrtuch zu und beschwert das Ganze mit einem sterilen Stein oder Brett.

Man lässt das Gefäß 4 bis 5 Tage bei etwa 20 °C ruhen, anschließend das Sauerkraut noch weitere zwei Wochen bei ca. 15 °C reifen.
*Beschreibe, was im Sauerkrauttopf geschieht!*

Die Weißkohlstreifen verändern sich. Das wird am sauren Geschmack des Produkts erkennbar. Irrtümlich wird häufig angenommen, dass eine Essigsäuregärung abläuft. Aber Sauerkraut schmeckt doch etwas milder als ein Essigdressing. Im Topf finden allerdings wirklich Gärprozesse statt. Ausgelöst werden sie durch spezielle Mikroorganismen, durch Milchsäurebakterien. In den Zellen der Kohlblätter ist eine bestimmte Menge an Zucker enthalten. Die überall vorhandenen Milchsäurebakterien wandeln den Zucker in Milchsäure um.
Der saure Geschmack des Lebensmittels rührt also von der gebildeten Milchsäure her.

$$C_6H_{12}O_6 \longrightarrow 2\,CH_3{-}CHOH{-}COOH$$

Dieser biochemische Prozess dient der Freisetzung von Energie, die die Organismen für alle Lebensvorgänge benötigen.
Die Energiefreisetzung ist geringer als bei der Atmung, weil das Reaktionsprodukt, die Milchsäure, noch recht energiereich ist.

## gewusst · gekonnt

1. Ergänze dein Glossar!

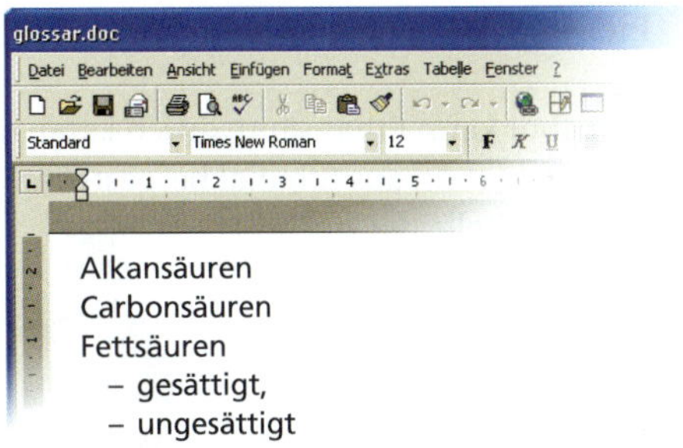


2. Will man das Platzen von Eiern verhindern, gibt man einen Teelöffel Essig ins Kochwasser. Erkläre!

3. In manchen Regionen weist das Wasser eine große Wasserhärte auf. Wasserkessel, Waschmaschinen und Kaffeemaschinen bekommen schnell graue Beläge aus Kesselstein.
   a) Was ist Kesselstein? Erkläre!
   b) Behandelt man die Beläge mit verdünnter Essigsäure, verschwinden sie. Gib die chemische Gleichung für die ablaufende Reaktion an!

4. Hausfrauen geben gern etwas Essig ins Fensterputzwasser.
   Erkläre, was der Trick bewirken soll!

5. Warum bewahrt man essigsaure Konserven in Gläsern, nicht in Metallgefäßen auf?

6. Frisches Gemüse hält sich länger, wenn man es in mit Essig getränkte Tücher einschlägt. Erkläre, worin die Wirkung besteht!

7. Formuliere die Reaktionsgleichung für die Herstellung von Essig aus Ethanol!

8. Soll durch alkoholische Gärung Wein hergestellt werden, muss während des Prozesses Luftabschluss gewährleistet sein.
   Begründe die Notwendigkeit!

9. Beschreibe den Bau der funktionellen Gruppe der Carbonsäuren!

10. Die Carboxylgruppe als funktionelle Gruppe der Monocarbonsäuren bestimmt deren chemisches Verhalten.
    Gib für drei mögliche chemische Reaktionen der Essigsäure die Wort- und Reaktionsgleichungen an! Wähle den jeweiligen Reaktionspartner selbst!
    Benenne, soweit möglich, die Reaktionsprodukte!

11. Marmor ist ein beliebter Baustoff. Man sollte jedoch Fensterbretter aus Marmor oder die teueren Marmorfliesen im Bad nicht mit essighaltigen oder anderen säurehaltigen Reinigungsmitteln säubern. Erkläre!

12. Eisessig wird auf Stromleitfähigkeit und auf das Vorhandensein einer sauren Reaktion geprüft. Gib an, welche Beobachtungsergebnisse zu erwarten sind und begründe deine Antwort!

13. Aluminiumacetat ist ein Bestandteil der in Apotheken erhältlichen „essigsauren Tonerde".
    a) Informiere dich darüber, welche Erkrankungen mit essigsaurer Tonerde gelindert werden können!
    b) Stelle eine mögliche Gleichung zur Herstellung von Aluminiumacetat auf!

**14.** Überprüfe die Löslichkeit von Ameisensäure, Essigsäure, und Palmitinsäure! Löse dazu je 3 ml der Stoffprobe in 5 ml Wasser bzw. 3 ml Heptan! Notiere deine Beobachtungen und erkläre die Versuchsergebnisse unter Einbeziehung des Molekülbaus der verwendeten Monocarbonsäuren!

**15.** Untersuche die Wirkung verschiedener Konservierungsmittel!
Löse dazu je eine Messerspitze Sorbinsäure und Benzoesäure in wenig heißem Wasser! Teile eine Brotscheibe in drei Teile und bestreiche dann zwei von ihnen mit den vorbereiteten Lösungen, das dritte Stück mit Wasser! Lass die jeweiligen Gefäße abgedeckt einige Tage stehen und beobachte nach einigen Tagen! Notiere deine Beobachtungen und erkläre sie!

**16.** Vergleiche die Siedetemperaturen von Ethan, Ethanol und Ethansäure! Wie lassen sich die unterschiedlichen Werte erklären?

**17.** Angefeuchtetes Unitestpapier wird auf einen Ameisenhaufen gelegt. Welche Beobachtung erwartest du? Begründe!

**18.** Erläutere den Begriff „homologe Reihe“ am Beispiel der Alkansäuren!

**19.** Grünspan (basisches Kupfer(II)-acetat) ist giftig. Informiere dich darüber, wie Grünspan entsteht! Wo könnte diese Reaktion eine Rolle spielen?

**20.** Natriumformiat (E 237) und Calciumformiat (E 238) (Salze der Methansäure) haben hemmende Wirkung auf Mikroorganismen. Deshalb werden sie als Konservierungsmittel eingesetzt. Stelle Reaktionsgleichungen für die Prozesse auf, bei denen sie gebildet werden!

**21.** Im Labor kann Ethansäure durch katalytische Oxidation aus Ethanal hergestellt werden. Stelle die entsprechende Reaktionsgleichung auf!

**22.** Werte folgendes Versuchsergebnis aus!

**23.** Interpretiere folgende Grafik. Leite eine begründete Schlussfolgerung für die Ernährung ab!

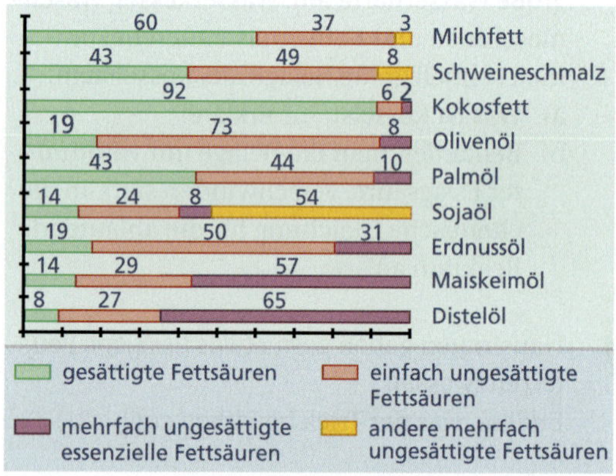


**24.** Manchmal findet man in Weinflaschen einen bernsteinfarbenen Bodensatz, so genannten Weinstein.
Gib an, worum es sich dabei handelt!

**25.** Ameisensäure, Milchsäure, Oxalsäure und Citronensäure sind wasserlöslich.
a) Erkläre! Orientiere dich dabei am Molekülbau der Stoffe!
b) Formuliere die Reaktionsgleichungen für die Reaktion von Milchsäure ($CH_3–CH_2OH–COOH$) und Oxalsäure (HOOC-COOH) mit Wasser!

# 14.4 Ester

## Ein hilfreiches Mittel

Schmerzlindernde Medikamente hat sicher jeder schon einmal eingenommen. Viele enthalten als wirksame Substanz Acetylsalicylsäure (ASS).
*Durch welche Reaktion kann der schmerzlindernde Inhaltsstoff hergestellt werden?*

## Geschmackvolle Naschereien

Um einen möglichst natürlichen und aromatischen Geschmack zu erzeugen, werden meist eine große Anzahl verschiedener Aromastoffe eingesetzt.
*Mit welchen chemischen Methoden lassen sich Aromastoffe synthetisch herstellen?*

## Düfte und Aromen von Früchten

Zur Erntezeit kommt es auf den Geschmack der Früchte an. Verantwortlich für den typischen Geschmack der verschiedenen Obstsorten sind natürliche Aromastoffe. Viele Aromastoffe aber auch Duftstoffe gehören zur Gruppe der Ester.
*Um was für Stoffe handelt es sich bei den Estern?*

## Bildung und Zerfall von Estern

Wir sind uns zwar dessen nicht bewusst, aber Ester begegnen uns im täglichen Leben ständig. Ihre Palette ist sehr vielfältig (Abb.). Viele Duft- und Aromastoffe gehören in diese Gruppe. Einige von ihnen werden schon künstlich hergestellt und Nahrungsmitteln zugesetzt.
So unterschiedlich die Stoffe sind, so viele Einsatzmöglichkeiten gibt es (Abb. S. 353). Trotzdem gehören all diese Verbindungen zu einer Stoffgruppe. Das Gemeinsame an ihnen ist, dass sie aus einer Reaktion von Säuren mit Alkoholen hervorgegangen sind. Da sich daraus vielfältige Kombinationsmöglichkeiten ergeben, wird die breite Palette erklärlich.

**Ester entstehen bei der Reaktion von Säuren mit Alkoholen.**

Carbonsäureester bilden eine Gruppe von Estern, die entstehen, wenn Carbonsäuren mit Alkoholen reagieren. Wie alle anderen Ester, sind auch diese Stoffe durch eine besondere Gruppe gekennzeichnet, durch die **Estergruppe.** Die allgemeine Formel der Carbonsäureester lautet $R_1COOR_2$.

Die entscheidende strukturelle Voraussetzung für Reaktionen von Carbonsäuren und Alkoholen bilden die **Carboxylgruppe,** z. B. der Alkansäuren, und die **Hydroxylgruppe** der Alkohole.
Bei dem chemischen Prozess werden aus den funktionellen Gruppen der Carbonsäuren und der Alkohole Atome und Atomgruppen abgespalten und lagern sich zu Wassermolekülen zusammen. Dabei wird die **Estergruppe** ausgebildet (Abb. 1).
Die chemische Reaktion, die zur Bildung von Estern führt, nennt man **Veresterung**. Die verallgemeinerte Wortgleichung lautet:

$$\text{Carbonsäure} + \text{Alkohol} \rightleftharpoons \text{Carbonsäureester} + \text{Wasser}$$

Diese Reaktion ist eine besondere Form der Substitution, bei der kleinere Moleküle abgespalten werden, in diesem Fall Wassermoleküle. Man bezeichnet den Reaktionstyp als **Kondensation**. Häufig wird Schwefelsäure zugesetzt, die als Katalysator wirkt und Wasser bindet.
Der Name der sich bildenden Ester wird aus dem Namen der Säure, gefolgt vom Alkylrest des Alkohols und der Bezeichnung -**ester** gebildet.

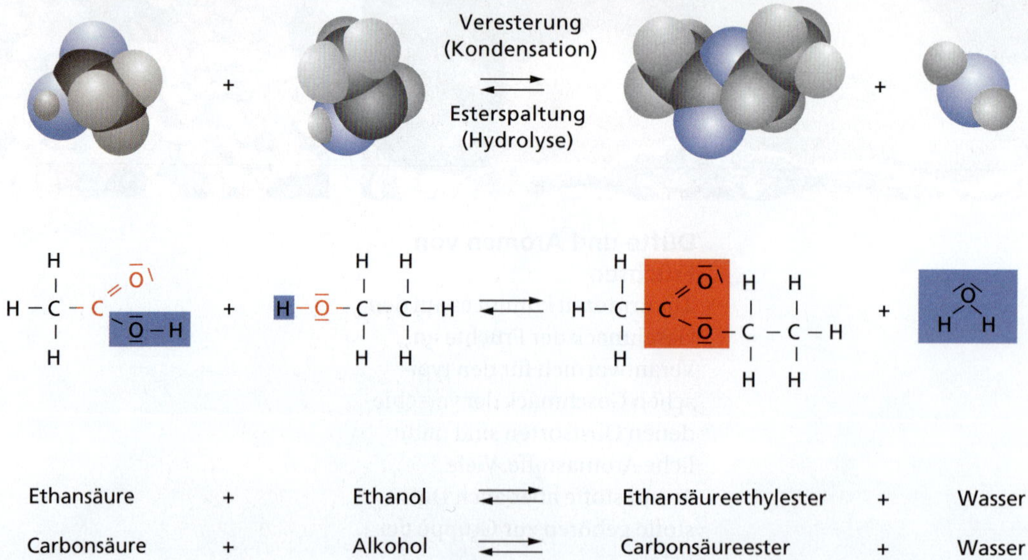


**1** Aus Ethansäure und Ethanol werden Ethansäureethylester und Wasser gebildet. Die Reaktion ist umkehrbar.

Die Esterbildung ist eine umkehrbare Reaktion. Durch Zugabe von Wasser können Ester gespalten werden. Die Esterspaltung nennt man daher auch **Hydrolyse** (s. S. 352, Abb. 1).
Um die Reaktion zu beschleunigen, wird oft Natronlauge zugesetzt. Dann entsteht jedoch nicht die Carbonsäure, sondern ihr Natriumsalz.

$$CH_3{-}COO{-}CH_2{-}CH_3 + Na^+{}_{(aq)} + OH^-{}_{(aq)} \xrightarrow{\text{Verseifung}} CH_3{-}COO^-{}_{(aq)} + Na^+{}_{(aq)} + CH_3{-}CH_3{-}CH_2OH$$

Die Ester der kurzkettigen Alkansäuren und Alkohole sind leicht flüchtig und haben oft einen deutlichen Geruch, der angenehm fruchtig und aromatisch ist. In diese Gruppe gehören viele der Duft- und Aromastoffe (s. Tab.). Ethansäureethylester findet Verwendung als Lösungsmittel und riecht klebstoffartig.
Bedeutung in der Natur haben die Ester langkettiger Carbonsäuren und langkettiger Alkohole, die als Wachse bezeichnet werden und den Verdunstungsschutz auf Pflanzenblättern, -nadeln und Früchten bilden.
Besonders wichtig und bekannt sind Ester des Glycerols – sie bilden die Fette (s. Kap. 15.1).

**einige Fruchtester**

| Ester | Geruch |
|---|---|
| Ethansäure-2-butylester | Apfel |
| Ethansäure-2-methyl-1-propylester | Banane |
| Ethansäurepentylester | Banane |
| Ethansäure-2-hexylester | Erdbeere |
| Ethansäure-3-methyl-1-butylester | Birne, Apfel |
| Propionsäurebutylester | Rum |
| Propionsäure-2-methyl-1-propylester | Rum |
| Butansäuremethylester | Ananas |
| Butansäureethylester | Pfirsich |
| Butansäure-3-methyl-1-butylester | Birne, Aprikose |
| Benzoesäureethylester | Pfefferminz |
| Salicylsäuremethylester | Kaugummi |

**Verwendung von Ester**

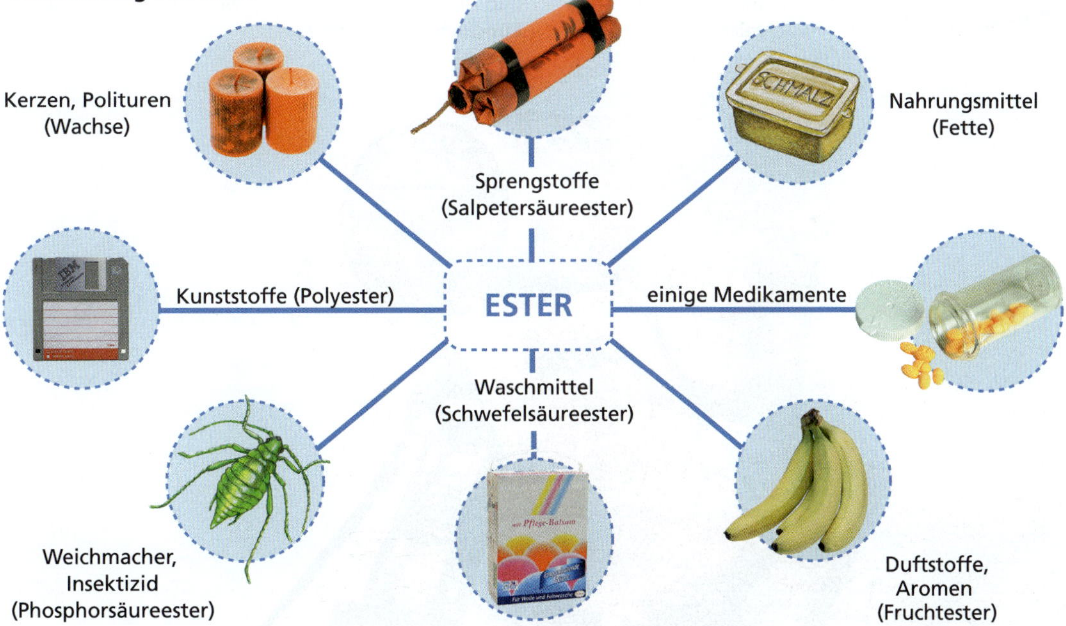

Mosaik

## Düfte und Aromen – ein sinnliches Erlebnis

Unter einem Aromastoff (lat.: aroma = Wohlgeruch) versteht man eine Substanz, die angenehme Geruchs- und Geschmackswahrnehmungen hervorruft.

Duft- und Aromastoffe sind in vielen Pflanzen und besonders auch in Obst enthalten.
Manchmal entstehen diese Stoffe erst aus Vorläufersubstanzen, wenn die Ausgangsstoffe erhitzt werden. Aus dem Alltag kennen wir dieses Phänomen beim Kochen, Backen und Braten. Dabei entwickeln sich typische Gerüche und der charakteristische Geschmack. In gekochtem Fleisch sind über 740 verschiedene Aromen gefunden worden. Auch die typischen Aromastoffe des Kaffees entstehen erst beim Rösten. Hier wurden 600–700 Einzelverbindungen nachgewiesen.

Einige der Duft- und Aromastoffe werden in der Lebensmittelindustrie gezielt genutzt und Erzeugnissen zugesetzt. Aber auch Kosmetikprodukte, Parfüms, Haushalts- und Reinigungsprodukte werden mit den angenehm duftenden Inhaltsstoffen angereichert.

Bei Duft- und Aromastoffen, die aus natürlichen Produkten gewonnen wurden, handelt es sich um Mischungen unterschiedlicher chemischer Verbindungen. Es gibt je nach Eigenschaften der Duftstoffe verschiedene Verfahren der Gewinnung (z. B. Auspressen, Wasserdampfdestillation, Extraktion u. a.).
Alle diese Verfahren dienen zur Gewinnung von **natürlichen Duft- und Aromastoffen**.

Es ist aber auch möglich, Aromastoffe künstlich herzustellen. **Naturidentische Aromastoffe** weisen dieselbe chemische Struktur auf wie natürliche Stoffe. Beispielsweise gewinnt man Vanillin auf halbsynthetischen Wege aus dem natürlichen Aromastoff Eugenol der Nelken. Das natürliche Vorbild stammt aus der Vanille, einem Orchideengewächs (Abb.). Die Gewinnung des natürlichen Vanillearomas ist aufwendig und daher teuer.

Synthetisch hergestellte Aromastoffe, die kein Vorbild in der Natur haben, bezeichnet man als **künstliche Aromastoffe**.

## Das Chemielabor als „Gerücheküche"

### S Experiment 1:

**Aufgabe:**
Stelle ein Fruchtaroma her!
**Vorbereitung:**
*Geräte:* Reagenzgläser, Siedesteinchen, Bunsenbrenner, Becherglas, Reagenzglashalter, Pipette, Schutzbrille
*Chemikalien:* Hexanol, Ethansäure, konzentrierte Schwefelsäure, verdünnte Natronlauge
**Durchführung:**
Gib in ein Reagenzglas Siedesteinchen und je 3 ml Hexanol und Ethansäure! Tropfe sehr vorsichtig fünf Tropfen konzentrierte Schwefelsäure hinzu und schüttle die Mischung!
Erwärme die Lösung in der leuchtenden Flamme des Bunsenbrenners, sodass sie etwa eine Minute lang siedet! (Vorsicht: Abzug!) Nimm das Reagenzglas aus der Flamme, verschließe es mit einem Stopfen. Gieße die Lösung nach ein paar Minuten in verdünnte Natronlauge!
**Beobachtung und Auswertung:**
1. Beobachte die Oberfläche der Flüssigkeit! Prüfe den Geruch! Notiere die Beobachtungen!
2. Vergleiche die Eigenschaften des neuen Stoffes mit den Eigenschaften der Ausgangsstoffe! Was kannst du schlussfolgern?

### L Experiment 2:

**Aufgabe:**
Führe bei der Herstellung eines Lösungsmittels Protokoll!
**Vorbereitung:**
*Geräte:* Rückflussapparatur, Wärmequelle, Pipette, Schutzbrille, Standzylinder
*Chemikalien:* Ethanol, Ethansäure, konzentrierte Schwefelsäure, Wasser

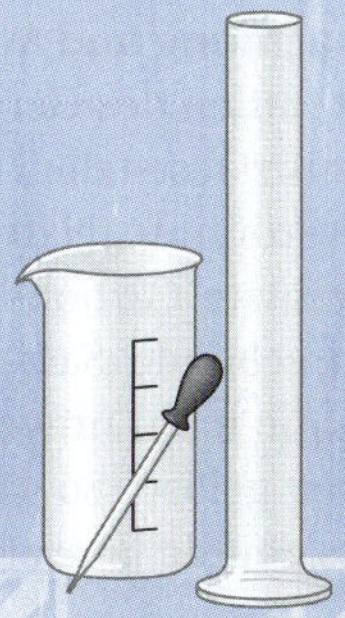

**Durchführung:**
In einer Rückflussapparatur werden 20 ml Essigsäure und 20 ml Ethanol mit 3 ml konzentrierter Schwefelsäure für zehn Minuten erhitzt. Nach dem Erkalten wird das Reaktionsgemisch in einen Standzylinder mit 40 ml Wasser gegossen.

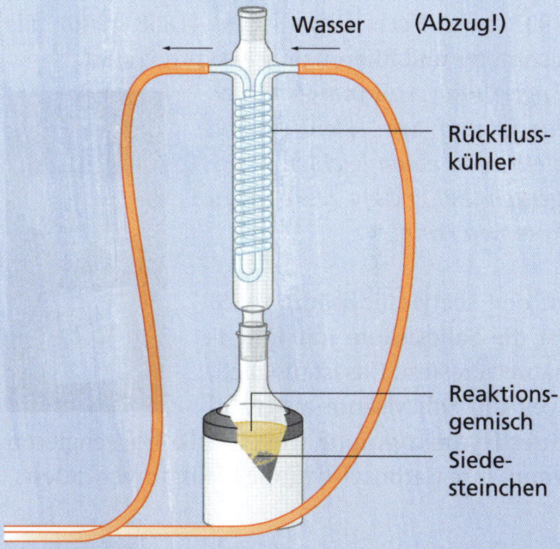


**Beobachtung und Auswertung:**
Schildere deine Beobachtungen und prüfe den Geruch!
Erkläre die Funktion einer Rückflussapparatur!

### S Experiment 3:

**Aufgabe:**
Überprüfe die Eigenschaften des Lösungsmittels!
**Vorbereitung:**
*Geräte:* Reagenzgläser, Reagenzglasständer, Pipetten
*Chemikalien:* Benzin, Lösungsmittel aus Experiment 2, Pflanzenfett, Pflanzenöl, Wachs
**Durchführung:**
Gib in je ein Reagenzglas wenig Benzin, Pflanzenfett, Pflanzenöl bzw. Wachs! Füge von dem im Experiment 2 hergestellten Lösungsmittel einige Tropfen hinzu und schüttle die Mischung vorsichtig!
**Beobachtung und Auswertung:**
Notiere die Beobachtungen und leite eine Aussage über die Struktur des Lösungsmittels ab!

## Chemie in Natur und Technik

### Aspirin® – ein hilfreicher organischer Stoff

Aspirin® ist wohl jedem bekannt. Der enthaltene Wirkstoff – die Acetylsalicylsäure (ASS) wurde 1897 von Felix Hoffmann (1868–1946) als Schmerz- und Rheumamittel synthetisiert.

*Lagert man Aspirintabletten zu lange und vor allem feucht, stellt man einen leichten Essiggeruch fest! Erkläre, wie es dazu kommen kann!*

In der Acetylsalicylsäure (ASS) ist die Salicylsäure mit Ethansäure verestert. Das ist möglich, weil die Salicylsäure aufgrund ihrer Hydroxylgruppe wie ein Alkohol reagieren kann. Ihre Carboxyl-Gruppe bleibt unverändert.

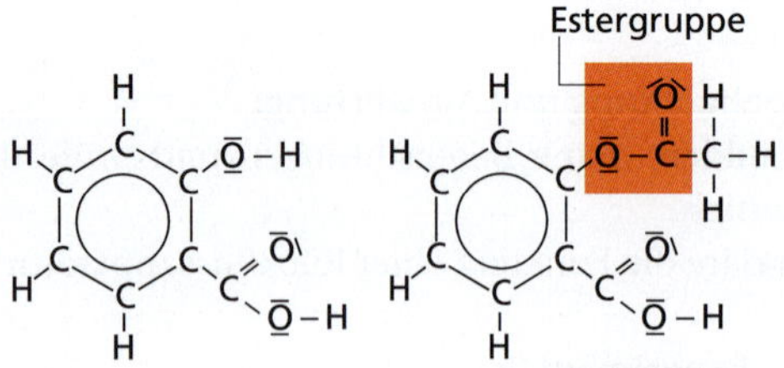


Salicylsäure Acetylsalicylsäure

Durch die Veresterung ergeben sich viele komplizierte Wirkmechanismen im Körper, auf denen die hohe Wirksamkeit des Medikaments beruht. Man nimmt heute an, dass das Medikament u. a. in hormonelle Steuerungsprozesse, die bei Verletzungen und Entzündungen ablaufen, eingreift.

Lagert man Aspirin®-Tabletten falsch, kann Feuchtigkeit auf sie einwirken. Der enthaltene Wirkstoff beginnt, mit dem Wasser zu reagieren. Dabei tritt die Hydrolyse des Esters ein. Es entstehen wieder die Ausgangsstoffe Salicylsäure und Ethansäure. Die Ethansäure können wir am Geruch wahrnehmen.

### S Aroma pur

Mit relativ einfachen Mitteln lassen sich naturidentische Aromastoffe herstellen.
*Stelle ein Gemisch aus Aromastoffen her, das nach Apfel, Banane und nach Pfirsich riecht!*

Ethansäure-2-butylester riecht nach Apfel, Ethansäurepentylester nach Banane und Butansäureethylester nach Pfirsich.
Die Aufgabenstellung wird in das Protokoll übernommen.

**Vorbereitung:**
*Geräte:* Reagenzgläser, Reagenzglashalter, Brenner, Bechergläser, Pipetten, Schutzbrille
*Chemikalien:* Ethansäure, Butansäure, Ethanol, Butan-2-ol, Pentan-1-ol, konzentrierte Schwefelsäure, verdünnte Natronlauge

**Durchführung:**
In je ein Reagenzglas wird etwa ein Finger breit des jeweiligen Alkanols und der ausgewählten Carbonsäure gegeben.
Zu den Mischungen fügt man Siedesteinchen hinzu. Dann setzt man sehr vorsichtig fünf Tropfen konzentrierter Schwefelsäure zu und schüttelt die Lösungen.
Das erste Gemisch wird an der leuchtenden Flamme des Bunsenbrenners vorsichtig erwärmt, sodass die Lösung gleichmäßig siedet (Vorsicht: Abzug!). Nach etwa einer Minute verschließt man das Reagenzglas mit einem Stopfen, lässt es ein paar Minuten stehen und wiederholt den Vorgang mit anderen Gemischen aus Carbonsäure und Alkanol.
Abschließend werden alle drei Reagenzgläser in ein Becherglas mit stark verdünnter Natronlauge entleert.

**Beobachtung und Auswertung:**
Beim Prüfen des Geruches müsste sich ein Duftpotpourri feststellen lassen.
Die verdünnte Natronlauge dient dazu, nicht umgesetzte Carbonsäure zu neutralisieren. Das entsprechende Salz liegt in gelöster Form vor. Auch die nicht umgesetzten Alkanole werden in Wasser gelöst. So kann man den Geruch des Esters deutlicher wahrnehmen.

# gewusst · gekonnt

**1.** Vervollständige dein Glossar!

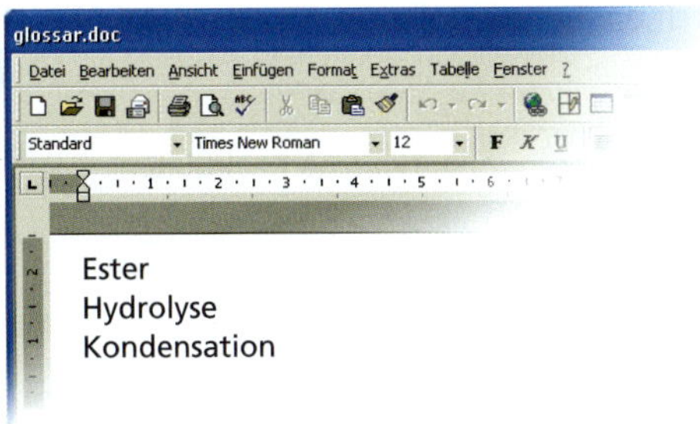


**2.** Die Gruppe der Ester ist sehr vielfältig. Führe einige Formelbeispiele an, die diese Aussage belegen. Gib jeweils an, wo der genannte Stoff Verwendung findet bzw. vorkommt!

**3.** Erläutere die Veresterung an einem selbst gewählten Beispiel!

**4.** Übertrage die Tabelle in dein Heft und fülle die Lücken aus

| Name der Carbonsäure | Name des Alkanols | Name des Esters |
|---|---|---|
| Ethansäure | Propanol | Ethansäure-propylester |
| Methansäure | | -ethyl- |
| | Methanol | Propan- |
| | | Butansäure-propyl- |
| Pentansäure | | -methyl- |

**5.** In einer Chemiestunde stöhnen die Schüler über den Geruch der Buttersäure, die der Lehrer in einem Erlenmeyerkolben mit zwei weiteren Flüssigkeiten zusammenbringt. Einige Zeit später riecht es vom Lehrertisch her deutlich nach Ananas.
Erkläre diese Beobachtungen! Stelle eine Wortgleichung auf!

**6.** In einer Chemiearbeit eines Schülers findet sich der Satz: „Der Ester ist das Ergebnis aus der Reaktion funktioneller Gruppen." Erläutere diesen Satz!

**7.** Wie bei der Neutralisation bildet sich auch bei der Veresterung Wasser.
Sind Neutralisation und Veresterung gleichartige chemische Reaktionen? Begründe deine Antwort!

**8.** Obwohl die Ausgangsstoffe des Ethansäureethylesters gut wasserlöslich sind, löst sich der Ester kaum in Wasser. Erkläre!

**9.** Benenne folgende Ester!

a) $CH_3-CH_2-COO-CH_2-CH_3$

b) 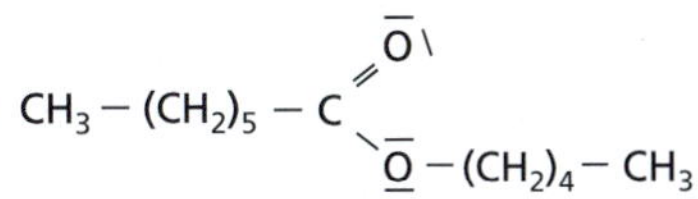

c) $HCOOCH_3$

**10.** Das Kaugummiaroma, ein Ester, hat die Formel (1). Ein Ausgangsstoff ist Salicylsäure (2). Wie heißt der zweite Ausgangsstoff für die Synthese von (1) und wie lautet seine Formel?

(1)

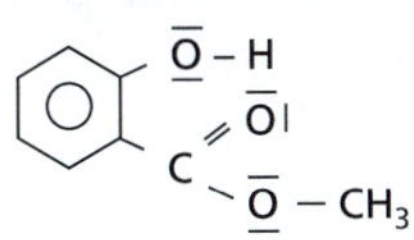

(2)

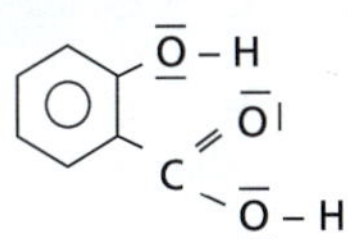

**11.** Nenne einige Beispiele für Ester, die im täglichen Leben eine Rolle spielen! Setze für die Recherche auch neue Medien ein!

*** 12.** Informiere dich im Internet über Ester der Salpetersäure und der Phosphorsäure! Diskutiert in der Gruppe ihren Einsatz!

**13.** Was versteht man unter natürlichen, naturidentischen und künstlichen Aromastoffen?

## Sauerstoffhaltige Derivate der Kohlenwasserstoffe

Zu den organischen Stoffen mit funktionellen Gruppen in den Molekülen gehören u. a. die Alkohole, Aldehyde und die Carbonsäuren. Dabei handelt es sich um Derivate (Abkömmlinge) der Kohlenwasserstoffe.

Die verschiedenen Eigenschaften werden jeweils durch die funktionelle Gruppe im Molekül in Abhängigkeit von der Molekülgröße bestimmt.

| ausgewählte Derivate der Alkane | funktionelle Gruppe | Beispiel | typische Reaktionen |
|---|---|---|---|
| **Alkanole (eine Gruppe der Alkohole)** | Hydroxylgruppe (Hydroxygruppe) 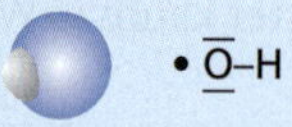 | Ethanol $C_2H_5OH$ 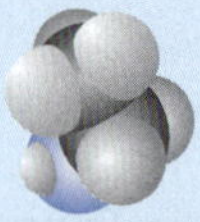 | • Esterbildung<br>• Oxidation |
| **Alkanale (eine Gruppe der Aldehyde)** | Aldehydgruppe 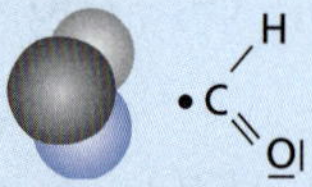 | Ethanal $CH_3CHO$ 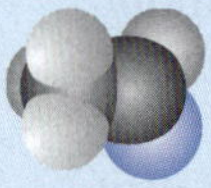 | • reduzierende Wirkung der Aldehydgruppe (z. B. Reduktion von Silber-Ionen zu elementarem Silber)<br>• Oxidation |
| **Alkansäuren (eine Gruppe der Carbonsäuren)** | Carboxylgruppe (Carboxygruppe) 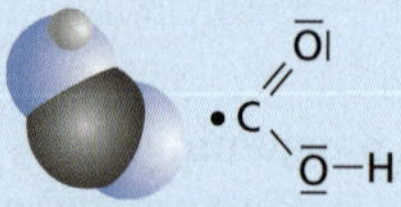 | Ethansäure $CH_3COOH$  | • saure Reaktion der Lösungen<br>• Salzbildungsreaktionen<br>• Esterbildung |

Die funktionellen Gruppen bilden die Ursache für typische chemische Eigenschaften der Stoffe.

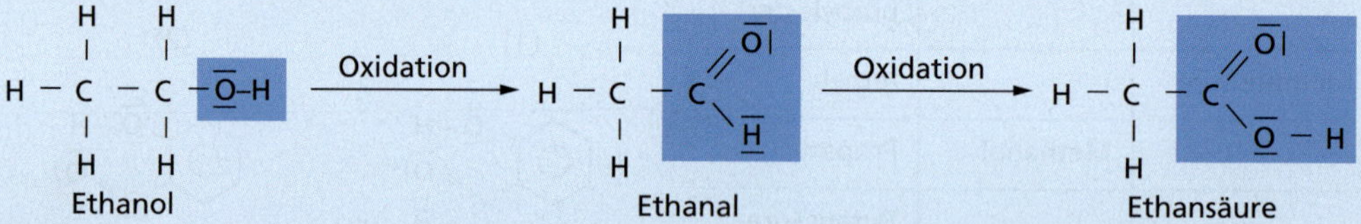


### Ester

Ester entstehen bei der Reaktion von Säuren mit Alkoholen. Dabei wird Wasser abgespalten. Die Molekülreste der Ausgangsstoffe sind im Ester über die Esterbindung miteinander verbunden.

Ethansäure + Ethanol ⇌ Ethansäureethylester + Wasser

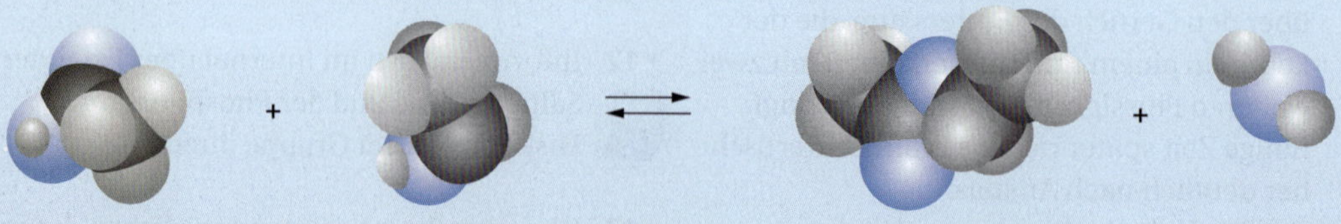

Säure + Alkohol ⇌ Ester + Wasser

# 15 Naturstoffe

# 15.1 Fette

## Nährstoff Fett

Richtig essen bedeutet, Nahrungsmittel so auszuwählen, dass dem Körper alle nötigen Stoffe in ausreichender Menge zugeführt werden.
Die in den Nahrungsmitteln enthaltenen Fette werden im Organismus des Menschen in körpereigene Fette umgebildet. Sie stellen eine wichtige Energiereserve dar, denn bei ihrem Abbau wird Energie freigesetzt.
*Wie sind Fette aufgebaut?*

## Pflanzliche und tierische Fette

Für die menschliche Ernährung ist Fett lebensnotwendig. Aber jeder, der sich mit gesunder Ernährung beschäftigt hat, weiß, dass Fett nicht gleich Fett ist. Von Experten werden besonders pflanzliche Fette bzw. Öle empfohlen. Tierische Fette sollen nur in geringerem Maße verzehrt werden.
*Wodurch unterscheiden sich unterschiedliche Fettsorten?*

## Gesund ernähren, aber wie?

Oft locken besonders Nahrungsmittel, die einen hohen Fettanteil aufweisen. Ein zuviel an Fett erweist sich jedoch als ungesund und führt häufig zu Gewichtsproblemen, die auch gesundheitliche Auswirkungen nach sich ziehen können. Das im Übermaß gespeicherte Fett soll abgebaut werden. Zu diesem Zweck gibt es die unterschiedlichsten Diätvorschläge. Nicht immer ist es leicht zu beurteilen, ob sie sinnvoll sind. Dazu benötigt man entsprechende Kenntnisse.
*Auf welche Weise werden im Körper Fette auf- und abgebaut?*

# Fette – wichtige Bestandteile der Nahrung

## Bedeutung und Zusammensetzung der Fette

Fette sind für Pflanzen, Tiere und Menschen lebensnotwendig. Pflanzen bilden Fette aus der Glucose und speichern sie z.B. in den Samen (Raps, Sonnenblume). Menschen und Tiere nehmen Fette mit der Nahrung auf. Im Verdauungssystem werden sie in die Grundbausteine zerlegt, im Dünndarm aufgenommen und mithilfe von Enzymen in körpereigene Fette umgewandelt.
Nicht sofort benötigtes Fett wird gespeichert und dient als Energiereserve. Beim Abbau von Fetten zu anorganischen Stoffen wird Energie frei. Diese Energie steht den Organismen zur Abwicklung der Lebensprozesse zur Verfügung.
Eine Fettschicht umhüllt die inneren Organe und besitzt Schutzfunktion. Ein ausgeprägtes Unterhautfettgewebe (Robben) oder der Tran bei Fischen dient der Wärmeisolation. Das Gefieder der Vögel (Abb. 2) oder das Fell der Säuger wird durch Einfetten wasserabweisend.
Nicht zuletzt sind einige Vitamine (A, D, E, K) nicht in Wasser löslich, sondern können nur zusammen mit Fett von unserem Körper aufgenommen werden.

Fett ist nicht gleich Fett. Das stellt jeder sofort fest, der sich über gesunde Ernährung informiert. Diese Tatsache hängt mit dem Bau der

2 Die Federn werden mithilfe des öligen Sekrets der Bürzeldrüse gefettet.

Fette zusammen. Dabei handelt es sich um Ester langkettiger Carbonsäuren. Diese Carbonsäuren sind mit Glycerol (Propan-1,2,3-triol – s. S. 324), einem Alkohol mit drei Hydroxylgruppen, verestert. Jede der drei Hydroxylgruppen kann mit einer anderen Carbonsäure reagieren, sodass ganz unterschiedliche Fette existieren (Abb. 1).
Die am Bau der Fette beteiligten Carbonsäuren bezeichnet man als Fettsäuren (s. S. 343).
Einige ungesättigte und mehrfach ungesättigte Fettsäuren kann unser Organismus nicht selbst synthetisieren. Sie sind **essenziell** und müssen mit der Nahrung aufgenommen werden.

**Fette sind Gemische aus unterschiedlichen Glycerolestern, wobei Glycerol jeweils mit verschiedenen gesättigten und ungesättigten langkettigen Carbonsäuren verestert sein kann.**

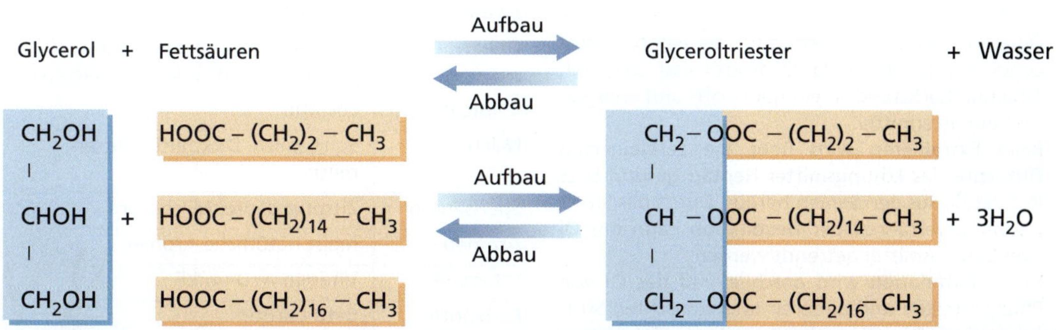


1 Die Molekülreste des Glycerols und der verschiedenen Fettsäuren sind im Molekül des Glycerolesters (Strukturbeispiel) über die Esterbindung verbunden. Im Verdauungssystem werden diese Bindungen aufgespalten.

## Eigenschaften von Fetten

Fette sind Stoffgemische, daher kann man keine genauen Schmelz- und Siedetemperaturen angeben. Man unterscheidet jedoch fette Öle und feste Fette.

**Fette Öle:** bei Zimmertemperatur flüssig durch einen hohen Anteil an ungesättigten Fettsäureresten in den Molekülen (z. B. Olivenöl, Sojaöl – s. Grafik S. 350, Aufgabe 23).

**Feste Fette:** bei Zimmertemperatur fest durch einen hohen Anteil an gesättigten Fettsäureresten in den Molekülen (z. B. Kokosfett, Milchfett – s. Grafik S. 350, Aufgabe 23).

L Experiment

1 Nachweis von Mehrfachbindungen in chemisch gebundenen Fettsäuren

Fettmoleküle sind unpolar, da der Anteil der unpolaren langkettigen Alkylreste am Molekül bei weitem höher ist als der Anteil der leicht polaren Esterbindungen. Deshalb lösen sich Fette in Benzin und anderen unpolaren Lösungsmitteln gut, sind jedoch in Wasser nahezu unlöslich.
Werden flüssige Fette mit Wasser gemischt, entstehen Emulsionen, die sich aber nach einiger Zeit entmischen. In der Milch, die ebenfalls Fett und Wasser enthält, wirken u. a. Eiweiße als Emulgatoren und stabilisieren die Emulsion eine Zeit lang.
Die Dichten der Fette liegen unter $1\ g \cdot cm^{-3}$. Sie schwimmen auf dem Wasser. Deshalb darf man Fettbrände niemals mit Wasser löschen. Im heißen Fett verdampft Wasser und mitgerissenes Fett wird noch feiner verteilt. Der Brand würde sich verstärken und ausbreiten.

## Mosaik

### Vom Öl zum streichfähigen Fett

Pflanzliche Fette erhält man durch Auspressen oder Extrahieren aus verschiedenen pflanzlichen Samen und Früchten (z B. Sonnenblumenkerne, Rapssamen).

Ölhaltige Samen werden gut zerkleinert. Unter Druck wird aus ihnen das Öl ausgepresst. Der noch ölhaltige Rückstand ist ein nährstoff- und energiereiches Futtermittel.
Beim **Extrahieren** wird über die zerkleinerten Ölfrüchte das Lösungsmittel Heptan gesprüht. Es löst das Öl aus den Samen heraus. Durch das Stofftrennungsverfahren der **Destillation** kann das Öl vom Lösungsmittel getrennt werden.
Durch **Raffination** wird anschließend das Öl von Pflanzenresten und anderen unerwünschten Stoffen befreit. Das Öl wird mit weiteren Zutaten zu Margarine verarbeitet.

**Zutaten für Margarine**

| Bestandteile | Beispiele |
|---|---|
| Öl bzw. Fett | Sonnenblumenöl, Sojaöl, Rapsöl, Palmöl, Kokosfett (z. T. gehärtet) |
| Emulgatoren | Lecithin |
| Milch | Sauermilch, Dickmilch, Buttermilch |
| Speissäuren | Zitronensäure, Milchsäure |
| Aromen | meist natürliche Aromen |
| Vitamine | Vitamin A, D und E |
| Farbstoffe | Beta-Carotin |
| Wasser, Salz | |

## Fettalterung

Lässt man Butter mehrere Tage bei Zimmertemperatur stehen, riecht sie ranzig und wird ungenießbar. Bei der Fettalterung (Verderb von Fetten) laufen verschiedene chemische Prozesse ab. Zuerst werden die Fette unter Einfluss von Wasser in Glycerol und freie Fettsäuren aufgespalten. Es handelt sich um eine **Hydrolyse**. Besonders anfällig sind Fette, die kurzkettige Carbonsäurereste (Butansäurereste) enthalten. Das Fett wird sauer und auch der Geruch verändert sich merklich.

Im weiteren Prozess werden die freien Fettsäuren durch **Oxidationen** in Aldehyde und Ketone zersetzt. Dabei ist es so, dass sich die Oxidationswahrscheinlichkeit umso stärker erhöht, je mehr ungesättigte Fettsäuren in einem Öl oder Fett enthalten sind.

Bei der **Fetthärtung** wird durch Hydrierung der Anteil der veresterten ungesättigten Fettsäuren verringert. An den Doppelbindungen wird Wasserstoff addiert. Dadurch können Öle in streichfähige Fette umgewandelt werden und die Haltbarkeit steigt.

## Fettspaltung in der Technik

In der Technik werden Fette zusammen mit Natronlauge oder Kalilauge gekocht und so zerlegt. Dabei entstehen jedoch nicht die jeweiligen Carbonsäuren, sondern ihre Salze. Diese Salze der langkettigen Fettsäuren bezeichnet man als **Seifen** (s. S. 366 ff) und die Spaltung der Fette unter Einfluss von Laugen darum als Verseifung.

$$\begin{array}{l} CH_2O-CO-(CH_2)_{17}-CH_3 \\ | \\ CHO-CO-(CH_2)_{15}-CH_3 \quad + \; 3\,NaOH \xrightarrow{\text{Verseifung}} \\ | \\ CH_2O-CO-(CH_2)_{17}-CH_3 \end{array}$$

$$\begin{array}{lcl} CH_2OH & & CH_3-(CH_2)_{17}-COONa \\ | & & \text{Seife 1} \\ CHOH & + & CH_3-(CH_2)_{15}-COONa \\ | & & \text{Seife 2} \\ CH_2OH & & CH_3-(CH_2)_{17}-COONa \\ & & \text{Seife 3} \end{array}$$

Das Verfahren ist sehr alt. Nachgewiesen wurde, dass schon die Sumerer vor 5000 Jahren beim Kochen von pflanzlichen und tierischen Fetten mit Holzasche Seife hergestellt haben.

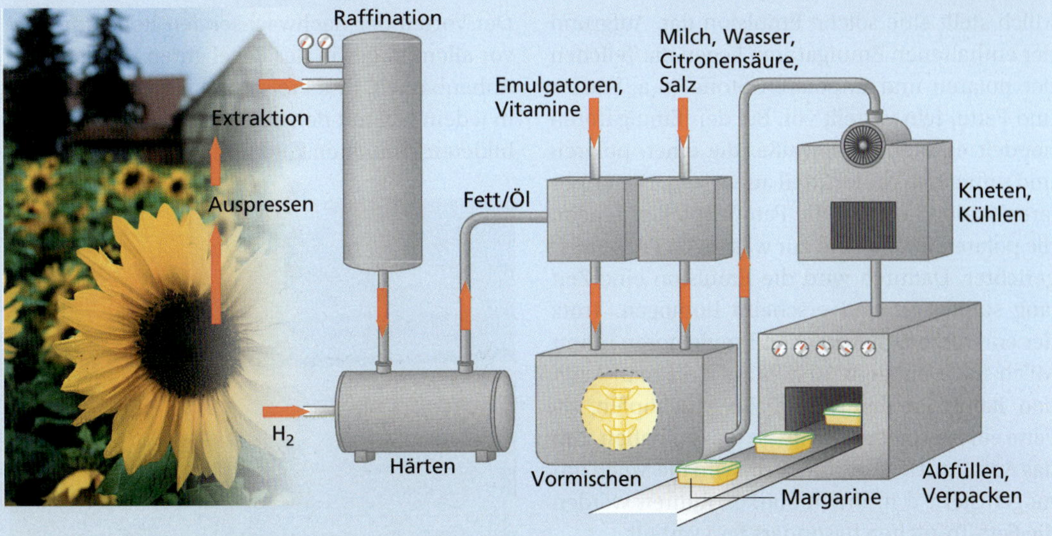

## Chemie in Natur und Technik

### Das alltägliche Nahrungsmittel Milch

Milch wird in unterschiedlichen Sorten angeboten, z.B. als Frischmilch oder als H-Milch. Immer jedoch ist ihr Fettgehalt angegeben.
Fett ist eigentlich nicht in Wasser löslich. Trotzdem sieht Milch beim bloßen Betrachten wie eine Lösung aus.
*Wie kann dieser Widerspruch geklärt werden?*

Die Fette sind wasserunlöslich, was man leicht an dem Aufschwimmen von Fettaugen auf Brühe erkennen kann. Bei höherer Temperatur und durch starkes Rühren bilden Wasser und Fett Emulsionen. Fett bildet in Wasser winzige Tropfen. Daher entmischen sich Fett und Wasser nach einiger Zeit und beide Phasen werden sichtbar.
Milch stellt eine solche Emulsion dar. Aufgrund der enthaltenen Emulgatoren liegen die Teilchen der polaren und unpolaren Stoffe (u.a. Wasser und Fette) fein verteilt vor. Bei den Emulgatoren handelt es sich um Eiweiße, die einen polaren und unpolaren Molekülteil aufweisen. Die unpolaren Enden ragen in die Fett-Tröpfchen hinein, die polaren Enden sind zur wässrigen Phase ausgerichtet. Dadurch wird die Emulsion eine Zeit lang stabilisiert und erscheint homogen. Trotz der enthaltenen natürlichen Emulgatoren rahmt Milch nach einigem Stehen auf und man kann den Rahm an der Oberfläche abschöpfen, da Fette eine geringere Dichte als Wasser haben. Um das Aufrahmen zu verhindern, wird die Milch homogenisiert, d.h. durch starkes Rühren werden die Fett-Tröpfchen besonders fein verteilt.

### Nachwachsende Rohstoffe

Unter dem Begriff „nachwachsende Rohstoffe" fasst man land- und forstwirtschaftlich erzeugte Produkte zusammen, die nicht der Ernährung dienen, sondern als Ausgangsstoffe zum Einsatz kommen oder zur Erzeugung von Energie verwendet werden. Oft wird versucht, sie als Alternativen zum Erdöl zu nutzen. Das gilt besonders für Raps.
*Welche Bedeutung besitzen pflanzliche Öle als „nachwachsende" Rohstoffe? Stelle Beispiele zusammen!*

Rapsöl zählt zu den nachwachsenden Rohstoffen. Es wird aus dem Samen der Rapspflanzen gewonnen und

1. ohne größere Aufbereitung als Hydrauliköl oder Schmierstoff eingesetzt, die biologisch wesentlich besser abbaubar sind als einige Erdölprodukte;
2. mit Methanol verestert, wobei Rapsölmethylester entsteht, den man auch als Biodiesel bezeichnet, da er dem Dieselkraftstoff vergleichbare Eigenschaften besitzt;
3. als Ausgangsstoff für Plaste natürlicher Herkunft genutzt, denn Fette mit ungesättigten Fettsäuren können ebenfalls natürliche, in sich vernetzte Makromoleküle bilden.

Der Vorteil der nachwachsenden Rohstoffe liegt vor allem in der in der Regel guten biologischen Abbaubarkeit. Ihre Preise sind jedoch noch nicht in jedem Fall mit den aus fossilen Rohstoffen gebildeten Produkten konkurrenzfähig.

## gewusst · gekonnt

1. Ergänze dein Glossar!

2. Erläutere, wodurch sich Mineralöle und fette Öle in ihrer chemischen Zusammensetzung unterscheiden!

* 3. Nenne verschiedene Fette und ermittle jeweils ihre Eigenschaften und ihre Verwendung!
Welche Ursachen kannst du für die unterschiedlichen Eigenschaften aufführen?

4. Fettflecke in Kleidungsstücken kann man nicht mit Wasser entfernen.
Begründe diese Aussage!

5. Kokosfett und Leinöl sind pflanzliche Fette.
Welche chemische Zusammensetzung vermutest du jeweils? Begründe deine Antwort!

6. Hersteller fetter Öle werben vielfach mit dem Begriff „ungesättigte Fettsäuren" oder „mehrfach ungesättigte Fettsäuren".
Erläutere die beiden Begriffe und die Bedeutung dieser Substanzen für die menschliche Ernährung!

7. Wieso können für Fette keine konkreten Zahlenwerte für Schmelz- bzw. Siedetemperaturen angegeben werden, sondern nur Schmelz- und Siedebereiche? Erkläre!

8. Flüssige Fette (Öle), die reich an ungesättigten Fettsäuren sind, können durch Fetthärtung in feste Fette umgewandelt werden.
Welche chemische Reaktion findet statt?
Stelle eine mögliche Reaktionsgleichung auf!

9. Warum können Fette nicht mit Wasser, aber mit Ethanol aus Textilgeweben entfernt werden?

10. Ob z. B. eine Frucht Fett enthält, kann mit der Fettfleckprobe bestimmt werden.
S Beschreibe diese Nachweismethode für Fette und erprobe sie!
Nenne Früchte, die Fett enthalten!

11. Schreibe die Strukturformel eines Glycerolesters auf und erläutere, warum es chemisch richtig ist, von den Fetten (Mehrzahl) zu sprechen!

12. Vom Lehrer werden in je einem Reagenzglas Olivenöl, Margarine und Leinöl in einem organischen Lösemittel (z. B. Heptan oder Benzin) gelöst, mit Bromwasser versetzt und vorsichtig geschüttelt.
Welche Beobachtungsergebnisse sind zu erwarten? Begründe deine Vermutung! Stelle die Reaktion strukturell dar!

13. In Brand geratenes Fett (z. B. Frittierfett) darf niemals mit Wasser gelöscht werden.
Erkläre, warum diese Regel bei der Brandbekämpfung unbedingt beachtet werden muss!

14. Von den Ernährungswissenschaftlern werden vorrangig pflanzliche Fette empfohlen.
Begründe!

# Projekt: Seifen und Waschmittel

**Auftrag:**
Lies den folgenden Text aufmerksam durch und überlege, welche Fragestellungen und Experimente sich für dich daraus ergeben!

## Seife – nicht ein Stoff, sondern eine Stoffgruppe

Wenn man verschmutzte Hände reinigt, greift man zu einem Stück Seife oder nutzt den Seifenspender. Handelt es sich aber bei Mitteln für die persönliche Körperhygiene wirklich immer um „Seife"? Die eine Seife gibt es chemisch gar nicht. Seifen bilden eine Stoffgruppe.

**Seifen sind Natrium- oder Kaliumsalze von Fettsäuren (Monocarbonsäuren) mittlerer und höherer Kettenlänge.**

Die Grundlage für die Herstellung von Seifen bilden Fette (s. S. 363). Verwendung finden z. B. Rindertalg, Schweineschmalz, Hammeltalg (feste Fette) oder Sonnenblumenöl, Kokosöl und Rapsöl (flüssige Fette bzw. fette Öle).
Die Fette stellen Gemische verschiedener Fettsäureester des Glycerols dar. Diese Ester werden unter Wirkung von alkoholischen Lösungen aufgespalten. Die freigesetzten Fettsäuren reagieren mit Alkalilaugen oder mit Alkalisalzen. Es entstehen Seifen und Glycerol (Abb. 1).

2 Der Wasserläufer lebt und jagt auf der Wasseroberfläche.

Seifen sind gut wasserlöslich. Wässrige Seifenlösungen reagieren basisch. Das kann man mit einer Indikatorlösung überprüfen. Für die Waschwirkung ist der hohe pH-Wert aber eigentlich nicht erforderlich.
Die Waschwirkung wird besonders durch Wechselwirkungen mit Wassermolekülen hervorgerufen: Anziehungskräfte zwischen den Molekülen des Wassers bedingen den Zusammenhalt der Flüssigkeit. Infolgedessen ist Wasser bestrebt, eine möglichst kleine Oberfläche einzunehmen. Dadurch kommt es zur Oberflächenspannung des Wassers. Diese „gespannte" Grenzfläche zwischen Wasser und Luft wird von vielen Organismen als Lebensraum genutzt (Abb. 2). Die Oberflächenspannung wird durch die Teilchen der Seifenlösung herabgesetzt.

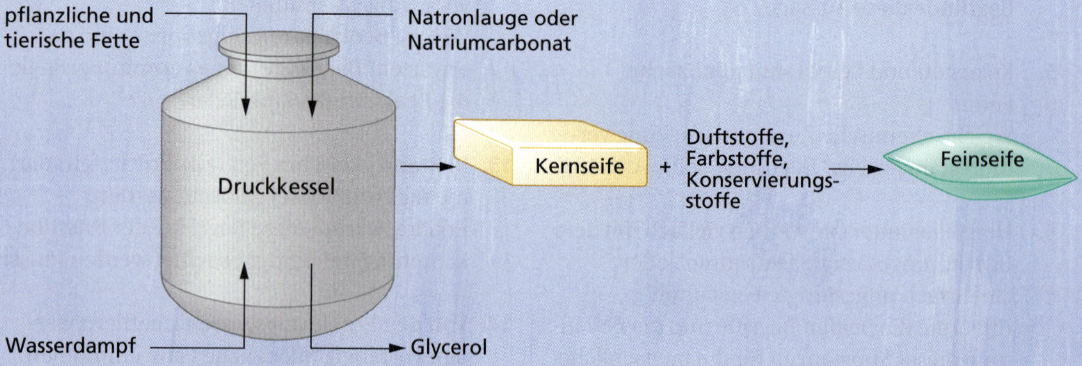


1 Die technische Herstellung von Seife (schematisch)

## Waschwirkung von Seifen

Seifen setzen die Oberflächenspannung des Wassers herab. Erst dadurch können Haut oder Textilien benetzt werden. Diese Wirkung der Seifenlösung erfolgt aufgrund des besonderen Baus der Teilchen. In wässriger Lösung dissoziiert die Seife in Seifen-Anionen und Alkali-Ionen:

$$C_{17}H_{35}{-}COOK \xrightarrow{H_2O} C_{17}H_{35}{-}COO^-_{(aq)} + K^+_{(aq)}$$

Seife — Seifen-Anion

Ein **Seifen-Anion** besteht aus einem **Rest der Fettsäure** und einem **Carboxylat-Ion** ($-COO^-$). Beide Enden verhalten sich gegenüber Wasser unterschiedlich.

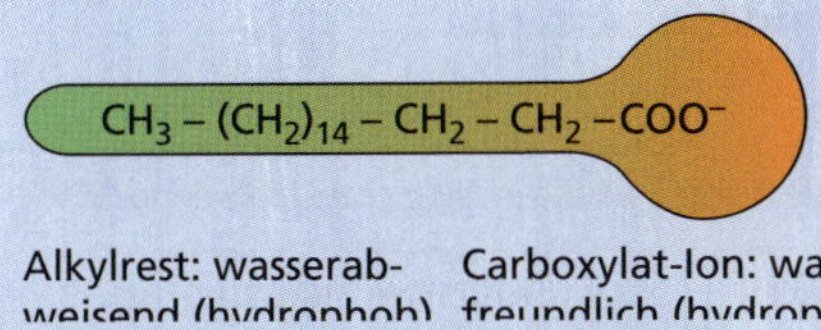


Die Seifen-Anionen lagern sich an der Wasseroberfläche an und durchstoßen mit ihrem wasserabweisenden Ende diese Grenzfläche. Dadurch werden die Kräfte zwischen den Wassermolekülen herabgesetzt – die Oberflächenspannung nimmt ab **(Grenzflächenaktivität)** (Abb. 2).

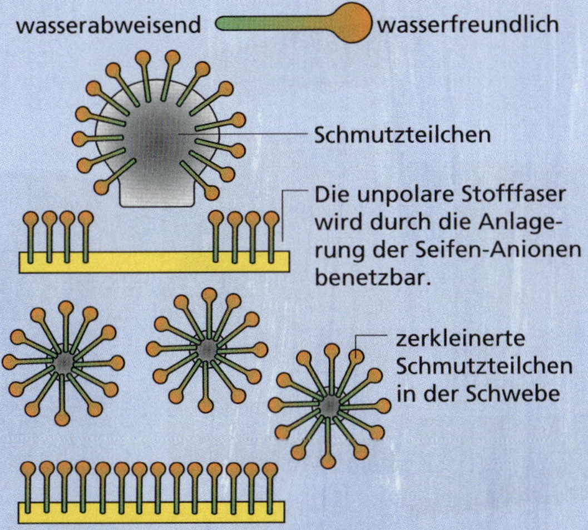


**1** Seifen-Anionen lösen Schmutzteilchen von der Faser, sodass sie nun fortgespült werden können.

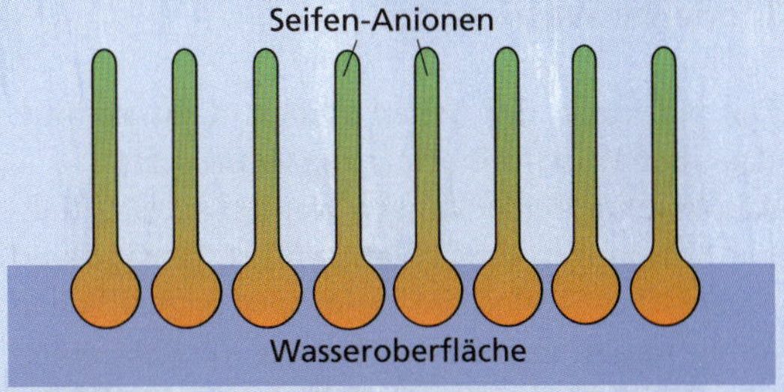


**2** Seifen-Anionen wirken an Grenzflächen.

Außerdem dringen die wasserabstoßenden Enden der Seifen-Anionen in die Schmutzteilchen ein. An der Oberfläche der Schmutzteilchen entstehen gleiche Ladungen, die sich abstoßen. Die Teilchen werden in der Schwebe gehalten und während des Spülvorganges entfernt **(Waschaktivität)** (Abb. 1).

Seife zeigt nicht immer befriedigende Waschergebnisse. Naturfasern wie Wolle und Seide werden durch Seifenlösung geschädigt, denn Seifenlösungen reagieren basisch. Die vorliegenden Hydroxid-Ionen wirken faserschädigend. Außerdem wird der Reinigungseffekt von der Wasserhärte beeinflusst. Bei hartem Wasser (s. S. 229) reagieren die im Wasser gelösten Calcium- und Magnesium-Ionen mit den Seifen-Anionen und bilden Kalkseifen, die ausfallen. Somit entfaltet sich die Reinigungswirkung der Seife erst dann, wenn mehr Seifenlösung vorhanden ist als für die Bildung der Kalkseifen verloren geht (Abb. 3).

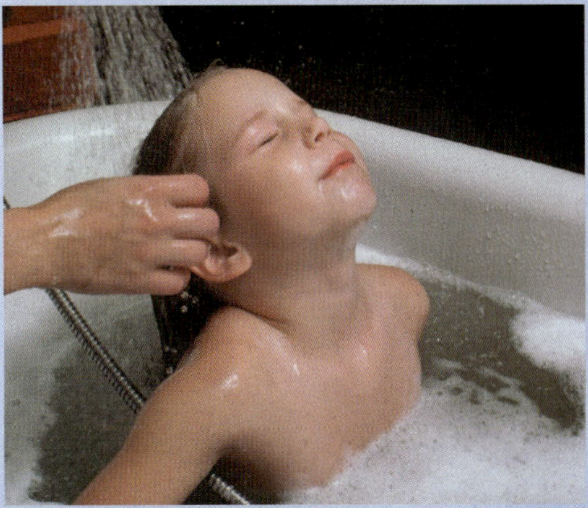

**3** Kalkseifen sind eine der Ursachen der Ränder in der Badewanne.

## Moderne Waschmittel

Die Nachteile der Seifen haben dazu geführt, dass man Waschmittel ständig verbessert.
Auf Waschmittelpackungen werden als waschaktive Substanzen Tenside aufgeführt. Tenside sind organische Stoffe, die sehr unterschiedlichen Stoffgruppen angehören. Da alle Tenside einen unpolaren (wasserabweisenden) und einen polaren (wasserfreundlichen) Teil im Molekül aufweisen, sind sie grenzflächen- und waschaktive Substanzen. Auch die Seifen gehören dazu (anionische Tenside). Die Wirkungsweise der Seifen gilt prinzipiell auch für die anderen waschaktiven Substanzen.
Besondere Vorteile weisen nichtionische Tenside auf, denn sie gehen keine Reaktionen mit Magnesium- und Calcium-Ionen ein und reagieren neutral. Sie sind den Seifen in dieser Hinsicht überlegen.
Häufig werden die Seifen in kosmetischen Produkten durch andere Tenside ersetzt. Als besonders hautschonend gelten seifenfreie Schampoos und Duschbäder.
Moderne Waschmittel enthalten neben Tensiden eine Reihe anderer Stoffe, die die eigentliche Waschwirkung des Waschmittels vervollkommnen, beispielsweise Stoffe, die die Bildung von Kalkseifen vermindern. Dazu gehören Zeolithe (Abb. 1).

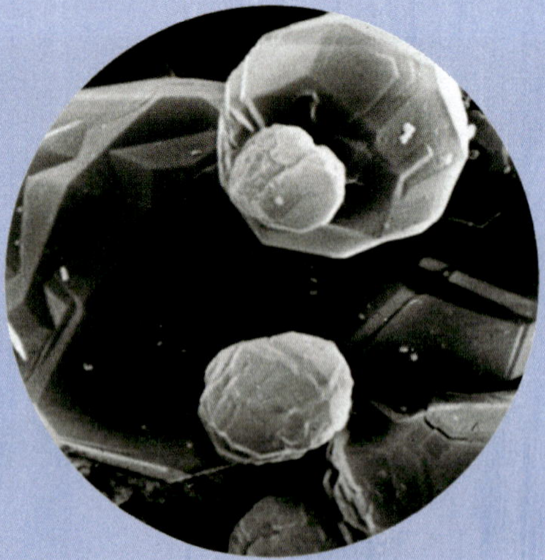

1 Im Inneren der Zeolithe befinden sich Hohlräume, in die u. a. Calcium-Ionen eingelagert werden können.

Es werden dem Waschmittel auch wieder Seifen zugesetzt. Sie dienen als Schaumblocker.
Als Weißtöner fungieren aromatische Verbindungen. Durch sie wird ultraviolette Strahlung absorbiert und im sichtbaren Bereich als Licht abgegeben. Die Wäsche erscheint strahlender.
Je nach Inhaltsstoffen werden Vollwaschmittel, Feinwaschmittel, Spezialwaschmittel und Waschmittel nach dem Baukastenprinzip (Abb. 2) unterschieden.
Damit wird es dem Verbraucher möglich zu entscheiden, welche Inhaltsstoffe er für unbedingt notwendig hält und einsetzen möchte. Außerdem kann jeder auf die richtige Dosierung der eingesetzten Waschmittelmenge entsprechend der Empfehlung des Herstellers achten (s. Tab.) und so seinen Beitrag zur Verminderung der Abwasserbelastung leisten.

**Dosieranleitung auf einer Waschmittelverpackung**

| Wasserhärte | Verbrauch an Waschmittel normal bis stark verschmutzt |
|---|---|
| weich | 110 ml |
| mittel | 120 ml |
| hart | 130 ml |
| sehr hart | 140 ml |

2 Bei Waschmitteln nach dem Baukastenprinzip werden einige Inhaltsstoffe getrennt verkauft.

## Mit Wasser und Seife ...

Die Seifenherstellung und die Nutzung von Seifen als Reinigungsmittel sind uralt.

**Auftrag:**
Informiere dich z.B. im Internet über die Geschichte des Waschens! Sammle auch Informationen über die Nutzung von waschaktiven Substanzen, die nicht zu den Seifen gehören (Abb.2)!

Seife ist nur als Seifenlösung wirksam. Zum Waschen benötigt man Wasser. Wasser aber befindet sich in einem Kreislauf. Auch unser Waschwasser ist Teil dieses Kreislaufs.

**Aufgabe:**
Zeichne das Schema des natürlichen Wasserkreislaufs! Notiere, welche Veränderungen sich durch die Nutzung des Wassers durch den Menschen ergeben!
Ermittle in diesem Zusammenhang den durchschnittlichen Wasserverbrauch in Deutschland.

Seifen entfalten ihre Waschwirkung, indem sie die Oberflächenspannung des Wassers herabsetzen. Die Oberflächenspannung ist auch die Ursache dafür, dass sich Wassertropfen bilden (Abb. 1) und dass Wasser von der Haut und anderen Oberflächen abperlt.

1 Ein Wassertropfen wäre im Weltraum kugelförmig. Wirkt die Schwerkraft, erreicht er diese Form nicht.

2 Das Seifenkraut enthält im Wurzelstock Stoffe, die sich im Wasser schaumig, seifenartig lösen.

**Aufgabe:**
Erläutere den Begriff „Oberflächenspannung" des Wassers! Erkläre, wie die Oberflächenspannung des Wassers zustande kommt!

**Auftrag:**
Durch den Bau der Seifen-Anionen wird die Oberflächenspannung des Wassers herabgesetzt (s. S. 367).
Fertige Modelle an, mit denen du die Wirkung dieser Ionen demonstrieren kannst!

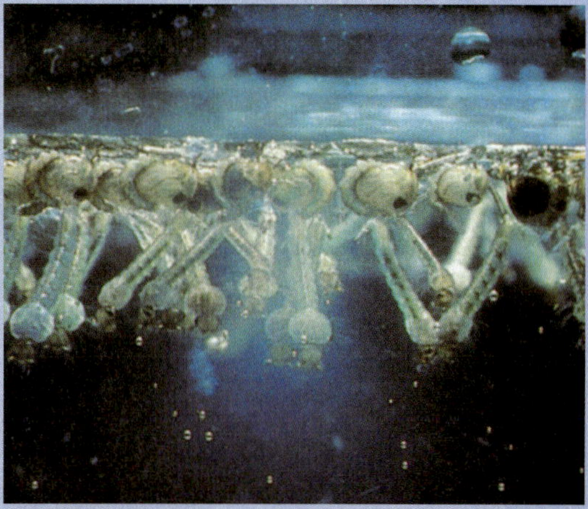

3 Mückenpuppen nutzen die Oberflächenspannung des Wassers.

## Herstellung von Seife

Die breite Palette der Seifen erhält man dadurch, dass die harten **Kernseifen** (Natriumsalze der Fettsäuren) und die weichen **Schmierseifen** (Kaliumsalze der Fettsäuren) aus verschiedenen Fetten und durch Zusatz unterschiedlichster Stoffe gefertigt werden (s. Abb. 1, S. 366). Der Ausdruck „Seifensiederei" aus der Blütezeit der Seifenherstellung verweist auf den relativ langen Kochvorgang bei der Herstellung der Seife (Abb. 1).

### S Experiment: Herstellung einer Schmierseife

**Vorbereitung:**
*Geräte:* Bechergläser, elektrische Heizplatte, Rührstab, Messzylinder, Pipetten, Topf
*Chemikalien:* Speisefett (z. B. Margarine), destilliertes Wasser, **Kaliumhydroxid**, Ethanol (95%ig)

**Durchführung:**
Achtung Spritzgefahr! Ätzgefahr! Schutzbrille!
Zur Herstellung der Schmierseife werden 10 g Speisefett bis zum Schmelzen erhitzt und mit 20 ml Ethanol und 20 Plätzchen Kaliumhydroxid versetzt. Diese Mischung erhitzt man 15 min unter ständigem Rühren in einem siedenden Wasserbad.
Die Seifenbildung ist beendet, wenn ein Tropfen des Reaktionsgemisches in destilliertem Wasser keine Trübung mehr hervorruft. Tritt eine Trübung ein, muss weiter erhitzt werden.

**1** Seifensieden

Nicht jedes Fett ist für die Herstellung von Seife gleich gut geeignet. Fette, die bereits freie Fettsäuren enthalten, lassen sich als Ausgangsstoffe besonders gut verwenden. (Freie Fettsäuren bilden sich, wenn man Fette eine Zeit ungekühlt aufbewahrt.)

### S Experiment: Herstellung einer Kernseife

**Vorbereitung:**
*Geräte:* Bechergläser, Rührstab, Messzylinder, elektrische Heizplatte, Pipetten
*Chemikalien:* Speisefett (z. B. Margarine), destilliertes Wasser, **Natronlauge**, Kochsalzlösung, Duftöl, Farbstoffe

**Durchführung:**
(Spritzgefahr! Ätzgefahr! Schutzbrille!)
10 g Speisefett werden mit 10 ml destilliertem Wasser versetzt und vorsichtig in einem Becherglas bis zur Schmelze erhitzt. 15 ml Natronlauge (etwa 25%ig) werden zugetropft.

Das Reaktionsgemisch muss 30 min kochen. Dabei wird es mit einem Glasstab vorsichtig gerührt. Das verdampfende Wasser wird tropfenweise ersetzt. Um den Siedeprozess nicht zu unterbrechen, wird das destillierte Wasser dafür vorher erhitzt. Erscheint das Reaktionsgemisch klar, kann der Kochvorgang abgebrochen werden.

Soll die Seife vom Seifenleim (enthält Glycerol) abgetrennt werden, muss sie „aussalzen". Dazu werden 30 ml Kochsalzlösung (etwa 10%ig) zu dem Stoffgemisch gegeben und vorsichtig erhitzt. Die Seife scheidet sich auf der Flüssigkeitsoberfläche ab. Nachdem sie abgekühlt ist, kann sie abgeschöpft und mit destilliertem Wasser abgespült werden. In einem sauberen Tuch wird die Seife kräftig geknetet. Dabei können Duftöle und (oder) Farbstoffe eingearbeitet werden. Die Formgebung erfolgt mit entsprechenden Gefäßen.

## Untersuchung von Waschmitteln

Lange Zeit waren Seifen die Mittel für die persönliche Hygiene und zum Waschen der Wäsche. Mit der Zeit stiegen die Ansprüche an die Reinigungsmittel. Durch Zusätze konnte die Wirkung verbessert werden. Ende des 19. Jahrhunderts verkaufte man die ersten kombinierten Waschmittel. Seit dieser Zeit wurden die unterschiedlichsten Waschmittel entwickelt und verbessert.

**Frage:**
Worin besteht der Unterschied zwischen einer Seife und einem Waschmittel?

Tenside (z. B. Seifen) sind waschaktive Substanzen. Aufgrund der negativen Ladung des polaren Molekülteils in Seifenanionen werden sie den anionischen Tensiden zugeordnet. Aber auch andere synthetisch hergestellte Tenside werden Waschmitteln zugesetzt (Abb. 1).

| **moderne Waschmittel enthalten** | |
|---|---|
| Tenside | lösen Schmutz ab |
| Gerüstsubstanzen | enthärten das Wasser |
| Bleichmittel | beseitigen Flecken, töten Bakterien ab |
| Hilfsstoffe | verschiedene Wirkungen |
| **Hilfsstoffe können u. a. sein** | |
| Enzyme | bauen fett-, eiweiß- und kohlenhydrathaltigen Schmutz ab |
| optische Aufheller | verhindern das Vergrauen der Wäsche |
| Schmutz bindende Stoffe | verhindern das Absetzen des Schmutzes |
| Parfümöle | geben angenehmen Duft |
| Füllstoffe | bewirken Rieselfähigkeit |
| Korrosionsschutzstoffe | schützen das Metall der Waschmaschine |

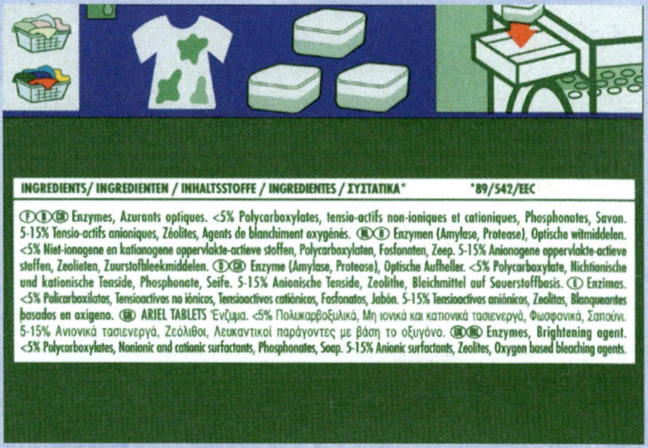


**1** Die Inhaltsstoffe der Wasch- und Reinigungsmittel sind auf der Verpackung angegeben.

Tenside, natürliche oder künstlich hergestellte Stoffe, sind grenzflächenaktiv, weil sie die Spannungen, die an der Grenzfläche zwischen Wasser und Luft auftreten, herabsetzen.

**Auftrag:**
Informiere dich über die unterschiedlichen Gruppen von Tensiden!
Notiere Inhaltsstoffe verschiedener Flüssigseifen, Waschmittel, Spülmittel, Reiniger und Desinfektionsmittel!
Fertige eine Übersicht über die Einsatzmöglichkeiten und die jeweilige Funktion der Tenside an!

Obwohl alle **Tenside** grenzflächenaktive Stoffe sind, weisen sie neben den ähnlichen auch unterschiedliche Eigenschaften auf. Aus diesen **Eigenschaften** ergeben sich ihre Einsatzmöglichkeiten.
Die Eigenschaften lassen sich durch einfache Versuche ermitteln.

### S Experiment: Tenside und Calcium-Ionen

**Aufgabe:**
Stelle Lösungen von Seifen (z. B. Kernseife) und Waschmitteln (auch Weichspüler) her! Gib diese Lösungen je einmal zu destilliertem Wasser, hartem Leitungswasser und zu einer Calciumchloridlösung ($CaCl_2$) ☒!
Fertige ein Protokoll an und erkläre die Beobachtungen!

**Auftrag:**
Erkläre den Begriff „Micellen"! Nutze dazu das Internet! Fertige Applikationen an und erläutere mit ihnen die Micellenbildung!

**S Experiment: Schmutztragevermögen**

Überprüfe, ob Tenside einen Einfluss auf das Absinken von Schmutzteilchen in Lösungen haben!
Stelle dazu Lösungen von Seifen und Waschmitteln her!
Gib zu diesen Lösungen und zu destilliertem Wasser je eine Spatelspitze Aktivkohle und rühre die Mischungen gut um! Miss die Zeit, die bis zum Absetzen der Feststoffteilchen vergeht!
Werte die Ergebnisse aus!

**Frage:**
Welche Bedeutung haben die in den Experimenten festgestellten Eigenschaften der Tenside für den Waschprozess?

Moderne Waschmittel enthalten nicht nur Tenside (s. Tab. S. 371). In einigen sind Weißtöner enthalten. Sie absorbieren ultraviolette Strahlung und strahlen es als sichtbares Licht wieder ab. Wäsche wirkt dadurch weißer.

**S Experiment:**

Teste unterschiedliche Wasch- und Reinigungsmittel und stelle fest, ob Weißtöner enthalten sind.
Stelle dazu die entsprechenden Waschmittellösungen her und strahle diese Lösungen mit einer UV-Lampe an! (Schütze deine Augen!) Nutze als Vergleichslösung eine Kernseifenlösung!

Viele Flecken in der Wäsche entstehen durch Farbstoffe in Lebensmitteln (z. B. in Säften), in Wein oder durch Tee und Kaffee (Abb. 1). Solche Verunreinigungen werden durch Oxidationsprozesse beseitigt („gebleicht"). Früher nutzte man häufig die Sonnenbleiche, d. h. die Wäsche wurde starker Sonneneinstrahlung ausgesetzt.

Auch die sogenannte Chlorbleiche durch chemische Zusatzstoffe beim Waschen kam zum Einsatz. Heute enthalten Vollwaschmittel häufig andere Bleichmittel, die im Allgemeinen Sauerstoff freisetzen (Sauerstoffbleiche).

**Auftrag:**
Entwickle ein Experiment, mit dem du verschiedene Wasch- und Reinigungsmittel auf das Vorhandensein von Bleichmitteln testen kannst! Ermittle mithilfe von geeigneten Medien, welche Stoffe eine bleichende Wirkung aufweisen!

In vielen Waschmitteln sind Enzyme enthalten. Sie dienen u. a. zum Abbau von Eiweißen. Dadurch werden einige Flecken (z. B. Blutflecken) während des Waschprozesses besser entfernt.

**S Experiment:**

Teste unterschiedliche Wasch- und Reinigungsmittel auf das Vorhandensein von Enzymen! Dazu benötigst du mit Eiweiß verunreinigte Wollfäden. Tauche deshalb Wollfäden in Eiweiß und halte sie in kochendes Wasser!
Erhitze dann je einen verunreinigten Wollfaden in destilliertem Wasser, in Seifenlösung und in Lösungen der unterschiedlichen Wasch- und Reinigungsmittel! Vergleiche die Waschergebnisse nach ca. 10 min! Notiere deine Beobachtungen und werte das Experiment aus!

**1** Rotweinflecken werden durch Bleichmittel oxidiert und so entfernt.

## Waschmittel – (k)eine ganz saubere Sache

Waschmittel sind im Abwasser enthalten. Ungereinigt können sie auf die Umwelt schädigend wirken. Besonders die Grenzflächenaktivität der Tenside hat in der Natur große Auswirkungen.
In vielen Gartenbüchern wird beispielsweise eine Seifenlösung (5–20 g Seife in 1 l Wasser gelöst) als Schädlingsbekämpfungsmittel empfohlen. Besprüht man Blattläuse mit diesem Gemisch, sterben sie ab (Abb. 2).

**Aufgabe:**
Erkläre, warum man Seifenlösungen zur Bekämpfung von Blattläusen einsetzen kann. Welche Folgen hätte es, wenn Waschmittellösungen ungeklärt in die Gewässer gelangen?

Phosphathaltige Stoffe haben ebenfalls starke Auswirkungen auf das ökologische Gleichgewicht in den Gewässern. Sie wurden genutzt, um den Kalkgehalt im Waschwasser herabzusetzen. Der Phosphateintrag in die Gewässer führte zu einer Verschlechterung der Wasserqualität. Daraufhin wurde beschlossen, diese Inhaltsstoffe durch andere zu ersetzen.

**Auftrag:**
Informiere dich über den Zusammenhang zwischen Phosphateintrag in Gewässer und Wasserqualität!

1 Schaumbildung im abwasserbelasteten Fluss – solche Bilder gibt es heute in Deutschland nicht mehr.

2 Blattläuse können mit Seifenlösung bekämpft werden.

Mithilfe entsprechender Testlösungen (z. B. aus dem Umweltkoffer) kann man das Wasser verschiedener Gewässer untersuchen. Dabei sind die jeweiligen Versuchsanweisungen zu beachten.

**S Experiment:**

Entnimm Gewässerproben an unterschiedlichen Untersuchungsstandorten! Überprüfe, ob in diesen Wasserproben Phosphat-Ionen enthalten sind! Bewerte das Ergebnis!

Gesetzliche Regelungen, wie das Waschmittelgesetz über Mengenbestimmung und Vorkehrungen zur weiteren Verbesserung der Umweltqualität von Wasch- und Reinigungsmitteln (gültig seit 1975) garantieren, dass von der Industrie nur solche Waschmittel produziert werden können, die die Umwelt so wenig wie möglich belasten (Abb. 1).
1980 wurde die Phosphathöchstmengenverordnung und 1987 das Wasch- und Reinigungsmittelgesetz verabschiedet. Seit 1989 gibt es eine EG-Empfehlung zur Kennzeichnung von Wasch- und Reinigungsmitteln.

**Auftrag:**
Ermittle wesentliche Inhalte der Verordnungen und Gesetze!

# 15.2 Kohlenhydrate

**Kartoffeln und Getreideprodukte als Grundnahrungsmittel**
Getreideprodukte aus Weizen, Roggen, Hafer und Mais gehören zu unseren Grundnahrungsmitteln. Seit der ersten Hälfte des 18. Jahrhunderts zählt auch die Kartoffel dazu. Heute verzehren wir häufig Kartoffeln bzw. Kartoffelprodukte. Alle diese Produkte enthalten Stärke.
*Warum ist Stärke für den Menschen so wichtig?*

**Die Stütze der Bäume**
Der Baum besteht zu einem großen Teil aus Kohlenhydraten. Holz enthält nämlich 40 – 60 % Cellulose. Cellulose bildet die Gerüstsubstanz des Baumstamms und ist in allen Pflanzen enthalten. Zusammen mit anderen Substanzen wird dadurch die Festigkeit z. B. von Bäumen erreicht.
*Wie ist die Cellulose gebaut?*

**Luxusartikel Zucker**
Reiner Zucker war lange eine kostbare Süßigkeit, die aus Zuckerrohr gewonnen wurde und importiert werden musste. Erst im 18. Jahrhundert entdeckte man, dass auch eine einheimische Pflanze, eine Rübensorte, genutzt werden kann.
*Was ist eigentlich Zucker? Wie erfolgt die Bildung von Zucker?*

## Kohlenhydrate

1 Im Rahmen der Fotosynthese werden unter Nutzung der Lichtenergie Kohlenhydrate aus Kohlenstoffdioxid und Wasser gebildet.

2 Müsli ist ein kohlenhydratreiches Frühstück.

Unter dem Begriff Kohlenhydrate wird eine Vielzahl organischer Verbindungen zusammengefasst.
Alle setzen sich aus den drei Elementen Wasserstoff, Kohlenstoff und Sauerstoff zusammen. Im Allgemeinen gilt für sie die Summenformel $C_x(H_2O)_y$. Die Grundbausteine aller Kohlenhydrate sind gleich oder ähnlich. Durch Kombinationen und unterschiedliche Verknüpfung der Grundbausteine entsteht eine Vielzahl von Kohlenhydraten, von Einfachzuckern (z. B. Glucose) mit nur einem Grundbaustein bis hin zu Fasern mit mehreren Tausend Grundbausteinen (z. B. Cellulose). So bieten Kohlenhydrate eine große Vielfalt in ihrer Struktur und damit auch in ihren Eigenschaften. Eine Einteilung erfolgt nach der Anzahl der Grundbausteine in den Molekülen.
Als Nahrungsmittel haben sie große Bedeutung in Form von Zuckern (schnelle Energiespender), Stärke (Reservestoff), Gummi arabicum (Stabilisator bei Süß- und Backwaren), Pektin (zur Geleebildung), Cellulose (Ballaststoff) oder auch Carubin (Johannisbrotkernmehl als Bindemittel für Saucen und Eiscreme).

| Name | Anzahl der Bausteine | Wichtige Vertreter |
|---|---|---|
| Monosaccharide (Einfachzucker) | | Glucose (Traubenzucker)<br>Fructose (Fruchtzucker)<br>Galactose (Schleimzucker) |
| Disaccharide (Zweifachzucker) | | Saccharose (Rohr-, Rübenzucker)<br>Lactose (Milchzucker)<br>Maltose (Malzzucker) |
| Polysaccharide (Vielfachzucker) | …<br>mehr als 10 bis mehrere 100 000 | Stärke (pflanzlich)<br>– Amylopektin<br>– Amylose<br>Glycogen (tierische Stärke)<br>Cellulose<br>Hemicellulose<br>Pectin |

... und mehr

**Informiere dich auch unter:** zehn Regeln für eine vollwertige Ernährung, Zuckerfabrik, Regulierung des Blutzuckerspiegels, Lactose, Fotosynthese

## Monosaccharide

Monosaccharide sind die einfachsten Vertreter der Kohlenhydrate. Zu ihnen gehören u. a. die **Glucose** und die **Fructose.**

Im Ablauf von Stoffwechselprozessen bei Pflanzen, Tieren und Menschen hat der Traubenzucker – Glucose – eine zentrale Bedeutung.

**STECKBRIEF: Glucose $C_6H_{12}O_6$**

**Eigenschaften:** fest, farblos, kristallin, sehr gut in Wasser löslich, süß schmeckend
Schmelztemperatur: 146 °C
Siedetemperatur: 200 °C (zersetzlich)
Dichte: 1,54 g · $cm^{-3}$

**Struktur:**

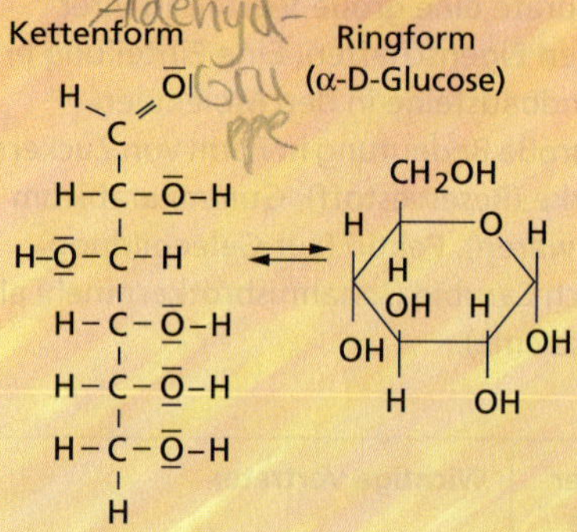


**Nachweis der reduzierenden Wirkung:**

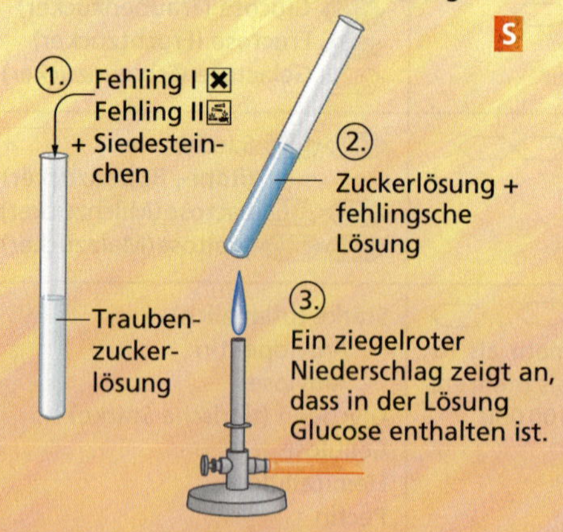


$$R-\overset{+1}{C}HO + 2\overset{+2}{Cu}{}^{2+} + 4\,OH^- \longrightarrow R-\overset{+3}{C}OOH + \overset{+1}{Cu}{}_2O\downarrow + 2\,H_2O$$

### Bildung und Bedeutung von Glucose

**Glucose** wird durch **Fotosynthese** in den grünen Blättern aus Kohlenstoffdioxid und Wasser bei Einwirkung von Sonnenlicht gebildet.

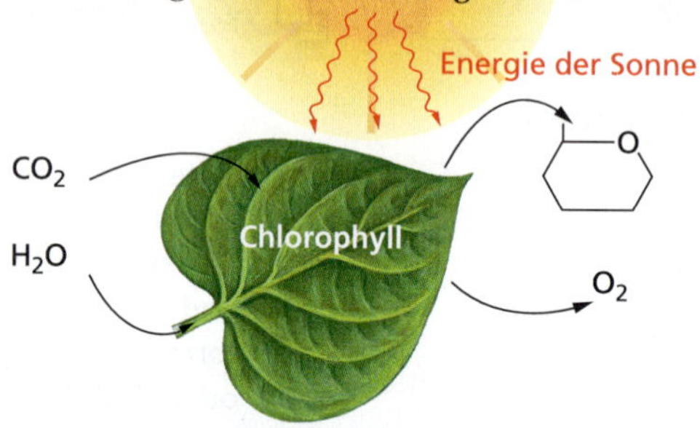


Mensch und Tier nehmen Glucose mit der Nahrung auf. Zudem stellt die Glucose bei Stoff- und Energieumwandlungen oft ein Zwischenprodukt dar.

Vom menschlichen Blut kann Glucose gut aufgenommen und transportiert werden. Menschliches Blut enthält etwa 0,08–0,1 % Glucose. Dieser Blutzuckergehalt ist lebensnotwendig. Mit dem Blut wird die Glucose in alle Zellen des Körpers transportiert. Glucose dient bei der Atmung (biologische Oxidation) als Ausgangsstoff. In den Körperzellen wird Glucose unter Sauerstoffverbrauch und Freisetzung von Energie zu Kohlenstoffdioxid und Wasser abgebaut

Wird zu viel Glucose mit der Nahrung zugeführt, wandelt der Körper die Glucose in andere Stoffe um, zuerst in Stärke, dann in Fette. Dies kann zu einer Gewichtszunahme führen. Bei Diabetikern (Zuckerkrankheit) ist die Umwandlung gestört (Abb. 1). Sie müssen eine besondere Diät einhalten.

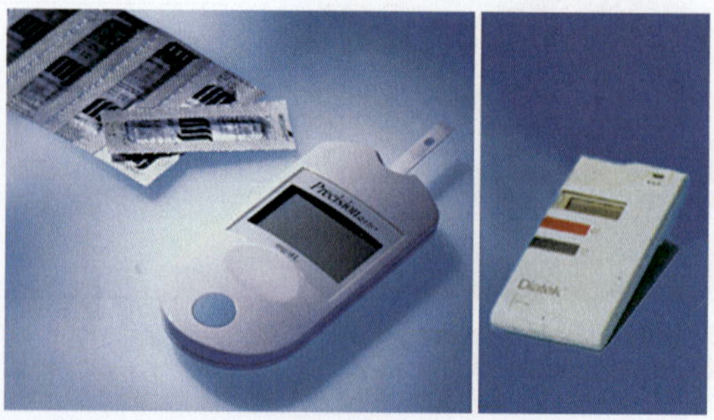

1 Gerät zur Bestimmung des Blutzuckergehalts

# Mosaik

## Wichtige Monosaccharide

### Fructose ($C_6H_{12}O_6$)

Fructose (Fruchtzucker) kommt in Früchten (z.B. in Äpfeln, Pflaumen) und in Honig vor.
Dieser Zucker hat eine höhere Süßkraft als Glucose. Außerdem wird der menschliche Blutzuckerspiegel durch Fructose nur unwesentlich beeinflusst. Daher ist Fructose für Diabetiker als Zuckeraustauschstoff geeignet.

Fructose weist die gleiche Summenformel wie Glucose auf, jedoch unterscheiden sich die Isomere in der Struktur ihrer Moleküle.
Das Grundgerüst der Fructosemoleküle sind Fünferringe aus vier Kohlenstoffatomen und einem Sauerstoffatom. Die Kettenform besitzt eine Ketogruppe im Molekül.

Kettenform  Ringform (α-D-Fructose)

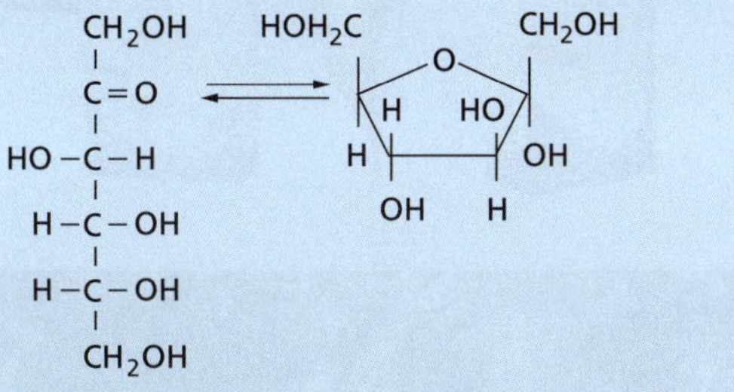

Auch Fructose bildet mit fehlingscher Lösung, ähnlich wie Glucose, einen ziegelroten Niederschlag. Fructose wird in der alkalischen Lösung z. T. in Glucose umgewandelt, sodass Aldehydgruppen vorhanden sind und reduzierend auf die Kupfer(II)-Ionen wirken. So ist dieser Nachweis von Monosacchariden nicht eindeutig.

Eine Unterscheidung von Glucose und Fructose ist durch die Seliwanow-Reaktion möglich. Dazu wird die Lösung mit konzentrierter Salzsäure versetzt und mit Resorcin [1,2-Dihydroxybenzen, $C_6H_4(OH)_2$] erhitzt.
Der Nachweis ist erbracht, wenn sich eine rotbraune Färbung zeigt.

### Galactose ($C_6H_{12}O_6$)

Galactose spielt als Zwischenprodukt bei Stoffwechselprozessen eine Rolle. Außerdem stellt Galactose einen Grundbaustein des Disaccharids Lactose (Milchzucker) dar. In der Muttermilch ist neben der Lactose jedoch auch Galactose enthalten.
In der Struktur ähnelt Galactose der Glucose. Es liegt ebenfalls Isomerie vor.

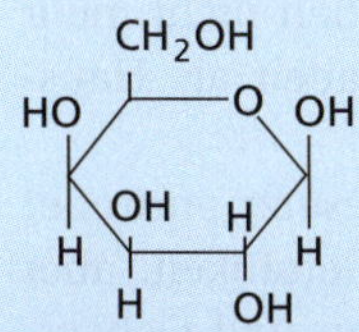

β-D-Galactose

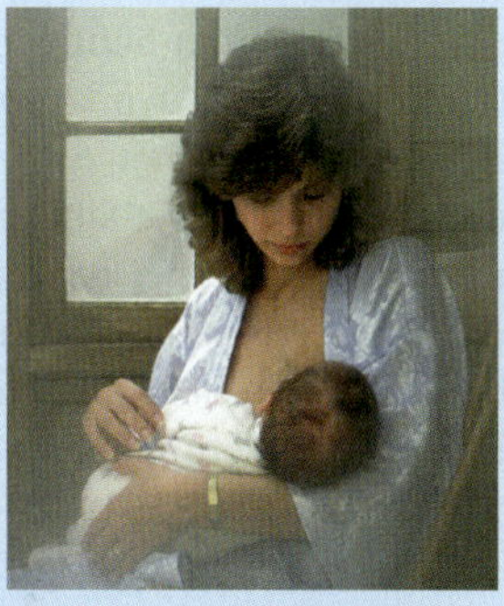

### Ribose ($C_5H_{10}O_5$) und Desoxyribose ($C_5H_{10}O_4$)

Im Gegensatz zu den bisher genannten Monosacchariden handelt es sich bei der Ribose um einen Monosaccharid mit nur fünf Kohlenstoffatomen im Molekül. Desoxyribose ist ähnlich strukturiert, weist jedoch ein Sauerstoffatom weniger auf. Beide Moleküle sind Bausteine der Nucleinsäuren (DNS und RNS).

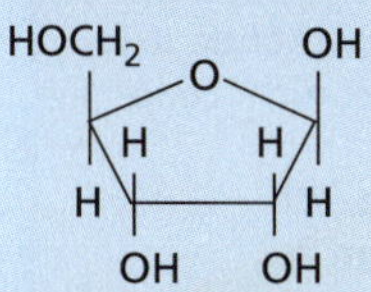

D-Ribose

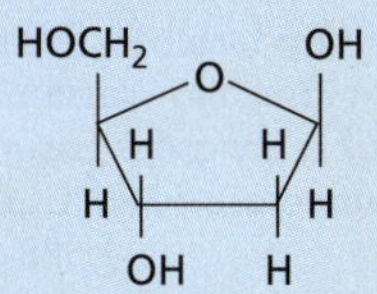

2-Desoxy-D-Ribose

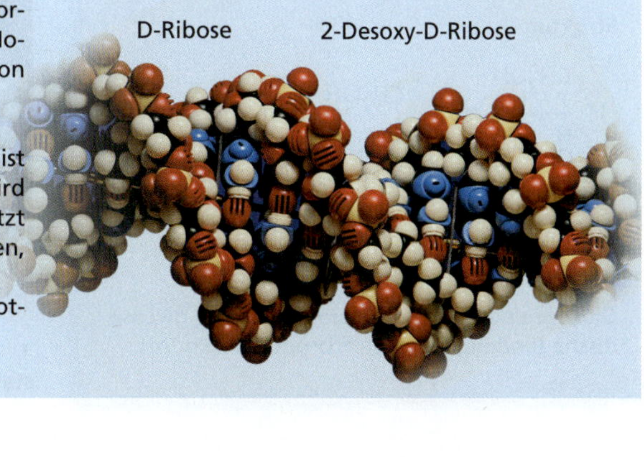

# Saccharose – ein Disaccharid

## Saccharose

Die in den grünen Blättern produzierte Glucose wird häufig sofort umgewandelt.
Ein Reaktionsprodukt dieser Umwandlung ist die **Saccharose.** Sie entsteht, wenn ein Molekül der **Glucose** und ein Molekül der **Fructose miteinander unter Wasserabspaltung** reagieren.

Saccharose ist etwas süßer als Glucose, aber weniger süß als Fructose.
Sie ist aus unserem heutigen Leben nicht mehr wegzudenken und wird daher auch als Haushaltszucker bezeichnet.
Dieser Zucker wird vielfältig eingesetzt, entweder zum Süßen von Speisen und Getränken, aber auch zur Herstellung von Kuchen und Gebäck, Schokolade und Bonbons. Im Ketchup ist ebenfalls Saccharose enthalten.
Für unsere Gesundheit ist ein zu hoher Verbrauch eher schädlich. Bakterien wandeln den Zucker im Mund zu Säuren um, die den Zahnschmelz angreifen und so Karies auslösen. Zucker, der nicht als Energiereserve genutzt wird, wird in Körperfett umgewandelt und kann zu Gewichtsproblemen und zu erhöhter Kreislaufbelastung führen.

**STECKBRIEF: Saccharose $C_{12}H_{22}O_{11}$**

**Eigenschaften:** farblose, süß schmeckende Kristalle, leicht löslich in Wasser, wirkt nicht reduzierend auf fehlingsche Lösung
Schmelztemperatur: 185 °C zersetzlich
Dichte: 1,588 g · $cm^{-3}$

**Struktur:**

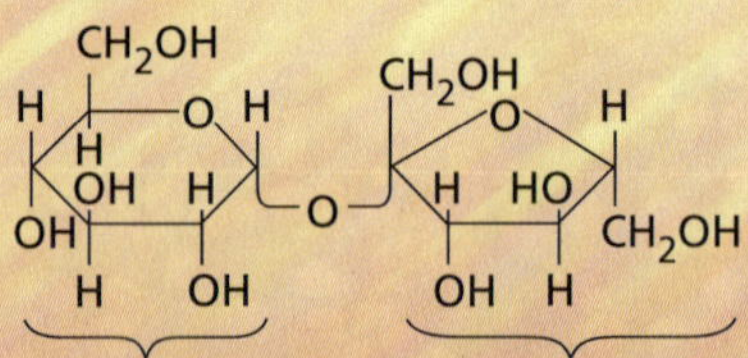

α-Glucoserest β-Fructoserest

Glucose und Fructoserest sind über eine glycosidische Bindung (Sauerstoffbrücke) verknüpft.

Die Nutzung von Haushaltszucker war nicht immer selbstverständlich. Reiner Zucker wurde ursprünglich aus dem Zuckerrohr gewonnen und war sehr teuer.
Erst 1747 entdeckte der Apotheker und Chemiker ANDREAS SIGISMUND MARGGRAF (1709 – 1782) die Saccharose in der weißen Runkelrübe. Durch Züchtung wurde seitdem der Anteil an Saccharose in der Rübe erhöht und beträgt heute ungefähr 16 – 18 % (Zuckerrübe). Außerdem entwickelte man geeignete Verfahren, um den Zucker zu extrahieren. Heute wird die Zuckerrübe auf vielen Ackerflächen angebaut und im Herbst in Zuckerfabriken großtechnisch verarbeitet (s. auch S. 381).

1 Der handelsübliche Zucker in unseren Läden stammt meist aus Zuckerrüben.

## Polysaccharide

**Stärke** und **Cellulose,** zwei Naturstoffe, gehören zu den Polysacchariden. Es handelt sich um Makromoleküle. Die Grundbausteine der beiden Stoffe sind Glucosemolekülreste. Diese sind in der Stärke und in der Cellulose jeweils unterschiedlich verknüpft. So existieren trotz gleicher Grundbausteine unterschiedliche Stoffe mit den für sie typischen Eigenschaften.

### Stärke

Stärke wird als Reservestoff von Pflanzen und Tieren gespeichert. In pflanzlichen Speicherorganen (z. B. Knollen, Samen, Früchten) wird Stärke in Form von Stärkekörnern eingelagert (Abb. 1). Tierische Stärke, Glycogen genannt, ist als Reservekohlenhydrat der Tiere insbesondere im Leber- und Muskelgewebe enthalten.

Stärke ist aus zwei Komponenten aufgebaut. Beide Komponenten bestehen aus langkettigen Makromolekülen. In der **Amylose** sind die Ketten unverzweigt. Amylose ist kolloid in Wasser löslich und zu 25% in der Stärke enthalten.

Der größere Anteil in der Stärke ist das **Amylopektin,** das nahezu unlöslich ist. Amylopektin besteht überwiegend aus verzweigten Ketten.

Stärke lässt sich mit Iod-Kaliumiodidlösung nachweisen.

Bei Zugabe des Nachweismittels färbt sich die Mischung blau bis blauschwarz, wenn Stärke vorhanden ist. Die Färbung kommt durch eingeschlossene Iodmoleküle zustande.

**STECKBRIEF: Stärke $(C_6H_{10}O_5)_n$**

**Eigenschaften:** natürliche Stärke ist fest, farblos, schwer in kaltem Wasser löslich, bildet in siedendem Wasser kolloide Lösungen (Teilchen $10^{-7}$ bis $10^{-5}$ cm), die zu Kleister erstarren
Dichte: 1,5 g · $cm^{-3}$

**Struktur:** Glucosereste über glycosidische Bindungen verknüpft; zwei Komponenten:

Amylose (unverzweigte Ketten)

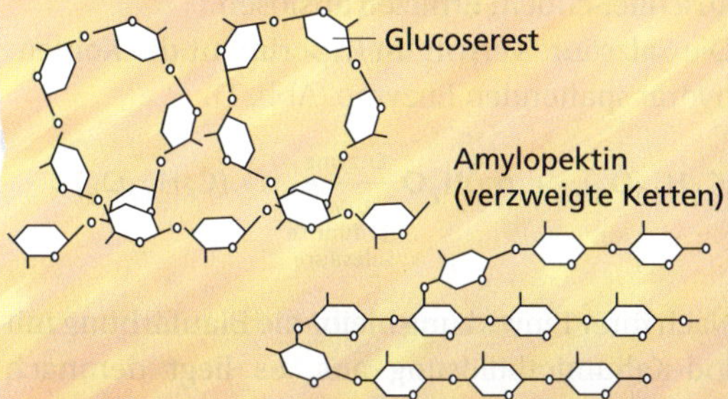


**Nachweis:** Iod-Kaliumiodidlösung färbt sich blauschwarz

**Stärke besteht aus Makromolekülen, die aus vielen Glucosemolekülresten gebildet werden. Der Nachweis erfolgt mit Iod-Kaliumiodid-Lösung.**

1 Getreidekörner und Kartoffeln enthalten Speicherstärke. Die Stärkekörner sind unterschiedlich aufgebaut. Sie enthalten trotzdem jeweils Amylose und Amylopektin.

### *Abbau der Stärke*

Die mit der Nahrung aufgenommene Stärke wird bei der Verdauung durch Enzyme in Glucose umgewandelt und kann so direkt als Energieträger genutzt oder in Glycogen umgewandelt werden. Den Abbau der Stärke kann man nachweisen, da er schon im Mund beginnt.
Im Modellexperiment kann man den Stärkeabbau auch durch Zugabe von verdünnter Salzsäure und anschließendem Erhitzen auslösen.
Die Salzsäure vertritt im Experiment die Kohlenhydrat spaltenden Enzyme (Abb. 1).

$$(C_6H_{10}O_5)_n + n \cdot H_2O \xrightarrow[\text{bzw. verdünnte Salzsäure}]{\text{Enzyme}} n \cdot (C_6H_{12}O_6)$$

Nach ihrer Einwirkung bleibt die Blaufärbung mit Iod-Kaliumiodidlösung aus, es liegt demnach keine Stärke mehr vor. Die positive Reaktion mit fehlingscher Lösung weist dagegen auf das Vorhandensein von Glucose hin. Folglich wurde die Stärke gespalten.

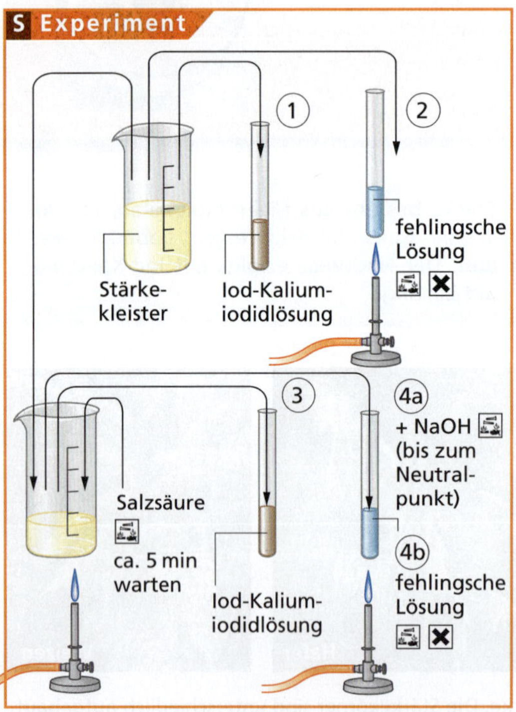


1 Experimenteller Nachweis des Stärkeabbaus

## Cellulose

Etwa 40 % der von lebenden Organismen gebildeten Kohlenhydrate entfallen auf Cellulose. In der Zellwand pflanzlicher Zellen ist Cellulose eingelagert, sie ist Bau- und Stützsubstanz. Reich an Cellulose sind z. B. Halme des Getreides (Stroh), Holz und Baumwolle. Holz besteht bis zu 40 % aus Cellulose, der Gehalt an Cellulose in Baumwollfasern beträgt bis zu 95 %.
Cellulose lässt sich hydrolytisch spalten. Jedoch nur wenige Lebewesen (Mikroorganismen) können Cellulose zu Glucose abbauen.
Als Nährstoff ist Cellulose für den Menschen ungeeignet, da wir keine Enzyme besitzen, um dieses Kohlenhydrat abzubauen. Trotzdem sind Cellulosemoleküle als Ballaststoff ein wichtiger Bestandteil der Nahrung.

**Cellulosemoleküle bestehen aus vielen Glucosemolekülresten, die aber anders verknüpft sind als in Stärkemolekülen.**

**STECKBRIEF: Cellulose $(C_6H_{10}O_5)_n$**

**Eigenschaften:** fest, faserig, farblos, nicht in Wasser löslich, nicht quellend
Dichte: 1,5 g · $cm^{-3}$

**Struktur:** Makromoleküle, kleinste Baueinheiten Glycosereste, linear miteinander über glycosidische Bindungen verknüpft

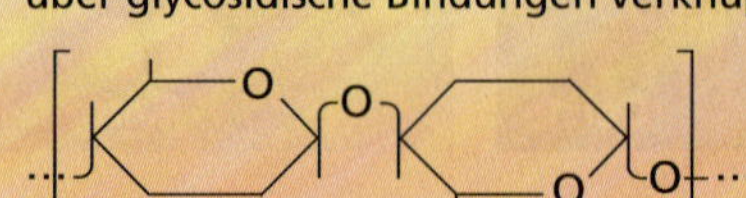

## Chemie in Natur und Technik

### Von der Rübe zum Zucker

Im 16. Jahrhundert entdeckte man, dass nicht nur das Zuckerrohr, sondern auch eine Rübenart zur Zuckergewinnung genutzt werden kann.
*Erläutere, wie der Zucker aus der Zuckerrübe gewonnen wird!*

Die Zuckerrüben enthalten heute ungefähr einen Anteil von 16–18% Zucker. Da der Zucker auch für Stoffwechselvorgänge in der Rübe selbst den Ausgangsstoff bildet (Atmung), müssen die Rüben möglichst schnell verarbeitet werden.
Dazu werden die Rüben entkrautet und in einer Waschtrommel gewaschen. In Klär- und Biogasanlagen wird das Abwasser gereinigt und in die Waschanlage zurückgeführt.

Die sauberen Rüben gelangen auf Transportbändern in die Schneidstation.
Die Rübenschnitzel werden zusammen mit Wasser auf 70 °C erhitzt. Dies erfolgt in Extraktionsapparaturen. Der gebildete Rohsaft enthält nicht nur Zucker. Auch andere Stoffe liegen gelöst vor.
Aus dem entstandenen Rohsaft werden durch Ausfällung mit Kalkwasser und anschließender

2 Zuckergewinnung (historische Anlage)

Filtration Phosphate und andere Bestandteile entfernt.
Im nächsten Arbeitsgang wird der zuckerhaltige Saft eingedickt (Abb. 2). Es entsteht ein brauner Zucker. Damit das Produkt zu unserem weißen Kristallzucker wird, muss der Rohzucker noch einmal von Sirupresten gereinigt werden. Dies erfolgt mithilfe von Zentrifugen.
Der Rückstand (Melasse) ist noch zuckerhaltig und wird als Viehfutter bzw. zur Herstellung von Backhefe genutzt.

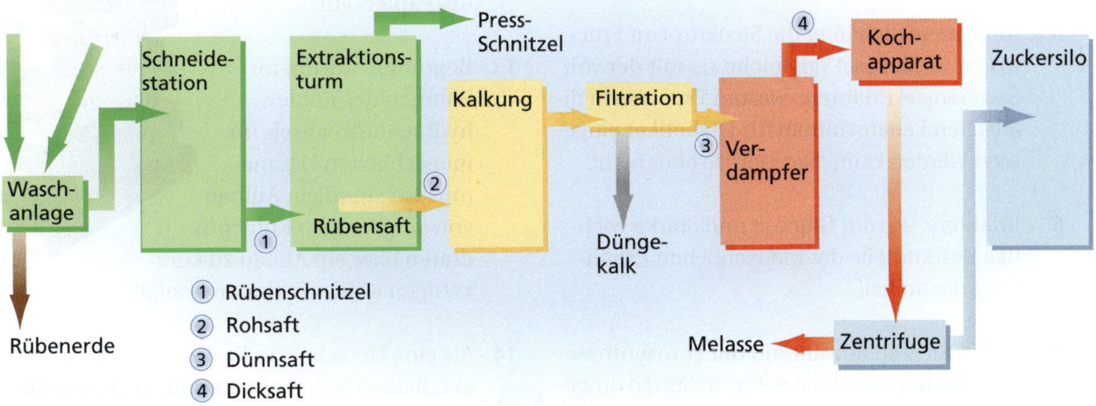


1 Herstellung von Haushaltszucker (Schema)

## gewusst · gekonnt

1. Erweitere dein Glossar!

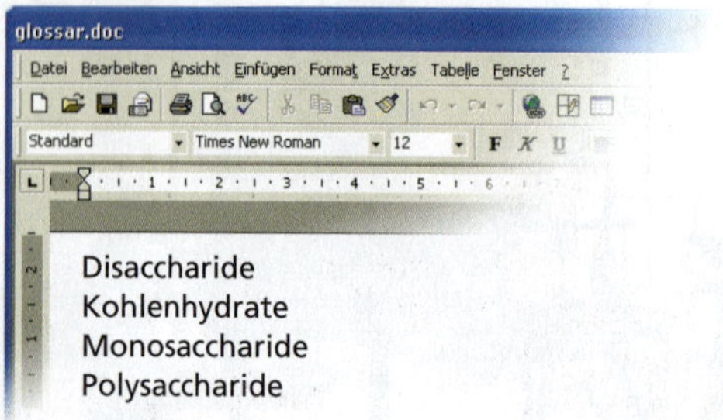


2. Glucose reagiert mit fehlingscher Lösung. Es entsteht ein ziegelroter Niederschlag. Warum wirkt Glucose reduzierend?

3. In einem Disaccharidmolekül sind zwei Monosaccharidmolekülreste miteinander über eine Sauerstoffbrücke verbunden.
   a) Nenne Beispiele für Disaccharide und gib ihre Grundbausteine an!
   b) Erläutere die chemische Reaktion zur Bildung von Disacchariden aus Monosacchariden an einem Beispiel!

4. Vergleiche Bau und Eigenschaften von Stärke und Cellulose! Leite Schlussfolgerungen für die menschliche Ernährung und wirtschaftliche Verwendung ab!

5. Informiere dich über die Struktur von Fructose und Glucose! Vergleiche sie mit der von Saccharose! Erläutere, warum Fructose in diätischen Lebensmitteln für Diabetiker eingesetzt werden kann, Saccharose aber nicht!

6. Erläutere, warum Glucose und Stärke wichtige Bestandteile der menschlichen Ernährung darstellen!

7. Die Pflanze stellt während der Fotosynthese Glucose her, die meist sofort in Stärke umgewandelt und in dieser Form gespeichert wird. Erläutere, warum der Vorgang für die pflanzlichen Zellen lebensnotwendig ist!

8. S Die Summenformel für Glucose lautet $C_6H_{12}O_6$.
   a) Versetze eine Stoffprobe (Glucose) mit konzentrierter Schwefelsäure!
   b) Erhitze eine Stoffprobe (Glucose) eine Weile sehr stark!
   c) Vergleiche beide Beobachtungsergebnisse und erläutere die jeweilige Ursache der beobachteten Veränderungen!

9. Berechne, welche Masse Glucose durch hydrolytische Spaltung aus 1000 g Stärke entsteht! Stelle dazu die Reaktionsgleichung mithilfe von Symbolen und Summenformeln auf!

10. Erkläre, warum es günstig ist, Kartoffeln kühl zu lagern!

11. Informiere dich über die Geschichte des Haushaltszuckers (Sacchose)! Stelle die ermittelten Fakten in einem Kurzvortrag zusammen!

12. Der Mensch nutzt die Cellulose u. a. als Rohstoff für die Papierproduktion. Arbeite einen Kurzvortrag zur Papierherstellung aus! Gehe dabei auch auf die Geschichte des Papiers ein!

*13. Begründe, warum im Rahmen des Kohlenhydratstoffwechsels im menschlichen Organismus ein ständiger Aufbau von langkettigen Kohlenhydraten bzw. ein Abbau zu kurzkettigen Kohlenhydraten erfolgt!

14. Als eine Ursache von Karies wird häufig zuckerhaltige Nahrung genannt. Besteht wirklich ein Zusammenhang? Informiere dich über die chemischen Vorgänge, die zu Karies führen!

# 15.3 Eiweiße

## Eiweiß ist nicht gleich Eiweiß

Eiweiße sind ein wichtiger Bestandteil unserer Nahrung. Eiweißmangel führt zu körperlichen Schäden. Obwohl in vielen Nahrungsmitteln Eiweiße enthalten sind, sind sie nicht gleichwertig.
*Warum müssen wir Eiweiße aufnehmen? Wie lässt sich die unterschiedliche Wertigkeit der Eiweiße erklären?*

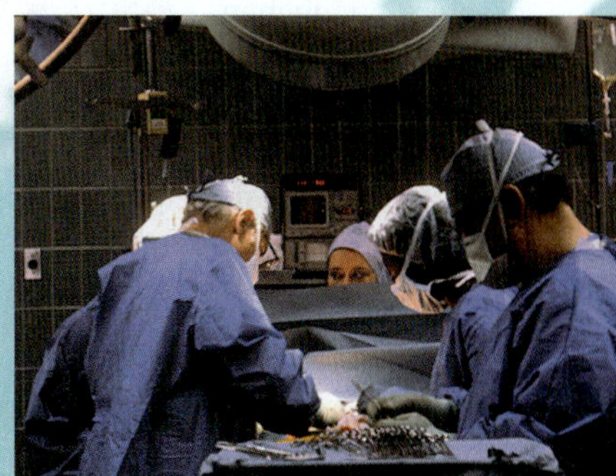

## Eiweiße sind Bausteine des Körpers

Eiweiße bilden die Grundsubstanz des Protoplasmas aller Zellen. Unterschiedliche Eiweiße sind u. a. am Aufbau des Muskelgewebes, Bindegewebes und des Gelenkknorpels beteiligt.
*Welche gemeinsame chemische Struktur weisen all diese unterschiedlichen Eiweiße auf?*
*Wie lässt sich diese ungeheure Vielfalt erklären?*

## Blut ist ein ganz besonderer Saft

Blut besteht aus Blutplasma und Blutzellen. Sie enthalten unterschiedliche Eiweiße. Kommt es zu hohem Blutverlust, wird das Blut durch Blutkonserven ersetzt. Dabei muss man darauf achten, geeignete Konserven zu verwenden.
*Warum ist das so und warum kann es bei einigen Operationen (z. B. Transplantationen) Komplikationen geben?*

## Eiweiße – wichtige Bausteine des Lebens

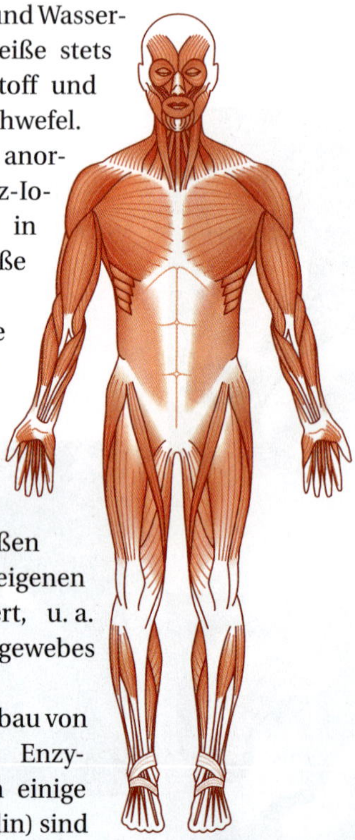

Neben Kohlenstoff und Wasserstoff enthalten Eiweiße stets das Element Stickstoff und oft das Element Schwefel. Pflanzen wandeln anorganische Nährsalz-Ionen und Glucose in körpereigene Eiweiße um.
Wir müssen Eiweiße aufnehmen. Sie sollten ca. 12 % unserer täglichen Nahrung ausmachen. Aus den aufgenommenen Eiweißen werden die körpereigenen Eiweiße synthetisiert, u. a. Eiweiße des Muskelgewebes (Abb. 1 und Tab.).
Eiweiße sind am Aufbau von Zellstrukturen und Enzymen beteiligt. Auch einige Hormone (z. B. Insulin) sind Eiweiße. Hormone steuern unseren Stoff- und Energiewechsel.

| einige Gruppen der Eiweiße | |
|---|---|
| **Bezeichnung** | **Funktion / Vorkommen** |
| Kollagene | Hauptbestandteil des Stützgewebes, Gerüstproteine (in Knochen, im Knorpel und Bindegewebe) |
| Keratine | Bestandteil von Haaren und Wolle, Nägeln, Federn, Horn, Hufen |
| Globuline | Bestandteil des Blutplasmas, Bedeutung im Immunsystem (Antikörper); Myogen kommt im Muskel vor (quergestreifte Muskulatur) |
| Albumine | Ovalbumin (Hauptbestandteil des Eiklars), Albumine in Getreide |
| Histone | im Zellkern mit Nucleinsäuren verbunden |

## Aminosäuren

Bei der Verdauung werden die Eiweiße in ihre kleinsten wasserlöslichen Bestandteile zerlegt, in **Aminosäuren.**
Aminosäuren sind einfach gebaute organische Stoffe, die neben der Carboxylgruppe (–COOH) noch eine Aminogruppe ($-NH_2$) besitzen.
Bei den meisten natürlich vorkommenden Aminosäuren, die am Aufbau von Eiweißen beteiligt sind, befindet sich die Aminogruppe an dem Kohlenstoffatom, das der Carboxylgruppe benachbart ist. Daher bezeichnet man sie als α-Aminosäuren. Am zentralen Kohlenstoffatom dieser Aminosäuren ist ein Rest angelagert.

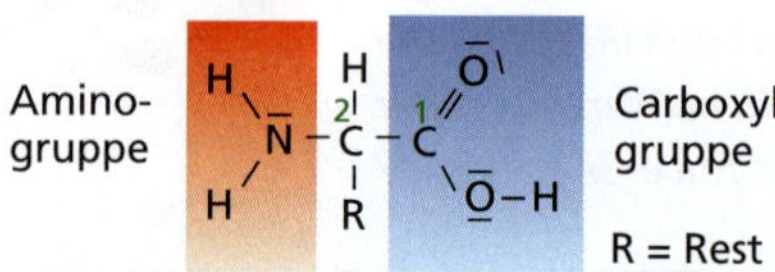


Der Rest kann sehr unterschiedlich gebaut sein (s. Tab. u.) und bestimmt neben den funktionellen Gruppen die Eigenschaften der jeweiligen Aminosäure.
Aminosäuren sind meist in Wasser gut löslich. In vielen organischen Lösungsmitteln sind sie unlöslich, nur Prolin und Cystein sind im Ethanol löslich. Aminosäuren können sowohl mit Säuren als auch mit Basen unter Abgabe oder Aufnahme eines Protons (Wasserstoff-Ions) reagieren.

**Aminosäuren sind organische Stoffe, die mindestens eine Carboxylgruppe und mindestens eine Aminogruppe im Molekül besitzen.**

| Rest | Name der Aminosäure |
|---|---|
| – H | Glycin (2-Aminoethansäure) |
| $-CH_3$ | Alanin (2-Aminopropansäure) |
| $-CH_2-SH$ | Cystein |
| $-CH_2-CH_2-COOH$ | Glutaminsäure |
| $-H_2C-$ 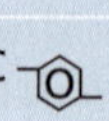 OH | Tyrosin |

## Peptide

Aminosäuren können an ihren funktionellen Gruppen miteinander reagieren. Dabei verbinden sich sowohl gleiche wie auch verschiedene Aminosäuren.
Reagieren zwei Aminosäuremoleküle miteinander unter Wasserabspaltung (Kondensationsreaktion), entsteht ein Dipeptid (Abb. 1). Die Bindung nennt man **Peptidbindung,** die Gruppierung Peptidgruppe. Die **Peptidgruppe** ist ein besonderes Strukturmerkmal.
Aufgrund der beiden funktionellen Gruppen können sich aber auch mehr als nur zwei Aminosäuren miteinander verbinden und **Peptide** bilden. Dabei können sowohl kettenförmige als auch ringförmige Strukturen entstehen.
Verbinden sich viele Aminosäuremoleküle unter Wasserabspaltung miteinander, entstehen **Polypeptide.**

Diese Makromoleküle stellen die Grundlage für die Entstehung von Eiweißen dar. In der Natur existieren über 500 Aminosäuren. Doch nur 22 α-Aminosäuren sind am Aufbau der menschlichen Eiweiße beteiligt. Diese bilden jedoch die Grundlage für sehr viele Kombinationsmöglichkeiten. Verbinden sich je zwei Moleküle Glycin und zwei Moleküle Cystein zu einem Peptid, sind z. B. schon sechs Kombinationsmöglichkeiten gegeben.

Cystein – Cystein – Glycin – Glycin
Glycin – Glycin – Cystein – Cystein
Glycin – Cystein – Cystein – Glycin
Cystein – Glycin – Glycin – Cystein
Glycin – Cystein – Glycin – Cystein
Cystein – Glycin – Cystein – Glycin

Durch die verschiedenen Kombinationsmöglichkeiten in einem Makromolekül ist die Vielfalt der möglichen Polypeptide sehr groß.

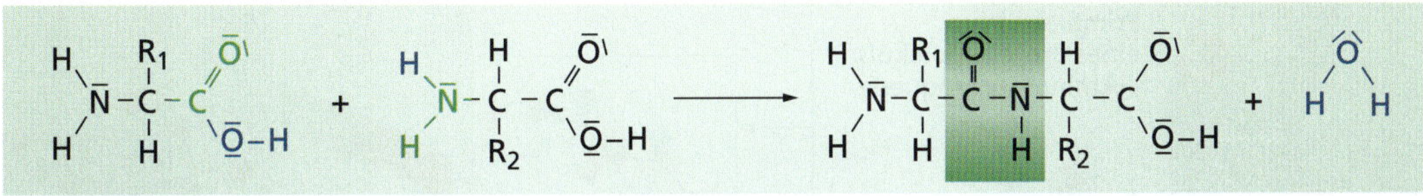

1 Aminosäuren reagieren unter Wasserabspaltung zu Dipeptiden.

## Mosaik

### Peptide – hilfreich oder tödlich giftig

Peptide, deren Moleküle aus einer relativ begrenzten Anzahl von Aminosäuren bestehen, spielen in der Natur eine große Rolle.
Beispielsweise gehört das Penicillin in diese Gruppe. Dieses Antibiotikum wurde erstmalig aus einem bestimmten Schimmelpilz (Penicillium notatum) gewonnen und kann Bakterien abtöten. So bildet es ein wirksames Mittel im Kampf gegen bakterielle Infektionen. Die bakterientötende Wirkung wurde 1928 von ALEXANDER FLEMING (1881–1955) entdeckt.
Ein Beispiel für ein tödlich wirkendes Peptid stellt das Pilzgift des grünen Knollenblätterpilzes (Abb. 2) dar. Das sogenannte Amatoxin blockiert das Ablesen der Erbinformation in den Zellen. Es kann keine Eiweißsynthese mehr stattfinden. Damit bricht der gesamte Stoffwechsel zusammen.

2 Der grüne Knollenblätterpilz gehört zu den tödlich giftigen Pilzen, die in unseren Wäldern zu finden sind.

## Von den Polypeptiden zum Eiweiß

Mehr als 100000 **Proteine (Eiweißstoffe)** sind im menschlichen Organismus nachgewiesen. Die Vielfalt wird durch ihre Struktur möglich.

Die **Primärstruktur** eines Eiweißes wird durch die Polypeptidkette(n) bestimmt.

Wird von einer durchschnittlichen Länge einer Polypeptidkette von 100 Aminosäuremolekülresten und 22 verschiedenen Aminosäuren ausgegangen, die sich variabel miteinander verknüpfen, entstehen theoretisch $22^{100}$ verschiedene Polypeptidketten. Die Polypeptidketten unterscheiden sich in der **Art, Anzahl und Reihenfolge ihrer Aminosäuren** (Aminosäuresequenz).

An verschiedenen Stellen des Proteinmoleküls bilden sich Wasserstoffbrückenbindungen zwischen den –CO- und –NH-Gruppen der Peptidgruppen.

Dadurch entsteht die **Sekundärstruktur.** Bei der Helixstruktur sind die Polypeptidketten spiralförmig angeordnet. Eine Faltblattstruktur bildet sich durch die Zusammenlagerung gestreckter Peptidketten.

Außerdem ordnen sich die Moleküle räumlich. Die **Tertiärstruktur** (Abb. 1) beschreibt den vollständig räumlichen Aufbau des Proteinmoleküls und wird u.a. durch Disulfidbindungen (Schwefelbrücken) stabilisiert.

In einigen Fällen lagern sich mehrere Untereinheiten zusammen und bilden die **Quartärstruktur,** wie beim Hämoglobin.

Erst in der endgültigen Form erlangt das Eiweiß seine volle Wirksamkeit im Organismus.

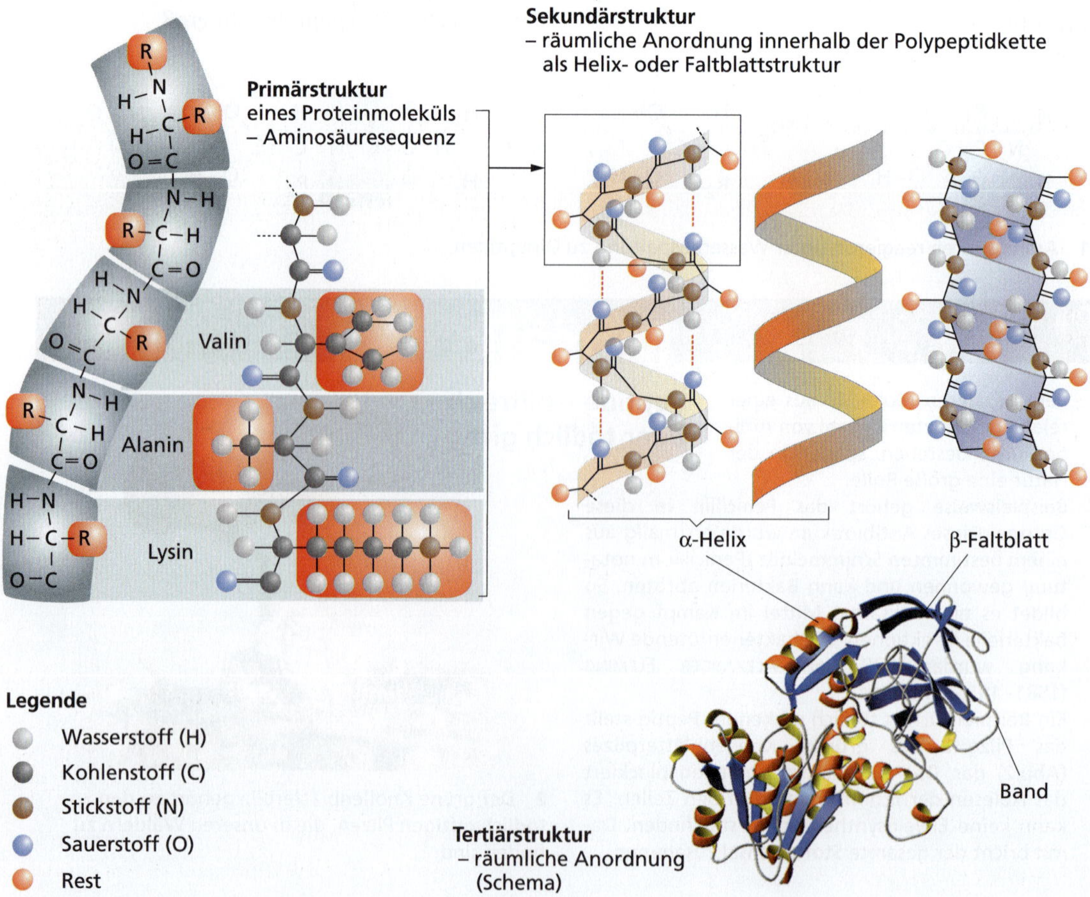

## *Eigenschaften der Eiweiße*

Proteine bilden in Wasser kolloide Lösungen. In solchen Lösungen liegen relativ große Teilchen vor. Von kolloiden Lösungen wird u. a. gesprochen, wenn Teilchendurchmesser zwischen $10^{-7}$ und $10^{-5}$ cm vorliegen. Trifft ein Lichtstrahl auf diese Makromoleküle in der Lösung, wird er gestreut (TYNDALL-Effekt), weil die Teilchengröße mit der Wellenlänge des Lichts vergleichbar ist.
Durch Erhitzen, Bestrahlen, durch Zugabe von Säuren, Schwermetallsalzen oder organischen Lösungsmitteln zu Proteinlösungen werden Proteinstrukturen angegriffen. Den Vorgang bezeichnet man als Denaturierung. Beim Denaturieren werden bestimmte Strukturen der Proteine zerstört (besonders Wasserstoffbrückenbindungen), die räumliche Anordnung der Polypeptidketten zueinander und innerhalb einer Polypeptidkette wird verändert. Dieser Vorgang kann beim Eierkochen beobachtet werden. Das Eiweiß gerinnt, es wird denaturiert. Es handelt sich um einen irreversiblen (nicht umkehrbaren) Prozess. Auch beim Dauerwellen von Haaren spielen ähnliche chemische Reaktionen eine Rolle. Allerdings sind diese Prozesse umkehrbar.
Am Aufbau der Haare sind Aminosäuren beteiligt, die schwefelhaltige Seitenketten besitzen (Abb. 1). Die Vernetzung der Polypeptidketten über Schwefelbrücken werden gelöst, das Haar geformt und durch erneute Ausbildung von Schwefelbrücken in der gewünschten Form fixiert.
Werden Eiweiße mit konzentrierter Salpetersäure versetzt, entwickelt sich eine intensive Gelbfärbung **(Xanthoproteinreaktion)**. Dies wird zum **Nachweis** von festen und geronnenen Eiweißen genutzt (Abb. 2). Bei der **Biuretreaktion** werden durch Violettfärbung Peptidgruppen löslicher Eiweiße nachgewiesen (Abb. 3).

**Proteine (Eiweißstoffe) sind aus Aminosäureresten aufgebaute makromolekulare Verbindungen. Die jeweiligen Polypeptidketten sind charakteristisch strukturiert. Durch Hitze, Schwermetallsalze und organische Lösungsmittel kommt es zur Denaturierung.**

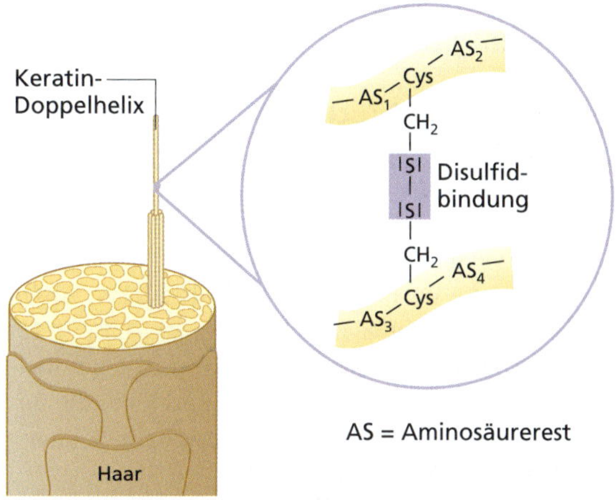


1 Ausschnitt aus der Struktur des Keratins (Schema)

2 Nachweis von Eiweiß durch Xanthoproteinreaktion

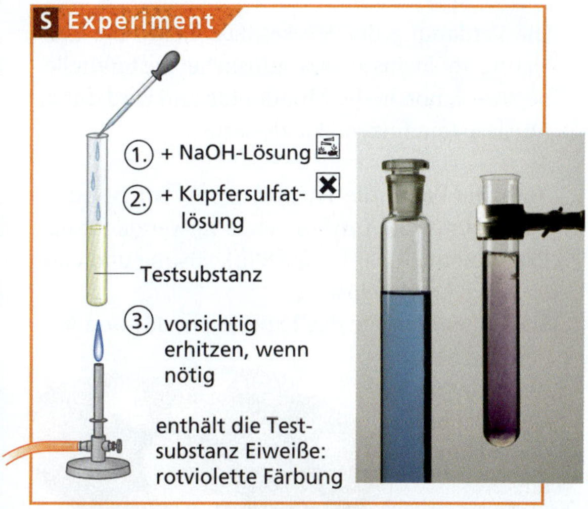


3 Nachweis von Peptidbindungen durch Biuretreaktion

# Nahrung und Ernährung

## Von Mehl und Zucker

**S Experiment 1:**

Teste verschiedene Lebensmittel auf Glucose und Stärke (z. B. Mehl, Haushaltszucker, Apfel, Kartoffel, Mais, Eiklar usw.)!
Führe Protokoll! Notiere Geräte und Chemikalien, beschreibe die Nachweise und halte die Beobachtungen in einer Tabelle fest! Leite Schlussfolgerungen ab!

| Probe | fehlingsche Lösung | Iod-Kaliumiodidlösung |
|---|---|---|
| Mehl | | |
| Haushaltszucker | | |
| Apfel | | |
| Kartoffel | | |
| Mais | | |
| Eiklar | | |

**S Experiment 2:**

Die Verdauung der Stärke, dass heißt, die Zerlegung in kleinste wasserlösliche Bestandteile, beginnt schon in der Mundhöhle und wird durch Amylase (ein Enzym) katalysiert.

**Aufgabe:** Weise die Hydrolyse von Stärke unter Einwirkung von Amylase nach! Verwende für das Experiment eine 0,1%-ige Stärkelösung und eine 0,1%-ige Amylaselösung!
Stelle den Plan für das Experiment auf und fordere die notwendigen Geräte und Chemikalien vom Lehrer an!

**S Experiment 3:**

**Hinweis:** Das folgende Experiment darf nicht im Chemieraum, sondern muss im Hauswirtschaftsraum oder in der Küche durchgeführt werden.

**Aufgabe:** Stelle Karamelbonbons her!

**Vorbereitung:**
*Geräte und Materialien:* Herd, Pfanne, Backpapier, Rührlöffel, Teelöffel, Butter, Haushaltszucker, Sahne

**Durchführung:**
Lasse etwas Butter in einer Pfanne flüssig werden! Füge jetzt einen Teelöffel Zucker hinzu und verrühre alles gut! Wenn alles gut durchmischt ist, versetzt man die Masse mit 2 Teelöffel Sahne und lässt alles bis zur schwachen Braunfärbung reagieren. Die fertige Masse wird auf ein Stück Backpapier zum Erkalten gegeben.

**Beobachtung und Auswertung:**

a) Beschreibe die Veränderung der Bonbonmasse beim Erhitzen! Setze die Beobachtung mit den Eigenschaften der Saccharose in Beziehung (Abb. Verhalten beim Erhitzen)!
b) Bewerte das Reaktionsprodukt unter dem Blickwinkel der gesunden Ernährung!

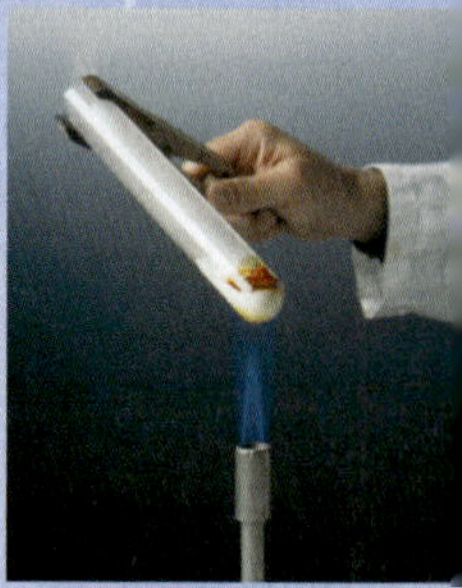

## Rund ums Fett

**S Experiment 1:**

Stelle selbst Mayonnaise **zu Hause** her! Lies dazu das Rezept in einem Kochbuch nach!
Ermittle in Nahrungsmitteltabellen den durchschnittlichen Fettgehalt von Mayonnaise!
Wie viel Gramm Fett sind in der Mayonnaise, mit der man eine Portion Pommes würzt, ungefähr enthalten? Werte das Ergebnis aus!

### S Experiment 2:

**Aufgabe:**
Teste mithilfe der Fettfleckprobe verschiedene Lebensmittel auf Fett!
**Vorbereitung:**
*Geräte und Chemikalien:* Glasstab, Filterpapier, Spatel, Pipette, Bleistift, Lebensmittelproben (z. B. Apfel, Weintraube, Mayonnaise, Haselnuss, Käse, Milch), Wasser
**Durchführung:**
Teile Filterpapier in verschiedene Abschnitte! Zerquetsche jeweils ein kleines Stück der Probe bzw. gib einen Tropfen auf einen Abschnitt und beschrifte ihn! Bringe als Vergleich einen Tropfen Wasser auf!
Lasse die Proben trocknen! Halte das Filterpapier gegen das Licht!
**Beobachtung und Auswertung:**
Stelle deine Beobachtungen und Schlussfolgerungen in einer Tabelle zusammen!

### S Experiment 3:

**Aufgabe:**
Extrahiere aus Haselnüssen Fett!
**Vorbereitung:**
*Geräte:* Mörser, Pistill, Bechergläser, Heizplatte, Thermometer, Trichter, Filterpapier, Reagenzglas, Stopfen
*Chemikalien bzw. Lebensmittel:* Pentan, Wasser, klein gehackte Haselnüsse
**Durchführung:**

a) Gib die Haselnüsse und Pentan in einen Mörser und verreibe sie mit dem Pistill!
   Gib die Mischung in ein Reagenzglas, verschließe es und stelle es 15 Minuten in ein Wasserbad (50 °C)!
b) Dekantiere die Mischung! Lasse das Filtrat eindunsten und weise das Fett durch die Fettfleckprobe nach!

**Beobachtungen und Auswertung:**
Fertige ein Protokoll an! Könnte man das Fett auch mit destilliertem Wasser extrahieren? Begründe deine Antwort! Beschreibe eine weitere Möglichkeit, Fett und Lösungsmittel zu trennen!

### S Experiment 4:

Stelle zu Hause aus 100 g Kokosfett, 50 g Pflanzenöl, 15 g Vollmilch, 15 g Wasser, 1 Eigelb und Salz Margarine her!
Das Kokosfett wird bei geringer Wärmezufuhr geschmolzen, danach unter Nutzung eines Rührgerätes mit dem Pflanzenöl vermischt, bis Zimmertemperatur erreicht ist. Die Mischung wird in ein kaltes Wasserbad mit Eiswürfeln gestellt. Unter Rühren fügt man die übrigen Zutaten hinzu und schlägt die Masse steif! Vergleiche mit handelsüblichen Produkten!

## Eiweißen auf der Spur

### S Experiment 1:

Weise in verschiedenen Lebensmitteln Eiweiß nach! Wähle dazu eine der beiden Nachweismöglichkeiten (s. S. 387) aus, notiere notwendige Geräte und Chemikalien und fordere sie beim Lehrer an! Führe Protokoll!

### S Experiment 2:

Stelle eine Eiweißlösung her (s. S. 173 Aufg. 5)! Gieße die Lösung durch ein Sieb! Ermittle die Wirkung von hochprozentigem Ethanol, verdünnter Säure, Kupfersulfatlösung und Wärmezufuhr auf die Eiweißlösung!
Leite aus den Beobachtungsergebnissen Schlussfolgerungen ab!

**1** Eiweißhaltige Nahrungsmittel

## Chemie in Natur und Technik

### Gekochte Eier

Eier sind beliebte Nahrungsmittel. Sie werden gekocht, gebraten oder als Rührei gegessen, aber auch zur Zubereitung vieler Speisen verwendet. Während des Erhitzens verändert sich das Ei.

a) *Was passiert eigentlich beim Kochen von Eiern? Warum werden Eier hart? Erkläre!*

b) *Erläutere am Beispiel der Proteine des Hühnereies, was man unter „biologischer Wertigkeit" von Eiweißen versteht!*

a) Eier enthalten viele Nährstoffe. Neben Fetten, Mineralstoffen und Vitaminen hat ein durchschnittliches Ei ungefähr einen Anteil von 7 g an Proteinen.

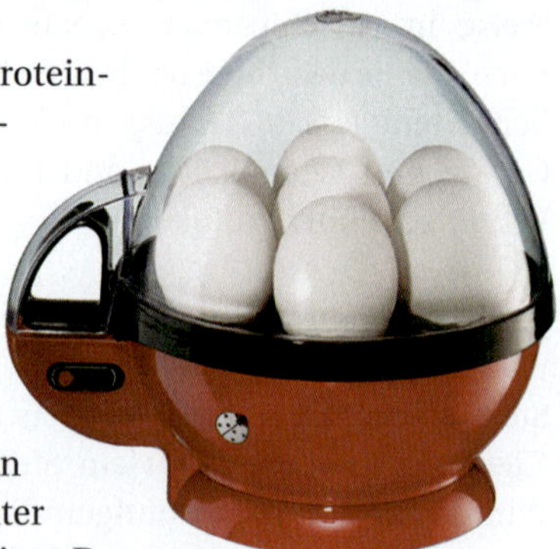

Dabei ist der Proteingehalt (Eiweißgehalt) im Eidotter (Eigelb) höher als im Eiklar (Eiweiß). Eiweiße werden denaturiert unter Einfluss von Hitze. Das Eiweiß des Hühnereis gerinnt bei 60 °C.
Die Tertiär- und Quartärstruktur werden irreversibel zerstört. Dadurch werden die Eiweiße fest. Die in den Peptidketten verbundenen Aminosäuren werden aber bei diesem Prozess nicht angegriffen und können im Verdauungstrakt freigesetzt werden.

b) Die biologische Wertigkeit gibt an, wie viel Gramm körpereigenes Eiweiß aus 100 g des Nahrungseiweißes gebildet werden können. Entscheidend ist der Anteil an essenziellen Aminosäuren. Weil die Eiweiße im Eiklar und Eidotter alle für den Menschen essenziellen Aminosäuren und diese auch im richtigen Verhältnis enthalten, ist die biologische Wertigkeit dieser Eiweiße höher als die der Eiweiße aus Fleisch.

### Vorgänge beim Sterilisieren

Besonders in der Medizin nutzt man u. a. Hitze, um Geräte keimfrei zu machen.
*Erläutere mögliche Verfahren!*

Bereits bei 70 °C und einer Einwirkzeit von 30 Minuten überleben die meisten Bakterien nicht. Bei Siedehitze erfolgt die Abtötung fast augenblicklich. Die gewollten Schädigungen bei Bakterien sind irreversibel. Die Bakterien sind nicht mehr in der Lage, sich zu vermehren – auch nicht auf optimalen Nährmedien. Auch Viren sind im Allgemeinen nicht hitzeresistenter als Bakterien.
Die Abtötungszeiten verkürzen sich wesentlich bei feuchter Hitze gegenüber trockener, weil bei der Kondensation des Wasserdampfs auf dem zu sterilisierenden Material Energie abgegeben wird und so Eiweiße zerstört werden.
Dampf- und Heißluftsterilisationen werden ergänzt durch chemische Verfahren, wobei bestimmte chemische Stoffe die Eiweiße ebenfalls irreversibel verändern.
Die chemischen Sterilisationsverfahren werden in der Regel nur dann angewendet, wenn der Einsatz thermischer Verfahren nicht möglich ist, denn der Umgang mit chemischen Stoffen erfordert bestimmte Sicherheitsmaßnahmen.

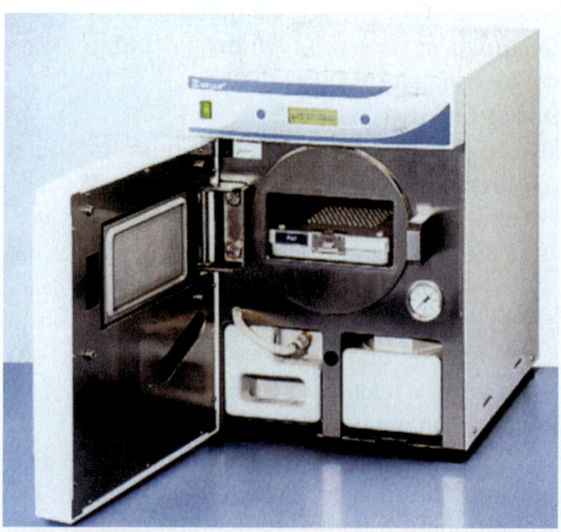

**1** Sterilisator

## gewusst · gekonnt

1. Vervollständige dein Glossar!

2. Gib die funktionellen Gruppen von Aminosäuren an und beschreibe die Ausbildung der Peptidbindung!

3. „Konstruiere“ ein Polypeptid aus je zwei Molekülen von vier verschiedenen Aminosäuren! Notiere mindestens drei Verknüpfungsmöglichkeiten!

4. Erläutere, wie Eiweiße aufgebaut sind! Erkläre, wie es möglich ist, dass Stoffe mit ähnlichem Aufbau viele verschiedene Funktionen erfüllen können!

* 5. Beschreibe, wie bei heterotrophen Organismen körpereigene Eiweiße aufgebaut werden!

6. Vergleiche die Bildung bzw. den Abbau von Stärke und Eiweißen (Polypeptiden). Formuliere eine allgemeine Aussage!

7. Eiweiße sind lebenswichtige Bestandteile unserer Nahrung. Erkläre, warum das so ist! Zähle Nahrungsmittel auf, die für eine gesunde Ernährung geeignet sind, und begründe ihre Auswahl! Nutze dazu die geeigneten Nachschlagewerke oder das Internet!

8. Hohes Fieber ist für den Menschen gefährlich. Welche Erklärung kann man für diese Tatsache finden?

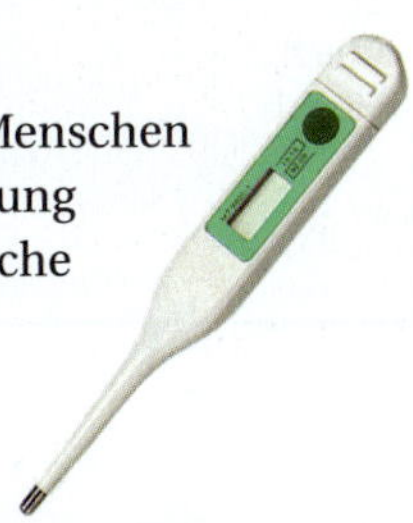

9. Für die Entfernung alter Blutflecken benötigt man meistens spezielle Fleckenentferner. Welche Stoffe bewirken die Auflösung der Flecken?

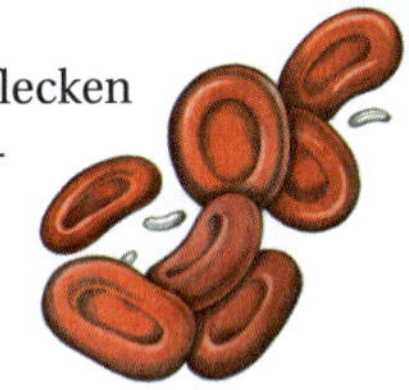

10. S Wenn man Kartoffeln kocht, bildet sich manchmal ein weißlicher Schaum.
    a) Stelle eine begründete Vermutung auf, woraus dieser Schaum bestehen könnte!
    b) Beschreibe eine Möglichkeit, diese Vermutung experimentell zu bestätigen, und führe den Versuch durch!

11. Blutflecken auf Kleidungsstücken sollten möglichst schnell und mit kaltem Wasser ausgespült werden. Begründe!

12. Überprüfe Lebensmittelproben (z. B. Kartoffeln, Mehl, Eiklar, Bohnen)! Ermittle, ob sie Eiweiß enthalten! Protokolliere!

13. Die Magensäure unterstützt nicht nur den Verdauungsprozess. Durch sie werden auch mit der Nahrung aufgenommene Krankheitskeime abgetötet. Erläutere das Prinzip, auf dem diese Schutzfunktion beruht!

14. Eine Polypeptidkette besteht aus 10 α-Aminosäureresten der Aminosäure Glycin. Berechne die molare Masse der Verbindung!

15. Begründe, warum Schlankheitsdiäten, die auf einseitiger Ernährung beruhen, für den Menschen gefährlich werden können!

16. Erläutere, worauf die Abstoßungsreaktionen bei Transplantationen beruhen!

summa summarum

## Naturstoffe

### Fette

Fette sind Gemische aus unterschiedlichen Glycerolestern, wobei Glycerol jeweils mit verschiedenen ungesättigten und gesättigten Carbonsäuren verestert sein kann.

| Grundbausteine | Bedeutung | Vorkommen | Nachweis |
|---|---|---|---|
| Glycerolreste und Fettsäurereste | Energiereserve | feste Fette wie Butter, Schmalz;<br>fette Öle wie Olivenöl | Fettfleckprobe |

### Kohlenhydrate

Kohlenhydrate sind organische Stoffe, die aus den Elementen Kohlenstoff, Wasserstoff und Sauerstoff zusammengesetzt sind.
Sie werden nach der Anzahl ihrer Grundbausteine in Monosaccharide, Disaccharide und Polysaccharide eingeteilt.

| Stoff | Grundbausteine | Bedeutung | Vorkommen | Nachweis |
|---|---|---|---|---|
| Glucose (Monosaccharid) | – | Energielieferant | Obst, Reaktionsprodukt der Fotosynthese | fehlingsche Probe / ziegelroter Niederschlag beim Erhitzen |
| Stärke (Polysaccharid) | Glucosereste | Speicherstoff | Getreide, Kartoffel | Blaufärbung bei Zugabe von Iod-Kaliumiodidlösung |

### Eiweiße

Proteine (Eiweißstoffe) sind makromolekulare Stoffe, die aus vielen Aminosäureresten bestehen. Diese sind über Polypeptidbindungen verknüpft. Die Peptidketten sind in besonderer Form räumlich strukturiert.

| Grundbausteine | Bedeutung | Vorkommen | Nachweis |
|---|---|---|---|
| Aminosäurereste | Gerüstsubstanz, Enzyme, Hormone | Käse,<br>Ei,<br>Milch,<br>Fleisch | Xanthoproteinreaktion – Gelbfärbung (Eiweißnachweis)<br>Biuretreaktion – Violettfärbung (Nachweis der Peptidgruppe) |

# 16 Kunststoffe

## Kunststoffe im Alltag, in der Freizeit und in der Medizin

Kunststoffe werden heute für einige Bereiche gezielt entwickelt und entsprechend verwendet.
Solche Kunststoffe werden in der Medizin eingesetzt (Kontaktlinsen – s. Abb.), sind aber auch für die Ausübung vieler Sportarten unentbehrlich.
*Wie können Kunststoffe hergestellt werden?*

## Kunstfasern – gezielt eingesetzt

Chemiefasern können Stoffe für „brenzlige Situationen" sein. Eine Synthesefaser aus Melaminharz wird u. a. zu Schutzanzügen verarbeitet, die Feuerwehrmänner in einem Flammeninferno optimal schützen.
*Welche Stoffe gehören noch zu den Kunstfasern und wo können sie eingesetzt werden?*

## Kunststoffe und Kunststoffabfälle

Kunststoffe sind aus keinem Haushalt wegzudenken. Durch ihre Eigenschaften werden sie häufig als Verpackungsmaterial verwendet. Wie groß die Abfallmenge jedoch dadurch wird, fällt auf, wenn man bewusst darauf achtet, wie viele Kunststoffabfälle sich im Haushalt innerhalb einer Woche ansammeln.
*Wie kann man Kunststoffabfälle umweltgerecht entsorgen?*

## Kunststoffe – mehr als nur Ersatz

Herkömmliche Werkstoffe sind Holz, Stahl, Lehm, Ton, Glas, Leder, pflanzliche und tierische Fasern. Diese Werkstoffe standen und stehen nicht immer in ausreichendem Maße zur Verfügung. Zudem ermöglichen ihre Eigenschaften nur begrenzte Einsatzmöglichkeiten. Kunststoffe stellen weit verbreitete Alternativen dar.

Im Jahr 1907 gelang dem Chemiker LEO HENDRIK BAKELAND (1863–1944) erstmals die Herstellung eines vollsynthetischen Kunststoffprodukts (Abb. 2). Damit begann die Epoche neuer Werkstoffe – das Zeitalter der Kunststoffe.
Heute ist man nicht mehr auf die Bearbeitung oder Umarbeitung natürlicher Materialien angewiesen. Es können Stoffe produziert werden, die genau auf den möglichen Einsatz abgestimmt werden. Die Palette der Kunststoffe wird immer vielfältiger. Viele technische Neuerungen sind ohne die Materialien gar nicht möglich. Auch im Alltag spielen Kunststoffe heute eine große Rolle (Abb. 1). Zu den Kunststoffen gehören **Plaste, Chemiefasern, Elaste, synthetische Lacke und Klebstoffe**.
Sie bestehen aus Makromolekülen, die vollsynthetisch oder durch Abwandlung von Naturstoffen hergestellt werden.

2 Bakelit eroberte viele Bereiche des Lebens.

**Kunststoffe bestehen aus Makromolekülen. Durch die Wahl der Bausteine und Reaktionsbedingungen können Kunststoffe gezielt synthetisiert werden.**

| Kunststoffart | Verwendung im Auto |
|---|---|
| Polycarbonat | Streuscheiben von Scheinwerfern, Stoßfängerverkleidung und Karosserieaußenteile |
| Polyvinychlorid | Unterbodenschutz, Stoßleisten, Kabelisolierung, Innenraumverkleidung (Deckhaut) |
| Polybutylen-terephthalat | Elektronikgehäuse, Stoßfängerverkleidung und Karosserieaußenteile, Stecker |
| Polypropylen | Stoßfänger, Luftfiltergehäuse, Führungskanäle, Behälter, Seitenblenden |
| Polyurethan | Sitzpolster, Armaturentafelpolsterung und -deckhaut, Dachhimmel |
| Polyamid | Motorabdeckung, Ansaugkrümmer, Radblenden, Stecker |
| Polyoxymethylen | Clipse, Steckerverbinder, Lagerkomponenten |
| Acrylnitril-Butadien-Styrol-Copolymer | Innenverkleidung, Radblenden, Kühlgrill |
| Polyethylen-terephthalat | Textilien, Abdeckungen, Gurte, Airbag |
| Polyethylen | Kraftstofftank, Wasserbehälter |

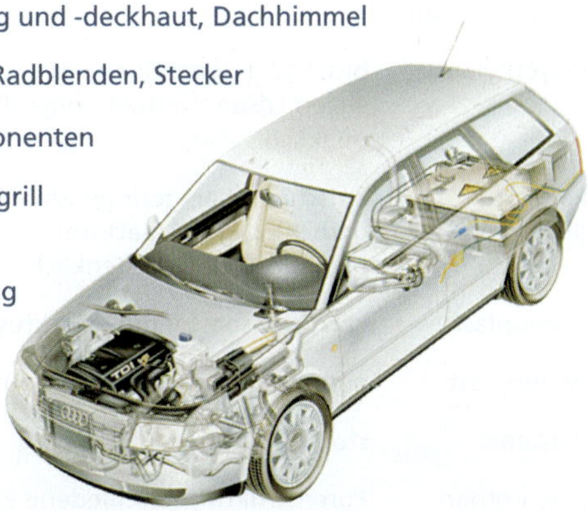

**1** Es wird erwartet, dass im Jahr 2005 15 % der Masse eines Autos durch Kunststoffe abgedeckt werden.

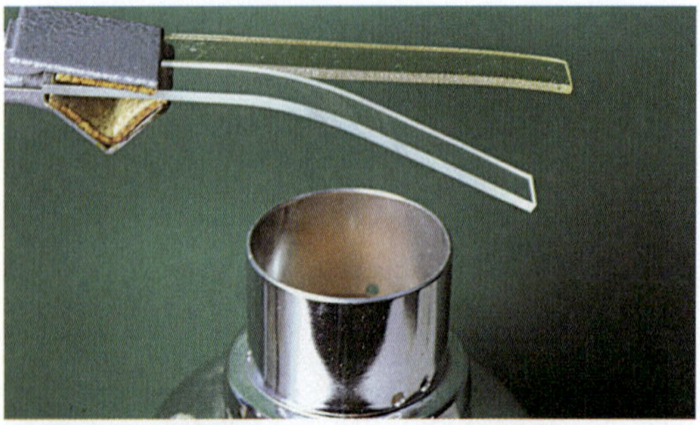

**1** Experimentelle Überprüfung der Hitzebeständigkeit verschiedener Plastsorten

| Kunststoff | | |
|---|---|---|
| | **Thermoplast** | **Duroplast (Duromer)** |
| **Eigenschaften** | – erweicht beim Erwärmen<br>– ist plastisch verformbar | – zersetzt sich beim Erwärmen<br>– ist nicht plastisch verformbar |
| **Beispiele** | – Polystyrol (PS)<br>– Polypropylen (Polypropen = PP)<br>– Polyvinylchlorid (PVC)<br>– Polyethylen (Polyethen = PE) | – Phenoplaste<br>– bestimmte Polyester<br>– Aminoplaste |

## Plaste – eine wichtige Gruppe der Kunststoffe

Plaste sind weitgehend beständig gegenüber Witterungseinflüssen und Chemikalien wie Säuren und Laugen. Die meisten Plaste leiten weder den elektrischen Strom noch Wärme, weshalb sie häufig als Isolationsmaterial eingesetzt werden. Aufgrund ihrer Eigenschaften finden Plaste vielfältig Anwendung (s. Tab. unten).

Die Einsatzmöglichkeiten werden aber auch durch bestimmte Eigenschaften begrenzt, z.B. weisen Plaste eine relativ geringe Härte, z. T. geringe Temperaturbeständigkeit und oft leichte Entzündbarkeit sowie Brennbarkeit auf. Von organischen Lösemitteln können einige Plaste angegriffen werden.
Plaste lassen sich in zwei Gruppen einteilen, in **Thermoplaste** und **Duroplaste**. Die Grundlage für diese Einteilung ist ihr Verhalten beim Erhitzen (Abb. 1, Tab. li.).

**Thermoplaste und Duroplaste unterscheiden sich durch das Verhalten beim Erhitzen, Thermoplaste werden weich, Duroplaste zersetzen sich.**

| Eigenschaften und Verwendung von Plasten | | |
|---|---|---|
| **Plaste** | **Eigenschaften** | **Verwendung** |
| Polyvinylchlorid (weich) | gummiartig, geringe Leitfähigkeit | Fußbodenbeläge, Bauteile, Rohre |
| Polyethylen | beständig gegenüber Säuren, Laugen und vielen Lösungsmitteln, physiologisch unbedenklich | Behälter für Chemikalien und Lebensmittel |
| Polystyrol (Polystyren) | aufschäumbar, geringe Wärmeleitfähigkeit, geruchlos, geschmackfrei, physiologisch unbedenklich | Schaumstoffe zur Wärmedämmung (Styropor), Verpackungen für Lebensmittel |
| Phenoplast | korrosionsbeständig, druckfest | Karosserieteile, Zahnräder |
| Aminoplast | gute Festigkeit, geruchlos, gut anfärbbar | Formteile für den Maschinenbau u.a. m. |
| Polyamid | stoßfest, alterungsbeständig, verformbar | Vakuumverpackung, Lager, Zahnräder |
| Polyurethan | Porenstruktur, verschiedene Elastizitäten und Härtegrade sind möglich | Isolation von Gebäuden, Dämmstoff für Kühlschränke |

*Thermoplaste*

Die **Thermoplaste** erweichen beim Erwärmen und gehen in einen plastischen Zustand über. Die Ursache für das Erweichen und die plastische Verformbarkeit liegt in der Struktur der Makromoleküle. Die kettenförmigen Makromoleküle, die das Polymer aufbauen, sind linear angeordnet und nur wenig verzweigt oder räumlich verknüpft (Abb. 1). Der Zusammenhalt erfolgt vor allem über schwache zwischenmolekulare Kräfte (VAN DER WAALS Kräfte). Bei Wärmeeinwirkung werden diese überwunden und die Moleküle können verschoben und gestreckt werden. Dabei nimmt die Festigkeit ab und eine Verformung wird möglich. Beim Abkühlen behalten sie die angenommene Form, die zwischenmolekularen Kräfte wirken wieder.

Thermoplaste können neben den gemeinsamen Eigenschaften in Abhängigkeit von den jeweiligen Monomeren sehr unterschiedliche Eigenschaften aufweisen. Meistens werden Thermoplaste durch **Polymerisation** (s. S. 302) hergestellt. Die Voraussetzung für eine Polymerisation sind Ausgangsstoffe, die in ihren Molekülen Mehrfachbindungen enthalten.

**Thermoplaste entstehen häufig durch Polymerisation.**

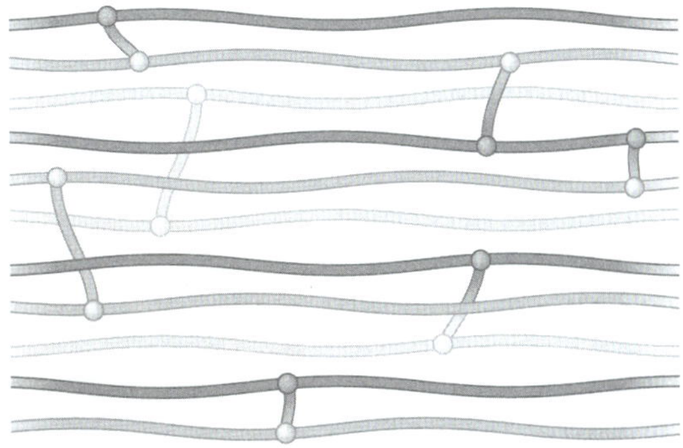

1 Räumliche Verknüpfung von Makromolekülen

**wichtige Thermoplaste**

| **Name**<br>**Kürzel** | **Monomermoleküle**<br>**Name, Formel** | |
|---|---|---|
| Polystyren<br>(Polystyrol)<br>PS | Styren<br>(Styrol) | 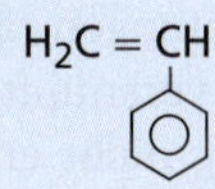 |
| Polypropylen PP<br>(Polypropen) | Propylen<br>(Propen) | $H_2C=CH$<br>$\vert$<br>$CH_3$ |
| Polyvinylchlorid<br>PVC | Vinylchlorid<br>(Monochlor-<br>ethen) | $H_2C=CH$<br>$\vert$<br>$Cl$ |
| Polyethylen<br>PE<br>(Polyethen) | Ethylen<br>(Ethen) | $H_2C=CH_2$ |
| Polytetrafluor-<br>ethylen<br>PTFE (Teflon®) | Tetrafluorethen | $F_2C=CF_2$ |

**Polyethen (Polyethylen)**

**Eigenschaften:** brennbar; tropft beim Verbrennen; beständig gegenüber Säuren, Laugen, vielen Lösungsmitteln; Niederdruckpolyethylen (HD-PE) ist härter und hat eine größere Dichte als Hochdruckpolyethylen (LD-PE)

**Verwendung:**
HD-PE: Getränkekästen, Druckrohre
LD-PE: Folien, Haushaltswaren

**Polyvinylchlorid**

**Eigenschaften:** schwer entflammbar; zersetzt sich ab 200 °C, wobei u. a. HCl entsteht; beständig gegenüber Säuren, Laugen, Benzin

**Verwendung:**
PVC hart: Bauteile, Dachrinnen
PVC weich: Fußbodenbeläge

## *Duroplaste*

Zu den **Duroplasten (Duromere)** gehören Phenoplaste, Aminoplaste und bestimmte Polyester.

**Phenoplaste:** Herstellung von Karosserieteilen, Beschlägen, Hartfaserplattenbeschichtungen, Gehäusen
**Polyester:** Herstellung von Gießharzen, Schichtstoffen, Träger von Disketten

Es sind Kunststoffe mit großer Festigkeit und Wärmebeständigkeit. Sie sind hart, spröde und lassen sich nicht plastisch verformen.
Die Makromoleküle der Duromere sind in alle Richtungen räumlich durch chemische Bindungen verknüpft. Beim Erwärmen kann die Vernetzung nicht entwirrt, sondern nur zerstört werden. Duroplaste zersetzen sich.
Durch die Vernetzung wird die Beweglichkeit der Ketten so stark behindert, dass die entstandenen Kunststoffe bei der Herstellung sofort in die angestrebte Form gebracht werden müssen.
Duroplaste entstehen meist durch **Polykondensation.** Die Moleküle der Ausgangsstoffe besitzen häufig funktionelle Gruppen oder andere reaktionsfähige Stellen im Molekül.
Bedingt durch diese funktionellen Gruppen entstehen aus zahlreichen einfachen Molekülen unter Abspaltung kleiner Moleküle (oft Wasser) kettenförmige Zwischenprodukte, die weiter miteinander reagieren. Schließlich bilden sich riesige räumlich vernetzte Makromoleküle.

| wichtige Duroplaste | | |
|---|---|---|
| **Name** | **Kürzel** | **Ausgangsstoffe** |
| Phenoplaste | Bsp. PF | Phenol, Methanal |
| Aminoplaste | Bsp. UE, MF | Harnstoff, Methanal |
| Polyester (einige) | Bsp. UP | Maleinsäureanhydrid, Styrol, Ethylenglycol |
| Polyurethane (einige) | Bsp. PUR | Diol, Diisocyanat |

**Viele Duroplaste entstehen durch Polykondensation. Die Polykondensation ist eine chemische Reaktion, bei der Moleküle verschiedener Stoffe aufgrund funktioneller Gruppen meist unter Abspaltung von Wasser miteinander reagieren. Dabei entstehen Makromoleküle.**

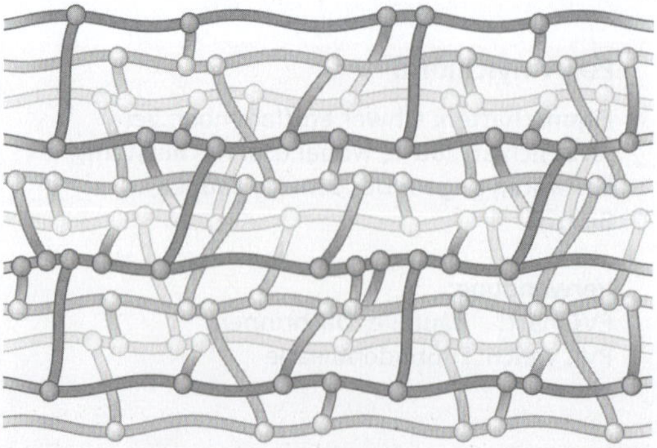

1 Verknüpfung der Makromoleküle im Duroplast.

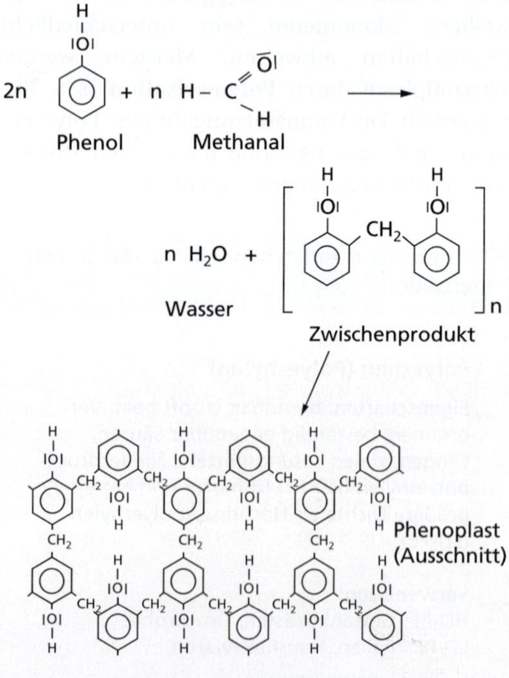


2 Polykondensation am Beispiel eines Phenoplasts.

## Elastomere

Kautschuk wurde von den Menschen schon sehr lange genutzt. Von den Mayas weiß man, dass sie Plätze besaßen, auf denen Ballspiele mit religiösem Hintergrund abgehalten wurden. Bei dem Ball, mit dem gespielt wurde, handelte es sich um eine Kautschukkugel.

Kautschuk gehört zu den **Elastomeren (Elasten)**. Dabei handelt es sich um organische Polymere mit gummielastischen Eigenschaften bei Raumtemperaturen.

Es gibt Natur- und Synthesekautschuk. Die Grundbausteine von Naturkautschuk sind Isoprenmoleküle. Hunderte bis tausende Isoprenmoleküle sind in langen Ketten miteinander verknüpft.

Die Gewinnung von Naturkautschuk erfolgt durch Anzapfen der Kautschukbäume (Hevea). Aus der Zapfstelle fließt die Kautschukmilch (Latex) – die etwa 33 % Kautschuksubstanz enthält.

Synthetisch wurde Kautschuk erstmalig 1909 hergestellt. Auch hierfür nutzte man zuerst Isopren als Ausgangsstoff.

Isopren

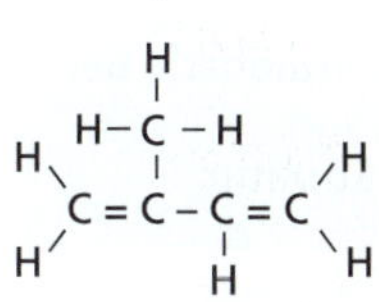

Buta-1,3-dien

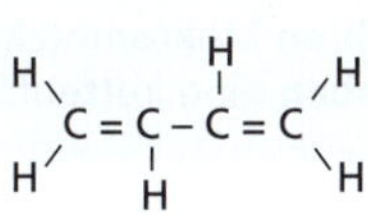

Seit 1925 dient Buta-1,3-dien als Ausgangsstoff für diese Elaste.

Rohkautschuk verliert seine Elastizität an der Luft sehr schnell. In der Kälte wird er brüchig. Schwefel und andere Zusätze verbessern wesentlich die Eigenschaften. Rohkautschuk wird deshalb vulkanisiert und so zu Gummi verarbeitet (Abb. 1). Durch den Vorgang des Vulkanisierens bilden sich zwischen den kettenförmigen Makromolekülen Schwefelbrücken aus.

Je nach Menge und Art der Zusatzstoffe erhält man Hart- oder Weichgummi. Entsprechend der geplanten Verwendung können so die Eigenschaften des Gummis bei der Produktion gezielt gesteuert werden.

Die Makromoleküle der Elaste sind weitmaschig vernetzt (Abb. 2). Im ungedehnten Zustand nehmen die Makromoleküle eine Knäuelgestalt an. Durch Einwirkung von Zugkraft werden sie gestreckt. Bei Raumtemperatur können sie mindestens auf das Zweifache ihrer Länge gedehnt werden. Nach Aufhebung der Krafteinwirkung nehmen sie aufgrund der ursprünglichen Vernetzung wieder ihren ehemaligen Zustand an. Elaste lassen sich nicht thermisch umformen.

**Elastomere sind Kunststoffe, die elastisch verformbar sind, da ihre Makromoleküle weitmaschig vernetzt sind.**

1 Durch das Vulkanisieren entsteht Gummi. Er weist eine hohe Haltbarkeit auf und wird für Reifen genutzt.

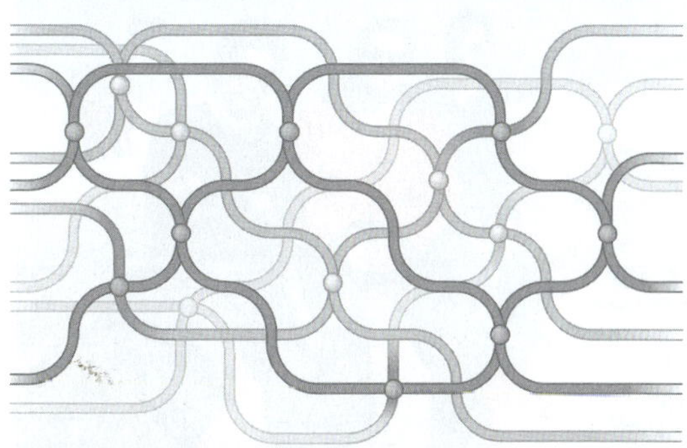

2 Verknüpfung der Makromoleküle im Elastomer – durch die weitmaschige Vernetzung ist eine elastische Verformung möglich.

## Chemiefasern

Naturfasern wie Wolle, Baumwolle Leinen und Seide nehmen Feuchtigkeit gut auf und schließen Luft im Gewebe ein. Dadurch halten sie warm. Allerdings knittern sie und der Aufwand bei der Reinigung ist relativ hoch.

Vollsynthetisch hergestellte Chemiefasern eroberten in den 50er Jahren des 20. Jahrhunderts den Bekleidungsmarkt. Sie sind knitterarm und pflegeleicht.

Durch **Kombination von Naturfasern und Chemiefasern** bei der Stoffproduktion gelingt es, die Vorzüge beider Faserarten zu kombinieren.

Zudem gibt es bei der Synthese von Chemiefasern viele Fortschritte und Neuerungen. So werden nicht nur Fasern nach natürlichen Vorbildern, sondern für einen speziellen Einsatz entwickelt. Eine Innovation sind die sogenannten **Mikrofasern,** die zunehmend in der Bekleidungsindustrie, aber auch in der Technik Verwendung finden. Mikrofasern sind sehr feine Fasern, die 10mal dünner als ein Menschenhaar sind. Ein Gramm Mikrofaser entspricht daher ungefähr einer Länge von 10 km. Stoffe aus Mikrofasern sind atmungsaktiv wie Stoffe aus Naturfasern. Neben Mikrofasern spielen hauchdünne **Membranen** aus Teflon® (Goretex®) eine Rolle. Durch diese Membranen wird entsprechende Kleidung winddicht und wasserabweisend. Durch kleinste Poren ist diese dünne Folie trotzdem atmungsaktiv.

1 Wetterfeste Bekleidung – durch die Entwicklung neuer Stoffe wird die Voraussetzung geschaffen.

**Kunststofffasern** können aus Polyamiden (Abb. 2), Polyestern und Polyacrylnitril gesponnen werden. Chemiefasern bestehen ebenso wie Plaste aus Makromolekülen.

Diese Makromoleküle werden durch Polykondensation oder Polymerisation hergestellt.

Der Ausgangsstoff Acrylnitril **polymerisiert** z. B. zu Polyacrylnitril.

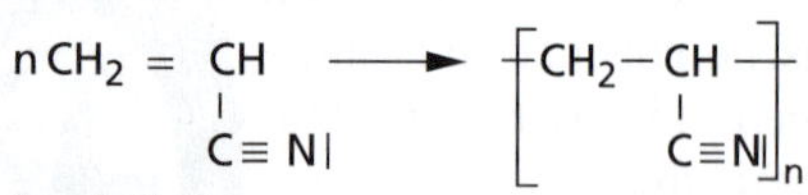

Acrylnitril

Polyacrylnitril

Polyamide (u. a. für die Faserstoffproduktion) entstehen durch **Polykondensation**.

Die Makromoleküle bilden sich stufenweise über Zwischenprodukte. Die Polyamide sind feste Stoffe, die zerkleinert und bei 270 °C geschmolzen werden.

**Schmelzspinnen:** Aus der Schmelze lassen sich Fäden ziehen. Die Schmelze wird durch Spinndüsen gedrückt. Es treten heiße Flüssigkeitsstrahlen in eine Stickstoffatmosphäre aus. Nach Kühlung entstehen feste Fäden, die beim Erkalten verstreckt (einem Zug ausgesetzt) werden.

**Chemiefasern bestehen aus synthetisch hergestellten Makromolekülen.**
**Sie haben eine kettenförmige Struktur.**

**L Experiment**

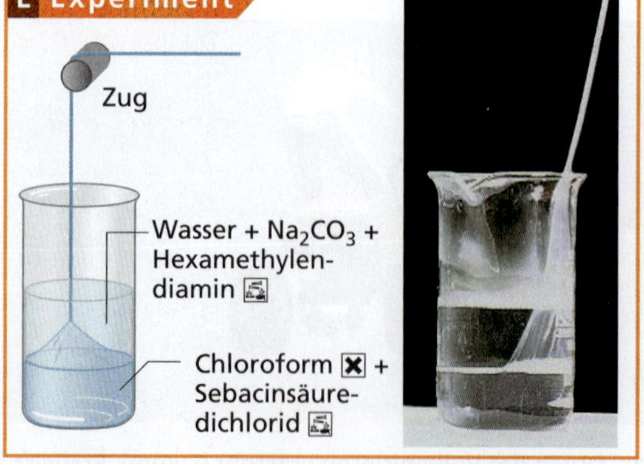


2 Herstellung von Nylon durch Kondensation an Grenzflächen.

## Silicone

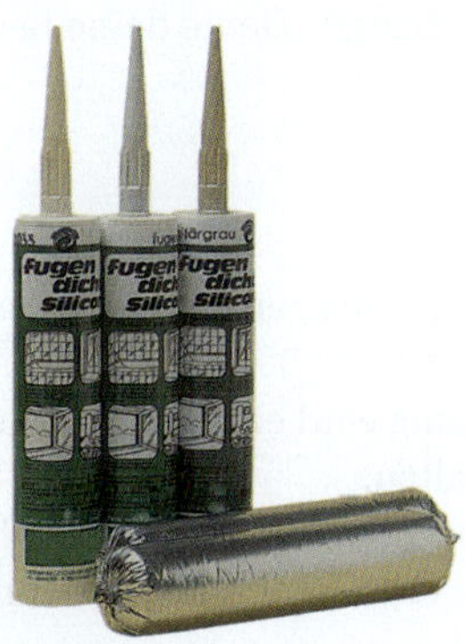

Bei „Silicon“ denkt man häufig an plastische Chirurgie und entsprechende Implantate.
Silicone stellen aber eine große Gruppe von Verbindungen mit vielfältigen Einsatzmöglichkeiten dar.
Es handelt sich um siliciumorganische polymere Verbindungen, die gezielt synthetisiert werden.

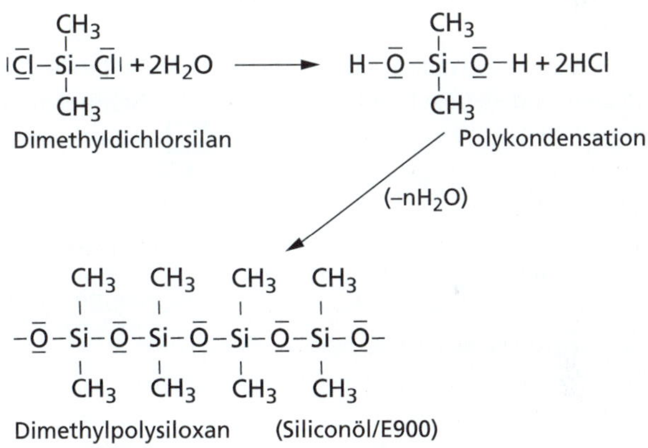


Das erste Siliconprodukt war eine Paste, die seit 1944 zum Schutz elektrischer Zündanlagen gegen Feuchtigkeit verwendet wurde.

Heute unterscheidet man nach den Eigenschaften verschiedene Siliconarten (Tab.). Entsprechend der unterschiedlichen Eigenschaften gibt es vielfältige Einsatzmöglichkeiten.

| **Einsatzmöglichkeiten von Siliconen** | |
|---|---|
| **Siliconöle** | Salbengrundlagen, Lebensmittelzusatz (E 900), Stoßdämpferöl |
| **Siliconpasten** | Dichtungspasten |
| **Siliconfette** | Schmiermittel |
| **Silicon-kautschuk Siliconharze** | Fugendichtungsmasse, Schläuche, Isoliermaterial, medizinische Materialien (künstliche Adern, Herzklappen) |

... und mehr

**Informiere dich auch unter:** *Silicium und Siliciumverbindungen*

## Kunststoff ist nicht gleich Kunststoff

### S Experiment 1:

**Aufgabe:**
Alle organischen Stoffe enthalten das Element Kohlenstoff, die meisten auch das Element Wasserstoff. Ermittle die elementare Zusammensetzung von Polyethylen!

**Vorbereitung:**

a) Gib die notwendigen *Geräte und Chemikalien* an!
b) Erkläre, welche Bedeutung weißes Kupfer(II)-sulfat und die Calciumhydroxidlösung für dieses Experiment haben! Nutze dazu die Durchführungsskizze!
c) Informiere dich über die Gefahrsstoffe! Welche R- und S-Regeln sind zu beachten?

**Durchführung:**

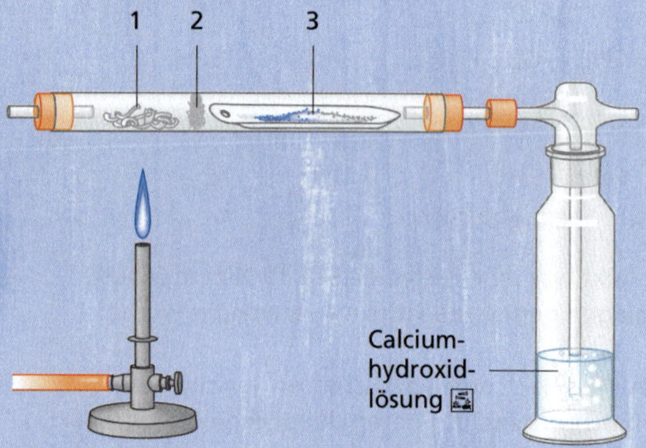


Hinweis:
Vorsichtig erwärmen!

1 Polyethylen
2 Glaswolle
3 entwässertes Kupfer(II)-sulfat

**Beobachtungen und Auswertung:**
Notiere deine Beobachtungen! Leite Schlussfolgerungen hinsichtlich der Aufgabenstellung ab! Belege sie, wenn möglich, mit einer Reaktionsgleichung, nutze sonst Wortgleichungen!

### S Experiment 2:

Untersuche das Verhalten beim Erhitzen von ausgewählten Plastsorten (z. B. Polyethylen, Polystyrol, Polycarbonat, u. a.). Achtung: Abzug!
Plane das Experiment und fordere Geräte und Materialien beim Lehrer an! Orientiere dich an der Skizze oder Abb. 1, S. 396!

a) Leite eine Schlussfolgerung über die Hitzebeständigkeit von diesen Kunststoffen ab!
b) Stelle die Schmelztemperaturen verschiedener Thermoplaste zusammen! Übernimm dazu die Tabelle und ergänze sie!

| Kunststoff | Schmelztemperatur |
|---|---|
| Polyphenylsulfid (PPS) | ca. 285 °C |
| | |
| | |

### S Experiment 3:

Berühre verschiedene Plastproben mit einem stark erwärmten Kupferdraht und halte ihn dann in die entleuchtete Flamme des Brenners (Beilsteinprobe – Achtung: Abzug!) ! Deute deine Beobachtungen!

### L Experiment 4:

PVC-Schnitzel werden im Reagenzglas auf über 200 °C erhitzt. (Vorsicht: Abzug!)
In die Reagenzglasöffnung wird ein angefeuchteter Uniteststreifen gehalten.
Protokolliere das Experiment! Notiere die Beobachtungen und stelle eine Reaktionsgleichung auf!
Was kannst du über die elementare Zusammensetzung von Polyvinylchlorid ableiten?

### L Experiment 5:

**Aufgabe:**
Stelle einen Polyurethanschaumstoff unter dem Abzug her!
**Vorbereitung:**
*Geräte und Chemikalien:* Becherglas (1 Liter), Polyethylenbeutel, Holzstab, Desmophen/Aktivatorgemisch, Desmodur 44 V20 ☒
**Durchführung:**
In das Becherglas stellt man einen der Glaswandung angepassten Polyethylenbeutel. In diesen Beutel gibt man zuerst 33 g Desmophen/Aktivatorgemisch und dann 50 g Desmodur 44 V20. Die Mischung wird so lange gerührt, bis die Gasentwicklung den Beginn der Reaktion anzeigt. Dann überlässt man die Schaumbildung sich selbst. (**Hinweis:** Man kann den Versuch auch direkt im Becherglas ausführen. Dann bereitet allerdings die Säuberung des Gefäßes Schwierigkeiten.)

**Auswertung:**
Ermittle, wo Polyurethanschaumstoff zum Einsatz kommt!

### S Experiment 6:

**Aufgabe:**
Recycle Polyethylenabfälle durch Umschmelzen!
**Vorbereitung und Durchführung:**
Polyethylenabfälle werden zerkleinert und in eine feuerfeste und hitzebeständige Form gegeben, die mit Aluminiumfolie ausgekleidet ist. Die Form mit den Kunststoffschnipseln wird bis zum Schmelzen erhitzt (Abzug!). Nach dem Abkühlen werden die neuen Gegenstände aus der Form genommen.

1 Viele Badeanzüge sind aus Polyamid gefertigt.

### S Experiment 7:
Polyamidpulver oder -granulat wird im Reagenzglas vorsichtig über dem Bunsenbrenner aufgeschmolzen.
(Vorsicht: Bei Luftzutritt erfolgt leicht eine Gelb-Braun-Färbung, da der Kunststoff oxidationsanfällig ist. Es findet die Rückbildung zu den Monomeren statt).
Mit einem in eine Schmelze getauchten Glasstab lassen sich zahlreiche seidenglänzende Fäden „spinnen", die anschließend verstreckt werden können.

### S Experiment 8:

**Aufgabe:**
Teste die Kaltverstreckbarkeit von Perlon!
**Durchführung:**
a) Miss die Länge eines Perlonfadens vor und nach dem Verstrecken!
b) Lege einen verstreckten Faden in kochendes Wasser und miss danach erneut seine Länge!

**Beobachtung und Auswertung:**
Notiere deine Beobachtungen und kommentiere sie!

## Kunststoffe – Werkstoffe ohne Nachteile?

Kunststoffe stellen für viele Gelegenheiten die idealen Werkstoffe dar. Sie sind sehr haltbar, denn sie sind meist beständig gegen Licht, Sauerstoff, Wasser und werden selten von Mikroorganismen angegriffen. Dieser Vorteil erweist sich nach Gebrauch als Nachteil, denn die wenigsten Kunststoffe sind biologisch abbaubar. Daher ergeben sich riesige Müllmengen, jährlich ca. 2,5 Mill. Tonnen Kunststoffabfälle in Deutschland, die beseitigt werden müssen. Davon stammen 1 Mill. Tonnen aus Haushalten. Diese Abfälle können nicht alle auf Deponien gelagert werden.
**Die Voraussetzung dafür, dass eine Beseitigung des Kunststoffmülls erfolgen kann, ist konsequente Mülltrennung.**

Einen Teil der Kunststoffabfälle führt man der **Müllverbrennung** (Abb. 1) zu. Der hohe Heizwert von Kunststoffen kann bei dieser Art der Beseitigung genutzt werden. Allerdings ist das Verfahren umweltbelastend, denn es kann zur Bildung giftiger Abgase kommen. Beispielsweise entstehen aus 1 kg PVC bei der Verbrennung ca. 350 l Chlorwasserstoff. In Verbrennungsanlagen werden u. a. Dioxine und halogenierte Kohlenwasserstoffe (FCKW) gebildet.

Die günstigere Variante der Kunststoffbeseitigung besteht darin, solche Abfälle zu recyceln.

1 In Müllverbrennungsanlagen wird ein Teil des Abfalls „beseitigt".

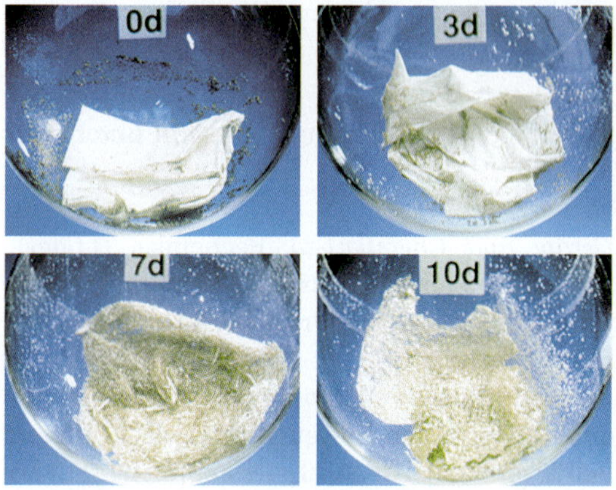


2 Durch die Wahl geeigneter Ausgangsstoffe ist es gelungen, Kunststoff-Folien zu entwickeln, die biologisch abbaubar sind (d = Tag).

Dazu kann das vorhandene Material als Mischkunststoffe oder auch sortenrein getrennt, gereinigt, getrocknet und zerkleinert werden. Danach erfolgt das Einschmelzen und die neue Formgebung. Auf diese Art entstehen z. B. Tragetaschen, Faltboxen für den Haushalt, Bautenschutzplatten zur Abdichtung und Dämmung, Parkbänke und vieles mehr **(stoffliche Wiederverwertung)**.
Die zweite Variante des Recyclings besteht in der **chemischen Wiederverwertung**.
**Pyrolyse:** chemische Umwandlung der Makromoleküle unter Luftabschluss bei Temperaturen von 600 – 900 °C. Pyrolyseöl und -gas entstehen.
**Hydrolyse:** chemische Umwandlung der Makromoleküle mit Wasserdampf bei hohem Druck und hohen Temperaturen. Die Monomeren entstehen.
**Hydrierung:** chemische Umwandlung der Makromoleküle mit Wasserstoff bei Temperaturen von 450 – 490 °C. Es entstehen Leichtbenzin und Dieselöl.
Die Forschung geht außerdem dahin, Kunststoffe zu entwickeln, die biologisch abbaubar sind. Dazu muss realisiert werden, dass die Makromoleküle durch bestimmte Bedingungen (z. B. unter Einfluss von UV-Licht) in kurze Ketten zerfallen, damit diese für Mikroorganismen angreifbar werden und verrotten können (Abb. 2).
**Trotz dieser Möglichkeiten ist Abfallreduzierung billiger und schont die Umwelt.**

## Chemie in Natur und Technik

### Plaste unterscheiden, aber wie?

Plastwerkstoffe wurden nicht umsonst zu einer Gruppe zusammengefasst.
Sie haben viele ähnliche Eigenschaften.
Gerade die Thermoplastsorten sind nicht auf den ersten Blick erkennbar. Manchmal möchte man aber wissen, um welchen Plast es sich handelt, wenn man einen Gegenstand für einen bestimmten Zweck einsetzen will.
*Wie kann man die verschiedenen Plastsorten experimentell unterscheiden?*

Bei der Verwendung von Plasten für Gebrauchsgegenstände sind die Plastsorten gekennzeichnet. Sieht man sich Behältnisse aus Plast an, wird man häufig die entsprechende Abkürzung finden, z. B. für Polystyren (Polystyrol) – PS, Polyvinylchlorid – PVC, Polyethen – PE.
Falls aber ein Kennzeichen nicht auffindbar ist, kann man sich experimentell behelfen.

*Vorüberlegungen:*
Häufig finden Polyethylen, Polystyren und Polyvinylchlorid Verwendung. Sie zeigen viele gemeinsame Eigenschaften. Damit man sie sicher voneinander unterscheiden kann, muss man für die Experimente geeignete unterschiedliche Eigenschaften auswählen.
Polyethylen, Polystyren und Polyvinylchlorid unterscheiden sich besonders durch ihr Verhalten beim Erhitzen und Verbrennen. Da Polyvinylchlorid dabei giftige Dämpfe entwickelt, müssen die Experimente **unter dem Abzug** durchgeführt werden.

*Geräte:* 3 Reagenzgläser, Reagenzglashalter, Tiegelzange, feuerfester Tiegel, Brenner
*Chemikalien:* Unitestpapier,
Plaststreifen aus:
a) Polyvinylchlorid
b) Polyethylen
c) Polystyrol

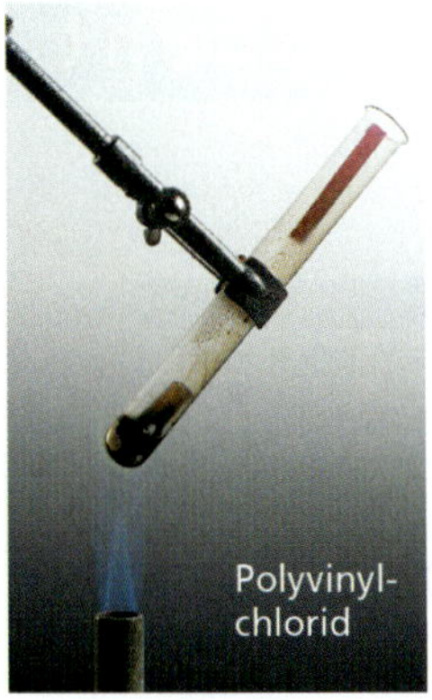
Polyvinylchlorid

PVC ist ab 150 °C plastisch verformbar, beginnt sich aber schon ab 200 °C zu zersetzen. Dabei bildet sich Chlorwasserstoff. Das Gas reagiert mit Wasser zur Salzsäure. Ein angefeuchteter Streifen Unitestpapier würde sich rot färben. PVC kann auch durch die Beilsteinprobe identifiziert werden (Abzug!). Bei der Erwärmung von Polystyren und Polyethylen werden keine Gase frei, das Unitestpapier färbt sich nicht.
Diese beiden Plastsorten kann man durch ihr Verhalten beim Verbrennen unterscheiden.
Polyethylen verbrennt bei ausreichender Sauerstoffzufuhr mit wenig rußender, leuchtend blauer Flamme. Charakteristisch ist, dass das Material anfängt zu tropfen (Vorsicht!). Polystyren verbrennt mit rußender Flamme (Abb.).

Polyethylen

Polystyrol

## gewusst · gekonnt

1. Erweitere dein Glossar!

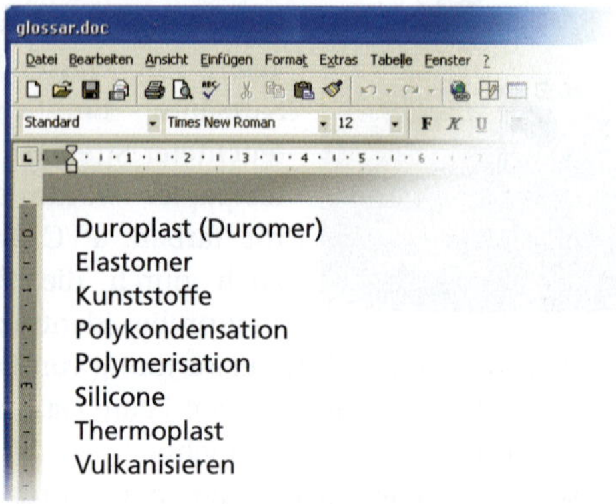


2. Erkläre, warum es nicht möglich ist, für einen konkreten polymeren Stoff die molare Masse anzugeben!

3. Erläutere anhand eines selbst gewählten Beispiels den Zusammenhang zwischen Struktur und Eigenschaften bei makromolekularen Stoffen!

4. Stelle dir vor, du hättest die Aufgabe, einen neuen Kunststoff zu entwickeln, der als Verpackung dienen könnte.
Welche Eigenschaften würdest du anstreben? Begründe deine Auswahl!

5. Erläutere, warum Elastomere nach Beenden einer Krafteinwirkung ihren ursprünglichen Zustand wieder einnehmen, also elastisch verformbar sind!

6. Thermoplaste sind mehrfach plastisch verformbar, Duroplaste dagegen nicht.
Erläutere, wie diese unterschiedlichen Eigenschaften zu erklären sind!

7. Auf Mülltonnen ist meist der Warnhinweis „Keine heiße Asche einfüllen!“ angebracht. Warum sollte man diesen Hinweis unbedingt beachten?

8. L PVC wird stark (Abzug!) erhitzt und ein Streifen angefeuchtetes Indikatorpapier über die Reagenzglasöffnung gehalten. Notiere deine Beobachtung und leite Schlussfolgerungen ab!

9. Polyethylen, ein häufig verwendeter Thermoplast, wird u.a. durch Müllverbrennung beseitigt.
Welche Reaktionsprodukte entstehen bei der Verbrennung von Polyethylen? Stelle die Reaktionsgleichung auf!

10. Gib fünf Kunststoffe an, nenne Eigenschaften und leite Verwendungsmöglichkeiten ab!

11. Vergleiche Polykondensation und Polymerisation miteinander!

12. Ein Jogurtbecher aus Polystyrol wird erhitzt! Dazu wird er mit der Öffnung nach unten auf eine Aluminiumfolie gestellt und gleichmäßig mit Ober- und Unterhitze auf 160 °C erwärmt! (Achtung: Abzug!)
Welche Ursache für das Beobachtungsergebnis vermutest du?

13. Gummi ist dehnbar und nimmt seine ursprüngliche Form wieder an. Folie aus Polyethylen kann ebenfalls etwas gedehnt werden. Diese Dehnung zieht sich nicht wieder zusammen. Zeige die Ursachen auf!

**14.** Erläutere Möglichkeiten des Kunststoffrecyclings!

**15.** Warum ist es leichter, sortenreine als gemischte Kunststoffabfälle zu recyceln?

**16.** Schätze den Anteil von Kunststoffabfällen an eurem Haushaltsmüll ab!
Welchen Beitrag kann jeder leisten, die Müllberge zu verringern?

**17.** Bewerte die Beseitigung von Kunststoffabfällen durch Müllverbrennung!

**18.** Aus Kautschuk wird durch das Vulkanisieren Gummi hergestellt.
Erkläre, was bei diesem Prozess passiert und warum diese Verfahrensweise notwendig ist!

**19.** Überprüfe, wo in eurem Haushalt Kunststoffe eingesetzt werden. Versuche, anhand der Kennzeichnung festzustellen, um welche Kunststoffe es sich jeweils handelt!

**20.** Plaste, Elaste und Chemiefasern bestehen Makromoleküle, die künstlich hergestellt werden. Informiere dich über natürliche makromolekulare Stoffe!
Nenne Beispiele und vergleiche Struktur und Synthese natürlicher und künstlicher makromolekularer Stoffe!

**21.** Die Produktion von Kunststoffen schafft Werkstoffe nach Maß, aber auch eine Masse Probleme.
Interpretiere diese Aussage!

**22.** Erarbeite einen Kurzvortrag über Polyvinylchlorid!
Gehe dabei auf Eigenschaften und Verwendung, Herstellung und mögliche Umwelt- und Gesundheitsgefährdungen durch diesen Stoff ein!

***23.** Weich-PVC darf nicht zur Aufbewahrung von Lebensmitteln genutzt werden. Begründe!

***24.** Verbundstoffe sind Werkstoffe, die mindestens aus zwei Komponenten bestehen. Oft ist eine der Komponenten ein Kunststoff.
a) Ermittle Verpackungen, die aus solchen Verbundstoffen bestehen! Notiere, welche positiven Eigenschaften der einzelnen Materialien genutzt werden!
b) Stelle in einem Überblick die unterschiedlichen Einsatzmöglichkeiten von Verbundstoffen dar!

**25.** Werte nachfolgende Abbildung aus!

## Kunststoffe

Zu den Kunststoffen gehören Plaste, Elaste, Chemiefasern, synthetische Lacke und Klebstoffe. Es handelt sich um synthetische makromolekulare Stoffe.

| | **Thermoplaste** | **Duroplaste** | **Elaste** |
|---|---|---|---|
| **Bau** | Die Makromoleküle sind linear angeordnet oder gering verzweigt. 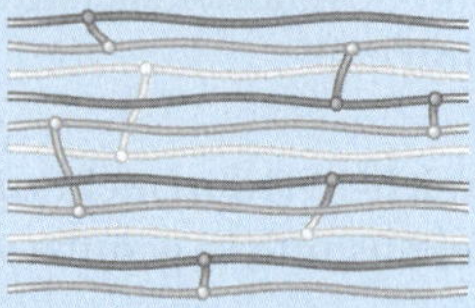 | Die Makromoleküle sind engmaschig vernetzt. 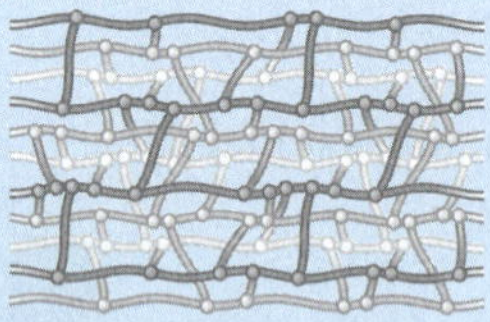 | Die Makromoleküle sind weitmaschig vernetzt. 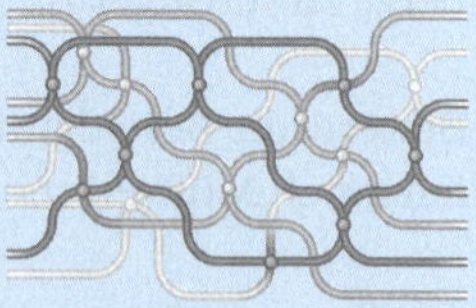 |
| **Eigenschaften** | Erweichen bei Erwärmung, plastische Verformung möglich | Zersetzen sich bei Erwärmung, plastische Verformung nicht möglich | elastische Verformung bei Krafteinwirkung, plastische Verformung nicht möglich |
| **Beispiele** | Polyvinylchlorid – PVC, Polyethylen – PE  | Phenoplaste, Polyester  | Natur-, Synthesekautschuk  |

**Kunststoffe entstehen u. a. durch**

**Polymerisation**
Die Polymerisation ist eine Reaktionsart, bei der sich viele Monomere zu einem Polymer verbinden. Dabei werden die Mehrfachbindungen zwischen Kohlenstoffatomen der Monomere aufgespalten.

**Polykondensation**
Die Polykondensation ist eine Reaktionsart, bei der Moleküle verschiedener Stoffe aufgrund funktioneller Gruppen unter Abspaltung kleiner Moleküle (meist Wasser) zu Makromolekülen reagieren.

**Abfallbeseitigung**

- Deponie
- Müllverbrennung
- Recycling
  - stoffliche Wiederverwertung
  - chemische Wiederverwertung
    - Pyrolyse
    - Hydrolyse
    - Hydrierung

Trotz der Möglichkeiten ist Abfallreduzierung billiger und schont die Umwelt.

# 17 Elektrochemische Reaktionen

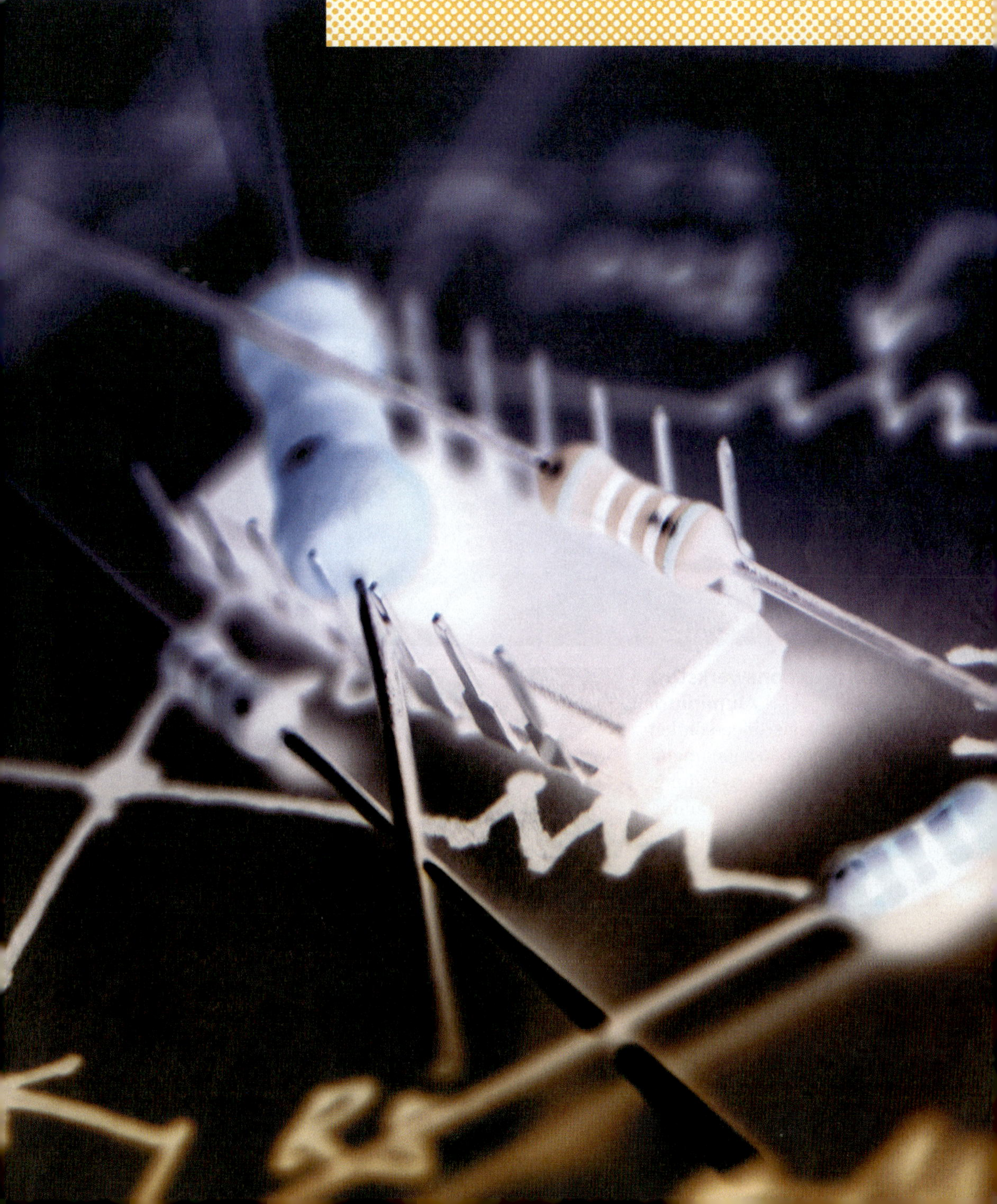

### Teure Stoffumwandlungen

Korrosionserscheinungen sind unerwünscht. Schätzungen zufolge entsteht der deutschen Wirtschaft durch Korrosion ein jährlicher Schaden von ungefähr 43 Milliarden Euro.
*Wodurch wird die Korrosion überhaupt verursacht?*
*Welche Möglichkeiten gibt es, Metalle vor Korrosion zu schützen?*

### Licht durch chemische Reaktionen

Es ist jedem klar, was zu tun ist, wenn beispielsweise eine Taschenlampe nur noch schwach leuchtet. Außerdem ist auch bekannt, dass bei chemischen Reaktionen immer eine Energieumwandlung stattfindet. Aber nicht alle wissen, dass es chemische Reaktionen im Inneren der Batterien sind, die eine Taschenlampe zum Leuchten bringen.
*Wie ist es möglich, chemische Energie in elektrische Energie umzuwandeln?*

### Konstruktionswerkstoff Aluminium

Aluminiumlegierungen finden im Fahrzeugbau zunehmend Verwendung.
Heute kennt jeder Aluminium. Dieser Stoff wurde aber erst im 19. Jh. entdeckt. Für seine Gewinnung aus dem Oxid wird sehr viel Energie benötigt.
*Welches Verfahren setzt man ein? Nutzt man wie bei der Roheisengewinnung Redoxreaktionen?*

## Die Redoxreihe der Metalle

Taucht man einen Eisennagel in eine wässrige Lösung von Kupfer(II)-sulfat, überzieht sich der Nagel mit einer Kupferschicht (Abb. 1). Mit einem empfindlichen Messgerät stellt man fest, dass sich die Lösung leicht erwärmt. Stoff- und Energieumwandlungen weisen auf eine chemische Reaktion hin. Die Kupferschicht zeigt an, dass zweifach positiv geladene Kupfer(II)-Ionen je zwei Elektronen aufgenommen haben (Reduktion).

**Reduktion (Elektronenaufnahme):**

$$Cu^{2+}{}_{(aq)} + 2e^- \longrightarrow Cu$$

Die Reaktion ist erst zu beobachten, wenn ein Eisennagel in die Lösung getaucht wird. Die dazu notwendigen Elektronen können demnach nur vom Eisen stammen (Oxidation).

**Oxidation (Elektronenabgabe):**

$$Fe \longrightarrow Fe^{2+}{}_{(aq)} + 2e^-$$

Die Eisenatome geben Elektronen ab, sobald sie mit Kupfer(II)-Ionen in Kontakt kommen. Die leichte Erwärmung der Lösung deutet darauf hin, dass als Folge der Elektronenübertragung Energie an die Umgebung abgegeben wird. Die Reaktion verläuft exotherm.
Reaktionen, bei denen Elektronenübergänge stattfinden, bezeichnet man als **Redoxreaktionen** (s. S. 202).

Reduktion (Elektronenaufnahme)

$$Cu^{2+}{}_{(aq)} + Fe \longrightarrow Cu + Fe^{2+}{}_{(aq)} \qquad Q = -n\,kJ$$

Oxidation (Elektronenabgabe)

Taucht man umgekehrt einen Kupferstab in eine Eisensulfatlösung, findet keine Reaktion statt.

$$Fe^{2+} + Cu \not\longrightarrow$$

Die Ursache dafür liegt in der Reaktivität der Metalle begründet. Kupfer ist edler als Eisen und weist daher eine höhere Stabilität gegenüber chemischen Einflüssen auf. Das Bestreben der Kupferatome, Elektronen abzugeben und oxidiert zu werden, ist im Verhältnis zu Eisenatomen geringer. Kupferatome geben daher keine Elektronen an Eisen-Ionen ab.

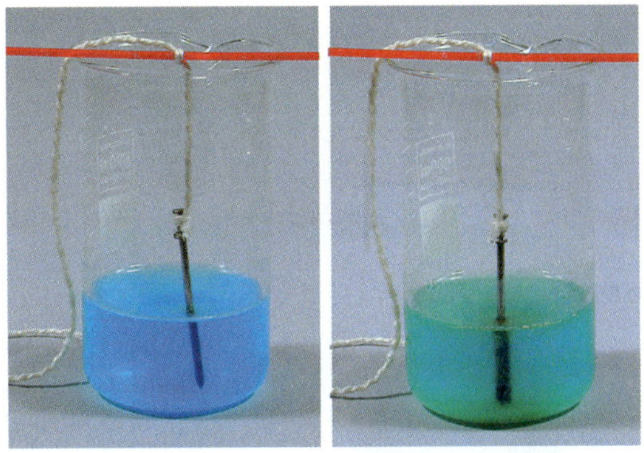

1 Zwischen Kupfer-Ionen und Eisenatomen erfolgt ein Elektronenübergang.

Durch Versuche mit anderen Metallen und ihren Salzlösungen lässt sich eine **Redoxreihe** (Fällungsreihe) der Metalle aufstellen (vgl. S. 136).

Das Bestreben der Metallatome zur Elektronenabgabe nimmt ab.

K Ca Na Mg Al Zn Fe Pb | Cu Ag Hg Pt Au

unedle Metalle | edle Metalle

Das Bestreben der Metall-Ionen zur Elektronenaufnahme nimmt zu.

Zur Reaktion kommt es immer, wenn ein Metallatom mit einem in der Redoxreihe rechts von ihm stehenden Metall-Ion in Kontakt kommt. Die Elektronen gehen immer von den Atomen des unedleren Metalls auf die Ionen des edleren Metalls über. Dieser Prozess wird als Zementation bezeichnet.
Der Übergang der Elektronen bildet die Grundlage für die Stromerzeugung in Batterien.

**Atome edlerer Metalle weisen ein geringeres Bestreben als die unedlerer Metalle auf, Elektronen abzugeben. Das Bestreben, Elektronen aufzunehmen, ist hingegen bei den Ionen edler Metalle größer als bei denen unedler Metalle.**

## Alessandro Volta

1 Alessandro Volta

Volta (1745–1827) wiederholte ab 1791 die Froschschenkelexperimente Galvanis (1737–1798). Um den Bau und die Funktion von Nerven und Muskeln zu studieren, befestigte Galvani die Schenkel gerade getöteter Frösche auf einem Eisendrahtgitter. Dazu verwendete er Haken aus Messing. Als er einen Froschschenkel mit dem Messinghaken und dem Eisendraht in Berührung brachte zuckte der Muskel zusammen. In weiteren Experimenten zeigte sich, dass die Schenkel immer dann zuckten, wenn Nerven und Muskeln mit unterschiedlichen Metallen in Kontakt kamen (Abb. 2). Galvani führte das Zucken auf elektrische Entladungen im Muskel zurück und deutete die Beobachtungen mit der „tierischen Elektrizität".
Zunächst schloss sich Volta dessen Auffassung von tierischer Elektrizität an. Bald aber erkannte er mit dem geschulten Blick des Physikers – Galvani war Mediziner –, dass nicht der Froschschenkel das wesentliche, elektrizitätserzeugende Element war. Wesentlich sind vielmehr zwei unterschiedliche Metalle, die sich in einer leitenden Flüssigkeit, einem Elektrolyten, befinden. Er entwickelte auf der Grundlage dieser Erkenntnisse eine einfache elektrische Quelle, das Volta-Element.
Volta hat bei seinen Untersuchungen als Erster den Begriff „elektrische Spannung" entwickelt.
Systematisch hat er in den folgenden Jahren versucht, die „galvanischen Elemente" – so hat er sie in Anerkennung der Entdeckung Galvanis stets genannt – zu verbessern.
Der Höhepunkt seiner Arbeit war 1800 die Erfindung der „voltaschen Säule", eine Hintereinanderschaltung einfacher Elemente, die Urform der heutigen Taschenlampenbatterien (Abb. 3).
Er selbst beschrieb seine Anordnung in einem Brief März 1800 folgendermaßen:
„... Dreißig, vierzig ... oder mehr Kupferstücke, ... ferner jedes in Verbindung mit einem Stück Zink; ferner eine gleiche Anzahl Schichten, z. B. Salzwasser, Lauge oder dergleichen; eine solche Anlage der Leiter stets in der gleichen Weise wiederholt; das ist alles, woraus mein neuer Apparat besteht"

2 Froschschenkelversuch

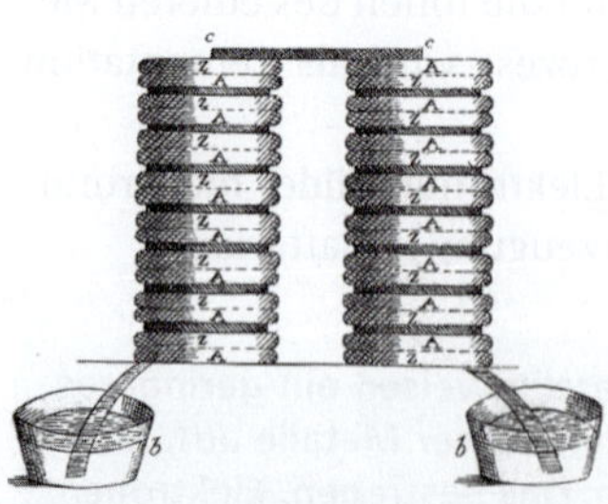

3 voltasche Säule

Die voltasche Säule war eine Stromquelle, die genauere Untersuchungen elektrischer Erscheinungen ermöglichte, weil über längere Zeit fließende Ströme möglich waren.

... und mehr

**Informiere dich auch unter:** *galvanische Elemente, Brennstoffzelle, elektrische Quellen, Monozelle, Luigi Galvani*

# Strom durch elektrochemische Reaktionen

## Galvanische Elemente

Die Prozesse zwischen Metallen und Lösungen von Metallsalzen bilden die Grundlage für die Stromgewinnung durch elektrochemische Reaktionen in Batterien.

**Elektrochemische Reaktionen sind Redoxreaktionen, bei denen ein Teil der chemischen Energie in elektrische Energie oder ein Teil der elektrischen Energie in chemische Energie umgewandelt wird.**

Um nutzbare elektrische Energie zu erhalten, müssen zwei Bedingungen erfüllt sein:
- räumliche Trennung der Oxidation und Reduktion, um einen direkten Kontakt der Metallatome und -Ionen zu verhindern,
- leitende Verbindung zwischen den getrennt ablaufenden Prozessen, um eine Elektronenübertragung zu ermöglichen.

Der englische Naturforscher JOHN FREDERIC DANIELL (1790–1845) konstruierte als erster eine Apparatur, bei der diese beiden Voraussetzungen gegeben waren. Das **Daniell-Element** (Daniell-Zelle) besteht aus zwei Halbzellen. In der einen Halbzelle (Zinkhalbzelle) wird ein Zinkblech in eine Zinksulfatlösung, in der anderen Halbzelle (Kupferhalbzelle) ein Kupferblech in eine Kupfer(II)-sulfatlösung getaucht (Abb. 1).
Die beiden Lösungen werden durch eine poröse Tonwand (Diaphragma) getrennt. Diese verhindert die unkontrollierte Durchmischung der Lösungen. Die Poren sind aber für Ionen durchlässig. Schaltet man zwischen die beiden Metallbleche ein Strommessgerät, kann nachgewiesen werden, dass Elektronen vom Zinkblech über den Draht zum Kupferblech fließen. Ein geschlossener Stromkreis wird durch die Ionenwanderung in den Elektronen gewährleistet.
**Zinkelektrode:** Zinkatome geben Elektronen ab, sie werden oxidiert. Die Ionen wandern in die Zinksulfatlösung. Ihre Konzentration erhöht sich. Am Zinkblech entsteht ein Elektronenüberschuss.

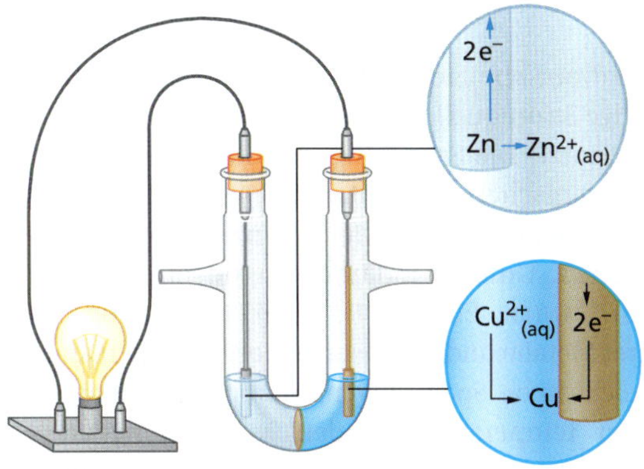


**1** Daniell-Element (Modell)

**Oxidation (Elektronenabgabe):**

$$Zn \longrightarrow Zn^{2+}_{(aq)} + 2e^-$$

**Kupferelektrode:** Die Kupfer-Ionen nehmen die ankommenden Elektronen auf und reagieren zu Kupferatomen, die sich auf der Kupferelektrode abscheiden. Die Konzentration der Kupfer-Ionen in der Lösung sinkt. Sie entfärbt sich.

**Reduktion (Elektronenaufnahme):**

$$Cu^{2+}_{(aq)} + 2e^- \longrightarrow Cu$$

**Gesamtreaktion:**

$$Zn + Cu^{2+}_{(aq)} \longrightarrow Zn^{2+}_{(aq)} + Cu$$

Solche Kombinationen von zwei Halbzellen bezeichnet man als **galvanische Elemente.** Nicht nur Salzlösungen werden in den Halbzellen eingesetzt, sondern auch Säuren oder Laugen. Wichtig ist, dass sie frei bewegliche Ionen enthalten. Man nennt sie Elektrolyte. Zur Bezeichnung der Elektroden gibt es in der Elektrochemie Festlegungen. **Der Ort der Oxidation** heißt immer **Anode**, der **Ort der Reduktion** immer **Katode**.

**Ein galvanisches Element besteht aus zwei Elektroden, die leitend miteinander verbunden und jeweils von einem Elektrolyten umgeben sind.**
**In einem galvanischen Element bildet die Anode (Ort der Oxidation) den Minuspol und die Katode (Ort der Reduktion) den Pluspol.**

## Vom galvanischen Element zur Batterie

Galvanische Elemente werden als ortsunabhängige Stromquellen in vielen Bereichen des Alltags benutzt. Die Spannung, die mit einem einzigen galvanischen Element, einer so genannten **Monozelle,** erzeugt werden kann, ist allerdings begrenzt. Unter Standardbedingungen beträgt sie im DANIELL-Element 1,1 V. Bei Verwendung anderer Metalle und Salzlösungen ergeben sich andere elektrische Spannungen. Sie sind abhängig von der Temperatur, von den jeweils verwendeten Metallen und den Konzentrationen der entsprechenden Elektrolyte. Je weiter die Metalle der Halbzellen in der Redoxreihe auseinander stehen, um so höher ist die Spannung (s. Tab. rechts).

Schaltet man mehrere Monozellen hintereinander, addieren sich die einzelnen Spannungen zu einer höheren Gesamtspannung. Fünf hintereinander geschaltete Daniell-Elemente liefern beispielsweise 5 x 1,1 V = 5,5 V.

Eine Stromquelle, die aus mehreren Monozellen besteht, nennt man elektrische **Batterie.** Umgangssprachlich wird der Begriff Batterie auch oft für Monozellen verwendet (s. Tab. unten).

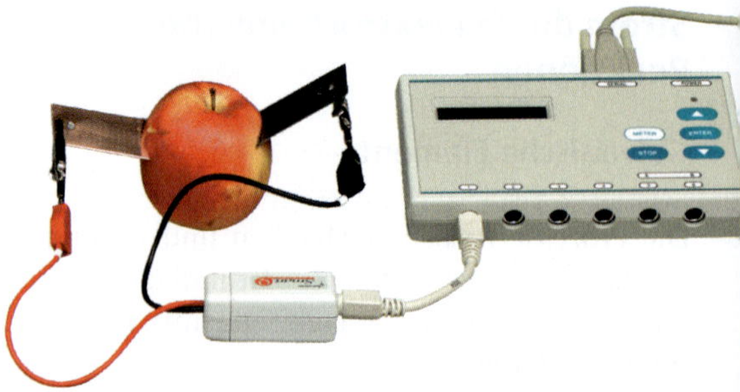

1 In Abhängigkeit vom Elektrodenmaterial lassen sich unterschiedliche Spannungen messen.

<table>
<tr><th colspan="7">Spannungen zwischen verschiedenen Halbzellen (Normbedingungen)</th></tr>
<tr><th>Halbzelle</th><th>$Zn/Zn^{2+}$</th><th>$Fe/Fe^{2+}$</th><th>$Pb/Pb^{2+}$</th><th>$Cu/Cu^{2+}$</th><th>$Ag/Ag^{+}$</th><th>$Hg/Hg^{2+}$</th></tr>
<tr><td rowspan="5">Spannung</td><td colspan="4">├── 1,11 V ──┤</td><td></td><td></td></tr>
<tr><td colspan="5">├── 1,56 V ──┤</td><td></td></tr>
<tr><td colspan="6">├── 1,61 V ──┤</td></tr>
<tr><td></td><td></td><td colspan="4">├── 0,98 V ──┤</td></tr>
<tr><td></td><td colspan="3">├── 0,79 V ──┤</td><td></td><td></td></tr>
</table>

<table>
<tr><th colspan="7">Batterien im Überblick</th></tr>
<tr><th rowspan="2">Batterietyp</th><th colspan="2">Elektrodenaufbau</th><th rowspan="2">Elektrolytlösung</th><th rowspan="2">Nachteile</th><th rowspan="2">Vorteile</th><th rowspan="2">Verwendung</th></tr>
<tr><th>Minuspol</th><th>Pluspol</th></tr>
<tr><td>Zink-Kohle (1,5 V)</td><td>Zinkbecher</td><td>Braunstein, Grafitstab</td><td>Ammoniumchloridlösung</td><td>Gefahr des Auslaufens, max. 2 Jahre lagerfähig</td><td>preiswert</td><td>Taschenlampen, Radios, Spielzeug</td></tr>
<tr><td>Alkaline (1,5 V)</td><td>Zinkpulver</td><td>Braunstein-Grafit-gemisch</td><td>Kalilauge</td><td>teuer, enthält z. T. Quecksilber</td><td>hohe Leistung, lange Betriebszeit, auslaufsicher</td><td>Kameras, Blitzgeräte, Cassettenrecorder</td></tr>
<tr><td>Zink-Silberoxid (1,55 V)</td><td>Zinkpulver</td><td>Silberoxid</td><td>Kalilauge</td><td>teuer</td><td>als Knopfzelle sehr klein, langlebig bei konstanter Spannung</td><td>Armbanduhr, Taschenrechner</td></tr>
<tr><td>Zink-Quecksilberoxid (1,35 V)</td><td>Zinkpulver</td><td>Quecksilberoxid</td><td>Kalilauge</td><td>umweltbelastend</td><td>als Knopfzelle sehr klein, langlebig bei konstanter Spannung</td><td>Hörgeräte, Fotoapparate</td></tr>
<tr><td>Lithium (3 V)</td><td>Lithium</td><td>Braunstein</td><td>Lithiumperchlorat in org. Lösungsmittel</td><td>teuer, komplizierter Aufbau</td><td>hohe Spannung, lange Betriebszeit</td><td>Herzschrittmacher, Fotoapparate</td></tr>
</table>

## *Die Zink-Kohlebatterie*

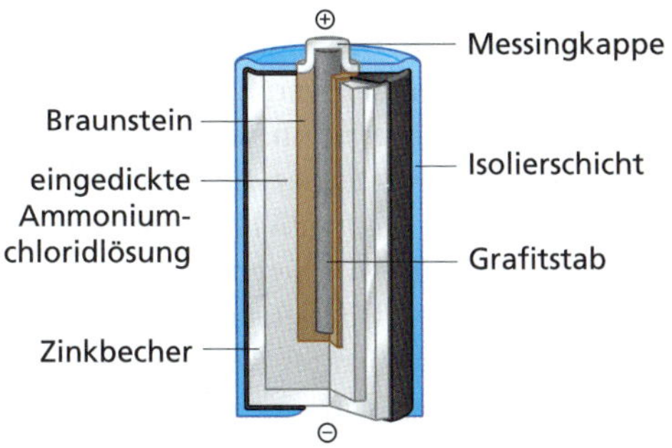


Die noch heute gebräuchliche Zink-Kohle-Batterie basiert auf einer Idee, die der französische Chemiker GEORGES LECLANCHÉ (1839–1882) um 1865 hatte.

Der Minuspol der Batterie besteht aus einem Zinkbecher. Den Pluspol bildet ein Grafitstab (Kohlestab) der von Braunstein (Mangan(IV)-oxid) umgeben ist. Als Elektrolyt wird eine Ammoniumchloridlösung verwendet. GEORGES LECLANCHÉ verrührte diese Lösung mit Stärke zu einer Masse. Dadurch können die Ionen sich zwar noch bewegen, ein Auslaufen der Batterie erfolgt im Normalfall allerdings nicht (Abb.).

Schließt man den Stromkreis, wird Zink oxidiert. Die Zinkatome geben Elektronen ab. Die Mangan(IV)-Ionen des Braunsteins nehmen Elektronen auf. Sie werden reduziert.

## *Akkumulatoren*

Nach dem Entladen sind Batterien unbrauchbar, da die elektrochemischen Reaktionen in ihnen nicht umkehrbar sind. Daher ist es oft sinnvoll, Akkumulatoren zu nutzen.

Das Prinzip eines Akkumulators wurde bereits im Jahre 1859 von dem französischen Physiker GASTON PLANTÉ (1834–1889)entwickelt. Noch heute wird sein Bleiakkumulator als Autobatterie verwendet (Abb. 1).

Im entladenen Zustand sind beide Elektroden in dem Akkumulator von einer Blei(II)-sulfatschicht überzogen. Zwischen ihnen besteht keine Spannung. Beim Anlegen einer äußeren Spannung bilden sich am Minuspol aus den Blei(II)-Ionen des Bleisulfats durch Elektronenaufnahme (Reduktion) Bleiatome. Am Pluspol geben die Blei(II)-Ionen des Bleisulfats Elektronen ab (Oxidation) und reagieren zu Blei(IV)-Ionen, die sich mit den Oxid-Ionen des Wassers zu Blei(IV)-oxid verbinden. Dadurch wird die Autobatterie wieder aufgeladen – ein großer Vorteil des Akkumulators.

Damit der Akkumulator Strom liefert, müssen die umgekehrten Prozesse ablaufen. Nachteile der Bleiakkumulatoren bestehen darin, dass sie giftige Bleiverbindungen enthalten und flüssige Schwefelsäure benötigen. Der Anwendungsbereich wird dadurch stark eingeschränkt.

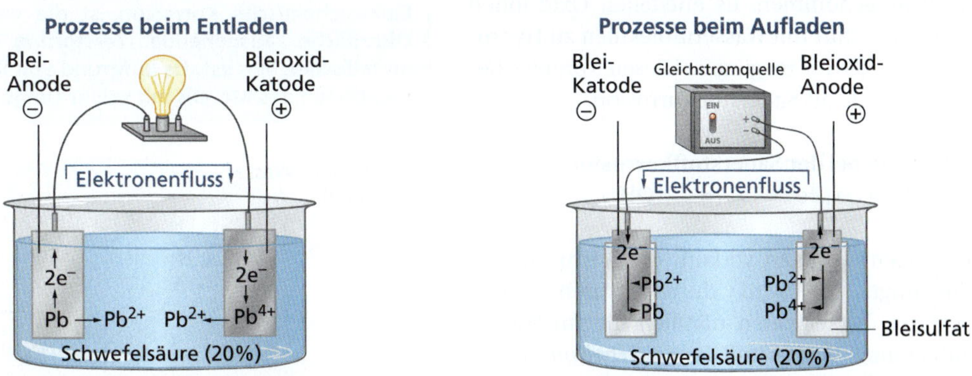


Minuspol (Oxidation): $Pb \longrightarrow Pb^{2+} + 2e^-$

Pluspol (Reduktion): $Pb^{4+} + 2e^- \longrightarrow Pb^{2+}$

Minuspol (Reduktion): $Pb^{2+} + 2e^- \longrightarrow Pb$

Pluspol (Oxidation): $Pb^{2+} \longrightarrow Pb^{4+} + 2e^-$

Gesamtreaktion: $Pb + PbO_2 + 2H_2SO_4 \underset{\text{Aufladen}}{\overset{\text{Entladen}}{\rightleftharpoons}} 2PbSO_4 + 2H_2O$

**1** Elektrochemische Reaktionen in einem Bleiakkumulator

## Elektrochemische Korrosion

Metalle verlieren durch Korrosion häufig ihre positiven Eigenschaften. Bei einer gleichmäßigen Korrosion der gesamten Oberfläche spricht man von Flächenkorrosion. Es können aber auch nur Teilbereiche korrodieren, so dass Risse und Löcher („Lochfraß") im Metall entstehen. Dabei laufen elektrochemische Reaktionen ab.

### *Korrosion an feuchter Luft*

Unedle Metalle korrodieren unter dem Einfluss von Wasser und Sauerstoff. Die Metallatome reagieren durch Elektronenabgabe zu Metall-Ionen, die in die wässrige Lösung übergehen, sodass sich das Metall langsam auflöst.

**Oxidation:**

$$Me \longrightarrow Me^{n+}{}_{(aq)} + n\,e^-$$

In feuchter Luft werden die abgegebenen Elektronen von im Wasser gelösten Sauerstoffmolekülen aufgenommen. Es entstehen Oxid-Ionen ($O^{2-}$), die sofort mit Wassermolekülen zu Hydroxid-Ionen ($OH^-$) reagieren. Diesen Vorgang bezeichnet man als Sauerstoffkorrosion.

**Reduktion bei der Sauerstoffkorrosion:**

$$O_2 + 2H_2O + 4e^- \longrightarrow 4OH^-{}_{(aq)}$$

In einigen Gebieten verläuft die Korrosion beschleunigt. Sie wird durch sauren Regen verstärkt. Es reagieren nämlich die im Wasser enthaltenen Wasserstoff-Ionen (*Hydronium-Ionen*). Bei der Säurekorrosion nehmen sie die abgegebenen Elektronen auf und wandeln sich zu Wasserstoffatomen und dann zu Molekülen um.

**Reduktion bei der Säurekorrosion (vereinfacht):**

$$2H^+{}_{(aq)} + 2e^- \longrightarrow H_2$$

### *Korrosion durch Bildung von Lokalelementen*

Manchmal sieht man, dass Dachrinnen aus Kupfer mit anderen Metallen verbunden sind. Dort kommt zur **Kontaktkorrosion**. Sie basiert auf der Bildung kleiner galvanischer Elemente. Durch die Luftfeuchtigkeit und durch Regen sind die Metalle von Elektrolyten umgeben. Der Ort der Oxidation und der Ort der Reduktion liegen in diesem Spezialfall in direkter Nachbarschaft zueinander, sodass man von einem **Lokalelement** spricht (Abb. 1). Das unedlere Zink, die Anode, wird zerstört, da an der Oberfläche eine Oxidation stattfindet.

$$Zn \longrightarrow Zn^{2+}{}_{(aq)} + 2e^-$$

Die Elektronen können durch das Zink zur Oberfläche des Kupfers fließen. Kupfer wird dadurch zur Katode. An der Kupferoberfläche erfolgt die Reduktion der Wasserstoff-Ionen (*Hydronium-Ionen*).

$$2H^+{}_{(aq)} + 2e^- \longrightarrow H_2 \quad \text{(vereinfacht)}$$

Lokalelemente können sich auch ausbilden, wenn Metalle durch edlere Metalle oder Kohlenstoff verunreinigt sind.

**Elektrochemische Korrosion ist die von der Oberfläche ausgehende Zerstörung eines metallischen Werkstoffs aufgrund von Redoxreaktionen des Metalls mit seiner Umgebung.**

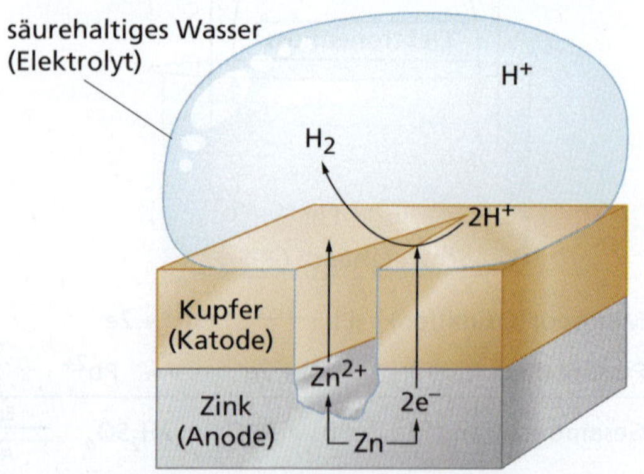


1 Säurekorrosion in einem Lokalelement

### *Korrosionsschutz*

Den sichersten Korrosionsschutz bietet Trockenheit. Der Kontakt mit Wasser kann durch geeignete Überzüge verhindert werden. Fette und Öle schützen Metalle kurzzeitig vor Korrosion. Stabiler sind fest haftende Überzüge aus Kunststoff oder Lack.

Besonders unedle Metalle, wie Aluminium oder Zink, verfügen zu einem gewissen Grad über einen natürlichen Korrosionsschutz, da sie an ihrer Oberfläche mit Luftsauerstoff reagieren. Durch die Oxidation entsteht eine dünne luft- und wasserundurchlässige Metalloxidschicht, die weitere Oxidationen verhindert. Diesen Vorgang bezeichnet man als Passivierung. Beim Eloxieren von Aluminium wird die Oxidschicht künstlich verstärkt.

Eine natürliche Passivierung tritt beim Eisen nicht auf. Eisenwerkstoffe werden daher häufig mit Metallüberzügen versehen. Edlere Metalle wie Zinn, Kupfer, Silber oder Gold bieten sich an, da sie nur ein geringes Bestreben zur Elektronenabgabe aufweisen und dadurch korrosionsbeständig sind. Bei Beschädigung der Schutzschicht bilden sich jedoch Lokalelemente, die die Korrosion des Eisens noch verstärken. Die korrosionsverstärkende Wirkung wird bei verzinntem Eisen (Weißblech) deutlich, wenn die Zinnoberfläche verletzt wurde.

Eine besondere Form des Korrosionsschutzes stellt die Nutzung sogenannter Opferanoden dar (s. Mosaik).

1 Der Autolack dient dem Korrosionsschutz.

## Mosaik

### Metalle werden „geopfert"

Schiffswände, unterirdisch verlegte Rohrleitungen und Tanks werden aus Stahl gefertigt. Durch die herrschenden Bedingungen (Meereswasser, Bodenfeuchtigkeit) sind sie gefährdet, durch Korrosion undicht zu werden. Um solche Anlagen zu schützen, verbindet man die Stahlteile leitend mit Blöcken aus einem unedleren Metall, meist Magnesium. Da immer das unedlere Metall oxidiert wird, reagiert Magnesium und „geht langsam in Lösung". Durch Elektronenabgabe werden Magnesium-Ionen gebildet.

Die Elektronen werden an die Stahlteile übertragen, die dadurch vor Korrosion geschützt sind. Daher bezeichnet man das unedlere Metall als „Opferanode".

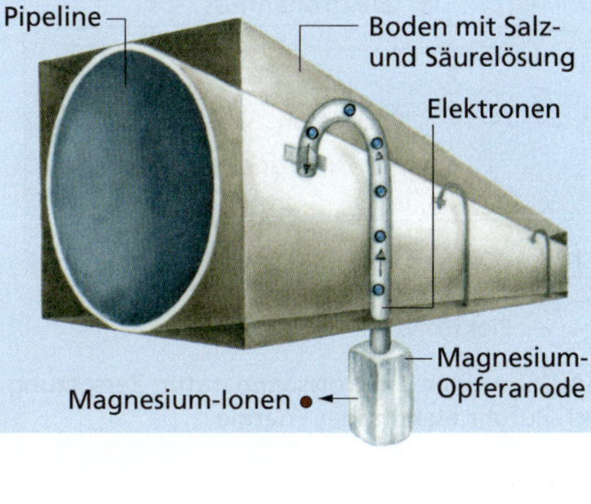

## Ohne Strom läuft nichts – erzwungene elektrochemische Reaktionen

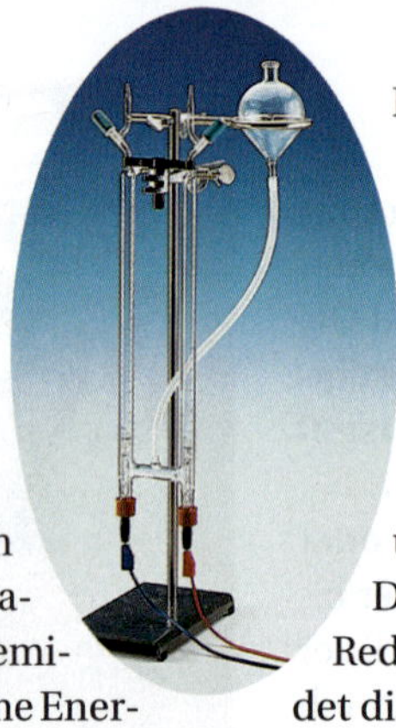

### Die Elektrolyse

Nicht alle Reaktionen verlaufen unter Energieabgabe. Manche werden erst durch Energiezufuhr möglich (wie das Aufladen eines Akkumulators). So existieren auch elektrochemische Reaktionen, bei denen elektrische Energie in chemische Energie umgewandelt wird, u. a. die Elektrolyse. Bei der **Elektrolyse** werden Stoffe unter dem Einfluss von elektrischer Energie zersetzt. Beispielsweise wird im hofmannschen Wasserzersetzungsapparat (Abb. oben) Wasser in die Elemente Wasserstoff und Sauerstoff zerlegt.
Auch Salzlösungen bzw. Salzschmelzen können unter dem Einfluss von elektrischem Strom zersetzt werden (Abb. 1).
Elektrolytische Reaktionen sind elektrochemische Reaktionen, bei denen ein **Teil der zugeführten elektrischen Energie in chemische Energie umgewandelt** wird.

Bei einer Elektrolyseapparatur tauchen zwei Elektroden in einen Elektrolyten ein, die mit einer Gleichstromquelle verbunden sind (Abb. 2).
An der negativ geladenen Elektrode bewirkt ein Elektronenüberschuss eine Reduktion der positiv geladenen Ionen (Kationen) aus der Lösung, die die überschüssigen Elektronen aufnehmen. Definitionsgemäß benennt man den Ort der Reduktion als Katode. In Elektrolysezellen bildet die Katode den Minuspol.
Am Pluspol der Elekrolysezelle herrscht ein Elektronenmangel. Negativ geladene Ionen (Anionen) aus der Lösung werden angezogen und geben Elektronen ab (Oxidation). Definitionsgemäß handelt es sich um die Anode.

**In einer Elektrolysezelle bildet die Anode (Ort der Oxidation) den Pluspol und die Katode (Ort der Reduktion) den Minuspol.**
**Die Bezeichnungen Anode und Katode beziehen sich nicht auf deren elektrische Ladung, sondern auf die chemischen Reaktionen, die an der Oberfläche der Elektroden ablaufen.**

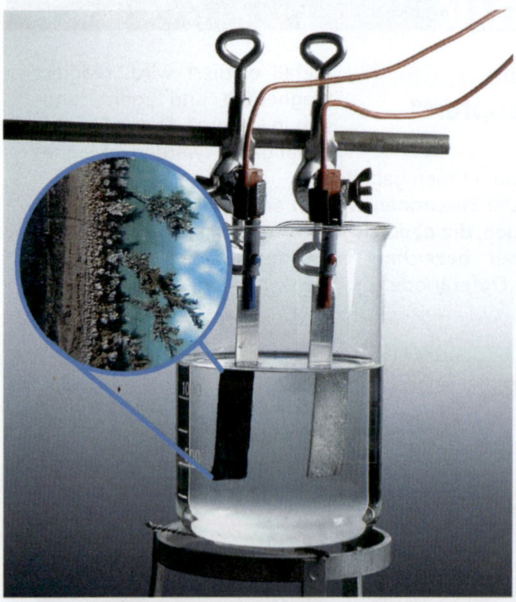

1 Zersetzung eines Zinksalzes unter dem Einfluss von Gleichstrom

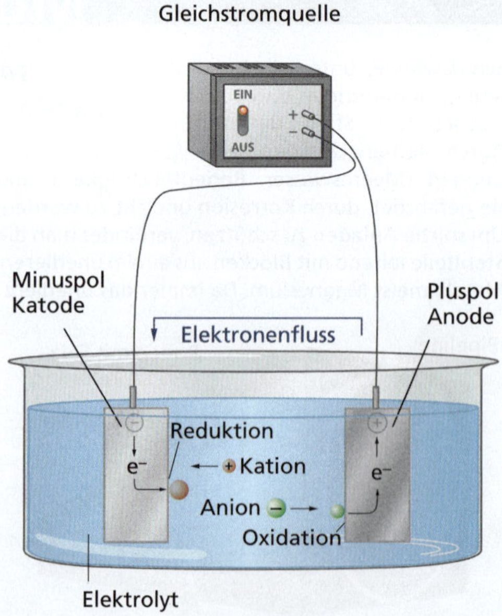


2 Aufbau einer Elektrolyseapparatur: Zersetzung durch Zufuhr elektrischer Energie

### *Die Chlor-Alkali-Elektrolyse*

Einige Elektrolysen sind technisch bedeutsam. Bei der Chlor-Alkali-Elektrolyse wird eine 50 bis 90 °C warme Natriumchloridlösung einer Spannung von 3,3 bis 4,5 Volt und einer Stromstärke von 4000 bis 40000 Ampere ausgesetzt.
Chlorid-Ionen aus dem Natriumchlorid werden von der positiv geladenen **Anode** angezogen und geben dort Elektronen ab, sie werden oxidiert. Die Chloratome bilden Chlormoleküle.

$$2Cl^-_{(aq)} \longrightarrow Cl_2\uparrow + 2e^-$$

An der **Katode** werden nicht die Natrium-Ionen reduziert, sondern die Wasserstoff-Ionen.
Diese Wasserstoff-Ionen aus den Wassermolekülen werden zu molekularem Wasserstoff reduziert, außerdem entstehen Hydroxid-Ionen.

$$2H_2O + 2e^- \longrightarrow H_2\uparrow + 2OH^-_{(aq)}$$

Eine Membran trennt Anoden- und Katodenraum beim Membranverfahren (Abb. 1).
Diese verhindert das Vermischen von Chlor und Wasserstoff. Die Natrium-Ionen aus dem Natriumchlorid verbleiben mit den Hydroxid-Ionen in der Lösung und werden als Natronlauge weiter genutzt.

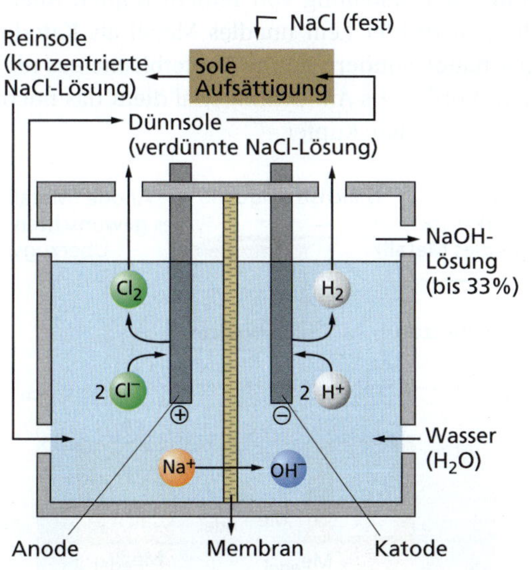


**1** Chlor-Alkali-Elektrolyse mithilfe des Membranverfahrens

### *Die Schmelzflusselektrolyse*

Aluminium wird durch Schmelzflusselektrolyse produziert. Aus dem Rohstoff Bauxit gewinnt man Aluminiumoxid. Dieses wird durch elektrischen Strom zu Aluminium reduziert. Das Aluminium entsteht an der **Katode**. Aluminium-Ionen nehmen Elektronen von den im Aluminiumoxid enthaltenen Oxid-Ionen auf.

$$2Al^{3+} + 6e^- \longrightarrow 2Al$$

An der Anode entsteht Sauerstoff aus den vom Aluminiumoxid zurückbleibenden Oxid-Ionen.
Dabei werden Elektronen abgegeben. Der gebildete Sauerstoff reagiert sofort weiter mit Kohlenstoff der Grafitelektrode. Die Reaktion an der **Anode** lässt sich weiter beschreiben:

$$3O^{2-} + 2C \longrightarrow CO_2 + CO + 6e^-$$

**Gesamtreaktion:**

$$Al_2O_3 + 2C \longrightarrow 2Al + CO_2 + CO$$

Bei der Aluminiumherstellung wird für die Elektrolyse sehr viel Energie benötigt, etwa 2–3 % der in Deutschland erzeugten Elektroenergie.

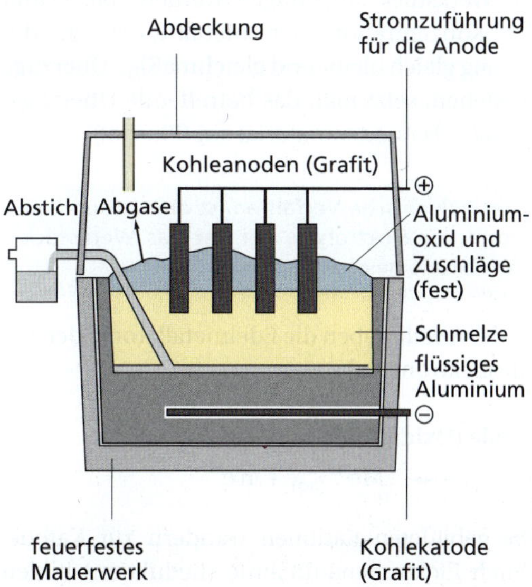


**2** Aluminiumherstellung durch Schmelzflusselektrolyse

## Das Galvanisieren

Chromblitzende Teile sind bei manchen Fahrzeugbesitzern sehr beliebt. Auch Armaturen in Bädern werden verchromt. Sie sehen nicht nur gut aus, die Chromschicht schützt auch die darunter befindlichen Metallteile vor Korrosion. Schmuckgegenstände sind nicht immer aus Gold, sondern manchmal nur vergoldet. Einige Bestecke werden mit einem silbernen Überzug versehen, damit sie dekorativer aussehen.
Bei allen Gegenständen geht es darum, gleichmäßige Überzüge zu erzeugen (Abb. 1). Oft nutzt man dazu das **galvanische Verfahren.** Dabei handelt es sich um eine besondere Form der Elektrolyse.
Man setzt beim Galvanisieren Salzlösungen ein, die Ionen edler Metalle (Kupfer, Silber, Gold usw.) enthalten. Wird eine Gleichspannung angelegt, scheiden sich an der Katode die Edelmetalle und nicht Wasserstoff ab, da die Ionen edler Metalle ein höheres Bestreben als Wasserstoff-Ionen *(Hydronium-Ionen)* haben, Elektronen aufzunehmen.
In der Technik schaltet man daher das Werkstück, das veredelt werden soll, als Katode (Minuspol). Als Elektrolyt verwendet man eine Salzlösung, die Ionen des Metalls enthält, das als Überzug auf das Werkstück aufgetragen werden soll. Damit die Konzentration der Metall-Ionen in der Lösung gleich bleibt und gleichmäßige Überzüge entstehen, setzt man das betreffende Überzugsmetalle als Anodenmaterial ein (Pluspol).

**Das galvanische Verfahren ist eine besondere Form der Elektrolyse, bei der das Werkstück als Katode geschaltet wird.**

An der Anode geben die Edelmetallatome der Anode Elektronen ab.

**Anode (Oxidation):**

$$\mathrm{Me} \longrightarrow \mathrm{Me^{n+}}_{(aq)} + \mathrm{n\,e^-}$$

Die gebildeten Kationen wandern zur Katode. Durch Elektronenaufnahme (Reduktion) bilden sich wieder die Metallatome und scheiden sich als Überzug auf dem Werkstück ab (Abb. 2).

1 Die Werkzeugbeschichtung besteht aus TIN (Titanlegierung)

**Katode (Reduktion):**

$$\mathrm{Me^{n+}}_{(aq)} + \mathrm{n\,e^-} \longrightarrow \mathrm{Me}$$

Damit die Beschichtung auch fest haftet, muss das Werkstück völlig fettfrei sein und eine sehr glatte Oberfläche aufweisen. So können mithilfe des galvanischen Verfahrens Gegenstände vernickelt, verchromt, verzinnt, verkupfert, versilbert oder vergoldet werden.

Auf demselben Prinzip wie das Galvanisieren beruht übrigens die **elektrolytische Kupferraffination** zur Herstellung von reinem Kupfer. Allerdings wird hier kein unedles Metall als Katode geschaltet, sondern dünne Kupferbleche aus reinem Kupfer. Als Anodenmaterial dient das noch nicht gereinigte Kupfer.

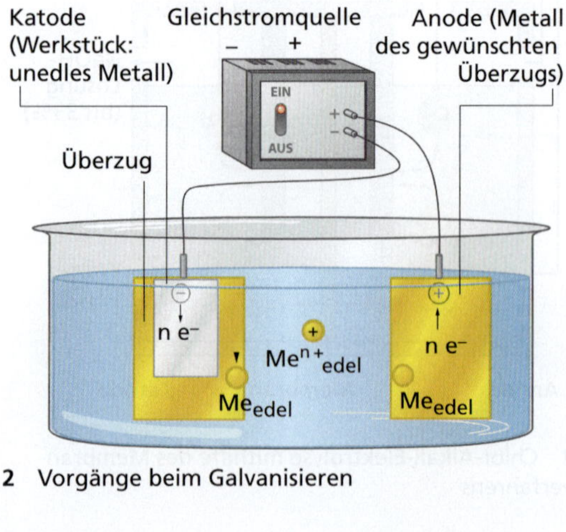


2 Vorgänge beim Galvanisieren

## Chemische Prozesse und elektrochemische Reaktionen

### L Experiment 1:

**Aufgabe:**
Demonstriere die unterschiedliche Leitfähigkeit von Salzen (trocken) und ihren Schmelzen am Beispiel Kaliumnitrat ($KNO_3$).
(**Vorsicht!** Eventuell verspritzte Salzschmelzen erzeugen schwer heilende Wunden. Deshalb ist unbedingt Schutzbekleidung, wie Schutzbrille und Schutzhandschuhe, zu tragen!
Erhitztes Kaliumnitrat ist ein starkes Oxidationsmittel. Gelangt es auf organische Stoffe, so verbrennen diese häufig explosionsartig!)
**Vorbereitung:**
Notiere benötigte Geräte und Chemikalien! Orientiere dich an der Abbildung!
**Durchführung:**
Beschreibe die Vorgehensweise!

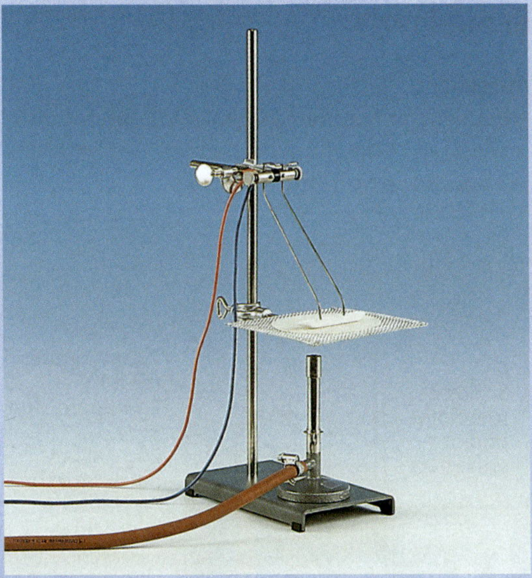

**Beobachtung und Auswertung:**
1. Erkläre die Beobachtungen mithilfe von Modellen!
2. Warum zersetzen sich Salzlösungen und Salzschmelzen bei Gleichspannung, bei Wechselspannung aber nicht?

### S Experiment 2:

**Aufgabe:**
Weise die Ionenwanderung nach!
**Vorbereitung:**
*Geräte und Chemikalien:* Rillentrog, Kupferelektrode, Kabel mit Klemmen, Batterie (4,5 V), Salzsäure, Natronlauge, Kaliumnitratlösung, Universalindikatorpapier,
**Durchführung:**

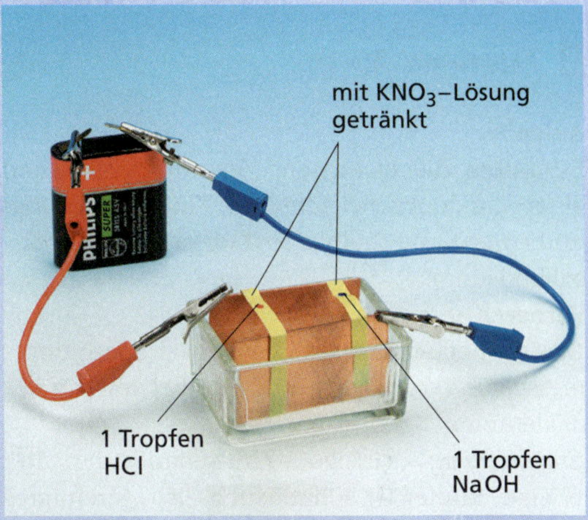


**Beobachtung und Auswertung:**
Führe Protokoll! Erkläre deine Beobachtungen!

### S Experiment 3:

**Aufgabe:**
Überprüfe, ob sich die Temperatur einer wässrigen Kupfer(II)-sulfatlösung bei Zugabe von Zinkpulver verändert!
**Vorbereitung:**
*Geräte und Chemikalien:*
Becherglas, Thermometer, Schutzbrille, Spatel
10%ige Kupfer(II)-sulfatlösung, Zinkpulver
**Durchführung:**
Fülle 50 ml Kupfer(II)-sulfatlösung in ein Becherglas und bestimme die Temperatur! Beobachte die Temperatur und die Farbe der Lösung, wenn du einen Spatel Zinkpulver hinzu gibst!
**Beobachtung und Auswertung:**
Notiere die Beobachtungen und formuliere eine Reaktionsgleichung!

## S Experiment 4:

Miss die Spannung, die zwischen den Elektroden einer „Zitronenbatterie" (Aufbau analog S. 414) herrscht!
Verändere den Versuchsaufbau! Nutze andere Früchte bzw. verschiedene Metallkombinationen!
Vergleiche die Messwerte! Stelle eine Beziehung zwischen den Messergebnissen und der Spannungsreihe der Metalle her!

## S Experiment 5:

**Aufgabe:**
Bestimme die elektrische Spannung zwischen einer Zinkhalbzelle (Zink in Zinksulfatlösung) und einer Kupferhalbzelle (Kupfer in Kupfer(II)-sulfatlösung)!
**Vorbereitung:**
*Geräte:* Bechergläser, Filterpapier, Spannungsmessgerät (Voltmeter), Kupferkabel mit Krokodilklemmen
*Chemikalien:* 10%ige Zinksulfatlösung ☒, 10%ige Kupfer(II)-sulfatlösung ☒, gereinigtes Zink- und Kupferblech, Kaliumsulfatlösung
**Durchführung:**
Tauche in einem Becherglas ein Zinkblech in eine Zinksulfatlösung und in dem anderen ein Kupferblech in eine Kupfer(II)-sulfatlösung!
Verbinde die Salzlösungen durch in Kaliumsulfat getränktes Filterpapier und die Metallbleche durch Kabel!
Schalte ein Spannungsmessgerät so zwischen die Kabel, dass sich eine positive Voltzahl einstellt!

**Beobachtung und Auswertung:**

a) Beschreibe deine Beobachtungen!
Notiere, welches Metallblech mit dem Pluspol des Spannungsmessers verbunden ist und welches mit dem Minuspol!
b) Stelle Vermutungen an, durch welche Reaktionen sich eine elektrische Spannung zwischen den Metallblechen aufbauen kann!
c) Welche Funktion hat das mit Kaliumsulfat getränkte Filterpapier? Warum wird das Filterpapier mit der Salzlösung angefeuchtet?

## S Experiment 6:

Es wird folgendes Modellexperiment zur elektrolytischen Raffination von Rohkupfer durchgeführt.

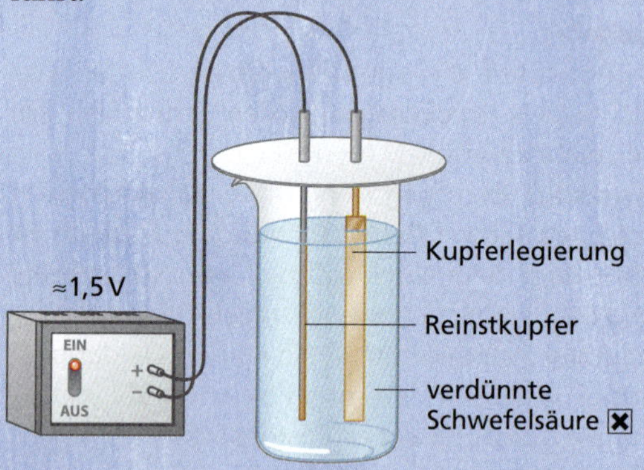


Beobachte die Durchführung des Experimentes und notiere deine Beobachtungen!
Stelle die Reaktionsgleichungen für die Vorgänge an den Polen auf!

## S Experiment 7:

**Aufgabe:**
Überziehe einen Metallgegenstand durch Galvanisieren mit einer Kupferschicht.
**Vorbereitung und Duchführung:**

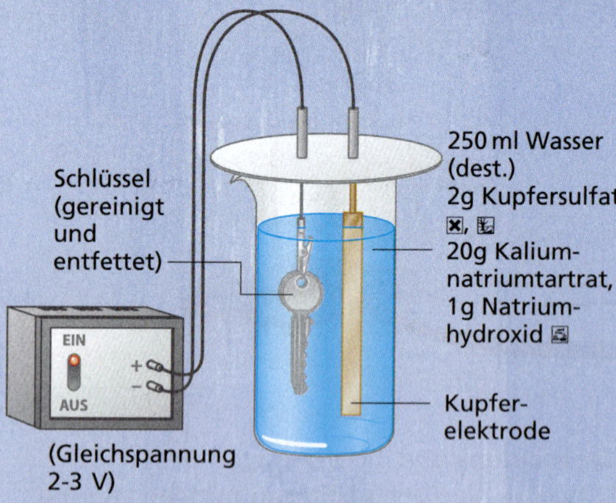


**Auswertung:**
Erläutere das Prinzip des Galvanisierens an diesem Beispiel!

## Chemie in Natur und Technik

### Metallüberzüge schützen und veredeln

Versilbertes Besteck und vergoldete Schmuckstücke, chromglänzende Radkappen und Badarmaturen, Gegenstände, die mit Messing beschichtet sind – überall begegnet man Produkten, die durch Metallüberzüge veredelt wurden. Die Überzüge haben verschiedene Vorteile. Sie dienen als Korrosionsschutz, erhalten den metallischen Glanz und sind kostengünstig, da nur kleine Mengen der teuren Edelmetalle benötigt werden.
*Führe Möglichkeiten an, wie Metallüberzüge hergestellt werden können!*

Schon in den alten Hochkulturen der Ägypter, Azteken oder Mayas wurden Schmuckgegenstände vergoldet. Dazu benutzte man hauchdünnes Blattgold, das direkt auf die Metallgegenstände aufgetragen wurde. Auch heute werden einige Skulpturen noch mit Blattgold belegt.
Bei einer zweiten Möglichkeit, dem sogenannten Feuerverfahren verwendet man Metallschmelzen, in die man die zu schützenden Metalle eintaucht. Als Überzüge eignen sich jedoch nur Metalle mit einer niedrigen Schmelztemperatur, da sonst beim Eintauchen das zu schützende Metall ebenfalls schmelzen kann. Praktische Anwendung findet vor allem das Feuerverzinken von Autokarrosserien, da Zink über eine relativ geringe Schmelztemperatur von 419 °C verfügt.

1 Feuerverzinken von Karosserien

Die eleganteste Methode zur Herstellung von Metallüberzügen ist das Galvanisieren.
Dabei nutzt man Kenntnisse über elektrochemische Reaktionen. Der Vorteil besteht in der regelmäßigen Beschichtung, da die elektrische Ladung auf dem als Katode geschalteten Werkstück gleichmäßig verteilt ist. Außerdem kann die Schichtdicke des Überzuges durch die Dauer der Elektrolyse variiert werden.

### Verlorener Glanz

Der Glanz von Metallen hat seit jeher auf Menschen eine faszinierende Wirkung. Daher wurden auch Schmuckgegenstände aus Metall gefertigt. Allerdings eignen sich dafür nicht alle Metalle, bei einigen geht der Glanz durch chemische Reaktionen an der Oberfläche schnell verloren.
*Erläutere, warum unedle Metalle so reaktionsfähig sind!*

Alle Teilchen, auch die Teilchen aus denen die elementaren Metalle aufgebaut sind, streben einen möglichst energiearmen Zustand an. Er wird durch eine stabile Elektronenkonfiguration in der Außenschale der jeweiligen Atomhülle erreicht (Edelgaskonfiguration). Bei vielen Metallen ist dieser Zustand nicht gegeben. Insbesondere die Atome unedler Metalle weisen ein starkes Bestreben auf, Elektronen abzugeben. Die Folge davon sind Reaktionen an der Metalloberfläche. Die Metalle reagieren unter Energieabgabe zu energieärmeren Ionenverbindungen.
Aufgrund dieser Tatsachen ist für die Gewinnung der unedlen Metalle aus ihren Erzen und Salzen ein hoher Energieaufwand nötig. Die Reduktion erfolgt durch Redoxreaktionen im Hochofen oder durch Elektrolyseverfahren. Ein Teil der dabei verbrauchten Energie ist anschließend als chemische Energie in den Metallen gespeichert.
Die Reaktionen (Oxidation der Metalle bzw. Reduktion ihrer Verbindungen) stellen somit einen Teil eines Kreislaufes dar, bei dem energetische Faktoren eine bedeutende Rolle spielen.

## Ein Griff in die elektrochemische Trick-Kiste

Silber ist ein Edelmetall und verhält sich den meisten Umwelteinflüssen gegenüber sehr reaktionsträge. Jeder kennt jedoch das Phänomen, dass Silberbesteck anläuft. Verursacht wird das Anlaufen durch Schwefelverbindungen, die zum Teil in der Luft, vor allem aber in Eiweißstoffen vorkommen.

*Wie lässt sich angelaufenes Silberbesteck reinigen?*

Bei der Reaktion von Silber mit Schwefel entsteht schwarzes Silbersulfid ($Ag_2S$).

Auf die mechanische Reinigung durch kräftiges Bürsten sollte man bei Silberbesteck verzichten, da die kostbare Silberschicht zerstört wird.

Eine Reinigung ist aber durch elektrochemische Reaktionen möglich, bei denen die Silber-Ionen aus dem Silbersulfid reduziert werden und auf der Oberfläche erhalten bleiben. Im Handel existieren eine Reihe von Reinigungsmitteln, die eine solche Reaktion auslösen. Sie sind allerdings teuer, riechen unangenehm und belasten die Umwelt.

Eine elegante und kostengünstige Reinigung ist möglich, wenn man das angelaufene Silberbesteck zusammen mit Aluminiumfolie in eine heiße Salzlösung (z.B. Kochsalz oder Soda) legt. An der Kontaktstelle zwischen dem Besteck und der Folie kommt es zur Bildung eines Lokalelements, bei der die unedlen Aluminiumatome Elektronen abgeben und als Aluminium-Ionen in Lösung gehen.

$$2\,Al \longrightarrow 2\,Al^{3+}_{(aq)} + 6e^-$$

Die Elektronen wandern durch Folie und Besteck und reduzieren die Silber-Ionen des Silbersulfids zu Atomen, die auf der Besteckoberfläche verbleiben.

$$6\,Ag^+_{(aq)} + 6e^- \longrightarrow 6\,Ag$$

$$3\,Ag_2S + 2\,Al \longrightarrow 2\,Al^{3+}_{(aq)} + 3\,S^{2-}_{(aq)} + 6\,Ag$$

Die Sulfid-Ionen aus dem Silbersulfid und die Aluminium-Ionen reagieren mit Wasser zu Aluminiumhydroxid und Schwefelwasserstoff.

## Aluminium – immer für eine Überraschung gut

Schokolade wird in Aluminiumfolie verpackt. Hat man Amalgamfüllungen und beißt aus Versehen auf die Folie, entsteht ein unangenehmes Kribbeln oder Ziehen.

*Erläutere die Ursache für diese Empfindung!*

Die Amalgamfüllung besteht aus einer Silber-Quecksilber-Legierung. Damit handelt es sich um Elemente, die in der Redoxreihe sehr weit rechts stehen. Aluminium dagegen ist sehr unedel. Im Mund sind im Speichel gelöste Salze oder Säuren vorhanden. Speichel bildet einen Elektrolyten. Damit sind alle Bedingungen für eine elektrochemische Reaktion gegeben. Kurzzeitig entsteht ein Lokalelement.

**Katode**: $3\,O_2 + 12\,H^+ + 12e^- \longrightarrow 6\,H_2O$

**Anode:** $4\,Al \longrightarrow 4\,Al^{3+} + 12e^-$

Es baut sich eine Spannung auf und eine Potenzialschwankung entsteht. In den Nerven werden die Informationen als elektrische Impulse weitergeleitet. Auch in einem Zahn befinden sich Nerven. Der Elektronenfluss, der an der Füllung entstanden ist, löst in den Nerven elektrische Impulse aus. Im Gehirn wird die Veränderung registriert und wir nehmen sie wahr.

## gewusst · gekonnt

1. Ergänze dein Glossar!

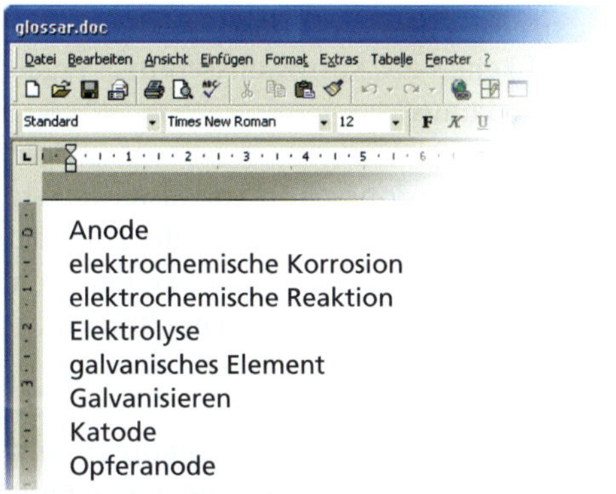
glossar.doc

Anode
elektrochemische Korrosion
elektrochemische Reaktion
Elektrolyse
galvanisches Element
Galvanisieren
Katode
Opferanode

2. Erläutere unterschiedliche Möglichkeiten, elektrische Energie zu gewinnen!
Welche Energieform wird jeweils genutzt?

3. Elektrochemische Reaktionen sind Redoxreaktionen.
Definiere den Begriff und charakterisiere an einem selbst gewählten Beispiel das Wesen dieser Reaktionen!

4. Das Daniell-Element ist eine Monozelle.
   a) Beschreibe den Aufbau eines Daniell-Elements!
   b) Notiere die Teilgleichungen für die Prozesse an den Elektroden! Benenne jeweils den Reaktionstyp und erläutere die ablaufenden chemischen Prozesse!

5. Versuche mit Metallen und Metallsalzlösungen haben ergeben, dass Blei-Ionen mit Zinkatomen aber nicht mit Silberatomen reagieren.
   a) Ordne die Metalle Blei, Zink und Silber zu einer Redoxreihe!
   b) Nenne das Metall mit dem geringsten Bestreben, Elektronen abzugeben! Begründe deine Antwort!
   c) Nenne das Metall-Ion, das das geringste Bestreben hat, Elektronen aufzunehmen! Begründe deine Antwort!

6. Begründe mithilfe der Redoxreihe der Metalle, warum bei Versuchen mit Natrium besondere Sicherheitsvorschriften gelten!

7. Ein Eisennagel wird in eine wässrige Lösung getaucht, die Magnesium-Ionen, Blei-Ionen und Kupfer-Ionen enthält.
   a) Welche Ionen entstehen und welche Ionen werden entladen? Begründe deine Antworten!
   b) Formuliere jeweils die chemischen Gleichungen für alle unter a) beschriebenen Oxidations- und Reduktionsprozesse!

8. In Fotolaboren entstehen als Abfallprodukt Silbersalzlösungen. Erläutere Möglichkeiten, wie aus einer Silbersalzlösung elementares Silber gewonnen werden kann!

9. Entwirf eine beschriftete Skizze für eine Apparatur, mit der eine Umwandlung der chemischen Energie in elektrische Energie möglich ist! Erläutere, welche Bedingungen beachtet werden müssen!

10. In galvanischen Elementen baut sich zwischen den Elektroden eine Spannung auf. Wie kommt es zu den entgegengesetzten Ladungen an den Elektroden? Gib zur Beantwortung an, welche Reaktionen an der Anode und welche an der Katode ablaufen!

11. Autobatterien liefern eine Spannung von 12 Volt. Eine galvanische Zelle in einem Bleiakkumulator liefert aber nur eine Spannung von ca. 2 Volt. Gib an, wie eine Autobatterie konstruiert sein muss, damit eine so hohe Spannung erreicht werden kann!

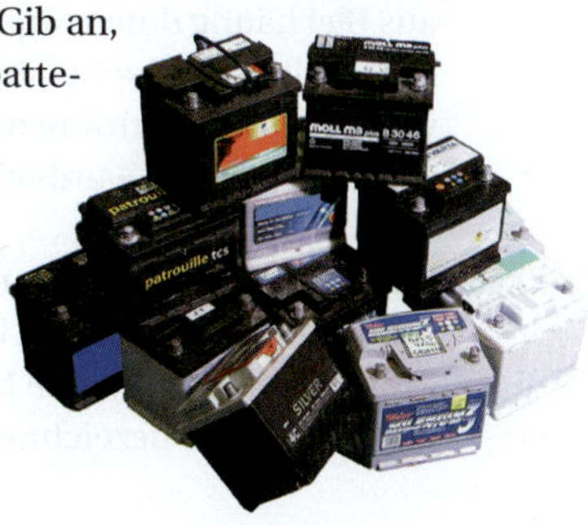

**12.** Vergleiche Akkumulatoren und herkömmliche Batterien! Stelle dazu Vorteile und Nachteile in einer Tabelle zusammen! Leite jeweils Einsatzmöglichkeiten ab!

**13.** Untersuche den Bau einer Zink-Kohle-Batterie und informiere dich über die Funktionsweise! Fertige ein Modell an und erläutere die Funktionsweise der Batterie mithilfe des Modells! Erkläre, warum dieser Batterietyp nach längerer Benutzung keinen Strom mehr liefern kann!

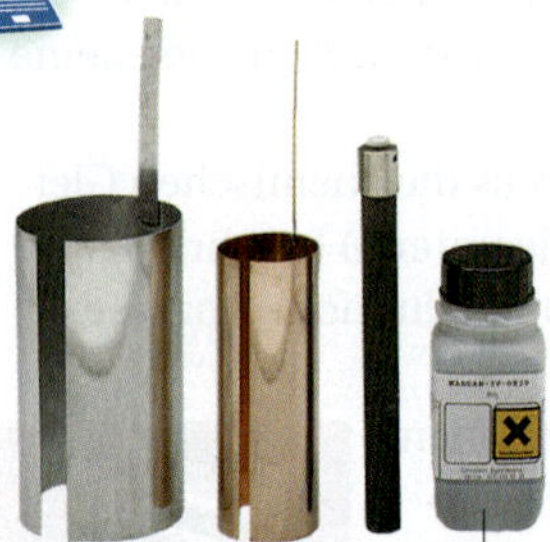


**14.** Lithiumbatterien sind sehr teuer, liefern aber die höchsten elektrischen Spannungen.
a) Nenne Gründe für die hohen Kosten, die bei der Fertigung dieser speziellen Batterien entstehen!
b) Erkläre, wie die hohe Spannung zustande kommt!

**15.** In Lithiumbatterien verwendet man organische Lösungsmittel als Elektrolyt. Erläutere, warum wässrige Elektrolytlösungen ungeeignet sind!

**16.** Warum gehören Batterien nicht in den Hausmüll, sondern müssen extra entsorgt werden?

**17.** Bei Sanierungsmaßnahmen in Altbauwohnungen wurden früher alte Wasserleitungen aus Blei häufig durch Kupferrohre ersetzt. Beschreibe, welche Gefahren bestanden, wenn neue Kupferrohre mit alten Bleirohren zusammengefügt wurden!

**18.** Magnesiumblöcke werden zum Korrosionsschutz an Schiffswänden befestigt. Erläutere, warum solche Magnesiumblöcke als Opferanode bezeichnet werden!

**19.** Bei der Korrosion von metallischen Gegenständen laufen elektrochemische Reaktionen ab.
Erläutere die Richtigkeit dieser Aussage! Leite daraus Faktoren ab, die Korrosion auslösen und verstärken! Welche Möglichkeiten des Korrosionsschutzes ergeben sich daraus?

***20.** Zum Korrosionsschutz von Eisenwerkstoffen verwendet man sowohl unedle Zinküberzüge als auch edlere Zinnüberzüge. Nenne Vor- und Nachteile von Zink- bzw. Zinnüberzügen!

***21.** S Für ein Experiment werden Kupfer- und Zinkschichten abwechselnd aufeinander geschichtet, wobei zwischen die Metallschichten jeweils ein mit Kochsalzlösung getränktes Stück Filterpapier eingefügt wird.
Ein Kompass wird mit einem sehr dünnen Kupferdraht umwickelt (ungefähr 50-mal) und die freien Enden mit dem oberen und unteren Teil der Metallsäule verbunden. Die Kompassnadel schlägt aus.
Erkläre die Beobachtung!

**22.** Auf Aluminiumfolieverpackungen findet sich folgender Hinweis: Folie nicht zum Abdecken von feuchten säure- oder salzhaltigen Lebensmitteln auf Servierplatten oder Schalen aus Metall verwenden.
Erläutere den Hinweis!

**23.** Untersuche den Rostvorgang an blank geriebenen Eisennägeln bei Kontakt mit Magnesium und Kupfer! Sorge dafür, dass der Zellstoff in regelmäßigen Abständen mit Kochsalzlösung angefeuchtet wird!

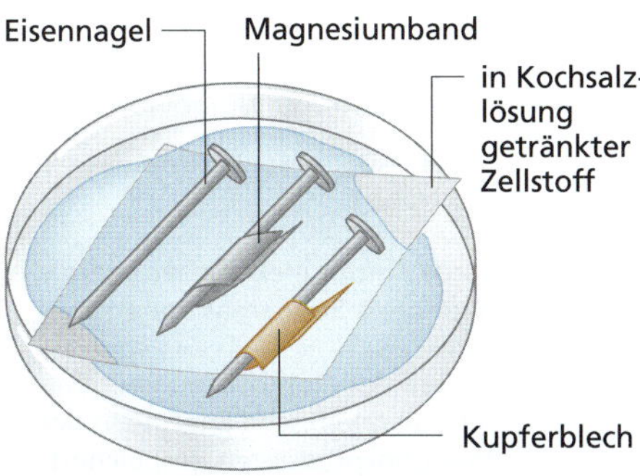


Notiere nach einer Woche deine Beobachtungen und erkläre sie! Welche Art der elektrochemischen Reaktion liegt vor?

***24.** Natriumchlorid ist Ausgangsstoff für viele Produkte. Elektrolytische Prozesse spielen dabei eine Rolle.
Erläutere die Entstehung der unterschiedlichen Reaktionsprodukte bei der Elektrolyse einer wässrigen Natriumchloridlösung und einer Natriumchloridschmelze!

**25.** Kalium ist ein sehr unedles Metall. Es kann durch Schmelzflusselektrolyse hergestellt werden.
Beschreibe die Vorgänge an der Anode und der Katode bei der Elektrolyse einer Kaliumbromidschmelze!

**26.** In galvanischen Elementen wird die negativ geladene Elektrode als Anode bezeichnet, in Elektrolysezellen als Katode.
Erkläre die unterschiedliche Benennung des Minuspols!

**27.** Welche Masse an Zink entsteht bei der elektrolytischen Zersetzung von Zinkchlorid, wenn mit einer Stromstärke von 20 kA bei einer Stromausbeute von 90 % zwei Stunden lang gearbeitet wird?

**28.** In der Brennstoffzelle wird die Reaktion von Wasserstoff mit Sauerstoff genutzt, um chemische in elektrische Energie umzuwandeln.

a) Den „Brennstoff" Wasserstoff kann man u. a. durch Elektrolyse herstellen.
Erläutere die Vorgänge im hofmannschen Wasserzersetzungsapparat!

b) Informiere dich über die Funktionsweise der Brennstoffzelle!

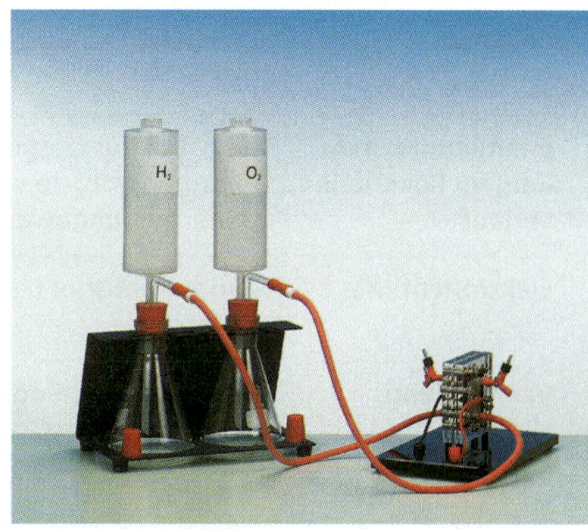

***29.** Aluminium ist ein sehr unedles Metall. Trotzdem ist es korrosionsbeständig. Aluminiumlegierungen spielen daher im Flugzeugbau eine große Rolle. Kläre diesen scheinbaren Widerspruch!

**30.** Beschreibe das Eloxalverfahren!

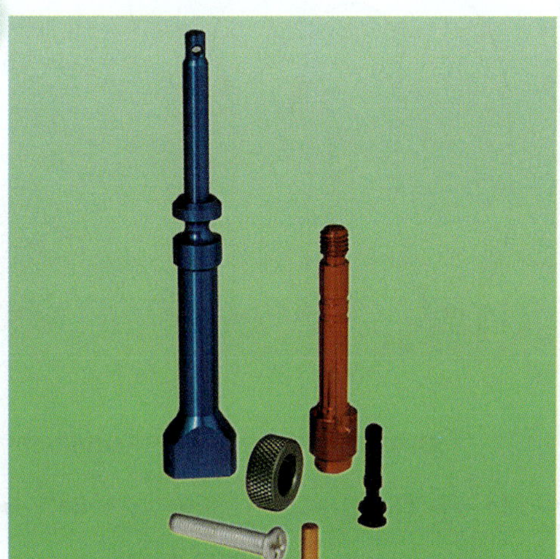

## Elektrochemische Reaktionen

Atome edlerer Metalle weisen ein geringeres Bestreben als die Atome unedlerer Metalle auf, Elektronen abzugeben. Das Bestreben, Elektronen aufzunehmen, ist hingegen bei den Ionen edler Metalle größer als bei den Ionen unedler Metalle. Daraus ergibt sich die Redoxreihe der Metalle. Die Kenntnisse spielen bei der Nutzung elektrochemischer Reaktionen eine Rolle.

Elektrochemische Reaktionen sind Redoxreaktionen, bei denen ein Teil der chemischen Energie in elektrische Energie bzw. ein Teil der elektrischen Energie in chemische Energie umgewandelt wird.

| | **Galvanisches Element** | **Elektrolyse** |
|---|---|---|
| **Reaktion** | freiwillig ablaufende Redoxreaktion | durch Zufuhr elektrischer Energie erzwungene Redoxreaktionen |
| **Energieumwandlung im Reaktionsverlauf** | ein Teil der chemischen Energie der Ausgangsstoffe wird in elektrische Energie umgewandelt | ein Teil der elektrischen Energie wird als chemische Energie in den Reaktionsprodukten gespeichert |
| **Elektronenfluss** | vom Minuspol (Anode) zum Pluspol (Katode) | vom Pluspol (Anode) zum Minuspol (Katode) |
| **Verwendung** | als ortsunabhängige, bewegliche Spannungsquelle | Gewinnung von Stoffen und Grundchemikalien, Metallveredelung, Korrosionsschutz |
| **Beispiele** | Batterien, Nutzung von Akkumulatoren als Spannungsquelle elektrochemische Korrosion | Schmelzflusselektrolyse, Galvanisieren, Laden von Akkumulatoren |

**freiwillig ablaufende elektrochemische Reaktionen im galvanischen Element**

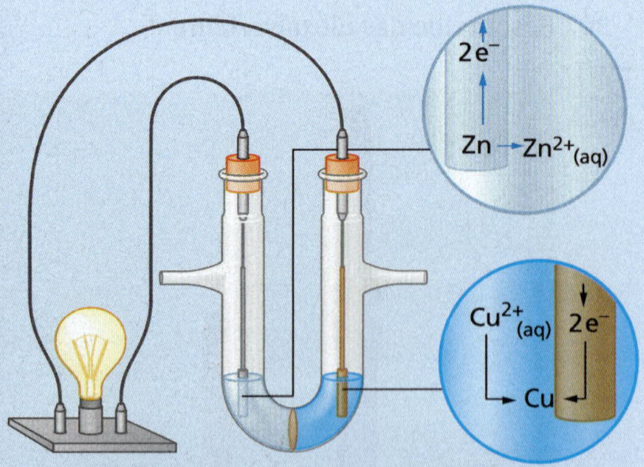


**Oxidation**

$Zn \longrightarrow Zn^{2+}_{(aq)} + 2e^-$

**Reduktion**

$Cu^{2+}_{(aq)} + 2e^- \longrightarrow Cu$

**Redoxreaktion**

$Zn + Cu^{2+}_{(aq)} \longrightarrow Zn^{2+}_{(aq)} + Cu$

**erzwungene elektrochemische Reaktionen bei der Elektrolyse**

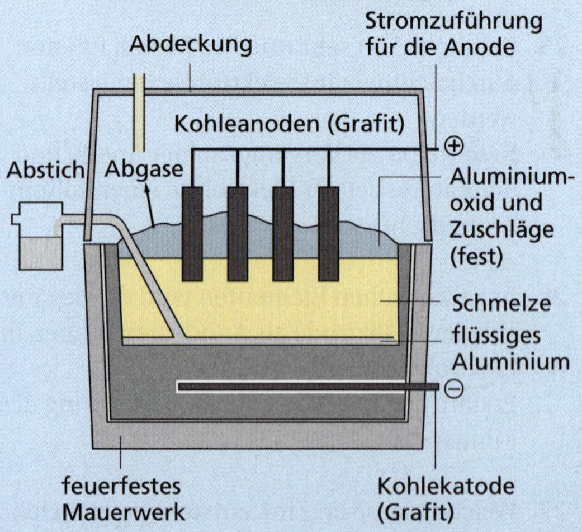


**Oxidation**

$3O^{2-} + 2C \longrightarrow CO_2 + CO + 6e^-$

**Reduktion**

$2Al^{3+} + 6e^- \longrightarrow 2Al$

**Redoxreaktion**

$Al_2O_3 + 2C \longrightarrow 2Al + CO_2 + CO$

# 18 Wiederholung und Systematisierung

**Ordnung ist das halbe Leben**
Die Menge an Stoffen ist riesig und wird täglich größer. Diese Fülle ist nicht leicht zu durchschauen, Zusammenhänge nicht immer zu erkennen, Ursachen und Wirkungen manchmal schwer zu unterscheiden. Wichtig ist, Ordnung in die Vielfalt zu bringen.
*Welche systematischen Grundlagen können den „roten Faden durch die Chemie" darstellen?*

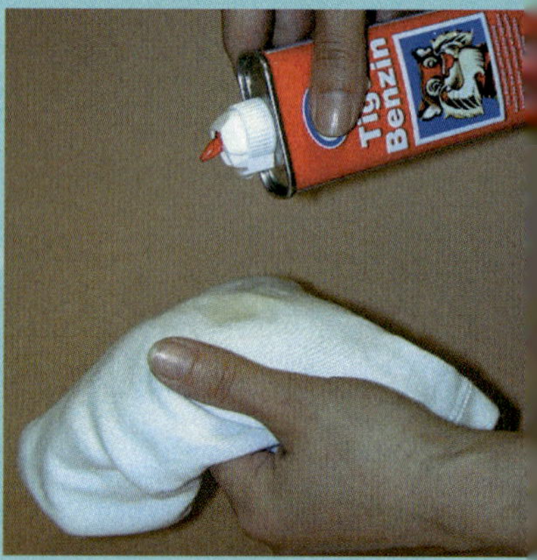

**Ein Leben ohne Chemie?**
Sicher kann man auf eine Menge Dinge verzichten, aber ob ein zivilisiertes Leben ohne chemische Produktion wirklich möglich wäre? Sieht man sich in seiner Umgebung um, fallen viele Dinge auf, die irgendwie mit chemisch produzierten Stoffen zu tun haben.
*Wie weit beeinflusst die Chemie unseren Alltag?*

**Ähnliches löst sich in Ähnlichem**
Wissen ist von Nutzen, wenn man es im täglichen Leben anwenden kann. So kann mithilfe chemischer Kenntnisse erklärt werden, warum sich Fettflecke mit Wasser schlecht entfernen lassen, mit Seifenlösungen oder Waschbenzin jedoch gut.
*Haben die Fakten und Zusammenhänge, die in der Schule vermittelt wurden, wirklich Bedeutung im täglichen Leben ?*

## Fakten kann man ordnen

**Chemie** – die Wissenschaften von den Stoffen und den Stoffumwandlungen – **ist wichtig**! Sie spielt, oft von uns unbemerkt, eine bedeutende Rolle im Alltag. Ohne chemische Kenntnisse geht es nicht. Die Fülle der Informationen ist jedoch sehr groß.

Allein dadurch, dass man die Kenntnisse für wichtig hält, schafft man es nicht, sich alles einzuprägen, genau so wenig, wie mit ein- oder mehrmaliger einfacher Wiederholung des Gelernten. Damit die Fakten einen Sinn bekommen, sollte das **Wiederholen** mit dem **Systematisieren** verbunden werden, das heißt, mit dem Bewusstmachen wesentlicher Zusammenhänge zwischen den einzelnen Fakten.

Zwei grundlegende Schwerpunkte liefert die Definition der Wissenschaft Chemie:

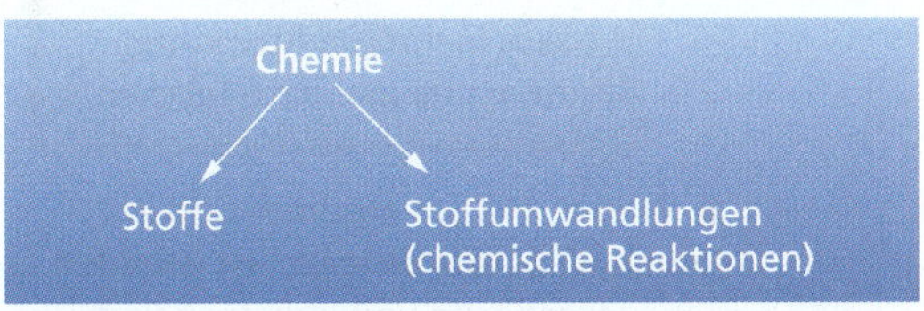


Sie bilden das „Gerüst" der Chemie. Man kann sich dieses „Gerüst" auch als Gleisanlage vorstellen, die aus zwei Schienen und einer Weiche besteht, die die beiden Schienen verbindet (Abb. 1).

Entlang der „Stoffschiene" lassen sich die **Stoffgruppen und ihre wesentlichen Eigenschaften** wiederholen.

Die „Weiche" führt von den Stoffen zu den Reaktionen, gibt also Antwort auf die Frage, warum die Stoffe miteinander reagieren. Die Antwort dafür liegt im Bereich der Atome, Ionen und Moleküle, der chemischen Bindungen und der Anordnung der Teilchen zueinander, also im **Bau der Stoffe**.

Die „Reaktionsschiene" umfasst **Merkmale der chemischen Reaktion** und Kenntnisse über Bedingungen, unter denen Reaktionen stattfinden. Außerdem gehören zu dieser „Schiene" Kenntnisse über **Reaktionsarten.** Mithilfe dieser groben Orientierung ist es leichter, alle anderen Fakten zu ordnen.

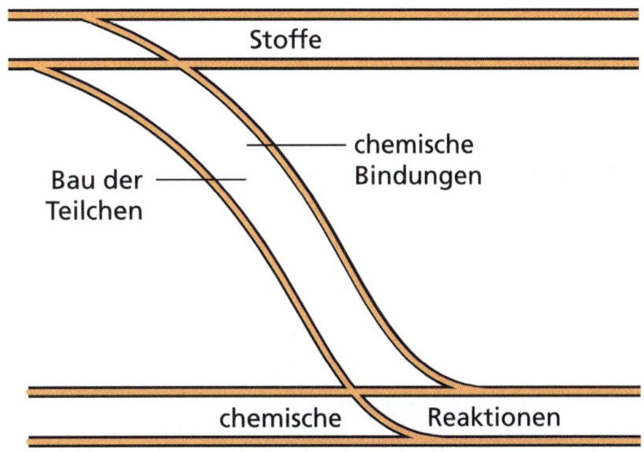


**1** Ein Grundgerüst für chemische Fakten

Die Zuordnung zu einzelnen Stoffgruppen erfolgt aufgrund gemeinsamer physikalischer und chemischer Eigenschaften.

Beispielsweise lassen sich Metalle durch ihren metallischen Glanz, die elektrische Leitfähigkeit und weitere charakteristische Gruppeneigenschaften leicht erkennen. Die Eigenschaften resultieren aus dem gleichem Bau.

Trotzdem weisen die Stoffe innerhalb einer Gruppe auch spezifische Eigenschaften auf, die ihre Ursache ebenfalls im Bau der Stoffe haben.

**Verschiedene Metalle**

# Stoffe

## Stoffgemische

Trennung durch Destillieren, Filtrieren, Dekantieren, Extrahieren, Magnetscheiden, Chromatografieren u. a.

z.B. Salzwasser

## Reinstoffe

gekennzeichnet durch physikalische Eigenschaften, wie Farbe, Geruch, Geschmack, Härte, Aggregatzustand, Schmelz- und Siedetemperatur, Wärmeleitfähigkeit, elektrische Leitfähigkeit, Dichte, Löslichkeit und chemische Eigenschaften, wie Brennbarkeit, spezielle chemische Reaktionen

### Elemente

nur aus einer Atomart bestehende Teilchen

### Verbindungen

aus mehreren Atomarten zusammengesetzte Teilchen

z. B. Wasser ($H_2O$), Natriumchlorid (NaCl), Methan ($CH_4$) (aus historischen Gründen in anorganische Verbindungen und organische Verbindungen unterteilt – s. S. 433/434)

#### Metalle

elektrische Leiter, fest (bis auf Quecksilber), relativ hohe Schmelz- und Siedetemperaturen, plastisch verformbar, unterschiedliche Reaktionsfähigkeit

unedle Metalle: z. B. Eisen (Fe),
edle Metalle: z. B. Gold (Au)

#### Halbmetalle

Elemente im Grenzbereich zwischen Metallen und Nichtmetallen

z. B. Arsen (As), Germanium (Ge), Selen (Se), Silicium (Si)

#### Nichtmetalle

schlechte elektrische Leiter, Aggregatzustände von gasförmig bis fest, relativ niedrige Schmelz- und Siedetemperaturen, unterschiedliche Reaktionsfähigkeit

z. B. Helium (He), Sauerstoff ($O_2$), Schwefel (S)

## Anorganische Verbindungen

**Säuren**
*Beispiele:*
HCl, $H_2SO_3$, $H_2SO_4$, $H_3PO_4$, $HNO_3$

*Herstellung*:
aus den Elementen z. B.
$H_2 + Cl_2 \longrightarrow 2HCl$
aus Nichtmetalloxiden und Wasser
z. B. $SO_2 + H_2O \longrightarrow H_2SO_3$
*Bau:*
Molekülsubstanzen, in wässriger Lösung Bildung von positiv geladenen Wasserstoff-Ionen ($H^+$) bzw. *Hydronium-Ionen* ($H_3O^+$) und negativ geladenen Säurerest-Ionen
*Eigenschaften:*
wässrige Lösung reagiert sauer, chemische Reaktion mit unedlen Metallen, Metalloxiden und Metallhydroxiden unter Bildung von Salzen
z. B. $Mg + H_2SO_4 \longrightarrow MgSO_4 + H_2$
$MgO + H_2SO_4 \longrightarrow MgSO_4 + H_2O$
$Mg(OH)_2 + H_2SO_4 \longrightarrow MgSO_4 + 2H_2O$
*Nachweis*: Wasserstoff-Ionen in den wässrigen Lösungen mit Indikatoren, einige Säurerest-Ionen durch Fällung

**Metallhydroxide**
*Beispiele:*
NaOH, KOH, $Mg(OH)_2$, $Ca(OH)_2$, $Ba(OH)_2$

*Herstellung*:
aus unedlen Metallen bzw. Metalloxiden und Wasser

z. B. $2\,Na + 2\,H_2O \longrightarrow 2\,NaOH + H_2$
$CaO + H_2O \longrightarrow Ca(OH)_2$
*Bau:*
Ionensubstanzen, in wässriger Lösung werden die positiv geladenen Metall-Ionen und die negativ geladenen Hydroxid-Ionen ($OH^-$) frei beweglich (Neutralisation)
*Eigenschaften:*
wässrige Lösung reagiert basisch, chemische Reaktion mit Säurelösungen unter Bildung von Salzen
z. B. $NaOH + HCl \longrightarrow NaCl + H_2O$

*Nachweis*:
Hydroxid-Ionen in den wässrigen Lösungen mit Indikatoren

**Salze**
*Beispiele:*
NaCl, KCl, $MgCl_2$, $Na_2CO_3$, $BaSO_4$, AgBr

*Herstellung:* aus den Elementen, Reaktionen von Säurelösungen und unedlen Metallen, Metalloxiden, Metallhydroxiden (s. Reaktionen von Säuren)

*Bau:*
Ionensubstanzen, bestehend aus positiv geladenen Ionen ($Me^{n+}$, $NH_4^+$) und negativ geladenen Säurerest-Ionen

*Eigenschaften:*
Beim Lösen in Wasser werden die Ionen frei beweglich.
z.B. $NaCl \underset{-H_2O}{\overset{+H_2O}{\rightleftharpoons}} Na^+_{(aq)} + Cl^-_{(aq)}$
*Nachweis*:
Säurerest-Ionen über Fällungsreaktionen, z. B.
$Cl^- + Ag^+ \longrightarrow AgCl \downarrow$
$SO_4^{2-} + Ba^{2+} \longrightarrow BaSO_4\downarrow$
Metall-Ionen durch Flammenfärbung

**Oxide**
*Herstellung*:
Reaktionen der Elemente mit Sauerstoff

***Nichtmetalloxide***
*Beispiele*:
$H_2O$, CO, $CO_2$, $NO_2$, $SO_2$
*Bau:*
Molekülsubstanzen
*Eigenschaften*:
meist gasförmig oder flüssig, unterschiedlich löslich in Wasser, bei der Reaktion mit Wasser Bildung sauerstoffhaltiger Säuren
z. B. $SO_2 + H_2O \rightleftharpoons H_2SO_3$

***Metalloxide***
*Beispiele*:
MgO, CaO, $Al_2O_3$, FeO, $Fe_2O_3$
*Bau*:
meist Ionensubstanzen
*Eigenschaften*:
unterschiedlich löslich in Wasser, bei der Reaktion mit Wasser meist Bildung von Basen
z. B. $MgO + H_2O \longrightarrow Mg(OH)_2$
$Na_2O + H_2O \longrightarrow 2NaOH$

## Ausgewählte organische Verbindungen

Organische Verbindungen sind immer Verbindungen des Kohlenstoffs und bilden 98 % aller bekannten Verbindungen überhaupt. Obwohl es natürlich auch bei den organischen Stoffen Substanzen mit Oxid-, Säure-, Base- und Salzcharakter gibt, hat sich eine Einteilung in andere Gruppen als besser erwiesen. Sie beruht auf dem elementaren Aufbau und der unterschiedlichen Molekülstruktur der Verbindungen. Stoffe mit ähnlicher Molekülstruktur, die sich jeweils um eine $-CH_2$-Gruppe unterscheiden, bilden homologe Reihen. In Abhängigkeit von der Kettenlänge ändern sich die physikalischen Eigenschaften innerhalb der homologen Reihe. Durch charakteristische Strukturmerkmale werden ähnliche chemische Eigenschaften bedingt.

### Alkane

(„gesättigte" Kohlenwasserstoffe)
*Beispiele:* Methan ($CH_4$), Ethan ($C_2H_6$); ... $C_nH_{2n+2}$
*Struktur:* bestehen aus Kohlenstoff- und Wasserstoffatomen; nur Einfachbindungen zwischen den Kohlenstoffatomen

*chemische Eigenschaften:*
Verbrennung zu $CO_2$ und $H_2O$ (vollständige Oxidation), Wasserstoffatome können durch andere Atome ersetzt werden (Substitution), Atome können abgespalten werden (Eliminierung)

### Alkene

(„ungesättigte" Kohlenwasserstoffe)
*Beispiele:* Ethen ($C_2H_4$); Propen ($C_3H_6$), ... $C_nH_{2n}$
*Struktur:* bestehen aus Kohlenstoff- und Wasserstoffatomen, eine Doppelbindung zwischen benachbarten Kohlenstoffatomen

*chemische Eigenschaften:*
Verbrennung zu $CO_2$ und $H_2O$ (vollständige Oxidation), Atome können angelagert werden (Addition und Polymerisation), Atome können abgespalten werden (Eliminierung)

### Alkine

(„ungesättigte" Kohlenwasserstoffe)
*Beispiele:* Ethin ($C_2H_2$); Propin ($C_3H_4$), ... $C_nH_{2n-2}$
*Struktur:* bestehen aus Kohlenstoff- und Wasserstoffatomen, eine Dreifachbindung zwischen benachbarten Kohlenstoffatomen

*chemische Eigenschaften:*
Verbrennung zu $CO_2$ und $H_2O$ (vollständige Oxidation), Atome können angelagert werden (Addition)

### Alkanole

*Beispiele:* Methanol ($CH_3OH$), Ethanol ($C_2H_5OH$); ... $C_nH_{2n+1}OH$
*Struktur:* Derivate der Alkane mit einer Hydroxylgruppe im Molekül

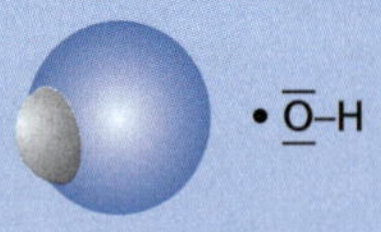


*chemische Eigenschaften:*
brennbar, Reaktion mit Natrium, Esterbildung, Etherbildung

### Alkanale

*Beispiele:* Methanal (HCHO), Ethanal ($CH_3CHO$); ... $C_nH_{2n+1}CHO$
*Struktur:* Derivate der Alkane mit einer Aldehydgruppe im Molekül

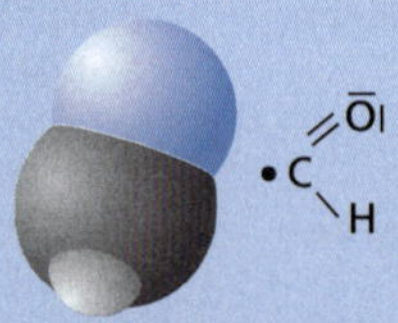


*chemische Eigenschaften:*
brennbar, zu Alkansäuren oxidierbar, reduzierende Wirkung – genutzt als Nachweisreaktion für die Aldehydgruppe

### Alkansäuren

*Beispiele:* Methansäure (HCO-OH), Ethansäure ($CH_3COOH$); ... $C_nH_{2n+1}COOH$
*Struktur:* Derivate der Alkane mit einer Carboxylgruppe im Molekül

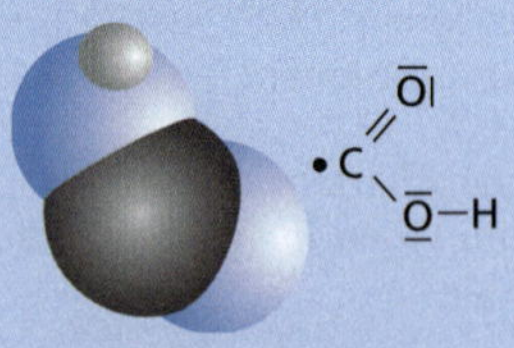


*chemische Eigenschaften:*
im wasserfreien Zustand brennbar, saure Reaktion der wässrigen Lösung ($H^+$-Ionen bzw. *$H_3O^+$-Ionen*), Salzbildung, Esterbildung

## Vom Stoff zur Reaktion

Elemente und Verbindungen sind aus Atomen, Molekülen oder aus Ionen aufgebaut. Von der Anzahl und Verteilung der negativ geladenen Elektronen in der Atomhülle hängen die Eigenschaften, das chemische Reaktionsverhalten der Elementsubstanzen und ihrer Verbindungen ab. Beispielsweise bedingt der Bau der Metallatome die besondere Bindungsart in Metallkristallen **(Metallbindungen).** Die Art der Teilchen und die im Kristall wirkenden Kräfte bilden die Ursache für die typischen metallischen Eigenschaften.

Die Art und Intensität, wie bestimmte Elemente mit anderen Elementen oder auch Verbindungen chemisch reagieren, wird nicht von allen Elektronen auf den unterschiedlichsten Schalen in gleicher Weise beeinflusst.

Bei den Hauptgruppenelementen wird das Reaktionsgeschehen von den Elektronen auf der äußersten, also energiereichsten Schale bestimmt, von den Außenelektronen (Valenzelektronen).

Entscheidend für den Ablauf einer Reaktion ist das **Bestreben der Atome, einen möglichst energiearmen Zustand zu erreichen,** wie er in den chemisch sehr stabilen, nahezu „unangreifbaren" Edelgasen vorliegt. Die Außenschalen bei den meisten Edelgasen sind mit 8 Elektronen (Elektronenoktett) besetzt, nur Helium ist mit einer Zweierschale (K-Schale) stabil.

Atome reagieren miteinander, um auf ihrer Außenschale möglichst den stabilen Zustand zu erreichen. Dabei werden entweder **Elektronen abgegeben oder aufgenommen oder gemeinsame Elektronenpaare** gebildet.

Im ersten Fall entstehen **Ionen** zwischen denen **Ionenbindung** herrscht. Werden gemeinsame Elektronenpaare zwischen Atomen des gleichen Elements oder zwischen Atomen unterschiedlicher Elemente ausgebildet, handelt es sich um **Moleküle** in den die Atome durch **Atombindungen** verknüpft sind.

**Metallbindung**

Metalle sind Elementsubstanzen und aus Metallatomen aufgebaut. Diese sind bei Normbedingungen (außer bei Quecksilber) in einem regelmäßigen Gitter angeordnet welches aus Metallatomen, Metall-Ionen und frei beweglichen Elektronen besteht (Elektronengasmodell s. S. 46). Zwischen den positiv geladenen Ionen im Gitter und den frei beweglichen Elektronen wirken starke elektrostatische Anziehungskräfte. Man bezeichnet diese Art der chemischen Bindung als Metallbindung. Sie bedingt die metallischen Eigenschaften wie elektrische Leitfähigkeit, metallischer Glanz, plastische Verformbarkeit und die relativ hohen Schmelz- und Siedetemperaturen der Metalle (s. S. 46/47).

**Ionenbindung**

Entgegengesetzt geladene Ionen bilden im festen Zustand Ionenkristalle, indem jedes positiv geladenen Ion von negativ geladenen Ionen umgeben ist und umgekehrt. Zwischen den entgegengesetzt geladenen Ionen wirken starke elektrostatische Anziehungskräfte in alle Richtungen des Raumes. Diese Art der chemischen Bindung bezeichnet man als Ionenbindung (bzw. Ionenbeziehung). Durch die starken elektrostatischen Anziehungskräfte im Kristall sind die Schmelz- und Siedetemperaturen der Ionenverbindungen relativ hoch. Eine plastische Verformung wie bei den Metallen ist nicht möglich. Die Kristalle sind relativ hart, aber spröde. Sie leiten den elektrischen Strom nicht. In ihren Lösungen und Schmelzen liegen die Ionen jedoch frei beweglich vor. Daher sind diese elektrisch leitfähig.

**Atombindung – Zusammenhalt innerhalb von Molekülen**

Wasserstoff, Sauerstoff, Stickstoff, Iod und andere nichtmetallische Elementsubstanzen kommen in der Natur molekular vor. Ihre Atome erreichen die Stabilität durch die Ausbildung gemeinsamer (bindenden) Elektronenpaare zwischen zwei Atomen. Der Zusammenhalt innerhalb der Moleküle beruht auf elektrostatischer Anziehung zwischen den positiv geladenen Atomkernen einerseits und den negativ geladenen Elektronenpaaren andererseits. Diese Art der chemischen Bindung bezeichnet man als **Atombindung.**

Zwischen den Molekülen wirken i. A. nur schwache Kräfte, sodass diese Stoffe relativ niedrige Schmelz- und Siedetemperaturen aufweisen. Auch das bei Normbedingungen feste Iod geht schon bei geringer Wärmezufuhr in den gasförmigen Zustand über.

Bei den bisher genannten Molekülverbindungen haben die Atome im Molekül gleiche Atomradien und gleich aufgebaute Atomhüllen. Die bindenden Elektronenpaare werden darum von beiden Atomkernen gleich stark angezogen. Die Atombindungen sind **unpolar.**

Das Bestreben der Atome, in Abhängigkeit vom Atomradius und der Kernladung innerhalb einer Atombindung das gemeinsame Elektronenpaar mit einer bestimmten Stärke anzuziehen, wird als **Elektronegativität (EN)** bezeichnet. Der Begriff wurde 1932 von LINUS PAULING (1901–1994) eingeführt.

Bei Molekülen, die aus Atomen unterschiedlicher Elemente aufgebaut sind, sind die Elektronegativitätswerte oft unterschiedlich, wie z. B. im Chlorwasserstoff. Das gemeinsame Elektronenpaar wird stärker vom Kern des Chloratoms angezogen. Dadurch kommt es zur Ausbildung von Ladungsschwerpunkten (Partialladungen) innerhalb des Moleküls, ein positiver Ladungsschwerpunkt am Wasserstoffatom und ein negativer am Chloratom. Es handelt sich um eine **polare Atombindung.**

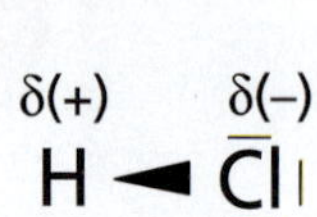


**Wasserstoffbrückenbindung – Zusammenhalt zwischen Molekülen**

Wasser ist ebenfalls eine Molekülverbindung, jedoch eine mit besonderen Eigenschaften. Zwischen dem Sauerstoffatom und den Wasserstoffatomen der Wassermoleküle existieren polare Atombindungen. Außerdem befinden sich am Sauerstoffatom zwei freie Elektronenpaare. Dadurch entstehen im Wassermolekül stark ausgeprägte Ladungsschwerpunkte. Die Moleküle sind gewinkelt, sodass sich diese Ladungsschwerpunkte räumlich nicht ausgleichen. Sie werden auch nach außen hin wirksam und sind messbar. Wassermoleküle sind Dipole (s. S. 106).

Durch diesen Molekülbau kommt es zu besonderen **Kräften zwischen den Molekülen.** Mit seinem negativen Pol lagert sich das Sauerstoffatom an einen positiven Ladungsschwerpunkt des Wasserstoffatoms eines anderen Wassermoleküls an. Der Zusammenhalt beruht auf der elektrostatischen Anziehung zwischen den entgegengesetzten Ladungsschwerpunkten der unterschiedlichen Moleküle. Diese Art der zwischenmolekularen Bindung nennt man **Wasserstoffbrückenbindung,** die nicht nur zwischen Wassermolekülen auftritt.

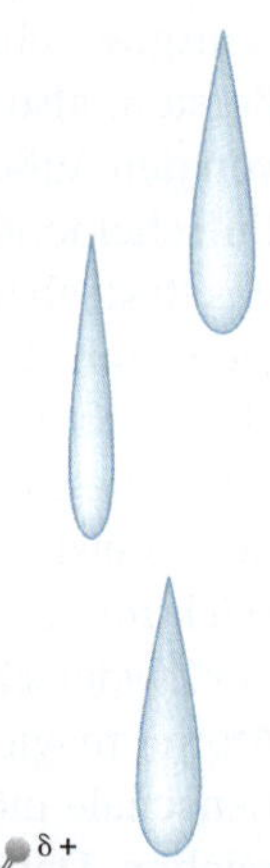

Die besondere Struktur der Wassermoleküle und die daraus resultierende Ausbildung von Wasserstoffbrückenbindungen zwischen ihnen bildet die Ursache für die besonderen Eigenschaften des Wassers (Anomalie des Wassers – s. S. 96/97). Beispielsweise ist Wasser trotz seiner sehr kleinen Moleküle bei Raumtemperatur flüssig, unter 0 °C fest und über 100 °C gasförmig. Im Gegensatz dazu liegt die Schmelztemperatur von Ammoniak bei –78 °C und die Siedetemperatur bei –33,5 °C.

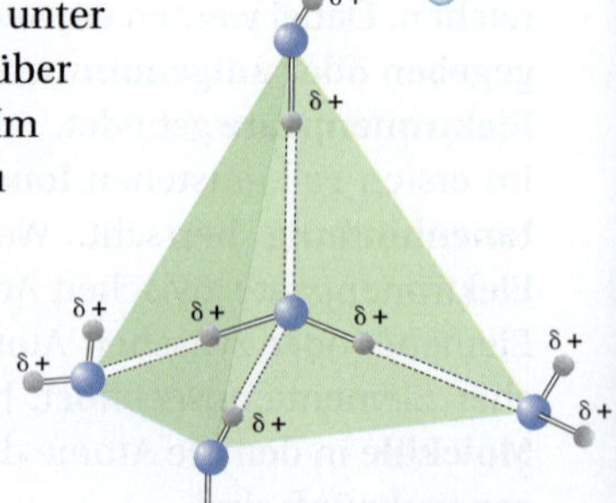

## Der Bau der Elemente

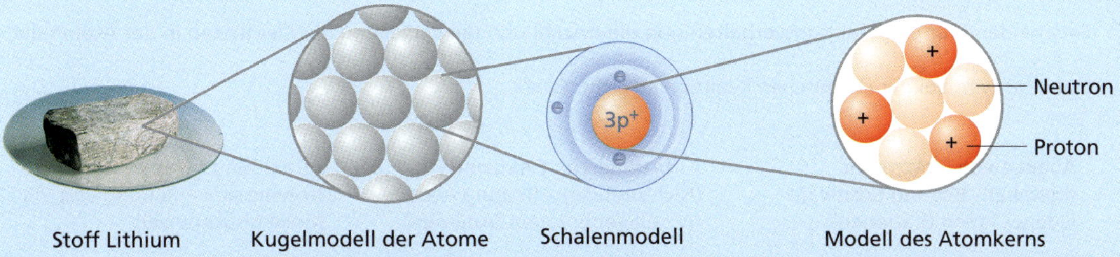


Chemische Elemente sind Stoffe, die nur aus einer Atomart bestehen. Jede Atomart ist durch eine bestimmte Anzahl an positiv geladenen Protonen im Kern und eine der Protonenzahl entsprechenden Anzahl negativ geladener Elektronen in der Hülle gekennzeichnet. Daher sind Atome nach außen elektrisch neutral. Die Elektronen bewegen sich in unterschiedlichen Elektronenschalen um den Atomkern. Diese entsprechen bestimmten Energieniveaus. Für chemische Reaktionen sind die Außenelektronen (Valenzelektronen) bedeutsam.

## Periodensystem der Elemente

Im Periodensystem der Elemente sind die Elemente nach steigender Kernladungszahl (Protonenzahl) in Perioden angeordnet.
Daher kann man aus der Stellung des Elements im Periodensystem auf den Bau seiner Atome schließen.

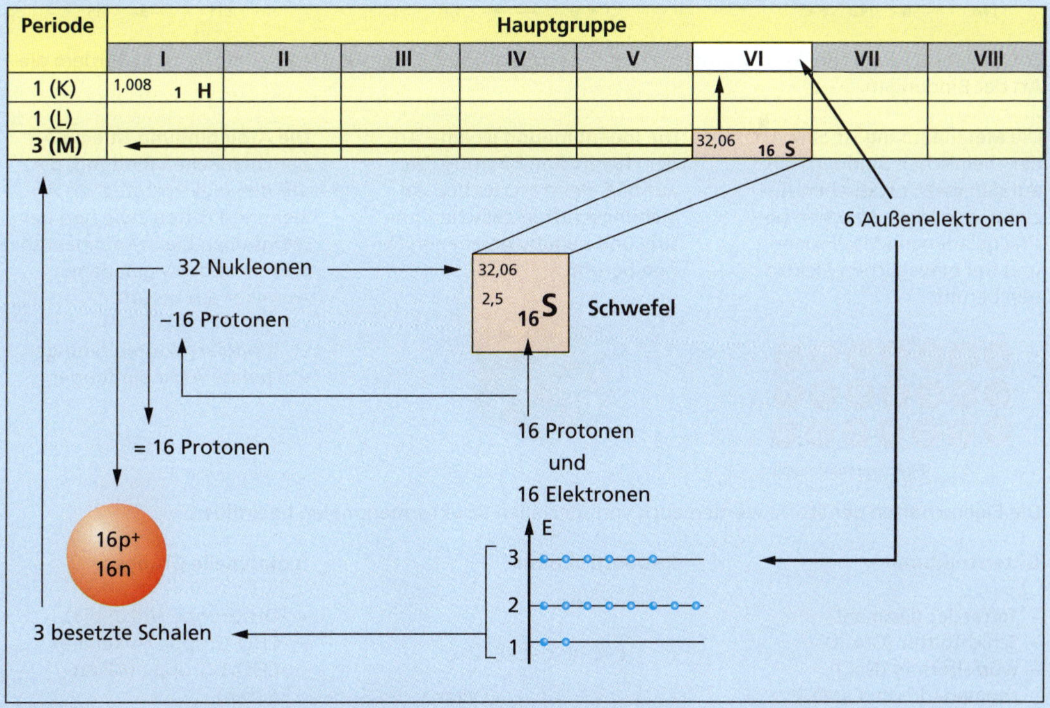


Zwischen der Anordnung im Periodensystem, dem Atombau und den Eigenschaften des Elements besteht ein enger Zusammenhang.
Die nach steigender Kernladungszahl angeordneten Elemente zeigen eine Periodizität der chemischen und physikalischen Eigenschaften. Dabei ändern sich die Eigenschaften innerhalb einer Periode allmählich und von Periode zu Periode sprunghaft.

## Teilchen und Bindungsarten

Entscheidend für das Reaktionsverhalten sind die Anzahl und die Verteilung der Elektronen in der Atomhülle.

Stabilität wird bei der chemischen Reaktion erreicht durch:

**Abgabe von Elektronen** (Metalle) – Bildung positiv geladener Ionen (Kationen)

Abgabe des Außenelektrons

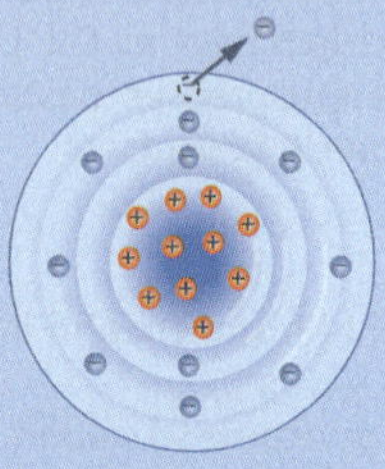

$Na \longrightarrow Na^+ + e^-$

**Aufnahme von Elektronen** (Nichtmetalle) – Bildung negativ geladener Ionen (Anionen)

Aufnahme eines weiteren Elektrons in die Außenschale

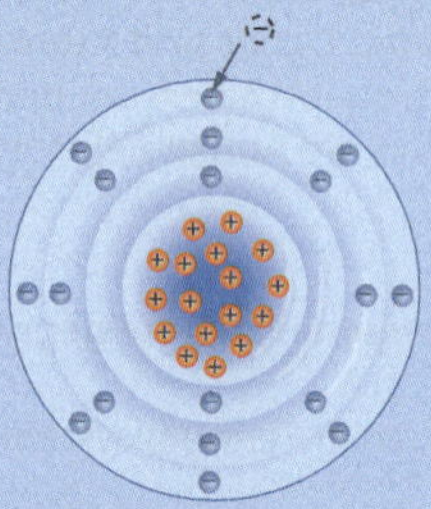

$Cl + e^- \longrightarrow Cl^-$

Ausbildung gemeinsamer Elektronenpaare – Bildung von Molekülsubstanzen

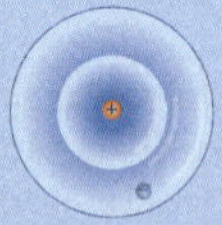

Wasserstoffatom

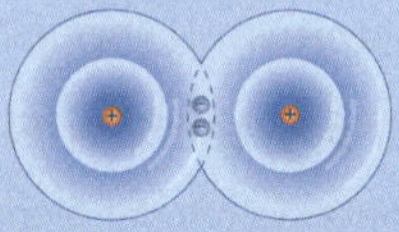

Wasserstoffmolekül mit dem gemeinsamen Elektronenpaar

$2H \longrightarrow H_2$

Entscheidend für das Reaktionsverhalten und die physikalischen Eigenschaften der Stoffe ist außerdem die Art der Bindungen.

Die **Metallbindung** ist eine Art der chemischen Bindung, die auf den elektrostatischen Anziehungskräften zwischen positiv geladenen Metall-Ionen und frei beweglichen Elektronen beruht.

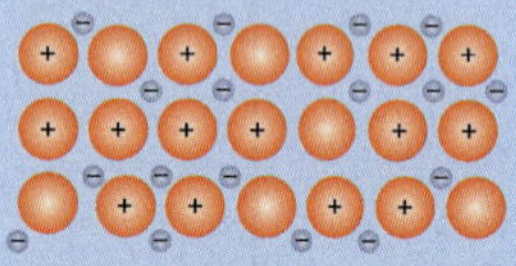

Elektronengasmodell

Die **Ionenbindung** ist eine Art der chemischen Bindung, die auf den elektrostatischen Anziehungskräften zwischen positiv und negativ geladenen Ionen beruht.

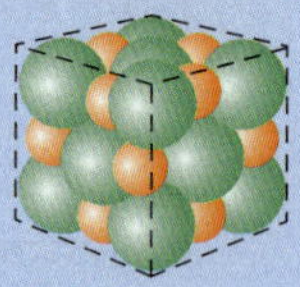

Die **Atombindung** ist eine Art der chemischen Bindung, die auf den elektrostatischen Anziehungskräften zwischen gemeinsamen Elektronenpaaren und den positiv geladenen Atomkernen beruht.

- unpolare Atombindungen
- polare Atombindungen

Die Eigenschaften der Stoffe werden auch von speziellen Strukturmerkmalen beeinflusst.

**Gitterstrukturen**

- Tetraeder (Diamant)
- Schichtgitter (Grafit)
- würfelförmig (NaCl)
- rhomboedrisch ($CaCO_3$)
- prismatisch ($CaSO_4$)
- hexagonal (Mg)

**Kettenstrukturen**

unverzweigt

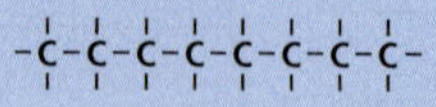

(Octan)

verzweigt

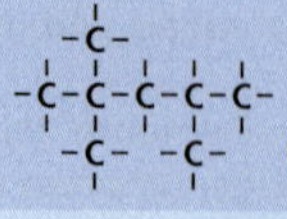

(Isooctan)

**funktionelle Gruppen**

- -OH-Gruppe (Alkanole)
- -CHO-Gruppe (Alkanale)
- -COOH-Gruppe (Alkansäuren)
- -COO-Gruppe (Ester)
- -CO-NH-Gruppe (Peptide, Polypeptide, Eiweiße)

## Bindungsart gesucht

Auch beim Abschätzen der Bindungsart hilft das PSE.

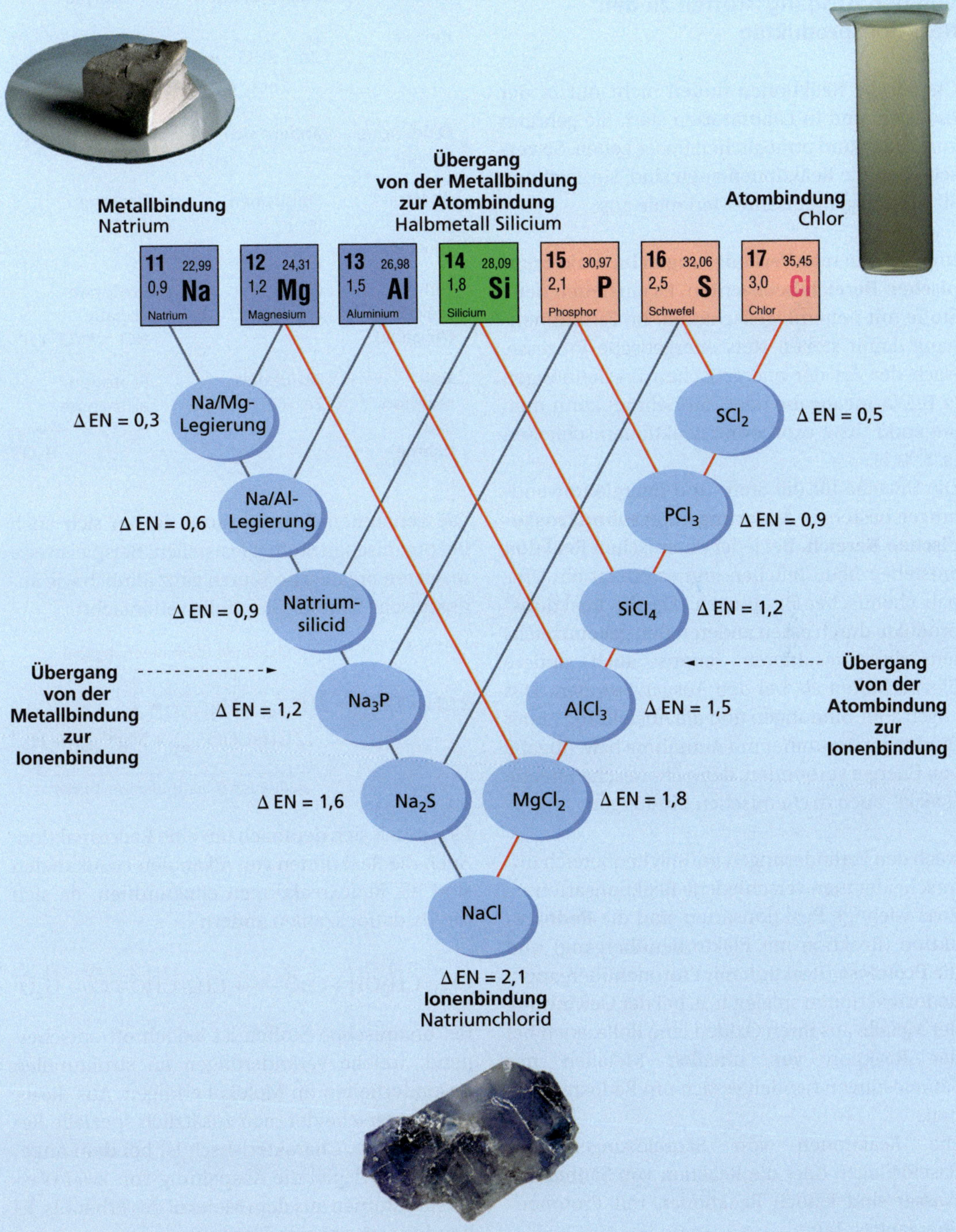

# Auf der „Schiene" der chemischen Reaktionen

## Von den Ausgangsstoffen zu den Reaktionsprodukten

Chemische Reaktionen finden nicht nur in der Industrie und in Laboratorien statt. Sie gehören zum Alltag und ermöglichen unser Leben. So verschieden die Reaktionen auch sind, sie zeichnen sich durch gemeinsame Merkmale aus.

Immer kann man **Veränderungen im makroskopischen Bereich** beobachten. Es entstehen neue Stoffe mit neuen Eigenschaften. Im Zusammenhang damit stehen stets energetische Prozesse. Nach der Art der energetischen Erscheinungen (z.B. Wärmeabgabe oder -aufnahme) kann man auf endo- bzw. exotherme Reaktionen schließen (s. S. 441).

Die Ursache für die Stoff- und Energieumwandlungen besteht in **Änderungen im submikroskopischen Bereich.** Bei jeder chemischen Reaktion entstehen neue Teilchen und es erfolgt ein Umbau chemischer Bindungen. Da die Reaktionsprodukte durch einen anderen Bau gekennzeichnet sind, resultieren daraus auch andere Eigenschaften als bei den Ausgangsstoffen. Das Lösen alter Bindungen und die Ausbildung neuer Bindungen ist immer mit Aufnahme bzw. Abgabe von Energie verbunden, denn chemische Energie „steckt" auch in chemischen Bindungen.

Nach den Veränderungen im Teilchenbereich unterscheidet man verschiedene Reaktionsarten. Zwei wichtige Reaktionsarten sind die **Redoxreaktion** (Reaktion mit Elektronenübergang) und die **Protolyse** (Reaktion mit Protonenübergang). Redoxreaktionen spielen u. a. bei der Gewinnung der Metalle aus ihren Oxiden eine Rolle, auch bei der Reaktion von unedlen Metallen mit Säurelösungen handelt es sich um Redoxreaktionen.

Die Reaktionen von Säurelösungen mit Baselösungen oder die Reaktion von Säuren mit Wasser sind jedoch Reaktionen mit Protonenübergang (s. Tab.).

**Vergleich von Elektronenübergängen mit Protonenübergängen**

| | Redoxreaktion | Protolyse |
|---|---|---|
| Beispiel | $\overset{\pm0}{Zn} + 2\overset{+1-1}{HCl} \rightarrow \overset{+2-1}{ZnCl_2} + \overset{\pm0}{H_2}$ | $\overset{+1-2}{H_2O} + \overset{+1-1}{HCl} \rightarrow \overset{+1-2}{H_3O^+} + \overset{-1}{Cl^-}$ |
| Oxidationszahlen | ändern sich | bleiben gleich |
| übertragene Teilchen | Elektronen ($e^-$) | Protonen ($H^+$) |
| Teilreaktion (Abgabe) | Oxidation $Zn \rightarrow Zn^{2+} + 2e^-$ | Protonenabgabe $HCl \rightarrow Cl^- + H^+$ |
| Teilreaktion (Aufnahme) | Reduktion $2e^- + 2H^+ \rightarrow H_2$ | Protonenaufnahme $H_2O + H^+ \rightarrow H_3O^+$ |

Die genannten Reaktionsarten lassen sich auch bei organischen Stoffen feststellen. Beispielsweise reagieren organische Säuren ganz ähnlich wie anorganische Säuren (Gleichung vereinfacht).

Oxidation (Elektronenabgabe)

$$2\,CH_3COO^-_{(aq)} + 2H^+_{(aq)} + Mg \rightarrow 2\,CH_3COO^-_{(aq)} + Mg^{2+}_{(aq)} + H_2\uparrow$$

Reduktion (Elektronenaufnahme)

Es handelt sich demnach um eine Redoxreaktion. Auch die Reaktionen von Alkanolen zu Alkanalen sind als Redoxreaktionen einzuordnen, da sich die Oxidationszahlen ändern.

$$CH_3\text{–}\overset{-1+1-2+1}{CH_2OH} + \overset{+2-2}{CuO} \rightarrow CH_3\text{–}\overset{+1+1-2}{CHO} + \overset{\pm0}{Cu} + \overset{+1-2}{H_2O}$$

Bei organischen Stoffen ist jedoch oft entscheidend, welche Veränderungen an strukturellen Besonderheiten im Molekül erfolgen. Aus dieser Sicht unterscheidet man zusätzlich spezielle Reaktionsarten. Charakteristisch ist bei dem angegebenen Beispiel die Abspaltung von zwei Wasserstoffatomen aus dem Molekül des Ethanols. Es handelt sich um eine Eliminierung.

## Merkmale chemischer Reaktionen

Alle **chemischen Reaktionen** sind durch **vier Merkmale** gekennzeichnet:
- Stoffumwandlung (neue Stoffe mit neuen Eigenschaften entstehen),
- Energieumwandlung (Energiegehalt der Reaktionsprodukte kleiner als der der Ausgangsstoffe = exotherme Reaktion; Energiegehalt der Reaktionsprodukte größer als der der Ausgangsstoffe = endotherme Reaktion),
- Veränderung bzw. Umordnung von Teilchen,
- Aufspaltung alter und Bildung neuer Bindungen.

**endotherme Reaktion** (Q = + n kJ)

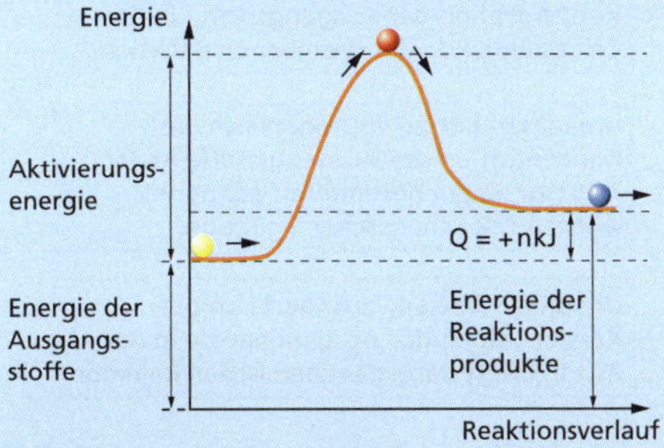


**Beispiel:** Zersetzung von Wasser

**exotherme Reaktion** (Q = – n kJ)

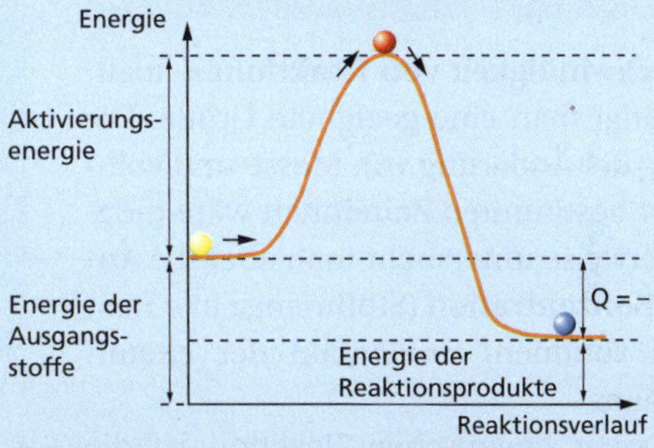


**Beispiel:** Verbrennung von Heizöl oder Erdgas

### Reaktionsarten

**Redoxreaktion**
Die Redoxreaktion ist eine Reaktionsart, bei der die Teilreaktionen Oxidation und Reduktion gleichzeitig ablaufen.
**im engeren Sinn:** Übergang von Sauerstoff
**im weiteren Sinn:** Übergang von $e^-$ bzw. Änderung der OZ

$$\overset{+2\,-2}{CuO} + \overset{\pm 0}{H_2} \longrightarrow \overset{\pm 0}{Cu} + \overset{+1\,-2}{H_2O}$$

**Reaktion mit Protonenübergang (Protolyse)**
Die Protolyse ist eine Reaktionsart, bei der ein Teilchen ein Proton abgibt und ein Teilchen ein Proton aufnimmt.

$$NH_3 + H_2O \rightleftharpoons NH^+_{4(aq)} + OH^-_{(aq)}$$
($H^+$)

Sonderfall: **Neutralisation**

**Fällungsreaktion**
Die Fällungsreaktion ist eine Reaktionsart, bei der Ionen aus der Lösung zu schwer löslichen Verbindungen zusammentreten, die als Niederschlag ausfallen (häufig als Nachweisreaktion genutzt).

$$Ag^+_{(aq)} + Cl^-_{(aq)} \longrightarrow AgCl\downarrow$$

### Spezielle Reaktionen von organischen Stoffen

**Substitution**
Die Substitution ist eine Reaktionsart, bei der Atome oder Atomgruppen zwischen den Molekülen der Ausgangsstoffe wechselseitig ausgetauscht werden. Dabei bleiben die Bindungsverhältnisse erhalten.

$$CH_3-CH_3 + Br_2 \xrightarrow{\text{Licht}} CH_3-CH_2Br + HBr$$

Sonderfall: **Esterbildung**

$$CH_3COOH + C_2H_5OH \longrightarrow CH_3COOC_2H_5 + H_2O$$

**Addition**
Die Addition ist eine Reaktionsart, bei der Atome oder Atomgruppen an Moleküle ungesättigter Verbindungen angelagert werden. Dabei werden Mehrfachbindungen aufgespalten.

Beispiel: **Bromierung**

$$CH_2=CH_2 + Br_2 \longrightarrow CH_2Br-CH_2Br$$

Sonderfall: **Polymerisation**
Viele Moleküle reagieren zu Makromolekülen.

**Eliminierung**
Die Eliminierung ist eine Reaktionsart, bei der Atome oder Atomgruppen von Molekülen abgespalten werden. Dabei werden Mehrfachbindungen ausgebildet.

Beispiel: **Dehydrierung**

$$CH_3-CH_3 \longrightarrow CH_2=CH_2 + H_2$$

## Beeinflussung chemischer Reaktionen

Während einer chemischen Reaktion setzen sich die Teilchen der Ausgangsstoffe zu Teilchen der Reaktionsprodukte um. Das kann unterschiedlich lange dauern.

**Chemische Reaktionen sind von der Zeit abhängig. Sie verlaufen unterschiedlich schnell.**

Um die **Geschwindigkeit von Reaktionen** anzugeben, benötigt man eine geeignete Größe. Die Bestimmung der Änderung von Masse und Volumen in einer bestimmten Zeiteinheit wäre möglich. Üblicherweise untersucht man aber die **Änderung der Konzentration** (Stoffmenge in einem bestimmten Volumen) im Verlauf der chemischen Reaktion.

Zu Beginn einer chemischen Reaktion ist die Konzentration der Ausgangsstoffe hoch, denn es existieren nur Teilchen der Ausgangsstoffe. Ihre Konzentration nimmt in dem Maße ab, wie sich Ausgangsstoffe zu Reaktionsprodukten umsetzen. Da zu Beginn die Anzahl der Teilchen der Ausgangsstoffe hoch ist, erfolgt eine schnelle Umsetzung. Mit fortschreitender Reaktion sinkt die Konzentration und somit die Geschwindigkeit, da die Anzahl der Teilchen und somit die Zahl der wirksamen Zusammenstöße abnimmt.

**Die Änderung der Konzentration der reagierenden Stoffe in einer bestimmten Zeiteinheit ist ein Maß für die Reaktionsgeschwindigkeit. Die Reaktionsgeschwindigkeit ist der Quotient der Konzentrationsänderung pro Zeiteinheit.**

$$v = \frac{\Delta c}{\Delta t}$$

In der Praxis ist es oft ökonomisch sinnvoll, die Reaktionsgeschwindigkeit zu erhöhen. Das ist möglich, indem man die Bedingungen verändert, unter denen eine chemische Reaktion abläuft.

Jeder weiß, dass die **Temperatur** die Reaktionsgeschwindigkeit beeinflusst, da die Teilchenbewegung zunimmt. So lassen sich mit Säure behandelte Kalkbeläge schneller entfernen, wenn man die Säure in warmem Wasser gelöst hatte.

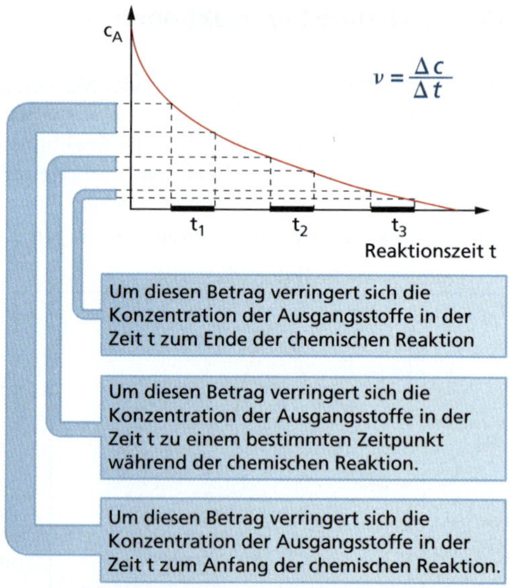


**1** Änderung der Konzentration der Ausgangsstoffe (vollständiger Stoffumsatz)

Auch die **Konzentration** hat einen Einfluss auf den Verlauf der Reaktion. Wird der Säureanteil in der Lösung erhöht, werden Kalkbeläge in kürzerer Zeit zersetzt. Bei Reaktionen, an denen Gase beteiligt sind, spielt der **Druck** ebenfalls eine wichtige Rolle *($p \sim c$)*.

Trotz der gewählten Reaktionsbedingungen laufen nicht immer alle Reaktionen optimal ab. Oft werden in der Industrie chemische Reaktionen durch **Katalysatoren** beschleunigt. Katalysatoren sind Stoffe, die die Reaktionsgeschwindigkeit beeinflussen, am Ende der Reaktionen aber wieder unverändert vorliegen. Einige Reaktionen werden durch solche Katalysatoren bei Standardbedingungen erst möglich, z. B. das Verbrennen von Zucker in Anwesenheit von Asche (Abb.).

**Die Reaktionsgeschwindigkeit kann durch die Reaktionsbedingungen beeinflusst werden.**

**Die Reaktionsgeschwindigkeit ist von der Temperatur abhängig. Sie nimmt mit steigender Temperatur zu.** Durch erhöhte Temperatur verfügen die Teilchen der reagierenden Stoffe über eine höhere kinetische Energie. Sie bewegen sich lebhafter und stoßen häufiger und häufiger wirksam aneinander. Die Konzentration der Ausgangsstoffe nimmt schneller ab, die der Reaktionsprodukte schneller zu (Abb. 1).

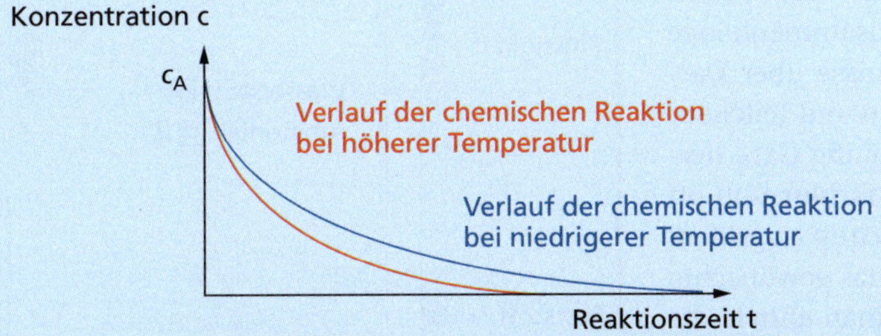


$c_A$ Konzentration der Ausgangsstoffe (vollständiger Stoffumsatz)

**Die Reaktionsgeschwindigkeit ist von der Konzentration der Ausgangsstoffe abhängig. Je höher/niedriger die Konzentration der Ausgangsstoffe ist, umso höher/niedriger ist die Geschwindigkeit der chemischen Reaktion.**
Bei höherer Konzentration sind im gleichen Volumen mehr Teilchen der Ausgangsstoffe vorhanden als bei geringerer Konzentration. Die Teilchen stoßen öfter wirksam aneinander. Die Konzentration der Ausgangsstoffe nimmt schneller ab, die der Reaktionsprodukte schneller zu.

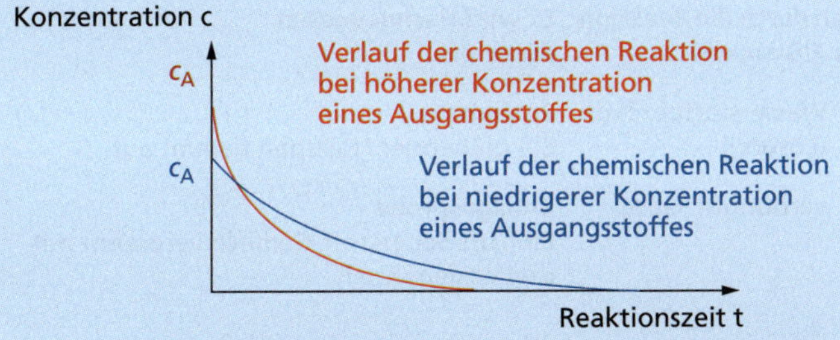


$c_A$ Konzentration der Ausgangsstoffe (vollständiger Stoffumsatz)

**Katalysatoren erhöhen die Reaktionsgeschwindigkeit,** weil durch die Ausbildung von Zwischenprodukten die Aktivierungsenergie herabgesetzt wird. Nach der Reaktion liegt der Katalysator unverändert vor.

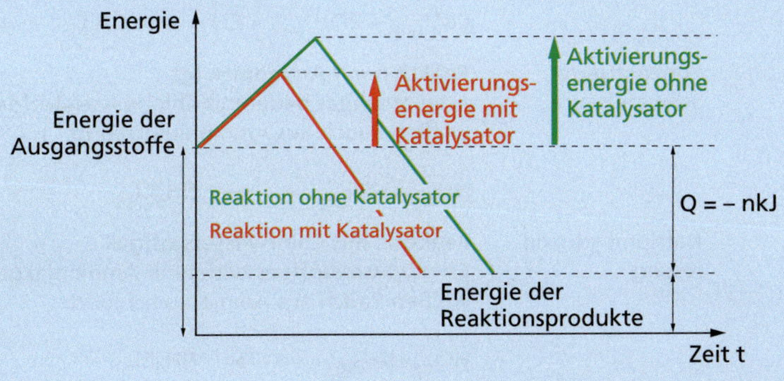

## Untersuchen und Identifizieren von Stoffen

### *Gase*

In das „chemische Grundgerüst" (S. 431) können nun alle weiteren Fakten und Zusammenhänge eingeordnet werden, z. B. Kenntnisse über Darstellung und Nachweis von Stoffen und Teilchen. Für Laborexperimente werden häufig Gase hergestellt (Abb. 1). Viele **Gase** sind farblos und oft auch geruchlos. Deshalb ist es wichtig zu prüfen, ob sich im Reagenzglas wirklich das gewünschte Gas befindet. Sauerstoff weist man durch die **Spanprobe** nach. Mit der **Knallgasprobe** überprüft man nicht nur, ob Wasserstoff dargestellt wurde, sondern auch, ob das Gas im Gemisch mit Sauerstoff vorliegt. So werden Unfälle vermieden. Für die Nachweise der Stoffe nutzt man typische Eigenschaften oder Reaktionen (s. Tab.).

S Experiment

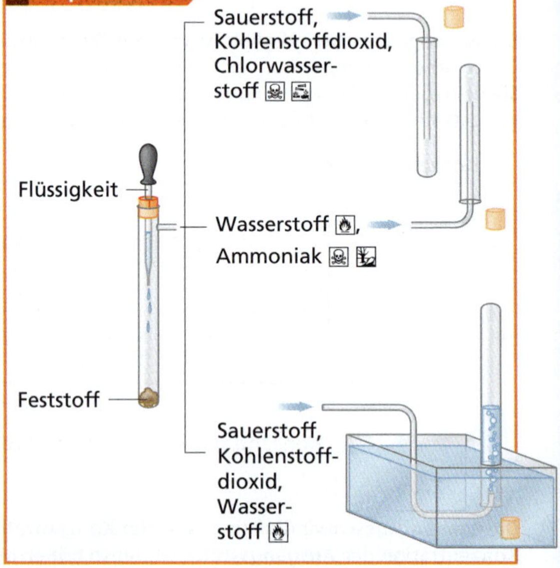


**1** Darstellen und Auffangen einiger Gase

| Darstellung und Nachweis einiger Gase | | | |
|---|---|---|---|
| **Das Gas ...** | **... kann dargestellt werden durch die Reaktion des Feststoffes ... mit der Flüssigkeit ...** | | **Es wird nachgewiesen durch die...** |
| Sauerstoff | Braunstein | Wasserstoffperoxid (Lösung) | **Spanprobe**<br>Ein glühender Holzspan flammt auf. |
| Wasserstoff | unedles Metall | verdünnte Säure | **Knallgasprobe**<br>Ein Luft-Sauerstoff-Gemisch verbrennt mit pfeifendem Knall.<br>$2H_2 + O_2 \longrightarrow 2H_2O$ |
| Kohlenstoffdioxid | Carbonat | verdünnte Säure | **Reaktion mit Kalkwasser**<br>Kohlenstoffdioxid bildet mit Calciumhydroxidlösung Calciumcarbonat, das als milchige Trübung des Kalkwassers erkennbar ist.<br>$Ca^{2+}_{(aq)} + 2OH^-_{(aq)} + CO_2 \longrightarrow CaCO_3\downarrow + H_2O$ |
| Chlorwasserstoff | Natriumchlorid | konzentrierte Schwefelsäure | **Reaktion mit Ammoniak (g)**<br>Ammoniakgas bildet mit Chlorwasserstoffgas weißen Rauch aus Ammoniumchlorid.<br>$NH_{3(g)} + HCl_{(g)} \longrightarrow NH_4Cl_{(s)}$ |
| Ammoniak | Ammoniumchlorid | Natriumhydroxidlösung | **Reaktion mit Chlorwasserstoffgas**<br>Chlorwasserstoffgas bildet mit Ammoniakgas weißen Rauch aus Ammoniumchlorid.<br>$HCl_{(g)} + NH_{3(g)} \longrightarrow NH_4Cl_{(s)}$ |

### *Nachweis von Ionen*

Der Nachweis von Ionen erfolgt meist in wässriger Lösung, selten im Feststoff. Man nutzt dazu häufig Indikatorreaktionen oder Fällungsreaktionen.

Ein Überschuss an Wasserstoff-Ionen *(Hydronium-Ionen)* bzw. an Hydroxid-Ionen in einer wässrigen Lösung bewirkt bei Indikatoren eine charakteristische **Farbreaktion.** Diese Farbreaktion gilt als Nachweis. Häufig findet als Nachweismittel Universalindikatorlösung bzw. -papier Anwendung. Bei einer sauren Reaktion der Lösung (Überschuss an Wasserstoff-Ionen bzw. *Hydronium-Ionen*) erfolgt eine Rotfärbung, bei einer basischen Reaktion der Lösung (Überschuss an Hydroxid-Ionen) eine Blaufärbung (Abb. 1). Weitere wichtige Indikatoren sind Lackmus, Phenolphthalein und Bromthymolblau.

Beim Nachweis von Ionen in wässrigen Lösungen durch **Fällungsreaktionen** bilden Ionen der Lösung und Ionen des Nachweismittels schwer lösliche Stoffe und fallen als Niederschläge aus (s. Tab. S. 446). Einige Säurerest-Ionen können durch derartige Reaktionen nachgewiesen werden, z. B. Chlorid-Ionen und Sulfat-Ionen (Abb. 2).

Einige Ionen können jedoch auch durch indirekte Nachweise aus den Feststoffen ermittelt werden. Um zu prüfen, ob ein salzartiger Stoff Carbonat-Ionen enthält, wird der Feststoff mit verdünnter Säure versetzt und das gegebenenfalls gebildete Gas in Kalkwasser eingeleitet.

Handelt es sich bei dem Gas um Kohlenstoffdioxid und bildet sich mit dem Nachweismittel ein weißer Niederschlag, sind über den Nachweis des Kohlenstoffdioxids indirekt Carbonat-Ionen im Salz nachgewiesen, z. B. (Gleichung vereinfacht)

$$CaCO_3 + 2\,H^+_{(aq)} + 2\,Cl^-_{(aq)} \longrightarrow Ca^{2+}_{(aq)} + 2\,Cl^-_{(aq)} + H_2O + \mathbf{CO_2}\uparrow$$

$$\mathbf{CO_2}\uparrow + Ca^{2+}_{(aq)} + 2\,OH^-_{(aq)} \longrightarrow CaCO_3\downarrow + H_2O$$

Ähnliches gilt für den indirekten Nachweis des Ammonium-Ions. Das zu testende Salz wird mit einer Natriumhydroxidlösung zersetzt und das Ammonium-Ion durch Identifizierung des Ammoniaks nachgewiesen z. B.

$$NH_4Cl + Na^+_{(aq)} + OH^-_{(aq)} \longrightarrow \mathbf{NH_3}\uparrow + H_2O + Na^+_{(aq)} + Cl^-_{(aq)}$$

$$\mathbf{NH_3}\uparrow + H_2O \longrightarrow NH_4^+{}_{(aq)} + OH^-_{(aq)}$$

### *Nachweis von organischen Stoffen*

Besondere Strukturmerkmale organischer Stoffe lassen sich mithilfe typischer Reaktionen identifizieren. So gilt die **Addition von Brom** als Nachweis für eine oder mehrere **Mehrfachbindungen** im Molekül.

Funktionelle Gruppen bedingen ebenfalls typische chemische Reaktionen. Die **Aldehydgruppe** lässt sich beispielsweise durch die Reaktion mit **fehlingscher Lösung** (ziegelrote Färbung), mit **ammoniakalischer Silbernitratlösung** (Silberspiegel) oder mit **fuchsinschwefliger Säure** (rotviolette Färbung) erkennen.

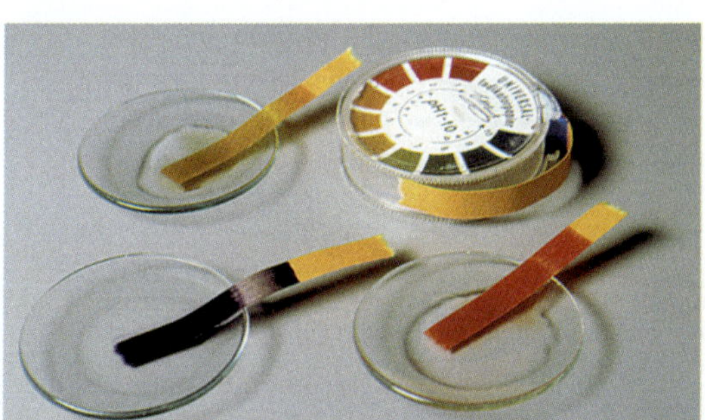

**1** Ein Überschuss von Wasserstoff- bzw. Hydroxid-Ionen kann mit Unitest nachgewiesen werden.

**2** Fällung von Chlorid- und Sulfat-Ionen als schwer lösliche Niederschläge.

## Nachweis einiger Ionen durch Fällungsreaktionen

Die zu untersuchende Substanz wird mit destilliertem Wasser versetzt und auf einzelne Reagenzgläser aufgeteilt.

zu untersuchende Substanz (in destilliertem Wasser gelöst)

### 1. Untersuchung auf Sulfat-Ionen

Bariumchloridlösung

$Ba^{2+}$ (aus der Bariumchloridlösung) + $SO_4^{2-}$ (aus der zu untersuchenden Substanz) $\longrightarrow$ $BaSO_4\downarrow$ (weiße Fällung)

- weiße Fällung (*löst* sich in verdünnter Salzsäure *nicht auf*) → Sulfat-Ionen vorhanden
- keine weiße Fällung → Sulfat-Ionen fehlen

### 2. Untersuchung auf Barium-Ionen

Natriumsulfatlösung

$SO_4^{2-}$ (aus der Natriumsulfatlösung) + $Ba^{2+}$ (aus der zu untersuchenden Substanz) $\longrightarrow$ $BaSO_4\downarrow$ (weiße Fällung)

- weiße Fällung (*löst* sich in verdünnter Salzsäure *nicht auf*) → Barium-Ionen vorhanden
- keine weiße Fällung → Barium-Ionen fehlen

### 3. Untersuchung auf Carbonat-Ionen

Calciumhydroxidlösung

$Ca^{2+}$ (aus der Calciumhydroxidlösung) + $CO_3^{2-}$ (aus der zu untersuchenden Substanz) $\longrightarrow$ $CaCO_3\downarrow$ (weiße Fällung)

- weiße Fällung (löst sich in verdünnter Salzsäure auf) → Carbonat-Ionen vorhanden
- keine weiße Fällung → Carbonat-Ionen fehlen

### 4. Untersuchung auf Calcium-Ionen

Natriumcarbonatlösung

$CO_3^{2-}$ (aus der Natriumcarbonatlösung) + $Ca^{2+}$ (aus der zu untersuchenden Substanz) $\longrightarrow$ $CaCO_3\downarrow$ (weiße Fällung)

- weiße Fällung (löst sich in verdünnter Salzsäure auf) → Calcium-Ionen vorhanden
- keine weiße Fällung → Calcium-Ionen fehlen

### 5. Untersuchung auf Halogenid-Ionen

Silbernitratlösung

$Ag^+ + Cl^- \longrightarrow AgCl\downarrow$ (weiß)

$Ag^+ + Br^- \longrightarrow AgBr\downarrow$ (gelblich weiß)

$Ag^+ + I^- \longrightarrow AgI\downarrow$ (gelb)

$Ag^+$ aus der Silbernitratlösung; Halogenid-Ionen aus der zu untersuchenden Substanz; Fällung

- weiße Fällung (löst sich in verd. Ammoniaklösung) → Chlorid-Ionen vorhanden
- gelblich weiße Fällung (löst sich in konz. Ammoniaklösung) → Bromid-Ionen vorhanden
- gelbe Fällung (löst sich nicht in Ammoniaklösung) → Iodid-Ionen vorhanden
- keine Fällung → Halogenid-Ionen fehlen

### 6. Untersuchung auf Silber-Ionen

Natriumchloridlösung

$Cl^-$ (aus der Natriumchloridlösung) + $Ag^+$ (aus der zu untersuchenden Substanz) $\longrightarrow$ $AgCl\downarrow$ (weiße Fällung)

- weiße Fällung → Silber-Ionen vorhanden
- keine Fällung → Silber-Ionen fehlen

## Ausgewählte organische Nachweise

| Stoff bzw. strukturelles Merkmal | Nachweis | Beobachtung/Reaktionsgleichung |
|---|---|---|
| Mehrfachbindung (z.B. Alkene, Alkine) | Bromwasser | Entfärbung des Bromwassers z. B.: $CH_2 = CH_2 + Br_2 \longrightarrow CH_2Br{-}CH_2Br$ |
| Aldehydgruppe (z.B. Alkanale) | mit fehlingscher Lösung erhitzen<br>Der Nachweis gilt ebenfalls als Hinweis auf das Vorhandensein von **Glucose** (Reaktion der Kettenform). Auch bei Anwesenheit von Fructose erfolgt eine positive Reaktion. | roter Niederschlag<br>$R{-}CHO + 2\,Cu^{2+} + 4\,OH^- \longrightarrow R{-}COOH + Cu_2O + 2\,H_2O$<br>$(Cu^{2+} + e^- \longrightarrow Cu^+\downarrow)$ 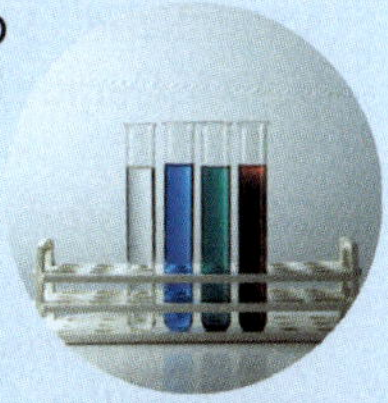 |
| | Tollens-Reagenz (ammoniakalische Silbernitratlösung) | Schwarzfärbung (fein verteiltes Silber) oder Silberspiegel<br>$R{-}CHO + 2\,Ag^+ + 2\,OH^- \longrightarrow R{-}COOH + 2\,Ag + H_2O$<br>$(Ag^+ + e^- \longrightarrow Ag\downarrow)$  |
| | Schiffs-Reagenz (fuchsinschweflige Säure) | rötlich-violette Färbung der Lösung  |
| Stärke | Iod-Kaliumiodidlösung | blauschwarze Färbung 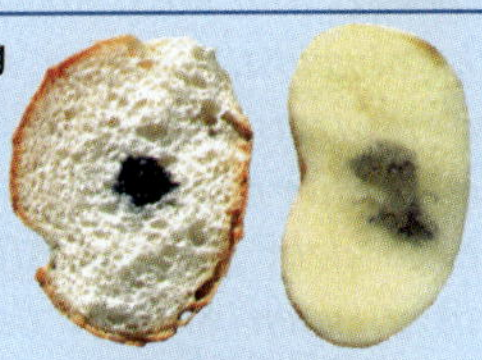 |
| Eiweiße (Xanthoproteinreaktion) | konzentrierte Salpetersäure/ gegebenenfalls erwärmen | Gelbfärbung  |
| Peptidgruppen (Biuretreaktion) | verdünnte Natriumhydroxidlösung + verdünnte Kupfer(II)-sulfatlösung | Violettfärbung 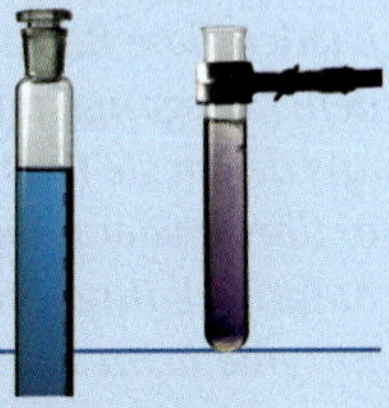 |

## Lernen, aber wie? – Von der Information zum Lernstoff

### Lange Texte – wo ist der Sinn?

Die Basis für eine Wiederholung und Systematisierung, z.B. in Vorbereitung auf eine Klassenarbeit oder eine Prüfung, sind Informationen und Fakten. Für die Informationssuche stehen unterschiedliche Medien zur Verfügung (Abb. 1, S. 450). Gerade Fachtexte sind oft „schwere Kost“:

*„Enzyme sind hochmolekulare Eiweiße, die als Biokatalysatoren bei sehr vielen Stoffwechselreaktionen in tierischen sowie pflanzlichen Organismen beteiligt sind. Enzyme beschleunigen chemische Reaktionen des Stoffwechsels. Dabei wird die Aktivierungsenergie durch intermediäre Bildung eines Enzym-Substrat-Komplexes verringert.*
*Die Funktion des Enzyms ist nicht an den lebenden Organismus gebunden, da sie auch außerhalb des Organismus wirken, sondern vielmehr an die Unversehrtheit seines räumlichen Aufbaus. Diese festgelegte räumliche Struktur wird durch die Anordnung mehrerer benachbarter Aminosäurereste bestimmt. Sie bilden das Aktivitätszentrum. Die an der Reaktion beteiligten Substanzen (Substrate) werden dort angelagert, in der Reaktion umgesetzt und nach Ablauf der Reaktion als Produkt abgelöst. Enzyme sind wirkungsspezifisch und substratspezifisch.*
*Die Enzyme werden nach dem Substrat bezeichnet, zu dem sie eine Affinität besitzen, indem man an den Stamm des Substratnamens die Endung -ase anhängt, z.B. heißt das die Maltose spaltende Enzyme Maltase.*
*Weitere spezielle Verdauungsenzyme lösen die Zerlegung der Grundnährstoffe (Kohlenhydrate, Fette, Eiweiße) in ihre wasserlöslichen Bestandteile aus und steuern diesen Vorgang. Dabei verändern sie sich selbst nicht und können immer wieder diese Reaktionen bewirken. Es werden mit dem Ausgangsstoff Zwischenprodukte gebildet, aus denen sie nach Ablauf der biochemischen Reaktion wieder unverändert hervorgehen.*
*Aufgrund ihrer proteinartigen Struktur werden Enzyme beim Erhitzen auf über 60 °C, unter Zugabe von Säuren, Basen oder Schwermetall-Ionen irreversibel zerstört (denaturiert). Die chemische Veränderung wirkt sich dabei in erster Linie auf die räumliche Struktur des Enzyms aus.“*

**Bearbeitung von Texten mithilfe der Fünf-Schritt-Methode**

1. Verschaffe Dir einen Überblick!
   - „Überfliegen“ des Textes zur groben Orientierung
2. Stelle Fragen!
   - Um welche wesentlichen Inhalte geht es im Text?
   - Was weiß ich schon?
   - Was ist mir neu? usw.
3. Lies gründlich!
   - Aufnahme von Detailinformationen durch genaues Lesen der einzelnen Abschnitte
   - Markieren von Kernaussagen und Schlüsselwörtern
   - Nachschlagen von unklaren Begriffen
4. Fasse zusammen!
   - Wiedergabe der Kernaussagen in kurzen Texten, im Schema, als Mind-Map usw.
5. Wiederhole!
   - Darstellung der inhaltlichen Textaussagen mit eigenen Worten

Eine entsprechende Schrittfolge zum Erschließen solcher Texte erleichtert die Arbeit (s. o.).

1. Entsprechend der Schrittfolge kann durch das Überfliegen des Textes ermittelt werden, dass es um Enzyme geht, die eine besondere Form der Katalysatoren darstellen.

2. Folgende Fragen könnten formuliert werden:
   - Was sind Enzyme?
   - Welche Beispiele werden im Text genannt?
   - Welche Gemeinsamkeiten und Unterschiede weisen sie zu Katalysatoren auf, die anorganische Stoffe sind?

3. Für die Bearbeitung des Textes sollte man sich eine Kopie fertigen und die entsprechenden Anmerkungen in diese Kopie eintragen:

**Begriffserklärung**

*„Enzyme sind hochmolekulare Eiweiße, die als Biokatalysatoren bei sehr vielen Stoffwechselreaktionen in tierischen sowie pflanzlichen Organismen beteiligt sind.*

**Wirkungsweise**

*Intermediär = zwischen zwei Dingen befindlich*

*Enzyme beschleunigen chemische Reaktionen des Stoffwechsels. Dabei wird die Aktivierungsenergie durch intermediäre Bildung eines Enzym-Substrat-Komplexes verringert.*

*Die Funktion des Enzyms ist nicht an den lebenden Organismus gebunden, da sie auch außerhalb des Organismus wirken, sondern vielmehr an die Unversehrtheit seines räumlichen Aufbaus. Diese festgelegte räumliche Struktur wird durch die Anordnung mehrerer benachbarter Aminosäurereste bestimmt. Sie bilden das Aktivitätszentrum. Die an der Reaktion beteiligten Substanzen (Substrate) werden dort angelagert, in der Reaktion umgesetzt und nach Ablauf der Reaktion als Produkt abgelöst. Enzyme sind wirkungsspezifisch und substratspezifisch.*

*wirkungsspezifisch = wirkt nur bei einer bestimmten Reaktion*

*substratspezifisch = wirkt nur bei einer Substanz*

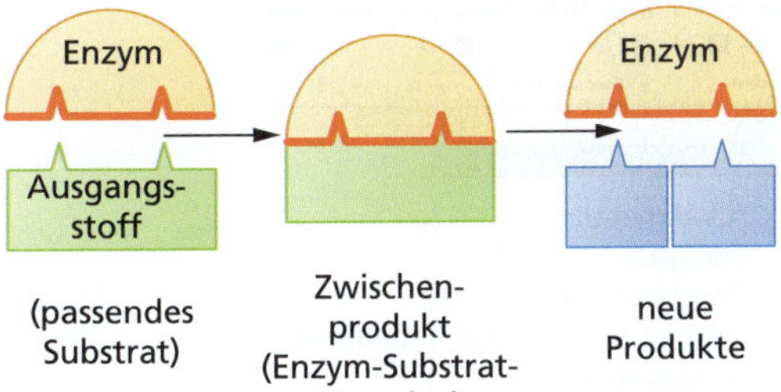


**Beispiele**

*Affinität = Neigung, sich zu verbinden*

*Die Enzyme werden nach dem Substrat bezeichnet, zu dem sie eine Affinität besitzen, indem man an den Stamm des Substratnamens die Endung -ase anhängt, z. B. heißt das die Maltose spaltende Enzym Maltase.*

*Weitere spezielle Verdauungsenzyme lösen die Zerlegung der Grundnährstoffe (Kohlenhydrate, Fette, Eiweiße) in ihre wasserlöslichen Bestandteile aus und steuern diesen Vorgang.*

**Wirkungsweise**

*Bei der Reaktion verändern sich die Enzyme selbst nicht und können immer wieder diese Reaktionen bewirken. Es werden mit dem Ausgangsstoff Zwischenprodukte gebildet, aus denen sie nach Ablauf der biochemischen Reaktion wieder unverändert hervorgehen.*

**Eigenschaften**

*irreversibel = nicht rückgängig zu machen*

Aufgrund ihrer proteinartigen Struktur werden Enzyme beim Erhitzen auf über 60 °C, unter Zugabe von Säuren, Basen oder Schwermetall-Ionen irreversibel zerstört (denaturiert). Die chemische Veränderung wirkt sich dabei in erster Linie auf die räumliche Struktur des Enzyms aus."

4. Auf der Grundlage der markierten Textstellen kann eine Zusammenfassung erstellt werden.

5. Die wichtigsten Schwerpunkte des Textes als Grundlage für die Prüfungsvorbereitung im Fach Chemie könnten sein:
   - Enzyme sind Biokatalysatoren, d. h., sie wirken bei biochemischen Reaktionen.
   - Beispiele: Maltase steuert die Hydrolyse der Maltose, andere Verdauungsenzyme wirken bei der Hydrolyse von anderen Kohlenhydraten, Fetten und Eiweißen.
   - Wie alle Katalysatoren beschleunigen sie die Reaktionsgeschwindigkeit, weil durch Ausbildung von Zwischenprodukten die Aktivierungsenergie herabgesetzt wird. Nach Beendigung der Reaktion liegen sie unverändert vor.
   - Bei den Biokatalysatoren handelt es sich aus chemischer Sicht um hochmolekulare Eiweiße. Wie andere Eiweiße auch, werden sie bei höherer Temperatur, unter Einwirkung von Säuren, Basen oder Schwermetall-Ionen denaturiert und dadurch biologisch unwirksam.

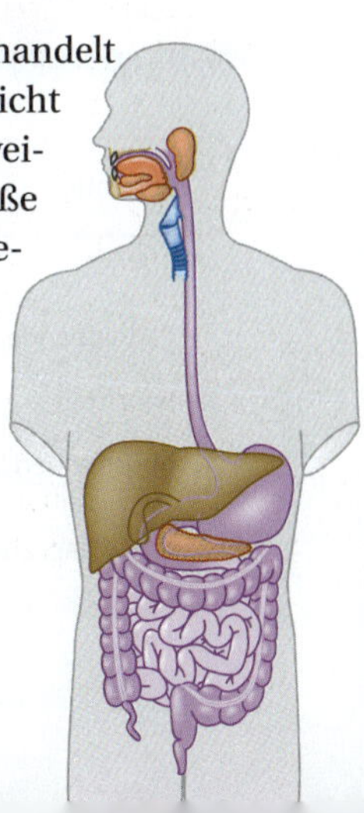

## Mind-Map – Zusammenhänge auf einen Blick

Gerade bei vielen Fakten und Inhaltsfeldern ist es schwierig, Zusammenhänge zwischen ihnen zu ermitteln. Dies ist aber Voraussetzung für effektives Lernen. Eine Möglichkeit, Zusammenhänge zu finden und diese auch zu visualisieren, sind Mind-Maps („Gedächtniskarten"). Dabei werden die Fakten nicht linear, sondern miteinander verbunden dargestellt. Sie bilden somit eine gute Orientierungs- und Strukturierungsmöglichkeit und können daher als „Karte" dienen, die durch den Lernstoff führt.
Für die Darstellung wird im Allgemeinen das Bild eines verzweigten Baumes in der Draufsicht genutzt (Abb. 1).

**Wie wird ein Mind-Map erstellt?**

1. Schreibe den zentralen Begriff in die Mitte eines unlinierten Blattes!
2. Denke über Hauptthemen nach und schreibe diese auf je einen Hauptast. Hauptäste sind mit dem Mittelpunkt verbunden.
3. Füge eine weitere Gedankenebene in Form von Verzweigungen der Hauptäste hinzu! Diese sind mit den Hauptästen verbunden, werden aber dünner dargestellt.
4. Je nachdem, wie sich die Ideen entwickeln, können dritte und vierte Gedankenebenen ergänzt werden.
5. Bei der Gestaltung des Mind-Maps können einzelne Schlüsselwörter und Hauptäste bzw. ihre Verzweigungen durch farbliche Gestaltung hervorgehoben werden.

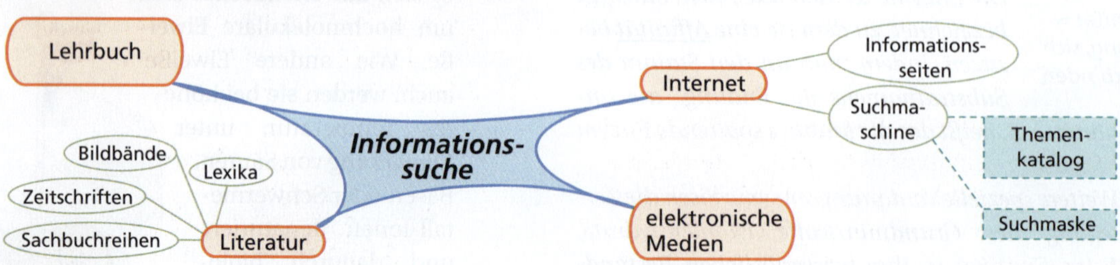


1 Mind-Map zur Informationssuche

## Das Glossar – ein „roter Faden"

Das älteste deutsche Buch überhaupt ist ein Glossar. Es stammt aus der zweiten Hälfte des 8. Jahrhunderts, ungefähr aus dem Jahr 750.
Ein Glossar ist ein alphabetisch geordnetes Wörterverzeichnis. Jeder genannte Begriff wird durch einen Kommentar ergänzt, d. h. durch eine ausführliche Definition bzw. eine Begriffserläuterung. Dabei ist es unerheblich, ob die Erläuterungen in Sätzen oder nur in Stichworten erfolgen. Definitionen müssen allerdings exakt formuliert sein und werden sinnvollerweise wörtlich aus Lehr- oder Fachbüchern übernommen.
Für die Wiederholung eines oder mehrerer Themen kann ein Glossar eine wichtige Grundlage bilden, wenn es die wesentlichen Fachbegriffe der Themen enthält. Somit ist es eine gute Vorbereitung auf Kontrollen, sich ein Glossar anzulegen. Dabei kann man mit Karteikarten arbeiten oder sich mithilfe des Computers eine entsprechende Textdatei anlegen.
Die jeweils erste Aufgabe auf den Aufgabenseiten dieses Lehrbuches gibt eine Hilfestellung bei der Auswahl der Begriffe.

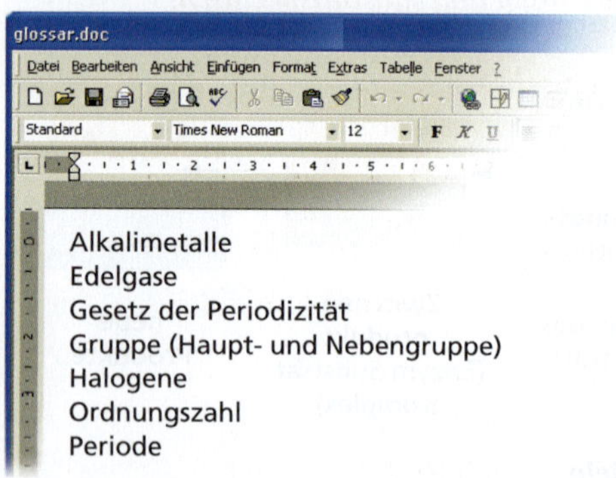

## gewusst · gekonnt

### Eigenschaften und Verwendung von Stoffen

**Stoffe im Alltag**

1. Nenne Stoffe, aus denen ein Fahrrad gefertigt ist! Ordne die Stoffe den dir bekannten grundlegenden Stoffgruppen zu!

2. Erläutere anhand von ausgewählten Beispielen die Gewinnung einzelner Konstruktionswerkstoffe des Fahrrades und formuliere, soweit wie möglich, Reaktionsgleichungen für die Herstellungsprozesse!

3. Stelle an drei ausgewählten Beispielen den Zusammenhang zwischen Bau, Eigenschaften und Verwendung der Stoffe dar!

**Metalle**

1. S Prüfe Metallproben mit einem kleinen Hammer (Stahl- oder Steinunterlage) auf Verformbarkeit und durch Ritzen mit der Messerspitze auf Härte!

2. Welche kennzeichnenden Eigenschaften der Metalle bilden die Ursache für ihre Bedeutung in der Energiewirtschaft? Konstruiere eine einfache Experimentieranordnung, mit der du diese Eigenschaften demonstrieren könntest!

3. S Untersuche Drähte und Bleche aus verschiedenen Metallen!
Reinige die Oberflächen mit Sandpapier und versetze kleine Metallteile mit verdünnter Salzsäure gleicher Menge und Konzentration! Formuliere für jede beobachtete Reaktion eine Reaktionsgleichung!
Ordne die Metalle nach abnehmender Reaktionsfähigkeit gegenüber Säuren, also von unedlen Metallen zu edlen Metallen!

4. Eisen ist (meist in Form verschiedener Legierungen mit der Bezeichnung Stahl) das am häufigsten genutzte Metall. Eisen reagiert an feuchter Luft mit Sauerstoff und Wasser. Erläutere, welche grundsätzlichen Prozesse dabei ablaufen!
Gib Möglichkeiten an, Eisenkonstruktionen zu schützen und erläutere jeweils das Prinzip!

**Metalle und Nichtmetalle im Vergleich**

1. S Überprüfe für Kohlenstoff, Eisen, Kupfer und Schwefel folgende Eigenschaften: Farbe, Geruch, Oberflächenbeschaffenheit, plastische Verformbarkeit, Löslichkeit in Wasser, Verhalten beim Erwärmen! (Die Stoffe dürfen nicht entzündet werden!)

2. Gib für Metalle und Nichtmetalle kennzeichnende Eigenschaften an! Sortiere Kohlenstoff, Schwefel, Lithium, Stickstoff, Phosphor, Silicium, Natrium, Kalium, Sauerstoff, Calcium, Magnesium, Chlor und Aluminium nach Metall und Nichtmetall!
Übernimm folgende Tabelle in dein Heft und ordne die angegebenen Elemente ein!

| Periode/ Hauptgruppe | I | II | III | IV | V | VI | VII |
|---|---|---|---|---|---|---|---|
| 1 | | | | | | | |
| 2 | | | | | | | |
| 3 | | | | | | | |
| 4 | | | | | | | |
| 5 | | | | | | | |
| 6 | | | | | | | |
| 7 | | | | | | | |

Was kannst du über die Stellung von Metallen und Nichtmetallen im Periodensystem ableiten? Formuliere eine Gesetzmäßigkeit!

3. Wähle jeweils ein Metall und ein Nichtmetall aus und zeichne ein Modell ihrer Atome! Vergleiche den Bau der Atome des Metalls und des Nichtmetalls! Stelle einen Zusammenhang zu den Eigenschaften der Elementsubstanzen her!

### Alkanole – eine grundlegende Stoffgruppe in der organischen Chemie

1. S Gib in einen Mörser zwei Esslöffel voll getrockneter Lavendelblüten, setze etwa 20 ml Ethanol zu und zerreibe die Blüten! Fülle die entstandene Masse in einen Erlenmeyerkolben mit etwa 30 ml Ethanol und lasse ihn etwa 15 min verschlossen stehen! Filtriere danach das Gemisch! Nimm eine Geruchsprobe vor! Welche Bedeutung hat Ethanol? Notiere weitere Beispiele für diese Verwendung! Stelle den Zusammenhang zwischen Verwendung, Eigenschaft und Struktur an diesem Beispiel dar!

2. Im Labor bzw. in Räumen ohne Gasanschluss nutzt man für kleine Experimente häufig den sogenannten Spiritusbrenner. Als Brennmaterial dient Ethanol.
Formuliere die Reaktionsgleichung (bei ausreichend Sauerstoff), ordne die Reaktion einer Reaktionsart zu und leite eine Aussage über die Art der Energieumwandlung ab!

3. Trage Informationen zu den ersten sechs Gliedern der homologen Reihe der Alkanole (endständige funktionelle Gruppe) zusammen! Notiere die Namen, die Strukturformeln, die Schmelz- und Siedetemperaturen, je eine Information zur Wasserlöslichkeit und zu wichtigen chemischen Reaktionen! Vergleiche Methanol mit Butanol!

4. Notiere für ausgewählte Vertreter der homologen Reihe der Alkanole die Bedeutung, Vorkommen und Verwendungsmöglichkeiten!

5. Gib eine allgemeine Summenformel für die Alkanole an! Benenne die funktionelle Gruppe und zeige Zusammenhänge zu den Eigenschaften der Alkanole auf!

## Stoffe und Reaktionen

### Organische Stoffe

Die Übersichten auf den vorherigen Seiten stellen nur die wichtigsten Sachverhalte dar. Auf Einzelheiten wird nicht eingegangen bzw. es spielen nur ausgewählte Stoffgruppen eine Rolle.

1. Ergänze die sechs Übersichten über ausgewählte organische Verbindungen (S. 434) durch ähnliche zusammenfassende Darstellungen zu den Stoffgruppen der Ester (einschließlich Fette und Wachse), der Kohlenhydrate und der Eiweiße!

2. Ergänze die sechs Zusammenfassungen über wichtige Reaktionsarten (S. 441) durch weitere dir bekannte spezielle Reaktionsarten bzw. Sonderfälle! Berücksichtige z. B. die Re-

doxreaktion bei organischen Stoffen, Hydrierung, Hydrolyse und Kondensation!

3. S Gib in ein Reagenzglas zu gleichen Teilen Butansäure [Gefahrstoffsymbol] und Ethanol [Gefahrstoffsymbol], versetze die Mischung mit ein paar Tropfen konzentrierter Schwefelsäure [Gefahrstoffsymbol] und erhitze das Gemisch vorsichtig! Führe Protokoll! Ordne sowohl die Ausgangsstoffe als auch die Reaktionsprodukte in die Stoffübersichten ein! Stelle dazu die Reaktionsgleichung auf!
Bestimme mithilfe der Übersichten die Reaktionsart und begründe deine Zuordnung!
Kennzeichne an diesem Beispiel die Merkmale einer chemischen Reaktion!

**Säuren im Labor, in der Technik und im Alltag**

1. S Zu einem Stückchen Zink soll verdünnte Chlorwasserstoffsäure [Gefahrstoffsymbol] gegeben werden. Sage voraus, welche Reaktion ablaufen wird! Überlege, wie du diese Vermutung experimentell überprüfen kannst und entwirf eine dafür geeignete Versuchsapparatur! Führe das Experiment unter Aufsicht des Lehrers durch!

2. Salzsäure ist eine wichtige technische Säure, die oft transportiert werden muss.
Welche Gefahrstoffsymbole müssen auf dem Container eines Salzsäuretransporters angebracht sein? Welchen Werkstoff würdest du für den Container empfehlen und welcher Werkstoff dürfte auf keinen Fall genutzt werden? Begründe deine Antwort!

1 Gefahrstofftransporter

3. Im Labor und in der Industrie wird Salzsäure häufig zur Neutralisation, zur Reinigung oxidierter Metalle und zum Entfernen von Kalkbelägen benutzt.
Erläutere, auf welcher chemischen Eigenschaft der Salzsäure diese Anwendungsgebiete beruhen, und stelle jeweils eine Beispielgleichung auf!

4. In eine Eisen- oder Aluminiumplatte soll unter Nutzung der Chemie ein Name eingraviert werden. Beschreibe, welche Vorgehensweise du wählen würdest! Gib auch eine Reaktionsgleichung an!

5. Informiere dich darüber, wo Säuren bzw. saure Lösungen im Alltag zur Anwendung kommen! Notiere mindestens drei Beispiele, und gib, wenn möglich, eine Reaktionsgleichung und die Reaktionsart an!

6. Stelle dir bekannte Säuren in einer Tabelle zusammen! Notiere jeweils Namen und Formel und die Ionen, die in der wässrigen Lösung vorliegen! Leite eine Definition für Säuren ab! Gib gemeinsame Eigenschaften der Säuren bzw. ihrer Lösungen an und erläutere den Nachweis für saure Lösungen!

**Oxide und ihre Reaktion mit Wasser**

1. Fertige eine Übersicht über dir bekannte Oxide an! Nimm in die Tabelle Namen, Formel, Zusammensetzung, Teilchenart und den Aggregatzustand bei Normbedingungen auf! Leite einen Zusammenhang zwischen Bau und Aggregatzustand ab!

2. S Teste die Reaktion ausgewählter Oxide mit Wasser und überprüfe die entstandenen Lösungen jeweils mit einem Indikator!
   a) Stelle für dieses Experiment einen Plan auf, lasse ihn vom Lehrer prüfen und führe den Test erst dann durch!
   Ordne die ausgewählten Oxide nach Gruppen und werte die Beobachtungsergebnisse in diesem Zusammenhang aus!

b) Formuliere jeweils eine Beispielgleichung für die Reaktion eines Oxids der Gruppe mit Wasser und leite eine Verallgemeinerung ab!

3. Die Reaktion vieler Oxide mit Wasser hat im Alltag, in der Umwelt, in der Technik oder auch im Garten bzw. in der Landwirtschaft große Relevanz.
Notiere aus der Aufgabe 2. alle Oxide, auf die diese Aussage zutrifft, und erläutere die jeweilige Bedeutung!
Informiere dich über ein Oxid genauer, ermittle Details der Anwendung und bereite dich auf einen Vortrag vor, in den auch geeignete Experimente einbezogen werden!

## Der Hochofenprozess

Im Hochofen wird mit hohem Energieaufwand aus Eisen(III)-oxid ($Fe_2O_3$) Eisen hergestellt. Neben dem eisenoxidhaltigen Erz werden Koks und Luft in den Reaktionsraum gegeben.

1. Entwickle die Reaktionsgleichungen für folgende Prozesse:
   a) Reaktion des Kohlenstoffs aus dem Koks mit dem Luftsauerstoff,
   b) Reaktion zur Bildung des Kohlenstoffmonooxids durch die Reaktion von Kohlenstoffdioxid mit Kohlenstoff,
   c) Reaktion des Eisen(III)-oxids mit Kohlenstoffmonooxid!

2. Ordne die drei Reaktionen aus der Aufgabe 1 jeweils einer Reaktionsart zu und begründe deine Antwort! Kennzeichne die Teilreaktionen und gib die Funktion der Ausgangsstoffe bei der ablaufenden Reaktion an!

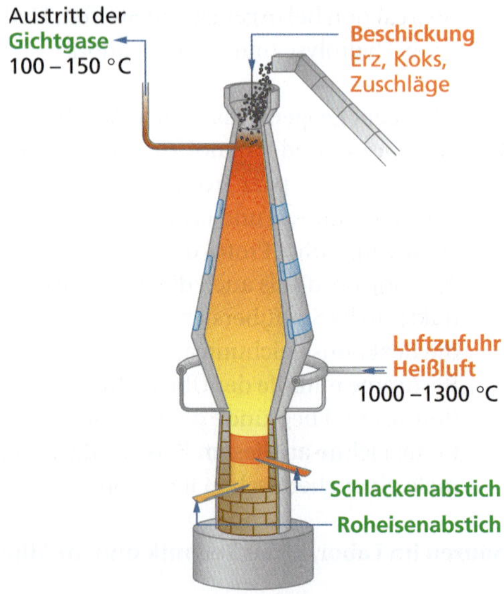


3. Im Hochofen erfolgt eine Kopplung von exo- und endothermen Reaktionen, sodass die Reaktionen von Eisenoxiden zu Eisen möglich werden.
   a) Erläutere die Energieumwandlung bei exothermen und endothermen Reaktionen mithilfe eines Schemas!
   b) Gib an, welche Reaktionen im Hochofen endotherm und welche exotherm sind!
   c) Erläutere weitere chemisch technische Arbeitsprinzipien beim Hochofenprozess!

4. Kennzeichne am Beispiel der Reaktion aus Aufgabe 1c) die Änderung der Teilchen und Bindungen während der Reaktion!
Notiere dazu die Art der Teilchen und Bindungen bei den Ausgangsstoffen und Reaktionsprodukten!

5. S Entwickle ein Laborexperiment, mit dem die Reduktion von Eisenoxid ohne Einsatz von Gefahrstoffen demonstriert werden kann! Lege dem Lehrer den Plan vor und arbeite ihn nach Bestätigung ab!

## Die Neutralisationsreaktion

Eine Zimmerpflanze weist Blattschäden auf. Ihrem Aussehen nach könnten ihr Kalium-Ionen fehlen. Kaliumhaltige Verbindungen fördern die Quellung des Zellplasmas. Das handelsübliche Düngemittel (Kali) enthält Kaliumchlorid.

1. Was würde mit dem Salz Kaliumchlorid geschehen, wenn es mit dem Wasser in der Blumenerde in Berührung kommt? Entwickle die chemische Gleichung!

2. Im Chemikalienschrank findet sich zwar kein Kaliumchlorid aber Kaliumhydroxid. Könnte man diese kaliumhaltige Verbindung als Düngemittel nutzen? Begründe deine Antwort! Berücksichtige dabei Kenntnisse über die Eigenschaften von Hydroxiden und Wissen über die Bodenbeschaffenheit!

3. S Kaliumchlorid bewährt sich als Kaliumdünger besonders gut. Kaliumhydroxid ist als Ausgangsstoff für die Herstellung des Düngers im Labor geeignet. Führe dazu ein Experiment durch! Löse folgende Teilaufgaben:
   a) Nenne Salzbildungsreaktionen und wähle die geeignete Reaktion aus! Bestimme den notwendigen Reaktionspartner und entwickle die Reaktionsgleichung!
   b) Fordere notwendige Geräte und Chemikalien vom Lehrer an! Stelle eine neutrale Kaliumchloridlösung her! Teste dazu den pH-Wert mit Indikatorpapier!
   c) Dampfe einen Lösungsrest in einem Reagenzglas ein und überzeuge dich davon, dass wirklich Kaliumchlorid entstanden ist! Nutze dazu die Nachweismöglichkeiten für Kalium-Ionen (Flammenfärbung) und für Chlorid-Ionen! Notiere die Reaktionsgleichung für den Nachweis der Chlorid-Ionen!

## Beeinflussung chemischer Reaktionen

1. Nenne Bedingungen für chemische Reaktionen und erläutere sie!

2. S Der Einfluss von Temperatur und Konzentration auf chemische Reaktionen soll am Beispiel der Reaktion von Zink mit verdünnter Salzsäure überprüft werden. Dazu wird
   I. die verdünnte Säure vorsichtig vorgewärmt und das Reaktionsgefäß in ein entsprechend temperiertes Wasserbad (10 °C, 20 °C, 30 °C) gestellt
   II. die Reaktion mit unterschiedlich konzentrierten Säurelösungen durchgeführt.
   Das gebildete Gas wird jeweils mit einem Kolbenprober aufgefangen und das Volumen im Abstand von 30 Sekunden gemessen.
   a) Notiere eine begründete Vermutung über die zu erwartenden Beobachtungsergebnisse!
   b) Stelle die Reaktionsgleichung auf und bestimme die Reaktionsart!
   c) Überprüfe die Vermutungen experimentell!

3. Im Tankstellenbereich ist Rauchen verboten. Finde eine Erklärung!

4. Bei chemischen Experimenten wird vielfach der Brenner eingesetzt, z. B. beim Verbrennen von Magnesium und bei der thermischen Zersetzung von Calciumcarbonat. Erläutere, warum der Brenner zum Einsatz kommt!

## Nachweis von Stoffen

### Der Lötstein im Test

1. S Löse ein Stück Salmiakstein ($NH_4Cl$) in destilliertem Wasser! Teste die Lösung auf Chlorid-Ionen! Stelle die Nachweisgleichung auf!

2. S Teste den Lötstein auf Ammonium-Ionen! Nutze dazu den indirekten Nachweis über Ammoniak mithilfe von Indikatorpapier bzw. durch die Reaktion mit Chlorwasserstoff! Beschreibe beide Nachweise und gib die jeweiligen Reaktionsgleichungen an!

3. Ammoniumchlorid wird bei 350 °C in Ammoniak und Chlorwasserstoff zersetzt. Weise nach, dass bei der thermischen Zersetzung von Lötstein wirklich die beiden Gase entstehen! Gib dazu etwas Substanz vom Lötstein in eine entsprechend gebogene Glasröhre und erhitze vorsichtig! Lege sowohl in die obere als auch in die untere Öffnung der Röhre angefeuchtetes Indikatorpapier! Notiere die Beobachtungen und werte aus!

### Ernährung und Chemie

1. Der Mensch muss mit seiner Nahrung u. a. Fette, Kohlenhydrate und Eiweiße zu sich nehmen. Dabei handelt es sich nicht um einzelne Stoffe, sondern um organische Stoffgruppen. Erläutere den allgemeinen Aufbau von Stoffen, die in die jeweilige Stoffgruppe gehören!

2. S Gib an, welche Kohlenhydrate in unserer Nahrung hauptsächlich enthalten sind und kennzeichne ihre Struktur mithilfe von Symbolen! Erläutere, was mit diesen Kohlenhydraten im Rahmen der Verdauung passiert! Weise zwei ausgewählte Kohlenhydrate in Nahrungsmitteln nach und erläutere die Nachweise!

3. Im Organismus wird in erster Linie aus Glucose Energie freigesetzt. Stelle die Reaktionsgleichung für den ablaufenden Prozess auf! Ordne diese Reaktion einer Reaktionsart zu!

4. S Sind die Kohlenhydratreserven aufgebraucht, nutzt unser Körper Fette als Energiegrundlage. Für diesen Fall werden Fettdepots aufgebaut. Die Ausgangsstoffe bilden die Fette, die in unserer Nahrung enthalten sind.
   a) Weise Fette in verschiedenen Nahrungsmitteln nach!
   b) Schildere den Abbau von mit der Nahrung aufgenommenen Fetten während der Verdauung!
   c) Notiere ein Formelbeispiel für einen Glycerolester, der in Fetten enthalten sein kann!
   d) Es gibt feste Fette und fette Öle. Nenne Beispiele und zeige die Ursache für die unterschiedlichen Siedebereiche auf!
   e) Schildere, wie man ungesättigte Fettsäurereste in fetten Ölen nachweisen kann! Notiere eine Reaktionsgleichung! Führe den Nachweis durch!

5. Eiweiße gehören zu den „Bausteinen" unseres Körpers.
   a) Stelle verschiedene Eiweiße und ihre Funktionen im Organismus in einer Tabelle zusammen!
   b) Eiweiße bestehen aus Aminosäureresten. Gib ein Formelbeispiel für eine Aminosäure an und erläutere an diesem Beispiel die Struktur von Aminosäuren!
   c) Beschreibe den Nachweis von Eiweißen in Lebensmitteln!

# Anhang

## Gefahrstoffhinweise für einige Chemikalien

| | Kennbuch-staben | R-Sätze | S-Sätze | E-Sätze |
|---|---|---|---|---|
| **Aceton** (nicht stabilisiert) | F+, Xn | R12, R36/37, R40 | S(2), S16, S33, S36/37 | E9, E10, E12, E16 |
| Aluminiumpulver (nicht stabilisiert) | F | R15, R17 | S(2), S7/8, S43 | E6, E9 |
| Aluminiumpulver (phlegmatisiert) | F | R10, R15 | S(2), S7/8, S43 | E3 |
| Ammoniak (wasserfrei) | T, N | R10, R 23, R 34, R 50 | S(1/2), S 9, S16, S 26, S36/37/39, S45, S 61 | E2, E7 |
| Ammoniak-Lösung 10 % ≤ w < 25 % | C | R34 | S(1/2), S 26, S36/37/39, S45, S 61 | E2 |
| Ammoniak-Lösung 5 % ≤ w < 10 % | Xi | R36/37/38 | S(1/2), S26, S 36/37/39, S45, S 61 | E2 |
| Ammoniumchlorid (Xn: w ≥ 25 %) | Xn | R22, R36 | S(2), S22 | E1 |
| Ammoniumnitrat | O | R8, R9 | S15, S16, S41 | E1 |
| **Barium** | F | R15 | S8, S24/25, S43 | E2 |
| Bariumcarbonat (Xn : w ≥ 25 %) | Xn | R22 | S(2), S24/25 | E1, E3 |
| Bariumchlorid (w ≥ 25 %) | T | R20, R 25 | S(1/2), S45 | E1, E3 |
| Bariumhydroxid (5 % ≤ w < 10 %) | Xi | R20/22, R34 | S26, S36/37/38, S45 | E1, E3 |
| Bariumhydroxid (wasserfrei und Octahydrat) | C | R20/22, R34 | S26, S36/37/38, S45 | E1, E3 |
| Bariumoxid (w ≥ 1 %) | Xn | R20/22 | S(2), S28 | E1, E3 |
| Benzoesäure (w ≥ 25 %) | Xn | R22, R36 | S24 | E10, E12 |
| Benzol | F, T | R45, R11, R48/23/24/25 | S53, S45 | E10, E12 |
| Brom | T+, C, N | R26, R35, R50 | S(1/2), S7/9, S26, S45, S61 | E16 |
| Bromwasser (1 % ≤ w < 5 %) | T, Xi | R23, R24 | S7/9, S26 | E16 |
| Butan | F+ | R12 | S(2), S9, S16 | E7 |
| Butansäure (Buttersäure) | C | R34 | S(1/2), S26, S36, S45 | E10 |
| **Calcium** | F | R15 | S(2), S8, S24/25, S43 | E15 |
| Calciumcarbid | F | R15 | S(2), S8, S24/25, S43 | E15, E16 |
| Calciumchlorid (w ≥ 20 %) | Xi | R36 | S(2), S22, S24 | E1 |
| Calciumhydroxid | Xi | R41 | S22, S24, S26, S39 | E2 |
| Calciumoxid | C | R34 | S26, S36 | E2 |
| Chlor | T, N | R23, R36/37/38, R50 | S(1/2), S9, S45, S61 | E16 |
| Chlorwasserstoff (wasserfrei) | T, C | R23, R35 | S(1/2), S9, S26, S36/37/39, S45 | E2 |
| **Eisen(II)-sulfat-Heptahydrat** | Xn | R22 | S24/25 | E1 |
| Essigsäure (Ethansäure) | | | | |
| w ≥ 90 % | C | R10, R35 | S(1/2), S23, S26, S45 | E2, E10 |
| 25 % ≤ w < 90 % | C | R10, R34 | S(1/2), S23, S26, S45 | E2, E10 |
| 10 % ≤ w < 25 % | Xi | R10, R34 | S(1/2), S23, S26, S45 | E2, E10 |
| Ethan | F+ | R12 | S(2), S9, S16, S33 | E7 |
| Ethanal (Acetaldehyd) | F+, Xn | R12, R36/37, R40 | S(2), S16, S33, S36/37 | E9, E10, E12, E16 |
| Ethanol | F | R11 | S(2), S7, S16 | E1, E10 |
| Ethen | F+ | R12 | S(2), S9, S16, S33 | E7 |
| Ethin | F+ | R5, R6, R12 | S(2), S9, S16, S33 | E7 |
| **Fehlings Lösung II** (Kaliumnatriumtartrat, alkalisch) | C | R35 | S(2), S26, S27, S37/39 | E2 |
| **Iod** (w ≥ 25 %) | Xn, N | R20/21, R50 | S(2), S23, S25, S61 | E1, E16 |
| **Kalium** | F, C | R14/15, R34 | S(1/2), S5, S8, S43, S45 | E6, E12, E16 |
| Kaliumcarbonat | Xn | R22, R36/37/38 | S22, S26 | E1 |
| Kaliumhydroxid (wasserfrei, Ätzkali) | C | R22, R35 | S(1/2), S26, S36/37/39, S45 | E2 |
| Kaliumhydroxidlösung 5 % ≤ ω < 25 % | C | R35 | S(1/2), S26, S36/37/39, S45 | E2 |

## Gefahrstoffhinweise für einige Chemikalien

| | Kennbuch-staben | R-Sätze | S-Sätze | E-Sätze |
|---|---|---|---|---|
| Kaliumhydroxidlösung (2 % ≤ w ≤ 5 %) | C | R34 | S(1/2), S26, S36/37/39, S45 | |
| Kaliumnitrat | O | R8 | S16, S41 | E1 |
| Kaliumpermanganat | O, Xn, N | R8, R22, R50/53 | S(2), S60, S61 | E1, E6 |
| Kupfer(II)-chlorid (wasserfrei) (Xn: w ≥ 25 %) | Xn, N | R22, R36/38, R50/53 | S22, S26, S61 | E11 |
| Kupfer(II)-sulfat | Xn, N | R22, R 36/38, R50/53 | S(2) S22, S60, S61 | E11 |
| Lithium | F, C | R14/15, R34 | S(1/2), S8, S43, S45 | E15, E1 |
| Magnesium, Späne (phlegmatisiert) | F | R11, R15 | S2, S7/8, S43 | E3 |
| Mangandioxid (Braunstein) | Xn | R20/22 | S(2), S25 | E3 |
| Methan | F+ | R12 | S(2), S9, S16, S33 | E7 |
| Methansäure (w ≥ 90 %) (Ameisensäure) | C | R35 | S(1/2), S23, S26, S45 | E1, E10 |
| Methansäure (10 % ≤ w ≤ 90 %) (Xi : 2 % ≤ w ≤ 10 %) | C | R34 | S(1/2), S23, S26, S45 | E1, E10 |
| Natrium | F, C | R14/15, R34 | S(1/2), S5, S8, S43, S45 | E6, E12, E16 |
| Natriumhydroxid, wasserfrei (Ätznatron) | C | R35 | S(1/2), S26, S37/39, S45 | E2 |
| Natriumhydroxid-Lösung w ≥ 5 % (Natron-lauge) | C | R35 | S (1/2), S26, S37/39, S45 | E2 |
| 2 % ≤ w < 5 % | C | R34 | S (1/2), S26, S37/39, S45 | E1 |
| Natriumtetraborat, wasserfrei (Borax) | | | S24/25 | E1 |
| Natronkalk | C | R35 | S 26, S36/37/39, S45 | E2 |
| ortho-Phosphorsäure w ≥ 25 % | C | R 34 | S (1/2), S 26, S 45 | E2 |
| 10 % ≤ w ≥ 25 % | Xi | R 36/38 | S 25 | E1 |
| Petroleumbenzin (Siedebereich 40–60 °C) | F, Xn | R11, R52, R53, R65 | S9, S16 | E10, E12 |
| Petroleumbenzin (Siedebereich 60–80 °C) | F, Xn, N | R11, R38, R40/20, R51/53, R62, R65, R67 | S16, S23.2, S24, S33, S61, S62 | E10, E12 |
| Petroleumbenzin (Siedebereich 100–140 °C) | F, Xn, N | R11, R38, R51/53, R65, R67 | S9, S16, S23.2, S24, S33, S61, S62 | E10, E12 |
| Propan | F+ | R12 | S(2), S9, S16 | E7 |
| Salicylsäure | Xn | R22, R37/38, R41 | S26, S39 | E2, E10 |
| Salpetersäure w ≥ 70 % (rauchend) | O, C | R8, R35 | S(1/2), S23, S26, S36, S45 | E2 |
| Salpetersäure (20 % ≤ w < 70 %) | C | R35 | S(1/2), S23, S26, S27 | E2 |
| 5 % ≤ w < 20 % | C | R34 | S(1/2), S23, S26, S27 | |
| Salzsäure, w ≥ 25 % | C | R34, R37 | S(1/2), S26, S45 | E2 |
| Salzsäure, 10 % ≤ w < 25 % | Xi | R36/37/38 | S(2), S28 | E2 |
| Schwefeldioxid | T | R23, R34 | S(1/2), S9, S26, S36/37/39, S45 | E7 |
| Schwefelsäure (w ≥ 15 %) | C | R35 | S(1/2), S26, S30, S45 | E2 |
| 5 % ≤ w < 15 % | Xi | R36/38 | S(2), S26 | E2 |
| Silbernitrat (Xi: 5 % ≤ w < 10 %) | C, N | R 34, R50/53 | S(1/2), S 26, S 45, S60, S61 | E12, E13, E14 |
| Wasserstoff | F+ | R12 | S(2), S9, S16, S33 | E7 |
| Zink-Pulver phlegmatisiert | | R10, R15 | S(2), S7/8, S43 | E3 |
| Zink-Pulver nicht stabilisiert | F | R15, R17 | S(2), S7/8, S43 | E3 |
| Zinkchlorid (Xi: 5 % ≤ w < 10 %) | C, N | R34, R50/53 | S(1/2), S7/8, S28, S45, S60, S61 | E1 |

# Gefahrstoffhinweise

## Gefahrstoffsymbole

**T**
**giftig**

**giftige Stoffe (T, T+)**
**krebserzeugende Stoffe (T, Xn)**

Erhebliche Gesundheitsschäden durch Einatmen, Verschlucken oder Aufnahme durch die Haut. Keine Schülerexperimente.

**Xn**
**gesundheitsschädlich**

**gesundheitsschädliche Stoffe (Xn, Xi)**

Gesundheitsschäden durch Einatmen, Verschlucken oder Aufnahme durch die Haut.

**Xi**
**reizend**

**reizende Stoffe (Xn, Xi)**

Reizwirkung auf die Haut, die Atmungsorgane und die Augen.

**E**
**explosionsgefährlich**

**explosionsgefährliche Stoffe**

Explosion unter bestimmten Bedingungen möglich. Keine Schülerexperimente.

**C**
**ätzend**

**ätzende Stoffe**

Hautgewebe und Geräte werden nach Kontakt zerstört.

**F**
**entzündlich**

**leicht- u. hochentzündliche Stoffe (F bzw F+)**

Entzünden sich selbst, an heißen Gegenständen mit Wasser entstehen leichtentzündliche Gase.

**0**
**brandfördernd**

**brandfördernde Stoffe**

Andere brennbare Stoffe werden entzündet, ausgebrochene Brände gefördert.

**N**
**umweltgefährlich**

**umweltgefährliche Stoffe**

Sind sehr giftig, giftig oder schädlich für Wasserorganismen, Pflanzen, Tiere und Bodenorganismen; schädliche Wirkung auf die Umwelt.

## Gefahrenhinweise (R-Sätze)

R-Sätze weisen auf besondere Gefahren hin.

R 1 In trockenem Zustand explosionsgefährlich.
R 2 Durch Schlag, Reibung, Feuer oder andere Zündquellen explosionsgefährlich.
R 3 Durch Schlag, Reibung, Feuer oder andere Zündquellen besonders explosionsgefährlich.
R 4 Bildet hochempfindliche explosionsgefährliche Metallverbindungen.
R 5 Beim Erwärmen explosionsfähig.
R 6 Mit und ohne Luft explosionsfähig.
R 7 Kann Brand verursachen.
R 8 Feuergefahr bei Berührung mit brennbaren Stoffen.
R 9 Explosionsgefahr bei Mischung mit brennbaren Stoffen.
R 10 Entzündlich.
R 11 Leicht entzündlich.
R 12 Hoch entzündlich.
R 14 Reagiert heftig mit Wasser.
R 15 Reagiert mit Wasser unter Bildung leicht entzündlicher Gase.
R 16 Explosionsgefährlich in Mischung mit brandfördernden Stoffen.
R 17 Selbstentzündlich an der Luft
R 18 Bei Gebrauch Bildung explosionsfähiger/leichtentzündlicher Dampf-Luftgemische möglich.
R 19 Kann explosionsfähige Peroxide bilden.
R 20 Gesundheitsschädlich beim Einatmen.
R 21 Gesundheitsschädlich bei Berührung mit der Haut.
R 22 Gesundheitsschädlich beim Verschlucken.
R 23 Giftig beim Einatmen.
R 24 Giftig bei Berührung mit der Haut.
R 25 Giftig beim Verschlucken.
R 26 Sehr giftig beim Einatmen.
R 27 Sehr giftig bei Berührung mit der Haut.
R 28 Sehr giftig beim Verschlucken.
R 29 Entwickelt bei Berührung mit Wasser giftige Gase.
R 30 Kann bei Gebrauch leicht entzündlich werden.
R 31 Entwickelt bei Berührung mit Säure giftige Gase.
R 32 Entwickelt bei Berührung mit Säure sehr giftige Gase.
R 33 Gefahr kumulativer Wirkungen.
R 34 Verursacht Verätzungen.
R 35 Verursacht schwere Verätzungen.
R 36 Reizt die Augen.
R 37 Reizt die Atmungsorgane.
R 38 Reizt die Haut.
R 39 Ernste Gefahr irreversiblen Schadens.
R 40 Irreversibler Schaden möglich.
R 41 Gefahr ernster Augenschäden.
R 42 Sensibilisierung durch Einatmen möglich.
R 43 Sensibilisierung durch Hautkontakt möglich.
R 44 Explosionsgefahr bei Erhitzen unter Einschluss.
R 45 Kann Krebs erzeugen.
R 46 Kann vererbbare Schäden verursachen.
R 48 Gefahr ernster Gesundheitsschäden bei längerer Exposition.
R49 Kann Krebs erzeugen beim Einatmen.
R50 Sehr giftig für Wasserorganismen,
R51 Giftig für Wasserorganismen.
R52 Schädlich für Wasserorganismen.
R53 Kann in Gewässern längerfristig. schädliche Wirkungen haben.
R54 Giftig für Pflanzen.
R55 Giftig für Tiere.
R56 Giftig für Bodenorganismen.
R57 Giftig für Bienen.
R58 Kann längerfristig schädliche Wirkungen auf die Umwelt haben.
R59 Gefährlich für die Ozonschicht.
R60 Kann die Fortpflanzungsfähigkeit beeinträchtigen.
R61 Kann das Kind im Mutterleib schädigen.
R62 Kann möglicherweise die Fortpflanzungsfähigkeit beeinträchtigen.
R63 Kann das Kind im Mutterleib möglicherweise schädigen.
R64 Kann Säuglinge über die Muttermilch schädigen.

## Sicherheitsratschläge (S-Sätze)

S-Sätze geben Ratschläge für den sachgemäßen Umgang mit gefährlichen Stoffen.

S 1 Unter Verschluss aufbewahren.
S 2 Darf nicht in die Hände von Kindern gelangen.
S 3 Kühl aufbewahren.
S 4 Von Wohnplätzen fernhalten.
S 5 Unter ... aufbewahren (geeignete Flüssigkeit vom Hersteller anzugeben).
S 6 Unter ... aufbewahren (inertes Gas vom Hersteller anzugeben).
S 7 Behälter dicht geschlossen halten.
S 8 Behälter trocken halten.
S 9 Behälter an einem gut gelüfteten Ort aufbewahren.
S 12 Behälter nicht gasdicht verschließen.
S 13 Von Nahrungsmitteln, Getränken und Futtermitteln fernhalten.
S 14 Von ... fernhalten (inkompatible Substanzen vom Hersteller anzugeben).
S 15 Vor Hitze schützen.
S 16 Von Zündquellen fernhalten – Nicht rauchen.
S 17 Von brennbaren Stoffen fernhalten.
S 18 Behälter mit Vorsicht öffnen und handhaben.
S 20 Bei der Arbeit nicht essen und trinken.
S 21 Bei der Arbeit nicht rauchen.
S 22 Staub nicht einatmen.
S 23 Gas/Rauch/Dampf/Aerosol nicht einatmen (geeignete Bezeichnung vom Hersteller anzugeben).
S 24 Berührung mit der Haut vermeiden.
S 25 Berührung mit den Augen vermeiden.
S 26 Bei Berührung mit den Augen gründlich mit Wasser abspülen und Arzt konsultieren.
S 27 Beschmutzte, getränkte Kleidung sofort ausziehen.
S 28 Bei Berührung mit der Haut sofort abwaschen mit viel ... (vom Hersteller anzugeben).
S 29 Nicht in die Kanalisation gelangen lassen.
S 30 Niemals Wasser hinzugießen.
S 33 Maßnahmen gegen elektrostatische Aufladungen treffen.
S 34 Schlag und Reibung vermeiden.
S 35 Abfälle und Behälter müssen in gesicherter Weise beseitigt werden.
S 36 Bei der Arbeit geeignete Schutzkleidung tragen.
S 37 Geeignete Schutzhandschuhe tragen.
S 38 Bei unzureichender Belüftung Atemschutzgerät anlegen.
S 39 Schutzbrille/Gesichtsschutz tragen.
S 40 Fußboden und verunreinigte Gegenstände mit ... reinigen (vom Hersteller anzugeben).
S 41 Explosions- und Brandgase nicht einatmen.
S 42 Beim Räuchern/Versprühen geeignetes Atemschutzgerät anlegen (geeignete Bezeichnung vom Hersteller anzugeben).
S 43 Zum Löschen ... (vom Hersteller anzugeben) verwenden (wenn Wasser die Gefahr erhöht, anfügen:Kein Wasser verwenden).
S 44 Bei Unfall oder Unwohlsein sofort Arzt zuziehen (wenn möglich, dieses Etikett vorzeigen).
S 46 Bei Verschlucken sofort ärztlichen Rat einholen und Verpackung oder Etikett vorzeigen.
S 47 Nicht bei Temperaturen über ... °C aufbewahren (vom Hersteller anzugeben).
S 48 Feucht halten mit ... (geeignetes Mittel vom Hersteller anzugeben).
S 49 Nur im Originalbehälter aufbewahren.
S 50 Nicht mischen mit ... (vom Hersteller anzugeben).
S 51 Nur in gut gelüfteten Bereichen verwenden.
S 52 Nicht großflächig für Wohn- und Aufenthaltsräume zu verwenden.
S 53 Expositionen vermeiden. Vor Gebrauch besondere Anweisung einholen.
S56 Diesen Stoff und seinen Behälter der Problemabfallentsorgung zuführen.
S57 Zur Vermeidung einer Kontamination der Umwelt geeigneten Behälter verwenden.
S59 Information zur Wiederverwendung/Wiederverwertung beim Hersteller/Lieferanten erfragen.
S60 Dieser Stoff und sein Behälter sind als gefährlicher Abfall zu entsorgen.
S61 Freisetzung in die Umwelt vermeiden. Besondere Anweisungen einholen/Sicherheitsdatenblatt zu Rate ziehen.
S62 Bei Verschlucken kein Erbrechen herbeiführen. Sofort ärztlichen Rat einholen und Verpackung oder dieses Etikett vorzeigen.

## Entsorgungsratschläge (E-Sätze)

E-Sätze geben Ratschläge für die sachgemäße Entsorgung von Chemikalien und gefährlichen Stoffen.

E1 Verdünnen, in den Ausguss geben (WGK 0 bzw. 1).
E2 Neutralisieren, in den Ausguss geben.
E3 In den Hausmüll geben, gegebenenfalls in PE-Beutel (Stäube).
E4 Als Sulfid fällen.
E5 Mit Calcium-Ionen fällen, dann E1 oder E3.
E6 Nicht in den Hausmüll geben.
E7 Im Abzug entsorgen; wenn möglich verbrennen.
E8 Der Sondermüllbeseitigung zuführen (Adresse zu erfragen bei der Kreis- oder Stadtverwaltung) Abfallschlüssel beachten.
E9 Unter größter Vorsicht in kleinsten Portionen reagieren lassen (z.B. offen im Freien verbrennen).
E10 In gekennzeichneten Glasbehältern sammeln:
1. „Organische Abfälle – halogenhaltig"
2. „Organische Abfälle – halogenfrei" dann E8.
E11 Als Hydroxid fällen (pH 8), den Niederschlag zu E8.
E12 Nicht in die Kanalisation gelangen lassen (S-Satz S 29).
E13 Aus der Lösung mit unedlerem Metall (z.B. Eisen) als Metall abscheiden (E14, E3).
E14 Recycling-geeignet (Redestillation oder einem Recyclingunternehmen zuführen).
E15 Mit Wasser vorsichtig umsetzen, evtl. freiwerdende Gase verbrennen oder absorbieren oder stark verdünnt ableiten.
E16 Entsprechend den Ratschlägen in Anlage 5.1 der "Richtlinien zur Sicherheit im naturwissenschaftlichen Unterricht" beseitigen.

# Periodensystem der Elemente

H [1)] : Gas
Br [1)] : Flüssigkeit
Mg [1)] : Feststoff
(rosa) : Nichtmetall
(grün) : Halbmetall
(blau) : Metall
* : Alle Isotope dieses Elements sind radioaktiv.

Protonenzahl (Ordnungszahl) – 5; Atommasse in u ($u = 1{,}66 \cdot 10^{-27}$ kg) – 10,81; Elektronegativität – 2,0; Elementsymbol – B; Elementname – Bor

| Periode | Hauptgruppe I | Hauptgruppe II | Nebengruppe III | Nebengruppe IV | Nebengruppe V | Nebengruppe VI | Nebengruppe VII | Nebengruppe VIII | Nebengruppe VIII | Nebengruppe VIII | Nebengruppe I | Nebengruppe II | Hauptgruppe III | Hauptgruppe IV | Hauptgruppe V | Hauptgruppe VI | Hauptgruppe VII | Hauptgruppe VIII |
|---|---|---|---|---|---|---|---|---|---|---|---|---|---|---|---|---|---|---|
| 1 | 1 H 1,008<br>2,1<br>Wasserstoff | | | | | | | | | | | | | | | | | 2 He 4,00<br>Helium |
| 2 | 3 Li 6,94<br>1,0<br>Lithium | 4 Be 9,01<br>1,5<br>Beryllium | | | | | | | | | | | 5 B 10,81<br>2,0<br>Bor | 6 C 12,01<br>2,5<br>Kohlenstoff | 7 N 14,007<br>3,0<br>Stickstoff | 8 O 15,999<br>3,5<br>Sauerstoff | 9 F 18,998<br>4,0<br>Fluor | 10 Ne 20,18<br>Neon |
| 3 | 11 Na 22,99<br>0,9<br>Natrium | 12 Mg 24,31<br>1,2<br>Magnesium | | | | | | | | | | | 13 Al 26,98<br>1,5<br>Aluminium | 14 Si 28,09<br>1,8<br>Silicium | 15 P 30,97<br>2,1<br>Phosphor | 16 S 32,06<br>2,5<br>Schwefel | 17 Cl 35,45<br>3,0<br>Chlor | 18 Ar 39,95<br>Argon |
| 4 | 19 K 39,10<br>0,8<br>Kalium | 20 Ca 40,08<br>1,0<br>Calcium | 21 Sc 44,96<br>1,3<br>Scandium | 22 Ti 47,90<br>1,5<br>Titanium | 23 V 50,94<br>1,6<br>Vanadium | 24 Cr 51,996<br>1,6<br>Chromium | 25 Mn 54,94<br>1,5<br>Mangan | 26 Fe 55,85<br>1,8<br>Eisen | 27 Co 58,93<br>1,8<br>Cobalt | 28 Ni 58,70<br>1,8<br>Nickel | 29 Cu 63,55<br>1,9<br>Kupfer | 30 Zn 65,38<br>1,6<br>Zink | 31 Ga 69,72<br>1,6<br>Gallium | 32 Ge 72,59<br>1,8<br>Germanium | 33 As 74,92<br>2,0<br>Arsen | 34 Se 78,96<br>2,4<br>Selen | 35 Br 79,90<br>2,8<br>Brom | 36 Kr 83,80<br>Krypton |
| 5 | 37 Rb 85,47<br>0,8<br>Rubidium | 38 Sr 87,62<br>1,0<br>Strontium | 39 Y 88,91<br>1,3<br>Yttrium | 40 Zr 91,22<br>1,4<br>Zirconium | 41 Nb 92,91<br>1,6<br>Niobium | 42 Mo 95,94<br>1,8<br>Molybdän | 43 Tc* [97]<br>1,9<br>Technetium | 44 Ru 101,07<br>2,2<br>Ruthenium | 45 Rh 102,91<br>2,2<br>Rhodium | 46 Pd 106,4<br>2,2<br>Palladium | 47 Ag 107,87<br>1,9<br>Silber | 48 Cd 112,41<br>1,7<br>Cadmium | 49 In 114,82<br>1,7<br>Indium | 50 Sn 118,69<br>1,8<br>Zinn | 51 Sb 121,75<br>1,9<br>Antimon | 52 Te 127,60<br>2,1<br>Tellur | 53 I 126,90<br>2,5<br>Iod | 54 Xe 131,30<br>Xenon |
| 6 | 55 Cs 132,91<br>0,7<br>Caesium | 56 Ba 137,33<br>0,9<br>Barium | 57–71<br>Lanthanoide | 72 Hf 178,49<br>1,3<br>Hafnium | 73 Ta 180,95<br>1,5<br>Tantal | 74 W 183,85<br>1,7<br>Wolfram | 75 Re 186,21<br>1,9<br>Rhenium | 76 Os 190,2<br>2,2<br>Osmium | 77 Ir 192,22<br>2,2<br>Iridium | 78 Pt 195,09<br>2,2<br>Platin | 79 Au 196,97<br>2,4<br>Gold | 80 Hg 200,59<br>1,9<br>Quecksilber | 81 Tl 204,37<br>1,8<br>Thallium | 82 Pb 207,2<br>1,8<br>Blei | 83 Bi 208,98<br>1,9<br>Bismut | 84 Po* [209]<br>2,0<br>Polonium | 85 At* [210]<br>2,2<br>Astat | 86 Rn* [222]<br>Radon |
| 7 | 87 Fr* [223]<br>0,7<br>Francium | 88 Ra* [226]<br>0,9<br>Radium | 89–103<br>Actinoide | 104 Rf* [261]<br>Rutherfordium | 105 Db* [262]<br>Dubnium | 106 Sg* [262]<br>Seaborgium | 107 Bh* [262]<br>Bohrium | 108 Hs* [262]<br>Hassium | 109 Mt* [266]<br>Meitnerium | 110 Ds* [281]<br>Darmstadtium | | | | | | | | |

| | | | | | | | | | | | | | | | |
|---|---|---|---|---|---|---|---|---|---|---|---|---|---|---|---|
| **Lanthanoide** | 57 La 138,91<br>1,1<br>Lanthan | 58 Ce 140,12<br>1,1<br>Cerium | 59 Pr 140,91<br>1,1<br>Praseodymium | 60 Nd 144,24<br>1,1<br>Neodymium | 61 Pm* [145]<br>1,1<br>Promethium | 62 Sm 150,35<br>1,2<br>Samarium | 63 Eu 151,96<br>1,2<br>Europium | 64 Gd 157,25<br>1,2<br>Gadolinium | 65 Tb 158,92<br>1,2<br>Terbium | 66 Dy 162,50<br>1,2<br>Dysprosium | 67 Ho 164,93<br>1,2<br>Holmium | 68 Er 167,26<br>1,2<br>Erbium | 69 Tm 168,93<br>1,2<br>Thulium | 70 Yb 173,04<br>1,2<br>Ytterbium | 71 Lu 174,97<br>1,2<br>Lutetium |
| **Actinoide** | 89 Ac* [227]<br>1,1<br>Actinium | 90 Th* 232,04<br>1,3<br>Thorium | 91 Pa* 231,04<br>1,5<br>Protactinium | 92 U* 238,03<br>1,4<br>Uranium | 93 Np* 237,05<br>1,3<br>Neptunium | 94 Pu* [244]<br>1,3<br>Plutonium | 95 Am* [243]<br>1,3<br>Americium | 96 Cm* [247]<br>1,3<br>Curium | 97 Bk* [247]<br>1,3<br>Berkelium | 98 Cf* [251]<br>1,3<br>Californium | 99 Es* [254]<br>1,3<br>Einsteinium | 100 Fm* [257]<br>1,3<br>Fermium | 101 Md* [258]<br>1,3<br>Mendelevium | 102 No* [259]<br>1,3<br>Nobelium | 103 Lr* [260]<br>1,3<br>Lawrencium |

[ ] Die umklammerten Werte für die Atommasse geben die Massenzahl des Isotops mit der größten Halbwertszeit an.

1) Aggregatzustand bei 25 °C (298 K) und 101,3 kPa

## Elementsubstanzen

| Name | Symbol | Ordnungszahl | Atommasse in u | Dichte $\rho$ ♦ in $\frac{g}{cm^3}$ bei 25 °C | Schmelztemperatur ● $\vartheta_s$ in °C | Siedetemperatur $\vartheta_v$ in °C | Häufige Oxidationszahlen |
|---|---|---|---|---|---|---|---|
| Actinium | Ac | 89 | [227] | | 1 050 | 3 200 | +3 |
| Aluminium | Al | 13 | 26,98 | 2,7 | 660 | 2 447 | +3 |
| Americium | Am | 95 | [243] | 11,7 | > 850 | 2 600 | +3 |
| Antimon | Sb | 51 | 121,75 | 6,68 | 631 | 1 380 | +3, +5, −3 |
| Argon ♦ | Ar | 18 | 39,95 | 0,178 g · l$^{-1}$ | −189 | −186 | ± 0 |
| Arsen (grau) | As | 33 | 74,92 | 5,72 | 817p | 613 subl. | +3, +5, −3 |
| Astat | At | 85 | [210] | | 302 | 335 | −1 |
| Barium | Ba | 56 | 137,33 | 3,50 | 714 | 1 640 | +2 |
| Berkelium | Bk | 97 | [247] | | | | +3 |
| Beryllium | Be | 4 | 9,01 | 1,85 | 1 280 | 2 480 | +2 |
| Bismut | Bi | 83 | 208,98 | 9,8 | 271 | 1 560 | +3 |
| Blei | Pb | 82 | 207,2 | 11,35 | 327 | 1 740 | +2, +4 |
| Bohrium | Bh | 107 | [262] | | | | |
| Bor | B | 5 | 10,81 | 2,34 | (2 030) | 3 900 | +3 |
| Brom | Br | 35 | 79,90 | 3,12 | −7 | 58 | +1, +3, +5, −1 |
| Cadmium | Cd | 48 | 112,41 | 8,65 | 321 | 765 | +2 |
| Caesium | Cs | 55 | 132,91 | 1,87 | 29 | 690 | +1 |
| Calcium | Ca | 20 | 40,08 | 1,55 | 838 | 1 490 | +2 |
| Californium | Cf | 98 | [251] | | | | +3 |
| Cerium | Ce | 58 | 140,12 | 6,78 | 795 | 3 470 | +3, +4 |
| Chlor ♦ | Cl | 17 | 35,45 | 3,214 g · l$^{-1}$ | −101 | −35 | +1, +3, +5, +7, −1 |
| Chromium | Cr | 24 | 51,996 | 7,19 | 1 900 | 2 642 | +3, +6 |
| Cobalt | Co | 27 | 58,93 | 8,90 | 1 490 | 2 900 | +2, +3 |
| Curium | Cm | 96 | [247] | 7,0 | | | +3 |
| Darmstadtium | Ds | 110 | [281] | | | | |
| Dubnium | Db | 105 | [262] | | | | |
| Dysprosium | Dy | 66 | 162,50 | 8,54 | 1 410 | 2 600 | +3 |
| Einsteinium | Es | 99 | [254] | | | | +3 |
| Eisen | Fe | 26 | 55,85 | 7,86 | 1 540 | 3 000 | +2, +3 |
| Erbium | Er | 68 | 167,26 | 9,05 | 1 500 | 2 900 | +3 |
| Europium | Eu | 63 | 151,96 | 5,26 | 829 | 1 440 | +2, +3 |
| Fermium | Fm | 100 | [257] | | | | +3 |
| Fluor ♦ | F | 9 | 18,998 | 1,695 g · l$^{-1}$ | −220 | −188 | −1 |
| Francium | Fr | 87 | [223] | | (27) | (680) | +1 |
| Gadolinium | Gd | 64 | 157,25 | 7,89 | 1 310 | 3 000 | +3 |
| Gallium | Ga | 31 | 69,72 | 5,91 | 30 | 2 400 | +3 |
| Germanium | Ge | 32 | 72,59 | 5,32 | 937 | 2 830 | +2, +4, −4 |
| Gold | Au | 79 | 196,97 | 19,3 | 1 063 | 2 970 | +3 |
| Hafnium | Hf | 72 | 178,49 | 13,1 | 2 000 | 5 400 | +4 |
| Hassium | Hs | 108 | [262] | | | | |
| Helium ♦ | He | 2 | 4,00 | 0,18 g · l$^{-1}$ | −270 | −269 | 0 |
| Holmium | Ho | 67 | 164,93 | 8,80 | 1 460 | 2 600 | +3 |
| Indium | In | 49 | 114,82 | 7,31 | 156 | 2 000 | +3 |
| Iod | I | 53 | 126,90 | 4,94 | 114 | 183 | +1, +3, +5, +7, −1 |
| Iridium | Ir | 77 | 192,22 | 22,5 | 2 450 | 4 500 | +3, +4 |
| Kalium | K | 19 | 39,10 | 0,86 | 64 | 760 | +1 |
| Kohlenstoff | C | 6 | 12,01 | | | | +4, −4 |
| (Grafit) | | | | 2,26 | 3 730 | 4 830 | |
| (Diamant) | | | | 3,51 | > 3 550 | | |
| Krypton ♦ | Kr | 36 | 83,80 | 3,74 g · l$^{-1}$ | −157 | −152 | +2 |
| Kupfer | Cu | 29 | 63,55 | 8,96 | 1 083 | 2 600 | +1, +2 |
| Lanthan | La | 57 | 138,91 | 6,17 | 920 | 3 470 | +3 |
| Lawrencium | Lr | 103 | [260] | | | | +3 |
| Lithium | Li | 3 | 6,94 | 0,53 | 180 | 1 330 | +1 |
| Lutetium | Lu | 71 | 174,97 | 9,84 | 1 650 | 3 330 | +3 |
| Magnesium | Mg | 12 | 24,31 | 1,74 | 650 | 1 110 | +2 |

| | | | | | | | |
|---|---|---|---|---|---|---|---|
| Mangan | Mn | 25 | 54,94 | 7,43 | 1 250 | 2 100 | +2, +4, +6, +7 |
| Meitnerium | Mt | 109 | [266] | | | | |
| Mendelevium | Md | 101 | [258] | | | | |
| Molybdän | Mo | 42 | 95,94 | 10,2 | 2 610 | 5 560 | +4, +6 |
| Natrium | Na | 11 | 22,99 | 0,97 | 98 | 892 | +1 |
| Neodymium | Nd | 60 | 144,24 | 7,00 | 1 020 | 3 030 | +3 |
| Neon ♦ | Ne | 10 | 20,18 | $0{,}899\ g \cdot l^{-1}$ | –249 | –246 | ± 0 |
| Neptunium | Np | 93 | 237,05 | 20,4 | 640 | | +5 |
| Nickel | Ni | 28 | 58,70 | 8,90 | 1 450 | 2 730 | +2 |
| Niobium | Nb | 41 | 92,91 | 8,55 | 2 420 | 4 900 | +5 |
| Nobelium | No | 102 | [259] | | | | +3 |
| Osmium | Os | 76 | 190,2 | 22,4 | 3 000 | 5 500 | +4 |
| Palladium | Pd | 46 | 106,4 | 12,0 | 1 550 | 3 125 | +2, +4 |
| Phosphor (weiß) | P | 15 | 30,97 | 1,82 | 44 | 280 | +3, +5, –3 |
| Platin | Pt | 78 | 195,09 | 21,4 | 1 770 | 3 825 | +2, +4 |
| Plutonium | Pu | 94 | [244] | 19,8 | 640 | 3 230 | +4 |
| Polonium | Po | 84 | [209] | 9,4 | 254 | 962 | +2, +4, –2 |
| Praseodymium | Pr | 59 | 140,91 | 6,77 | 935 | 3 130 | +3 |
| Promethium | Pm | 61 | [145] | | (1 030) | (2 730) | +3 |
| Protactinium | Pa | 91 | 231,04 | 15,4 | (1 230) | | +5 |
| Quecksilber | Hg | 80 | 200,59 | 13,53 | –38,9 | 356,6 | +1, +2 |
| Radium | Ra | 88 | [226] | 5,0 | 700 | 1 530 | +2 |
| Radon ♦ | Rn | 86 | [222] | $9{,}37\ g \cdot l^{-1}$ | –71 | –62 | ± 0, (+2) |
| Rhenium | Re | 75 | 186,21 | 21,0 | 3 180 | 5 630 | +4 |
| Rhodium | Rh | 45 | 102,91 | 12,4 | 1 970 | 3 730 | +3 |
| Rubidium | Rb | 37 | 85,47 | 1,53 | 39 | 688 | +1 |
| Ruthenium | Ru | 44 | 101,07 | 12,2 | 2 300 | 3 900 | +3, +4 |
| Rutherfordium | Rf | 104 | [261] | | | | |
| Samarium | Sm | 62 | 150,35 | 7,54 | 1 070 | 1 900 | +3 |
| Sauerstoff ♦ | O | 8 | 15,999 | $1{,}429\ g \cdot l^{-1}$ | –218,4 | –183 | –2 |
| Scandium | Sc | 21 | 44,96 | 3,0 | 1 540 | 2 730 | +3 |
| Schwefel | S | 16 | 32,06 | | | | +2, +4, +6, –2 |
| rhombisch | | | | 2,07 | 113 | | |
| monoklin | | | | 1,96 | 119 | 445 | |
| Seaborgium | Sg | 106 | [262] | | | | |
| Selen (grau) | Se | 34 | 78,96 | 4,80 | 217 | 685 | +2, +4, +6, –2 |
| Silber | Ag | 47 | 107,87 | 10,5 | 961 | 2 210 | +1 |
| Silicium | Si | 14 | 28,09 | 2,33 | 1 410 | 2 680 | +4, –4 |
| Stickstoff ♦ | N | 7 | 14,007 | $1{,}251\ g \cdot l^{-1}$ | –210 | –195,8 | +3, +5, –3 |
| Strontium | Sr | 38 | 87,62 | 2,6 | 770 | 1 380 | +2 |
| Tantal | Ta | 73 | 180,95 | 16,6 | 3 000 | 5 430 | +5 |
| Technetium | Tc | 43 | [97] | 11,5 | 2 140 | (4 600) | +7, +4 |
| Tellur | Te | 52 | 127,60 | 6,24 | 450 | 1 390 | +2, +4, +6,–2 |
| Terbium | Tb | 65 | 158,92 | 8,27 | 1 360 | 2 800 | +3 |
| Thallium | Tl | 81 | 204,37 | 11,85 | 303 | 1 460 | +1, +3 |
| Thorium | Th | 90 | 232,04 | 11,7 | 1 700 | 4 200 | +4 |
| Thulium | Tm | 69 | 168,93 | 9,33 | 1 550 | 1 730 | +3 |
| Titanium | Ti | 22 | 47,90 | 4,5 | 1 670 | 3 260 | +4 |
| Uran | U | 92 | 238,03 | 18,90 | 1 130 | 3 820 | +6 |
| Vanadium | V | 23 | 50,94 | 5,8 | 1 900 | 3 450 | +5 |
| Wasserstoff ♦ | H | 1 | 1,008 | $0{,}089\ g \cdot l^{-1}$ | –259,1 | –252,5 | +1, –1 |
| Wolfram | W | 74 | 183,85 | 19,3 | 3 410 | 5 500 | +4, +6 |
| Xenon ♦ | Xe | 54 | 131,30 | $5{,}8\ g \cdot l^{-1}$ | –112 | –108 | +2, +4, +6 |
| Ytterbium | Yb | 70 | 173,04 | 6,98 | 824 | 1 430 | +3 |
| Yttrium | Y | 39 | 88,91 | 4,5 | 1 500 | 2 930 | +3 |
| Zink | Zn | 30 | 65,38 | 7,13 | 419 | 906 | +2 |
| Zinn | Sn | 50 | 118,69 | 7,29 | 232 | 2 270 | +2, +4, –2 |
| Zirconium | Zr | 40 | 91,22 | 6,49 | 1 850 | 3 580 | +4 |

[ ] Die umklammerten Werte für die Atommasse geben die Massenzahl des Isotops mit der größten Halbwertszeit an.

♦ Dichte gasförmiger Stoffe bei 0 °C • Schmelz- und Siedetemperatur bei 101,3 kPa

## Dichten ausgewählter Stoffe

### Dichte $\rho$ von festen Stoffen bei 0°C und 101,3 kPa

| Stoff | $\rho$ in $\frac{g}{cm^3}$ | Stoff | $\rho$ in $\frac{g}{cm^3}$ | Stoff | $\rho$ in $\frac{g}{cm^3}$ |
|---|---|---|---|---|---|
| Aluminium | 2,70 | Holz (lufttrocken) Buche | 0,7 | Sand (trocken) | 1,58 … 1,65 |
| Beton | 1,8 … 2,4 | Holz (lufttrocken) Eiche | 0,9 | Silber | 10,5 |
| Blei | 11,35 | Holz (lufttrocken) Fichte | 0,5 | Silicium | 2,33 |
| Diamant | 3,5 | Holz (lufttrocken) Kiefer | 0,5 | Stahl | 7,8 |
| Eis (bei 0 °C) | 0,92 | Kork | 0,2 … 0,3 | Styropor | 0,03 |
| Eisen | 7,86 | Kupfer | 8,96 | Wachs | 0,94 … 1,0 |
| Gips | 2,3 | Messing | 8,4 | Zement | 3,1 … 3,2 |
| Glas (Fensterglas) | 2,4 … 2,6 | Papier | 0,7 … 1,3 | Ziegel | 1,4 … 1,9 |
| Gold | 19,3 | Platin | 21,4 | Zink | 7,13 |
| Gummi | 0,9 … 1,2 | Polyvinylchlorid (PVC) | 1,3 | Zinn | 7,29 |

### Dichte $\rho$ von Flüssigkeiten bei 0°C und 101,3 kPa

| Stoff | $\rho$ in $\frac{g}{cm^3}$ | Stoff | $\rho$ in $\frac{g}{cm^3}$ | Stoff | $\rho$ in $\frac{g}{cm^3}$ |
|---|---|---|---|---|---|
| Benzin | 0,70… 0,74 | Methanol | 0,79 | Salpetersäure 50 % | 1,31 |
| Benzol (Benzen) | 0,87 | Olivenöl | 0,91 | Salzsäure 37 % | 1,18 |
| Dieselkraftstoff | 0,84 | Petroleum | 0,81 | Spiritus | 0,83 |
| Erdöl | 0,7 … 0,9 | Propanon (Aceton) | 0,79 | Transformatorenöl | 0,90 |
| Ethanol | 0,79 | Quecksilber | 13,53 | Wasser destilliert<br>Meerwasser | 1,00<br>1,02 |

### Dichte $\rho$ von Gasen bei 0°C und 101,3 kPa

| Stoff | $\rho$ in $\frac{kg}{m^3}$ | Stoff | $\rho$ in $\frac{kg}{m^3}$ | Stoff | $\rho$ in $\frac{kg}{m^3}$ |
|---|---|---|---|---|---|
| Ammoniak | 0,77 | Kohlenstoffmonooxid | 1,25 | Sauerstoff | 1,43 |
| Erdgas | 0,73 … 0,83 | Luft | 1,29 | Stickstoff | 1,25 |
| Helium | 0,18 | Ozon | 2,22 | Wasserdampf (100 %) | 0,61 |
| Kohlenstoffdioxid | 1,98 | Propan | 2,02 | Wasserstoff | 0,09 |

# Register

# Bildquellenverzeichnis

AEG: 32/1, 97 (Text), 246/1, 373 re, u. - ADAC: 425 Aufg. 11 - aisa, Archivo iconográfico, Barcelona: 49/1 - akg-images: 113, 122/1 u. 2, 151/2 l., 166 u. l. u. M., 370/1, 381/2 - Aral Presse: 106 re. Sp., 303 l. Sp., 453 l. Sp. - Audi AG Pressefotos: 395/1 - Aulis Verlag, 1991, Otto Krätz: Historische chemische Versuche S.125: 150/2 - BackArts GmbH: 25 Aufg. 2/2-4, 44/1, 100 Aufg. 3 u.14, 130, 175/3, 424 re. Sp. - Bakelite AG; Iserlohn-Letmathe: 326/2, 395/2 - BASF Aktiengesellschaft Agrarzentrum Limburgerhof: 213/1 - BASF AG, Ludwigshafen: 251/1, 256/1 u. 266, 369/1 - Bayer Vital: 351/1, 356 l. Sp. - Behner, Udo J. A.; Wadern Morscholz: 199/3 u.4 - Berliner Wasserbetriebe: 95 - Bibliographisches Institut & F.A. Brockhaus, Mannheim: 354 r. Sp., 420/1 - Biedermann, A.; Berlin: 246/2, 276/2, 288/1a, 338 Aufg. 4, 398 l. Sp., 401/1, 408 M., 425 Aufg. 8 - Bildarchiv preussischer Kulturbesitz: 50/1 - Bild Bayer AG; Leverkusen: 277 u. re., 404/2, 408 re. - Breutel, A., Elbingerode: 37/1 - Brezmann, S.; Hamburg: 227 l. Sp., 248/1, 362 u. - Bricks, W.:210 re. Sp. - BSR, Berlin: 35/2, 404/1 - Bundesverband der Schornsteinfeger: 225/1 - CargoLifter AG; Berlin: 101/3 - Corel photos: 16/2, 27/3, 29/2a, 31/2, 31/5, 31/7, 38 Aufg. 8/1, 39 Aufg. 11, 42/3, 44/2, 49/3, 53 Aufg. 19 u. 26, 55, 56/1 u. 2, 66 Aufg. 19, 73/1, 91, 93/2 a, 96/2, 110/1, 119 (Text), 139/2, 142 o., 145/1, 224/1, 239 Aufg. 30, 307 Aufg. 13, 324/1, 343/1, 344/1 u. 4, 351/2 u. 3, 376/3, 374/2, 393, 394/1, 399/1, 400/1, 426 Aufg. 22, 451/1, 456/1 - Cornelsen Experimenta: 81/3, 173 Aufg. 5, 223 Aufg. 7, 325 l.Sp., 391 Aufg. 8, 414/1, 418/1b, 426 Aufg. 13 - Daimler Chrysler Konzernarchiv; Stuttgart: 101/2, 410/3 - DEBRIV - Bundesverband Braunkohle: 220/3 - Degussa: 40/1, 432 (Au) - Dental-Liga; Köln: 390/1 - Deutsche Bahn AG: 42/1 - Deutsche Gesellschaft für Kunststoff-Recycling mbH (DKR); Köln: 394/3 - Deutscher Wetterdienst; Offenbach: 56/3, 105 (Text) - diba press: 231/1 - DLR, Deutsches Zentrum für Luft- und Raumfahrt e. V.: 293/1 - Dornier Medienholding (aus Kalbe: Leben im Wassertropfen; Urania-Verlag, Leipzig, Jena, Berlin, 1985): 260/1, 369/3, 373/1 - dpa: 16/3, 23/2, 23/3, 31/3, 136/3, 141/1, 215, 242/1, 244/1, 259/2, 315 Aufg. 8, 328/1, 332/3, 375/2, 412/2 - Dr. Dietrich Steinkopf Verlag „100 Jahre Bunsen Gesellschaft": 251 u. - Düngekalk–Hauptgemeinschaft im Bundesverband der dt. Kalkindustrie e. V.; Köln: 187/1 - Ernst, D.; De Gaia: 279 Aufg. 10, 322/1, 332/1, 447/3 - Fichtel & Sachs AG: 53 Aufg. 15 - Fulda Reifen GmbH & Co. KG: 399 (Text) - F1 ONLINE/Prisma: 336/1 - GASAG; Berlin: 14/1 - Gesamtverband des deutschen Steinkohlebergbaus: 241 l. Sp. u. 315 Aufg. 10 - Giehl, M.; Hamburg: 74/2 - Th. Goldschmidt AG Essen: 138/1b, 202/1 - Greenpeace/Nodson: 11/2 - Haarmann & Reimer GmbH; Holzminden: 150/3 - Heinig, K., Berlin: 115/1 - Heinrich Berndes Haushaltstechnik GmbH & Co. KG: 21 (Abb.1 Text) - Heinrich Frings GmbH & Co KG: 339/2 – Hemera photo objects: 11/3, 146 Aufg. 6, 184 Aufg. 14, 207 Aufg. 21, 212 l., 261 l. Sp., 296 Aufg. 9, 298/2 - Henkel-Werksarchiv: 29/2b, 98 (Text), 111/1, 368/1 - Hoechst AG; Knapsack: 270/1 - Horn, F.; Rostock: 80 Aufg. 3, 184/2a u. b, 344/3, 350 Aufg. 17 - Historisches Bergwerksmuseum, Grube Samson: 304 re. - H-TEC Wasserstoff-Energie-System: 244 re. Sp. - Humboldt Universität (Institut für Geschichte der Medizin und Naturwissenschaften), Berlin: 114/1, 117/1 re., 285 u. - IMA; Hannover: 194/1 u, 281 Aufg. 29, 378/1, 379/1 - IMSI Photos: 58/1 - Intel GmbH; München: 147 Aufg. 9 - IZE; Zürich:114/3 - Jantzen, F.; Arolsen: 61/2, 84/1, 131 l. Sp., 134 o., 165 (Text), 193, 387/2b, 396/1, 431 (Na), 445/1 - John Foxx Images: 54/1, 59/2, 142 u. - Joh. Vaillant GmbH & Co., Remscheid: 297 Aufg. 14 - Kali und Salz GmbH; Kassel: 183/3, 194/1, 204/1, 435 re. Sp. - Kaltenborn, H.; Weißensee: 49/2 - Karl-Sudhoff-Institut (Uni Leipzig): 115 l. Sp., 305 l. Sp., 412/1 - Klafs Saunabau GmbH: 96/3 - Klische, F.: 58/2 - Kohlmorgen, Berlin: 128 u. 134 (Brom) - LAUBAG AG, Foto Rauhut: 220/2 - Lehmann; Berlin: 224/3 - Lichtblick GmbH: 72/1 - Liesenberg, G.; Berlin: 23/1, 31/11, 38 Aufg. 8/3, 188/1, 206, 219 l. u. re. Sp., 233 Exp.1, 277 (Text), 313 l. Sp., 318/3, 350 Aufg. 15, 377 l. Sp., 380 re. Sp., 389 Exp. 3 - Linde AG: 280 Aufg. 21, 298/3 - Linde AG, Werksgruppe Technische Gase: 81/2, 150/1 - Lurgi AG: 272 r. Sp., 273/1 - Boris Mahler, Fotograf, Berlin: 335/1 c u. d, 447/1 – Mahler, H.; Berlin: 17/1a, e – f, 18/1, 18/2, 19/1, 19/2, 20, 24/1, 25 Aufg. 2/1, 25 Aufg. 6, 26 Aufg. 12,14,16, 27/1, 27/2, 30/2, 31/4, 31/6, 31/8 – 10, 36/1 u. 2, 38 Aufg. 8/2, 74/1, 82/1, 84/2, 85 (Text l.), 86/1, 88/1, 90, 92/3, 93/2 d, 97/2, 102/2, 103 (Text), 106 l. Sp., 120 Aufg. 8, 121/1, 126 u. 134 (Li, K, Na, Cs), 127/1, 128 (Chlor), 132 (Aufg. 9, S), 133 (Aug. 16), 147 Aufg. 11, 152 a - c, 153 l., 154/155 o., 161, 162/1 u. 2, 165 (Tab.), 166/1, 168/1, 169/1c, 172 re. Sp., 173 Aufg. 11, 174 Aufg. 12 u. 16, 177 (Tab.), 178/1, 181 Aufg. 6 u. 10, 185/1, 186/1b, 191 Aufg. 3, 192, 199/1, 205/1, 216/2, 217 l. Sp., 223 Aufg. 6, 228/1, 232 Exp.2, 235 re. Sp., 253 o. re., 254/1a, 256 l. u., 258/1b, 261 r.Sp., 264 Aufg. 31, 267, 268/1 u. 3, 269/1, 271 l., 274 u., 274 re. Sp., 275/2, 276/3, 277 l. u., 279 Aufg. 7, 281 Aufg. 33 u. 34, 282 M., 288/1b, 295 l. Sp., 301/1, 302 l., 303/1, 335/1b, 348, 349 Aufg.5, 354 u., 360/2, 364 l. Sp., 372/1, 374/1 u. 3, 379 re. Sp. M., 383/1, 387/3b, 388 Exp. 3, 389/1, 392, 397 l. Sp., 403 Exp. 5, 405/1 – 3, 406 Aufg. 5, 410/2, 416 l. Sp., 418/1a, 423 re. Sp., 424 l. Sp., 431 (K, Cu, Ge), 433 o. re., 437 o. l., 439 o., 442/1, 445/2, 447/6. - Mall, K.; Berlin: 387/1 - Mannesmann Dematic AG: 35/3 - Mannesmannröhren-Werke AG; München: 148 u. - Marc Steinmetz / VISUM: 294/1 - Mauritius: 359 - Medisense GmbH: 376/1 - Merck: 183/1 - Messer Grießheim GmbH: 60/2 - Meyer, L.; Potsdam: 20 (Text), 28/1, 51 u., 59/1, 82/2, , 370 re. Sp. u., 406 Aufg. 12, 408 l., 451/2 - Mitzkus, C., Berlin: 339/1 - Munzig, Horst: 137 (Tab.) - NASA: 92/2, 104 o. - Naturfotografie Frank Hecker; Panten-Hammer: 111/2 u. 366/2, 265 Aufg. 46, 369/2 - Naturkundemuseum, Berlin (Harre): 85 (Text re.), 198 l. Sp., 271/2, 433 u. l. - Neuls, Z.; Berlin: 236/2, 308/1, 318/1 u. 2, 324/2, 339/3, 346 Exp.4, 347/1, 365 Aufg. 3, 368/2, 410/1, 411/1, 430/3 - Okapia KG, Berlin: 15, 144/1 - OMV AG; Wien: 310 u., 313 re. - Osram GmbH: 114/2, 133 (Aufg. 15) - Otto Chemie, Friedolfing: 401/3 - PAETEC Archiv: 30/1, 31/1, 44/3 u. 4, 63, 75/1, 93/2 b u. c, 105 l. u., 117/1 l., 166 u. re., 167 u. M. u. re., 170/1, 171/2, 230 l. Sp., 250/1, 312 u., 329 r. Sp., 447/5 - Pews, H.-U.; Berlin: 35/1, 279 Aufg. 2, 284/3, 345 (Text) - Pettkus, J.; Zepernick: 39 Aufg. 19, 81/1, 154/155 u., 224/2, 431 (Mg) – Pfeiffer-Spiekermann, J.: 360/3 - Photo-Collection: 306 Aufg. 3 - Photo disc: 9, 11/1, 11/4, 12/1, 16/1, 17/1b, 38 Aufg. 8/4, 40/2, 41, 43/1, 65 Aufg. 4, 83/1, 105 re. u., 135, 149, 172 l. Sp., 194/3, 216/1, 218 o., 221/1b, 222 l. Sp., 236/1, 239 Aufg. 31, 254/1b, 264 Aufg. 29, 283, 317, 332/2, 344/2, 354 l. Sp., 360/1, 361/2, 363 u., 370 re, Sp. o., 377 re. Sp., 382 Aufg. 12, 383/2 u. 3, 394/2, 403/1, 409, 429, 433 u. re. - Photosphere: 29/2c, 284/2 - Phywe Systeme GmbH; Göttingen: 13/1, 78 (Text), 102/1, 104/1b, 112 re. Sp., 119/1, 160 u., 164/2, 174 Aufg. 20, 188 Exp.3, 401/2, 418 (Text), 421 Exp. 1 u. 2, 427 Aufg. 28 - picture-alliance/akg-images: 327/1 - picture-alliance/OKAPIA KG: 121/3 - Prockat, Jens; Berlin: 107 Aufg. 7 - Raum, B.; Neuenhagen: 162/3, 430/2 - Reckitt Benckiser Deutschland GmbH: 229

re. o., - rebelpeddler Chocolate Cards: 115 r. Sp. o., 151/2 re., 167 u. l., 259 l. Sp. - Ruhrgas; Essen: 308/3 - Ruppin, Chr.; Berlin: 10, 455/1 - RWE Energie AG: 268/2, 308/2 - Schlaak, N.; Altenhof: 211 l. Sp. - Schuchardt, W.; Göttingen: 17/2, 24/2, 52 Aufg. 2, 97/1, 128 u. 134 (Iod), 132 (Aufg. 9, Mg), 179/2, 180/1, 203/1, 216/3, 249/1, 253/1, 274 o., 289/2, 335/1a, 433 o. l., 447/2 - Schünemann, K.-G.; Neubrandenburg: 364 r. Sp. - seppelfricke: 21 (Abb. 2 Text) - Siemens AG: 222 re. o. - Siemens-Elektrogeräte GmbH; München: 142 M., 239 Aufg. 24, 390 l. Sp. - Silvestris GmbH, Kastl: 184/2c - SPL/Agentur Focus: 45/1 - Stark Eloxal GmbH: 427 Aufg. 30 - Stiefel, R.; Halle: 447/4 - Storch, S.; Berlin: 22/2, 64 l. Sp., 88 re. Sp., 121/2, 391 Aufg. 9 - Tetra Pak GmbH & Co.: 238 Aufg. 15 - Theuerkauf, H.; Gotha: 30/2 (mikrosk. Aufnahmen), 320/1, 341/1b, 385/2 - Thüringer Landesanstalt für Umwelt und Geologie; Jena: 183/2 - Thüringer Waldquell GmbH; Schmalkalden: 238 Aufg. 22 - Tierbildarchiv Angermeyer; Holzkirchen: 92/1, 373/2 - Unger, M.; Berlin: 388 Exp. 2 - Universität Bremen, Fachgebiet Mineralogie; M. Zuther: 146 (Aufg.6), 147 Aufg. 14, 148 o., 197 (Text), 199/2, 218 u. und 240, 276/1, 282 o., 432 (S), 435 l. Sp., 439 u., 451/3 - VEBA Kraftwerke Ruhr AG: 220/1 - Volkswagen AG: 157 l. Sp., 297 Aufg. 15, 417/1, 423/1 - Wacker Siltronic AG Burghausen: 221/1a, 432 (Si) - Wehser, V.: 191 Aufg. 6 - wgm; Bonn: 17/1c - Windelband, A.; Potsdam: 136/1 - Zabel, E; Güstrow: 175/1 u. 190, 175/2

Titelfoto: Corel Makroaufnahmen Pflanzen

## Ausgewählte Laborgeräte

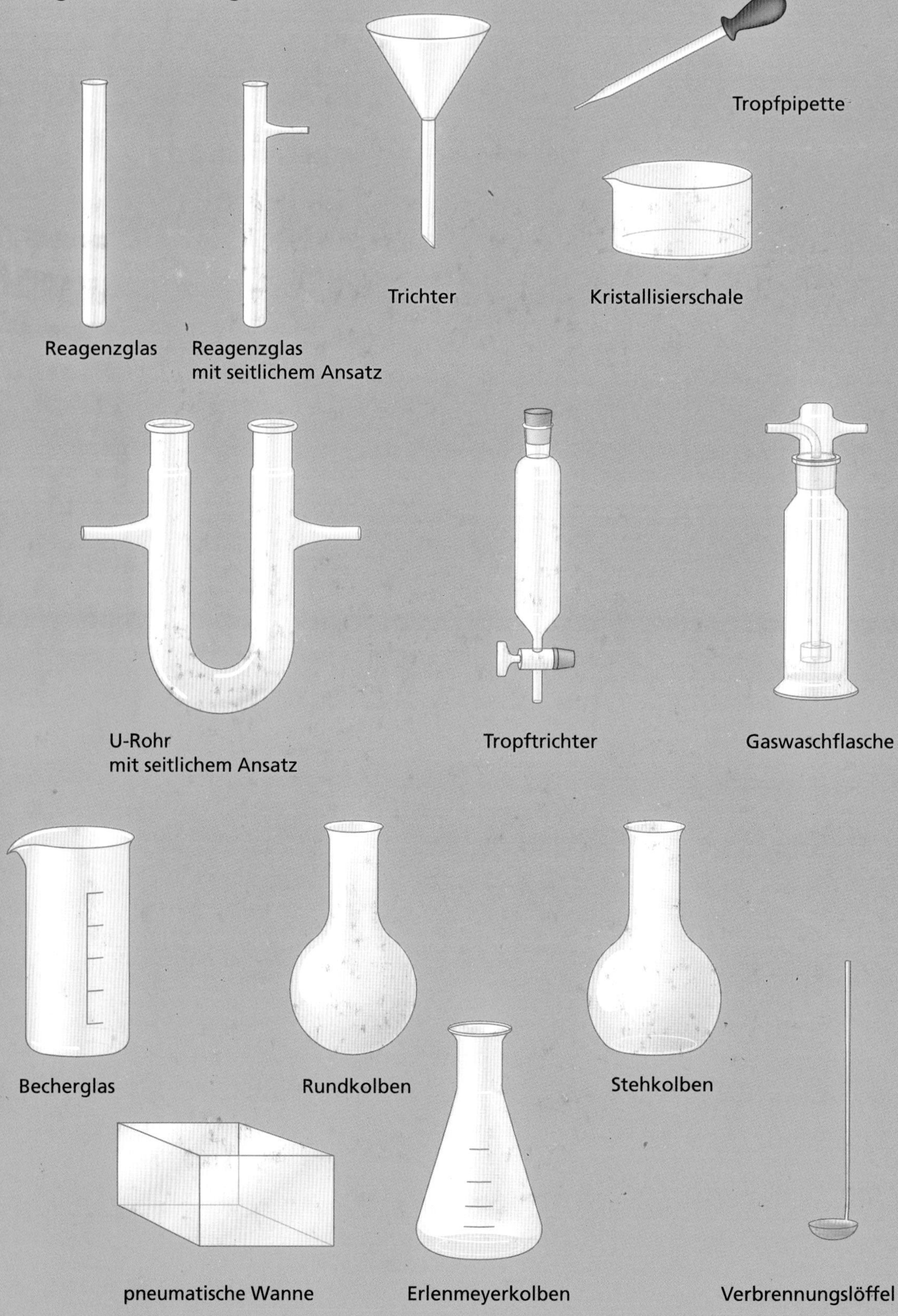